Historische Bautabellen

Historische Bautabellen

Normen und Konstruktionshinweise 1870–1960

von

Horst Bargmann

5. Auflage

Reguvis

Bibliografische Information der Deutschen Nationalbibliothek
Die Deutsche Nationalbibliothek verzeichnet diese Publikation in der Deutschen Nationalbibliografie; detaillierte bibliografische Daten sind im Internet über http://dnb.d-nb.de abrufbar.

Reguvis Fachmedien GmbH
Amsterdamer Str. 192
50735 Köln
www.reguvis.de

Beratung und Bestellung:
Tel.: +49 221 97668 8500
E-Mail: service@reguvis.de

ISBN: 978-3-8462-0324-8

Herstellung: Günter Fabritius
Lektorat: Bettina Kronier
Satz: MainTypo, Reutlingen
Druck und buchbinderische Verarbeitung: Appel & Klinger Druck und Medien GmbH, Schneckenlohe

Printed in Germany

Vorwort zur 5. Auflage

Die nun vorliegende 5. Auflage des Werkes wurde inhaltlich um den Abschnitt „Wärmedämmung der Wohnhäuser“ erweitert.
Zahlreiche Tabellen der vorherigen Abschnitte wurden überarbeitet.
Verlag und Autor hoffen, dass auch diese 5. Auflage eine gute Aufnahme findet.
Dem Werner Verlag sei für die stets gute Zusammenarbeit gedankt.

Hamburg, im September 2012 Horst Bargmann

Vorwort zur 1. Auflage

Die Sanierung und Modernisierung sowie der Umbau von Altbauten haben in den letzten Jahren einen immer größeren Anteil der Bautätigkeit eingenommen.

Dieses Buch soll eine Übersicht der Entwicklung von Konstruktionsregeln, Vorschriften und Bemessungsverfahren über den Zeitraum von etwa 1870 bis 1960 geben.

Der Schwerpunkt wurde dabei auf die statische Berechnung gelegt.

Da für ältere Gebäude vielfach keine technischen Unterlagen mehr vorhanden sind, sollen dem Ingenieur für die Themenbereiche

Lastannahmen
Holzbau
Stahlbau
Mauerwerksbau
Stahlbetonbau
Grundbau

notwendige Grundlagen zur Beurteilung der vorhandenen Bausubstanz gegeben werden.

Dazu werden für die geläufigsten Konstruktionen die Ermittlung der Schnittkräfte einschließlich Bemessungen unter Berücksichtigung der alten Vorschriften und Regeln sowie deren Besonderheiten dargestellt.

Für die Schnittkraftermittlung sind die Eigenlasten der Baustoffe und Bauteile, der Lagerstoffe, Verkehrslasten, Schnee- und Windlasten als auch die nach den Baupolizeibestimmungen anzunehmenden Gesamtlasten der Dächer und Decken tabellarisch zusammengestellt.

Die für die verschiedenen Baustoffe früher zulässigen Spannungen sind für die Nachrechnung bestehender Bauteile und unter Berücksichtigung etwaiger möglicher Spannungserhöhungen oder -ermäßigungen aus Tafeln zu entnehmen.

Daneben werden für Druckglieder auch die entsprechenden Knickzahlen einschließlich anzunehmender Knicklängen und einzuhaltender Schlankheitsgrade angegeben.

Zu den verschiedenen Bemessungsverfahren, beginnend mit den Faustformeln bzw. Dimensionierungen nach Erfahrungswerten im Hochbau, sind die zugehörigen Zahlentafeln abgedruckt.

Die für die Bemessung erforderlichen Querschnittswerte genormter Bauteile wie Stahlbauprofile (Walz- und Gußeisenprofile), Bewehrungsstäbe (Rundstahl, Betonstahlmatten, Sonderstähle), Kant- und Rundhölzer, Ziegelabmessungen usw. sind in Tabellen zusammengefaßt.

Zusätzlich können die zulässigen Beanspruchungen von typischen Dach- und Deckenkonstruktionen, Stützen und Verbindungsmitteln (Nägel, Dübel, Niete, Schrauben) aus Tragfähigkeitstafeln abgelesen werden.

Ergänzend werden für alle Themenbereiche die geläufigsten Bauarten von Dach-, Wand-, Decken-, Sturz- und Stützenbauweisen durch Abbildungen veranschaulicht und erläuternd beschrieben.

Die gebräuchlichsten Baustoffe (Werkstoffe) werden mit alten Bezeichnungen nach Herstellung, Zusammensetzung und Anwendungsbereich aufgeführt.

Diese Veröffentlichung soll es dem Ingenieur ermöglichen, die Konstruktion und Berechnung von Altbauten nachzuvollziehen und in bautechnischer Hinsicht zu beurteilen.

Sie bietet die Möglichkeit, bei fehlenden technischen Unterlagen, die Lastannahmen gemäß den zur Bauzeit verbindlichen Vorschriften neu aufzustellen und mit denen der zur Zeit gültigen DIN-Bestimmungen zu vergleichen.

Weiterhin ist es möglich, Einzelbauteile unter Berücksichtigung der für diese Baustoffe früher zulässigen Spannungen nachzurechnen bzw. die Schnittkräfte vergleichend gegenüberzustellen. Neu zusammengestellte Belastungen können auch mit den in Tragfähigkeitstafeln abgedruckten Werten verglichen werden.

Es ist jedoch besonders darauf zu achten, daß bei allen neuen statischen Nachweisen die zur Zeit gültigen Vorschriften verbindlich und die in diesem Buch angegebenen statischen Werke nur im Einzelfall (z. B. baustoffabhängige zulässige Spannungen für Stahl, Mauerwerk und Beton oder Berechnungsgewichte von Bau- und Lagerstoffen usw.) auch heute noch als gültig anzunehmen sind.

Die in der Vergangenheit vielfach geänderten Bezeichnungen im Bauwesen ließen sich nicht konsequent einheitlich dem heutigen Stand anpassen, so daß teilweise auch verschiedene Definitionen Eingang in dieses Werk gefunden haben.

Ein besonderer Dank gilt Herrn Dipl.-Ing. Ralf Bargmann für die Umfassende Unterstützung und Mithilfe bei der Bearbeitung und Gestaltung dieser Veröffentlichung.

Hamburg, im Januar 1993 — Horst Bargmann

Inhaltsübersicht

Allgemeines

1 Einführungsdaten der DIN-Bestimmungen

Die Einführung durch die Baubehörden kann in einigen Ländern auch zu anderen Zeitpunkten erfolgt sein.

DIN	Blatt	Titel		Ausgabe Datum
1024		⊥-Eisen	Abmessungen und statische Werte	Juli 1926
1025		I-Stahl	Abmessungen und statische Werte	Febr. 1932
1025	1	Fachwerkbau-I-Stahl		Febr. 1932
1025	2	Breitflanschiger I-Stahl		Febr. 1932
1026	1 2 3	U-Stahl	Abmessungen und statische Werte	Dez. 1936 Dez. 1929 Apr. 1926
1027		Z-Eisen	Abmessungen und statische Werte	Juli 1926
1028	1 2	Gleichschenkliger L-Stahl	Abmessungen und statische Werte	Juli 1926
1029	1 2	Ungleichschenkliger L-Stahl	Abmessungen und statische Werte	Dez. 1936 Okt. 1926
1031		I- und U-Profile für Stahlskelettbauten	Abmessungen und statische Werte	Juni 1929
1045		Teil A Bauwerke aus Eisenbeton	Bestimmungen für die Ausführung	1932
1046		Teil B Steineisendecken	Bestimmungen für die Ausführung	Dez. 1935
1047		Teil C Bauwerke aus Beton	Bestimmungen für die Ausführung	Mai 1937
1050		Stahl im Hochbau	Berechnungsgrundlagen	Sept. 1934
1051		Gusseisen im Hochbau	Berechnungsgrundlagen	Febr. 1937
1052		Holz im Hochbau	Bestimmungen für Ausführung von Bauwerken	Juli 1933

DIN	Blatt	Titel		Ausgabe Datum
1053		Bauteile aus künstlichen und natürlichen Steinen	Berechnungsgrundlagen	Febr. 1937
1054		zul. Belastung des Baugrundes im Hochbau	Richtlinien	Aug. 1934
1055		Belastungsannahmen im Hochbau		
1055	1		Raumgewichte von Bau- u. Lagerstoffen	Aug. 1937
1055	2		Eigenlasten von Bauteilen	Aug. 1934
1055	3		Verkehrslasten	Aug. 1934
1055	4		Windlasten	Juni 1938
1055	5		Schneebelastung	Dez. 1936
4100		Geschweißte Stahlhochbauten	Vorschriften	Aug. 1934
4102		Widerstandsfähigk. gegen Feuer und Wärme	Baustoffe und Bauteile	Aug. 1934
4103		Leichte Trennwände	Richtlinien für die Ausführung	Juni 1950
4106		Richtlinien für Mauerdicken	Wohnungsbauten und statisch ähnliche Bauten	Febr. 1937
4108		Wärmeschutz im Hochbau		Juli 1952
4108		Schallschutz im Hochbau	Richtlinien	April 1944
4114	1	Stahlbau, Stabilitätsfälle	Knickung, Kippung, Beulung Berechnungsgrundlagen, Vorschriften	Juli 1952
4114	2		Richtlinien	Febr.. 1953

1966 Stand Juni 1966 – DDR

Übersicht der DIN-Normen und deren Ersatz durch TGL

DIN	TGL	Titel
1045	0-1045	Bauwerke aus Stahlbeton
1046	0-1046	Stahlsteindecken, Grundsätze
1047	0-1047	Bauwerke aus Beton
1050 Bl. 1	13 450	Stahlbau Stahltragwerke im Hochbau
1050 Bl. 2	117-0643	Altstahl im Bauwesen*
1052	112-0730	Tragwerke aus Holz
1053	112-0880	Mauerwerksbau
1054	11457	Baugrunduntersuchungen
1055	10712	Lastannahmen für Bauten
4102	10685	Bautechnischer Brandschutz
4103	116-0340	Trennwände
4108	10686	Wärmeschutz
4109	10687	Schallschutz
4114 Bl. 1	0-4114 Bl. 1	Stahlbau Stabilitätsfälle
4114 Bl. 2	0-4114 Bl. 2	Stahlbau Berechnungsgrundlagen
4227	0-4227	Spannbeton Berechnung und Ausführung

* ab 1.1.1965 ersetzt durch TGL 13451 – Stahlbau Altstahl für Stahltragwerke im Hochbau

2 Übersicht abweichender Zeichen und Bezeichnungen der Statik und Festigkeitsberechnung

2.1 Zeichen der Statik und Festigkeitsberechnung (nach DIN 1350, 1080, 1044 Stahlbeton)

Bezeichnung	um 1900	1928	1937 1943 DIN 1044	1961
Schneelast	Ps	Ps	S	S
Windflächenlast	P, Wo	Wo	W	W
Spannung	k	σ, k	σ	σ
Sicherheitsbeiwert	n, s	γ, s	γ	γ
Stützenhöhe	l	l	h	h
Durchbiegung	δ	δ	f	f
Querkraft	V	Q	Q	Q
Torsion	D	D	t	t
Besondere Zeichen im Stahlbau				
Werkstoffdicke	δ	δ	d	t
Scherspannung	ks	τs	τ	τa
Leibungsspannung	kl	τl	σl	σl
Besondere Zeichen im Stahlbetonbau				
Gesamthöhe der Plattenbalken	h	do	do	do
Größte Höhe bei Rechteckquerschnitten	h	d	d	d
Abstand des Schwerpunktes der Zugbewehrung vom gedrückten Rand (Nutzhöhe)	h-a	h	h	h
Stegbreite bei Plattenbalken	bl	bo	bo	bo
Querschnittsfläche der Zugbewehrung	fe	Fe	Fe	Fe
Querschnittsfläche der Bewehrung je Breiteneinheit	fe	fe	fe	fe
Haftspannung	τu	τl	τl	τl
Bügelabstand bei Stützen	λ	s	e	a
Achsabstand der Zugbewehrung vom zugehörigen Rand	a			
Achsabstand der Druckbewehrung vom zugehörigen Rand	a1	h′	h′	h′

Bezeichnung	um 1900	1928	1937 1943 DIN 1044	1961
Bewehrungsstabdurchmesser	δ	d	d	d
Abstand der Druck- von der Zugresultierenden	hs	z	z	z
Besondere Zeichen im Grundbau				
Reibungszahl	f	μ	μ	μ
Winkel der inneren Reibung (Böschungswinkel)	φ	φ	ρ	ρ
Erddruckbeiwert	E			λ

2.2 Bezeichnungen der Statik

Bezeichnung	Alte Bezeichnung
Verkehrslast	fremde Belastung, Nutzlast
Eigenlast	Eigengewicht, ständige Last
Auflagerlasten	Stützendrücke, Auflagerwiderstand
Auflagerpressung, Bodenpressung	Normaldruck
Normalkraft	Achskraft
Torsion	Drehung, Drillung
Stützweite	freie Länge, frei tragende Länge
Kraglänge	freie Balkenlänge, Ausladung
Durchlaufträger	durchgehende Balken
Kragträger (Auflager eingespannt)	Freiträger, Konsolträger
Durchbiegung	Biegepfeil
Überhöhung	Stechung, Sprengung
Verschiebung	Verrückung
Druckfestigkeit	Zermalmungsfestigkeit
Knicken	Zerknicken, rückwirkende Festigkeit
Stützen	Säulen
Einspannung eines Kragträgers	unwandelbare Befestigung
Stahlbauprofil	Walzbalken
Setzung der Fundamente	Einsinken der Fundamente
Elastizitätsmodul E	Elastizitätskoeffizient, Elastizitätsziffer, Elastizitätszahl
Haftspannung	Gleitspannung
Stahlbetonbau	Eisenbetonbau, Verbundbauweise
Bewehrung	Armierung, Moniereisen
Durchmesser der Bewehrungsstäbe	Kaliber
Formeisen, Profileisen	Façoneisen

3 Einteilung der Lasten

3.1 Haupt- und Zusatzlasten

1925 Preußen

1. Belastungsfall (Hauptlasten)

Gleichzeitig ungünstige Wirkung der:
a) ständigen Last
b) Verkehrslast
c) Schneelast

zur Verkehrslast zählen auch:
a) Bremswirkung oder Schrägzug von einem Kran
b) Riemenzug u. dgl.

2. Belastungsfall (Haupt- und Zusatzlasten)

Gleichzeitig ungünstige Wirkung der unter dem 1. Belastungsfall genannten Lasten zusammen mit:

a) Windlast
b) Wärmeschwankungen
c) Bremskräfte oder Schrägzug von mehr als einem Kran

1937

1. Belastungsfall (Hauptlasten)

Gleichzeitig ungünstige Wirkung von:
a) ständiger Last
b) Verkehrslast (einschl. Schneelast ohne Wind)

zur Verkehrslast zählen auch:

Schrägzugkräfte von Kranen und Riemenzug u. dgl.

2. Belastungsfall (Haupt- und Zusatzlasten)

Gleichzeitig ungünstige Wirkung der unter dem 1. Belastungsfall genannten Lasten zusammen mit:

a) Windbelastung
b) Wärmeschwankungen
c) Bremskräfte von einem oder mehreren Kranen
d) waagerechte Seitenkräfte von einem oder mehreren Kranen

1957

Hauptlasten (H)

a) ständige Last
b) Verkehrslast (einschl. Schnee-, aber ohne Windlast)
c) freie Massenkräfte von Maschinen

Zusatzlasten

a) Windlast
b) Bremskräfte
c) waagerechte Seitenkräfte (z. B. von Kranen)
d) Krane, die nur selten zu Montage- oder Reparaturarbeiten benutzt werden, bei der Arbeit*
e) Wärmewirkung (betriebliche und atmosphärische)

Lastfälle

Lastfall H – Summe der Hauptlasten
Lastfall HZ – Summe der Haupt- und Zusatzlasten

3.2 Ständige Lasten und Verkehrslasten

1934 DIN 1055

Ständige Lasten

Die Summe der unveränderlichen Lasten

(Das Gewicht der tragenden oder stützenden Bauteile und die unveränderlichen, von den tragenden Bauteilen dauernd aufzunehmenden Lasten, z. B. Auffüllungen, Fußbodenbeläge, Putz usw.)

Verkehrslasten

Die veränderliche oder bewegliche Belastung des Bauteils (z. B. Personen, Einrichtungsstücke, Lagerstoffe, Riemenantriebe, Kranlasten, Wind und Schnee)

1951 DIN 1055 wie vor

* Die ständige Last solcher Krane sowie ihre häufig auftretenden Verkehrslasten sind als Hauptlasten zu betrachten.

4 Werkstoffkennzeichnungen

1931 DIN 1356

einfarbige Dartsellung	Kurz-wort	farbige Darstellung	
		hellgrün	Gras
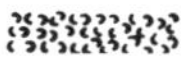		sepia	Torfmull und ähnliches
		gebr. Siena	gewachsenes Erdreich
		graugelb	aufgeschüttetes Erdreich
		zinnober	Mauerwerk aus Backsteinen in Kalkmörtel
	Zm	〃	〃 aus Backsteinen in Zementmörtel
	Kzm		〃 aus Backsteinen in Kalkzementmörtel
	Bp/Zm	〃	〃 aus porigen Backsteinen in Zementmörtel
	Bl/Kzm	〃	〃 aus gelochten Backsteinen in Kalkzementmörtel
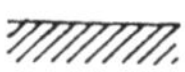	Kl	〃	〃 aus Klinkern in Zementmörtel
	Ks	〃	〃 aus Kalksandsteinen in Kalkmörtel
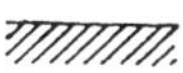	Sch	〃	〃 aus Schwemmsteinen in Kalkmörtel
	......../........	〃	〃 aus .... Steinen in .... mörtel
		〃	〃 aus Natursteinen in Zementmörtel
	Eb	blaugrün	Eisenbeton
		kobaldblau	Metall
		Siena	Holz
	Gl	grün	Glas
		sepia	Dämmstoffe
		schwarz	Sperrpappen
		sepia	Kies
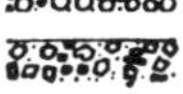		grauschwarz	Schlacke
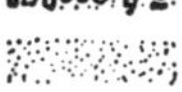		zinkgelb	Sand

einfarbige Dartsellung	Kurz-wort	farbige Darstellung	
	Feg	ocker	Estrich (Gips)
		"	Putz
		blaugrau	Zementbeton
	Kb	"	Kalkbeton

1938

Kennzeichnung von Werkstoffen nach DIN 201

Werkstoff	Abkürzung	Schraffur	Farbe	Werkstoff	Abkürzung	Schraffur	Farbe	Werkstoff	Abkürzung	Schraffur	Farbe
Gußeisen	Ge		grau	Glas			hellgrün	Bruchsteinmauerwerk			grau
Temperguß	Te		blau	Zellon, Zelluloid			hellgrün	Beton			grau
Stahl Stahlguß	St Stg		lila	Marmor, Schiefer, Porzellan			braun	Schamotte und feuerfeste Steine			dunkelgelb
Kupfer	Cu		rot	Dicht- und Isolierstoffe			braun	Erdreich			braun
Bronze, Rotguß	Bz Rg		orange	Hartgummi			braun	Flüssigkeiten			hellblau
Messing	Ms		gelb	Weichgummi			braun				
Zinn, Blei, Zink, Lagerweißmetall	Sn, Pb Zn, WM		hellgrün	Leder			braun				
Leichtmetalle Al. u. Al-Legierung	Al		grün	Schleifscheiben			dunkelgelb				
Nickel Nickellegierung	Ni		hellila	Holz Hirn- u. Langholz			orange				
Drahtspulen Elektromagnete Widerstände			rot grün	Ziegelmauerwerk			rot				

Rändel- und Kordelteilungen nach DIN 82

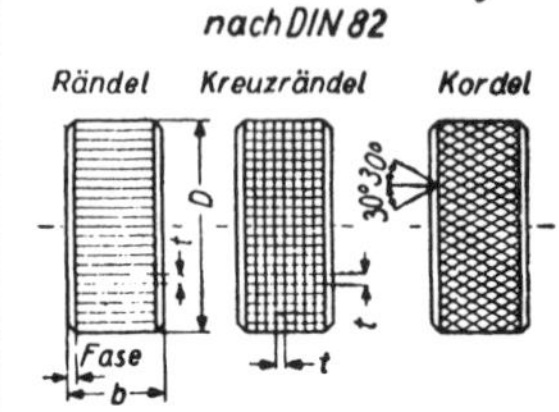

1953 DIN 201

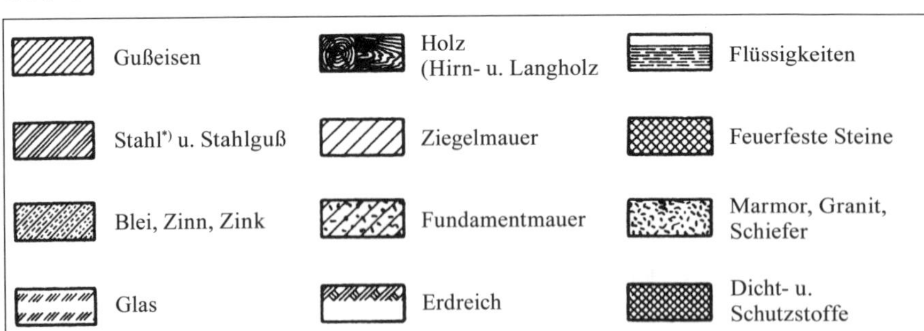

* Kennfarben unlegierter Stähle im Eisenbahnwesen s. DIN 1599

5 Maße und Gewichte

5.1 Umrechnungstafel für Krafteinheiten

Einheit									
Gramm	g	1	10	100	1000	10000			
Kilogramm	kg	0,001	0,01	0,1	1	10	100	1000	10000
Tonne	t				0,001	0,01	0,1	1	10
Pond	p	1	10	100	1000	10000			
Kilopond	kp	0,001	0,01	0,1	1	10	100	1000	10000
Megapond	Mp				0,001	0,01	0,1	1	10
Newton	N	0,01	0,1	1	10	100	1000	10000	
Kilonewton	kN			0,001	0,01	0,1	1	10	100
Meganewton	MN						0,001	0,01	0,1

5.2 Umrechnungstafel der Einheiten für Druck und Spannung

Einheit										
kg/mm²					0,001	0,01	0,1	1	10	100
kg/cm²				0,01	0,1	1	10	100	1000	10000
kg/m²	0,1	1	10	100	1000	10000				
t/cm²						0,001	0,01	0,1	1	10
t/m²		0,001	0,01	0,1	1	10	100	1000	10000	
kp/mm²					0,001	0,01	0,1	1	10	100
kp/cm²				0,01	0,1	1	10	100	1000	10000
kp/m²	0,1	1	10	100	1000	10000				
Mp/cm²						0,001	0,01	0,1	1	10
Mp/m²		0,001	0,01	0,1	1	10	100	1000	10000	
N/mm²				0,001	0,01	0,1	1	10	100	1000
N/cm²		0,001	0,01	0,1	1	10	100	1000	10000	
N/m²	1	10	100	1000	10000					
kN/cm²				0,0001	0,001	0,01	0,1	1	10	100
kN/m²		0,01	0,1	1	10	100	1000	10000		
MN/m²				0,001	0,01	0,1	1	10	100	1000
Atm*			0,001	0,01	0,1	1	10	100	1000	10000

* wurde um 1920 für zul. Mauerwerkspressungen angegeben

5.3 Umrechnungstafel der Wärmeeinheiten

	$\frac{kcal}{m \cdot h \cdot grd}$	$\frac{W}{m \cdot k}$	$\frac{m^2 \cdot h \cdot grd}{kcal}$	$\frac{m^2k}{W}$	$\frac{kcal}{m^2 \cdot h \cdot grd}$	$\frac{W}{m^2k}$
Wärmeleitzahl λ	1	1,163				
Wärmedurchlass-widerstand 1/Λ			1	0,8598		
Wärmeübergangs-zahl α			1	1,163		
Wärmeübergangs-widerstand 1/α			1	0,8598		
Wärmedurchgangs-zahl k					1	1,163
Wärmedurchgangs-widerstand 1/k			1	0,8598		

5.4 Nichtmetrische Maße und Gewichte

1872 In Deutschland wird einheitlich das metrische Maß- und Gewichtssystem eingeführt.

5.4.1 Längenmaße

Bezeichnung		cm
1 Fuß	Hamburg	28,65
1 Fuß	Preußen	31,39
1 Fuß	Hannover	29,22
1 Fuß	England	30,48
1 Fuß	Bayern	29,19
1 Fuß	Sachsen	28,32
1 Fuß	Württemberg	28,65
1 Fuß	Baden	30,00
1 Fuß	nordisch	30,50
1 Zoll	nordisch	2,54
1 Zoll	Preußen	2,615
1 Faden	Preußen	188,3
1 Faden	Hamburg	191,9
1 Rute	Preußen	209,33
1 Kabellänge		185,0
1 Knoten		770,0
1 Schritt		71,0

Bezeichnung		cm
1 Elle	Hamburg	57,31
1 Elle	Preußen	66,69
1 Elle	Hannover	58,42
1 Elle	Rheinland	62,80
1 Elle	Bayern	83,30
1 Elle	Baden	60,00
1 Elle	Sachsen	56,64
1 Elle	Lübeck	58,20
1 Elle	Frankfurt/M	54,73
1 Elle	Bremen	57,84
1 Elle	Württemberg	61,42
1 Elle	Hessen-Nassau	57,00

5.4.2 Flächenmaße

Bezeichnung		cm²	m²
1 Quadratfuß	Hamburg	820,77	
1 Quadratfuß	Preußen	985,04	
1 Quadratfuß	Hannover	853,81	
1 Quadratfuß	England	929,03	
1 Quadratzoll	Preußen	6,84	
1 Quadratrute	Preußen		14,185
7,05 Quadratruten	Preußen		100
11,74 Quadratruten	Bayern		100
5,421 Quadratruten	Sachsen		100
12,184 Quadratruten	Württemberg	100	
11,111 Quadratruten	Baden	100	
3,917 Morgen	Preußen		10 000
3,173 Morgen	Württemberg		10 000
2,778 Morgen	Baden		10 000
1,807 Acker	Sachsen		10 000
2,471 Acre	England		10 000
2,935 Tagwerke	Bayern		10 000
1 Tagwerk	Bayern		3 407
1 Tagwerk	Baden		3 606
1 Tagwerk	Hannover		2 602

5.4.3 Raummaße

Bezeichnung		dm³	m³	Liter
1 Kubikfuß	Hamburg	25,51		
1 Kubikfuß	Preußen	30,92		
1 Kubikfuß	Hannover	24,95		
1 Kubikfuß	England	28,32		
1 Kubikrute	Preußen		53,42	
1 Schachtrute	Preußen		4,45	
1 Kubikzoll	Preußen	0,0179		
1 Klafter	Preußen		3,34	
1 Scheffel	Preußen			54,96
1 Scheffel	Bayern			222,00
1 Scheffel	Sachsen			139,83
1 Fuder				824,00
1 Eimer				64,14
1 Kummt (Torfmaß)			4,185	
1 Metze	Preußen			3,50
1 Wispel				1300,20
1 Stückfaß = 7,5 Ohm				1200,00
1 Oxhoft				220,00
1 Tonne (Schiffsmaß)			2,12	

5.4.4 Gewichte

Bezeichnung	Gramm
1 Zollpfund	0,50
1 Korn	1/60
1 Unze	28,35
1 Quentchen	1 1/3
1 Lot	16 2/3
1 Neulot	10,00
1 Karat	0,205
1 Englisches Pfund	453,60

5.4.5 Mengen

1	Schock	=	4	Mandel	=	60	Stück		
1	Gros	=	12	Dutzend	=	144	Stück		
1	Ries	=	10	Buch	=	100	Hefte	=	1 000 Bogen

5.4.6 Umwandlung von englischen Zoll in Millimeter

1 Zoll = 25,4 mm

Zoll	1/16	1/8	3/16	1/4	5/16	3/8
mm	1,587	3,175	4,762	6,35	7,937	9,525
Zoll	7/16	1/2	9/16	5/8	11/16	3/4
mm	11,112	12,70	14,287	15,875	17,462	19,05
Zoll	13/16	7/8	15/16	1	2	3
mm	20,637	22,225	23,812	25,40	50,799	76,199
Zoll	4	5	6	7	8	9
mm	101,60	127,00	152,40	177,80	203,20	228,60
Zoll	10	11	12	13	14	16
mm	254,00	279,39	304,79	330,19	355,59	406,39
Zoll	17	18	19	20	21	22
mm	431,79	457,19	482,59	507,99	533,39	558,79
Zoll	23	24	30	40	50	60
mm	584,19	609,59	761,99	1016,00	1270,00	1524,00
Zoll	70	80	90	100		
mm	1778,00	2032,00	2285,90	2539,90		

6 Reibungsbeiwerte zur Untersuchung der Gleitsicherheit

Jahr	Material	Reibungsbeiwert (der Ruhe)
1890*	Schmiedeeisen auf Gusseisen, Bronze	0,19
	Schmiedeeisen auf Muschelkalk	0,42
	Eiche auf Eiche parallel zur Faser gegen die Faser des gleitenden Körpers Hirnholz auf Langholz in Faserrichtung des letzteren	 0,62 0,54 0,43
	Eiche auf Muschelkalk (Hirnholz)	0,64
	Holz auf Eiche (parallel zur Faser)	i. M. 0,53
	Messing auf Eiche (parallel zur Faser)	0,62
	Muschelkalk auf Muschelkalk	0,70
1928	wie vor	
	Eiche auf Esche (parallel zur Faser) auf Buche (parallel zur Faser) auf Tanne (parallel zur Faser)	0,53 0,53 0,53
	Eiche auf Stein, Kies	0,46 bis 0,60
	Holz auf Metall	0,60
	Stahl auf Stahl (hoher Druck bis ca. 1 000 kg/cm²) Schmiedeeisen auf Schmiedeeisen auf Stein, Kies	0,15 bis 0,25 0,13 0,42 bis 0,49
	Gusseisen auf Stahl	0,33
	Ziegelstein auf Muschelkalk	0,67
	rauher Kalkstein auf rauhem Kalkstein	0,75
	Mauerwerk auf Beton auf gewachs. Boden (trocken)	0,76 0,65
1948	wie vor	
	Beton schalungsrauh auf grobem Sand auf Kleiboden, Lehm	0,52 0,31

* bestimmt bei einem Flächendruck von 0,96 bis 1,37 kg/cm²

Jahr	Material	Reibungsbeiwert (der Ruhe)
	Beton auf grobem Sand betoniert Kleiboden betoniert	0,60 0,39
1954	wie vor	
	Beton auf Beton	0,70
	Mauerwerk auf Mauerwerk	0,70
	Mauerwerk oder Beton auf trockenem Baugrund auf feuchtem Baugrund	 0,65 0,36
1955	wie vor	
	Mauerwerk auf Mauerwerk auf Beton, Fels	0,75 0,75
	Stein oder Ziegel auf Ziegel mit frischem Mörtel	 0,50 bis 0,70
	rauhes Mauerwerk auf Sand, Kies auf nassem Ton auf festem Schlamm	0,60 0,30 0,20
	glattes Mauerwerk auf Sand, Kies auf nassem Ton auf festem Schlamm	0,30 0,20 0,10
	Mauerwerk auf Holz auf Eisen	i. M. 0,60 0,45
	Holz auf Holz auf rostigem Stahl	0,50 0,50
	Eisen auf Eisen	0,20
	Stahl auf Stahl (etwas rostig) auf Muschelkalk, Stein, Kies	0,40 0,45
1959	wie vor	
	Ziegel auf Ziegel (frischer Mörtel)	0,50 bis 0,70
	Mauerwerk auf Beton	0,76
	Mauerwerk auf gewachsenem Boden trocken und hart mittel naß und fettig	 0,65 0,45 0,30
	Stahl auf Stahl	0,15

Lastannahmen

Vorbemerkung

Preußische Ministerialbestimmungen vom 24. 12. 1919

Bestimmungen über die bei Hochbauten anzunehmenden Belastungen

Diese Bestimmungen sind mit geringen Änderungen auch in Baden, Hessen, Württemberg, Oldenburg, Schaumburg Lippe, Bremen und Anhalt eingeführt.

1 Eigenlasten von Lagerstoffen

1.1 Baustoffe

Bezeichnung	Berechnungsgewicht kN/m³	Winkel der inneren Reibung Grad
1890 Preußen		
Asphalt	15,00	
Gips gegossen	9,70	
1910 Berlin		
Asphalt gegossen	15,00	
gestampft	15,00	
Gips gegossen	9,70	
1925 Hamburg		
Asbest	21,0 bis 28,0	
Asphalt	11,0 bis 15,0	
Fettkalk gebrannt und pulverig	5,00	
Formsand aufgeschüttet	12,00	
eingestampft	16,50	
Traß gemahlen	9,50	
Zement lose	14,00	40
1925 Preußen		
wie vor		
Torfstreu	2,30	
Zement eingerüttelt	20,00	
1937 DIN 1055		
wie vor	10,00	45
Kalk gebrannt in Stücken	10,00	
Kalk in Säcken	14,00	
Zement lose	19,00	
Zement eingerüttelt		

Bezeichnung	Berechnungs-gewicht kN/m³	Winkel der inneren Reibung Grad
1940 DIN 1055		
wie vor		
Bimssteinsand	7,00	35
Gips, Estrichgips	16,00	25
Gips, gegossen, trocken	9,50	
Gips, gesiebt	12,50	
Gips, Alabaster, Bau- und Formgips	12,50	25
Kalk in Pulverform	10,00	25
Torfpech	8,40	
Traß	23,0 bis 25,0	
Zementklinker	15,00	30
Zement in Pulverform	12,00	25
Zement in Säcken	16,00	
Ziegelsand, -splitt, -schotter	13,00	35
1963 DIN 1055		
wie vor		
Gips gemahlen	15,00	25
Kalk, Luftkalk		
gebrannt in Stücken	7,00	45
gebrannt oder gelöscht, gemahlen	7,00	25
Kalk, hydraulisch erhärt. Kalke		
gebrannt in Stücken	12,00	45
gebrannt oder gelöscht, gemahlen	12,00	25
Kieselgur	2,50	25
Traß gemahlen	15,00	20
Zement, gemahlen und Zementklinker	17,00	20

1.2 Erze

Bezeichnung	Berechnungsgewicht kN/m³	Winkel der inneren Reibung Grad
1925		
Brauneisenstein (braun. Glaskopf)		
gewöhnl. Brauneisenstein aus Bilbao	21,00	
von der Lahn	10,00 b. 19,00	
aus Oberschlesien	13,50	
Magneteisenstein (schwedisch)	30,0 bis 35,0	
Manganerz aus Siegerland	13,5 bis 16,0	31 bis 34
griechisches Manganerz	17,0 bis 19,0	35 bis 37
Rasenerz	12,5 bis 13,5	31
Roteisenstein, Glaskopf (Eisenglanz)		
arm	18,00	
reich	25,00	
Schwefelkies	35,00	46
Spalteisenstein aus Siegerland		
ungeröstet	22,50	
geröstet	19,0 bis 20,0	37
Toneisenstein	18,00	
Thomasschlacke	15,0 bis 17,0	37
Schweiß-, Puddel-, Walzschlacke	21,00	33 bis 37
Zuschlagkalkstein	15,00	31 bis 37
1948		
Brauneisenstein	34,0 bis 39,5	
Eisenerze	30,00	40
Fahlerze	43,0 bis 53,6	
Magneteisenstein	49,0 bis 52,0	
Manganerz, rot	34,50	
schwarz	39,0 bis 41,0	
Roteisenstein	45,0 bis 49,0	
Spateisenstein	37,0 bis 39,0	
Schwefelkies	27,00	45

1.3 Industrielle und gewerbliche Schütt- und Stapelgüter

Bezeichnung	Berechnungs-gewicht kN/m³	Winkel der inneren Reibung Grad
1890 Preußen		
Aktengerüste, Schränke in Archiven und Bibliotheken	5,00	
Eis	9,10	
Glas	26,00	
1910 Berlin		
Drahtglas	27,00	
Rohglas geblasen	26,00	
Rohglas gegossen	26,00	
1925		
Aktengerüste und Schränke in Registraturen, Büchereien, Archiven usw. (einschl. Hohlräume)	5,00	
Asche	10,00	
Bücher	8,00	
Eis	9,10	
Elfenbein	18,3 bis 19,2	
Glas, bleihaltig	29,0 bis 39,0	
Glas, bleifrei	25,0 bis 27,0	
Gummifabrikate	10,0 bis 25,0	
Hausmüll	6,60	
Kleider, 4 Fächer übereinander zu je 70 cm Höhe	6,00	
Knochen	17,0 bis 20,0	
Kork	2,40	
Salpeter	10,00	
Schwefel	19,3 bis 20,7	
Steinsalz, gemahlen	10,15	
Soda, wasserfrei	25,00	
Soda, kristall	14,50	
Tabak, in Ballen	3,00	
Wolle, gepresst	13,00	
1928		
Asche	9,00	
Baumwolle	3,0 bis 6,0	
Papier	11,00	

Bezeichnung	Berechnungs-gewicht kN/m³	Winkel der inneren Reibung Grad
1937 DIN 1055		
wie vor	6,00	
Akten und Schränke mit Inhalt in Registraturen, Bü-	9,00	
chereien, Archiven usw. (einschl. Hohlräume)	9,20	
Asche, Schlacke	11,00	
Eis	4,50	
Papier		
Wolle, lose		
1940 DIN 1055		
wie vor		
Asche geschichtet	9,0 bis 14,0	
von Koks	6,0 bis 8,5	
von Steinkohle	9,00	
Baumwolle, lufttrocken	14,5 bis 15,0	
Bücher und Akten geschichtet	8,50	
Chilesalpeter	23,00	
Chilesalpeter, aufgeschüttet	10,00	
Eis	9,00	30
Faser, Zellulose, in Ballen gepresst	12,00	
Felle, Häute	9,00	
Filz in Ballen	5,00	
Fischmehl	8,00	45
Glas, Fenster	24,0 bis 27,0	
Flaschen	26,00	
Flint	31,5 bis 39,0	
grünes	26,50	
Kristall	29,0 bis 30,0	
Spiegel- und Kronglas	24,5 bis 27,5	
in Tafeln	26,00	
Gummi, arabisch	13,0 bis 14,5	
roh (Kautschuk)	9,0 bis 10,0	
hart	11,50	
fabrikate	10,0 bis 20,0	
gutt	12,00	
Karbid	9,00	30
Kaolin (Porzellanerde)	22,0 bis 26,0	
Kleider	2,0 bis 2,5	
Kleider, 4 Fächer übereinander zu		
je 70 cm Höhe	6,00	
Lagermetall, Weißmetall	75,0 bis 101,0	
Leder, trocken	8,60	
Linoleum, in Rollen	11,5 bis 13,0	

Bezeichnung	Berechnungsgewicht kN/m³	Winkel der inneren Reibung Grad
Papier, geschichtet	11,00	
in Rollen	15,00	
Porzellan und Steingut gestapelt	11,00	
einschließlich Hohlräume	10,00	
Salpeter	13,0 bis 13,5	
Schafwolle, luftgetrocknet	19,0 bis 21,0	
Schwefel	10,00	
Soda	25,00	45
Soda, geglüht	14,50	40
Soda, kristallin	15,30	
Stärke, im Stück	21,0 bis 22,0	
Steinsalz	10,15	40
gemahlen	11,00	
Stoffe, in Ballen	3,50	
Tabak, gebündelt oder in Ballen	3,00	
Torf, gepresst in Ballen	6,00	
gestochen und getrocknet	2,50	
lose (Torfstreu, Torfmull)	13,00	
Wolle, Baumwolle gepresst (lufttrocken)		
1963 DIN 1055		
wie vor		
Gummi, roh	10,00	
Kleidungsstücke	3,00	
Leder	10,00	
Linoleum, in Rollen	13,00	
Soda, kristallin	15,00	
Steinsalz, gebrochen	22,00	45
Steinsalz, gemahlen	12,00	40

1.4 Düngemittel

Bezeichnung	Berechnungsgewicht kN/m³	Winkel der inneren Reibung Grad
1917 Hamburg Mist und Guano	7,5 bis 9,5	
1925 Preußen wie vor		
1940 DIN 1055		
Kunstdünger (mit Ausnahme von Thomasmehl)	12,00	40
Thomasmehl	22,00	40
Dünger, lose geschüttet	12,00	45
bis 2,50 m Packhöhe Stapeldünger, Stapelmist	18,00	45
1963 DIN 1055		
Frischmist	5,00	75
Hofmist bis 1,50 m Packhöhe	6,00	45
Stapelmist bis 3,00 m Packhöhe und Tiefstallmist, Hühnerkot	10,00	45
Gülle, Jauche, Schwemmmist	11,00	
Kompost	12,00	45
Handelsdünger (mit Ausnahme von *)	12,00	30
* Kali-Rohsalz, -Magnesia, Sulfat, Alkali-Sinterphosphat	15,00	35
* Thomasphosphat in Säcken	19,00	
* Thomasphosphat lose (geschüttet)	22,00	30
* Thomasmehl	15,00	30

1.5 Brennstoffe

Bezeichnung	Berechnungsgewicht kN/m³	Winkel der inneren Reibung Grad
1890 Preußen		
Braunkohle	6,50	
Koks	4,50	
Steinkohle	9,00	
Torf	6,00	
1919 bzw. 1925 Preußen		
Braunkohle	7,50	
Holz, in Scheiten	4,00	
Kohle (Steinkohle)	9,00	
Koks, Zechenkoks	5,00	
Koks, Gaskoks	4,50	
Presskohlen	10,00	
1925 Hamburg		
Kohle		40 bis 45
Braunkohle lufttrocken und in Stücken	6,5 bis 7,8	
Holzkohle, harte Laubholzkohle	2,0 bis 2,4	
weiche Laubholzkohle	1,4 bis 2,0	
weiche Nadelholzkohle	1,25 bis 1,8	
Koks, westf. Schmelz-	4,50	
Zwickauer-	3,50	
Saar-	4,35	
Gas-	3,50	
Presskohlen	10,00	
Steinkohle, westf. Press-	10,90	
westf. Schmiede-	7,65	
Oberschlesische-	7,45	
Saar-	7,50	
Zwickauer-	7,45	
1937 DIN 1055		
wie vor		
Torf	6,00	
1940 DIN 1055		
Braunkohle	7,00	35
Braunkohlenbriketts, geschüttet	8,00	30
gestapelt	13,00	40
Braunkohleschwelkoks	10,00	45
Brennholz, gehackt	4,00	

Bezeichnung	Berechnungs-gewicht kN/m³	Winkel der inneren Reibung Grad
Koks	5,00	45
Steinkohle,		
als Rohkohle, grubenfeucht	10,00	45
in Schwemmsümpfen	12,00	
als Staubkohle	7,00	25
alle anderen Arten	8,50	30
1963 DIN 1055		
wie vor		
Braunkohle, trocken	8,00	35
erdfeucht	10,00	30
Braunkohlenstaub	5,00	25
Koks (Steinkohle)	6,50	35
Mittelgut, im Zechenbetrieb	12,50	35
Waschberge, im Zechenbetrieb	14,00	35

1.6 Nahrungsmittel (einschließlich der Zwischenräume)

Bezeichnung	Berechnungs-gewicht kN/m³	Winkel der inneren Reibung Grad
Mindestflächen der Verkehrswege sind eingerechnet. Nur durch feste Einbauten begrenzte Verkehrswege dürfen besonders berücksichtigt werden.		
1919 bzw. **1925** Preußen		
Kaffee	7,00	
Konserven, in Kisten	7,00	
Mehl, lose	5,00	
zusammengepresst	7,0 bis 8,0	
in Fässern zu je 280 kg, 1 Lage	4,20	
in Säcken zu je 80 kg, 1 Lage	8,50	
Salz	12,50	
Zucker	7,50	35
1925 Hamburg		
wie vor		
Kaffee, roh	6,90	
geröstet	3,50	
Mehl, lose	4,0 bis 5,0	
Salz (Siedesalz)	7,5 bis 8,0	

Bezeichnung	Berechnungsgewicht kN/m³	Winkel der inneren Reibung Grad
1937 DIN 1055		
wie vor		
Mehl, in Säcken	5,00	
1940 DIN 1055		
wie vor		
Butter	9,50	
Fleischkonserven, 1,00 m hoch	5,00	
Mehl, in Säcken (4 Lagen = 1,00 m Höhe)	5,00	
Salz	12,00	40
1963 DIN 1055		
wie vor		
Butter, in Fässern	5,50	
verpackt in Kisten und Kartons	8,00	
Fische, in Fässern und Kisten	8,00	
Getränke, in Flaschen eingestapelt und in Kisten	8,50	
in Flaschen, in Kisten z. B. Bier	6,00	
Kakao, in Säcken	5,50	
Konserven aller Art	8,00	
Margarine, in Kisten	7,00	
in Fässern	5,50	
Mehl, lose geschüttet	6,00	25
Obst, in Kisten	3,50	
Zucker, fest in Säcken	16,00	

1.7 Landwirtschaftliche Schütt- und Stapelgüter

Bezeichnung	Berechnungsgewicht kN/m³	Winkel der inneren Reibung Grad
1890 Preußen		
Gerste, große	6,40	
kleine	5,10	
Hafer	4,30	
Heu	1,00	
Roggen	6,80	
Weizen	7,60	
1919 bzw. **1925** Preußen		
Bohnen (Erbsen, Linsen, Hirse, Wicken)	8,50	35
Buchweizen	5,5 bis 6,0	
Gerste	6,0	
geröstet	4,4 bis 5,0	
Gras und Klee	3,50	
Grieß	6,5 bis 7,0	
Hafer (Packhöhe bis zu 3,00 m)	5,50	
Hanfsamen	5,50	
Heu (Packhöhe bis zu 3,00 m)	0,70	
Heu gepresst	2,80	
Kernobst	3,50	
Kartoffeln	7,50	30
Kleie	4,5 bis 6,0	60 bis 65
Malz (Braumalz)	5,30	22
Malzkeime	2,00	
Obst	3,50	
Pressheu und Pressstreu	2,80	
Roggen	6,80	
Rüben	6,50	
Samen vom Klee, Lein und Rüben	6,0 bis 8,0	
Spreu (Kaff)	2,0 bis 2,3	
Stroh (Packhöhe bis zu 3,00 m)	0,45	
Weizen	7,60	
Winterraps	6,8 bis 8,5	
Zuckerrüben	6,00	
Zuckerrübenpresslinge	8,00	
1925 Hamburg		
wie vor		
Gerste	5,0 bis 6,5	40 bis 45
Hafer	4,50	40 bis 45
Heu	1,0 bis 1,2	

Bezeichnung	Berechnungs-gewicht kN/m³	Winkel der inneren Reibung Grad
Kartoffeln	7,0	
Roggen	6,0 bis 8,0	37
Rüben	5,7 bis 6,5	
Stroh	1,00	
Weizen	7,0 bis 8,0	25
1937 DIN 1055		
wie vor		
Hopfen, in Säcken	1,70	
in zylindrischen Hopfenbüchsen	4,70	
in zylindrischer Form, in Hopfentuch eingenäht oder gepresst	2,90	
Stroh, lose (Spreu) bis 3,00 m Packhöhe	0,45	
gepresst (Spreu)	2,80	
Zuckerrübenschnitzel	3,00	40
1940 DIN 1055		
Belastung gilt bei Flachspeichern für Gesamtfläche (auch Gänge)		
wie vor		
Flachs, gestapelt und in Ballen gepresst	3,00	
Getreidegarben, bis 4,00 m Packhöhe	1,00	
über 4,00 m Packhöhe	1,50	
Heu, gepresst	1,70	
Kraftfutterkuchen	10,00	
Kraftfutterschrot	6,00	
Getreide, Hülsenfrüchte, Flachssamen, Kleesamen usw.	7,50	30
Kleie und Mehl	5,00	45
Malzschrot	4,00	45
Rüben	7,50	30
Weizengrieß	5,50	30
1963 DIN 1055		
Mindestverkehrslast p = 3,50 kN/m²		
* Bei Trocknungsanlagen sind diese Werte um 20% zu erhöhen.		
wie vor		
Futterrüben	7,00	35
Getreide und Mais	8,00	30
Getreidegarben, bis 4,00 m Packhöhe i. M.	0,90	
bis 8,00 m Packhöhe i. M.	1,20	
bis 12,00 m Packhöhe i. M.	1,40	

Bezeichnung	Berechnungs-gewicht kN/m³	Winkel der inneren Reibung Grad
Grünfutter, lose gelagert	4,00	
Hanfsamen	5,00	30
* Heu, lose (bis 3,00 m Packhöhe)	0,70	
gepresst	2,80	
lang und lose, oder in niederdruckgepressten Ballen oder langgehäckselt (über 5 cm)	0,90	
in garngebundenen hochdruckgepressten Ballen oder kurzgehäckselt (bis 5 cm lang) oder langes Grummet u. dgl.	1,40	
in drahtgebundenen hochdruckgepressten Ballen oder kurzgehäckseltes Grummet (bis 5 cm lang) und dgl.	1,70	
Hülsenfrüchte, Klee- und Luzernsamen, Grassamen entspelzt	8,00	25
Kartoffeln, lose geschüttet oder in Säcken	7,00	30
Kartoffelsilage	10,00	
Kraftfutter, Ölkuchen	10,00	
Ölschrot und Kraftfuttergemisch	5,50	45
Getreide- und Malzschrot	4,00	45
Kleie und Troblako	3,00	45
Grünmehl und Kartoffelflocken	1,50	45
Ölfrüchte, Lieschgras gespelzt	6,50	25
Spreu	1,00	
* Stroh, lang und lose in Mähdreschballen oder langgehäckselt (über 5 cm lang)	0,50	
in Niederdruckballen od. kurzgehäckselt (bis 5 cm lang)	0,80	
in Hochdruckballen garngebunden	1,10	
in Hochdruckballen drahtgebunden	1,50	
Zuckerrüben, unzerkleinert	7,00	35
Nassschnitzel	10,00	0
Trockenschnitzel	3,00	60

1.8 Flüssigkeiten

Bezeichnung	Berechnungsgewicht kN/m³
1925	
Alkohol, wasserfrei	8,07
Anilin	10,36
Benzin	6,90
Benzol	9,00
Bier	10,30
Glyzerin (wasserfrei)	12,60
Leinöl, gekochtes	9,40
Milch	10,30
Mineralölschmiere	9,0 bis 9,3
Olivenöl, Baumöl, Tran, Provenceöl	9,1 bis 9,3
Petroleum (Leuchtpetroleum)	8,0 bis 8,1
Quecksilber	136,00
Salzsäure 40%ig	12,00
Schwefelsäure	18,42
schweflige Säure	14,60
Seewasser	10,2 bis 10,3
Teer (Steinkohlenteer)	11,0 bis 12,8
Terpentinöl	8,73
Wasser, destilliert	10,00
Wein	9,9 bis 11,0
1940	
wie vor	
Alkohol, wasserfrei	7,90
Benzin	6,8 bis 8,0
Bier	10,2 bis 10,5
Glyzerin (wasserfrei)	12,70
Kohlensäure	18,70
Methylalkohol	8,10
Mineralölschmiere	8,9 bis 9,6
Olivenöl	9,20
Petroleum	7,6 bis 8,6
Salpetersäure 40%ig	12,50
Schwefelsäure 50%ig	14,00
schweflige Säure (verdichtet)	14,90
Spiritus 90 vol%	8,30
Teer (Steinkohlenteer)	11,0 bis 12,0
Trane	9,2 bis 9,4
Wasser, schweres	11,10
Wein (Rhein)	9,9 bis 10,0

Bezeichnung	Berechnungs-gewicht kN/m³
1963 DIN 1055	
Alkohol und Äther	8,00
Anilin	10,00
Benzin	8,00
Benzol	9,00
Bier	10,00
Erdöl, Dieselöl, Heizöl	10,00
Essigsäure	10,70
Faulschlamm mit über 50 % Wassergehalt	11,00
Glyzerin	12,50
Kreosotöl und Teeröl	11,00
Milch	10,00
Öle, pflanzlich und tierisch	10,00
Petroleum	8,00
Salpetersäure 91 Gew%	15,00
Salzsäure 40 Gew%	12,00
Schwefelsäure 30 Gew%	14,00
Schwefelsäure, rauchende	19,00
Teer, flüssig	12,00
Terpentinöl	9,00
Wasser	10,00
Wein	10,00

2 Eigenlasten von Baustoffen

2.1 Füllstoffe

Bezeichnung	Berechnungs-gewicht kN/m³
Im geschütteten Zustand (trocken), wenn nicht anders angegeben.	
1887 Berlin	
Erde und Lehm	16,00
1890 Preußen	
Erde und Lehm	16,00
1901	
Asche	8,50
Bauschutt	15,30
Füllsand	16,00
Kieselgur, etwas feucht	4,50
trocken	3,00
Kalkpulver	9,40
Torfstreu, Torfgrus	1,30
Torfstreu mit etwas Kieselgur und Kalkpulver	9,40
1910 Preußen	
wie vor	
Lehmschlag	12,20
Kokosasche	7,00
Sand	16,00
1910 Berlin	
Bimssteinsand	7,00
Erde, Sand, Lehm	16,00
Koksasche	7,00
1917 Hamburg	
wie vor	
Asche	10,00
Bimssand	7,00
Erde, Sand, Lehm (nass)	21,00
Erde, Sand, Lehm (trocken)	16,00
Kies (trocken)	18,00
Kies (nass)	20,00
Schlacke	10,00
Torfmull lose geschüttet	2,00
gestampft	4,00

Bezeichnung	Berechnungsgewicht kN/m³
1919 Preußen	
wie vor	
Bimssteinsand	7,00
Kies (trocken)	17,00
Koksasche	7,50
Kesselschlacke	10,00
Hochofenschlacke	
als Stückschlacke in der Körnung von Eisenbahnschotter	14,00
als granulierter Schlackensand	10,00
1937 DIN 1055	
Erde, Sand, Lehm (feucht)	18,00
Koksasche	7,00
Kohlenschlacke eingestampft	10,00
Hochofenschlacke	15,00
als Stückschlacke in der Körnung von Eisenbahnschotter	7,00
Hochofenschaumschlacke	16,00
Kohlenschlackenbeton mit Sandzusatz	
1940 DIN 1055 **(1943)**	
wie vor	
Beton aus Steinkohlenschlacke mit Sandzusatz	16,00
Hochofenschlacke	
als granulierter Schlackensand	11,00
als Stückschlacke, Korngröße ca. 30 – 70 mm	15,00
Hüttenbims (Hochofenschaumschlacke)	7,00
Kesselschlacke, Flugasche	10,00
Lehm	16,00
Sand	16,00
Steinkohlenschlacke, Hochofenschlackensand	16,00
1963 DIN 1055	
wie vor	
Bimskies	7,00
Blähton	6,00
Braunkohlenfilterasche	15,00
Hochofenstückschlacke	18,00
Kieselgur	2,50
Schaumlava	8,00
Schlacke	10,00
Ziegelsand, Ziegelsplitt, Ziegelschotter	13,00

2.2 Werkstücke und Mauerwerk aus natürlichen Steinen

Bezeichnung	Berechnungsgewicht kN/m³
1887 Berlin	
Granit und Marmor	27,00
Sandsteinmauerwerk	24,00
1890 Preußen	
Granit- bzw. Marmormauerwerk	27,00
Kalksteinmauerwerk	26,00
Sandsteinmauerwerk	24,00
1910 Berlin	
Bruchsteinmauerwerk aus	
Granit	27,00
Kalk- oder Sandstein	25,00
Granit- bzw. Basaltlavamauerwerk	28,00
Kalksteinmauerwerk	25,00
Sandsteinmauerwerk	27,00
1917 Hamburg	
Werkstücke und Quadermauerwerk	
Basalt	30,00
Basaltlava porig	18,00
ziemlich dicht	28,00
Bimsstein, Leuzit und lockerer Kalktuff	14,00
Granit, Syenit, Porphyr	28,00
Kalksteine dicht	25,00
porig	20,00
Marmor	28,00
Sandsteine, schwere Grauwacke und	
Kohlensandstein	27,00
sonstige Sandsteine	24,00
Schiefer	27,00
Tuffstein, Porphyr- und dichter Kalktuff	20,00
Bruchsteinmauerwerk aus	
Granit	27,00
Kalkstein, Sandstein, Schiefer	25,00
1919 Preußen	
wie vor	
1925 Preußen	
wie vor	
Marmor	27,00

Bezeichnung	Berechnungs-gewicht kN/m³
1937 DIN 1055	
wie vor	
Bimsstein, Leuzit- und lockerer Kalktuff	12,00
Granit, Gneis, Syenit, Porphyr	26,00
Kalkstein, dicht	26,00
porig	22,00
Muschelkalk	26,00
Nagelfluhe	24,00
1940 DIN 1055	
wie vor	
Basalt, Melaphyr	30,00
Basaltlava porig	23,00
Diabas	28,00
Diorit, Gabbro	30,00
Gneis, Granulit	30,00
Granit, Syenit, Porphyr	28,00
Grauwacke	26,00
Kalkstein, Dolomit (fester) einschl. Muschelkalk und Marmor	28,00
Kalkstein (sonstiger) einschl. Kalkkonglomeraten	22,00
Sandstein	26,00
Serpentin	26,00
vulkanischer Tuffstein	20,00
1963 DIN 1055	
Mauerwerk einschließlich Fugenmörtel	
wie vor	
Diabas	29,00
Trachyt	26,00
Nagelfluhe	26,00
Kalkstein, Dolomit (dichter, fester) einschl. Muschelkalk, Marmor	27,00
Kalkstein (sonstiger) einschl. Kalkkonglomeraten	24,00
Kalktuff	12,00
Schiefer	28,00
Serpentin	27,00

2.3 Mauerwerk aus künstlichen Steinen

Bezeichnung	Rohdichte kg/m³	Berechnungs-gewicht einschl. Fugenmörtel ohne Putz kN/m³
1887 Berlin		
Backsteinmauerwerk aus		
vollen Steinen		16,00
porösen Steinen		13,00
Lochsteinen		11,00
1890 Preußen		
Ziegelmauerwerk aus		
Lochsteinen		13,00
porigen Lochsteinen		9,00
Schwemmsteinen		8,50
vollen Steinen		16,00
porigen Steinen		10,0 bis 12,0
1890 Berlin		
Mauerwerk aus porigen Lochsteinen		11,00
1901		
wie vor		
Mauerwerk aus hohlen Backsteinen		12,50
1910 Berlin		
Mauerwerk aus		
Hartbrandziegel		18,00
Kalksandsteinen, Ziegel		18,00
Klinker		19,00
Schwemmsteinen		10,00
1912 Preußen		
Backsteinmauerwerk aus vollen Steinen		18,00
1917 Hamburg		
Klinker		19,00
Kunstsandstein		21,00
Korksteine		6,00
Lochsteine		13,00
porige Loch- oder Schwemmsteine		10,00
Vollsteine, porige		11,00
*1 Ziegel, Kalksand-, Hartbrandsteine		18,00

Bezeichnung	Rohdichte kg/m³	Berechnungsgewicht einschl. Fugenmörtel ohne Putz kN/m³
1919 Preußen		
wie vor		
Kalksandsteine		18,00
Schwemmsteine		10,00
1925 Preußen		
wie vor		
1937 DIN 1055		
wie vor		
Hohlziegel		14,50
Hochofenmauersteine		18,00
Hochofenschwemmsteine		10,00
*1 Kalksandsteine und Mauerziegel		18,00
porige Hohlziegel		10,00
Schlackensteine		14,00
1940 DIN 1055 Reichsformat		
Betonwerksteine		22,00
Hüttensteine		18,00
Kalksandstein		18,00
Klinker		19,00
Korksteine		6,00
Lochziegel für tragende Wände		15,00
Lochziegel porig mit großen Löchern für nichttragende Wände		10,00
*2 Mauerziegel		18,00
Mauerziegel porig		14,00
Schamottesteine		19,00
Schlackensteine, Ziegelbetonsteine, Hohlblocksteine aus Schlackenbeton und Ziegelsplittbeton		14,00
Schwemmsteine und Hüttenschwemmsteine, Hohlblock- und T-Steine aus Natur- und Hüttenbims		11,00

*1 Ist das Gewicht der Ziegelsteine normalen Formats nachweislich geringer als 3,3 kg, so kann das Gewicht des Mauerwerks entsprechend niedriger, jedoch nicht unter 16,00 kN/m³ angesetzt werden.

*2 Ist das Gewicht der Mauerziegel vom Reichsformat nachweislich geringer als 3,3 kg, so kann das Gewicht des Mauerwerks entsprechend niedriger, jedoch nicht unter 16,00 kN/m³ angesetzt werden.

Bezeichnung	Rohdichte kg/m³	Berechnungsgewicht einschl. Fugenmörtel ohne Putz kN/m³
1963 DIN 1055		
Das überarbeitete Normblatt DIN 1055 Blatt 1 wurde 1963 eingeführt. Der Entwurf dieses Normblattes wurde aber schon ab ca. 1956 in Auszügen abgedruckt und angewendet.		
In den Gewichtsangaben ist nur unverputztes Mauerwerk erfasst. Bei bewehrtem Mauerwerk erhöht sich das Berechnungsgewicht um 1,0 kN/m³.		
1. Mauerziegel nach DIN 105		
Hochbauklinker KMz 350		20,00
Hochlochklinker KHMz 350		18,00
Vormauerziegel VMz und Vollziegel Mz		18,00
Porenziegel PMz, Vormauer-Hochlochziegel VHMz, Hochlochziegel HLz, Langlochziegel LLz	1400	15,00
wie vor	1200	14,00
wie vor	1000	12,00
2. Kalksandsteine nach DIN 106 Blatt 1		
Kalksand-Vollsteine KSV	2000	20,00
	1800	18,00
	1600	17,00
Kalksand-Lochsteine KSL	1600	17,00
	1400	15,00
	1200	14,00
Kalksand-Hohlblocksteine KSHBL	1200	14,00
	1000	12,00
3. Leichtbeton-Vollsteine DIN 18152		
V 1.6/50, V 1.6/75, V 1.6/150		17,00
V 1.4/25, V 1.4/50, V 1.4/75		15,00
V 1.2/25, V 1.2/50		14,00
V 1.0/25, V 1.0/50		12,00
V 0.8/25		10,00
4. Leichtbeton-Hohlblocksteine DIN 18151		
HBI 1.6/25, HBI 1.6/50		14,00
HBI 1.4/25, HBI 1.4/50		13,00
HBI 1.2/25, HBI 1.2/50		12,00
HBI 1.0/25, HBI 1.0/50		10,00

Bezeichnung	Rohdichte kg/m³	Berechnungsgewicht einschl. Fugenmörtel ohne Putz kN/m³
5. Wandbausteine aus dampfgehärtetem Gas- und Schaumbeton DIN 4165		
Steinrohdichte	800	10,00
	600	8,00
6. Sonstige Mauersteine		
Magnesitsteine		28,00
Kanalklinker (DIN 4051)		20,00
Feuerfeste Steine		20,00
Hüttensteine (DIN 398)		
HS 50, HS 100, HS 150		20,00
Hüttenhartsteine HHS (DIN 398)		22,00
Leichtziegel (DIN 18505)	1000	12,00
	800	10,00
	600	8,00
7. Glasbausteine		kN/m²
Voll-Glasbausteine 30 mm dick		0,75
Hohl-Glasbausteine 50 mm dick		0,75
80 mm dick		1,00
100 mm dick		1,25

2.4 Mörtel

Bezeichnung	Rohdichte kg/m³	Berechnungsgewicht kN/m³
1917 Hamburg		
Zementmörtel	2000 bis 2300	21,00
Kalkzementmörtel	1800 bis 2000	19,00
Kalkmörtel	1650 bis 1800	17,00
Traßmörtel	1900 bis 2100	20,00
Gips gegossen	900 bis 1000	10,00
1919 Preußen wie vor		
1925 Preußen wie vor		

Bezeichnung	Rohdichte kg/m³	Berechnungsgewicht kN/m³
1937 DIN 1055		
Zementmörtel, Zementtraßmörtel	2000 bis 2200	21,00
Kalkzementmörtel, Kalktraßmörtel	1800 bis 2000	19,00
Kalkmörtel und Kalkgipsmörtel	1650 bis 1800	17,00
Gipsmörtel	900 bis 1500	12,00
1940 DIN 1055 wie vor		
1963 DIN 1055		
Gipsmörtel ohne Sand		12,00
Kalkmörtel (Mauer- und Putzmörtel) Kalkgipsmörtel, Gipssandmörtel (Putzmörtel), Anhydritmörtel		18,00
Kalkzement- und Kalktraßmörtel		20,00
Lehmmörtel		20,00
Zement- und Zementtraßmörtel		21,00

2.5 Putz und Drahtputz

Bezeichnung	Berechnungsgewicht je 1 cm Dicke kN/m²
1910 Preußen	
Deckenputz, übliche Dicke	0,20
Rohrung und Putz, übliche Dicke	0,20
1917 Hamburg	
Monier- und Zementdrahtputz (Zementm.)	0,24
Rabitz- und Drahtputz (Gipskalkmörtel)	0,15
1919 Preußen	
Deckenputz	0,20
Rohrung und Putz	0,20
1925 Preußen	
Rohrdeckenputz einschl. Rohr	0,20
Putz in Gipsmörtel	0,10
in Kalkmörtel	0,17
in Kalkzementmörtel	0,19
in Traßmörtel	0,20
in Zementmörtel	0,21
Rabitz- oder Drahtputz	0,15
Monier- oder Zementdrahtputz	0,24

Bezeichnung	Berechnungsgewicht je 1 cm Dicke kN/m²
1934 DIN 1055	
wie vor	
Putz aus Gipsmörtel	0,12
aus Kalkgipsmörtel	0,17
aus Kalktraßmörtel	0,19
aus Zementtraßmörtel	0,21
Spalierdeckenputz einschl. Rohr	0,20
1943 DIN 1055	
wie vor	
Drahtputz mit Kalk- und Gipsmörtel	0,15
mit Zementmörtel	0,24
Rohrputz auf Schalung (einschl. Rohr- und Schalungstraßmörtel)	0,30
1963 DIN 1055	
Putz auf doppeltem Rohrgewebe einschl. Rohr und Latten und auf gerillten Faserplatten	0,40
wie vor auf Schalung	0,50
Putz auf Holzstabgewebe, Streckmetall oder Ziegelgewebe	0,40
Drahtputz mit Gipsmörtel, ohne Sand	0,50
(Rabitz) mit Kalk, Kalkgips, Gipssandmörtel	0,70
mit Zementmörtel	0,80

2.6 Estrich (Asphalt)

Bezeichnung	Berechnungsgewicht je 1 cm Dicke kN/m²
1910 Preußen	
Estrich (Zement)	0,22
Estrich (Gips oder Lehm)	0,16
Terrazzo	0,21
1917 Hamburg	
Gipsestrich	0,22
Terrazzo	0,20
Zementestrich	0,21
1919 Preußen	
Zementestrich	0,22

Bezeichnung	Berechnungsgewicht je 1 cm Dicke kN/m²
1925 Preußen	
Gipsestrich	0,21
Gussasphalt	0,14
Terrazzo	0,20
Zementestrich	0,22
1934 DIN 1055	
wie vor	
Gussasphalt und Stampfasphalt	0,22
Korkestrich	0,05
1943 DIN 1055	
wie vor	
Gipsestrich	0,16
Stahlbetonestrich	0,22
Terranovaestrich mit Sand	0,24
mit Bims	0,17
1963 DIN 1055	
wie vor	
Anhydritestrich	0,22
Gipsestrich	0,21
Magnesiaestrich (DIN 272)	0,18
Terrazzo	0,22
Zement- und Asphaltestrich	0,22

2.7 Fußboden und Wandbeläge

Bezeichnung	Berechnungsgewicht je 1 cm Dicke kN/m²
1901	
Dielenbelag aus Tannenholz	0,065
1910 Preußen	
Dielung	0,065
Fliesen in Zementmörtelbettung	0,21
Linoleum	0,125
1917 Hamburg	
Glas	0,26
Gussasphalt	0,14

Bezeichnung	Berechnungsgewicht je 1 cm Dicke kN/m²
Holzpflaster aus Kiefer in Asphalt	0,11
Klinkerpflaster	0,20
Korkplatten (als Unterlage)	0,03
Linoleum	0,12
Stampfasphalt	0,20
Steinpflaster (je nach Steinsorte)	0,28
Tonfliesen	0,20
Torgament und dgl. (Steinholz)	0,15
Xylolith	0,18
1919 Preußen	
wie vor	
1925 Preußen	
wie vor	
Linoleum	0,13
Steinholzfußboden (Torgament)	0,18
1934 DIN 1055	
wie vor	
Buchenholz	0,07
Eichenholz	0,08
Kiefernholz	0,06
Stampfasphalt, Gussasphalt	0,22
Torfplatten (als Unterlage)	0,03
Zementfliesen	0,22
1943 DIN 1055	
wie vor	
Fichte, Kiefer, Lärche, Tanne	0,06
Gelbkiefer, Pechkiefer (Übersee)	0,08
Laubholz	0,08
1963 DIN 1055	
wie vor	
Asbest-Asphalt	0,18
Betonwerksteinplatten	0,24
Glasplatten, Glaswandplatten, Glasfliesen, Glasmosaik	0,25
Gummi	0,12
Hartbetonbeläge (DIN 1100)	0,24
keramische Wand- und Bodenfliesen	0,20
Kunstharz (Spachtelfußboden)	0,14
Kunststoff-Fußböden	0,15
Natursteinplatten	0,30

2.8 Beton

Bezeichnung	Berechnungsgewicht kN/m³
1887 Berlin	
Beton	22,00
1890 Preußen	
Beton	18,0 bis 22,0
1901	
Backsteinbeton	17,00
Gipsbeton	14,00
Kiesbeton	22,00
Schlackenbeton	10,0 bis 11,0
Schlackenbeton mit Weißkalk	12,35
1904 Preußen	
Beton mit Eiseneinlagen	24,00
1910 Berlin	
Bimsbeton	10,00
Fundamentbeton	22,00
Schlackenbeton	10,00
Zementbeton	22,00
1917 Hamburg	
Beton aus Kies, Granitschotter u. dgl.	
magere Mischung	22,00
fette Mischung	23,00
mit Eiseneinlagen	24,00
Beton aus Ziegelschotter	18,00
Schlacke ohne Sandzusatz	16,00
Schlacke mit Sandzusatz	17,00
Bimskies mit Bimssand	12,50
Bimskies mit Quarzsand	16,00
1919 Preußen	
wie vor	
Beton aus Kies, Granitschotter u. dgl.	22,00
wie vor mit Eiseneinlagen	24,00
Beton aus Kohlenschlacke	16,00
Bimskies	16,00

Bezeichnung	Berechnungsgewicht kN/m³
1925 Preußen	
wie vor	
Beton aus Kohlenschlacke m. Sandzusatz	16,00
Bimskies m. Sandzusatz	16,00
Hochofenschlacke	22,00
1937 DIN 1055	
wie vor	
Beton aus Bimskies mit Sandzusatz und Stahleinlagen	18,00
1940 DIN 1055	
Beton aus Bimskies oder Hüttenbims (Hochofenschaumschlacke) mit max. 1/3 Sandzusatz	16,00
wie vor mit Stahleinlagen	18,00
Beton mit Kesselschlacke mit max. 1/3 Sandzusatz	16,00
Beton aus Kies, Sand, Splitt oder Steinschlag, Hochofenschlacke	22,00
wie vor mit Härtestoffen	24,00
wie vor mit Stahleinlagen (Stahlbeton)	24,00
Beton aus Ziegelsplitt, Ziegelschotter	
a) mit geschlossenem Gefüge	18,00
b) desgl. mit Stahleinlage	20,00
c) desgl. mit porigem Gefüge	14,00
1963 DIN 1055	
Beton aus Bimskies, Hüttenbims oder Blähton (mit Korneigenporigkeit) als Schüttbeton ohne Sandzusatz (haufwerksporig)	10,00
desgl. mit geschlossenem Gefüge (1/3 Sandzusatz)	14,00
desgl. mit Stahleinlage	16,00
aus Kesselschlacke, Schaumlava und gleichschweren Zuschlagstoffen ohne Sandzusatz (haufwerksporig)	14,00
aus Hochofenschlacke, Ziegelsplitt, Sinterbims u. gleichschweren Zuschlagstoffen ohne Sandzusatz (haufwerksporig)	16,00
aus Schlacke, Ziegelsplitt, Sinterbims und gleichschweren Zuschlagstoffen mit geschlossenem Gefüge (max. 1/3 Sandzusatz)	19,00
wie vor mit Stahleinlagen	21,00
aus nichtporigen Zuschlagstoffen (haufwerksporig)	18,00

Bezeichnung	Berechnungsgewicht kN/m³
aus Kies, Sand, Splitt, Steinschlag oder Hochofenschlacke mit geschlossenem Gefüge	23,00
wie vor mit Stahleinlagen	25,00
Normalbeton DIN 1045 bis B10	23,00
ab B15	24,00
Stahlbeton DIN 1045	25,00

2.9 Wandbaustoffe, Wandplatten

Bezeichnung	Berechnungsgewicht je 1 cm Dicke kN/m²
1910 Berlin	
Gipsdielen	0,065
1917 Hamburg	
Gipsdielen (ohne Sand- oder Schlackenbeimengung)	0,10
Platten aus Schlacken als Füllstoff und Gips, Kalk oder Zement als Bindemittel	0,125
1940 DIN 1055	
Gipswandplatten (auch mit Hohlräumen) und Gipsschlackenplatten	0,08
Asbestzementplatten	0,15
Leichtbauplatten aus Holzwolle	0,045
Holzfaserhartplatten	0,10
1963 DIN 1055	
Wandbauplatten aus Leichtbeton DIN 18162	
aus Naturbims (Bimsdielen)	0,08
Hüttenbims oder Blähton	0,10
Schlacken	0,12
Lava, Sinterbims, Tuff, Ziegelsplitt	0,14
Leichtbeton mit gemischten Zuschlagstoffen	0,14
Wandbauplatten aus Gips DIN 18163	
aus Porengips	0,07
Gips mit leichten Füllstoffen, Hohlräumen oder Poren	0,09
Gips	0,10
Gips mit gemischten Zuschlagstoffen	0,12

Bezeichnung	Berechnungsgewicht je 1 cm Dicke kN/m²
Sonstige Platten und Plattenwände	
Asbestzementtafel (DIN 274)	0,21
Drahtputzwände (DIN 4103)	
aus Gipsmörtel ohne Sand	0,15
aus Kalk-, Kalkgips- oder Gipssandmörtel	0,20
aus Zementmörtel	0,24
Glasplatten	0,25
Holzfaserplatten (DIN 68750) hart	0,10
(Dämmplatten) porös	0,03
Holzspanplatten	0,10
Holzwolle-Leichtbauplatten (DIN 1101)	0,05
Kalksand-Lochplatten	0,15
Klinkerplatten	0,20
Leichtziegelplatten (DIN 18505)	
Ziegelrohdichte 1,0 kg/dm³	0,12
0,8 kg/dm²	0,10
0,6 kg/dm³	0,08
Sperr- und Schichtholzplatten (DIN 4078)	0,10
Strohfaser-, Pressstroh-, Schilfrohrplatte	0,03
Tonhohlplatten (Hourdis) DIN 278	0,08
Wandplatten aus dampfgehärtetem Gasbeton und Schaumbeton (DIN 4166)	0,08
Wollfilzplatten	0,05

2.10 Bauholz

Bezeichnung	Berechnungsgewicht kN/m³
Das Gewicht des lufttrockenen Holzes, gegen Witterungs- und Feuchtigkeitseinflüsse geschützt	
1887 Berlin	
Fichtenholz	5,50
Kiefernholz	6,50
Lärchenholz	7,30
Eichenholz	8,00
1890 Preußen	
Buche	7,50
Eiche	8,00
Kiefer	6,50
Tanne	6,00

Bezeichnung	Berechnungsgewicht kN/m³
1901	
Kienenholz	6,00
Eichenholz	7,50
1910 Berlin	
Buche	7,50
Eiche	9,00
Fichte	5,50
Kiefer, Lärche	6,50
Tanne	6,00
1917 Hamburg	
Buche	7,50
Eiche	9,00
Fichte	5,50
Kiefer	6,50
Pechkiefer (Pitchpine)	9,00
Tanne	6,00
Yellowpine	7,00
1919 Preußen	
Buche, Gelbkiefer (Yellowpine)	8,00
Eiche, Pechkiefer (Pitchpine)	9,00
Fichte (Rottanne)	6,00
Kiefer (Föhre)	6,00
Tanne (Weißtanne)	6,00
1925 Preußen	
ausländische Harthölzer	10,50
Buche	7,50
Eiche	8,50
Fichte (Rottanne)	5,50
Gelbkiefer (Yellowpine)	7,50
Kiefer (Föhre)	6,50
Lärche	6,00
Pechkiefer (Pitchpine)	8,50
Tanne (Weißtanne)	5,50
1937 DIN 1055	
wie vor	
ausländische Harthölzer	10,00
Eiche	8,00
Gelbkiefer (Yellowpine)	8,00
Kiefer (Föhre)	6,00
Pechkiefer (Pitchpine)	8,00
Rotbuche	7,00

Bezeichnung	Berechnungsgewicht kN/m³
1940 DIN 1055	
Harthölzer aus Übersee	10,00
Laubholz	8,00
Nadelholz – Kiefer, Fichte, Tanne, Lärche	6,00
– Gelbkiefer, Pechkiefer aus Übersee	8,00
– Fichte, Tanne bei Nachweis	5,50
1963 DIN 1055	
Nadelholz	6,00
Laubholz	8,00
Fichtenholz im Holzleimbau	5,00
Bei Hölzern, die der Witterung und Feuchtigkeit ausgesetzt sind: Werte um 0,50 kN/m³ erhöhen	

2.11 Metalle

Bezeichnung	Berechnungsgewicht kN/m³
1887 Berlin	
Eisen	75,00
1890 Preußen	
Blei	113,70
Bronze	86,00
Flusseisen	78,50
Flussstahl, gewalzter Stahl	78,60
Gusseisen	72,50
Kupfer	89,00
Schweißeisen	78,00
Zink, gegossen	68,60
gewalzt	72,00
1917 Hamburg	
Blei	114,00
Bronze	86,00
Flusseisen	78,50
Flussstahl	78,60
Gusseisen	72,50
Kupfer gewalzt	89,00
Zink gegossen	69,00
gewalzt	72,00
Zinn gewalzt	74,00

Bezeichnung	Berechnungsgewicht kN/m³
1919 Preußen	
wie vor	
Schweißeisen	78,00
1925 Preußen	
wie vor	
Messing	86,00
1937 DIN 1055	
wie vor	
Aluminium	27,50
Bronze	85,00
Flussstahl und Stahlguss	78,50
Messing	85,00
Schweißeisen und Schweißstahl	78,00
1940 DIN 1055	
wie vor	
Aluminium	27,00
Aluminiumlegierungen	28,00
Magnesium	18,20
Stahl und Schweißeisen	78,50
1963 DIN 1055	
wie vor	
Kupfer	89,00
Magnesium	18,50
Nickel	89,00

2.12 Platten, Matten, Bahnen

Bezeichnung	Dicke mm	Berechnungsgewicht kN/m²
1901		
Korkplatten	30	0,08
	40	0,11
	50	0,14
	60	0,17
1910 Berlin		
Asphaltfilzplatte	7 bis 10	0,11 bis 0,15
Asphaltpappe		0,03

Bezeichnung	Dicke mm	Berechnungsgewicht kN/m²
1934 DIN 1055		
Platten aus Holzschliff u. ä. Stoffen	10	0,03
Platten aus imprägnierter Holzwolle, gepresstem Stroh, Torf usw.	10	0,035
1943 DIN 1055		
wie vor		
Leichtbauplatten aus Holzwolle, Heraklith	10	0,045
1948		
wie vor		
Filzplatten	10	0,03
Gasokret-Isolierstoff	10	0,04 bis 0,05
Glaswolle	10	0,01
Hartgewebeplatten (DIN 40606)	1	0,0135
Hartpapierplatten	1	0,0135
Holzfaser-Isolierplatten	10	0,025
Kork-Isolierstoff	10	0,02 bis 0,04
Matten aus Gummi, glatt	1	0,02
Gummi, gemustert voll	1	0,016
Gummi, durchbrochen	1	0,01
Matten aus Holzwolle, Holzfasern	1	0,013 bis 0,017
aus Seegras	1	0,01 bis 0,02
Moostorf (3 - 8 cm dick)	10	0,025
Pappe, Dach- und Bitumen	1	0,01
Zellenbeton-Isolierstoff	10	0,03 bis 0,07
1963 DIN 1055		
wie vor		
Asbestpappe	10	0,12
Asphalt- und Mastixplatten	10	0,22
Bitumen- und Teerdachpappe beidseitig besandet	je Lage	0,02
Faserdämmstoffe (DIN 18165) in		
Platten, Matten, Bahnen, Filzen	10	0,02
Kieselgurplatten	10	0,025
Korkplatten, bituminiert oder geteert	10	0,05
Platten aus Kork, Torf u. ä. Stoffen	10	0,04
Schaumkunststoffplatten	10	0,01
Pappe, Rohpappe, Wollfilzpappe	je Lage	0,005

3 Eigenlasten von Bauteilen

3.1 Dacheindeckungen

Böhmische Deckung = volle Mörtelbettung

Bezeichnung	Berechnungsgewicht kN/m²
Eigenlast der Dächer (einschl. Dachdeckung, Sparren, Pfetten, Windverband) für 1,00 m² schräge Dachfläche	
1879 Berlin	
Holzdächer	
Asphaltdach mit Lehmunterlage	0,61 bis 0,76
mit Fliesenunterlage	1,02
Doppel- und Kronenziegeldach	1,27
einfaches Ziegeldach	1,02
Falzziegeldach	0,72
gewöhnliches Schieferdach	0,76
Holzzementdach	1,35
Rohr- und Strohdach ohne Lehm	0,61
mit Lehm	0,76
Teerpappdach	0,30
Zink- und Eisenblechdach auf Schalung	0,41
Metalldächer	
ebenes Eisenblechdach auf Winkeleisen	0,25
Eisenwellblech auf Winkeleisen	0,22
Glas auf Winkel- bzw. Sprosseneisen	0,35 bis 0,50
Gusszinkplatten auf hölzernen Latten und Sparren	0,70
Schieferdach auf Winkeleisen	0,51
Zinkwellblech auf Winkeleisen	0,24
1890	
Eigenlast der Dachdeckung einschl. Lattung, Schalung, Sparren, für 1,00 m² Dachfläche	
Holzdächer wie vor	
Asphaltdach mit Lehmunterlage	0,51 bis 0,76
mit Fliesenunterlage	1,02
Metalldächer	
Glas auf Winkeleisen	0,50
gusseiserne Platten	0,74
Schiefer auf Winkeleisen	0,50

Bezeichnung	Berechnungsgewicht kN/m²
1909 und **1910** Preußen (amtliche Bestimmungen)	
Für 1,00 m² Dachfläche einschl. Lattung, Schalung, Sparren	
Holzdächer	
einfaches Ziegeldach aus Biberschwänzen in Normalformat (Spließdach)	0,75
wie vor, böhmisch gedeckt (in vollem Mörtelbett)	0,85
Doppeldach aus Biberschwänzen	0,95
wie vor, böhmisch gedeckt (in vollem Mörtelbett)	1,15
Kronendach aus Biberschwänzen	1,05
wie vor, böhmisch gedeckt (in vollem Mörtelbett)	1,30
Pfannendach, kleine holländische Pfannen	0,80
wie vor, große Pfannen	0,85
Pfannendach auf Stülpschalung mit Strecklatten (verschaltes Pfannendach)	1,00
Falzziegeldach	0,65
Mönch- und Nonnendach	1,00
wie vor, böhmisch gedeckt (in vollem Mörtelbett)	1,15
Mönch- und Nonnendach (Mönch u. Nonne aus einem Stück)	0,90
wie vor, böhmisch gedeckt	1,05
Mönch- und Nonnendach (kleines Format 18/40 cm)	0,85
wie vor, böhmisch gedeckt	1,00
englisches Schieferdach auf Lattung	0,45
auf Schalung	0,55
deutsches Schieferdach auf Schalung und Pappunterlage, Steine ca. 35/25 cm	0,65
wie vor, kleine Steine ca. 20/15 cm	0,60
einfaches Teerpappdach auf Schalung	0,35
Doppelpappdach mit Kiesüberzug auf Schalung	0,55
Holzzementdach mit 7 cm Kiesdecke, Schalung und Sparren 14/18 cm	1,80
Rohrdach auf Lattung	0,50
wie vor, mit Moosansatz und festgehaltenem Wasser	0,80
Strohdach auf Lattung	0,45
wie vor, mit Moosansatz und festgehaltenem Wasser	0,75
Glasdach einschl. Sprosseneisen mit	
4 mm starkem Rohglas	0,22
5 mm starkem Rohglas	0,25
5 mm starkem Drahtglas	0,30
6 mm starkem Rohglas	0,30
6 mm starkem Drahtglas	0,35

Bezeichnung	Berechnungsgewicht kN/m²
1917 Hamburg Baupolizeibehörde	
Für 1,00 m² geneigte Dachfläche einschl. Schalung, Lattung, Sparren	
wie vor	
Zinkdach in Leistendeckung auf Schalung	0,40
Kupferdach mit doppelter Falzung auf Schalung	0,40
Wellblechdach auf Winkeleisen	0,25
1919 Preußen (6. erg. Aufl. 1925)	
Für 1,00 m² geneigte Dachfläche einschl. Schalung, Lattung, Sparren	
wie vor	
Schindeldach auf Lattung	0,35
Rohrdach auf Lattung	0,80
Strohdach auf Lattung	0,75
1934 DIN 1055	
Für 1,00 m² geneigte Dachfläche einschl. Sparren, Schalung, Lattung	
wie vor	
einfaches Teerpappdach auf Schalung	0,40*
doppeltes Teerpappdach auf Schalung	0,50*
wie vor, mit Bekiesung	0,55*
Asbestzementplattendach auf Schalung	0,45
auf Lattung	0,35
Asbestzementwelldach	0,35
verzinktes Stahlpfannendach auf Lattung	0,25
* bei teerfreier Pappe um 0,05 kN/m² geringer	
wie vor, auf Schalung mit Pappunterlage	0,40
Stehfalzdach aus verzinkten Doppelfalzblechen (d = 0,63 mm) mit Pappunterlage auf Schalung	0,40
1943 DIN 1055	
Für 1,00 m² geneigte Dachfläche einschl. Sparren, Schalung, Lattung (für Sparren 0,10 kN/m²)	
wie vor	
Rohr- und Strohdach auf Lattung	0,80

Bezeichnung	Berechnungsgewicht kN/m²
1963 DIN 1055	
Für 1,00 m² geneigte Dachfläche einschl. Sparren, Schalung, Lattung (für Sparren 0,15 kN/m²)	
wie vor	
Kronendach	0,95
Strangfalzziegel	0,75
Falzziegel, Reformpfannen, Falzpfannen, Flachdachpfannen	0,70
Falzdachsteine	0,70
Krempziegel, Hohlpfannen	0,65
Pfannen nach DIN 1118	0,65
großformatige Pfannen bis 10 Stck/m²	0,65
Mönch und Nonne ohne Vermörtelung	0,85
wie vor, mit Vermörtelung	1,05
engl. Schieferdach (Doppeldeckung) auf Schalung und Pappe	0,70
altdeutsch. Schieferdach (Doppeldeckung) auf Schalung u. Pappe	0,75
Aluminiumdach (d = 0,7 mm) a. Schalung	0,40
Welldrahtglas ohne Pfetten u. Sparren	0,21
Kunststoffplatten ohne Pfetten und Sparren	
aus Plexiglas glatt je 1,0 cm Dicke	0,12
aus Plexiglas gewellt 3 mm dick	0,05
aus glasfaserverstärkten Polyester-Lichtplatten	0,02
Für Vermörtelung sind 0,10 kN/m² zuzuschlagen.	

3.1.1 Lasten der Dachbinder

Bezeichnung	Berechnungsgewicht kN/m²
1879 Für Dachbinder können folgende Lastannahmen gemacht werden.	
Holzdächer (für 1 m² schräge Dachfläche)	
Dachbinder (stehende oder liegende) mit allem Zubehör an Holzteilen bei 7,50–15,00 m Spannweite	0,07 bis 0,13
einfache Hängeböcke bei 10,00–18,00 m Spannweite	0,12 bis 0,18
kombinierte Spreng- und Hängeböcke bei Spannweiten von ca. 20,00 m	0,20 bis 0,24
freifreitragende Dachbinder verschied. Konstruktion bei 10,00–18,00 m Spannweite	0,20 bis 0,30
Eisendächer (für 1 m² waagerechte Projektion der Dachfläche)	
bei leicht konstruierten Dachstühlen	0,14 bis 0,20
bei schwer konstruierten Dachstühlen	0,20 bis 0,30

Bezeichnung	Berechnungsgewicht kN/m²
1890	
Gewicht der Binder bei eisernen Dächern für 1 m² in der Horizontalprojektion	0,10 bis 0,25
1944 (für 1 m² Grundfläche)	
Holzpfetten (Binderabstand 4,00–5,00 m) mit Pfettenabstand 2,50–3,50 m	0,06 bis 0,08
Holzbinder (Binderabstand 4,00–5,00 m) mit Spannweite 8,00–20,00 m	0,10 bis 0,30
Stahlpfetten (Binderabstand 4,00–6,00 m) mit Pfettenabstand 2,00–3,00 m bei freier Auflagerung	0,08 bis 0,16
bei Gelenkpfetten	0,05 bis 0,12
stählerne Fachwerkbinder (Binderabstand 5,00–8,00 m) mit Stützweiten 10,00–30,00 m	0,08 bis 0,30
1963 Dachbinder für 1 m² Grundfläche Holzbinder in 4,00–5,00 m Abstand	
stehender oder liegender Dachstuhl: Stützweite 7,00–15,00 m	0,10 bis 0,20
Hänge- oder Sprengwerke: Stützweite 15,00–20,00 m	0,20 bis 0,25
Fachwerkbinder: Stützweite 15,00–20,00 m	0,20 bis 0,25
Zuschlag für Pfetten und Verbände	0,05 bis 0,10

3.1.2 Gesamtlasten der Dächer (Eigenlast + Schnee + Winddruck)

um 1900 Gesamtbelastung des Daches kN/m² (Eigenlast, Schnee, Winddruck)
Preußisches Ministerium der öffentlichen Arbeiten

Deckung	Dachneigung	g + s + w
Ziegel	30-45	2,70-3,00
Schiefer	25-43	2,00-2,40
Holzzement		3,50
Metall		1,50
Glas	10-25	1,50

Bezeichnung		Berechnungsgewicht kN/m²
1872 (auf 1 m² Dachfläche)	Neigung	
Doppel- und Kronziegeldach	1:3	2,60
einfaches Ziegeldach	1:4	2,35
einfaches Schieferdach	1:5 oder 1:3	2,05
Strohdach	1:2	2,20
Teerpappdach	1:6 bis 1:10	1,40
Zinkblech oder Kupferdach	1:20	1,50
1887 Berliner Polizei-Präsidium		
Dachflächen in der waagerechten Projektion gemessen einschl. Schnee und Winddruck		
Bei Metall- oder Glasdeckung gemäß der Neigung		1,25 bis 1,50
desgl. bei Schieferdeckung		2,00 bis 2,40
bei Pappdeckung		1,20 bis 1,30
bei Ziegeldeckung		2,50 bis 3,00
bei Holzzementdeckung		3,50
steile Mansarden-Dächer		4,00
Preußische Bestimmung vom 31.1.**1910**		
(auf 1 m² waagerechte Projektion)		
Glasdach mit 10–25° Neigung		1,25 bis 1,50
Schieferdach mit 25–45° Neigung		1,50 bis 2,50
Ziegeldach mit 30–40° Neigung		2,50 bis 3,00
Holzzementdach		2,75

Nach 1900 (Gesamtbelastung des Daches für Eigenlast + Schnee + vertikalen Winddruck auf 1 m² Grundfläche)

Dachneigung	63,3°	45°	33,7°	26,6°	21,8°	18,4°	<16°
einfaches Ziegeldach	6,62	2,86	2,11	1,85			
Doppeldach	7,06	3,14	2,35	2,08			
Kronendach	7,28	3,28	2,47	2,19			
Pfannendach	6,73	2,92	2,17	1,91			
Falzziegeldach	6,45	2,70	2,00	1,75	1,70	1,60	
Schieferdach auf Schalung	6,45	2,70	2,00	1,75	1,70		
einfaches Teerpappdach	5,80	2,30	1,65	1,40	1,35	1,25	1,25
Doppelpappdach	6,20	2,60	1,90	1,60	1,55	1,50	1,50

3.2 Holzbalkendecken

3.2.1 Eigenlasten von Holzbalkendecken

Bezeichnung	Berechnungsgewicht kN/m²
1887 Berlin	
Balkendecke in Wohnräumen gestakt und geschalt	2,50
1890	
Entfernung der Balken von Mitte bis Mitte 0,90 m. Stärke der Balken 20/25 cm.	
Balkenlage mit Fußbodendielen	0,61
einfache Cassettendecke ohne Stuck	1,22
desgl. mit halbem Windelboden u. Stuck	2,79
gestreckter Windelboden mit Lehm	2,03
halber Windelboden mit Lehm	2,54
ganzer Windelboden mit Lehm	3,55
1901	
Spreutafeldecke mit Holzbalken, Fußboden, Ausfüllung, Deckenputz (20 cm Gesamtdicke)	2,75
Tuffsteinausrollung auf Holzbalken mit Fußboden, Ausfüllung, Deckenputz	3,50
1917 Hamburg	
Holzbalkendecke (max. 1,00 m Balkenabstand)	
Balken 24/26 cm mit einfacher Dielung	0,70
wie vor, mit Dielung, Schalung, Putz	1,00
wie vor, mit Dielung, Einschub oder Blindboden, Auffüllung, Schalung und Putz	2,50
1919 Preußen	
Balkenlage mit gestrecktem Windelboden	2,30
Balkenlage mit 3,5 cm Dielung	0,70
Balkenlage mit Stülpdecke und 8 cm Lehmschlag	2,10
Balkenlage mit halbem Windelboden, Lehmschlag (11 cm) und Dielung	2,20
wie vor, mit Rohrung und Putz	2,50
wie vor, ohne Dielung mit 5–7 cm starkem Estrich (Gips o. Lehm)	3,05
Balkenlage mit ganzem Windelboden Lehmschlag und Dielung (Lehmschlag einschl. Stakhölzer 26 cm stark)	3,60

Bezeichnung	Berechnungsgewicht kN/m²
1943 DIN 1055	
Übliche Holzbalkendecke mit 7 cm Lehm Einschub (andere Konstruktionen sind gewichtsmäßig nachzuweisen)	2,00

3.2.2 Zwischendecken von Holzbalkendecken (ohne Fußboden, Balkenlage, Putz)

Bezeichnung	Berechnungsgewicht kN/m²
1901 (ohne Auffüllung)	
niedrige hohle Tonkasten (Terrakotten)	
z. B. System Laporte	0,80 bis 0,90
Gipsdielen von Mack, je cm Dicke	0,065
hohle Gipsblöcke nach Perrière	0,50
porige gebrannte Tonplatten	11,00
Spreutafeln von Katz	0,50
1919 Preußen	
gestreckter Windelboden (15 cm dick)	
Schleestangen 7 cm Durchmesser	0,25
Lehm und Stroh dazu	1,60
	1,85
ganzer Windelboden (24 cm dick)	
Stakhölzer 4 cm dick	0,16
Latten 4/6 cm	0,03
Lehmschlag mit Stroh 20 cm dick	3,20
	3,39
halber Windelboden (15 cm dick)	
Stakhölzer 3 cm dick	0,13
Latten 4/6 cm	0,03
Lehmschlag mit Stroh 12 cm dick	1,92
	2,08
1925 Preußen	
wie vor	
Stülpdecke	
Bretter 3 cm dick	0,18
Lehmschlag 8 cm dick	1,28
	1,46

Bezeichnung	Berechnungsgewicht kN/m²
1934 DIN 1055	
wie vor	
Stakung mit Koksaschenschüttung	
Stakhölzer 3 cm dick	0,13
Latten 4/6 cm	0,03
Lehmverstrich 2 cm dick	0,32
Aschenschüttung 8 cm dick	0,56
	1,04
Stakung mit Lehmschüttung	
Stakhölzer 3 cm dick	0,13
Latten 4/6 cm	0,03
Lehmschüttung 10 cm dick	1,60
	1,76
Einschubdecke	
Latten 4/6 cm	0,03
Schwarteneinschub	0,13
Lehmverstrich	0,10
Auffüllung (Lehm, Sand 10 cm dick)	1,60
	1,86
1943 DIN 1055	
wie vor	
Lehmschlag	
Bretterschwarten 4 cm dick	0,24
Lehmschlag 12 cm dick	1,92
	2,16

3.2.3 Gesamtlasten von Holzbalkendecken

21. Febr. 1887 Berliner Polizei Präsidium
(Nachstehende Zahlen legt die Baupolizei Berlin bei der Prüfung von Hochbau Entwürfen zu Grunde.)

Bezeichnung	Eigenlast kN/m²	Eigenlast und Nutzlast kN/m²
Balkendecke, in Wohnhäuser gestakt und geschalt	2,50	5,00
einfache Dielung oder Stakung		2,80
gestreckter Windelboden mit Lehmstrich		4,30
mit ganzem Windelboden		5,80

Bezeichnung	Eigenlast kN/m²	Eigenlast und Nutzlast kN/m²
Balkendecke, Fabrik und Lagergebäude	2,50	7,50
für Tanzsäle	2,50	7,50
in Werkstätten		7,60
in Wollspeichern		7,50
in Kornspeichern		8,50
Dachbalkenlage (unter Dachbodenraum in Wohngebäuden)	3,75	7,35

3.3 Eigenlasten von Decken

Bezeichnung	Berechnungsgewicht kN/m²
1886 Centralblatt der Bauverwaltung	
eiserne Balken 0,90–1,20 m Abstand einschl. Dielung, Deckenputz, Sandausfüllung auf etwa halbe Höhe der Träger	2,60
eiserne Balken 1,00–1,50 m Abstand mit zwischengespannten Kappengewölben aus porigen Steinen	2,50
eiserne Balken wie vor mit Eisenwellblech. Ausfüllung der Zwischenräume in den Wellen mit Beton	1,50
dasselbe, jedoch 8 cm hohe Sandausfüllung über dem Beton	3,00
eiserne Balken, Abstand wie vor, über den Zwischenräumen Monier-Platten je nach der Ausfüllung der Zwischenräume	1,70 bis 3,00
eiserne Balken, Abstand wie vor, Ausfüllung der Zwischenräume mit Klettes-Holz-Asphaltdecke auf Wellblech oder Zorès-Eisen, mit Fußboden und Deckenschalung	1,70 bis 1,80
eiserne Balken System Klette, glatte Putzdecke, Dielenfußboden, Ausfüllung auf Fehlboden von Holz	3,10
dasselbe mit Gewölben aus Lochsteinen, Dielenfußboden, Hinterfüllung	3,20
dasselbe, Ausfüllung Schlackenbeton auf Monierplatten, Zementestrich, glatte Zementbetondecke	3,30
dasselbe mit Ausfüllung durch	
Kleinsche Decke	2,20 bis 3,50
Schürmannsche Decke	2,20 bis 3,50
Koenensche Decke (Voutenplatten)	
Balkenabstand bis 6,00 m	3,00
Foerstersche Massivdecke	2,00

Bezeichnung	Berechnungsgewicht kN/m²
1890 Berlin	
Decke aus Wellblech, Buckelblech oder Barren-Eisen mit Beton zwischen Trägern (Beton 13 cm stark)	2,50
Decke nach französischem System aus Eisen mit Füllung aus Gips	2,70
1897	
betoniertes Wellblech, für Wohnräume	3,50
1901	
Gipsdielendecke mit Eisenbalken (6,00 m Spannweite) mit 3 Lagen Gipsdielen (23 cm Gesamtdicke)	2,00
Gipsbetondecke, einschl. Träger und Holzfußboden, bei 70 cm Trägerteilung (Bauarten Vaux, Thuasne, Roussel)	2,90
Decke mit gebogenen Monier-Platten, 5 cm stark, Schlackenbetonauffüllung, Fußboden, Deckenputz einschl. Träger	3,30
Decke aus hohlen Gipsblöcken ausgesetzt einschl. Träger, Fußboden (70 cm Trägerteilung)	2,40
desgl. mit Hohlziegeln ausgesetzt	2,70
Decke mit unten ebenen Tonkasten, einschl. Träger und Fußboden	2,20
desgl. unten gewölbt	2,20
Spreutafeldecke mit Eisenbalken (4,50 m Spannweite) mit Fußboden, Auffüllung und Deckenputz (20 cm Gesamtdicke)	2,00
24. Dez. 1919 preußische Ministerialbestimmung	
Decken ohne Trägergewicht, Putz und Belag	
1. 10 cm starke Betondecke einschl. Eiseneinlagen	2,40
2. Ebene Steindecken ohne Eisen (Bauart Kleine u. ä.)	
10 cm starke Decke aus porigen Lochziegeln in Zementmörtel	1,25
12 cm starke Decke wie vor	1,50
12 cm starke Decke aus Vollsteinen	2,20
3. Ebene Steindecken mit Eisen (Bauart Kleine o. ä.)	
12 cm starke Decke aus Schwemmsteinen in Zementmörtel einschl. Eisen	1,25
12 cm starke Decke aus vollen Hartbrandziegeln in Zementmörtel einschl. Eisen	2,20
10 cm starke Decke aus porigen Lochsteinen in Zementmörtel einschl. Eisen	1,30
desgl. 12 cm stark	1,56

Bezeichnung	Berechnungsgewicht kN/m²
desgl. 15 cm stark	1,95
desgl. 18 cm stark	2,34
desgl. 20 cm stark	2,60
4. Stegzementdielen mit Eiseneinlagen:	
5 cm starke Stegzementdielen	0,90
8 cm starke Stegzementdielen	1,20
10 cm starke Stegzementdielen	1,55
5. Leichtsteindachdecken in Zementmörtel einschl. Stahleinlagen	
6 cm stark	0,55
7 cm stark	0,65
8 cm stark	0,70
10 cm stark	0,80

zu 1. Für Verstärkungen an den Auflagern durch Kehlen oder Schrägen ist das Gewicht (mit einem Eigengewicht von 22,00 kN/m³) in jedem Falle besonders zu ermitteln.

zu 2. Bei Lochziegeln mit kopfseitig offenen Hohlräumen ist das Eigengewicht 10 % höher anzunehmen, wenn eine Gewichtsvermehrung durch einlaufenden Mörtel zu erwarten ist. Bei gestelzten Decken ist das Gewicht der Kiesbetonstelzung in jedem Falle besonders zu ermitteln.

Bezeichnung	Berechnungsgewicht kN/m²
1919 und **1925** preußische Ministerialbestimmung	
Eigenlasten von Zwischendecken	
Ebene Eisenbetondecke (Bauart Monier o. dergl.) bei Abgleichung mit Koksasche und Holzfußboden	2,90
desgl. eingespannt mit Voutenanschluss (Koenens Voutenplatte u. dergl.) mit Sandüberfüllung, Estrich und Linoleum	4,30
Ebene Decke mit Eiseneinlagen (Bauart Klein u. ä.) aus Schwemmsteinen, Auffüllung mit Koksasche, Lagerhölzer und Dielung, Deckenputz	2,50
desgl. aus porigen Hohlsteinen einschl. Überfüllung mit Kohlenschlackenbeton und Linoleum auf Estrich	2,50
desgl. aus Hartbrandsteinen (1/2 Stein stark) mit Überfüllung aus Magerbeton und Fliesenbelag	5,40
Ebene Decke aus Hohlziegeln (10 cm stark) ohne Eiseneinlagen und quer zur Trägerrichtung verlegt, einander stützende Ziegelreihen einschl. 10 cm Koksaschenschicht und Holzfußboden	2,50

Bezeichnung	Berechnungsgewicht kN/m²
1934 DIN 1055	
Betondecke einschl. Stahleinlagen 10 cm dick	2,40
Ebene Steindecken ohne Stahleinlage (Bauart Kleine u. ä.) aus porigen Hohlziegeln in Zementmörtel	
10 cm dick	1,25
12 cm dick	1,50
vollen Hartbrandziegeln in Zementmörtel 12 cm dick	2,20
Schwemmsteinen in Zementmörtel 12 cm dick	1,20
Ebene Steindecken mit Stahleinlagen (Bauart Kleine u. ä.) aus porigen Hohlziegeln in Zementmörtel einschl. Stahleinlagen	
10 cm dick	1,30
12 cm dick	1,56
15 cm dick	1,95
18 cm dick	2,34
20 cm dick	2,60
volle Hartbrandziegel in Zementmörtel einschl. Stahleinlagen 12 cm dick	2,25
Schwemmsteinen in Zementmörtel einschl. Stahleinlagen 12 cm dick	1,25
Leichtsteindachdecken in Zementmörtel einschließlich Stahleinlagen 6 cm dick	0,55
7 cm dick	0,65
8 cm dick	0,70
10 cm dick	0,80
Stegzementdielen mit Stahleinlagen	
5 cm dick	0,90
8 cm dick	1,20
10 cm dick	1,55

Das Gesamtgewicht von Schrägen oder Kehlen für Verstärkungen an Auflagern von Betonstelzungen bei gestelzten Decken und von Betondruckschichten bei Steindecken oder Steineisendecken muss in jedem Falle besonders ermittelt werden ($g = 22{,}00$ kN/m³).

Bezeichnung	Berechnungsgewicht kN/m²
1943 DIN 1055 Blatt 2	
A) Stein- und Stahlsteindecken einschl. Stahleinlagen bei Stahlsteindecken, jedoch ohne Gewicht etwaiger Träger.	
1. Leichtsteindecken aus Lochziegeln (z. B. nach DIN 4159)	
6,5 cm stark	0,65
8,0 cm stark	0,75
10,0 cm stark	0,90

Bezeichnung	Berechnungsgewicht kN/m²
2. Decken aus Lochziegeln zum Vermauern (z. B. nach DIN 4159)	
10,0 cm stark	1,35
15,0 cm stark	2,00
3. Decken aus Lochziegeln zum Vergießen (z. B. nach DIN 4159)	
10,5 cm stark	1,40
12,0 cm stark	1,60
14,0 cm stark	1,85
16,0 cm stark	2,10
18,0 cm stark	2,40
20,0 cm stark	2,70
22,5 cm stark	3,00
25,0 cm stark	3,30
28,0 cm stark	3,70
4. Decken aus vollen Hartbrandziegeln	
12,0 cm stark	2,25

zu 1. Die Gewichte gelten einschl. einer dünneren oberen Mörtelabgleichung.

zu 1. bis 4. Das Gewicht von Schrägen oder Kehlen für Verstärkungen an den Auflagern, von Betonstelzungen bei gestelzten Decken und von Mörteldruckschichten bei Steindecken oder Stahlsteindecken muss in jedem Fall besonders ermittelt werden (Raumgewicht 22,00 kN/m³).

zu 2. bis 4. Werden diese Decken als Dachdecken benutzt, dann ist für die obere Ausgleichsschicht ein Zuschlag von 0,10 kN/m² vorzusehen.

Bezeichnung	Berechnungsgewicht kN/m²
B) Stahlbetondecken einschl. Stahleinlage, jedoch ohne Gewicht etwaiger Träger	
1. Stahlbetonplatten	
je 1 cm Dicke	0,24
2. Stahlbetonrippendecken mit Lochziegel (z. B. nach DIN 4160) mit 5 cm dicker Betondruckplatte	
18 cm stark	2,60
20 cm stark	2,80
22 cm stark	3,00
24 cm stark	3,30
26 cm stark	3,60
28 cm stark	3,80
30 cm stark	4,00
32 cm stark	4,20
34 cm stark	4,50
36 cm stark	4,70
38 cm stark	4,90
40 cm stark	5,10

Bezeichnung	Berechnungsgewicht kN/m²
3. Stahlbetonrippendecken mit Füllkörper aus Leichtbeton (z. B. nach DIN 4158) und 5 cm dicker Betondruckplatte	
17 cm stark	2,50
19 cm stark	2,65
21 cm stark	2,85
23 cm stark	3,00
25 cm stark	3,20
27 cm stark	3,40
30 cm stark	3,60
33 cm stark	3,75
37 cm stark	4,10
4. Stahlbetonhohldielen nach DIN 4028 aus Bimsbeton mit max. 20 % Sandzusatz	
5 cm stark	0,55
6 cm stark	0,60
7 cm stark	0,65
8 cm stark	0,72
9 cm stark	0,80
10 cm stark	0,88
12 cm stark	1,00

zu 2. und 3. Das Gewicht von Betondruckplatten von mehr als 5 cm Dicke ist in jedem Fall besonders zu berücksichtigen ($g = 24,00\ kN/m^3$).

zu 3. Raumgewicht des Betons der Füllkörper < 1,4 kg/dm³

Bezeichnung	Berechnungsgewicht kN/m²
5. Stahlbetonhohldielen nach DIN 4028 aus Kiesbeton oder aus Bimsbeton mit über 20 % Sandzusatz	
5 cm stark	0,85
6 cm stark	1,00
7 cm stark	1,15
8 cm stark	1,30
9 cm stark	1,50
10 cm stark	1,65
11 cm stark	1,85
12 cm stark	2,00

Bezeichnung	Berechnungsgewicht kN/m²	
1963 DIN 1055 Blatt 1		
A) Stahlbetondecken einschl. Stahleinlage, jedoch ohne Gewicht etwaiger Träger		
1. Stahlbetonplatten nach DIN 1045 je nach Zuschlagsstoffen		
2. Stahlbetonrippendecken nach DIN 1045 mit statisch nicht mitwirkenden Deckenziegeln nach DIN 4160*1 und mit 5 cm dicker Betondruckplatte (Rippenabstand 33,3 cm oder 50 cm) a) für Ziegelrohdichte 0,60 kg/dm³ b) für Ziegelrohdichte 0,90 kg/dm³ bei einer Gesamtdicke von	bei Ziegelrohdichte	
	a	b
19,0 cm	2,55	2,95
21,5 cm	2,80	3,25
24,0 cm	3,05	3,55
26,5 cm	3,40	4,00
29,0 cm	3,65	4,30
31,5 cm	3,90	4,65
34,0 cm	4,15	4,95
36,5 cm	4,65	5,45
39,0 cm	4,90	5,80
3. Stahlbetonrippendecken nach DIN 1045 mit Hohlkörpern aus Leichtbeton, z. B. nach DIN 4158 und einer 5 cm dicken Betondruckplatte*2 bei einer Gesamtdicke von		
17 cm	2,50	
19 cm	2,65	
21 cm	2,85	
23 cm	3,00	
25 cm	3,20	
27 cm	3,40	
30 cm	3,60	
33 cm	3,75	
37 cm	4,10	

*1 Ziegelrohdichte z = 0,60 kg/dm³ dürfen nur zu Grunde gelegt werden, wenn vor Baubeginn durch ein Prüfzeugnis nachgewiesen ist, dass die vorgesehenen Deckenziegel diese Rohdichte nicht überschreiten.

*2 Betonrohdichte der Füllkörper 1,4 kg/dm³

Bezeichnung	Berechnungsgewicht kN/m²	
4. Stahlbeton-Fertigteildecken nach DIN 4225 Stahlbetonbalken- und Rippendecken mit Füllkörpern aus Leichtbeton, z. B. F-Decken nach DIN 4233		
20 cm dick Achsabstand 50 cm	2,40	
24 cm dick Achsabstand 50 cm	2,80	
20 cm dick Achsabstand 62,5 cm	2,30	
24 cm dick Achsabstand 62,5 cm	2,70	
5. Stahlbeton-Hohldielen nach DIN 4028 a) aus Bimsbeton B80 bis B120 b) aus Beton B120 bis B300 aus Kiessand oder gleichschweren Zuschlagsstoffen bei einer Dicke von	bei Betonart	
	a	b
5 cm	0,55	0,85
6 cm	0,60	1,00
7 cm	0,65	1,15
8 cm	0,72	1,30
9 cm	0,80	1,50
10 cm	0,88	1,65
11 cm	0,95	1,85
12 cm	1,00	2,00
14 cm	1,17	
16 cm	1,35	
B) Dächer und Decken aus Platten aus dampfgehärtetem Gas- und Schaumbeton nach DIN 4223 (einschl. Stahleinlagen und Fugenmörtel, jedoch ohne Gewicht etwaiger Träger)		
1. Dachplatten GSB35 je cm Plattendicke	0,072	
2. Dach- und Deckenplatten GSB50 je cm Plattendicke	0,084	
C) Stahlsteindecken nach DIN 1046 und		
1. Rippendecken aus Deckenziegeln (einschl. Stahleinlagen, jedoch ohne Gewicht etwaiger Träger). Rippendecken mit statisch mitwirkenden Deckenziegeln*1 für teilvermörtelbare Stoßfugen nach DIN 4159 Ausgabe Febr. 1962 Tab. 3 (Rippenabstand 33,3 cm oder 50 cm).		

Bezeichnung	Berechnungsgewicht kN/m²		
a) für Ziegelrohdichte 0,60 kg/dm³ b) für Ziegelrohdichte 0,90 kg/dm³ c) für Ziegelrohdichte 1,20 kg/dm³ bei einer Gesamtdicke von	bei Ziegelrohdichte		
	a	b	c
14,0 cm	1,40	1,80	2,10
16,5 cm	1,65	2,15	2,60
19,0 cm	1,90	2,45	3,00
21,5 cm	2,15	2,90	3,45
24,0 cm	2,40	3,25	3,85
26,5 cm	2,65	3,60	4,25
29,0 cm	2,90	4,05	4,80
31,5 cm	3,15	4,40	5,20
34,0 cm	3,40	4,70	5,60
2. Stahlsteindecken aus Deckenziegeln für teilvermörtelbare Stoßfugen*3 nach DIN 4159 Ausgabe Febr. 1962 Tab. 2 (Rippenabstand 25 cm) bei einer Gesamtdicke von	bei Ziegelrohdichte		
	a	b	c
11,5 cm	1,25	1,55	1,85
14,0 cm	1,50	1,90	2,25
16,5 cm	1,90	2,30	2,75
19,0 cm	2,15	2,65	3,15
21,5 cm	2,45	3,00	3,55
24,0 cm	2,75	3,35	3,95
3. Stahlsteindecken aus Deckenziegeln für vollvermörtelbare Stoßfugen*3 nach DIN 4159 Ausgabe Febr. 1962 Tab.1 (Rippenabstand 25 cm) bei einer Gesamtdicke von	bei Ziegelrohdichte		
	a	b	c
9,0 cm	1,15	1,35	1,55
11,5 cm	1,45	1,75	2,00
14,0 cm	1,80	2,10	2,45
16,5 cm	2,20	2,60	2,95
19,0 cm	2,55	3,00	3,40
21,5 cm	2,90	3,35	3,85
24,0 cm	3,20	3,75	4,30
4. Decken aus Voll- und Lochsteinen*3 nach DIN 105, DIN 106 und DIN 398 oder aus Leichtbeton-Vollsteinen nach DIN 18152 11,5 cm dick (Mindestdruckfestigkeit der Steine 150 kp/cm²) aus Vollziegeln, Vollsteinen oder Hüttensteinen, Rohdichte 1,8 kg/dm³		2,20	

*3 Werden diese Decken als Dachdecken benutzt, dann ist für die obere Ausgleichsschicht ein zusätzliches Gewicht von 0,10 kN/m² anzunehmen.

Bezeichnung	Berechnungsgewicht kN/m²
aus Hochlochklinkern, Leichtbeton-Vollsteinen mit Rohdichte 1,6 kg/dm³	2,05
aus Loch- oder Porensteinen mit Steinrohdichte 1,4 kg/dm³	1,90
aus Loch- oder Porensteinen mit Steinrohdichte 1,2 kg/dm³	1,70

3.3.1 Gewölbte Decken

Bezeichnung	Berechnungsgewicht kN/m²
1890 Berlin	
Decke aus Ziegelmauerwerk 1/2 Stein stark mit Hintermauerung, Fußbodenbelag und Dielung	3,75
desgl. ohne Fußboden	3,25
desgl. 1/4 Stein stark, mit Hintermauerung, Fußboden und Dielung	2,50
desgl. ohne Fußboden	2,50
Topfgewölbe, Höhe der Töpfe 0,104 m	0,93
0,130 m	1,10
0,156 m	1,31
0,183 m	1,48
0,261 m	1,96
1897	
Kappengewölbe aus porösen Steinen in Wohngebäuden	3,50
desgl. aus vollen Steinen	5,00
desgl. für Treppen und Treppenruheplätze	5,00
1901	
Decke in Hohlziegeln gewölbt, einschl. Trägern und Fußboden	2,60
1910	
Preußische Kappen 1/2 Stein dick, bis 2,00 m Spannweite, mit Hintermauerung	2,45
1919	
Preußische Kappen 1/2 Stein dick, bis 2,00 m Spannweite, mit Hintermauerung	2,75
desgl. 1 Stein dick	5,40
desgl. aus Lochziegeln 1/2 Stein dick	2,00
desgl. aus Schwemmsteinen 1/2 Stein dick (oder porigen Lochziegeln)	1,55

Bezeichnung	Berechnungsgewicht kN/m²
1919 und **1925** preußische Ministerialbestimmungen	
Eigenlast von Zwischendecken	
Gewölbte Decke (preuß. Kappe) aus Hintermauerungssteinen 1/2 Stein stark mit Koksasche bis Kappenoberkante hinterfüllt, mit Lagerhölzern usw. Dielung 3,5 cm stark und Deckenputz	
bis 2,00 m Spannweite	3,40
bis 2,50 m Spannweite	3,70
bis 2,00 m Spannweite aus Lochsteinen	2,90
bis 2,50 m Spannweite aus Lochsteinen	3,20
bis 2,00 m Spannweite aus Schwemmsteinen	2,50
bis 2,50 m Spannweite aus Schwemmsteinen	2,80
gewölbte Decke in Zementkiesbeton mit Koksasche bis Kappenoberkante hinterfüllt, mit Lagerhölzern usw. Dielung 3,5 cm stark und Deckenputz bis 1,50 m Spannweite	3,20
Decke aus Rabitz (in Gewölbeform) 5 cm stark bei Verwendung leichter Zuschlagstoffe	1,00
desgl. für jeden cm Mehrstärke	0,20
1934 DIN 1055	
Kappengewölbe bis 2,00 m Stützweite, einschl. Hintermauerung aus Mauerziegeln und Kalksandsteinen	
1/2 Stein dick	2,75
1 Stein dick	5,40
Hohlziegeln 1/2 Stein dick	2,00
Schwemmsteinen und porigen Hohlziegeln 1/2 Stein dick	1,55
Decke aus Rabitz in Gewölbeform 5 cm dick, in der Grundfläche gemessen bei Verwendung leichter Zuschlagstoffe	1,00
desgl. für jeden cm Mehrstärke	0,20
1943 DIN 1055 Blatt 2	
gewölbte Decken (ohne Trägergewicht) Kappengewölbe bis 2,00 m Stützweite, einschl. Hintermauerung aus:	
Mauerziegeln oder Kalksandsteinen	
1/2 Stein dick	2,75
1 Stein dick	5,40
Lochziegeln 1/2 Stein dick	2,00
Schwemmsteinen 1/2 Stein dick	1,55

<table>
<tr><th>Bezeichnung</th><th colspan="2">Berechnungsgewicht kN/m²</th></tr>
<tr><td>1963 DIN 1055 Blatt 1

Gewölbte Decken (ohne Trägergewicht) Kappengewölbe bis 2,00 m Stützweite einschl. Hintermauerung aus Vollsteinen nach DIN 105, DIN 106 und DIN 398 bei einer Gesamtdicke von:
11,5 cm
24,0 cm
aus Leichtbeton-Vollsteinen nach DIN 18152, Lochziegeln nach DIN 105 und Kalksand-Lochsteinen nach DIN 106
a) mit Steinrohdichte 1,20 kg/dm³
b) mit Steinrohdichte 1,40 kg/dm³
bei einer Gesamtdicke von</td><td colspan="2">

2,75
5,40

bei Steinrohdichte</td></tr>
<tr><td></td><td>a</td><td>b</td></tr>
<tr><td>11,5 cm
24,0 cm</td><td>1,80
3,60</td><td>2,25
4,50</td></tr>
</table>

3.3.2 Gesamtbelastung von Zwischendecken

Bezeichnung	Berechnungsgewicht kN/m² Eigenlast und Verkehrslast
1887 Berliner Polizei-Präsidium	
Kappengewölbe aus porösen Steinen:	
in Wohngebäuden (g = 3,50 kN/m²)	6,00
in Fabrik- und Lagerräumen	8,50
Kappengewölbe aus vollen Steinen:	
in Wohngebäuden (g = 5,00 kN/m²)	7,50
für Treppen und Treppenruheplätze (g = 5,00 kN/m²)	10,00
in Fabrik- und Lagerräumen	10,00
unter Durchfahrten und befahrenen Höfen	12,50
1890	
Nachstehende Zahlen legt die Baupolizei Berlin bei Prüfung von Hochbauentwürfen zu Grunde.	
Gewölbte Decken zwischen eisernen Trägern, 1/2 Stein stark, mit Hintermauerung, Fußboden und Dielung	10,00
desgl. ohne Fußboden	7,00
desgl. 1/4 Stein stark mit Fußboden	5,25
desgl. 1/4 Stein stark ohne Fußboden	4,85
Decken in Salzspeichern, wenn 3 Tonnenreihen übereinander liegen	8,00

3.4 Eigenlasten von Wänden (leichte Trennwände)

Bezeichnung		Berechnungsgewicht kN/m²
1950		
Stahlsteinwände ohne Putz (Prüß-, Keßler-, Lehmann- und Försterwand) waagerecht, lotrecht und waagerecht bewehrt		
Vollziegel	7,1 cm dick	1,28
Lochziegel	7,1 cm dick	1,07
Steinwände gemauert ohne Putz		
Vollziegel	7,1 cm dick	1,28
Lochziegel	11,5 cm dick	1,73
Schwemmsteine (Bims)	9,5 cm dick	0,80
Drahtputzwände (Rabitz)	5,0 cm dick	0,75
(Gips- o. Zementputz auf Drahtgewebe)		
Anwurfwände (Prugel- o. Luginowand)		
Putz (Schlacke o. Gips) gegen einseitige		
Schalung geworfen	5,0 cm dick	0,50
	7,0 cm dick	0,70
Stahlbetonwände lot- und waagerecht bewehrt		
(Monierwand) ohne Putz	10,0 cm dick	2,40
Plattenwände aus Platten zusammengesetzt ohne Putz		
Gipsdielen	5,0 cm dick	0,40
Gipsschlackenplatten	5,0 cm dick	0,50
Bimsdielen	5,0 cm dick	0,40
Zementschlackenplatten	5,0 cm dick	0,60
Celonitplatten	5,0 cm dick	0,40
Siporexplatten	5,0 cm dick	0,30
Turritplatten	5,0 cm dick	0,40
1953		
Bimsbeton Hohldielenwand	10 cm dick	0,70
wie vor – mit Stahleinlage		0,90
Bimsbeton Hohldielenwand	12 cm dick	0,80
wie vor – mit Stahleinlage		1,00
Gipsdielen ohne Putz, je 1 cm Dicke		0,08
Heraklithwand 10 cm dick einschl. Holztraggliedern, aber ohne Putz		0,50
Monierwand ohne Putz, je 1 cm Dicke		0,20
Plattenwände aus Schlacken ohne Putz, je 1 cm Dicke		0,10
Rabitzwand ohne Putz, je 1 cm Dicke		0,12
Ziegelsplit Plattenwand 5 cm dick, ohne Putz		0,65

Bezeichnung	Berechnungsgewicht kN/m²
1960	
Drahtputzwände nach DIN 4103	
aus Gipsmörtel oder Sand je 1 cm Dicke	0,15
aus Kalk-, Kalkgips- oder Gipssandmörtel je 1 cm Dicke	0,20
aus Zementmörtel je 1 cm Dicke	0,24
Tonhohlplatten (Hourdis) je 1 cm Dicke	0,08
Gas- u. Schaumbetonplatten je 1 cm Dicke	0,08

4 Verkehrslasten

4.1 Leichte Trennwände

Bezeichnung	Leichtwand-zuschlag kN/m²
1. August 1917 Baupolizeibehörde Hamburg Leichte Trennwände in Kontorhäusern, Gasthöfen oder dergl. als Zuschlag zur Deckennutzlast, soweit sie nicht schon durch eine Nutzlast von p = 5,00 kN/m² berücksichtigt sind.	0,80
Erlass vom **24. Dezember 1919** (6. Erg. Aufl. 1925) preußische Ministerialbestimmung Für das Gewicht von geputzten Holzwänden, Gipsdielen und Drahtputzwänden und ähnlichen Wandanordnungen kann statt eines genauen Nachweises der Wandgewichte ein Zuschlag zur gleichförmig verteilten Deckennutzlast eingeführt werden. Dieser Zuschlag muss bei Wänden bis 6,5 cm Stärke mindestens bis 13,0 cm Stärke mindestens betragen. Neben Nutzlasten, die zu 5,00 kN/m² anzunehmen sind, erübrigt sich ein solcher Zuschlag.	 0,75 1,50
DIN 1055 Blatt 3 **20. August 1934** (Erlass des preußischen Finanzministers) Statt genauen Nachweises des Einflusses der Gewichte leichter Trennwände (z. B. Holzwände, Gipsdielen- und Drahtputzwände u. ä. Wandanordnungen) kann ein gleichmäßig verteilter Zuschlag zur Verkehrslast eingeführt werden. Bei Wänden bis 6,5 cm Dicke über 6,5 cm bis 10,0 cm Dicke über 10,0 cm bis 13,0 cm Dicke Bei Verkehrslasten von 5,00 kN/m² und darüber Zuschlag nicht nötig.	 0,75 1,25 1,50
DIN 1055 Blatt 3 (Ausgabe **Febr. 1951**) Statt eines genauen Nachweises darf der Einfluss des Gewichtes unbelasteter leichter Trennwände durch einen gleichmäßig verteilten Zuschlag zur Verkehrslast berücksichtigt werden.	

Bezeichnung	Leichtwand-zuschlag kN/m²
Ausgenommen sind Wände mit einem Gewicht von mehr als 1,00 kN/m² Wandfläche, die parallel zu den Balken der unten genannten Decken stehen.*1	
Der Zuschlag zur Verkehrslast muss bei Wänden, die einschließlich des Putzes	
a) höchstens 1,00 kN/m² Wandfläche wiegen mindestens	0,75
b) mehr als 1,00 kN/m² und höchstens 1,50 kN/m² wiegen, mindestens	1,25
sein.	
Das Wandgewicht einschl. Putz ist nach DIN 1055 Blatt 2 nachzuweisen.	
Bei Verkehrslasten von 5,00 kN/m² und mehr ist ein gleichmäßig verteilter Zuschlag zur Verkehrslast nicht nötig.	

*1 Decken ohne ausreichende Querverteilung der Lasten, z. B. Holzbalkendecken, Decken aus Stahlbetonfertigteilen nach DIN 4225, Tafel II, Spalte 3.

4.2 Verkehrslasten

1872	kN/m²
a) Dachräume	1,50 bis 2,50
b) Wohnräume	2,25
c) bei großen Sälen und Tanzlokalen	3,00 bis 3,75
d) bei Heu- und Strohböden	4,00
e) Fruchtböden	4,50
f) Kaufmannsspeicher	6,00
1885 Berlin	
Nach einem vom Ausschuss des Architektenvereins Berlin 1885 erstatteten Gutachten, betreffend den Schutz der Personen in öffentlichen Versammlungsräumen, sollen als Belastung durch Menschengedränge für 1 m² 6 erwachsene Personen zu je 0,75 kN, zusammen also 4,50 kN/m² gerechnet werden.	
1887 Bekanntmachung Berliner Polizei-Präsidium	
a) Wohnräume	1,50
b) Tanzsäle	2,50
c) Heuspeicher	5,00
d) Haferspeicher und Fruchtböden	4,80 bis 5,00
e) Warenspeicher	7,60
f) durch Menschengedränge	4,00

	kN/m²
Für Bibliotheken kann das spezifische Gewicht der Bücher im Mittel zu 6,00 kN/m³ angenommen werden, weiter kann der Rauminhalt der Büchergerüste als zur Hälfte gefüllt berechnet werden, so daß 1 m³ Rauminhalt der Büchergerüste 3,00 kN schwer gesetzt werden kann. Auf eine stärkere Bestellung mit Büchern ist in deutschen Bibliotheken nicht zu zählen.	
1890 Berlin Verkehrslast für Zwischendecken	
a) Wohnräume	1,52
b) Tanzsäle	2,53
c) Heuböden	4,06
d) Fruchtböden	4,57
e) Kaufmannsspeicher	7,60
f) Salzspeicher	6,00
g) Belastung durch Menschengedränge	4,00
1890 Preußen	
Wohnhäuser und kleine Dienstgebäude	2,50
große Geschäftshäuser	4,00
Versammlungssäle	4,00
Treppen	4,00
Decken unter Durchfahrten und befahrenen Höfen (wenn keine größeren Einzellasten aus Raddrücken maßgebend)	8,00
Verkehrslast für Gänge, die nicht dem Publikum dienen	1,50
1901 Verkehrslasten der Lagerhäuser der Seehäfen (Balkendecken)	
a) in unteren Geschossen	15,00
b) in oberen Geschossen	9,00
In den Zwischengeschossen lässt man die Belastung allmählich abnehmen.	
1910 Bestimmung über die bei Hochbauten anzunehmenden Belastungen für die statische Untersuchung von Hochbauten Berlin 31. 1. 1910	
von Zwischendecken	
a) Verkehrslast für Dachböden in Wohngebäuden	1,25
b) desgl. für Wohngebäude und kleinere Geschäftshäuser einschl. Menschenbelastung	2,00 bis 2,50
c) desgl. für Holztreppen in Klein- und Mittelhäusern	3,50
d) desgl. in größeren Geschäftshäusern, Versammlungsstätten, Unterrichtsräumen, Turnhallen, Fabriken	5,00
e) desgl. für Decken unter Durchfahrten und desgl. (wenn nicht größere Raddrücke zu berücksichtigen sind)	8,00
f) desgl. für Treppen	5,00

	kN/m²
g) für Werkstätten und Fabriken mit schwerem Betrieb, für stark belastete Lagerräume und desgl. sind die Verkehrslasten in jedem Einzelfall zu ermitteln	
h) in Lagerräumen richtet sich die Verkehrslast nach dem Eigengewicht der Lagerstoffe und der anzunehmenden Höhe der Lagerung im Einzelfalle. Werden die Stoffe in Säcken verpackt gelagert, so sind nur 4/5 der angegebenen Gewichte der Rechnung zu Grunde zu legen.	
Soweit die Gänge hierbei nur dem inneren Dienstbetrieb dienen, genügt für sie eine Belastungsannahme von	1,50
i) Aktenschränke, Büchergestelle mit Büchern, Bibliotheken und Archive sind mit 5,00 kN/m³ des wirklichen Belastungsraumes in Rechnung zu stellen.	
j) für Heu- und Strohböden sind je 1,00 m Stapelhöhe 1,00 kN/m² mindestens aber zu rechnen mit	2,50
k) für Fruchtböden und Salzspeicher	7,50
l) für Mehlböden	6,50
m) für Räume zur Unterbringung von Kraftwagen	8,00
1911 Vorschriften des österreichischen Ministeriums für öffentliche Arbeiten	
Verkehrslasten für:	
a) gewöhnliche Dachräume	1,50
b) Wohnräume	2,50
c) Schulräume	3,00
d) Gänge, Treppen in gewöhnlichen Wohnhäusern, Konzert-, Turn- und Fechtsälen, Futterkammern	4,00
e) Geschäftsräume, Warenhäusern, Arbeitssäle und Lagerräume in den Stockwerken von Wohn- und Geschäftshäusern	4,50
f) Treppen öffentlicher Gebäude, Tanzsäle, Turnhallen und Versammlungsräume, Geschäftsräume, Werkstätten und Lagerräume im Erdgeschoss	5,00
g) Eiskeller (bei 1 m Eishöhe)	7,50
h) Ein- und Durchfahrten, Vestibüle, befahrene Höfe	8,00
1917 Hamburg Baupolizeibehörde	
a) Verkehrslasten für Wohngebäude und kleine Geschäftshäuser durch Möbel, Menschen usw., abgesehen von den in einzelnen Räumen etwa vorkommenden besonderen Belastungen durch Akten, Bücher, Waren, Maschinen usw.	2,50
b) Verkehrslast für Dachböden zu hauswirtschaftlichen Zwecken	1,50
c) Verkehrslast für Dachböden zu anderen als hauswirtschaftlichen Zwecken, soweit nicht größere Belastungen anzunehmen sind	3,00
d) Verkehrslast für Kontor- und Geschäftshäuser größeren Umfangs, einschl. des Gewichts leichter Trennwände, größere Läden und Wirtschaften, Warenhäuser, Fabriken und Werkstätten für leichten Betrieb, Balkone	5,00

	kN/m²
e) Verkehrslast für Versammlungsräume, Hörsäle, Tanzsäle, Turnsäle, Ränge und dergl.	5,00
f) Verkehrslast für Klassenzimmer in Schulgebäuden und dergl.	3,00
g) Treppenverkehrslast (in der Grundfläche)	5,00
h) Menschengedränge (auf Treppenabsätzen, Vorplätzen und Fluren, die zu den unter e) und f) genannten Räumen führen)	6,00
i) Verkehrslast für Aktenräume (auch in Dachböden)	5,00
j) Verkehrslast für Fabriken und Werkstätten für schweren Betrieb, Industriegebäude und dergl., wenn nicht größere Belastungen anzunehmen sind	7,00
k) Verkehrslast für Heu- und Strohböden für je 1,00 m Stapelhöhe 1,00 kN/m², mindestens aber	2,50
l) Verkehrslast für Decken unter Durchfahrten und befahrbaren Höfen, wenn nicht die Berechnung unter Annahme von Einzellasten (Raddruck) größere Werte ergibt	8,00
(Für die Deckenunterzüge können in geeigneten Fällen geringere Verkehrslasten angenommen werden.)	
m) Verkehrslast für Räume zur Unterbringung von Kraftwagen	8,00
(Für die Deckenunterzüge können in geeigneten Fällen geringere Verkehrslasten angenommen werden.)	
Für Lagerräume ist die Verkehrslast in jedem Einzelfall zu ermitteln, ebenso die für Archive, Büchereien usw. anzunehmende Belastung.	
1919 Preußische Ministerialbestimmung (6. Erg. Aufl. 1925)	
a) für Dachbödenräume in Wohngebäuden	1,25
b) für Wohngebäude, für Kontorhäuser und Dienstgebäude sowie für Läden mit weniger als 50 m² Grundfläche	2,00
c) für Holztreppen in Klein- und Mittelhäusern einschl. der Podeste und Zugänge für Klassenzimmer in Schulen und für Hörsäle	3,50
d) für Geschäftshäuser, Warenhäuser, Läden von mehr als 50 m² Grundfläche, Theater, Lichtspielhäuser, Versammlungsräume, Turnhallen, Tanzsäle, größere Gastwirtschaften in Werkstätten und Fabriken für leichten Betrieb in Schlächtereien, Bäckereien in Büchereien, Archiven und Aktenräumen (soweit nicht die Verkehrslast besonders nachgewiesen wird) in Kraftwagenschuppen, Großviehställen, für Flure, die zu Unterrichts- und Versammlungsräumen führen für Treppen, Treppenpodeste und Treppenzugänge jeglicher Art (mit Ausnahme der unter c) genannten) für Decken unter nicht befahrbaren Höfen	5,00
e) für Decken unter Durchfahrten und befahrbaren Höfen, wenn nicht größere Einzellasten (Raddruck) zu berücksichtigen sind	8,00
f) für Werkstätten und Fabriken mit schwerem Betrieb sowie für Decken unter Durchfahrten und befahrbaren Höfen ist, wenn stoßweise wirkende Erschütterungen z. B. durch Maschinen oder schwere Kraftwagen zu erwarten sind, auf Verlangen der Baupolizei die Belastungsziffer um 50 bis 100 v. H. zu erhöhen	

	kN/m²
g) für waagerecht oder bis 1:20 geneigte Dächer ist mit einer Verkehrslast von 2,50 kN/m² einschl. Wind und Schneedruck zu rechnen, wenn zeitweiliger Aufenthalt von Menschen, z. B. zu Spiel-, Beobachtungs- und Erholungszwecken, nicht ausgeschlossen ist. Die Gewichtsangaben zu a bis c gelten, soweit die Belastung aus Menschen, Möbeln, Geräten, unbeträchtlichen Warenmengen und dergl. besteht, ohne die in einzelnen Räumen etwa vorkommenden besonderen Belastungen durch Akten, Bücher, Warenvorräte, Maschinen, Zwischenwände usw. Für Klein- und Mittelhäuser gelten besondere baupolizeiliche Erleichterungen.	
1920 Wiener Stadtbauamt	
Verkehrslasten der Treppen	
a) Wohnhaus	4,00
b) öffentliche Gebäude	6,40
c) Industriebau	6,40
1934 DIN 1055 Blatt 3 (des preußischen Finanzministers)	
a) waagerechte oder bis 1:20 geneigte Dächer, wenn zeitweiliger Aufenthalt von Menschen, z. B. zu Spiel-, Beobachtungs- oder Erholungszwecken, nicht ausgeschlossen ist (Wind- oder Schneelast sind außerdem zu berücksichtigen)	2,00
b) Wohnungen, Büro- und Diensträume einschl. der Flure, Dachbodenräume, Ausstellungs- und Verkaufsräume (Läden) bis 50 m² Grundfläche, Kleinviehstallungen	2,00
c) Räume in Krankenhäusern und ähnlichen Anstalten einschl. der Flure	3,00
d) Treppen einschl. der Treppenabsätze und Treppenzugänge in Wohnhäusern, Hörsälen und Klassenzimmern	3,50
e) Versammlungsräume, Kirchen, Theater- und Lichtspielsäle, Tanzsäle, Turnhallen, Tribünen mit festen Sitzplätzen, Flure zu Hörsälen und Klassenzimmern, Balkone und offene, gegen die Innenräume abgeschlossene Hauslauben (Loggien), Ausstellungs- und Verkaufsräume (Läden) von mehr als 50 m² Grundfläche, Geschäftshäuser, Warenhäuser (Kaufhäuser), Büchereien, Archive, Aktenräume, soweit nicht Raumgewichte von Bau- und Lagerstoffen höhere Werte ergeben (DIN 1055 Blatt 1), Gastwirtschaften, Schlächtereien, Bäckereien, Fabriken und Werkstätten mit leichtem Betrieb, nichtbefahrbare Hofkellerdecken, Treppen, Treppenabsätze, Treppenzugänge und Vorplätze jeglicher Art mit Ausnahme der unter d) bezeichneten	5,00
f) Tribünen ohne feste Sitzplätze	7,50

	kN /m²
g) Räume zur Unterbringung von Kraftwagen (Garagen); je nach dem Gesamtgewicht (Gewicht des Wagens, der Ausrüstung, der Betriebsstoffe und der Ladung) der unterzubringenden Wagen sind die in der Tafel für Regelfahrzeuge aufgeführten Radlasten in ungünstiger Stellung neben- und hintereinander (wenn nötig auch in verschiedener Fahrtrichtung) anzuordnen. Hierbei sind entlastend wirkende Rad- oder Achslasten unberücksichtigt zu lassen. Soweit in Räume für leichtere Kraftfahrzeuge Feuerwehrfahrzeuge einfahren können, ist hierfür ein einzelner 9-t-Wagen in Rechnung zu stellen.	
h) Durchfahrten und befahrbare Hofkellerdecken sind für Belastungen gem. g), jedoch mind. für 6-t-Wagen in ungünstigster Stellung zu berechnen.	
i) Für Werkstätten und Fabriken mit schwerem Betrieb, für stark belastete Lagerräume usw. ist die Verkehrslast in jedem Einzelfall zu bestimmen.	
Die Angaben unter b) + c) gelten für Belastungen durch Menschen, Möbel, Geräte, unbeträchtliche Warenmengen und dergl.; bei in einzelnen Räumen etwa vorkommenden besonderen Belastungen durch Akten, Bücher, Warenvorräte, leichte Maschinen usw. ist ein genauer Nachweis für diese Belastungen nicht erforderlich, wenn zu den für diese Räume angenommenen Verkehrslasten ein Zuschlag von 3,00 kN/m² eingeführt wird. Für die Verkehrslasten nach a) bis g) braucht kein Stoßzuschlag berücksichtigt zu werden.	
1943 DIN 1055 Blatt 3 Ergänzung 1947 Hamburg Technische Baupolizeibestimmungen	
Verkehrslasten der Treppen und Balkone	
a) Verkehrslasten der Treppen, Treppenabsätze, Treppenzugänge und Vorplätze jeder Art für:	
Wohngebäude	3,50
andere Gebäude (Büro- und Dienstgebäude)	5,00
b) Verkehrslasten von Balkonen und offenen, gegen die Innenräume abgeschlossenen Hauslauben (Loggien)	5,00
1947 DIN 1055	
a) Dachböden in Wohngebäuden	1,25
b) Räume in Kleinwohnhausbauten	1,80
c) Räume in Wohn- und Dienstgebäuden	2,50
d) Klassenzimmer in Schulen, Hörsäle und Holztreppen in Klein- und Mittelhäusern einschl. der Podeste	3,50
e) Geschäftshäuser, Theater, Versammlungsräume, Turn- und Tanzsäle, Bäckereien usw., ferner Treppen und Treppenpodeste, Balkone, Flure	5,00

	kN/m²
1948 DIN 1055 Blatt 3 (ETB-Ergänzung 1) Technische Baubestimmungen Neuregelung der im Krieg zurückgestellten Neubearbeitung der DIN 1053 Blatt 3 Verkehrslasten für Wohnungen einschl. Flure und Dachbodenräume a) Holzbalkendecken und andere Decken ohne ausreichende Querverteilung der Lasten	2,00
b) alle anderen Bauteile, besonders auch für Massivdecken mit ausreichender Querverteilung der Lasten	1,50
Decken aus Stahlbetonfertigteilen dürfen nur dann für eine Verkehrslast von 1,50 kN/m² berechnet werden, wenn durch die in DIN 4225 „Fertigteile aus Stahlbeton, Richtlinien für Herstellung und Anwendung“ vorgesehenen Maßnahmen für eine ausreichende Lastverteilung gesorgt wird. Stahlsteindecken zwischen Trägern nur dann, wenn der Mittenabstand der Träger mindestens 1,50 m ist. Die Berücksichtigung leichter Trennwände bleibt gem. bisheriger Regelung. Bei Bemessung von Bauteilen, die, wie Stützen und Wände, in Wohngebäuden die Lasten von Holzbalkendecken aufnehmen, ist die Verkehrslast dieser Decken ebenfalls nur mit 1,50 kN/m² in Rechnung zu stellen. Bei der Berechnung von Bauteilen, die die Lasten von mehr als 3 Vollgeschossen zu tragen haben, darf die Verkehrslast nunmehr vom 4. Geschoss von oben auf 1,00 kN/m² ermäßigt werden.	
1951 DIN 1055 Blatt 3 In Einzelfällen kann eine Ermäßigung der Verkehrslast zugestanden werden. a) allseitig unterstützte Balkone größer 12 m², ebenso Laubengänge von Wohngebäuden von 5,00 kN/m² auf	3,50
b) Freiflächen von Staffelgeschossen bei Wohngebäuden von 5,00 kN/m² auf	2,00
c) Vordächer, sofern sie bei Brandbekämpfung durch die Feuerwehr betreten werden müssen, an Stelle der Schneelast eine Verkehrslast von	3,50
1951 DIN 1055 Blatt 3 a) waagerechte oder 1:20 geneigte Dächer, wenn zeitweiliger Aufenthalt von Menschen z. B. zu Spiel-, Beobachtungs- oder Erholungszwecken vorgesehen ist (Wind- und Schneelast brauchen nicht berücksichtigt zu werden.)	2,00
b) Wohnräume (einschl. der Flure und Dachbodenräume) 1. Decken ohne ausreichende Querverteilung der Lasten, z. B. Holzbalkendecken und Decken aus Stahlbetonfertigteilen nach DIN 4225 (Tafel II Spalte 3)	2,00

	kN/m²
2. Für die Belastung aller anderen Bauteile, z. B. tragende Wände, Pfeiler (Weiterleitung der Lasten aus a)	1,50
3. Decken mit ausreichender Querverteilung der Lasten (z. B. Stahlbetondecken DIN 1045), Stahlsteindecken (DIN 1046), Trägerdecken mit einem Trägerabstand von 1,50 m, volle Gewölbe, Decken aus Stahlbetonfertigteilen nach DIN 4225 Tafel II Spalte 2	1,50
c) Spitzböden	1,00
d) Büro- und Diensträume einschl. der Flure und Dachbodenräume	
1. Decken und Spitzböden	2,00
2. Spitzböden, bei denen das Hinaufschaffen größerer Lasten nicht möglich ist	1,00
e) Verkaufsräume (Läden) bis 50 m² Grundfläche in Wohngebäuden, Krankenzimmer und Aufenthaltsräume in Krankenhäusern, Kleinviehstallungen	2,00
f) Treppen einschl. der Treppenabsätze und Treppenzugänge in Wohnhäusern, Hörsäle, Klassenzimmer, Behandlungsräume, Küchen und Flure in Krankenhäusern, Haushaltungskeller, ausgenommen Keller besonderer Art (Kohlenkeller), für den höhere Werte zu wählen sind	3,50
g) Versammlungsräume, Kirchen, Theater- und Lichtspielsäle, Tanzsäle, Turnhallen, Tribünen mit festen Sitzplätzen, Flure zu Hörsälen und Klassenzimmern, Balkone und offene gegen die Innenräume abgeschlossene Hauslauben (Loggien), Ausstellungs- und Verkaufsräume (Läden) mit Ausnahme der in Abschnitt e genannten Geschäftshäuser, Warenhäuser (Kaufhäuser), Büchereien, Archive, Aktenräume (soweit nicht Raumgewichte von Bau- und Lagerstoffen höhere Werte ergeben – DIN 1055 Blatt 1), Gastwirtschaften, Großküchen, Schlächtereien, Büchereien, Fabriken und Werkstätten mit leichtem Betrieb, nicht befahrbare Hofkellerdecken, Treppen, Treppenabsätze, Treppenzugänge und Vorplätze jeglicher Art mit Ausnahme der in Abschnitt f bezeichneten Großviehstallungen	5,00
h) Tribünen ohne feste Sitzplätze	7,50
i) Werkstätten und Fabriken mit schwerem Betrieb, stark belastete Lagerräume usw.	
1. Die Verkehrslast ist in jedem Einzelfall zu bestimmen. Kommen hierfür gleichmäßig verteilte Verkehrslasten in Betracht, so empfiehlt es sich, zwecks Vereinfachung die Werte 7,50, 10,00, 12,50, 15,00, 20,00, 25,00 und 30,00 kN/m² zu wählen.	
2. Dient die Verkehrslast als Ersatzlast für schwere Einzellasten (Maschinen), so ist eine stufenweise Abminderung für Hauptträger und Stützen nach Rücksprache mit der zuständigen Bauaufsichtsbehörde und deren Zustimmung möglich.	
j) Kraftwagenräume (Garagen): je nach dem Gesamtgewicht (Gewicht von Wagen, Ausrüstung, Betriebsstoff und Ladung) der unterzubringenden Wagen sind die in der Tafel aufgeführten Regelfahrzeuge in ungünstigster Stel-	

	kN/m²
lung neben- und hintereinander (wenn nötig, auch in verschiedener Fahrtrichtung) anzuordnen. Hierbei sind entlastend wirkende Rad- und Achslasten unberücksichtigt zu lassen. Alle Bauteile sind aber auch für eine Verkehrslast von p = 3,50 kN/m² zu bemessen. Der ungünstigere Wert ist maßgebend. Soweit in Räumen für leichtere Kraftfahrzeuge Feuerwehrfahrzeuge einfahren sollen, ist hierfür ein einzelner 9-t-Wagen in Rechnung zu stellen. Der Nachweis für die Verkehrslast p = 3,50 kN/m² genügt, wenn folgende Stützweiten erreicht oder überschritten werden.	

	Wagengewicht	
	1,5 t	2,5 t
Platten	1,75 m	3,00 m
Balken	3,00 m	5,00 m

k) Durchfahrten und befahrbare Hofkellerdecken sind für Belastungen nach j), jedoch mindestens für 6-t-Wagen in ungünstigster Stellung oder für eine Verkehrslast von 5,00 kN/m² zu berechnen. Der ungünstigere Wert ist maßgebend (siehe Stoßzuschläge).

Für die Verkehrslasten nach a) bis j) brauchen keine Stoßzahlen in Rechnung gestellt zu werden, ebenso nicht bei der Berechnung der Gründungskörper und der Beanspruchung des Baugrundes.

1957 Erlass des Hessischen Ministeriums des Inneren

Für Laubengänge von Laubenganghäusern ist eine Verkehrslast von 5,00 kN/m² anzunehmen, sofern die Laubengänge als auskragende Konstruktion bemessen und ausgeführt sind.

1958 Ergänzungserlass des Ministeriums für Finanzen und Wiederaufbau des Landes Rheinland-Pfalz
(Andere Länder haben entsprechende Erlasse herausgegeben.)

Treppen

Die in DIN 1055 Blatt 3 (lotrechte Verkehrslasten) für Treppen angegebenen Verkehrslasten genügen für die Bemessung der einzelnen Stufen nur, wenn die konstruktive Gestaltung der Treppe eine hinreichende Lastverteilung gewährleistet (z. B. durch Verbindung der einzelnen Treppenstufen durch Setzstufen oder durch Auflager der Stufen auf einer von Podest zu Podest oder in die Treppenhauswände eingespannte Platte u. ä.). Ist dies nicht der Fall, so ist bei Treppenstufen für p = 3,50 kN/m² eine Einzellast von 1,50 kN und bei Treppenstufen für p = 5,00 kN/m² eine solche von 2,00 kN in ungünstigster Laststellung anzunehmen. Bei auskragenden Stufen ist außerdem nachzuweisen, dass ihre in der Rechnung vorausgesetzte volle Einspannung in den Treppenhauswänden oder der Wange auch wirklich aufgenommen werden kann. An Stellen, wo z. B. unter Treppenfenstern die zur notwendigen Einspannung erforderliche Auflast des Treppenhausmauerwerks fehlt, muss durch geeignete konstruktive Maßnahmen (z. B. Randträger) die erforderliche Einspannung der Kragtreppe gesichert werden.

4.2.1 Dächer und waagerechte Verkehrslasten

1910 Preußen	kN/m
Als Menschenbelastung ist in der Mitte der einzelnen Dachteile (Sparren, Pfetten, Sprossen usw.) eine Einzellast von 1,00 kN für eine einzelne, das Dach bei Wiederherstellungs- und Reinigungsarbeiten betretende Person anzunehmen.	
1917 Baupolizeibehörde Hamburg	
Für Dächer, die einer Wind- oder Schneebelastung voraussichtlich nicht ausgesetzt sind, ist in Mitte der einzelnen Dachteile eine Verkehrslast von 1,00 kN anzunehmen.	
1919 preußische Ministerialbestimmungen (6. Erg. Auflage 1925)	
a) In der Mitte der einzelnen Dachteile, Sparren, Sprossen, Pfetten usw. ist eine Verkehrslast von 0,75 kN für einzelne, das Dach betretende Personen (Wiederherstellungs- und Reparaturarbeiten) anzunehmen.	
b) Für alle Dächer ist in der Mitte von einzelnen Pfetten, Sparren oder Sprosseneisen, sofern die auf sie wirkende Wind- und Schneelast weniger als 2,00 kN beträgt, unter Außerachtlassung dieses Schnee- und Winddruckes eine Verkehrslast von 1,00 kN anzunehmen für Personen, die das Dach bei Reinigungs- oder Wiederherstellungsarbeiten betreten.	
c) Für Abschlussgeländer ist eine Seitenkraft in Holmhöhe nach außen wirkend anzusetzen	
1. Treppen, Balkone	0,40
2. Theater, Lichtspielhäuser, Versammlungsräume	1,00
1934 DIN 1055	
a) wie vor Abschnitt a	
b) Waagerechte Seitenkraft an Brüstungen und Geländern in Holmhöhe	
1. Bei Treppen mit Ausnahme der unter 2. bezeichneten, sowie bei Balkonen und offenen Hauslauben	0,50
2. In Versammlungsräumen, Kirchen, Schulen, Theater- und Lichtspielsälen, Vergnügungsstätten, Sportbauten und Tribünen	1,00
c) Leichte Stahlsprossen dürfen mit einer Einzellast von 0,50 kN berechnet werden, wenn die Dächer nur mithilfe von Bohlen oder Leitern begehbar sind.	
1951 DIN 1055 Blatt 3	
a) wie vor Abschnitt a	
b) wie vor Abschnitt b	

	kN/m
c) Leichte Sprossen dürfen mit einer Einzellast von 0,50 kN in ungünstigster Stellung berechnet werden, wenn die Dächer nur mithilfe von Bohlen und Leitern begehbar sind.	
d) Dachlatten: Bei Dachlatten sind zwei Einzellasten von je 0,50 kN in den Viertelspunkten der Stützweiten anzunehmen. Für hölzerne Dachlatten mit Querschnittsabmessungen, die sich erfahrungsgemäß bewährt haben, ist bei Sparrenabständen bis etwa 1,00 m kein rechnerischer Nachweis erforderlich.	
e) Zur Erzielung einer ausreichenden Längs- und Queraussteifung ist neben der vorgeschriebenen Windbelastung und etwaigen anderen waagerechten Kräften: 1. bei Tribünen und ähnlichen Sitz- und Steheinrichtungen eine in Fußbodenhöhe angreifende waagerechte Seitenkraft von 1/20 der lotrechten Verkehrslast in Rechnung zu stellen. 2. bei Gerüsten eine in Schalungshöhe angreifende waagerechte Seitenkraft von 1/100 aller lotrechten Lasten. Die Seitenkräfte nach 1. und 2. können nach jeder beliebigen Richtung wirken.	
f) Bei Säulen, Stützen und Pfeilern von Bauwerken, die in unmittelbarer Nähe der Bordschwelle stehen und so der Gefahr des Anpralls von Straßenfahrzeugen ausgesetzt sind, z. B. bei Bogengängen, ist zur Berücksichtigung dieser Kraftwirkung in 1,20 m Höhe über Gelände eine waagerechte Kraft anzunehmen, getrennt je einmal in Richtung der Längs- und Querachse der Säule usw., und zwar bei:	
1. Säulen, Stützen und Pfeilern an ausspringenden Gebäudeecken	500,00
2. bei anderen Säulen usw.	250,00
3. oder es ist nachzuweisen, dass die beim Ausfall der Säule usw. verbleibenden Bauteile in der Lage sind, die Lasten auf benachbarte Säulen oder andere Bauteile zu übertragen und diese befähigt sind, die Lasten in den Baugrund zu leiten. Bei beiden Nachweisen sind folgende Spannungen zulässig: 1. Stahl Baustahl ST 37.12 und Handelsbaustahl 2200 kg/cm² ST 52 3400 kg/cm² Betonstahl I 2200 kg/cm² Betonstahl II 3400 kg/cm² Betonstahl III 4000 kg/cm² Betonstahl IV 5000 kg/cm² 2. Beton und Mauerwerk: das Zweifache der in DIN 1045, DIN 1047, DIN 4225 und DIN 1053 angegebenen Werte.	

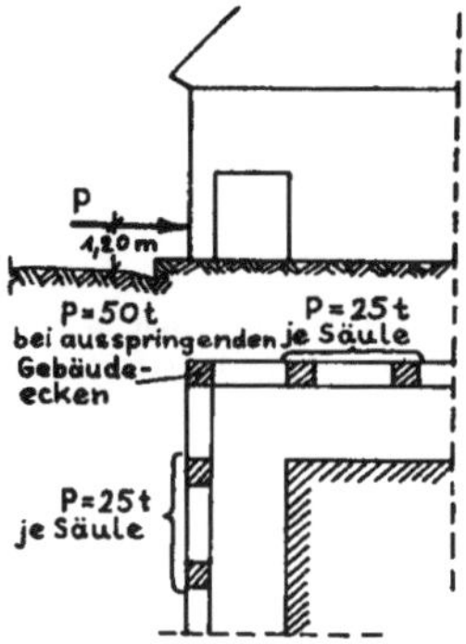

(Abb. 1)

1958 Erg. Erlass des Bayerischen Staatsministeriums
Andere Länder haben entsprechende Erlasse herausgegeben.

Bei der Bemessung der Stützen von Tankstellenüberdachungen und Großgaragen, die nicht am fließenden Verkehr liegen, sind folgende Annahmen zu treffen:

a) Bei Stützen von Tankstellenüberdachungen, die nicht am fließenden Verkehr liegen, ist, auch wenn sie durch Bordschwellen geschützt werden, zur Berücksichtigung der Möglichkeit eines Anpralls von Kraftfahrzeugen in 1,20 m Höhe über Gelände eine waagerechte Kraft von 100,00 kN in ungünstigster Richtung wirkend anzunehmen, oder es ist nachzuweisen, dass die beim Ausfall der Stütze verbleibenden Bauteile in der Lage sind, die Lasten auf benachbarte Stützen oder andere Bauteile zu übertragen und dass diese befähigt sind, die Lasten in den Baugrund zu leiten. Bei der Bemessung der Stützengrundkörper braucht diese Anpralllast nicht berücksichtigt zu werden. Für den Spannungsnachweis gelten die Werte des Abschnitts d.

b) Bei Stützen und Pfeilern von mehrgeschossigen Garagen oder Garagen in mehrgeschossigen Gebäuden bzw. solchen mit befahrbaren Decken oder Decken mit Verkehrslasten nach DIN 1055 Blatt 3 (lotrechte Verkehrslasten) ist in den Fällen, in denen mit Lastkraftwagen gerechnet werden muss, zur Berücksichtigung der Möglichkeit eines Anpralls in 1,20 m Höhe eine waagerechte Kraft von 20,00 kN anzunehmen. Im Übrigen gilt sinngemäß das unter a) Gesagte.

c) Bei Geschossgaragen ist zur Berücksichtigung der Möglichkeit eines Anpralls von Personenwagen gegen Außenwände und Wände, die Lichtschächte u. ä. abschließen, sowie eines Anpralls an die Rampenbrüstungen in 0,50 m Höhe über dem Fußboden eine waagerechte Kraft von 2,0 kN/m auf die Breite „b“ des Kraftwagens nach außen wirkend anzunehmen. In den Fällen, in denen mit Lastkraftfahrzeugen gerechnet werden muss, erhöhen sich die vorgenannten Werte auf 1,20 m bzw. 5,0 kN/m. Auf diese Lastannahmen darf verzichtet werden, wenn durch Bordschwellen, vorgesetzte Riegel u. ä. von mindestens 20 cm Höhe der Anprall gegen die Wand bzw. Rampenbrüstung verhindert wird. Die Bordschwellen und Riegel müssen aber in der Höhe ihrer Oberkante die oben genannte waagerechte Kraft aufnehmen können.

Bei beiden Nachweisen sind folgende Spannungen zulässig:

1. Stahl

Baustahl ST 37.12 und Handelsbaustahl	2200 kg/cm²
ST 52	3400 kg/cm²
Betonstahl I	2200 kg/cm²
Betonstahl II	3400 kg/cm²
Betonstahl III	4000 kg/cm²
Betonstahl IV	5000 kg/cm²

2. Beton und Mauerwerk:
   das Zweifache der in DIN 1045, DIN 1047, DIN 4225 und DIN 1053 angegebenen Werte.

4.2.2 Eigenlast und Verkehrslast von Treppen

1887 Berliner Polizei-Bestimmungen	kN/m^2
Schmiedeeiserne Treppen einschl. Verkehrslast	6,00 bis 6,50
Betoniertes Wellblech für Treppen und Treppenruheplätze	8,50
Kappengewölbe aus vollen Steinen für Treppen und Treppenruheplätze	10,00

4.3 Trümmerlasten

1937 Erlass des Reichsarbeitsministers

a) Die Decke über der gesamten Schutzraumanlage muss außer dem Eigengewicht und der durch den Verwendungszweck des Gebäudes bestimmten Verkehrslasten die bei einem Einsturz des Gebäudes wirkende Auftreffwucht und ruhende Last der Gebäudetrümmer aufnehmen können. Da die tatsächlich auftretenden Belastungen durch Trümmer nicht einwandfrei ermittelt werden können, sind bei der Berechnung der Decken stellvertretende Trümmerlasten einzusetzen.

b) Für Geschossbauten in Vollwandbauweise beträgt die stellvertretende Trümmerlast:

   10,00 kN/m^2 bei Gebäuden bis zu 2 Vollgeschossen
   15,00 kN/m^2 bei Gebäuden bis zu 4 Vollgeschossen
   20,00 kN/m^2 bei Gebäuden mit mehr als 4 Vollgeschossen.

c) Die angegebenen Berechnungsgewichte gelten für Gebäude, deren Geschossdecken mit einer Verkehrslast bis zu 5,00 kN/m^2 belastet werden. Bei höher belasteten Geschossdecken ist die stellvertretende Trümmerlast um den Mehrwert der durchschnittlichen Belastung über 5,00 kN/m^2 zu erhöhen. Zur Berechnung der durchschnittlichen Belastung wird die Summe der Verkehrslasten aller Decken über den Vollgeschossen durch die Anzahl der Decken geteilt. Hierbei bleibt die Schutzraumdecke selbst unberücksichtigt.

d) Lässt die Eigenart der Konstruktion eines Gebäudes (z. B. Gerippebau in Stahl oder Eisenbeton) das Entstehen einer Trümmerlast in den oben angegebenen Größen als unwahrscheinlich erscheinen, so kann die stellvertretende Trümmerlast auf Antrag bis zu 10,00 kN/m^2, ohne Rücksicht auf die Zahl der Vollgeschosse, ermäßigt werden.

Ausnahmebestimmungen

Bei Wohngebäuden, die einer Steuervergünstigung im Sinne des § 29 des Grundsteuergesetzes vom 1. Dez. 1936 unterliegen, beträgt die stellvertretende Trümmerlast:

5,00 kN/m² bei Gebäuden bis zu 1 Vollgeschoss
7,50 kN/m² bei Gebäuden bis zu 2 Vollgeschossen
10,00 kN/m² bei Gebäuden bis zu 3 Vollgeschossen

Zusatzräume im Dachgeschoss brauchen bei der Annahme als Vollgeschoss nicht berücksichtigt zu werden.

1955 Bundesminister für Wohnungsbau
Richtlinien für Schutzraumbauten

a) Bei Neubauten ist Stahlbeton mit Beton B300 und Betonstahl I zu verwenden. (andere Stähle nach besonderer Zulassung)

b) Dicke der Bauteile (Decken, Wände, Sohle)

Schutzbauten A – 60 cm unterirdisch / 60 cm oberirdisch
Schutzbauten B – 40 cm unterirdisch / 60 cm oberirdisch
Schutzbauten C – 30 cm unterirdisch / 50 cm oberirdisch

A = Brandwaffen längere Dauer
Höchstüberdruck 90t/m² (Atombombe)

B = Brandwaffen längere Dauer
Höchstüberdruck 30t/m² (Atombombe)

C = Brandwaffen kürzerer Dauer
Höchstüberdruck 10t/m² (Atombombe)

c) Belastungsannahmen

Schutzbauten A – 30 t/m² Druck 10 t/m² Sog
Schutzbauten B – 10 t/m² Druck 5 t/m² Sog
Schutzbauten C – 3 t/m² Druck 1,5 t/m² Sog

als eine gleichmäßig verteilte Ersatzlast in ungünstiger Stellung
(Druck und Sog nicht gleichzeitig)
Für die zul. Beanspruchung ist DIN 1045 maßgebend.
Zwischendecken mind. 40 cm dick mit Verkehrslast p = 1000 kg/m²

1972 Bautechnische Grundsätze für Hausschutzräume

Zum Erreichen der Trümmersicherheit sind bei der statischen Berechnung vertikale und horizontale Ersatzlasten in Ansatz zu bringen.

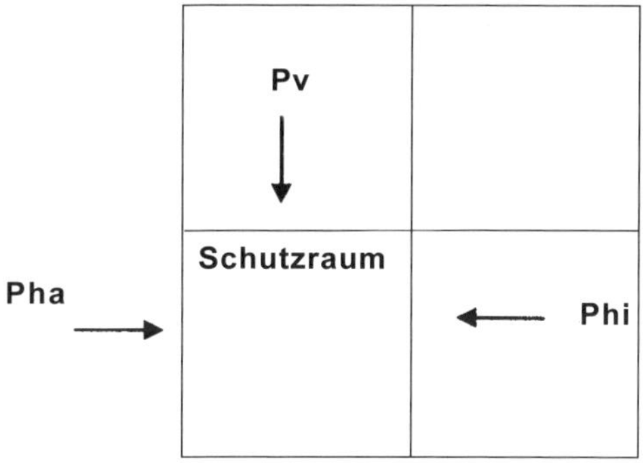

a) bei Gebäuden mit mehr als 5 Vollgeschossen

Pv	= 15,00 kN/m²	
Phi	= 10,00 kN/m²	
Pha	= 6,75 kN/m²	bei Sand und Kies
	= 9,00 kN/m²	bei Lehm von mittlerer Konsistenz
	= 11,25 kN/m²	bei Lehm von weicher Konsistenz und Ton
	= 15,00 kN/m²	bei allen Böden im Grundwasser

b) bei Gebäuden bis 5 Vollgeschosse

Pv	= 10,00 kN/m²	
Phi	= 10,00 kN/m²	
Pha	= 4,50 kN/m²	bei Sand und Kies
	= 6,00 kN/m²	bei Lehm von mittlerer Konsistenz
	= 7,50 kN/m²	bei Lehm von weicher Konsistenz und Ton
	= 10,00 kN/m²	bei allen Böden im Grundwasser

Für die Bemessung der Decken sind anzusetzen

Eigenlast und Belag, Verkehrslast mit Trennwandzuschlag sowie Ersatz-Trümmerlast (gleichzeitig und jeweils ungünstigster Laststellung).

Für die Bemessung der Wände sind anzusetzen

Die Auflast des Gebäudes bleibt unberücksichtigt.

Neben der horizontalen Ersatzlast ist noch der Erdruhedruck zu berücksichtigen (vereinfacht als gleichmäßig verteilte Last)

$$\text{max. } ea = \gamma \times \lambda o \times h + \text{Ersatzlasten}$$

Die horizontale, gleichmäßige verteilte Last beträgt

$$Qha = Pha + \frac{\gamma \times \lambda o \times h}{2}$$

dabei sind die von der Bodenart abhängigen Werte einzusetzen.

bei Sand und Kies	γ = 19,00 kN/m²	λo = 0,45
bei Lehm von mittlerer Konsistenz	γ = 21,00 kN/m²	λo = 0,60
bei Lehm von weicher Konsistenz und Ton	γ = 20,00 kN/m²	λo = 0,75
bei allen Böden im Grundwasser	γ = 12,00 kN/m²	λo = 1,00

4.4 Verminderung der Verkehrslasten

Erlass vom **24. Dez. 1919** (preußische Ministerialbestimmungen)

Bei Berechnung der Abmessungen für Bauteile, die die Lasten mehrerer Geschosse aufzunehmen haben (Stützen, Wandpfeiler, Grundmauern und dgl.) ist eine Ermäßigung der in Ansatz zu bringenden Nutzlasten in dem nachstehend angegebenen Umfange zulässig.

Die Nutzlast der Dachgeschosse und der beiden obersten den Bauteil belastenden Vollgeschosse sind mit dem vollen Betrag einzusetzen. Von der Nutzlast der folgenden Geschosse darf ein von Geschoss zu Geschoss um 20 % bis zum Höchstbetrag von 80 % wachsender Bruchteil in Abzug gebracht werden, sodass dafür der Reihe nach 80 %, 60 %, 40 %, 20 % der vollen Nutzlast in Rechnung zu stellen sind.

Für Speicher und Lagerräume sowie für Werkstätten und Fabriken mit schwerem Betrieb ist eine solche Ermäßigung der Belastungsannahmen nicht zulässig.

1. Juli 1921 Baupolizeibehörde Hamburg

Unter der Voraussetzung, dass die Gründung des Bauwerks den strengsten Anforderungen genügt, ist eine Ermäßigung der Verkehrslasten in nachstehenden Fällen zulässig.

1. Bei Berechnung der Abmessungen solcher Bauteile (Stützen, Unterzüge, Wandpfeiler und dgl.), welche die Verkehrslasten von mehr als 2 Geschossen aufnehmen, sind die Verkehrslasten der Dachgeschosse und des nächsten Geschosses darunter in vollem Betrag einzusetzen. Von der Verkehrslast der folgenden Geschosse darf dagegen ein von Geschoss zu Geschoss um denselben Bruchteil wachsender Betrag abgezogen werden.
   Dieser Bruchteil beträgt:
   a) 25 % bei Wohngebäuden, Kontor-, Geschäfts- und Warenhäusern (Kaufhäusern)
   b) 15 % bei Werkstätten, Fabriken und Industriegebäuden.

   Die Verminderung der gesamten auf einem Bauteil ruhenden Verkehrslast darf aber

   bei a) 40 %
   bei b) 25 %

   nicht überschreiten.

Ist kein Dachgeschoss vorhanden, so sind die Verkehrslasten der zwei obersten Geschosse voll einzusetzen und in den nächsten Geschossen nach Vorstehendem zu mindern. Das Eigengewicht mit Ausnahme des Gewichtes leichter Teilungswände ist überall mit dem vollen Betrage einzusetzen. Wind- und Schneelast sind dem Eigengewicht zuzurechnen.

2. Bei nachstehenden Gebäuden und Räumen darf das aus der Verkehrslast errechnete Biegungsmoment der Deckenunterzüge sowie solcher Deckenträger, die ein Deckenfeld von mindestens 30 m² Fläche aufnehmen, um 1/10 ermäßigt werden:
   a) Geschäfts- und Kontorhäuser größeren Umfangs
   b) Läden von über 50 m² Fläche
   c) Wirtschaften
   d) Warenhäuser
   e) Fabriken und Werkstätten für leichten oder schweren Betrieb

3. Bei Berechnung der Gründung (Gründungsbreiten, Zahl der Pfähle, Plattenabmessungen und dgl.) darf die gesamte nach Ziffer 1 verminderte Verkehrslast weiter bis auf ihren 0,8-fachen Betrag ermäßigt werden. Diese Verminderung ist bei Schulgebäuden und Gebäuden für Versammlungszwecke sowie bei Speichern und Lagergebäuden ebenfalls zulässig, jedoch nur für die Gründung.

Febr. 1951 DIN 1055 Blatt 3

1. Bei der Bemessung von Bauteilen, die Lasten von mehr als 3 Vollgeschossen aufnehmen, wie Stützen, Unterzüge, Wandpfeiler, Grundmauern und dgl., und bei der Ermittlung der entsprechenden Bodenpressungen darf die durch Zusammenzählen der Verkehrslasten der einzelnen Geschosse sich ergebende Gesamtverkehrslast nach folgenden Regeln ermäßigt werden.
   Bei Werkstätten mit schwerem Betrieb und bei Speichern und Lagerräumen ist eine solche Lastminderung jedoch unzulässig.

2. Die Verkehrslasten der drei den Bauteil am stärksten belastenden Geschosse sind mit dem vollen Betrage einzusetzen, dagegen darf von den auf diesen Bauteil wirkenden Verkehrslasten der anderen Geschosse, bei ungleichen Lasten geordnet nach Größe dieser Lasten in absteigender Folge, ein um einen bestimmten Bruchteil wachsender Betrag abgezogen werden.

Dieser Bruchteil beträgt:

a) bei Wohngebäuden, Büro- und Geschäftshäusern 20 % bis zum Höchstbetrage von 80 %
b) bei Werkstätten mit leichtem Betrieb und Warenhäusern (Kaufhäusern) und bei Gebäuden, die zum Teil als Werkstätten oder Warenhäuser dienen, 10 % bis zum Höchstbetrag von 40 %.
   Die Verminderung der gesamten auf einem solchen Bauteil ruhenden Verkehrslast darf aber bei den in Absch. „a" genannten Gebäuden 40 %, bei den in Absch. „b" genannten 20 % nicht überschreiten.

3. Sind die von den einzelnen Geschossen herrührenden Verkehrslasten einander gleich, so ergeben sich daraus die in folgender Tabelle in % angegebenen Abzüge bzw. auf die Gesamtverkehrslast bezogenen Minderungszahlen ae.
   (das ist das Verhältnis der in Rechnung zu stellenden Verkehrslast zur Gesamtverkehrslast)

Abzüge und Minderungszahlen für die Verkehrslast bei mehrgeschossigen Gebäuden mit gleicher Verkehrslast in allen Geschossen

Geschosse	1	2	3	4	5	6	7	8	9	10	11	12
	Wohngebäude nach Abschnitt 2a											
Abzüge in %	0	0	0	20	40	60	80	80	80	40	40	40
Minderungszahl æ	1	1	1	0,95	0,88	0,80	0,71	0,65	0,60	0,60	0,60	0,60
	Werkstätten usw. nach Abschnitt 2b											
Abzüge in %	0	0	0	10	20	30	40	40	40	20	20	20
Minderungszahl æ	1	1	1	0,975	0,94	0,90	0,857	0,825	0,80	0,80	0,80	0,80

1910 Verkehrslasten für Straßenbrücken

Fahrzeug	Last 1 t	Last 2 t	Last 3 t	Last 4 t	Fußsteige kg/m²
Fuhrwerk					400-550
20 t mit 4 Pferden	10	10	0,8	0,8	
12 t mit 4 Pferden	6	6	0,8	0,8	
6 t mit 2 Pferden	3	3			
*					
Dampfwalze 23 t	10	13			

* 2,60 m Achsabstand und 4,60 m Wagenlänge

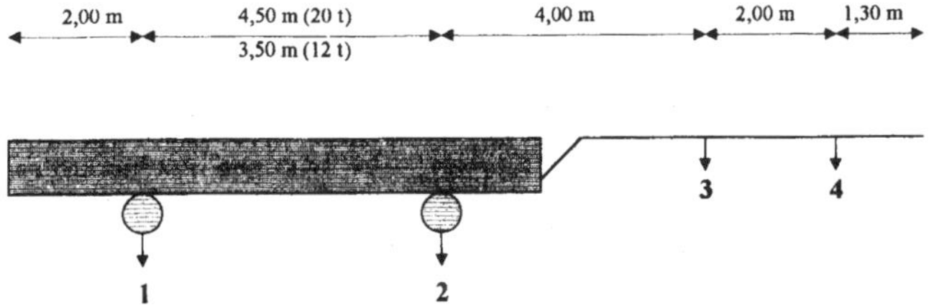

Fuhrwerk

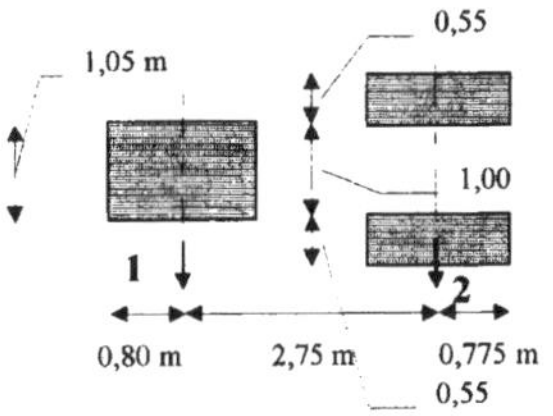

Dampfwalze

4.5 Abmessungen, Gewichte, Aufstandsbreiten von Regelfahrzeugen

Regellasten **1925**

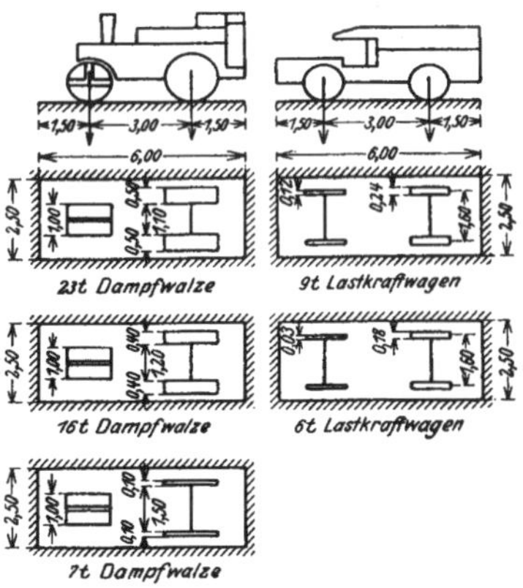

Regellasten

Brückenklassen				I	II	III	IV
Dampfwalze	Gesamtgewicht		t	23	16	7	ohne Regellasten
	Vorderrad		t	10	7	5	
	Hinterrad		t	6,5	4,5	1	
	Ersatzlast		t/m²	1,55	1,1	0,5	
Lastkraftwagen	Gesamtgewicht		t	9	6	6	
	Vorderrad		t	1,5	0,75	0,75	
	Hinterrad		t	3	2,25	2,25	
	Ersatzlast		t/m²	0,6	0,4	0,4	
Menschengedränge, Berechnung	der Hauptträger bis zu einer Spannweite von	50 m	t/m²	0,5	0,45	0,4	
		100 m	t/m²	0,45	0,4	0,35	
		200 m	t/m²	0,4	0,35	0,3	
	aller übrigen Teile		t/m²	0,5	0,45	0,4	

Brückenklasse IV ohne Regellasten DIN 1055 **(3. Aug. 1934)** Blatt 3

Grundriss der Regelfahrzeuge

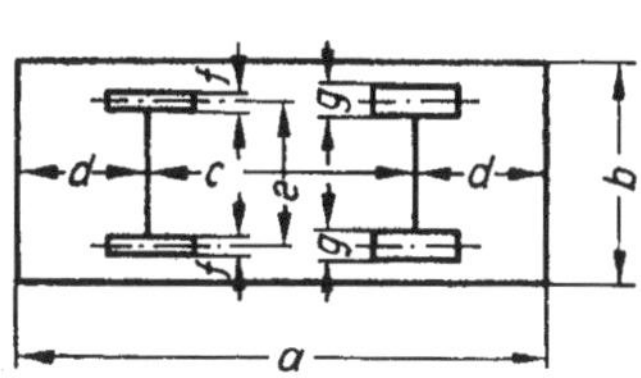

Regellasten für Kraftwagenräume, befahrbare Hofkellerdecken und Durchfahrten

Gesamtgewicht des Wagens kN	Raddruck Vorderrad je kN	Hinterrad je kN	Maße des Wagens in m a	b	c	d	e	f	g
25	5,0	7,5	5,0	2,0	3,0	1,0	1,4	0,08	0,18
60	7,5	22,5	6,0	2,5	3,0	1,5	1,6	0,08	0,18
90	15,0	30,0	6,0	2,5	3,0	1,5	1,6	0,12	0,24
120	20,0	40,0	6,0	2,5	3,0	1,5	1,6	0,12	0,24

Das 12-t-Regelfahrzeug vertritt in ungünstiger Aufstellung bei Stützweiten bis zu 10,0 m auch schwerere Fahrzeuge, soweit diese der Reichs-Straßenverkehrsordnung vom 28. 5. 1934 entsprechen.
Kommen ausnahmsweise größere Stützweiten in Betracht, so sind die tatsächlich zu erwartenden schwereren Fahrzeuge der Berechnung zu Grunde zu legen.

DIN 1055 **(Febr. 1951)** Blatt 3

Grundriss der Regelfahrzeuge

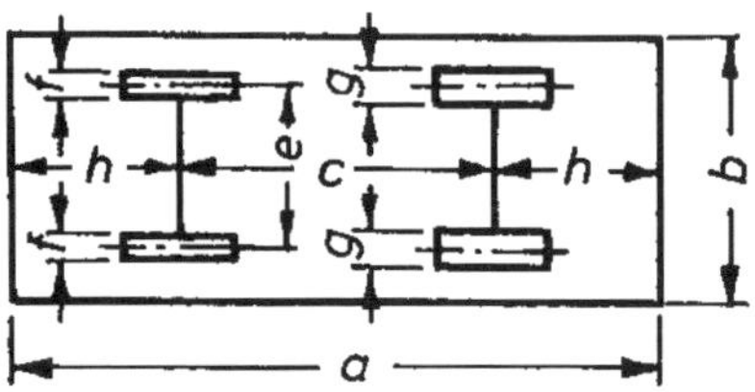

Regellasten für Kraftwagenräume, befahrbare Hofkellerdecken und Durchfahrten

Gesamtgewicht des Wagens kN	Raddruck Vorderrad je kN	Hinterrad je kN	Maße des Wagens in m a	b	c	e	f	g	h
15	3,0	4,5	4,0	1,5	2,5	1,2	0,08	0,14	0,75
25	5,0	7,5	5,0	2,0	3,0	1,4	0,08	0,18	1,00
60	7,5	22,5	6,0	2,0	3,0	1,6	0,08	0,18	1,50
90	15,0	30,0	6,0	2,5	3,0	1,6	0,12	0,24	1,50
120	20,0	40,0	6,0	2,5	3,0	1,6	0,12	0,24	1,50

Bemerkung: wie vor (DIN 1055 Bl. 3 1934)

DIN 1072 **1952**

Abmessungen und Gewichte der Regellasten bei Straßenbrücken nach DIN 1072

Tafel 1 **Abmessungen der Regelfahrzeuge**

Schwerlastwagen SLW — Lastkraftwagen LKW

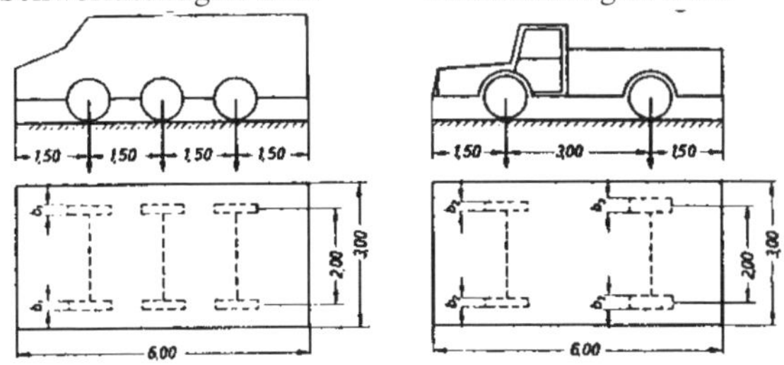

Tafel II **Gewichte und Aufstandsbreiten der Regelfahrzeuge**

Klasse	Gesamtlast	Radlast	Aufstandsbreite b_1	Klasse	Gesamtlast	Vorderräder Radlast	Vorderräder Aufstandsbreite b_2	Hinterräder Radlast	Hinterräder Aufstandsbreite b_3
	t	t	m		t	t	m	t	m
60	60	10,0	0,60	12	12	2,0	0,20	4,0	0,30
45	45	7,5	0,50	6	6	1,0	0,14	2,0	0,20
30	30	5,0	0,40	3	3	0,5	0,10	1,0	0,14

Aufstandslänge der Radlast in Fahrtrichtung = 0,20 m
Aufstandsfläche jedes Rades = 0,20 x b in m²

Tafel III **Regellasten**

Brückenklasse	Beschilderung	Rechnerische Hauptspur = 3 m: Regelfahrzeug Kurzzeichen	Regelfahrzeug Gewicht	Regelfahrzeug Ersatzlast	Gleichmäßig verteilte Regellast p	Außerhalb der Hauptspur gleichmäßig verteilte Regellast p	Vorzusehen für	
			t	t/m²	t/m²	t/m²		
60	(60)	SLW	60	3,33	0,500	0,300	Autobahnen Bundesstraßen	Stadtstraßen
45	(45)	SLW	45	2,50	0,500	0,300	Landstraßen I. O.	
30	(30)	SLW	30	1,67	0,500	0,300	Landstraßen II. O.	
12	(12)	LKW	12	0,67	0,400	0,300	Gemeindewege Wirtschaftswege	
6	(6)	LKW	6	0,400		0,200	Wirtschaftswege für leichten Verkehr	
3	(3)	LKW	3	0,400		0,200	Wirtschaftswege für ganz leichten Verkehr	

Bei der Brückenklasse (30) sind Querträger und Zwischenquerträger mit einem Abstand bis zu 2,0 m und Längsträger sowie Platten mit einer Stützweite bis zu 3,5 m außerdem für eine Achslast von 13 t zu bemessen, deren Spurweite 2,0 m und bei der die Aufstandsbreite der Räder b_3 = 0,46 m ist.

DIN 1072 **Nov. 1967**

Schwerlastwagen SLW Einzelachslast Lastkraftwagen LKW
(siehe Tabelle Br. Kl. 30)

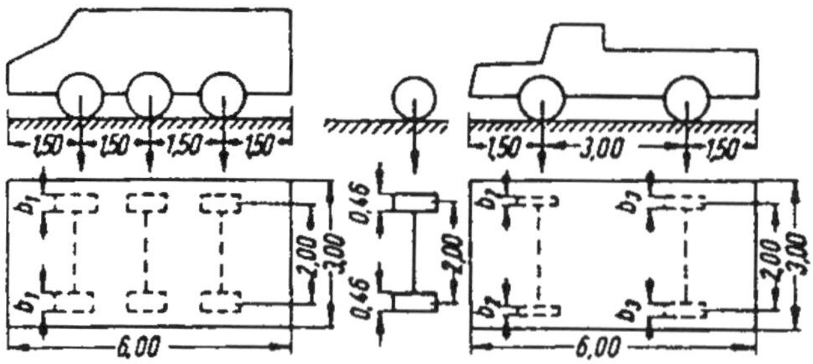

Bild 1. Maße der Regelfahrzeuge,
Achsabmessungen und Radaufstandsbreiten in m

Tabelle 1: Lasten und Aufstandsbreiten der Regelfahrzeuge und der Einzelachslast

Schwerlastwagen (SLW)				Lastkraftwagen (LKW)					
1	2	3	4	5	6	7	8	9	10
						Vorderräder		Hinterräder	
Brücken-klasse	Gesamt-last Mp	Rad-last Mp	Auf-stands-breite b_1 m	Brücken-klasse	Gesamt-last Mp	Rad-last Mp	Auf-stands-breite b_2 m	Rad-last Mp	Auf-stands-breite b_3 m
Regelklassen									
60	60	10,0	0,60	12	12	2,0	0,20	4,0	0,30
30*	30	5,0	0,40						
Zwischenklassen (nur für das Nachrechnen bestehender Brücken)									
45	45	7,5	0,50	16[1]	16	3,0	0,26	5,0	0,40
24	24	4,0	0,30	9	9	1,5	0,18	3,0	0,26
				6	6	1,0	0,14	2,0	0,20
				3	3	0,5	0,14	1,0	0,20

* Bei der Brückenklasse 30 sind Querträger und Zwischenquerträger mit einem Abstand bis zu 2,0 m und Längsträger sowie Platten mit einer Stützweite bis zu 7,0 m außerdem für eine Achslast von 13 Mp nach Bild 1 b zu berechnen (siehe Erläuterungen, DIN 1072, Beiblatt).

Aufstandslänge der Radlast in Fahrtrichtung = 0,20 m: Aufstandsfläche jedes Rades in m^2 = 0,20 x Aufstandsbreite in m

1 Zum Nachrechnen bestehender Brücken dürfen auch Werte aus Rechenwerken mit Aufteilung der Radlasten im Verhältnis 1:2 benutzt werden.

Tabelle 2: Verkehrs-Regellasten

1	2	3	4	5	6
	Rechnerische Hauptspur = 3,0 m Breite				
	Regelfahrzeug				
Brücken-klasse	Kurz-zeichen	Gesamt-last Mp	Ersatz-flächen-last P' Mp/m²	Gleich-mäßig verteilte Flächenlast P_1 Mp/m²	Außerhalb der Hauptspur gleichmäßig verteilte Flächenlast P_2 Mp/m²
Verkehrs-Regellasten der Regelklassen					
60	SLW	60	3,33	0,50	0,30
30	SLW	30	1,67	0,50	0,30
12	LKW	12	0,67	0,40	0,30
Verkehrs-Regellasten der Zwischenklassen (nur für das Nachrechnen bestehender Brücken)					
45	SLW	45	2,50	0,50	0,30
24	SLW	24	1,33	0,50	0,30
16*1	LKW	16	0,89	0,50	0,30
9	LKW	9	0,50	0,40	0,30
6	LKW	6	0,40	0,40	0,20
3	LKW	3	0,30	0,30	0,20

*1Zum Nachrechnen bestehender Brücken dürfen auch Werte aus Rechenwerken mit Aufteilung der Radlasten im Verhältnis 1:2 benutzt werden.

4.6 Stoßzahlen (Stoßzuschläge)

1887 Berliner Polizei-Präsidium

In Versammlungsräumen, Tanzsälen, Schulräumen usw. ist für den Einfluss von Erschütterungen und Stößen die Verkehrslast zu vergrößern. Für Hochbauten empfiehlt es sich, diesen Koeffizienten mit 1,2 bis 1,5 anzunehmen.

Erlass vom **24. Dez. 1919** 6. Erg. Aufl. 1925
(preußische Ministerialbestimmungen)

Für Werkstätten und Fabriken mit schwerem Betrieb sowie für Decken unter Durchfahrten und befahrenen Höfen ist, wenn stoßweise wirkende Erschütterungen z. B. durch Maschinen oder schwere Kraftwagen zu erwarten sind, auf Verlangen der Baupolizei die Belastungsziffer um 50 bis 100 von Hundert zu erhöhen.

Erlass des preußischen Finanzministers vom **30. Aug. 1934**

a) Bei stoßweise wirkenden Erschütterungen, z. B. durch Maschinen, ist von Fall zu Fall ein Stoßzuschlag festzusetzen. Es empfiehlt sich, die Höhe des Stoßzuschlages mit der Baupolizei vorher zu vereinbaren.
(Bisher ist mit Stoßzuschlägen von 25-100 % gerechnet worden.)
b) Bei Durchfahrten und befahrenen Hofkellerdecken ist ein Stoßzuschlag von 40 % der Verkehrslast zu berücksichtigen. Für das Einfahren von Feuerwehrfahrzeugen braucht ein Stoßzuschlag nicht berücksichtigt zu werden.

c) Bei der Berechnung der Säulenfundamente und Bodenpressungen von Hochbauten bleiben etwaige besondere Stoßzuschläge unberücksichtigt.

1911 Erlass des österreichischen Ministeriums für öffentliche Arbeitsvorschriften über die Herstellung von Tragwerken aus Stampfbeton oder Eisenbeton

a) Tragwerke, die Erschütterungen erleiden müssen — 1,3-fache Verkehrslast
b) Tragwerke, die starken Stößen (z. B. schwere Arbeitsmaschinen) ausgesetzt sind — 1,5-fache Verkehrslast

1932 Deutscher Ausschuss für Stahlbeton

Bei der Berechnung der Platten, Träger und Stützen von Durchfahrten und befahrenen Hofkellerdecken sind die Verkehrslasten (Rad- und Ersatzlasten) mit dem 1,4-fachen ihres wirklichen Wertes einzusetzen (Stoßzuschlag), wenn nicht die Berechnungsgrundlagen für massive Brücken DIN 1075 zu Grunde gelegt werden.

Bei der Berechnung der Säulenfundamente und Bodenpressungen von Hochbauten bleiben etwaige besondere Stoßzuschläge unberücksichtigt.

1951 DIN 1055 Blatt 3

a) Verkehrslasten, die Stöße oder Schwingungen verursachen, sind von Fall zu Fall mit einer Stoßzahl ϑ zu vervielfachen.
b) Bei Durchfahrten und befahrenen Hofkellerdecken ist für Fahrzeuge $\vartheta = 1{,}4$ einzusetzen. Für das Einfahren von Feuerwehrfahrzeugen braucht jedoch keine Stoßzahl berücksichtigt werden.

4.7 Schneelasten

Bekanntmachung **21. Febr. 1887** — Berliner Polizei-Präsidium

H = Firsthöhe
L = Stützweite
α = Dachneigung

größte Schneehöhe 0,60 m
spez. Gewicht Schnee 1,25 kN/m²

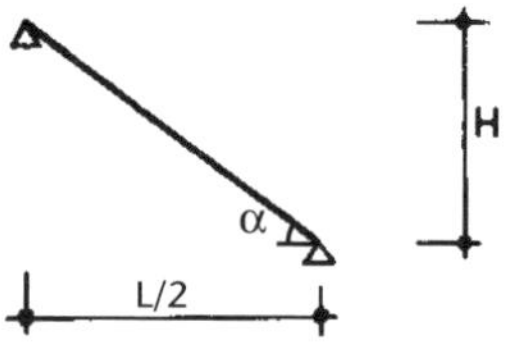

Größte Schneelast für 1 m² waag. Projektion 0,75 kN/m²

Größte Belastung ps in kN/m² durch Schneedruck für 1 m² schräge Dachfläche

H/L α	1/2 45°	1/3 33° 41	1/4 26° 40	1/5 21° 50	1/6 18° 25	1/7 16°	1/8 14°	1/9 12° 30	1/10 11° 20
ps	0,53	0,62	0,67	0,70	0,71	0,72	0,73	0,73	0,73

Für Dachneigungen H/L = 1/2 bleibt der Schnee nicht mehr liegen, sondern gleitet ab und braucht nicht berücksichtigt zu werden.

Um **1900**

		kN/m²
a) Schneelast auf 1 m² waag. Grundfläche		s = 0,75
b) ab 40° Dachneigung		s = s/2
c) ab 50° Dachneigung		s = 0

Nach **1900**

Schneelast in kN/m²

α	0°	10°	20°	30°	40°	50°
s	0,75	0,74	0,71	0,65	0,29	0

α = Dachneigung (gegen die Waagerechte)

1. Aug. 1917 Baupolizeibehörde Hamburg

	kN/m²
a) Schneelast auf 1 m² waag. Grundfläche bei Dachneigungen bis 40° zur Waagerechten	0,75
b) Schneelast auf 1 m² waag. Grundfläche bei Dachneigung zwischen 40° und 60°	0,40
c) Bei Dachneigungen über 60° braucht der Schneedruck nicht berücksichtigt zu werden.	0

Erlass vom **24. Dez. 1919** preußischer Ministerialerlass

	kN/m²
a) Die Schneebelastung einer waag. Fläche ist zumindestens anzunehmen mit	0,75
b) Bei Dachflächen mit erheblicher Neigung kann die Schneelast, sofern nicht etwa einzelne Dachteile Schneesäcke bilden, geringer angenommen werden.	

Die auf 1 m² der waagerechten Projektion einer Dachfläche entfallende Schneelast s ist dabei mindestens nach Maßgabe der nachfolgenden Zusammenstellung zu bemessen, in der α den Neigungswinkel der Dachfläche gegen die Waagerechte bedeutet.

α	20°	25°	30°	35°	40°	45°	>45°
s	0,75	0,70	0,65	0,60	0,55	0,50	0

Zwischenwerte sind gradlinig einzuschalten.

Die Möglichkeit einer Bildung von Schneesäcken ist zu prüfen und gegebenenfalls bei erheblichem Gewicht zu berücksichtigen.

Die Möglichkeit einer vollen oder einseitigen Schneebelastung ist zu berücksichtigen.

Bei Bauten im Gebirge ist die Schneelast den örtlichen Verhältnissen entsprechend höher anzunehmen.

Nach Schaller

Bis 200 m Meereshöhe sind nur 0,75 kN/m² Schneelast anzunehmen (0,60 m Schneehöhe und einem Raumgewicht des lockeren Schnees von 1,25 kN/m³). Bis 500 m Meereshöhe ist mit 1,20 kN/m² Schneelast und für höhere Gebirge bis zu 3,40 kN/m² zu rechnen.

Zur angenäherten Ermittlung kann die Formel
(Schweizerformel)

$$s = 70 \cdot (1 + h / 500)$$

dienen, vorausgesetzt h (die Meereshöhe) > 500 m.

1920 Bestimmungen des österreichischen Ingenieur- und Architektenvereins

Schneelast für Alpengegenden je nach örtlicher Lage

Dachneigung $\alpha < 40°$ bis zu $s = 2{,}00$ kN/m²
Dachneigung $\alpha \geq 40°$-$60°$ bis zu $s = 1{,}10$ kN/m²

DIN 1055 Blatt 5 2. Ausgabe **Dez. 1936**

	kN/m²
1.) Die Schneelast einer waag. Fläche ist mindestens anzunehmen	0,75
2.) Bei Dachflächen mit erheblicher Neigung kann die Schneelast, sofern nicht etwa einzelne Dachteile Schneesäcke bilden, geringer angenommen, bei einer Neigung von mehr als 60° ganz außer Acht gelassen werden.	

Die auf 1 m² der waag. Projektion einer Dachfläche entfallende Schneelast s ist dabei mindestens nach Maßgabe der nachfolgenden Zusammenstellung zu bemessen, in der α der Neigungswinkel der Dachfläche gegen die Waagerechte bedeutet.

α	20°	25°	30°	35°	40°	45°	50°	55°	60°	> 60°
s	0,75	0,70	0,65	0,60	0,55	0,50	0,45	0,40	0,35	0

Zwischenwerte sind gradlinig einzuschalten.

Die Möglichkeit einer Bildung von Schneesäcken ist zu prüfen und gegebenenfalls bei erheblichem Gewicht zu berücksichtigen, z. B. in tiefen Kehlen, bei Sägedächern usw. empfiehlt es sich, hier mit der doppelten Schneelast zu rechnen (Ed Erl. d. RAM 1939).

Die Möglichkeit einer vollen oder einseitigen Schneebelastung ist zu berücksichtigen.

Bei Bauten im Gebirge ist die Schneelast den örtlichen Verhältnissen entsprechend höher anzunehmen.

Als Richtlinie für die Schneelast in schneereichen Gegenden diene

$$s' = 1{,}50 \text{ bis } 2{,}0\, s = 1{,}10 \text{ bis } 1{,}50 \text{ kN/m}^2$$

Dachgrundrissfläche.

Wind und Schnee sind gegebenenfalls auch bei Dächern mit α > 45° Dachneigung gleichzeitig wirkend zu berücksichtigen.

Gebiete mit besonders ungünstigen Schneeverhältnissen

a) Zusammenstellung des Vereins Deutscher Eisenhüttenleute

Gebiete mit besonders ungünstigen Schneeverhältnissen		vom
Aachen:	Höhengebiete der Eifel	27. 10. 1939
Arnsberg:	ohne das zum Siedlungsverband Ruhrkohlenbezirk in Essen gehörende Verbandsgebiet	3. 10. 1939
Düsseldorf:	nur einzelne Ortschaften im Bergischen Land (Entscheidung durch die Baugenehmigungsbehörde)	14. 10. 1939
Erfurt:	Kreis Schleusingen und der nördliche Teil des Kreises Grafschaft Hohenstein (Nordhausen)	23. 10. 1939
Posen-Westpreußen:	die höher gelegenen Teile des Kreises Deutsch-Krone und Schlochau	27. 10. 1939
Hannover:	Gebiet der Bergdörfer Kleinenberg, Großenberg, Eichenborn, Neersen, Baarsen und Wahlbruch im Kreise Hameln und der Gemeinde Goldbeck im Kreise Rinteln	21. 11. 1939
Hildesheim:	Höhengebiete des Harzes, Bramwaldes, Kaufunger Waldes und des Sollings	2. 12. 1939
Kassel:	Gebiete, in denen gleichzeitige Berücksichtigung von Schnee- und Windlast auch bei Dächern steiler als 45° zu berücksichtigen sind, sind nicht festgelegt. Es kann jedoch angenommen werden, dass die Notwendigkeit in den Gebieten der Rhön (Kreis Fulda-Hersfeld), des Hohen Meissner (Kreis Witzenhausen) und Eschwege vorliegt. Die Entscheidung liegt jedoch im Einzelfalle bei den zuständigen Prüfstellen (Staatshochbauämter).	30. 4. 1940
Koblenz:	Höhengebiete der Eifel, des Hunsrücks und des Westerwaldes	10. 10. 1939
Königsberg (Preußen):	die Höhengebiete des uralisch-baltischen Höhenzuges	14. 12. 1939
Liegnitz:	die Sudeten (im Bezirk Liegnitz das Riesen- und das Isergebirge)	27. 10. 1939
Magdeburg:	Amtsbezirk Schierke, Gutsgebiet Harz und Harzforsten (Kreis Wernigerode), Gemeinde Friedrichsbrunn (Kreis Quedlinburg)	14. 12. 1939
Merseburg:	einzig und allein in den höher gelegenen Teilen des Mansfelder Gebirgskreises (Südharz)	5. 3. 1940
Oberschlesien:	der gesamte Bezirk	7. 11. 1939

Gebiete mit besonders ungünstigen Schneeverhältnissen		vom
Wiesbaden:	lediglich im Dillbezirk westlich der Linie Dillenburg-Herhorn und in den Höhengebieten des Obertaunuskreises, jedoch von Fall zu Fall vorher verständigen	26. 1. 1940
Siedlungsverband Ruhrkohlenbezirk Essen:	nur Teile des Landkreises Schwelm, Iserlohn und die höher gelegenen Teile der Stadt Hagen	16. 10. 1939
Baden:	Schwarzwald mit Höhenlage >700 m	8. 11. 1939
Bayern:	Hierfür gilt der nachstehende, abgeänderte § 3 von DIN 1055 Blatt 4; Wind- und Schneelast sind bei Dächern gleichzeitig zu berücksichtigen	20. 11. 1939
Hessen:	Höhengebiete des Vogelsberges in Oberhessen und des Odenwaldes in der Provinz Starkenburg	8. 11. 1939
Saarland:	südl. Ausläufer des Hunsrück, Pfälzische Höhen in den Kreisen St. Ingbert und Homburg, Grenzgebiet westl. Saarlautern	26. 10. 1939

b) Bekanntmachung des Innenministers des Landes Württemberg-Hohenzollern vom 1. 6. 1950

Als Ergänzung zu Ziffer 6 des DIN 1055 – Lastannahmen für Bauten – Blatt 5 (Schneebelastung) sind in der Anlage für die einzelnen Kreise die Markungen festgelegt, in denen mit höherer Schneebelastung zu rechnen ist. Für die Festlegung der Schneebelastung ist in den in der Anlage aufgeführten Markungen die auf 1 m² der waagerechten Projektion einer Dachfläche entfallende Schneelast s mindestens nach Maßgabe der nachfolgenden Zusammenstellung zu bemessen, in der α den Neigungswinkel der Dachfläche gegen die Waagerechte bedeutet:

Spalte	1	2	3	4
α	Schneelast s in kN je m² waagerechte Projektion			
0°*	1,00	1,25	1,50	2,00
20°	1,00	1,25	1,50	2,00
25°	0,93	1,17	1,40	1,87
30°	0,87	1,08	1,30	1,73
35°	0,80	1,00	1,20	1,60
40°	0,73	0,92	1,10	1,47
45°	0,67	0,83	1,00	1,33
50°	0,60	0,75	0,90	1,20
55°	0,53	0,67	0,80	1,07
60°	0,47	0,58	0,70	0,93
> 60°	0	0	0	0

* Grundwert

Zwischenwerte sind geradlinig einzuschalten. Das spezifische Gewicht des Schnees ist bei Schneesäcken in Ergänzung zu Ziffer 4 der DIN 1055 Blatt 5 mit 5,00 kN/m² als Durchschnittswert anzusetzen. In allen in der Anlage aufgeführten Markungen sind – in Ergänzung der Bestimmungen des § 3 der DIN 1055 Blatt 4 (Windlast) – auch bei Dächern mit mehr als 45° Dachneigung Wind und Schneelast gleichzeitig zu berücksichtigen.

4.8 Windlasten

Bekanntmachung **21. Febr. 1887** Berliner Polizei-Präsidium

Es ist im Hochbau üblich, als größten Winddruck

$$pw = 1{,}20\ kN/m^2 \qquad \text{einzuführen.}$$

An freien Stellen und bei hohen Bauten (Türme, Schornsteine usw.) sollte man pw = 2,00 kN/m² ansetzen.

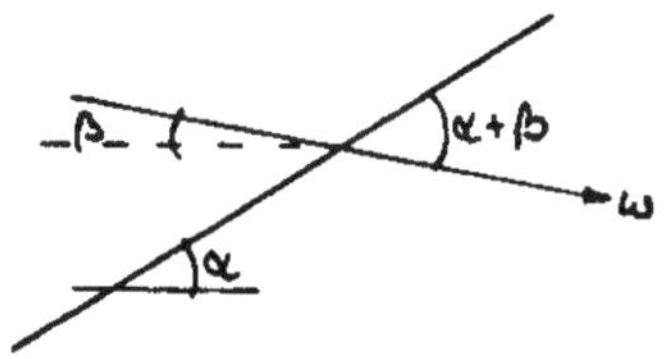

Die Windrichtung schließt nach den gemachten Beobachtungen einen Winkel von nahezu 10° mit der waagerechten Ebene ein. Dieser Winkel möge β, der Winkel der Dachfläche gegen die Waagerechte α genannt werden, dann ist der Winkel der Windrichtung mit der Dachfläche $\varphi = (\alpha + \beta)$ und demnach der auf 1 m² schräge Dachfläche entfallende senkrechte Winddruck

$$w1 = p \cdot \sin(\alpha+\beta) = 1{,}20 \cdot \sin(\alpha+10)$$

Aus dieser Gleichung ergeben sich für die verschiedenen Dachneigungen die in folgender Tabelle angeführten Werte für w1

H = Firsthöhe
L = Stützweite
α = Winkel der Dachfläche gegen die Waagerechte

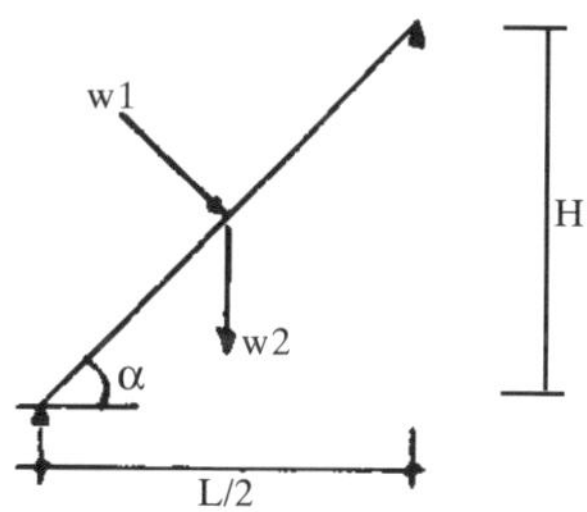

H/L α	1/2 45°	1/3 33°41	1/4 26°40	1/5 21°50	1/6 18°25	1/7 16°	1/8 14°	1/9 12°30	1/10 11°20
w1 w2	0,98 1,96	0,83 1,20	0,72 0,90	0,63 0,73	0,57 0,64	0,53 0,57	0,49 0,52	0,46 0,48	0,44 0,46

Um **1900** wird für hochgelegene Gebäude w1 = 1,5 · sin (α+10).

1910 Preußen

Bei Dachneigungen unter 25° genügt es in der Regel, den Winddruck durch einen Zuschlag zur senkrechten Belastung zu berücksichtigen. Horizontallasten dürfen vernachlässigt werden.

Für den Winddruck sind auf 1 m² rechtwinklige Fläche anzurechnen	kN/m²
in der Regel	1,25
hohe Bauten auf kleiner Grundfläche (schlanke Türme)	1,50

Baupolizeibehörde Hamburg **1. Aug. 1917**

Für den Winddruck sind folgende Werte auf 1 m² rechtwinklig getroffene Fläche anzunehmen:

a) Für Bauwerke auf schmaler Grundfläche (z. B. freistehende Schornsteine, Türme und dgl.), freistehende hölzerne oder eiserne Gerüste von mehr als 15 m Höhe, Baukräne, Reklameschilder auf Dächern usw.	2,00
b) Für mehrgeschossige Gebäude, die dem Wind besonders ausgesetzt sind, für Hallenbauten und hallenartige Gebäude, alle Dachflächen, freistehende, weniger als 15 m hohe Gerüste und dgl.	1,50
c) In den nicht zu „a“ und „b“ gehörenden Fällen, sowie für eingebaute mehrgeschossige Gebäude ohne genügende Aussteifung durch Wände, für freistehende Mauern von mehr als 3 m und weniger als 10 m Höhe und dgl.	1,00

Die Windrichtung ist waagerecht anzunehmen:

für eine Fläche, die mit der Windrichtung einen Winkel einschließt, ist der senkrecht zu dieser Fläche wirkende Winddruck w1 = w · sin² α auf 1 m² getroffene Fläche anzusetzen.

Bei Vordächern, offenen Hallen, Schuppen usw. ist unter Umständen mit einem von innen nach außen senkrecht zur Dachfläche gerichteten Winddruck von 0,60 kN/m² zu rechnen.

Der Winddruck auf einen hinter einer durchbrochenen Wandfläche liegenden Bauteil ist je nach dem Abstand von der vorderen Wand und der Weite ihrer Öffnungen mit dem 0,5-fachen bis zum vollen Betrag in Rechnung zu stellen.

Tabelle der Winddrücke

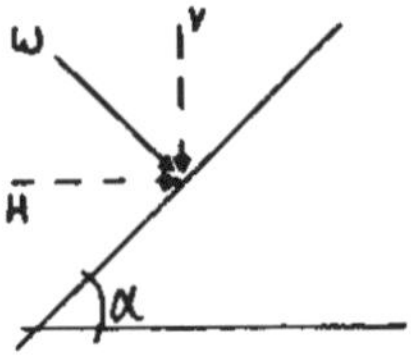

für 1 m² Dachfläche

V = wo · sin² α · cos
H = wo · sin³ α
W = wo · sin² α

für 1 m² Grundfläche

V = wo · sin² α
H = wo · sin² α · tg α
W = wo · sin α · tg α

Bei den nachfolgenden Tabellen steht die

1. Zeile für wo = 1,25 kN/m²
2. Zeile für wo = 1,50 kN/m²

Tabelle der Winddrücke

Für $w_0 = 125$ kg/qm bzw. $w_0 = 150$ kg/qm

α	$w_0 \cdot \sin^2\alpha$	$w_0 \cdot \sin^3\alpha$	$w_0 \cdot \sin^2\alpha$ cos α	$w_0 \cdot \sin\alpha$ tg α	$w_0 \cdot \sin^3\alpha$ tg α
0	0 **0**	0 **0**	0 **0**	0 **0**	0 **0**
1	0 **0**	0 **0**	0 **0**	0 **0**	0 **0**
2	0 **0**	0 **0**	0 **0**	0 **0**	0 **0**
3	0 **0**	0 **0**	0 **0**	0 **0**	0 **0**
4	1 **1**	0 **0**	1 **1**	1 **1**	0 **0**
5	1 **1**	0 **0**	1 **1**	1 **1**	0 **0**
6	1 **2**	0 **0**	1 **2**	1 **2**	0 **0**
7	2 **2**	0 **0**	2 **2**	2 **2**	0 **0**
8	2 **3**	0 **0**	2 **3**	2 **3**	0 **0**
9	3 **4**	0 **1**	3 **4**	3 **4**	0 **1**
10	4 **5**	1 **1**	4 **4**	4 **5**	1 **1**
11	5 **5**	1 **1**	4 **5**	5 **6**	1 **1**
12	5 **6**	1 **1**	5 **6**	6 **7**	1 **1**
13	6 **8**	1 **2**	6 **7**	6 **8**	1 **2**
14	7 **9**	2 **2**	7 **9**	8 **9**	2 **2**
15	8 **10**	2 **3**	8 **10**	9 **10**	2 **3**
16	10 **11**	3 **3**	9 **11**	10 **12**	3 **13**
17	11 **13**	3 **4**	10 **12**	11 **13**	3 **4**
18	12 **14**	4 **4**	11 **14**	13 **15**	4 **5**
19	13 **16**	4 **5**	13 **15**	14 **17**	5 **5**
20	15 **18**	5 **6**	14 **16**	16 **19**	5 **6**
21	16 **19**	6 **7**	15 **18**	17 **21**	6 **7**
22	18 **21**	7 **8**	16 **20**	19 **23**	7 **9**
23	19 **23**	8 **9**	18 **21**	21 **25**	8 **10**
24	21 **25**	8 **10**	19 **23**	23 **27**	9 **11**
25	22 **27**	9 **11**	20 **24**	25 **30**	10 **13**
26	24 **29**	11 **13**	22 **26**	27 **32**	12 **14**
27	26 **31**	12 **14**	23 **28**	29 **35**	13 **16**
28	27 **33**	13 **15**	24 **29**	31 **37**	15 **18**
29	29 **35**	14 **17**	26 **31**	34 **40**	16 **20**

α	$w_0 \cdot \sin^2\alpha$	$w_0 \cdot \sin^3\alpha$	$w_0 \cdot \frac{\sin^2\alpha}{\cos\alpha}$	$w_0 \cdot \frac{\sin\alpha}{tg\,\alpha}$	$w_0 \cdot \frac{\sin^3\alpha}{tg\,\alpha}$
30	31 **38**	16 **19**	27 **32**	36 **43**	18 **22**
31	33 **40**	17 **20**	28 **34**	39 **46**	20 **24**
32	35 **42**	19 **22**	30 **36**	41 **50**	22 **26**
33	37 **45**	20 **24**	31 **37**	44 **53**	24 **29**
34	39 **47**	22 **26**	32 **39**	47 **57**	26 **32**
35	41 **49**	24 **28**	34 **40**	50 **60**	29 **35**
36	43 **52**	25 **30**	35 **42**	53 **64**	31 **38**
37	45 **54**	27 **33**	36 **43**	57 **68**	34 **41**
38	47 **57**	29 **35**	37 **45**	60 **72**	37 **44**
39	49 **59**	31 **37**	38 **46**	64 **76**	40 **48**
40	52 **62**	33 **40**	40 **48**	67 **81**	43 **52**
41	54 **65**	35 **42**	41 **49**	71 **86**	47 **56**
42	56 **67**	37 **45**	42 **50**	75 **90**	50 **60**
43	58 **70**	40 **48**	43 **52**	80 **95**	54 **65**
44	60 **72**	42 **50**	43 **51**	84 **101**	58 **70**
45	62 **75**	44 **53**	44 **53**	88 **106**	62 **75**
45	62 **75**	44 **53**	44 **53**	88 **106**	62 **75**
46	65 **78**	46 **56**	45 **54**	93 **112**	67 **80**
47	67 **80**	49 **59**	45 **55**	98 **118**	72 **86**
48	69 **83**	51 **62**	46 **55**	103 **124**	77 **92**
49	71 **86**	54 **65**	47 **56**	109 **130**	82 **98**

α	$w_0 \cdot \sin^2\alpha$	$w_0 \cdot \sin^3\alpha$	$w_0 \cdot \frac{\sin^2\alpha}{\cos\alpha}$	$w_0 \cdot \frac{\sin\alpha}{tg\,\alpha}$	$w_0 \cdot \frac{\sin^3\alpha}{tg\,\alpha}$
50	73 **88**	56 **67**	47 **57**	114 **137**	87 **105**
51	75 **91**	59 **70**	47 **57**	120 **144**	93 **112**
52	78 **93**	61 **73**	48 **57**	126 **151**	99 **119**
53	80 **96**	64 **77**	48 **58**	133 **159**	106 **127**
54	82 **98**	66 **79**	48 **58**	139 **169**	113 **135**
55	84 **101**	69 **82**	48 **58**	146 **175**	120 **144**
56	86 **103**	71 **85**	48 **58**	154 **184**	127 **153**
57	88 **106**	74 **89**	48 **58**	162 **194**	136 **163**
58	90 **108**	76 **91**	48 **57**	170 **204**	144 **173**
59	92 **110**	79 **94**	47 **57**	178 **214**	153 **183**
60	94 **112**	81 **97**	47 **56**	187 **225**	163 **195**
61	96 **115**	84 **100**	46 **56**	197 **237**	173 **207**
62	97 **117**	86 **103**	46 **55**	208 **249**	183 **220**
63	99 **119**	88 **106**	45 **54**	219 **262**	195 **234**
64	101 **121**	91 **109**	44 **53**	230 **276**	207 **249**
65	103 **123**	93 **112**	43 **52**	243 **292**	220 **264**
66	104 **125**	95 **115**	43 **51**	257 **308**	235 **281**
67	106 **127**	98 **117**	41 **50**	271 **325**	250 **300**
68	107 **129**	100 **119**	40 **48**	287 **344**	266 **319**
69	109 **131**	102 **122**	39 **47**	304 **365**	284 **341**
70	110 **133**	104 **125**	38 **45**	323 **387**	303 **364**

α	$w_0 \cdot \sin^2\alpha$	$w_0 \cdot \sin^3\alpha$	$w_0 \cdot \frac{\sin^2\alpha}{\cos\alpha}$	$w_0 \cdot \frac{\sin\alpha}{tg\,\alpha}$	$w_0 \cdot \frac{\sin^3\alpha}{tg\,\alpha}$		α	$w_0 \cdot \sin^2\alpha$	$w_0 \cdot \sin^3\alpha$	$w_0 \cdot \frac{\sin^2\alpha}{\cos\alpha}$	$w_0 \cdot \frac{\sin\alpha}{tg\,\alpha}$	$w_0 \cdot \frac{\sin^3\alpha}{tg\,\alpha}$
71	112	106	36	343	325		**81**	122	120	19	780	770
	134	**127**	**44**	**412**	**390**			**146**	**145**	**23**	**936**	**925**
72	113	108	35	366	348		**82**	123	121	17	880	872
	136	**129**	**42**	**439**	**418**			**147**	**146**	**20**	**1057**	**1046**
73	114	109	33	391	374		**83**	123	122	15	1011	1004
	137	**131**	**40**	**469**	**448**			**148**	**147**	**18**	**1213**	**1205**
74	115	111	32	419	403		**84**	124	123	13	1183	1177
	139	**133**	**38**	**503**	**483**			**149**	**148**	**16**	**1420**	**1413**
75	117	113	30	451	435		**85**	124	124	11	1423	1417
	140	**135**	**36**	**541**	**522**			**149**	**148**	**13**	**1708**	**1701**
76	118	114	28	486	472		**86**	125	124	8,7	1784	1780
	141	**137**	**34**	**384**	**566**			**149**	**149**	**10**	**2141**	**2136**
77	119	116	27	527	514		**87**	125	124	6,5	2383	2380
	142	**139**	**32**	**633**	**616**			**150**	**150**	**7,8**	**2859**	**2856**
78	120	117	25	575	563		**88**	125	125	4,4	3576	3573
	143	**140**	**30**	**690**	**675**			**150**	**150**	**5,2**	**4292**	**4287**
79	121	118	23	632	620		**89**	125	125	2,1	7161	7161
	145	**142**	**28**	**758**	**744**			**150**	**150**	**2,6**	**8594**	**8594**
80	121	119	21	698	688		**90**	125	125	0	∞	∞
	146	**143**	**25**	**838**	**825**			**150**	**150**	**0**	**∞**	**∞**

Preußische Bestimmungen vom **24. Dez. 1919**

Einheitswinddruck	kN/m²
auf Wandteile bis zu einer Höhe von 15 m	1,00
desgl. bei Wandhöhen von 15 bis 25	1,00
Dächer in weniger als 25 m Höhe	1,25
Eisengitterwerk, Gerüste, Masten und über 25 m hoch liegende Dach- und Wandteile	1,50

In Gegenden mit besonders hohen Windstärken (Küste, Gebirge) sind die Winddruckzahlen um 25 bis 50 % zu erhöhen.

Gebäude, die durch Wände und Decken hinreichend ausgesteift sind, brauchen in der Regel nicht auf Winddruck untersucht zu werden.

Bei offenen Hallen und freistehenden Dächern ist ein innerer Winddruck von 0,60 kN/m² senkrecht getroffener Fläche zu berücksichtigen.

Die Richtung des Windes ist stets senkrecht zu der getroffenen Wand- bzw. Dachfläche anzunehmen.

Werden freistehende Gebäude, deren Frontwände nicht durch Querwände versteift sind, auf Standsicherheit gegen Winddruck untersucht, so genügt es, mit einem Winddruck von 0,75 kN/m² zu rechnen.

Der rechtwinklig auf eine unter dem Winkel α zur waagerechten geneigte Dachfläche Fo einwirkende Winddruck ist unter Annahme einer waagerechten Windrichtung nach den preußischen Bestimmungen zu

$$W = wo \cdot Fo \cdot \sin^2 \alpha \quad (wo = \text{oben genannter Einheitswert})$$

zu rechnen.
Hieraus ergibt sich bei ebenen Dächern bei einem Neigungswinkel dieser für den Mittelwert wo = 1,25 kN/m²

α	70	65	60	55	50	45	40	35	30	25	20
W	1,10	1,03	0,94	0,84	0,73	0,63	0,52	0,41	0,31	0,22	0,15

je 1 m² senkrecht getroffene Dachfläche.

Bei Dächern unter 20° Neigung wird gestattet, den Winddruck durch einen Zuschlag zur senkrechten Belastung zu ersetzen, die waagerechte Windseitenkraft also zu vernachlässigen. Dieser Zuschlag ist zu 0,10 kN/m² Grundrissfläche einzusetzen.

Vielfach wird mit einer Gesamtlast (Eigengewicht, Schnee, Wind) von zusammen 2,50 kN/m² gerechnet.

Ist ein Dach nicht symmetrisch, so sind die Stabkräfte für Wind von links und von rechts getrennt zu ermitteln.

Liegen Konstruktionsteile im Windschutz anderer Bauteile, so wird zweckmäßig mit einer Windrichtung von 10° zur Waagerechten und abweichend von ihr nach oben zu gerechnet, um die Windangriffsflächen der im Windschutz liegenden Bauteile der Sicherheit halber groß zu erhalten bzw. auf sie überhaupt eine Windbelastung zu bekommen.

Erlass des R.A.M. vom **18. 6. 1938** und **12. 12. 1939**

Windlasten DIN 1055 Blatt 4

1.) Berücksichtigung der Windrichtung

Die Bauwerke sind auf Windlast im Allgemeinen in Richtung ihrer Hauptachsen zu untersuchen.

In besonderen Fällen, immer aber bei mehrwandigen Fachwerktürmen, ist auch eine Berechnung über Eck erforderlich.

Bauwerke, die durch genügend steife Wände und Decken hinreichend ausgesteift sind, brauchen in der Regel nicht auf Windlast untersucht zu werden.

Steht nicht zweifelsfrei fest, dass ein Bauwerk ausreichend kipp- und gleitsicher ist, so ist seine Sicherheit gegen Umkippen und Gleiten durch Wind und andere waagerechte Kräfte nachzuweisen.

Günstig wirkende Verkehrslasten und günstig wirkende Windlasten von Dächern sind dabei nicht zu berücksichtigen. Die Kippsicherheit muss mindestens 1,5-fach sein.

Als Windangriffsflächen sind anzunehmen:

a) bei Baukörpern, die von ebenen Flächen begrenzt sind, die wirklichen Flächen
b) bei Baukörpern mit kreisförmigem oder annähernd kreisförmigem Querschnitt die rechtwinklig zur Windrichtung liegende Ebene des Achsschnittes
c) bei mehreren hintereinander liegenden Dachflächen desselben Gebäudes (z. B. Sägedächern) bei der ersten der Windrichtung zugekehrten Dachfläche die volle Fläche, bei jeder folgenden die Hälfte — jedes einzelne Dach muss aber für sich berechnet werden, und zwar mit der vollen Fläche.
d) die Fläche von etwaigen Verkehrslasten (Verkehrsband)
e) bei Flaggen mit fest gespanntem Fahnentuch die wirkliche Fläche, bei Flaggen mit losem Flaggentuch 25 % der Flaggenfläche. Geringere Flächenanteile sind nur auf Grund besonderer Versuche zulässig.
Die Windlast ist rechtwinklig zu der vom Wind getroffenen Fläche wirkend anzunehmen (Ausnahme siehe Fachwerktürme und Masten).

2.) Windlasten

Die Windrichtung kann im Allgemeinen waagerecht angenommen werden.

Die Windlast eines Bauwerkes ist von seiner Gestalt abhängig. Sie setzt sich aus Druck- und Sogwirkung zusammen. Die auf die Flächeneinheit entfallende Windlast „w" wird in Vielfachen des „Staudruckes q" gemessen und ausgedrückt in der Form $w = c \cdot q$ (kN/m²), wobei „c" ein von der Gestalt des Bauwerks abhängiger Beiwert ist.

Die in verschiedenen Höhen über dem umgebenden Gelände in Rechnung zu stellende Windgeschwindigkeit und der zugehörige Staudruck q sind in folgender Tafel angegeben.

Ist ein Bauwerk auf einer das umliegende Gelände steil und hoch überragenden Erhebung dem Windangriff besonders stark ausgesetzt, so ist bei Festsetzung der Windlast mindestens von dem Staudruck $q = 1{,}10$ kN/m² auszugehen.

Erg. R. D. Erl. **26. 4. 1944** R.Abl 1944

Höhe über Gelände m	Windgeschwindigkeit v m/sec	Staudruck q kN/m²
von 0 bis 8 m	28,3	0,50
über 8 bis 20 m	35,8	0,80
über 20 bis 100 m	42,0	1,10
über 100 m	45,6	1,30

Die Beiwerte c für die Ermittlung der Windlast sind für die verschiedenen Baukörper und für die verschiedenen Neigungen ihrer Begrenzungsflächen aus folgender Tafel zu entnehmen.

In den angegebenen Werten sind zur Vereinfachung der Berechnung Druck und Sog so zusammengefasst, dass, wenn nicht ausdrücklich etwas anderes angegeben ist, nur die dem Wind zugewendeten Flächen mit den in der Tafel angegebenen Werten als belastet zu betrachten sind.

Für turmartige Bauwerke sind mit Ausnahme der Fachwerktürme höhere Beiwerte festgesetzt.

Als turmartig gilt ein Bauwerk, dessen Höhe für mindestens eine Ansicht größer als das 5-fache der durchschnittlichen Breite ist.

Tafel 2. Beiwerte *c* u. Windlast *w* je Flächeneinheit getroffener Fläche (Druck u. Sog).

Art des Bauwerks	Beiwert c	$w = c\,q$, für q in kg/m² =			
		50	**80**	**110**	**130**
I. Von ebenen Flächen begrenzter Baukörper mit Ausnahme der unter III genannten.					
A. Geschlossene Baukörper					
1. Zur Windrichtung rechtwinkliger Flächen: im allgemeinen	1,2	60	96	132	156
bei turmartigen Bauwerken	1,6	80	128	176	208
2. Zur Windrichtung unter dem Winkel α geneigte Flächen: im allgemeinen	1,2 sin α	60 sin α	96 sin α	132 sin α	156 sin α
bei turmartigen Bauwerken	1,6 sin α	80 sin α	128 sin α	176 sin α	208 sin α
B. Bei nicht geschlossenen Baukörpern[3]) gelten die Werte nach A 1 u. A 2, jedoch sind in einem zweiten Rechnungsgang gleichzeitig mit den Windlasten nach A 1 oder A 2 Windkräfte anzusetzen, die rechtwinklig zu den Dachflächen von unten wirken, wenn durch diesen Ansatz das Bauwerk oder einzelne Teile ungünstiger beansprucht werden. Hierfür gilt	1,2	60	96	132	156
C. Auf dem Boden freistehende Wände u. Flaggen mit fest eingespanntem Flaggentuch im allgemeinen	1,2	60	96	132	156
Wände u. Flaggen, deren Höhe mind. das 5fache der durchschnittl. Breite ist	1,6	80	128	176	208
II. Baukörper mit kreisförmigem oder annähernd kreisförmigem Querschnitt. [4])					
1. Für den ganzen Baukörper					
a) bei zylindrischen Baukörpern mit					
α) $d\sqrt{q} < 1$ (zB. Seile, Drähte)	1,2	60	96	132	156
β) $d\sqrt{q} > 1$ (zB. Industrieschornsteine, Gasbehälter)	0,7 [4])	35	56	77	91
b) bei kugelförmigen Baukörpern mit					
α) $d\sqrt{q} < 1$	0,6	30	48	66	78
β) $d\sqrt{q} > 1$	0,35	18	28	39	46
wobei der Durchmesser d in m u. der Staudruck q in kg/m² einzusetzen ist.					

[3]) Als nicht geschlossene Baukörper gelten solche, die an einer oder mehreren Seiten ganz offen sind oder geöffnet werden können oder die an einer oder mehreren Seiten durch eine oder mehrere Öffnungen mind. zu einem Drittel offen sind oder geöffnet werden können.

[4]) Dieser Wert entspricht dem Beiwert 0,67 in DIN 1056 „Grundlagen für die Berechnung der Standfestigkeit hoher, freistehender Schornsteine". Der dort angegebene Wert für den Staudruck (in DIN 1056 mit w bezeichnet) ist höher als die in dieser Vorschrift angegebenen Staudruckwerte, da darin noch eine Sicherheit für Nichtberücksichtigung der Zugspannungen u. a. mit eingeschlossen ist.

Fortsetzung der Tafel 2

Art des Bauwerks	Beiwert c	w = c q, für q in kg/m² = 50	80	110	130
2. Bei großen k r e i s z y l i n d r i s c h e n Baukörpern kann für die Berechnung der Tragglieder die Verteilung von Druck u. Sog über den Umfang des Querschnittes nach Bild 1 u. 2 angenommen werden. 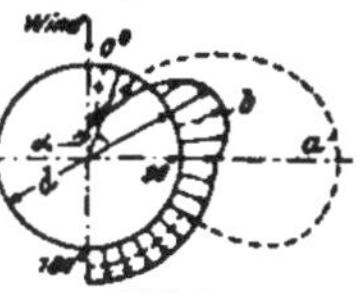 Bild 1. Durch Vervielfachen der aufgetragenen c-Werte mit dem Staudruck q ergibt sich der ö r t l i c h e D r u c k w auf die Flächeneinheit der O b e r f l ä c h e. Kurve a) für g l a t t e Oberflächen, zB. Metalle, glatter Putz, gehobeltes Holz, Kurve b) für r a u h e Oberflächen, zB. gefugtes Mauerwerk, rauher Putz, ungehobeltes Holz. Bei k u g e l f ö r m i g e n Baukörpern ist die Verteilung ähnlich.	Bild 2. Abgewickelte Zylinderfläche Zahlenwerte s. Fußnote ** S. 119. 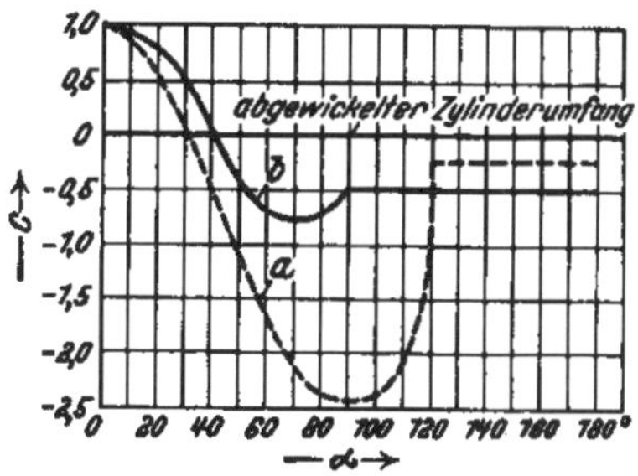 				
III. Fachwerk- u. Vollwandträger (mit Ausnahme der unter IV fallenden Baukörper).					
A. Für eine Tragwand, bei mehreren hintereinanderliegenden gleichlaufenden Tragwänden für die vordere Tragwand u. die Teile der folgenden Träger, die über die Fläche der vorhergehenden hervortreten:					
1. Zur Windrichtung rechtwinklige Flächen	1,6	80	128	176	208
2. Zur Windrichtung unter dem Winkel α geneigte Flächen	1,6 sin α	80 sin α	128 sin α	176 sin α	208 sin α
B. Für die zweite Tragwand u. die folgenden, soweit sie in der Windrichtung gesehen von der ersten verdeckt sind,					
1. wenn der Trägerabstand bei Fachwerken kleiner als die Stabbreite u. bei Vollwandträgern kleiner als die Trägerhöhe ist . .	0	0	0	0	0
2. wenn der Trägerabstand größer ist					
α) bei zur Windrichtung rechtwinkligen Flächen	1,2	60	96	132	156
β) bei zur Windrichtung unter dem Winkel α geneigten Flächen	1,2 sin α	60 sin α	96 sin α	132 sin α	156 sin α
IV. Fachwerktürme u. Maste.					
A. D r e i- u. v i e r s t i e l i g e T ü r m e u. M a s t e.					
1.*) Windrichtung rechtwinklig zu einer Seitenwand: Die gesamte Windkraft auf das Turmfachwerk ist $W = c\,q\,F$ . . . (kg), . . . wenn F die Ansichtsfläche des Fachwerks e i n e r Turmwand bezeichnet.	2,8	140	224	308	364
2.*) Wind über Eck: Gesamte Windkraft $= k\,W$ $= k\,c\,q\,F$ . . . (kg) a) Dreistieliger Turm: $k = 1,0$ b) Vierstieliger Turm: $k = 1,1$ für Türme aus Stahl; 1,2 für Türme aus Holz.					
B. T ü r m e u. M a s t e m i t m e h r a l s 4 S t i e l e n. Soweit nicht genauere Versuchsergebnisse vorliegen, ist für jeden einzelnen Stab entsprechend Tafel 2 I C zu rechnen mit	1,6	80	128	176	208

*) In den Fällen 1 u. 2 verteilt sich die Windkraft auf die dem Winde zugewandten u. auf die dem Winde abgewandten Turmwände, im Verhältnis 1,6 : 1,2 (vgl. III A 1 u. III B 2 α). Zur Vereinfachung der Berechnung darf aber eine Verteilung je zur Hälfte auf diese Weise angenommen werden.

Diese Kräfte wirken in Windrichtung. Bei Anströmung über Eck müssen sie deshalb noch in ihre Teilkräfte rechtwinklig u. gleichlaufend zu den Flächen der Seitenwände zerlegt werden.

**) Zu beachten ist, daß der Windsog an diesen Stellen örtlich bis zu etwa dem 3 f a c h e n der Wer[te] der Tafel steigen kann, meist allerdings nur auf verhältnismäßig kleinen Flächen, besonders in Gieb[eln] in geringerem Umfange aber auch an der Traufe

**) Für g e s c h l o s s e n e Baukörper: Gebäude mit Oberlichter, — mit vieleckigem Quersch[nitt]

Für n i c h t g e s c h l o s s e n e Baukörper: Gebäude an einer Seite offen, — an zwei Seiten offen, drei Seiten offen, — alle Wände offen (freistehende

*) *Zu Bild 3 S. 118:* Zahlenwerte c bei kreiszylindrischen Baukörpern. (0° ist Luvpunkt, 180° ist Leepunkt.)

α° =	0	10	20	30	40	50	60	70	80	90	100	110	115	120 bis 180
Für Kurve a	1,00	0,90	0,55	0,05	0,50	1,10	1,70	2,15	2,37	2,45	2,38	2,10	1,24	0,25
Für Kurve b	1,00	0,95	0,80	0,50	0	0,45	0,72	0,80	0,73	0,50				
	Druck (+)				Sog (—)									

Die Trennung der Windlast in Druck und Sog ist für die Haupttragwerke (z. B. Binder) von Bauwerken freigestellt, bei denen durch Versuche die Verteilung der Windlast genügend geklärt ist.

Bei geschlossenen Bauten mit rechteckigem Grundriss und Sattel- oder Pultdach darf z. B. die Windlast cq für die Haupttragwerke nach folgendem Bild (3 bis 5) verteilt werden.

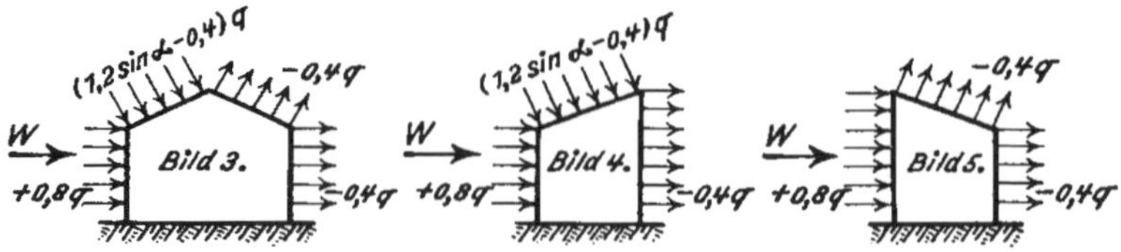

Für die einzelnen Tragglieder, z. B. Sparren, Pfetten, Wandstiele usw., sind in diesem Falle die Werte für Druck um 1/4 zu erhöhen.

Unabhängig von der Untersuchung mit den in Tafel 2 angegebenen Beiwerten sind, sofern nicht nach vorstehendem Bild 3 bis 5 gerechnet wird, zur Berücksichtigung der Sogwirkung des Windes Wände, Dächer und einzelne Bauteile gegen Sogkräfte zu sichern, die mit den in Tafel 3 angegebenen Beiwerten c zu ermitteln sind.

Tafel 3. Beiwerte c u. Sogkräfte w je Flächeneinheit.

Art des Bauwerks	Beiwert c	w = c q, für q in kg/m² = 50	80	110	130
A. Geschlossene Bauwerke. Wände u. Dächer:					
im allgemeinen	0,4	20	32	44	52
bei turmartigen Bauwerken	0,8	40	64	88	104
B. Nichtgeschlossene Bauwerke und freistehende Überdachungen:					
Wände	0,4	20	32	44	52
Dächer	1,2	60	96	132	156

An den Schnittkanten von Wand und Dachflächen kann der Sog örtlich noch erheblich größer werden, als die Rechnung ergibt. Deshalb sind hier alle Bauteile besonders sorgfältig zu befestigen.

Z.d.B. **1943** Zu beachten ist, dass der Windsog an diesen Stellen örtlich bis zu etwa dem 3-fachen der Werte nach der Tafel 3 steigen kann, meist allerdings nur auf verhältnismäßig kleinen Flächen, besonders in Giebelnähe, in geringem Umfang aber auch an der Traufe.

Beiwerte c des Staudruckes q für eine Reihe von Beispielen einfacher Bauwerksformen und Bauteile.

A. Geschlossene Baukörper

Anmerkung zu A:

Verminderter Luftdruck im Innern der geschlossenen Gebäude infolge stets vorhandener Undichtheiten ist mit –0,2 berücksichtigt. Die eingeklammerten Werte gelten für turmartige Bauwerke (DIN 1055 Blatt 4 § 4,4 Absatz 2).

1. Gebäude mit Satteldach (Abb. 1a bis 1c)

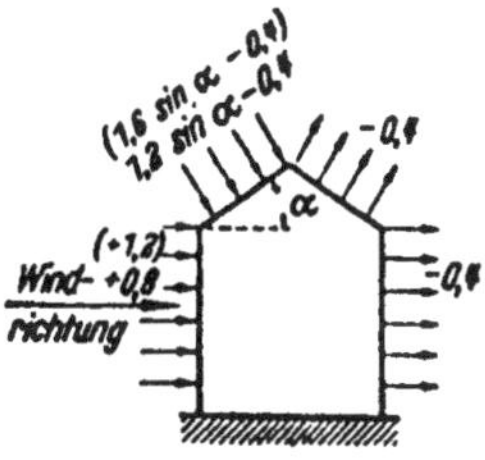

Bild 1a

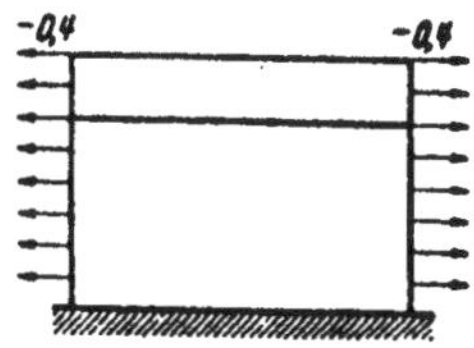

Bild 1b

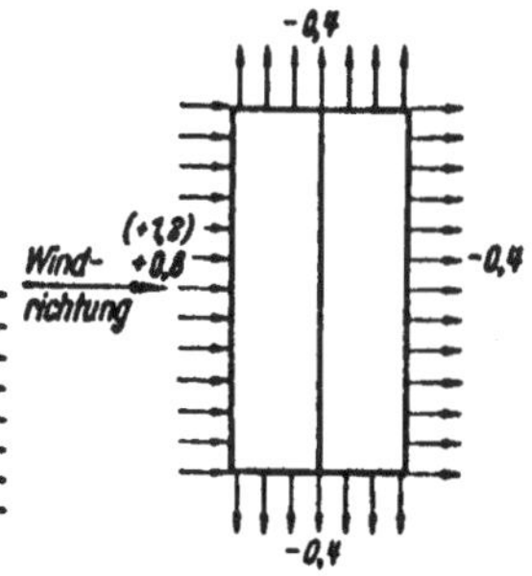

Bild 1c

2. Gebäude mit Pultdach (Abb. 2a und 2b)

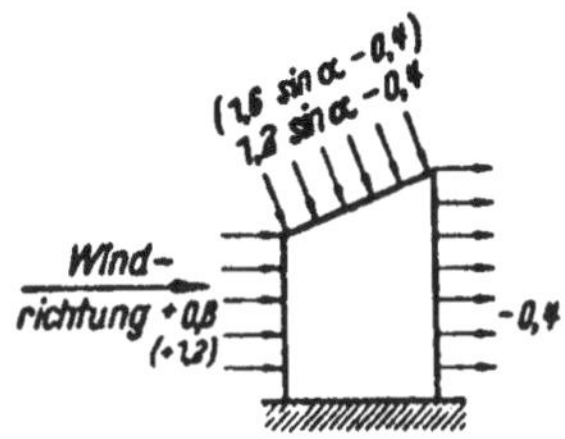

Bild 2a

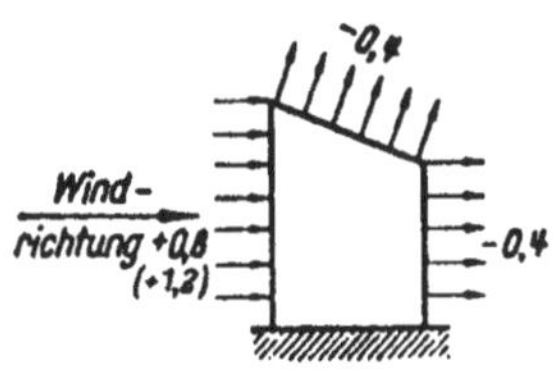

Bild 2b

3. Gebäude mit Oberlichten (Abb. 3 a bis 3 c)

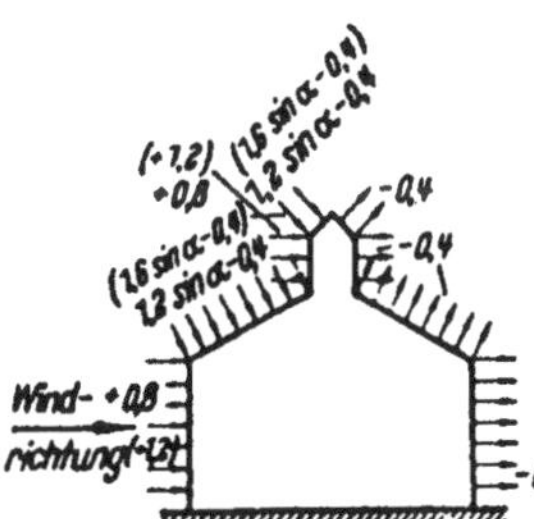

Bild 3a

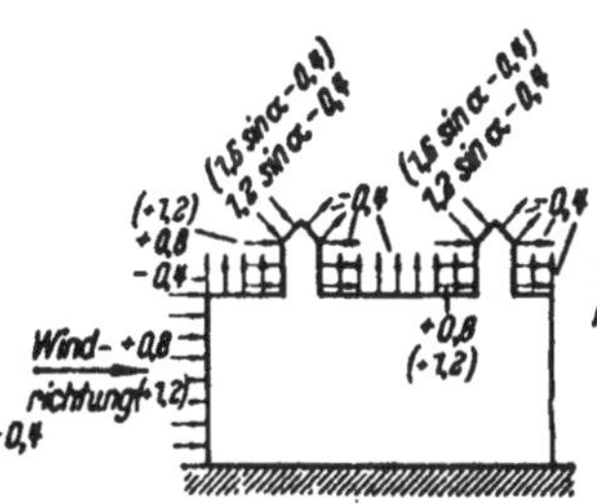

Bild 3b

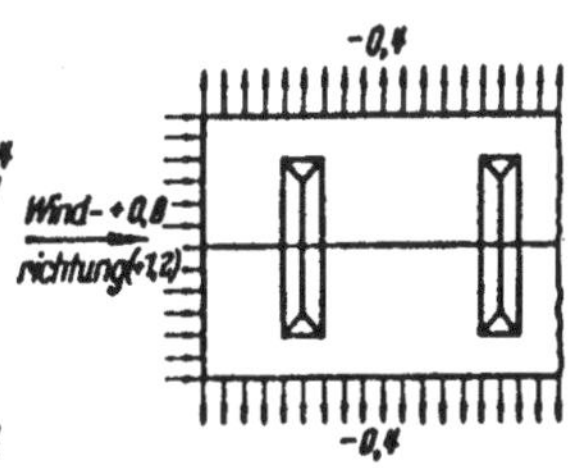

Bild 3c

4. Gebäude mit vieleckigem Querschnitt (Abb. 4)

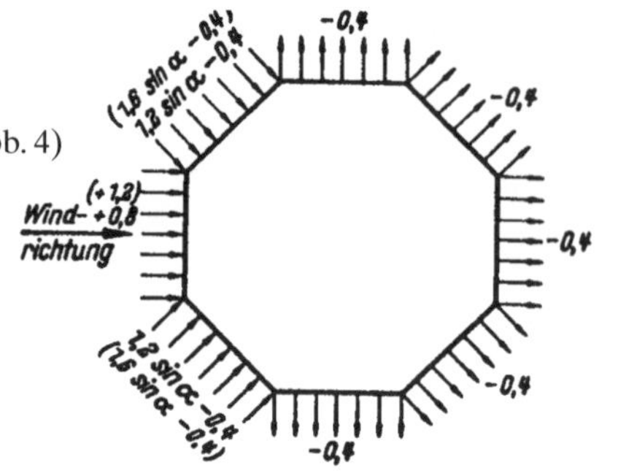

Bild 4

B. Nicht geschlossene Baukörper

1. an einer Seite offen

a) Luvseite offen (Abb. 5)

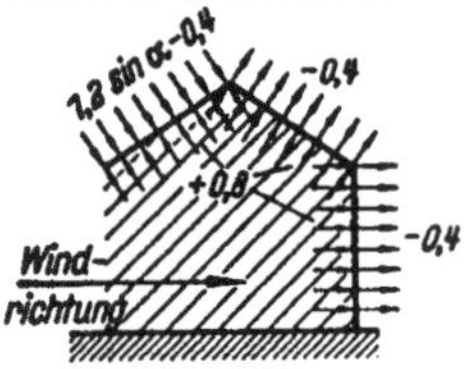

Bild 5

b) Leeseite offen (Abb. 6)

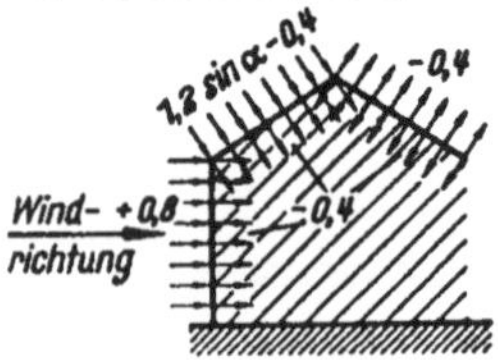

Bild 6

2. an zwei Seiten offen

c) Giebelseiten offen (Abb. 7)

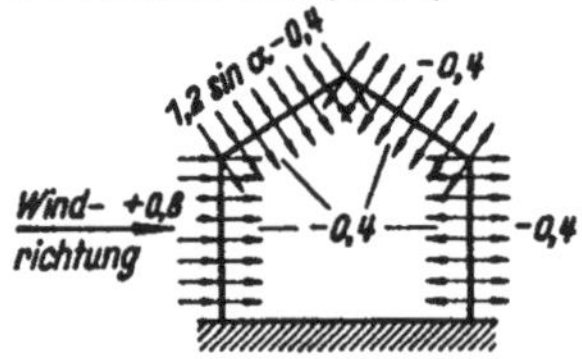

Bild 7

d) Längsseiten offen (Abb. 8 a bis 8 d)

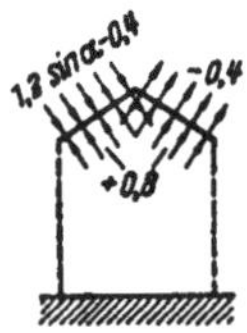

Bild 8a

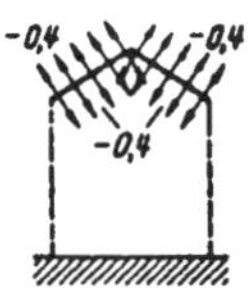

Bild 8c

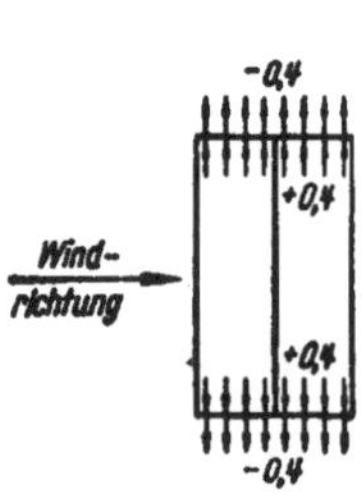

Bild 8b

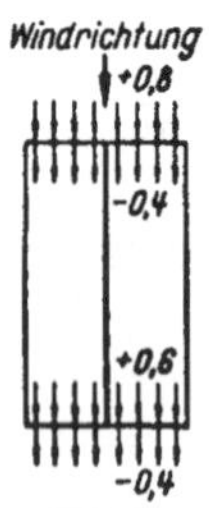

Bild 8d

3. an drei Seiten offen

a) Luvseite und Giebel offen (Abb. 9 a und 9 b)

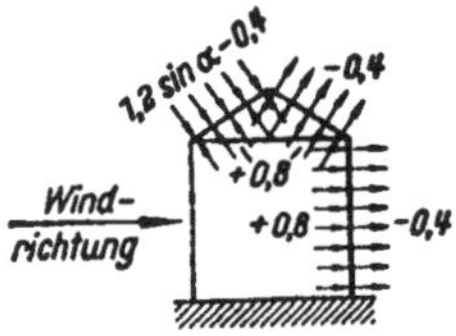

Bild 9a

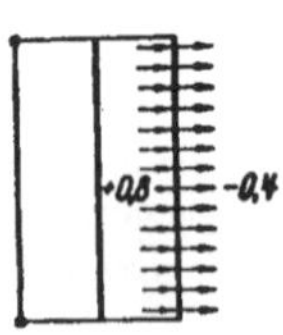

Bild 9b

b) Leeseite und Giebel offen (Abb. 9 c und 9 d)

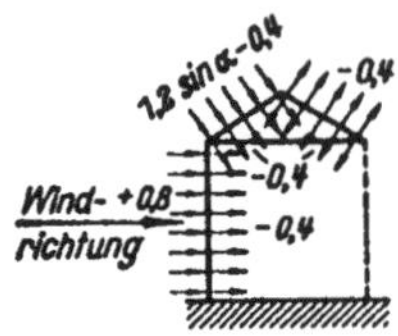

Bild 9c

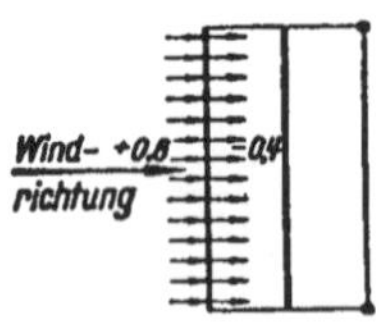

Bild 9d

a) zweiseitige Dachneigung

Die Staudruckbeiwerte für andere Neigungen sind mit genügender Genauigkeit durch geradliniges Einschalten zu ermitteln. Da die eingespannten Stützen bei dieser Belastung kein Moment erhalten, sind sie auch noch für eine angemessene, schräg von oben einfallende Windlast zu bemessen.

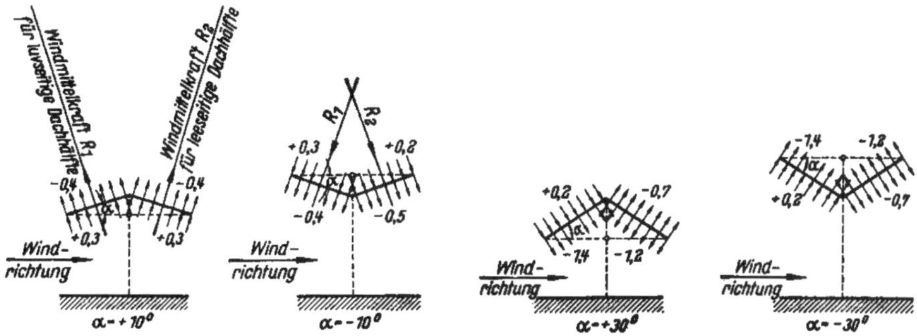

b) freistehende Pultdächer

(Staudruckbeiwerte siehe DIN 1055, Blatt 4, Tafel 2)

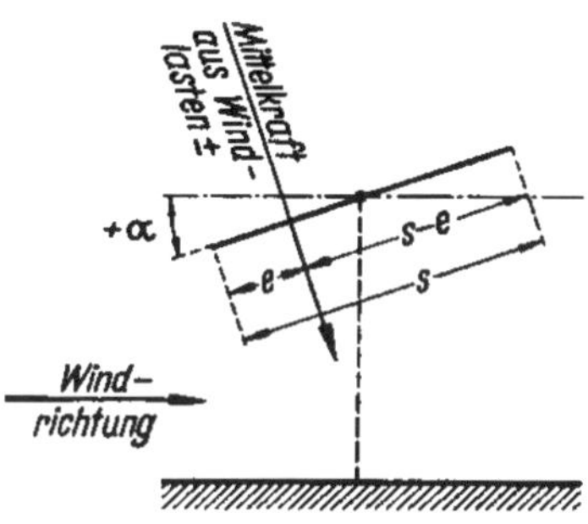

Kurve zur Bestimmung des Angriffspunktes der Mittelkraft

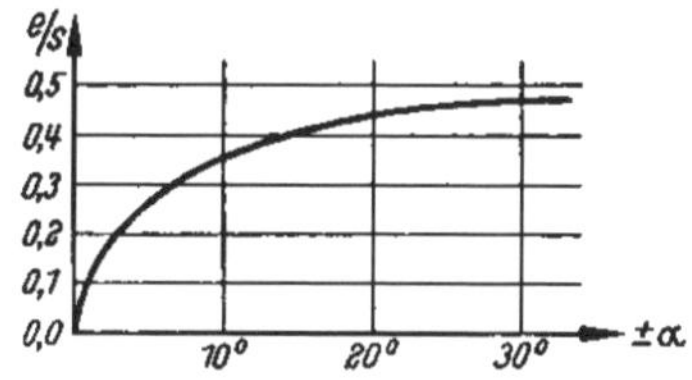

Erlass vom **7. 3. 1962** Schleswig-Holstein

Eine Trennung nach Druck und Sog ist stets dann vorzunehmen, wenn dies eine ungünstigere Beanspruchung ergibt.
Dies gilt z. B. für Steildächer.

Zusätzlich zur Bemessung nach DIN 1055 Blatt 4 ist bei Dächern mit einer Neigung unter 30° stets ein Nachweis gegenüber Beanspruchung durch Windsog zu führen. Hierbei ist auch bei geschlossenen Gebäuden der Sog nach Tab. 3, d. h. mit dem 1,2-fachen Staudruck, senkrecht zur gesamten Dachfläche, anzunehmen.

Bei überkragenden Dächern ist die überkragende Unterseite zusätzlich mit dem 0,8-fachen Staudruck zu belasten. Soweit der Sog durch das Eigengewicht des Daches aufgenommen wird, muss hierbei eine 1,5-fache Sicherheit vorhanden sein. Das bedeutet, dass das Eigengewicht des Daches nur mit 2/3 seines Wertes in Ansatz gebracht werden darf.

4.9 Gleichzeitige Berücksichtigung von Wind- und Schneelasten

1890 Berlin

Für mittlere Dachneigungen kann man eine Belastung von 1,00 bis 1,25 kN auf 1 m^2 Horizontalprojektion für Schnee- und Winddruck annehmen.

Ed Erl. d. RAM vom **18. 6. 1938** bzw. **12. 12. 1939**

Wind- und Schneelast sind bei Dächern bis 45° Neigung gleichzeitig zu berücksichtigen. Bei Dächern, die steiler als 45° sind, braucht mit gleichzeitiger Belastung durch Wind und Schnee nur dann gerechnet zu werden, wenn Schneeansammlungen, z. B. beim Zusammenstoß mehrerer Dachflächen, möglich sind; darüber hinaus kann die Baupolizei verlangen, dass in Gebieten mit besonders ungünstigen Schneeverhältnissen Wind und Schnee allgemein auch bei Dächern über 45° gleichzeitig berücksichtigt werden.

Holzbau

1 Berechnungsgrundlagen

1.1 Holzarten

Als Bauholz wurde in Deutschland überwiegend einheimisches Nadelholz verwendet.

Die gebräuchlichsten Holzarten waren Fichte, Kiefer und Tanne. Seltener wurde Lärche als Bauholz verarbeitet.

Von den Laubhölzern hatte nur die Eiche eine gewisse Bedeutung. Ihre Anwendung beschränkte sich auf Bauteile, an die bezüglich der Festigkeit und Wetterbeständigkeit besonders hohe Anforderungen gestellt wurden.

Um 1900 wurden auch ausländische Hölzer eingeführt. Hauptlieferländer waren Schweden und Nordamerika.

Die wichtigsten Holzarten

Holzart	Verwendung
Nadelhölzer	
Kiefer (Föhre, Weißkiefer)	wurde im Hochbau allgemein für tragende Konstruktionen verwendet. Kantholz für Fachwerk, Balken und Dachverband (auch Fußboden und Treppen)
Fichte (Rottanne)	allgemein verwendetes Bauholz (wie Kiefer)
Tanne (Weißtanne)	allgemein verwendetes Bauholz (wie Kiefer)
Lärche	selten verwendetes Bauholz oft als guter Ersatz für Eiche sonstige Verwendung als Holzpflaster, Täfelung, Wasserbau
Pitch-Pine (Pechkiefer) Kanada	Verwendung im Innenausbau (Fußböden und Treppen)
Yellow-Pine (Gelbkiefer) Nordamerika	Verwendung für stark beanspruchte Fußböden
Oregon-Kiefer (Cochin-Pine)	Verwendung für stark beanspruchte Fußböden
....	
Eiche	geschätztes Bauholz im Hoch-, Tief-, Brücken- und Wasserbau. Aus Kostengründen im allgemeinen Hochbau jedoch selten verwendet (Mauerschwellen, Fachwerkschwellen, Unterzüge in feuchten und dunstigen Räumen, Keile). Sonstige Verwendung Treppen, Parkett und Täfelung
Rotbuche	wie Eichenholz (Türschwellen und Keile)
Erle (Schwarzerle)	wie Eichenholz Verwendung auch im Möbelbau
....	
Quebrachoholz Guajakholz (Pochholz) Tallowwood Moaholz Karriholz Jarrahholz	für Hartholzpflaster, Dielung, Treppen usw.

1.2 Einteilung der Schnitthölzer (Bauhölzer)

Als Schnittholz bezeichnet man die mit der Säge aus dem Stamm geschnittenen Hölzer. Vor ca. 1860 wurden die Kanthölzer durch Behauen der Stämme mit der Axt gewonnen.

Die Schnitthölzer teilte man ein in
- Balkenholz
- Bund- oder Verbandholz
- Schnittware

Das Bauholz wurde nach der Dicke des vorhandenen Rundholzes und nach dem Verwendungszweck als Ganzholz, Halbholz oder Kreuzholz aufgeschnitten.

1936

Für die Sortierung des Rohholzes wurde die Verordnung über die Aushaltung, Messung und Sortenbildung des Holzes eingeführt. Man unterschied die Güteklassen A, B und C.

1938

Die Abmessungen wurden für Nadelschnittholz durch DIN 4070, DIN 4071 und DIN 4072 festgelegt.

Nach DIN 4074 wurden die Gütebedingungen für Bauholz nach drei Schnittklassen unterschieden.

A scharfkantiges Bauholz	(vollkantig, sehr geringe Baumkante)
B fehlkantiges Bauholz	(mäßige Baumkante)
C sägegestreiftes Bauholz	(starke Baumkante)

Als Sonderschnittklasse wurde später zusätzlich die Schnittklasse

S scharfkantiges Bauholz	(Baumkante nicht zulässig)

eingeführt.

Eine Begrenzung der Baumkante ist nur nötig, um eine einwandfreie Ausführung von Anschlüssen zu sichern.

Den alten Zimmerleuten war die abnehmende Festigkeit des Holzes nach dem Kern zu bekannt. In alten Bauwerken hat jeder Balken reichlich Baumkanten.

1939

Es wurden die bereits bestehenden Gütenormungen der verschiedenen Handels- und Sägewerksverbände zusammengefasst und einheitlich geordnet.

Die Gütebedingungen für die Tragfähigkeit der Bauhölzer wurde in DIN 4074 festgelegt.

Güteklasse I	Bauholz mit besonders hoher Tragfähigkeit
Güteklasse II	Bauholz mit gewöhnlicher Tragfähigkeit
Güteklasse III	Bauholz mit geringer Tragfähigkeit (für Zugglieder nicht zulässig)

1.3 Abmessungen der Schnitthölzer

1898 Verband deutscher Baugewerksmeister

Unter Zustimmung der staatlichen Verwaltungen und bautechnischen Verbände wird festgelegt

Kanthölzer	Abmessungen in cm											
Breite	8	10	12	14	16	18	20	22	24	26	28	30
Höhe	8	8 10	10 12	10 12 14	12 14 16	14 16 18	14 16 18 20	16 18 20	18 20 24	20 24 26	22 26 28	24 28

In der Praxis waren nachstehende Abmessungen eingeführt.

Bezeichnung	Abmessungen b/d in cm					
Ganzholz	13/18	16/18	16/21			
Kreuzholz	8/8	8/10	10/10	12/12	13/13	13/16
Zangen (Halbholz)	8/16	10/16	8/18	8/20	10/20	
Riegel	12/12	12/14	14/14	14/16		
Kopfbänder	10/12	12/12	12/14	12/16	16/18	
Streben	12/16	14/16	16/18	18/18	20/20	
Eck- und Bundstiele	12/12	14/14	16/16	18/18	20/20	
Zwischenstiele	10/12	12/14	12/16	14/16	16/18	
Schwellen	12/14	12/16	14/16	14/18	16/20	
Ganze Balken	16/24	18/20	18/21	18/22		
Streichbalken	9/20	9/22	9/24	10/24	10/26	11/26
Unterzüge	20/20	22/26	22/28	24/30	26/30	
Pfetten und Rähme	10/12	12/16	14/16	16/18	18/20	
Sparren	10/12	12/14	12/16	14/18	14/20	

1924 Berlin

Handelsübliche Abmessungen von Kiefernholz (8,00 m lang)

Kantholz	Abmessungen in cm					
Breite	8	10	13	16	21	24
Höhe	8	10 13	13 16 18 24 26	16 18	21 24 26	29

1940 DIN 4070 Genormte Holzabmessungen

Kantholz	Abmessungen in cm						
Breite	6	8	10	12	14	16	18
Höhe	10 12 14	8 12 14 16 18	10 12 14 16 18	12 14 16	14 16 18	16	18

Balken	Abmessungen in cm						
Breite	8	10	12	14	16	18	20
Höhe	20	20 22	20 24 26	20	20 22 24	22 24	20 24 26

1.4 Zulässige Spannungen für Bauholz

1.4.1 Zulässige Spannungen in N/mm²

Jahr	Holzart	Zug ‖	Druck ‖	Druck ⊥	Druck ⊥ mit Eindrücken
1872	Holz allg. Wohnhäuser	8,4	8,4		
	Fabriken, Tanzsäle *5	7,0	7,0		
1875	Esche	12,0	6,6		
	Eiche	11,0	6,6		
	Buche	11,0	6,6		
	Kiefer	7,0	4,4		
1887 Berlin	Eiche	10,0	8,0	2,2 bis 2,7	
	Buche	10,0	8,0		
	Kiefer	10,0	6,0	0,9 bis 1,0	
1890 Berlin	Eiche	10,0	8,0		
	Buche	10,0	8,0		
	Esche	10,0 bis 12,0	6,6		
	Kiefer	10,0	6,0		
	Tanne	6,0	5,0		
1900	Fichte	8,0	6,0	1,2	
	Kiefer	8,0 bis 10,5	6,0 bis 8,0	1,2	
	Tanne	6,0 bis 10,5	5,0 bis 7,5	1,2	
	Lärche	11,5	8,5	1,2	
1917 Hamburg	Eiche	10,0	8,0	2,5	
	Fichte *1	10,0	6,0	1,5	
	Kiefer *1	10,0	6,0	1,5	
	Buche	11,0	7,0	2,5	
	Pitchpine *6	10,0	8,0	2,0	
1919 Preußen	Eiche	10,0	8,0		
	Kiefer	10,0	6,0		
	Fichte	9,0	5,0		
	Tanne	8,0	5,0		
1928 Preußen	Rotbuche	10,0	8,0	3,0	
	Eiche	10,0	8,0	4,0	
	Fichte	9,0	5,0	2,0	
	Tanne	8,0	5,0	2,0	
	Kiefer	10,0	6,0	2,0	
1933 DIN 1052	Nadelholz	9,0	8,0	2,0 *4	3,0
	Eiche, Buche	10,5	10,0	4,0 *4	5,0 *3*4*8
1938 DIN 1052	Nadelholz	9,0	8,0	2,0	3,0 *2
	Eiche, Buche	10,5	10,0	4,0	5,0 *2

Jahr	Holzart	Zug∥	Druck∥	Druck ⊥	Druck ⊥ mit Eindrücken
1940 und **1947** DIN 1052	Nadelholz			*4	*3*4
	Gk. I	10,5	11,0	2,0	2,5
	Gk. II	8,5	8,5	2,0	2,5
	Gk. III	–	6,0	2,0	2,5
	Eiche, Buche			*4	*3*4
	Gk. I	11,0	12,0	3,0	4,0
	Gk. II	10,0	10,0	3,0	4,0
	Gk.III	–	7,0	3,0	4,0
	Lärche			*4	*3*4
	Gk. I	10,5	12,0	2,0	2,5
	Gk. II	8,5	9,0	2,0	2,5
	Gk. III	–	6,0	2,0	2,5

Jahr	Holzart	Biegung	Abscheren∥	Schub	Biegung dlf. Träger oh. Gelenk
1890 Berlin	Eiche		0,8 bis 1,6		
	Tanne		0,6 bis 0,9		
1900	Fichte	6,0	0,5		
	Kiefer	6,0	0,5		
	Tanne	6,0	0,5		
	Lärche	6,0	0,5		
1917 Hamburg	Eiche	10,0	1,5	3,5	
	Fichte	10,0	1,0	3,0	
	Kiefer	10,0	1,0	3,0	
	Buche	10,0	1,5	4,0	
	Pitchpine	10,0			
1919 Preußen	Eiche	10,0	1,0	8,0	
	Kiefer	10,0	1,0	6,0	
	Fichte	9,0	0,8	5,0	
	Tanne	8,0	0,8	5,0	
1928 Preußen	Rotbuche	9,0	1,0	5,0	
	Eiche	10,0	1,5	5,0	
	Fichte	9,0	1,0	3,0	
	Tanne	8,0	1,0	3,0	
	Kiefer	10,0	1,0	3,0	
1933 DIN 1052	Nadelholz	10,0 *9	1,2		
	Eiche, Buche	11,0	2,0		
1938 DIN 1052	Nadelholz	10,0 *7	1,2		
	Eiche, Buche	11,0	2,0		

Jahr	Holzart	Biegung	Abscheren‖	Schub	Biegung dlf. Träger oh. Gelenk
1940	Nadelholz				
und	Gk. I	13,0	0,9		14,0
1947	Gk. II	10,0	0,9		11,0
DIN 1052	Gk. III	7,0	0,9		7,5
	Eiche, Buche				
	Gk. I	14,0	1,2		15,5
	Gk. II	11,0	1,0		12,0
	Gk. III	7,5	1,0		8,0
	Lärche				
	Gk. I	13,5	0,9		14,5
	Gk. II	11,0	0,9		11,5
	Gk. III	7,0	0,9		7,5

*1 astfrei

*2 bei Bauteilen, bei denen geringfügige Eindrückungen unbedenklich sind, oder als Lochleibungsdruck von Verbindungsmitteln, die nur ein Bruchteil des Holzquerschnittes nach Höhe und Breite beanspruchen

*3 bei Bauteilen, bei denen geringfügige Eindrückungen unbedenklich sind

*4 Der Überstand der Schwellen über die Druckfläche muss in der Faserrichtung beiderseits mindestens gleich dem 1,5-fachen der Schwellenhöhe „H“ sein. Andernfalls sind die angegebenen Spannungen um 1/5 zu ermäßigen

*5 bei großen Erschütterungen

*6 Pechkiefer

*7 9,0 N/mm² im Wohnungsbau

*8 als Lochleibungsdruck bei Verbindungsmitteln, die nur einen Bruchteil des Holzquerschnittes nach Höhe und Breite beanspruchen

*9 9,0 N/mm² im Wohnungsbau für übliches Bauholz

1.4.2 Spannungserhöhungen

1917 Hamburg (Baupolizeibestimmungen)

Bei Verwendung einstämmiger Hölzer können in geeigneten Fällen um 20 % höhere Beanspruchungen zugelassen werden.

Bei Bauten für vorübergehende Zwecke sind um 50 % höhere Werte zulässig.

1933 DIN 1052

Die Spannungen der Tafel dürfen um 1/6 erhöht werden:

a) bei Bauten untergeordneter Bedeutung
b) bei Dach- und Hallenbauten bei sorgfältiger Auswahl des Holzes und einer den strengsten Anforderungen genügenden Berechnung, Durchbildung und Ausführung des Bauwerkes.

Hierzu Nachweis, dass der entwerfende Fachmann und der ausführende Unternehmer wiederholt einwandfreie Bauwerke gleicher Art entworfen und ausgeführt haben.

1969 DIN 1052

Die Neufassung unterscheidet zwischen dem Lastfall H und HZ.

Die Spannungen der in der Tafel aufgeführten Werte können erhöht werden:

a) um 15 % im Lastfall HZ,

b) um 20 % bei Biegung und Druck ‖ zur Faser bei Rundhölzern in den Bereichen ohne Schwächung der Randzone

c) auf 1,2 N/mm² bei Schub aus Querkraft ⊥zur Faser bei durchlaufenden oder auskragenden Biegebalken, die > 1,50 m vom Stirnende liegen.

1.4.3 Spannungsermäßigungen

1933 DIN 1052

Die Spannungen dürfen höchstens 2/3 der in der Tafel aufgeführten Werte erreichen:

a) bei den Feuchtigkeit und Nässe ausgesetzten und nicht durch Tränkung, Schutzanstrich oder andere Maßnahmen gegen Fäulnis geschützten Bauteilen

b) bei Gerüsten aus frisch gefälltem Holz

Bei gebrauchtem Holz ist die zulässige Spannung seinem Zustand anzupassen.

Die in den Tafeln aufgeführten Werte sind um 15 % zu ermäßigen:

bei Druck ⊥zur Faser, wenn der Überstand der Schwelle über die Druckfläche in der Faserrichtung nicht mindestens gleich dem 1,5-fachen der Schwellenhöhe ist.

1940 DIN 1052

Die Spannungen der in der Tafel aufgeführten Werte sind zu ermäßigen auf 2/3

a) bei Gerüsten aus frisch gefälltem Holz,

b) bei Bauteilen, die dauernd im Wasser stehen,

c) bei Bauteilen, die der Feuchtigkeit ungeschützt ausgesetzt sind, mit Ausnahme von fliegenden Bauten.

Die Spannungen der in der Tafel aufgeführten Werte sind zu ermäßigen auf 5/6

bei Bauteilen, die der Feuchtigkeit ausgesetzt, aber nach der Bearbeitung und vor dem Zusammenbau mit einem geprüften Mittel geschützt sind.

1969 DIN 1052

Die Spannungen der in der Tafel aufgeführten Werte müssen ermäßigt werden:

a) um 20 % für Zug ‖ zur Faser bei genagelten Zugstößen oder -anschlüssen,

b) um 20 % für Druck ⊥zur Faser, wenn der Überstand der Schwelle über die Druckfläche < 10 cm ist,

c) auf 5/6 – wie 1940,

d) auf 2/3 bei Bauteilen, die der Feuchtigkeit ungeschützt ausgesetzt sind, jedoch nicht bei Gerüsten,

e) auf 2/3 bei Bauteilen und Gerüsten, die dauernd im Wasser stehen, auch wenn sie geschützt sind,

f) auf 2/3 bei Gerüsten aus Hölzern, die bei Belastung noch nicht halbtrocken sind.

1.4.4 Zulässige Druckspannungen bei schrägem Kraftangriff in N/mm²

1938 DIN 1052

Winkel α zwischen Faser- und Kraft-richtung Grad	Nadel-holz	Eiche Buche	* Nadel-holz	* Eiche Buche
0	8,0	10,0	8,0	10,0
10	7,3	9,3	7,4	9,4
20	6,7	8,7	6,9	8,9
30	6,0	8,0	6,3	8,3
40	5,3	7,3	5,8	7,8
50	4,7	6,7	5,2	7,2
60	4,0	6,0	4,7	6,7
70	3,3	5,3	4,1	6,1
80	2,7	4,7	3,6	5,6
90	2,0	4,0	3,0	5,0

Zwischenwerte sind geradlinig einzuschalten.

* wenn geringfügige Eindrückungen unbedenklich

1944 DIN 1052

Holz der GK. II

Sigma Dzul ∢ = Sigma Dzul ‖– (Sigma Dzul ‖ – Sigma Dzul ⊥) sin α

Winkel α zwischen Anschlusskraft und Faserrichtung in Grad	Nadelholz				Eiche + Buche	
			*			
	allgem.	Lärche	allgem.	Lärche	allgem.	*
0	8,5	9,0	8,5	9,0	10,0	10,0
10	7,4	7,8	7,5	7,9	8,8	9,0
20	6,3	6,6	6,4	6,8	7,6	7,9
30	5,2	5,5	5,5	5,7	6,5	7,0
40	4,3	4,5	4,6	4,8	5,5	6,1
50	3,5	3,6	3,9	4,0	4,6	5,4
60	2,9	2,9	3,3	3,4	3,9	4,8
70	2,4	2,4	2,9	2,9	3,4	4,4
80	2,1	2,1	2,6	2,6	3,1	4,1
90	2,0	2,0	2,5	2,5	3,0	4,0

* wenn geringfügige Eindrückungen unbedenklich

1969 DIN 1052

Nadelhölzer (europäisch) der GK. II sowie für Eiche und Buche im Lastfall H

zul SigmaD∢ = zul SigmaD ∥ – (zul SigmaD ∥ – zul SigmaD⊥) sin α

Winkel α in Grad zwischen Kraft und Faserrichtung	zul. Druckspannungen für			
	Nadelhölzer (europäisch)		Eiche + Buche	
0	8,5	–	10,0	–
10	7,4	–	8,8	–
20	6,3	–	7,6	–
30	5,2	5,5 *	6,5	7,0 *
40	4,3	4,6 *	5,5	6,1 *
50	3,5	3,9 *	4,6	5,4 *
60	2,9	3,3 *	3,9	4,8 *
70	2,4	2,9 *	3,4	4,4 *
80	2,1	2,6 *	3,1	4,1 *
90	2,0	2,5 *	3,0	4,0 *

* Nur bei Bauteilen zulässig, bei denen geringfügige Eindrückungen unbedenklich sind. Bei Anschlüssen mit verschiedenen Verbindungsmitteln dürfen diese Werte nicht angewendet werden.

Im Lastfall HZ können diese Werte um 15 % erhöht werden.

1.5 Elastizitätsmodul für Bauholz in N/mm²

Jahr	Holzart	Elastizitätsmodul E∥	E⊥	Bemerkungen
1872	Tannenholz Eichenholz	10 500 12 250		für Stützen und gedrückte Bauglieder
1891	Holz	12 000		für Stützen und gedrückte Bauglieder
1899 Berlin	Holz	12 000		für Stützen und gedrückte Bauglieder
1919 Preußen	gesundes, trockenes Bauholz	10 000		für Stützen und gedrückte Bauglieder
1925 Hamburg	Bauholz	10 000		für Stützen und gedrückte Bauglieder

Jahr	Holzart	Elastizitätsmodul E∥	Elastizitätsmodul E ⊥	Bemerkungen
1933 DIN 1052	Nadelholz Eiche, Buche	10 000 12 500		
1944 DIN 1052	Nadelholz (Kiefer) Eiche, Buche	10 000 12 500	300 600	
1969 DIN 1052	Europ. Nadelholz Brettschichtholz Eiche, Buche	10 000 11 000 12 500	300 300 600	

1.6 Zulässige Spannungen für Stahlteile in N/mm²

Jahr	Material	zul. Spannungen	Bemerkungen
1872	Schmiedeeisen Schmiedeeisen	70 52,5	dünn dick
1890 Berlin	Schmiedeeisen	75	Zug und Druck
1933 DIN 1052	Stahlteile Flussstahl St.00 · 12+37 · 12	 max. 120	 Zug- und Biegespannung
	Zugstangen, Anker, Bolzen	max. 100	im Gewindekern- querschnitt
			Im Übrigen gilt DIN 1051 Gusseisen im Hochbau.
1944 DIN 1052	Stahlteile	max. 120	Zug- und Biegespannung
	Zugstangen, Anker, Schrau- benbolzen	max. 100	im Gewindekern- querschnitt
			Im Übrigen gilt DIN 1050.
1969 DIN 1052	Stahlteile	110	bei fehlendem Güte- nachweis im LF H + HZ
	Zugstangen, Ankerschrauben, Bolzen, Schrauben, Spannschlösser usw.	100	im Gewindekern- querschnitt
		zul. Spannung nach DIN 1050	bei eindeutigem Nach- weis der Werkstoffgüte nach DIN 17100

2 Konstruktionshinweise

2.1 Die Balkenlage

Bis in die Dreißigerjahre wurden die Querschnitte der Balkenlagen nicht statisch ermittelt, sondern nach überlieferten Zimmermannsregeln oder damals geltenden Technischen Baupolizeibestimmungen festgelegt.

Die Holzbalkenlage ist die älteste Deckenkonstruktion.

2.1.1 Unterteilung der Balkenlagen

a) Die Balkenlage des Erdgeschosses

Man findet sie nur über so genannten Balkenkellern, als Ersatz der Kellerwölbung.

Als Kellerdecke wurde in Mehrfamilienhäusern und zum Teil auch in Ein- und Zweifamilienhäusern meist eine gewölbte Decke ausgeführt.

b) Die Balkenlage der Obergeschosse

Sie wurde auch Zwischen- oder Etagengebälk genannt. Sie diente zugleich der Aussteifung des Mauerwerks.

c) Die Dachbalkenlage

Sie nimmt die Gespärre des Dachstuhls auf.

In der Regel liegt ein Balken unter jedem Dachbinder, der die Zugbeanspruchung des Dachstuhles aufnimmt.

d) Das Kehlgebälk

Es wird von den Kehlbalken hoher Kehlbalkendächer gebildet.

2.1.2 Bezeichnungen der Balken

Die Balkenlage besteht aus den tragenden Balken oder Tramen (Trämen).

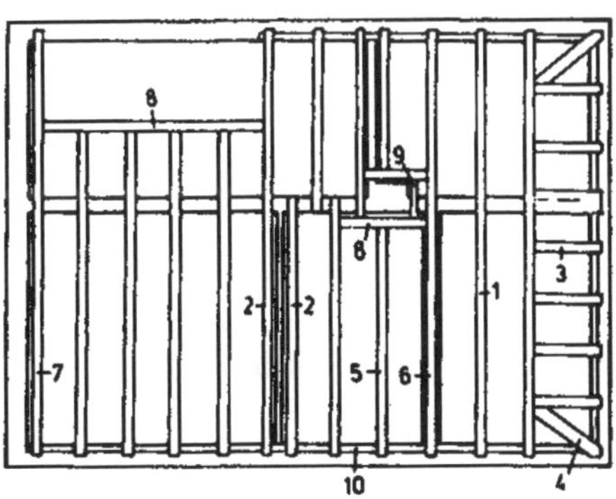

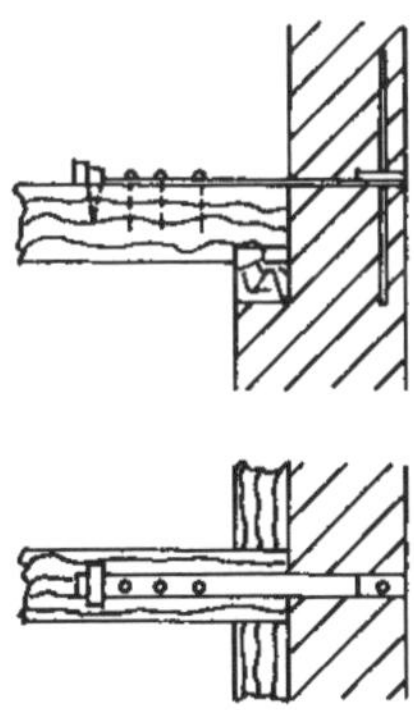

Die einzelnen Balken haben entsprechend ihrer Lage und Bestimmung verschiedene Namen:

1) Hauptbalken oder Ganze Balken (Ganzbalken)
2) Streichbalken
3) Stichbalken
4) Gratstichbalken (Eckstich)
5) Stichbalken
6) Wandbalken (auf ihm darf keine Mauer stehen)
7) Ort- oder Giebelbalken (bei Fachwerkwänden Bundbalken)
8) Wechsel (Trumpf- oder Schlüsselbalken)
9) Füllholz
10) Schwelle (werden auch als Mauerlatten, Wandlatten, Rastladen oder Mauerbänke bezeichnet. Sie dienen der Lastverteilung bzw. dazu, Fenster- und Türstürze zu entlasten.)

Verschossenes Gebälk

Lässt man die Balken der Balkenlage eines Gebäudes nach verschiedenen Richtungen streichen, so entstehen verschossene Gebälke.

2.1.3 Besondere Arten der Balkenlagen

a) Blockbalkenlagen

Auch Dübelgebälk, Dübbel-, Döbel-, Diebel- und Dippelgebälk genannt.
Sie besteht aus miteinander verdollten, dicht nebeneinander gelagerten Balken.

b) Blindbalkenlagen

Sie besteht aus einer Balkenlage zum Tragen des Fußbodens und einer zweiten Balkenlage zum Tragen der Decke (Putz auf Rohrung o. ä.). Die Balken dieser zweiten Balkenlage nennt man auch Blind-, Fehl-, Fäll-, Fall- oder Sturzbalken.

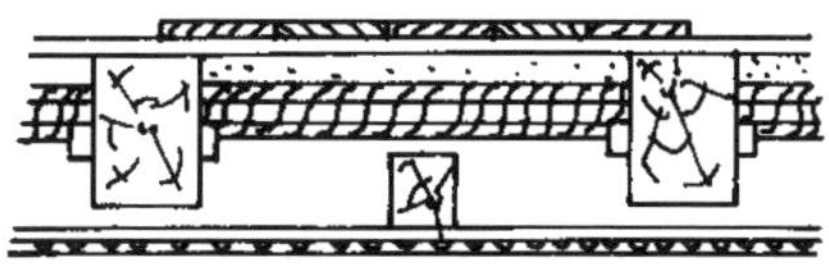

2.1.4 Konstruktion der Zwischendecken von Holzbalkendecken

Auffüllungen der Balkenfache werden auch Fehlboden oder Zwischendecke genannt.

a) Dübelboden

Dübelböden entstehen durch Einfügen dicht gelegter schwächerer Verbandshölzer zwischen den Balken, welche miteinander verdübelt werden.
Liegen diese Hölzer parallel zu den Balken, so werden sie durch eingezogene hölzerne Wechsel oder Bügel aus Bandeisen getragen. Liegen sie winkelrecht zu den Balken, so zapft man diese ein.

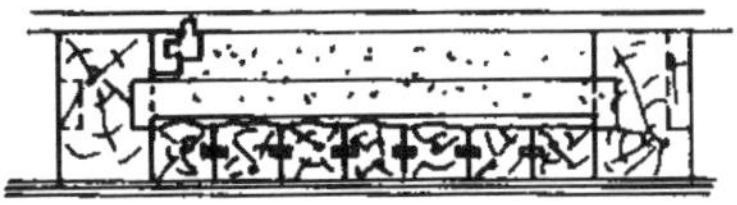

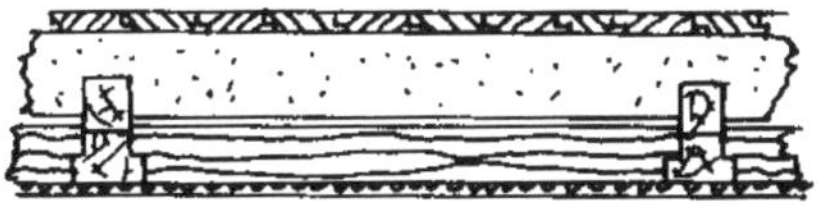

Die Fugen der Füllhölzer werden mit Lehm verstrichen. Die Gefache werden mit Sand ausgefüllt bzw. bei oben liegenden Füllhölzern mit Sand überschüttet. Der Fußboden wird dann auf die in der Sandauffüllung gebetteten Fußbodenlagerhölzer (ca. 5/12 cm) genagelt.

b) Windelböden, Wickelböden, Wellerungen und Stakungen

Diese Namen bezeichnen sämtlich solche Ausführungen der Balkenlage, welche aus mit Strohlehm umwickelten Weller- oder Stakhölzern hergestellt sind. Man verwendet dazu gespaltenes Knüppelholz (Eiche) oder gespaltene Schwarten von Eichen-, Tannen- und Kienenschnitthölzern. Die Wickelung erfolgt mit Langstroh. Dieses wird mit dünnem Lehmbrei gesättigt. Darauf bringt man zur Verbesserung der Dichtigkeit einen mindestens 2 cm dicken Lehmschlag. Diese so geschlossene Ausstakung nimmt dann die eigentliche Füllung oder Bettung auf.

Als Füllung verwendet man reinen, feinen trockenen Sand, schwefelfreie Hochofenschlacke oder Schlackenwolle. (Häufig werden auch Bauschutt, trockene Kohlenasche, ungewaschener Sand, Torfgruß oder Kieselgur gebraucht.) Je nach der Höhenlage der Wellerung zu den Balken unterscheidet man den gestreckten, halben und ganzen Windelboden.

Der gestreckte Windelboden

Er entsteht, wenn man die Wellerstangen über den Balken durchlaufend anordnet.

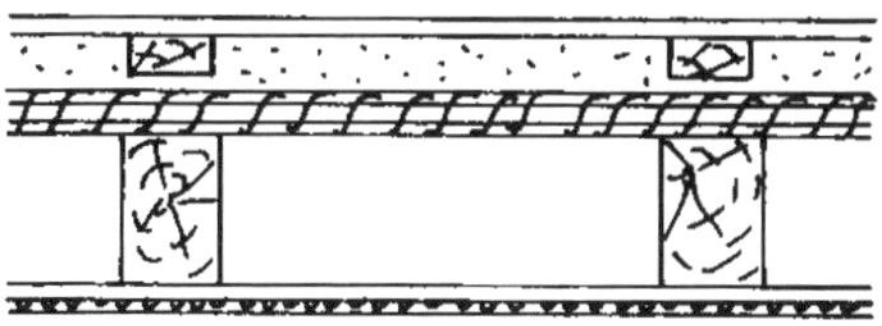

Vorteilhaft ist die Verwendung des gestreckten Windelbodens bei Anordnung von Blindbalkenlagen.

Der halbe Windelboden

Er entsteht, wenn man die Wellerung innerhalb der Balkenfache ca. in halber Höhe der Deckenbalken anordnet. Die Wellerhölzer werden auf Wellen- oder Stakleisten gelagert bzw. in Weller- oder Staknuten eingeschoben.

Der ganze Windelboden

Er unterscheidet sich vom halben Windelboden nur dadurch, dass die Wellerung nach unten verlegt wird.

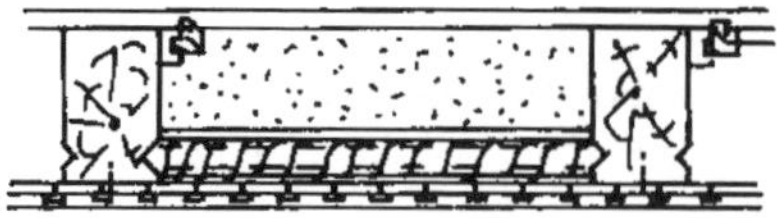

Die Kreuzstakung

Eine von der vorherigen abweichende Art der Stakung ist die Kreuzstakung.

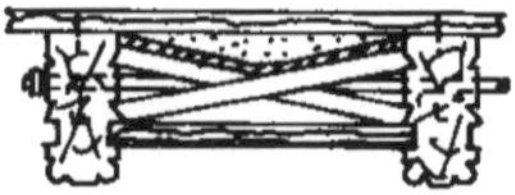

Hier werden die zumeist unumwickelten Stakhölzer mit abwechselnder Neigung nach links und rechts zwischen die Leisten oder Nuten der Balken eingesetzt.

Querschnitt b/d = 2,5/4 cm
Entfernung der Kreuze 2,00 bis 2,30 m

Diese schrägen Stakhölzer bilden eine sehr wirksame Abspreizung der Bohlenbalken gegen Kanten und Werfen. Sie wirken wie Streben kleiner Hängewerke und erhöhen die Tragfähigkeit der Balkenlage. Die waagerechten Seitenkräfte dieser Strebendrücke werden durch die Fußbodenschalung oder Rundeisenanker bzw. Bandeisen aufgenommen (Abstand ca. 2,00 m).

c) Einschubböden

Einschubböden sind den Windelböden sehr ähnlich. Der Unterschied besteht darin, dass man die Stakhölzer durch Schwartenbretter ersetzt.

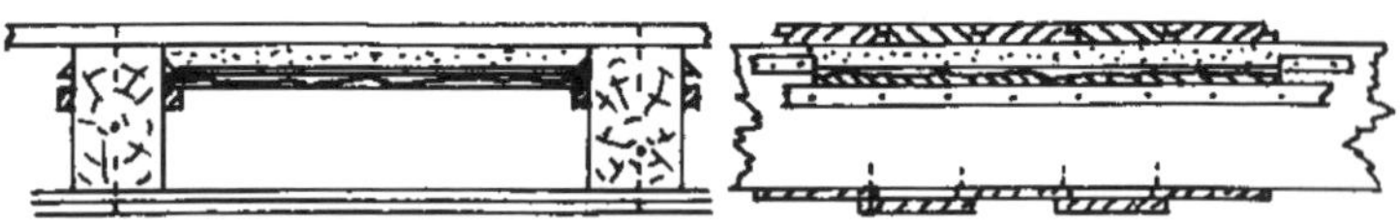

Die Fugen der Schwartenbretter werden mit Lehm verstrichen und mit einem Lehmschlag abgedeckt. Darauf wird meist nur eine wenige Zentimeter dicke Füllung angeordnet. Zur besseren Dichtigkeit werden die Schwartenbretter häufig als Stülpdecke ausgebildet.

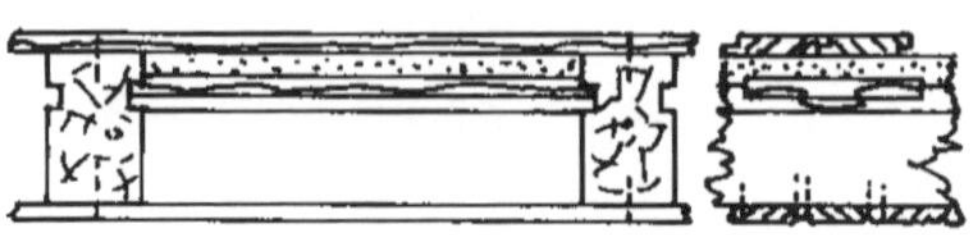

2.1.5 Neuere Fachausfüllungen

Die durch Jahrhunderte ausgeführten Ausfachungen mussten den technischen Erkenntnissen mehr und mehr weichen. Schon vor 1900 begann man den Mängeln dieser Konstruktionen (großes Gewicht, mangelhaften Wärme- und Schallschutz) durch neue Füllstoffe und Bauweisen zu begegnen.

Diese neueren Fachausfüllungen sind einzuteilen:

a) Ausfachungen, bei denen nur der Füllstoff durch andere Mittel ersetzt wird
Der Unterschied zu vor beschriebenen Einschubdecken besteht darin, dass man auf die Schwartenbretter Korkplatten verlegte. Die Fugen der Platten werden mit Gips oder Zement verstrichen. Oft wird der Zwischenraum zum Fußboden noch mit einer dünnen Schicht Sand bedeckt.

b) Ausfachungen, bei denen auch der Träger der Füllung anders ausgebildet wird

Auffüllung aus gebrannten oder Schwemmsteinen

Bei dieser Art der Ausfachung werden in Mörtel verlegte Steinreihen auf an die Balken genagelte Leisten gesetzt. Dabei erfordern flach gelegte Steine eine enge Balkenteilung. Bei hochkant gestellten Steinen und Verwendung guten Mörtels sind größere Balkenteilungen (ca. 95 cm Balkenabstand) möglich. Zur Gewichtsersparnis verwendete man überwiegend Langlochsteine. Noch bessere Ergebnisse erreichte man bei Verwendung von Tuffschwemmsteinen (geringes Gewicht, gute Wärmedämmung). Bei Ausführung von hochkant gestellten Steinen sind Balkenabstände bis 1,00 m möglich.

Sehr tragfähige Ausführungen dieser Konstruktionen werden durch den gewölbten Einbau der Steinreihen erreicht. Der Schub der Bögen wird durch die Deckenschalung aufgenommen.

Ausfüllung aus dünnwandigen gebrannten Tonkasten oder Platten (Terrakotten)

Nach amerikanischem Vorbild wurden dünnwandige, hartgebrannte, oft porige Hohlsteine (Terrakotten) als Fachausfüllung verwendet. Eine ältere Ausführungsform dieser Art französischen Ursprungs ist das System Laporte.

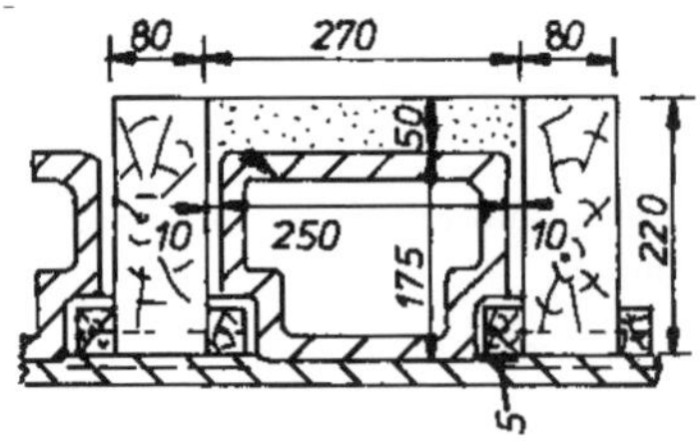

Es wurden dann weitere Formen derartiger Tonkasten entwickelt.

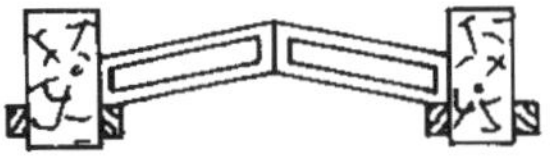

Weite Verwendung fanden auch Formstücke aus Gips. Zum Beispiel die Heister-Decke.

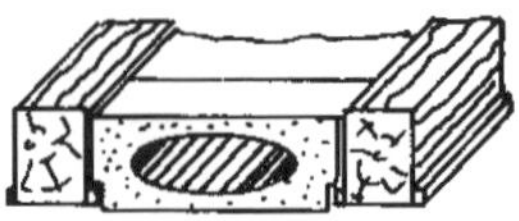

Ausfüllung aus fertig in den Bau zu bringenden Tafeln aus Gips, Zement oder Beton

Diese Fachausfüllungen bestehen aus fertigen Tafeln. Sie werden auf seitlich an den Balken genagelten Leisten aufgelegt. Das Material besteht aus Gips, Zement, Beton oder anderen Mörtelarten mit verschiedenen Beimengungen. Eine viel verwendete Art dieser Ausführung waren die Mack'schen Gipsdielen.

Ausfüllung aus im Bau einzustampfenden Mörtel- oder Betonkörpern

Füllungen aus erst im Bau einzustampfenden Platten aus Mörtel oder Beton hatten ihr hauptsächliches Anwendungsgebiet bei Verwendung von Stahlträgern. Sie kamen aber auch bei Holzbalkendecken zur Ausführung. Konstruktionsprinzip dieser Decken ist, dass der Mörtel um eine Drahtnetzeinlage oder Bandeisenlage eingestampft wird.

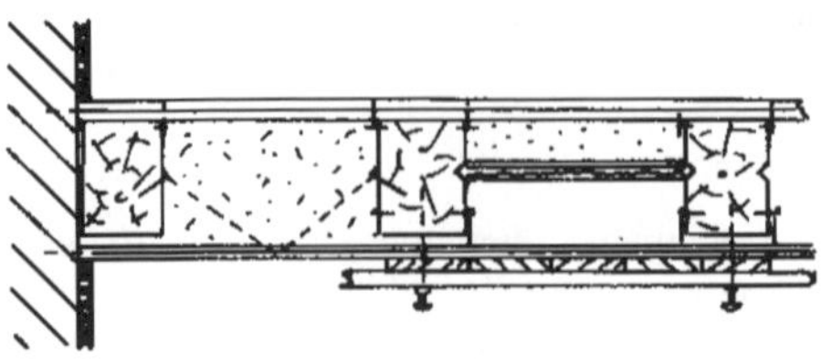

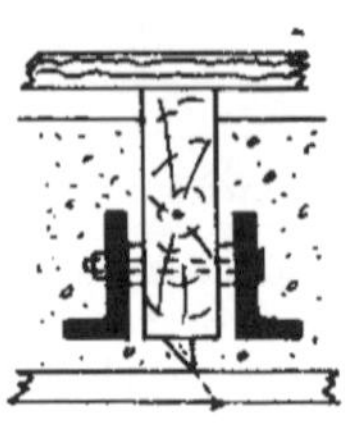

2.1.6 Balkenauflager

a) Auflagerlängen der Balken

1872 Als allgemeine Regel gilt:

Die Auflagerlänge des Balkens ist gleich der Balkenhöhe.

Diese Regel blieb bis heute allgemein gültig.

Mindestauflagerlängen

Balken bis 20 cm Höhe – 15 cm Auflagerlänge
Balken über 20 cm Höhe – 20 cm Auflagerlänge

b) Ausbildung der Balkenauflager

Um die Gefahr der Schwammbildung und Fäulnis an den Balkenköpfen auszuschließen, sorgte man für eine gute Lüftung.

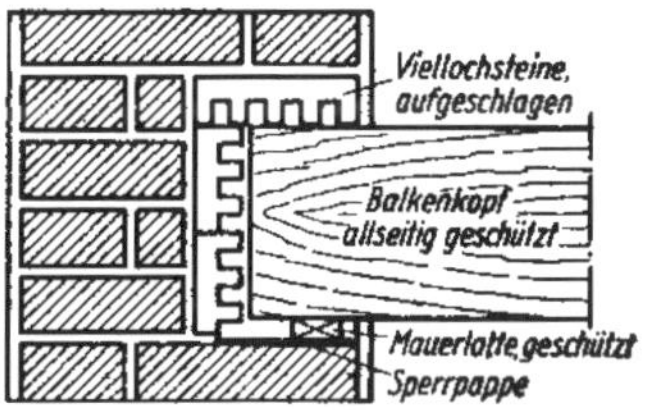

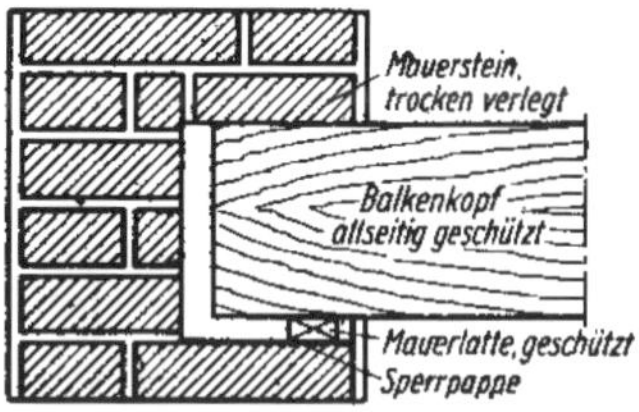

c) Verringerung der Balkenstützweite

Bei einfachen Balkenquerschnitten sollte die Stützweite 7,00 m nicht überschreiten. Durch Anordnung auskragender Ziegelschichten oder Konsolen bzw. Anordnung eines Wandbalkens mit Konsolen konnte die Stützweite um ca. 50 cm reduziert werden.

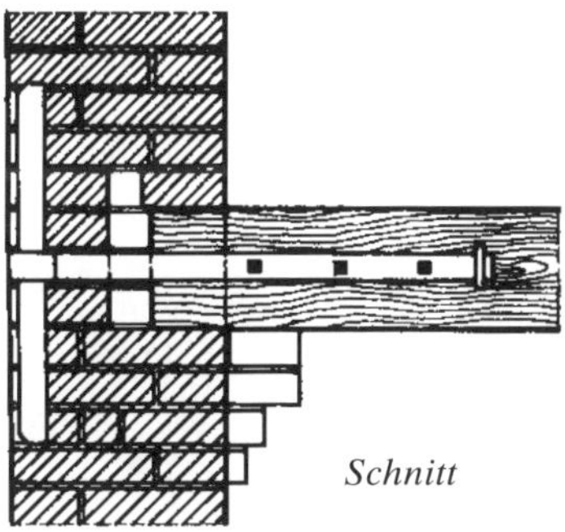

auskragende Ziegelschicht

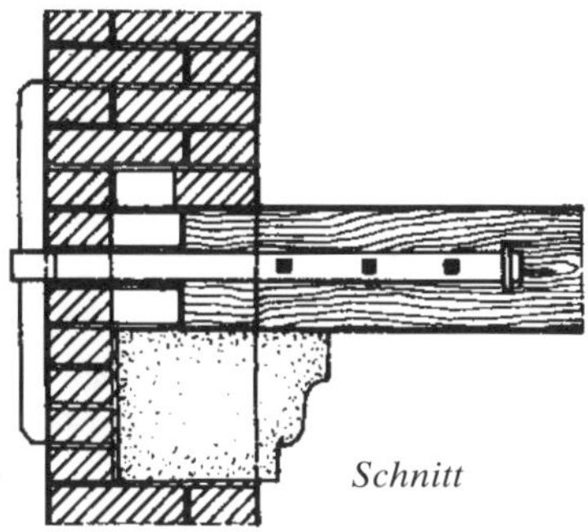

Konsolauflager

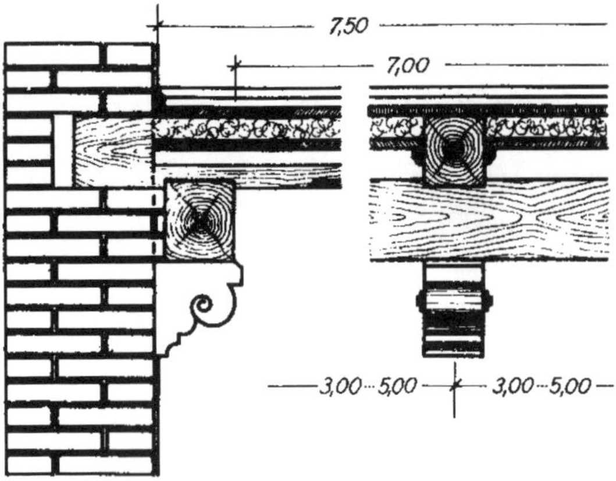

Wandbalken auf Konsolen

2.1.7 Verankerung der Balkenlagen mit gemauerten Umfassungswänden

Die Anker wurden in vollen Wänden oder im Bereich von Fensterpfeilern angeordnet.

Jahr	Anker	Anker-abstand	Anker-länge m	Anschluss an Mauerwerk	Wand
1872	aufgenageltes Eisenband 50/15 mm	jeder 3. bis 4. Balken		eiserner Splint ca. 40 cm lang	Außenwände
1890	aufgenagelte Flachstahlbänder 10/40 bis 50 mm		1,00 bis 1,25	Splint	Frontwände
	Flachstahlband		über 3 bis 4 Balken	Splint	Giebelwände
1937	Flachstahlanker	an jedem 2. bis 3. Balken		Splint ∅ 15 mm Länge > 25 cm	Frontwände
	Flachstahlanker	2,00 m	über 3 Balken	Splint ∅ 15 mm Länge > 25 cm	Giebelwände
	Flachstahlanker	max. 2,00 m	über 3 Balken	Splint ∅ 15 mm Länge > 25 cm	Treppenhaus-wand
	Flachstahlanker	max. 4,00 m min. jeder Fensterpfeiler		Splint ∅ 15 mm Länge > 25 cm	Wand mit Fenster
1952	Flachstahlanker 5/40 mm	jeder Balken max. jeder 2. Balken	50 cm	Splint ∅ 15 mm Länge 30 bis 40 cm	Frontwände
	Flachstahlanker 5/40 mm	2,00 m max. 4,00 m	über 4 Balken	Splint ∅ 15 mm Länge 30 bis 40 cm	Giebelwände

2.2 Dächer

Die tragenden Teile hölzerner Dächer wurden bis vor dem I. Weltkrieg überwiegend auf Grund von Erfahrungen der Zimmermeister bzw. der Baumeister dimensioniert. Erst die angespannte Rohstofflage der Nachkriegszeit bzw. die baupolizeilichen Vorschriften, die eine immer weitergehende Ausnutzung des Holzes zuließen, führten dazu, die Abmessungen der tragenden Dachteile statisch zu bemessen.

2.2.1 Dacharten

Es entwickelten sich in Deutschland 2 verschiedene Grundformen der Dachtragwerke:

a) Das Sparren- oder Gespärre-Dach mit der Nebenform des Kehlbalkendaches

Sparren und Deckenbalken sind zusammen wesentliche Bestandteile des Tragwerkes. Sie bilden zusammen ein Dreigelenkfach. Der Sparren wird durch Längskräfte beansprucht.

b) Das Pfetten- oder Rofen-Dach

Der Sparren ist nicht „Strebe“ wie beim Sparrendach, sondern einfach frei aufliegender „Balken“. Das eigentliche Tragwerk bilden die Pfetten mit ihren Unterstützungen. Die Sparren selbst tragen nur die Dachhaut.

2.2.2 Sparren- und Kehlbalkendächer

a) Sparrendächer

Sparrendächer wurden ausgeführt bis zu Gebäudebreiten von ca. 6,00 bis 7,00 m und Sparrenlängen bis max. 4,50 bis 5,00 m. Die Aussteifung in Längsrichtung erfolgte durch diagonal angenagelte Windrispen (Sturmlatten).
Die Sparrenverbindung am First wurde meist als Scherzapfen oder Überblattung ausgebildet.
Der Anschluss des Sparrens an den Deckenbalken erfolgte durch einfachen oder doppelten Versatz mit Zapfen (Vorholzlänge > 15 bis 20 cm, Versatztiefe 1/6 bis 1/8 der Balkenhöhe). Zur Sicherung wurden Holznägel eingeschlagen.
Der sich aus der erforderlichen Vorholzlänge ergebende Balkenüberstand wurde durch Aufschieblinge abgedeckt.

b) Kehlbalkendächer

Bei Gebäudebreiten über 7,00 m und größeren Sparrenlängen als 4,50 bis 5,00 m ordnete man als Zwischenunterstützung zusätzliche Kehlbalken an (untere Sparrenlänge 3,50 bis 4,50 m, obere Sparrenlänge 2,50 bis 3,00 m).
Die Kehlbalkenlänge betrug ca. 2,50 bis 4,00 m. Kehlbalken größerer Länge unterstützte man durch Anordnung einer Stuhlwand.
Bei sehr steilen Dächern ordnete man einen zweiten Kehlbalken (Spitz-, Hain- oder Hahnenbalken) in Firstnähe an.
Der Anschluss der Kehlbalken an den Sparren erfolgte meist durch Versatz mit Zapfen oder Schwalbenschwanzanblattung.
Längsaussteifung und Sparrenanschlüsse in First und Traufe erfolgten wie beim Sparrendach.
Die Ausbildung eines unverschieblichen Kehlbalkendaches erzielte man durch Aufnageln eines Holzfußbodens auf die Kehlbalkenlage und deren Verankerung in den Giebelwänden.

2.2.3 Pfettendächer

Die freitragende Sparrenlänge betrug ca. 3,50 bis 5,00 m (gewöhnlich 3,80 m). Der günstigste Sparrenquerschnitt wurde mit Seitenverhältnis h/b = 7/4 angenommen.
Die Sparren werden auf Balken (Pfetten) gelagert.
Entsprechend der Dachgröße unterscheidet man Pfettendächer mit einfach, doppelt oder mehrfach stehendem Stuhl.
Um einen möglichst freien Bodenraum zu erhalten, wurden häufig auch liegende Stühle ausgebildet.
Die Stuhlwand besteht aus Pfetten, Ständern und Kopfbändern oder Streben.
Die Stützenentfernung der Mittelpfetten wurde entsprechend dem Dachdeckungsmaterial festgelegt:

Ziegeldach	ca. 3,80 bis 4,00 m
Asphalt- und Metalldach	ca. 4,00 bis 4,70 m
Rohr- oder Strohdach	ca. 4,70 bis 5,40 m

Diese Abstände entsprechen auch der Binderentfernung.
Der Binder besteht aus Binderbalken, Bindersparren, Ständer und Zangen (bzw. Doppelzangen).
Bei größeren Dächern sind außerdem Streben zum Übertragen der Dachlast auf das Außenmauerwerk erforderlich.
Zwischen den Bindern befindet sich das Leergespärre.
Die Queraussteifung des Daches erfolgte überwiegend durch die Binder, die Längsaussteifung durch die Stuhlwände und Windrispen.
Die Anschlüsse der Sparren an First-, Mittel- und Fußpfette erfolgten durch Aufklauen und Nageln (Klauentiefe max. 1/3 der Sparrenhöhe).
Die Fußpfette wurde meist auf die Balken aufgekämmt.
Die Anschlüsse der Streben an Pfetten bzw. Kopfbändern sicherte man durch Zapfen mit Holznägeln.
Die weiteren Anschlüsse erfolgten wie beim Kehlbalkendach.

2.2.4 Weitere Dachkonstruktionen

a) Mansarddächer

Um den Dachraum besser als Wohnung zu nutzen, konstruierte man das Mansarddach. In der Regel betrug die untere Dachneigung ca. 60°, die obere ca. 30°. Neben der Pfettendachkonstruktion war die häufigste Ausführungsart die Kehlbalkenkonstruktion mit liegendem Stuhl.

b) Pultdächer

War die Entwässerung einer Dachfläche nur zu einer Seite möglich (z. B. Anbauten an höhere Gebäude usw.), so führte man das Dach als Pultdach aus. Die Konstruktion dieser Dächer war als Pfettendach mit und ohne Kniestock, Kehlbalkendach, aber auch als Sprengwerks- oder Hängewerksdach möglich. Bei freistehenden Gebäuden mit Pultdach bildete man die hohe Wand unter dem Firstpunkt meist als Fachwerkswand mit einer Vormauerung aus. Die Aussteifung des Daches erfolgte durch Verbände. Die Verankerung des Drempels- und Firstwandmauerwerks erfolgte durch Anker an Pfosten und Riegeln der Dachkonstruktion.

c) Sprengwerksdächer

Um den Dachraum von eingebauten Konstruktionsteilen möglichst freizuhalten, wurden Sprengwerke angeordnet. Dieselbe Konstruktion wurde auch für die Unterstützung von Balkenlagen ausgeführt. Das einfache Sprengwerk besteht aus den Streben und dem Sprengwerksbalken. Das doppelte Sprengwerk hat zusätzlich einen Spann- oder Brustriegel (Spannweite bis 12,00 m). Die Verbindung der Streben mit dem Balken erfolgte entweder durch stumpfen Stoß und schräge Verzapfung mit dem Balken oder mittels eines gusseisernen Schuhes. Bei Anordnung eines Spannriegels wurde dieser mit dem Balken verdübelt und verschraubt. Der Anschluss der Streben auf ein Mauerwerkswiderlager besteht entweder aus einer hölzernen Schwelle oder einem gusseisernen Fuß. Wurden die Streben an hölzerne Pfosten angeschlossen, so wurden diese durch Versatzung mit Schrauben oder durch gusseiserne Schuhe verbunden.

d) Hängewerksdächer

Hängewerke wurden angeordnet als Zwischenauflager weitgespannter Deckenbalken. Man unterscheidet je nach Anzahl der Hängesäulen einfache, doppelte oder dreifache Hängewerke. Das Hängewerk besteht aus Hängebalken, Streben und Hängesäule, sowie den Spannriegeln bei mehrfachen Hängewerken. Die Verbindung der Streben mit dem Hängebalken erfolgte durch Versatzung und Zapfen mit zusätzlichen eisernen Bolzen (Vorholzlänge mindestens 31 cm). Bei hohen Belastungen wurden meist eiserne Schienen (2,5 bis 6,5 cm breit und 1,5 bis 2,0 cm dick) mit Bolzen verwendet. Bei großen Hängewerken ordnete man an den Balkenenden zusätzliche Sattelhölzer an. Die Hängesäulen bestehen aus einem oder mehreren zusammengebolzten und verdübelten Hölzern, und die Anschlüsse erfolgten meist durch Eisenbänder (Versatz und Zapfen nur bei geringer Belastung). Die Abstände der Hängesäulen teilte man im Verhältnis 3 : 4 : 3 ein.

e) Hängesprengwerksdächer

Dächer mit großen Spannweiten (z. B. Werkstätten, Hallen und Fabrikgebäude) ließen sich am günstigsten durch die Kombination der Hänge- und Sprengwerke als einfache bzw. doppelte Hängesprengwerkskonstruktion ausführen.

2.2.5 Dachneigungen

Die Dachneigung wurde in Abhängigkeit des Materials der Dacheindeckung festgelegt. In Bezug auf den Dachneigungswinkel, der so genannten Dachrösche, unterschied man folgende Dächer:

Altgotisches Dach	– wenn H > L
Altdeutsches Dach	– wenn H = L
Altfranzösisches Dach	– das Dachprofil bildet ein gleichseitiges Dreieck
Winkeldach	– wenn H = 0,5 L
Altan- oder Terrassendach	– Dächer geringer Neigung (begehbar)

(H = Dachhöhe   L = Gebäudebreite)

1872

Material der Dachdeckung	Höhe : Breite H : B	Neigungswinkel α
Stroh- und Rohrdach	1 : 2	45°
Ziegeldach	1 : 3 bis 3 : 4	33° bis 56°
Schieferdach	1 : 5 bis 1 : 3	22° bis 33°
Teerpappdach	1 : 10 bis 1 : 6	11° bis 18°
Blei- oder Kupferdach	1 : 2	45°
Zinkblech- oder Weißblechdach	1 : 12	10°
Asphaltdach	1 : 24	5°
Holzzementdach	1 : 30 bis 1 : 20	4° bis 6°

H = Höhe des Daches
B = Gebäudetiefe
α = Winkel zwischen Sparren und Balkenlage

1936

Material der Dachdeckung	Höhe : Breite H : B	Neigungswinkel α
Biberschwanz- und Pfannendächer	1 : 2 bis 1 : 3	nicht unter 30°
Falzziegeldächer	nicht unter 1 : 3	nicht unter 35°
Englisch. Schieferdeckung	1 : 3 bis 1 : 4	nicht unter 25°
Deutsche Schieferdeckung	1 : 2 bis 1 : 3	nicht unter 35°
Pappdächer	nicht unter 1 : 10	nicht unter 10°
Holzzementdächer	1 : 20 bis 1 : 25	nicht unter 3°
Wellblechdächer	nicht unter 1 : 4	nicht unter 27°
Glasdächer	nicht unter 1 : 3	nicht unter 33°

H = Höhe des Daches
B = Gebäudetiefe
α = Winkel zwischen Sparren und Balkenlage

2.2.6 Bennenung der Dachteile

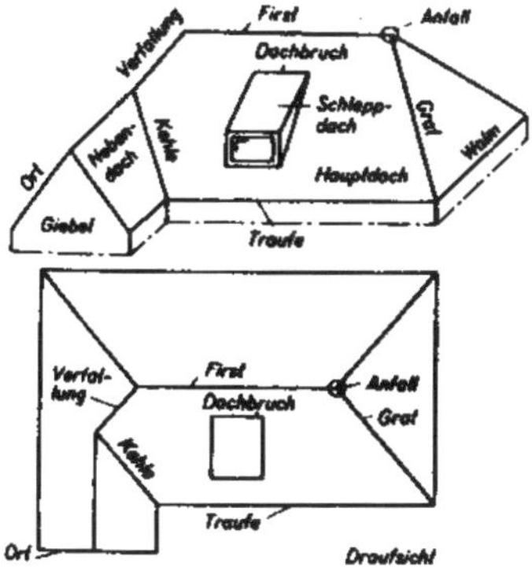

2.2.7 Dachformen

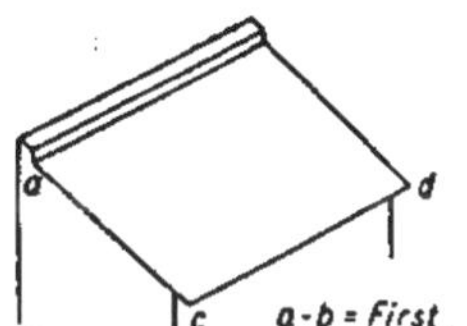

Pultdach

a-b = First
c-d = Traufe
a-c = Ort

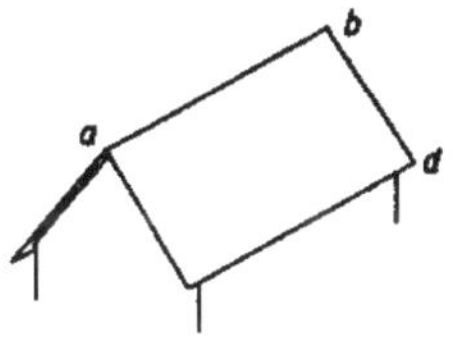

Sattel- oder Giebeldach

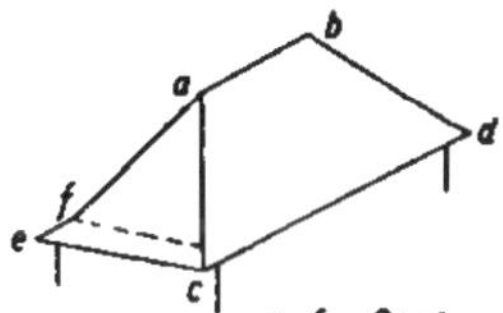

a-f = Grat
e-f = Aufschiebling
Walmdach

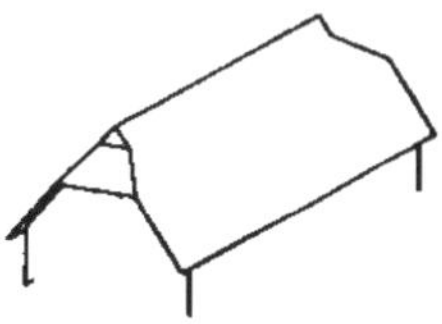

Krüppelwalmdach

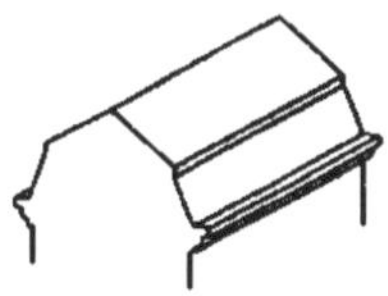

Mansardendach

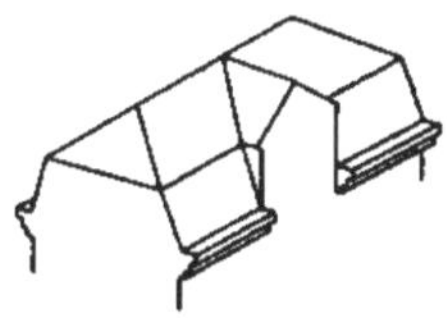

Mansarden-Krüppelwalmdach
Dachaufbau mit Giebeldach

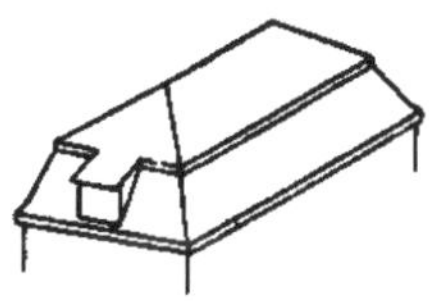

Mansardenwalmdach
Dachfenster mit Schleppdach

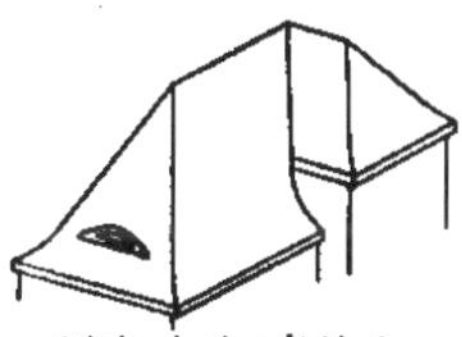

Walmdach mit Vorbau
an der Langseite
Geschweifte Dachluke (Ochsenauge)

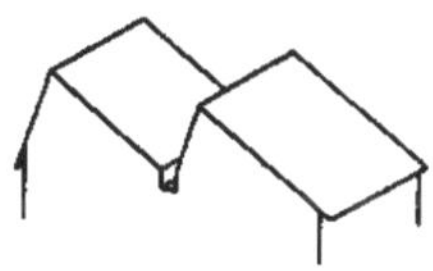

Säge- oder Sheddach

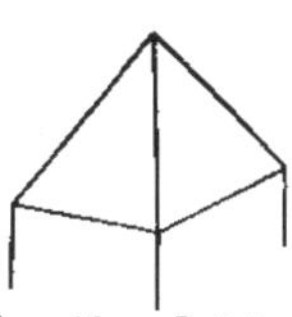

Viereckiges Zeltdach

Rundes Zeltdach

2.2.8 Benennung der Dachhölzer

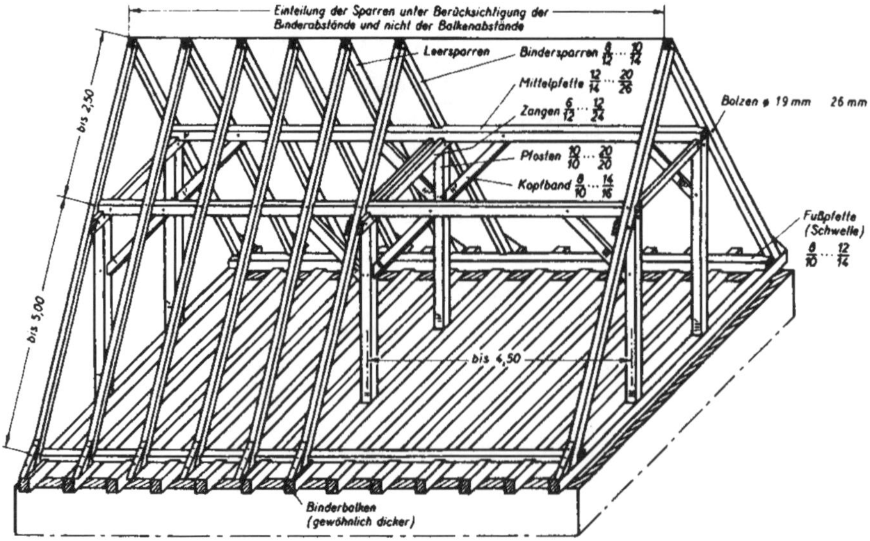

doppelt stehender Stuhl eines Pfettendaches

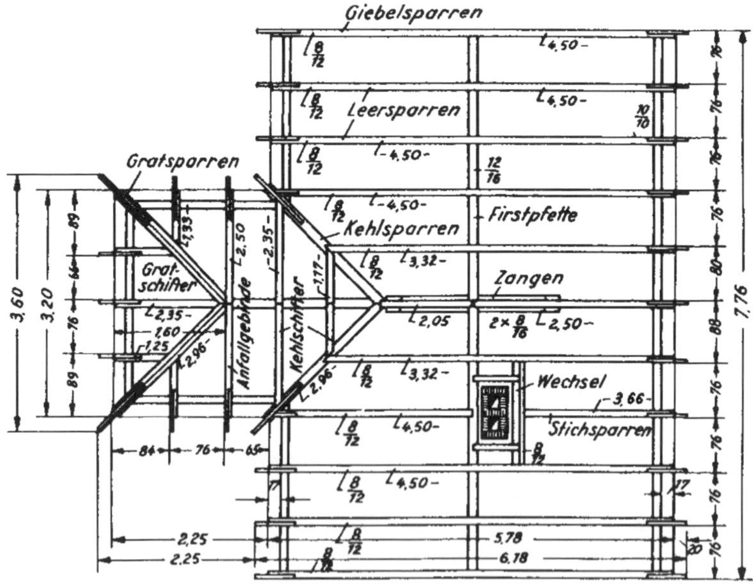

Sparrenlage

2.2.9 Dachkonstruktionen

a) Sparrendach

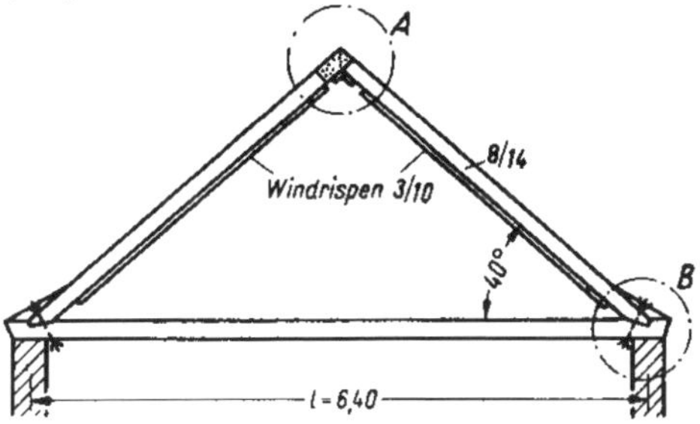

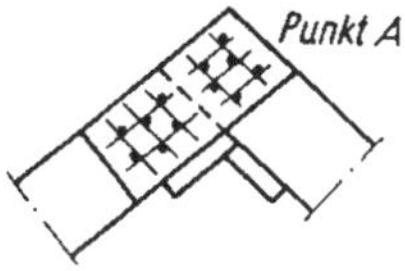

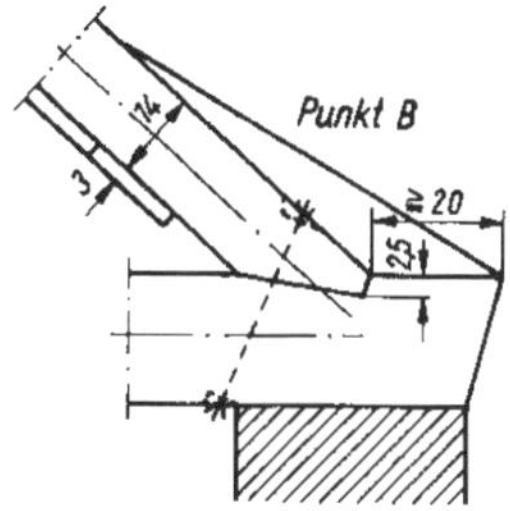

b) Kehlbalkendach

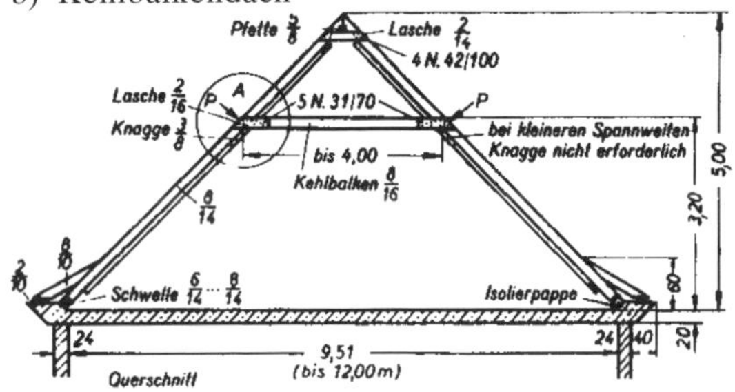

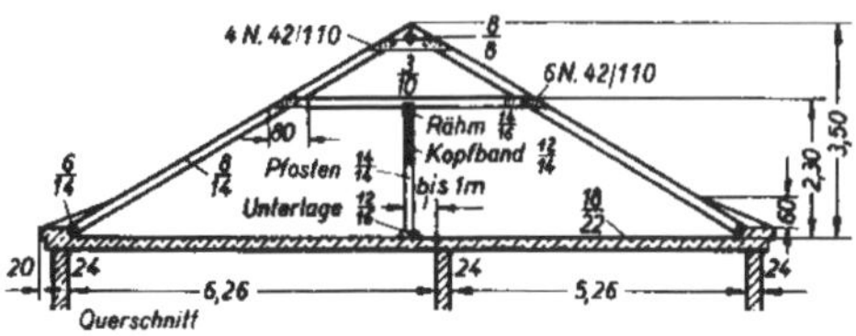

einfach stehender Stuhl

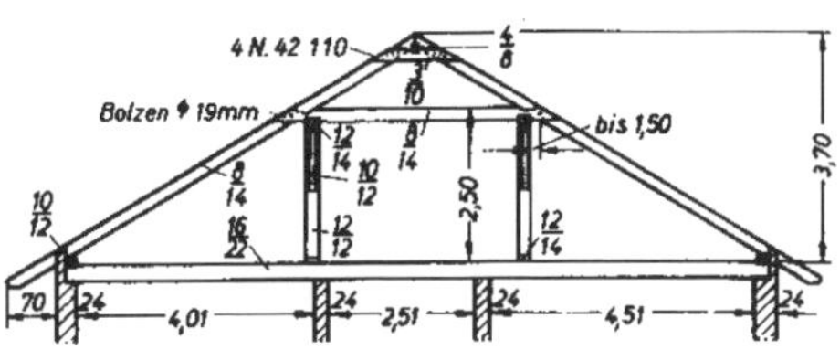

doppelt stehender Stuhl

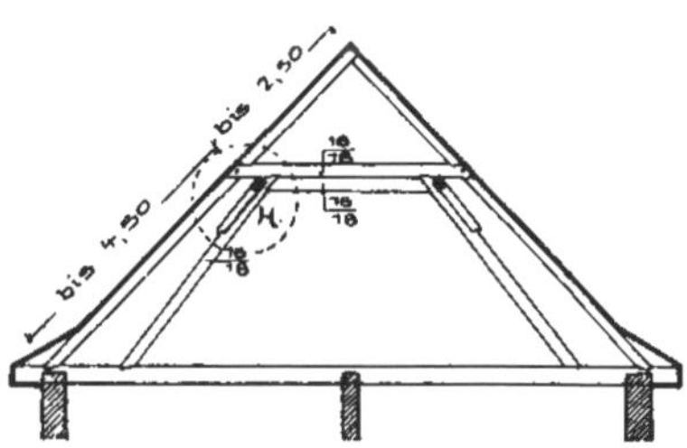

Kehlbalkendach; doppelt liegender Stuhl

c) Pfettendach

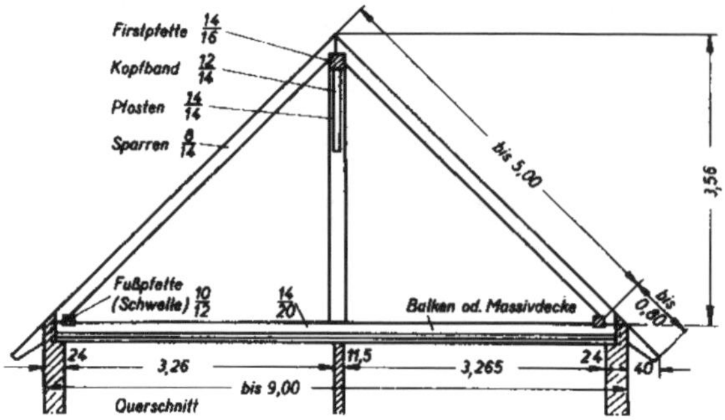

Pfettendach mit einfach stehendem Stuhl

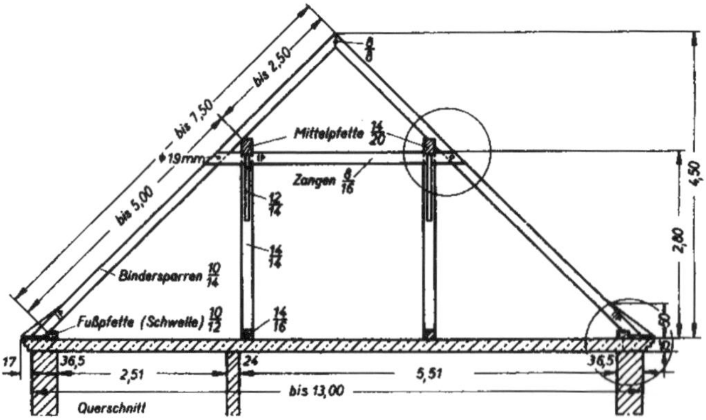

Pfettendach mit doppelt stehendem Stuhl

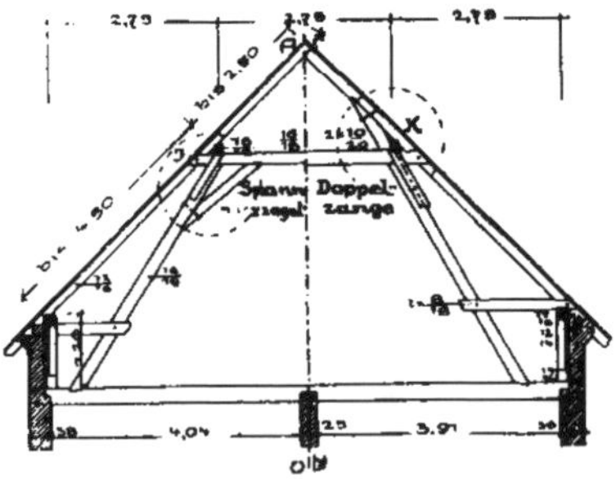

Pfettendach mit doppelt liegendem Stuhl und Kniestock

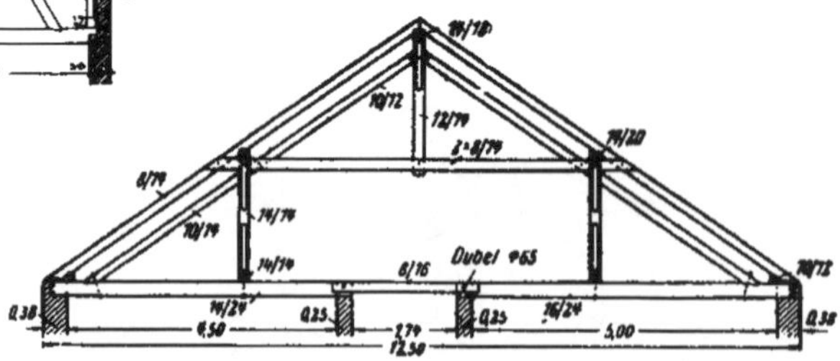

abgestrebtes Pfettendach

d) Mansardendach

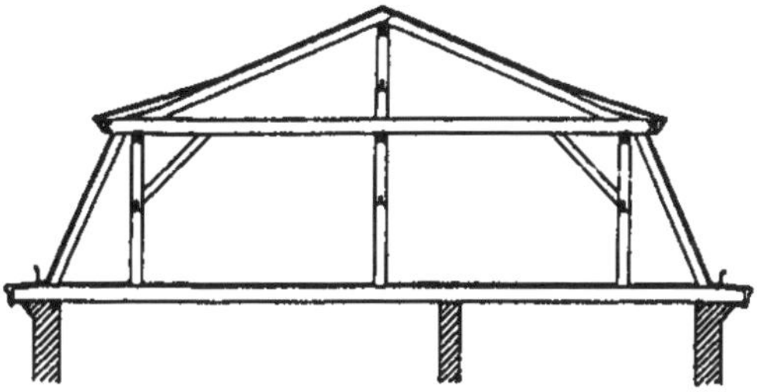

e) Pultdach

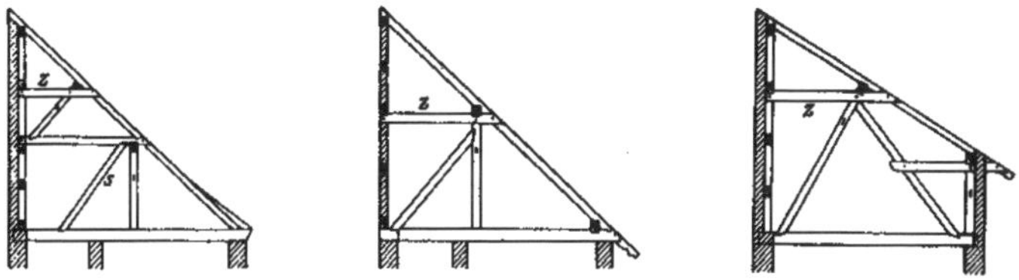

f) Hängewerkdach

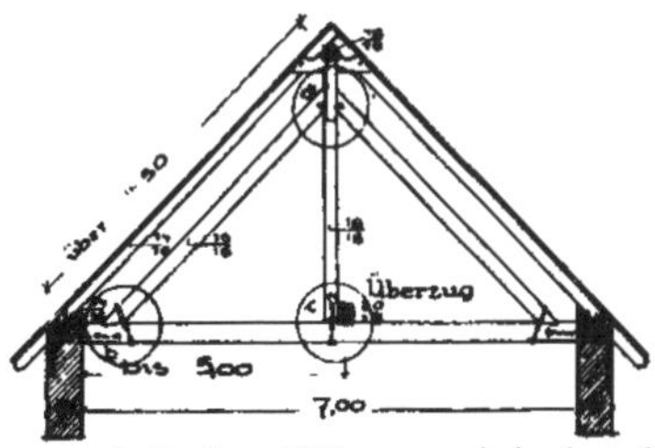

einfacher Hängewerkdachstuhl
mit Überzug

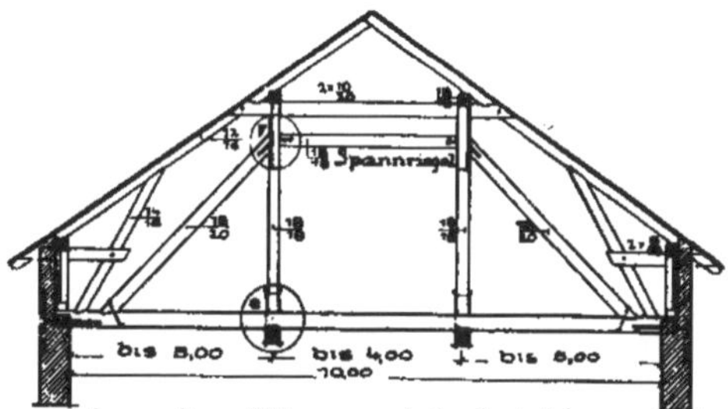

doppelter Hängewerkdachstuhl
mit Unterzug

g) Sprengwerkdach

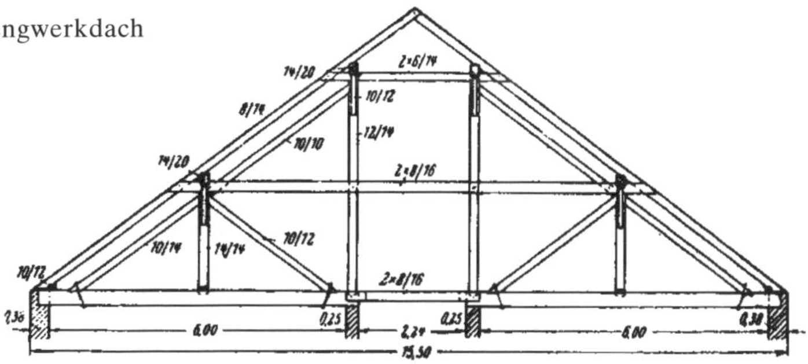

Pfettendach mit Sprengwerken

h) Hängesprengwerkdach

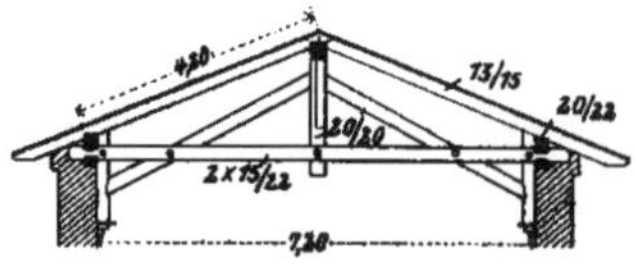

einfaches Hängesprengwerkdach

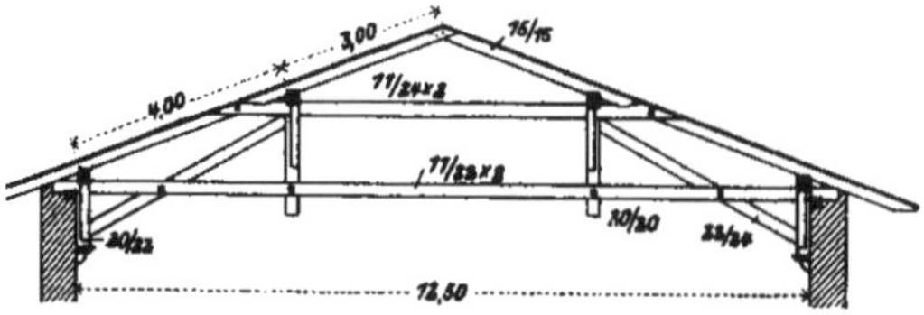

doppeltes Hängesprengwerkdach

2.3 Das Fachwerk

Das Fachwerk wurde auch als Riegelwand oder Fachwand bezeichnet.

2.3.1 Benennung der Fachwerkhölzer

Fachwerk zu einem einfachen Gebäude

a) Schwelle 10/12
b) Eckpfosten 14/14
c) Strebe 12/14
d) Fensterpfosten 12/14
e) Türpfosten 12/14
f) Zwischenpfosten 12/14
g) Bundpfosten 12/14
h) Klapppfosten 12/14
i) Sturzriegel 12/14
j) Brüstungsriegel 12/14
k) Zwischenriegel 14/14
l) Rahm 12/16

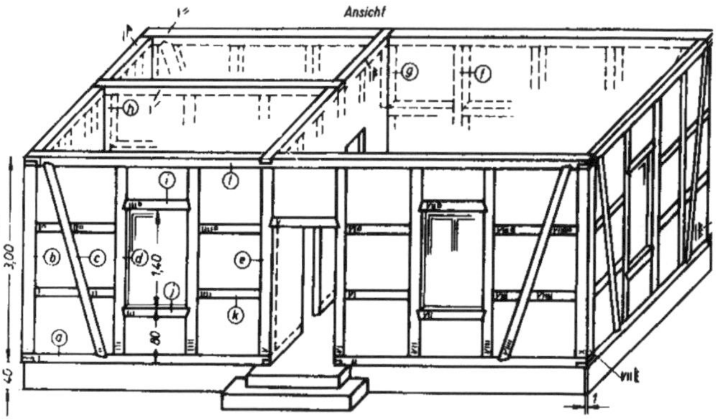

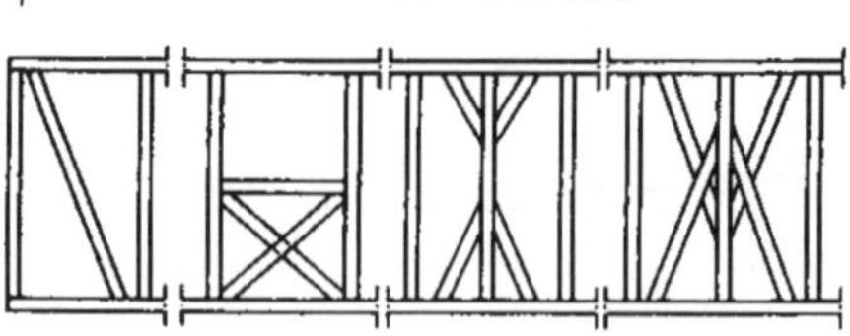

Strebe *Andreaskreuz* *Schwäbisch Weible* *Wilder Mann*

Fachausdrücke

1 Hahnenbalken
2 Lüftungsluke
3 Riegel/Ausriegelung, verzapft
4 Kehlbalken
5 Weichschwanz
6 Sturzriegel, verzapft
7 Sparren
8 Brüstungsriegel, verzapft
9 Fußstreben
10 Schwelle
11 Stichbalken
12 Knagge
13 Rähm
14 Eckständer
15 Ständer (Pfosten/Stiel)
16 Bundständer
17 Aufgeblatteter Brüstungsriegel
18 Brüstungszier Schmuckmotive
19 Kopfstrebe
20 Gratstichbalken
21 Ziegelausfachung
22 Schwellriegel (Fußriegel)
23 Sockel-/Kellergeschoß
24 Giebelnase mit Aufzugbalken
25 geschweifte Strebe mit Nasen
26 Rähm
27 Ladeluke
28 Stuhlsäule
29 Krumme Fußstrebe
30 Strebe
31 Profilgesims
32 Schwelle
33 Rähm
34 Knagge
35 Halsriegel
36 Gegenstrebe bis Halsriegel
37 Geschweifte Gegenstrebe bis Rähm
38 Ganzer Mann
39 Rheinischer Fenstererker
40 Halber Mann
41 Geschnitzter Eckständer
42 Gekreuzte Brüstungsstrebe, nasenbesetzt
43 Knagge
44 Aufgeblattetes Kopfband
45 Gegenstrebe
46 Bandstrebe
47 Rosette/Sonnenscheibe
48 Dreiviertelstrebe
49 Schwellenkranz

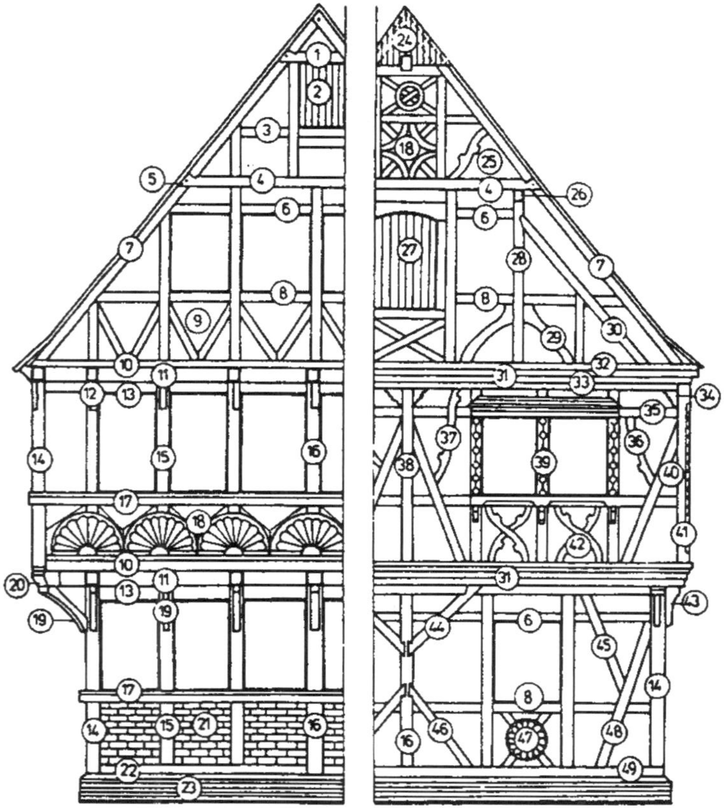

2.3.2 Abmessungen der Fachwerkhölzer

a) Schwellen

Die Schwellen sollen die Gebäudelasten gleichmäßig auf das Fundament verteilen und den Wandpfosten ein sicheres Auflager gewähren. Um den Witterungseinflüssen besser zu widerstehen, wurden die Außenwandschwellen häufig aus Eichenholz gefertigt. Unter den Innenwänden wurden Tannenholzschwellen ausgeführt.

1872 Schwellenabmessungen

Art des Gebäudes	Höhe in cm	Breite in cm
leichte Gebäude	13	21
mittlere Gebäude	16	29
stark belastete Gebäude	24	32 bis 37

Die Mindesthöhe ist 13 cm.
Die Breite ist mindestens 2,5 cm größer als die Wanddicke (Auflager der Fußbodenbretter).

b) Pfosten (Ständer, Stiele, Stützen)

1872 Querschnittsflächen der Eckpfosten aus Tannenholz

Querschnittsflächen in cm²

Pfostenhöhe	Höhe des ganzen Gebäudes						
m	6,30 m	7,80 m	9,40 m	11,00 m	12,10 m	14,10 m	15,70 m
2,50	400	480	550	620	650	700	760
2,80	440	510	580	650	700	760	830
3,20	500	540	630	700	760	830	880
3,50	520	580	670	760	800	870	900
3,80	540	620	700	810	870	920	980
4,10	550	650	740	836	910	960	1060
4,40	600	700	790	863	960	1000	1110
4,70	630	750	830	910	980	1060	1150
5,00	650	760	870	960	1000	1110	1180
5,30	696	790	890	986	1080	1170	1260
5,70	700	830	930	1027	1130	1220	1290

Abstand der Pfosten 0,90 m bis 1,90 m
Abstand der Pfosten bis 2,50 m bei Anordnung von Streben

Die Dicke der Pfosten richtete sich nach dem Ziegelformat. Die Dimensionen der Mittelpfosten (Tür- und Fensterpfosten) sind in der Regel etwas geringer als die der Eckpfosten. Die Dimensionen außergewöhnlich stark belasteter Pfosten müssen statisch berechnet werden.

1936

Abstand der Pfosten 1,00 m
Abstand der Pfosten bis 1,50 m bei Anordnung von Streben

1952

Abstand der Pfosten 0,75 bis 1,50 m

c) Rähmhölzer

Da die Rähme vom Mauerwerk unterstützt werden, war eine Höhe von 16 cm bei mittleren Gebäuden ausreichend. Die Breite richtete sich nach den Pfostenquerschnitten.

d) Riegelhölzer

Die Riegel dienen dem Zusammenhalten der Pfosten und teilen die großen Felder der Fachwerkswände in kleinere Ausfachungsflächen. Die Höhe des Riegelholzes betrug in der Regel 15 cm. Die Breite ist von der Wandstärke abhängig.

1872 Verriegelungen

Wandhöhe	Anzahl der Riegel
2,50	2
3,00	3
3,50	4

Die Fachöffnungen (Ausfachungsflächen) sollen nicht größer als 2,00 m^2 sein.

1952

Wandhöhe	Anzahl der Riegel
3,00	1
4,50	2
6,00	3

Ausfachungsfläche 0,75 bis 1,50 m^2

e) Streben

Um ein Verschieben der Fachwerkswände zu verhindern, werden in den Endfachen Streben angeordnet. Die Streben und das Rähmholz bilden am Vorteilhaftesten einen Neigungswinkel von 60°.

f) Holzabmessungen b/d in cm bei Fachwerkswänden

um 1900

Bauteil		Abmessungen (cm)
Ständer –	Eck	18/18
	Bund	16/18
	Fenster	14/15 – 16/18
	Tür	14/15 – 16/18
	Zwischen	14/15 – 16/18
Pfette –	Rähm	18/21 – 21/24
Riegel –	Fenster	14/15 – 15/21
	Tür	14/15 – 15/21
	Brust	14/15 – 15/21
	Zwischen	14/15 – 15/21
Strebe –	Diagonalen	18/21

1936

Bauteil	Innenwand	Außenwand
Schwelle	12/12	14/16
Rähm		14/16
Pfosten	12/12	14/14 bis 14/16
Eckpfosten		16/16 bis 18/18
Riegel	12/14	14/16
Streben	12/14	14/14 bis 14/16

Nach **1945**

Bauteil	Innenwände *		Außenwände *	
	d = 8 cm	d = 12 cm	d = 12 cm	d = 14 cm
Schwellen	8/8 b. 8/10	6/12 b. 12/12	6/12 b. 12/14	7/14 b. 14/18
Rähm	8/14	12/14 b. 12/16	12/14 b. 12/18	14/16 b. 14/18
Pfosten	8/8 b. 8/12	12/12	12/12 b. 12/18	14/14 b. 14/18
Eckpfosten			14/14 b. 14/18	16/16 b. 18/18
Streben	8/12 b. 8/14	12/12 b. 12/14	12/14 b. 12/18	14/14 b. 14/18
Riegel	8/8 b. 8/14	12/12	12/12 b. 12/18	14/14 b. 14/18

* Andere Wanddicken kommen selten zur Ausführung.

g) Ausmauerung der Fachwerkswände

Die Ausmauerung erfolgte in gewöhnlichen Fällen 1/2 bis 1 Stein dick.

3 Bemessung

3.1 Allgemeines

Die Berechnung erfolgte nach den üblichen, heute gültigen Formeln der Festigkeitslehre.

1933 DIN 1052

Für Bauteile, deren Maße aus der Erfahrung mit Sicherheit beurteilt werden können, ist kein Festigkeitsnachweis erforderlich.

3.2 Stützweiten

Lw = lichte Weite L = Entfernung der Auflagermitten

Jahr	Einfeldbalken	Durchlaufbalken	Auflagerung auf Mauerwerk	Bemerkungen
1872	L bzw. Lw	L		Balken
1919 Preußen	L	L	mind. 1,05 L	Balken
1933 DIN 1052	L Lw + 10 cm	L	mind. 1,05 L	Balken Bohlenbelag
1944 DIN 1052	L Lw + 10 cm höchstens aber L	L	mind. 1,05 L	Balken bei Bohlen *
1969 DIN 1052	wie **1944**			

* Durchlaufende Bohlen sind als Träger auf 2 Stützen zu berechnen.

3.3 Pfetten und Balken mit Kopfbändern

Kopfband

Wurde auch als Winkelband, Bug oder Büge bezeichnet.
Allgemeine Kopfbandneigung 45°
Länge der Kopfbänder 0,90 m bis 1,40 m

1890

Durch Anordnung von unter 45° geneigten Kopfbändern oder Streben kann ein Unterzug bis auf 2,00 m Entfernung von den Ständern gestützt werden.

In den meisten Fällen wird mit der vollen Stützweite (Ständerabstand) gerechnet. Die Kopfbänder werden konstruktiv zur Windaussteifung angeordnet.

um **1900** Sattelhölzer mit Kopfbändern

Maximale Sattelholzlänge je 2,00 m beidseitig der Stütze. 2/3 der Länge des Sattelholzes zu beiden Seiten der Stütze gerechnet, kann von der Stützweite des Unterzuges abgezogen werden.

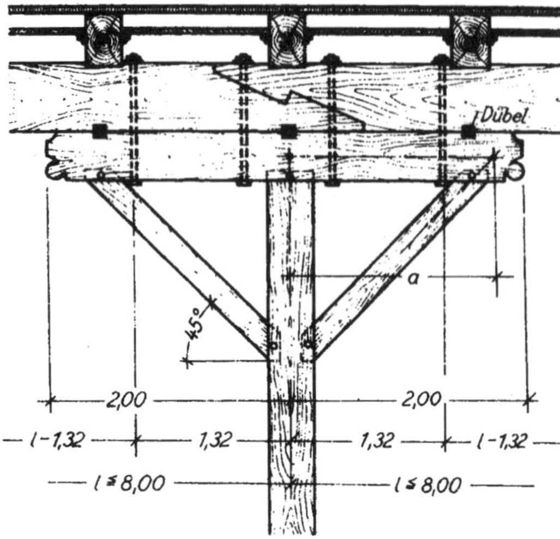

verdübeltes Sattelholz

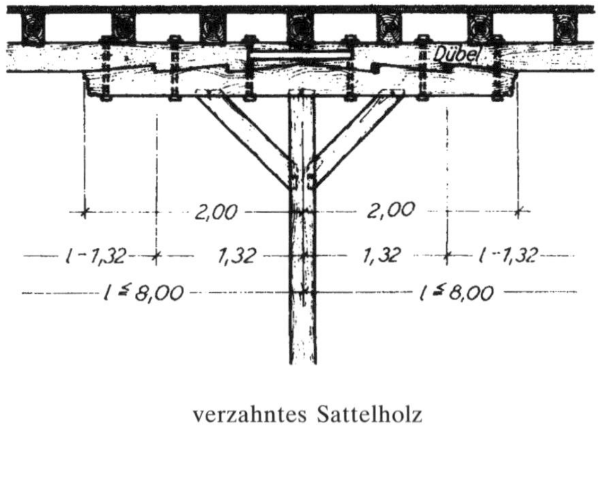

verzahntes Sattelholz

1940 DIN 1052

Bei Pfetten und Balken mit Kopfbändern ist als Stützweite der Wert (L + Lo)/2 in Rechnung zu stellen. Für diese Stützweite ist der Balken als ein frei drehbar gelagerter Balken auf 2 Stützen zu berechnen. Bei Balken mit erheblichen Verkehrslasten kann auch eine genauere Berechnung infrage kommen (z.B. als Rahmenwerk).

Bei Pfetten und Balken mit Sattelhölzern ohne Kopfbänder ist stets mit der Stützweite L zu rechnen.

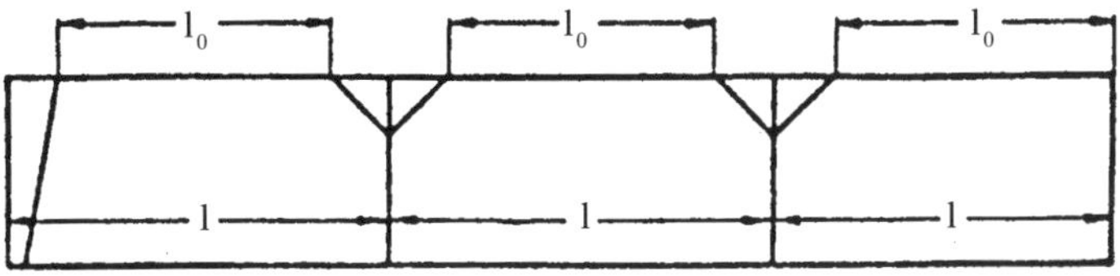

1969 DIN 1052

Soweit Pfetten und Balken mit Kopfbändern in allen Feldern eine vorwiegend gleichmäßig verteilte Belastung oder gleiche, in kleineren Abständen stehende Einzellasten (Sparren) aufzunehmen haben und die Stützenabstände L nicht um mehr als 1/5 voneinander abweichen, darf die größte Feldweite (L1, L2 oder L3) in Rechnung gestellt werden. Für diese Feldweite ist der Bauteil als frei drehbar gelagerter Balken auf 2 Stützen zu berechnen. Bei Bauteilen mit feldweise auftretenden Verkehrslasten sowie ungleichen Stützenabständen L, die um mehr als 1/5 voneinander abweichen, ist eine genauere Berechnung durchzuführen, die sich auch auf die Stützen erstrecken muss, und die Ausführung ist entsprechend zu gestalten.

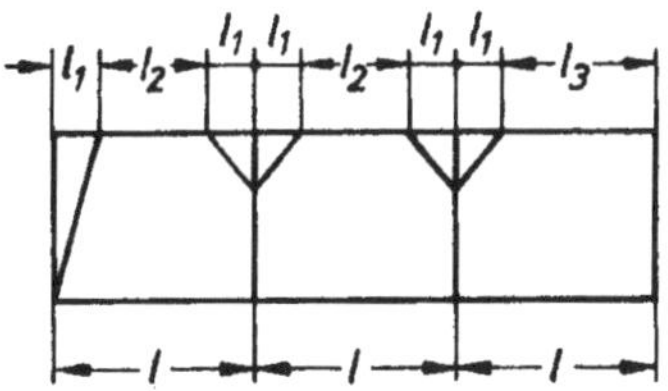

Bei Pfetten und Balken mit Sattelhölzern ohne Kopfband ist stets mit der Stützweite L zu rechnen.

3.4 Durchbiegung

Bauteil	Durchbiegung der Stützweite bzw. Kraglänge
1917 Hamburg (Baupolizeibestimmungen)	
Deckenbalken – Balken auf 2 Stützen	L/500
– durchlaufende Balken über drei und mehr Stützen	* L/300
* wenn der Balken bei der Berechnung als auf den Stützen unterbrochen angenommen wird	
1921 Ausschuss einheitliches Bauen	
Deckenbalken bei mehr als 7,00 m Stützweite	L/500
Bei Kleinwohnungen, deren Verkehrslast auf besondere Gestattung ermäßigt wurde.	
Deckenbalken auf 2 Stützen	L/400
Durchlaufende Balken auf 3 oder mehr Stützen (wenn der Balken bei der Berechnung als auf den Stützen unterbrochen angesehen wird)	L/230
1943 DIN 1052	
ruhende Verkehrslast einschl. Wind- und Schneelast	
Fachwerkträger	L/700
vollwandig genagelte, -gedübelte oder geleimte Träger	L/400
Decken unter Wohn-, Büro- und Diensträumen und unter Fabrik- und Werkstatträumen ständige Last und Verkehrslast (Deckenbalken)	L/300
Pfetten, Sparren, Balken von Stalldecken, Scheunen und dergleichen	L/200
Kragträger	LK/150
1969 DIN 1052	
Kragträger – mit Überhöhung unter Nutzlast	LK/150
– ohne Überhöhung unter Gesamtlast	LK/150
Decken unter/über Wohn-, Büro- und Diensträumen sowie Fabrik- und Werkstatträumen unter ständiger Last + Verkehrslast (Deckenbalken)	L/300
Pfetten, Sparren, Balken von Stalldecken, Scheunen usw. auch Vollwand- und Fachwerkträger im landwirtschaftlichen Bauwesen ohne Überhöhung	L/200
bei der Näherungsberechnung von Fachwerkträgern	L/400
Fachwerkträger und zusammengesetzte Vollwandträger	* L/300
bei Verwendung v. halbtrockenem oder frischem Holz	* L/200
* Überhöhung	

3.5 Bemessung der Deckenbalken

3.5.1 Faustformeln

Ermittlung der Balkenquerschnitte bei üblicher Belastung in Wohngebäuden nach Faustformeln
Der vorteilhafteste Balkenquerschnitt war allgemein:

Seitenverhältnis h/b = 7/5 h = Balkenhöhe
b = Balkenbreite

1872

Nach einer praktischen Regel ergab sich die Balkenhöhe bei einem Balkenabstand von ca. 1,00 m

$$h = 16 + 2Lw = ... \text{ cm}$$

h = Balkenhöhe in cm
b = Balkenbreite in cm
Lw = lichte Weite in m

Die Balkenbreite wurde 2,5 cm geringer gewählt.

Beispiel: Lw = 6,00 m

$$h = 16 + 2 \cdot 6 = 28 \text{ cm}$$
$$b = 28 - 2{,}5 = 25{,}5 \text{ cm}$$

gewählt: Balkenquerschnitt 26 / 28 cm

Vor **1900**

Weiterhin wurden für übliche Belastungen von Balkendecken in Wohngebäuden ($p < 5{,}00$ kN/m²) folgende Faustformeln zur Ermittlung der Balkenhöhe angewandt:

Balkenabstand ca. 85 cm

1. $h = 5Lw + 4$ $b = 5\,h/7$
2. $h = Lw / 20$ $b = 5\,h/7$
3. $h = 3Lw + 11$
4. $h = 4Lw + 6$

In die Formeln 1 bis 4 sind einzusetzen:

h = Balkenhöhe in cm
b = Balkenbreite in cm
Lw = lichte Weite in m (bzw. cm in Formel 2)

Beispiel nach Formel 1 Lw = 6,00 m

$$h = (6{,}0 \cdot 5) + 4 = 34 \text{ cm}$$
$$b = 5 \cdot 34/7 = 24 \text{ cm}$$

gewählt: Balkenquerschnitt 24 / 34 cm

Beispiel nach Formel 2 Lw = 6,00 m

$$h = 600 / 20 = 30 \text{ cm}$$
$$b = 5 \cdot 30 / 7 = 21{,}4 \text{ cm}$$

gewählt: Balkenquerschnitt 22 / 30 cm

Beispiel nach Formel 3 Lw = 6,00 m
h = (3 · 6,00) + 11 = 29 cm

Beispiel nach Formel 4 Lw = 6,00 m
h = (4 · 6,00) + 6 = 30 cm

Erst um 1900 wurde die Anwendung dieser Formeln auf Balken mit lichten Weiten < 6,00 m eingeschränkt.

3.5.2 Tafeln für die Bestimmung der Balkenabmessungen und Abstände

1872 Balkenabmessungen von Deckenbalken in Wohnhäusern

(Balkenabstand a = 1,00 m von Mitte bis Mitte)

Stützweite m	Querschnitt b/h cm
4,40	18 / 24
4,75	21 / 24
5,00	18 / 26
5,35	21 / 26
5,65	24 / 26
5,80	21 / 28
6,00	24 / 29
6,20	25 / 29
6,60	26 / 29
6,75	24 / 32
6,90	26 / 32
7,20	29 / 32

1872 Balkenabstände für Deckenbalken

Stützweite m	Balkenquerschnitt b/h cm	Balkenabstand Mitte bis Mitte cm	Gebäudeart
5,50 bis 6,25	24 / 26	100	Wohngebäude*
5,50 bis 6,25	26 / 30	125	Wohngebäude*
			schwerbel. Gebäude
		80 bis 95	Magazine usw.
		80 bis 95	Schulen, Tanz-, Fecht- u. Turnsäle
			Geringe Belastung
	21 / 24	110	Dächer ohne Wohnungen

* Im Durchschnitt kann man einen Balkenabstand von Mitte bis Mitte mit ca. 1,10 m zu Grunde legen.

1890 Balkenabmessungen für Deckenbalken in Wohnhäusern

Stützweite m	Balkenabstand von Mitte bis Mitte a = 90 cm	a = 100 cm
3,00	13 / 17 cm	13 / 18 cm
3,50	14 / 19 cm	14 / 20 cm
4,00	15 / 21 cm	16 / 22 cm
4,50	17 / 22 cm	18 / 23 cm
5,00	18 / 24 cm	19 / 25 cm
5,50	19 / 26 cm	20 / 27 cm
6,00	21 / 27 cm	21 / 28 cm

1890 Balkenabstände für Deckenbalken

Gebäudeart	Balkenabstand von Mitte bis Mitte cm	Bemerkung
Magazine	max. 80	für schwere Gegenstände
Wohngebäude	80 bis 105	
Wohngebäude	95	gewöhnlicher Balkenabstand

Zulässige Stützweiten für Dielen und Bohlen in Wohnhäusern

	Dielen			Bohlen					
Dicke d in cm	2,5	4,0	4,5	5,0	6,5	8,0	10,0	13,0	16,0
Stützweite L in cm	80	100	100 bis 120	150	200	250	300	400	450

1936 Balkenabmessungen von Deckenbalken für Wohnhäuser

Querschnitt cm	Balkenabstände a (Mitte bis Mitte) cm						
	70	75	80	85	90	95	100
	Stützweite der Balken in m						
Gesamtbelastung (Eigenlast + Nutzlast) = 2,50 kN/m²							
10 / 14	3,50	3,45	3,36	3,29	3,25	3,16	3,08
12 / 14	–	–	–	3,50	3,44	3,37	3,32
10 / 16	4,00	3,93	3,84	3,77	3,70	3,62	3,53
13 / 16	–	–	–	–	4,00	3,96	3,89
10 / 18	4,50	4,42	4,33	4,24	4,16	4,07	3,96
13 / 18	–	–	–	–	4,50	4,46	4,38
16 / 18	–	–	–	–	–	–	4,50
10 / 20	5,00	4,91	4,81	4,72	4,63	4,52	4,40
12 / 20	–	–	–	5,00	4,91	4,83	4,75
14 / 20	–	–	–	–	–	5,00	4,99
Gesamtbelastung (Eigenlast + Nutzlast) = 3,00 kN/m²							
10 / 14	3,31	3,24	3,15	3,05	2,97	2,89	2,81
12 / 14	3,50	3,44	3,36	3,29	3,23	3,16	3,08
10 / 16	3,78	3,70	3,60	3,49	3,89	3,30	3,22
13 / 16	–	4,00	3,94	3,87	3,80	3,73	3,66
10 / 18	4,26	4,16	4,00	3,92	3,81	3,72	3,60
13 / 18	–	4,50	4,44	4,36	4,28	4,20	4,12
16 / 18	–	–	–	–	–	4,50	4,43
10 / 20	4,73	4,63	4,50	4,36	4,24	4,12	4,02
12 / 20	5,00	4,91	4,81	4,72	4,63	4,51	4,40
14 / 20	–	–	5,00	4,96	4,87	4,78	4,70
Gesamtbelastung (Eigenlast + Nutzlast) = 3,50 kN/m²							
10 / 14	3,11	3,01	2,91	2,82	2,75	2,67	2,61
12 / 14	3,35	3,27	3,19	3,10	3,01	2, 93	2,86
10 / 16	3,56	3,44	3,33	3,23	3,14	3,06	2,98
13 / 16	3,92	3,83	3,75	3,68	3,58	3,48	3,40
10 / 18	4,00	3,87	3,75	3,64	3,53	3,44	3,35
13 / 18	4,11	4,31	4,22	4,14	4,03	3,92	3,82
16 / 18	–	–	4,51	4,43	4,35	4,27	4,20
10 / 20	4,45	4,30	4,16	4,04	3,92	3,82	3,72
12 / 20	4,78	4,67	4,36	4,42	4,30	4,18	4,08
14 / 20	5,00	4,92	4,81	4,72	4,63	4,52	4,40

1937 Technische Baupolizeibestimmungen Hamburg

Die folgenden Mindestmaße dürfen nur mit Zustimmung der Baupolizei unterschritten werden, wenn die damit verbundene geringere Steifigkeit der Bauteile durch andere Maßnahmen ausgeglichen wird.

a) Deckenbalken 10 / 20 cm bei max. 85 cm Mittenabstand

b) Wandbalken 8 / 20 cm bei max. 85 cm Mittenabstand

3.6 Bemessung tragender Dachteile

3.6.1 Faustformeln

Vor **1900**

Vielfach wurden die Querschnitte der Dachhölzer nach Faustformeln ermittelt.

a) Sparren

$h = 20L + 50$ = ... mm   L = Sparrenlänge in m
$b = 5 \cdot h / 7$ = ... cm   h = Sparrenhöhe in cm
b = Sparrenbreite in cm

Beispiel: Sparrenlänge L = 3,10 m

erf $h = (20 \cdot 3{,}10) + 50 = 112$ mm = 11 cm
erf $b = 5 \cdot 11 / 7 = 8$ cm

gew. Sparren 8 / 11 cm

b) Pfetten

$h = 20L + 90$ = ... mm   L = Pfettenstützweite in m
$b = 5 \cdot h / 7$ = ... cm   h = Pfettenhöhe in cm
b = Pfettenbreite in cm

Beispiel: Pfettenstützweite L = 3,50 m

erf $h = (20 \cdot 3{,}50) + 90 = 160$ mm = 16 cm

erf $b = 5 \cdot 16 / 7 = 11{,}4$ cm = 12 cm

gew. Pfette 12 / 16 cm

c) Pfosten (quadratischer Querschnitt)

$b = 20H + 70$ = ... mm   H = Pfostenhöhe in m

Beispiel: Pfostenhöhe H = 3,50 m

erf $b = (20 \cdot 3{,}50) + 70 \cdot 140$ mm

gew. Pfosten 14 / 14 cm

d) Doppelzangen aus Bohlen

$h = 10 + 5L$ = ... cm   L = Stützweite in m
$b = 0{,}5h$ = ... cm   h = Zangenhöhe in cm
b = Zangenbreite in cm

3.6.2 Tafeln für die Bestimmung der Sparrenabmessungen und Abstände

1872 Sparrenabstände von Satteldächern (Sparrendach) (in Abhängigkeit des Bedachungsmaterials)

max. Spannweite L = 7,00 m

Bedachungsmaterial	Sparrenabstand von Mitte bis Mitte max a in m
Doppel- oder Kronendach	1,00
einfaches Ziegeldach	1,25
gewöhnl. Schieferdach	1,25
Lehm-, Asphalt- und Holzzementdach	0,90
Metalldach	1,40
Strohdach	1,40
Teerpappdach	1,00 bis 1,25

1872 Abmessungen, Sparrenabstände und Stützweiten der Sparren

Sparrenabstand von Mitte bis Mitte m	Sparrenlänge m	h = Höhe b = Breite 7 : 5	Dacheindeckungsmaterial Doppel-, Kronenziegel	Schiefer	Zink oder Teerpappe
			Sparrenabmessungen in cm		
1,00	3,10	h : b	15 / 11	13 / 9	13 / 10
1,00	3,75	h : b	17 / 12	15 / 11	14 / 11
1,00	4,40	h : b	18 / 13	17 / 12	16 / 13
1,00	5,00	h : b	20 / 15	19 / 13	17 / 12
1,00	5,60	h : b	21 / 17	20 / 17	19 / 13
1,00	6,25	h : b	22 / 18	21 / 16	20 / 18
1,25	3,10	h : b	16 / 13	15 / 11	18 / 11
1,25	3,75	h : b	18 / 13	17 / 12	15 / 13
1,25	4,40	h : b	20 / 15	19 / 13	17 / 13
1,25	5,00	h : b	22 / 16	20 / 15	19 / 13
1,25	5,60	h : b	24 / 17	21 / 16	20 / 15
1,25	6,25	h : b	25 / 18	22 / 17	21 / 16

Beträgt die Spannweite L > 7,00 m, muss der Sparren durch Streben oder Kehlbalken unterstützt werden.

1936 Sparrenabstände von Mitte bis Mitte in cm (abgerundete Werte)

Dacheindeckung	Sparrenabmessungen in cm							
	10 / 12 Stützweite		12 / 14 Stützweite		14 / 16 Stützweite		14 / 18 Stützweite	
	3,50 m	4,50 m	3,50 m	4,50 m	3,50 m	4,50 m	3,50 m	4,50 m
Einfach- und Leisten-pappdach	100	95	115	110	130	120	–	–
Klebepappdach doppel-lagig	100	90	115	100	125	115	–	–
Spließdach	–	–	110	100	120	110	–	–
Doppeldach	–	–	100	90	110	100	105	–
Kronen- oder Ritterdach	–	–	95	85	80	95	105	–
Pfannen- oder Falz-ziegeldach	–	–	105	95	115	105	–	–
Deutsch. oder Engl. Schieferdach	–	–	110	100	120	110	120	100
Zementplattendach	–	–	105	95	115	105	–	–
Holzzementdach	–	–	–	–	85	70	95	90
Zink- und Wellblechdach	–	–	115	105	125	115	–	–

1936 Holzabmessungen für den Dachverband

bei 4,00 bis 4,50 m Binderabstand und Stützweite

Bauteil	Gesamtbelastung für 1 m² Dachfläche in der Grundfläche in kN/m²			
	doppeltes Pappdach 1,50 – 1,65	Schieferdach bei 45° Neigung 2,50	Ziegeldach bei 45° Neigung 3,00	Holzzement-dach auf Holzsparren 2,75 – 3,00
Fußpfetten bei Kniestock, 2,50 m Entfernung zwischen den Kopfbändern	10 / 14	12 / 14	14 / 16	14 / 16
Stuhlpfetten sonst wie vor	12 / 14	14 / 16	16/ 18	16 / 18
Pfosten (Stiel) bei 3,00 m Höhe bei 4,00 m Höhe	 12 / 12 14 / 14	 14 / 14 14 / 14	 14 / 14 16 / 16	 14 / 14 16 / 16
Doppelpfosten 1,0 bis 1,2 m Höhe	10 / 10	12 / 12	12 / 12	14 / 14
Streben und liegend. Stuhlpfost.	12 / 14	12 / 16	14 / 16	14 / 16 bis 16 / 18
Kopfbänder bis 1,40 m lang	10 / 12	12 / 14	12 / 14	12 / 14
Sparren bis 90 cm Abstand	10 / 14	12 / 14	14 / 16	14 / 16 bis 14 / 18
Grat- und Kehlsparren	12 / 14	14 / 16	14 / 16 bis 14 / 18	14 / 18 bis 16 / 20
Doppelzangen	6 / 16 bis 8 / 16 je nach Stützweite			

1937 Technische Baupolizeibestimmungen Hamburg

Die folgenden Mindestmaße dürfen nur mit Zustimmung der Baupolizei unterschritten werden, wenn die damit verbundene geringere Steifigkeit der Bauteile durch andere Maßnahmen ausgeglichen wird.

a) Sparren 8 / 12 cm bei max. 85 cm Abstand
b) Bindersparren 10 / 12 cm
c) Stuhlpfetten 12 / 14 cm
d) Stuhlpfosten 12 / 12 cm
e) Zangen 7 / 12 cm bei Stützweiten über 3,00 m
f) Windrispen 8 / 8 cm oder böhm. Latten

um 1950 Entwicklung von Stahlbauweisen wegen Bauholzverknappung

Dachsparren in Filigran-Stahlbauweise
System Stefan Keller (Metallbau Semler GmbH)

Berechnung für folgende Lasten: g = 0,60 kN/m² z. B. Falzziegeldeckung
s = 0,75 " Schnee
w = 0,80 " Windstaudruck

Typ	Sparrenlänge m	Haustiefe m	Dachneigung in Grad	Zul. Sparren-abstand m	Firsthöhe m
1	4,77	8,00	32	1,25	2,38 und Kniestockhöhe
		8,25	30		
		8,50	28		
2	5,05	8,50	32	1,18	2,52
		8,75	30		
		9,00	28		
3	5,34	9,00	32	1,11	2,67
		9,25	30		
		9,50	28		
4	5,63	9,50	32	1,05	2,82
		9,75	30		
		10,00	28		
5	5,93	10,00	32	1,01	2,96
		10,25	30		
		10,50	28		
6	6,21	10,50	32	0,96	3,10
		10,75	30		
		11,00	28		
7	6,50	11,00	32	0,92	3,25
		11,25	30		
		11,50	28		
8	6,80	11,50	32	0,88	3,40
		11,75	30		
		12,00	28		

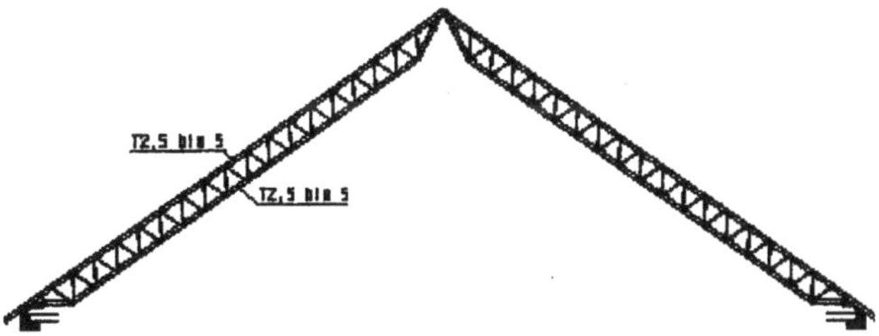

3.7 Balkenverstärkungen

3.7.1 Allgemeines

Bei Deckenbalken mit über 6,00 m Spannweite wurden in der Regel Unterstützungen (Unterzüge, Überzüge) notwendig. Unterstützungen wurden meist aus verzahnten oder verdübelten Balken hergestellt.

3.7.2 Der verzahnte Balken

Der verzahnte Balken kann aus 3, 5 oder 7 fest aufeinander verbolzten Stücken bestehen. Die Verschiebung der einzelnen Hölzer wird durch so genannte Zähne vermieden, welche in die Vertiefung der anderen Hölzer eingreifen. Die einzelnen Hölzer werden durch Schraubenbolzen miteinander verbunden. Die einzelnen Zähne werden mit eisernen oder hölzernen Keilen verdübelt. Die Überhöhung (Stechung oder Sprengung) beträgt allgemein f = 1/60 der Stützweite. Die Schraubenbolzen werden am Ende jedes Holzes und an den Balkenenden angebracht.

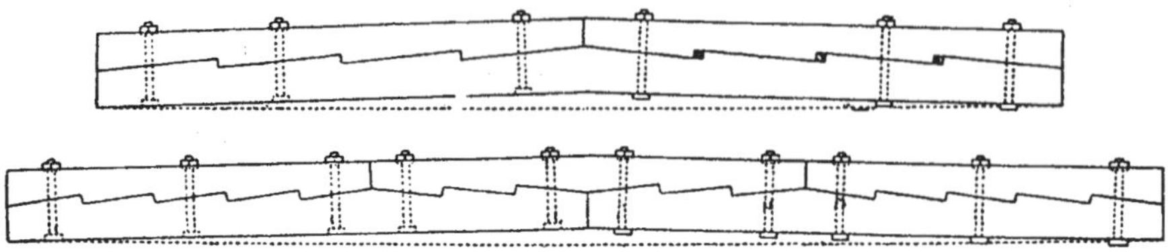

1872

Höhe des gesamten Balkens	H = 1/12	bis 1/15 der Stützweite
Länge der Zähne	L = 8/10	bis 10/10 der gesamten Balkenhöhe
Höhe der Zähne	h = 1/10	der gesamten Balkenhöhe
Überhöhung	f = 1/60	der Stützweite
Widerstandsmoment	W = 3/4W	eines Vollholzquerschnittes gleicher Höhe

Bei der Anfertigung des verzahnten Balkens erhält das obere Holz an den Enden 6/10H und in der Mitte 4/10H der gesamten Balkenhöhe.

1890

Höhe des gesamten Balkens	H = pro Meter Stützweite 8 cm bei einer Breite von 26 bis 31 cm
Länge der Zähne	L = 1,00 m
Höhe der Zähne	h = 4,0 cm
Überhöhung	f = 1/60 der Stützweite
Widerstandsmoment	W = 3/4W eines Vollholzquerschnittes gleicher Höhe

Bei einem Balken aus 3 Holzteilen wird das untere in der Mitte 4/7H und an den Enden 3/7H der gesamten Balkenhöhe. Die beiden oberen Teile sind an den Enden 3/7H und 4/7H der gesamten Balkenhöhe.

1908

Höhe des gesamten Balkens	H =	1/12 bis 1/15 der Stützweite
Länge der Zähne	L =	1,00 m
Höhe der Zähne	h =	1/8 bis 1/10 der gesamten Balkenhöhe
Überhöhung	f =	1/50 der Stützweite
Widerstandsmoment	W =	2/3W eines Vollholzquerschnittes gleicher Höhe

1919

Höhe des gesamten Balkens	H =	1/10 bis 1/12 der Stützweite
Höhe der Zähne	h =	mind. 1/10 der gesamten Balkenhöhe
Überhöhung	f =	1/60 der Stützweite
Widerstandsmoment	W =	2/3W eines Vollholzquerschnittes gleicher Höhe

3.7.3 Der verdübelte Balken

2 Balken gleicher Höhe werden fest miteinander verbolzt (Bolzen ø > 26 mm). Die Verdübelung erfolgt durch schlanke eiserne oder eichene (Hartholz) Dübel. Diese können entweder einen quadratischen oder rechteckigen Querschnitt erhalten. Die wirksamste Verdübelung wird durch Eintreiben von je 2 Keilen senkrecht zur Balkenachse erreicht.

Die Überhöhung (Stechung oder Sprengung) beträgt allgemein f = 1/60 der Stützweite.

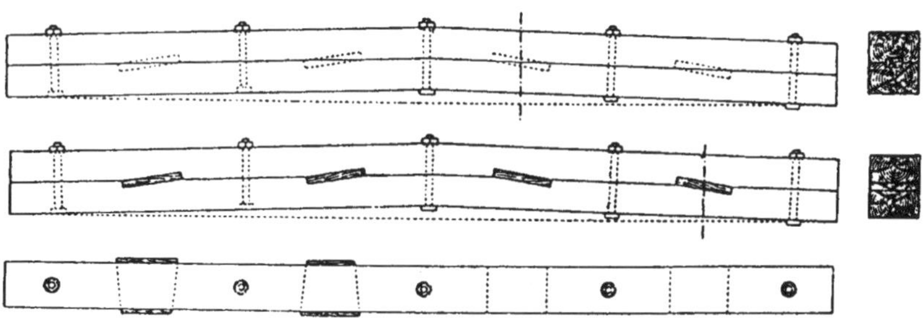

1872

Höhe des gesamten Balkens	H =	1/12 bis 1/15 der Stützweite
Überhöhung	f =	1/60 der Stützweite
Widerstandsmoment	W =	3/4W eines Vollholzquerschnittes gleicher Höhe

1890

Breite des Balkens	B =	0,5H
Dübelhöhe	h =	1/10 der gesamten Balkenhöhe
Dübelabstand	e =	H bis 2H (Hartholzdübel) am Auflager gleich H bis Balkenmitte 2H

H = Höhe des gesamten Balkens

Bei Anordnung von nachzutreibenden Doppelkeilen wählt man für diese einen quadratischen Kopf mit einer Seitenlänge von 1/7H bis 1/8H.

1919

Dübelhöhe	h =	mind. 1/10H
Dübelbreite	b =	0,3 bis 0,5h
Dübelabstand	e =	H bis 2H (Hartholzdübel) am Auflager gleich H bis Balkenmitte 2H
Widerstandsmoment	W =	2/3W eines Vollholzquerschnittes gleicher Höhe

H = Höhe des gesamten Balkens

1944

Widerstandsmoment

bei 2 Balkenlagen	W1 =	$(0{,}85bh^2)/6$
bei 3 Balkenlagen	W2 =	$(0{,}70bh^2)/6$

Mehr als 3 Lagen dürfen nicht in Rechnung gestellt werden. Die Dübelverbindungen dieser Balken sind rechnerisch nachzuweisen. Die Dübel sind unter Berücksichtigung des vollen rechnerischen Trägheitsmomentes zu bemessen.

Trägheitsmoment

bei 2 Balkenlagen	I1 =	$(0{,}60bh^3)/12$
bei 3 Balkenlagen	I2 =	$(0{,}30bh^3)/12$

3.7.4 Rechnerische Ermittlung der Balkenhöhe H eines zusammengesetzten Querschnittes (verzahnt oder verdübelt)

1872

$$\text{erf } H = \sqrt{\frac{L \cdot Q}{\text{zul } \sigma \cdot B}} =$$

Q = Belastung in kg bei Gleichlast
zul σ = zul. Spannung in kg/cm²
B = Balkenbreite in cm
H = Gesamtbalkenhöhe in cm
L = Stützweite in cm

Rechenbeispiel

L = 500 cm
B = 33 cm
zul σ = 70 kg/cm²
Q = 9000 kg

$$\text{erf } H = \sqrt{\frac{9000 \cdot 500}{70 \cdot 33}} = 44 \text{ cm}$$

1891

$$\text{erf } H = \sqrt{\frac{6}{(1-\alpha)^3} \cdot \frac{M}{\text{zul } \sigma D \parallel \cdot B}} =$$

bei B = 5 / 7 H

$$\text{erf } H = \sqrt[3]{\frac{6 \cdot 7}{5\,(1-\alpha)^3} \cdot \frac{M}{\text{zul } \sigma D \parallel}}$$

$$= \frac{2{,}025}{(1-\alpha)} \cdot \sqrt[3]{\frac{M}{\text{zul } \sigma D \parallel}} =$$

$\alpha = 0{,}10$ — α berücksichtigt den nicht wirksamen Teil der Balkenhöhe (die Zähne bzw. bei verdübelten Balken den Zwischenraum der Einzelbalken.)

M = größtes Biegemoment (kgm)
B = Balkenbreite (m)
H = Gesamtbalkenhöhe (m)
zul $\sigma D \parallel$ = zul. Druckspannung (kg/m^2)

Rechenbeispiel
L = 5,00 m
M = 5000 kgm
zul $\sigma D \parallel$ = 60 kg/cm^2 = 600 000 kg/m^2

$$\text{erf } H = \frac{2{,}025}{(1{,}0-0{,}10)} \cdot \sqrt[3]{\frac{5\,000}{600\,000}} = 0{,}456 \text{ m}$$

B = (0,456 · 5) / 7 = 0,326 m

Querschnitt B/H = 33/46 cm

Die Ausbildung der Verzahnung bzw. der Verdübelung erfolgte nach den in Abschnitt 3.7.2 bzw. 3.7.3 angegebenen Konstruktionsregeln.

3.7.5 Geschlitzte und gespreizte Balken (linsenförmige Balken)

a) Allgemeines

Der von Laves konstruierte linsenförmige Balken wurde ursprünglich aus einem in der Mitte aufgesägten Balken hergestellt. Die Spreizung erfolgte durch zwischengeschobene Pfosten. Die Balkenenden wurden durch Bolzen oder eiserne Bänder gegen Aufreißen gesichert. Später ging man dazu über, den Laves'schen Balken aus 2 Kanthölzern zusammenzusetzen. Die Verbindung der Balkenenden erfolgte durch Verzahnung, Versatzung oder Verdübelung mit Bolzen und eisernen Bändern.

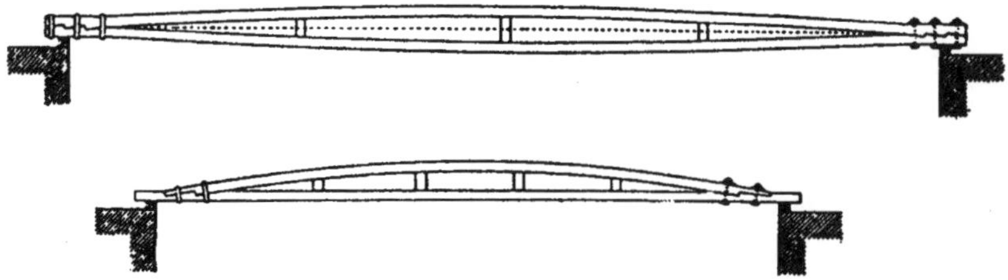

b) Der in seiner Längsachse aufgeschlitzte Balken

1891 Stützweite max. 10,0 bis 12,0 m

Höhe des oberen Teilbalkens ho = 4h/7

Höhe des unteren Teilbalkens hu = 3h/7

h = Höhe des ursprünglichen Vollholzquerschnittes

Widerstandsmoment $w = \frac{4{,}9\ bh^2}{6}$

H = Höhe des gespreizten Balkens in Balkenmitte

H = 2,5 h (allgemein üblich)

c) Der aus 2 Kanthölzern zusammengesetzte Balken

1891

$$\text{erf Au} = \frac{q1^2}{\text{zul } \sigma z \cdot 8H} \quad \text{bzw.} \quad \frac{q1}{\text{zul } \tau \cdot 2}$$

$$\text{erf Ao} = \frac{q1^2}{\text{zul } \sigma D \cdot 8H} \quad \text{bzw.} \quad \frac{q1}{\text{zul } \tau \cdot 2}$$

$$\text{HA} = \text{HB} = \frac{q1^2}{8 \cdot H}$$

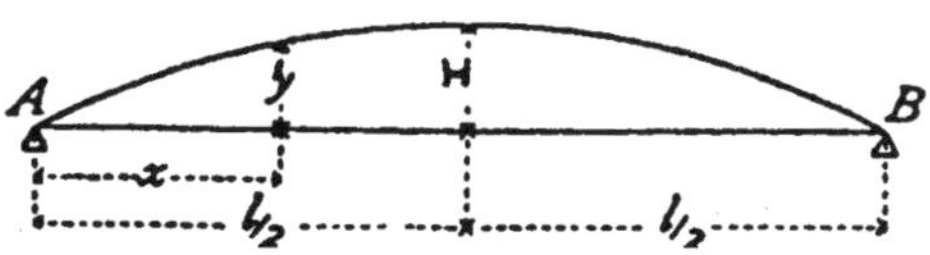

Au = Fläche des unteren Kantholzes

Ao = Fläche des oberen Kantholzes

q = Belastung (Gleichlast auf ganzer Balkenlänge)

L = Stützweite

H = Balkenspreizung in Balkenmitte

zul σD = zul. Druckspannung

zul σZ = zul. Zugspannung

zul τ = zul. Schubspannung

HA, HB = Horizontalkraft an den Auflagerenden

Rechenbeispiel

L = 10,00 m	zul σD = 50 kg/cm^2
H = 50 cm	zul σZ = 60 kg/cm^2
q = 500 kg/m	zul τ = 9 kg/cm^2

M = 500 · 10,0^2 / 8 = 6 250 kgm
Q = 500 · 10,0 / 2 = 2 500 kg

erf Au = 625 000 / 60 · 50 = 208 cm^2
erf Ao = 625 000 / 50 · 50 = 250 cm^2

erf Ao = Au = 2 500 / 9 = 277 cm^2

gew. Querschnitt 14/20 cm unten und oben

HA = HB = 625 000 / 50 = 12 500 kg

Die Balkenenden sind für die Kraft H = 12 500 kg miteinander zu verbinden.

3.8 Hänge- und Sprengwerkbalken

3.8.1 Allgemeines

War die Tragfähigkeit eines Balkens nicht ausreichend, so konnte sie durch Anordnung von Hänge- oder Sprengwerken erhöht werden. Balken dieser Ausführungsart bezeichnete man als

„Armirte Balken".

3.8.2 Hängewerkbalken

Die Zugstangen wurden in der Regel aus Rundeisen hergestellt. Diese erhielten am Auflagerende eiserne quadratische Querplatten, die senkrecht zur Zugstangenachse standen. In Balkenmitte wurden die Stangen durch Ösen mit Querbolzen verbunden.

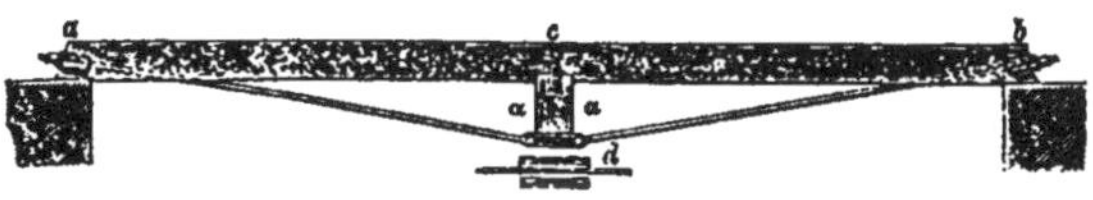

1891 Bemessung eines einfachen Hängewerkbalkens

L = Stützweite
h = Balkenhöhe
b = Balkenbreite
F = Belastung durch mittige Einzellast
A = Querschnittsfläche der Zugstange
zul σD = zul. Druckspannung des Holzes
zul σZ = zul. Zugspannung der Zugstangen
D = Durchmesser der Zugstangen

Der Lastanteil des Balkens

$$\alpha = \frac{2 \cdot \text{zul}\,\sigma D \cdot b \cdot h^2}{3 \cdot L \cdot F}$$

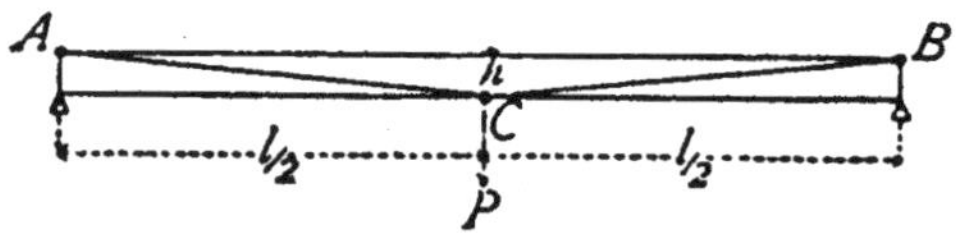

Der Lastanteil der Zugstangen

$$F = F\,(1-\alpha)$$

Bei Anordnung von 2 Zugstangen

$$\text{erf}\,A = \frac{F\,(1-\alpha)}{2 \cdot \text{zul}\,\acute{o}z} \cdot \sqrt{\frac{4 \cdot h^2 + L^2}{2 \cdot h}}$$

Unter Berücksichtigung der Gewinde (Gewindeabzug 0,4 D)

erf D = $1{,}88\sqrt{A}$ je Zugstange

Rechenbeispiel

Stützweite L = 4,50 m
Balken b/d = 21/30 cm
Belastung F = 2500 kg (Einzellast in Balkenmitte)
zul σD = 60 kg/cm² Holz
zul σZ = 750 kg/cm² Schmiedeeisen

Lastanteil des Balkens

$$\alpha = \frac{2 \cdot 60 \cdot 21 \cdot 30^2}{3 \cdot 450 \cdot 2500} = 0{,}67$$

$$\text{erf}\,A = \frac{2500 \cdot (1-0{,}67)}{2 \cdot 750} \cdot \sqrt{\frac{4 \cdot 30^2 + 450^2}{2 \cdot 30}} = 4{,}16\ \text{cm}^2$$

$$\text{erf}\,D = 1{,}88 \cdot \sqrt{4{,}16} = 3{,}83\ \text{cm (Durchmesser)}$$

gew. 2 schmiedeeiserne Zugstangen mit D = 4,0 cm Durchmesser

3.8.3 Sprengwerkbalken

Sprengwerkbalken bestanden aus einem mittigen Hauptbalken und zwei seitlich angebrachten hölzernen Streben.
Die Verbindung erfolgte durch Schraubenbolzen. Zwischen die Stirnseiten der Streben legte man Zink-, Kupfer- oder Eisenplättchen.
Bei doppelten Sprengwerkbalken ordnete man zusätzlich zwischen die Streben einen Spannriegel an.

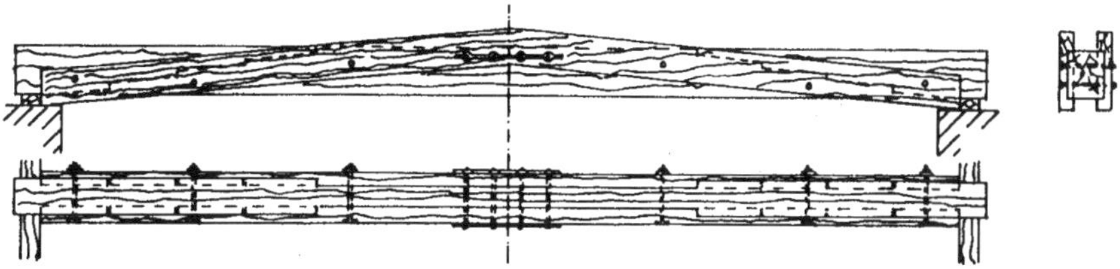

Die Bemessung erfolgte nach den gleichen Formeln wie für den Hängewerkbalken.

Für zul σZ (schmiedeeiserne Zugstangen) ist zul σD (für die seitlichen hölzernen Streben) einzusetzen.

3.9 Hölzerne Stützen (Pfosten, Säulen, Stiele, Ständer)

3.9.1 Allgemeines

Die Grundlagen der Knicklehre wurden durch Euler (1744) und Lagrange (1770) geschaffen. Das Verhalten der Knickstäbe im unelastischen (plastischen) Bereich wurde 1889 durch die Untersuchungen von Engesser und durch die Versuche von Karman geklärt. Erst danach unterschied man den elastischen Bereich mit $\lambda > 100$, den Geltungsbereich der Eulergleichung und den unelastischen Bereich mit $0 < \lambda < 100$.

Anhand dieser Grundlagen und zahlreicher Versuche entwickelte Tetmajer 1903 seine Knickformel für den unelastischen Bereich $\lambda = 5$ bis 100 (Tetmajerformel).

Weitere Klarheit über das Wesen des Knickvorganges wurde durch die Abhandlungen von Zimmermann (1921 – 1925), in Anschluss an Versuche des Deutschen Eisenbauverbandes, geschaffen. Um Druckstäbe mit veränderlicher Spannung einfach berechnen zu können, wurde die Knickzahl Omega eingeführt (1933 DIN 1052).

3.9.2 Faustformeln

Bis 1900 wurden die Stützenabmessungen im Wohnungsbau auch häufig nach Faustformeln ermittelt.

1890 Quadratische Stützen

erf b = (16 + H) = . . . cm bis (16 + 1,3H) = . . . cm

H = Stützenhöhe (m)
b = Querschnittsbreite (cm)

zulässiger Stützenabstand ca. 3,00 bis 4,00 m
(bei Anordnung von Kopfbändern entsprechend größere Stützenentfernung)

Beispiel: Stütze H = 3,00 m

erf b = 16 + 3,0 = 19 cm

gew. Querschnitt 19/19 cm

1900 Quadratische Stützen

erf b $= \sqrt[4]{H^2 \cdot N} = \ldots$ mm

H = Stützenhöhe (mm)
N = Belastung (kN)
b = Querschnittsbreite (mm)

Beispiel : Stütze H = 3,00 m
N = 10,0 kN

erf b $= \sqrt[4]{3000^2 \cdot 10} = 97{,}4$ mm

gew. Querschnitt 10/10 cm

um **1900** Quadratische Stützen

erf b = H/16 bis H/18

H = Stützenhöhe (m)
b = Querschnittsbreite (m)

3.9.3 Knicklängen

s = Länge der Netzlinie

Jahr	zur Fachwerkebene senkrecht	zur Fachwerkebene parallel	Stäbe	Bemerkungen
vor **1900**	s	s	Stützen	s = Geschosshöhe
1919 Hamburg	s	s	Druckstäbe	etwaige Einspannungen bleiben unberücksichtigt
	s	s	Druckstäbe	Stützen in mehreren Geschossen übereinander

Jahr	zur Fachwerkebene senkrecht	zur Fachwerkebene parallel	Stäbe	Bemerkungen
1928 Preußen	0,5 bis 0,6 s	0,5 bis 0,6 s	einfache Druckstäbe	s = Geschosshöhe vollkommene Einspannung beider Stabenden
	0,75 bis 0,9 s	0,75 bis 0,9 s	einfache Druckstäbe	bei stumpfem Stoß oder Flächenlagerung
	0,7 bis 1,0 s	0,7 bis 1,0 s	einfache Druckstäbe	Fachwerke je nach Steifigkeit anschließender Nachbarstäbe
	0,8 s		einfache Druckstäbe	Fachwerke (gekreuzte Wandstäbe)
	s	s	Gurtstäbe v. Fachwerken	ebenso für Wandglieder
1933 DIN 1052	s	s	Fachwerkstäbe	
	s	s	Druckstäbe (Stützen)	gelenkige Führung an beiden Stabenden (gegen Ausweichen gesichert)*
	2 s	2 s	Druckstäbe (Stützen)	ein Ende eingespannt, anderes Ende frei bewegl.
1944 DIN 1052	s	s	Fachwerkstäbe	
	s	s	Druckstäbe (Stützen)	gelenkige Führung an beiden Stabenden (gegen Ausweichen gesichert) *
	2 s	2 s	Druckstäbe (Stützen)	ein Ende eingespannt, anderes Ende frei bewegl.
1969 DIN 1052	s	0,8 s	Füllstäbe v. Fachwerken	Anschluss mit Dübelgruppen, Nägeln, Knotenplatten
	s	s	Füllstäbe v. Fachwerken	Anschluss mit Versatz, Dübel, Bolzen
	Abst. der Verbandsknoten	s	Gurtstäbe	
	s	s	Druckstäbe (Stützen)	gelenkige Führung an beiden Stabenden (gegen Ausweichen gesichert)
	2 s	2 s	Druckstäbe (Stützen)	ein Ende eingespannt, anderes Ende frei beweglich

* Bei Abstützungen von Zwischenpunkten gegen festliegende andere Punkte darf die Knicklänge entsprechend verringert werden.

Knicklängen für
Eulerfall I bis IV

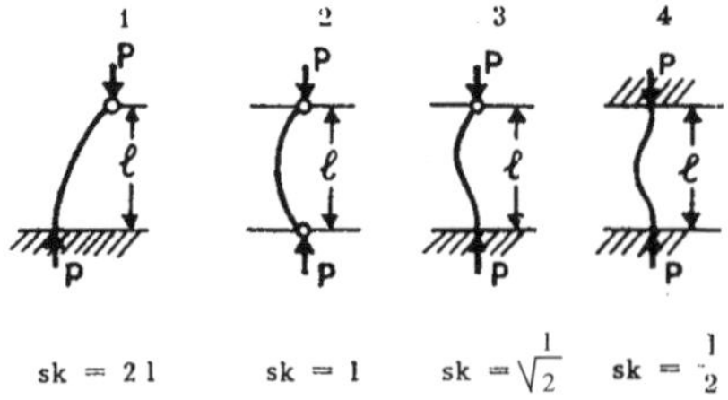

3.9.4 Schlankheitsgrad nach DIN 1052

Jahr	$\lambda \leq$	Stäbe	Bemerkung
1933	150 200	Druckstäbe	 fliegende Bauten
1943	150 200	Druckstäbe	 fliegende Bauten
1969	150 175 200 250	einteilige Druckstäbe zusammengesetzte Druck-stäbe Verbands- u. Zugstäbe	 nicht geleimt geringe Druckkraft, nur als Zusatzkraft fliegende Bauten

3.9.5 Sicherheitsbeiwerte S für Stützen

Jahr	S	Bemerkung
1872	10	
1890 Berlin	10	
1891 Preußen	 10	
1899 Berlin	 10	
1924	3,5 1,71 bis 3,5	für Formeln n. Euler *1 für Formel n. Tetmajer *2

*1 Man wählte vielfach S = 5.
*2 Die Baupolizeibestimmungen der Länder forderten allgemein S = 10.

3.9.6 Bemessung der Stützen

1872 Stützen mit zentrischer Belastung

Stützen sind auf Knicken zu berechnen, wenn die Stützenhöhe 10- bis 15-mal größer ist als die kleinste Querschnittsseite.

S = Sicherheitsbeiwert S = 1/10
E = Elastizitätsmodul
J = Trägheitsmoment
H = Stützenhöhe in m
b = kleinere Querschnittsseite in cm
d = größere Querschnittsseite in cm
zul σDII = zul. Druckspannung
N = Belastung in kg

a) Zentrische Belastung ohne Knicken

erf. Querschnittsfläche A
erf A = N / zul σ D II

b) Zentrische Belastung mit Knicken

Die zul. Maximallast ergibt sich nach den Eulerformeln I bis IV.

Fall I $\text{zul N} = \frac{2 \cdot E \cdot J}{10 \cdot H^2}$

für Tannenholz $\text{zul N} = \frac{0{,}175 \cdot d \cdot b^3}{H^2}$

für Eichenholz $\text{zul N} = \frac{0{,}200 \cdot d \cdot b^3}{H^2}$

Fall II $\text{zul N} = \frac{8 \cdot E \cdot J}{10 \cdot H^2}$

für Tannenholz $\text{zul N} = \frac{0{,}7 \cdot d \cdot b^3}{H^2}$

für Eichenholz $\text{zul N} = \frac{0{,}8 \cdot d \cdot b^3}{H^2}$

Fall III $\text{zul N} = \frac{16 \cdot E \cdot J}{10 \cdot H^2}$

für Tannenholz $\text{zul N} = \frac{1{,}4 \cdot d \cdot b^3}{H^2}$

für Eichenholz $\text{zul N} = \frac{1{,}6 \cdot d \cdot b^3}{H^2}$

Fall IV zul N = $\frac{32 \cdot E \cdot J}{10 \cdot H^2}$

für Tannenholz zul N = $\frac{2{,}8 \cdot d \cdot b^3}{H^2}$

für Eichenholz zul N = $\frac{3{,}2 \cdot d \cdot b^3}{H^2}$

Beispiel: gesucht Holzstütze mit quadratischem Querschnitt

Fall II Tannenholz gew. Stütze 14/14 cm H = 3,00 m

$$\text{zul N} = \frac{0{,}7 \cdot 14{,}0 \cdot 14{,}0^3}{3{,}00^2} = 2\,988 \text{ kg}$$

1890 Stützen mit zentrischer Belastung

Der Stab ist nur auf Druckfestigkeit zu berechnen (ohne Knicken), wenn:

Eulerfall	Kreisquerschnitt H/d kleiner als	Rechteckquerschnitt H/b kleiner als
I	6,0	8,0
II	11,5	13,5
III	16,0	19,0
IV	23,0	27,0

d = Querschnittsdurchmesser
b = kleinere Querschnittsseite
S = Sicherheitsbeiwert S = 1/10
J = Trägheitsmoment
E = Elastizitätsmodul
H = Stützenhöhe
zul σD‖ = zul. Druckspannung
N = Belastung

a) Zentrische Belastung ohne Knicken

erf. Querschnittsfläche A
erf. A = N/zul σD‖

b) Zentrische Belastung mit Knicken

Die zul. Maximallast ergibt sich nach den Eulerformeln I bis IV.

Fall I zul N = $\frac{\pi^2 \cdot E \cdot J}{4 \cdot H^2 \cdot 10}$

Fall II zul N = $\frac{\pi^2 \cdot E \cdot J}{H^2 \cdot 10}$

Fall III zul N = $\frac{2\,\pi^2 \cdot E \cdot J}{H^2 \cdot 10}$

Fall IV zul N = $\frac{4\pi^2 \cdot E \cdot J}{H^2 \cdot 10}$

1890 Formel nach Schwarz

Die Schwarz'sche Formel war bis ca. 1900 für Stützen des Eulerfalles II allgemein gebräuchlich.

zul N = A zul σD II/S

A = Querschnittsfläche
zul σD II = zul. Druckspannung in kg/cm²
S = Sicherheits-Koeffizient

Tabelle für Koeffizienten S bei Verhältnis H/b

H = Stützenhöhe
b = kleinste Querschnittsseite (bzw. Durchmesser bei Rundstützen)
d = größte Querschnittsseite

S_A = Kreisquerschnitt S_B = Rechteckquerschnitt max d = 2b

H/b	S_A	S_B
5	1,32	1,24
10	2,28	1,96
12	2,84	2,38
14	3,51	2,88
16	4,28	3, 46
18	5,15	4, 11
20	6, 12	4,84
22	7,19	5,65
24	8, 34	6,53
26	9,65	7,49
28	11,00	8,52
30	12,50	9,64
32	14,10	10,80
34	15,80	12,10
36	17,60	13,40

H/b	S_A	S_B
38	19,5	14,9
40	21,5	15,4
42	23,6	17,9
44	25,8	19,6
46	28,1	21,3
48	30,5	23, 1
50	33,0	25,0
55	39,7	30,0
60	47,1	35,6
65	55,1	41,6
70	60,4	48,0
75	73,0	55,0
80	82,9	62,4
90	105,0	78,8
100	129,0	97,0

Beispiel: Stütze 14/14 cm H = 3,00 m
zul σDII = 50 kg/cm² (Tanne)

H/b = 300/14 = 21 S = 5,25

$$\text{zul N} = \frac{14 \cdot 14 \cdot 50}{5{,}25} = 1866{,}7\,\text{kg}$$

1899 Stützen mit zentrischer und exzentrischer Belastung
Knickgefahr für zentrisch belastete Stäbe tritt auf, wenn H > H1

$$H1 = \sqrt{c} \cdot \sqrt{\frac{E}{zul\ \sigma D \cdot s}} \cdot \sqrt{\frac{J}{A}} =$$

Nach Eulerfall I – IV ergibt sich

	Fall I	Fall II	Fall III	Fall IV
c	$\pi^2/4$	π^2	$2\,\pi^2$	$4\,\pi^2$
$\sqrt{c}$	1,57	3,14	4,44	6,28
s	10	10	10	10
zul σD II	65	65	65	65

H = Stablänge
J = Trägheitsmoment
zul σD II = zul. Druckspannung
A = Querschnittsfläche
s = Sicherheitsbeiwert
E = Elastizitätsmodul

a) zentrische Belastung ohne Knicken

$$zul\ N = A \cdot zul\ \sigma D\ II$$

b) zentrische Belastung mit Knicken

$$zul\ N = \frac{c \cdot E \cdot J}{S \cdot H^2}$$

Nach Formelumstellung lässt sich einfach rechnen

$$erf\ J = \alpha \cdot N \cdot H^2$$

N = Belastung in Tonnen
H = Stützenhöhe in m
erf J = Trägheitsmoment in cm^4

erf J ergibt sich nach folgender Tabelle für Eulerfall I – IV

Baustoff	Fall I α	Fall II α	Fall III α	Fall IV α
Holz (Kiefer, Eiche)	332	83	41	20

Beispiel: gesucht Holzstütze mit quadratischem Querschnitt
Fall II N = 2,5 t H = 3,00 m

$$erf\ J = 83 \cdot 2{,}5 \cdot 3{,}0^2 = 1868\ cm^4$$

gew. Stütze 14/14 cm

$$vorh\ J = 3201\ cm^4 > 1868\ cm^4$$

c) Querschnittsermittlung bei exzentrischer Druckbelastung

H = Stablänge in cm
e = Ausmitte in cm
r = Abstand zwischen Stabachse und größter Randspannung (d/2) in cm
d = Querschnittsbreite (in Richtung der Ausmitte) in cm
A = Querschnittsfläche in cm^2
i = Trägheitsradius in cm
J = Trägheitsmoment in cm^4
E = Elastizitätmodul in kg/cm^2
N = Belastung in kg
zul σD II = zul. Druckspannung in kg/cm^2

$$\text{erf } A = \frac{N}{\text{zul } \sigma D \, \text{II}} \cdot \left(1 + \frac{e \cdot r}{i^2 \cdot \cos(\alpha \cdot H)}\right)$$

$$\alpha = \sqrt{\frac{N}{E \cdot J}}$$

Beispiel:

Stütze 14/14 cm	H = 300 cm
i = 4,04 cm	e = 4 cm
A = 196 cm^2	E = 120 000 kg/cm^2
I = 3201 cm^4	zul σD II = 65 kg/cm^2
r = 14/2 = 7 cm	N = 2 500 kg

$$\alpha = \sqrt{\frac{2\,500}{120\,000 \cdot 3\,201}} = 0{,}0026$$

$$\cos(\alpha \cdot L) = \cos(0{,}0026 \cdot 300) = 0{,}71 \quad \text{(Bogenmaß; rad)}$$

$$\text{erf } A = \frac{2\,500}{65} \cdot \left(1 + \frac{4 \cdot 7}{4{,}04^2 \cdot 0{,}71}\right) = 131 \text{ cm}^2 < 196 \text{ cm}^2$$

1917 Stützen mit zentrischer Belastung

Gedrückte Stäbe sind außer auf Druckfestigkeit auch auf Zerknicken zu untersuchen, wenn ihre Länge im Vergleich zu ihren Querschnittsabmessungen groß ist.

Die Bemessung erfolgt für:

= H/i = 5 – 100 Tetmajerformeln

= H/i > 100 Eulerformeln

Werte der Knickfestigkeit Kk für Bauholz in kg/cm²

λ	Kk	λ	Kk	λ	Kk	λ	Kk
5	283	42,5	211	80	138	135	54
7,5	278	45	206	82,5	133	140	50
10	274	47,5	201	85	128	145	47
12,5	269	50	196	87,5	123	150	44
15	264	52,5	191	90	118	155	41
17,5	259	55	186	92,5	114	160	38
20	254	57,5	181	95	109	165	36
22,5	249	60	177	97,5	104	170	34
25	244	62,5	172	100	99	175	32
27,5	240	65	167	105	90	180	30
30	235	67,5	162	110	82	185	29
32,5	230	70	157	115	75	190	27
35	225	72,5	152	120	69	195	26
37,5	220	75	147	125	63	200	25
40	216	77,5	143	130	58		

Für beide Formeln gilt:
A = Querschnittsfläche in cm²
S = Sicherheitsbeiwert S = 1/10
Kk = Werte der Knickfestigkeit in kg/cm²
H = Länge des Stabes in cm
i = Trägheitsradius (i = 0,289 b) in cm
λ = Sk/i
Sk = Knicklänge in cm

a) Formel nach Tetmajer

zul N = Kk · A/S

b) Formel nach Euler

Berechnung nach Eulerfall I – IV

zul N = Kk · A/S

Beispiel: Stütze 14/14 cm H = 3,00 m
A = 196 cm² i = 4,04 cm
λ = H/i = 300/4,04 = 74,1 ≈ 74,0
Kk = 149 kg/cm²
zul N = 149 · 196 / 10 = 2920 kg

1933 DIN 1052 Stützen mit zentrischer und exzentrischer Belastung

Einteilige Stäbe (Vollholz) sind bei mittigem Kraftangriff nach dem Omega-Verfahren zu bemessen.

Druckstäbe mit einem größeren Schlankheitsgrad als λ = 150 sind nicht zulässig.

Für fliegende Bauten und Gerüste λ ≤ 200.

Knickzahlen

λ	ω	λ	ω	λ	ω
0	1,00				
10	1,09	60	1,65	110	4,43
20	1,20	70	2,14	120	5,36
30	1,33	80	2,49	130	6,39
40	1,47	90	2,95	140	7,53
50	1,65	100	3,60	150	8,78

a) zentrische Belastung

λ = sk/i

$\sigma D \parallel = \frac{\omega \cdot N}{A} < \text{zul } \sigma D \parallel$

sk = Knicklänge in cm
i = Trägheitsradius (0,289 b) in cm
A = Querschnittsfläche in cm²
N = Belastung in kg
σD ǁ = zul. Druckspannung in kg/cm²
λ = Schlankheitsgrad

b) exzentrische Belastung

bei Nadelholz $\sigma D \parallel = \omega \cdot N/A + 8/10 \cdot M/W \leq \text{zul } \sigma D \parallel$

bei Eichen- und Buchenholz $\sigma D \parallel = \omega \cdot N/A + 10/11 \cdot M/W \leq \text{zul } \sigma D \parallel$

Hierbei ist ohne Rücksicht auf die Richtung der Ausbiegung stets der größte Wert von Omega einzusetzen.

1944 DIN 1052 Stützen mit zentrischer und exzentrischer Belastung

Knickzahlen ω

λ	0	1	2	3	4	5	6	7	8	9	λ
0	1,00	1,01	1,01	1,02	1,03	1,03	1,04	1,05	1,06	1,06	0
10	1,07	1,08	1,09	1,09	1,10	1,11	1,12	1,13	1,14	1,15	10
20	1,15	1,16	1,17	1,18	1,19	1,20	1,21	1,22	1,23	1,24	20
30	1,25	1,26	1,27	1,28	1,29	1,30	1,32	1,33	1,34	1,35	30
40	1,36	1,38	1,39	1,40	1,42	1,43	1,44	1,46	1,47	1,49	40
50	1,50	1,52	1,53	1,55	1,56	1,58	1,60	1,61	1,63	1,65	50
60	1,67	1,69	1,70	1,72	1,74	1,76	1,79	1,81	1,83	1,85	60
70	1,87	1,90	1,92	1,95	1,97	2,00	2,03	2,05	2,08	2,11	70
80	2,14	2,17	2,21	2,24	2,27	2,31	2,34	2,38	2,42	2,46	80
90	2,50	2,54	2,58	2,63	2,68	2,73	2,78	2,83	2,88	2,94	90
100	3,00	3,07	3,14	3,21	3,28	3,35	3,43	3,50	3,57	3,65	100
110	3,73	3,81	3,89	3,97	4,05	4,13	4,21	4, 29	4,38	4,46	110
120	4,55	4,64	4,73	4,82	4,91	5,00	5,09	5,19	5,28	5,38	120
130	5,48	5,57	5,67	5,77	5,88	5,98	6,08	6,19	6,29	6,40	130
140	6,51	6,62	6,73	6,84	6,95	7,07	7,18	7,30	7,41	7,53	140
150	7,65	7,77	7,90	8,02	8,14	8,27	8,39	8,52	8,65	8,78	150

a) zentrische Belastung

Bemessung wie **1933**

b) exzentrische Belastung bei schlanken Stäben

$$\sigma D \parallel = \frac{N \cdot \omega}{A} + \frac{0{,}85 \cdot M}{W} \leq \text{zul } \sigma D \parallel$$

1969 DIN 1052 Stützen mit zentrischer und exzentrischer Belastung

Knickzahlen ω

λ	0	1	2	3	4	5	6	7	8	9
0	1,00	1,00	1,01	1,01	1,02	1,02	1,02	1,03	1,03	1,04
10	1,04	1,04	1,05	1,05	1,06	1,06	1,06	1,07	1,07	1,08
20	1,08	1,09	1,09	1,10	1,11	1,11	1,12	1,13	1,13	1,14
30	1,15	1,16	1,17	1,18	1,19	1,20	1,21	1,22	1,24	1,25
40	1,26	1,27	1,29	1,30	1,32	1,33	1,35	1,36	1,38	1,40
50	1,42	1,44	1,46	1,48	1,50	1,52	1,54	1,56	1,58	1,60
60	1,62	1,64	1,67	1,69	1,72	1,74	1,77	1,80	1,82	1,85
70	1,88	1,91	1,94	1,97	2,00	2,03	2,06	2,10	2,13	2,16
80	2,20	2,23	2,27	2,31	2,35	2,38	2,42	2,46	2,50	2,54
90	2,58	2,62	2,66	2,70	2,74	2,78	2,82	2,87	2,91	2,95
100	3,00	2,06	3,12	3,18	3,24	3,31	3,37	3,44	3,50	3,57
110	3,03	3,70	3,76	3,83	3,90	3,97	4,04	4,11	4,18	4,25
120	4,32	4,39	4,46	4,54	4,61	4,68	4,76	4,84	4,92	4,99
130	5,07	5,15	5,23	5,31	5,39	5,47	5,55	5,62	5,71	5,80
140	5,88	5,96	6,05	6,13	6,22	6,31	6,39	6,48	6,57	6,66
150	6,75	6,84	6,93	7,02	7,11	7,21	7,30	7,39	7,49	7,58
160	7,68	7,78	7,87	7,97	8,07	8,17	8,27	8,37	8,47	8,57
170	8,67	8,77	8,88	8,98	9,08	9,19	9,29	9,29	9,51	9,61
180	9,72	9,83	9,94	10,05	10,16	10,27	10,38	10,49	10,60	10,72
190	10,83	10,94	11,06	11,17	11,29	11,41	11,52	11,64	11,76	11,88
200	12,00	12,12	12,24	12,36	12,48	12,61	12,73	12,85	12,98	13,10
210	13,23	13,36	13,48	13,61	13,74	13,87	14,00	14,13	14,26	14,39
220	14,52	14,65	14,79	14,92	15,05	15,19	15,32	15,46	15,60	15,73
230	15,87	16,01	16,15	16,29	16,43	16,57	16,71	16,85	16,99	17,14
240	17,28	17,42	17,57	17,71	17,86	18,01	18,15	18,30	18,45	18,60
250	18,75	–	–	–	–	–	–	–	–	–

Bemessung:

Die Bemessung erfolgt für Stützen mit zentrischer und exzentrischer Belastung nach den Formeln wie 1944.

4 Verbindungsmittel

4.1 Zimmermannsmäßige Holzverbindungen

4.1.1 Allgemeines

Von den vielen ehemaligen Holzverbindungen werden heute nur noch sehr wenige ausgeführt. Der Grund ist, dass alle älteren Holzverbindungen für sehr große Holzquerschnitte ausgelegt waren, wobei die Querschnittsschwächungen an den Verbindungsstellen in Kauf genommen werden konnten. Die Vielzahl der möglichen und ortsüblichen, sehr unterschiedlichen Kantholzverbindungen kann im Wesentlichen in 5 Gruppen eingeteilt werden.

4.1.2 Verzapfungen

Die Verzapfungen werden angewandt, wenn Hölzer senkrecht oder schräg auf durchgehende Hölzer stoßen, z. B. bei Fachwerkwänden und Dachstühlen. Die recht unterschiedlichen Verzapfungen haben gemeinsam, dass das aufstoßende Holz in das durchgehende Holz mit einem Zapfen gesteckt wird, der das Holz vor einem Verschieben nach den Seiten sichern soll. In den meisten Fällen sind die Verzapfungen auf Druck beansprucht. Muss die Zapfenverbindung auch gegen Auseinanderziehen durch Zugkräfte gesichert werden, dann wird sie abgebohrt.

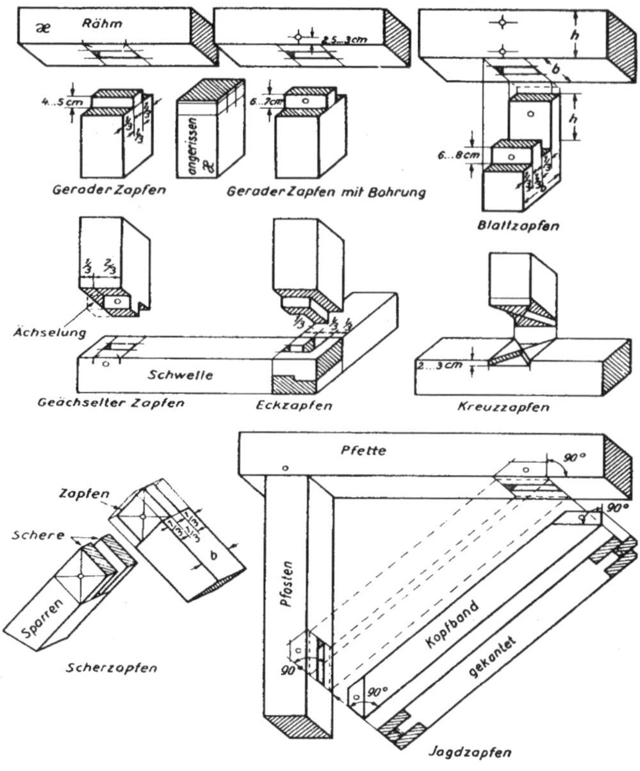

4.1.3 Versatzungen

Die Versatzungen kommen zur Anwendung, wenn eine Holzverbindung so beansprucht wird, dass ein Zerdrücken oder Abscheren der Holzfasern zu befürchten ist. Das ist besonders bei flach geneigten Streben, ferner in begrenztem Umfange auch bei Sparren, Kopfbändern, Türriegeln usw. der Fall. Je nach Art der Verbindung und nach Größe und Richtung der auftretenden Kräfte wird der Versatz verschieden ausgeführt. Versatzungen kommen ohne und mit Zapfen zur Anwendung. Versatzungen ohne Zapfen müssen durch Bolzen oder Nägel gegen seitliches Verschieben gesichert werden. Sonst übernimmt der Zapfen die Sicherung nach der Seite.

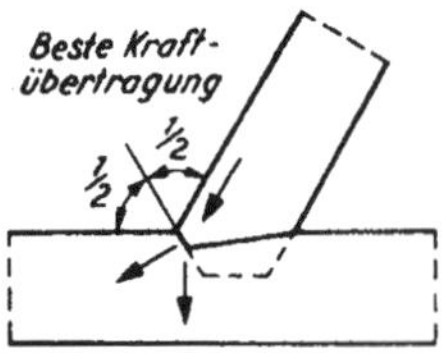

Winkelhalbierender Versatz

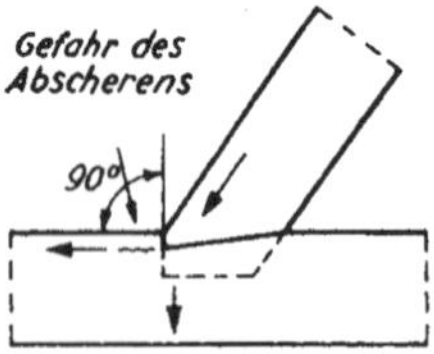

Winkelrechter Versatz

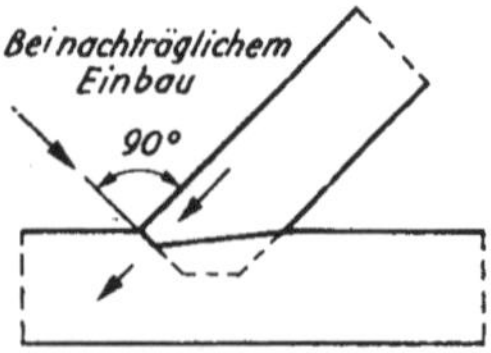

Jagdversatz

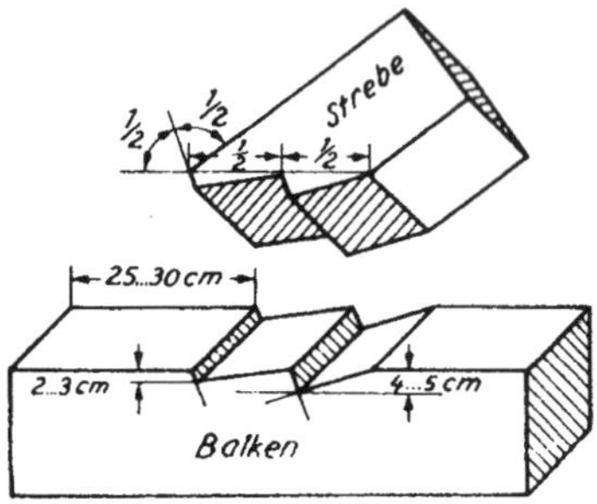

Doppelter Versatz ohne Zapfen

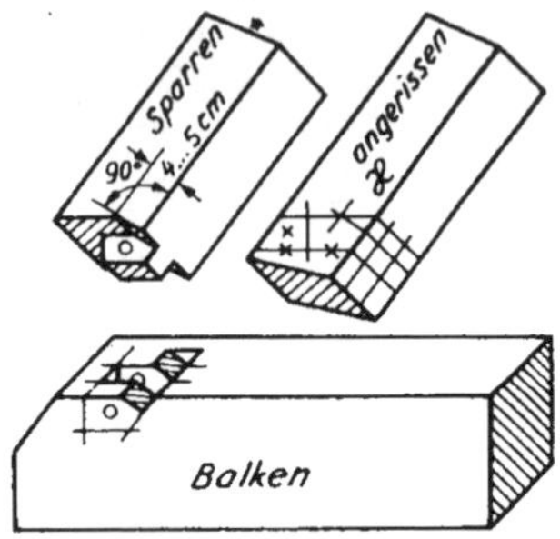

Hackenversatz mit geächseltem Zapfen

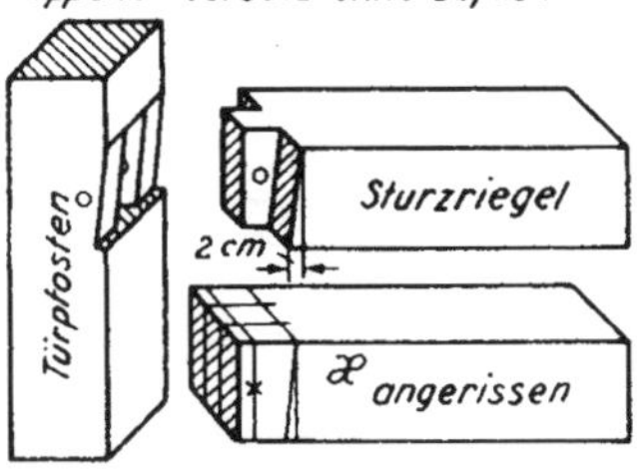

Sturzriegelversatz

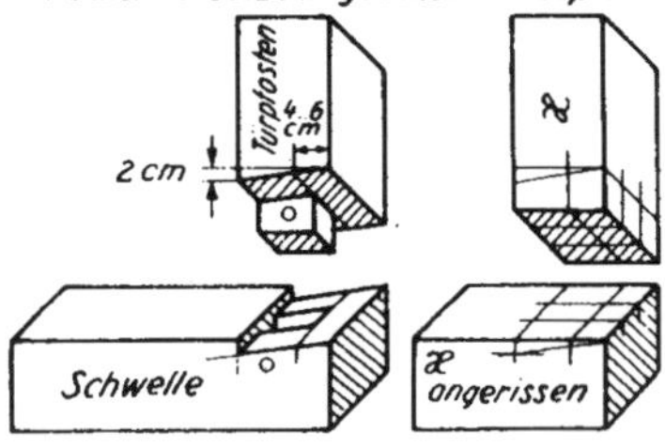

Geächselter Zapfen mit Versatz

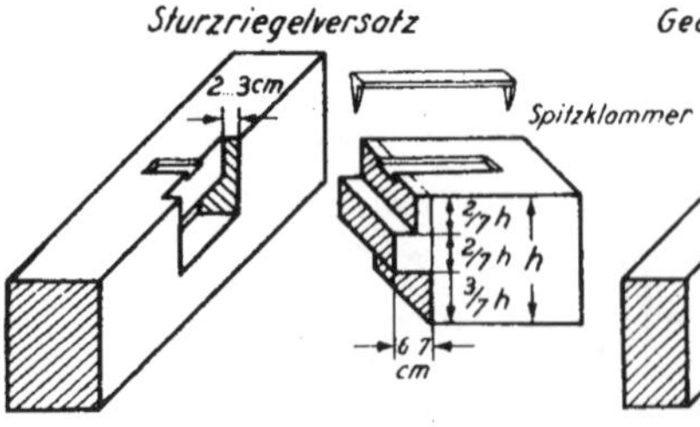

Balkenzapfen mit gerader Brust

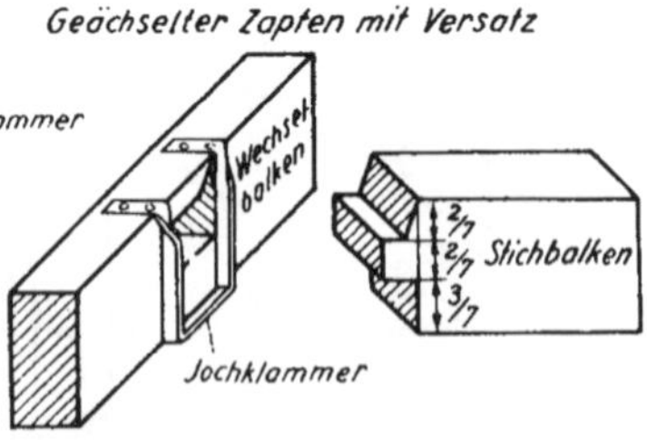

Balkenzapfen mit verdeckter Brust

4.1.4 Verlängerungen

Die Verlängerungen der Kanthölzer sind anzuwenden, wenn für die gegebene Gebäudelänge die Länge der Balken, Rähme oder Pfetten nicht ausreicht. Im Allgemeinen handelt es sich um die Verbindung von Hölzern des gleichen Querschnitts. Die Verbindung muss gegen ein seitliches Verschieben und vor allem gegen ein Auseinanderziehen gesichert werden. Auch sollen sie an der Stoßstelle unterstützt sein. Aus der Fülle der möglichen Verbindungen sollen nachstehend nur die wesentlichen erwähnt werden.

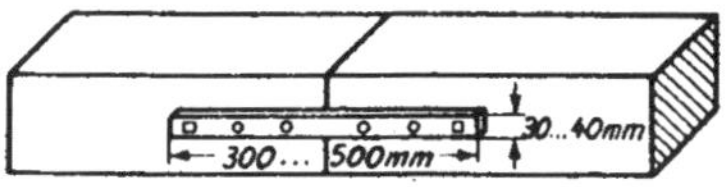

Stumpfer Stoß mit Lasche

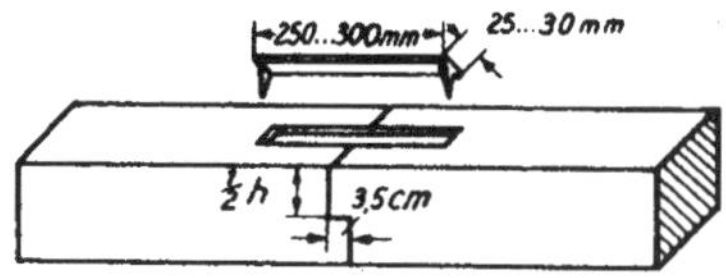

Kurzes Blatt mit Klammer

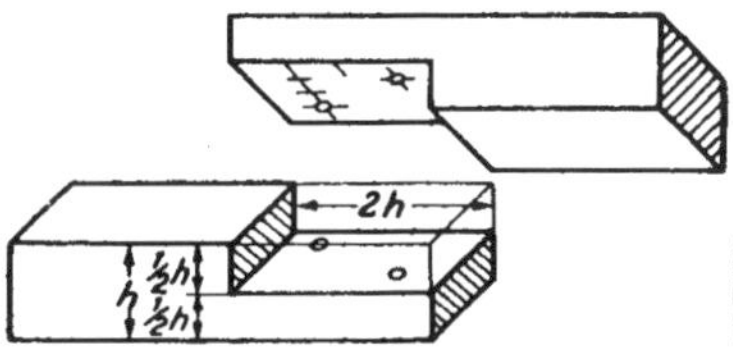

Gerades Blatt mit geradem Stoß

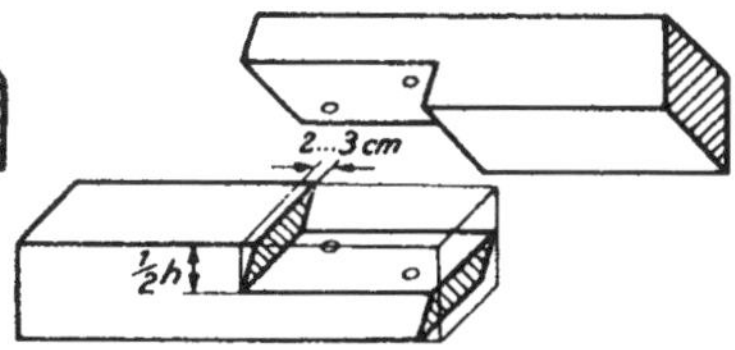

Gerades Blatt mit schrägem Stoß

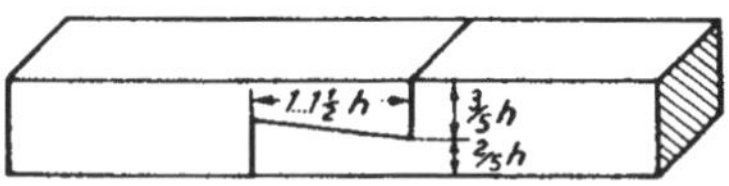

Zugblatt

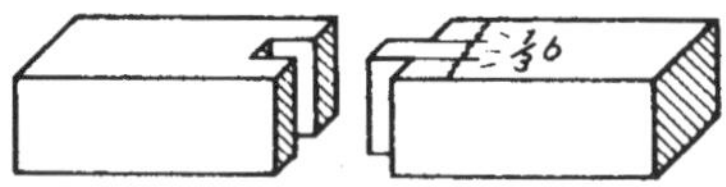

Zapfenstoß

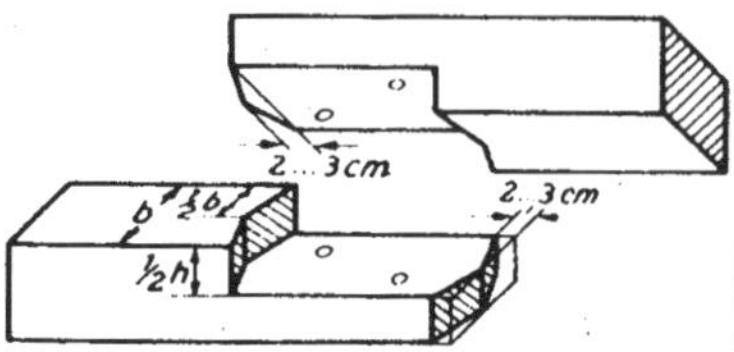

Gerades Blatt mit Gratschnitt

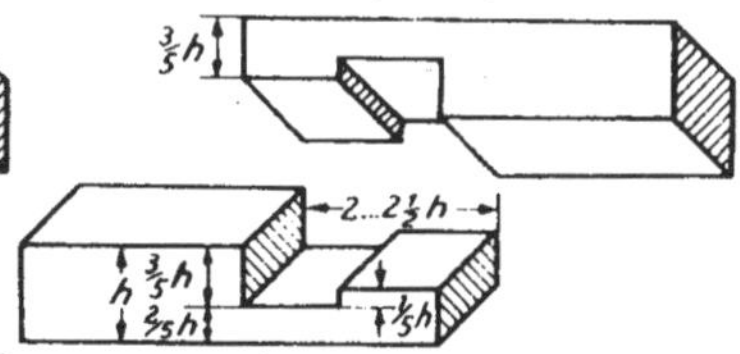

Gerades Hakenblatt

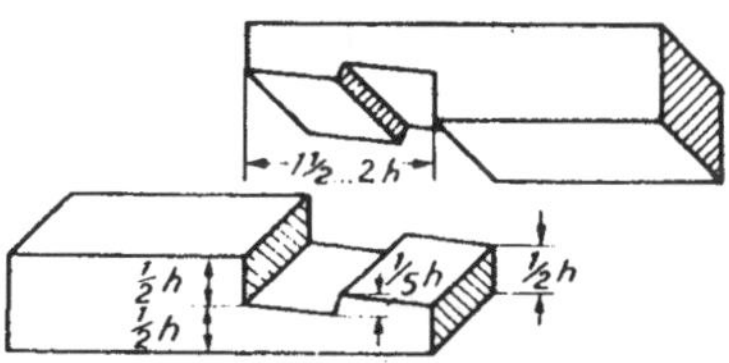

Halbschräges Hakenblatt

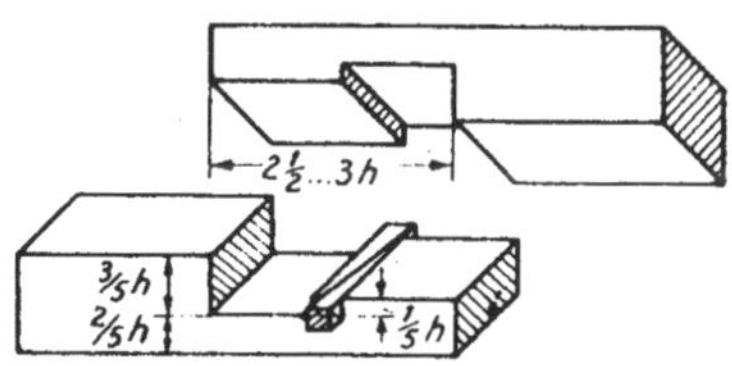

Gerades Hakenblatt mit Keil

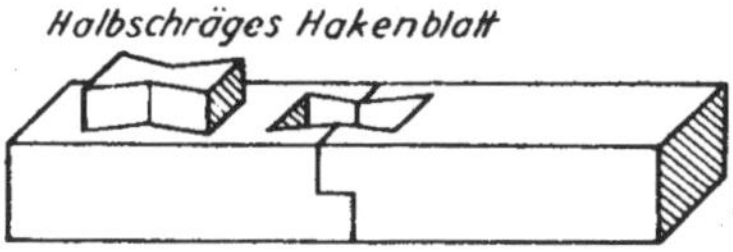

Eingelegter Schwalbenschwanz

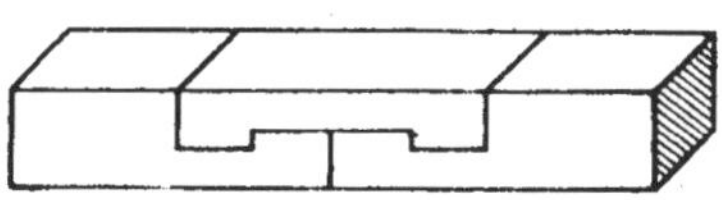

Eingelegter Haken

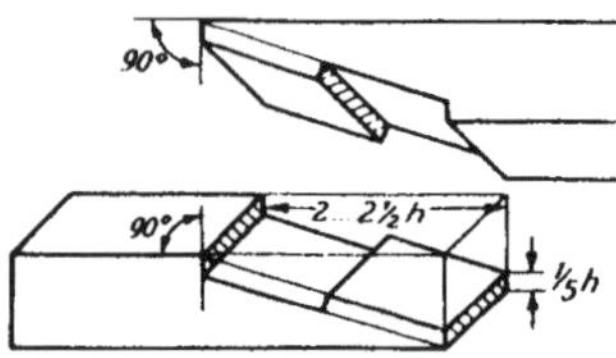

Schräges Hakenblatt

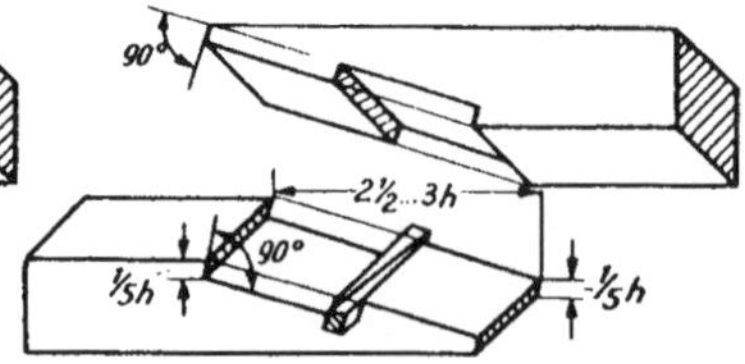

Schräges Hakenblatt mit Keilen

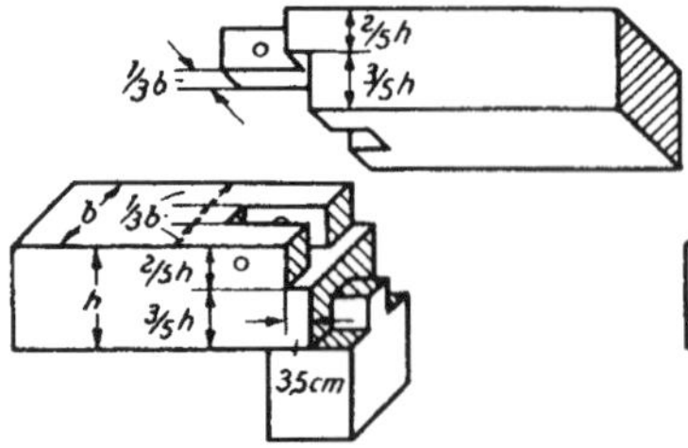

Pfettenstoß mit Zapfen

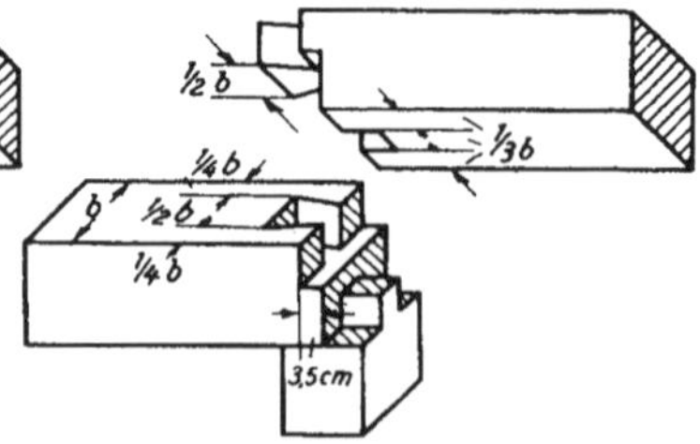

Pfettenstoß mit Schwalbenschwanz

4.1.5 Überblattungen

Die Überblattungen kommen als Kreuzungen, Anschlüsse oder Eckverbindungen der Schwellen, Rähme oder Fußpfetten vor. In der Regel sind es Hölzer gleichen Querschnitts, die mit bündiger Ober- bzw. Unterkante zusammengearbeitet werden. Die Form der Verbindung richtet sich nach dem Verwendungszweck.

Die einfache Überblattung kommt für Kreuzungen, bei denen beide Hölzer durchgehen und für Anschlüsse infrage, die wenig auf Zug beansprucht werden, z. B. bei fest anliegenden Schwellen. Die Verbindung kann durch einen Holznagel gesichert werden.

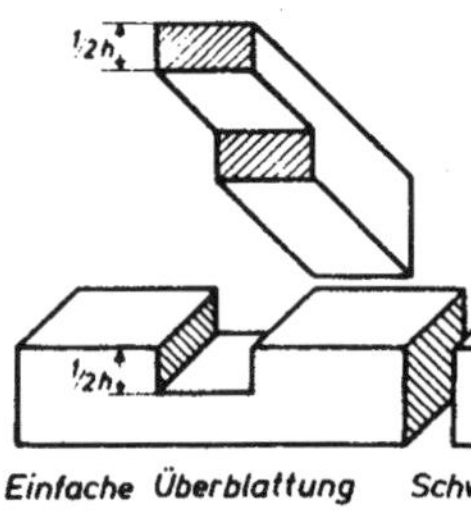

Einfache Überblattung

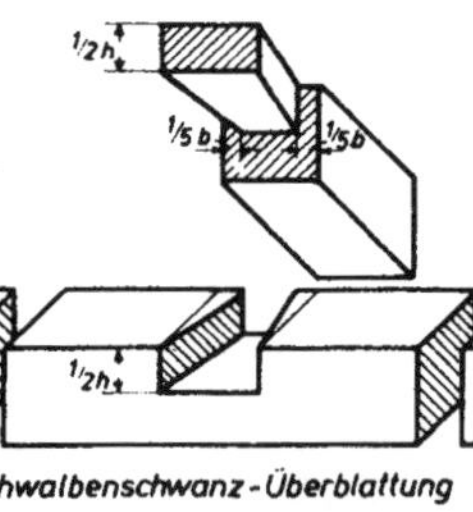

Schwalbenschwanz-Überblattung

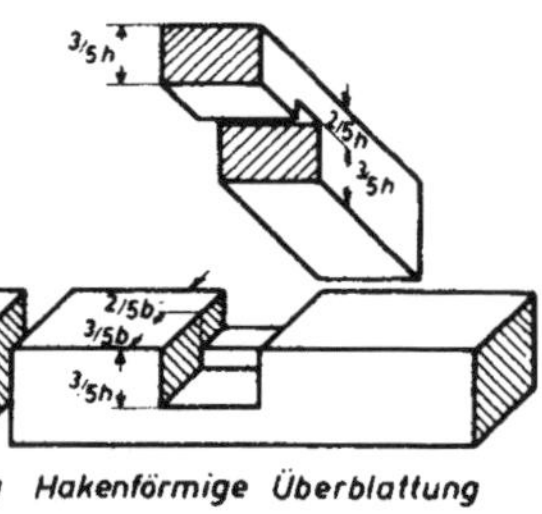

Hakenförmige Überblattung

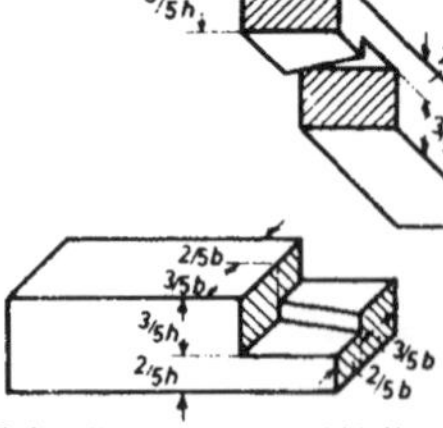

Schwalbenschwanz-Eckblatt

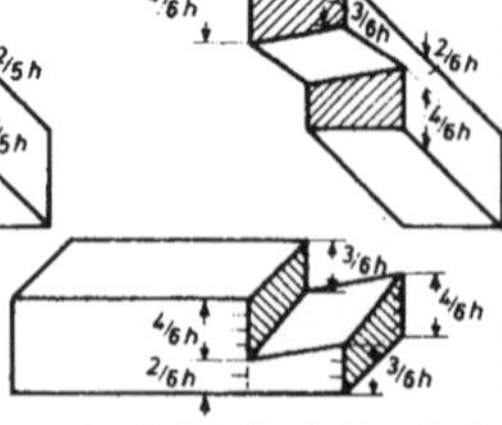

Eckblatt mit Schrägschnitt

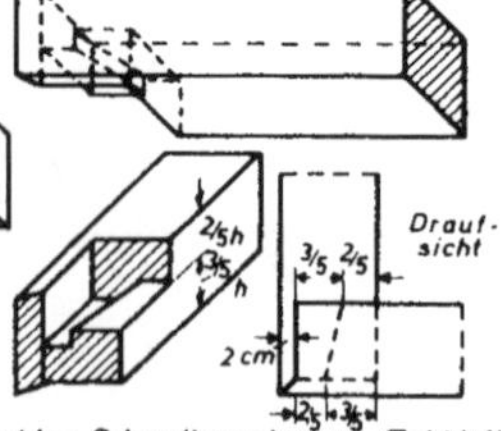

Verdecktes Schwalbenschwanz-Eckblatt

4.1.6 Verkämmungen

Die Verkämmungen kommen zur Anwendung, wenn Balken auf Mauerlatten oder Rähmen, ferner wenn Schwellen oder Fußpfetten auf Balken unverschieblich befestigt werden sollen. Kämme greifen, im Gegensatz zu den Verblattungen, nur 2 bis 3 cm tief ein, schwächen das Holz also an der Verbindungsstelle wenig. Die Form der Kämme richtet sich nach dem Verwendungszweck.

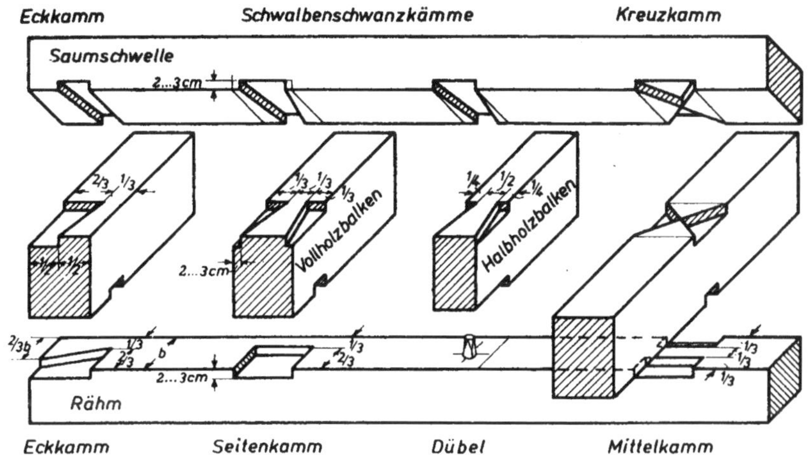

4.2 Ingenieurmäßige Holzverbindungen

4.2.1 Allgemeines

1933 DIN 1052

Die verschiedenen Verbindungsmittel (Rund- und Ringdübel, Schraubenbolzen und Nägel usw.) dürfen auf Grund von Versuchen anerkannter Prüfungsanstalten berechnet werden, wenn diese Versuche die Wirkungsweise der Verbindung einwandfrei geklärt haben. Die Versuchsergebnisse dürfen nur dann auf die Bauausführung übernommen werden, wenn die Anordnung und Ausführung der im Bauwerk vorgesehenen Verbindungen dem Versuch genau entsprechen. Die zulässige Last (Gebrauchslast) ist aus der mittleren Versuchsbruchlast mit 3-facher Sicherheit zu errechnen. Die verbundenen Teile dürfen sich unter der zulässigen Last gegeneinander höchstens um 1,5 mm verschieben. Liegen für eine Verbindung keine ausreichenden Versuche vor, so ist die zulässige Last gemäß DIN 1052 (1933) zu berechnen.

4.2.2 Nagelverbindungen

a) Holznägel

Holznägel werden in erster Linie für Zapfenverbindungen verwendet. Eine nennenswerte Tragfähigkeit besitzen sie nicht.

b) Drahtstifte

Grundlegende wissenschaftliche Versuche zur Bestimmung der Tragfähigkeit der Nägel erfolgte durch Stoy 1928. DIN 1052 (2. Ausgabe) 1938 enthält erstmals ausführliche Angaben zur Berechnung von Nagelverbindungen nebst Tragfähigkeitstafeln. 1942 konnten auf Grund von Versuchen Fonroberts Angaben über die zulässige Belastung der Nägel auf Zug (Herausziehen) in die Bestimmungen aufgenommen werden.

1933 DIN 1052 Nagelverbindungen

a) Dicke der Drahtstifte
   1/6 bis 1/8 der Holzdicke bei überwiegend auf Biegung beanspruchten Holzverbindungen

b) zulässiger Leibungsdruck
   unter Annahme gleichmäßiger Verteilung innerhalb dieses Bereiches

Holzdicke	Mittelholz kg/cm²	Seitenholz kg/cm²	Bemerkung
kleiner 40 mm	80	40	∥ zur Faser
	40	20	⊥ zur Faser
gleich/größer 40 mm	50	25	∥ zur Faser
	25	12,5	⊥ zur Faser

Bei schrägem Kraftangriff sind Zwischenwerte geradlinig einzuschalten.

c) Abstand der Verbindungsmittel
   Für den Abstand untereinander und vom Stabende ist die zulässige Scherspannung maßgebend.

d) Spannungsermäßigung
   um 1/4 bei Bauteilen, die Feuchtigkeit und Nässe ausgesetzt sind (ohne Schutzanstrich bzw. Tränkung)

e) Spannungserhöhung
   um 1/6 bei Bauten untergeordneter Bedeutung

1937 Schriftenreihe der Arbeitsgemeinschaft Holz

Im August 1937 veröffentlichten Dr.-Ing. Stoy und Dr.-Ing. Fonrobert Tragfähigkeitstafeln für Nagelverbindungen, die 1938 in die DIN 1052 aufgenommen wurden.

a) Nagelabstände

   Als geringster Nagelabstand gilt, wenn die Nägel versetzt angeordnet sind (d. h. bei hintereinander stehenden Nägeln nicht in der gleichen Faser).

Nagelabstand	in der Kraftrichtung	senkrecht zur Kraftrichtung
von belastetem Rand untereinander vom unbelasteten Rand	12 dn 10 dn 5 dn	
vom Rand nebeneinander		5 dn 5 dn

b) zulässige Belastung der Nägel

siehe Tragfähigkeitstafeln

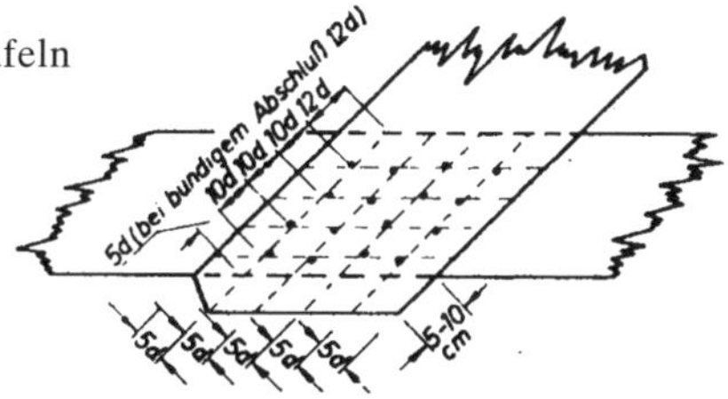

1937 DIN 1052 (Hamburg Techn. Baubestimmungen)

Alle Holzverbindungen sind handwerksgerecht herzustellen.

Nagelverbindungen gelten im Allgemeinen nicht als handwerksgerecht. Hiervon sind ausgenommen:

a) die Verbindung des Sparrens mit Fuß-, Mittel- und Firstpfette, wenn die Sparren auf die Pfetten aufgeklaut werden

b) die Verbindung von Brettern und bis zu 8 cm dicken Bohlen untereinander oder mit stärkeren Hölzern, wenn die Art des Bauwerks diese Verbindung zulässt

1943 DIN 1052

a) Mind. Nagelanzahl
Es sind mindestens 4 Nägel pro einschnittigem Anschluss anzuordnen.

b) Nageldicke
Die Nageldicke ist nach dem dünnsten Holz zu bestimmen. (siehe Tragfähigkeitstafeln)

c) Nagelabstände

wie **1937**

d) zulässige Belastung der Nägel

siehe Tragfähigkeitstafeln

e) Belastungsermäßigung

Bei Stoßlaschen von Zuggliedern:

um 10 % wenn mehr als 10 Nägel hintereinander angeordnet werden,
um 20 % wenn mehr als 20 Nägel hintereinander angeordnet werden,
um 1/3 bei Anschlüssen von Brettern, Bohlen und dgl. an Rundholzflächen

f) zulässige Beanspruchung von Nägeln auf Herausziehen

siehe Tragfähigkeitstafeln

1969 DIN 1052

a) Mind. Nagelanzahl
wie **1943** Absatz a

b) Mindestholzdicke
Die Mindestholzdicke „a“ muss 2,4 cm betragen und mit Rücksicht auf die Spaltgefahr des Holzes bei Nägeln, die ohne Vorbohrung eingeschlagen werden

$$a = dn \cdot (3 + 8\,dn) = \ldots \text{ cm} > 2{,}4 \text{ cm}$$

a = Mindestholzdicke

dn = Nageldurchmesser

betragen.

c) Mindestblechdicke
Die Mindestblechdicke t bei Stahlblech-Holzverbindungen muss
t > 2 mm sein.

d) Nagelabstände
Mindestnagelabstände
nach DIN 1052 Tab. 15

∢ Kraftrichtung		nicht vorgebohrt	vorgebohrt
untereinander	∥ Fa	$10 \cdot d_n$ $12 \cdot d_n$ ¹)	$5 \cdot d_n$
	⊥ Fa	$5 \cdot d_n$	$5 \cdot d_n$
vom beanspruchten Rand	∥ Fa	$15 \cdot d_n$	$10 \cdot d_n$
	⊥ Fa	$7 \cdot d_n$ $10 \cdot d_n$ ¹)	$5 \cdot d_n$
vom unbeanspruchten Rand	∥ Fa	$7 \cdot d_n$ $10 \cdot d_n$ ¹)	$5 \cdot d_n$
	⊥ Fa	$5 \cdot d_n$	$3 \cdot d_n$

¹) bei $d_n > 4{,}2$ mm

in Abbildung für nicht
vorgebohrte Nägel

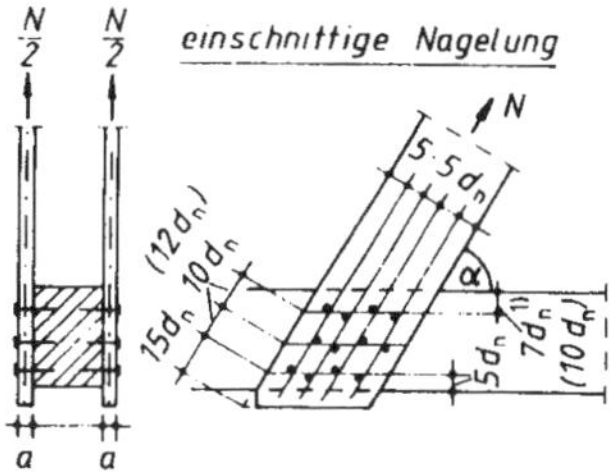

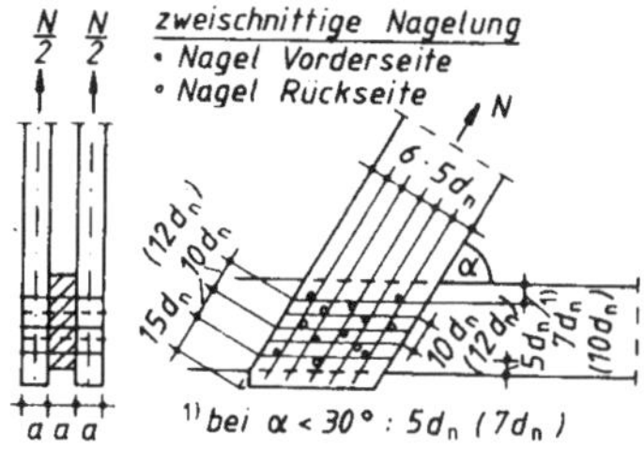

Nagelabstände „e“ (|| Kraft bei von zwei Seiten eingeschlagenen Nägeln)

Einschlagtiefe s	Nagelabstand e
$s < a_m - 8\,d_n$	0
$a_m - 8\,d_n < s < a_m$	$5 \cdot d_n$
$s > a_m$	$10 \cdot d_n$; $(12 \cdot d_n{}^1)$

Größtabstände: $\parallel$ Fa $\leq 40\,d_n$; $\perp$ Fa $\leq 20\,d_n$

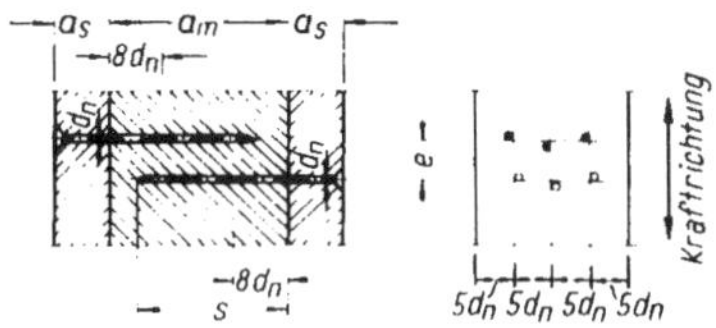

Bei biegesteifen Stößen – Koppelpfetten – gelten alle Ränder als beansprucht.

e) zulässige Belastung der Nägel siehe Tragfähigkeitstafeln

Die Tragfähigkeit eines Nagels ist abhängig von seiner Einschlagtiefe s.

	Einschlagtiefe s	zul. Belastung eines Nagels	
einschnittig	$s > 12\,d_n$	N_1	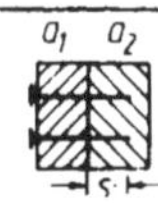
	$12\,d_n > s > 6\,d_n$	$s/12\,d_n \cdot N_1$	
	$s < 6\,d_n$	0	
m-schnittig, beidseitig genagelt	$s > 8\,d_n$	$m \cdot N_1$	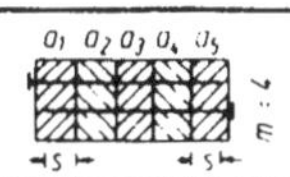
	$8\,d_n > s > 4\,d_n$	$(m - 1 + s/8\,d_n) \cdot N_1$	
	$s < 4\,d_n$	$(m - 1) \cdot N_1$	

f) Belastungsermäßigung

wie **1943** Absatz e

auf 2/3 bei auf Herausziehen beanspruchten Nägeln im frischen Holz (Sparren und Pfetten)

g) Belastungserhöhung

um 15 % im Lastfall HZ

h) zulässige Beanspruchung von Nägeln auf Herausziehen

wie **1943** Absatz f

4.2.3 Bolzenverbindungen

1933 DIN 1052

a) Bolzen
Unter die Bestimmungen für Bolzenverbindungen fallen alle senkrecht zur Scherfläche durchgehenden, überwiegend auf Biegung beanspruchten Verbindungsmittel.

b) Bolzendurchmesser

Holzdicke	Bolzendurchmesser
kleiner 8 cm gleich / größer 8 cm	3/8 Zoll 1/2 Zoll

c) Zulässiger Lochleibungsdruck für Kraftangriff parallel zur Faser

λ	zweischnittig Mittelholz	zweischnittig Seitenholz	einschnittig
4	80	50	40
5	75	43	40
6	60	36	35
7	51	30	30
8	45	25	25
9	40	21	21
10	36	19	19
11	33	17	17
12	30	16	16
13	28	15	15
14	26	14	14
15	24	13	13

λ = Holzdicke / Bolzendurchmesser

Bei Bolzen mit hohem Schlankheitsgrad kann nicht mit gleichmäßiger Verteilung des Lochleibungsdruckes in Schaftrichtung gerechnet werden. Wird gleichmäßige Verteilung des Lochleibungsdruckes angenommen, dürfen die Tafelwerte nicht überschritten werden.

d) Zulässiger Lochleibungsdruck für Kraftrichtung senkrecht zur Faser

Bei Kraftrichtung senkrecht zur Faser betragen die zulässigen Leibungsdrücke 1/2 der Werte parallel zur Faser.

e) Zulässiger Lochleibungsdruck bei Kraftangriff schräg zur Faser

Bei schrägem Kraftangriff sind Zwischenwerte geradlinig einzuschalten.

f) Mittelhölzer mit Stahllaschen
Erhöhung des Lochleibungsdruckes um 1/4

g) Abstand der Verbindungsmittel
Für den Abstand untereinander und vom Stabende ist die zulässige Scherspannung maßgebend.

h) Spannungsermäßigung
um 1/4 bei Bauteilen, die der Feuchtigkeit und Nässe ausgesetzt sind (ohne Schutzanstrich bzw. Tränkung)

i) Spannungserhöhung
um 1/6 bei Bauten untergeordneter Bedeutung

1943 DIN 1052

a) Bolzen
wie **1933** Absatz a

b) Bolzendurchmesser

Holzdicke	Bolzendurchmesser
bis 8 cm größer 8 cm	3/8 Zoll bzw. 10 mm 1/2 Zoll bzw. 12 mm

c) Zulässige Belastung der Bolzenverbindung für Kraftangriff in Faserrichtung

Zeile		Nadelholz (einschl. Lärche)	Eiche und Buche
1 2	zweischnittig 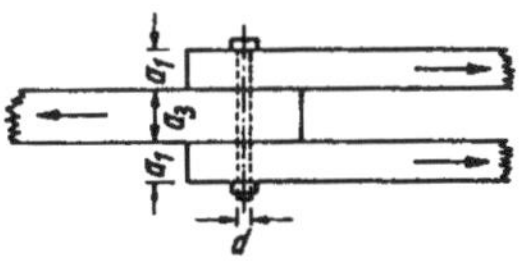	Mittelholz: $85 \cdot a_3 \cdot d$, jedoch höchstens $380\,d^2$ Seitenholz: $85 \cdot a_1 \cdot d$, jedoch höchstens $260\,d^2$	Mittelholz: $100 \cdot a_3 \cdot d$, jedoch höchstens $450\,d^2$ Seitenholz: $65 \cdot a_1 \cdot d$, jedoch höchstens $300\,d^2$
3	einschnittig 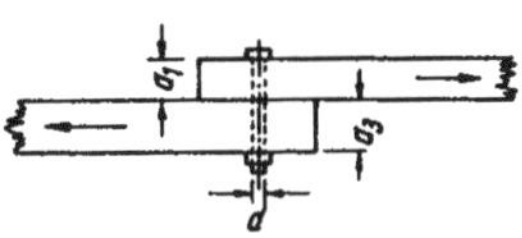	$40 \cdot a_1 \cdot d$, jedoch höchstens $170\,d^2$	$50 \cdot a_1 \cdot d$, jedoch höchstens $200\,d^2$

Die zul. Last der Bolzenverbindungen ist für Kraftangriff in Faserrichtung unabhängig von der Güteklasse des Holzes. Dabei erübrigt sich ein Nachweis der Biegespannung des Bolzens.

d) Zulässige Belastung der Bolzenverbindung für Kraftangriff senkrecht zur Faser

Bei Kraftangriff senkrecht zur Faser sind die Werte der Tafeln auf 3/4 zu ermäßigen.

e) Zulässige Belastung der Bolzenverbindung für Kraftangriff schräg zur Faser

Bei schrägem Kraftangriff sind Zwischenwerte geradlinig einzuschalten.

f) Anordnung von Stahllaschen

Erhöhung der zul. Last für Mittelholz um 1/4

g) Bolzenabstände

Die Abstände der Bolzen untereinander und vom Stabende müssen in der Faserrichtung mindestens 7d (d = Bolzendurchmesser) bzw. mindestens 10 cm betragen.

h) Belastungsermäßigung

auf 2/3 bei Bauteilen, die der Feuchtigkeit und Nässe ungeschützt ausgesetzt sind,

auf 5/6 bei Bauteilen, die der Feuchtigkeit und Nässe ungeschützt ausgesetzt, aber nach der Bearbeitung und vor dem Zusammenbau mit einem geprüften Mittel geschützt sind.

1969 DIN 1052

a) Bolzen und Stabdübel

Tragende Bolzenverbindungen sind nur für untergeordnete Bauten, fliegende Bauten und Gerüste zulässig.

Stabdübel sind für alle Bauten und Bauteile anwendbar.

b) Loch- und Schaftdurchmesser

	Durchmesser in mm	
	Schaft	Loch
Bolzen	12 bis 24	≤ d_b + 1
Stabdübel	8 bis 24	d_{st} - (0,2 bis 0,5)

Scheibenmaß (mm) für tragende Bolzen- und Dübelverbindungen

Bolzen-Ø	M 12	M 16	M 20	M 22	M 24
Dicke t	6	6	8	8	8
⊙ D	58	68	80	92	105
□ a	50	60	70	80	95

c) Zul. Belastung der Bolzen und Stabdübel bei Kraftrichtung parallel zur Faser im Lastfall H

zul $N^{\|}_{b,st}$ = zul $\sigma_l \cdot a \cdot d_{b,st} \leqq B \cdot d^2_{b,st}$ [kN]							
zul σ_l und B in kN / cm²		Holzart	Bolzen zul σ_l	Bolzen B	Stabdübel zul σ_l	Stabdübel B
einschnittig		NH	0,4	1,7	0,4	2,3
einschnittig		EI, BU	0,5	2,0	0,5	2,7
zweischnittig	Mittelholz	NH	0,85	3,8	0,85	5,1
zweischnittig	Mittelholz	EI, BU	1,00	4,5	1,00	6,0
zweischnittig	1 Seitenholz	NH	0,55	2,6	0,55	3,3
zweischnittig	1 Seitenholz	EI, BU	0,65	3,0	0,65	3,9

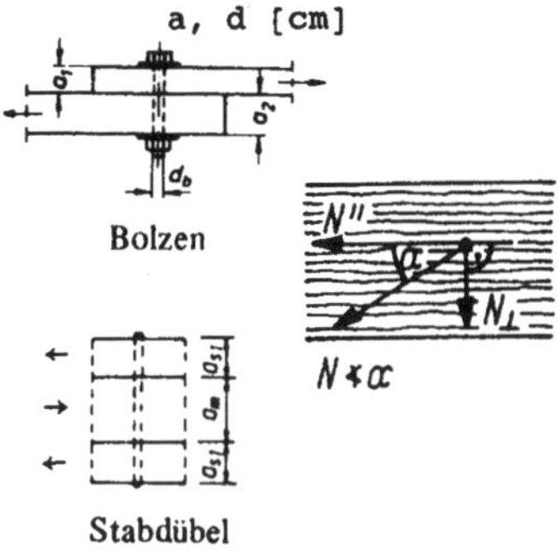

d) Zul. Belastung der Bolzen und Stabdübel bei Kraftrichtung senkrecht zur Faser

zul. N⊥ = 0,75 zul. N ||

e) Zul. Belastung der Bolzen und Stabdübel bei Kraftrichtung schräg zur Faser

$$\text{zul. } N \sphericalangle \ \alpha = \left(\frac{1-\alpha^\circ}{360^\circ}\right) \cdot \ \text{zul. } N \,\|$$

f) Bolzenverbindung – Vollholz mit Metalllaschen zul. Nb um 25 % erhöhen

g) Mindestabstände bei tragenden Bolzen und Stabdübeln

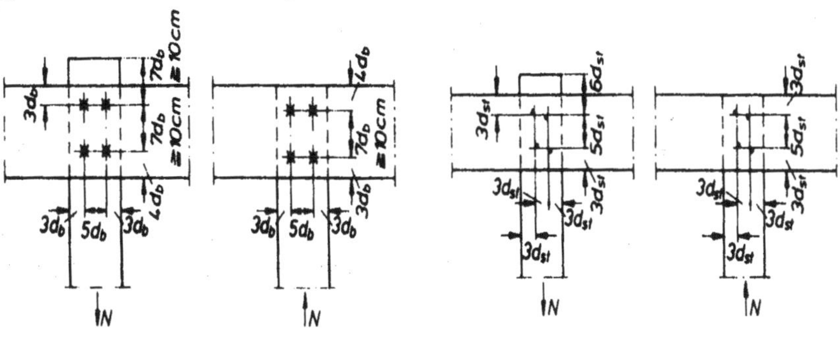

Anzahl: Bolzen $n_h \geq 2$

Stabdübel $n_{st} \geq 4$
$n_{st} \leq 6$ in einer Reihe

h) Belastungsermäßigung
wie **1943** Absatz h

i) Belastungserhöhung
um 15 % im Lastfall HZ

4.2.4 Dübelverbindungen

Erst durch die Einführung der Dübel wurde es möglich, größere Kräfte in Stößen und Anschlüssen von Holzkonstruktionen zu übertragen. Die Grundform der Dübelverbindung ist der rechteckige, seit Jahrhunderten bekannte Zimmermannsdübel aus Holz (Eiche).

4.2.4.1 Rohrdübel

1918

Schon 1918 wurden Rohrdübel aus Eisen bzw. Stahl oder Hartholz (Eiche, Buche) hergestellt. Sie wurden hauptsächlich als Biegedübel, seltener als Scherdübel verwendet. (z. B. Rohrdübel-Bauweise Cabröl)

a) Biegedübel

Biegedübel werden in Richtung der Schraubenbolzen (quer zu den verbindenden Hölzern) verlegt.

Sie gehen durch die äußeren Hölzer nicht durch, sondern greifen nur in einer Tiefe „t" (t = Dübeldurchmesser) in diese ein.

Durchmesser 40, 50, 60, 70, 80 mm

Sie sind gemäß ihrer Verwendung mindestens 2- bis 4-schnittig.

Tragfähigkeit der Biegedübel bei 2-schnittiger Verbindung

(für in- und ausländische Harthölzer)

$P_{zul} = 70\ d^2$ P in kg
d in cm

Die zul. Tragfähigkeit der Dübel wurde für alle Holzarten gleich hoch angenommen.

b) Scherdübel

Scherdübel (Durchmesser wie Biegedübel) werden in gleicher Weise wie die rechteckigen Zimmermannsdübel aus Hartholz verwendet. Ihr Vorteil besteht darin, dass sie in die fertig verbolzten Hölzer in eine Vorbohrung eingesetzt werden.

4.2.4.2 Spezialdübel mit vorwiegender Druckbeanspruchung

Unter die Bestimmungen für Dübelverbindungen fallen alle überwiegend auf Druck und Abscheren beanspruchten Verbindungsmittel. Dübelverbindungen sind durch nachspannende Schraubenbolzen zusammenzuhalten und ausreichend zu sichern. Man unterscheidet Einlassdübel, die in vorbereitete Vertiefungen des Holzes eingelegt, und Einpressdübel, die in das Holz eingetrieben werden.

1933 DIN 1052

a) zul. Belastung der Dübel

zul. Lochleibungsdruck (gleichmäßig verteilt)

D/t	‖ Faser kg/cm²	⊥ Faser kg/cm²	Bemerkung
≥ 5	80	40	Dübel
< 5	40	20	Dübel*2
	50*1	25	Ringdübel

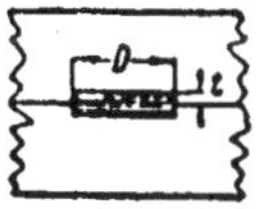

Bei schrägem Kraftangriff sind Zwischenwerte geradlinig einzuschalten.

*1 Voraussetzung – Scherspannungen im Vorholz und Kern innerhalb der zulässigen Grenzen

*2 wenn die Scherspannungen senkrecht und parallel zur Faser unter Berücksichtigung des Kippmomentes genau nachgewiesen werden

1.) Druck parallel zur Faserrichtung 80 kg/cm² (Nadelholz)

2.) Druck rechtwinklig zur Faserrichtung 30 kg/cm² (Nadelholz)

b) Querschnittsschwächung
Bei Einpressdübeln ist der durch die Zähne beanspruchte Teil des Querschnitts als Querschnittsschwächung zu berücksichtigen.

c) Dübelabstand
Für den Abstand der Verbindungsmittel untereinander und vom Stabende ist die zul. Scherspannung maßgebend.

d) Spannungsermäßigung
wie Bolzenverbindungen **1933** Absatz h

e) Spannungserhöhung
wie Bolzenverbindungen **1933** Absatz i

1943 DIN 1052

a) Anwendungsbedingungen
Dübel nur in Holz mindestens Güteklasse II verwenden.
Einpressdübel nur in Nadelholz verwenden.
Zu jedem Dübel ist ein Bolzen anzuordnen.

b) Verminderung der Bolzenanzahl
Die Bolzenanzahl kann an Verbindungsstellen mit vielen Einlassdübeln bis auf 2/3 der Dübelzahl vermindert werden.

c) Anordnung von Klemmbolzen
Bei Verbindungen mit großen Dübeln sind am Ende der Außenhölzer Klemmbolzen anzuordnen.

d) zul. Belastung der Dübel besonderer Bauart siehe Tragfähigkeitstafeln

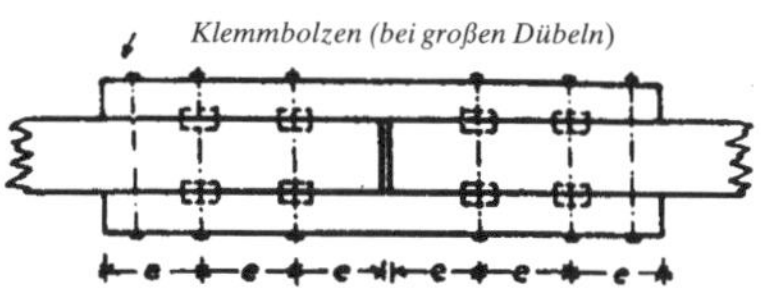

e) zul. Leibungsdruck rechteckiger Einlassdübel (ohne Zulassung) (gleichmäßig verteilt)

D/t	‖ Faser kg/cm²	⊥ Faser kg/cm²	Bemerkung
≥ 5 < 5	85 40		Holz GK.I+II

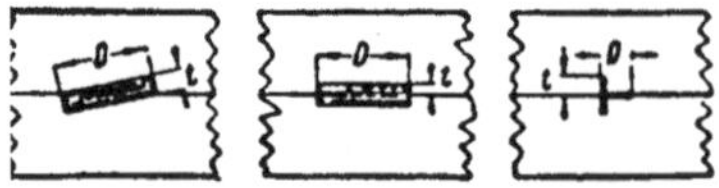

In rechteckigen Holzdübeln ist die Scherspannung nachzuweisen.

f) Belastungsermäßigung
wie Bolzenverbindungen **1943** Absatz h

1969 DIN 1052

a) wie vor **1943** Absatz a

b) wie vor **1943** Absatz c

c) Querschnittsschwächung
Querschnittsschwächungen durch Dübelfehlfläche und Bolzen sind zu berücksichtigen.

d) zul. Belastung der Dübel besonderer Bauart
siehe Tragfähigkeitstafeln
Gültig für Nadelholz mindestens Güteklasse II sowie bei Einlassdübeln auch für Eiche und Buche.

e) Abminderung der zul. Belastung
Die Abminderung der zul. Belastung eines Dübels besonderer Bauart bei Kraft hintereinanderliegenden Dübeln darf wie folgt berechnet werden:

Anzahl der Dübel hintereinander	1 bis 2	3 bis 4	5 bis 6	7 bis 8	9 bis 10
zul. Belastung eines Dübels in %	100 %	90 %	80 %	70 %	60 %

größte zul. Dübelanzahl in einer Reihe n < 10 bei Stößen und Anschlüssen

f) Dübelabstände

Mindestabstände der Dübel besonderer Bauart bei mehreren Dübelreihen

Zugbeanspruchung	$e_{d\perp}$	$e_{d\parallel}$	Randabstand ⊥ Fa
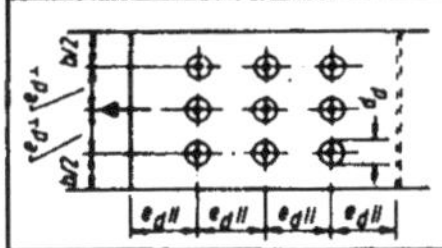	$d_d + t_d$	$e_{d\parallel}$	$b/2$ $b \hat{=}$ Mindestbreite d. Holzes
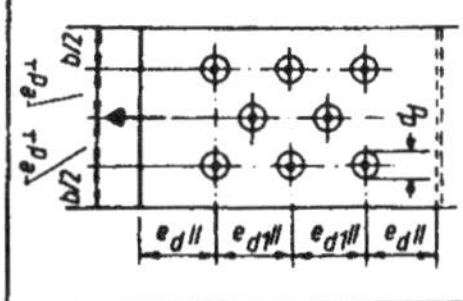	$d_d + t_d$	$e_{d\parallel}$	
	d_d	$1{,}1 \cdot e_{d\parallel}$	
	$0{,}75 \cdot d_d$	$1{,}5 \cdot e_{d\parallel}$	
	$0{,}5\,(d_d + t_d)$	$1{,}8 \cdot e_{d\parallel}$	
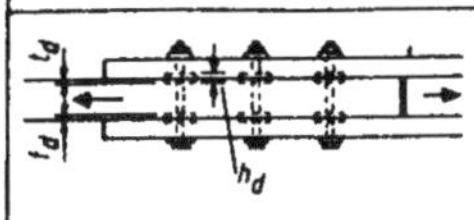	d_d $t_d = {}^1/_2 \cdot h_d$ $e_{d\parallel}$ b		

Bei Druckkraft darf Abstand vom unbeanspruchten Rand auf $0{,}5 \cdot e_d\parallel$ reduziert werden.

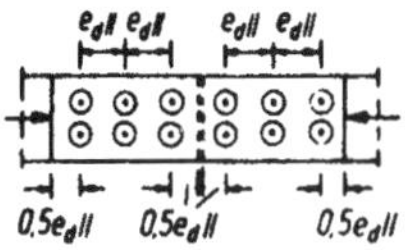

Empfehlung für unteres Bild: Vorholzlänge ⊥ Kraft $\geq e_d\parallel$

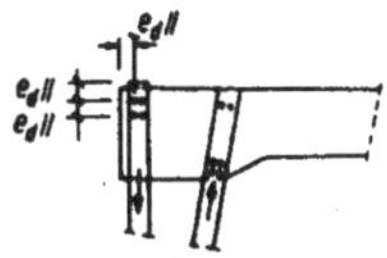

dd = Dübelaußendurchmesser
h_d = Dübelhöhe
e_d = Mindestdübelabstand bzw. Vorholzlänge
b = Mindestholzbreite

g) zul. Leibungsspannung für Rechteckdübel
zul. Leibungsspannung ∥ Fa für Rechteckdübel im Lastfall H in N/mm²

Verhältnis l_d / t_d	Dübelzahl ⊥ Kraft hintereinander 1 und 2 und in verdübelten Balken	3 und 4
> 5	8,5	7,5
< 5	4,0	3,5

Zusätzliche Klemmbolzen sind an Laschenenden anzuordnen, wenn Dübel-ϕ oder -seitenlänge ≥ 120 mm

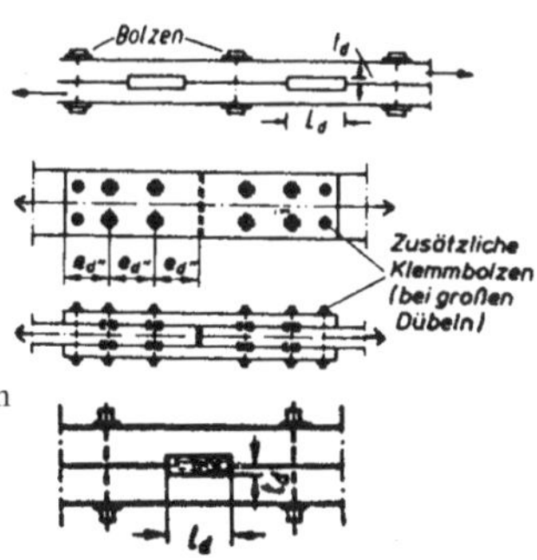

Rechteckige Dübel nur aus Hartholz oder Metall.
Je Anschluss max. 4 hintereinanderliegende Rechteck- oder Flachstahldübel (gilt nicht für verdübelte Balken).

h) Belastungsermäßigung
wie Bolzenverbindungen **1969** Absatz h

i) Belastungserhöhung
wie Bolzenverbindungen **1969** Absatz i

4.2.5 Zusammenwirken verschiedener Verbindungsmittel nach DIN 1052

Das Zusammenwirken verschiedener Verbindungsmittel hängt davon ab, ob die Nachgiebigkeit der verschiedenen Verbindungsmittel etwa gleich groß ist.
(bei Versatzungen und Dübeln)
Bei Bolzenverbindungen kann ein Zusammenwirken mit anderen Verbindungen nicht vorausgesetzt werden.

Jahr	Verbindungsmittel mit der größeren Tragfähigkeit	Verbindungsmittel mit der geringeren Tragfähigkeit	Bemerkung
1940	1,0-fach	1,5-fach	Lasterhöhung
1947	1,0-fach	1,5-fach	Lasterhöhung
1969	1,0-fach	1,5-fach	Lasterhöhung

4.2.6 Hilfsmittel

Vor 1900 wurden infolge hoher Eisenpreise und niedriger Löhne Verbindungen vielfach aus Holz hergestellt.

Hilfsmittel aus Holz	
Holznägel	aus rundem oder kantigem Hartholz zur Sicherung der Verzapfungen
Dübel oder Dollen	aus rundem oder kantigem Hartholz zum Sichern oder Ersetzen von Verkämmungen (25 - 30 mm stark)
Federn	bei Rahmenverbindungen auf Nut und Feder. Je nach Faserrichtung Langholzfedern oder Hirnholzfedern. 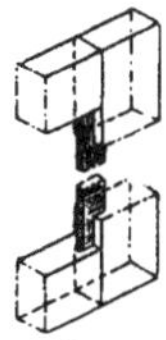
Keile	meist als Doppelkeile zum festen Zusammentreiben der Holzverbindungen
Hilfsmittel aus Eisen	
Bankeisen	zur Befestigung von Holz am Mauerwerk 
Steinschrauben	zur Sicherung gegen Verschiebungen 
Klammern	wurden als Holzklammern oder Spitzklammern für dauernde Holzverbindungen verwendet. 
Krampen	dienten zur Befestigung von Flacheisen. 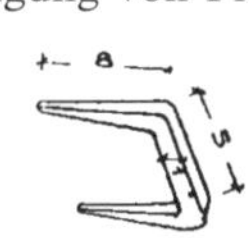
Flacheisenlaschen	dienten zur Sicherung von Stoßverbindungen. 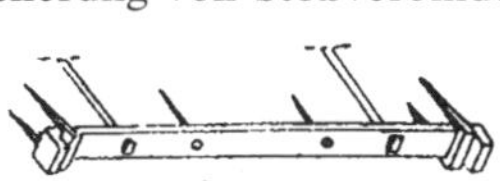

5 Tragfähigkeitstafeln

5.1 Holzstützen (zentrisch belastet)

1917 Quadratholzstützen
Nadelholz

$\lambda < 100$ mit 5-facher Sicherheit
$\lambda > 100$ mit 10-facher Sicherheit

a	A	Knicklänge in m max N in Mp					
cm	cm²	2,50	3,00	3,50	4,00	4,50	5,00
10	100	2,52	0,93	0,68	0,52	–	–
12	144	4,40	3,60	1,40	1,07	0,84	0,68
14	196	6,78	5,84	4,90	3,96	1,57	1,27
16	256	9,62	8,56	7,48	6,40	5,32	2,18
18	324	12,96	11,72	10,50	9,22	8,10	6,94
20	400	16,72	15,36	14,08	12,64	11,36	10,00
22	484	20,98	19,56	18,00	16,56	15,00	13,64
24	576	25,68	24,20	22,46	20,86	19,24	17,62
26	676	30,96	29,20	27,44	25,68	23,94	22,18
28	784	36,54	34,66	32,78	30,88	29,00	27,12
30	900	42,66	40,86	38,70	36,72	34,56	32,58

1933 Quadratholzstützen
Nadelholz

σ zul = 80 kg/cm²

a	A	Knicklänge in m max N in Mp					
cm	cm²	2,50	3,00	3,50	4,00	4,50	5,00
10	100	2,89	2,06	1,48	1,10	–	–
12	144	5,21	4,13	3,13	2,33	1,80	1,42
14	196	8,17	6,88	5,62	4,43	3,43	2,74
16	256	11,77	10,19	8,79	7,34	5,95	4,81
18	324	16,10	14,24	12,52	10,85	9,29	7,76
20	400	20,92	18,93	16,93	15,02	13,22	11,47
22	484	26,52	24,20	22,00	19,86	17,76	15,87
24	576	32,68	30,32	27,76	25,32	22,93	20,85
26	676	39,47	36,79	34,01	31,44	28,92	26,38
28	784	46,81	43,86	40,99	38,24	35,44	32,67
30	900	54,55	51,80	48,65	45,57	42,60	39,56

Rundholzstützen
Nadelholz σ zul = 80 kg/cm²

a	A	Knicklänge in m max. N in Mp					
cm	cm²	2,50	3,00	3,50	4,00	4,50	5,00
10	78,5	1,74	1,17	0,83	–	–	–
12	113	3,44	2,51	1,80	1,33	1,03	–
14	154	5,63	4,50	3,42	2,57	1,97	1,56
16	201	8,29	6,93	5,66	4,47	3,45	2,73
18	254	11,48	9,91	8,40	7,01	5,64	4,50
20	314	15,22	13,43	11,74	10,09	8,52	6,98
22	380	19,36	17,37	15,51	13,51	11,78	10,07
24	452	24,11	21,92	19,65	17,64	15,59	13,65
26	531	29,30	26,89	24,41	22,24	20,13	17,77
28	616	34,95	32,42	29,87	27,39	24,89	22,50
30	707	40,99	38,48	35,57	32,69	30,25	27,59

1944 DIN 1052

a = Seitenlänge

Tragfähigkeit von Holzstützen
Nadelholz Güteklasse II

Quadratholz-Stützen

I = a⁴/12 = 0,083 · a4
w = a³/6 = 0,167 · a3
i = 0,289 · a

a	A	Knicklänge in m max. N in Mp							
cm	cm²	2,50	3,00	3,50	4,00	4,50	5,00	5,50	6,00
10	100	3,6	2,6	1,8	1,3	–	–	–	–
12	144	6,3	5,2	4,0	2,9	2,2	1,7	–	–
14	196	9,7	8,4	7,0	5,7	4,4	3,4	2,7	2,2
16	256	13,8	12,3	10,7	9,2	7,6	6,1	4,9	4,0
18	324	18,7	16,9	15,1	13,4	11,6	9,8	8,1	6,6
20	400	24,2	22,2	20,2	18,3	16,4	14,3	12,3	10,3
22	484	30,4	28,2	26,0	23,9	21,7	19,6	17,3	15,2
24	576	37,1	34,6	32,3	30,0	27,7	25,5	23,0	20,6
26	676	44,9	42,3	39,6	37, 1	34,4	32, 1	29,3	26,8
28	784	52,9	50,0	47,3	44,4	41,9	39,2	36,4	33,0
30	900	61,7	59,0	55,9	53, 1	50,0	47,0	44,3	40,5

d = Durchm

Rundholz-Stützen

$I = \pi \cdot d^4/64 = 0{,}05 \cdot d^4$
$w = \pi \cdot d^3/32 = 0{,}10 \cdot d^3$
$i = 0{,}25 \cdot d$

d	A	Knicklänge in m max. N in Mp							
cm	cm²	2,50	3,00	3,50	4,00	4,50	5,00	5,50	6,00
10	78,5	2,2	1,5	1,0	–	–	–	–	–
12	113	4,3	3,2	2,2	1,7	1,3	–	–	–
14	154	6,9	5,6	4,4	3,2	2,4	1,9	–	–
16	201	9,9	8,5	7,1	5,7	4,3	3,4	2,7	2,2
18	254	13,6	12,0	10,3	8,8	7,2	5,7	4,6	3,7
20	314	17,7	16,0	14,3	12,4	10,7	8,9	7,2	5,9
22	380	22,6	20,6	18,7	16,7	14,7	12,8	10,8	8,8
24	452	27,8	25,6	23,4	21,4	19,2	17,1	15,0	12,9
26	531	33,7	31,3	28,9	26,6	24,4	22,0	19,9	17,4
28	616	39,9	37,4	35,0	32,6	30,0	27,4	25,0	22, 3
30	707	47,0	44,2	41,2	38,8	36,0	33,4	30,7	28,0

σ_{zul} = 85 kp/cm² Nadelholz Güteklasse II
Bei Eiche und Buche σ_{zul} = 100 kp/cm² erhöht sich die Tragfähigkeit um 1,18.

1969 DIN 1052

Tragfähigkeit von Rundholzstützen

aus europäischem Nadelholz mit zul σ_D = 85 kp/cm²

Stützen aus Eichen- und Buchenholz haben die 1,176-fache Tragfähigkeit.

d	max S in MP bei einer Knicklänge sk in m									
cm	2,00	2,50	3,00	3,50	4,00	4,50	5,00	5,50	6,00	7,00	8,00
10	3,03	2,22	1,54	1,13	0,87	0,69	0,56	0,48	0,39	–	–
12	5,36	4,14	3,20	2,35	1,80	1,42	1,15	0,95	0,80	0,59	–
14	8,39	6,82	5,43	4,36	3,34	2,64	2,14	1,77	1,49	1,09	0,83
16	12,03	10,11	8,42	6,89	5,70	4,50	3,65	3,01	2,53	1,86	1,42
18	16,36	14,11	12,05	10,18	8,50	7,20	5,82	4,82	4,04	2,97	2,28
20	21,18	18,80	16,47	14,20	12,13	10,34	8,90	7,35	6,18	4,54	3,47*
22	26,69	24,10	21,32	18,89	16,48	14,29	12,33	10,77	9,02	6,63	5,09
24	32,56	30,02	27,06	24,16	21,46	18,93	16,57	14,49	12,81	9,39	7,19
26	38,58	36,40	33,43	30,09	27,19	24,26	21,49	19,04	16,94	12,97	9,92
28	45,98	43,27	40,28	36,87	33,56	30,27	27,27	24,35	21,73	17,45	13,36
30	53,18	50,93	47,69	44,19	40,33	37,09	33,57	30,35	27,31	22,17	17,57
35	74,34	71,73	58,71	64,90	60,57	56,39	52,42	48,38	44,44	37,17	30,97
40	98,93	96,26	92,91	89,38	84,80	80,33	75,24	70,29	65,95	56,83	48,57

* Die Werte oberhalb der Stufenlinie (λ > 150) sind nur für fliegende Bauten nach DIN 4112 zulässig.

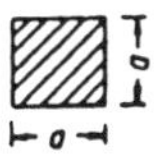

Quadratholz zul σ_{DI} = 8,5 N/mm2

Trägheitsradius $i = 0{,}289 \cdot a$

a	A	max N in kN bei einer Knicklänge in m von										
cm	cm²	2,00	2,50	3,00	3,50	4,00	4,50	5,00	5,50	6,00	6,50	7,00
10	100	45,7	34,8	26,2	19,3	14,8	11,7	9,44	7,80	6,55	5,58	4,81
12	144	78,0	62,8	50,0	39,9	30,6	24,1	19,6	16,2	13,6	11,6	9,97
14	196	118	100	83,0	68,3	56,5	44,7	36,2	30,0	25,2	21,4	18,5
16	256	167	145	125	106	89,2	75,3	62,2	51,2	43,0	36,7	31,6
18	324	222	200	175	152	131	113	97,3	82,0	68,8	58,7	50,5
20	400	284	260	233	209	184	160	139	122	105	89,4	77,0
22	484	353	329	302	270	243	216	192	168	149	131	113
24	526	429	405	377	342	312	281	252	226	201	179	160
26	676	510	487	460	422	388	355	321	292	262	235	212
28	784	600	575	546	513	473	436	401	366	333	301	273
30	900	695	671	638	607	567	524	484	448	411	376	343
———— λ > 150 ------------ λ > 200 — λ > 250												

5.2 Tragfähigkeitstafeln der Verbindungsmittel

5.2.1 Nägel

1937 Stoy/Fonrobert Schriftenreihe Arbeitsgemeinschaft Holz

Holzdicke *a* in mm	Nägel: Durchmesser *d* in ¹/₁₀ mm Länge *l* in mm	Schlankheitsgrad $\lambda = {}^{a}/_{d}$	Nagellänge geteilt durch Holzdicke *l/a*	Tragfähigkeit eines Nagels in kg	
				N_1 einschnittig	N_2 zweischnittig
	28/60	7,2	3,0	30	60
20	**31/65**	**6,5**	**3,3**	**37,5**	**75**
	34/75	5,9	3,8	45	90
	31/80	7,8	3,3	37,5	75
24	**34/75**	**7,1**	**3,1**	**45**	**90**
	38/90	6,3	3,8	52,5	105
	34/90	7,7	3,5	45	90
26	**38/90**	**6,9**	**3,5**	**52,5**	**105**
	42/100	6,2	3,9	62,5	125

Holzdicke a in mm	Nägel: Durchmesser d in $^1/_{10}$ mm Länge l in mm	Schlankheitsgrad $\lambda = {}^a/_d$	Nagellänge geteilt durch Holzdicke l/a	Tragfähigkeit eines Nagels in kg	
				N_1 einschnittig	N_2 zweischnittig
30	38/90	7,9	3,0	52,5	105
	42/100	**7,2**	**3,3**	**62,5**	**125**
	46/115	6,5	3,8	72,5	145
35	42/115	8,3	3,3	62,5	125
	46/115	**7,6**	**3,3**	**72,5**	**145**
40	42/100	9,5	2,5	62,5	–
	46/130	**8,7**	**3,3**	**72,5**	**145**
	55/145	7,3	3,6	97,5	195
45	46/145	9,8	3,2	72,5	145
	55/145	**8,2**	**3,2**	**97,5**	**195**
50	46/130	10,9	2,6	72,5	–
	55/160	**9,1**	**3,2**	**97,5**	**195**
	60/160	8,3	3,2	115	230
55	55/145	10,0	2,6	97,5	–
	60/180	**9,2**	**3,3**	**115**	**230**
60	55/145	10,9	2,4	97,5	–
	60/180	**10,0**	**3,0**	**115**	**230**
	70/210	8,6	3,5	155	310
70	60/180	11,7	2,6	115	–
	70/210	**10,0**	**3,0**	**155**	**310**
	76/240	9,2	3,4	185	370
80	70/210	11,4	2,6	155	–
	76/240	**10,5**	**3,0**	**185**	**370**
	88/260	9,1	3,3	210	420

Nägel: Durchmesser d	Verwendbar für Holzdicke a	Nägellänge l			Tragfähigkeit eines Nagels in kg		Anschlussfläche eines Nagels	Anschlusskraft eines einschnittig. Nagels	1000 Nägel wiegen	Mit 1 kg einschnittiger Nägel lassen sich anschließen
in $^{1}/_{10}$ mm	in mm	in mm			einschnittig N_1	zweischnittig N_2	$f_N = 50 \times d^2$ in cm²	$N_1 : f_N$ in kg/cm²	kg	kg
28	**20**	**60**	(65)	(70)	**30**	**60**	**3,9**	**7,7**	**2,75**	**10900**
31	**20**	**65**	(70)	(80)	**37,5**	**75**	**4,8**	**7,8**	**3,75**	**10000**
	24	–	(70)	**80**	37,5	75	4,8	7,8	4,50	8340
34	20	**75**	(90)		**45**	**90**	**5,8**	**7,8**	5,25	8570
	24	**75**	(90)		45	90	5,8	7,8	5,25	**8570**
	26	(75)	**90**		45	90	5,8	7,8	6,25	7200
38	24	**90**	(100)		**52,5**	**105**	**7,2**	**7,3**	8,00	6570
	26	**90**	(100)		52,5	105	7,2	7,3	8,00	**6570**
	30	**90**	(100)		52,5	105	7,2	7,3	8,00	6570
42	26	**100**	(115)		**62,5**	**125**	**8,8**	**7,1**	11,00	5680
	30	**100**	(115)		62,5	125	8,8	7,1	11,00	**5680**
	35	(100)	**115**		62,5	125	8,8	7,1	12,00	5210
	40	**100**	(115)		62,5	–	8,8	7,1	11,00	5680
46	30	**115**	(130)	(145)	**72,5**	**145**	**10,6**	**6,8**	15,00	4830
	35	**115**	(130)	(145)	72,5	145	10,6	6,8	15,00	**4830**
	40	(115)	**130**	(145)	72,5	145	10,6	6,8	17,00	4270
	45	(115)	(130)	**145**	72,5	145	10,6	6,8	18,50	3920
	50	–	**130**	(145)	72,5	–	10,6	6,8	17,00	4270
55	40	**145**	(160)		**97,5**	**195**	**15,1**	**6,5**	26,00	3740
	45	**145**	(160)		97,5	195	15,1	6,5	26,00	**3740**
	50	(145)	**160**		97,5	195	15,1	6,5	29,50	**3300**
	55	**145**	(160)		97,5	–	15,1	6,5	26,00	3740
	60	**145**	(160)		97,5	–	15,1	6,5	26,00	3740
60	50	**160**	(180)		**115**	**230**	**18,0**	**6,4**	35,00	3280
	55	(160)	**180**		115	230	18,0	6,4	40,00	**2870**
	60	(160)	**180**		115	230	18,0	6,4	40,00	**2870**
	70	–	**180**		115	–	18,0	6,4	40,00	2870
70	60	**210**			**155**	**310**	**24,5**	**6,3**	61,00	**2460**
	70	**210**			155	310	24,5	6,3	61,00	2460
	80	**210**			155	–	24,5	6,3	61,00	2460
76	70	**240**			**185**	**370**	**28,9**	**6,4**	82,00	**2260**
	80	**240**			185	370	28,9	6,4	82,00	2260
88	**80**	260	(290)		**210**	**420**	**38,7**	**5,4**	121,00	**1730**

1943 DIN 1052 (Ausg. 1947)

Zulässige Belastung von ein- und zweischnittig beanspruchten Nägeln in kg in jeder Faserrichtung

Teile	Nägel, Durchmesser in $^{1}/_{10}$ mm	Verwendbar für Holzdicke in mm	Mindest-Nagellänge in mm	Zulässige Belastung je Nagel in kg einschnittig	zweischnittig
1	28	20 22 20	65 65 70	30	60
2	31	**22** 24 20 **22**	**70** 70 90 **90**	37,5	75
3	34	**24** 26 28 24 **26**	**90** **90** 90 100 **100**	45	90
4	38	**28** 30 35 26 28	**100** 100 100 110 110	52,5	105
5	42	**30** **35** 40 30 35	**110** **110** 110 130 130	62,5	125 nur einschn.
6	46	**40** 45 50 40 **45** **50**	**130** 130 130 140 140 140	72,5	145 nur einschn. 190 nur einschn.
7	55	**50** 55 55 60 55	160 140 160 140 180	95	190 nur einschn. 190 nur einschn.
8	60	**60** 70 60	**180** 180 210	110	220 nur einschn.
9	70	**70** 80	**210** 210	145	290 nur einschn.
10	75	70 **80**	230 **230**	160	320
11	80	80	260	175	350

Zulässige Belastung von ein- und zweischnittig beanspruchten Nägeln in kg in jeder Faserrichtung je Nagel

Zeile	Holzdicke in mm	Nägel, Durchmesser d in $^{1}/_{10}$ mm Länge in mm	Zulässige Belastung je Nagel in kg einschnittig	zweischnittig
1	20	28/65 31/70 34/90	30 37,5 45	60 75 90
2	22	28/65 31/70 34/90	30 37,5 45	60 75 90
3	24	31/70 34/90 38/100	37,5 45 52,5	75 90 105
4	26	34/90 38/100 42/110	45 52,5 62,5	90 105 125
5	28	34/90 38/100 42/110	45 52,5 62,5	90 105 125
6	30	38/100 42/110 46/130	52,5 62,5 72,5	105 125 145
7	35	38/100 42/110 46/130	52,5 62,5 72,5	105 125 145
8	40	42/110 46/130 55/140	62,5 72,5 95	– 145 190
9	45	46/130 55/140	72,5 95	145 190
10	50	46/130 55/140 55/160	72,5 95 95	– – 190
11	55	55/140 55/160 60/180	95 95 110	– 190 220
12	60	55/140 60/180 70/210	95 110 145	– 220 290
13	70	60/180 70/210 75/230	110 145 160	– 290 320
14	80	70/210 75/230 80/260	145 160 175	– 320 250

Zulässige Belastung von Sparren- und Pfettennägeln auf Zug in kg/cm

Zeile	Nageldurchmesser in $^{1}/_{10}$ mm	Zulässige Belastung in kg/cm der tragenden Haftlänge einschl. Spitze
1	46	6
2	55	7
3	60	8
4	70	9
5	75	10
6	80	11

Zulässige Belastung von Schalungsnägeln auf Zug in kg

Zeile	Nageldurchmesser in $^{1}/_{10}$ mm Länge in mm	Verwendbar für Brettdicke in mm	Zulässige Belastung je Nagel in kg
1	31/70	20 22	15
2	34/90	22 24	20

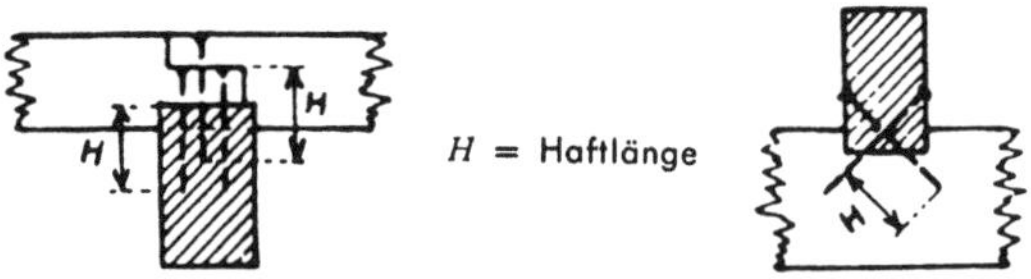

Beim Nachweis der Sicherheit von Bauteilen gegen Abheben durch Windsog dürfen Nägel zur Befestigung von Schalungen, Sparren, Pfetten und ähnlichen Bauteilen auf Zug beansprucht werden. Die Haftlänge der Nägel wird bei der zulässigen Belastung von Sparren- und Pfettennägeln einschließlich der Nagelspitze bestimmt und auf volle Zentimeter abgerundet. Pro Schalbrett sind mindestens 2 Nägel anzuordnen. In Hirnholz eingeschlagene Nägel dürfen nicht auf Zug beansprucht werden.

1969 DIN 1052

Holzdicken, Einschlagtiefen und zulässige Nagelbelastungen im Lastfall H

Nagelgröße[1] d_n in $^1/_{10}$ mm mal l_n in mm	Mindestholzdicke a in mm bei Nagellöchern		Mindest-einschlagtiefe s in mm		zul. Nagelbelastung N_1 in kp für eine Scherfläche bei		
	ohne Vorbohrung	mit Vorbohrung	ein-schnittig	mehr-schnittig	Nadelholz ohne Vorbohrung	Nadelholz mit Vorbohrung	EI und BU stets vorgebohrt
22 × 45 / 50	24 *20*[2]		27	18	20	25	30
25 × 55 / 60	24 *20*		30	20	25	31	37,5
28 × 65	24 *20*		34	23	30	37,5	45
31 × 65 / 70 / 80	24 *20*		38	25	37,5	46	56
34 × 90	24 *22*		41	27	43	54	65
38 × 100	24		46	30	52,5	65	78
42 × 110	26		51	34	62,5	77,5	93
46 × 130	30	28	56	37	72,5	90,5	109
55 × 140 / 160	40	35	66	44	97,5	122	146
60 × 180	50	35	72	48	112	140	168
70 × 210	60	45	84	56	145	180	217
75 × 230	70	45	90	60	160	200	240
80 × 260	75	50	96	64	178	222	267
90 × 310	90	55	108	72	213	266	320

1 Die Tafel enthält nur die in DIN 1151 angegebenen Nageldurchmesser und -längen.
2 Die *kursiv* gedruckten Werte gelten für die Mindestholzdicke bei Schalungen.

Zulässige Belastung von Nägeln auf Herausziehen wie vor.

5.2.2 Bolzen

1943

Zul. Belastung von Bolzenverbindungen in Nadelholz Güteklasse II nach DIN 1052

Bolzenabm. in Zoll			⅜"	½"	⅝"	¾"	⅞"	1"	1½"	2"
Bolzenabm. in mm			9,53	12,7	15,88	19,05	22,23	25,4	38,1	50,8
Unterlegscheiben □ (≥ 8,5 d) = (b. Trgb. 5 mm, b. Hftb. 4 mm stark)			4·4	5·5	6·6	7·7	8·8	9·9	14·14	18·18
			10	10	11	14	16	18	27	36
Mittelholz in Faserrichtung, zweischnittig	a =	4	324	432	540	650	755	867	1300	1730
		6	345	612	811	975	1130	1300	1950	2590
		8	345	612	962	1300	1510	1730	2600	3460
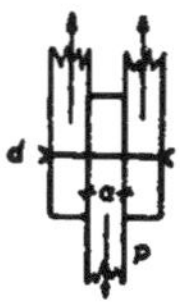		10	–	612	962	1387	1873	2160	3250	4320
		12	–	612	962	1387	1873	2451	3800	5180
		14	–	612	962	1387	1873	2451	4550	6050
		16	–	612	962	1387	1873	2451	5200	6910
		18	–	612	962	1387	1873	2451	5500	7780
		20	–	612	962	1387	1873	2451	5500	8640
$85 \cdot a \cdot d \leq 380 \cdot d^2$		22	–	612	962	1387	1873	2451	5500	9500
Seitenhölzer in Faserrichtung, zweischnittig	a =	4	420	560	700	840	977	1120	1680	2240
		6	473	838	1050	1260	1460	1680	2520	3360
		8	473	838	1316	1680	1950	2240	3360	4500
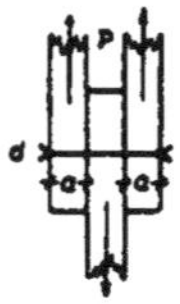		10	–	838	1316	1898	2430	2800	4200	5600
		12	–	838	1316	1898	2564	3354	5040	6700
		14	–	838	1316	1898	2564	3354	5900	7850
		16	–	838	1316	1898	2564	3354	6700	9000
		18	–	838	1316	1898	2564	3354	7500	10100
		20	–	838	1316	1898	2564	3354	7500	11200
		22	–	838	1316	1898	2564	3354	7500	12300
$2 \cdot 55 \cdot a \cdot d \leq 2 \cdot 260 \cdot d^2$		24	–	838	1316	1898	2564	3354	7500	13400
in Faserrichtung, einschnittig	a =	4	153	203	254	305	355	407	612	816
		6	155	274	382	458	533	612	920	1224
		8	155	274	430	612	710	815	1230	1640
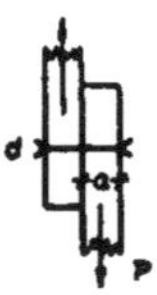		10	–	274	430	621	838	1020	1530	2040
		12	–	274	480	621	838	1097	1740	2450
		14	–	274	430	621	838	1097	2150	2850
		16	–	274	430	621	838	1097	2450	3270
		18	–	274	430	621	838	1097	2470	3700
		20	–	274	430	621	838	1097	2470	4100
$40 \cdot a \cdot d \leq 170 \cdot d^2$		22	–	274	430	621	838	1097	2470	4400

			3/8"	1/2"	5/8"	3/4"	7/8"	1"	1 1/2"	2"
Bolzenabm. in mm			9,53	12,7	15,88	19,05	22,23	25,4	38,1	50,8
Kern ∅ mm			7,90	9,99	12,92	15,80	18,61	21,34	31,70	42,30
Unterlegscheiben □ (≥ 8,5 d) = (b. Trgb. 5 mm, b. Hftb. 4 mm stark)			4·4	5·5	6·6	7·7	8·8	9·9	14·14	18·18
Bolzenabstand in mind. cm			2,5	3,5	4,0	5,0	5,5	6,5	9,5	13,0
Mittelholz senkrecht zur Faserrichtung, zweischnittig	a =	4	243	324	405	487	566	650	975	1300
		6	258	459	608	731	847	975	1462	1950
		8	258	459	718	975	1132	1298	1950	2610
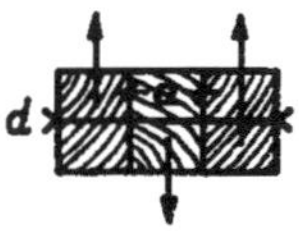		10	–	459	718	1040	1405	1620	2440	3250
		12	–	459	718	1040	1405	1838	2850	3890
		14	–	459	718	1040	1405	1838	3410	4550
		16	–	459	718	1040	1405	1838	3900	5200
		18	–	459	718	1040	1405	1838	4125	5850
$0{,}75 \cdot 85 \cdot a \cdot d$		20	–	459	718	1040	1405	1838	4125	6500
$\leq 0{,}75 \cdot 380 \cdot d^2$		22	–	450	718	1040	1405	1838	4122	7140
Seitenhölzer senkrecht zur Faserrichtung, zweischnittig	a =	4	315	420	525	631	732	840	1260	1680
		6	355	628	787	945	1095	1260	1890	2520
		8	355	628	986	1260	1462	1680	2520	3375
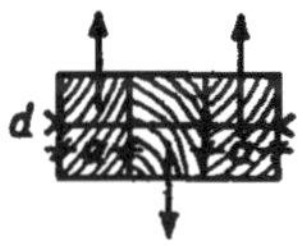		10	–	628	986	1422	1820	2100	3150	4200
		12	–	628	986	1422	1922	2508	3780	5025
		14	–	628	986	1422	1922	2508	4425	5900
		16	–	628	986	1422	1922	2508	5025	6750
		18	–	628	986	1422	1922	2508	5625	7575
$2 \cdot 0{,}75 \cdot 55 \cdot a \cdot d$		20	–	628	986	1422	1922	2508	5625	8400
$\leq 2 \cdot 0{,}75 \cdot 260 \cdot d^2$		22	–	628	986	1422	1922	2508	5625	9230
		24	–	628	986	1422	1922	2508	5625	10050
Senkrecht zur Faserrichtung, einschnittig	a =	4	115	152	191	228	266	305	459	612
		6	116	205	286	343	400	459	690	919
		8	116	205	322	459	532	611	923	1230
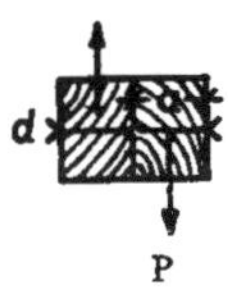		10	–	205	322	466	628	765	1148	1530
		12	–	205	322	466	628	822	1305	1837
		14	–	205	322	466	628	822	1610	2140
		16	–	205	322	466	628	822	1836	2450
		18	–	205	322	466	628	822	1850	2775
$0{,}75 \cdot 40 \cdot a \cdot d$		20	–	205	322	466	628	822	1850	3070
$\leq 0{,}75 \cdot 170 \cdot d^2$		22	–	205	322	466	628	822	1850	3300

Bei Holz, welches der Feuchtigkeit ausgesetzt ist beachte DIN 1052, § 7.
Bei Stahltaschen an Stelle der Seitenhölzer $P_{zul} = 1{,}25$ P.

Zulässige Last (kg) der Bolzenverbindungen für Nadelholz bei Kraftangriff in Faserrichtung nach DIN 1052

Bolzendurchmesser mm	Holzdicken a in cm						
	6	8	10	12	14	16	18
	Zweischnittige Verbindung im Mittelholz: 85 · a3 · d, max 380 d²						
10	380	380	380	380	380	380	380
12	547	547	547	547	547	547	547
16	816	973	973	973	973	973	973
20	1020	1360	1520	1520	1520	1520	1520
22	1122	1496	1839	1839	1839	1839	1839
24	1224	1632	2040	2189	2189	2189	2189
27	1377	1836	2295	2754	2770	2770	2770
	Zweischnittige Verbindung im Seitenholz: 55 · a1 · d, max 260 d² für ein Seitenholz						
10	260	260	260	260	260	260	260
12	374	374	374	374	374	374	374
16	528	666	666	666	666	666	666
20	660	880	1040	1040	1040	1040	1040
22	726	968	1210	1258	1258	1258	1258
24	792	1056	1320	1498	1498	1498	1498
27	891	1188	1485	1782	1895	1895	1895
	Einschnittige Verbindung 40 · a1 · d, max 170 d²						
10	170	170	170	170	170	170	170
12	245	245	245	245	245	245	245
16	384	435	435	435	435	435	435
20	480	640	680	680	680	680	680
22	528	704	823	823	823	823	823
24	576	768	960	979	979	979	979
27	648	864	1080	1239	1239	1239	1239

1943 Tragfähigkeit von Bolzen (Schrauben) und Ankerbolzen auf Zug

Bolzendurchmesser	Kerndurchmesser	Kernquerschnitt	Tragkraft bei σ_{zul} = 850 kg/cm²	Tragkraft bei σ_{zul} = 1000 kg/cm²	Bolzendurchmesser		Kerndurchmesser	Kernquerschnitt	Tragkraft bei σ_{zul} = 850 kg/cm²	Tragkraft bei σ_{zul} = 1000 kg/cm²
mm	mm	cm²	kg	kg	mm	Zoll	mm	cm²	kg	kg
M 10	8,052	0,509	433	509	9,53	⅜"	7,49	0,44	374	441
M 12	9,726	0,743	631	743	12,7	½"	10,0	0,78	663	784
M 16	13,402	1,411	1200	1411	15,9	⅝"	12,9	1,31	1114	1311
M 20	16,752	2,205	1874	2205	19,1	¾"	15,8	1,96	1666	1960
(M 22)	18,752	2,763	2348	2763	22,2	⅞"	18,6	2,72	2312	2720
M 24	20,102	3,175	2699	3175	25,4	1"	21,3	3,53	3043	3575
(M27)	23,102	4,193	3564	4193	28,6	1⅛"	23,9	4,50	3825	4497
M 30	25,454	5,091	4327	5091	31,8	1¼"	27,1	5,77	4905	5770
(M 33)	28,454	6,361	5407	6361	34,9	1⅜"	29,5	6,84	5814	6837
M 36	30,804	7,455	6337	7455	38,1	1½"	32,7	8,39	7132	8388
(M 39)	33,804	8,978	7632	8978	41,3	1⅝"	34,8	9,50	8075	9495
M 42	36,154	10,270	8729	10270	44,5	1¾"	37,9	11,31	9614	11310
(M 45)	39,154	12,045	10238	12045	50,8	2"	43,6	14,91	12674	14912
M 48	41,504	13,534	11504	13534						
(M 52)	45,504	16,269	13828	16269						

1969 Schrauben und Anker auf Zug
Tragfähigkeit in Mp

Nenndurchmesser mm	Rohe Schrauben und Anker zul σ_z = 1120 kp/cm²	Anker zul σ_z = 1500 kp/cm²
M 10	0,570	0,764
M 12	0,832	1,115
M 16	1,579	2,120
M 20	2,470	3,310
M 22	3,090	4,140
M 24	3,560	4,760
M 27	4,700	6,290
M 30	5,700	7,640
M 36	8,350	11,180
M 42	11,500	15,400
M 48	15,150	20,290

5.2.3 Dübel

1943

Langholzdübel aus Hartholz (Güteklasse I)

σ_d || Nadelholz = 85 kg/cm²
σ_d || Hartholz = 120 kg/cm²
τ Abscheren Hartholz = 12 kg/cm²
τ Abscheren Nadelholz = 9 kg/cm²

Dübelbreite b	Dübel-längsschnitt 4/15 cm a = 20 cm 1 Dübelpaar trägt	Dübel-längsschnitt 5/20 cm a = 25 cm 1 Dübelpaar trägt
cm	kg	kg
6	2040	2550
8	2720	3400
10	3400	4250
12	4080	5100
14	4760	5950
16	5440	6800
18	6120	7650
20	6800	8500
22	7480	9350
24	8160	10200
26	8840	11050
28	9520	11900
30	10200	12750

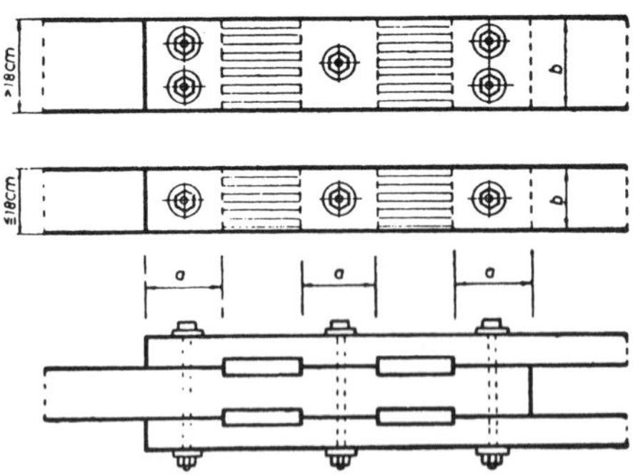

Flacheisendübel

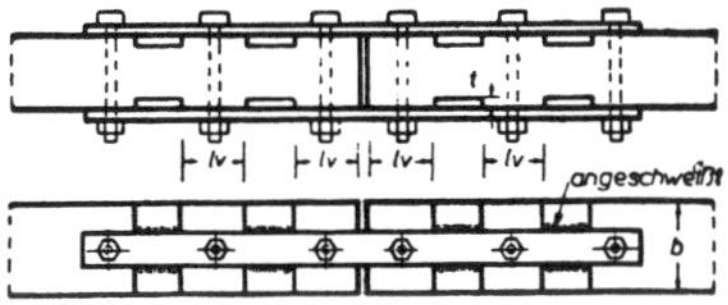

Einschnitttiefe t mm	Vorholzlänge l_v cm	Tragfähigkeit eines Dübels in kg														
		Dübellänge b = Holzbreite in cm														
		4	6	8	10	12	14	16	18	20	22	24	26	28	30	32
5	5	170	255	340	425	510	595	680	765	850	935	1020	1105	1190	1275	1360
6	6	204	306	408	510	612	714	816	918	1020	1122	1224	1326	1428	1530	1632
7	7	238	357	476	595	714	833	952	1071	1190	1309	1428	1547	1666	1785	1904
8	8	272	408	544	680	816	952	1088	1224	1360	1496	1632	1768	1904	2040	2176
9	9	306	459	612	765	918	1071	1224	1377	1530	1683	1836	1989	2142	2295	2448
10	10	340	510	680	850	1020	1190	1360	1530	1700	1870	2040	2210	2380	2550	2720
11	11	374	561	748	935	1122	1309	1496	1683	1870	2057	2244	2431	2618	2805	2992
12	12	408	612	816	1020	1224	1428	1632	1836	2040	2244	2448	2652	2856	3060	3264
13	13	442	663	884	1105	1326	1547	1768	1989	2210	2431	2652	2873	3094	3315	3536
14	14	476	714	952	1190	1428	1666	1904	2142	2380	2618	2856	3094	3332	3570	3808
15	15	510	765	1020	1275	1530	1785	2040	2295	2550	2805	3060	3315	3570	3825	4080
16	16	544	816	1088	1360	1632	1904	2176	2448	2720	2992	3264	3536	3808	4080	4352
17	17	578	867	1156	1445	1734	2023	2312	2601	2890	3179	3468	3757	4046	4335	4624
18	18	612	918	1224	1530	1836	2142	2448	2754	3060	3366	3672	3978	4284	4590	4896
19	19	646	969	1292	1615	1938	2261	2584	2907	3230	3553	3876	4199	4522	4845	5168
20	20	680	1020	1360	1700	2040	2380	2720	3060	3400	3740	4080	4420	4760	5100	5440

Dübelabstände

Anordnung der Dübel	Mindestabstand zweier benachbarter Dübelreihen	Mindestabstand der Dübel in Faserrichtung	Mindestabstand der äußeren Dübelreihe von der Holzkante
1	2	3	4
nicht versetzt (Bild 1)	$a \geq D + t$	e	$c \geq b/2$
versetzt	$a_1 \geq D + t$	$e_1 \geq e$	
	$a_1 \geq D$	$e_1 \geq 1{,}1\ e$	
(Bild 2)	$a_1 \geq 0{,}75\ D$	$e_1 \geq 1{,}5\ e$	
	$a_1 \geq \frac{D + t}{2}$	$e_1 \geq 1{,}8\ e$	

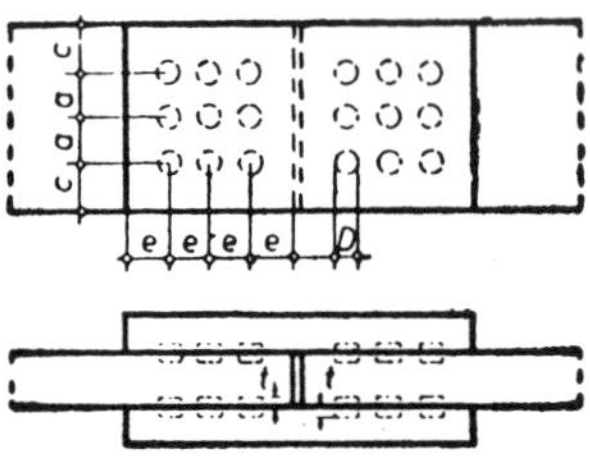

(Bild 1)

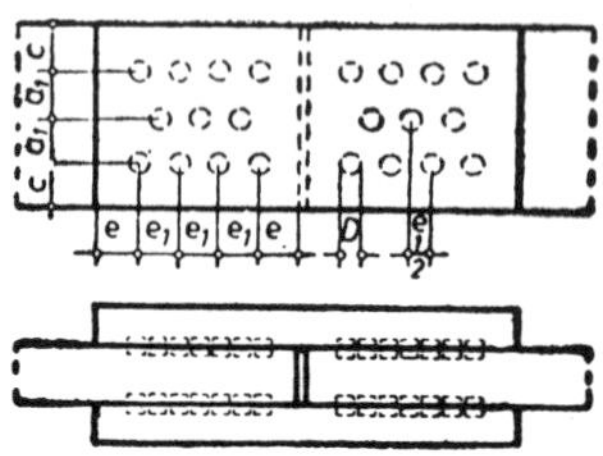

(Bild 2)

D = größter Dübeldurchmesser
t = Einschnitttiefe der Dübel
b = Mindestbreite des Holzes
e = Mindestdübelabstand in Faserrichtung und Mindestvorholzlänge } bei einer Dübelreihe

1937 DIN 1052 Dübel besonderer Bauart (baupolizeiliche Zulassung von 1937)

1969 DIN 1052 zulässige Belastung in Lastfall H

Abmessungen der Dübel				Bolzendurchmesser in "	Unterlegscheiben Durchmesser und Dicke in mm	Mindestabmessungen der Hölzer in cm bei einer Dübelreihe Neigung d. Kraftrichtung z. Faser		Mindestdübelabstand u. -vorholzlänge *e* in cm bei einer Dübelreihe	Zulässige Belastung eines Dübels in kg Neigung der Kraftrichtung zur Faser				
Außendurchmess. *D* in mm	Höhe *h* in mm	Dicke *d* in mm	Anzahl der Zähne			0 bis 30°	> 30 b. 90°		0 bis 30°			> 30 b. 60°	> 60 b. 90°
									Zahl der in der Kraftrichtung hintereinanderliegenden Dübel				
									1 und 2	3 und 4	5 und 6	1 und mehr	1 und mehr
1	2	3	4	5	6	7	8	9	10	11	12	13	14
A. Ringkeildübel Bauart Appel der Firma Otto Appel Holzbau in Berlin													
65	30	5	–	1/2	58/6	10/6	11/6	14	1150	1050	900	1000	900
80	30	6	–	1/2	58/6	11/6	13/6	18	1400	1250	1100	1250	1100
95	30	6	–	1/2	58/6	12/6	15/6	22	1700	1550	1350	1450	1250
126	30	6	–	1/2	58/6	16/6	20/6	25	2000	1800	1600	1700	1400
128	45	8	–	1/2	58/6	16/6	20/6	30	2800	2500	2250	2350	1900
160[1]	45	10	–	5/8	68/6	20/10	24/10	34	3400	3050	2700	2750	2150
190[2]	45	10	–	5/8	68/6	23/10	28/10	43	4800	4300	3850	3850	2900
1 mit 1 Klemmbolzen ½" ∅ am Laschenende (nach DIN 1052, § 16a Ziffer 6) 2 mit 2 Klemmbolzen ½" ∅ am Laschenende (nach DIN 1052, § 16a Ziffer 6)													
B. Beier-Ringdübel der Firma Dipl.-Ing. Beier & Co. Hallen- und Brückenbau G. m. b. H.													
108	20	4	–	5/8	68/6	15/8	18/8	22	1700	1550	1350	1500	1350
130	26	5	–	5/8	68/6	17/8	20/10	24	2200	2000	1750	1900	1550
153[3]	29	6,5	–	5/8	68/6	19/8	23/10	30	3000	2700	2400	2550	2150
173[4]	32	6,5	–	5/8	68/6	21/10	25/10	36	4000	3600	3200	3350	2700
196[4]	36	8	–	3/4	80/8	24/10	29/10	38	4600	4100	3700	3700	2950
216[4]	40	8	–	3/4	80/8	26/10	31/10	40	5200	4700	4150	4150	3100
3 mit 1 Klemmbolzen ½" ∅ am Laschenende (nach DIN 1052, § 16a Ziffer 6) 4 mit 2 Klemmbolzen ½" ∅ am Laschenende (nach DIN 1052, § 16a Ziffer 6)													
C. Teller- und Stufendübel der Firma Christoph u. Unmack AG. in Niesky O.-L.													
60	20	4,5	–	1/2	58/6	9/6	11/6	16	1250	1100	1000	1100	1000
80	25	5	–	1/2	58/6	11/6	13/6	21	1600	1450	1300	1400	1250
100	30	5	–	1/2	58/6	13/6	16/6	24	2000	1800	1600	1750	1500
120	35	5	–	1/2	58/6	16/6	19/6	27	2300	2050	1850	2000	1650
140[5]	40	5,5	–	1/2	58/6	18/6	22/6	33	3100	2800	2450	2600	2100
160[5]	45	6	–	5/8	68/6	20/10	24/10	37	3600	3250	2850	3000	2350
180[6]	50	6	–	5/8	68/6	22/10	25/10	45	4800	4300	3850	3900	3000
200[6]	55	7	–	5/8	68/6	24/10	29/10	48	5400	4850	4300	4300	3250
Für die zulässige Belastung von Stufendübeln mit zwei verschiedenen Durchmessern ist der nach Durchmesser und Neigung der Kraftrichtung zur Faser sich ergebende kleinste Wert aus Spalte 10 bis 14 maßgebend. 5 mit 1 Klemmbolzen ½" ∅ am Laschenende (nach DIN 1052, § 16a Ziffer 6) 6 mit 2 Klemmbolzen ½" ∅ am Laschenende (nach DIN 1052, § 16a Ziffer 6)													

Abmessungen der Dübel: Außendurchmess. *D* in mm	Abmessungen der Dübel: Höhe *h* in mm	Abmessungen der Dübel: Dicke *d* in mm	Abmessungen der Dübel: Anzahl der Zähne	Bolzendurchmesser in "	Unterlegscheiben Durchmesser und Dicke in mm	Mindestabmessungen der Hölzer in cm bei einer Dübelreihe Neigung d. Kraftrichung z. Faser: 0 bis 30°	Mindestabmessungen der Hölzer in cm bei einer Dübelreihe Neigung d. Kraftrichung z. Faser: > 30 b. 90°	Mindestdübelabstand u. -vorholzlänge *e* in cm bei einer Dübelreihe	Zulässige Belastung eines Dübels in kg, Neigung der Kraftrichtung zur Faser: 0 bis 30°; Zahl der in der Kraftrichtung hintereinanderliegenden Dübel: 1 und 2	0 bis 30°: 3 und 4	0 bis 30°: 5 und 6	> 30 b. 60°: 1 und mehr	> 60 b. 90°: 1 und mehr
1	2	3	4	5	6	7	8	9	10	11	12	13	14
D. Hartholzrunddübel der Firma Karl Kübler AG. in Stuttgart-N.													
66	32	–	–	1/2	58/6	9/6	10/6	13	1100	1000	900	900	900
100	40	–	–	1/2	58/6	13/6	16/6	20	1800	1600	1450	1550	1350
E. Ringdübel Bauart Tuchscherer der Firma Bauunternehmung Carl Ingenieur Wilhelm Schiep und des Dipl.-Ing. Tuchscherer, Inhaber der Firma Döscher & Co. Holzbau, Velten, Mark Friedrich Taubert, Kleinmachnow													
90	20	5	—	1/2	58/6	12/6	14/6	13	1200	1100	950	1050	950
110	26	5	—	1/2	58/6	14/6	17/6	17	1600	1450	1300	1400	1250
130	29	5	—	5/8	68/6	17/6	20/6	20	2000	1800	1600	1700	1450
153[1]	32	6,5	—	5/8	68/6	19/6	23/6	25	2800	2500	2250	2350	1950
173[2]	36	6,5	—	5/8	68/6	21/8	25/8	30	3800	3400	3050	3150	2500
196[2]	39	8	—	3/4	80/8	24/8	29/8	31	4300	3850	3450	3500	2700
216[2]	42	8	—	3/4	80/8	26/8	31/8	33	4800	4300	3850	3850	2900
1 mit 1 Klemmbolzen ½" ∅ am Laschenende (nach DIN 1052, § 16a Ziffer 6) 2 mit 2 Klemmbolzen ½" ∅ am Laschenende (nach DIN 1052, § 16a Ziffer 6)													
F. Krallendübel der Firma Siemens-Bauunion G. m. b. H., in Berlin-Siemenstadt.													
55	30	3,5	16	1/2	58/6	8/6	9/6	12	1000[3]	900[3]	800[3]	950[3]	900[3]
									1200[4]	1100[4]	950[4]	1150[4]	1100[4]
								15[3]	1500[3]	1350[3]	1200[3]	1350[3]	1200[3]
80	37	5	20	1/2	58/6	11/6	12/6	14[4]	1900[4]	1700[4]	1500[4]	1750[4]	1600[4]
3 bei Anordnung von Holzlaschen 4 bei Anordnung von Stahllaschen													
G. Geka-Holzverbinder der Firma Karl Georg in Groß-Umstadt (Hessen).													
50	27	3	8	1/2	58/6	8/6	10/6	12	800	700	650	750	700
65	27	3	12	5/8	68/6	9/6	11/6	14	1150	1000	900	1100	1000
80	27	3	18	3/4	80/8	11/6	13/6	17	1700	1500	1350	1600	1450
95	27	3	24	7/8	92/8	12/6	14/6	20	2100	1900	1700	1950	1750
115	27	3	32	1	105/8	14/6	17/6	23	2700	2400	2150	2450	2150
H. Alligator-Zahnringdübel der Firma Adolf W. Neugebauer in Hamburg.													
55	19	1,45	11	1/2	58/6	8/6	10/6	12	600	550	500	550	550
70	19	1,45	15	5/8	68/6	10/6	12/6	14	800	700	650	750	700
95	24	1,5	17	3/4	80/8	12/6	14/6	17	1200	1100	950	1100	1000
115	24	1,5	20	7/8	92/8	15/8	18/8	20	1600	1450	1300	1450	1300
125	29	1,65	18	1	105/8	16/8	19/8	23	1800	1600	1450	1550	1450
I. Krallenplatte der Firma Maschinenfabrik Wilhelm Pfrommer in Karlsruhe.													
90/ 90	25	2	18	5/8	68/6	12/6	14/6	14	1250	1100	1000	1150	1050

Abmessungen der Dübel: Außen-durch-mess. *D* in mm	Abmessungen der Dübel: Höhe *h* in mm	Abmessungen der Dübel: Dicke *d* in mm	Abmessungen der Dübel: Anzahl der Zähne	Bolzen-durchmesser in "	Unterleg-scheiben Durchmesser und Dicke in mm	Mindestabmessungen der Hölzer in cm bei einer Dübelreihe Neigung d. Kraftrichtung z. Faser: 0 bis 30°	Mindestabmessungen der Hölzer in cm bei einer Dübelreihe Neigung d. Kraftrichtung z. Faser: > 30 b. 90°	Mindestdübelabstand u. -vorholzlänge *e* in cm bei einer Dübelreihe	Zulässige Belastung eines Dübels in kg, Neigung der Kraftrichtung zur Faser: 0 bis 30°; Zahl der in der Kraftrichtung hintereinanderliegenden Dübel: 1 und 2	0 bis 30°: 3 und 4	0 bis 30°: 5 und 6	> 30 b. 60°: 1 und mehr	> 60 b. 90°: 1 und mehr
1	2	3	4	5	6	7	8	9	10	11	12	13	14
K. Bulldog-Holzverbinder der Firma Heinrich Wilhelmi in Bremen.													
50	10	1,3	12	1/2	58/6	8/6	10/6	12	500	450	400	450	450
62	17	1,3	12	1/2	58/6	9/6	11/6	12	700	650	550	650	600
75	19	1,3	12	5/8	68/6	10/6	12/6	14	900	800	700	850	800
95	25	1,3	12	5/8	68/6	12/6	14/6	14	1200	1100	950	1100	1050
117	30	1,5	12 bzw. 18	3/4	80/8	15/8	18/8	17	1600	1450	1300	1500	1400
140	31	1,5	16	7/8	92/8	17/8	20/10	20	2200	2000	1750	2000	1850
165[5]	33	1,8	24	1	105/8	19/8	23/10	23	3000	2700	2400	2700	2400
100/100[6]	15	1,4	28	3/4	80/8	13/6	16/6	17	1700	1500	1350	1550	1450
130/130[6]	18	1,5	28	7/8	92/8	16/6	19/8	20	2300	2050	1850	2100	1900

5 mit 1 Klemmbolzen ½" ∅ am Laschenende (nach DIN 1052, § 16a Ziffer 6)
6 Quadratische Verbinder

Stahlbau

1 Berechnungsgrundlagen

1.1 Allgemeines

Die Geschichte des Stahlbaus (früher Eisenbaus) ist mit der Geschichte der eisernen Brücken verbunden. Die Tragglieder der ersten eisernen Brücken waren aus Gusseisen mit schmiedeeisernen Verbindungsmitteln. Die erste eiserne Stahlbrücke wurde 1779 in England errichtet.

In Deutschland baute man die erste eiserne Brücke im Jahre 1796 in Schlesien.

Es folgte die Zeit des Schweißeisens, des Baustoffs der meisten eisernen Brücken und Hochbauten, bis etwa 1895. Ab etwa 1895 wurde hauptsächlich Flusseisen, nach neuerem Sprachgebrauch als Fluss-Stahl bezeichnet, hergestellt. Zu dem normalen Baustahl traten dann die hochwertigen Baustähle.

1923 – Hochbaustahl St.48
1925 – Siliziumbaustahl St.Si – der dann zum Baustahl St.52

weiterentwickelt wurde.

Eine rasche Weiterentwicklung trat dann ab 1925 ein, bedingt durch neue Werkstoffe (St.52), die Einführung der Schweißtechnik und umfangreiche Versuchsforschungen über Werkstoffe und Verbindungen.

1.2 Begriffsbestimmungen

Werkstoff	
Gusseisen	in Formen vergießbares Eisen mit mehr als 1,7 % Kohlenstoffgehalt Es lässt sich nicht schmieden, walzen, hämmern oder pressen, verträgt also keine Art mechanischer Formgebung durch Warm- oder Kaltverarbeitung. Gusseisen hat eine relativ hohe Druckfestigkeit und eine nur geringe Zugfestigkeit.
Schmiedeeisen	Bis etwa 1890 wurde der gängige Baustahl mit weniger als 1,7 % Kohlenstoffgehalt zumeist als Schmiedeeisen bezeichnet. Im Gegensatz zum Gusseisen hat das Schmiedeeisen die Fähigkeit, sich durch Walzen, Pressen oder Schmieden in beliebige Formen überführen zu lassen. Druck- und Zugfestigkeit sind etwa gleich groß.

Werkstoff	
Schweißeisen (Schweiß-Stahl)	Man spricht vom Schweißeisen, wenn der Stahl in nichtflüssigem, teigartigem Zustand durch Zusammenschweißen einzelner Eisenkörner oder Luppen erzeugt wurde. Dieses Verfahren, 1784 von dem Engländer Henry Cort erfunden, wurde 1824 in Deutschland eingeführt. Man nannte dieses Verfahren auch Puddelverfahren. Der Schweiß-Stahl wurde daher auch als Puddelstahl bezeichnet. Durch Vermeidung der Berührung mit Steinkohle oder Koks wurde die Aufnahme von Schwefelzusätzen und damit die Warmbrüchigkeit vermieden.
Flusseisen (Fluss-Stahl)	Durch Einführung des Bessemer- oder Thomas-Verfahrens konnten weitere unerwünschte Eisenbegleiter wie Kohlenstoff oder Silizium vermindert werden. Im Gegensatz zum Schweiß-Stahl erfolgte die Stahlerzeugung im schmelzflüssigen Zustand. Das vorgenannte Herstellungsverfahren wurde vom Engländer Henry Bessemer 1855 erfunden und von Sidney Thomas 1879 verbessert. Durch dieses Verfahren konnte auch der steigende Stahlbedarf wesentlich besser befriedigt werden. Die Bezeichnungen Schweiß- und Fluss-Stahl traten für den Stahlbau ab ca. 1900 in Erscheinung.
Handelsbaustahl	Ab etwa 1935 wurde der Fluss-Stahl als Handelsbaustahl bezeichnet. Hierfür wurde eine Mindestzugfestigkeit von 34 kg/mm^2 und eine Höchstzugfestigkeit von 50 kg/mm^2 festgelegt. Für geschweißte Stahlhochbauten gemäß DIN 4100 durfte kein Handelsbaustahl verwendet werden.
Stahlguss	Stahlguss wird gewonnen durch das Schmelzen von Schrott und Roheisen im sauren oder basischen Martin-, Tiegel- oder elektrischen Ofen. Stahlguss ist ohne weitere Behandlung schmiedbar.

1.3 Übersicht der verwendeten Eisen- und Stahlsorten

Jahr	Werkstoff	Bemerkung
1872	Gusseisen Schmiedeeisen	
1890	Gusseisen Schmiedeeisen	
1900	Schweißeisen (Puddelstahl) Flusseisen, Gusseisen Stahlguss	
1923	Hochwertiger Baustahl St.48	Einführung
1925	Fluss-Stahl St.37 Hochwertiger Baustahl St.48 Gusseisen Stahlguss Stahl geschmiedet	
1929	Hochwertiger Baustahl St. Si (St.52)	Einführung
1934	Handelsbaustahl St.00.12 St.37.12 St.52	
	St.34.13 St.44 St.38.13	Niet- und Schraubstähle
1937	St.00.12	Verwendung für trag. Bauteile nicht mehr gestattet.
1946	Handelsbaustahl St.00.12 St.37.12 St.52	*1
	St.34.13 St.44 St.38.13 St.52	Niet- und Schraubstähle
1957	St.33 St.37 St.52	
	St.34 St.44 St.52	Niet- und Schraubstähle

*1 St.00.12 darf für neue tragende Bauteile nicht verwendet werden. Die in DIN 1050 im Jahr 1946 angegebenen zulässigen Spannungen dürfen nur für das Nachrechnen bestehender Bauteile oder bei der Wiederverwendung gebrauchter Stahlteile angenommen werden.

1.4 Festigkeitseigenschaften

Jahr	Werkstoff	Zugfestigkeit MN/m²	Bruch-dehnung %	Bermerkung
1899	Schweiß-Eisen	350 bis 400		
	Fluss-Stahl	400 bis 420		
	Gusseisen	125 bis 145		
1925	Fluss-Stahl			
	St.37	370 bis 450		
	Hochw. Baustahl			
	St.48	480 bis 580	18	
1928	Fluss-Stahl			
	St.37	370 bis 450	> 20	
	Hochw. Baustahl			
	St.48	480 bis 580	18	
	Puddelstahl	330 bis 400		
	Gusseisen	120 bis 240		
1934	St.00.12	max. 500		Fluss-Stahl
	Handelsbaustahl	340 bis 500	18	Fluss-Stahl
	St.37.12	370 bis 450	20	Fluss-Stahl
	St.34.13	340 bis 420	25	Fluss-Stahl
	St.38.13	380 bis 450	20	Fluss-Stahl
1938	Gusseisen			
	Ge 14.91	mind. 140		
	Stahlguss			
	St.52.815	mind. 520	16	
	Vergütungsstahl			ausgeglühter
	St.G 35.61	500 bis 600	19	Fluss-Stahl
1942	St.52	520 bis 620	20	
1946	wie **1934**			
1946	Gusseisen			
	GG-14	mind. 140		
	Stahlguss			
	Gs 52.1	mind. 520		
	Vergütungsstahl			
	C 35	650 bis 800	16	
1949	St.00.12	max. 500		
	Handelsbaustahl	340 bis 500	18	
	St.37.12	370 bis 450		
	St.34.13	340 bis 420		
	St.38.13	380 bis 450		
	St.52	520 bis 620		
	St.44	440 bis 520		
1957	St.33	330 bis 500	18	
	St.37	370 bis 450	23 bis 25	
	St.37-2	370 bis 450	23 bis 25	
	St.37-3	370 bis 450	23 bis 25	
	St.52-3	520 bis 620	22	

1.5 Zulässige Spannungen für Bauteile aus Eisen und Stahl

1.5.1 Zulässige Spannungen in MN/m² für Hochbaukonstruktionen

Jahr	Werkstoff	Zug	Druck	Biegung	Schub	Bemerkung
1872	Schmiedeeisen Gusseisen	84 28	84 56			bei ruhender Belastung
	Schmiedeeisen Gusseisen	70 25	70 50			bei großen Erschütterungen, Fabriken, Tanzsälen usw.
	Gusseisen		56			Stützen
1881 Aachen	Walzeisen	100	100			bei ruhender Belastung
1887 Berlin	Schweiß-Eisen Gusseisen Bombiertes Eisenblech	75 25 50	75 50 50			
1890 Berlin	Schmiedeeisen Eisenblech Bombiertes Eisenblech Eisendraht Gusseisen Guss-Stahl	75 75 50 120 25 300	75 75 50 50 300			*1 gehärtet
1899 Berlin	Schweißeisen	100	100			bei vorwiegend ruhender Belastung
1910 Berlin	Gusseisen Flusseisen Fluss-Stahl (Stahlformguss)	25 120 140	50 120 140	25 120 140		gegossen, gewalzt oder geschmiedet
	Flusseisen		120			Stützen *2
1917 Hamburg	Flusseisen			120		Träger zur Unterstützung von Decken und Treppen *3
	Flusseisen		120			Stützen *2 *3
	Flusseisen			120		Dächer, Fachwerkwände und Träger zur Unterstützung von Wänden *3 *4
1917 Hamburg	Gusseisen Stahlformguss Schmiedestahl	25 140	50 140	25 120 140	20	

Jahr	Werkstoff	Zug	Druck	Biegung	Schub	Bemerkung
1919 Preußen	Flusseisen			120		Deckenträger, Treppen
				120		Dächer, Fachwerkwände, Träger zur Unterstützung von Wänden *3 *4
	Schmiedestahl Stahlformguss Gusseisen	140	140 50	140 120 25	 20	
	Flusseisen		120			Stützen *2 *3
1925 Preußen	Fluss-Stahl St.37	120		120	120	in Walzprofile gegliederte Bauteile, Stützen und dgl.
	Hochw. Baustahl St.48	156		156	130	
	Gusseisen	 30 25	60 60		 25	mittige Belastung Zug bei Biegung Druck bei Biegung
	Stahlguss (Stahlformguss)		150	120		Druck bei mittiger Belastung
	Stahl geschmiedet	170	170	140		mittige Belastung
1928 Hamburg	wie **1925** Preußen					
1934 DIN 1050	Handelsbaustahl	140		140	112	Belast.fall 1 + 2
	St.00.12	120		120	96	Belast.fall 1 + 2
	St.37.12	140 160		140 160	112 128	Belast.fall 1 Belast.fall 2
	St.52	210 240		210 240	168 192	Belast.fall 1 Belast.fall 2
	St.00.12 St.37.12		140			einteilige Druckstäbe
	St.52		210			
1937 DIN 1051	Grauguss		90 90			allgemein Sützen
	Ge 14.91			60 90		allgemein Druck Stützen Druck
				30 45		allgemein Zug Stützen Zug

Jahr	Werkstoff	Zug	Druck	Biegung	Schub	Bemerkung
1946 DIN 1050 *5	Handelsbaustahl	140 160		140 160	112 128	Belast.fall 1 Belast.fall 2
	St.37.12	140 160		140 160	112 128	Belast.fall 1 Belast.fall 2
	St.52	210 240		210 240	168 192	Belast.fall 1 Belast.fall 2
	St.00.12	120		120	96	Belast.fall 1+2
1952 DIN 1050 *5	wie **1946** DIN 1050					
1957 DIN 1050	 St.33 St.37 St.52 St.33 St.37 St.52 St.33 St.37 St.52	 140 160 240	 120 140 210	 140 160 240	 90 90 135	Lastfall H Druck u. Biege- druck, wenn Nachweis auf Knicken und Kippen erf. Zug und Biege- zug Biegedruck, wenn Ausweichen der gedrückten Gurte nicht möglich ist
	 St.33 St.37 St.52 St.33 St.37 St.52 St.33 St.37 St.52	 160 180 270	 140 160 240	 160 180 270	 105 105 155	Lastfall HZ Druck u. Biege- druck, wenn Nachweis auf Knicken und Kippen erf. Zug und Biege- zug Biegedruck, wenn Ausweichen der gedrückten Gurte nicht möglich ist

*1 Bei sorgfältiger Ausführung und nur geringen Erschütterungen ausgesetzten Hochbaukonstruktionen darf für Stabeisen zul $\sigma = 100$ MN/m^2 angenommen werden.

*2 Bei genauer Berechnung und ungünstigster Belastung (aus mittiger Belastung, Winddruck usw.) darf die größte zul. Kantenpressung mit zul $\sigma = 140$ MN/m² angenommen werden.

*3 Bei Verwendung von Schweißeisen sind die zul. Beanspruchungen um 10 % zu ermäßigen.

*4 Bei Belastungen durch ständige Last, Verkehrslast und Schnee

*5 Bei vollwandigen Trägern, Fachwerken und Stützen

1.5.2 Spannungserhöhungen

1910 Berlin

a) Für Dächer, Fachwerkwände und Träger zur Unterstützung von Wänden darf bei Belastung (gleichzeitig in ungünstigster Wirkung) durch ständige Last, Verkehrslast, Schnee und Winddruck mit zul $\sigma = 140$ MN/m² gerechnet werden.

Dabei muss der Winddruck mind. mit 2,00 kN/m² oder 1,50 kN/m² angesetzt werden.

b) Bei Dächern darf mit zul $\sigma = 160$ MN/m² gerechnet werden, wenn strengste Anforderungen an Durchbildung, Berechnung und Ausführung gewährleistet sind.

1917 Hamburg

wie **1910** Berlin

1919 Preußen

a) Für Dächer, Fachwerkwände und Träger zur Unterstützung von Wänden darf bei Belastung durch ständige Last, Verkehrslast, Schnee und Winddruck (bei gleichzeitiger ungünstigster Wirkung) mit zul $\sigma = 140$ MN/m² gerechnet werden.
Dabei muss der Winddruck mit mind. 1,50 kN/m² angesetzt werden und die Spannung aus ständiger Last darf 120 MN/m² nicht überschreiten.

b) Bei Dächern mit strengsten Anforderungen an Berechnung und Ausführung, sorgfältigem Rostschutz und Eisen von einwandfreier Beschaffenheit darf ausnahmsweise mit zul $\sigma = 160$ MN/m² gerechnet werden.

1925 Preußen

a) Im Belastungsfall 2 dürfen die zulässigen Beanspruchungen um 1/6 erhöht werden.

b) Bei einer den strengsten Anforderungen genügenden Durchbildung, Berechnung und Ausführung ist auch im Belastungsfall 1 eine Erhöhung der zul. Beanspruchung um 1/6 zulässig.

c) Bei einer den strengsten Anforderungen genügenden Durchbildung, Berechnung und Ausführung ist im Belastungsfall 2 eine Erhöhung der zul. Beanspruchung um 1/3 zulässig.

Dies gilt nicht für Deckenträger in Geschossbauten, für die eine höhere Beanspruchung als zul $\sigma = 140$ MN/m² (Belastungsfall 1 in Verbindung mit Abs. b) unzulässig ist.

1928 Hamburg

wie **1925** Preußen

1942
DIN 1050

a) Bis auf Weiteres darf bei Deckenträgern aus I- und U-Stahl, aus Handelsbaustahl oder St.37.12, nicht aber bei Breitflanschträgern auch im Belastungsfall 1 eine Biegespannung bis zu 160 MN/m² zugelassen werden.

b) Ebenso können bei Unterzügen, die unter Deckenträgern liegen und aus Walzträgern, Breitflanschträgern, genieteten oder geschweißten Querschnitten bestehen, im Belastungsfall 1 Spannungen bis 160 MN/m² zugelassen werden.

(Bei Breitflanschträgern und genieteten bzw. geschweißten Querschnitten darf die Durchbiegung unter ungünstigster Verkehrslast nicht größer als 1/500 betragen.)

Die Spannungserhöhungen nach Absatz a+b sind nur zulässig, wenn der Druckgurt ausreichend gegen seitliches Ausweichen gesichert ist.

1946
DIN 1050

Spannungserhöhung bei Deckenträgern wie **1942**

1.5.3 Zulässige Spannungen in MN/m² für Bauteile und Verbindungsmittel

Lf. = Lastfall (Belastungsfall)

Jahr	Werkstoff Bauteil	Werkstoff Verbindungsmittel	Lf.	Abscheren *r*a	Lochleibung σ 1	Zug σz	Bemerkung
1887 Berlin	Schweiß-eisen	Niete		60 bis 80			
	Flusseisen			70 bis 100			
	Gusseisen			22			
	Guss-Stahl			80			
1890 Berlin	Schmiede-eisen			60			
	Gusseisen			20			
	Guss-Stahl			220			gehärtet
1910 Berlin	Fluss-Stahl Flusseisen			100	200		
	Gusseisen			20	40		

Jahr	Werkstoff Bauteil	Verbindungsmittel	Lf.	Abscheren τa	Lochleibung $\sigma 1$	Zug σz	Bemerkung
1917 Hamburg	Flusseisen	Niete und gedrehte Schraubenbolzen		100	200		*1 Träger zur Unterstützung von Decken und Treppen
		gewöhnliche Schraubenbolzen		75	150		
		Niete und gedrehte Schraubenbolzen		100	200		*1 Dächer, Fachwerkwände, Träger zur Unterstützung von Wänden
1919 Preußen	Flusseisen	Niete und gedrehte Bolzen		100	200		*1 *2
		gewöhnliche Schrauben		75	150		
1925 Preußen	Fluss-Stahl St. 37	Niete und eingepasste Schrauben		100	200		*3
		rohe Schrauben		80	160		
	Hochwert. Baustahl St.48	Niete und eingepasste Schrauben		130	260		*3
		rohe Schrauben		104	208		
1934 DIN 1050	St.00.12	Niete St.34.13 St.44	1	120	240		maßgebend Lochquerschnitt
			2	120	240		
	St.37.12	Niete St.34.13 St.44	1	140	280		
			2	160	320		
	St.52	Niete St.34.13 St.44	1	210	420		
			2	240	480		
	St.00.12	Passschrauben	1	96	240	85	maßgebend Querschnitt
			2	96	240	85	
	St.37.12	Passschrauben	1	112	280	100	Abscheren + Lochleibung = Lochquerschnitt
			2	128	320	110	

Jahr	Werkstoff Bauteil	Verbindungs-mittel	Lf.	Ab-scheren τa	Loch-leibung $\sigma 1$	Zug σz	Bemerkung
	St.52	Pass-schrauben	1	168	420	150	Zug = Kern-querschnitt
			2	192	480	170	
	St.00.12	rohe Schrauben St.38.13	1	100	160	100	maßgebend Querschnitt
			2	100	160	100	
	St.37.12	rohe Schrauben St.38.13	1	100	160	100	Abscheren + Lochleibung = Schaft-querschnitt
			2	110	180	110	
	St.52	rohe Schrauben St.38.13	1	100	160	100	Zug = Kern-querschnitt
			2	110	180	110	
1946 DIN 1050	St.00.12	Niete St.34.13 St.44	1	120	240		maßgebend Lochquer-schnitt
			2	120	240		
	Handels-baustahl	Niete St.34.13 St.44	1	140	280		
			2	160	320		
	St.37.12	Niete St.34.13 St.44	1	140	280		
			2	160	320		
	St.52	Niete St.34.13 St.44	1	210	420		
			2	240	480		
	St.00.12	eingepasste Schrauben St.38.13 + St.52	1	96	240	85	maßgebend Querschnitt
			2	96	240	85	
	Handels-baustahl	eingepasste Schrauben St.38.13 + St. 52	1	112	280	100	Abscheren + Lochleibung = Lochquer-schnitt
			2	128	320	110	
	St.37.12	eingepasste Schrauben St.38.13 + St. 52	1	112	280	100	Zug = Kern-querschnitt
			2	128	320	110	
	St.52	eingepasste Schrauben St. 38.13 + St. 52	1	168	420	150	
			2	192	480	170	
	Handels-baustahl St.00.12 St.37.12 St.52	rohe Schrauben St.38.13	1	100	160	100	*4
			2	110	180	110	

Jahr	Werkstoff Bauteil	Verbindungs-mittel	Lf.	Ab-scheren τa	Loch-leibung $\sigma 1$	Zug σz	Bemerkung
1957 DIN 1050	St.37 St.33	Niete TU St.34	H	140	280	48	*5
			HZ	160	320	54	
	St.52	Niete Mr St.44	H	210	420	72	
			HZ	240	480	81	
	St.37 St.33	4D Pass-schrauben	H	140	280	112	
			HZ	160	320	112	
	St.52	5D Pass-schrauben	H	210	420	150	
			HZ	240	480	150	
		rohe Schrauben 4D	H	112	240	112	
			HZ	126	270	112	

*1 Sollte ausnahmsweise noch Schweißeisen verwendet werden, so sind die Beanspruchungen um 10 % zu ermäßigen.

*2 Für Nieten und kegelförmig abgedrehte Bolzen ist der Bohrungsdurchmesser, für Schrauben der Schaftdurchmesser in Rechnung zu stellen.

*3 a) Sollte ausnahmsweise noch Schweißeisen verwendet werden, so sind die Beanspruchungen um 10 % zu ermäßigen.

b) Für Nieten und eingepasste Schraubenbolzen ist der Bohrungsdurchmesser, für rohe Schrauben der Schaftdurchmesser in Rechnung zu stellen.

*4 maßgebender Querschnitt

Abscheren und Lochleibung – Schaftquerschnitt
Zug – Kernquerschnitt

*5 maßgebender Durchmesser

a) Abscheren und Lochleibung

Niete – Loch
Passschraube – Loch

rohe Schrauben – Schaft
Ankerschrauben – Schaft
Ankerbolzen – Schaft

b) Zug

Niete	– Loch
Passschrauben	– Kern
rohe Schrauben	– "
Ankerschrauben	– "
Ankerbolzen	– "

1.5.4 Zulässige Spannungen in MN/m² für Lagerteile und Gelenke

Jahr	Werkstoff	Druck	Biege-zug	Biege-druck	Bemerkung
1917 Hamburg	Gusseisen	100			Flächendruck im Lager
1919 Preußen	Gusseisen	100			
1925 Preußen	Gusseisen	100			Flächendruck im Lager
1934 DIN 1050	Gusseisen Ge 14.91	100 110	45 50	90 100	Belastgsf. 1 Belastgsf. 2
	Stahlguss Stg 52.81	180 200	180 180	200 200	Belastgsf. 1 Belastgsf. 2
	Vergütungsstahl St.C 35.61	200 220	200 220	200 220	Belastgsf. 1 Belastgsf. 2
1946 DIN 1050	Grauguss GG-14	100 110	45 50	90 100	Belastgsf. 1 Belastgsf. 2
	Stahlguss St.52.1	180 200	180 200	180 200	Belastgsf. 1 Belastgsf. 2
	Vergütungsstahl St.C 35	200 220	200 220	200 220	Belastgsf. 1 Belastgsf. 2
1957 DIN 1050	Grauguss GG-14	100 110	45 50	90 100	Lastfall H Lastfall HZ
	St.37	160 180	160 180	160 180	Lastfall H Lastfall HZ
	St.52	240 270	240 270	240 270	Lastfall H Lastfall HZ
	Stahlguss GS-52.1	180 200	180 200	180 200	Lastfall H Lastfall HZ
	Vergütungsstahl St.C 35	200 220	200 220	200 220	Lastfall H Lastfall HZ

1.5.5 Zulässige Spannungen in MN/m^2 für Anker in Hochbaukonstruktionen

Jahr	Werkstoff	Zug	Ankerart	Bemerkung
1910 Preußen	Flusseisen	80	Ankerschrauben	eingemauert
		100 bis 120		freiliegend*
1917 Hamburg	Flusseisen	80	Anker	bei Schweiß-eisen 10 % geringer
1919 Preußen	Flusseisen	80	Anker	bei Schweiß-eisen 10 % geringer
1925 Preußen	Fluss-Stahl St. 37	80	Ankerschrauben und Anker	Für Schrauben gilt der Kern-querschnitt.
	Hochw. Baustahl St. 48	104		
1934 DIN 1050	St.00.12	85	Ankerschrauben und Ankerbolzen	Kernquerschnitt Belastgsf. 1+2
	Handelsbaustahl	100 110		Belastgsf. 1 Belastgsf. 2
	St.37.12	100 110		Belastgsf. 1 Belastgsf. 2
	St.52	150 170		Belastgsf. 1 Belastgsf. 2
1946 DIN 1050	wie **1934** DIN 1050			
1957 DIN 1050	St.37	112	Ankerschrauben und Ankerbolzen	Kernquerschnitt Lastfall H+HZ
	St.52	150		Lastfall H+HZ

* bei Berücksichtigung einer Temperaturänderung von t = 10° bis 30°

1.5.6 Zulässige Spannungen in MN/m² für geschweißte Verbindungen

Jahr	Nahtart Bauteil	Beanspruchung	Werkstoff	Lf.	Spannung σ zul	Bemerkung
1934 DIN 4110	Stumpfnaht	Zug Druck Biegung *1 Abscheren			0,78 σ zul 0,85 σ zul 0,80 σ zul 0,65 σ zul	*2 *3
	Kehlnähte (Stirn- u. Flankenn.)	jede Spannungsart			0,65 σ zul	
1944 DIN 4100	wie **1934**					*4
1956 DIN 4100	Stumpfnaht 100 % durchstrahlt	Zug axial und Biegung	St.37	H HZ	160 160	
			St.52	H HZ	240 240	
		Druck axial und Biegung	St.37	H HZ	140 160	
			St.52	H HZ	210 240	
		Schub	St.37	H HZ	90 105	
			St.52	H HZ	135 155	
	Stumpfnaht 50 % durchstrahlt	Zug. u. Druck axial Biegung	St. 37	H HZ	140 160	
			St.52	H HZ	210 240	
		Schub	St.37	H HZ	90 105	
			St.52	H HZ	135 155	
	Stumpfnaht nicht durchstrahlt	Zug axial und Biegung	St.37	H HZ	110 130	
			St.52	H HZ	170 190	
		Druck axial und Biegung	St.37	H Hz	140 160	
			St.52	H HZ	210 240	

Jahr	Nahtart Bauteil	Beanspru-chung	Werkstoff	Lf.	Spannung σ zul	Bemerkung
	Stumpfnaht nicht durchstrahlt	Schub	St.37	H HZ	90 105	
			St.52	H HZ	135 150	
	Kehlnaht am biegefesten Träger-anschluss	Hauptspanng.	St.37	H HZ	110 130	
			St.52	H HZ	170 190	
		Schub	St.37	H HZ	90 105	
			St.52	H HZ	135 155	
	Längsnähte (Kehl- und Stumpfn.) z. B. Hals-nähte, Steg-blechlängs-stoß, Ver-bindungs-nähte zw. Gurtplatten	Hauptspanng.	St.37	H HZ	140 160	
			St.52	H HZ	210 240	
		Schub	St.37	H HZ	90 105	
			St.52	H HZ	135 155	
	Stumpfnaht an Steg-blechquer-stoß 50 % durch-strahlt	Hauptspanng.	St.37	H HZ	140 160	
			St.52	H HZ	210 240	
		Schub	St.37	H HZ	90 105	
			St.52	H HZ	135 135	

Lf. Lastfall (Belastungsfall)

*1 Zug und Druck in auf Biegung beanspruchten Bauteilen

*2 Diese Werte gelten für die Werkstoffe St.00, St.37 und St.52.

*3 σ zul ist die für den zu verschweißenden Werkstoff zul. Spannung.

*4 Diese Werte gelten für die Werkstoffe St.37.12, St.37.21 und St.52.

1.6 Schweißbarkeit der Baustähle

Jahr	Stahlsorte bzw. Stahlgruppe	Schweißverfahren	Bemerkung
1921	Schmiedeeisen Stahl	schweißbar durch Brennschweißen	*
1934 DIN 4100	St.00 St.37 St.52	Lichtbogenschweißung, elekt. Widerstands- und Gasschmelzschweißung, gaselekt. Schweißung	
1943 DIN 4100	St.37.12 St.37.21 St.52	Lichtbogenschweißung, elekt. Widerstands- und Gasschmelzschweißung	
1946 Techn. Liefer-beding.	St.52	muss sich für Schmelzschweißung eignen	
1946 DIN 1050	Handelsbaustahl	für geschweißte Stahlhochbauten unzulässig	
1952 Techn. Liefer-beding.	St.52	muss sich für Schmelzschweißung eignen	
1956 DIN 4100	St.37 St.52	Eignung zum Schmelzschweißen	

* Schweißungen sind grundsätzlich für Verbindungen, die der Kraftübertragung dienen, auszuschließen.

1.7 Elastizitätsmodul E in MN/m²

Jahr	Werkstoff		E	Bemerkung
1872	Schmiedeeisen		220 000	
	Gusseisen		110 000	
1887 Berlin	Schweißeisen		200 000	
	Flusseisen		210 000 bis 220 000	
	Stahl		200 000 bis 240 000	
1925 Preußen	Gusseisen		100 000	
	Stahl		210 000	geschmiedet
	Stahlguss		215 000	
	Schweißeisen		200 000	
	Fluss-Stahl		210 000	St.37 und St.48
1934 DIN 1050	Gusseisen		100 000	
	Stahl		210 000	hochwert. Baustahl Stahlguss geschmiedeter Stahl
1937 DIN 1051	Grauguss		100 000	
1938	St.52		220 000	Fluss-Stahl
1946 DIN 1050	wie **1934**			
1952 DIN 1050	Gusseisen		100 000	
	Stahl		210 000	hochwert. Baustahl Stahlguss geschmiedeter Stahl
1957 DIN 1050	Grauguss	GG-14	100 000	
	Baustahl	St.33	210 000	
		St.37	210 000	
		St.52.3	210 000	
	Stahlguss	GS 52.1	210 000	

1.8 Altstahl im Hochbau

1948 Richtlinien für Aufarbeitung und Verwendung

a) Als Altstahl wird der aus zerstörten Bauteilen und Bauwerken geborgene Baustahl bezeichnet.

b) Altstahl, der wieder verwendungsfähig ist, muss deutlich in haltbarer Farbe mit dem Firmenzeichen gekennzeichnet werden.

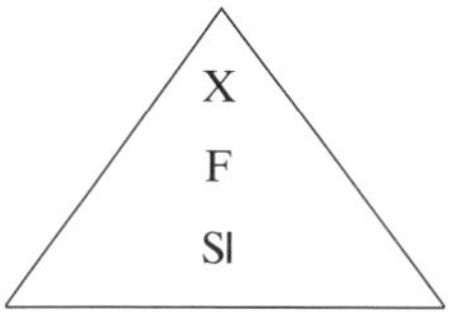

Firmenzeichen
Fachingenieur
Kennzeichnung des Altstahls

Von der Kennzeichnung kann im Einzelfall abgesehen werden, wenn die Träger nicht gerichtet werden müssen, am Bauplatz verbleiben und im gleichen Bauwerk wieder verwendet werden.

c) Baustahl von Bauwerken aus der Zeit vor 1900 darf nicht geschweißt werden.

d) Altstahl darf nur für Bauten und Bauteile mit vorwiegend ruhender Belastung verwendet werden.

e) Bei Altstahl mit der Bezeichnung II und SII sind das Widerstandsmoment, die Querschnittsfläche und das Trägheitsmoment nur mit 80 % einzusetzen.

Kennzeichnung	von Bauwerken aus der Zeit	Flanschabrostung	Max. zul. Biege-Spannung LF 1 (MN/m^2)	W F J
I	seit 1900	bis 10 %	140,00	100 %
II	seit 1900	über 10 % bis 25 %	140,00	80 %
S I	vor 1900	bis 10 %	100,00	100 %
S II	vor 1900	über 10 % bis 25 %	100,00	80 %

W = Widerstandsmoment
F = Querschnittsfläche
J = Trägheitsmoment

2 Konstruktionshinweise

2.1 Träger

2.1.1 Allgemeines

Nachdem man die eisernen Träger aus Guss- oder Schmiedeeisen anfänglich nur für Stürze mit geringen Spannweiten einsetzte, wurden bald auch Deckenunterstützungen und Maueröffnungen mit großen Spannweiten und Belastungen durch Träger abgefangen.

Aus Gusseisen fertigte man:
Träger
Streben
Bogenstücke
Schuhe und Flansche

Aus Schmiedeeisen fertigte man:
Träger von verschiedenen Querschnitten
Zugstangen
Nieten und Bolzen

Die ersten eisernen Träger, die sowohl im Hochbau wie im Brückenbau zur Anwendung kamen, wurden als ⊥-förmige Profile mit elliptischen Rücken aus Gusseisen hergestellt.

In der weiteren Entwicklung kam den schmiedeeisernen Trägern eine immer größere Bedeutung zu.

Man unterteilt sie in:

a) gewalzte Träger (Eisenbahnschienen und I-förmige Träger)
b) einfache Blechträger
c) hohle Träger, doppelte Blechträger und Kastenträger
d) Gitterträger und Parallelträger

Vor 1900 setzte man für Sturz-, Decken-, Treppen-, Balkon- und Erkerkonstruktionen im großen Umfang auch Eisenbahnschienen ein. In der Regel handelte es sich um gebrauchte alte Schienen. Die Weiterentwicklung der Herstellungsprozesse (Bessemer-Verfahren, Siemens-Martin-Verfahren usw.) führte dann zur Erzeugung von Flussstahl und hochwertigen Baustählen.

Jahr	Entwicklung in Deutschland
1830	wurden in Deutschland die ersten Winkeleisen gewalzt.
1835	folgten dann die ersten Eisenbahnschienen.
1852	walzte die Gesellschaft Phoenix die ersten Doppel-T-Träger.
1886	erstellte der Verband deutscher Architekten und Ing.-Vereine, der V.d.I und der Verein deutscher Hüttenleute die Normalbedingungen für die Lieferung von Eisenbauwerken.
1881	erfolgte die erste Zusammenstellung der deutschen Normalprofile für Walzeisen.

2.1.2 Statische Werte gusseiserner Träger

I = Trägheitsmoment
W = Widerstandsmoment
A = Querschnittsfläche

Jahr	Querschnitt	I	W	A	Bemerkung
1872	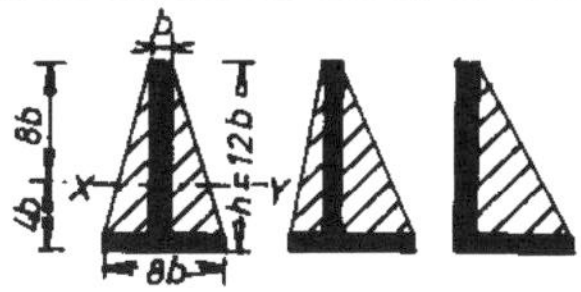	$278{,}3b^4$	$34{,}80b^3$ bzw. $0{,}0201h^3$	$19{,}00b^2$ bzw. $0{,}132h^2$	*
	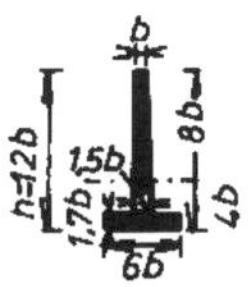	$294{,}8b^4$	$36{,}85b^3$ bzw. $0{,}0213h^3$	$23{,}08b^2$ bzw. $0{,}160h^2$	
	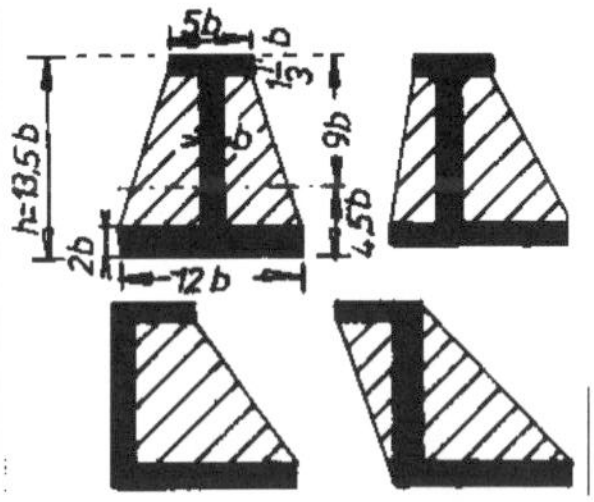	$930{,}0b^4$	$102{,}40b^3$ bzw. $0{,}0417h^3$	$40{,}82b^2$ bzw. $0{,}224h^2$	

*1 a) Abstand der seitlichen Versteifungsrippen in 1,00 m bis 1,25 m
b) Die Träger wurden teilweise auch mit elliptischen Rücken gefertigt.

2.1.3 Statische Werte der Walzprofile

1872 Schmiedeeiserne Walzprofile der Burbacher Hütte

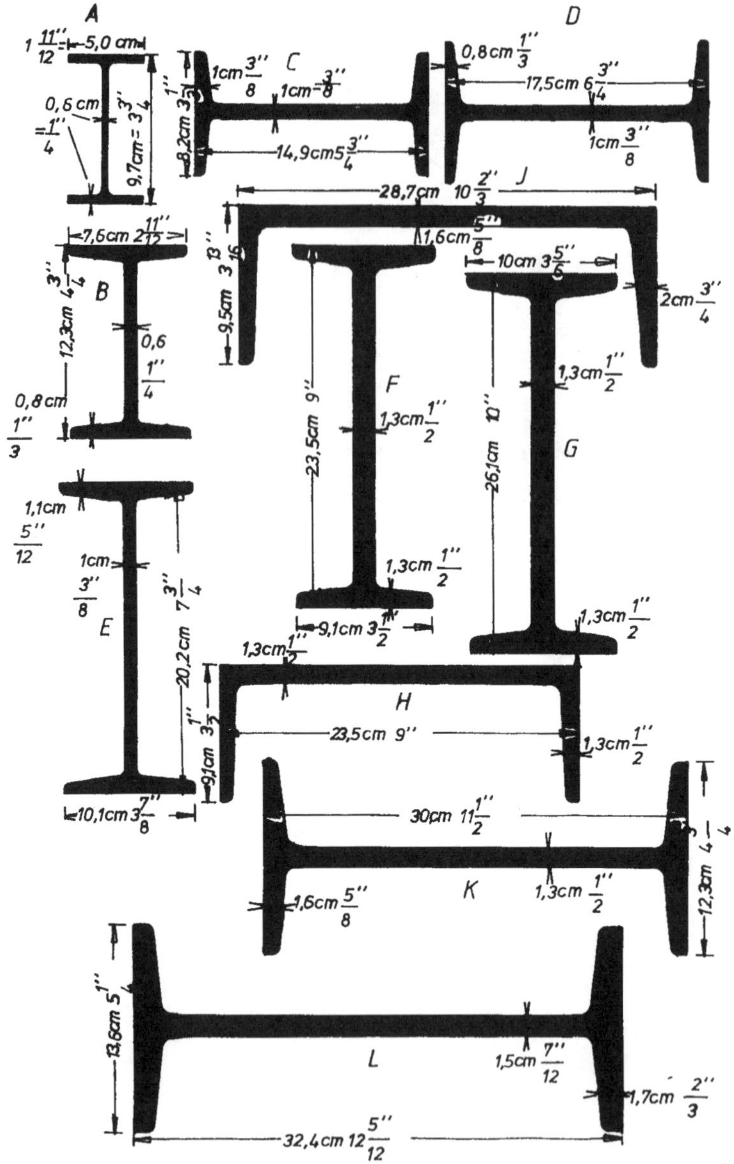

siehe auch Abschnitt 5.1 Profilwerte, S. 353

1881 I-Profile

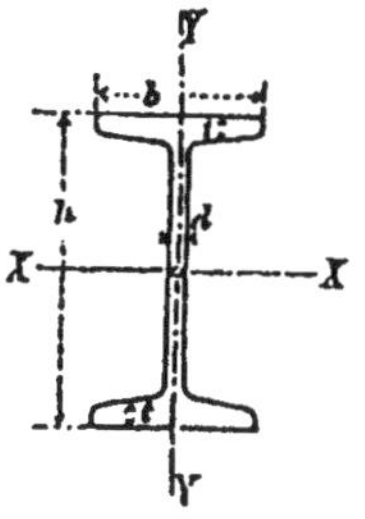

$h < 250: \begin{cases} b = 0{,}4\,h + 10, \\ d = 0{,}03\,h + 1{,}5; \end{cases}$

$h > 250: \begin{cases} b = 0{,}3\,h + 35, \\ d = 0{,}03\,h; \end{cases}$

$t = 1{,}5\,d;\ R = d;\ r = 0{,}6\,d;$

Neigung im Flantsch = 14 %.

Profil-Nr.	Höhe h mm	Breite b mm	Dicke Steg d mm	Dicke Flansch t mm	Fläche F qcm	Gewicht g pro m kg	Trägheitsmoment J_x cm⁴	Trägheitsmoment J_y cm⁴	Widerstandsmoment W_y cm³
8	80	42	3,9	5,9	7,61	6,0	7,35	78,4	19,6
9	90	46	4,2	6,3	9,05	7,1	10,4	118	26,2
10	100	50	4,5	6,8	10,69	8,3	14,3	172	34,4
11	110	54	4,8	7,2	12,36	9,6	18,9	241	43,8
12	120	58	5,1	7,7	14,27	11,1	25,2	331	55,1
13	130	62	5,4	8,1	16,19	12,6	32,2	441	67,8
14	140	66	5,7	8,6	18,35	14,3	41,3	579	82,7
15	150	70	6,0	9,0	20,5	16,0	51,8	743	99,0
16	160	74	6,3	9,5	22,9	17,9	64,0	945	118
17	170	78	6,6	9,9	25,4	19,8	78,8	1177	139
18	180	82	6,9	10,4	28,0	21,9	95,9	1460	162
19	190	86	7,2	10,8	30,7	24,0	115,2	1779	187
20	200	90	7,5	11,3	33,7	26,2	138	2162	216
21	210	94	7,8	11,7	36,6	28,5	163	2587	246
22	220	98	8,1	12,2	39,8	31,0	192	3090	281
23	230	102	8,4	12,6	42,9	33,5	224	3642	317
24	240	106	8,7	13,1	46,4	36,2	261	4288	357
26	260	113	9,4	14,1	53,7	41,9	341	5798	446
28	280	119	10,1	15,2	61,4	47,9	429	7658	547
30	300	125	10,8	16,2	69,4	54,1	530	9888	659
32	320	131	11,5	17,3	78,2	61,0	652	12622	789
34	340	137	12,2	18,3	87,2	68,0	789	15827	931
36	360	143	13,0	19,5	97,5	76,1	956	19766	1098
38	380	149	13,7	20,5	107,5	83,9	1138	24208	1274
40	400	155	14,4	21,6	118,3	92,3	1349	29446	1472
42½	425	163	15,3	23,0	133,0	103,7	1672	37266	1754
45	450	170	16,2	24,3	147,7	115,2	2004	46204	2054
47½	475	178	17,1	25,6	163,6	127,6	2424	56912	2396
50	500	185	18,0	27,0	180,2	140,5	2871	69245	2770

1881 U-Profile

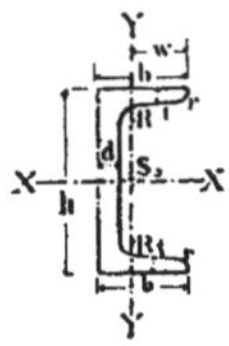

$b = 0{,}25\ h + 25$ mm
Neigung der inneren Flantschflächen 8 %.
$R = t;\ r = \frac{t}{2}$

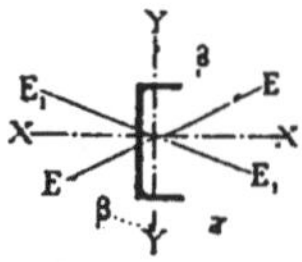

Ungünstigste Belastungsebene *EE* (resp. E_1E_1) unter β gegen YY geneigt, indem tg β = m.

Profil-Nr.	Dimensionen in Millimeter						Querschnitt	Gewicht per 1 Meter	Schwerpunkts-Abstand	Moments (in cm) f. d. YY-Biegungsebene			Momente (in cm) f. d. XX-Biegungsebene			Verhältnis	Kleinstes Widerstands-Moment f. d. ungünstigste Belastungsebene, für welche	Zwei zusammengesetzte ⊏-Eisen. Kleinste Momente f. d. XX-Biegungsebene. (Ausnahmen angegeben.)			
										Trägheits-Moment	Widerstands-Moment	Wirkungsgrad	Trägheits-Moment	Widerstands-Moment	Wirkungsgrad			Querschnitt (= 2 F)	Gewicht per 1 Meter (= 2 G)	Trägheits-Moment (in cm)	Widerstands-Moment (in cm)
	h	b	d	t	R	r	F	F	w	T_y	W_y	$\frac{W_y}{G} = w_y$	T_x	W_x	$\frac{W_x}{G} = w_x$	$\frac{W_y}{W_x} =$ m	tg β = m			T_x	W_x
							qcm	kg	cm									qcm	kg		
3	30	33	5	7	7	3,5	5,42	4,2	1,86	6,5	4,3	1,0	5,2	2,8	0,66	1,54	2,35	10,8	8,4	für Ty 13,0	für Wy 8,6
4	40	35	5	7	7	3,5	6,20	4,8	2,04	14,2	7,1	1,5	7,3	3,6	0,74	1,97	3,20	12,4	9,6	für Ty 28,4	für Wx 11,3
5	50	38	5	7	7	3,5	7,12	5,6	2,32	26,7	10,7	1,9	10,0	4,3	0,76	2,50	4,00	14,2	11,2	für Tx 51,5	für Wx 13,6
6½	65	42	5,5	7,5	7,5	4	9,05	7,1	2,66	58,2	17,9	2,5	15,7	5,9	0,83	3,04	5,61	18,1	14,2	74,7	17,8
8	80	45	6	8	8	4	11,04	8,6	2,98	107	26,7	3,1	21,7	7,4	0,86	3,60	7,13	22,1	17,2	98,1	21,8
10	100	50	6	8,5	8,5	4,5	13,5	10,5	3,31	207	41,4	3,9	33,1	10,0	0,95	4,14	9,60	27,0	21,0	14,3	28,6
12	120	55	7	9	9	4,5	17,04	13,3	3,76	368	61,3	4,6	49,2	13,1	0,99	4,69	12,8	34,1	26,6	202	36,7
14	140	60	7	10	10	5	20,4	15,9	4,09	609	87,0	5,5	71,2	17,4	1,10	5,00	17,0	40,8	31,8	291	48,5
16	160	65	7,5	10,5	10,5	5,5	24,1	18,8	4,49	932	117	6,2	97,4	21,7	1,16	5,38	21,2	48,2	37,6	388	59,7
18	180	70	8	11	11	5,5	28,0	21,9	4,90	1364	152	6,9	130	26,6	1,22	5,70	26,1	56,1	43,8	508	72,6
20	200	75	8,5	11,5	11,5	6	32,3	25,2	5,30	1927	193	7,7	171	32,2	1,28	5,99	31,9	64,6	50,4	654	87,2
22	220	80	9	12,5	12,5	6,5	37,6	29,3	5,66	2712	247	8,4	226	39,9	1,36	6,19	39,5	75,1	58,6	863	108
26	260	90	10	14	14	7	48,4	37,8	6,42	4857	374	9,9	365	56,9	1,51	6,57	56,3	96,8	75,6	1376	153
30	300	100	10	16	16	8	58,8	45,9	7,05	8064	538	11,7	564	80,0	1,70	6,72	79,2	117,6	91,8	2151	215

1890 I-Profile der Burbacher Hütte

Nr.	Abmessungen Höhe mm	Abmessungen Flantsch mm	Abmessungen Dicke mm	Fläche F qcm	Gewicht pro m kg	Trägheits-moment cm⁴	Wider-stands-moment cm³
1a	78,5	78,5	6,5	16,80	13,0	169,96	43,30
1b	77	78	7	17,90	13,9	168,95	43,88
1c	75	83	8	20,70	16,0	182,04	48,54
2	80	42	3,9	7,61	5,9	78,48	19,62
3	80	50	8	16,00	12,4	197,66	35,94
4	80	52	10	17,60	13,7	206,24	38,51
5	90	46	4,2	9,05	7,0	117,93	26,21
6a	100	50	5	11,50	8,9	178,14	35,63
6b	98,5	49,5	6	13,10	10,2	190,67	38,71
6c	97	53	7,5	16,65	12,9	230,00	47,42
6d	95	59	10	22,00	17,1	281,48	59,26
7a	125	75	6	18,78	14,5	476,06	76,17
7b	123,5	74,5	7	20,78	16,1	499,49	80,89
7c	121,5	82	8,5	26,41	20,5	613,14	100,93
7d	119,5	90	11	34,75	27,0	758,82	127,00
8	130	62	5,4	16,19	12,6	441,00	67,80
9	130	85	8	28,39	22,0	770,14	118,48
10	140	66	5,7	18,35	14,3	579,00	82,70
11a	150	80	7	24,24	18,5	882,41	117,65
11b	148	79,5	7,75	27,18	21,1	937,34	126,67
11c	146	88	9	32,38	25,1	1086,80	148,88
11d	144	94	11	41,02	31,8	1314,29	182,54
12a	176	91,5	8,5	31,13	24,0	1480,30	168,22
12b	174	90	9,25	34,54	26,8	1611,11	185,19
12c	172	96	10,5	40,14	31,2	1830,50	212,85
12d	170	99,5	12	47,80	37,1	2115,43	248,87
13a	200	100	9	38,30	29,5	2389,85	238,99
13b	198	99	10	41,44	32,2	2496,86	252,21
13c	196	106	11,5	49,28	38,5	2917,05	297,66
13d	194	113,5	14	61,27	47,6	3509,62	361,82
14	220	100	10	42,98	33,4	3139,30	285,39
15	235	91,5	8,5	36,72	28,5	2855,94	243,06
16	235	94	8,5	40,48	31,4	3439,79	292,75
17a	235	96	10	44,42	33,8	3649,98	310,64
17b	233,5	97	11	48,30	37,5	3888,02	333,02
17c	232	107	12	57,15	44,4	4595,18	396,14
17d	230	113	15	67,61	52,5	5261,00	457,50
18	235	93	10	40,10	31,1	3183,80	271,96
19	235	90	10	42,50	33,0	3426,16	291,59

Profil-Nr.	Abmessungen Höhe mm	Abmessungen Flantsch mm	Abmessungen Dicke mm	Fläche F qcm	Gewicht pro m kg	Trägheits-moment cm⁴	Wider-stands-moment cm³
20	235	91,5	13	51,75	40,2	4008,84	341,18
21	240	106	8,7	46,40	36,2	4288,00	357,00
22a	250	115	11	55,80	43,3	5363,00	429,04
22b	248	114	11,75	59,00	45,8	5540,52	446,82
22c	246	122,5	13	69,01	53,6	6441,06	523,66
22d	244	131	15	80,95	62,8	7407,99	607,21
23a	250	140	10	63,00	48,9	6535,81	522,86
23b	248,5	139	10,75	67,40	52,3	6854,30	551,65
23c	247	150	12	80,92	62,8	8186,37	662,86
23d	245	158	14	97,94	76,0	9618,34	785,17
24	262	96	9,5	49,11	38,1	5151,81	393,27
25a	262	98	11,5	54,65	42,4	5451,55	416,15
25b	260	97,75	12,5	58,37	45,3	5673,49	436,42
25c	258	112,5	14,5	70,68	54,9	6859,70	531,76
25d	256	117	17	82,80	64,3	7842,52	612,70
26a	300	125	13	74,00	57,4	9957,56	663,84
26b	298	124,5	14	79,55	61,8	10512,87	705,56
26c	296	132	16	92,30	71,7	12023,05	812,37
26d	293	142	19	112,60	87,4	14319,32	977,43
27a	320	136	16	97,10	75,4	14711,29	919,47
27b	317,5	135	17	102,60	79,6	15220,00	958,74
27c	315	144	19	117,00	96,8	17117,62	1086,83
28a	355	142	13	87,70	68,1	16715,37	941,71
28b	353	141	14	96,70	75,1	18289,51	1036,23
28c	350	150	16	113,90	88,4	21283,62	1216,21
29a	400	140	16	110,50	85,8	25444,08	1272,20
29b	398	139	17	116,80	90,7	26379,46	1325,60
29c	396	150	19	134,50	104,4	30416,38	1536,18
30	425	160	17	133,99	104	35404,07	1666,07
31	450	168	17	147,23	114,3	43983,76	1954,83
32	500	176	18	174,60	135,5	64150,17	2566,01
33	550	200	19	215,21	164,0	99837,76	3630,46
34	80	41	4,5	8,60	6,7	85,48	21,37
35	100	42	5	10,65	8,3	160,64	32,13
36	120	44	5,5	12,86	10	272,71	45,45
37	140	47	6	15,47	12	438,94	62,70
38	160	51	6,5	18,07	14	656,40	82,05
39	180	55	7	21,10	16,4	956,59	106,29
40	200	60	7,5	25,34	19,7	1427,17	142,72
41	220	65	8	30,52	23,7	2108,39	191,67

1918 I-Normalprofil

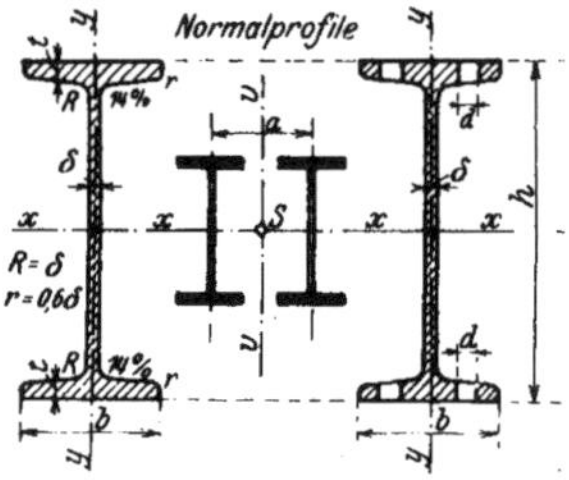

Profil Nr.	Abmessungen: Höhe h mm	Breite b mm	Stärke im Steg δ mm	Stärke im Flansch t mm	Querschnitt F qcm	Gewicht g kg/m	Trägheitsmomente J_x cm⁴	J_y cm⁴	Widerstandsmomente W_x cm⁴	W_y cm⁴	$J_v = J_x$ für a mm	Profil Nr	Bei Abzug von vier Nietlöchern in den Flanschen wird: bei einem Nietdurchm. d mm	die Fläche F qcm	das Trägheitsmoment J_x cm⁴
8	80	42	3,9	5,9	7,58	5,95	77,8	6,29	19,5	3,00	62	8			
9	90	46	4,2	6,3	9,00	7,07	117	8,78	26,0	3,82	70	9			
10	100	50	4,5	6,8	10,6	8,32	171	12,2	34,2	4,88	78	10			
11	110	54	4,8	7,2	12,3	9,66	239	16,2	43,5	6,00	85	11			
12	120	58	5,1	7,7	14,2	11,2	328	21,5	54,7	7,41	94	12			
13	130	62	5,4	8,1	16,1	12,6	436	27,5	67,1	8,87	100	13			
14	140	66	5,7	8,6	18,3	14,4	573	35,2	81,9	10,7	108	14			
15	150	70	6,0	9,0	20,4	16,0	735	43,9	98,0	12,5	116	15			
16	160	74	6,3	9,5	22,8	17,9	935	54,7	117	14,8	124	16			
17	170	78	6,6	9,9	25,2	19,8	1 166	66,6	137	17,1	132	17			
18	180	82	6,9	10,4	27,9	21,9	1 446	81,3	161	19,8	140	18			
19	190	86	7,2	10,8	30,6	24,0	1 763	97,4	186	22,7	148	19			
20	200	90	7,5	11,3	33,5	26,3	2 142	117	214	26,0	156	20	16	26 3	1 498
21	210	94	7,8	11,7	36,4	28,6	2 563	138	244	29,4	164	21	16	28,9	1 826
22	220	98	8,1	12,2	39,6	31,1	3 060	162	278	33,1	170	22	16	31,8	2 210
23	230	102	8,4	12,6	42,7	33,5	3 607	188	314	37,1	180	23	16	34,6	2 656
24	240	106	8,7	13,1	46,1	36,2	4 246	221	354	41,7	188	24	16	37,7	3 166
25	250	110	9,0	13,6	49,7	39,0	4 966	256	397	46,5	195	25	16	41,0	3 749
26	260	113	9,4	14,1	53.4	41,9	5 744	288	442	51,0	202	26	16	44,4	4 378
27	270	116	9,7	14,7	57,2	44,9	6 626	326	491	56,2	210	27	16	47,8	5 091
28	280	119	10,1	15,2	61,1	48,0	7 587	364	542	61,2	218	28	20	48,9	5 517
29	290	122	10,4	15.7	64,9	51,0	8 636	406	596	66,6	225	29	20	52,3	6 271
30	300	125	10,8	16,2	69,1	54,2	9 800	451	653	72,2	234	30	20	56,1	7 188
32	320	131	11,5	17,3	77,8	61,1	12 510	555	782	84,7	248	32	20	64,0	9 337
34	340	137	12,2	18,3	86,8	68,1	15 695	674	923	98,4	264	34	20	72,2	11 871
36	360	143	13,0	19,5	97,1	76,2	19 605	818	1089	114	278	36	20	81,5	15 079
38	380	149	13,7	20,5	107	84,0	24 012	975	1264	131	294	38	23	88.1	17 912
40	400	155	14,4	21,6	118	92,6	29 213	1158	1461	149	308	40	23	98,1	22 092
42½	425	163	15,3	23,0	132	103,6	36 973	1437	1740	176	328	42½	23	111	28 415
45	450	170	16,2	24,3	147	115.4	45 852	1725	2037	203	346	45	23	125	35 713
47½	475	178	17,1	25,6	163	128,0	56 481	2088	2378	235	365	47½	26	136	43 024
50	500	185	18,0	27,0	180	141.3	68 738	2478	2750	268	384	50	26	152	53 015
55	550	200	19,0	30,0	213	167 2	99 184	3488	3607	349	424	55	26	182	78 069
60	600	215	21.6	32 4	254	199.4	138 957	4668	4632	434	452	60	26	220	111 789
	h	b	δ	t	F	g	J_x	J_y	W_x	W_y	a		mm	qcm	cm⁴

1918 Differdinger I-Profile

der Deutsch-Luxemburgischen Bergwerks- und Hütten-Aktiengesellschaft Abt. Differdingen

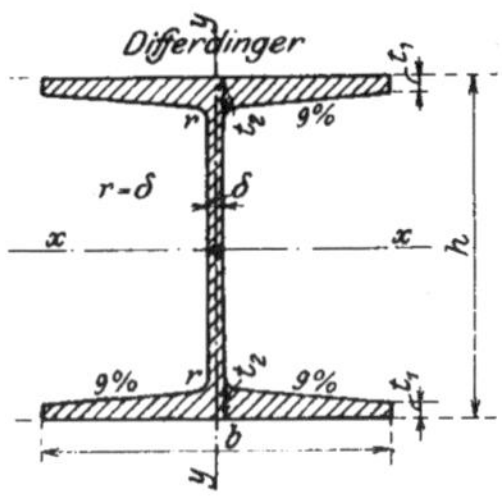

Abmessungen		Normalstegige										Dünnstegige									
Höhe	Breite	Profil	Stegstärke	Flanschstärke		Querschnitt	Gewicht	Trägheitsmomente		Widerstandsmomente		Profil	Stegstärke	Flanschstärke		Querschnitt	Gewicht	Trägheitsmomente		Widerstandsmomente	
h	b		δ	t_1	t_2	F	g	J_x	J_y	W_x	W_y		δ	t_1	t_2	F	g	J_x	J_y	W_x	W_y
mm	mm	Nr.	mm	mm	mm	qcm	kg/m	cm^4	cm^4	cm^3	cm^3	Nr.	mm	mm	mm	qcm	kg/m	cm^4	cm^4	cm^3	cm^3
140	140	14 B	7,4	8,0	13,9	39,8	31,2	1 388	438	198	63	14 Bd	5,5	7,9	13,9	37,3	29,3	1 354	433	193	62
160	160	16 B	8,0	8,5	15,4	49,6	38,9	2 278	705	285	88	16 Bd	6,0	8,4	15,4	46,4	36,4	2 215	696	277	87
180	180	18 B	8,5	9,0	16,72	59,9	47,0	3 512	1 073	390	119	18 Bd	6,5	9,0	16,8	56,8	44,6	3 448	1 070	383	119
200	200	20 B	8,5	9,5	18,12	70,4	55,3	5 171	1 568	517	157	20 Bd	7,0	9,7	18,3	68,6	53,8	5 163	1 594	516	159
220	220	22 B	9,0	10,0	19,5	82,6	64,8	7 379	2 216	671	201	22 Bd	7,5	10,2	19,8	80,6	63,2	7 368	2 252	670	205
240	240	24 B	10,0	10,5	20,85	96,8	76,0	10 260	3 043	855	254	24 Bd	8,1	10,9	21,3	94,6	74,2	10 315	3 132	860	261
250	250	25 B	10,5	10,9	21,7	105,1	82,5	12 066	3 575	965	286	25 Bd	8,3	11,2	22,0	101,7	79,8	12 046	3 647	964	292
260	260	26 B	11,0	11,7	22,9	115,6	90,7	14 352	4 261	1 104	328	26 Bd	8,6	11,5	22,7	109,1	85,6	13 995	4 234	1 077	326
270	270	27 B	11,25	11,95	23,6	123,2	96,7	16 529	4 920	1 224	365	27 Bd	8,9	11,8	23,6	117,0	91,8	16 178	4 873	1 198	361
280	280	28 B	11,5	12,35	24,4	131,8	103,4	19 052	5 671	1 361	405	28 Bd	9,1	12,1	24,3	124,6	97,8	18 574	5 576	1 327	398
290	290	29 B	12,0	12,7	25,2	141,1	110,8	21 866	6 417	1 508	443	29 Bd	9,4	12,4	25,0	132,9	104,3	21 252	6 368	1 466	439
300	300	30 B	12,5	13,25	26,25	152,1	119,4	25 201	7 494	1 680	500	30 Bd	9,6	12,7	25,7	141,1	110,7	24 190	7 235	1 613	482
320	300	32 B	13,0	14,1	27,0	160,7	126,2	30 119	7 867	1 882	524	32 Bd	10,2	13.8	26,8	151,1	118,6	29 273	7 731	1 830	515
340	300	34 B	13,4	14,6	27,5	167,4	131,4	35 241	8 097	2 073	540	34 Bd	10,7	14,9	27,9	161,1	126,4	35 026	8 223	2 060	548
360	300	36 B	14,2	16,15	29,0	181,5	142,5	42 479	8 793	2 360	586	36 Bd	11,2	15,9	28,9	170,6	133,9	41 333	8 678	2 296	579
380	300	38 B	14,8	17,0	29,8	191,2	150,1	49 496	9 175	2 605	612	38 Bd	11,8	17,0	30,0	181,2	142,2	48 573	9 175	2 556	612
400	300	40 B	15,5	18,2	31,0	203,6	159,8	57 834	9 721	2 892	648	40 Bd	12,3	18,0	31,0	191,0	149,9	56 416	9 614	2 821	641
425	300	42½ B	16,0	19,0	31,75	213,9	167,9	68 249	10 078	3 212	672	42½ Bd	12,9	19,3	32,3	203,9	160,1	67 501	10 203	3 177	680
450	300	45 B	17,0	20.3	33,0	229,3	180,0	80 887	10 668	3 595	711	45 Bd	13,6	20,8	33,6	218,5	171,5	80 436	10 885	3 575	726
475	300	47½ B	17,6	21,35	34,0	242,0	190,0	94 811	11 142	3 992	743	47½ Bd	14,3	22,1	34,9	232,3	182,8	94 812	11 468	3 992	765
500	300	50 B	19,4	22,6	35,2	261,8	205,5	111 283	11 718	4 451	781	50 Bd	14,9	23,4	36,2	246,0	193,1	110 106	12 011	4 404	801
550	300	55 B	20,6	24,5	37,0	288,0	226,1	145 957	12 582	5 308	839	55 Bd	15,1	23,8	36,6	256,7	201,5	138 001	12 241	5 018	816
600	300	60 B	20,8	24,7	37,2	300,6	236,0	179 303	12 672	5 977	845	60 Bd	15,3	24,1	36,9	267,1	209,7	169 358	12 365	5 645	824
650	300	65 B	21,1	25,0	37,5	314,5	246,9	217 402	12 814	6 690	854	65 Bd	15,5	24,5	37,3	278,2	218,4	205 200	12 550	6 314	837
700	300	70 B	21,1	25,0	37,5	325,2	255,3	258 106	12 818	7 374	854	70 Bd	15,6	24,8	37,6	288,4	226,4	244 427	12 703	6 984	847
750	300	75 B	21,1	25,0	37,5	335,7	263,4	302 560	12 823	8 068	855	75 Bd	15,8	25,2	38,0	299,8	235,3	289 040	12 884	7 708	859
800	300	80 B	21,5	26,0	38,5	354,9	278,6	360 486	13 269	9 012	885	80 Bd	16,0	25,6	38,4	311,5	244,5	338 312	13 047	8 458	870
850	300	85 B	21,5	26,0	38,5	365,6	287,0	414 887	13 274	9 762	885	85 Bd	16,2	25,9	38,7	322,7	253.3	391 652	13 199	9 215	880
900	300	90 B	21,5	26,0	38,5	376,4	295,5	473 964	13 279	10 533	885	90 Bd	16,4	26,3	39,1	334,8	262,8	451 089	13 388	10 024	893
950	300	95 B	21,9	27,0	39,5	396,2	311,0	550 974	13 727	11 600	915	95 Bd	16,5	26,6	39,4	345,6	271,3	514 254	13 506	10 826	900
1000	300	100 B	21.9	27,0	39.5	407,2	319,7	621 287	13 732	12 425	915	100 Bd	16.7	27,0	39,8	358,0	281,0	584 658	13 681	11 693	912
h	b		δ	t_1	t_2	F	g	J_x	J_y	W_x	W_y		δ	t_1	t_2	F	g	J_x	J_y	W_x	W_y

1918 Breit- und parallelflanschige Peiner I-Träger der Aktien-Gesellschaft Peiner Walzwerk Peine

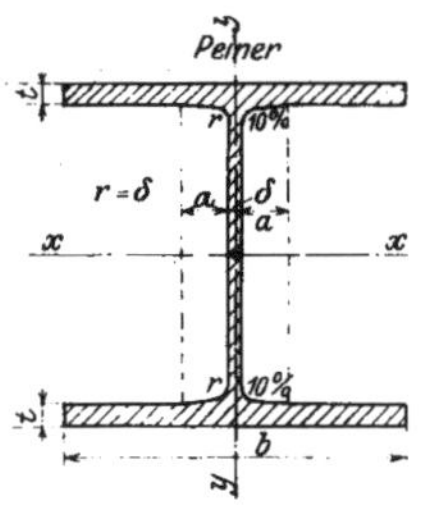

Profil Nr.	Abmessungen: Höhe h mm	Breite b mm	Flanschstärke t mm	a mm	Normalstegige: Stegstärke δ mm	Querschnitt F qcm	Gewicht g kg/m	Trägheitsmomente J_x cm⁴	J_y cm⁴	Widerstandsmomente W_x cm⁴	W_y cm⁴	Dünnstegige: Stegstärke δ mm	Querschnitt F qcm	Gewicht g kg/m	Trägheitsmomente J_x cm⁴	J_y cm⁴	Widerstandsmomente W_x cm⁴	W_y cm⁴	Profil Nr.
16 P	160	160	10,4	21,35	7,5	45,0	35,3	2 094	712	262	89	6	42,6	33,4	2 042	711	255	89	P 16
18 P	180	180	12,6	24,0	8	59,3	46,6	3 522	1 228	391	136	6,5	56,6	44,5	3 449	1 227	383	136	P 18
20 P	200	200	13,5	26,2	8	69,6	54,7	5 179	1 804	518	180	6,5	66,6	52,3	5 079	1 803	508	180	P 20
22 P	220	220	14,3	29,5	9	82,4	64,7	7 394	2 544	672	231	7	78,0	61,3	7 217	2 542	656	231	P 22
24 P	240	240	15,3	32,6	9,6	96,3	75,6	10 309	3 533	859	294	7	90,1	70,7	10 010	3 532	834	294	P 24
25 P	250	250	15,9	33,5	10	104,2	81,8	12 110	4 150	969	332	7,5	98,0	76,9	11 784	4 148	943	332	P 25
26 P	260	260	16,9	35,0	10,5	114,8	90,1	14 411	4 962	1 109	382	8	108,3	85,0	14 045	4 959	1 080	381	P 26
27 P	270	270	17,3	36,0	11	122,7	96,3	16 588	5 688	1 229	421	8	114,6	90,0	16 096	5 685	1 192	421	P 27
28 P	280	280	17,9	37,6	11	130,8	102,6	19 101	6 564	1 364	469	8	122,4	96,0	18 552	6 560	1 325	469	P 28
29 P	290	290	18,4	38,8	11,5	139,7	109,7	21 870	7 496	1 508	517	8,5	131,1	102,9	21 260	7 492	1 466	517	P 29
30 P	300	300	19,2	40,0	12	150,8	118,4	25 222	8 659	1 681	577	8,5	140,3	110,1	24 435	8 655	1 629	577	P 30
32 Pa	320	300	20,0	40,25	12,5	159,3	125,1	30 139	9 021	1 884	601	9	148,1	116,3	29 183	9 016	1 824	601	Pa 32
32 Pb		320				167,3	131,3	31 942	10 943	1 996	684		155,1	121,7	30 986	10 938	1 937	684	Pb 32
34 Pa	340	300	20,5	40,2	13	166,2	130,5	35 273	9 247	2 075	616	9	152,5	119,7	33 963	9 241	1 998	616	Pa 34
34 Pb		340				182,7	143,4	39 464	13 451	2 321	791		169,1	132 7	38 154	13 444	2 244	791	Pb 34
36 Pa	360	300	22,1	40,1	13,5	179,7	141,1	42 518	9 968	2 362	665	9,5	165,3	129,8	40 963	9 962	2 276	664	Pa 36
36 Pb		360				206,2	161,9	50 099	17 208	2 783	956		191,8	150,6	48 544	17 202	2 697	956	Pb 36
38 Pa	380	300	23,0	40,0	14	189,3	148,6	49 598	10 375	2 610	692	10	174,1	136,7	47 769	10 367	2 514	691	Pa 38
38 Pb		380				226,1	177,5	61 340	21 059	3 228	1108		210,9	165,6	59 511	21 051	3 132	1108	Pb 38
40 Pa	400	300	24,1	39,9	15	202,1	158,6	58 000	10 873	2 900	725	11	186,1	146,1	55 867	10 864	2 793	724	Pa 40
40 Pb		380				240,6	188,9	71 640	22 068	3 582	1161		224,6	176,3	69 507	22 059	3 475	1161	Pb 40
42½ Pa	425	300	24,9	39,8	15,5	212,4	166,7	68 321	11 235	3 215	749	11,5	195,4	153,4	65 762	11 225	3 095	748	Pa 42½
42½ Pb		380				252,2	198,0	84 286	22 802	3 966	1200		235,2	184,6	81 727	22 792	3 846	1200	Pb 42½
45 Pa	450	300	26,2	39,8	16	225,7	177,2	80 931	11 823	3 597	788	12	207,7	163,1	77 893	11 812	3 462	787	Pa 45
45 Pb		380				267,6	210,1	99 778	23 994	4 435	1263		249,6	196,0	96 740	23 982	4 300	1262	Pb 45
47½ Pa	475	300	27,5	39,7	16,5	239,3	187,9	95 031	12 410	4 001	827	12,5	220,3	172,9	91 458	12 398	3 851	827	Pa 47½
47½ Pb		380				283,3	222,4	117 087	25 185	4 930	1326		264,3	207,5	113 514	25 173	4 780	1325	Pb 47½
50 Pa	500	300	28,8	39,5	18	258,8	203,1	111 539	13 003	4 462	867	13	233,8	183,5	106 331	12 985	4 253	866	Pa 50
50 Pb		380				304,8	239,3	137 149	26 381	5 486	1388		279,8	219,7	131 940	26 363	5 278	1388	Pb 50
55 Pa	550	300	31,1	39,5	18	279,7	219,6	146 237	14 040	5 318	936	13	252,2	198,0	139 304	14 021	5 066	935	Pa 55
55 Pb		380				329,5	258,6	179 772	28 487	6 537	1499		302,0	237,1	172 840	28 468	6 285	1498	Pb 55
60 Pa	600	300	31,1	39,3	19	294,3	231,0	179 649	14 048	5 988	937	14	264,3	207,5	170 649	14 025	5 688	935	Pa 60
60 Pb		380				344,1	270,1	219 951	28 495	7 332	1500		314,1	246,6	210 951	28 472	7 032	1499	Pb 60
65 Pa	650	300	31,5	39,3	19	306,1	240,3	217 574	14 231	6 695	949	14	273,6	214,7	206 131	14 206	6 342	947	Pa 65
65 Pb		380				356,5	279,8	265 816	28 864	8 179	1519		324,0	254,3	254 373	28 839	7 827	1518	Pb 65
70 Pa	700	300	31,5	39,2	20	322,2	252,9	260 107	14 241	7 432	949	14,5	283,7	222,7	244 386	14 210	6 982	947	Pa 70
70 Pb		380				372,6	292,5	316 457	28 874	9 042	1520		334,1	262,3	300 736	28 842	8 592	1518	Pb 70

Profil	Abmessungen				Normalstegige							Dünnstegige							Profil
	Höhe	Breite	Flanschstärke		Stegstärke	Querschnitt	Gewicht	Trägheitsmomente		Widerstandsmomente		Stegstärke	Querschnitt	Gewicht	Trägheitsmomente		Widerstandsmomente		
	h	b	t	a	δ	F	g	J_x	J_y	W_x	W_y	δ	F	g	J_x	J_y	W_x	W_y	
Nr.	mm	mm	mm	mm	mm	qcm	kg/m	cm^4	cm^4	cm^4	cm^4	mm	qcm	kg/m	cm^4	cm^4	cm^4	cm^4	Nr.
75 Pa Pb	750	300 380	31,5	39,2	20	332,2 382,6	260,8 300,3	304 781 369 870	14 245 28 878	8 128 9 863	950 1520	14,5	290,9 341,3	228,4 268,0	285 445 350 534	14 211 28 845	7 612 9 348	947 1518	Pa 75 Pb
80 Pa Pb	800	300 380	31,8	39,2	20	343,9 394,8	269,9 309,9	355 875 430 983	14 383 29 155	8 897 10 775	959 1534	15	303,9 354,7	238,5 278,5	334 542 409 650	14 350 29 122	8 364 10 241	957 1533	Pa 80 Pb
85 Pa Pb	850	300 380	31,8	39,2	20	353.9 404,8	277,8 317,7	409 298 494 496	14 386 29 159	9 631 11 635	959 1535	15	311,4 362,3	244,4 284,4	383 710 468 907	14 351 29 123	9 028 11 033	957 1533	Pa 85 Pb
90 Pa Pb	900	300 380	31,8	39,2	20	363,9 414,8	285,6 325,6	467 145 563 068	14 390 29 162	10 381 12 513	959 1535	15	318,9 369,8	250,3 290,3	436 770 532 693	14 352 29 125	9 706 11 838	957 1533	Pa 90 Pb
95 Pa Pb	950	300 380	31,8	39,2	20	373,9 424,8	293,5 333,4	529 539 636 824	14 393 29 165	11 148 13 407	960 1535	15	326,4 372,5	256,2 292,4	493 815 601 100	14 354 29 126	10 396 12 655	957 1533	Pa 95 Pb
100 Pa Pb	1000	300 380	31,8	39,2	20	383,9 434,8	301,3 341,3	596 607 715 890	14 396 29 169	11 932 14 318	960 1535	15	333,9 384,8	262,1 302,0	554 941 674 223	14 355 29 127	11 099 13 484	957 1533	Pa 100 Pb
	h	b	t	a	δ	F	g	J_x	J_y	W_x	W_y	δ	F	g	J_x	J_y	W_x	W_y	

1918 U-Profile (Normalprofile)

Bei F und J_x beziehen sich die oberen Zahlen auf den Querschnitt ohne, die unteren auf den mit Nietverschwächungen in den Flanschen.

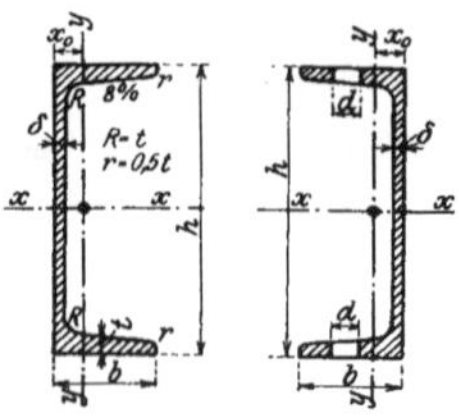

Profil Nr.	Abmessungen: Höhe h mm	Breite b mm	Stärke: Steg δ mm	Stärke: Flansch t mm	Nietdurchmesser d mm	Querschnitt F qcm	Gewicht g kg/m	Abstand des Schwerpunkts x_0 mm	Trägheitsmomente für die Schwerachsen J_x cm⁴	J_y cm⁴	Stegkante J_a cm⁴	Widerstandsmomente für die Schwerachsen W_x cm⁴	W_y cm⁴	$J_H = J_x$ für H_0 mm	$J_h = J_x$ für h_0 mm
3	30	33	5	7		5,44	4,27	13,1	6,4	5,3	14,7	4,3	2,7	—	18
4	40	35	5	7		6,21	4,87	13,3	14,1	6,7	17,7	7,1	3,1	—	24
5	50	38	5	7		7,12	5,59	13,7	26,4	9,1	22,6	10,6	3,8	2	29
6½	65	42	5,5	7,5		9,03	7,09	14,2	57,5	14,1	32,3	17,7	5,1	8	36
8	80	45	6	8	13	11,0 8,9	8,64	14,5	106 79	19,4	43,2	26,5	6,4	14	43
10	100	50	6	8,5	13	13,5 11,3	10,6	15,5	206 160	29,3	61,5	41,2	8,5	21	52
12	120	55	7	9	16	17,0 14,1	13,4	16,0	364 275	43,2	87,5	60,7	11,1	27	59
14	140	60	7	10	16	20,4 17,2	16,0	17,5	605 470	62,7	126	86,4	14,8	34	69
16	160	65	7,5	10,5	16	24,0 20,6	18,8	18,4	925 737	85,3	167	116	18,3	41	78
18	180	70	8	11	16	28,0 24,5	22,0	19,2	1354 1102	114	217	150	22,4	47	86
20	200	75	8,5	11,5	20	32,2 27,6	25,3	20,1	1911 1482	148	278	191	27,0	54	94
22	220	80	9	12,5	20	37,4 32,4	29,4	21,4	2690 2151	197	369	245	33,6	60	103
24	240	85	9,5	13	23	42,3 36,3	33,2	22,3	3598 2827	248	459	300	39,6	67	111
26	260	90	10	14	23	48,3 41,9	37,9	23,6	4823 3848	317	586	371	47,8	73	120
28	280	95	10	15	23	53,3 46,4	41,8	25,3	6276 5063	399	741	448	57,2	80	130
30	300	100	10	16	26	58,8 50,5	46,2	27,0	8026 6347	495	924	535	67,8		140

1918 ⊥-Profile

Breitfüßige ⊥-Profile

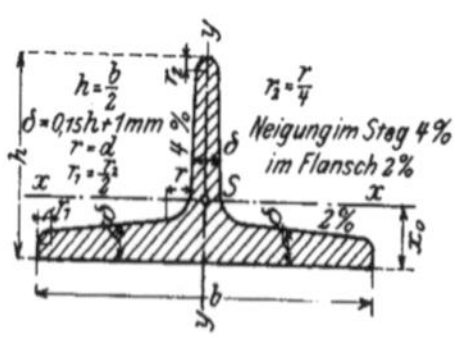

Profil Nr.	Abmessungen: Breite b mm	Höhe h mm	Stärke δ mm	Querschnitt F qcm	Gewicht g kg/m	Abst. d. Schwerpunkts x_0 mm	Trägheitsmomente für die Schwerachsen J_x cm⁴	J_y cm⁴	Kante J_t cm⁴	Widerstandsmomente für die Schwerachsen W_x cm³	W_y cm³	Profil Nr.
6/3	60	30	5,5	4,64	3,64	6,7	2,58	8,62	4,70	1,11	2,87	6/3
7/3½	70	35	6	5,94	4,66	7,7	4,49	15,1	8,00	1,65	4,31	7/3½
8/4	80	40	7	7,91	6,21	8,8	7,81	28,5	14,0	2,50	7,13	8/4
9/4½	90	45	8	10,2	8,01	10,0	12,7	46,1	23,0	3,64	10,2	9/4½
10/5	100	50	8,5	12,0	9,42	10,9	18,7	67,7	33,1	4,78	13,5	10/5
12/6	120	60	10	17,0	13,4	13,0	38,0	137	66,5	8,09	22,8	12/6
14/7	140	70	11,5	22,8	17,9	15,1	68,9	258	121	12,6	36,9	14/7
16/8	160	80	13	29,5	23,2	17,2	117	422	204	18,6	52,8	16/8
18/9	180	90	14,5	37,0	29,0	19,3	185	670	323	26,1	74,4	18/9
20/10	200	100	16,0	45,4	35,6	21,4	277	1000	486	35,3	100	20/10

Hochstegige ⊥-Profile

Profil	Abmessungen: Breite	Höhe	Stärke	Querschnitt	Gewicht	Abst. d. Schwerpunkts	Trägheitsmomente für die Schwerachsen		Kante	Widerstandsmomente für die Schwerachsen		Profil
	b	h	δ	F	g	x_0	J_x	J_y	J_t	W_x	W_y	
Nr.	mm	mm	mm	qcm	kg/m	mm	cm⁴	cm⁴	cm⁴	cm³	cm³	Nr.
2/2	20	20	3	1,12	0,88	5,8	0,38	0,20	0,75	0,27	0,20	2/2
2½/2½	25	25	3,5	1,64	1,29	7,3	0,87	0,43	1,74	0,49	0,34	2½/2½
3/3	30	30	4	2,26	1,77	8,5	1,72	0,87	3,35	0,80	0,58	3/3
3½/3½	35	35	4,5	2,97	2,33	9,9	3,10	1,57	6,01	1,23	0,90	3½/3½
4/4	40	40	5	3,77	2,96	11,2	5,28	2,58	10,0	1,84	1,29	4/4
4½/4½	45	45	5,5	4,67	3,67	12,6	8,13	4,01	15,5	2,51	1,78	4½/4½
5/5	50	50	6	5,66	4,44	13,9	12,1	6,06	23,0	3,36	2,42	5/5
6/6	60	60	7	7,94	6,23	16,6	23,8	12,2	45,7	5,48	4,07	6/6
7/7	70	70	8	10,6	8,32	19,4	44,5	22,1	84,4	8,79	6,32	7/7
8/8	80	80	9	13,6	10,7	22,2	73,7	37,0	144	12,8	9,25	8/8
9/9	90	90	10	17,1	13,4	24,8	119	58,5	224	18,2	13,0	9/9
10/10	100	100	11	20,9	16,4	27,4	179	88,3	335	24,6	17,7	10/10
12/12	120	120	13	29,6	23,2	32,8	366	178	684	42,0	29,7	12/12
14/14	140	140	15	39,9	21,3	38,0	660	330	1236	64,7	47,2	14/14
	b	h	δ	F	g	x_0	J_x	J_y	J_b	W_x	W_y	

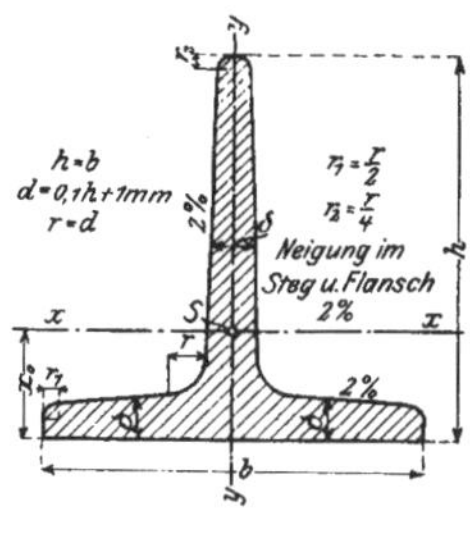

Z-Profile

Profil Nr.	Abmessungen: Höhe h mm	Breite b mm	Stärke im Steg δ mm	Stärke im Flansch t mm	Querschnitt F qcm	Gewicht g kg/m	Lage der Hauptachsen $\operatorname{tg}\varphi$ / φ	Abstände des Schwerpunkts w / v mm	w_0 / v_0 mm	w_1 / v_1 mm	Trägheitsmomente für die Schwerachsen J_x / J_y cm⁴	J_ξ / J_η cm⁴	Widerstandsmomente für die Schwerachsen $J_x:w$ / $J_y:v$ cm³	$J_x:w_0$ / $J_y:v_0$ cm³	$J_x:w_1$ / $J_y:v_1$ cm³	W_ξ / W_η cm³
3	30	38	4	4,5	4,32	3,39	1,655 / 58° 52′	38,6 / 5,8	6,1 / 13,9	35,4 / 8,7	18,1 / 1,54	5,96 / 13,7	4,69 / 2,66	29,7 / 1,11	5,11 / 1,77	3,98 / 3,80
4	40	40	4,5	5	5,43	4,26	1,181 / 49° 45′	41,7 / 9,1	11,2 / 16,7	38,2 / 11,9	28,0 / 3,05	13,5 / 17,6	6,72 / 3,35	25,0 / 1,83	7,33 / 2,56	6,75 / 4,66
5	50	43	5	5,5	6,77	5,31	0,939 / 43° 12′	46,0 / 12,4	16,5 / 18,9	42,1 / 14,9	44,9 / 5,23	26,3 / 23,8	9,76 / 4,22	27,2 / 2,76	10,7 / 3,51	10,5 / 5,88
6	60	45	5	6	7,91	6,21	0,779 / 37° 55′	49,8 / 15,1	22,1 / 20,4	45,6 / 17,6	67,2 / 7,60	44,7 / 30,1	13,5 / 5,03	30,4 / 3,73	14,8 / 4,32	14,9 / 7,08
8	80	50	6	7	11,1	8,71	0,588 / 30° 27′	58,3 / 20,2	33,0 / 22,9	53,5 / 22,5	142 / 14,7	109 / 47,4	24,4 / 7,28	43,0 / 6,44	26,5 / 6,53	27,3 / 10,1
10	100	55	6,5	8	14,5	11,4	0,492 / 26° 12′	67,7 / 24,3	43,4 / 25,0	62,4 / 26,5	270 / 24,6	222 / 72,4	39,8 / 10,1	62,2 / 9,84	43,3 / 9,26	44,4 / 14,0
12	120	60	7	9	18,2	14,3	0,433 / 23° 25′	77,5 / 28,0	53,7 / 27,0	71,6 / 30,2	470 / 37,7	402 / 106	60,6 / 13,5	87,5 / 14,0	65,6 / 12,5	67,0 / 18,8
14	140	65	8	10	22,9	18,0	0,385 / 21° 03′	87,2 / 31,8	63,9 / 28,9	80,8 / 33,9	768 / 56,4	676 / 148	88,0 / 17,7	120 / 19,5	95,0 / 16,6	96,6 / 24,3
16	160	70	8,5	11	27,5	21,6	0,357 / 19° 39′	97,4 / 35,1	73,9 / 30,9	90,4 / 37,2	1184 / 79,5	1053 / 211	121 / 22,7	160 / 25,7	131 / 21,4	132 / 32,1
18	180	75	9,5	12	33,3	26,1	0,329 / 18° 12′	107 / 38,6	84,0 / 32,7	99,9 / 40,8	1759 / 110	1599 / 270	164 / 28,5	209 / 33,6	176 / 27,0	178 / 38,4
20	200	80	10	13	38.7	30,4	0,313 / 17° 23′	118 / 41,7	93,9 / 34,7	110 / 43,9	2509 / 147	2299 / 357	213 / 35,3	267 / 42,6	228 / 33,4	230 / 47,6

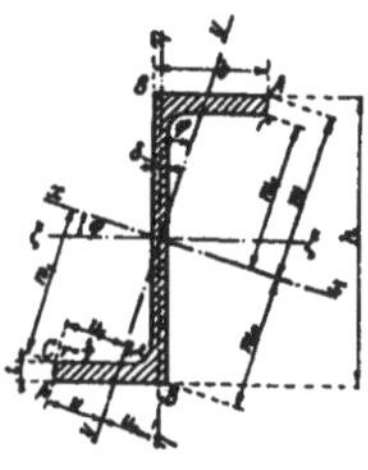

1918 Gleichschenklige Winkelprofile (Normprofile)

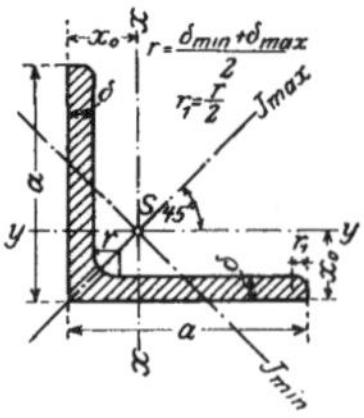

Profil Nr.	Abmessungen in mm: Breite a	Abmessungen in mm: Dicke δ	Querschnitt F qcm	Gewicht g kg/m	Abstand des Schwerpunkts x_0 mm	Trägheitsmomente für die Schwerachsen J_x cm⁴	J_{max} cm⁴	J_{min} cm⁴	Kante J_a cm⁴
1½	15	3	0,82	0,65	4,8	0,15	0,24	0,06	0,33
		4	1,05	0,83	5,1	0,19	0,29	0,08	0,46
2	20	3	1,12	0,88	6,0	0,39	0,62	0,15	0,79
		4	1,45	1,14	6,4	0,48	0,77	0,19	1,07
2½	25	3	1,42	1,12	7,3	0,79	1,27	0,31	1,54
		4	1,85	1,45	7,6	1,01	1,61	0,40	2,08
3	30	4	2,27	1,78	8,9	1,81	2,85	0,76	3,56
		6	3,27	2,57	9,6	2,48	3,91	1,06	5,48
3½	35	4	2,67	2,09	10,0	2,96	4,68	1,24	5,63
		6	3,87	3,04	10,8	4,13	6,50	1,77	8,65
4	40	4	3,08	2,42	11,2	4,47	7,09	1,86	8,33
		6	4,48	3,51	12,0	6,35	9,98	2,67	12,8
		8	5,80	4,55	12,8	7,90	12,4	3,38	17,4
4½	45	5	4,30	3,38	12,8	7,85	12,4	3,25	14,9
		7	5,86	4,60	13,6	10,4	16,4	4,39	21,3
		9	7,34	5,76	14,4	12,6	19,8	5,40	27,8
5	50	5	4,80	3,77	14,0	11,0	17,4	4,59	20,4
		7	6,56	5,15	14,9	14,6	23,1	6,02	29,0
		9	8,24	6,47	15,6	17,9	28,1	7,67	38,0
5½	55	6	6,31	4,95	15,6	17,3	27,4	7,24	32,8
		8	8,23	6,46	16,4	22,1	34,8	9,35	44,3
		10	10,1	7,90	17,2	26,4	41,4	11,3	56,0
6	60	6	6,91	5,42	16,9	22,7	36,1	9,43	42,5
		8	9,03	7,09	17,7	29,2	46,1	12,1	57,5
		10	11,1	8,69	18,5	34,9	55,1	14,6	72,8
6½	65	7	8,70	6,83	18,5	33,4	53,0	13,8	63,0
		9	11,0	8,61	19,3	41,3	65,4	17,2	82,3
		11	13,2	10,3	20,0	48,8	76,8	20,7	102
7	70	7	9,4	7,38	19,7	42,3	67,1	17,6	78,8
		9	11,9	9,34	20,5	52,5	83,1	22,0	103
		11	14,3	11,2	21,3	62,0	97,6	26,0	127
7½	75	8	11,5	9,03	21,3	59,0	93,3	24,4	111
		10	14,1	11,1	22,1	71,0	113	29,8	140
		12	16,7	13,1	22,9	82,5	130	34,7	170
8	80	8	12,3	9,66	22,6	72,0	115	29,6	135
		10	15,1	11,9	23,4	87,5	139	35,9	170
		12	17,9	14,1	24,1	102	161	43,0	206
9	90	9	15,5	12,2	25,4	116	184	47,8	216
		11	18,7	14,7	26,2	138	218	57,1	266
		13	21,8	17,1	27,0	158	250	65,9	317
10	100	10	19,2	15,1	28,2	177	280	73,3	329
		12	22,7	17,8	29,0	207	328	86,2	398
		14	26,2	20,6	29,8	235	372	98,3	468
11	110	10	21,2	16,6	30,7	239	379	98,6	438
		12	25,1	19,7	31,5	280	444	116	530
		14	29,0	22,8	32,1	319	505	133	622
12	120	11	25,4	19,9	33,6	340	541	140	626
		13	29,7	23,3	34,4	394	625	162	745
		15	33,9	26,6	35,1	446	705	186	864
13	130	12	30,0	23,6	36,4	472	750	194	869
		14	34,7	27,2	37,2	540	857	223	1020
		16	39 3	30,9	38,0	605	959	251	1171
14	140	13	35,0	27,5	39,2	638	1014	262	1176
		15	40,0	31,4	40,0	723	1148	298	1364
		17	45,0	35,3	40,8	805	1276	334	1554
15	150	14	40,3	31,6	42,0	845	1343	347	1556
		16	45,7	35,9	43,0	949	1507	391	1794
		18	51,0	40,0	44,0	1052	1665	438	2039
16	160	15	46,1	36,2	45,0	1099	1745	453	2033
		17	51,8	40,7	46,0	1226	1945	506	2322
		19	57,5	45.1	46,0	1348	2137	558	2565
			F	g	x_0	J_x	J_{max}	J_{min}	J_a

Ungleichschenklige Winkelprofile
(Normprofile)

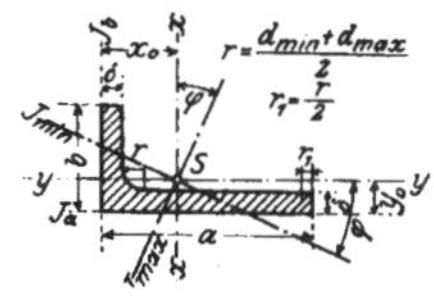

Profil Nr.	Abmessungen in mm: Breiten $\frac{b}{a}$	Dicken δ	Querschnitt F qcm	Gewicht g kg/m	Abstände des Schwerp. x_0 / y_0 mm	tg φ	Trägheitsmomente für die Schwerachsen J_x / J_y cm⁴	Schwerachsen J_{max} / J_{min} cm⁴	Kanten J_b / J_a cm⁴
2/3	20/30	3	1,42	1,11	9,9 4,9	0,4216	1,25 0,45	1,42 0,28	2,64 0,79
		4	1,85	1,45	10,3 5.4	0,4214	1,59 0,56	1,82 0,33	3,45 1,10
2/4	20/40	3	1,72	1,35	14,3 4,4	0,2575	2,80 0,48	2,96 0,31	6,32 0,81
		4	2,25	1,77	14.7 4,8	0,2528	3,59 0,60	3,78 0,40	8,45 1,12
3/4½	30/45	4	2,87	2,25	14,8 7,4	0,4334	5,78 2,05	6,63 1,19	12,1 3,63
		5	3,53	2,77	15,2 7,8	0,4288	6,99 2,46	8,01 1,44	15,2 4.61
3/6	30/60	5	4,29	3,37	21,5 6,8	0,2544	15,6 2,61	16,5 1,71	35,4 4,59
		7	5,85	4,59	22,4 7,6	0,2479	20,7 3,42	21,8 2,28	50,0 6,80
4/6	40/60	5	4,79	3,76	19,5 9,7	0,4319	17,3 6,20	19,8 3,66	35,5 10,7
		7	6,55	5,14	20,4 10,5	0,4275	22,9 8,00	26,3 4,63	50,1 15,3
4/8	40/80	6	6,89	5,41	28,5 8,8	0.2568	44,9 7,66	47,6 4,99	101 13,0
		8	9,01	7,07	29,4 9,6	0,2518	57,5 9,7	60,8 6,41	135 18,0
5/7½	50/75	7	8,33	6,54	24,7 12,4	0,4304	46,3 16,4	53,1 9,58	97,1 29,2
		9	10,5	8,24	25,6 13,2	0,4272	57,2 20,1	65.4 11,9	126 38,4
5/10	50/100	8	11,5	9,03	35,9 11,2	0,2665	116 19,6	123 12,8	264 34,0
		10	14,1	11,1	36,7 12,0	0,2658	141 23,6	150 14,6	331 43,9
6½/10	65/100	9	14,2	11,2	33,1 15,9	0,4101	140 46,6	160 26,8	296 82,5
		11	17,1	13,4	34,0 16,7	0,4074	167 55,3	189 32,9	364 103
6½/13	65/130	10	18,6	14,6	46,5 14,5	0,2569	320 54,4	339 35,4	722 93,5
		12	22,1	17,4	47,5 15,3	0,2549	374 62,8	395 41,3	872 115
8/12	80/120	10	19,1	15,0	39,2 19,5	0,4348	276 97,9	317 56,8	570 171
		12	22,7	17,8	40,0 20,2	0,4304	323 115	370 67,5	686 208
8/16	80/160	12	27,5	21,6	57,2 17,7	0,2686	719 122	762 79,4	1619 209
		14	31,8	25,0	58,1 18,5	0,2679	822 139	875 86,0	1896 248
10/15	100/150	12	28,7	22,5	48,9 24,2	0,4361	649 232	747 134	1335 400
		14	33,2	26,1	49,7 25,0	0,4339	744 264	854 153	1564 471
10/20	100/200	14	40,3	31,6	71,2 21,8	0,2608	1654 282	1754 182	3697 474
		16	45,7	35,9	72,0 22,6	0,2586	1863 315	1973 205	4232 549

1926

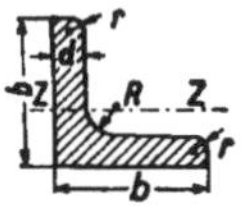

Gleichschenkliger L-Stahl nach DIN 1028

Regellängen: 3 m bis 15 m.

Lagerlängen: um je 200 mm steigend von 4 bis 9 m, um 250 mm von 9 bis 16 m.

$R = \frac{1}{2}(d\,max + d\,min)$, $r = \frac{R}{2}$ (auf halbe mm abgerundet)

Grundpreis im Mittel: für 100 kg ab Handlung 20,15 RM.
100 kg scharfkantiges L-Eisen kosten etwa 1,50 RM mehr.

Bezeichnung L	Abmessungen b mm	d min. mittl. max. mm	Querschnitt F cm²	Gewicht G Flußstahl kg/m	Schwerpunktsabstand cm	Widerstandsmoment Wz cm³	Trägheitsmoment Jz cm⁴	Überpreis RM
15·15·3	15	3	0,82	0,64	0,48	0,15	0,15	7,65
15·15·4		4	1,05	0,82	0,51	0,19	0,19	7,65
20·20·3	20	3	1,12	0,88	0,60	0,28	0,39	5,40
20·20·4		4	1,45	1,14	0,64	0,35	0,48	4,05
25·25·3	25	3	1,42	1,12	0,73	0,45	0,79	4,05
25·25·4		4	1,85	1,45	0,76	0,58	1,01	3,15
30·30·4	30	4	2,27	1,78	0,89	0,86	1,81	2,70
30·30·5		5	2,78	2,18	0,92	1,04	2,16	1,80
35·35·4	35	4	2,67	2,10	1,00	1,18	2,96	2,47
35·35·6		6	3,87	3,04	1,08	1,71	4,14	1,80
40·40·4	40	4	3,08	2,42	1,12	1,56	4,48	1,57
40·40·5		5	3,79	2,97	1,16	1,91	5,43	1,57
40·40·6		6	4,48	3,52	1,20	2,26	6,33	1,57
45·45·5	45	5	4,30	3,38	1,28	2,43	7,83	1,12
45·45·7		7	5,86	4,60	1,36	3,31	10,4	—,90
50·50·5	50	5	4,80	3,77	1,40	3,05	11,0	—,90
50·50·7		7	6,56	5,15	1,49	4,15	14,6	—,90
50·50·9		9	8,24	6,47	1,56	5,20	17,9	—,90
55·55·6	55	6	6,31	4,95	1,56	4,40	17,3	—,45
55·55·8		8	8,23	6,46	1,64	5,72	22,1	—,45
55·55·10		10	10,10	7,90	1,72	6,97	26,3	—,90
60·60·6	60	6	6,91	5,42	1,69	5,29	22,8	—,45
60·60·8		8	9,03	7,09	1,77	6,88	29,1	—,45
60·60·10		10	11,1	8,69	1,85	8,41	34,9	—,90
65·65·7	65	7	8,70	6,83	1,85	7,18	33,4	—,45
65·65·9		9	11,0	8,62	1,93	9,04	41,3	—,45
65·65·11		11	13,2	10,3	2,00	10,8	48,8	—,90
70·70·7	70	7	9,4	7,38	1,97	8,48	42,4	—,45
70·70·9		9	11,9	9,34	2,05	10,6	52,6	—,45
70·70·11		11	14,3	11,2	2,13	12,7	61,8	—,90
75·75·8	75	8	11,5	9,03	2,13	11,0	58,9	
75·75·10		10	14,1	11,1	2,21	13,5	71,4	
75·75·12		12	16,7	13,11	2,29	15,8	82,4	—,45
80·80·8	80	8	12,3	9,66	2,26	12,6	72,3	
80·80·10		10	15,1	11,9	2,34	15,5	87,5	
80·80·12		12	17,9	14,1	2,41	18,2	102	—,90
90·90·9	90	9	15,5	12,2	2,54	18,0	116	—,45
90·90·11		11	18,7	14,7	2,62	21,6	138	—,45
90·90·13		13	21,8	17,1	2,70	25,1	158	—,90
100·100·10	100	10	19,2	15,1	2,82	24,7	177	—,45
100·100·12		12	22,7	17,8	2,90	29,2	207	—,45
100·100·14		14	26,2	20,6	2,98	33,5	235	—,90
110·110·10	110	10	21,2	16,6	3,07	30,1	239	—,45
110·110·12		12	25,1	19,7	3,15	35,7	280	—,45
110·110·14		14	29,0	22,8	3,21	41,0	319	—,90
120·120·11	120	11	25,4	19,9	3,36	39,5	341	
120·120·13		13	29,7	23,3	3,44	46,0	394	
120·120·15		15	33,9	26,6	3,51	52,5	446	1,58
130·130·12	130	12	30,0	23,6	3,64	50,4	472	
130·130·14		14	34,7	27,2	3,72	58,2	540	
130·130·16		16	39,3	30,9	3,80	65,8	605	
140·140·13	140	13	35,0	27,5	3,92	68,3	638	1,80
140·140·15		15	40,0	31,4	4,00	72,3	723	
140·140·17		17	45,0	35,3	4,08	81,2	805	2,25
150·150·14	150	14	40,3	31,6	4,21	78,2	845	1,80
150·150·16		16	45,7	35,9	4,29	88,7	949	1,80
150·150·18		18	51,0	40,1	4,36	99,3	1050	2,25
160·160·15	160	15	46,1	36,2	4,49	98,6	1160	
160·160·17		17	51,8	40,7	4,57	108,0	1280	2,70
160·160·19		19	57,5	45,1	4,65	118,0	1350	

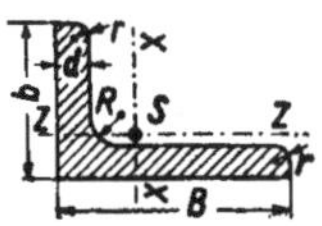

Ungleichschenkliger L-Stahl nach DIN 1029

Regellängen: 3 m bis 12 m. Grundpreis wie oben.
Lagerlängen: um je 200 mm steigend von 4 bis 9 m, um 250 mm von 9 bis 15 m.

$R = \frac{1}{2}(d\,max + d\,min)$, $r = \frac{R}{2}$ (auf halbe mm abger.)

I. b : B = 1 : 2.

Bezeichnung L	Abmessungen b mm	B mm	d min max mm	Querschnitt F cm²	Gewicht G Flußstahl kg/m	Trägheitsmoment Jz cm⁴	Jx cm⁴	Überpreis RM
20·40·3	20	40	3	1,72	1,35	0,47	2,79	5,85
20·40·4			4	2,25	1,77	0,60	3,59	4,73
30·60·5	30	60	5	4,29	3,37	2,60	15,6	2,70
30·60·7			7	5,85	4,59	3,41	20,7	1,80
40·80·6	40	80	6	6,89	5,41	7,59	44,9	1,57
40·80·8			8	9,01	7,07	9,08	57,6	1,12
50·100·8	50	100	8	11,5	8,99	19,5	116	1,12
50·100·10			10	14,1	11,1	23,4	141	1,12
65·130·10	65	130	10	18,6	14,6	54,2	321	1,80
65·130·12			12	22,1	17,3	63,0	376	1,80
75·150·9	75	150	9	19,5	15,3	78,3	455	1,80
75·150·13			13	27,7	21,7	107	631	1,80
100·200·14	100	200	14	40,3	31,6	282	1650	3,82
100·200·16			16	45,7	35,9	316	1860	3,82

II. b : B = 2 : 3.

Bezeichnung L	Abmessungen b mm	B mm	d min max mm	Querschnitt F cm²	Gewicht G Flußstahl kg/m	Trägheitsmoment Jz cm⁴	Jx cm⁴	Überpreis RM
20·30·3	20	30	3	1,42	1,11	0,44	1,25	6,97
20·30·4			4	1,85	1,45	0,55	1,59	5,40
30·45·4	30	45	4	2,87	2,25	2,05	5,78	3,60
30·45·5			5	3,53	2,77	2,47	6,99	3,60
40·60·5	40	60	5	4,79	3,76	6,11	17,2	1,80
40·60·7			7	6,55	5,14	8,07	23,0	
60·90·8	60	90	8	11,4	8,96	33,0	92,5	
60·90·10			10	14,1	11,0	39,6	112	1,12
65·100·9	65	100	9	14,2	11,1	46,7	141	
65·100·11			11	17,1	13,4	55,1	167	
80·120·10	80	120	10	19,1	15,0	98,1	276	1,80
80·120·12			12	22,7	17,8	114	328	1,80
100·150·12	100	150	12	28,7	22,6	232	650	2,70
100·150·14			14	33,2	26,1	264	744	2,70

Beispiele für abgekürzte Bezeichnungen nach DIN 1350:
L 80˙80˙10 bedeutet gleichschenkliger Winkelstahl mit 80 mm Schenkellänge und 10 mm Dicke.
L 80˙120˙12 bedeutet ungleichschenkliger Winkelstahl mit 80 mm u.
120 mm Schenkellänge u. 12 mm Dicke.

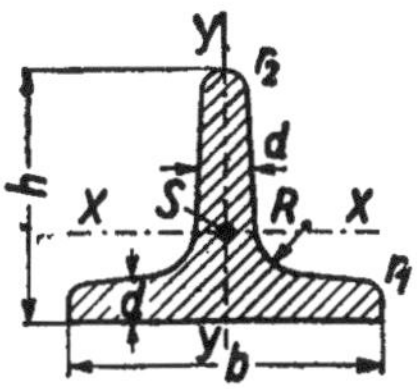

⊥-Stahl nach DIN 1024

$R = d$; Fußneigung = 2 %

$r_1 = R : 2$; $r_2 = R : 4$

I. hochstegig
Stegneigung 2 %
$h = b$
$d = 0{,}1\,h + 1$ mm

II. breitflanschig
Stegneigung 2 %
$h = b : 2$
$d = 0{,}15\,h + 1$ mm

Bezeichnung ⊥	Abmessungen b mm	h mm	d mm	Querschnitt F cm²	Gewicht G kg/m	Schwerpunktsabst. cm	Momente für die Biegungsachse X—X: Wx cm³	Jx cm⁴	Momente für die Biegungsachse Y—Y: Wy cm³	Jy cm⁴
I. 1$^1/_2$	15	15	3,0	0,82	0,65	0,46	0,14	0,11	0,15	0,08
2	20	20	3,0	1,12	0,88	0,58	0,27	0,20	0,38	0,20
2$^1/_2$	25	25	3,5	1,64	1,29	0,73	0,49	0,34	0,87	0,43
3	30	30	4,0	2,26	1,77	0,85	0,80	0,58	1,72	0,87
3$^1/_2$	35	35	4,5	2,97	2,33	0,99	1,23	0,90	3,10	1,57
4	40	40	5,0	3,77	2,96	1,12	1,84	1,29	5,28	2,58
4$^1/_2$	45	45	5,5	4,67	3,67	1,26	2,51	1,78	8,13	4,01
5	50	50	6,0	5,66	4,44	1,39	3,36	2,42	12,1	6,06
6	60	60	7,0	7,94	6,23	1,66	5,48	4,07	23,8	12,2
7	70	70	8,0	10,6	8,32	1,94	8,79	6,32	44,5	22,1
8	80	80	9,0	13,6	10,70	2,22	12,8	9,25	73,7	37,0
9	90	90	10,0	17,1	13,40	2,48	18,2	13,0	119	58,5
10	100	100	11,0	20,9	16,40	2,74	24,6	17,7	179	88,3
12	120	120	13,0	29,6	23,20	3,28	42,0	29,7	366	178
14	140	140	15,0	39,9	31,30	3,80	64,7	47,2	660	330
16	160	160	16,0	45,8	35,90	4,20	85,5	61,3	1010	490
18	180	180	18,0	61,7	48,50	4,80	130	95,2	1720	857
II. ⊥										
6·3	60	30	5,5	4,64	3,64	0,67	1,11	2,87	2,58	8,62
7·3$^1/_2$	70	35	6,0	5,94	4,66	0,77	1,65	4,31	4,49	15,1
8·4	80	40	7,0	7,91	6,21	0,88	2,50	7,13	7,81	28,5
9·4$^1/_2$	90	45	8,0	10,2	8,01	1,00	3,63	10,2	12,7	46,1
10·5	100	50	8,5	12,0	9,42	1,09	4,78	13,5	18,7	67,7
12·6	120	60	10,0	17,0	13,40	1,30	8,09	22,8	38,0	137
14·7	140	70	11,5	22,8	17,90	1,51	12,6	36,9	68,9	258
16·8	160	80	13,0	29,5	23,20	1,72	18,6	52,8	117	422
18·9	180	90	14,5	37,0	29,10	1,93	26,2	74,4	185	670
20·10	200	100	16,0	45,4	35,60	2,14	35,2	100	277	1000

1928 Differdinger Breitflanschträger

mit normalem Steg, DIN-Träger, Profil Nr. 14 bis 100 und Peiner Breitflanschparallelträger P-Träger Profil Nr. 16 bis 65

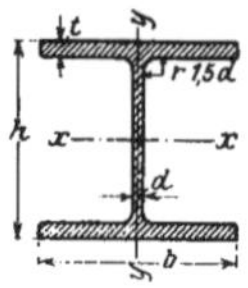

Profil Nr.	Abmessungen h mm	b mm	d mm	t mm	Querschnitt F cm²	Gewicht G kg/m	Angaben für die Biegungsachse $x-x$: J_x cm⁴	W_x cm³	i_x cm	Angaben für die Biegungsachse $y-y$: J_y cm⁴	W_y cm³	i_y cm
14	140	140	8	12	44,1	34,63	1 522	217	5,87	550	79	3,53
15	150	150	8	12	47,3	37,15	1897	253	6,33	676	90	3,78
16[1])	160	160	9	14	58,4	45,81	2634	329	6,71	958	120	4,05
18[1])	180	180	9	14	65,8	51,62	3833	426	7,63	1 363	151	4,55
20	200	200	10	16	82,7	64,94	5952	595	8,48	2136	214	5,08
22	220	220	10	16	91,1	71,54	8052	732	9,40	2843	258	5,58
24	240	240	11	18	111,3	87,39	11686	974	10,24	4152	346	6,10
25	250	250	11	18	116,0	91,08	13298	1 064	10,70	4692	375	6,36
26	260	260	11	18	120,7	94,77	15050	1 158	11,16	5278	406	6,61
28	280	280	12	20	143,6	112,71	20722	1 480	12,01	7324	523	7,15
30	300	300	12	20	154,0	120,87	25759	1 717	12,93	9007	600	7,64
32	320	300	13	22	171,3	134,48	32249	2016	13,72	9910	661	7,60
34	340	300	13	22	173,9	136,52	36942	2173	14,57	9910	661	7,54
36	360	300	14	24	191,5	150,30	45122	2 507	15,35	10813	721	7,51
38	380	300	14	24	194,3	152,50	50949	2682	16,19	10813	721	7,46
40	400	300	14	26	208,5	163,68	60642	3032	17,05	11 714	781	7,49
42½	425	300	14	26	212,0	166,43	69483	3270	18,08	11 714	781	7,43
45	450	300	15	28	231,6	181,84	84223	3 743	19,06	12619	841	7,38
47½	475	300	15	28	235,4	184,78	95122	4005	20,10	12620	841	7,32
50	500	300	16	30	255,3	200,44	113177	4 527	21,05	13 525	902	7,26
55	550	300	16	30	263,3	206,72	140342	5 103	23,09	13527	902	7,16
60	600	300	17	32	288,9	226,80	180829	6028	25,01	14435	962	7,06
65	650	300	17	32	297,4	233,47	216783	6670	26,99	14437	962	6,96
70	700	300	18	34	324,0	254,36	270290	7 723	28,88	15 346	1023	6,88
75	750	300	18	34	333,0	261,42	316256	8434	30,81	15349	1023	6,79
80	800	300	18	34	342,0	268,49	366386	9160	32,73	15351	1023	6,70
85	850	300	19	36	371,6	291,67	443890	10444	34,56	16267	1084	6,61
90	900	300	19	36	381,1	299,12	506040	11245	36,44	16270	1085	6,53
95	950	300	19	36	390,6	306,58	572953	12062	38,30	16273	1085	6,45
100	1000	300	19	36	400,1	314,04	644 748	12895	40,14	16276	1085	6,37

Profil Nr. 16 bis 65: Zugleich maßgebend für die Peiner breit- und parallelflanschigen „P-Träger“.

Breitflanschige P-Profile mit 9 % Neigung der Flansche

Profil Nr.	Abmessungen: Höhe h mm	Breite b mm	Flanschdicke t mm	Stegdicke d mm	Radius r mm	Querschnitt F cm²	Gewicht G kg/m	Trägheitsmomente J_x cm⁴	J_y cm⁴	Widerstandsmomente W_x cm³	W_y cm³	$\frac{W_x}{G}$	Profil Nr.
16 · 16	160	160	14	9	14	57,5	45,1	2590	840	323	105	7,2	16 · 16
18 · 18	180	180	14	9	14	64,8	50,9	3760	1170	418	130	8,2	18 · 18

1928 Differdinger Breitflanschträger

mit dünnem Steg, DID-Träger, Profil Nr. 14 bis 60

Profil Nr.	Abmessungen h mm	b mm	d mm	t mm	Querschnitt F cm²	Gewicht G kg/m	Angaben für die Biegungsachse $x-x$: J_x cm⁴	W_x cm³	i_x cm	Angaben für die Biegungsachse $y-y$: J_y cm⁴	W_y cm³	i_y cm
14	140	140	4,5	12,0	40,1	31,45	1477	211	6,07	549	78	3,71
15	150	150	4,75	12,0	43,2	33,94	1843	246	6,53	676	90	3,95
16	160	160	5,0	13,0	50,0	39,24	2420	302	6,95	888	111	4,20
18	180	180	5,5	14,0	60,5	47,45	3730	414	7,85	1362	152	4,75
20	200	200	6,0	15,0	72,1	56,62	5519	551	8,74	2002	200	5,27
22	220	220	6,5	16,0	84,6	66,37	7859	714	9,64	2842	258	5,79
24	240	240	7,0	17,0	98,5	77,32	10917	909	10,52	3919	326	6,31
25	250	250	7,25	17,5	105,6	82,87	12714	1017	10,96	4559	364	6,57
26	260	260	7,5	18,0	112,9	88,61	14722	1132	11,41	5275	405	6,84
28	280	280	8,0	19,0	128,6	100,90	19476	1391	12,30	6954	496	7,35
30	300	300	8,5	20,0	144,9	113,73	25247	1683	13,20	9003	600	7,89
32	320	300	9,0	21,0	154,5	121,24	30439	1902	14,03	9454	630	7,82
34	340	300	9,5	22,0	163,6	128,38	36185	2128	14,87	9904	660	7,78
36	360	300	10,0	23,0	173,2	135,94	42694	2371	15,68	10355	690	7,73
38	380	300	10,5	24,0	182,7	143,38	49880	2625	16,52	10807	720	7,69
40	400	300	11,0	25,0	192,3	150,95	57835	2891	17,34	11258	750	7,65
42½	425	300	11,5	26,0	202,7	159,11	68400	3218	18,36	11709	780	7,60
45	450	300	12,0	27,0	214,1	168,04	80468	3576	19,38	12161	811	7,54
47½	475	300	12,5	28,0	224,9	176,56	93584	3940	20,39	12611	841	7,49
50	500	300	13,0	29,0	236,4	185,58	108257	4330	21,39	13065	871	7,44
55	550	300	13,5	30,0	251,1	197,11	137894	5014	23,45	13517	901	7,34
60	600	300	14,0	31,0	267,1	209,69	172874	5762	25,43	13972	931	7,23

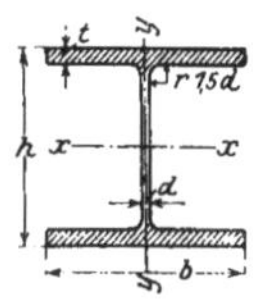

1932 Breitflanschiges I-Profil nach DIN 1025 Blatt 1 und 2

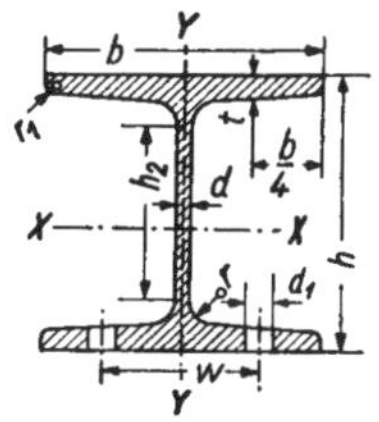

Die Profile I 10×10, I 12×12, IW 100/85 finden mit ⊏ 105/65 im Stahlskelett-Wohnungsbau Verwendung

Bezeichnung	Abmessungen mm h	b	d	t	r	r_1	h_2	Querschnitt F cm²	Gewicht G kg/m	Momente für die Biegungsachse X—X: Jx cm⁴	Wx cm³	Momente für die Biegungsachse Y—Y: Jy cm⁴	Wy cm³	Für die Niete mm d_1	mm w
I	Breitflanschiger I-Stahl mit 9% Fußneigung 10,35														
10×10	100	100	7,5	10	10	3	55	26,8	21,0	447	89,4	151	30,1	17	54
12×12	120	120	8	11	11	3	75	34,6	27,2	852	142	276	46,0	20	64
14×14	140	140	8	12	12	3	85	43,4	34,1	1490	213	480	68	20	80
16×16	160	160	9	14	14	3	100	57,6	45,1	2590	323	840	105	23	90
18×18	180	180	9	14	14	3	120	64,8	50,9	3760	418	1170	130	23	100
IW	Wagenbau-I-Stahl mit 14% Fußneigung														
76/81	76	81	10	8,4	10	5	—	19,5	15,3	171	45,0	60,2	14,9	14	88
80 50/80	80	50/80	8	8/8	8/8	3,35/4	—	15,5	12,2	147	32,3	34,2	8,5	—	—
100/85	100	85	7	9	7	4,5	65	20,8	16,4	343	68,7	75,1	17,7	14	88

Breit- und parallelflanschiges I-Profil

(P-Träger)

Regellängen 4 bis 15 m, lieferbar bis 25 m und mehr.

IP 10 und 12 sind nicht genormt, vgl DIN 1025 B. 2 und DIN 1031.

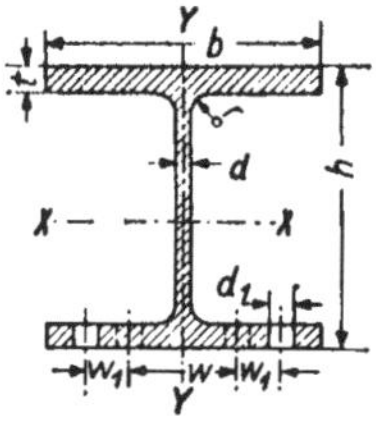

Als Leichtbauprofile werden IP 10 bis 16 mit dünnerem Steg geliefert.

Bezeichnung nach DIN 1350: IP 40 bedeutet Peiner Breitflansch-Stahl mit 40 cm Höhe.

IP	Abmessungen mm					Voller Querschnitt	Gewicht	Wurzelmaße		Nietloch	Momente für die Biegungsachse X—X		Momente für die Biegungsachse Y—Y	
	h	b	t	d	r	F cm²	G kg/m	w mm	w_1 mm	d_1 mm	Jx cm⁴	Wx cm³	Jy cm⁴	Wy cm³
10	100	100	10	6,5	10	26,0	20,5	—	—	—	—	—	—	—
12	120	120	11	7	11	34,3	26,9	—	—	—	—	—	—	—
14	140	140	12	8	12	44,1	34,6	80	—	20	1 520	217	550	78,6
16	160	160	14	9	14	58,4	45,8	90	—	23	2 630	329	958	120
18	180	180	14	9	14	65,8	51,62	100	—	26	3 833	426	1 363	151
20	200	200	16	10	15	82,7	64,94	110	—	26	5 952	595	2 136	214
22	220	220	16	10	15	91,1	71,54	120	—	26	8052	732	2 843	258
24	240	240	18	11	17	111,3	87,39	90	35	26	11 686	974	4 152	346
26	260	260	18	11	17	120,7	94,77	100	40	26	15 050	1 158	5 278	406
28	280	280	20	12	18	143,6	112,71	110	45	26	20 722	1 480	7 324	523
30	300	300	20	12	18	154,0	120,87	120	50	26	25 759	1 717	9 007	600
32	320	300	22	13	20	171,3	134,48	120	50	26	32 249	2 016	9 910	661
34	340	300	22	13	20	173,9	136,52	120	50	26	36 942	2 173	9 910	661
36	360	300	24	14	21	191,5	150,30	120	50	26	45 122	2 507	10 813	721
38	380	300	24	14	21	194,3	152,50	120	50	26	50 949	2 682	10 813	721
40	400	300	26	14	21	208,5	163,68	120	50	26	60 642	3 032	11 714	781
42½	425	300	26	14	21	212,0	166,43	120	50	26	69 483	3 270	11 714	781
45	450	300	28	15	23	231,6	181,84	120	50	26	84 223	3 743	12 619	814
47½	475	300	28	15	23	235,4	184,78	120	50	26	95 122	4 005	12 620	814
50	500	300	30	16	24	255,3	200,44	120	50	26	113 177	4 527	13 525	902
55	550	300	30	16	24	263,3	206,72	120	50	26	140 342	5 103	13 527	902
60	600	300	32	17	26	288,9	226,80	120	50	26	180 829	6 028	14 435	962
70	700	300	34	18	27	324	254	120	50	26	270 300	7 720	15 350	1020
80	800	300	34	18	27	342	268	120	50	26	366 400	9 100	15 350	1020
90	900	300	36	19	30	381	299	120	50	26	506 000	11 250	16 270	1080
100	1000	300	36	19	30	400	314	120	50	26	644 700	12 900	16 280	1080

I-Profil

Nr.	h	b	d	t	F	G	Jx	Jy	Wx	Wy
	in mm				cm²	kg m	cm⁴		cm³	
8	80	42	3,9	5,9	7,58	5,95	77,8	6,29	19,5	3,00
10	100	50	4,5	6,8	10,6	8,32	171	12,2	31,2	4,88
12	120	58	5,1	7,7	14,2	11,2	328	21,5	51,7	7,41
14	140	66	5,7	8,6	18,3	14,4	573	35,2	81,9	10,7
16	160	74	6,3	9,5	22,8	17,9	935	54,7	117	14,8
18	180	82	6,9	10,4	27,9	21,9	1450	81,3	161	19,8
20	200	90	7,5	11,3	33,5	26,3	2140	117	214	26,0
22	220	98	8,1	12,2	39,6	31,1	3060	162	278	33,1
24	240	106	8,7	13,1	46,1	36,2	4250	221	354	41,7
26	260	113	9,4	14,1	53,4	41,9	5740	288	442	51,0
28	280	119	10,1	15,2	61 1	48,0	7590	364	542	61,2
30	300	125	10,8	16,2	69,1	54,2	9800	451	653	72,2
32	320	131	11,5	17,3	77,8	61,1	12510	555	782	84,7
34	340	137	12.2	18,3	86,8	68,1	15700	674	923	98,4
36	360	143	13,0	19.5	97,1	76,2	19610	818	1090	114
38	380	149	13,7	20,5	107	84,0	24010	975	1260	131
40	400	155	14,4	21,6	118	92,6	29210	1160	1460	149
42½	425	163	15,3	23,0	132	104	36970	1440	1740	176
45	450	170	16,2	24,3	147	115	45850	1730	2040	203
47½	475	178	17,1	25,6	163	128	56480	2090	2380	235
50	500	185	18,0	27,0	180	141	68740	2480	2750	268
55	550	200	19,0	30,0	213	167	99180	3490	3610	349
60	600	215	21,6	32,4	254	199	139000	4670	4630	434
F 14	140	60	4	5,5	11,7	9,16	365	15,6	52,2	5,21

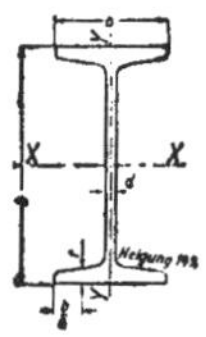

1932 U-Profil nach DIN 1026 Blatt 1

Bez.	*h*	*b*	*d*	*t*	*F*	*G*	*Jx*	*Jy*	*Wx*	*Wy*	*e*
	in mm				cm	kg/m	cm^4		cm^3		cm
3	30	33	5	7	5,44	4,27	6,39	5,33	4,26	2,68	1,31
4	40	35	5	7	6,21	4,87	14,1	6,68	7,05	3,08	1,33
5	50	38	5	7	7,12	5,59	26,4	9,12	10,6	3,75	1,37
6½	65	42	5,5	7,5	9,03	7,09	57,5	14,1	17,7	5,07	1,42
8	80	45	6	8	11,0	8,64	106	19,4	26,5	6,36	1,45
10	100	50	6	8,5	13,5	10,6	206	29,3	41,2	8,49	1,55
12	120	55	7	9	17,0	13,4	364	43,2	60,7	11,1	1,60
14	140	60	7	10	20,4	16,0	605	62,7	86,4	14,8	1,75
16	160	65	7,5	10,5	24,0	18,8	925	85,3	116	18,3	1,84
18	180	70	8	11	28,0	22,0	1350	114	150	22,4	1,92
20	200	75	8,5	11,5	32,2	25,3	1910	148	191	27,0	2,01
22	220	80	9	12,5	37,4	29,4	2690	197	245	33,6	2,14
24	240	85	9,5	13	42,3	33,2	3600	248	300	39,6	2,23
26	260	90	10	14	48,3	37,9	4820	317	371	47,7	2,36
28	280	95	10	15	53,3	41,8	6280	399	448	57,2	2,53
30	300	100	10	16	58,8	46,2	8030	495	535	67,8	2,70
32	320	100	14	17,5	75,8	59,5	10870	597	679	80,6	2,60
35	350	100	14	16	77,3	60,6	12840	570	734	75,0	2,40
38*)	381	102	13,34	16	79,7	62,6	15730	613	826	78,4	2,35
40	400	110	14	18	91,5	71,8	20360	846	1020	102	2,65
F 14	140	40	4	6	9,90	7,78	285	12,5	40,6	4,21	1,02

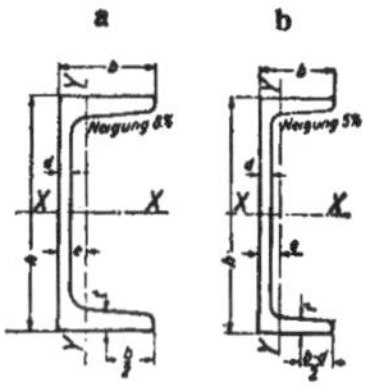

* 38 hat eine Neigung der inneren Flanschflächen von 2°

Breit- und parallelflansch. I-Profil nach DIN 1025 Bl. 2 und DIN 1031

I P	*h*	*b*	*d*	*t*	*F*	*G*	*Jx*	*Wx*	*Jy*	*Wy*
	in mm				cm^2	kg/m	cm^4	cm^3	cm^4	cm^3
10	100	100	6,5	10	26,1	20,5	447	89,3	167	33,4
12	120	120	7	11	34,3	26,9	864	144	317	52,9
14	140	140	8	12	44,1	34,6	1520	217	550	78,6
16	160	160	9	14	58,4	45,8	2630	329	958	120
18	180	180	9	14	65,8	51,6	3830	426	1360	151
20	200	200	10	16	82,7	64,9	5950	595	2140	214
22	220	220	10	16	91,1	71,5	8050	732	2840	258
24	240	240	11	18	111	87,4	11690	974	4150	346
26	260	260	11	18	121	94,8	15050	1160	5280	406
28	280	280	12	20	144	113	20720	1480	7320	523
30	300	300	12	20	154	121	25760	1720	9010	600
32	320	300	13	22	171	135	32250	2020	9910	661
34	340	300	13	22	174	137	36940	2170	9910	661
36	360	300	14	24	192	150	45120	2510	10810	721
38	380	300	.14	24	194	153	50950	2680	10810	721
40	400	300	14	26	209	164	60640	3030	11710	781
42½	425	300	14	26	212	166	69480	3270	11710	781
45	450	300	15	28	232	182	84220	3740	12620	841
47½	475	300	15	28	235	185	95120	4010	12620	841
50	500	300	16	30	255	200	113200	4530	13530	902
55	550	300	16	30	263	207	140300	5100	13530	902
60	600	300	17	32	289	227	180800	6030	14440	962
65	650	300	17	32	297	234	216800	6670	14440	962
70	700	300	18	34	324	254	270300	7720	15350	1020
75	750	300	18	34	333	261	316300	8430	15350	1020
80	800	300	18	34	342	268	366400	9160	15350	1020
85	850	300	19	36	372	292	443900	10440	16270	1080
90	900	300	19	36	381	299	506000	11250	16270	1080
95	950	300	19	36	391	307	573000	12060	16270	1080
100	1000	300	19	36	400	314	644700	12900	16280	1080

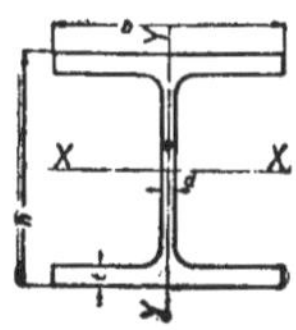

Regellängen 4 bis einschl. 14 m

Gleichschenklige L-Profile nach DIN 1028

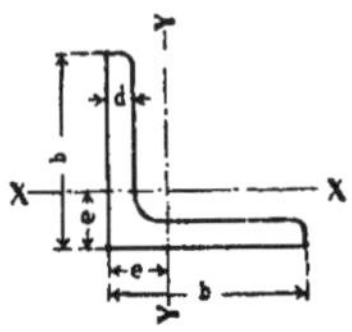

Bezeichnung ∟	b mm	d mm	F cm²	G kg/m	e cm	Jx = Jy cm⁴	Wx = Wy cm³
15 · 15 · 3	15	3	0,82	0,64	0,48	0,15	0,15
15 · 15 · 4		4	1,05	0,82	0,51	0,19	0,19
20 · 20 · 3	20	3	1,12	0,88	0,60	0,39	0,28
20 · 20 · 4		4	1,45	1,14	0,64	0,48	0,35
25 · 25 · 3		3	1,42	1,12	0,73	0,79	0,45
25 · 25 · 4	25	4	1,85	1,45	0,76	1,01	0,58
25 · 25 · 5		5	2,26	1,77	0,80	1,18	0,69
30 · 30 · 3		3	1,74	1,36	0,84	1,41	0,65
30 · 30 · 4	30	4	2,27	1,78	0,89	1,81	0,86
30 · 30 · 5		5	2,78	2,18	0,92	2,16	1,04
35 · 35 · 4	35	4	2,67	2,10	1,00	2,96	1,18
35 · 35 · 6		6	3,87	3,04	1,08	4,14	1,71
40 · 40 · 4		4	3,08	2,42	1,12	4,48	1,56
40 · 40 · 5	40	5	3,79	2,97	1,16	5,43	1,91
40 · 40 · 6		6	4,48	3,52	1,20	6,33	2,26
45 · 45 · 5	45	5	4,30	3,38	1,28	7,83	2,43
45 · 45 · 7		7	5,86	4,60	1,36	10,4	3,31
50 · 50 · 5		5	4,80	3,77	1,40	11,0	3,05
50 · 50 · 6	50	6	5,69	4,47	1,45	12,8	3,61
50 · 50 · 7		7	6,56	5,15	1,49	14,6	4,15
50 · 50 · 9		9	8,24	6,47	1,56	17,9	5,20
55 · 55 · 6		6	6,31	4,95	1,56	17,3	4,40
55 · 55 · 8	55	8	8,23	6,46	1,64	22,1	5,72
55 · 55 · 10		10	10,1	7,90	1,72	26,3	6,97
60 · 60 · 6		6	6,91	5,42	1,69	22,8	5,29
60 · 60 · 8	60	8	9,03	7,09	1,77	29,1	6,88
60 · 60 · 10		10	11,1	8,69	1,85	34,9	8,41
65 · 65 · 7		7	8,70	6,83	1,85	33,4	7,18
65 · 65 · 9	65	9	11,0	8,62	1,93	41,3	9,04
65 · 65 · 11		11	13,2	10,3	2,00	48,8	10,8
70 · 70 · 7		7	9,40	7,38	1,97	42,4	8,43
70 · 70 · 9	70	9	11,9	9,34	2,05	52,6	10,6
70 · 70 · 11		11	14,3	11,2	2,13	61,8	12,7
75 · 75 · 7		7	10,1	7,94	2,09	52,4	9,67
75 · 75 · 8	75	8	11,5	9,03	2,13	58,9	11,0
75 · 75 · 10		10	14,1	11,1	2,21	71,4	13,5
75 · 75 · 12		12	16,7	13,1	2,29	82,4	15,8
80 · 80 · 8		8	12,3	9,66	2,26	72,3	12,6
80 · 80 · 10	80	10	15,1	11,9	2,34	87,5	15,5
80 · 80 · 12		12	17,9	14,1	2,41	102	18,2
80 · 80 · 14		14	20,6	16,1	2,48	115	20,8
90 · 90 · 9		9	15,5	12,2	2,54	116	18,0
90 · 90 · 11	90	11	18,7	14,7	2,62	138	21,6
90 · 90 · 13		13	21,8	17,1	2,70	158	25,1
90 · 90 · 16*)		16	26,4	20,7	2,81	186	30,1
100 · 100 · 10		10	19,2	15,1	2,82	177	24,7
100 · 100 · 12	100	12	22,7	17,8	2,90	207	29,2
100 · 100 · 14		14	26,2	20,6	2,98	235	33,5
100 · 100 · 20*)		20	36,2	28,4	3,20	311	45,8
110 · 110 · 10		10	21,2	16,6	3,07	239	30,1
110 · 110 · 12	110	12	25,1	19,7	3,15	280	35,7
110 · 110 · 14		14	29,0	22,8	3,21	319	41,0
120 · 120 · 11		11	25,4	19,9	3,36	341	39,5
120 · 120 · 13	120	13	29,7	23,3	3,44	394	46,0
120 · 120 · 15		15	33,9	26,6	3,51	446	52,5
120 · 120 · 20*)		20	44,2	34,7	3,70	562	67,7

Bezeichnung ∟	b mm	d mm	F cm²	G kg/m	e cm	Jx = Jy cm⁴	Wx = Wy cm³
130 · 130 · 12	130	12	30,0	23,6	3,64	472	50,4
130 · 130 · 14		14	34,7	27,2	3,72	540	58,2
130 · 130 · 16		16	39,3	30,9	3,80	605	65,8
140 · 140 · 13	140	13	35,0	27,5	3,92	638	63,3
140 · 140 · 15		15	40,0	31,4	4,00	723	72,3
140 · 140 · 17		17	45,0	35,3	4,08	805	81,2
150 · 150 · 14	150	14	40,3	31,6	4,21	845	78,2
150 · 150 · 16		16	45,7	35,9	4,29	949	88,7
150 · 150 · 18		18	51,0	40,1	4,36	1050	99,3
160 · 160 · 15	160	15	46,1	36,2	4,49	1100	95,6
160 · 160 · 17		17	51,8	40,7	4,57	1230	108
160 · 160 · 19		19	57,5	45,1	4,65	1350	118
180 · 180 · 16	180	16	55,4	43,5	5,02	1680	130
180 · 180 · 18		18	61,9	48,6	5,10	1870	145
180 · 180 · 20		20	68,4	53,7	5,18	2040	160
200 · 200 · 16	200	16	61,8	48,5	5,52	2340	162
200 · 200 · 18		18	69,1	54,3	5,60	2600	181
200 · 200 · 20		20	76,1	59,9	5,68	2850	199

* Die ∟ 90 · 90 · 16, 100 · 100 · 20 und 120 · 120 · 20 mm sind Sonderprofile für den Lokomotivbau.

1936

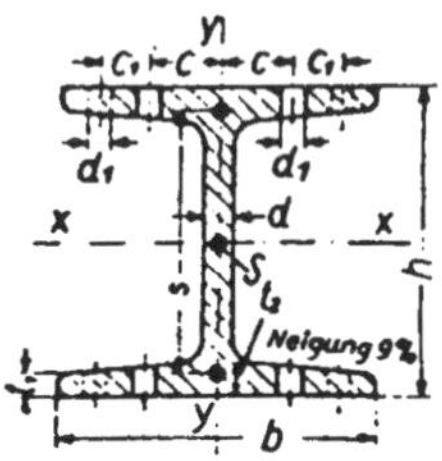

Differdinger breitflanschige I D-Stahl

Diese Eisen werden nach dem System Grey in Deutschland nur noch im Profil Nr. 18 bis 30 gewalzt.

Bemerkung: Normallängen = 4 bis einschließlich 12 m; s = Abstand der Zug- und Druckmittelpunkte; bis einschließlich Profil 30 B ist b = h. Von 32···190 B bleibt b = 300 mm.

Abgekürzte Bezeichnung nach DIN 1350:
I D 40 bedeutet Differdinger Breitflansch-Stahl mit 40 cm Höhe.

I D	Abmessungen h mm	b mm	t_1 mm	t_2 mm	d mm	Querschnitt F cm²	Gewicht G kg/m	Wurzelmaße c mm	c_1 mm	Niet Durchmesser d_1 mm	Querschnitt F netto cm²	Grenzknicklänge l_0 cm	Momente für die Biegungsachse X—X Jx cm⁴	Wx cm³	Abstand d. Druckmittelpunkte s cm	Momente für die Biegungsachse Y—Y Jy cm⁴	Wy cm³
18	180	180	9,0	16,72	8,5	59,9	47,0	50	—		48,3	444	3 512	390	16,0	1 073	119
20	200	200	9,5	18,12	8,5	70,4	55,3	55	—		58,0	496	5 171	517	17,8	1 568	157
22	220	220	10.0	19,5	9,0	82,6	64,8	60	—	23	69,3	544	7 379	671	19,6	2 216	201
24	240	240	10,5	20.85	10,0	96,8	76,0	50	30		81,4	589	10 260	855	21,4	3 043	254
25	250	250	10,9	21,7	10,5	105,1	82,5	50	35		88,8	612	12 066	965	22,3	3 575	286
26	260	260	11,7	22,9	11,0	115,6	90,7	50	40		95,9	637	14 352	1 104	23,2	4 261	328
27	270	270	11,95	23,6	11,25	123,2	96,7	50	45		102,7	664	16 529	1 224	24,1	4 920	365
28	280	280	12,35	24,4	11,5	131,8	103,4	55	45	26	111,0	689	19 052	1 361	25,0	5 671	405
29	290	290	12,7	25,2	12,0	141,1	110,8	60	45		120,0	708	21 866	1 508	25,9	6 417	443
30	300	300	13,25	26,25	12,5	152,1	119,4	60	50		129,8	737	25 201	1 680	26,8	7 494	500

1959 Schmale I-Profile mit geneigten inneren Flanschflächen
I-Reihe (warmgewalzt) nach DIN 1025 Blatt 1 Ausgabe 1959

Bezeichnung I	Abmessungen in mm h	b	$s = r_1$	t	r_2	F cm²	G kg/m	Für die Biegeachse $x-x$: I_x cm⁴	W_x cm³	i_x cm	$y-y$: I_y cm⁴	W_y cm³	i_y cm	S_x cm³	s_x cm
80	80	42	3,9	5,9	2,3	7,58	**5,95**	77,8	**19,5**	3,20	6,29	3,00	**0,91**	11,4	6,84
100	100	50	4,5	6,8	2,7	10,6	**8,32**	171	**34,2**	4,01	12,2	4,88	**1,07**	19,9	8,57
120	120	58	5,1	7,7	3,1	14,2	**11,2**	328	**54,7**	4,81	21,5	7,41	**1,23**	31,8	10,3
140	140	66	5,7	8,6	3,4	18,3	**14,4**	573	**81,9**	5,61	35,2	10,7	**1,40**	47,7	12,0
160	160	74	6,3	9,5	3,8	22,8	**17,9**	935	**117**	6,40	54,7	14,8	**1,55**	68,0	13,7
180	180	82	6,9	10,4	4,1	27,9	**21,9**	1 450	**161**	7,20	81,3	19,8	**1,71**	93,4	15,5
200	200	90	7,5	11,3	4,5	33,5	**26,3**	2 140	**214**	8,00	117	26,0	**1,87**	125	17,2
220	220	98	8,1	12,2	4,9	39,6	**31,1**	3 060	**278**	8,80	162	33,1	**2,02**	162	18,9
240	240	106	8,7	13,1	5,2	46,1	**36,2**	4 250	**354**	9,59	221	41,7	**2,20**	206	20,6
260	260	113	9,4	14,1	5,6	53,4	**41,9**	5 740	**442**	10,4	288	51,0	**2,32**	257	22,3
280	280	119	10,1	15,2	6,1	61,1	**48,0**	7 590	**542**	11,1	364	61,2	**2,45**	316	24,0
300	300	125	10,8	16,2	6,5	69,1	**54,2**	9 800	**653**	11,9	451	72,2	**2,56**	381	25,7
320	320	131	11,5	17,3	6,9	77,8	**61,1**	12 510	**782**	12,7	555	84,7	**2,67**	457	27,4
340	340	137	12,2	18,3	7,3	86,8	**68,1**	15 700	**923**	13,5	674	98,4	**2,80**	540	29,1
360	360	143	13,0	19,5	7,8	97,1	**76,2**	19 610	**1 090**	14,2	818	114	**2,90**	638	30,7
380	380	149	13,7	20,5	8,2	107	**84,0**	24 010	**1 260**	15,0	975	131	**3,02**	741	32,4
400	400	155	14,4	21,6	8,6	118	**92,6**	29 210	**1 460**	15,7	1 160	149	**3,13**	857	34,1
425	425	163	15,3	23,0	9,2	132	**104**	36 970	**1 740**	16,7	1 440	176	**3,30**	1 020	36,2
450	450	170	16,2	24,3	9,7	147	**115**	45 850	**2 040**	17,7	1 730	203	**3,43**	1 200	38,3
475	475	178	17,1	25,6	10,3	163	**128**	56 480	**2 380**	18,6	2 090	235	**3,60**	1 400	40,4
500	500	185	18,0	27,0	10,8	180	**141**	68 740	**2 750**	19,6	2 480	268	**3,72**	1 620	42,4
550	550	200	19,0	30,0	11,9	213	**167**	99 180	**3 610**	21,6	3 490	349	**4,02**	2120	46,8
600	600	215	21,6	32,4	13,0	254	**199**	139 000	**4 630**	23,4	4 670	434	**4,30**	2730	50,9

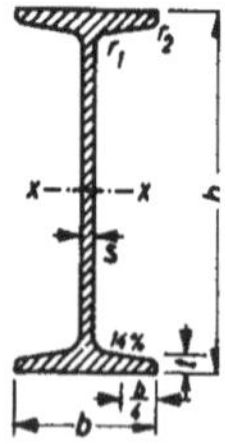

Mittelbreite I-Profile mit parallelen Flanschflächen
IPE-Reihe (warmgewalzt) nach DIN 1025 Blatt 5 Ausgabe 1959

Bezeichnung IPE	Maße für h mm	b mm	s mm	t mm	r mm	F cm²	G kg/m	Für die Biegeachse $x-x$: I_x cm⁴	W_x cm³	i_x cm	$y-y$: I_y cm⁴	W_y cm³	i_y cm	S_x cm³
80	80	46	3.8	5.2	5	7.64	6,00	80,1	20,0	3,24	8,49	3,69	1,05	11,6
100	100	55	4.1	5.7	7	10.3	8,10	171	34,2	4,07	15,9	5,79	1,24	19,7
120	120	64	4.4	6.3	7	13,2	10,4	318	53,0	4,90	27,7	8,65	1,45	30,4
140	140	73	4.7	6.9	7	16.4	12,9	541	77,3	5,74	44,9	12,3	1,65	44,2
160	160	82	5,0	7,4	9	20,1	15,8	869	109	6,58	68,3	16,7	1,84	61,9
180	180	91	5,3	8,0	9	23,9	18,8	1 320	146	7,42	101	22,2	2,05	83,2
200	200	100	5,6	8,5	12	28,5	22,4	1 940	194	8,26	142	28,5	2,24	110
220	220	110	5,9	9,2	12	33,4	26,2	2 770	252	9,11	205	37,3	2,48	143
240	240	120	6,2	9,8	15	39,1	30,7	3 890	324	9,97	284	47,3	2,69	183
270	270	135	6,6	10,2	15	45,9	36,1	5 790	429	11,2	420	62,2	3,02	242
300	300	150	7,1	10,7	15	53,8	42,2	8 360	557	12,5	604	80,5	3,35	314
330	330	160	7,5	11,5	18	62,6	49,1	11 770	713	13,7	788	98,5	3,55	402
360	360	170	8,0	12,7	18	72,7	57,1	16 270	904	15,0	1040	123	3,79	510
400	400	180	8,6	13,5	21	84,5	66,3	23 130	1160	16,5	1320	146	3,95	654
450	450	190	9,4	14,6	21	98,8	77,6	33 740	1500	18,5	1680	176	4,12	851
500	500	200	10,2	16,0	21	116	90,7	48 200	1930	20,4	2140	214	4,31	1100
550	550	210	11,1	17,2	24	134	106	67 120	2440	22,3	2670	254	4,45	1390
600	600	220	12,0	19,0	24	156	122	92 080	3070	24,3	3390	308	4,66	1760

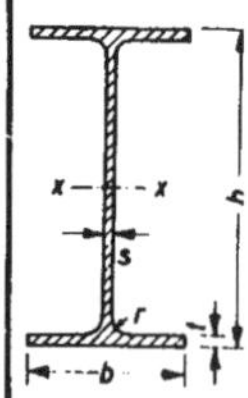

Breite I-Profile mit parallelen Flanschflächen
Leichte IPBL-Reihe (warmgewalzt) nach DIN 1025 Blatt 3 Ausgabe 1959

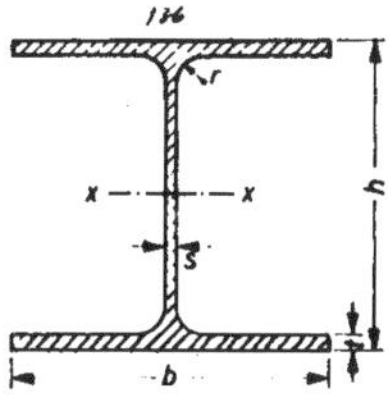

Bezeichnung	Maße für					F	G	Für die Biegeachse						S_x
								x-x			y-y			
IPBl *)	h mm	b mm	s mm	t mm	r mm	cm²	kg/m	I_x cm⁴	W_x cm³	i_x cm	I_y cm⁴	W_y cm³	i_y cm	cm³
100	96	99	5,0	8,0	11	20,9	16,4	344	71,6	4,06	130	26,2	2,49	40,8
120	114	119	5,0	8,0	11	25,0	19,6	598	105	4,89	225	38,0	3,00	58,9
140	133	138	5,5	8,5	12	31,1	24,4	1 020	153	5,72	373	54,0	3,46	85,2
160	150	157	6,0	9,0	14	37,9	29,7	1 560	212	6,47	584	75,0	3,92	118
180	172	177	6,5	10,0	14	47,0	36,9	2 600	303	7,45	925	104	4,43	168
200	190	197	7,0	11,0	15	57,0	44,8	3 880	408	8,24	1 400	143	4,96	226
220	211	217	7,25	11,5	15	65,5	51,4	5 530	524	9,19	1 960	181	5,47	289
240	229	237	7,75	12,5	17	77,5	60,9	7 740	676	9,99	2 780	234	5,98	373
260	250	257	8,0	13,0	17	87,2	68,5	10 430	834	10,9	3 680	286	6,49	460
280	267	277	8,25	13,5	18	97,4	76,4	13 350	1 000	11,7	4 780	345	7,01	549
300	289	297	8,75	14,5	18	112	87,7	17 960	1 240	12,7	6 330	426	7,53	682
320	308	297	9,5	16,0	20	125	97,9	22 560	1 460	13,4	6 990	471	7,49	806
340	330	297	10,0	17,0	20	134	105	27 620	1 670	14,3	7 430	500	7,44	924
360	348	297	10,5	18,0	21	143	113	32 560	1 870	15,1	7 870	530	7,40	1040
380	370	297	11,0	19,0	21	153	120	39 140	2 120	16,0	8 300	559	7,36	1170
400	388	297	11,0	20,0	21	161	126	45 210	2 330	16,8	8 740	589	7,37	1290
425	415	297	11,5	21,0	21	171	135	54 680	2 630	17,9	9 180	618	7,32	1460
450	438	297	12,0	22,0	23	182	143	64 380	2 940	18,8	9 620	648	7,26	1630
475	465	297	12,5	23,0	23	194	152	76 350	3 280	19,9	10 060	677	7,21	1830
500	488	297	13,0	24,0	24	205	161	88 310	3 620	20,8	10 490	707	7,16	2020
550	539	297	13,0	24,5	24	214	168	112 000	4 150	22,9	10 710	722	7,07	2320
600	588	297	14,0	26,0	26	235	185	144 000	4 900	24,7	11 370	766	6,95	2750
650	638	297	14,0	26,0	26	242	190	173 000	5 420	26,7	11 370	766	6,85	3040
700	688	297	15,0	28,0	27	267	210	218 700	6 360	28,6	12 250	825	6,77	3590
750	738	297	15,0	28,0	27	275	216	256 400	6 950	30,5	12 250	825	6,67	3930
800	792	298	16,0	30,0	27	302	237	320 100	8 080	32,5	13 270	890	6,63	4590
900	892	298	17,0	32,0	30	339	266	446 100	10 000	36,3	14 170	951	6,46	5710
1000	992	298	17,0	32,0	30	356	280	569 000	11 470	40,0	14 170	951	6,31	6580

* Von den mit gleichen Zahlen bezeichneten IPB-Trägern nach DIN 1025 Blatt 2 abgeleitete Profile. Die IPBI-Profile werden auch mit IDIE oder DIMEL bezeichnet.

Breit- und prarallelflanschige IP-Profile sowie Breitflansch-I-Profile mit 9 % Neigung der inneren Flanschflächen nach DIN 1025 Blatt 2

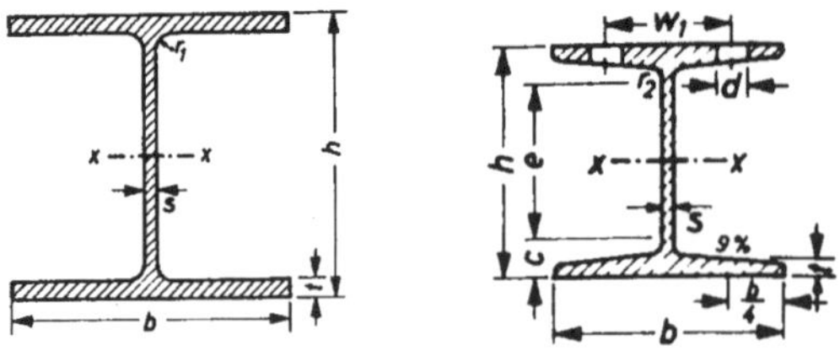

Be-zeich-nung	Abmessungen in mm					F	G	Für die Biegeachse						S_x	s_x
								x — x			y — y				
I PB	h	b	s	t	r_1 r_2	cm²	kg/m	I_x cm⁴	W_x cm³	i_x cm	I_y cm⁴	W_y cm³	i_y cm	cm³	cm
100	100	100	6,5	10	10	26,1	20,5	447	89,3	4,14	167	33,4	2,53	51,8	8,62
120	120	120	7	11	11	34,3	26,9	864	144	5,02	317	52,9	3,04	82.8	10,4
140	140	140	8	12	12	44,1	34,6	1 520	217	5,87	550	78,6	3,53	127	12,0
160	160	160	9	14	14	58,4	45,8	2 630	329	6,72	958	120	4,05	188	14,0
180	180	180	9	14	14	65,8	51,6	3 830	426	7,63	1 360	151	4,55	241	15,9
200	200	200	10	16	15	82,7	64,9	5 950	595	8,48	2 140	214	5,08	337	17,7
220	220	220	10	16	15	91,1	71,5	8 050	732	9,37	2 840	258	5,59	412	19,5
240	240	240	11	18	17	111	87,4	11 690	974	10,3	4 150	346	6,11	549	21,3
260	260	260	11	18	17	121	94,8	15 050	1 160	11,2	5 280	406	6,61	649	23,2
280	280	280	12	20	18	144	113	20 720	1 480	12,0	7 320	523	7,14	831	24,9
300	300	300	12	20	18	154	121	25 760	1 720	12,9	9 010	600	7,65	959	26,8
320	320	300	13	22	20	171	135	32 250	2 020	13,7	9 910	661	7,60	1 130	28,5
340	340	300	13	22	20	174	137	36 940	2 170	14,5	9 910	661	7,55	1 220	30,3
360	360	300	14	24	21	192	150	45 120	2 510	15,3	10 810	721	7,51	1 410	32,0
380	380	300	14	24	21	194	153	50 950	2 680	16,2	10 810	721	7,46	1 510	33,8
400	400	300	14	26	21	209	164	60 640	3 030	17,0	11 710	781	7,49	1 700	35,6
425	425	300	14	26	21	212	166	69 480	3 270	18,1	11 710	781	7,43	1 830	37,8
450	450	300	15	28	23	232	182	84 220	3 740	19,0	12 620	841	7,38	2 110	40,0
475	475	300	15	28	23	235	185	95 120	4 010	21,1	12 620	841	7,32	2 250	42,2
500	500	300	16	30	24	255	200	113 200	4 530	21,0	13 530	902	7,28	2 560	44,3
550	550	300	16	30	24	263	207	140 300	5 100	23,1	13 530	902	7,17	2 880	48,7
600	600	300	17	32	26	289	227	180 800	6 030	25,0	14 440	962	7,07	3 410	53,0
650	650	300	17	32	26	297	234	216 800	6 670	27,0	14 440	962	6,97	3 780	57,4
700	700	300	18	34	27	324	254	270 300	7 720	28,9	15 350	1 020	6,88	4 400	61,5
750	750	300	18	34	27	333	261	316 300	8 430	30,8	15 350	1 020	6,79	4 800	65,8
800	800	300	18	34	27	342	268	366 400	9 160	32,7	15 350	1 020	6,70	5 220	70,2
900	900	300	19	36	30	381	299	506 000	11 250	36.4	16 270	1 080	6,53	6 450	78.4
1000	1000	300	19	36	30	400	314	644 700	12 900	40,1	16 280	1 080	6,37	7 430	86,8
IB	Breite I-Träger mit geneigten inneren Flanschflächen — IB-Reihe —														
100	100	100	7,5	10,25	10	26,8	21,0	447	89,4	4,09	151	30,1	2,37	53	8,4
120	120	120	8	11	11	34,6	27,2	852	142	4,96	276	46,0	2,82	82	10,4
140	140	140	8	12	12	43,3	34,0	1 490	213	5,86	475	67,8	3,31	122	12,2
160	160	160	9	14	14	57,4	45,0	2 580	322	6,70	831	104	3,81	184	14,0
180	180	180	9	14	14	64,7	50,8	3 750	417	7,62	1 170	130	4,25	237	15,9

Breite I-Profile mit parallelen Flanschflächen – verstärkte Ausführung
IPBv-Reihe (warmgewalzt) nach DIN 1025 Blatt 4 Ausgabe 1959

Bezeichnung IPBv *)	Maße für h mm	b mm	s mm	t mm	r mm	h_1 mm	F cm²	G kg/m	Für die Biegeachse x-x: I_x cm⁴	W_x cm³	i_x cm	y-y: I_y cm⁴	W_y cm³	i_y cm	S_x cm³
100	114	103,5	10	17	11	58	44,2	34,7	894	157	4,49	315	61,0	2,67	95,3
120	132	123,5	10	17	11	76	52,8	41,5	1 450	227	5,33	535	87,0	3,18	135
140	164	148	16	24	12	92	90,8	71,3	3 760	459	6,43	1 300	176	3,79	279
160	182	167	16	25	14	104	106	83,5	5 560	611	7,23	1 950	233	4,28	368
180	202	187	16	25	14	124	120	93,8	7 930	785	8,15	2 730	292	4,78	466
200	220	206	16	26	15	138	136	107	10 900	991	8,96	3 800	369	5,28	584
220	240	226	16	26	15	158	150	117	14 560	1 210	9,88	5 010	443	5,79	707
240	260	246	17	28	17	170	175	137	20 070	1 540	10,7	6 960	566	6,32	899
260	288	269	20	32	17	190	219	172	30 520	2 120	11,8	10 400	773	6,89	1240
280	310	289	21	35	18	204	255	201	41 250	2 660	12,7	14 100	976	7,44	1560
300	336	311	23	38	18	224	299	235	56 580	3 370	13,8	19 080	1230	7,99	1970
320	356	310	23	40	20	236	315	247	66 880	3 760	14,6	19 900	1280	7,95	2200
340	376	310	23	40	20	256	320	251	76 000	4 040	15,4	19 900	1280	7,90	2360
360	392	309	23	40	21	270	323	253	83 590	4 260	16,1	19 710	1280	7,82	2480
380	412	309	23	40	21	290	327	257	93 850	4 560	16,9	19 710	1280	7,76	2650
400	428	308	22	40	21	306	327	257	101 900	4 760	17,6	19 520	1270	7,72	2750
425	453	308	22	40	21	331	332	261	116 200	5 130	18,7	19 520	1270	7,67	2960
450	474	306	21	40	23	348	332	261	128 000	5 400	19,6	19 140	1250	7,59	3110
475	499	306	21	40	23	373	337	265	144 000	5 770	20,7	19 150	1250	7,53	3320
500	520	305	21	40	24	392	341	268	158 100	6 080	21,5	18 960	1240	7,45	3490
550	570	305	21	40	24	442	352	276	195 100	6 850	23,5	18 970	1240	7,34	3920
600	616	304	21	40	26	484	362	284	233 000	7 560	25,4	18 780	1240	7,21	4330
650	666	304	21	40	26	534	372	292	278 600	8 370	27,4	18 790	1240	7,10	4790
700	712	303	21	40	27	578	381	299	324 200	9 130	29,1	18 610	1230	6,98	5220
750	762	303	21	40	27	628	392	308	378 800	9 940	31,1	18 620	1230	6,90	5700
800	812	303	21	40	27	678	402	316	438 200	10 790	33,0	18 620	1230	6,80	6200
900	908	302	21	40	30	768	423	332	567 600	12 500	36,6	18 450	1220	6,60	7'200
1000	1008	302	21	40	30	868	444	349	722 300	14 330	40,3	18 460	1220	6,45	8280

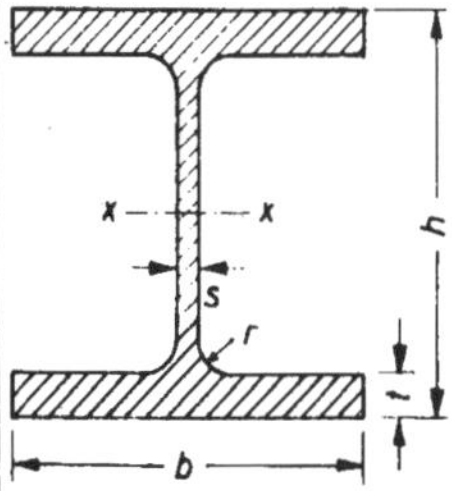

* Von den mit gleichen Zahlen bezeichneten IPB-Trägern abgeleitete Profile. Die IPBv-Profile werden auch mit IDIV oder DIR oder DIMAX bezeichnet.

Rundkantige U-Profile warmgewalzt nach DIN 1026 Ausgabe 1959

Bezeichnung ⊏	Abmessungen in mm h	b	s	$t = r_1$	F cm²	G kg/m	Für die Biegeachse x — x: I_x cm⁴	W_x cm³	i_x cm	y — y: I_y cm⁴	W_y cm³	i_y cm	S_x cm³	s_x cm	e_y cm	x_M cm
80	80	45	6	8	11,0	8,64	106	26,5	3,10	19,4	6,36	1,33	15,9	6,65	1,45	2,67
100	100	50	6	8,5	13,5	10,6	206	41,2	3,91	29,3	8,49	1,47	24,5	8,42	1,55	2,93
120	120	55	7	9	17,0	13,4	364	60,7	4,62	43,2	11,1	1,59	36,3	10,0	1,60	3,03
140	140	60	7	10	20,4	16,0	605	86,4	5,45	62,7	14,8	1,75	51,4	11,8	1,75	3,37
160	160	65	7,5	10,5	24,0	18,8	925	116	6,21	85,3	18,3	1,89	68,8	13,3	1,84	3,56
180	180	70	8	11	28,0	22,0	1 350	150	6,95	114	22,4	2,02	89,6	15,1	1,92	3,75
200	200	75	8,5	11,5	32,2	25,3	1 910	191	7,70	148	27,0	2,14	114	16,8	2,01	3,94
220	220	80	9	12,5	37,4	29,4	2 690	245	8,48	197	33,6	2,30	146	18,5	2,14	4,20
240	240	85	9,5	13	42,3	33,2	3 600	300	9,22	248	39,6	2,42	179	20,1	2,23	4,39
260	260	90	10	14	48,3	37,9	4 820	371	9,99	317	47,7	2,56	221	21,8	2,36	4,66
280	280	95	10	15	53,3	41,8	6 280	448	10,9	399	57,2	2,74	266	23,6	2,53	5,02
300	300	100	10	16	58,8	46,2	8 030	535	11,7	495	67,8	2,90	316	25,4	2,70	5,41
320	320	100	14	17,5	75,8	59,5	10 870	679	12,1	597	80,6	2,81	413	26,3	2,60	4,82
350	350	100	14	16	77,3	60,6	12 840	734	12,9	570	75,0	2,72	459	28,6	2,40	4,45
380	381	102	13,34	16	79,7	62,6	15 730	826	14,1	613	78,4	2,78	505	31,1	2,35	5,43
400	400	110	14	18	91,5	71,8	20 350	1 020	14,9	846	102	3,04	618	32,9	2,65	5,11
F 14	140	40	4	6	9,90	7,78	285	40,6	5,36	12,5	4,21	1,12	24,2	11,8	1,02	—

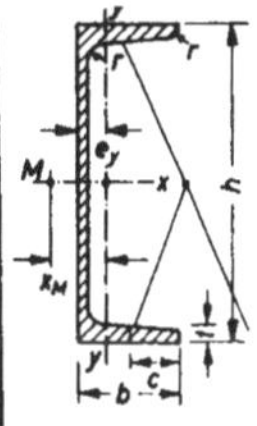

Gleichschenkliges rundkantiges L-Profil

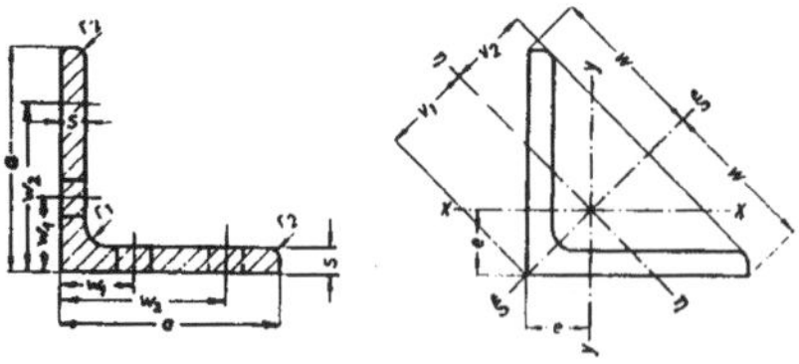

Bezeichnung	Maße für				F	G	Abstände für die Achsen			Für die Biegeachse x-x = y-y			ξ-ξ		η-η			Für die Schenkellöcher nach DIN 997		
L	a mm	s mm	r_1 mm	r_2 mm	cm²	kg/m	e cm	w cm	v_1 cm	$I_x = I_y$ cm⁴	$W_x = W_y$ cm³	$i_x = i_y$ cm	I_ξ cm⁴	i_ξ cm	I_η cm⁴	W_η cm³	i_η cm	d_1 mm	w_1 mm	w_2 mm
20×3	20	3	3,5	2	1,12	0,88	0,60	1,41	0,85	0,39	0,28	0,59	0,62	0,74	0,15	0,18	0,37	6,4	12	—
4		4			1,45	1,14	0,64		0,90	0,48	0,35	0,58	0,77	0,73	0,19	0,21	0,36			
25×3	25	3	3,5	2	1,42	1,12	0,73	1,77	1,03	0,79	0,45	0,75	1,27	0,95	0,31	0,30	0,47	8,4	15	—
4		4			1,85	1,45	0,76		1,08	1,01	0,58	0,74	1,61	0,93	0,40	0,37	0,47			
5		5			2,26	1,77	0,80		1,13	1,18	0,69	0,72	1,87	0,91	0,50	0,44	0,47			
30×3	30	3	5	2,5	1,74	1,36	0,84	2,12	1,18	1,41	0,65	0,90	2,24	1,14	0,57	0,48	0,57	8,4	17	—
4		4			2,27	1,78	0,89		1,24	1,81	0,86	0,89	2,85	1,12	0,76	0,61	0,58			
5		5			2,78	2,18	0,92		1,30	2,16	1,04	0,88	3,41	1,11	0,91	0,70	0,57			
35×3	35	3	5	2,5	2.04	1,60	0,96	2,47	1,36	2,29	0,90	1,06	3,63	1,34	0,95	0,70	0,68	11	20	—
4		4			2.67	2.10	1,00		1,41	2,96	1,18	1,05	4,68	1,33	1,24	0,88	0,68			
5		5			3.28	2,57	1,04		1,47	3,56	1,45	1,04	5,63	1,31	1,49	1,10	0,67			
6		6			3.87	3.04	1,08		1,53	4,14	1,71	1,04	6,50	1,30	1,77	1,16	0,68			
40×4	40	4	6	3	3,08	2,42	1,12	2,83	1,58	4,48	1,56	1,21	7,09	1,52	1,86	1,18	0,78	11	22	—
5		5			3,79	2,97	1,16		1,64	5,43	1,91	1,20	8,64	1,51	2,22	1,35	0,77			
6		6			4.48	3,52	1,20		1,70	6,33	2,26	1,19	9,98	1,49	2,67	1,57	0,77			
45×5	45	5	7	3,5	4,30	3,38	1,28	3,18	1,81	7,83	2,43	1,35	12,4	1,70	3,25	1,80	0,87	11	25	—
6		6			5,09	4,00	1,32		1,87	9,16	2,88	1,34	14,5	1,69	3,83	2,05	0,87			
7		7			5.86	4,60	1,36		1,92	10,4	3,31	1,33	16,4	1,67	4,39	2,29	0,87			
50×5	50	5	7	3,5	4,80	3,77	1,40	3,54	1,98	11,0	3,05	1,51	17,4	1,90	4,59	2,32	0,98	13	30	—
6		6			5.69	4,47	1,45		2,04	12,8	3,61	1,50	20,4	1,89	5,24	2,57	0,96			
7		7			6,56	5,15	1,49		2,11	14,6	4,15	1,49	23,1	1,88	6,02	2,85	0,96			
8		8			7.41	5,82	1,52		2,16	16,3	4,68	1,48	25,7	1,86	6,87	3,19	0,96			
9		9			8.24	6,47	1,56		2,21	17,9	5,20	1,47	28,1	1,85	7,67	3,47	0,97			
55×6	55	6	8	4	6.31	4,95	1,56	3,89	2,21	17,3	4,40	1,66	27,4	2,08	7,24	3,28	1,07	17	30	—
8		8			8.23	6.46	1,64		2,32	22,1	5,72	1,64	34,8	2,06	9,35	4,03	1,07			
10		10			10.1	7.90	1,72		2,43	26,3	6,97	1,62	41,4	2,02	11,3	4,65	1,06			
60×6	60	6	8	4	6,91	5,42	1,69	4.24	2,39	22,8	5,29	1,82	36,1	2,29	9,43	3,95	1,17	17	35	—
8		8			9,03	7,09	1,77		2,50	29,1	6,88	1,80	46,1	2,26	12,1	4,84	1,16			
10		10			11,1	8,69	1,85		2,62	34,9	8,41	1,78	55,1	2,23	14,6	5,57	1,15			
65×6	65	6	9	4,5	7,53	5,91	1,80	4,60	2,55	29,2	6,21	1,97	46,3	2,48	12,1	4,74	1,27	21	35	—
7		7			8,70	6,83	1,85		2,62	33,4	7,18	1,96	53,0	2,47	13,8	5,27	1,26			
8		8			9,85	7,73	1,89		2,67	37,5	8,13	1,95	59,4	2,46	15,6	5,84	1,26			
9		9			11,0	8.62	1,93		2,73	41,3	9,04	1,94	65,4	2,44	17,2	6,30	1,25			
11		11			13,2	10,3	2,00		2,83	48,8	10,8	1,91	76,8	2,42	20,7	7,31	1,25			

Bezeichnung	Maße für				F	G	Abstände für die Achsen			Für die Biegeachse x-x = y-y			ξ-ξ		η-η			Für die Schenkellöcher nach DIN 997		
∟	a mm	s mm	r_1 mm	r_2 mm	cm²	kg/m	e cm	w cm	v_1 cm	$I_x = I_y$ cm⁴	W_x, W_y cm³	$i_x = i_y$ cm	I_ξ cm⁴	i_ξ cm	I_η cm⁴	W_η cm³	i_η cm	d_1 mm	w_1 mm	w_2 mm
70×6	70	6	9	4,5	8,13	6,38	1,93	4,95	2,73	36,9	7,27	2,13	58,5	2,68	15,3	5,60	1,37	21	40	—
7		7			9,40	7,38	1,97		2,79	42,4	8,43	2,12	67,1	2,67	17,6	6,31	1,37			
9		9			11,9	9,34	2,05		2,90	52,6	10,6	2,10	83,1	2,64	22,0	7,59	1,36			
11		11			14,3	11,2	2,13		3,01	61,8	12,7	2,08	97,6	2,61	26,0	8,64	1,35			
75×6	75	6	10	5	8,75	6,87	2,04	5,30	2,89	45,6	8,35	2,28	72,2	2,87	18,9	6,54	1,47	23	40	—
7		7			10,1	7,94	2,09		2,95	52,4	9,67	2,28	83,6	2,88	21,1	7,15	1,45			
8		8			11,5	9,03	2,13		3,01	58,9	11,0	2,26	93,3	2,85	24,4	8,11	1,46			
10		10			14,1	11,1	2,21		3,12	71,4	13,5	2,25	113	2,83	29,8	9,55	1,45			
12		12			16,7	13,1	2,29		3,24	82,4	15,8	2,22	130	2,79	34,7	10,7	1,44			
80×7	80	7	10	5	10,8	8,49	2,21	5,66	3,13	64,2	11,1	2,44	102	3,07	26,5	8,48	1,57	23	45	—
8		8			12,3	9,66	2,26		3,20	72,3	12,6	2,42	115	3,06	29,6	9,25	1,55			
10		10			15,1	11,9	2,34		3,31	87,5	15,5	2,41	139	3,03	35,9	10,9	1,54			
12		12			17,9	14,1	2,41		3,41	102	18,2	2,39	161	3,00	43,0	12,6	1,53			
14		14			20,6	16,1	2,48		3,51	115	20,8	2,36	181	2,96	48,6	13,9	1,54			
90×8	90	8	11	5,5	13,9	10,9	2,50	6,36	3,53	104	16,1	2,74	165	3,45	43,5	12,3	1,77	25	50	—
9		9			15,5	12,2	2,54		3,59	116	18,0	2,74	184	3,45	47,8	13,3	1,76			
11		11			18,7	14,7	2,62		3,70	138	21,6	2,72	218	3,41	57,1	15,4	1,75			
13		13			21,8	17,1	2,70		3,81	158	25,1	2,69	250	3,39	65,9	17,3	1,74			
16		16			26,4	20,7	2,81		3,97	186	30,1	2.66	294	3,34	79,1	19,9	1,73			
100×8	100	8	12	6	15,5	12,2	2,74	7,07	3,87	145	19,9	3,06	230	3,85	59,9	15,5	1,96	25	55	—
10		10			19,2	15,1	2,82		3,99	177	24,7	3,04	280	3,82	73,3	18,4	1,95			
12		12			22,7	17,8	2,90		4,10	207	29,2	3,02	328	3,80	86,2	21,0	1,95			
14		14			26,2	20.6	2,98		4,21	235	33,5	3,00	372	3.77	98,3	23,4	1,94			
20		20			36,2	28,4	3,20		4,53	311	45.7	2,93	487	3,67	135	29,8	1,93			
110×10	110	10	12	6	21,2	16.6	3,07	7,78	4,34	239	30,1	3,36	379	4,23	98,6	22,7	2,16	25	45	25
12		12			25,1	19.7	3,15		4,45	280	35,7	3,34	444	4,21	116	26,1	2,15			
14		14			29,0	22.8	3,21		4,54	319	41,0	3,32	505	4,18	133	29,3	2,14			
16		16			32,8	25,7	3,31		4,68	356	46,3	3,29	563	4,14	149	31,9	2,13			
120×11	120	11	13	6,5	25,4	19.9	3,36	8,49	4,75	341	39,5	3,66	541	4,62	140	29,5	2,35	25	50	30
13		13			29,7	23,3	3,44		4,86	394	46,0	3,64	625	4,59	162	33,3	2,34			
15		15			33,9	26,6	3,51		4,96	446	52,5	3,63	705	4,56	186	37,5	2,34			
130×12	130	12	14	7	30,0	23,6	3,64	9,19	5,15	472	50,4	3,97	750	5,00	194	37,7	2,54	25	50	40
14		14			34,7	27,2	3,72		5,26	540	58,2	3,94	857	4,97	223	42,4	2,53			
16		16			39,3	30,9	3,80		5,37	605	65,8	3,92	959	4,94	251	46,7	2,52			
140×13	140	13	15	7.5	35,0	27,5	3,92	9,90	5,54	638	63,3	4,27	1 010	5,38	262	47,3	2,74	28	55	45
15		15			40,0	31,4	4,00		5,66	723	72,3	4,25	1 150	5,36	298	52,7	2,73			
150×12	150	12	16	8	34.8	27,3	4,12	10.6	5,83	737	67,7	4,60	1 170	5,80	303	52,0	2,95	28	55	55
14		14			40,3	31,6	4,21		5,95	845	78,2	4,58	1 340	5,77	347	58,3	2,94			
16		16			45.7	35.9	4.29		6,07	949	88,7	4,56	1 510	5,74	391	64,4	2,93			
18		18			51,0	40,1	4,36		6,17	1 050	99,3	4,54	1 670	5,70	438	71,0	2,93			
20		20			56,3	44,2	4,44		6,28	1 150	109	4,51	1 820	5,68	477	76,0	2,91			
160×15	160	15	17	8,5	46,1	36,2	4,49	11,3	6,35	1 100	95,6	4.88	1 750	6,15	453	71,3	3,14	28	60	55
17		17			51.8	40.7	4.57		6,46	1 230	108	4,86	1 950	6,13	506	78,3	3,13			
19		19			57,5	45,1	4,65		6,58	1 350	118	4,84	2 140	6,10	558	84,8	3,12			
180×16	180	16	18	9	55,4	43,5	5,02	12,7	7,11	1 680	130	5,51	2 690	6,96	679	95,5	3,50	28	60	75
18		18			61,9	48,6	5,10		7,22	1 870	145	5.49	2 970	6,93	757	105	3,49			
20		20			68,4	53,7	5.18		7,33	2 040	160	5,47	3 260	6,90	830	113	3,49			
22		22			74,7	58,6	5,26		7,44	2 210	174	5,44	3 510	6,86	918	123	3,50			
200×16	200	16	18	9	61,8	48,5	5,52	14,1	7,80	2 340	162	6,15	3 740	7,78	943	121	3,91	28	60	90
18		18			69,1	54,3	5,60		7,92	2 600	181	6,13	4 150	7,75	1 050	133	3,90			
20		20			76,4	59,9	5,68		8,04	2 850	199	6,11	4 540	7,72	1 160	144	3,89			
24		24			90,6	71.1	5.84		8,26	3 330	235	6,06	5 280	7,64	1 380	167	3,90			
28		28			105	82,0	5,99		8,47	3 780	270	6,02	5 990	7,57	1 580	186	3,89			

Ungleichschenkliges rundkantiges L-Profil
(warmgewalzt) nach DIN 1029 Ausgabe 1959

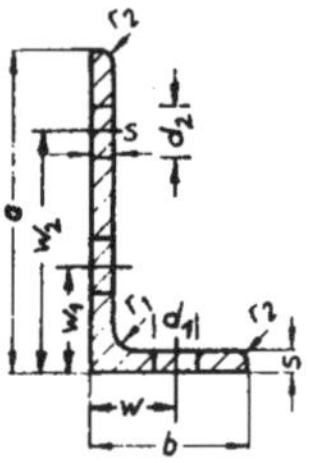

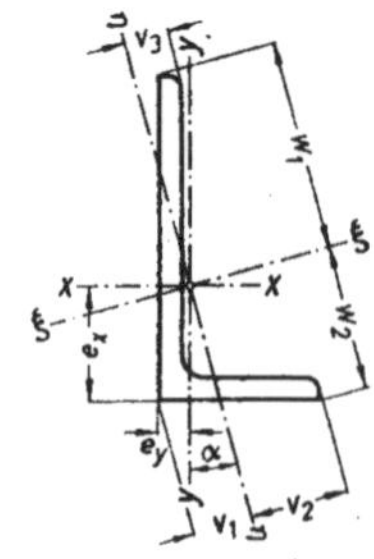

Bezeichnung	Maße für					F	G	Lage d. Achsen: Abstände		Lage d. Achsen: Achse η–η	Für die Biegeachse: x-x			y-y			ξ-ξ		η-η		a_1	Für die Schenkellöcher nach DIN 997, Maße in mm				
L	a mm	b mm	s mm	r_1 mm	r_2 mm	cm²	kg/m	e_x cm	e_y cm	tg α	I_x cm⁴	W_x cm³	i_x cm	I_y cm⁴	W_y cm³	i_y cm	I_ξ cm⁴	i_ξ cm	I_η cm⁴	i_η cm	mm	d_1	d_2	w	w_1	w_2
30×20×3	30	20	3	3,5	2	1,42	1,11	0,99	0,50	0,431	1,25	0,62	0,94	0,44	0,29	0,56	1,43	1,00	0,25	0,42	5,2	6,4	8,4	12	17	—
4			4			1,85	1,45	1,03	0,54	0,423	1,59	0,81	0,93	0,55	0,38	0,55	1,81	0,99	0,33	0,42	4,2					
40×20×3	40	20	3	3,5	2	1,72	1,35	1,43	0,44	0,259	2,79	1,08	1,27	0,47	0,30	0,52	2,96	1,31	0,30	0,42	14,6	6,4	11	12	22	—
4			4			2,25	1,77	1,47	0,48	0,252	3,59	1,42	1,26	0,60	0,39	0,52	3,79	1,30	0,39	0,42	13,8					
45×30×3	45	30	3	4,5	2	2,19	1,72	1,43	0,70	0,436	4,47	1,46	1,43	1,60	0,70	0,86	5,15	1,53	0,93	0,65	9,0	8,4	11	17	25	—
4			4			2,87	2,25	1,48	0,74	0,436	5,78	1,91	1,42	2,05	0,91	0,85	6,65	1,52	1,18	0,64	8,0					
5			5			3,53	2,77	1,52	0,78	0,430	6,99	2,35	1,41	2,47	1,11	0,84	8,02	1,51	1,44	0,64	7,2					
50×40×4	50	40	4	4	2	3,46	2,71	1,52	1,03	0,629	8,54	2,47	1,57	4,86	1,64	1,19	10,9	1,78	2,46	0,84	—	11	13	22	30	—
5			5			4,27	3,35	1,56	1,07	0,625	10,4	3,02	1,56	5,89	2,01	1,18	13,3	1,76	3,02	0,84	—					
60×30×5	60	30	5	6	3	4,29	3,37	2,15	0,68	0,256	15,6	4,04	1,90	2,60	1,12	0,78	16,5	1,96	1,69	0,63	21,4	8,4	17	17	35	—
(6)			6			5,08	3,99	2,20	0,72	0,252	18,2	4,78	1,89	3,02	1,32	0,77	19,2	1,95	1,99	0,63	20,0					
7			7			5,85	4,59	2,24	0,76	0,248	20,7	5,50	1,88	3,41	1,52	0,76	21,8	1,93	2,28	0,62	19,2					
60×40×5	60	40	5	6	3	4,79	3,76	1,96	0,97	0,437	17,2	4,25	1,89	6,11	2,02	1,13	19,8	2,03	3,50	0,86	11,2	11	17	22	35	—
6			6			5,63	4,46	2,00	1,01	0,433	20,1	5,03	1,88	7,12	2,38	1,12	23,1	2,02	4,12	0,85	10,2					
7			7			6,55	5,14	2,04	1,05	0,429	23,0	5,79	1,87	8,07	2,74	1,11	26,3	2,00	4,73	0,85	9,2					
65×50×5	65	50	5	6,5	3,5	5,54	4,35	1,99	1,25	0,583	23,1	5,11	2,04	11,9	3,18	1,47	28,8	2,28	6,21	1,06	3,6	13	21	30	35	—
(6)			6			6,58	5,16	2,03	1,29	0,574	27,1	6,06	2,03	13,9	3,74	1,45	33,6	2,26	7,39	1,06	2,7					
7			7			7,60	5,97	2,07	1,33	0,574	31,0	6,99	2,02	15,8	4,31	1,44	38,4	2,25	8,37	1,05	1,8					
9			9			9,58	7,52	2,15	1,41	0,567	38,2	8,77	2,00	19,4	5,39	1,42	47,0	2,22	10,5	1,05	—					
75×50×5	75	50	5	6,5	3,5	6,04	4,74	2,40	1,17	0,437	34,4	6,74	2,39	12,3	3,21	1,43	39,6	2,56	7,10	1,08	15,0	13	23	30	40	—
(6)			6			7,18	5,63	2,44	1,21	0,435	40,5	8,01	2,38	14,4	3,81	1,42	46,6	2,55	8,35	1,08	14,0					
7			7			8,30	6,51	2,48	1,25	0,433	46,4	9,24	2,36	16,5	4,39	1,41	53,3	2,53	9,56	1,07	13,0					
9			9			10,5	8,23	2,56	1,32	0,427	57,4	11,6	2,34	20,2	5,49	1,39	65,7	2,50	11,9	1,07	11,0					
75×55×5	75	55	5	7	3,5	6,30	4,95	2,31	1,33	0,530	35,5	6,84	2,37	16,2	3,89	1,60	43,1	2,61	8,68	1,17	8,4	17	23	30	40	—
(6)			6			7,49	5,88	2,35	1,37	0,524	41,9	8,13	2,36	19,1	4,61	1,59	50,5	2,60	10,4	1,18	8,0					
7			7			8,66	6,80	2,40	1,41	0,525	47,9	9,39	2,35	21,8	5,32	1,59	57,9	2,59	11,8	1,17	6,6					
8			8			9,81	7,70	2,43	1,45	0,519	53,8	10,6	2,34	24,3	6,00	1,57	64,6	2,57	13,4	1,17	6,0					
9			9			10,9	8,59	2,47	1,48	0,518	59,4	11,8	2,33	26,8	6,66	1,57	71,3	2,55	14,8	1,16	5,0					
80×40×6	80	40	6	7	3,5	6,89	5,41	2,85	0,88	0,259	44,9	8,73	2,55	7,59	2,44	1,05	47,6	2,63	4,90	0,84	29,0	11	23	22	45	—
8			8			9,01	7,07	2,94	0,95	0,253	57,6	11,4	2,53	9,68	3,18	1,04	60,9	2,60	6,41	0,84	27,2					
(10)			10			11,1	8,68	3,02	1,04	0,246	69,3	13,9	2,50	11,4	3,86	1,02	73,0	2,57	7,72	0,84	25,0					
80×65×6	80	65	6	8	4	8,41	6,60	2,39	1,65	0,649	52,8	9,41	2,51	31,2	6,44	1,93	68,5	2,85	15,6	1,36	—	21	23	35	45	—
(7)			7			9,73	7,64	2,43	1,69	0,643	60,6	10,9	2,50	35,8	7,44	1,92	78,1	2,83	18,2	1,37	—					
8			8			11,0	8,66	2,47	1,73	0,645	68,1	12,3	2,49	40,1	8,41	1,91	88,0	2,82	20,3	1,36	—					
10			10			13,6	10,7	2,56	1,81	0,640	82,2	15,1	2,46	48,3	10,3	1,89	106	2,79	24,8	1,35	—					
(12)			12			16,0	12,6	2,63	1,88	0,634	95,4	17,8	2,44	55,8	12,1	1,87	122	2,76	29,2	1,35	—					

Bezeichnung ∟	Maße für a mm	b mm	s mm	r_1 mm	r_2 mm	F cm²	G kg/m	Lage d. Achsen: Abstände e_x cm	e_y cm	Achse η–η tg α	Für die Biegeachse x-x: I_x cm⁴	W_x cm³	i_x cm	y-y: I_y cm⁴	W_y cm³	i_y cm	ξ-ξ: I_ξ cm⁴	i_ξ cm	η-η: I_η cm⁴	i_η cm	a_1 mm	Für die Schenkellöcher nach DIN 997, Maße in mm: d_1	d_2	w	w_1	w_2
90×60×6			6			8,69	6,82	2,89	1,41	0,442	71,7	11,7	2,87	25,8	5,61	1,72	82,8	3,09	14,6	1,30	17,8					
8			8			11,4	8,96	2,97	1,49	0,437	92,5	15,4	2,85	33,0	7,31	1,70	107	3,06	19,0	1,29	16,0					
100×50×6			6			8,73	6,85	3,49	1,04	0,263	89,7	13,8	3,20	15,3	3,86	1,32	95,2	3,30	9,78	1,06	37,6					
8	100	50	8	9	4,5	11,5	8,99	3,59	1,13	0,258	116	18,0	3,18	19,5	5,04	1,31	123	3,28	12,6	1,05	35,4	13	25	30	55	—
10			10			14,1	11,1	3,67	1,20	0,252	141	22,2	3,16	23,4	6,17	1,29	149	3,25	15,5	1,04	33,8					
100×65×7			7			11,2	8,77	3,23	1,51	0,419	113	16,6	3,17	37,6	7,54	1,84	128	3,39	21,6	1,39	21,8					
9	100	65	9	10	5	14,2	11,1	3,32	1,59	0,415	141	21,0	3,15	46,7	9,52	1,82	160	3,36	27,2	1,39	19,8	21	25	35	55	—
11			11			17,1	13,4	3,40	1,67	0,410	167	25,3	3,13	55,1	11,4	1,80	190	3,34	32,6	1,38	17,8					
100×75×7			7			11,9	9,32	3,06	1,83	0,553	118	17,0	3,15	56,9	10,0	2,19	145	3,49	30,1	1,59	8,8					
9	100	75	9	10	5	15,1	11,8	3,15	1,91	0,549	148	21,5	3,13	71,0	12,7	2,17	181	3,47	37,8	1,59	7,0	23	25	40	55	—
11			11			18,2	14,3	3,23	1,99	0,545	176	25,9	3,11	84,0	15,3	2,15	214	3,44	45,4	1,58	5,2					
120×80×8			8			15,5	12,2	3,83	1,87	0,441	226	27,6	3,82	80,8	13,2	2,29	261	4,10	45,8	1,72	24,0					
10	120	80	10	11	5,5	19,1	15,0	3,92	1,95	0,438	276	34,1	3,80	98,1	16,2	2,27	318	4,07	56,1	1,71	22,2	23	25	45	50	30
12			12			22,7	17,8	4,00	2,03	0,433	323	40,4	3,77	114	19,1	2,25	371	4,04	66,1	1,71	20,2					
130×65×8			8			15,1	11,9	4,56	1,37	0,263	263	31,1	4,17	44,8	8,72	1,72	280	4,31	28,6	1,38	48,6					
10	130	65	10	11	5,5	18,6	14,6	4,65	1,45	0,259	321	38,4	4,15	54,2	10,7	1,71	340	4,27	35,0	1,37	46,8	21	25	35	50	40
12			12			22,1	17,3	4,74	1,53	0,255	376	45,5	4,12	63,0	12,7	1,69	397	4,24	41,2	1,37	44,6					
130×75×8			8			15,9	12,5	4,36	1,65	0,339	276	31,9	4,17	68,3	11,7	2,08	303	4,37	41,3	1,61	39,2					
10	130	75	10	10,5	5,5	19,6	15,4	4,45	1,73	0,336	337	39,4	4,14	82,9	14,4	2,06	369	4,34	50,6	1,61	37,4	23	25	40	50	40
12			12			23,3	18,3	4,53	1,81	0,332	395	46,6	4,12	96,5	17,0	2,04	432	4,31	59,6	1,60	35,4					
130×90×10			10			21,2	16,6	4,15	2,18	0,472	358	40,5	4,11	141	20,6	2,58	420	4,46	78,5	1,93	20,4	25	25	50	50	40
12	130	90	12	12	6	25,1	19,7	4,24	2,26	0,468	420	48,0	4,09	165	24,4	2,56	492	4,43	92,6	1,92	18,6					
150×75×(8)			8			17,5	13,7	5,23	1,53	0,264	409	41,9	4,84	70,6	11,8	2,01	434	4,99	45,3	1,61	58,0					
9			9			19,5	15,3	5,28	1,57	0,265	455	46,8	4,83	78,3	13,2	2,00	484	4,98	50,0	1,60	56,4					
11			11			23,6	18,6	5,37	1,66	0,261	545	56,6	4,80	93,0	15,9	1,98	578	4,95	59,8	1,59	54,4					
150×90×10			10			23,2	18,2	4,99	2,03	0,360	532	53,1	4,79	145	20,9	2,51	589	5,05	88,0	1,95	41,0	25	28	50	55	55
12	150	90	12	12,5	6,5	27,5	21,6	5,08	2,11	0,358	626	63,1	4,77	170	24,7	2,49	693	5,02	103	1,94	39,2					
150×100×10			10			24,2	19,0	4,80	2,34	0,442	552	54,1	4,78	198	25,8	2,86	637	5,13	112	2,15	29,8					
12	150	100	12	13	6,5	28,7	22,6	4,89	2,42	0,439	650	64,2	4,76	232	30,6	2,84	749	5,10	132	2,15	28,0	25	28	55	55	55
14			14			33,2	26,1	4,97	2,50	0,435	744	74,1	4,73	264	35,2	2,82	856	5,07	152	2,14	26,2					
160×80×10			10			23,2	18,2	5,63	1,69	0,263	611	58,9	5,14	104	16,5	2,12	648	5,29	67,0	1,70	59,7					
12	160	80	12	13	6,5	27,5	21,6	5,72	1,77	0,259	720	70,0	5,11	122	19,6	2,10	763	5,26	78,9	1,69	57,9	23	28	45	60	55
14			14			31,8	25,0	5,81	1,85	0,256	823	80,7	5,09	139	22,5	2,09	871	5,23	90,5	1,69	55,8					
180×90×10			10			26,2	20,6	6,28	1,85	0,262	880	75,1	5,80	151	21,2	2,40	934	5,97	97,4	1,93	69,0	25	28	50	60	75
12	180	90	12	14	7	31,2	24,5	6,37	1,93	0,261	1040	89,3	5,77	177	25,1	2,38	1100	5,94	114	1,92	67,0					
200×90×10	200	90	10	14	7	28,2	22,1	7,17	1,76	0,221	1180	91,7	6,46	155	21,4	2,34	1230	6,60	102	1,91	86,0	25	28	50	60	90
12			12			33,6	26,4	7,27	1,84	0,219	1390	109	6,43	182	25,4	2,33	1450	6,57	121	1,89	84,0					
200×100×10			10			29,2	23,0	6,93	2,01	0,266	1220	93,2	6,46	210	26,3	2,68	1300	6,66	133	2,14	77,4					
12	200	100	12	15	7,5	34,8	27,3	7,03	2,10	0,264	1440	111	6,43	247	31,3	2,67	1530	6,63	158	2,13	75,2	25	28	55	60	90
14			14			40,3	31,6	7,12	2,18	0,262	1650	128	6,41	282	36,1	2,65	1760	6,60	181	2,12	73,0					
16			16			45,7	35,9	7,20	2,26	0,259	1860	145	6,38	316	40,8	2,63	1970	6,57	204	2,11	71,0					
250×90×10			10			33,2	26,1	9,45	1,56	0,154	2170	140	8,08	161	21,7	2,20	2220	8,17	112	1,84	126					
12	250	90	12	15	7,5	39,6	31,1	9,55	1,65	0,153	2570	166	8,05	189	25,8	2,19	2630	8,14	132	1,83	124	25	28	50	60	140
14			14			45,9	36,0	9,65	1,73	0,152	2960	192	8,03	216	29,7	2,17	3020	8,11	152	1,82	120					
16			16			52,1	40,9	9,74	1,81	0,150	3330	218	8,00	242	33,6	2,16	3400	8,08	171	1,81	118					

Die eingeklammerten Abmessungen sollten möglichst vermieden werden.

Rundkantiges T-Profil (warmgewalzt) nach DIN 1024 Ausgabe 1959

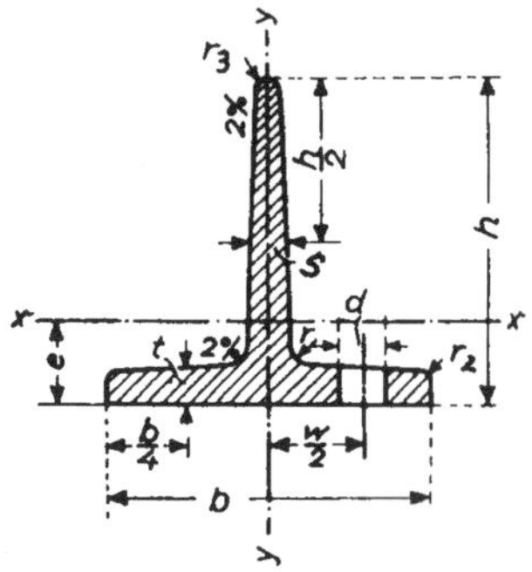

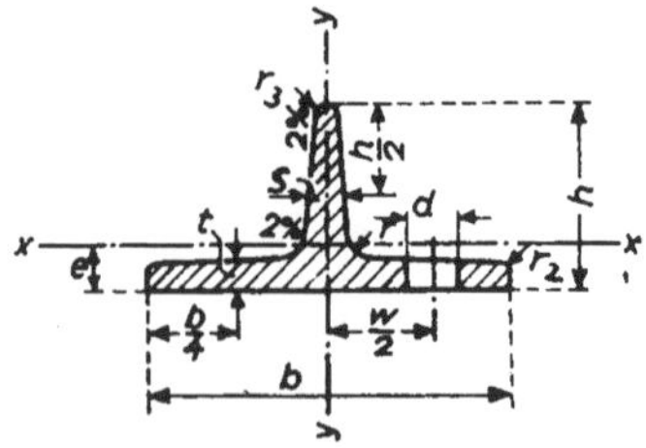

Be-zeich-nung	Abmessungen mm					F	G	e	Für die Biegeachse						Für die Fußlöcher nach DIN 997		Be-zeich-nung
									x - x			y - y					
	h	b	$s=t=r_1$	r_2	r_3	cm²	kg/m	cm	I_x cm⁴	W_x cm³	i_x cm	I_y cm⁴	W_y cm³	i_y cm	d mm	w mm	
T	**Rundkantiger hochstegiger T-Stahl**																**T**
20	20	20	3	1,5	1	1,12	0,88	0,58	0,38	0,27	0,53	0,20	0,20	0,42	—	—	**20**
25	25	25	3,5	2	1	1,64	1,29	0,73	0,87	0,49	0,73	0,43	0,34	0,51	—	—	**25**
30	30	30	4	2	1	2,26	1,77	0,85	1,72	0,80	0,87	0,87	0,58	0,62	—	—	**30**
35	35	35	4,5	2,5	1	2,97	2,33	0,99	3,10	1,23	1,04	1,57	0,90	0,73	—	—	**35**
40	40	40	5	2,5	1	3,77	2,96	1,12	5,28	1,84	1,18	2,58	1,29	0,83	6,5	24	**40**
45	45	45	5,5	3	1,5	4,67	3,67	1,26	8,13	2,51	1,32	4,01	1,78	0,93	6,5	26	**45**
50	50	50	6	3	1,5	5,66	4,44	1,39	12,1	3,36	1,46	6,06	2,42	1,03	6,5	30	**50**
60	60	60	7	3,5	2	7,94	6,23	1,66	23,8	5,48	1,73	12,2	4,07	1,24	8,5	34	**60**
70	70	70	8	4	2	10,6	8,32	1,94	44,5	8,79	2,05	22,1	6,32	1,44	11	40	**70**
80	80	80	9	4,5	2	13,6	10,7	2,22	73,7	12,8	2,33	37,0	9,25	1,65	11	50	**80**
90	90	90	10	5	2,5	17,1	13,4	2,48	119	18,2	2,64	58,5	13,0	1,85	13	50	**90**
100	100	100	11	5,5	3	20,9	16,4	2,74	179	24,6	2,92	88,3	17,7	2,05	13	60	**100**
120	120	120	13	6,5	3	29,6	23,2	3,28	366	42,0	3,51	178	29,7	2,45	17	70	**120**
140	140	140	15	7,5	4	39,9	31,3	3,80	660	64,7	4,07	330	47,2	2,88	21	80	**140**
TB	**Rundkantiger breitfüßiger T-Stahl**																**TB**
30	30	60	5,5	3	1,5	4,64	3,64	0,67	2,58	1,11	0,75	8,62	2,87	1,36	8,5	34	**30**
35	35	70	6	3	1,5	5,94	4,66	0,77	4,49	1,65	0,87	15,1	4,31	1,59	11	40	**35**
40	40	80	7	3,5	2	7,91	6,21	0,88	7.81	2.50	0,99	28,5	7.13	1,90	11	50	**40**
50	50	100	8,5	4,5	2	12,0	9,42	1,09	18,7	4,78	1,25	67,7	13,5	2,38	13	60	**50**
60	60	120	10	5	2.5	17,0	13,4	1,30	38.0	8,09	1.49	137	22,8	2,84	17	70	**60**

Rundkantiges Z-Profil (warmgewalzt) nach DIN 1027 Ausgabe 1959

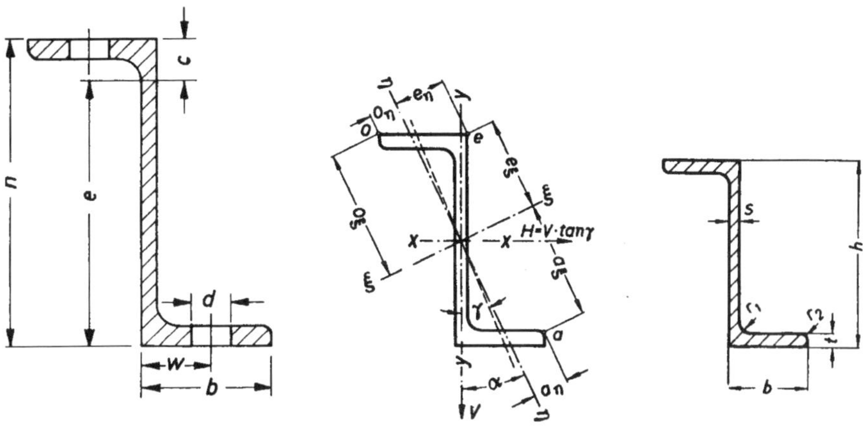

Bezeichnung ⌐	Maße für h mm	b mm	s mm	$t=r_1$ mm	r_2 mm	F cm²	G kg/m	Lage der Achse η–η tg α	Für die Biegeachse x-x I_x cm⁴	W_x cm³	i_x cm	y-y I_y cm⁴	W_y cm³	i_y cm	ξ-ξ I_ξ cm⁴	W_ξ cm³	i_ξ cm	η-η I_η cm⁴	W_η cm³	i_η cm	für die Flanschenlöcher n. DIN 997 d mm	w_1 mm
30	30	38	4	4,5	2,5	4,32	3,39	1,655	5,96	3,97	1,17	13,7	3,80	1,78	18,1	4,69	2,04	1,54	1,11	0,60	11	20
40	40	40	4,5	5	2,5	5,43	4,26	1,181	13,5	6,75	1,58	17,6	4,66	1,80	28,0	6,72	2,27	3,05	1,83	0,75	11	22
50	50	43	5	5,5	3	6,77	5,31	0,939	26,3	10,5	1,97	23,8	5,88	1,88	44,9	9,76	2,57	5,23	2,76	0,88	11	25
60	60	45	5	6	3	7,91	6,21	0,779	44,7	14,9	2,38	30,1	7,09	1,95	67,2	13,5	2,81	7,60	3,73	0,98	13	25
80	80	50	6	7	3,5	11,1	8,71	0,588	109	27,3	3,13	47,4	10,1	2,07	142	24,4	3,58	14,7	6,44	1,15	13	30
100	100	55	6,5	8	4	14,5	11,4	0,492	222	44,4	3,91	72,5	14,0	2,24	270	39,8	4,31	24,6	9,26	1,30	17	30
120	120	60	7	9	4,5	18,2	14,3	0,433	402	67,0	4,70	106	18,8	2,42	470	60,6	5,08	37,7	12,5	1,44	17	35
140	140	65	8	10	5	22,9	18,0	0,385	676	96,6	5,43	148	24,3	2,54	768	88,0	5,79	56,4	16,6	1,57	21	35
160	160	70	8,5	11	5,5	27,5	21,6	0,357	1060	132	6,20	204	31,0	2,72	1180	121	6,57	79,5	21,4	1,70	21	40
180	180	75	9,5	12	6	33,3	26,1	0,329	1600	178	6,92	270	38,4	2,84	1760	164	7,26	110	27,0	1,82	23	40
200	200	80	10	13	6,5	38,7	30,4	0,313	2300	230	7,71	357	47,6	3,04	2510	213	8,06	147	33,4	1,95	23	45
⌐ Nr.	⌐-Sonderprofile (nicht genormt)																					
a	60	45	4	5	2,5	6,56	5,17	0,795	38,3	12,7	2,42	26,5	6,17	2,01	58,5	11,6	2,99	6,33	3,50	0,98	11	22
b	80	50	4,5	5,5	2,75	8,72	6,85	0,606	88,8	22,2	3,14	40,0	8,39	2,14	117	19,9	3,66	11,8	4,83	1,16	11	25
c*)	230	80	7	9	—	30,1	23,7	—	2340	204	8,83	269	35,1	2,99	—	—	—	—	—	—	23	45

2.1.4 Fachwerkbauprofile

h = Trägerhöhe
b = Trägerbreite
d = Stegdicke
t = Flanschdicke

Jahr	Profil	Bez.	h/b/d/t cm	A cm^2	g kg/m	Wy Wz cm^3	Jy Jz cm^4	iy iz cm
1926	I	F14	140/60/4/5	10,12	7,95	43,30	303,00	
						4,70	14,20	
	U	F14	140/50/4/5	9,28	7,28	37,30	261,00	
						4,77	18,60	
1928	I	F14	140/60/4/5,5	11,70	9,16	52,50	365,00	5,59
						5,21	15,60	
	U	F14	140/40/4/6	9,90	7,78	40,60	285,00	5,36
						4,21	12,50	1,02
1929	U	105	105/65/8/8	17,30	13,60	54,70	287,00	4,07
*1		65				13,20	61,20	1,88
1944	I	5515	120/60/4	9,30	7,33	34,20	205,00	
*2						4,30	13,10	
		5427	140/60/4	10,10	7,95	43,30	303,00	
						4,70	14,20	
		5516	160/60/4	10,90	8,59	51,90	415,00	
						5,10	15,30	
	U	5428	140/50/5	9,28	7,28	37,30	261,00	
						4,77	18,60	
	]-	5097	140/40/5/5	12,70	10,00	38,40	273,00	
						7,28	28,60	
1959	U	F14	140/40/4/6	9,90	7,78	40,60	285,00	5,36
						4,21	12,50	1,12

*1 Stahlskelettbau
*2 Stahl-Fachwerkbau-Sonderprofile (Klöckner-Mannstaedt)

2.1.5 Trägerauflager

Die Trägerauflager auf Mauerwerk bestanden in den meisten Fällen, bei nicht ausreichender Trägerauflagerfläche, aus einer in einem Mörtelbett verlegten Lagerplatte.

Die übliche Auflagerlänge der Träger betrug ca. La = 20 bis 30 cm bzw. La = h/2 + 15 cm. (h = Trägerhöhe)

Die Dicke der Lagerplatte wählte man 1925

Flussstahl	d	=	1,5 cm
Gusseisen	d	=	2,6 cm

Die erforderliche Lagerfläche richtete sich nach der zulässigen Mauerwerkspressung.

1917 Dicke der Unterlagplatten

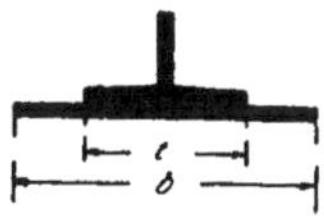

Mauerwerk aus:	Schmiedeeisen	Gußeisen
porösen Steinen = 5 kg/cm²	$\frac{b-t}{17{,}93}$	$\frac{b-t}{8{,}15}$
Ziegeln in Kalkm. = 7 kg/cm²	$\frac{b-t}{15{,}12}$	$\frac{b-t}{6{,}9}$
gem. Kalk- u. Zementm. = 10 kg/cm²	$\frac{b-t}{12{,}65}$	$\frac{b-t}{5{,}78}$
Zementmörtel = 12 kg/cm²	$\frac{b-t}{11{,}55}$	$\frac{b-t}{5{,}27}$
Hartbrandsteinen i. Z. = 15 kg/cm²	$\frac{b-t}{10{,}33}$	$\frac{b-t}{4{,}12}$
Klinkern in Zement = 25 kg/cm²	$\frac{b-t}{8}$	$\frac{b-t}{3{,}65}$

1921 Ermittlung der Dicke gusseiserner Unterlagplatten

$$\text{erf } d = \frac{La}{18} \cdot \sqrt{\text{zul } \sigma D}$$

d = Unterlagplattendicke
La = Auflagerlänge bzw. Unterlagplattenlänge
zul. σD = zul. Mauerwerkspressung

Bei sehr großen Unterlagplattenbreiten kann das Biegemoment maßgebend werden.

$$\text{erf } d = \frac{b - b1}{18} \cdot \sqrt{\text{zul } \sigma D}$$

b = Unterlagplattenbreite
b1 = Trägerflanschbreite
zul. σD = zul. Mauerwerkspressung

Der größere dieser beiden Werte ist maßgebend.

Auflagerung von 2 Trägern auf einer Unterlagplatte

$$\text{erf } d = \frac{c}{q} \cdot \sqrt{\text{zul } \sigma D}$$

bzw.

$$\text{erf } d = \frac{e}{22} \cdot \sqrt{\text{zul } \sigma D}$$

c = seitl. Plattenüberstand (ab Flanschaußenkante)
e = Trägerabstand (zwischen den Flanschen)
zul. σD = zul. Mauerwerkspressung

Der größere dieser beiden Werte ist maßgebend.

Die Mindestdicke der gusseisernen Unterlagsplatten beträgt in allen Fällen d = 35 mm.

Bei flusseisernen Platten beträgt die Plattendicke 0,5 d der gusseisernen Platten.

1944 Mindestdicken der Unterlagsplatten unter Berücksichtigung der Biegespannungen

Fluss-Stahlplatten $d \geq 12$ mm
Gusseisenplatten $d \geq 30$ mm

Überstand „c" der Unterlagsplatte
(ab Außenkante des Flansches)

Fluss-Stahl $c \geq 5d$
Gusseisen $c \geq 3d$

2.1.6 Eingespannte Träger

Diese Art der Trägerauflagerung erfolgte überwiegend bei Kragträgern (Freiträgern) von kleineren Balkonen, Treppen oder Vordächern. Die erforderliche Einspannlänge ermittelte man über die zul. Druckspannung an der Einspannvorderkante. Eine Vergrößerung der Auflagerbreite erreichte man durch die Anordnung von Auflagerplatten bzw. Auflagerplatten mit einem zusätzlichen Werkstein. Bei nicht ausreichender Auflast ordnete man Zuganker an.

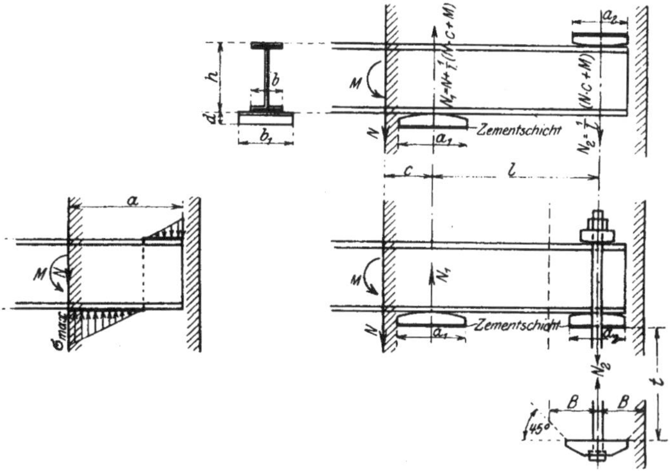

Zur Kippsicherung forderte man um 1900 eine 1,5- bis 2,5-fache Auflast (N2).

1890 Erforderliche Einspannlänge „a"

$$\text{erf } a' = \frac{2\,N + \sqrt{6 \cdot M \cdot b \cdot \text{zul}\,\sigma + 4 \cdot N^2}}{b \cdot \text{zul}\,\sigma}$$

N = Querkraft
M = Moment (Kragmoment)
b = Trägerbreite
zul σ = zul. Druckspannung des Mauerwerks

Die Lagervorderkante legte man 4 bis 8 cm (i. M. 6 cm) hinter die Mauerwerksaußenkante. Somit wird die Einspannlänge a = a′ + 6 cm.

1910 Erforderliche Einspannlänge „a"

$$\text{erf } a = \frac{2 \cdot N}{b \cdot \text{zul}\,\sigma}\left(1 + \sqrt{1 + \frac{3}{2}\, b \cdot \text{zul}\,\sigma \frac{M}{N^2}}\right)$$

Bei Anordnung einer Auflagerplatte ergibt sich deren erforderliche Dicke

$$\text{erf } d = \sqrt{\frac{3}{4} \cdot \frac{N1}{\text{zul } \sigma e} \cdot \frac{a1}{b1}}$$

zul σ e = 25,0 MN/m² für Gusseisen
120,0 MN/m² für Stahlformguss

1937 Technische Baubestimmungen Hamburg

Bauarten von auskragenden Balkonen auf Mauern

Verkehrslast der Balkone P = 5,00 kN/m²
Kippsicherheit mindestens 2,0-fache

Figur 1 Streckträger in den Innenwänden eingespannt

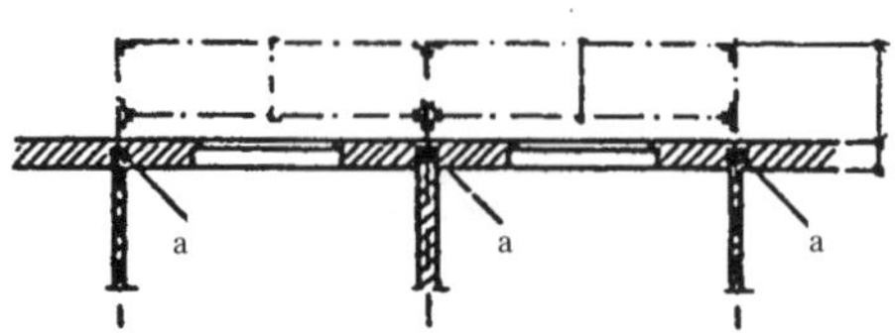

1 max = 1,20 m
mind. 1½ Stein
a = Unterlagsplatte

Figur 2 Streckträger mit Gewichtsträgern

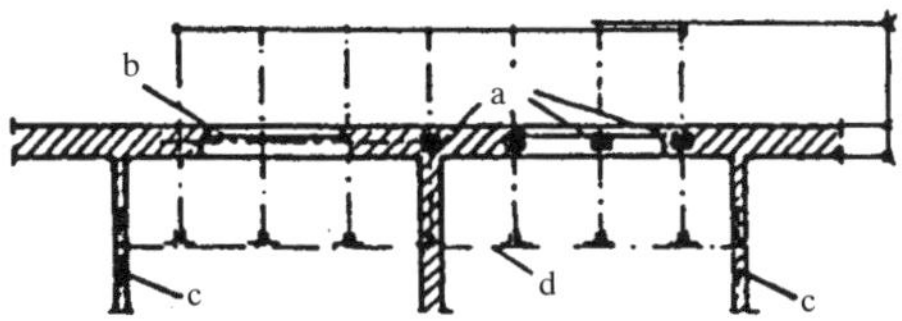

1 max = 1,20 m
mind. 1½ Stein
a = Unterlagsplatten
oder
b = Unterlagsträger
c = Überlagsträger
d = Gegengewichtsträger

Figur 3

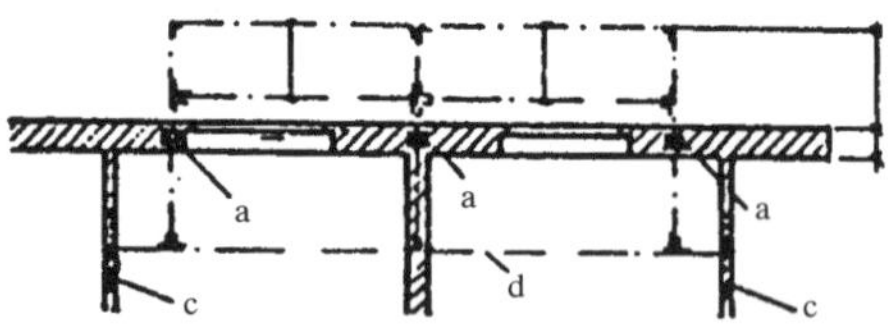

1 max = 1,20 m
mind. 1½ Stein
a = Unterlagsplatten
c = Überlagsträger
d = Gegengewichtsträger

Die Wanddicken gelten nur, wenn die angegebenen Grenzmaße der Balkonausladung eingehalten werden.

Rechenbeispiel: Kragträger $l_k = 1{,}50$ m
$M = 36{,}80$ kNm
$Q = 24{,}50$ kN

2 Träger Normalprofil NP20
Trägerbreite b = 9 cm ($\Sigma b = 2 \cdot 9 = 18$ cm)

Klinkermauerwerk in Zementmörtel
zul $\sigma = 1{,}40$ MN/m²

1890

$$\text{erf } a' = \frac{2 \cdot 0{,}0245 + \sqrt{6 \cdot 0{,}0368 \cdot 0{,}18 \cdot 1{,}4 + 4 \cdot 0{,}0245^2}}{0{,}18 \cdot 1{,}40}$$

erf a′ = 1,15 m

gew a = 1,15 + 0,06 = 1,21 m

1910

$$\text{erf } a = \frac{2 \cdot 0{,}0245}{0{,}18 \cdot 1{,}40} \left(1 + \sqrt{1 + \frac{3}{2}\ 0{,}18 \cdot 1{,}40\ \frac{0{,}0368}{0{,}0245^2}}\right)$$

erf a = 1,12 m

2.1.7 Sturz- und Abfangeträger

Waren zwei oder mehrere nebeneinander liegende Träger für die Abfangung von Sturzlasten erforderlich, so wurden sie durch Querverbindungen, so genannte Verkupplungen, miteinander verbunden. Diese Verkupplungen sollten ein Schiefstellen der Träger verhindern, die Seitensteifigkeit erhöhen und eine gleichmäßige Lastverteilung gewährleisten. Die Verbindung erfolgte durch Schraubenbolzen mit übergeschobenen Gasrohrstücken oder Stehbolzen. In einigen Fällen verwendete man auch eingepasste, verschraubte, gusseiserne Verbindungsstücke oder genietete Stegbleche.

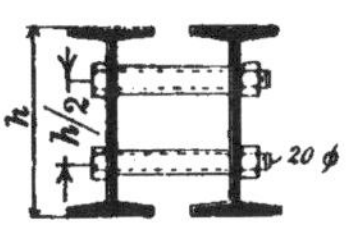

Verbindung mit Schrauben in Gasrohren

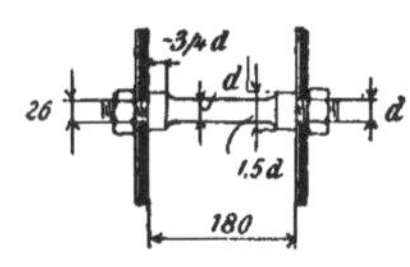

Verbindung mit Stehbolzen

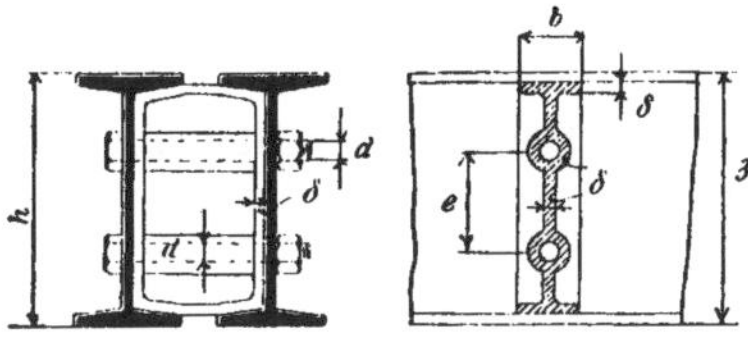

gusseisernes Verbindungsstück

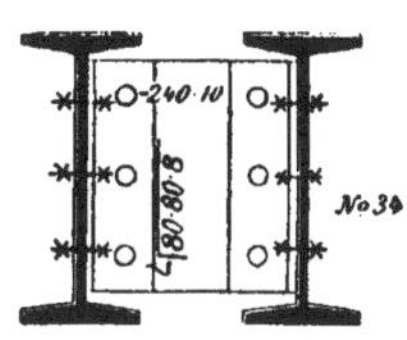

Verbindung mit genieteten Stegblechen

Jahr	Abstand der Verkupplungen (m)	Schraubendurchmesser (mm)	Bemerkung
1910	Schrauben und Stehbolzen 1,5 bis 2,5		stets am Auflager und unter Einzellasten
	gusseiserne Verbindungsstücke 1,5 bis 2,5	Trägerhöhe bis 30 cm ⌀ 20 bis 40 cm ⌀ 23 über 40 cm ⌀ 26	
1921	Schrauben und Stehbolzen ca. 2,00		stets in Auflagernähe und unter Einzellasten
	gusseiserne Verbindungsstücke 0,4h	1,2 + h/30	h = Trägerhöhe
1953	Schrauben mit Rohr Stützweite m – Schraubenanzahl 1,4 bis 1,5 – 2 1,8 bis 2,7 – 3 2,9 bis 3,8 – 4 4,1 bis 5,0 – 5 5,3 bis 5,6 – 6 5,9 bis 6,8 – 7	 I8 bis I18 M16 I20 bis I30 M20 I32 bis I60 M24	Fenster- und Türstürze
	Schrauben mit Rohr 1,5 bis 2,5		Unterzüge und schwer belastete Sturzträger stets am Auflager und unter Einzellasten

2.2 Stützen

2.2.1 Allgemeines

Nach der Querschnittsform unterschied man Säulen mit kreisförmigen Querschnitten und Stützen mit anders geformten Querschnitten. Weiterhin unterteilte man nach der Verwendungsart freistehende Stützen und eiserne Wände.

Als eiserne Wände bezeichnete man die Unterstützung von Trägern oder Unterzügen unter Mauerwerksaußenwänden, die auch Wand-, Front- oder Ladenständer (bei Schaufenstern) genannt wurden.

Alle Stützen und Säulen bestehen aus dem:

a) Schaft – dem eigentlich tragenden Teil

b) Kopf – dem lastaufnehmenden Teil
(soll die Last möglichst zentrisch in den Schaft abgeben)

c) Fuß – dem lastabgebenden Teil
(soll die Last in das Fundament oder die Unterkonstruktion übertragen)

Als Werkstoff kamen je nach Beanspruchung Gusseisen oder Flusseisen (bzw. Flussstahl) zur Anwendung. Wegen der geringen Zugfestigkeit des Gusseisens verwendete man es für Stützen mit mittiger Belastung (ohne Biegung) und wenn besonderer Wert auf Form und Aussehen gelegt wurde.

Der Vorteil der Stützen aus Flusseisen (Flussstahl) bestand in der Möglichkeit zur Aufnahme großer Biegespannungen, einfacher Trägeranschlüsse (Verschraubung oder Vernietung), großer Auswahl verschiedener Querschnittsformen und geringer Kosten.

Zur sicheren Übertragung der Stützenlasten in die gemauerten Fundamente ordnete man meist Hausteinquader unter den Fußplatten an (Quaderfläche umlaufend 10 bis 15 cm größer als die Fußplatte).

2.2.2 Gusseiserne Stützen

Die gebräuchlichste Querschnittsform der gusseisernen Stützen war der Kreisring mit einer Wanddicke von mindestens 10 mm. Als Faustregel zur Bestimmung der Wanddicken galt d = 1/10 des Stützendurchmessers bzw. 12 bis 15 mm. Gering belastete Stützen stellte man in einem Stück her. Stark belastete Stützen mit großen Wanddicken wurden in 3 Teilen gegossen. Die 3 Einzelteile Kopf, Schaft und Fuß wurden dann aufeinander gepfropft. War der Schaft länger als 4,00 bis 5,00 m, so wurde auch er in mehreren Einzelteilen hergestellt. Kopf und Fuß wurden als quadratische, rechteckige oder runde waagerechte Platten ausgebildet, die mit dem Schaft durch senkrechte Rippen verbunden waren. Anzahl und Größe der Rippen richteten sich nach der zu übertragenden Last. Um Biegespannungen zu vermeiden und eine gleichmäßige zentrische Kraftübertragung zu gewährleisten, bildete man wenn möglich Kopf- und Fußaufsatz als Kugelgelenk aus (Pendelstütze).

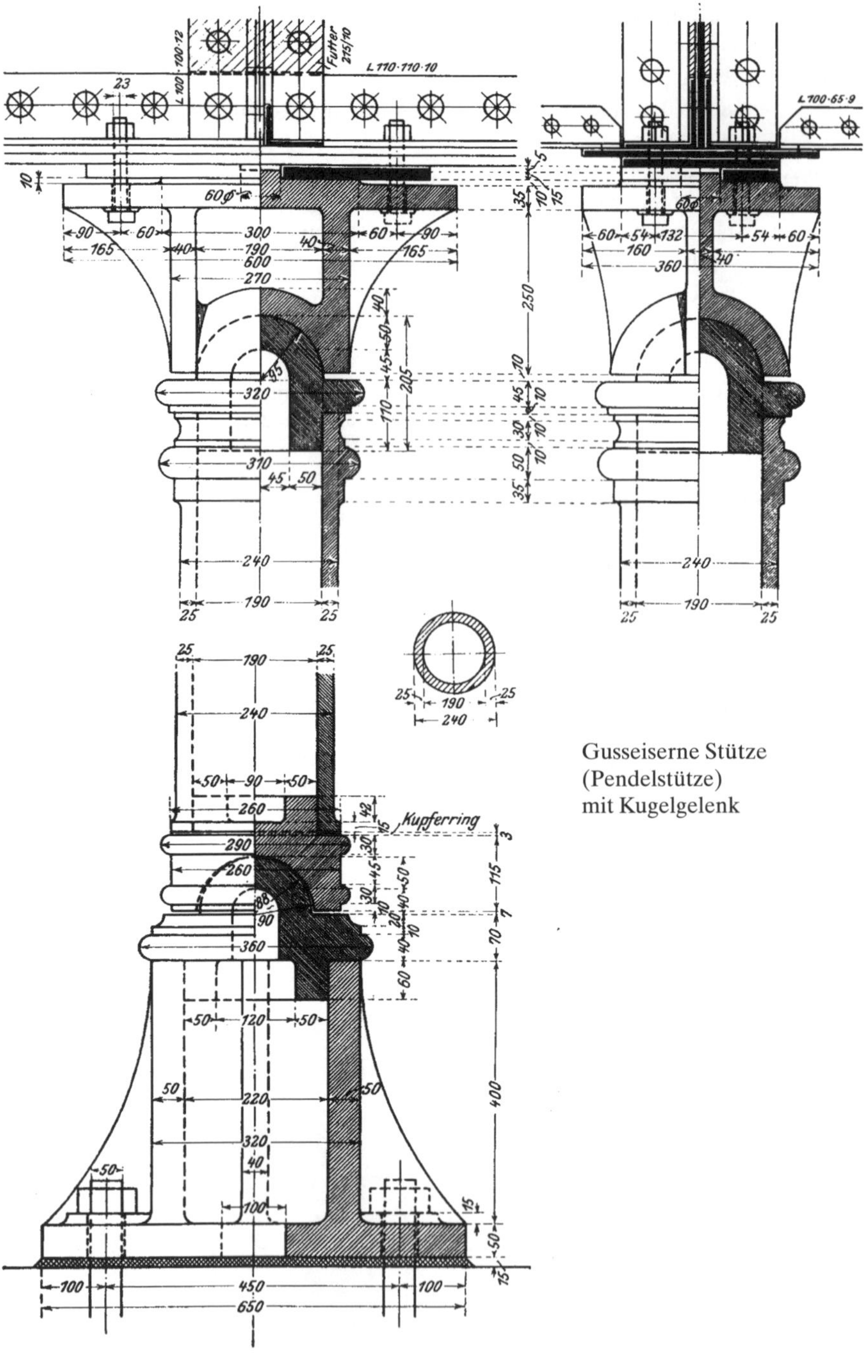

Gusseiserne Stütze
(Pendelstütze)
mit Kugelgelenk

Stützenfuß

Verankerungen des Stützenfußes waren wegen der zentrischen Belastung nicht erforderlich. Nur wenn Horizontalkräfte z. B. in Fabriken usw. nicht auszuschließen waren, ordnete man eine Sicherung gegen Verschiebungen an. Dieses erfolgte durch Steinschrauben oder in der Unterkonstruktion eingelassene Kreuzrippen.

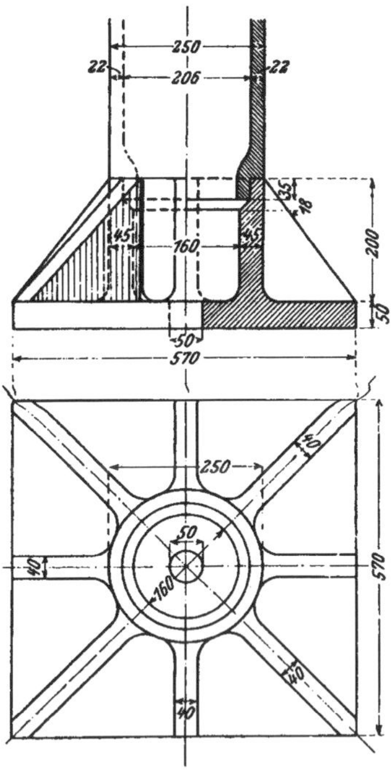

Fußplatte mit Rippen
und aufgepfropftem Schaft

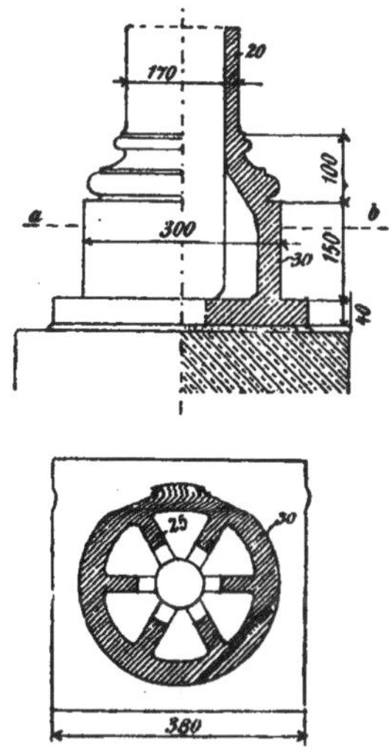

Stützenfuß mit inneren
Rippen

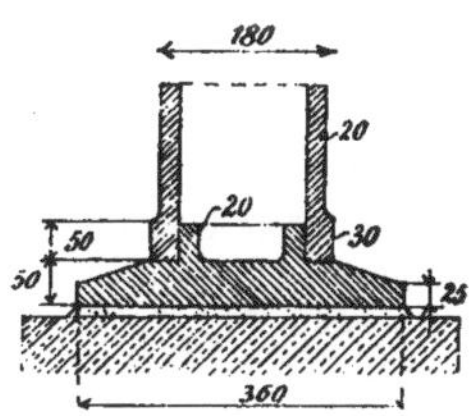

Stützenfuß ohne Rippen

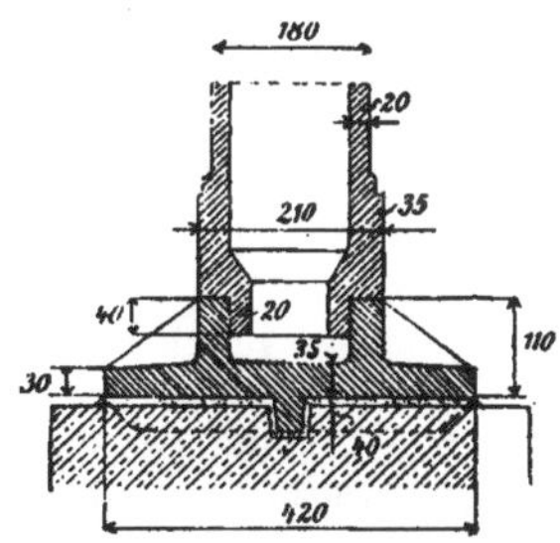

Stützenfuß mit eingelassenen Kreuzrippen

Stützenkopf

Die Kopfplatten wurden als Auflagerplatten ausgebildet, deren Größe und Form sich nach den aufzulagernden Bauteilen richtete. Große seitliche Ausladungen der Platten wurden vermieden.

Für die Auflagerung von durchlaufenden eisernen Trägern erhielten die Kopfplatten eine leichte Wölbung (mittige Lagerung).

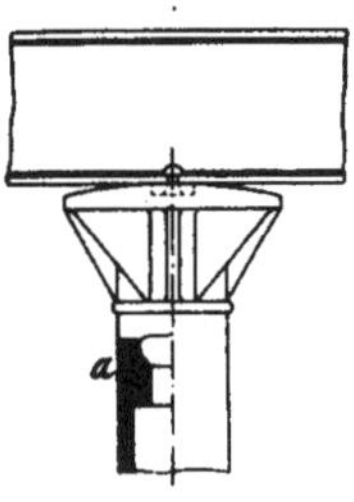

Der Trägeranschluss erfolgte durch Schrauben, Hakenschrauben oder angeschraubte Klemmplatten.

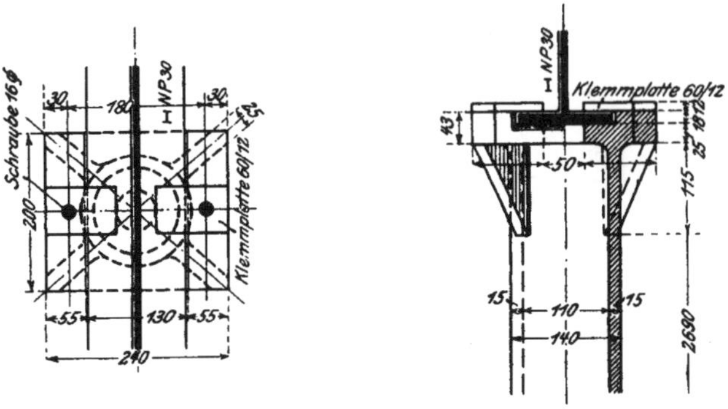

Trägeranschluss mit Klemmplatten

Mussten die Stützen in Deckenhöhe gestoßen werden, so galt als Regel, die Stützen stumpf aufeinander zu stoßen und sie keinesfalls auf eine zwischenliegende Decken- oder Trägerkonstruktion zu stellen. So wurde gewährleistet, dass die Stützenachsen lotrecht übereinander standen. Die Stöße wurden durch den seitlichen Anschluss von Trägern (Unterzügen) gegen Ausweichen gesichert. Das Trägerauflager bildeten rings um die Stützen laufende kurze Konsolen. Die Verschraubung erfolgte über senkrechte Laschen an die Trägerstege. Bei der Stützenstellung war besonders darauf zu achten, dass nur gleich große gegenüberliegende Auflagerlasten eingeleitet wurden.

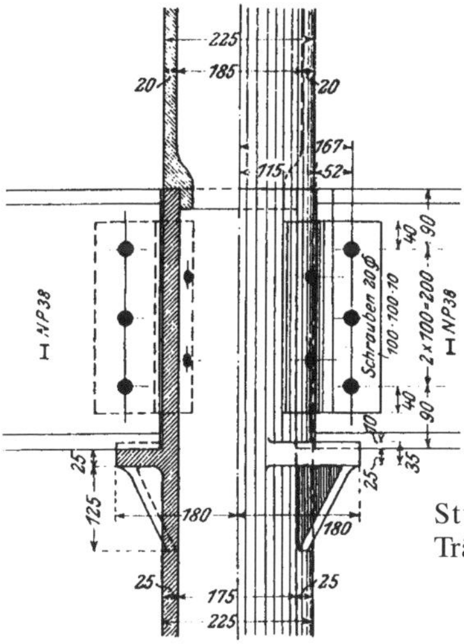

Stützenstoß mit Trägerauflager

2.2.3 Statische Werte gusseiserner Hohlstützen

1910

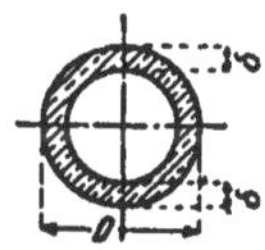

Äußerer Durchmesser D mm	Wandstärke δ mm	Querschnitt F qcm	Gewicht g kg/m	Trägheitsmoment J cm^4	Widerstandsmoment W cm^3
	12	33,2	24,1	327	65,4
100	15	40,1	29,0	373	74,6
	18	46,4	33,6	409	81,7
	12	37,0	26,8	450	81,9
110	15	44,8	32,5	518	94,1
	18	52,0	37,7	572	104
	12	40,7	29,5	601	100
120	15	49,5	35,9	696	116
	18	57,7	41,8	774	129
	15	54,2	39,3	911	140
130	18	63,3	45,9	1 019	157
	20	69,1	50,1	1 080	166
	15	58,9	42,7	1 167	167
140	18	69,0	50,0	1 311	187
	20	75,4	54,7	1 395	199
	15	63,6	46,1	1 467	196
150	18	74,7	54,1	1 656	221
	20	81,7	59,2	1 767	236
	15	75,4	54,7	2 434	278
175	20	97,4	70,6	2 973	340
	25	118	85,4	3 405	388
200	15	87,2	63,2	3 754	375
	20	113	82,0	4 637	464
200	25	137	99,7	5 369	537
	30	160	116,2	5 968	597
	20	129	93,4	6 831	607
225	25	157	113,9	7 977	709
	30	184	133,3	8 942	795
	20	145	104,8	9 630	770
250	25	177	128,1	11 320	906
	30	207	150,4	12 780	1022
	35	236	171,4	14 020	1122
	25	196	142,4	15 490	1127
275	30	231	167,4	17 590	1279
	35	264	191,3	19 400	1411
	25	216	156,6	20 590	1372
300	30	254	184,5	23 480	1565
	35	291	211,3	26 020	1735
	30	302	218,7	38 940	2225
350	35	346	251,1	43 490	2485
	40	390	282,5	47 580	2719
	30	349	252,8	60 070	3003
400	35	401	290,9	67 450	3378
	40	452	328,0	74 190	3710

1936

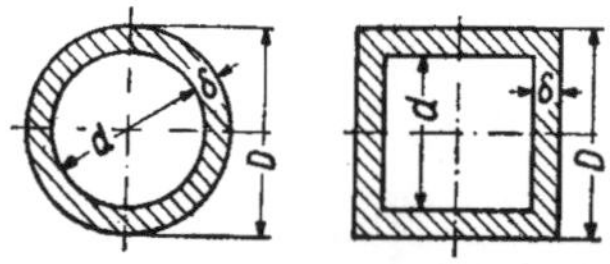

D mm	δ mm	F cm^2	G kg/m	J cm^4	D mm	δ mm	F cm^2	G kg/m	J cm^4
100	10	28,3	20,5	290	100	10	36	26,1	492
	14	37,8	27,4	359		18	59	42,8	694
120	12	41,0	29,5	601	110	12	47	34,1	774
	16	52,3	37,9	724		18	66	48,0	970
140	14	55,0	40,2	1113	120	12	52	37,6	1020
	18	68,9	50,0	1311		20	80	58,0	1387
160	16	72,4	52,5	1899	140	14	71	51,2	1888
	20	88,0	63,8	2200		16	79	57,6	2068
180	18	91,6	66,4	3042	150	16	86	62,2	2597
	20	100,5	72,9	3266		24	121	87,7	3317
200	20	113,0	81,9	4633	160	16	92	66,8	3220
	24	132,6	96,1	5230		24	130	94,7	4138
220	22	136,8	99,2	6787	180	18	117	84,5	5165
	26	158,4	114,8	7586		20	128	92,8	5547
240	24	162,7	118,0	9608	190	20	136	98,6	6641
	26	174,7	126,7	10148		22	148	107,2	7075
260	22	164,4	119,2	11740	200	20	144	104,4	7872
	26	191,0	138,5	13234		22	157	113,5	8392
280	22	178,2	129,2	14935	220	22	174	126,3	11513
300	20	175,8	127,5	17316	240	24	207	150,4	16300
350	25	255,1	185,0	33881	280	28	282	204,2	32200
400	30	348,5	252,7	60028	300	30	324	234,4	34379

1937

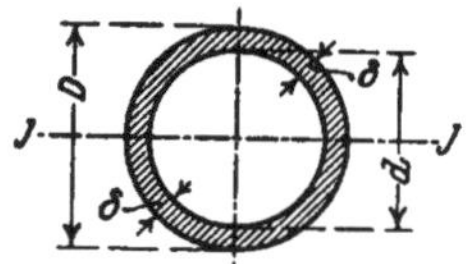

Abmessungen mm		F	G	J	W	i
D	δ	cm^2	kg/m	cm^4	cm^3	cm
100	12	33,2	24,1	327	65,4	3,14
	14	37,8	27,4	359	71,8	3,08
	16	42,2	30,6	385	77,0	3,02
120	12	40,7	29,5	601	100	3,84
	14	46,6	33.8	666	111	3,78
	16	52,3	37,9	724	121	3,72
	18	57,7	41,8	773	129	3,66
140	14	55,4	40,2	1 113	159	4,48
	16	62,3	45,2	1 220	174	4,42
	18	68,9	50,0	1 310	187	4,36
	20	75,4	54,7	1 390	199	4,30
160	14	64,2	46,6	1 727	216	5,19
	16	72,4	52,5	1 900	237	5,12
	18	80,3	58,2	2 060	257	5,06
	20	88,0	63,8	2 200	275	5,00
	22	95.4	69,2	2 330	291	4,94
180	16	82,4	59,7	2 800	311	5,82
	18	91,6	66,4	3 040	338	5,76
	20	100	72,9	3 270	363	5,70
	22	109	79,2	3 470	386	5.64
	24	118	85,3	3 660	407	5,58
200	16	92,5	67,1	3 940	394	6,53
	18	103	74,6	4 300	430	6,47
	20	113	81,9	4 630	463	6,40
	22	123	89,2	4 950	495	6,34
	24	133	96,1	5 230	523	6,28
	26	142	103	5 500	550	6,22

Abmessungen mm		F	G	J	W	i
D	δ	cm^2	kg/m	cm^4	cm^3	cm
220	18	114	82,8	5 870	534	7,17
	20	126	91,1	6 340	577	7,11
	22	137	99,2	6 790	617	7,04
	24	148	107	7 200	655	6,98
	26	158	115	7 590	690	6,92
	28	169	122	7 940	722	6,86
240	20	138	100	8 430	703	7,81
	22	151	109	9 040	753	7,75
	24	163	118	9 610	801	7,69
	26	175	127	10 150	846	7,62
	28	186	135	10 650	888	7,56
	30	198	143	11 130	927	7,50
260	20	151	109	10 930	841	8,51
	22	164	119	11 740	903	8,45
	26	191	138	13 230	1 020	8,32
	30	217	157	14 570	1 120	8,20
	34	241	175	15 750	1 210	8,08
280	20	163	118	13 880	992	9,22
	22	178	129	14 930	1 070	9,16
	26	207	150	16 900	1 210	9,03
	30	236	171	18 660	1 330	8,90
	34	263	190	20 240	1 450	8,78
300	20	176	127	17 320	1 150	9,92
	25	216	157	20 580	1 370	9,76
	30	254	184	23 460	1 560	9,60
	35	291	211	26 010	1 730	9,45
	40	327	237	28 250	1 880	9,30

1952

	δ mm	F cm²	G kg/m	W cm³	J cm⁴	i cm
100	14	37,8	27,4	71,8	359	3,08
	16	42,2	30,6	77,0	385	3,02
	18	46,4	33,6	81,8	409	2,97
120	16	52,3	37,9	121	724	3,72
	18	57,7	41,8	129	773	3,66
	20	62,8	45,5	136	817	3,61
140	16	62,3	45,2	174	1220	4,42
	18	68,9	50,0	187	1310	4,36
	20	75,4	54,7	199	1390	4,30
160	16	72,4	52,5	237	1900	5,12
	18	80,3	58,2	257	2060	5,06
	20	88,0	63,8	275	2200	5,00
	22	95,4	69,2	291	2330	4,94
180	16	82,4	59,7	311	2800	5,82
	18	91,6	66,4	338	3040	5,76
	20	100	72,9	363	3270	5,70
	22	109	79,2	386	3470	5,64
	24	118	85,3	407	3660	5,58
200	16	92,5	67,1	394	3940	6,53
	18	103	74,6	430	4300	6,47
	20	113	81,9	463	4630	6,40
	22	123	89,2	495	4950	6,34
	24	133	96,1	523	5230	6,28
	26	142	103	550	5500	6,22
220	18	114	82,8	534	5870	7,17
	20	126	91,1	577	6340	7,11
	22	137	99,2	617	6790	7,04
	24	148	107	655	7200	6,98
	26	158	115	690	7590	6,92
	28	169	122	722	7940	6,86

D mm	δ mm	F cm²	G kg/m	W cm³	J cm⁴	i cm
240	20	138	100	703	8430	7,81
	22	151	109	753	9040	7,75
	24	163	118	801	9610	7,69
	26	175	127	846	10150	7,62
	28	186	135	888	10650	7,56
	30	198	143	927	11130	7,50
260	20	151	109	841	10930	8,51
	22	164	119	903	11740	8,45
	26	191	138	1020	13230	8,32
	30	217	157	1120	14570	8,20
	34	241	175	1210	15750	8,08
280	20	163	118	992	13880	9,22
	22	178	129	1070	14930	9,16
	26	207	150	1210	16900	9,03
	30	236	171	1330	18660	8,90
	34	263	190	1450	20240	8,78
300	20	176	127	1150	17320	9,92
	25	216	157	1370	20580	9,76
	30	254	184	1560	23460	9,60
	35	291	211	1730	26010	9,45
	40	327	237	1880	28250	9,30
350	20	207	150	1620	28310	11,7
	25	255	185	1940	33880	11,5
	30	301	219	2220	38920	11,4
	35	346	251	2480	43570	11,2
	40	389	282	2710	47480	11,0
400	25	294	213	2600	51980	13,3
	30	349	253	3000	60030	13,1
	35	401	291	3370	67410	13,0
	40	452	328	3710	74160	12,8

Zuschlag für Fuß- und Kopfplatte ca. 30 %

2.2.4 Stützen aus Walzprofilen

Die Stützen aus Walzprofilen wurden bevorzugt in Nutzbauten (Fabriken und Speichergebäuden) ausgeführt.

Aber auch in Wohn- und Geschäftshäusern, wenn eine Ummantelung aus Korrosions- oder Feuerschutzgründen erforderlich war, setzte man Walzprofilstützen ein.

Durch die Möglichkeit zur Aufnahme großer Biegespannungen, der Herstellung großer Baulängen und einfacher Stoßverbindungen sowie leichter Anschlüsse von Trägern verdrängten sie die gusseisernen Stützen in vielen Bereichen.

Zur Anwendung kamen neben Rohren und einteiligen I-Profilen eine Vielzahl zusammengesetzter Querschnitte aus L-, U- und I-Profilen.

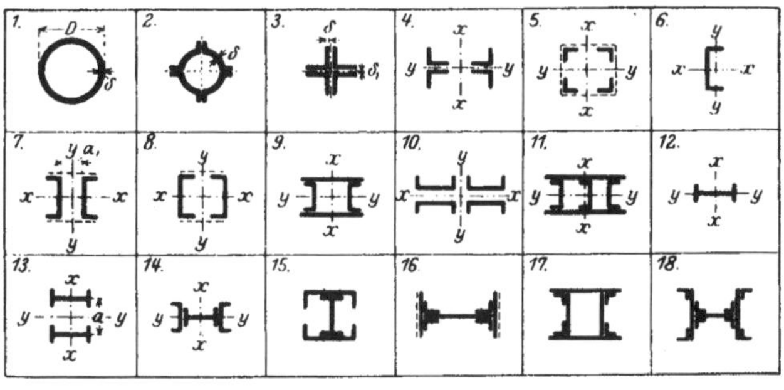

Stützen aus zwei- oder mehrteiligen Profilen wurden durch Binderbleche (Traversen) miteinander verbunden. Der Abstand der Binderbleche erfolgte unter Berücksichtigung ungleicher Belastung der Einzelprofile für eine 10- bis 20-fache Sicherheit.

e = Abstand der Binderbleche in Meter e = < L/3
L = Stützenlänge in Meter
min J = kleinstes Trägheitsmoment eines Einzelprofiles in cm^4
P′ = Belastung eines Einzelprofiles in Tonnen

$$e = 0{,}46 \frac{Jmin}{p'} \quad \text{(10-fache Sicherheit)}$$

$$e = 0{,}33 \frac{Jmin}{p'} \quad \text{(20-fache Sicherheit)}$$

Die Verbindung erfolgte durch Nietung mit mindestens 2 Nieten je Anschlusspunkt.
Die Schwächung der Querschnitte durch Nietlöcher sollte nach den Preußischen Bestimmungen von 1919, bei durchgehender Nietung, nicht mehr als 12 % betragen.

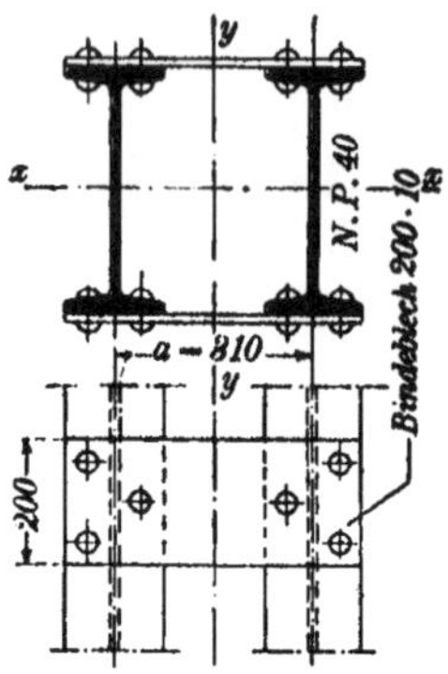

Kopf- und Fußausbildung

Bei Stützen aus Rohren oder Quadratprofilen stellte man Kopf und Fuß aus Gusseisen her.

Deren Konstruktion und Bemessung erfolgte nach den gleichen Grundsätzen wie bei gusseisernen Stützen.

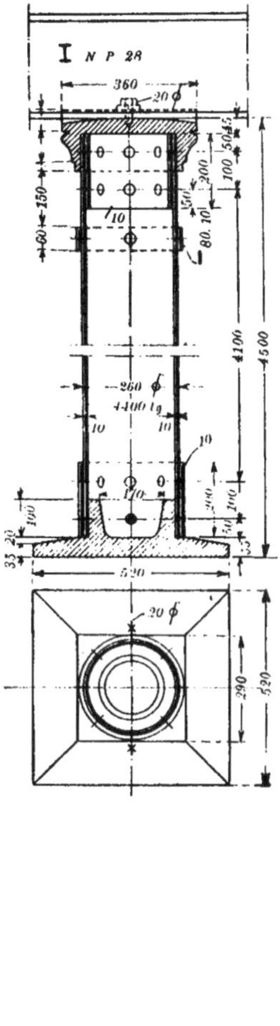

gusseiserne Stütze mit gusseisernem Kopf und Fuß

Die Stützen aus Profileisen erhielten an Kopf und Fuß waagerechte Platten von 15 bis 30 mm Dicke mit zusätzlichen 10 bis 14 mm dicken senkrechten Fußblechen.

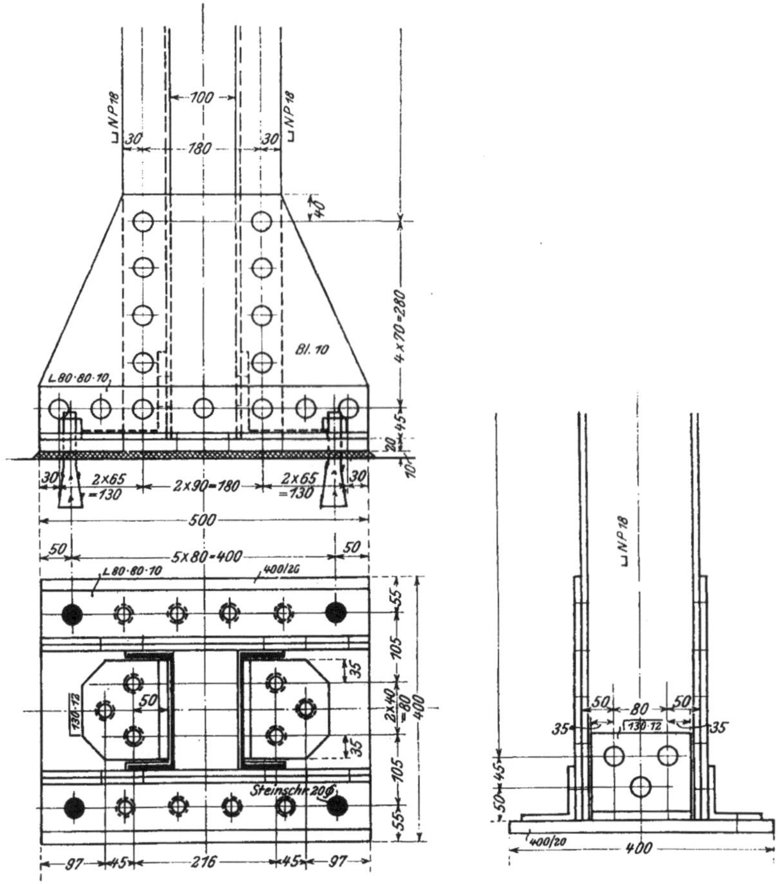

Zwischen der Fußplatte und dem Auflagerstein ordnete man eine 5 bis 6 mm dicke Bleiplatte bzw. 10 bis 20 mm dicke Zementschicht an. In Wohngebäuden wurde der Stützenfuß in der Regel nicht an das Fundament angeschlossen, die horizontale Halterung erfolgte durch die oberhalb der Fußplatte angeordnete Sohle oder Deckenkonstruktion. Im Industriebau, wo der Stützenfuß häufig auf einen Stein- oder Betonsockel gestellt wurde, ordnete man zusätzliche Anker an.

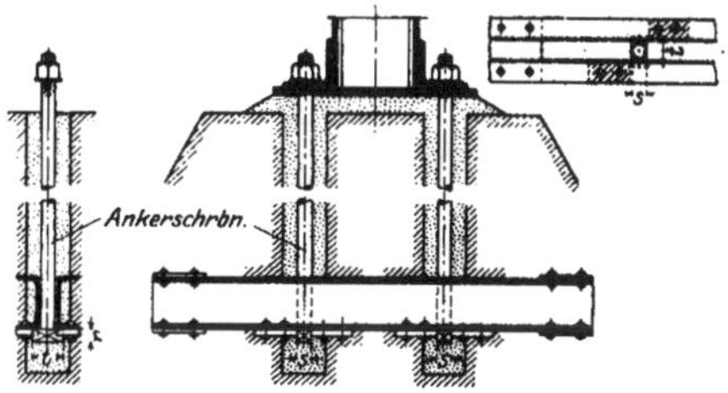

Für die Aufnahme von Biegemomenten spannte man die Stütze in Eisenbetonfundamente (Köcherfundamente) ein.

Trägeranschlüsse

Die Träger wurden durch Konsolen oder seitliche Anschlusswinkel möglichst nahe der Stützenachse angeschlossen (waagerechte und senkrechte Winkelprofile).

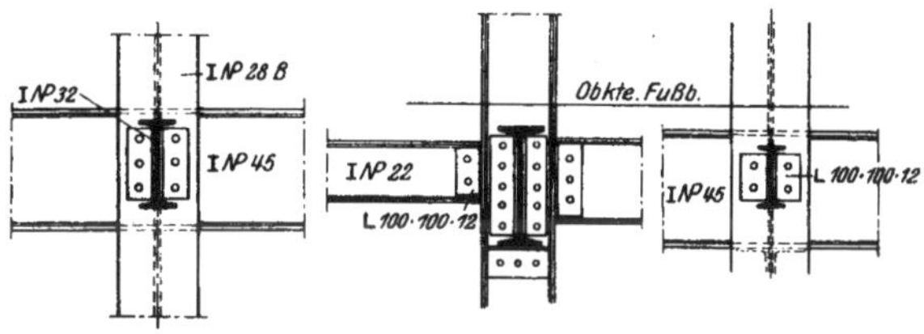

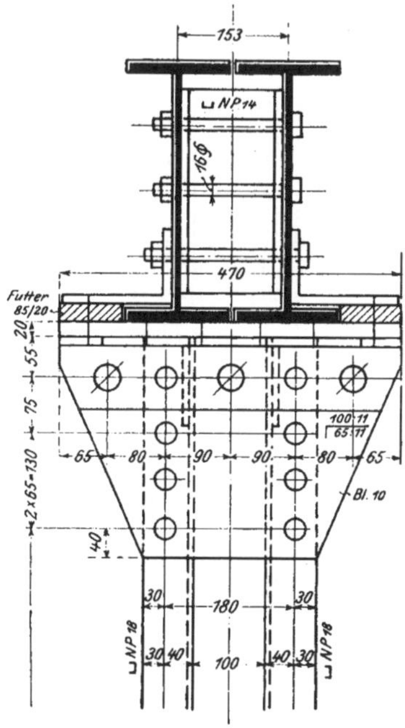

2.2.5 Statische Werte von Walzprofilstützen

1918 Quadrantprofile

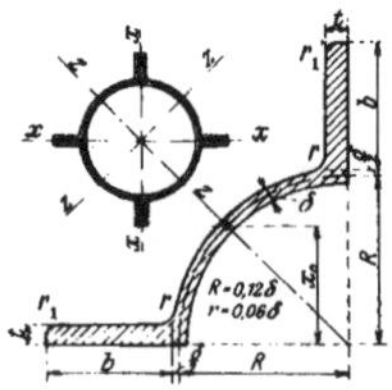

Profil Nr.		R mm	b mm	δ mm	t mm	r mm	r_1 mm	Querschnitt F qcm	Gewicht g kg/m	Abstand des Schwerpunkts x_0 mm	Volle Röhre aus 4 Quadranteisen: Querschnitt F qcm	Gewicht g kg/m	Trägheitsmoment J cm⁴	Widerstandsmomente W_z cm³	W_x cm³		Profil Nr.
5	min	50	35	4	6	6	3	7,44	5,84	34,6	29,8	23,4	576	89,6	66,2	min	5
	max			8	8			12,0	9,42	34,7	48,0	37,7	906	135	102	max	
7½	min	75	40	6	8	9	4,5	13,7	10,8	49,5	54,8	43,1	2 068	237	175	min	7½
	max			10	10			20,0	15,7	49,7	80,0	63,0	2 980	331	248	max	
10	min	100	45	8	10	12	6	22,0	17,3	64,3	88,0	69,2	5 464	497	367	min	10
	max			12	12			30,1	23,6	64,9	120,0	94,2	7 480	664	495	max	
12½	min	125	50	10	12	15	7,5	32,2	25,3	80,2	128,8	101,3	12 156	917	675	min	12½
	max			14	14			42,2	33,1	80,0	168,8	132,7	15 780	1165	867	max	
15	min	150	55	12	14	18	9	44,6	35,0	95,1	178,4	140,5	23 636	1522	1120	min	15
	max			18	17			62,6	49,1	95,4	250,4	196,6	32 316	2029	1510	max	

1932

Flußstählerne Stützen aus zwei I-Stahl durch Laschen verbunden.

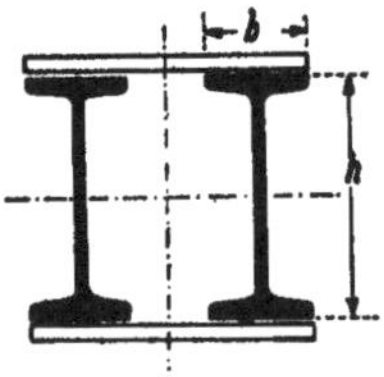

Profil h	Profil b	Gewicht der Stütze je 1 m etwa	Trägheitsmoment J cm⁴	Querschnitt cm²	Profil h	Profil b	Gewicht der Stütze je 1 m etwa	Trägheitsmoment J cm⁴	Querschnitt cm²
100	50	20,4	162	21,4	220	98	67,4	2204	79,5
110	54	22,9	215	24,7	230	102	72,3	2680	85,5
120	58	25,9	290	26,5	240	106	77,7	3128	92,7
130	62	28,9	376	32,4	260	113	89,1	4107	107,3
140	66	32,3	483	36,7	280	119	101,1	5704	122,8
150	70	35,8	606	41	300	125	113,6	6482	138,6
160	74	39,3	757	45,9	320	132	127,8	8067	157
170	78	43,3	928	50,7	340	137	141,3	9756	174,8
180	82	47,5	1155	56,1	360	143	157,4	11881	195
190	86	53,1	1365	61,4	380	149	173	14212	215,1
200	90	57,6	1638	67,3	400	155	189,9	16911	236,7
210	94	62,3	2122	73,1	425	163	207,4	21012	266

Flußstählerne Stützen aus zwei ⊏-Stahl durch Deckplatten verbunden.

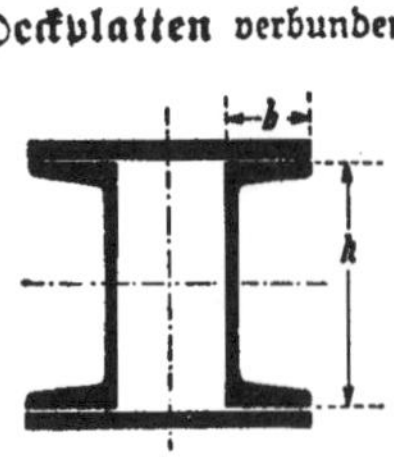

Profil h	Profil b	Deckplatte Breite	Deckplatte Stärke	Gewicht von 1 m etwa	Trägheitsmoment J cm⁴	Querschnitt cm²	Profil h	Profil b	Deckplatte Breite	Deckplatte Stärke	Gewicht von 1 m etwa	Trägheitsmoment J cm⁴	Querschnitt cm²
100	50	150	10	44	965	52	200	75	240	10	91	4895	104
100	50	160	10	46	1176	54	200	75	260	10	94	6293	108
100	50	170	10	49	1331	58	200	75	260	13	105	7059	121
120	55	180	10	55	1460	62	200	75	280	10	97	7906	112
120	55	200	10	59	2204	68	200	75	280	13	110	6867	127
140	60	200	10	64	2553	74	220	80	280	10	105	8349	122
140	60	200	13	75	2900	85	220	80	300	10	109	10321	126
140	60	220	10	70	3380	78	260	90	300	10	125	11196	147
160	65	220	10	75	3572	85	260	90	300	13	139	12400	164
160	65	240	10	78	4663	89	260	90	350	10	138	18013	157
160	65	210	13	89	5274	103	300	100	300	10	141	11909	167
180	70	220	10	81	3622	91	300	100	300	13	156	13126	184
180	70	220	13	91	4053	103	300	100	350	10	149	19356	177
180	70	240	10	84	4725	95	300	100	350	13	166	21291	197
180	70	240	13	95	5321	100	300	100	400	10	157	29011	187

1938

Leichtbau-Stützen

Nahtlose Flußstahlrohre (rund) nach DIN 2448

Auch D = 41,5; 47,5; 114; 127; 140; 140; 178; 203; 229; 254; 279; 305 sowie Rohre mit D < 38 und D<318 mm, ferner Rohre mit kleinerer und größerer Wandstärke sind lieferbar.

D mm	s mm	G kg/m	J cm⁴	W cm³
38	2,5	2,19	4,41	2,32
44,5	2,5	2,59	7,30	3,28
51	2,5	2,99	11,2	4,40
54	2,5	3,18	13.4	4,98
57	2,75	3,68	17,3	6,07
60	3	4,22	21,9	7,29
63,5	3	4,48	26,2	8,24
70	3	4,96	35,5	10,1
76	3	5,40	45,9	12,1
83	3,25	6,39	64,8	15,6
89	3,25	6,87	80,6	18,1
95	3,5	7,90	105	22,2
102	3,75	9,09	140	27,4
108	3,75	9,64	167	30,9
121	4	11,5	252	41,6
133	4	12,7	338	50,8
146	4,5	15,7	501	68,7
157	4,5	16,4	567	74,6
159	4,5	17,2	652	82,0
171	4,5	18,5	824	96,4
191	5,5	25,2	1380	145
216	6,5	33,6	2350	218
241	6,5	37,6	3300	273
267	7	44,9	4840	362
292	7,5	52,6	6800	466
318	8	61,2	9370	589

Vierkantrohre mit geschweißter Naht

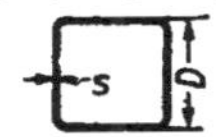

D mm	s mm	G kg/m	J cm⁴		W cm³	
50·30	2	2,40	10,1	4,55	4,06	3,03
60 50	3	4,88	30,7	23,2	10,2	9,27
89	3,75	9,9	149		33,5	
101,5	5	14,9	278		56,5	

1953 Stahlrohre nach DIN 2449-2451

Profilwert $k = \sqrt{\frac{F^2}{\min J}}$

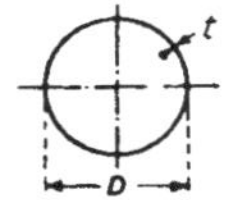

Abmessungen mm: Außendurchm. *D*	Wanddicke *t*	*F* cm²	*G* kg/m	*J* cm⁴	*W* cm³	*i* cm	*k*
Nahtlose Flußstahlrohre (rund)							
38*	2,5	2,79	2,19	4,41	2,32	1,26	1,77
41,5	2,5	3,06	2,40	5,85	2,82	1,38	1,60
44,5*	2,5	3,30	2,59	7,30	3,28	1,49	1,50
47,5	2,5	3,53	2,77	8,97	3,78	1,60	1,39
51	2,5	3,81	2,99	11,2	4,40	1,72	1,30
54	2,5	4,04	3,18	13,4	4,98	1,82	1,22
57*	2,75	4,68	3,68	17,3	6,07	1,92	1,27
60	3	5,37	4,22	21,9	7,29	2,02	1,32
63,5	3	5,70	4,48	26,2	8,24	2,14	1,24
70	3	6,31	4,96	35,5	10,1	2,37	1,12
76*	3	6,88	5,40	45,9	12,1	2,58	1,04
83	3,25	8,14	6,39	64,8	15,6	2,83	1.02
89*	3,25	8,75	6,87	80,6	18,1	3,04	0,93
95	3,5	10.1	7.90	105	22.2	3,24	0,97
102	3,75	11,6	9,09	140	27,4	3,48	0,96
108*	3,75	12,3	9,64	167	30,9	3,70	0,91
114	3,75	13,0	10,2	198	34,7	3,90	0,86
121	4	14,7	11,5	252	41,6	4,14	0,86
127	4	15,5	12,1	293	46,1	4,44	0,82
133*	4	16,2	12,7	338	50,8	4,57	0,78
140	4,5	19,2	15,0	440	62,9	4,79	0,84
146	4,5	20,3	15,7	501	68,7	4,96	0,82
152	4,5	20,8	16,4	567	74,6	5,22	0,77
159*	4,5	21,8	17,2	652	82,0	5,47	0,73
165	4,5	22,7	17,8	731	88,6	5,68	0,71
171	4,5	23,5	18,5	824	96,4	5,92	0,67
178	5	27,2	21,3	1020	114	6,12	0,73
191	5,5	32,0	25,2	1380	145	6,56	0,74
203	5,5	34,1	26,8	1670	179	6,99	0,70
216*	6,5	42,8	33,6	2350	218	7,41	0,78
229	6,5	45,4	35,7	2820	246	7,87	0,73
241	6,5	47,9	37,6	3300	273	8,30	0,70
254	6,5	50,5	39,7	3870	305	8,75	0,68
267	7	57,2	44,9	4840	362	9,20	0,68
279	7,5	63,9	50,2	5900	423	9,61	0,69
292	7,5	67,0	52,6	6800	466	10.1	0,66
305	7,5	70,1	55,0	7760	509	10,5	0,64
318*	8	77,9	61,2	9370	589	11,0	0,65

* Diese Größen sind nach DIN 2449-51 zu bevorzugen.

1955 Nahtlose Flussstahlrohre DIN 2448

Außendurchm. D mm (Zoll)	Wandstärke t mm	Innerer Durchm. d mm	Querschnitt F cm²	Gewicht G kg/m	Widerstandsmoment W cm³	Trägheitsmoment J cm⁴	Trägheitshalbmesser i cm
10 (13/32)	1,5	7,0	0,40	0,314	0,075	0,037	0,31
14 (9/16)	2,0	10,0	0,75	0,592	0,20	0,14	0,43
18 (23/32)	2,0	14,0	1,01	0,789	0,36	0,33	0,57
22 (7/8)	2,0	18,0	1,26	0,986	0,58	0,63	0,71
25 (1/1)	2,0	21,0	1.45	1,13	0.77	0.96	0,82
30 (1 3/16)	2,5	25,0	2,16	1,70	1,37	2,06	0,98
32 (1 1/4)	2,5	27,0	2,32	1,82	1,59	2,54	1,05
35 (1 3/8)	2,5	30,0	2,55	2,00	1,94	3,39	1,15
38 (1 1/2)	2,5	33,0	2,79	2,19	2,32	4,41	1,26
44.5 (1 3/4)	2,5	39,5	3,30	2,59	3.28	7,30	1,49
51 (2)	2,5	46,0	3,81	2,99	4,40	11,22	1,72
57 (2 1/4)	2,75	51,5	4,69	3,68	6,07	17,29	1,92
63,5 (2 1/2)	3,0	57,5	5,70	4,48	8,24	26,20	2,14
76 (3)	3,0	70,0	6,88	5,40	12,10	45,90	2,58
89 (3 1/2)	3,25	82,5	8.76	6,87	18.11	80,60	3,03
108 (4 1/4)	3,75	100,5	12,30	9,64	30,86	166,6	3,69
133 (5 1/4)	4,0	125,0	16,20	12,70	50,80	338,0	4,56
159 (6 1/4)	4,5	150,0	21,83	17,20	82,01	652,0	5,46
191 (7 1/2)	5.25	180.5	30.62	24,00	138,4	1 322	6,57
216 (8 1/2)	6,0	204,0	39,60	31,10	202	2 180	7,43
267 (10 1/2)	6.5	254,0	53,17	41,80	338,2	4 516	9,22
318 (12 1/2)	7,5	303,0	73,12	57,40	556,4	8 846	11,00
368 (14 1/2)	8,0	352,0	90,43	71,00	797,4	14 670	12,74
419 (16 1/2)	9,5	400,0	122,15	95,90	1223	25 630	14,48
470 (18 1/2)	10,5	449,0	151,51	119,0	1703	40 020	16,63
521 (20 1/2)	11,5	498,0	183,97	144,0	2294	59 770	18,02
572 (22 1/2)	12,5	547,0	219,61	172,0	3007	86 010	19.79

Flussstahlrohre nach DIN 2440 U

Nennweite Zoll	Nennweite mm	Außendurchm. D mm	Wandstärke t mm	Innerer Durchm. d mm	Querschnitt F cm²	Gewicht G kg/m	Widerstandsmoment W cm³	Trägheitsmoment J cm⁴	Trägheitshalbmesser i cm
1/8	6	10,00	2,00	6,00	0,50	0,395	0,09	0,04	0,29
1/4	8	13,25	2,25	8,75	0,78	0,610	0,18	0,12	0,40
3/8	10	16,75	2,25	12,25	1,02	0,805	0,33	0,28	0,52
1/2	15	21,25	2,75	15,75	1,60	1,250	0,66	0,70	0,66
3/4	20	26,75	2,40	21,95	1,84	1,440	1,03	1,37	0,87
1	25	33,50	2,90	27,70	2,79	2,190	1,97	3,29	1,09
1 1/4	32	42,25	3,10	36,05	3,81	2,990	3,48	7,35	1,39
1 1/2	40	48,25	3,10	42,05	4,40	3,450	4,67	11,3	1,60
2	50	60,00	3,30	53,40	5,88	4,610	7,90	23,7	2,01
2 1/2	65	75,50	3,75	68,00	8,45	6,640	14,4	54,5	2,54
3	80	88,25	4,00	80,25	10,6	8,310	21,3	94,1	2,98
4	100	113,5	4,25	105,0	14,6	11,50	38,4	218	3,87
5	125	139,0	4,50	130,0	19,0	14,90	61,9	430	4,76
6	150	164,5	4,50	155,5	22,6	17,80	88,1	724	5,66

Verstärkte Flussstahlrohre DIN 2441

Nennweite Zoll	Nennweite mm	Außendurchm. D mm	Wandstärke t mm	innerer Durchm. d mm	Querschnitt F cm²	Gewicht G kg/m	Widerstandsmoment W cm³	Trägheitsmoment J cm⁴	Trägheitshalbmesser i cm
1/8	6	10,0	2,5	5,00	0,59	0,462	0,092	0,046	0,28
1/4	8	13,25	2,75	7,75	0,91	0,712	0,20	0,13	0,38
3/8	10	16,75	2,75	11,25	1,21	0,949	0,37	0,31	0,50
1/2	15	21,25	3,25	14,75	1,84	1,44	0,72	0,77	0,65
3/4	20	26,75	3,50	19,75	2,56	2,01	1,32	1,77	0,83
1	25	33,50	4,00	25,50	3,71	2,91	2,45	4,11	1,05
1 1/4	32	42,25	4,00	34,25	4,81	3,77	4,21	8,89	1,36
1 1/2	40	48,25	4,25	39,75	5,87	4,61	5,95	14,3	1,56
2	50	60,00	4,50	51,00	7,85	6,16	10,1	30,4	1,97
2 1/2	70	75,50	4,50	66,50	10,0	7,88	16,8	63,5	2,52
3	80	88,25	4,75	78,75	12,5	9,78	24,7	109	2,96
4	100	113,5	5,00	103,5	17,0	13,4	44,3	251	3,84
5	125	139,0	5,50	128,0	23,1	18,1	74,1	515	4,72
6	150	164,5	5,50	153,5	27,5	21,6	106	869	5,62

3 Bemessung

3.1 Berechnungshinweise

Jahr	Hinweise
1890	a) Für die Ermittlung der Schnittkräfte ist die ungünstigste mögliche Belastung anzunehmen. b) Bei der Ermittlung des Trägheitsmomentes und Widerstandsmomentes von biegebeanspruchten Trägern sind die Nietlöcher der Flansche in Abzug zu bringen.
1910 Preußen	a) Für die Ermittlung der Querschnittsgrößen ist der Lastfall maßgebend, der den größten Querschnitt ergibt. b) Niet- und Schraubenlöcher, in Flanschen von biegebeanspruchten Trägern, müssen bei der Ermittlung des Widerstands- und Trägheitsmomentes in Abzug gebracht werden.
1919 Preußen	a) Bei der Querschnittsbestimmung der gewalzten und genieteten Träger ist die Verschwächung durch Niet- oder Schraubenlöcher zu berücksichtigen. b) Die Mindestträgerhöhe „H" bei gleichmäßig verteilter Belastung beträgt Walzeisen H = L/16 genietete Träger H = L/8 bei zul. $\sigma = 120\ MN/m^2$ Walzeisen H = L/20 genietete Träger H = L/10 bei zul. $\sigma = 100\ MN/m^2$ (L = Stützweite, H = Trägerhöhe, zul. σ = zul. Biegespannung) c) Bei Trägern, die an beiden Enden im Mauerwerk eingespannt sind, darf die Einspannung im Allgemeinen nicht berücksichtigt werden. Ausgenommen sind Fälle, wo durch bauliche Vorkehrungen eine sichere Einspannung nachweislich gewährleistet ist. d) Jeder Trägeranschluss muss mindestens 2 Niete oder Schrauben erhalten.
1925 Preußen	a) Maßgebend für die Querschnittsbestimmung ist stets derjenige Belastungsfall, der den größten Querschnitt ergibt. b) Bei Haupttragteilen sind nur Eisenteile zu verwenden, deren kleinste Dicke 4 mm nicht unterschreitet. c) Sind eiserne Träger zur Unterstützung von Wänden und Decken im Geschossbau an andere gleichgerichtete Träger oder Stützen mit teilweiser Einspannung angeschlossen, so ist die Annahme verringerter Feldmomente zulässig, wenn: 1. neben der Stegverlaschung zusätzlich auf der Zugseite aufgeschraubte Platten (An = 0,8 des Trägerflansches) angeordnet werden. 2. Im Trägerdruckflansch angebrachte Druckplatten (oder Verschweißung der Zwischenfuge) müssen die Druckkräfte übertragen können.

	d) Bemessung der Druckstäbe nach dem Omega-Verfahren
1934 DIN 1050	a) wie 1925 Abs. a b) Bei Haupttragwerken sind nur Querschnitte zu verwenden, deren kleinste Abmessung 4 mm nicht unterschreitet und deren Anschlussseiten so breit sind, dass sie ordnungsgemäß genietet, verschraubt oder geschweißt werden können. (Dicken unter 4 mm sind nur zulässig für Bauwerke von untergeordneter Art.) c) Bei der Ermittlung des nutzbaren Querschnitts An von Zugstäben müssen die Nietlöcher abgezogen werden, deren Lage dies erfordert. d) Bemessung der Druckstäbe nach dem Omega-Verfahren, jedoch ohne Nietabzug. e) Bei der Ermittlung des nutzbaren Widerstandsmomentes Wn von genieteten Trägern sind die in der Zugzone liegenden Nietlöcher abzuziehen. f) Bei Walzträgern mit üblicher Anordnung und Größe der Niet- und Schraubenlöcher kann das Widerstandsmoment hierbei für die Schwerachse des unverschwächten Querschnitts ermittelt werden.
1937 DIN 1050	wie **1934** DIN 1050
1946 DIN 1050	a) wie **1934** Abs. a b) wie **1934** Abs. b c) wie **1934** Abs. c d) wie **1934** Abs. e e) wie **1934** Abs. f
1952 DIN 4114 bzw. **1957** DIN 1050	a) Für die Bemessung und den Spannungsnachweis ist jeweils der Lastfall maßgebend, der die größten Querschnitte ergibt. b) Maßgebende Querschnittswerte und Lochabzug beim allgemeinen Spannungsnachweis * c) Bei Trägern mit I-Querschnitt, die in der Stegebene auf Biegung beansprucht sind, muss eine ausreichende Kippsicherheit nachgewiesen werden.

* maßgebende Querschnittswerte beim allgemeinen Spannungsnachweis

Spalte	a	b	c
Zeile	Spanngröße	Spannungsart	Maßgebender Querschnitt
1	Längskraft	Druck	F
2		Zug	$F - \Delta F$
3	Querkraft	Schub*	F_{Steg}
4	Biegemoment	Druck	$W_d = \frac{I}{e_d}$
5		Zug	$W_z = \frac{I - \Delta I}{e_z}$

* durchschnittliche Schubspannung im Steg $\tau \approx \frac{Q}{F_{Steg}}$

In Tabelle bedeuten:

- F den Vollquerschnitt des Stabes (= maßgebender Querschnitt des Stabes für Druck)
- ΔF die Summe der Flächen aller in die ungünstigste Risslinie fallenden Löcher
- F_{Steg} den maßgebenden Querschnitt des Steges; anliegende Gurtwinkelschenkel bleiben unberücksichtigt. Die Summe der Flächen aller in die ungünstigste Risslinie des Stegquerschnitts fallenden Löcher ist abzuziehen.
- I das Trägheitsmoment des ungelochten Querschnitts (= maßgebendes Trägheitsmoment des Stabes für die Druckrandspannung bei Biegung)
- ΔI die Summe der Trägheitsmomente aller in die ungünstigste Risslinie fallenden Löcher der Zuggurtflächen, bezogen auf die Schwerachse des unverschwächten Querschnitts. Zu den Gurtflächen gehören nur die abstehenden Querschnittsteile, wie Gurtplatten, Schenkel von Gurtwinkeln oder die Flansche von Walzträgern.
- e_d, e_z den Abstand der Randfaser am Druck- bzw. Zugrand von der Schwerachse des unverschwächten Querschnitts
- W_d das maßgebende Widerstandsmoment des Stabes für die Druckrandspannung bei Biegung
- W_z das maßgebende Widerstandsmoment des Stabes für die Zugrandspannung bei Biegung

3.2 Stützweiten

L = Entfernung der Auflagermitten
Lw = lichte Weite

Jahr	Einfeld-träger	Durchlauf-träger	Auflagerung auf Mauerwerk	Bemerkung
1872	L			
1910 Preußen			Lw + 2e	e = 15 bis 40 cm je nach Belastung und lichter Weite
1910 Berlin	L	L		
1917 Hamburg	L	L		Unterstützung von Decken u. Treppen
	L	L		Unterstützung von Wänden
1919 Preußen	L	L	1,05 Lw bzw. 1,04 Lw + 10 cm	
1925 Preußen	L	L	1,05 Lw	
1934 DIN 1050	L	L	1,05 Lw bzw. Lw + 12 cm	auf Biegung beanspruchte Bauteile
1946 DIN 1050	L	L	1,05 Lw mindestens Lw + 12 cm	auf Biegung beanspruchte Bauteile
1957 DIN 1050	L	L	1,05 Lw Lw + 12 cm	auf Biegung beanspruchte vollwandige Tragwerksteile

3.3 Durchbiegung

Bis 1934 ist ein bestimmtes Größtmaß für die Durchbiegung der Träger nicht allgemein vorgeschrieben.

L = Stützweite
Lk = Kraglänge

Jahr	Durchbiegung oder Stützweite L	Stützweite m	Bemerkung
1910 Preußen	L/500 bis L/600		Hochbaukonstruktionen
1917 Hamburg	L/500	> 5,00	Deckenträger, Treppenträger *1
	L/1000		Rost- o. Verteilungsträger *1
	L/300		sonstige Tragkonstruktionen
1919 Preußen	L/500		stark beanspruchte Transmissionsträger
	L/500	> 7,00	Träger und Unterzüge, die ein Gebäude aussteifen (anstelle von Quer- und Längswänden)
1925 Preußen	wie **1919** Preußen		
1934 DIN 1050	L/500	> 7,00	Träger durch Riemenantrieb stark belastet. Träger und Unterzüge, die ein Gebäude aussteifen (anstelle von Quer- u. Längswänden) *2
	L/1000		Kragträger bei Gründungskörpern und Auflagern für Rost- und Verteilungsträger
1946 DIN 1050	L/300	> 5,00	Träger, Pfetten *3
	L/200		Dachpfetten
	L/500	> 7,00	durch Riemenantrieb stark belastete Träger Träger und Unterzüge, die ein Gebäude aussteifen (anstelle von Quer- u. Längswänden) *3
	Lk/250		Kragträger am Kragende
	Lk/1000		Kragträger bei Gründungskörpern und Auflagern für Rost- und Verteilungsträger
1957 DIN 1050	L/300	≥ 5,00	Deckenträger, Unterzüge
	L/200		Kragträger am Kragende *4

*1 Sofern die Träger mit Kiesbeton in ganzer Höhe und angemessener Breite umhüllt sind, darf die Durchbiegung bei
Decken- und Treppenträgern L/300
Rost- und Verteilungsträgern L/600
erreichen.

*2 Liegen derartige Träger in Beton oder sind sie gleichzeitig Deckenträger, deren Durchbiegung durch die Verbundwirkung der Deckenkonstruktion wirksam behindert wird, so darf die rechnerische Durchbiegung L/300 betragen.

*3 Liegen die Träger in Beton oder sind sie gleichzeitig Deckenträger, deren Durchbiegung durch die Verbundwirkung der Deckenkonstruktion wirksam verhindert wird, so erhöht sich die angegebene zulässige rechnerische Durchbiegung:

Träger, Pfetten	L/200
Träger durch Riemenantrieb stark belastet und Träger u. Unterzüge, die ein Gebäude aussteifen	L/300

*4 wenn nicht aus anderen Gründen (z. B. Betriebs- oder Stabilitätsgründen) kleinere Werte einzuhalten sind.

3.4 Schnittkräfte durchlaufender Deckenträger, Pfetten und Unterzüge über drei oder mehr Stützen bei Gleichlast

l = Stützweite
q = Gleichlast pro Meter

Jahr	Endfeld M	Innenfeld M	Auflagerkräfte wenn ≥ 3 Felder	Bemerkung
1925 Preußen	$ql^2/11$	$ql^2/16$		*1 *2
1934 DIN 1050	$ql^2/11$	$ql^2/16$	wie Einfeldträger	*3 *4
1937 DIN 1050	$ql^2/11$	$ql^2/16$	wie Einfeldträger	*3 *4
1946 DIN 1050	$ql^2/11$	$ql^2/16$	wie Einfeldträger	*3 *4
1957 DIN 1050	$ql^2/11$	$ql^2/16$	wie Einfeldträger	*3 *4

*1 Bei Trägern mit ungleichen Stützweiten ist zu beachten, dass die größten Biegemomente ($ql^2/16$ bzw. $ql^2/11$) nicht nur im Feld, sondern auch über den Stützen an der Einspannstelle maßgebend sind.

*2 Bei anderen Belastungsarten dürfen die größten Feldmomente nach folgender Formel berechnet werden:

$$Mx = Mo - \frac{7}{10}\left(Mb\,\frac{x}{L} + Ma\,\frac{L-x}{L}\right)$$

Mo = größtes Feldmoment bei freier Auflagerung
Ma und Mb = Stützmoment an Auflager a und b bei Volleinspannung
L = Stützweite
x = Querkraftnullpunkt

*3 Für gleiche Stützweite und gleich große Belastung bzw. ungleiche Stützweiten oder ungleiche Belastungen, wenn min L oder q noch mindestens 0,8 max L oder q.

Der Querschnitt des höchstbeanspruchten Innenfeldes ist auch in den übrigen Innenfeldern und über den Stützen durchzuführen.

*4 Bei anderen Belastungsarten

a) Endfelder

$$Mx = Mo - 0{,}6\,Ma\,\frac{x}{L}$$

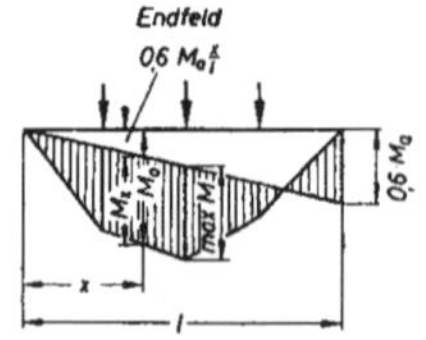

b) Innenfelder

$$Mx = Mo - 0{,}75\left(Mb\,\frac{L-x}{L} + Mc\,\frac{x}{L}\right)$$

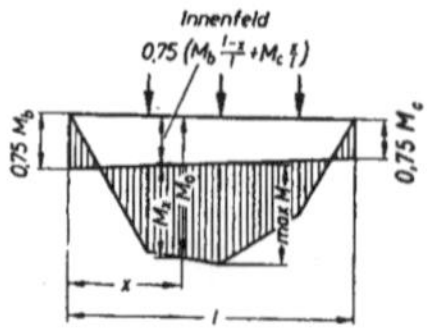

Maßgebend ist Vollbelastung aller Felder mit ständiger Last und Verkehrslast.

Mo = die im untersuchten Feld auftretenden Biegemomente bei freier Auflagerung
Ma = das in den Endfeldern bei freier Auflagerung an der Randstütze und bei voller Einspannung an der Innenstütze auftretende Einspannmoment
Mb und Mc = die in den Endfeldern bei voller Einspannung an den Stützen auftretenden Einspannmomente

3.5 Bemessung biegebeanspruchter Bauteile

Die Bemessung erfolgte nach den auch heute üblichen Formeln der Festigkeitslehre.

Symmetrische Trägerquerschnitte

vorh σ = M/w ≤ zul. σ
bzw.
erf w = M/zul. σ

M = größtes Biegemoment
w = Widerstandsmoment
zul. σ = zul. Biegespannung

1909 Grafische Tafel für die Querschnittsermittlung von I- und U-förmigen Walzprofilen (Deutsche Normalprofile)

Ordinatenachse – Moment in kgcm
Abszissenachse – Biegespannung in kg/cm²

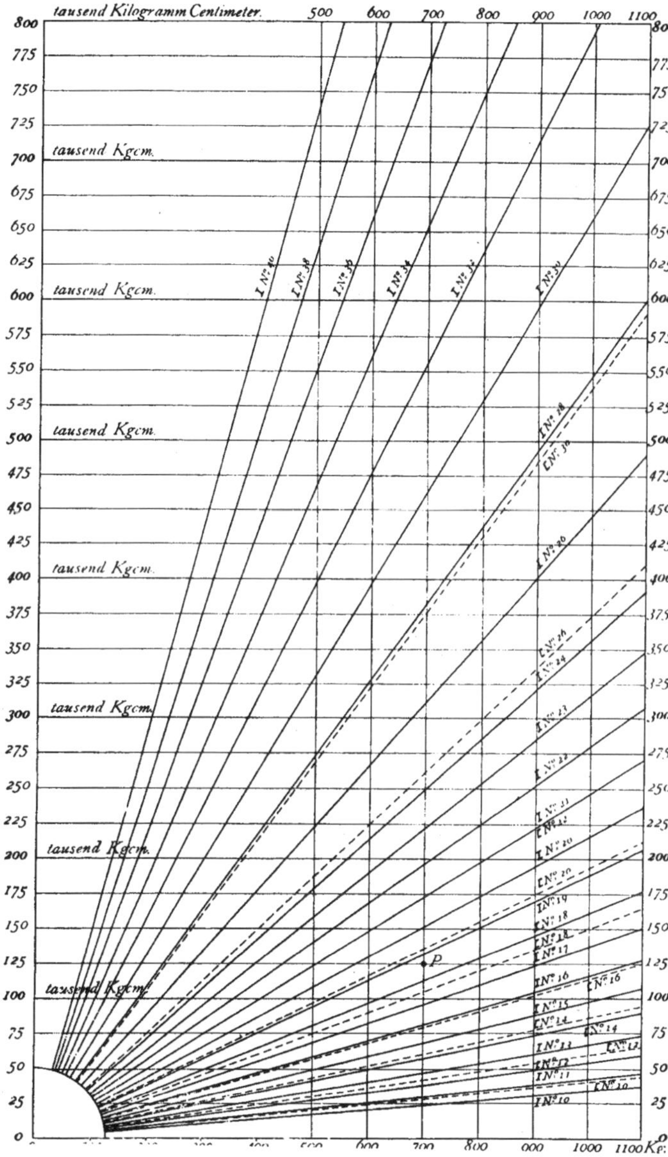

Rechenbeispiel: M = 125 000 kgcm

zul. σ = 700 kg/cm²

gew. I-Profil Nr. 20 (I 200)

vorh σ = 580 kg/cm² < 700 kg/cm²

3.6 Bemessung der Druckstäbe

3.6.1 Knicklängen

s = Netzlinie

Jahr	Baustoff	Bauteil	Knicklänge sk	Bemerkung
1872		Stützen	Geschosshöhe	
1890		Stützen	Systemlänge (Geschosshöhe)	
1910 Berlin		Stützen	Systemlänge	*1
1917 Hamburg	Schmiedeeisen	Stützen	Systemlänge	*1
1921 Preußen	Gusseisen Flusseisen	Stützen	Geschosshöhe	*1
1925 Preußen	Schmiedeeisen	Stützen	Systemlänge	*1
	Fluss-Stahl hochw. Baustahl Gusseisen geschm. Stahl	Gurtstäbe	Länge der Netzlinie	
		Füllstäbe (Streben, Pfosten)	Länge der Netzlinie	Ausknicken aus Trägerebene
			Abstand der Schwerpunkte der beiderseitigen Anschlussnietgruppen des Stabes	Ausknicken aus Trägerebene
		Stützen	Systemlänge	*1

Jahr	Baustoff	Bauteil	Knicklänge sk	Bemerkung
1934 DIN 1050		Gurtstäbe	Länge der Netzlinie	
		Füllstäbe (Streben, Pfosten)	Länge der Netzlinie	Ausknicken aus Trägerebene
			Abstand der Schwerpunkte der beiderseitigen Anschlussnietgruppen des Stabes	Ausknicken aus Trägerebene
		Geschossstützen	Geschosshöhe	*1
1952 DIN 4114		Gurtstäbe von Fachwerken	Netzlänge	
		Streben u. Pfosten v. Fachwerken	Abstand der Schwerpunkte d. Anschlussnietgruppen oder Schweißanschlüsse an beiden Stabenden	Ausknicken in der Fachwerkebene
			a) beide Enden unverschieblich fest b) Länge der Netzlinie bildet mit Querträgern oder Querriegel einen biegesteifen, nicht querverschieblichen Rahmen sk = 0,8s c) als Bestandteil eines geschlossenen, nicht querverschieblichen biegesteifen Rahmens sk = 0,7s	Ausknicken rechtwinklig zur Fachwerkebene
		Geschossstützen	Geschosshöhe *1	* 2
		eingemauerte eingeschossige Stützen 3*	in Wandebene: Riegelabstand	1/2 Stein dicke Stahlfachwerkwände
			in Wandebene: Tür- oder Fenstersturzhöhe	> 1/2 Stein dicke Stahlfachwerkwände

*1 Stehen die Stützen in mehreren Geschossen übereinander und werden sie durch anschließende Deckenträger unverrückbar gehalten, so ist die Geschosshöhe als Knicklänge ohne Rücksicht auf etwaigen Stoß in Deckenhöhe anzunehmen.

*2 In mehreren Geschossen übereinander. Beim untersten Geschoss ist die Knicklänge vom Stützenfuß zu messen.

*3 In mehrgeschossigen Stahlskelettbauten darf die Querstützung durch Ausmauerung nicht berücksichtigt werden.

3.6.2 Schlankheitsgrad einteiliger Druckstäbe

$\lambda = sk/i$

Jahr	max. λ	Beanspruchung bzw. Bauteil	Werkstoff	Bemerkung
1872	$sk/d \leq 10$	Stützen (hohl)	Gusseisen	d = Stützendurchmesser am Fuß
1890 Berlin	*1			
1899 Berlin	*2			
1925 Preußen	150		Fluß-Stahl hochw. Baustahl Gusseisen Stahlguss geschmied. Stahl	
1934 DIN 1050	250			
1934 DIN 1051	100	Stützen	Gusseisen	
1952 DIN 4114	250	Zug (gering)		wenn auch Druckbeanspruchung
	250	Druckstäbe		
	200	Füllstäbe von Verbänden		nur durch Zusatzlast belastet
	200	Hilfsstäbe		die gedrückten Gurte gegen Ausknicken sichern

*1 Der Stab ist auf Druckfestigkeit zu berechnen (ohne Knicken).

sk = Knicklänge
d = Durchmesser bzw. die kleinste Querschnittsseite

a) Kreisquerschnitte

Lagerung der Stabenden	sk/d kleiner als	Werkstoff
beide Enden gelenkig	10	Gusseisen
	24	Schmiedeeisen
beide Enden eingespannt	20	Gusseisen
	48	Schmiedeeisen
ein Ende gelenkig, das andere Ende eingespannt	14	Gusseisen
	33	Schmiedeeisen
ein Ende eingespannt, das andere Ende frei	5	Gusseisen
	12	Schmiedeeisen

b) Rechteckquerschnitte

Lagerung der Stabenden	sk/d kleiner als	Werkstoff
beide Enden gelenkig	11,5	Gusseisen
	28	Schmiedeeisen
beide Enden eingespannt	23	Gusseisen
	56	Schmiedeeisen
ein Ende gelenkig, das andere Ende eingespannt	16	Gusseisen
	38	Schmiedeeisen
ein Ende eingespannt das andere Ende frei	5,75	Gusseisen
	14	Schmiedeeisen

*2 Stützenberechnung ohne Knicken, wenn sk < sk1

$$sk1 = \sqrt{c} \cdot \sqrt{\frac{E}{K\,S}} \cdot \sqrt{\frac{J}{A}}$$

J = Trägheitsmoment cm^4
A = Querschnittsfläche cm^2

Werkstoff	S	E (kg/cm²)	K (kg/cm²)
Gusseisen	8	1 000 000	500
Flusseisen Schweißeisen	5	2 000 000	700

Lagerung der Stabenden	$\sqrt{c}$
beide Enden gelenkig	3,14
beide Enden eingespannt	6,28
ein Ende gelenkig, das andere Ende eingespannt	4,44
ein Ende eingespannt, das andere Ende frei	1,57

3.6.3 Sicherheitsbeiwerte für Druckstäbe

Jahr	Werkstoff	Bauteil	Sicherheitsbeiwert	Bemerkung
1872	Gusseisen	Stützen	6,0	
1887 Berlin	Schweißeisen Flusseisen	Stützen	5,0	
	Gusseisen	Stützen	8,0	
1890 Berlin	Gusseisen	Stützen	6,0	
	Schmiedeeisen	Stützen	5,0	
1910 Berlin		fachwerkartige Bauteile	4,0	Eulerformel
	Flusseisen Gusseisen	Stützen	5,0 6,0 bis 8,0	
1917 Hamburg	Gusseisen	Stützen	6,0 bis 8,0	Eulerformel
	Schmiedeeisen	Stützen	5,0	
	Flusseisen	fachwerkartige Bauteile	4,0	

Jahr	Werkstoff	Bauteil	Sicherheits-beiwert	Bemerkung
	Schmiedeeisen	Stützen	2,5	Tetmajer-Formel
		fachwerk-artige Bauteile	2,33	
1918 Preußen	Gusseisen	Stützen	8,0	
	Flusseisen	Stützen	4,0 bis 5,0	
1919 Preußen	Flusseisen	Stützen	5,0	Eulerformel
	Gusseisen	Stützen	6,0 bis 8,0	
1925 Preußen	Gusseisen	Stützen	6,0	Eulerformel
1928 Hamburg	Gusseisen	Stützen	6,0	Eulerformel

3.6.4 Bemessung gusseiserner Stützen

P = Belastung in t
L = Geschosshöhe (Knicklänge sk) in m
J = mind. Trägheitsmoment in cm^4
σ = zul. Druckspannung

Jahr	Mittige Belastung erf. min J in cm^4	Ausmittige Belastung	Bemerkung
1890	6 PL^2		
1899 Berlin	8 PL^2		
1909 Preußen	8 PL^2		
1910 Berlin	6 PL^2 bis 8 PL^2		
1917 Hamburg	6 PL^2 bis 8 PL^2		

Jahr	Mittige Belastung erf. min J in cm^4	Ausmittige Belastung	Bemerkung
1925 Preußen	$6PL^2$ bis $8PL^2$	a) Randspannung $P/A + M/w \leq \sigma$ zul b) erf. min J $6PL^2 + aM/\sigma$ zul	M = Moment A = Fläche w = Widerstandsmoment a = Abstand der äußeren gedrückten Faser von der maßgebenden Schwerachse
1937 DIN 1051	$P/A \leq \sigma$ zul	$P/A + M/w \leq \sigma$ zul	M = Moment A = Fläche w = Widerstandsmoment

3.6.5 Bemessung von Stützen aus Walzprofilen

P = Belastung in t

L = Geschosshöhe (Knicklänge sk) in m

J = mind. Trägheitsmoment in cm^4

Jahr	Mittige Belastung erf. min J in cm^4	Bemerkung
1890	2,50 PL^2	
1899 Berlin	2,50 PL^2	Schweißeisen oder Flusseisen
1909 Preußen	2,50 PL^2	Schweißeisen
	2,33 PL^2	Flusseisen
1910 Berlin	2,33 PL^2	Flusseisen
1917 Hamburg	2, 33 PL^2	

Jahr	Mittige Belastung erf. min J in cm^4	Bemerkung
1918 Preußen	2, 33 PL^2 bzw. 1,82 PL^2	
1925 Preußen	2,33 PL^2	
1936 Preußen	2,50 PL^2	Schweiß-Stahl
	2,40 PL^2	Fluss-Stahl

3.6.6 Bemessung einteiliger Druckstäbe

Nach den preußischen Bestimmungen vom 25. 2. 1925 sind Druckstäbe nach dem Omega-Verfahren zu bemessen.

Jahr	Mittige Belastung	Ausmittige Belastung	Bemerkung
1903	zul $N = Kk \frac{A}{S}$		Gusseisen *1 Formel v. Tetmajer für $x = l/i = 10$ bis 80 Formel nach Euler für $x = l/i > 80$
	zul $N = Kk \frac{A}{S}$		Flusseisen *2 Formel v. Tetmajer für $x = l/i = 10$ bis 105 Formel nach Euler für $x = l/i > 105$
1923			Gebrauchsformel nach Gehler $\lambda < 100; k = A/i^2$ *3 l = Knicklänge (m) N = Belastung (t) A = Fläche (cm^2) i = Trägheitsradius

Jahr	Mittige Belastung	Ausmittige Belastung	Bemerkung
	$\text{erf}\,A = \frac{N}{1{,}4} + 0{,}577\,kl^2$		St.37
	$\text{erf}\,A = \frac{N}{1{,}82} + 0{,}675\,kl^2$		St.48
	$\text{erf}\,A = \frac{N}{2{,}1} + 0{,}718\,kl^2$		St.52 (ab ca. 1929)
1925 Preußen	$\frac{\omega P}{A} \leq \sigma\,zul$	$\frac{\omega P}{A} + \frac{M}{W} \leq \sigma\,zul$ bzw. $\frac{\omega P}{A} + \frac{Mx}{Wx} + \frac{My}{Wy} \leq \sigma\,zul$	
1952 DIN 4114	$\frac{\omega P}{A} \leq \sigma\,zul$	$\frac{\omega P}{A} + 0{,}9\,\frac{M}{Wd} \leq \sigma\,zul$	Querschnitte, deren Schwerpunkt vom Biegezug und Biegedruckrand den gleichen Abstand hat oder deren Schwerpunkt dem Biegezugrand näher liegt.
		$\frac{\omega P}{A} + 0{,}9\,\frac{M}{Wd} \leq \sigma\,zul$ $\frac{\omega P}{A} + \frac{300 + 2\lambda}{1000}\,\frac{M}{Wz} \leq \sigma\,zul$	Querschnitte, deren Schwerpunkt dem Biegedruckrand näher als dem Biegezugrand liegt (beide Bedingungen erfüllen) λ = Schlankheitsgrad

*1 **Gusseisen**

E = 1 000 000 kg/cm²
Kd = 8000 kg/cm²
Für x = $^{l}/_{i}$ = 10 bis 80 Tetmajerformel
Für x = $^{l}/_{i}$ > 80 Eulerformel

A = Querschnittsfläche des Stabes in cm²
N = Belastung in kg
s = Sicherheitsfaktor
l = Länge des Stabes (Knicklänge)
i = Trägheitsradius

x	K_k	x	K_k	x	K_k	x	K_k	x	K_k
31	4563	41	3754	51	3054	61	2463	71	1981
32	4477	42	3679	52	2990	62	2410	72	1938
33	4393	43	3606	53	2927	63	2358	73	1897
34	4309	44	3533	54	2866	64	2307	74	1857
35	4226	45	3461	55	2805	65	2257	75	1818
36	4145	46	3391	56	2745	66	2208	76	1780
37	4065	47	3321	57	2687	67	2160	77	1743
38	3986	48	3253	58	2629	68	2114	78	1707
39	3907	49	3186	59	2573	69	2068	79	1673
40	3830	50	3120	60	2517	70	2024	80	1639

*2 **Flusseisen**

E = 2 150 000 kg/cm²
Kd = 3 800 kg/cm²
Für x = $^{l}/_{i}$ = 10 bis 105 Tetmajerformel
Für x = $^{l}/_{i}$ > 105 Eulerformel

A = Querschnittsfläche des Stabes in cm²
N = Belastung in kg
s = Sicherheitsfaktor
l = Länge des Stabes (Knicklänge)
i = Trägheitsradius

x	K_k	x	K_k	x	K_k	x	K_k	x	K_k
10	2986	44	2598	68	2324	92	2050	155	883
15	2929	45	2587	69	2313	93	2039	160	829
17½	2905	46	2575	70	2301	94	2028	165	779
20	2872	47	2564	71	2290	95	2016	170	734
22½	2844	48	2552	72	2279	96	2005	175	693
25	2815	49	2541	73	2267	97	1993	180	655
26	2803	50	2530	74	2256	98	1982	185	620
27	2792	51	2518	75	2244	99	1971	190	588
28	2781	52	2507	76	2233	100	1959	195	558
29	2769	53	2495	77	2222	101	1948	200	531
30	2758	54	2484	78	2210	102	1936		
31	2746	55	2473	79	2199	103	1925		
32	2735	56	2461	80	2187	104	1914		
33	2724	57	2450	81	2176	105	1902		
34	2712	58	2438	82	2165	107½	1836		
35	2701	59	2427	83	2153	110	1754		
36	2689	60	2416	84	2142	115	1605		
37	2678	61	2404	85	2130	120	1474		
38	2666	62	2393	86	2119	125	1358		
39	2655	63	2381	87	2108	130	1256		
40	2644	64	2370	88	2096	135	1165		
41	2632	65	2358	89	2085	140	1083		
42	2621	66	2347	90	2073	145	1009		
43	2609	67	2336	91	2062	150	943		

*3 **1924** Profilwerte k für Druckstäbe (Näherungswerte)

Querschnitt	k	Querschnitt	k	Querschnitt	k
gleichschenklig	6,0		7,0	Rechteck $b \cdot h$ ($h > b$)	$12 \frac{h}{b}$
Schenkellängen b u. h $b:h = 2:3$	7,0	1 cm lichter Abstand	4,0	Kreis	4π
$b:h = 1:2$	11,0	1 cm lichter Abstand	6,0	Kreisring. Dicke δ, mittl. Halbmesser ϱ,	
$b = 2h$	7,5	Abstand so, daß $J_x = J_y$	1,2	wenn $\delta : \varrho = 0{,}05$	0,63
				0,10	1,25
				0,15	1,87
$b = h$	5,0	4 Quadranteisen ohne Zwischenlagen	1,8	0,20	2,50
	10,0	Quadrat	12,0		

3.6.7 Knickzahlen

1925 Knickzahlen ω

Flussstahl St. 37										Hochwertiger Baustahl St. 48									
λ	ω	λ	ω	λ	ω	λ	ω	λ	ω	λ	ω	λ	ω	λ	ω	λ	ω	λ	ω
0	**1,00**	**30**	**1,06**	**60**	**1,26**	**90**	**1,88**	**120**	**3,41**	**0**	**1,00**	**30**	**1,06**	**60**	**1,32**	**90**	**2,21**	**120**	**4,43**
1	1,00	31	1,06	61	1,27	91	1,93	121	3,47	1	1,00	31	1,07	61	1,34	91	2,30	121	4,51
2	1,00	32	1,07	62	1,29	92	1,98	122	3,53	2	1,00	32	1,07	62	1,35	92	2,38	122	4,58
3	1,00	33	1,07	63	1,30	93	2,02	123	3,59	3	1,00	33	1,08	63	1,37	93	2,47	123	4,66
4	1,00	34	1,08	64	1,31	94	2,07	124	3,65	4	1,00	34	1,08	64	1,39	94	2,55	124	4,74
5	1,01	35	1,08	65	1,33	95	2,12	125	3,71	5	1,01	35	1,09	65	1,41	95	2,64	125	4,82
6	1,01	36	1,08	66	1,34	96	2,17	126	3,76	6	1,01	36	1,10	66	1,42	96	2,73	126	4,89
7	1,01	37	1,09	67	1,35	97	2,22	127	3,82	7	1,01	37	1,10	67	1,44	97	2,81	127	4,97
8	1,01	38	1,09	68	1,36	98	2,26	128	3,88	8	1,01	38	1,11	68	1,46	98	2,90	128	5,01
9	1,01	39	1,10	69	1,38	99	2,31	129	3,94	9	1,01	39	1,11	69	1,47	99	2,98	129	5,12
10	**1,01**	**40**	**1,10**	**70**	**1,39**	**100**	**2,36**	**130**	**4,00**	**10**	**1,01**	**40**	**1,12**	**70**	**1,49**	**100**	**3,07**	**130**	**5,20**
11	1,01	41	1,11	71	1,41	101	2,41	131	4,06	11	1,01	41	1,13	71	1,52	101	3,14	131	5,28
12	1,01	42	1,11	72	1,43	102	2,46	132	4,13	12	1,01	42	1,14	72	1,54	102	3,20	132	5,37
13	1,01	43	1,12	73	1,45	103	2,51	133	4,19	13	1,02	43	1,14	73	1,57	103	3,27	133	5,45
14	1,01	44	1,13	74	1,47	104	2,56	134	4,26	14	1,02	44	1,15	74	1,60	104	3,33	134	5,53
15	1,02	45	1,14	75	1,49	105	2,61	135	4,32	15	1,02	45	1,16	75	1,63	105	3,40	135	5,62
16	1,02	46	1,14	76	1,51	106	2,66	136	4,38	16	1,02	46	1,17	76	1,65	106	3,46	136	5,70
17	1,02	47	1,15	77	1,53	107	2,71	137	4,45	17	1,02	47	1,18	77	1,68	107	3,53	137	5,78
18	1,02	48	1,16	78	1,55	108	2,76	138	4,51	18	1,03	48	1,18	78	1,71	108	3,59	138	5,86
19	1,02	49	1,16	79	1,57	109	2,81	139	4,58	19	1,03	49	1,19	79	1,73	109	3,66	139	5,95
20	**1,02**	**50**	**1,17**	**80**	**1,59**	**110**	**2,86**	**140**	**4,64**	**20**	**1,03**	**50**	**1,20**	**80**	**1,76**	**110**	**3,72**	**140**	**6,03**
21	1,02	51	1,18	81	1,62	111	2,92	141	4,71	21	1,03	51	1,21	81	1,81	111	3,79	141	6,12
22	1,03	52	1,19	82	1,65	112	2,97	142	4,78	22	1,04	52	1,22	82	1,85	112	3,86	142	6,21
23	1,03	53	1,20	83	1,68	113	3,03	143	4,84	23	1,04	53	1,24	83	1,90	113	3,93	143	6,30
24	1,04	54	1,21	84	1,71	114	3,08	144	4,91	24	1,04	54	1,25	84	1,94	114	4,00	144	6,39
25	1,04	55	1,22	85	1,74	115	3,14	145	4,98	25	1,05	55	1,26	85	1,99	115	4,08	145	6,48
26	1,04	56	1,22	86	1,76	116	3,19	146	5,05	26	1,05	56	1,27	86	2,03	116	4,15	146	6,56
27	1,05	57	1,23	87	1,79	117	3,25	147	5,12	27	1,05	57	1,28	87	2,08	117	4,22	147	6,65
28	1,05	58	1,24	88	1,82	118	3,30	148	5,18	28	1,05	58	1,30	88	2,12	118	4,29	148	6,74
29	1,06	59	1,25	89	1,85	119	3,36	149	5,25	29	1,06	59	1,31	89	2,17	119	4,36	149	6,83
30	**1,06**	**60**	**1,26**	**90**	**1,88**	**120**	**3,41**	**150**	**5,32**	**30**	**1,06**	**60**	**1,32**	**90**	**2,21**	**120**	**4,43**	**150**	**6,92**

1934 DIN 1050

Knickzahlen ω

λ	0	1	2	3	4	5	6	7	8	9	λ
					Flußstahl St 00.12, Handelsbaustahl und St 37.12						
0	1,00	1,00	1,00	1,00	1,00	1,00	1,00	1,00	1,00	1,00	0
10	1,01	1,01	1,01	1,01	1,01	1,01	1,01	1,02	1,02	1,02	10
20	1,02	1,03	1,03	1,03	1,03	1,04	1,04	1,04	1,05	1,05	20
30	1,05	1,06	1,06	1,07	1,07	1,08	1,08	1,09	1,09	1,10	30
40	1,10	1,11	1,11	1,12	1,13	1,13	1,14	1,15	1,15	1,16	40
50	1,17	1,18	1,18	1,19	1,20	1,21	1,22	1,23	1,24	1,25	50
60	1,26	1,27	1,29	1,30	1,31	1,32	1,34	1,35	1,36	1,38	60
70	1,39	1,41	1,43	1,44	1,46	1,48	1,50	1,52	1,54	1,56	70
80	1,59	1,61	1,63	1,66	1,69	1,71	1,74	1,78	1,81	1,84	80
90	1,88	1,92	1,95	2,00	2,04	2,09	2,14	2,19	2,24	2,30	90
100	2,36	2,41	2,46	2,51	2,56	2,61	2,66	2,71	2,76	2,81	100
110	2,86	2,91	2,97	3,02	3,07	3,13	3,18	3,24	3,29	3,35	110
120	3,40	3,46	3,52	3,58	3,64	3,69	3.75	3,81	3,87	3,93	120
130	4,00	4,06	4,12	4,18	4,25	4,31	4,37	4,44	4,50	4,57	130
140	4,63	4,70	4,77	4,83	4,90	4,97	5,04	5,11	5,18	5,25	140
150	5,32	5,39	5,46	5,53	5,61	5,68	5,75	5,83	5,90	5,98	150
160	6,05	6,13	6,20	6,28	6,36	6,44	6,51	6,59	6.67	6,75	160
170	6,83	6,91	6,99	7,08	7,16	7,24	7,32	7,41	7,49	7,57	170
180	7,66	7,75	7,83	7,92	8,00	8,09	8,18	8,27	8,36	8,44	180
190	8,53	8,62	8,72	8,81	8,90	8,99	9,08	9,17	9,27	9,36	190
200	9,46	9,55	9,65	9,74	9,84	9,94	10,03	10,13	10,23	10,33	200
210	10,43	10,53	10,63	10,73	10,83	10,93	11,03	11,13	11,24	11,34	210
220	11,44	11,55	11,65	11,76	11,86	11,97	12,08	12,18	12,29	12,40	220
230	12,51	12,62	12,72	12,83	12,94	13,06	13,17	13,28	13,39	13,50	230
240	13,62	13,73	13,84	13,96	14,08	14,19	14,31	14,42	14,54	14,66	240
250	14,78										250

Zwischenwerte brauchen nicht eingeschaltet zu werden.

1934

Knickzahlen ω

λ	0	1	2	3	4	5	6	7	8	9	λ
					Baustahl St 52						
0	1,00	1,00	1,00	1,00	1,00	1,00	1,00	1,00	1,00	1,01	0
10	1,01	1,01	1,01	1,01	1,01	1,02	1,02	1,02	1,02	1,03	10
20	1,03	1,03	1,04	1,04	1,04	1,05	1,05	1,06	1,06	1,06	20
30	1,07	1,07	1,08	1,08	1,09	1,10	1,10	1,11	1,12	1,12	30
40	1,13	1,14	1,15	1,15	1,16	1,17	1,18	1,19	1,20	1,21	40
50	1,22	1,23	1,24	1,25	1,26	1,28	1,29	1,30	1,32	1,33	50
60	1,35	1,36	1,38	1,40	1,42	1,44	1,46	1,48	1,50	1,52	60
70	1,54	1,57	1,59	1,62	1.65	1,68	1,71	1,74	1,78	1,81	70
80	1,85	1,89	1,93	1,98	2,03	2,08	2,13	2,19	2,25	2,32	80
90	2,39	2,47	2,55	2,64	2,74	2,84	2,96	3,08	3,22	3,38	90
100	3,55	3,62	3,69	3,76	3,84	3,91	3,98	4,06	4,14	4,21	100
110	4,29	4,37	4,45	4,53	4,61	4,69	4,77	4,85	4,94	5,02	110
120	5,11	5,19	5,28	5,37	5,45	5,54	5,63	5,72	5,81	5,90	120
130	5,99	6,09	6,18	6,27	6,37	6,46	6,56	6,66	6,75	6,85	130
140	6,95	7,05	7,15	7,25	7,35	7,46	7,56	7,66	7,77	7,87	140
150	7,98	8,09	8,19	8,30	8,41	8,52	8,63	8,74	8,85	8,97	150
160	9,08	9,19	9,31	9,42	9,54	9,65	9,77	9,89	10,01	10,13	160
170	10,25	10,37	10,49	10,61	10,74	10,86	10,98	11,11	11,24	11,36	170
180	11,49	11,62	11,75	11,88	12,01	12,14	12,27	12,40	12,53	12,67	180
190	12,80	12,94	13,07	13,21	13,35	13,48	13,62	13,76	13,90	14,04	190
200	14,18	14,33	14,47	14,61	14,76	14,90	15,05	15,20	15,34	15,49	200
210	15,64	15,79	15,94	16,09	16,24	16,39	16,55	16,70	16,85	17,01	210
220	17,16	17,32	17,48	17,64	17,79	17,95	18,11	18,27	18,44	18,60	220
230	18,76	18,92	19,09	19,25	19,42	19,58	19,75	19,92	20,09	20,26	230
240	20,43	20,60	20,77	20,94	21,11	21,29	21,46	21,64	21,81	21,99	240
250	22,16										250

Zwischenwerte brauchen nicht eingeschaltet zu werden.

1937 DIN 1051 Gusseiserne Stützen

Druckspannungen $\sigma_{d\ zul}$ u. Knickzahlen ω			
1	*2*	*3*	*4*
Schlankheitsgrad $\lambda = \frac{s_K}{\min i}$	Gusseisen $E = 1\,000\,000$ kg/cm³; $\sigma_{zul.}$ = kg/cm³ (Druck) zul. Druckspannung bei $\lambda \geq 80$: $\sigma_{d\ zul.} = \frac{1\,645\,000}{\lambda^3}$ $\lambda \leq 80$: $\sigma_{d\ zul.} = 900 - 0{,}1005\ \lambda^3$	Knickzahl $\omega = \frac{900}{\sigma_{d\ zul}}$	$\frac{\Delta}{\Lambda\ \lambda}$
0	900	1,00	0,001
10	890	1,01	0,004
20	860	1,05	0,006
30	810	1,11	0,011
40	739	1,22	0,017
50	649	1,39	0,028
60	538	1,67	0,054
70	408	2,21	0,129
80	257	3,50	0,093
90	203	4,43	0,102
100	165	5,45	

1952 DIN 4114

Stahl St 33 und St 37

λ	0	1	2	3	4	5	6	7	8	9	λ
20	1.04	1.04	1.04	1.05	1.05	1.06	1.06	1.07	1.07	1.08	20
30	1.08	1.09	1.09	1.10	1.10	1.11	1.11	1.12	1.13	1.13	30
40	1.14	1.14	1.15	1.16	1.16	1.17	1.18	1.19	1.19	1.20	40
50	1.21	1.22	1.23	1.23	1.24	1.25	1.26	1.27	1.28	1.29	50
60	1.30	1.31	1.32	1.33	1.34	1.35	1.36	1.37	1.39	1.40	60
70	1.41	1.42	1.44	1.45	1.46	1.48	1.49	1.50	1.52	1.53	70
80	1.55	1.56	1.58	1.59	1.61	1.62	1.64	1.66	1.68	1.69	80
90	1.71	1.73	1.74	1.76	1.78	1.80	1.82	1.84	1.86	1.88	90
100	1.90	1.92	1.94	1.96	1.98	2.00	2.02	2.05	2.07	2.09	100
110	2.11	2.14	2.16	2.18	2.21	2.23	2.27	2.31	2.35	2.39	110
120	2.43	2.47	2.51	2.55	2.60	2.64	2.68	2.72	2.77	2.81	120
130	2.85	2.90	2.94	2.99	3.03	3.08	3.12	3.17	3.22	3.26	130
140	3.31	3.36	3.41	3.45	3.50	3.55	3.60	3.65	3.70	3.75	140
150	3.80	3.85	3.90	3.95	4.00	4.06	4.11	4.16	4.22	4.27	150
160	4.32	4.38	4.43	4.49	4.54	4.60	4.65	4.71	4.77	4.82	160
170	4.88	4.94	5.00	5.05	5.11	5.17	5.23	5.29	5.35	5.41	170
180	5.47	5.53	5.59	5.66	5.72	5.78	5.84	5.91	5.97	6.03	180
190	6.10	6.16	6.23	6.29	6.36	6.42	6.49	6.55	6.62	6.69	190
200	6.75	6.82	6.89	6.96	7.03	7.10	7.17	7.24	7.31	7.38	200
210	7.45	7.52	7.59	7.66	7.73	7.81	7.88	7.95	8.03	8.10	210
220	8.17	8.25	8.32	8.40	8.47	8.55	8.63	8.70	8.78	8.86	220
230	8.93	9.01	9.09	9.17	9.25	9.33	9.41	9.49	9.57	9.65	230
240	9.73	9.81	9.89	9.97	10.05	10.14	10.22	10.30	10.39	10.47	240
250	10.55										

Zwischenwerte brauchen nicht eingeschaltet zu werden.

Stahl St 52

λ	0	1	2	3	4	5	6	7	8	9	λ
20	1.06	1.06	1.07	1.07	1.08	1.08	1.09	1.09	1.10	1.11	20
30	1.11	1.12	1.12	1.13	1.14	1.15	1.15	1.16	1.17	1.18	30
40	1.19	1.19	1.20	1.21	1.22	1.23	1.24	1.25	1.26	1.27	40
50	1.28	1.30	1.31	1.32	1.33	1.35	1.36	1.37	1.39	1.40	50
60	1.41	1.43	1.44	1.46	1.48	1.49	1.51	1.53	1.54	1.56	60
70	1.58	1.60	1.62	1.64	1.66	1.68	1.70	1.72	1.74	1.77	70
80	1.79	1.81	1.83	1.86	1.88	1.91	1.93	1.95	1.98	2.01	80
90	2.05	2.10	2.14	2.19	2.24	2.29	2.33	2.38	2.43	2.48	90
100	2.53	2.58	2.64	2.69	2.74	2.79	2.85	2.90	2.95	3.01	100
110	3.06	3.12	3.18	3.23	3.29	3.35	3.41	3.47	3.53	3.59	110
120	3.65	3.71	3.77	3.83	3.89	3.96	4.02	4.09	4.15	4.22	120
130	4.28	4.35	4.41	4.48	4.55	4.62	4.69	4.75	4.82	4.89	130
140	4.96	5.04	5.11	5.18	5.25	5.33	5.40	5.47	5.55	5.62	140
150	5.70	5.78	5.85	5.93	6.01	6.09	6.16	6.24	6.32	6.40	150
160	6.48	6.57	6.65	6.73	6.81	6.90	6.98	7.06	7.15	7.23	160
170	7.32	7.41	7.49	7.58	7.67	7.76	7.85	7.94	8.03	8.12	170
180	8.21	8.30	8.39	8.48	8.58	8.67	8.76	8.86	8.95	9.05	180
190	9.14	9.24	9.34	9.44	9.53	9.63	9.73	9.83	9.93	10.03	190
200	10.13	10.23	10.34	10.44	10.54	10.65	10.75	10.85	10.96	11.06	200
210	11.17	11.28	11.38	11.49	11.60	11,71	11.82	11.93	12.04	12.15	210
220	12.26	12.37	12.48	12.60	12.71	12.82	12.94	13.05	13.17	13.28	220
230	13.40	13.52	13.63	13.75	13.87	13.99	14.11	14.23	14.35	14.47	230
240	14.59	14.71	14.83	14.96	15.08	15.20	15.33	15.45	15.58	15.71	240
250	15.83										

Zwischenwerte brauchen nicht eingeschaltet zu werden.

1959 Ergänzungserlass für einteilige Druckstäbe aus Rundrohren

Rundquerschnitte für Stahl St 33 und St 37

λ	0	1	2	3	4	5	6	7	8	9	λ
20	1,00	1,00	1,00	1,00	1,01	1,01	1, 01	1,02	1,02	1,02	20
30	1,03	1,03	1,04	1,04	1,04	1,05	1,05	1,05	1,06	1,06	30
40	1,07	1,07	1,08	1,08	1,09	1,09	1,10	1,10	1,11	1,11	40
50	1,12	1,13	1,13	1,14	1,15	1,15	1,16	1,17	1,17	1,18	50
60	1,19	1,20	1,20	1,21	1,22	1,23	1,24	1,25	1,26	1,27	60
70	1,28	1,29	1,30	1,31	1,32	1,33	1,34	1,35	1,36	1,37	70
80	1,39	1,40	1,41	1,42	1,44	1,45	1,47	1,48	1,50	1,51	80
90	1,53	1,54	1,56	1,58	1,59	1,61	1,63	1,64	1,66	1,68	90
100	1,70	1,73	1,76	1,79	1,83	1,87	1,90	1,94	1,97	2,01	100
110	2,05	2,08	2,12	2,16	2,20	2,23	2,27	2,31	2,35	2,39	110
120	2,43	2,47	2,51	2,55	2,60	2,64	2,68	2,72	2,77	2,81	120
Unterhalb der Treppenlinie sind die Knickzahlen ω der Tafel 1 DIN 4114 anzunehmen.											

Rundquerschnitte für Stahl St 52

λ	0	1	2	3	4	5	6	7	8	9	λ
20	1,02	1,02	1,02	1,03	1,03	1,03	1,04	1,04	1,05	1,05	20
30	1,05	1,06	1,06	1,07	1,07	1,08	1,08	1,09	1,10	1,10	30
40	1,11	1,11	1,12	1,13	1,13	1,14	1,15	1,16	1,16	1,17	40
50	1,18	1,19	1,20	1,21	1,22	1,23	1,24	1,25	1,26	1,27	50
60	1,28	1,30	1,31	1,32	1,33	1,35	1,36	1,38	1,39	1,41	60
70	1,42	1,44	1,46	1,47	1,49	1,51	1,53	1,55	1,57	1,59	70
80	1,62	1,66	1,71	1,75	1,79	1,83	1,88	1,92	1,97	2,01	80
90	2,05	2,10	2 ,14	2,15	2,24	2,29	2,33	2,38	2,43	2,48	90
100	2,53	2,58	2,64	2,69	2,74	2,79	2,85	2,90	2,95	3,01	100

Unterhalb der Treppenlinie sind die Knickzahlen ω der Tafel 2 DIN 4114 anzunehmen.

Die Tafelwerte dürfen nur angewendet werden, wenn:

die Wanddicke des Rohres < 1/6D ist,
der Knickstab nur aus einem Rohr besteht,
es sich nicht um Stahlrohrgerüste handelt.

3.7 Bemessung der Stützenfußplatten

D = Stützendurchmesser (runde Stützen) in cm
b = Plattenüberstand (vom äußerer Stützenrand) in cm
d = Plattendicke in cm
C = Rippenabstand (zwischen 2 Rippen) in cm

$$\alpha = \sqrt{\text{zul } \sigma D \cdot D/dr}$$

zul. σ D = zul. Druckspannung des Fundamentbaustoffes in kg/cm^2
dr = Rippendicke in cm
h = Rippenhöhe in cm

Pr = Belastung pro Rippe (Pr = P/n; n = Rippenanzahl)
n = Anzahl der Rippen
A = Plattenfläche

P = Stützenbelastung

e = Abstand des Schwerpunktes der zur Rippe gehörenden Plattengrundfläche vom Stützenrand

$$e = \frac{d}{3} - \frac{D}{2}$$

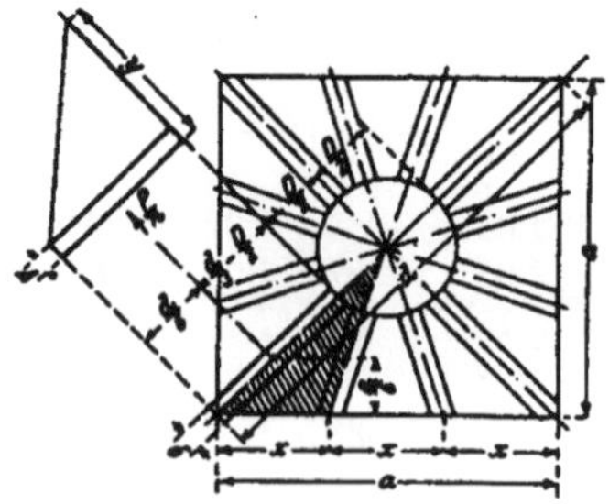

ohne Rippen

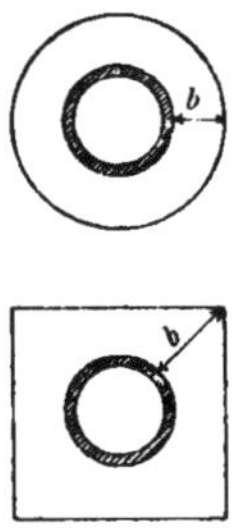

mit Rippen

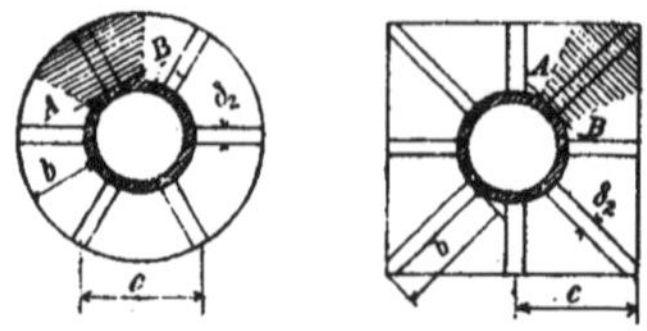

Erforderliche Fläche der Fußplatten

erf A = P / zul σ D

3.7.1 Bemessung der Stützenfußplatten ohne Rippen

Jahr	Werkstoff	Plattendicke d an der Stütze in cm	Plattendicke am äußeren Rand in cm
1919 Preußen	Gusseisen	0,08b · zul σ D	d/2
	Flusseisen	0,05b · zul σ D	d/2

3.7.2 Bemessung der Stützenfußplatten mit Rippen

Jahr	Werkstoff	Plattendicke d in cm	Rippendicke dr in cm	Rippenhöhe h in cm	Bemerkung
1919 Preußen	Gusseisen	$0{,}045c\sqrt{zul\ \sigma\ D}$	2/3 d bis 3/4 d	$0{,}10b\sqrt{\frac{c \cdot zul\ \sigma\ D}{d}}$	erf. bei d > 5,0 cm
	Flusseisen	$0{,}026c\sqrt{zul\ \sigma\ D}$	2/3 d bis 3/4 d	$0{,}06b\sqrt{\frac{c\ .\ zul\ \sigma\ D}{d}}$	erf. bei d > 2,5 cm
1925 Preußen	Gusseisen	$0{,}0447c\sqrt{zul\ \sigma\ D}$	3/4 d	$0{,}155\sqrt{\frac{Pr \cdot e}{dr}}$	
1953 im Hochbau	Gusseisen	$0{,}100D\sqrt{zul\ \sigma\ D}$	3/4 d	$0{,}133D\sqrt{\alpha}$	Rippenanzahl n = 4 quadratische Fußplatte
		$0{,}071D\sqrt{zul\ \sigma\ D}$	3/4 d	$0{,}100D\sqrt{\alpha}$	Rippenanzahl n = 4 runde Fußplatte
		$0{,}050D\sqrt{zul\ \sigma\ D}$	3/4 d	$0{,}133D\sqrt{\alpha}$	Rippenanzahl n = 8 quadratische Fußplatte
		$0{,}038D\sqrt{zul\ \sigma\ D}$	3/4 d	$0{,}076D\sqrt{\alpha}$	Rippenanzahl n = 8 runde Fußplatte

3.8 Standsicherheit

Jahr Bauteile	Kippen einzelner Lagern (z. B.	Abheben von Bauwerks Durchlauftrg.	des ganzen	Bemerkung
1934 DIN 1050	2,0	1,3	1,5	*1
1937 DIN 1050	2,0	1,3	1,5	*1
1946 DIN 1050	2,0	1,3	1,5	*1
1957 DIN 1050	2,0	1,3	1,5	*2

*1 in Ausnahmefällen mindestens 1,5-fache Kippsicherheit der einzelnen Bauteile.

*2 a) Der Nachweis einer 2-fachen Kippsicherheit gilt als erbracht, wenn bei einer Erhöhung aller das Kippen fördernden Verkehrslasten (auch Schnee und Wind) auf den 2,0-fachen rechnerischen Wert und aller das Kippen fördernden ständigen Lasten auf den 1,5-fachen rechnerischen Wert noch eine einfache Sicherheit vorhanden ist.

b) Beim Nachweis der Sicherheit gegen Abheben von den Lagern sind die das Abheben fördernden Verkehrslasten auf den 1,3-fachen und die ständigen Lasten auf den 1,5-fachen rechnerischen Wert zu erhöhen. Mit diesen Werten muss eine mindestens 1-fache Sicherheit erreicht werden.

4 Verbindungsmittel

4.1 Allgemeines

Um 1900 war das gebräuchlichste Verbindungsmittel für Anschlüsse im Stahlhochbau das Niet.
Schrauben wurden nur in Ausnahmefällen eingesetzt, wenn

a) es wegen beschränkten Raumes nicht möglich war, den Schließkopf auszubilden
b) die Gesamtdicke der zusammenzunietenden Teile größer als das 3- bis 3,5-fache des Nietdurchmessers war
c) der Werkstoff (z. B. Gusseisen) durch das Nieten zu starken Erschütterungen ausgesetzt wurde
d) bei beweglichen Anschlüssen (Berücksichtigung der Längenänderung aus Temperaturbeanspruchung) und Gelenken

In größerem Umfang kamen Schrauben und Bolzen als Verbindungsmittel zur Ausführung, wenn die Verbindung lösbar sein musste.

Ab 1925 beginnt in Deutschland die Anwendung der Schweißtechnik für tragende Bauteile. Die rasche Verbreitung des Schweißens im Hochbau ergab sich aus den Vorteilen dieser Technik, die darin bestanden, dass die Bauteile nicht durch Bohrungen für Niete und Schrauben geschwächt werden mussten und Anschlüsse sowie Stöße leicht herzustellen waren.

4.2 Niete

4.2.1 Nietarten und Nietabmessungen

Nach Art der Kopfausbildung unterscheidet man

Halbrundniete	(Vollniete)
Linsensenkniete	(halb versenkte Niete)
Senkniete	(ganz versenkte Niete)

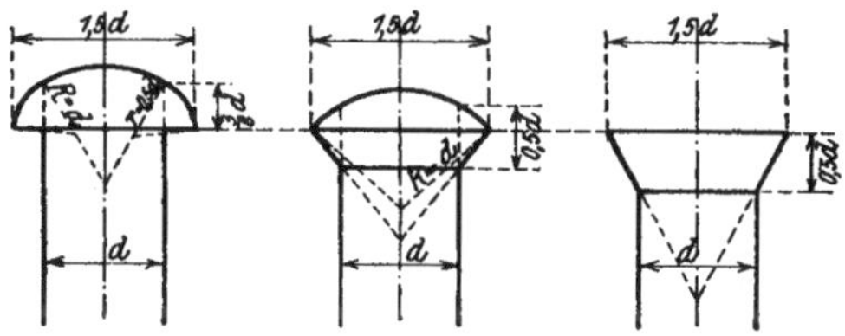

Halbrund-niet | Linsen-senk-niet | Senk-niet

Nietdurchmesser

Jahr		Durchmesser in mm												
1872	Nietloch	7	10	13	15	20	25							
	Rohniet													
1910	Nietloch	6	8	10	13	16	20	23	26	30				
*1	Rohniet													
1921	Nietloch	11	14	17	20	23	26	29	32	35	38	41	42	
*2	Rohniet	10	13	16	19	22	25	28	31	34	37	40	41	
1936	Nietloch	11	14	17	20	23	26	29	32	35				
	Rohniet	10	13	16	19	22	25	28	31	34				
1948	Nietloch	8,4	11	13	15	17	19	21	23	25	28	31	34	37
DIN 407	Rohniet	8	10	12	14	16	18	20	22	24	27	30	33	36
1951	Nietloch	8,4	11	13	15	17	19	21	23	25	28	31	34	37
DIN 407	Rohniet	8	10	12	14	16	18	20	22	24	27	30	33	36

Nietlochdurchmesser – geschlagener Nietdurchmesser
(maßgebend für Berechnung)

*1 Für tragende Teile nur Niete mit
d = 16, 20, 23, 26 mm Lochweite verwenden.

*2 Gebräuchliche Nietdurchmesser
d = 11, 14, 17, 20, 23, 26 mm.

4.2.2 Sinnbilder für Niete

1910

d = 6   8   10   13   16   20   23   26   30 mm
mit einer Scherfläche von . . . . 2,0 3,1 4,2 5,3 qcm
bezeichnet durch . . . .  1

Soll das Niet vorn (oben) versenkt sein, so wird das durch einen zweiten ausgezogenen Kreis () angedeutet; soll es hinten (unten) versenkt sein, so wird der äußere Kreis gestrichelt (); soll es endlich doppelt versenkt sein, so werden beide Kreise gestrichelt ().

1921

Sinnbilder für Nietdurchmesser

Durchmesser des fertig geschlagenen Nietes *d* .. mm	11	14	17	20	23	26	29	32	35	38	41	44
Sinnbild							Kreis mit Maßangabe z. B.					32

Sinnbilder für Nietarten

	Versenkt			Halbversenkt			
Zusatz-Sinnbild	Oberer Kopf	Unterer Kopf	Beiderseits	Oberer Kopf	Unterer Kopf	Beiderseits	Montage-Niet
Beispiel für 23 mm geschlagenen Niet							

1939
Stahl im Hochbau

Sinnbilder für Halbrundniete

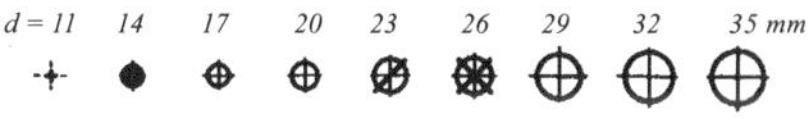

Zusatz-Sinnbilder

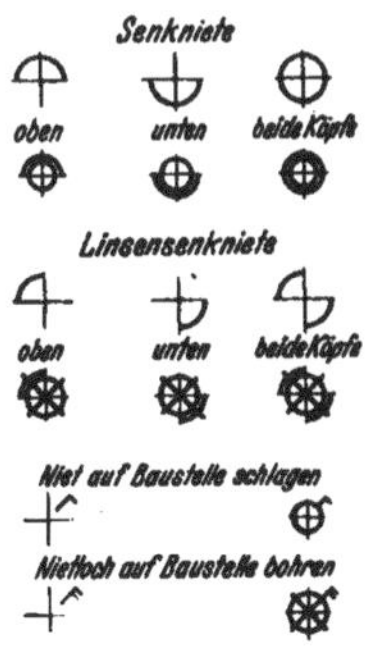

1942
DIN 407
Hütte

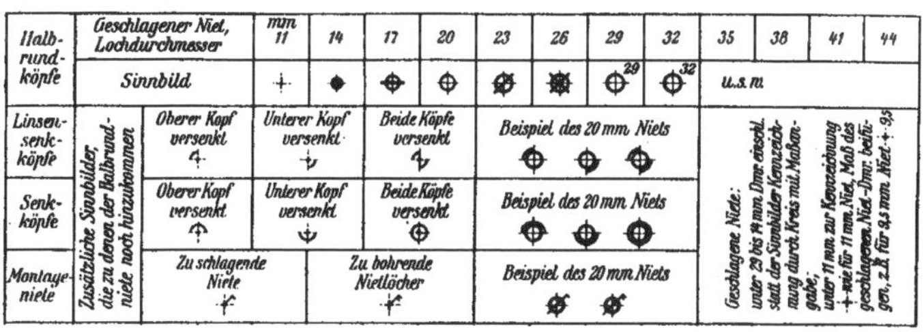

Halbrundköpfe	Geschlagener Niet, Lochdurchmesser	mm 11	14	17	20	23	26	29	32	35	38	41	44
	Sinnbild							29	32	u. s. w.			

	Zusätzliche Sinnbilder, die zu denen der Halbrundniete noch hinzukommen					Geschlagene Niete: unter 29 bis 14 mm Dmr. einschl. statt der Sinnbilder Kennzeichnung durch Kreis mit Maßangabe; unter 11 mm zur Kennzeichnung wie für 11 mm Niet, Maß des geschlagenen Niet-Dmr. beifügen, z. B. für 9,5 mm Niet 9,5
Linsensenkköpfe		Oberer Kopf versenkt	Unterer Kopf versenkt	Beide Köpfe versenkt	Beispiel des 20 mm Niets	
Senkköpfe		Oberer Kopf versenkt	Unterer Kopf versenkt	Beide Köpfe versenkt	Beispiel des 20 mm Niets	
Montageniete		Zu schlagende Niete	Zu bohrende Nietlöcher		Beispiel des 20 mm Niets	

1948
DIN 407

Rohniet-ø (mm) d	8	10	12	14	16	18	20	22	24	27	30	33	36
ø des fertig geschlagenen Nietes = Loch-ø (mm) d_1[1])	8,4	11	13	15	17	19	21	23	25	28	31	34	37

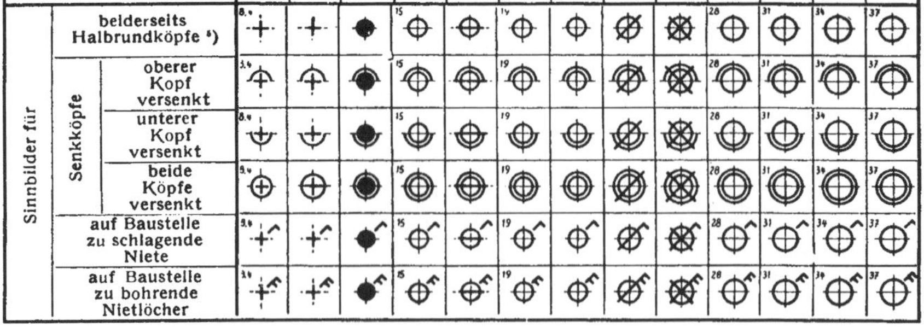

1951
DIN 407

Rohniet-ø (mm) d	8	10	12	14	16	18	20	22	24	27	30	33	36
ø des fertig geschlagenen Nietes = Loch-ø (mm) d_1[1])	8,4	11	13	15	17	19	21	23	25	28	31	34	37

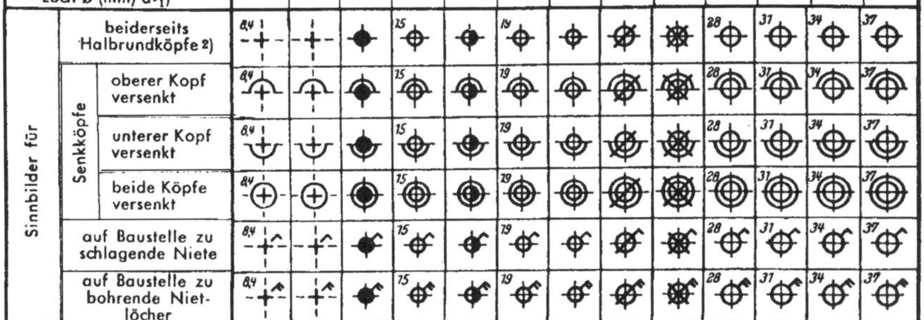

1) Angabe in der Zeichnung und maßgebend für die Berechnung der Niete und Querschnittschwächung.
2) Auf Zeichnungen, auf denen nur Niete eines Durchmessers und **mit beiderseitigen** Halbrundköpfen vorkommen, brauchen zur Arbeitserleichterung nur die Achsenkreuze gezeichnet zu werden.

4.2.3 Nietabstände

d = Nietdurchmesser

Jahr	Randabstände (Lochmitten) Kraftrichtung parallel	Randabstände (Lochmitten) Kraftrichtung senkrecht	Nietabstand (Achsabstand) untereinander	Bemerkungen
1872			10,0 dB im Hochbau allgemein 13 bis 18,5 cm	dB = Blechdicke
1910 Preußen	1,5 d bis 2,0 d	1,5 d bis 2,0 d	2,5 d bis 3,0 d	einreihige Vernietung *1
	wie einreihige Vernietung			mehrreihige Vernietung, wenn Stabbreite b > 4,0 d *2
1921 Preußen	2,0 d	1,5 d bis 2,0 d	3,0 d bis 4,0 d	bei Stabbreiten b > 4,0 d versetzte Nietreihen anordnen
1925 Preußen	2,0 d	1,5 d	3,0 d	
1946 DIN 1050	2,0 d	1,5 d	3,0 d	*3

*1 Die kleineren Nietabstände sind nur ausnahmsweise zulässig. Abstand von Heftnieten:
Druckstab 6,0 d bis 8,0 d
Zugstab 8,0 d bis 10,0 d

*2 Der kleinste Nietabstand ist schräg zu messen.

*3 Der größte Nietabstand (Abstand der Niete untereinander) soll bei Kraftnieten nicht größer 6,0 d und nicht größer als das 12-fache der Dicke des dünnsten der verbundenen außenliegenden Teile sein.
Nietteilung bei Heftnieten:
a) Abstand der Niete untereinander bei 2L-Profilen oder 2L-Profilen mit zwischenliegendem Stegblech
Druckstab 7,0 d bis max. 10,0 d
max. dem 15-fachen der dünnsten Blechdicke
Zugstab 10,0 d bis max. 15,0 d
max. dem 20-fachen der dünnsten Blechdicke
(wenn nicht der Witterung ausgesetzt)

b) Abstand der Niete untereinander bei 1L-Profil mit Blech-, Flach- oder Breitflanschstahl

Blechdicke	t = 8 bis 12 mm	max. 5,0 d
	t > 12 mm	max. 6,0 d

c) Randabstände zusammengesetzter Querschnitte
bis 3,0 d
max. dem 6-fachen der dünnsten Blechdicke

4.2.4 Berechnung von Nietanschlüssen

S = Stabkraft in kN
d = Nietlochdurchmesser in cm
m = Schnittigkeit der Verbindung
t = kleinste Bauteildicke in cm
n = Nietanzahl
τ a = zul. Scherspannung in kN/cm^2
σ l = zul. Lochleibungsspannung in kN/cm^2

Jahr	Anzahl der erforderlichen Niete Abscheren na	 Lochleibung nl	Bemerkung
1910 Preußen	einschnittig $\frac{S}{\tau a (\pi d^2)/4}$	einschnittig $\frac{S}{2 dt \tau a}$	zul σ 1 = 2 zul τ a
	zweischnittig $\frac{S}{2 \tau a (\pi d^2) / 4}$	zweischnittig $\frac{S}{2 dt \tau a}$	
1919 Preußen	$\frac{S}{m \tau a (d^2 \pi / 4)}$	$\frac{S}{\sigma l (td)}$	
1937 DIN 1050	wie **1919**		
1946 DIN 1050	$\frac{S}{m \tau a (d^2 \pi / 4)}$	$\frac{S}{\sigma l (td)}$	ausschlaggebend na $d < 2{,}6$ t bei m = 1 $d < 1{,}3$ t bei m = 2 ausschlaggebend n1 $d > 2{,}6$ t bei m = 1 $d > 1{,}3$ t bei m = 2

4.3 Schrauben

4.3.1 Schraubenarten und Schraubenabmessungen

Bis 1939 wurden Schrauben mit Whitworth-Gewinde im Stahlhochbau verwendet.
Erst durch Anordnung vom April 1939 wurde in Deutschland das metrische Gewinde allgemein eingeführt und verbindlich vorgeschrieben. Im November 1956 werden vom Deutschen Ausschuss für Stahlbau vorläufige Richtlinien für Berechnung, Ausführung und bauliche Durchbildung von gleitfesten Schraubenverbindungen (HV-Verbindungen) herausgegeben.

Bezeichnung	
Schrauben- bolzen	Wurden auch als gewöhnliche Schrauben oder Mutterschrauben bezeichnet. Sie unterteilen sich in a) rohe Sechskantschrauben (rohe oder schwarze Schrauben) 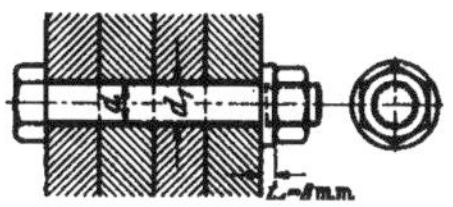 Die Schrauben sind nur im Gewinde bearbeitet, im Übrigen roh. Anwendung im Stahlhochbau und für untergeordnete Verbindungen, wenn die zu übertragenden Kräfte nicht groß sind. b) Pass-Schrauben (gedrehte zylindrische Bolzen, blanke Schrauben) Abmessungen wie Sechskantschrauben, jedoch mit zylindrisch bearbeitetem Schaft, sodass sie die Bohrung ohne nennenswerten Spielraum ausfüllen. Anwendung, wenn größere Kräfte zu übertragen sind oder die Bewegung in der Verbindung klein gehalten werden muss. c) konische Bolzen 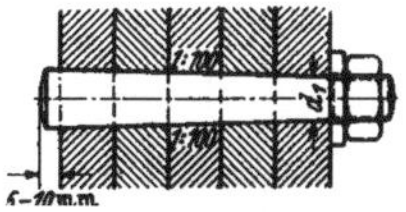 Die Bolzen besitzen keinen Kopf und werden durch Hammerschläge in die zylindrisch vorgebohrten Löcher eingetrieben. Anwendung bei mehreren Lagen von Gurtplatten

Bezeichnung	
Haken- schrauben	Für die Befestigung von Bauteilen an Trägern, wenn der Flansch nicht durch Löcher geschwächt werden soll. 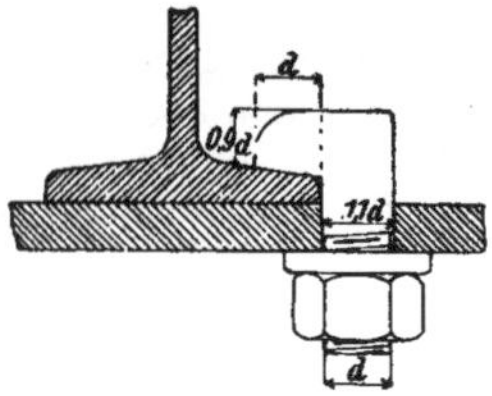
Stein- schrauben	Sie dienen zur Befestigung von Bauteilen an Werksteinen oder Mauerwerk. 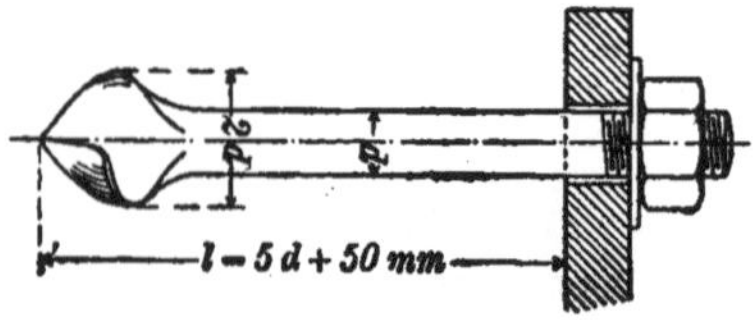
Anker- schrauben	Sie übertragen Zugkräfte, mithilfe von Ankerplatten, auf Mauerwerk oder Fundamente.
Gelenk- bolzen	Für eine zug- und druckfeste Verbindung, bei der sich die verbundenen Bauteile gegeneinander drehen können (Gelenke von Gerberträgern, Fachwerke mit gelenkigen Knotenpunktsverbindungen). 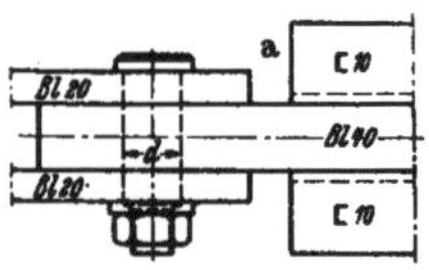 Sowie zum Anschluss von Rund- und Flacheisen an Knotenbleche. 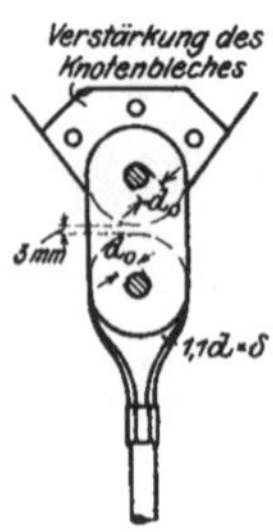

1910 Whitworthsches Gewinde

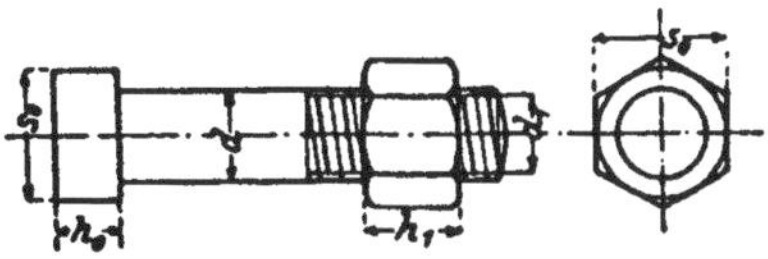

Gewindedurchmesser d		Kerndurchmesser d_1	Anzahl der Gewindegänge auf	Höhe der Mutter h_1	Höhe des Kopfes h_0	Schlüsselweite s_0	Querschnitt im Schaft $\pi d^2/4$	Querschnitt im Kern $\pi d_1^2/4$	Gewindedurchmesser d
engl. Zoll	mm	mm	engl. Zoll	mm	mm	mm	cm^2	cm^2	engl. Zoll
1/4	6,35	4,72	20	6	4	13	0,32	0,17	1/4
5/16	7,94	6,13	18	8	6	16	0,49	0,30	5/16
3/8	9,52	7,49	16	10	7	19	0,71	0,44	3/8
7/16	11,1	8,79	14	11	8	21	0,97	0,61	7/16
1/2	12,7	9,99	12	13	9	23	1,27	0,78	1/2
5/8	15,9	12,9	11	16	11	27	1,98	1,31	5/8
3/4	19,1	15,8	10	19	13	33	2,85	1,96	3/4
7/8	22,2	18,6	9	22	15	36	3,88	2,72	7/8
1	25,4	21,3	8	25	18	40	5,07	3,57	1
1 1/8	28,6	23,9	7	29	20	45	6,41	4,49	1 1/8
1 1/4	31,7	27,1	7	32	22	50	7,91	5,77	1 1/4
1 3/8	34,9	29,5	6	35	24	54	9,57	6,83	1 3/8
1 1/2	38,1	32,7	6	38	27	58	11,4	8,39	1 1/2
1 5/8	41,3	34,8	5	41	29	63	13,4	9,49	1 5/8
1 3/4	44,4	37,9	5	44	32	67	15,5	11,3	1 3/4
1 7/8	47,6	40,4	4 1/2	48	34	72	17,8	12,8	1 7/8
2	50,8	43,6	4 1/2	51	36	76	20,3	14,9	2
2 1/4	57,1	49,0	4	57	40	85	25,6	18,9	2 1/4
2 1/2	63,5	55,4	4	64	45	94	31,7	24,1	2 1/2
2 3/4	69,8	60,6	3 1/2	70	49	103	38,3	28,8	2 3/4
3	76,2	66,9	3 1/2	76	53	112	45,6	35,2	3
3 1/4	82,5	72,6	3 1/4	83	58	121	53,5	41,3	3 1/4
3 1/2	88,9	78,9	3 1/4	89	62	130	62,1	48,9	3 1/2
3 3/4	95,2	84,4	3	95	67	138	71,2	55,9	3 3/4
4	101,6	90,8	3	102	71	147	81,0	64,7	4
4 1/4	108,0	96,7	2 7/8	108	76	156	91,6	73,3	4 1/4
4 1/2	114,3	103,0	2 7/8	114	80	165	103	83,3	4 1/2
4 3/4	120,7	108,8	2 3/4	121	85	174	114	93,3	4 3/4
5	127,0	115,2	2 3/4	127	89	183	127	104	5
5 1/4	133,4	121,7	2 5/8	133	93	192	140	116	5 1/4
5 1/2	139,7	127,5	2 5/8	140	98	201	153	128	5 1/2
5 3/4	146,1	133,1	2 1/2	146	102	209	167	139	5 3/4
6	152,4	139,4	2 1/2	152	106	218	182	153	6
d		d_1		h_1	h_0	s_0	$\pi d^2/4$	$\pi d_1^2/4$	d

1921 Gängige Abmessungen der Schrauben mit Whitworthschem Gewinde sowie glatte Bolzen in Millimetern nach den Normalien der preußischen Staatsbahn

Durchmesser des Schaftes d		Schraubenbolzen			Glatte Bolzen			Unterlegscheiben		
gedreht	ungedreht	Kerndurchmesser d_1	Zahl d. Gewindegänge a. 1 Zoll engl.[1]	Schlüsselweite D	Durchmesser des Kopfes	Höhe des Kopfes	Durchmesser des Splintes	Durchmesser für Schraubenmuttern	Durchmesser für glatte Bolzen	Stärke
10	10	7,49	16	17	16	5	4	22	16	3
13	13	9,99	12	22	22	6	5	28	22	4
16	16	12,92	11	28	26	7	5	36	26	4
20	19	15,80	10	33	32	8	6	44	32	5
23	23	18,61	9	39	36	9	6	50	36	5
26	26	21,33	8	44	40	10	7	56	40	6
30	29	23,93	7	50	44	10	7	62	44	6
33	32	27,10	7	55	48	11	8	68	48	7
36	35	29,50	6	61	52	11	9	74	52	7
40	39	32,68	6	66	56	12	9	80	56	8
43	42	34,77	5	72	60	12	10	86	60	8
46	45	37,94	5	77	64	13	10	92	64	9
50	48	40,40	4 1/2	83	68	13	10	100	68	9

1) 1 Zoll engl. = 25,4 mm.

1928 Normal-Schrauben-Tabelle (Whitworthsches Gewinde)

Durchmesser der Schraube d in engl. Zollen	Durchmesser der Schraube d in mm	d_1 Kerndurchmesser mm	Kernquerschnitt $= d_1^2 \cdot \frac{\pi}{4}$ cm²	Anzahl der Gewindegänge auf einen engl. Zoll	Anzahl der Gewindegänge auf die Länge d	Kopf und Mutter: h_1 = Höhe d. Mutter, = Durchmesser d des Bolzens (abgerund.) mm	Kopf und Mutter: h_0 = Höhe d. Kopfes $= 0{,}7 \cdot h_1$ mm	Kopf und Mutter: D_0 = Schlüsselweite Seite des quadr. o. Durchm. d. rund. o. sechseckigen Kopfes mm	Unterlagsscheibe: Durchmesser der Scheibe in mm D_u	Unterlagsscheibe: Dicke der Scheibe in mm δ_u	Gewicht der sechseckigen Mutter u. des sechseckigen Kopfes kg	Gewicht der sechseckigen Mutter u. des quadratischen Kopfes kg	Durchmesser d. Schraube in engl. Zollen
1/4	6,35	4,72	**0,175**	20	5	6	4	13	14	1,5	0,013	0,014	1/4
5/16	7,94	6,13	**0,295**	18	5 5/8	8	6	16	18	2,0	0,022	0,024	5/16
3/8	9,52	7,49	**0,44**	16	6	10	7	19	21	2,5	0,033	0,035	3/8
7/16	11,11	8,79	**0,61**	14	6 1/8	11	8	21	24	3	0,048	0,051	7/16
1/2	12,70	9,99	**0,785**	12	6	13	9	23	28	3	0,067	0,072	1/2
5/8	15,87	12,92	**1,31**	11	6 7/8	16	11	27	34	3	0,120	0,13	5/8
3/4	19,05	15,80	**1,96**	10	7 1/2	19	13	33	40	4	0,198	0,21	3/4
7/8	22,22	18,61	**2,72**	9	7 7/8	22	15	36	45	4	0,287	0,31	7/8
1	25,40	21,33	**3,57**	8	8	25	18	40	52	5	0,415	0,445	1
1 1/8	28,57	23,93	**4,50**	7	7 7/8	29	20	45	58	5	0,574	0,615	1 1/8
1 1/4	31,75	27,10	**5,77**	7	8 3/4	32	22	50	62	5	0,755	0,815	1 1/4
1 3/8	34,92	29,50	**6,835**	6	8 1/4	35	24	54	68	6	0,988	1,06	1 3/8
1 1/2	38,10	32,88	**8,39**	6	9	38	27	58	75	6	1,26	1,36	1 1/2
1 5/8	41,27	34,77	**9,495**	5	8 1/8	41	29	63	80	7	1,57	1,70	1 5/8
1 3/4	44,45	37,94	**11,31**	5	8 3/4	44	32	67	85	7	1,94	2,10	1 3/4
1 7/8	47,62	40,40	**12,82**	4 1/2	8 7/16	48	34	72	92	8	2,36	2,55	1 7/8
2	50,80	43,57	**14,91**	4 1/2	9	51	36	76	98	8	2,83	3,10	2
2 1/4	57,15	49,02	**18,87**	4	9	57	40	85	110	9	3,96	4,26	2 1/4
2 1/2	63,50	55,37	**24,08**	4	10	64	45	94	122	9	5,40	5,78	2 1/2
2 3/4	69,85	60,55	**28,80**	3 1/2	9 5/8	70	49	103	134	10	7,10	7,62	2 3/4
3	76,20	66,90	**35,15**	3 1/2	10 1/2	76	53	112	146	11	9,10	9,78	3

Schraubenlänge $l = e + \delta_u + h_1 + 5$ mm (abzurunden auf eine durch 5 teilbare Länge, welche handelsüblich ist).

4.3.2 Sinnbilder für Schrauben

1910 wie Niete – aber zur Unterscheidung wird bei Verwendung von Schrauben der Nietkreis schwarz ausgefüllt.

1921 Sinnbilder für Schraubendurchmesser

Durchmesser	5/16″ 8 mm	3/8″ 10 mm	1/2″	5/8″	3/4″	7/8″	1″	1 1/8″	1 1/4″	1 3/8″	1 1/2″	1 5/8″	1 3/4″
Sinnbild	5/16″							Kreis mit Maßangabe z. B. 1 5/8					

Als Kreise der Sinnbilder sind im Maßstab 1:5 die Schaftkreise, im Maßstab 1:10 die Kopfkreise zu wählen.

1940
DIN 407
Stahl im
Hochbau

Sinnbilder für Schrauben

Gewindedurchmesser	M 10	1/2″	5/8″	3/4″	7/8″	1″	1 1/8″	
Sinnbild (Draufsicht)	M10						1 1/8″	
Bohrung mm	11	14	17	20	23	26	30	Sinnbild (Ansicht für alle Durchmesser)
Kerndurchmesser mm	7,92	9,99	12,92	15,80	18,61	21,34	23,93	
Kernquerschnitt cm²	0,492	0,734	1,311	1,960	2,720	3,575	4,497	

1942
DIN 407
Hütte

Schrauben.	Gewinde-Dmr.	1/4″ M6	5/16″ M8	3/8″ M10	1/2″	5/8″	3/4″	7/8″	1″	1 1/8″	1 1/4″	1 3/8″	1 1/2″	1 5/8″	1 3/4″
	Sinnbild	1/4″	5/16″	M10						1 1/8″	1 1/4″	u.s.w.			
	Norm. Lochdmr.	nur 7	9	11	14	17	20	23	26	30	33	36	39	42	46
	Alle übrig. Durchg.-L.	6,4	8,4	10,5						31	34	u.s.w.			
	Sinnb. für Gew.-Löcher	M10 Doppelkreis mit Maßangabe 1 1/2″													

1948
DIN 407

Schrauben-Gewinde-⌀		M 8	M 10	M 12	M 14	M 16	M 18	M 20	M 22	M 24	M 27	M 30	M 33	M 36
Schaftdurchmesser ³) mm		8	10	12	14	16	18	20	22	24	27	30	33	36
Kernquerschnitt ³) mm²		31,9	50,9	74,3	102	141	171	220	276	317	419	509	636	745
Lochdurchmesser ⁴) mm		8,4 •	11	13	15	17	19	21	23	25	28	31	34	37
Sinnbilder für	Schrauben mit normalem Durchgangsloch	6,4 M	M	M	15 M	M	19 M	M	M	M	28 M	31 M	34 M	37 M
	Schrauben mit anderen Durchgangslöchern ⁴)	Kreis mit Angaben für Lochdurchmesser und Schraube z.B. 26 M24												
	Gewindelöcher	Doppelkreis mit Maßangabe z.B. M24												
	auf Baustelle einzuziehende Schrauben	8,4 M	M	M	15 M	M	19 M	M	M	M	28 M	31 M	34 M	37 M
	auf Baustelle zu bohrende Schraubenlöcher	8,4 M	M	M	15 M	M	19 M	M	M	M	28 M	31 M	34 M	37 M

1951
DIN 407

Schrauben-Gewinde-ø	M 8	M 10	M 12	M 14	M 16	M 18	M 20	M 22	M 24	M 27	M 30	M 33	M 36
Lochdurchmesser 3) mm	8,4	11	13	15	17	19	21	23	25	28	31	34	37
Schaftdurchmesser 4) mm	8	10	12	14	16	18	20	22	24	27	30	33	36
Kernquerschnitt 5) mm²	31,9	50,9	74,3	102	141	171	220	276	317	419	509	636	745

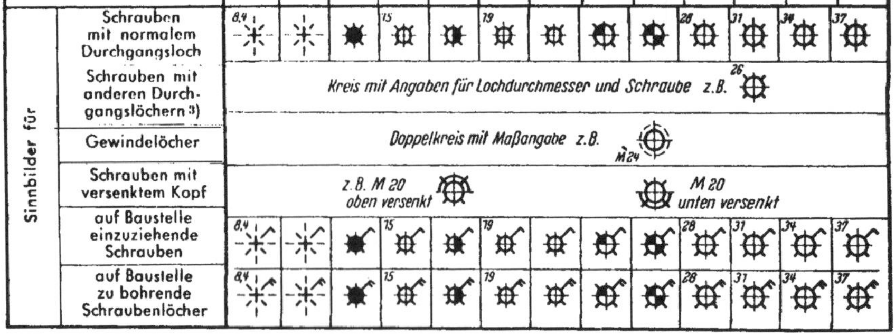

4.3.3 Schraubenabstände

Die Rand- und Lochabstände von Schrauben sind die gleichen wie bei den Nietverbindungen (siehe Tabelle der Nietabstände Abschn. 4.2.3).

Der geringste gegenseitige Abstand der Schrauben sollte jedoch 3,5 d bis 4,0 d betragen, um ein Anziehen der Muttern mit dem Schraubenschlüssel zu ermöglichen.

4.3.4 Berechnung von Schraubanschlüssen

Die Bemessung erfolgte mit den gleichen Formeln wie für die Nietverbindungen auf Lochleibung und Abscheren (siehe Berechnung von Nietanschlüssen Abschn. 4.2.4).

Für den Nietlochdurchmesser d ist bei Schraubverbindungen der Schraubendurchmesser (Bolzendurchmesser) einzusetzen.

4.4 Schweißverbindungen

4.4.1 Schweißverfahren und Schweißnähte

In der Regel unterscheidet man 2 Schweißarten

a) Preß-Schweißen
Hammerschweißung, elektrische Widerstandsschweißung
als Stumpf-, Punkt- und Nahtschweißung

b) Schmelz-Schweißen
Gasschmelzschweißung, Lichtbogenschweißung

DIN 4100 – **1934** und **1943** nennen als zulässige Schweißverfahren

a) Lichtbogenschweißung (Gleich- oder Wechselstrom)
b) elektrische Widerstands- und Gasschmelzschweißung
c) gaselektrische Schweißung

Für den Stahlhochbau kommen folgende Schweißnähte in Betracht

a) Stumpfnaht oder Stoßnaht, wenn die eigens vorbereiteten Endflächen der Bauteile gegeneinander stoßen. Man unterscheidet V-, X- und U- (Tulpen- oder Kelch-)Nähte.

b) Kehlnähte, wenn die allgemein nicht weiter vorbereiteten Flächen meist rechtwinklig aufeinander stehen. Man unterscheidet überwölbte (volle) und hohle (leichte) Nähte, sowie nach Lage und Beanspruchung Stirn- und Flankennähte.

c) Loch- und Schlitznähte

4.4.2 Sinnbilder für Schweißnähte

1943

DIN 4100

Art (Maße in mm)		Sinnbild in Anwendung für Ansicht bzw. Aufsicht	Sinnbild in Anwendung für Querschnitt
Stumpfnähte.			
V-Naht			
X-Naht			
Bezeichnung: Nach Nahtdicke *a* u. Länge *l* zB.: V-Naht 12 (*a*) · 300 (*l*)			
Werden die Schweißwulste zwecks Überdeckung durch einen Bauteil (zB. Flachstahl) abgearbeitet, so erhalten die Sinnbilder statt Kreisbögen gerade Striche.			
Kehlnähte.			
Volle Kehlnaht durchlaufend	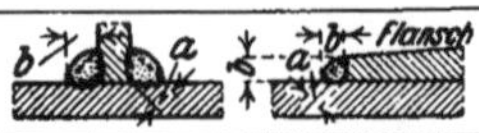	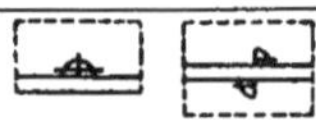	
Leichte Kehlnaht		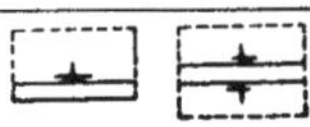	
Volle Kehlnaht unterbrochen	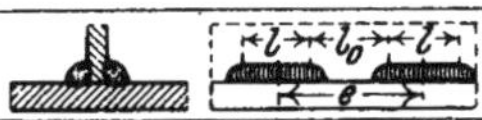	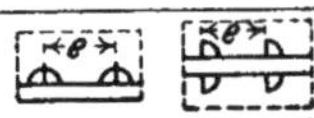	
Bezeichnung: Die Kehlnähte werden nach der Kehle *a* u. der Länge *l* der Naht bezeichnet; Beispiel: Kehlnaht . . . . 10 *a* · 150 (*l*). Bei unterbrochenen Kehlnähten ist das Maß der Unterbrechung von Mitte zu Mitte Schweiße in der Zeichnung anzugeben, zB. . . . . . . $10\,a \cdot \frac{50\,(l)}{110\,(e)}$.		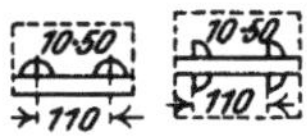	
Schlitznähte. [2])			
Langloch-Schlitz eckig	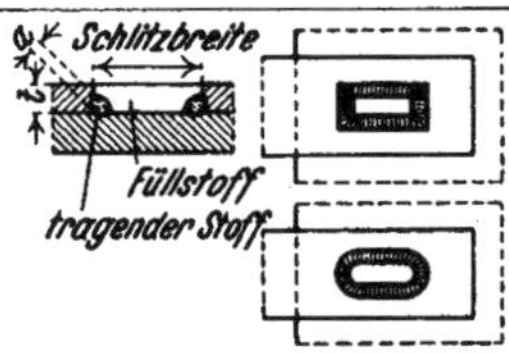	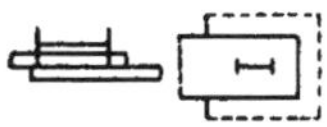	mit zugehörigen Kennzeichen
Langloch-Schlitz abgerundet		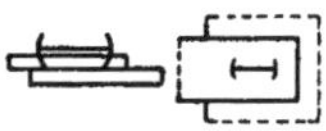	
Rundloch		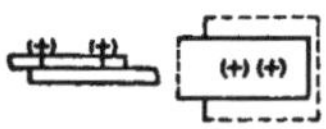	
Bezeichnung: Die Schlitznähte werden nach der Nahtdicke *a* u. der abgewickelten Nahtlänge *l* bezeichnet. Beispiel: Schlitz eckig / „ abgerundet } 7 (*a*) · 150 (*l*); Rundloch 7 (*a*) · 95 (*l*)		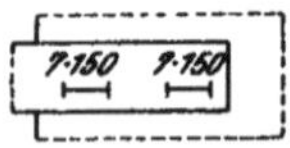	

1. Oft wird es sich empfehlen, in den Zeichnungen die verschiedenen vorkommenden Nahtformen in größerem Maßstabe herauszuzeichnen, zusammenzustellen u. in der Zeichnung an den einzelnen Stellen auf diese Zusammenstellungen hinzuweisen (Buchstaben *S* 1, *S* 2 . . .). Bei den in größerem Maßstabe aufgezeichneten Nähten bietet sich auch Gelegenheit anzugeben, ob die Schweißung mit verschieden dicken Schweißdrähten u. in wieviel verschiedenen Lagen ausgeführt werden soll.
2. Baustellenschweißungen sind in den Zeichnungen durch Hinzufügen des Buchstabens „B", Überkopf-Schweißungen durch „Ü" zu kennzeichnen.

DIN 1912

Benennung		Maßstäbliche Darstellung	Sinnbild
Stumpfnaht	I-Naht	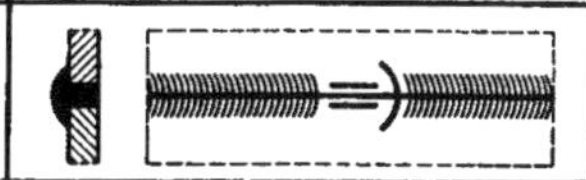	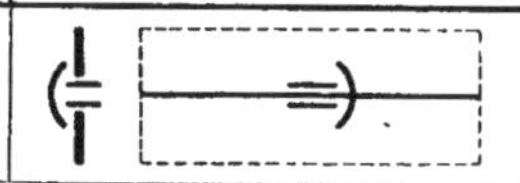
Stumpfnaht	V-Naht	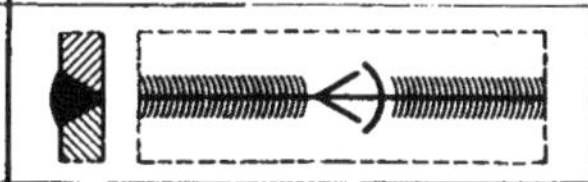	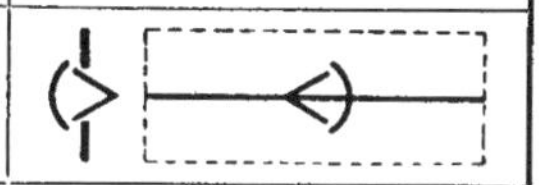
Stumpfnaht	X-Naht	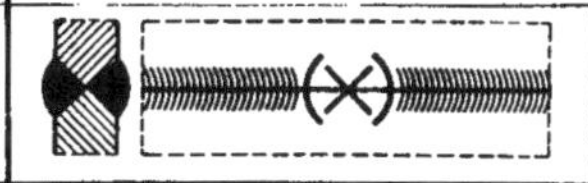	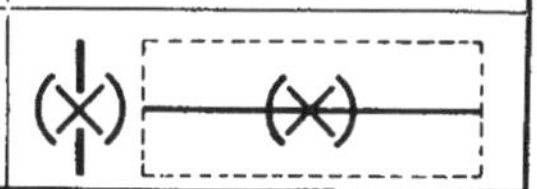
Kehlnaht	Über-wölbte Kehlnaht, durch-laufend	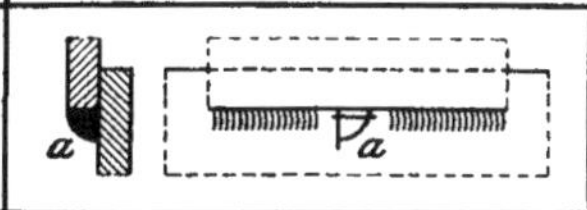	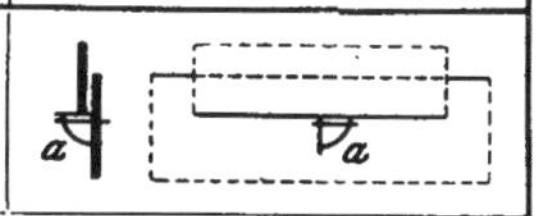
Kehlnaht	Flache Kehlnaht, durch-laufend	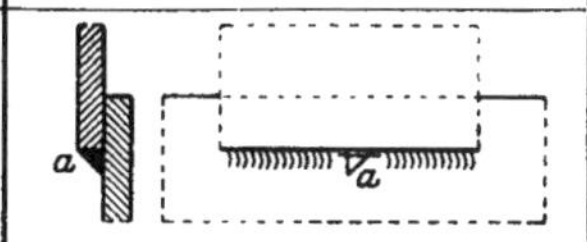	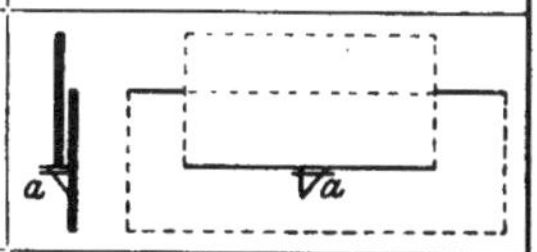
Kehlnaht	Hohle Kehlnaht, durch-laufend	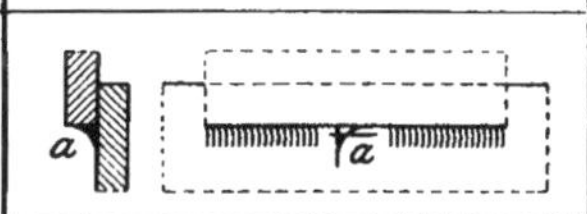	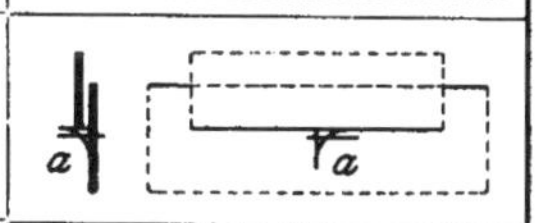
Kehlnaht	Über-wölbte Kehlnaht, unter-brochen	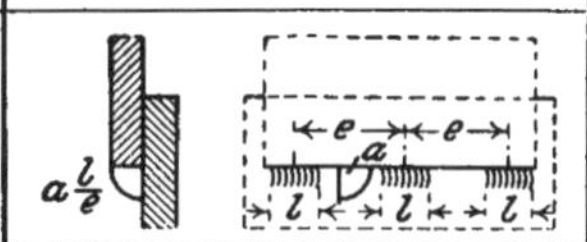	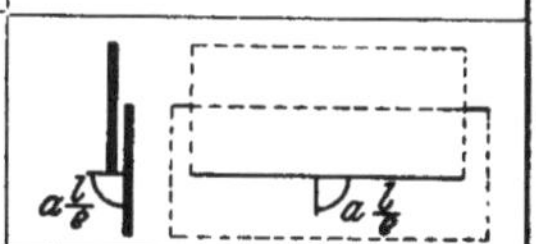
Kehlnaht	Hohle Kehlnaht, unter-brochen	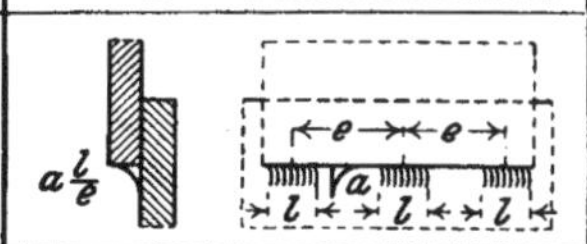	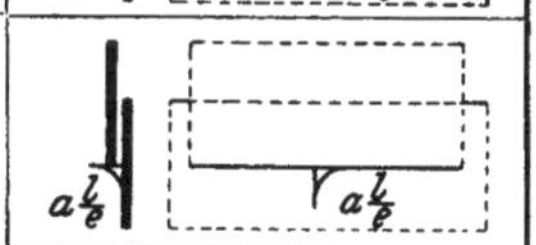
Kehlnaht	Über-wölbte Kehlnaht, zickzack	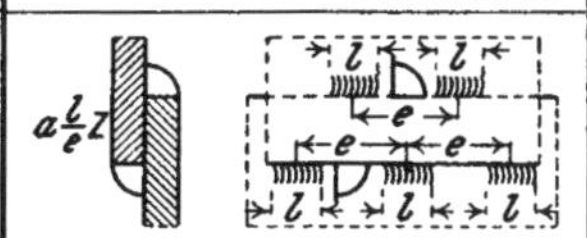	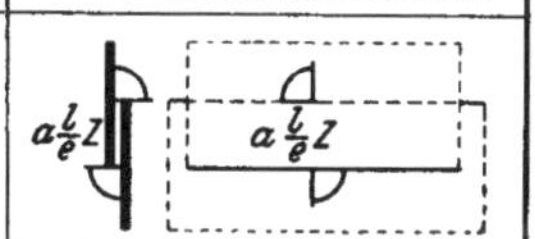
Schlitznaht vgl. Fußnote 2 S. 314	Lang-loch		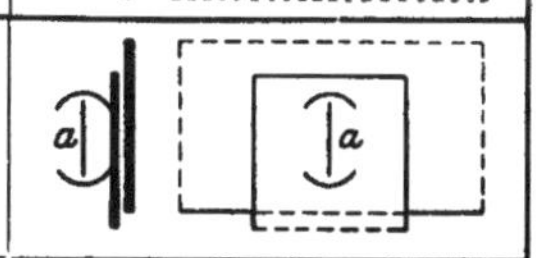
Schlitznaht vgl. Fußnote 2 S. 314	Rund-loch	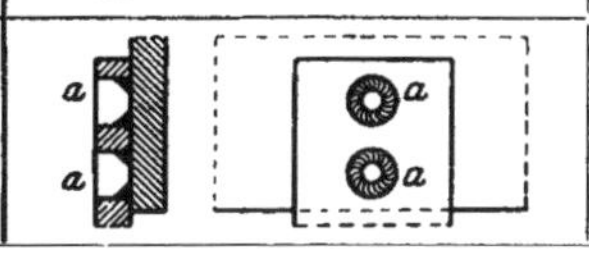	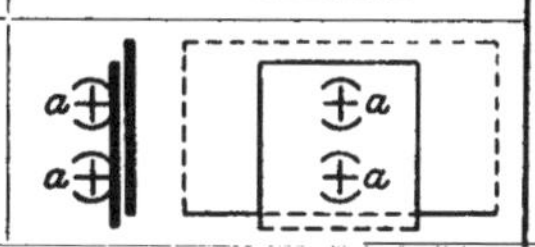

Bemerkungen

Bei Schweißnähten ohne Wulst werden statt Kreisbogen gerade Linien gezeichnet, zB.

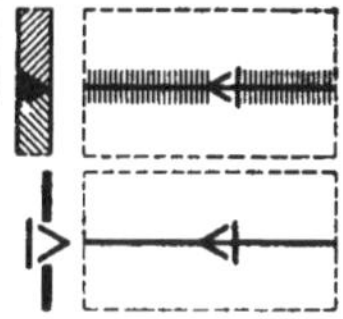

Bedeutung des Maßes *a*

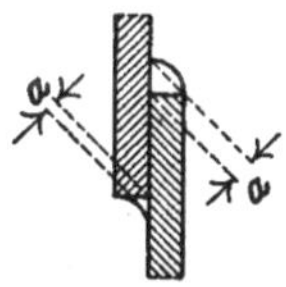

Außer der Dicke *a* der Schweißnaht (zB. 7 mm) kann noch die Länge der Schweißnaht (zB. 200 mm) wie folgt angegeben werden:

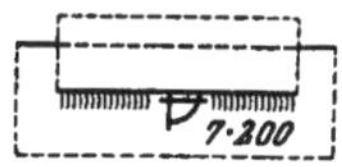

Darstellung für verdeckte Schweißnähte

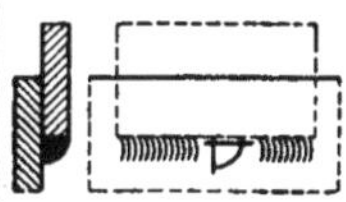

1960
DIN 1912

Nahtart	Benennung	Sinnbild	Darstellungsweise: bildlich – Schnitt	Darstellungsweise: bildlich – Ansicht	Darstellungsweise: sinnbildlich – Schnitt	Darstellungsweise: sinnbildlich – Ansicht
Stumpfnähte	I-Naht	=				
	V-Naht	>				
	X-Naht	×				
	U-Naht (Tulpen-Naht)					
Kehlnähte	Doppel-Kehlnaht					
Sonstige Nähte	HV-Naht (Halb-V-Naht) mit Doppel-Kehlnaht	kein Sinnbild festgelegt			Nahtquerschnitte für Kehlnähte	
	K-Naht mit Doppel-Kehlnaht					
Zusatzzeichen	Naht eingeebnet					
	Wurzel ausgekreuzt, Kapplage gegengeschweißt					
	Kehlnaht durchlaufend					

Flachnaht · Wölbnaht · Hohlnaht

4.4.3 Berechnungshinweise

Jahr	Hinweise
1934 DIN 4100	a) Als Schweißnahtlänge L ist bei Kehl- und Stumpfnähten die Länge der Schweißnaht ohne Endkrater (mindestens gleich der Nahtdicke) anzunehmen. b) Als Schweißnahtlänge L ist bei Schlitznähten die Gesamtlänge der abgewickelten Nähte anzunehmen, die Nietlöcher der Flansche in Abzug zu bringen. c) Dicken der Schweißnähte: Kehlnaht – Höhe des eingeschriebenen gleichschenkligen Dreiecks. 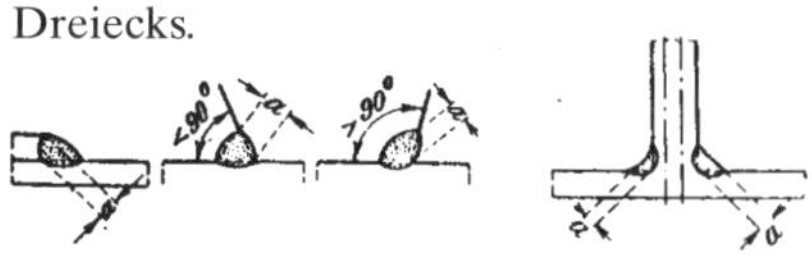 Schlitznaht – Höhe des eingeschriebenen gleichschenkligen Dreiecks der in den Ecken gezogenen Kehlnähte.  Wird der verbleibende Raum mit Schweißgut ausgefüllt, so darf als Nahtdicke max a = 0,7 t gerechnet werden. Stumpfnaht – Dicke der zu verbindenden Teile (bei verschiedenen Dicken die kleinere) d) Die für die Berechnung maßgebende Länge von Kehlnähten (ohne Endkrater) soll nicht kleiner als 40 mm sein. e) Flankenkehlnähte von Stabanschlüssen sollen nicht länger als 40 a sein. f) Mindestdicke a für tragende Kehlnähte ist 4 mm. Nahtdicke im Allgemeinen aber nicht größer als a = 0,7 t (t = Dicke des dünnsten Bleches)
1943 DIN 4100	wie **1934** DIN 4100
1956 DIN 4100	a) Diese Norm gilt für alle geschweißten Stahlhochbauten, die durch vorwiegend ruhende Lasten beansprucht werden, sowie für Durchfahrten und befahrbare Hofkellerdecken. b) Die für die Berechnung maßgebende Länge L von Kehlnähten (ohne Endkrater) darf bei Flanschkehlnähten von Stabanschlüssen nicht kleiner als 15 a und nicht größer als 60 a angenommen werden.

Jahr	Hinweise
	c) Mindestdicke für Kehlnähte a = 3mm Die Nahtdicke bei Kehlnähten darf im allg. a = 0,7 t (t = Dicke des dünnsten Bleches) nicht übersteigen.

4.4.4 Berechnung von Schweißanschlüssen

P = durch die Schweißnähte zu übertragende Last in kN
L = Länge der Schweißnaht in cm
a = Dicke der Schweißnaht in cm
σ = vorh. Schweißnahtspannung in kN/cm²
W = Widerstandsmoment
J = Trägheitsmoment des Gesamtquerschnittes
τ = Schubspannung der Schweißnaht in kN/cm²

Jahr	Zug Druck Schub	Zusammengesetzte Beanspruchung Querkräfte Momente Längskräfte	Biegemomente	Bemerkung
1934 DIN 4100	$\sigma = \frac{P}{\Sigma(a\,L)}$	Querkraft *1 $\sigma 1 = \frac{Q}{\Sigma(a\,L)}$ Moment *2 $\sigma 2 = M/W$ Gesamtspannung $\sigma = \sqrt{\sigma_1^2 + \sigma_2^2}$	Stegblechstoß mit Stumpfnaht $\sigma 2 = \max Q / a \cdot hs$ $\sigma 1 = \frac{\max M\,(hs/2)}{J}$ $\sigma = \sigma_1^2 + 95\sqrt{\sigma_1^2 + 4\sigma_2^2}$	Stumpfnähte und Kehlnähte hs = Stegblechhöhe Zugspannung $\sigma \le 0{,}75\ \sigma$ zul Abscheren $\sigma \le 0{,}65\ \sigma$ zul

*1 Σ (a L) = diejenigen Anschlussnähte, die aufgrund ihrer Lage die Schubkräfte übertragen.
(Bei I-, U- und ähnlichen Profilen kommen hierfür nur die Stegnähte in Betracht.)

*2 W = Widerstandsmoment einer Fläche, die entsteht, wenn man die Dicken a sämtlicher Schweißnähte in der Anschlussebene umklappt.

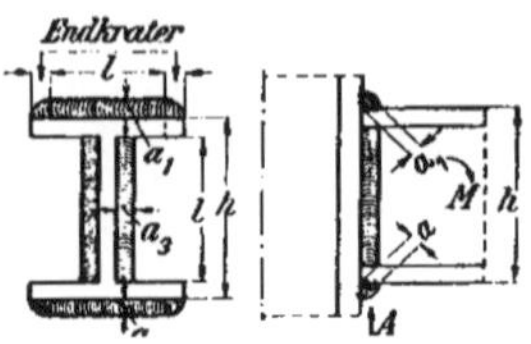

Jahr	Zug Druck Schub	Zusammen- gesetzte Be- anspruchung Querkräfte Momente Längskräfte	Biegemomente	Bemerkung
1943 DIN 4100	wie **1934**			
1956 DIN 4100	$\sigma = \frac{P}{\Sigma\,(a\,L)}$ $\tau = \frac{P}{\Sigma\,(a\,L)}$	*3	Biegemoment im Abstand c von Nulllinie $\sigma = \frac{M}{J}\,c$ in der Randfaser $\sigma = \frac{M}{W}$	

*3 Bei Schweißverbindungen mit Kehlnähten, wie sie beim biegefesten Anschluss eines Trägers auftreten, die außer für eine Querkraft A auch für ein Moment M zu berechnen sind, müssen die Bedingungen eingehalten werden.

$$\sigma_h = \frac{1}{2}\left(\sigma + \sqrt{\sigma^2 + 4\tau^2}\right) = \frac{1}{2}\left[\frac{\max\ \mathrm{M}}{\mathrm{W_{schw}}} + \sqrt{\left(\frac{\max\ \mathrm{M}}{\mathrm{W_{schw}}}\right)^2 + 4\left(\frac{\mathrm{A}}{\sum(a\cdot l)}\right)^2}\,\right] \leq \text{zul}\ \sigma_{\mathrm{schw}}$$

$$\sigma_h = \frac{1}{2}\left(\sigma + \sqrt{\sigma^2 + 4\tau^2}\right) = \frac{1}{2}\left[\frac{\mathrm{M}}{\mathrm{W_{schw}}} + \sqrt{\left(\frac{\mathrm{M}}{\mathrm{W_{schw}}}\right)^2 + 4\left(\frac{\max\ \mathrm{A}}{\sum(a\cdot l)}\right)^2}\,\right] \leq \text{zul}\ \sigma_{\mathrm{schw}}$$

$$\tau_{\mathrm{schw}} = \frac{\max\ \mathrm{A}}{\sum(a\cdot l)} \leq \text{zul}\ \tau_{\mathrm{schw}}$$

$$\sigma_{\mathrm{schw}} = \frac{\max\ \mathrm{M}}{\mathrm{W_{schw}}} + \frac{N}{\sum(a\cdot l)} \leq \text{zul}\ \sigma_{\mathrm{schw}}$$

5 Tragfähigkeitstafeln

5.1 Tragfähigkeitstafeln biegebeanspruchter Träger

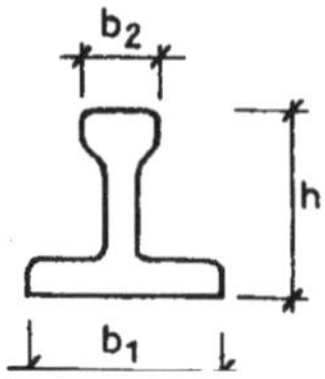

5.1.1 Tragfähigkeitstafel einfacher Eisenbahnschienen

1872 Schienenhöhe h = 13,00 cm
obere Schienenbreite b2 = 5,85 cm
untere Schienenbreite b1 = 8,90 cm

F = Einzellast in kN am Kragarmende bzw. in Feldmitte
Q = Gesamtgleichlast in kN (gleichmäßig verteilt)

Stützweite in cm	Kragträger		Einfeldträger frei aufliegend		Einfeldträger beids. eingesp.	
	F	Q	F	Q	F	Q
31	30,70	72,71	145,53	291,08	291,08	436,63
39	28,60	58,14	116,42	232,86	232,86	349,30
47	26,75	48,42	97,01	194,04	194,04	291,08
55	20,68	46,48	83,14	166,31	166,31	249,49
63	18,07	36,26	72,74	145,52	145,52	218,00
71	16,01	32,20	64,65	129,34	129,34	194,04
78	14,39	28,95	58,18	116,40	116,40	174,63
86	13,06	26,29	52,88	105,81	105,81	158,75
94	11,94	24,07	48,47	96,99	96,99	145,52
102	10,94	22,19	44,73	89,52	89,52	134,32
110	10,18	20,57	41,53	83,07	83,07	124,72
118	9,47	19,17	38,70	77,57	77,57	116,40
126	8,85	17,94	36,32	72,71	72,71	109,12
133	8,30	16,86	34,18	68,43	68,43	102,69
141	7,80	15,89	32,27	64,62	64,62	96,99
149	7,36	15,02	30,57	61,11	61,11	91,88
157	6,97	14,24	29,04	58,15	58,15	87,28
165	6,60	13,53	27,64	55,36	55,36	83,11
173	6,27	12,89	26,38	51,86	51,86	79,33
180	5,97	12,50	25,22	50,53	50,53	75,88
188	5,69	11,75	24,16	48,42	48,42	72,71
196	5,42	11,25	23,19	46,48	46,48	69,80
204	5,19	10,79	22,29	44,68	44,68	67,11
212	4,97	10,36	21,46	43,02	43,02	64,62
220	4,76	9,96	20,68	41,47	41,47	62,30
235	4,38	9,23	19,29	38,70	38,70	58,14
251	4,05	8,60	18,07	36,26	36,26	54,49
267	3,75	8,03	16,99	34,11	34,11	51,28
282	3,48	7,52	16,03	32,20	32,20	48,42
298	3,24	7,07	15,17	30,49	30,49	45,86
314	3,01	6,65	14,40	28,95	28,95	43,56
345	2,62	5,93	13,01	26,29	26,29	39,56
377	2,28	5,31	11,94	24,07	24,07	36,26
408	1,54	4,79	10,99	22,19	22,19	33,45
439		4,32	10,18	20,58	20,58	31,04
471		3,91	9,47	19,11	19,11	28,95
502		3,55	8,85	17,94	17,94	27,12

1940 Erlass d. RAM (6. 12. 1940)

Amtliche Bestimmungen 1946

Bei der Ermittlung der Tragfähigkeit von Altschienen ist die Abnutzung zu berücksichtigen.

Dieses kann in der Regel dadurch geschehen,

a) dass $Wx = 0{,}06 \times h^3$ angenommen wird
h = Höhe der abgenutzten Schiene

b) zul. σ höchstens 100 MN/m^2 im Belastungsfall 1 und 2

c) Schienen stets so einbauen, dass der Schienenfuß auf der Zugseite liegt.

d) Altstahl darf nur für Bauten und Bauteile mit vorwiegend ruhender Belastung verwendet werden.

e) Bei Stützweiten größer als 2,50 m –
Nachweis der Durchbiegung das max. f = l / 500 nicht überschreitet.

5.1.2 Tragfähigkeitstafel schmiedeeiserner I-Träger

1872 Einfeldträger beidseitig frei aufliegend

Stützweite in cm	zulässige max. Belastung q (Gleichlast) in kN Profil Nr.					
	A	B	C	D	E	F
31	268,80	458,30	626,75	726,50	797,25	840,25
47	179,15	305,50	417,75	484,25	531,50	560,10
63	134,25	229,00	313,25	363,10	398,50	420,00
78,5	107,50	183,25	250,50	290,50	318,75	336,00
94	89,50	152,50	208,00	242,00	265,50	280,00
110	76,75	130,75	178,50	207,50	227,50	240,00
125,5	67,10	114,50	156,50	181,50	199,10	210,00
141	59,50	101,75	139,00	161,25	177,00	186,50
157	53,50	91,00	125,12	145,10	159,25	167,75
173	46,50	79,50	108,75	126,10	138,40	146,00
188	44,60	76,25	104,25	121,00	132,62	139,60
204	41,25	70,25	96,10	111,50	122,50	129,00
220	38,25	65,25	89,25	103,50	113,50	119,60
235	35,60	60,75	83,25	96,50	106,00	111,75
251	33,40	57,00	78,00	95,00	99,40	104,75
267	31,50	53,75	71,25	85,10	93,50	98,50
282,5	29,60	50,50	67,50	80,50	88,25	93,00
298	28,00	48,00		76,00	83,50	88,00
314	26,50	45,50	62,25	72,25	79,25	83,50
345	24,25	41,25	56,50	65,75	72,00	76,00
377	22,10	37,75	51,75	60,10	66,00	69,50
408	20,50		47,75	55,50	60,90	64,10
439	19,00	32,25		51,50	56,50	59,50
471	17,50	30,00		48,00	52,50	55,50
502	16,50	28,25	38,50	45,00	49,25	52,00
534	15,50	26,50	36,25	42,10	46,52	48,50
564	14,50	25,00	34,25	39,25	43,50	46,00
596	13,60	23,50	32,25	37,50	41,25	43,50
628	13,00	22,50	30,50	35,75	39,10	41,25
659	12,40	21,00	29,10	33,62	37,10	39,25
690	11,60	20,10	27,75	32,40	35,50	37,50
722	11,25	19,25	26,50	31,00	33,75	35,60
753	10,80	18,25	25,25	29,50	32,25	34,10
785	10,25	17,50	24,25	28,10	31,00	32,60
816	9,75	16,75	23,25	27,10	29,75	31,25
847	9,40	16,10	22,25	26,00	28,50	30,10
879	9,00	15,50	21,50	25,00	27,50	29,00
910	8,75	15,00	20,62	24,10	26,50	28,00
942	8,50	14,25	20,00	23,25	25,50	27,00

Profilwerte (siehe auch Abschnitt 2.1.3)

Profil Nr.	Höhe h cm	Stegdicke s cm	Flanschdicke t cm	Eigenlast kN/m
A	18,3	1,0	6,5	23,10
B	18,3	1,6	7,8	37,40
C	23,5	1,3	9,0	36,60
D	23,5	1,5	9,7	37,80
E	23,5	1,54	10,5	44,60
F	23,5	1,6	10,6	46,00

5.1.3 Tragfähigkeitstafel für U- und I-Träger der Burbacher Hütte

1872 Einfeldträger beidseitig frei aufliegend

Profil Nr.	zulässige max. Belastung Q (Gleichlast) in kN Stützweite in m						
	1,57	3,14	4,71	6,28	7,85	9,42	11,00
A1	14,50	7,00	4,50	3,00	2,00		
A2	16,50	8,00	5,00	3,30	2,40		
A3	18,50	8,50	5,50	3,75	2,50		
B1	30,00	14,50	9,38	6,60	4,90	3,50	
B2	33,00	16,00	10,25	7,25	5,25	3,90	
B3	36,00	17,50	11,20	7,50	5,50	4,00	
B4	44,00	21,50	14,00	10,00	7,50	5,50	
C1	48,50	24,00	15,00	11,00	8,00	6,00	
C2	53,00	26,00	16,50	11,80	8,50	6,50	
D1	66,50	32,50	21,00	15,00	11,50	9,00	7,00
D2	74,00	36,00	23,50	16,50	12,50	9,50	7,50
D3	81,50	40,00	25,50	18,00	13,50	10,50	8,00
D4	89,00	43,50	28,00	20,00	15,00	11,00	8,50
D5	96,50	47,00	30,50	21,50	16,50	12,00	9,00
E1	93,50	46,00	30,00	21,50	16,50	12,50	10,00
E2	100,50	44,50	32,00	23,00	17,50	13,50	11,00
E3	109,00	53,50	34,50	25,00	18,50	14,50	11,50
E4	118,00	58,00	37,50	26,50	20,00	15,50	12,00
E5	126,50	62,00	40,00	28,50	21,50	16,50	12,50
E6		58,00	38,00	27,50	21,00	16,50	13,50
F1	132,00	65,00	42,50	31,00	43,00	18,00	14,50
F2	142,50	70,00	45,50	33,00	44,50	19,50	15,50
F3	152,50	75,00	49,00	35,00	26,50	21,00	16,50
F4	173,50	75,50	55,00	40,00	30,50	23,50	18,50
F5	162,50	80,50	53,00	38,50	30,00	24,00	19,50
G1	175,50	86,50	56,50	41,00	31,50	25,00	20,00
G2	182,00	89,50	58,00	42,00	32,00	25,50	20,50
H1	121,50	59,50	39,00	28,00	21,50		
H2	129,50	63,50	41,50	30,00	22,50		
J1	222,00	109,50	71,50	52,00	40,00		
J2	267,00	113,50	85,00	62,00	49,00		
K1	253,50	125,00	82,00	60,00	46,00	37,00	
K2	271,50	134,00	87,50	64,00	49,00		
K3	289,50	143,00	83,50	68,00			
K4	308,00	152,00	99,50	72,00			
K5	326,00	161,00	105,00	76,00			
L1	366,50	181,00	119,00	87,50			

Profilwerte (siehe auch Abschnitt 2.1.3)

Profil Nr.	Höhe h cm	Stegdicke s cm	Flanschdicke t cm	Eigenlast kN/m	Bemerkung
A1	9,7	0,6	0,6	10,35	
A2	9,7	1,0	0,6	12,50	
A3	9,7	1,3	0,6	15,00	
B1	12,3	0,6	0,8	15,13	
B2	12,3	1,0	0,8	18,31	
B3	12,3	1,3	0,8	21,52	
B4	14,9	0,6	1,0	18,31	
C1	14,9	1,0	1,0	22,08	
C2	14,9	1,3	1,0	25,88	
D1	17,5	1,0	0,8	25,49	
D2	17,5	1,3	0,8	30,26	
D3	17,5	1,6	0,8	35,05	
D4	17,5	1,9	0,8	39,82	
D5	17,5	2,2	0,8	44,60	
E1	20,2	1,0	1,1	30,65	
E2	20,2	1,3	1,1	35,50	
E3	20,2	1,6	1,1	40,62	
E4	20,2	1,9	1,1	45,80	
E5	20,2	2,2	1,1	50,98	
E6	23,5	1,0	1,0	31,80	
F1	23,5	1,3	1,4	40,62	
F2	23,5	1,6	1,4	46,40	
F3	23,5	1,9	1,4	52,17	
F4	23,5	2,6	1,4	58,54	
F5	26,1	1,1	1,3	41,97	
G1	26,1	1,3	1,3	46,99	
G2	26,1	1,6	1,3	51,13	
H1	23,5	1,3	1,0	38,23	U-Profil
H2	23,5	1,6	1,0	44,57	U-Profil
J1	27,9	1,6	1,9	58,94	
J2	27,9	2,6	1,9	79,65	
K1	30,0	1,3	1,6	57,35	
K2	30,0	1,6	1,6	64,91	
K3	30,0	1,9	1,6	72,48	
K4	30,0	2,2	1,6	80,05	
K5	30,0	2,6	1,6	87,61	
L1	32,4	1,5	1,7	75,25	

5.1.4 Tragfähigkeitstafeln für INP- und IP-Träger auf 2 Stützen

1928 Normal-I-Eisen $\sigma = 1200\ kg/cm^2$

I NP.	Tragfähigkeit Q in kg des I NP. bei einer Stützweite l = Entfernung der Auflagermitten in Meter																I NP.
	1,0	1,5	2,0	2,5	3,0	3,5	4,0	4,5	5,0	6,0	7,0	8,0	9,0	10,0	11,0	12,0	
8	1866	1239	924	734	606	514	444	389	344	276	225	186	154	127	105	85	8
9	2489	1653	1234	980	811	688	596	523	464	374	307	255	213	179	149	123	9
10	3275	2175	1625	1292	1069	909	788	693	615	497	411	343	290	245	206	174	10
11	4166	2769	2069	1646	1363	1159	1005	884	787	638	529	445	377	321	274	232	11
12	5241	3483	2603	2072	1716	1461	1268	1117	994	808	672	567	483	413	354	303	12
13	6429	4275	3196	2544	2109	1796	1559	1374	1225	997	831	704	601	518	446	384	13
14	7848	5219	3902	3109	2577	1996	1907	1682	1500	1224	1022	868	744	642	556	483	14
15	9392	6248	4672	3723	3088	2632	2288	2018	1801	1472	1232	1048	901	781	679	592	15
16	11214	7461	5580	4448	3690	3146	2736	2415	2156	1765	1479	1261	1087	944	824	721	16
17	13132	8738	6536	5210	4325	3688	3209	2833	2531	2073	1739	1486	1283	1117	977	859	17
18	15434	10271	7684	6027	5086	4339	3776	3335	2981	2445	2055	1757	1520	1326	1164	1025	18
19	17832	11868	8880	7082	5880	5017	4366	3860	3451	2832	2382	2040	1768	1545	1359	1200	19
20	20518	13656	10219	8151	6769	5777	5031	4447	3976	3266	2750	2358	2045	1791	1578	1396	20
21	23395	15573	11655	9298	7722	6592	5742	5076	4541	3733	3146	2699	2345	2056	1815	1609	21
22	26657	17745	13282	10597	8803	7516	6548	5790	5181	4261	3594	3087	2685	2357	2084	1851	22
23	30110	20046	15005	11973	9947	8495	7402	6547	5860	4823	4071	3500	3047	2679	2371	2110	23
24	33948	22602	16920	13502	11219	9582	8351	7389	6615	5447	4601	3958	3450	3036	2691	2398	24
25	38073	25349	18978	15146	12587	10752	9372	8293	7427	6118	5171	4452	3883	3421	3036	2708	25
26	42390	28225	21132	16867	14018	11976	10440	9240	8276	6820	5768	4969	4337	3824	3396	3033	26
27	47091	31357	23478	18742	15577	13310	11604	10272	9202	7587	6419	5533	4833	4264	3791	3389	27
28	51984	34616	25920	20692	17200	14698	12816	11346	10166	8384	7097	6120	5349	4723	4202	3760	28
29	57165	38068	28506	22759	18919	16169	14100	10485	11188	9230	7816	6744	5898	5211	4640	4157	29
30	62634	41711	31235	24939	20733	17720	15455	13686	12266	10123	8575	7402	6477	5726	5102	4573	30
32	75011	49956	37414	29875	24841	21235	18524	16407	14709	12146	10296	8895	7791	6896	6152	5523	32
34	88540	58970	44168	35273	29332	25077	21879	19383	17380	14359	12181	10531	9232	8179	7305	6566	34
36	104468	69582	52120	41626	34619	29602	25831	22889	20527	19967	14400	12458	10930	9692	8666	7797	36
38	121260	80770	60504	48327	40196	34375	30000	26587	23848	19760	16746	14496	12726	11294	10107	9104	38
40	140163	93365	69943	55870	46474	39749	34693	30751	27588	22820	19388	16791	14750	13099	11731	10576	40
42½	166936	111205	83313	66557	55369	47362	41345	36654	32690	27218	23137	20051	17627	15668	14045	12677	42½
45	195437	130195	97545	77931	64338	55468	48426	42937	38533	31900	27128	23521	20689	18401	16508	14911	45
47½	228160	152000	113888	90995	75712	64777	56560	50154	45017	37280	31716	27512	24213	21548	19345	17488	47½
50	263859	175788	131717	105247	87576	74933	65435	58030	52093	43152	36725	31870	28061	24987	22446	20304	50
55	346105	230597	172802	138090	114922	98349	85899	76196	68418	56709	48296	45946	36970	32950	29640	26849	55
60	444473	296149	222037	177369	147626	126351	110370	97919	87937	72916	62128	53989	47613	42473	38231	34663	60

1928 IP-Eisenträger $\sigma = 1200$ kg/cm²

I P Nr.	Widerstandsmoment W_x cm³	Metergewicht g kg	Tragfähigkeit Q in kg der I-P-Träger bei einer Stützweite = l = Entfernung der Auflagermitten in m																I P Nr.
			1,00	**1,50**	**2,00**	**2,50**	**3,00**	**3,50**	**4,00**	**4,50**	**5,00**	**6,00**	**7,00**	**8,00**	**9,00**	**10,00**	**11,00**	**12,00**	
16	**329**	45,81	31 538	20 987	15 700	12 519	10 390	8 863	7 712	6 813	6 088	4 989	4 191	3 582	3 097	2 700	2 367	2 082	**16**
18	**426**	51,62	40 845	27 187	20 345	16 229	13 477	11 504	10 018	8 856	7 921	6 506	5 480	4 699	4 079	3 573	3 150	2 788	**18**
20	**595**	64,94	57 055	37 983	28 430	22 686	18 839	16 093	14 022	12 401	11 099	9 130	7 705	6 620	5 762	5 063	4 478	3 980	**20**
22	**732**	71,54	70 200	46 741	34 993	27 929	23 209	19 827	17 281	15 294	13 696	11 282	9 538	8 211	7 164	6 311	5 601	4 997	**22**
24	**974**	87,39	93 416	62 205	46 577	37 183	30 905	26 409	23 026	20 385	18 263	15 059	12 746	10 989	9 602	8 476	7 539	6 743	**24**
25	**1 064**	91,08	102 052	67 959	50 890	406 30	33 775	28 865	25 171	22 288	19 973	16 477	13 954	12 039	10 529	9 303	8 284	7 419	**25**
26	**1 158**	94,77	111 073	73 970	55 394	44 230	36 771	31 430	27 413	24 277	21 759	17 959	15 217	13 137	11 499	10 169	9 064	8 127	**26**
28	**1 480**	112,71	141 967	94 550	70 814	56 550	47 021	40 199	35 069	31 066	27 852	23 003	19 508	16 858	14 772	13 081	11 686	10 487	**28**
30	**1 717**	120,87	164 711	109 707	82 174	65 630	54 581	46 671	40 724	36 085	32 362	26 742	22 701	19 637	17 226	15 275	13 655	12 285	**30**
32	**2 016**	134,48	193 400	128 822	96 499	77 078	64 108	54 825	47 846	42 402	38 034	31 449	26 706	23 116	20 293	18 008	16 115	14 514	**32**
34	**2 173**	136,52	208 471	138 867	104 031	83 102	69 126	59 124	51 605	45 743	41 039	33 949	28 845	24 983	21 950	19 495	17 463	15 746	**34**
36	**2 507**	150,30	240 521	160 222	120 035	95 893	79 773	68 237	59 566	52 806	47 382	39 210	33 329	28 881	25 388	22 564	20 226	18 252	**36**
38	**2 682**	152,30	257 319	171 419	128 431	102 607	85 366	73 029	63 758	56 529	50 731	41 997	35 714	30 964	27 235	24 222	21 729	19 626	**38**
40	**3 032**	163,68	290 908	193 802	145 208	116 020	96 533	82 590	72 113	63 946	57 396	47 530	40 435	35 074	30 868	27 470	24 660	22 292	**40**
42½	**3 270**	166,43	313 753	209 030	156 627	125 152	104 140	89 108	77 814	69 011	61 951	51 321	43 680	37 914	33 382	29 727	26 707	24 162	**42½**
45	**3 743**	181,84	359 146	239 279	179 300	143 276	119 230	102 028	89 104	79 032	70 956	58 797	50 059	43 461	38 288	34 114	30 666	28 662	**45**
47½	**4 005**	184,78	384 295	256 042	191 870	153 330	127 605	109 204	95 380	84 608	75 973	62 971	53 632	46 581	41 057	36 600	32 920	29 822	**47½**
50	**4 527**	200,44	434 391	289 427	216 895	173 335	144 262	123 467	107 846	95 674	85 916	71 229	60 681	52 720	46 484	41 454	37 303	33 810	**50**
55	**5 103**	206,72	489 681	326 281	244 530	195 438	162 675	139 244	121 645	107 933	96 944	80 407	68 537	59 582	52 459	46 921	42 261	38 343	**55**
60	**6 028**	226,80	578,461	385 451	288 890	230 908	192 215	164 545	143 764	127 576	114 603	95 087	81 082	70 521	62 252	55 600	50 113	45 502	**60**

5.2 Tragfähigkeitstafeln runder gusseiserner Stützen

1872

	Äußerer Durchmesser D in Centimetern	Belastung in Kilogrammen. Höhe der Säulen in Metern.										
		2,5	2,75	3,0	3,25	3,50	3,75	4,0	4,25	4,50	4,75	5,0
Wandstärke = 2 cm	D = 10	25000	20700	17400	14800	12800	11150	9800	8700	7750	7000	6300
	11	35300	29150	24500	20900	17850	15700	13700	12250	10900	9800	8800
	12	47900	39600	33300	28450	24750	21250	18700	16G00	14800	13300	12100
	13	63000	52350	43900	37450	32200	28100	24700	22000	19600	17550	15800
Wandstärke = 2,5 cm	14	91800	75800	63700	54450	46800	40900	36000	31700	27900	25400	22900
	15	117000	96650	81150	69300	59750	52000	45700	40500	36200	32400	29200
	16	146300	121100	101700	86700	74900	65150	57250	50750	45200	40500	36550
	17	180700	150000	125600	106200	92200	80250	70550	62650	55800	50400	45200
	18	220100	182000	152800	130100	112300	97750	85850	76150	67850	61000	53100
	19	264600	218700	183950	156600	135350	117700	103400	90150	81700	73450	66600
	20	314850	260950	218650	187200	160700	139850	123050	109100	97200	87300	78750
	21	371450	306850	257900	219500	189000	165050	144100	123500	114650	102930	91900

1928 Tragfähigkeit runder gusseiserner Stützen bei 500 kg/cm² zulässiger Druckbeanspruchung und einer r = 8-fachen Sicherheit gegen Knicken J erforderlich $= 8\ P_1\ l^2$ (P_1 in Tonnen; l in Meter).

Abmessungen		Tragfähigkeit in Tonnen einer bei einer zentrischen Belastung und einer Stützlänge l in Meter).									Abmessungen	
Äußerer Durchmesser *D* mm	Wanddicke *d* mm	**3,00**	**3,25**	**3,50**	**3,75**	**4,00**	**4,50**	**5,00**	**5,50**	**6,00**	Wanddicke *d* mm	Äußerer Durchmesser *D* mm
	16	26,38	22,47	19,38	16,88	14,84	11,72	9,50	7,85	6,59	16	
	18	28,56	24,33	20,98	18,28	16,06	12,69	10,28	8,50	7,14	18	
160	20	30,57	26,04	22,45	19,56	17,19	13,58	11,00	9,09	7,64	20	160
	22	32,35	27,56	23,77	20,70	18,20	14,38	11,65	9,62	8,09	22	
	24	33,95	28,92	24,94	21,72	19,09	15,09	12,22	10,10	8,49	24	
	16	38,86	33,11	28,55	24,87	21,86	17,27	13,99	11,56	9,72	16	
	18	42,25	36,00	31,04	27,04	23,77	18,78	15,21	12,57	10,56	18	
180	20	45,37	38,65	33,33	29,03	25,52	20,16	16,33	13,50	11,34	20	180
	22	48,25	41,11	35,45	30,88	27,14	21,44	17,37	14,36	12,06	22	
	24	50,88	43,35	37,38	32,56	28,62	22,61	18,32	15,14	12,72	24	
	16	46,25	46,25	40,25	35,06	30,81	24,35	19,72	16,30	13,69	16	
	18	51,45	50,91	43,90	38,24	33,61	26,56	21,51	17,78	14,94	18	
	20	56,50	54,83	47,28	41,18	36,20	28,60	23,17	19,15	16,09	20	
200	22	61,50	58,53	50,47	43,96	38,64	30,53	24,73	20,44	17,17	22	200
	24	66,30	61,89	53,37	46,49	40,86	32,28	26,15	21,61	18,16	24	
	26	71,05	65,07	56,10	48,87	42,95	33,94	27,49	22,72	19,09	26	
	28	75,60	67,93	58,57	51,02	44,84	35,43	28,70	23,72	19,93	28	
	18	57,10	57,10	57,10	52,19	45,87	36,24	29,36	24,26	20,39	18	
	20	62,80	62,80	62,80	56,38	49,56	39,15	31,72	26,21	22,02	20	
	22	68,40	68,40	68,40	60,33	53,02	41,90	33,94	28,05	23,57	22	
220	24	73,85	73,85	73,46	63,99	56,24	44,44	36,00	29,75	25,00	24	220
	26	79,20	79,20	77,41	67,43	59,27	46,83	37,93	31,35	26,34	26	
	28	84,40	84,40	81,06	70,61	62,06	49,04	39,72	32,83	27,58	28	
	30	89,50	89,50	84,48	73,59	64,68	51,11	41,40	34,21	28,75	30	
	20	69,10	69,10	69,10	69,10	65,86	52,04	42,15	34,84	29,27	20	
	22	75,30	75,30	75,30	75,30	70,61	55,79	45,19	37,35	31,38	22	
240	24	81,35	81,35	81,35	81,35	75,05	59,30	48,03	39,69	33,35	24	240
	26	87,35	87,35	87,53	87,35	79,28	62,64	50,74	41,93	35,24	26	
	28	93,20	93,20	93,20	93,20	83,24	65,77	53,28	44,03	37,00	28	
	30	98,90	98,90	98,90	98,90	86,92	68,68	55,63	45,98	38,63	30	
	20	75,35	75,35	75,35	75,35	75,35	67,44	54,63	45,15	37,94	20	
	22	82,20	82,20	82,20	82,20	82,20	72,47	58,70	48,51	40,76	22	
260	26	95,50	95,50	95,50	95,50	95,50	81,69	66,17	44,69	45,95	26	260
	30	108,35	108,35	108,35	108,35	108,35	89,96	72,87	60,22	50,60	30	
	34	120,65	120,65	120,65	120,65	120,65	97,25	78,78	65,10	54,71	34	
	20	81,65	81,65	81,65	81,65	81,65	81,65	69,42	57,36	48,20	20	
	22	89,10	89,10	89,10	89,10	89,10	89,10	74,68	61,72	51,86	22	
280	26	103,70	103,70	103,70	103,70	103,70	103,70	84,51	69,84	58,68	26	280
	30	117,75	117,75	117,75	117,75	117,75	115,20	93,32	77,12	64,80	30	
	34	131,30	131,30	131,30	131,30	131,30	124,96	101,22	83,65	70,29	34	
	20	87,90	87,90	87,90	87,90	87,90	87,90	86,58	71,55	60,13	20	
	25	107,95	107,95	107,95	107,95	107,95	107,95	102,89	85,03	71,45	25	
300	30	127,15	127,15	127,15	127,15	127,15	127,15	117,30	96,94	81,45	30	300
	35	145,60	145,60	145,60	145,60	145,60	145,60	130,04	107,47	90,31	35	
	40	163,30	163,30	163,30	163,30	163,30	163,30	141,26	116,74	98,09	40	
	20	103,60	103,60	103,60	103,60	103,60	103,60	103,60	103,60	98,30	20	
	25	127,55	127,55	127,55	127,55	127,55	127,55	127,55	127,55	117,64	25	
350	30	150,70	150,70	150,70	150,70	150,70	150,70	150,70	150,70	135,13	30	350
	35	173,10	173,10	173,10	173,10	173,10	173,10	173,10	173,10	150,94	35	
	40	194,70	194,70	194,70	194,70	194,70	194,70	194,70	194,70	164,87	40	
	25	147,20	147,20	147,20	147,20	147,20	147,20	147,20	147,20	147,20	25	
400	30	174,25	174,25	174,25	174,25	174,25	174,25	174,25	174,25	174,25	30	400
	35	200,55	200,55	200,55	200,55	200,55	200,55	200,55	200,55	200,55	35	

Für die links der Staffelung liegenden Zahlenwerte ist reiner Druck maßgebend. Das Gesamtgewicht baugeläufiger, schlichter Säulen wird nach dem Metergewicht unter einem Zuschlag von rd. 33⅓ vH für die Fuß- und Kopfplatte berechnet.

1931

Es werden hierfür gewöhnliche gusseiserne Rohre verwendet. Ihre Tragfähigkeit ergibt sich aus nachstehender Tabelle:

Äußerer Durchmesser D mm	Wandstärke δ mm	Querschnittfläche cm²	Gewicht kg/m	Tragfähigkeit gusseiserner Säulen ringförmigen Querschnittes in Tonnen für σ zul = 500 kg/cm² bei der Stützhöhe (in m) von: 2,50	3,00	3,50	4,00	4,50	5,00	5,50
80	10	22,0	25	2,75	2,07	1,60	1,27	1,03		
	12	25,64	28	3,09	2,39	1,79	1,42	1,15		
	15	30,63	32	3,50	2,62	2,04	1,59	1,29		
100	12	33,18	35,5	5,72	4,44	3,51	2,83	2,32	1,93	
	15	40,06	41	6,65	5,13	4,05	3,25	2,66	2,21	
	20	50,27	49	7,84	6,02	4,72	3,78	3,09	2,56	
120	12	40,72	45	8,97	7,20	5,83	4,79	3,98	3,35	
	15	49,48	52	10,60	8,47	6,85	5,97	4,65	3,91	
	20	62,83	61	12,87	10,21	8,21	6,70	5,54	4,64	
140	15	58,91	62	15,13	12,47	10,32	8,61	7,24	6,16	5,28
	20	75,40	74,5	18,73	15,33	12,62	10,49	8,80	7,46	6,38
	25	90,32	87	21,68	17,64	14,46	11,97	10,02	8,47	7,24
160	15	68,33	71,6	20,03	16,94	14,33	12,17	10,39	8,94	7,74
	20	87,96	87,5	25,14	21,14	17,80	15,06	12,82	10,99	9,50
	25	106,03	101	29,52	24,71	20,71	17,46	14,82	12,67	10,93
180	15	77,76	85,3	25,13	22,26	18,77	16,21	14,03	12,20	10,67
	20	100,53	98,6	31,88	27,45	23,59	20,30	17,52	15,19	13,26
	25	121,74	115,6	37,83	32,45	27,76	23,80	20,48	17,73	15,43
200	15	87,18	100,6	30,37	26,79	23,51	20,61	18,08	15,90	14,03
	20	113,10	120,6	38,81	34,09	29,83	26,04	22,79	19,99	17,60
	25	137,45	140,6	46,43	40,64	35,41	30,83	26,90	23,53	20,68
220	20	125,66	141,6	45,84	40,94	36,37	32,23	28,52	25,29	22,46
	25	153,15	162,6	55,17	49,12	43,48	38,41	33,93	29,99	26,61
	30	179,07	183,6	63,79	56,52	49,88	43,93	38,71	34,15	30,23

1937
DIN 1051

Bemessungstafel für mittig belastete, runde gusseiserne Hohlsäule

σ_{zul} = 900 kg/cm²

Abmessungen mm		max S in Tonnen bei einer Knicklänge S_K in m =															Für λ = 100	
D	δ	2,50	2,75	3,00	3,25	3,50	3,75	4,00	4,25	4,50	4,75	5,00	5,50	6,00	6,50	7,00	max S_K m	max S t
	12	8,74	7,12	5,99	-	-	-	-	-	-	-	-	-	-	-	-	3,14	5,46
100	14	9,43	7,8	6,55	-	-	-	-	-	-	-	-	-	-	-	-	3,08	6,22
	16	10,1	8,36	7,04	-	-	-	-	-	-	-	-	-	-	-	-	3,02	6,94
	12	19,3	15,7	11,7	9,35	8,07	7,01	-	-	-	-	-	-	-	-	-	3,84	6,7
120	14	21,5	17,1	12,4	10,4	8,94	7,79	-	-	-	-	-	-	-	-	-	3,78	7,67
	16	23,3	18,4	13,2	11,3	9,72	-	-	-	-	-	-	-	-	-	-	3,72	8,6
	14	32,5	28,9	24,9	20,6	15,9	13,0	11,5	10,1	-	-	-	-	-	-	-	4,48	9,11
140	16	36,0	31,8	27,2	22,2	16,8	14,3	12,5	11,1	-	-	-	-	-	-	-	4,42	10,2
	18	39,3	34,4	29,2	23,6	17,6	15,3	13,5	11,9	-	-	-	-	-	-	-	4,36	11,3
	14	42,8	39,7	36,2	32,5	28,5	24,1	19,4	15,7	14,0	12,6	11,4	-	-	-	-	5,19	10,6
160	16	47,8	44,2	40,2	35,8	31,1	26,2	20,6	17,3	15,4	13,8	12,5	-	-	-	-	5,12	11,9
	18	52,6	48,5	43,9	39,0	33,6	28,0	21,8	18,7	16,7	15,0	13,5	-	-	-	-	5,06	13,2
	16	58,8	55,6	52,2	48,4	44,2	39,8	35,1	30,0	24,7	20,4	18,4	15,2	-	-	-	5,82	13,6
180	18	65,1	61,5	57,5	53,2	48,4	43,4	38,1	32,3	26,3	22,1	20,0	16,5	-	-	-	5,76	15,1
	20	70,6	66,7	62,2	57,3	52,1	46,5	40,5	34,1	27,4	23,7	21,4	17,7	-	-	-	5,70	16,5
	18	77,3	74,0	70,4	66,6	62,4	57,9	53,2	48,0	42,6	36,9	30,8	23,5	19,7	-	-	6,47	16,9
200	20	84,3	80,7	76,7	72,4	67,7	62,7	57,3	51,6	45,6	39,2	32,4	25,2	21,1	-	-	6,40	18,6
	22	91,5	87,4	83,0	78,2	73,0	67,5	61,5	55,2	48,4	41,4	33,7	26,9	22,6	-	-	6,34	20,2
220	22	106	102	98,3	93,9	89,3	84,2	78,9	73,1	67,1	60,6	53,9	39,3	31,0	26,5	22,8	7,04	22,5
	24	114	110	106	101	95,9	90,3	84,4	78,0	71,3	64,2	56,9	40,8	32,9	28,1	-	6,98	24,3
240	24	129	126	122	117	113	108	102	96,6	90,6	84,1	77,5	63,0	47,0	37,6	32,4	7,69	26,8
	26	139	135	130	125	120	115	109	103	96,1	89,2	81,8	65,8	48,6	39,6	34,1	7,62	28,8
260	26	155	151	147	143	138	133	128	122	116	109	103	88,0	72,1	54,8	44,4	8,32	31,4
	30	175	171	166	161	156	150	143	137	130	122	114	97,1	78,4	58,2	48,9	8,20	35,7
280	26	170	167	163	159	155	150	145	140	135	129	122	109	94,6	78,5	61,3	9,03	34,1
	30	194	190	185	181	176	170	165	158	152	145	137	122	105	86,0	65,5	8,90	38,8
300	25	180	177	174	170	166	162	158	153	148	143	137	125	112	98,1	82,8	9,76	35,5
	30	211	208	204	199	195	190	184	179	172	166	159	145	129	112	92,5	9,60	41,8

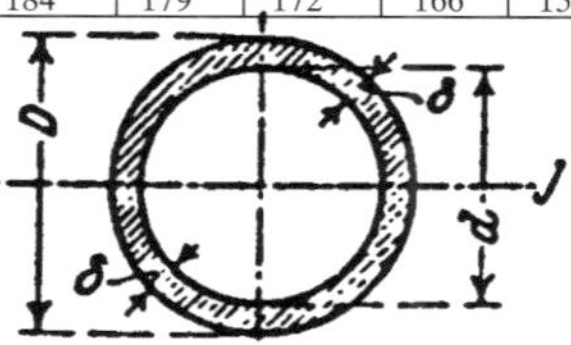

5.3 Tragfähigkeitstafeln für Stützen aus Profilträgern

1908 Normalprofilbuch

Erforderliche Querschnitte und kleinste Trägheitsmomente von Stützen bei zul. σ = 75,00 MN/m² und zentrischer Belastung

Belastung der Stütze	erf A	kleinstes Trägheitsmoment min J in cm⁴ Knicklänge sk in m										
P in kN	cm²	1,00	1,50	2,00	2,50	3,00	3,50	4,00	4,50	5,00	5,50	6,00
1,00	0,133	0,25	0,56	1,00	1,56	2,25	3,06	4,00	5,06	6,25	7,56	9,00
2,00	0,267	0,50	1,13	2,00	3,13	4,50	6,13	8,00	10,1	12,5	15,1	18,0
3,00	0,400	0,75	1,69	3,00	4,69	6,75	9,19	12,0	15,2	18,8	22,7	27,0
4,00	0,533	1,00	2,25	4,00	6,25	9,00	12,3	16,0	20,3	25,0	30,3	36,0
5,00	0,667	1,25	2,81	5,00	7,81	11,3	15,3	20,0	25,3	31,3	37,8	45,0
6,00	0,800	1,50	3,38	6,00	9,38	13,5	18,4	24,0	30,4	37,5	45,4	54,0
7,00	0,933	1,75	3,94	7,00	10,9	15,8	21,4	28,0	35,4	43,8	52,9	63,0
8,00	1,070	2,00	4,50	8,00	12,5	18,0	24,5	32,0	40,5	50,1	60,5	72,0
9,00	1,200	2,25	5,06	9,00	14,1	20,3	27,6	36,0	45,6	56,3	68,1	81,0
10,00	1,300	2,50	5,60	10,0	15,6	22,5	30,6	40,0	50,6	62,5	75,6	90,0
11,00	1,470	2,75	6,16	11,0	17,2	24,8	33,7	44,0	55,7	68,8	83,2	99,0
12,00	1,600	3,00	6,75	12,0	18,8	27,0	36,8	48,0	60,8	75,0	90,8	108
13,00	1,730	3,25	7,31	13,0	20,4	29,3	39,9	52,0	65,8	81,3	98,3	117
14,00	1,870	3,50	7,88	14,0	21,9	31,5	42,9	56,0	70,9	87,5	106	126
15,00	2,000	3,75	8,45	15,0	23,5	33,8	46,0	60,0	76,0	93,8	113	135
16,00	2,130	4,00	9,00	16,0	25,0	36,0	49,1	64,0	81,0	100	121	144
17,00	2,270	4,25	9,56	17,0	26,6	38,3	52,2	68,0	86,1	106	129	153
18,00	2,400	4,50	10,1	18,0	28,1	40,5	55,1	72,0	91,1	113	136	162
19,00	2,530	4,75	10,7	19,0	29,7	42,8	58,2	76,0	96,2	119	144	171
20,00	2,670	5,00	11,3	20,0	31,3	45,0	61,3	80,0	101	125	151	180
22,00	2,930	5,50	12,4	22,0	34,4	49,5	67,4	88,0	111	138	166	198
24,00	3,200	6,00	13,5	24,0	37,5	54,0	73,5	96,0	122	150	182	216
26,00	3,470	6,50	14,6	26,0	40,7	58,5	79,7	104	132	163	197	234
28,00	3,730	7,00	15,8	28,0	43,8	63,0	85,8	112	142	175	212	252
30,00	4,000	7,50	16,9	30,0	46,9	67,5	91,9	120	152	188	227	270
32,00	4,270	8,00	18,0	32,0	50,0	72,0	98,1	128	162	200	242	288
34,00	4,530	8,50	19,1	34,0	53,2	76,5	104	136	172	213	257	306
36,00	4,800	9,00	20,2	36,0	56,3	81,0	110	144	182	225	272	324
38,00	5,070	9,50	21,4	38,0	59,4	85,5	116	152	192	238	288	342
40,00	5,330	10,0	22,5	40,0	62,5	90,0	123	160	203	250	303	360
44,00	5,870	11,0	24,8	44,0	68,8	99,0	135	176	223	275	333	396
48,00	6,400	12,0	27,0	48,0	75,0	108	147	192	243	300	363	432

1908 Normalprofilbuch

Erforderliche Querschnitte und kleinste Trägheitsmomente von Stützen bei zul. σ = 100,00 MN/m² und zentrischer Belastung

Belastung der Stütze	erf A	kleinstes Trägheitsmoment min J in cm⁴ Knicklänge sk in m										
P in kN	cm²	1,00	1,50	2,00	2,50	3,00	3,50	4,00	4,50	5,00	5,50	6,00
1,00	0,100	0,25	0,56	1,00	1,56	2,25	3,06	4,00	5,06	6,25	7,56	9,00
2,00	0,200	0,50	1,13	2,00	3,13	4,50	6,13	8,00	10,1	12,5	15,1	18,0
3,00	0,300	0,75	1,69	3,00	4,69	6,75	9,19	12,0	15,2	18,8	22,7	27,0
4,00	0,400	1,00	2,25	4,00	6,25	9,00	12,3	16,0	20,3	25,0	30,3	36,0
5,00	0,500	1,25	2,81	5,00	7,81	11,3	15,3	20,0	25,3	31,3	37,8	45,0
6,00	0,600	1,50	3,38	6,00	9,38	13,5	18,4	24,0	30,4	37,5	45,4	54,0
7,00	0,700	1,75	3,94	7,00	10,9	15,8	21,4	28,0	35,4	43,8	52,9	63,0
8,00	0,800	2,00	4,50	8,00	12,5	18,0	24,5	32,0	40,5	50,1	60,5	72,0
9,00	0,900	2,25	5,06	9,00	14,1	20,3	27,6	36,0	45,6	56,3	68,1	81,0
10,00	1,000	2,50	5,60	10,0	15,6	22,5	30,6	40,0	50,6	62,5	75,6	90,0
11,00	1,100	2,75	6,16	11,0	17,2	24,8	33,7	44,0	55,7	68,8	83,2	99,0
12,00	1,200	3,00	6,75	12,0	18,8	27,0	36,8	48,0	60,8	75,0	90,8	108
13,00	1,300	3,25	7,31	13,0	20,4	29,3	39,9	52,0	65,8	81,3	98,3	117
14,00	1,400	3,50	7,88	14,0	21,9	31,5	42,9	56,0	70,9	87,5	106	126
15,00	1,500	3,75	8,45	15,0	23,5	33,8	46,0	60,0	76,0	93,8	113	135
16,00	1,600	4,00	9,00	16,0	25,0	36,0	49,1	64,0	81,0	100	121	144
17,00	1,700	4,25	9,56	17,0	26,6	38,3	52,2	68,0	86,1	106	129	153
18,00	1,800	4,50	10,1	18,0	28,1	40,5	55,1	72,0	91,1	113	136	162
19,00	1,900	4,75	10,7	19,0	29,7	42,8	58,2	76,0	96,2	119	144	171
20,00	2,000	5,00	11,3	20,0	31,3	45,0	61,3	80,0	101	125	151	180
22,00	2,200	5,50	12,4	22,0	34,4	49,5	67,4	88,0	111	138	166	198
24,00	2,400	6,00	13,5	24,0	37,5	54,0	73,5	96,0	122	150	182	216
26,00	2,600	6,50	14,6	26,0	40,7	58,5	79,7	104	132	163	197	234
28,00	2,800	7,00	15,8	28,0	43,8	63,0	85,8	112	142	175	212	252
30,00	3,000	7,50	16,9	30,0	46,9	67,5	91,9	120	152	188	227	270
32,00	3,200	8,00	18,0	32,0	50,0	72,0	98,1	128	162	200	242	288
34,00	3,400	8,50	19,1	34,0	53,2	76,5	104	136	172	213	257	306
36,00	3,600	9,00	20,2	36,0	56,3	81,0	110	144	182	225	272	324
38,00	3,800	9,50	21,4	38,0	59,4	85,5	116	152	192	238	288	342
40,00	4,000	10,0	22,5	40,0	62,5	90,0	123	160	203	250	303	360
44,00	4,400	11,0	24,8	44,0	68,8	99,0	135	176	223	275	333	396
48,00	4,800	12,0	27,0	48,0	75,0	108	147	192	243	300	363	432

1925 Stützen aus Breitflanschträgern mit normalem Steg berechnet auf Knicken nach dem Omega-Verfahren

Profil Nr.	i_y	Querschnitt F	Gewicht G	$P_0 =$ 1,200 · F für $s_K = 0$	Grenzknicklänge s_{Kmax} = 150 i_y	Tragfähigkeit P für s_{Kmax}	Tragfähigkeit $P = \frac{\sigma \cdot F}{\omega}$ in Tonnen für eine zulässige Beanspruchung σ_{zul} = 1,200 t/cm² und eine Knicklänge sg in m =															Profil Nr.
	cm	cm²	kg/m	t	cm	t	2,50	3,00	3,50	4,00	4,50	5,00	5,50	6,00	6,50	7,00	7,50	8,00	9,00	10,00	11,00	
14	3,53	44,12	34,63	52,9	530	10,0	37,6	30,5	22,8	17,4	13,7	11,1	–	–	–	–	–	–	–	–	–	14
15	3,78	47,32	37,15	56,8	567	10,7	42,6	36,2	28,3	21,4	16,9	13,6	11,3	–	–	–	–	–	–	–	–	15
16	1,05	58,36	45,81	70,0	608	13,2	54,6	47,2	39,4	30,8	24,0	19,4	16,0	13,5	–	–	–	–	–	–	–	16
18	4,55	65,76	51,62	78,9	683	14,8	64,9	59,1	51,1	43,4	34,2	27,7	22,8	19,1	16,3	–	–	–	–	–	–	18
20	5,08	82,73	64,94	99,3	762	18,6	85,2	79,2	72,2	63,4	53,9	43,4	35,8	29,9	25,5	22,3	19,2	–	–	–	–	20
22	5,58	91,13	71,54	109,4	837	20,5	96,4	90,8	84,4	76,8	68,0	58,5	47,7	40,0	33,9	29,3	25,5	22,7	–	—	–	22
24	6,10	111,32	87,39	133,6	915	25,1	120,7	114,7	108,0	100,3	91,1	81,2	70,8	58,5	49,3	42,8	37,3	32,8	25,9	–	–	24
25	6,36	116,02	91,08	139,2	954	26,2	126,9	121,0	114,6	107,0	99,0	89,2	78,3	66,7	56,3	48,7	42,3	37,1	29,3	–	–	25
26	6,61	120,72	94,77	144,9	992	27,2	132,7	127,3	121,0	114,4	106,0	96,3	86,0	75,5	63,5	54,6	47,5	41,7	32,9	–	–	26
28	7,15	143,58	112,71	172,3	1073	32,4	159,5	154,7	148,3	140,9	132,7	124,0	112,7	100,0	89,4	76,3	66,1	58,1	45,8	37,2	–	28
30	7,64	153,98	120,87	184,8	1146	34,8	172,7	168,4	162,1	155,2	147,8	138,8	129,2	118,4	106,3	94,4	81,3	71,2	56,2	45,2	37,4	30
32	7,60	171,31	134,48	205,6	1140	38,6	191,9	187,2	180,0	172,2	164,1	154,0	143,1	131,0	117,5	103,8	89,5	78,3	61,9	50,1	41,3	32
34	7,54	173,91	136,52	208,7	1131	39,3	194,7	189,7	182,3	174,3	166,0	155,5	144,1	131,9	117,9	103,6	89,3	78,3	61,8	50,1	41,4	34
36	7,51	191,47	150,30	229,8	1127	43,1	214,2	208,9	200,5	191,5	182,5	170,7	158,0	144,7	129,2	113,0	97,8	85,6	67,6	54,7	45,5	36
38	7,46	194,27	152,50	233,1	1119	43,8	217,0	211,8	203,1	194,0	184,5	172,6	159,2	145,6	129,8	113,1	97,8	85,7	67,9	54,8	45,3	38
40	7,49	208,51	163,68	250,2	1124	47,0	233,0	227,4	218,1	208,5	198,4	185,6	171,6	157,1	140,0	122,2	105,8	92,7	73,1	59,2	49,0	40
42½	7,43	212,01	166,43	254,4	1115	47,8	236,8	230,6	221,2	211,2	200,6	187,7	173,1	158,0	140,8	122,2	105,8	92,7	73,2	59,2	49,1	42½
45	7,38	231,64	181,84	278,0	1107	52,4	258,3	251,7	241,3	230,0	218,2	204,3	187,8	170,7	152,3	131,7	113,7	100,0	78,9	63,8	52,9	45
47½	7,32	235,39	184,78	282,5	1098	53,2	262,5	255,2	244,6	233,3	220,9	206,7	189,3	171,4	153,1	131,4	113,9	100,0	78,9	63,9	–	47½
50	7,26	255,34	200,44	306,4	1089	57,6	284,2	276,3	264,8	252,0	238,2	222,7	203,7	184,0	164,2	140,2	121,3	106,7	84,0	68,4	–	50
55	7,16	263,34	206,72	316,0	1074	59,5	292,6	283,9	271,9	258,4	243,8	227,8	207,1	185,9	164,7	140,2,	121,8	107,0	84,3	68,4	–	55
60	7,06	288,92	226,80	346,7	1059	65,1	320,4	310,4	297,1	282,1	265,1	246,6	224,0	199,8	175,0	149,7	129,8	114,4	90,0	73,1	–	60
65	6,96	297,42	233,47	356,9	1044	67,0	329,2	318,1	304,2	288,5	270,2	250,3	227,3	201,6	174,7	149,3	130,0	114,1	90,1	73,0	–	65
10	6,88	324,02	254,36	388,8	1032	73,1	358,3	345,6	330,3	313,0	292,3	269,3	244,8	216,1	185,5	159,0	138,1	121,9	96,0	77,8	–	70
75	6,79	333,02	261,42	399,6	1019	75,1	367,6	353,9	337,5	319,7	297,8	273,3	246,8	217,9	185,5	158,9	138,4	121,5	96,0	77,8	–	75
80	6,70	342,02	268,49	410,4	1005	77,3	376,8	361,9	344,9	326,4	303,3	276,9	248,6	219,7	185,2	158,8	138,9	121,6	96,0	77,9	–	80
85	6,61	371,55	291,67	445,9	992	83,8	408,7	391,8	372,5	352,0	326,7	296,9	264,9	232,5	195,7	167,9	146,1	128,8	102,0	–	–	85
90	6,53	381,05	299,12	457,3	980	86,0	418,3	400,8	380,4	358,1	332,3	300,4	267,4	232,0	195,7	168,0	146,4	128,6	101,6	–	–	90
95	6,45	390,55	306,58	468,7	968	88,1	428,4	409,0	387,7	364,5	337,9	304,3	268,7	231,6	195,3	168,3	146,2	128,5	101,7	–	–	95
100	6,37	400,05	314,04	480,1	956	90,4	438,0	417,5	395,5	370,4	342,4	307,7	270,8	230,6	195,1	168,2	146,2	128,4	101,5	–	–	100

1931 Stützen aus Flusseisen

Tragfähigkeit von][- und []-Stützen (I und II) aus deutschen Normalprofilen a_1= lichter Stegabstand bei I, a_2 = äußere Profilbreite bei II.

2 NP	Abstand a_1 mm	Abstand a_2 mm	$J_{min} = J_x$ cm^4	Querschnitt F cm^2	Tragfähigkeit (in Tonnen) des][- und []-Profils bei einer Säulenlänge (in m) von 3,0	3,5	4,0	4,5	5,0	5,5	6,0
8	28	140	212	22,0	9,89	7,27	5,56	4,40	3,56	2,94	2,47
10	42	150	412	27,0	19,23	14,13	10,82	8,55	6,92	5,72	4,81
12	55	160	728	34,0	33,98	24,97	19,12	15,10	12,23	10,11	8,49
14	68	170	1 210	40,8	48,96	41,50	31,77	25,10	20,33	16,80	14,12
16	82	180	1 850	48,0	57,60		48,58	88,38	31,09	25,69	21,59
18	95	190	2 708	56,0	67,20			56,19	45,15	37,61	31,60
20	108	200	8 822	64,4	77,28				64.23	53,08	44,61
22	120	210	5 380	74,8	89,76					74,72	62,79
24	134	225	7 196	84,6	101,52	Unabhängig von der Stützenhöhe, daher wie in Spalte für 3,0 m. (Reiner Druck)				99,95	83,98
26	146	240	9 646	96,6	115,92						112,58
28	160	260	12 552	106,6	124,65						

Bei kleinen Lasten genügen einfache Profilleisten, bei größeren Lasten dagegen sind zusammengesetzte Profilleisten erforderlich.

1952 Stützen aus breit- und parallelflanschigem IP-Stahl in t für Handelsbaustahl im Belastungsfall 1

Ermittelt unter Verwendung der Knickzahlen w nach DIN 4114

S_k in m	IP 10	IP 12	IP 14	IP 16	IP 18	IP 20	IP 22	IP 24	IP 26	IP 28	IP 30
2,00	23,8	35,8	48,5	68,0	79,4	101	113	140	156	188	203
2,10	22,6	34,3	47,5	66,4	78,0	101	113	140	155	186	201
2,20	21,8	33,2	46,7	65,9	77,4	99,8	113	139	154	185	199
2,30	21,1	32,2	45,7	64,3	76,1	98,8	111	137	152	184	199
2,40	20,2	31,3	44,4	63,4	74,9	97,2	110	137	152	183	198
2,50	19,3	30,4	43,4	61,9	73,7	96,3	109	136	150	181	196
2,60	18,6	29,5	42,2	60,9	72,5	94,8	108	134	149	181	196
2,70	17,8	28,3	41,1	59,6	71,4	94	107	133	148	178	194
2,80	17	27,6	40,2	58,3	70,3	92,6	105	131	147	178	192
2,90	16,4	26,6	39	56,7	68,8	91	104	130	146	177	191
3,00	15,4	25,5	38	55,9	67,7	89,7	103	129	144	175	190
3,25	13,1	23,2	35,5	52,7	64,8	86,4	99,6	126	141	171	186
3,50	11,3	21,5	32,8	49,7	62,2	82,6	95,9	122	137	168	182
3,75	9,84	18,8	29,8	46,4	58,3	79,2	93,1	117	183	164	179
4,00	8,64	16,4	28,3	43,5	55,4	75,6	88,6	114	129	160	175
4,25	7,66	14,5	25,3	40,8	52,3	71,8	85,6	110	125	155	171
4,50	6,81	12,9	22,3	38,2	49,1	68,5	81,7	106	122	151	167
4,75	6,18	11,6	20	35,4	46,1	65,7	78,7	102	117	147	163

S_k in m	IP 10	IP 12	IP 14	IP 16	IP 18	IP 20	IP 22	IP 24	IP 26	IP 28	IP 30
5,00	5,54	10,4	18,1	32,0	43,7	62,1	75,4	98,3	114	143	158
5,25	5,04	9,5	16,4	28,7	41,3	59	71,6	94,7	110	138	154
5,50	4,56	8,68	15	26,2	37,8	55,9	68,6	90,8	106	134	149
5,75	4,17	7,96	13,7	23,9	34,3	53,1	65	87,8	102	129	145
6,00	3,82	7,25	12,6	22,0	31,4	49,2	62,2	83,5	97,9	125	141
6,25	3,53	6,68	11,6	20,4	29,1	45,3	59	80,1	94,6	120	136
6,50	–	6,2	10,8	18,9	26,7	41,7	56,2	76,9	91	116	133
6,75	–	5,76	10	17,3	25,0	38,6	51,6	73,6	87,3	112	128
7,00	–	5,37	9,82	16,2	23,0	35,9	48,3	69,3	83,9	108	124
7,25	–	4,98	8,58	15,1	21,5	38,5	44,7	65	80,3	104	119
7,50	–	4,65	8,13	14,1	20,0	31,2	42,1	60,9	77,4	101	116
7,75	–	–	7,55	13,2	18,8	29,8	39,1	57,1	78,3	96,4	112
8,00	–	–	7,15	12,8	17,6	27,4	36,9	53,6	68,5	93,3	108
8,25	–	–	6,67	11,6	16,6	26,1	34,4	50,5	64,1	88,8	104
8,50	–	–	6,34	10,9	15,6	24,5	32,6	47,6	60,3	84,4	100

Die Werte über dem Trennstrich sind kleiner und unter dem Trennstrich größer als bei Verwendung der überholten Knickzahlen nach DIN 1050.

5.4 Tragfähigkeitstafeln für Niete

Stauchung = Lochleibungsdruck

1928 Zusammenstellung über die Tragfähigkeit der Normalniete in t

Niet- (Loch-) Durchmesser d in mm	Querschnitt	Tragfähigkeit eines Nietes auf Abscheren		Tragfähigkeit eines Nietes auf Stauchung d · 6 · 2,0 t bei einer Blech- (Flansch- usw.) Stärke δ in mm															
		ein-schnittig	zwei-schnittig																
	$\frac{d^2\pi}{4}$	$\frac{d^2\pi}{4} \cdot 1\,t$	$2\,\frac{d^2\pi}{4} \cdot 1\,t$	5	6	7	8	9	10	11	12	13	14	15	16	17	18	19	20
11	0,950	0,950	1,900	1,10	1,32	1,54	1,76	1,98	2,20	2,42	2,64	2,86	3,08	3,30	3,52	3,74	3,96	4,18	4,40
14	1,539	1,539	3,078	1,40	1,68	1,96	2,24	2,52	2,80	3,08	3,36	3,64	3,92	4,20	4,48	4,76	5,04	5,32	5,60
17	2,270	2,270	4,540	1,70	2,04	2,38	2,72	3,06	3,40	3,74	4,08	4,42	4,76	5,10	5,44	5,78	6,12	6,46	6,80
20	3,142	3,142	6,284	2,00	2,40	2,80	3,02	3,60	4,00	4,40	4,80	5,20	5,60	6,00	6,40	6,80	7,20	7,60	8,00
23	4,155	4,155	8,310	2,30	2,76	3,22	3,68	4,14	4,60	5,06	5,52	5,98	6,44	6,90	7,36	7,82	8,28	8,74	9,20
26	5,310	5,310	10,620	2,60	3,12	3,64	4,16	4,68	5,20	5,72	6,24	6,76	7,28	7,80	8,32	8,84	9,36	9,88	10,40

1948

Nietlochdurchmesser (geschlag. Nietdurchm.) mm				11	14	17	20	23	26
Rohnietdurchmesser mm				10	13	16	19	22	25
Sinnbilder									
Art. der Beanspr.	Werkstoff		Belast.-fall	Tragfähigkeit in t					
	Bauteil	Niet							
Abscheren einschnittig	Hbst bzw. St 37	St 34	1	1,33	2,16	3,18	4,40	5,82	7,43
			2	1,52	2,46	3,63	6,03	6,65	8,49
	St 52	St 44	1	2,00	3,23	4,77	6,60	8,72	11,1
			2	2,28	3,69	5,45	7,54	9,97	12,7
Abscheren zweischnittig	Hbst bzw. St 37	St 34	1	2,66	4,31	6,35	8,80	11,6	14,9
			2	3,04	4,93	7,26	10,0	13,3	17,0
	St 52	St 44	1	3,99	6,46	9,53	13,2	17,4	22,3
			2	4,56	7,89	10,9	15,1	19,9	25,5
Lochleibungsdruck je cm Bohrtiefe	Hbst bzw. St 37	St 34	1	3,08	3,92	4,76	5,60	6,44	7,28
			2	3,52	4,48	5,44	6,40	7,36	8,32
	St 52	St 44	1	4,62	5,88	7,14	8,40	9,65	10,9
			2	5,28	6,72	8,16	9,60	11,0	12,5

1951

Nietlochdurchmesser (geschlag.Nietdurchm.) mm				11	13	17	21	23	25
Rohnietdurchmesser mm				10	12	16	20	22	24
Sinnbilder									
Art. der Beanspr.	Werkstoff		Belast.-fall	Tragfähigkeit in t					
	Bauteil	Niet							
Abscheren einschnittig	Hbst bzw. St 37	St 34	1	1,33	1,86	3,18	4,85	5,82	6,87
			2	1,52	2,12	3,63	5,54	6,65	7,85
	St 52	St 44	1	2,00	2,79	4,77	7,27	8,72	10,3
			2	2,28	3,19	5,45	8,31	9,97	11,8
Abscheren zweischnittig	Hbst bzw. St 37	St 34	1	2,66	3,72	6,36	9,70	11,6	13,7
			2	3,04	4,25	7,26	11,1	13,3	15,7
	St 52	St 44	1	3,99	5,57	9,53	14,5	17,4	20,6
			2	4,56	6,37	10,9	16,6	19,9	23,6
Lochleibungsdruck je cm Bohrtiefe	Hbst bzw. St 37	St 34	1	3,08	3,64	4,76	5,88	6,44	7,00
			2	3,52	4,16	5,44	6,72	7,36	8,00
	St 52	St 44	1	4,62	5,46	7,14	8,82	9,66	10,5
			2	5,28	6,24	8,16	10,1	11,0	12,0

1953

Trägfähigkeit in t eines Nietes aus St 34.13
(Werte nur für den Stahlhochbau)

Die eingeklammerten Werte sollen nach Möglichkeit nicht verwandt werden.

Nenn. ∅	Niet-loch ∅	Zulässige Spannungen in kg/cm²		Auf Abscheren		Auf Lochleibungsdruck bei einer Plattendicke (in mm) von						
mm	mm	τ_a	σ_l	1 schn.	2 schn.	6	8	10	12	14	15	16
10	11	1400	2800	1,33	2,66	1,83	2,46	3,08				
		1606	3200	1,52	3,04	2,11	2,82	3,52				
12	13	1400	2800	1,86	3,72	2,18	2,91	3,64				
		1600	3200	2,12	4,25	2,50	3,33	4,16				
(14	15)	1400	2800	2,48	4,96	2,52	3,36	4,20	5,04			
		1600	3200	2,90	5,80	2,88	3,84	4,80	5,76			
16	17	1400	2800	3,18	6,36	2,86	3,81	4,76	5,71	6,66		
		1600	3200	3,63	7,26	3,26	4,35	5,44	6,53	7,62		
(18	19)	1400	2800	3,97	7,94	3,19	4,26	5,32	6,38	7,45	7,93	
		1600	3200	4,54	9,08	3,65	4,86	6,08	7,30	8,51	9,12	
20	21	1400	2800	4,85	9,70	3,53	4,70	5,88	7,06	8,23	8,82	9,40
		1600	3200	5,54	11,1	4,03	5,38	6,72	8,06	9,41	10,1	10,8
(22	23)	1400	2800	5,81	11,6	3,86	5,15	6,44	7,73	9,02	9,66	10,3
		1600	3200	6,64	13,3	4,42	5,89	7,36	8,83	10,3	11,0	11,3
24	23	1400	2800	6,87	13,7	4,20	5,60	7,00	8,40	9,80	10,5	11,2
		1600	3200	7,85	15,7	4,80	6,40	8,00	9,60	11,2	12,0	12,8
27	28	1400	2800	8,62	17,2	4,70	6,27	7,84	9,41	11,0	11,8	12,5
		1600	3200	9,85	19,7	5,38	7,17	8,96	10,8	12,5	13,4	14,3
(30	31)	1400	2800	10,6	21,2	5,21	6,94	8,68	10,4	12,2	13,0	13,9
		1600	3200	12,1	24,2	5,96	7,96	9,94	11,9	13,9	14,9	15,9

5.5 Tragfähigkeitstafeln für Schrauben

Lochwanddruck = Lochleibungsdruck

1928 Tragfähigkeit der gewöhnlichen Schrauben auf Abscherung und Lochwanddruck in *t*.

$\tau_0 = 0{,}750,\ \tau_l = 1{,}5\ t/cm^2$

Bolzen ∅ = d		Quer-schnitt	Tragfähigkeit einer Schraube																	
			auf Abscheren		auf Lochwanddruck bei einer Blechstärke = δ															
engl. Zoll	mm	$\frac{d2\pi}{4}$ cm²	einschnittig	zweischnittig	5	6	7	8	9	10	11	12	13	14	15	16	17	18	19	20
⅜	9,52	0,712	0,534	1,068	0,71	0,86	1,00	1,14	1,29	1,43	1,57	1,71	1,86	2,00	2,14	2,28	2,43	2,57	2,71	2,86
½	12,70	1,267	0,950	1,900	0,95	1,14	1,33	1,52	1,71	1,91	2,10	2,29	2,48	2,67	2,86	3,05	3,24	3,43	3,62	3,81
⅝	15,87	1,978	1,484	2,967	1,19	1,43	1,67	1,90	2,14	2,38	2,62	2,86	3,09	3,33	3,57	3,81	4,05	4,28	4,52	4,76
¾	19,05	2,850	2,138	4,275	1,43	1,71	2,00	2,29	2,57	2,86	3,14	3,43	3,71	4,00	4,29	4,57	4,86	5,14	5,43	5,72
⅞	12,22	3,878	2,908	5,817	1,67	2,00	2,33	2,67	3,00	3,33	3,67	4,00	4,33	4,67	5,00	5,33	5,67	6,00	6,33	6,67
1	25,40	5,067	3,800	7,601	1,91	2,29	2,67	3,05	3,43	3,81	4,19	4,57	4,95	5,33	5,72	6,10	6,48	6,86	7,24	7,62

Tragfähigkeit (*P* in t) einer Schraube (Anker) auf Zug bei $\sigma = 0{,}8\ t/cm^2$.

Bolzen-∅ in engl. Zoll	½	⅝	¾	⅞	1	1⅛	1¼	1⅜	1½
Kernquerschnitt in cm²	0,784	1,311	1,961	2,720	3,573	4,498	5,768	6,835	8,388
P in t für diese Schraube	0,627	1,048	1,568	2,176	2,858	3,598	4,614	5,467	6,710
Bolzen-∅ in engl. Zoll	1⅝	1¾	1⅞	2	2¼	2½	2¾	3	
Kernquerschnitt in cm²	9,495	11,305	12,819	14,910	18,873	24,079	28,795	35,151	
P in t für diese Schraube	7,596	9,044	10,255	11,927	15,098	19,263	23,036	28,121	

1951 Sechskantschrauben (metrisches Gewinde)

Bezeichnung	M 10	M 12	M 16	M 20	M 22	M 24
Gewindedurchmesser mm	10	12	16	20	22	24
Sinnbilder						
Lochdurchmesser mm	11	13	17	21	23	25
Kerndurchmesser mm	8,05	9,73	13,40	16,75	18,80	20,10
Kernquerschnitt cm²	0,51	0,74	1,41	2,20	2,76	3,17

	Art der Beanspr.		Werkstoff Bauteil	Werkstoff Schraub	Belast.-fall	Tragfähigkeit in t					
						M 10	M 12	M 16	M 20	M 22	M 24
rohe Schrauben	Abscheren	einschnittig	alle	St 38	1	0,79	1,13	2,01	3,14	3,80	4,52
					2	0,86	1,24	2,21	3,46	4,18	4,98
		zweischnittig	alle	St 38	1	1,57	2,26	4,02	6,28	7,60	9,05
					2	1,73	2,49	4,42	6,91	8,36	9,95
	Lochleibungsdruck je cm Bohrtiefe		alle	St 38	1	1,60	1,92	2,56	3,20	3,52	3,84
					2	1,80	2,16	2,88	3,60	3,96	4,32
eingepaßte Schrauben	Abscheren	einschnittig	Hbst bzw. St 37	St 38	1	1,06	1,49	2,54	3,88	4,65	5,50
					2	1,22	1,70	2,91	4,43	5,32	6,28
			St 52	St 52	1	1,60	2,23	3,81	5,82	6,98	8,25
					2	1,83	2,55	4,36	6,65	7,98	9,43
		zweischnittig	Hbst bzw. St 37	St 38	1	2,13	2,97	5,08	7,76	9,31	11,00
					2	2,43	3,40	5,81	8,87	10,64	12,57
			St 52	St 52	1	3,19	4,46	7,63	11,64	13,96	16,49
					2	3,65	5,10	8,72	13,30	15,95	18,85
	Lochleibungsdruck je cm Bohrtiefe		Hbst bzw. St 37	St 38	1	3,08	3,64	4,76	5,88	6,44	7,00
					2	3,52	4,16	5,44	6,72	7,36	8,00
			St 52	St 52	1	4,62	5,46	7,14	8,82	9,66	10,50
					2	5,28	6,24	8,16	10,08	11,04	12,00

1951 Sechskantschrauben Whitworth-Gewinde

Bezeichnung						3/8"	1/2"	5/8"	3/4"	7/8"	1"
Gewindedurchmesser mm						9,5	12,7	15,9	19,1	22,2	25,4
Sinnbilder											
Lochdurchmesser mm						11	14	17	20	23	26
Kerndurchmesser mm						7,49	9,99	12,92	15,80	18,61	21,34
Kernquerschnitt cm²						0,49	0,78	1,31	1,96	2,72	3,58
	Art. der Beanspr.		Werkstoff Bauteil	Werkstoff Schraub	Belast.-fall	Tragfähigkeit in t					
rohe Schrauben	Abscheren	ein-schnittig	alle	St 38	1	0,71	1,27	1,98	2,86	3,87	5,07
					2	0,78	1,40	2,18	3,14	4,26	5,57
		zwei-schnittig	alle	St 38	1	1,42	2,53	3,96	5,72	7,75	10,1
					2	1,56	2,79	4,36	6,29	8,53	11,1
	Lochleibungsdruck je cm Bohrtiefe		alle	St 38	1	1,52	2,03	2,54	3,06	3,55	4,06
					2	1,71	2,29	2,86	3,44	4,00	4,57
eingepaßte Schrauben	Abscheren	einschnittig	Hbst bzw. St 37	St 38	1	1,06	1,72	2,54	3,52	4,65	5,95
					2	1,22	1,97	2,91	4,02	5,32	6,80
			St 52	St 52	1	1,60	2,59	3,81	5,28	6,98	8,92
					2	1,83	2,96	4,36	6,03	7,98	10,2
		zweischnittig	Hbst bzw. St 37	St 38	1	2,13	3,45	5,08	7,04	9,31	11,9
					2	2,43	3,94	5,81	8,04	10,6	13,6
			St 52	St 52	1	3,19	5,17	7,63	10,6	14,0	17,8
					2	3,65	5,91	8,72	12,1	16,0	20,4
	Lochleibungsdruck je cm Bohrtiefe		Hbst bzw. St 37	St 38	1	3,08	3,92	4,76	5,60	6,44	7,28
					2	3,52	4,48	5,44	6,40	7,3	8,32
			St 52	St 52	1	4,62	5,88	7,14	8,40	9,65	10,9
					2	5,28	6,72	8,16	9,60	11,0	12,5

1953 Tragfähigkeit in t einer rohen Schraube aus St. 38.13
(Whitworthgewinde)
(Werte nur für den Stahl-Hochbau)

Nenn-Ø	Loch-Ø	Zulässige Spannungen in kg/cm²		Auf Abscheren		Auf Lochleibungsdruck bei einer Plattendicke (in mm) von						
Zoll	mm	τ_a	σ_L	1 schn.	2 schn,	6	8	10	12	14	15	16
½"	14	1000	1600	1,27	2,54	1,22	1,62	2,03	2,44			
		1100	1800	1,40	2,79	1,37	1,83	2,29	2,75			
⅝"	17	1000	1600	1,98	3,96	1,52	2,03	2,54	3,05	3,56	3,81	
		1100	1800	2,18	4,36	1,72	2,29	2,86	3,43	4,00	4,29	
¾"	20	1000	1600	2,85	5,70	1,84	2,45	3,06	3,67	4,28	4,59	4,90
		1100	1800	3,14	6,27	2,06	2,75	3,44	4,13	4,82	5,16	5,50
⅞"	23	1000	1600	3,88	7,76	2,13	2,84	3,55	4,26	4,97	5,33	5,68
		1100	1800	4,27	8,54	2,40	3,20	4,00	4,80	5,60	6,00	6,40
1"	26	1000	1600	5,07	10,10	2,44	3,23	4,06	4,87	5,68	6,09	6,50
		1100	1800	5,58	11,20	2,74	3,66	4,57	5,48	6,40	6,86	7,31
1⅛"	29	1000	1600	6,41	12,80	2,75	3,66	4,58	5,50	6,41	6,87	7,33
		1100	1800	7,05	14,10	3,09	4,12	5,15	6,18	7,21	7,73	8,24

Tragfähigkeit in t einer rohen Schraube aus St 38.13
(metrisches System)
(Werte nur für den Stahl-Hochbau)

Nenn-Ø	Loch-Ø	Zulässige Spannungen in kg/cm²		Auf Abscheren		Auf Lochleibungsdruck bei einer Plattendicke (in mm) von						
Zoll	mm	τ_a	σ_L	1 schn.	2 schn,	6	8	10	12	14	15	16
M 12	13	1000	1600	1,13	2,26	1,15	1,54	1,92	2,30	2,69	2,88	3,07
		1100	1800	1,25	2,49	1,30	1,73	2,16	2,59	3,02	3,21	3,46
M 16	17	1000	1600	2,01	4,02	1,54	2,05	2,56	3,07	3,58	3,84	4,10
		1100	1800	2,21	4,42	1,73	2,30	2,88	3,46	4,03	4,32	4,61
M 20	21	1000	1600	3,14	6,28	1,92	2,56	3,20	3,84	4,48	4,80	5,12
		1100	1800	3,45	6,91	2,16	2,88	3,60	4,32	5,04	5,40	5,76
M 24	25	1000	1600	4,52	9,04	2,30	3,07	3,84	4,61	5,38	5,76	6,14
		1100	1800	4,97	9,94	2,59	3,46	4,32	5,13	6,05	6,48	6,91
M 27	28	1000	1600	5,75	11,5	2,59	3,46	4,32	5,13	6,05	6,48	6,91
		1100	1800	6,30	12,6	2,92	3,89	4,86	5,83	6,80	7,29	7,73

1953 Tragfähigkeit in t einer eingepassten Schraube aus St 38.13
(Whitworthgewinde)
(Werte nur für den Stahl-Hochbau)

Nenn- ∅	Loch- ∅	Zulässige Spannungen in kg/cm²		Auf Abscheren		Auf Lochleibungsdruck bei einer Plattendicke (in mm) von						
Zoll	mm	τ_a	σ_L	1 schn.	2 schn,	6	8	10	12	14	15	16
½"	14	1120	2800	1,72	3,45	2,35	3,14	3,91				
		1280	3200	1,97	3,94	2,69	3,58	4,48				
⅝"	17	1120	2800	2,34	5,08	2,86	3,81	4,76				
		1280	3200	2,91	5,81	3,26	4,35	5,44				
¾"	20	1120	2800	3,52	7,04	3,36	4,48	5,60	6,72			
		1280	3200	4,02	8,04	3,84	5,12	6,40	7,68			
⅞"	23	1120	2800	4,65	9,31	3,86	5,13	6,44	7,73	9,02		
		1280	3200	5,32	10,6	4,42	5,80	7,36	8,83	10,3		
1"	26	1120	2800	5,95	11,9	4,37	5,82	7,28	8,74	10,2	10,9	11,6
		1280	3200	6,80	13,6	4,99	6,66	8,32	9,98	11,6	12,5	13,3
1⅛"	29	1120	2800	7,40	14,8	4,87	6,50	8,12	9,74	11,4	12,2	13,0
		1280	3200	8,45	16,9	5,57	7,42	9,28	11,1	13,0	13,9	14,8

Tragfähigkeit in t einer eingepassten Schraube aus St 38.13
(metrisches System)
(Werte nur für den Stahl-Hochbau)

Nenn- ∅	Loch- ∅	Zulässige Spannungen in kg/cm²		Auf Abscheren		Auf Lochleibungsdruck bei einer Plattendicke (in mm) von						
Zoll	mm	τ_a	σ_L	1 schn.	2 schn,	6	8	10	12	14	15	16
M 12	13	1120	2800	1,49	2,97	2,19	2,91	3,65				
		1280	3200	1,70	3,40	2,50	3,34	4,16				
M 16	17	1120	2800	2,54	4,97	2,86	3,81	4,78				
		1280	3200	2,90	5,81	3,26	4,36	5,44				
M 20	21	1120	2800	3,88	7,76	3,52	4,70	5,88	7,12			
		1280	3200	4,43	8,87	4,05	5,40	6,72	8,10			
M 24	25	1120	2800	5,50	11,0	4,20	5,80	7,00	8,40	9,80		
		1280	3200	6,28	12,6	4,80	6,40	8,00	9,60	11,2		
M 27	28	1120	2800	6,90	13,8	4,70	6,28	7,84	9,40	11,8	11,8	12,5
		1280	3200	7,89	15,8	5,38	7,18	8,96	10,8	13,4	13,4	14,3

1953 Tragfähigkeit S_z in t einer auf Zug belasteten Schraube (metrisches Gewinde)

Schrauben-nenn-∅		M 12	M 16	M 20	M 24	M 27
d_k in cm ≅		0,973	1,340	1,675	2,010	2,310
f_k in cm² =		0,743	1,41	2,20	3,17	4,19
$\sigma_{z\,zul}$ in kg/cm²	850	0,63	1,20	1,87	2,69	3,56
	1000	0,74	1,41	2,20	3,17	4,19
	1100	0,82	1,55	2,42	3,49	4,61
	1500	1,11	2,11	3,30	4,76	6,28
	1700	1,26	2,40	3,74	5,39	7,12

Mauerwerksbau

1 Berechnungsgrundlagen

1.1 Allgemeines

Die im Hochbau gebräuchlichsten Bausteine teilen sich ein in:

Natursteine	– als Bruch- oder Werksteine
gebrannte Kunststeine	– Backsteine, Ziegel
ungebrannte Kunststeine	– Kalksand- und Zementkunststeine usw.

Die Wahl des Baustoffes richtete sich nach den jeweiligen örtlichen Gegebenheiten. In steinreichen Gegenden war der Naturstein die preisgünstigere, im Flachland der Kunststein die vorherrschende Steinart.
Die gebräuchlichsten Natursteinarten waren:

Basalt, Granit, Syenit, Porphyr, Basaltlava, Kalkstein und Sandstein.

Im Hochbau fanden die Natursteine Verwendung als gewöhnliche Bruchsteine für Gründungsmauern o. ä., bzw. als Werkstein (Haustein, Quader) für Verblendung, Sockelverkleidungen (Platten) und Gesimse (Schmuck- und Dekorationssteine).
Seit alters her wurden Bausteine aus Lehm, Ton oder tonigen Massen geformt und durch Brennen gehärtet. Mit der Industrialisierung des Bauwesens im vorigen Jahrhundert begann auch die Entwicklung von ungebrannten, künstlichen Steinen. Sie unterscheiden sich dadurch, dass sie auf physikalischem oder chemischem Wege gefestigt werden.
Zu ihnen gehören:

Kalksandsteine, Hüttensteine, Zementklinkersteine usw.

Schon 1880 wurde ein Patent zur Erzeugung von Kalksandsteinen erteilt. Um 1900 begann die industrielle Produktion und führte zu einer schnellen Verbreitung in ganz Deutschland. Seit 1929 werden dampfgehärtete Gasbetonsteine hergestellt.

1.2 Normung der künstlichen Steine

1.2.1 Übersicht

Steinart	DIN	Ausgabe
Mauerziegel (Backstein)	105	Febr. 1936
Kalksandsteine (Mauersteine)	106	1927
Hüttensteine (Mauersteine)	398	Dez. 1936

Steinart	DIN	Ausgabe
Hüttenschwemmsteine	399	Dez. 1936
Schlackensteine	400	Dez. 1936
Zement-Schwemmsteine aus Bimskies	1059	Mai 1937
Wandbausteine und Wandbauplatten aus Gas- und Schaumbeton	4165 (Entwurf)	Mai 1951
Hohlblocksteine aus Leichtbeton	18 151	Sept. 1952
Vollsteine aus Leichtbeton	18 152	Sept. 1952
Hohlblocksteine und T-Steine aus Naturbimsbeton	4152	März 1943
Hohlblocksteine und T-Steine aus Hüttenbims- oder Leichtbeton	4153	März 1943
Hohlblocksteine aus Schlackenbeton	4154	März 1943
Hohlblocksteine aus Ziegelsplittbeton	4155	Okt. 1945

In den aufgeführten DIN-Vorschriften werden die Ziegelmaße, die Art und Gestalt, die Rohdichte, die Druckfestigkeit, das Frostverhalten und die Kennzeichnung festgelegt.

1.2.2 Ziegelarten

Es werden grundsätzlich folgende Arten unterschieden:

a) Vollziegel

Vollziegel ist die Bezeichnung für ungelochte Ziegel.
Zur Verringerung des Gewichtes ist jedoch ein bestimmter Lochanteil senkrecht zur Lagerfläche zulässig (z. B. DIN 105 max. 15 %, DIN 106 max. 25 %).

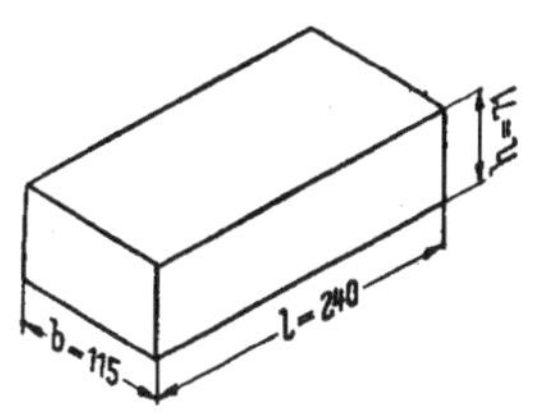

Vollziegel ungelocht

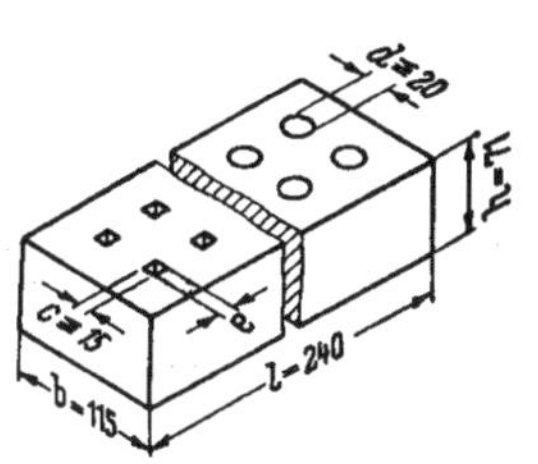

Vollziegel gelocht

b) Lochziegel

Hochlochziegel sind senkrecht zur Lagerfläche gelocht. Man unterscheidet nach Lochung A und B.

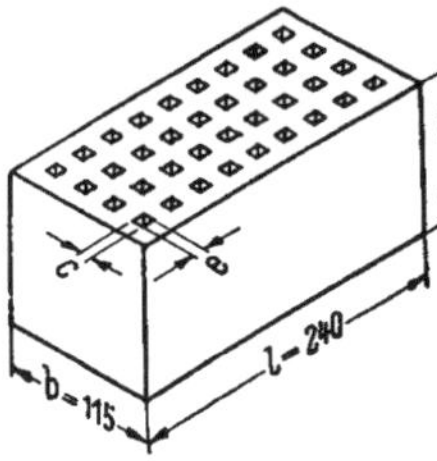

Hochlochziegel A

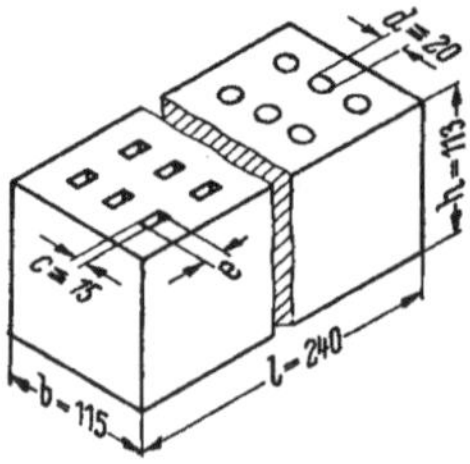

Hochlochziegel B

Hochlochziegel mit sechseckigen Löchern bezeichnet man auch als Wabenziegel.

Langlochziegel sind Ziegel mit Lochung gleichlaufend zur Lagerfläche.

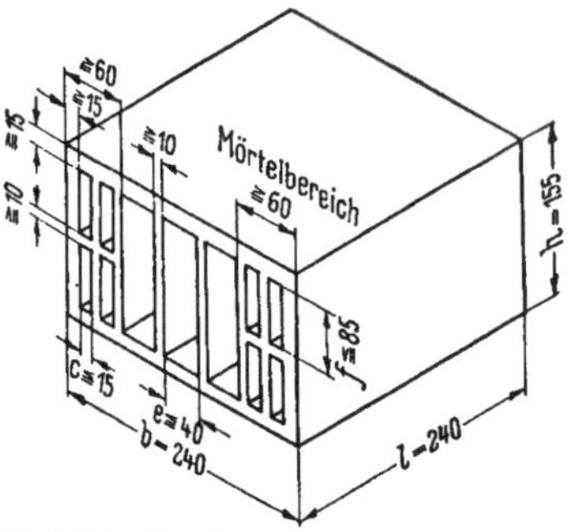

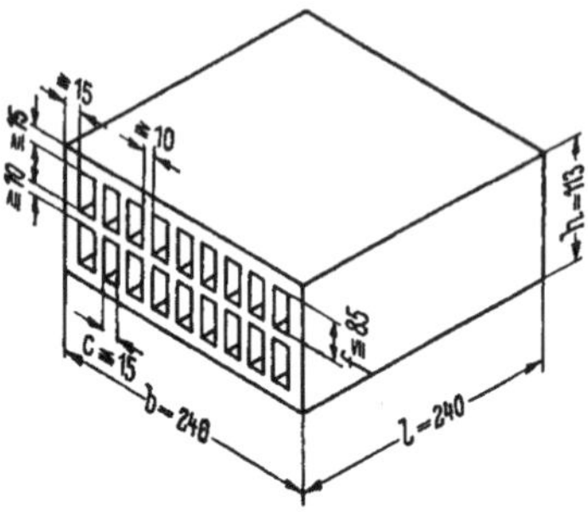

c) Hohlblocksteine

Hohlblocksteine sind in ihren Abmessungen und Steinformen sehr unterschiedlich. Sie werden als großformatige, fünfseitig geschlossene Mauersteine mit Kammern (z. B. als 2- oder 3-Kammerstein) senkrecht zur Lagerfläche hergestellt.

Es gibt sie als Hohlblocksteine aus Leichtbeton, Naturbims, Ziegelsplitt, Beton und Kalksand.

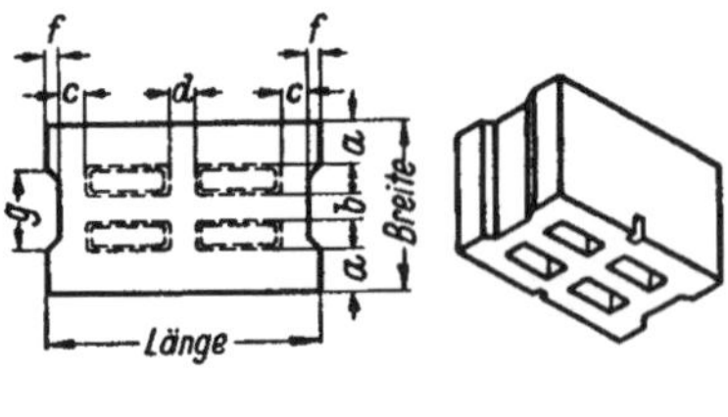

2-Kammerstein

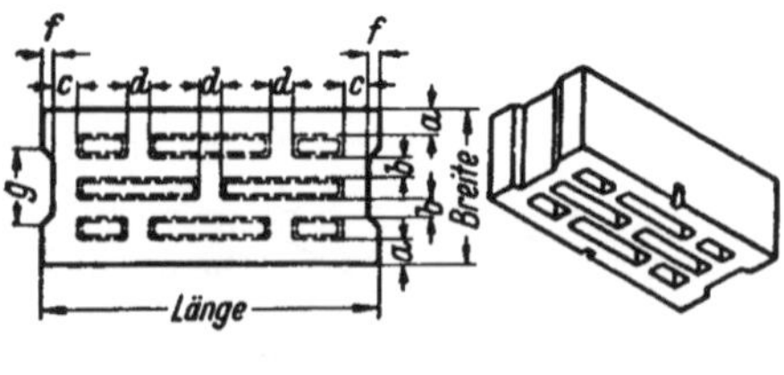

3-Kammerstein

d) Sonderformen

Neben den geschlossenen Hohlblocksteinen aus Beton gibt es auch geteilte Steine, z. B. Winkelsteine, T-, U-, L- und H-Steine.

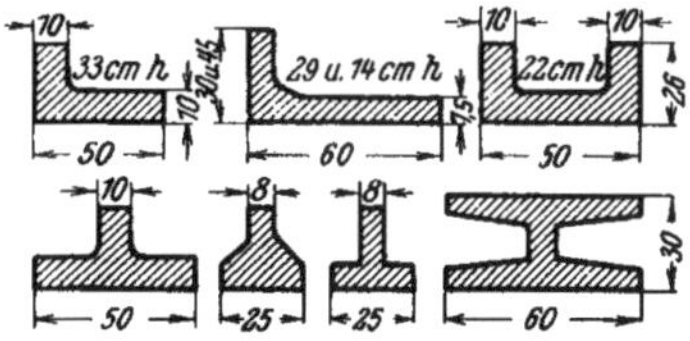

1.2.3 Abmessungen künstlicher Steine

Die Abmessungen der hergestellten Mauerziegel waren in früheren Jahren örtlich sehr verschieden.

1872
In Deutschland wurde das Reichsformat als einheitliches Ziegelformat eingeführt (25/12/6,5 cm). Als Grundlage diente das preußische Zollmaß. Klinker stellte man aber in Norddeutschland weiterhin in den alten Formaten her. Das Reichsformat war allgemein bis 1952 gültig.

1951
In diesem Jahr wurde als Grundlage aller Baunormung die Maßordnung im Hochbau (DIN 4172) eingeführt. Nach dieser wurden die Baurichtmaße so festgelegt, dass sie durch 25 bzw. durch den Bruchteil von 25 teilbar waren. In Anpassung an die Maßordnung mussten für den Mauerwerksbau neue Steinmaße festgelegt werden. Als Grundmaß gilt seitdem die Ziegellänge von 24 cm. Die zulässigen Ziegelbreiten und Ziegelhöhen erlauben eine Vielzahl von Ziegelformaten.

Es wurden 4 Vorzugsgrößen genannt:

Format	Länge cm	Breite cm	Höhe cm	
Dünnformat (DF)	24	11,5	5,2	
Normalformat (NF)	24	11,5	7,1	
1 1/2 Normalformat	24	11,5	11,3	2 Dünnformat
2 1/4 Normalformat	24	17,5	11,3	3 Dünnformat

Für 30 cm starkes Mauerwerk als Sonderformat (SF) aus 30 cm langen Ziegeln mit 14,5 cm bzw. 17,5 cm und 24 cm Breite zulässig.

Alte Ziegelmaße

Format	Länge cm	Breite cm	Höhe cm
Hamburger dickes	22	10,5	6,5
Hamburger dünnes	22	10,5	5,2
Reichsformat *1	25	12,0	6,5
Oldenburger	22	10,5	5,0
Kieler dickes	23	11,0	6,5
Kieler dünnes	23	11,0	5,5
Holländisches	20	9,5	5,0
Flensburger	22	10,5	4,8
Holsteiner	19	9,0	5,0
Römer	22	10,5	4,0
Dänisches altes	22	10,5	3,8
Dänisches normal	23	11,0	5,5
Belgisches Waal	21	10,5	5,5
Belgisches dickes	22	10,5	6,5
Russisches	27	13,0	7,0
Österreichisches	29	14,0	6,5
Bayrisches	32	15,5	6,0
Kloster	28,5	13,5	8,5
Norddeutsches dünn *2	22	10,5	5,2
Altwürttemberger	29	14,0	6,5
Ostfriesisches	23	11,0	5,5

*1 1872 eingeführt
*2 bis 1955 zulässig (im norddeutschen Marschengebiet)

Besondere Steinformate

a) Formsteine

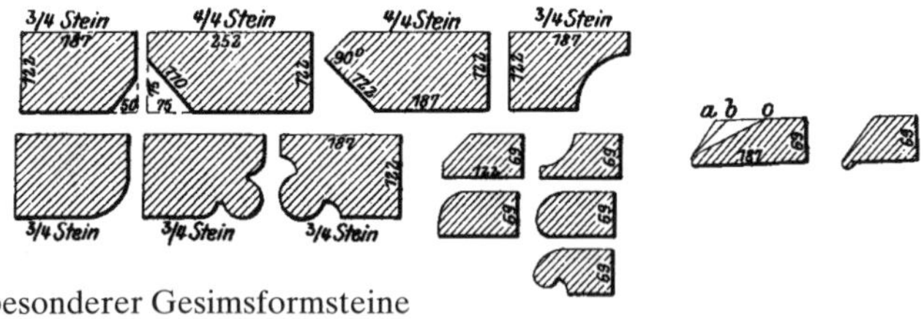

Normalien besonderer Gesimsformsteine
(auch als Hohlsteine ausgeführt)

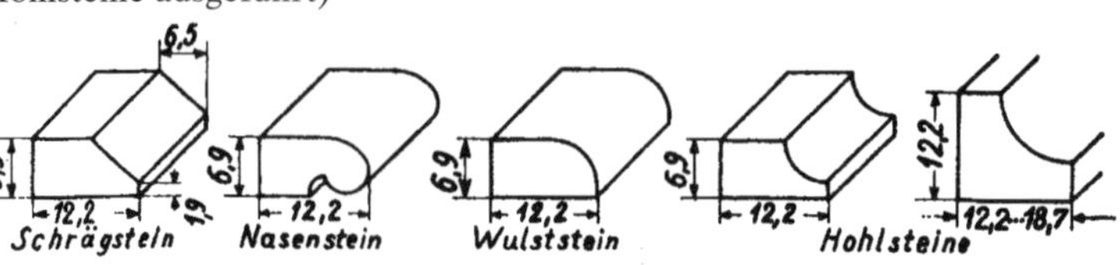

Formsteine für reichere Bauausführungen

b) Lochsteine (Ziegel)

Aufsicht | Ansichten

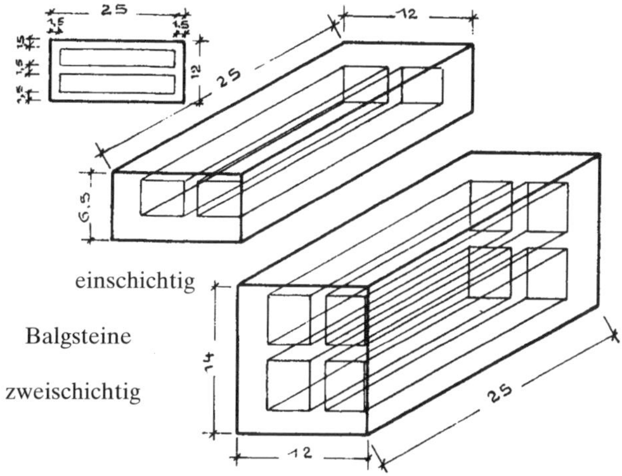

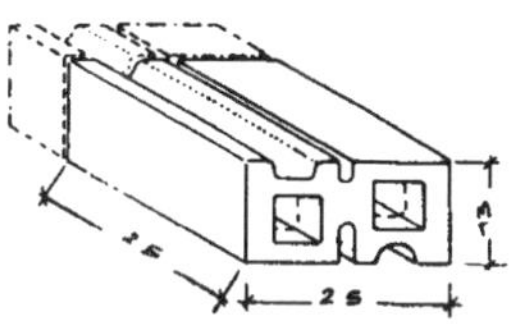

Sparblockstein ARISTOS

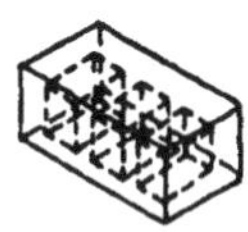

EHZ (Einhand)

Länge 25 cm
Breite 12 cm
Höhe 10,4 cm
bis 14,2 cm

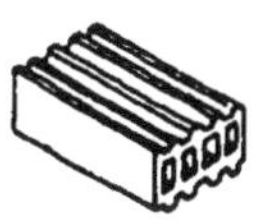

Frewenziegel

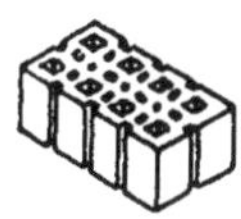

Tuhoziegel

Länge 25 cm
Breite 12 cm
Höhe 10,4 cm
bis 14,2 cm

Nofo T-Stein

Nationalstein

Länge 25 bis 26 cm
Breite 19,5 bis 20 cm
Höhe 13,6 bis 15,5 cm

Nofo T-Steine

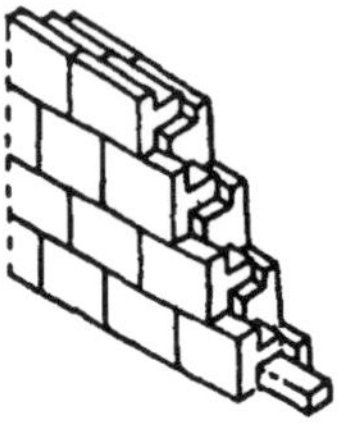

27 cm dicke Wand

Nationalsteine

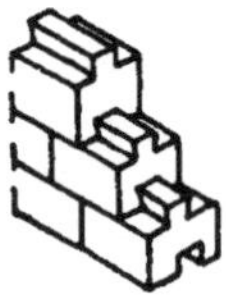

25 cm dicke Wand

c) Betonsteine

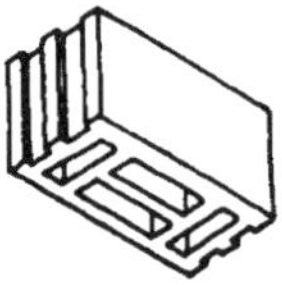

Remy · Hohlblockstein

Länge 50 cm
Breite 25 cm
Höhe 25 cm

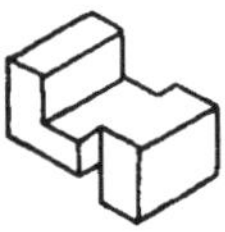

Triolstein

Länge 25 cm
Breite 25 cm
Höhe 15 cm

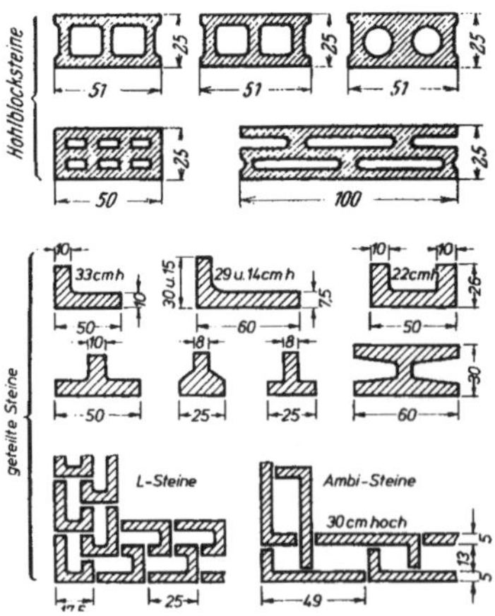

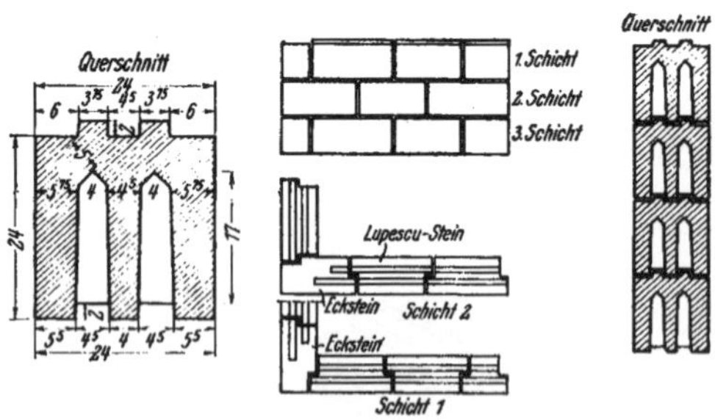

Lupescu-Steine

1.3 Bezeichnung der künstlichen Steine

Bezeichnung der Steine	Alte Bezeichnung	Kurzzeichen
Hochbauklinker	Mauerklinker	KMz
Hochlochklinker	Mauerklinker	KHLz
Vormauerziegel	Hartbrandziegel Vormauerziegel	VMz VMz
Vollziegel	Mauerziegel	Mz
Vormauerhochloch-ziegel	Querlochziegel	VHLz
Hochlochziegel A	Querlochziegel	HLz A
Hochlochziegel B	Querlochziegel	HLz B
Langlochziegel	Langlochziegel	LLz
Porenziegel		PMz
Kalksand-Hartsteine		KSH
Kalksand-Vollsteine	Kalksandsteine	KSV
Kalksand-Lochsteine		KSL
Kalksand-Hohlblock-steine		KSHbl
Leichtbeton-Vollsteine	Hüttenschwemmstein Schlackensteine Schwemmsteine aus Naturbims Ziegelbetonsteine	V
Leichtbeton-Hohlblocksteine	Hohlblocksteine und T-Steine aus Natur-bimsbeton Hohlblocksteine und T-Steine aus Hütten-bimsbeton oder aus Leichtbeton Hohlblocksteine aus Schlackenbeton Hohlblocksteine und T-Steine aus Ziegel-splittbeton	Hbl
Hüttenhartsteine	Hüttenhartsteine	HHS
Hüttensteine	Hüttensteine	HS
Hüttenvollsteine		HSV
Lochsteine aus Leichtbeton		LLB
Wandbausteine aus Gas- oder Schaum-beton		GS

1.4 Druckfestigkeit künstlicher Steine

Jahr	Steinart	Druckfestigkeit in MN/m²	Bemerkungen
1919 Preußen	Schwemmstein	2,0	Nachzuweisende mind. Druckfestigkeit
	Hochofenschwemmstein	1,5	
	Mauerziegel 1. Kl	15,0	
	Mauerziegel 2. Kl	10,0	
	Kalksandstein	15,0	
	Hartbrandziegel	25,0	
	Kalksandhartstein	25,0	
	Klinker	35,0	
1928 Preußen	Hartbrandziegel	25,0	
	Mauerziegel 1. Kl	15,0	
	Mauerziegel 2. Kl	10,0	
1937 DIN 1053	Zementschwemmstein	2,0	mind. Druckfestigkeit aus Bimskies
	Hüttenschwemmstein	2,0	
	Porige Vollsteine ca. im Reichsformat	3,0 bis 5,0	Schlackensteine aus Bimskies
	Sonderzementschwemmstein	3,0	
	Sonderhüttenschwemmstein	3,0	
	Sonderschlackenstein	5,0	
	Mauerziegel 2. Kl	10,0	
	Hüttenstein 2. Kl	10,0	
	Mauerziegel 1. Kl	15,0	
	Kalksandstein	15,0	
	Hüttenstein 1. Kl	15,0	
	Hartbrandziegel	25,0	
	Hüttenhartstein	25,0	
	Klinker	35,0	
1952 DIN 1053	Hohlblocksteine aus Leichtbeton	2,5 bis 5,0	mittl. Druckfestigkeit in MN/m²
	Vollsteine aus Leichtbeton	2,5 bis 15,0	2,5/5,0/7,5/15,0
	Kalksandhohlblockstein	2,5 bis 7,5	2,5/5,0/7,5
	Wandbausteine aus dampfgehärtetem Gas- und Schaumbeton	2,5 bis 5,0	
	Porenziegel	5,0 bis 10,0	auch 6,0
	Langlochziegel	5,0 bis 10,0	auch 6,0
	Hüttensteine	5,0 bis 15,0	5,0/10,0/15,0
	Kalksandlochstein	5,0 bis 25,0	5,0/10,0/15,0/25,0
	Vollziegel	10,0 bis 25,0	10,0/15,0/25,0
	Hochlochziegel Lochung A oder B	10,0 bis 25,0	10,0/15,0/25,0
	Kalksandvollsteine	7,5 bis 25,0	7,5/15,0/25,0
	Vormauerziegel	15,0 bis 25,0	
	Vormauerhochlochziegel	15,0	
	Hüttenhartsteine	25,0	
	Hochlochklinker	35,0	

1.5 Zulässige Druckspannungen für Mauerwerk aus natürlichen Steinen

1.5.1 Gruppeneinteilung der Gesteinsarten

Jahr	Gruppe	Gesteinsart
1937 DIN 1053	A	Granit, Syenit, Basalt
	B	Sandstein mit kieselsäurehaltigen Bindemitteln, Muschelkalk, Marmor, dichter Kalkstein
	C	Basaltlava
	D	Sandstein mit kalkigen oder tonigen Bindemitteln, Kalkstein
	E	vulkanischer Tuffstein
1952 DIN 1053	A	Kalkstein, Travertin, vulkanischer Tuffstein
	B	weiche Sandsteine (mit tonigem Bindemittel u. dgl.)
	C	dichte (feste) Kalksteine und Dolomite (einschl. Marmor), Basaltlava u. dgl.
	D	quarzitische Sandsteine (mit kieseligem Bindemittel), Grauwacke u. dgl.
	E	Granit, Syenit, Diorit, Quarzporphyr, Melaphyr, Diabas u. dgl.

1.5.2 Zulässige Druckspannungen in MN/m² für Wände (ausgesteift), Auflagersteine, gedrungene Pfeiler und Gewölbe

Jahr	Steinart bzw. Gruppe	Wände	Auflager-steine	gedrung. Pfeiler	Gewölbe Kappen *1	Mörtel bzw. MG	Bemerkungen
1872	Sandstein	3,5	3,5	3,5	3,5		fest
	Kalkstein	2,1	2,1	2,1	2,1		fest
	Granit	3,5	3,5	3,5	3,5		
1887 Berlin	Sandstein	1,5 bis 3,0	1,5 bis 3,0	1,5 bis 3,0	1,5 bis 3,0		nach Härte
	Rüdersdorfer Kalkstein	2,5	2,5	2,5	2,5		in Quadern
	Kalkstein-mauerwerk	0,5	0,5	0,5	0,5	Kalk	
1890 Berlin	Granit	4,5	4,5	4,5	4,5		
	Rüdersdorfer Kalkstein	2,5	2,5	2,5	2,5		
	Nebraer Sandstein						
	roter	1,5	1,5	1,5	1,5		
	heller	3,0	3,0	3,0	3,0		
	Marmor	2,4	2,4	2,4	2,4		
	Tuffstein	0,6	0,6	0,6	0,6		Brohtal
1906 Dresd.	Bruchstein-mauerwerk	0,5 bis 1,0	0,5 bis 1,0	0,5 bis 1,0	0,5 bis 1,0		
1910 Berlin	Bruchstein	0,5				Kalk	
	Granit		6,0	4,5	4,5		
	Sandstein		3,0				
	Kalkstein		3,0				
	Marmor		3,0				
1919 Preuß. *2	Basalt		6,5	4,5	4,5		für Quader und bestes Quader-mauerwerk
	Granit		6,0	4,0	4,0		
	Syenit		5,5	4,0	4,0		
	Porphyr		4,0	3,0	3,0		
	Marmor		3,0	2,0	2,0		
	Basaltlava		2,0	1,5	1,5		
	Sandstein		2,0	1,5	1,5		
	Tuffstein			1,0	1,0		
	Bruchstein			0,5 bis 0,7	0,5 bis 0,7		

Jahr	Steinart bzw. Gruppe	Wände	Auflager-steine	gedrung. Pfeiler	Gewölbe Kappen *1	Mörtel bzw. MG	Bemerkungen
1937 DIN 1053 *3	A	5,0		3,0	4,0	Z 1:3	Quader mit Stoßfugen
	B	2,5		1,5	2,0	"	"
	C	1,5		1,2	1,2	"	"
	D	1,2		1,0	1,0	"	"
	E	0,8		0,6	0,6	"	"
	A	3,0		3,0	3,0	Z 1:4	regelm. und unregelm. Schichten-mauerwerk
	B	1,5		1,5	1,5	"	"
	C	1,2		1,2	1,2	"	"
	D	1,0		1,0	1,0	"	"
	E	0,6		0,6	0,6	"	"
	A	2,5		2,5	2,5	Z 1:4	hammerrech. Schichten-mauerwerk
	B	1,2		1,2	1,2	"	"
	C	1,0		1,0	1,0	"	"
	D	0,8		0,8	0,8	"	"
	E	0,4		0,4	0,4	"	"
	A	2,0		2,0	2,0	Z 1:4	Bruchstein- und Zyklo-penmauerwerk
	B	1,0		1,0	1,0	"	"
	C	0,8		0,8	0,8	"	"
	D	0,6		0,6	0,6	"	"
	E	0,3		0,3	0,3	"	"
1942 DIN 1053 *3	A		6,0	5,0	5,0	Z 1:3	Quadermau-erwerk ohne Stoßfugen
	B		3,0	2,5	2,5	"	"
	C		2,0	1,5	1,5	"	"
	D		1,5	1,2	1,2	"	"
	E			0,8	0,8	"	"
1952 DIN 1053 *3 *4	A	0,2		0,2	0,2	I	Bruchstein-mauerwerk
		0,2		0,2	0,2	II	"
		0,3		0,3	0,3	III	"
	B	0,2		0,2	0,2	I	"
		0,3		0,3	0,3	II	"
		0,5		0,5	0,5	III	"
	C	0,3		0,3	0,3	I	"
		0,5		0,5	0,5	II	"
		0,6		0,6	0,6	III	"
	D	0,4		0,4	0,4	I	"
		0,7		0,7	0,7	II	"
		1,0		1,0	1,0	III	"
	E	0,6		0,6	0,6	I	"
		0,9		0,9	0,9	II	"
		1,2		1,2	1,2	III	"

Jahr	Steinart bzw. Gruppe	Wände	Auflager-steine	gedrung. Pfeiler	Gewölbe Kappen *1	Mörtel bzw. MG	Bemerkungen
1952	A	0,3		0,3	0,3	I	hammerrech.
DIN 1053		0,5		0,5	0,5	II	Schichten-
*3		0,6		0,6	0,6	III	mauerwerk
*4	B	0,4		0,4	0,4	I	"
		0,7		0,7	0,7	II	"
		1,0		1,0	1,0	III	"
	C	0,6		0,6	0,6	I	"
		0,9		0,9	0,9	II	"
		1,2		1,2	1,2	III	"
	D	0,8		0,8	0,8	I	"
		1,2		1,2	1,2	II	"
		1,6		1,6	1,6	III	"
	E	1,0		1,0	1,0	I	"
		1,6		1,6	1,6	II	"
		2,2		2,2	2,2	III	"
	A	0,4		0,4	0,4	I	regelm. und
		0,7		0,7	0,7	II	unregelm.
		1,0		1,0	1,0	III	Schichten-
							mauerwerk
	B	0,6		0,6	0,6	I	"
		0,9		0,9	0,9	II	"
		1,2		1,2	1,2	III	"
	C	0,8		0,8	0,8	I	"
		1,2		1,2	1,2	II	"
		1,6		1,6	1,6	III	"
	D	1,0		1,0	1,0	I	"
		1,6		1,6	1,6	II	"
		2,2		2,2	2,2	III	"
	E	1,6		1,6	1,6	I	"
		2,2		2,2	2,2	II	"
		3,0		3,0	3,0	III	"
	A	0,8		0,8	0,8	I	Quader-
		1,2		1,2	1,2	II	mauerwerk
		1,6		1,6	1,6	III	"
	B	1,0		1,0	1,0	I	"
		1,6		1,6	1,6	II	"
		2,2		2,2	2,2	III	"
	C	1,6		1,6	1,6	I	"
		2,2		2,2	2,2	II	"
		3 0		3, 0	3,0	III	"
	D	2 2		2, 2	2 2	I	"
		3,0		3,0	3,0	II	"
		4,0		4,0	4,0	III	"
	E	3,0		3,0	3,0	I	"
		4,0		4,0	4,0	II	"
		5,0		5,0	5,0	III	"

K = Kalkmörtel
Z = Zementmörtel

*1 für Gewölbe und Kappen jeder Dicke
*2 Wenn kein Festigkeitsnachweis erbracht wird, dürfen die Druckspannungen bei annähernd rechtwinklig zur Lagerfläche gerichteter Kraft nicht überschritten werden.
*3 bei ausreichender Belastung größte zul. Kantenpressung
*4 Belastete Wände mit Dicken < 24 cm sind nicht zulässig.

1.5.3 Zulässige Druckspannungen in MN/m² für schlanke Pfeiler und nicht ausgesteifte Wände h/d > 10

Jahr	Material oder Gruppe	schlanke Pfeiler bzw. Säulen zul. Druck	Mörtel bzw. MG	Bemerkungen
1910 Berlin	Granit	2,5	K	
1919 Preußen	Basalt	3,0		für Quader- und bestes Quadermauerwerk
	Granit	2,5		"
	Syenit	2,5		"
	Porphyr	2,0		"
	Marmor	1,5		"
	Basaltlava	1,0		"
	Sandstein	1,0		"
	Tuffstein	0,7		"
	Bruchstein	–		
1937 DIN 1053	A	1,0	Z 1:3	Quadermauerwerk mit Stoßfugen
	B	0,8	"	"
	C	0,6	"	"
	D	0,5	"	"
	E	–		
1942 DIN 1053	A	2,0	Z 1:3	Quadermauerwerk ohne Stoßfugen
	B	1,5	"	"
	C	1,0	"	"
	D	0,8	"	"
	E	–		

K = Kalkmörtel Z = Zementmörtel

1952 DIN 1053 Abgeminderte zulässige Druckspannungen in MN/m²

Nur für Quadermauerwerk zulässig

Schlankheit h/d	zul. Druckspannungen							
	0,8	1,0	1,2	1,6	2,2	3,0	4,0	5,0
	abgeminderte zul. Druckspannungen							
10	0,8	1,0	1,2	1,6	2,2	3,0	4,0	5,0
12	0,6	0,7	0,8	1,1	1,5	2,2	3,0	4,0
14	0,4	0,5	0,6	0,8	1,0	1,4	2,2	3,0
16*	0,3	0,3	0,4	0,6	0,7	1,0	1,4	2,2
18*	–	–	0,3	0,4	0,5	0,7	1,0	1,4
20*	–	–	–	–	0,3	0,5	0,7	1,0

* nur zulässig bei mittiger Belastung

bei ausmittiger Belastung größte zul. Kantenpressung

Zwischenwerte dürfen geradlinig eingeschaltet werden (dann nach unten abrunden).

1.6 Zulässige Druckspannungen für Mauerwerk aus künstlichen Steinen

1.6.1 Zulässige Druckspannungen in MN/m² für ausgesteifte Wände

Jahr	Mauerwerk aus	mind. Druckfestigkeit MN/m²	Mörtel bzw. MG	zul. Druckspannung	Bemerkungen
1872	Ziegel hartgebrannt Ziegel mittelmäßige			1,05 0,7	
1876	Ziegel Klinker		K Z	0,7 1,4	 beste Ziegel
1887 Berlin	Ziegel Ziegel Klinker poröse Steine		 Z Z	0,7 1,1 1,2 bis 1,4 0,3 bis 0,6	gewöhnliches Mauerwerk bestes Mauerwerk
1890	Mauersteine Mauersteine Rathenower Mauersteine			1,0 0,7 1,4	gute gewöhnliche
1890 Berlin	Ziegel Ziegel poröse Wölbziegel poröse Wölbziegel ungebrannte Steine		K Z	0,7 1,2 bis 1,4 0,3 0,6 1,2	gewöhnliches Mauerwerk bestes Mauerwerk leicht gebrannt hart gebrannt aus Zement, Sand und Schlacken
1891	Backsteine Klinker		 Z	0,7 1,2	gewöhnliches Mauerwerk
1908	gewöhnliche Ziegelsteine Klinker		K Z	0,7 1,1	

Jahr	Mauerwerk aus	mind. Druckfestigkeit MN/m²	Mörtel bzw. MG	zul. Druckspannung	Bemerkungen
1910 Berlin *1	Ziegel		K	max 0,7	gewöhnliches Mauerwerk
	Hartbrandst.		KZ	1,2 bis 1,5	
	Klinker		Z	2,0 bis 3,0	
	porige Ziegel			0,3 bis 0,6	
	Schwemmstein			max 0,3	
	Kalksandstein		K	max 0,7	
	Kalksandstein		KZ	1,2 bis 1,5	
1917 Hamburg	Ziegel		K	0,7	
	Kalksandstein		K	0,7	
	Mauerwerk		KZ	1,0	
	Mauerwerk		Z	1,2	
	Hartbrandst.		Z	1,5	
	Klinker		Z	2,5	
	porige Vollsteine		K	0,5	
1919 Preußen *2	Schwemmstein	2,0		0,3	
	Hochofen-schwemmstein	1,5		0,3	
	porige Ziegel			0,3 bis 0,6	
	Schlackenst.			0,3 bis 0,6	gewöhnliche
	Mauerziegel 2. Klasse	10,0	K	max 0,7	und so genannte
	1. Klasse	15,0	K	1,0	Mörtelsteine
	Kalksandstein	15,0		1,0	
	Mauerziegel 1. Klasse	15,0	KZ	1,4	
	Kalksandstein	15,0	KZ	1,4	
	Hartbrandziegel	25,0	KZ	1,8	
	Kalksandstein	25,0	KZ	1,8	Hartsteine
	Klinker	35,0	Z	3,5	
1937 DIN1053 Hamburg *3	Mauerwerk		KZ	1,0	1/2 Stein
	Mauerwerk		Z	1,1	1/2 Stein
	Mauerwerk		KZ	1,3	1 Stein
	Mauerwerk		Z	1,5	1 Stein

Jahr	Mauerwerk aus	mind. Druckfestigkeit MN/m²	Mörtel bzw. MG	zul. Druckspannung	Bemerkungen
1937					
DIN 1053	Zement-	2,0	K	0,3	aus Bims
*4	schwemmstein	2,0	KZ	0,4	
	Hütten-	2,0	K	0,3	
	schwemmstein	2,0	KZ	0,4	
	porige Vollsteine	3,0 bis 5,0	K	0,4	ca. Reichsformat, Schlackenstein
		3,0 bis 5,0	KZ	0,5	aus Bimskies
	Sonderzement-	3,0	K	0,5	
	schwemmsteine	3,0	KZ	0,6	
	Sonderhütten-	3,0	K	0,5	
	schwemmsteine	3,0	KZ	0,6	
	Sonderschla-	5,0	K	0,5	
	ckensteine	5,0	KZ	0,6	
	Mauerziegel			0,6	hart gebrannt
	2. Klasse	10,0	K	0,7	
	2. Klasse	10,0	KZ	0,8	
	Hüttensteine				
	2. Klasse	10,0	K	0,7	
	2. Klasse	10,0	KZ	0,8	
	Mauerziegel				
	1. Klasse	15,0	K	1,0	
	1. Klasse	15,0	KZ	1,4	
	1. Klasse	15,0	Z	1,6	
	Kalksandstein	15,0	K	1,0	
	Kalksandstein	15,0	KZ	1,4	
	Kalksandstein	15,0	Z	1,6	
	Hüttenstein				
	1. Klasse	15,0	K	1,0	
	1. Klasse	15,0	KZ	1,4	
	1. Klasse	15,0	Z	1,6	
	Hartbrand-	25,0	KZ	1,8	
	ziegel	25,0	Z	2,2	
	Hüttenhart-	25,0	KZ	1,8	
	steine	25,0	Z	2,2	
	Klinker	35,0	Z	3,5	
1952					
DIN 1053	Hohlblock-	2,5	I	0,3	
*5	steine aus		II	0,5	
	Leichtbeton		III	0,6	
	Vollst. aus	2,5	I	0,3	
	Leichtbeton		II	0,5	
			III	0,6	
	Wandbausteine	2,5	I	0,3	
	aus dampfgeh.		II	0,5	
	Gas-, Schaum-		III	0,6	
	beton				

Jahr	Mauerwerk aus	mind. Druck-festigkeit MN/m²	Mörtel bzw. MG	zul. Druck-spannung	Bemerkungen
1952 DIN 1053 *5	Porenziegel	6,0	I	0,4	
			II	0,7	
			III	1,0	
	Langlochzieg.	6,0	I	0,4	
			II	0,7	
			III	1,0	
	Hüttensteine	5,0	I	0,4	
			II	0,7	
			III	1,0	
	Hohlblock-steine aus Leichtbeton	5,0	I	0,4	
			II	0,7	
			III	1,0	
	Vollst. aus Leichtbeton	5,0	I	0,4	
			II	0,7	
			III	1,0	
	Wandbausteine aus dampfgeh. Gas-, Schaum-beton	5,0	I	0,4	
			II	0,7	
			III	1,0	
	Vollziegel	10,0	I	0,6	
			II	0,9	
			III	1,2	
	Porenziegel	10,0	I	0,6	
			II	0,9	
			III	1,2	
	Langlochzieg.	10,0	I	0,6	
			II	0,9	
			III	1,2	
	Hochlochzieg.	10,0	I	0,6	A
			II	0,9	oder
			III	1,2	B
	Hüttensteine	10,0	I	0,6	
			II	0,9	
			III	1,2	
	Vollst. aus Leichtbeton	10,0	I	0,6	
			II	0,9	
			III	1,2	

Jahr	Mauerwerk aus	mind. Druckfestigkeit MN/m²	Mörtel bzw. MG	zul. Druckspannung	Bemerkungen
1952 DIN1053 *5	Vollziegel	15,0	I	0,8	
			II	1,2	
			III	1,6	
	Vormauerzieg.	15,0	I	0,8	
			II	1,2	
			III	1,6	
	Hochlochzieg.	15,0	I	0,8	A
			II	1,2	oder
			III	1,6	B
	Vormauerhochlochziegel	15,0	I	0,8	
			II	1,2	
			III	1,6	
	Kalksandstein	15,0	I	0,8	
			II	1,2	
			III	1,6	
	Hüttensteine	15,0	I	0,8	
			II	1,2	
			III	1,6	
	Vollst. aus Leichtbeton	15,0	I	0,8	
			II	1,2	
			III	1,6	
	Vormauerzieg.	25,0	I	1,0	
			II	1,6	
			III	2,2	
	Hüttenhartsteine	25,0	I	1,0	
			II	1,6	
			III	2,2	
	Hochbauklinker	35,0	II	2,2	
			III	3,0	
	Hochlochklinker	35,0	II	2,2	
			III	3,0	

K = Kalkmörtel
KZ = Kalkzementmörtel
Z = Zementmörtel

Fußnoten

*1 Die höheren Werte nur verwenden, wenn einwandfreie statische Untersuchungen bei stärkster Belastung unter ungünstigsten Umständen durchgeführt wurden.

*2 Schwemmsteine, Hochofenschwemmsteine, porige Ziegel und gewöhnliche Schlackensteine dürfen nicht zu Pfeilern verwendet werden.

Hochofenschwemmsteine – nur für Flachbauten (max. 2 Vollgeschosse) und unbelastete Zwischenwände.

Mauerziegel 2. Klasse und so genannte Mörtelsteine – zu tragenden Bauteilen nur bei untergeordneten Bauten zulässig.

Mauerziegel 1. Klasse und Kalksandsteine (150) sowie Hartbrandziegel und Kalksandhartsteine (250) – zu Pfeilern von geringerer Dicke als 0,25 h unzulässig.

*3 Dürfen auch bei Verwendung von Hartbrandsteinen und Klinkern nicht überschritten werden.

*4 Bei außermittiger Belastung größte zulässige Kantenpressung.

Ausgenommen von der Anwendung der zulässigen Druckbeanspruchung sind 1/2 und 1 Stein starke Wände, die unter Beachtung besonderer örtlicher Baupolizeibestimmungen in keinem Fall mit mehr als 1,1 oder 1,5 MN/m^2 beansprucht werden dürfen (auch nicht bei Klinkern und Hartbrandziegeln).

Vollsteine aus mineralischen Zuschlagstoffen (z. B. Beton, Mörtel, Asche, Schlacken, Schwemmsteine), soweit nicht in Tafel enthalten.

Zulässige Druckspannung 1/5 der Mauerfestigkeit M28 (nach 28-tägiger Erhärtung nachzuweisen), aber nicht mehr, als in Tafel angegeben. Steine nach ermittelter Druckfestigkeit einordnen, und zwar in nächstniedrigere Steinfestigkeit.

*5 Für belastete Wände d ≥ 24 cm, durch Querwände ausgesteift und für Gewölbe und Kappen jeder Dicke.

Für Pfeiler und durch Querwände nicht ausreichend ausgesteifte belastete Wände d ≥ 24 cm und Schlankheiten ≤ 10.

1947 Mauerwerk aus Mauersteinen in Lehmmörtel

Zul. Druckspannungen

Bauteil	Schlankheit h/d	Zul. Spannung kg/cm^2
Wände	–	3,00
Pfeiler	4	2,00
	5	1,00

Spannungsnachweise gem. DIN 1053

Anwendung von Lehmmörtel:

Nicht zulässig für:

a) Bauteile, die unter oder weniger als 50 cm über Gelände

b) Mauerwerk, das die Last von mehr als 2 Vollgeschossen zu tragen hat

c) Wände, die <= 12 cm dick sind

1.6.2 Zulässige Druckspannungen in MN/m² für Pfeiler und nicht ausgesteifte Wände

h = Pfeiler- bzw. Wandhöhe
d = geringste Pfeiler- bzw. Wanddicke

Jahr	Mauerwerk aus	mind. Druckfestigkeit MN/m²	Mörtel bzw. MG	d/h	zul. Druckspannung	Bemerkungen
1917 Hamburg *1	Mauerwerk		K	1/6	0,50	
			K	1/6 bis 1/8	0,45	
	Mauerwerk		KZ	1/6	0,75	
			KZ	1/6 bis 1/8	0,70	
			KZ	1/8 bis 1/10	0,65	
	Mauerwerk		Z	1/6	0,95	
			Z	1/6 bis 1/8	0,90	
			Z	1/8 bis 1/10	0,85	
	Hartbrandsteine		Z	1/6	1,20	
			Z	1/6 bis 1/8	1,10	
			Z	1/8 bisl /10	1,00	
			Z	1/10 bis 1/12	0,85	
	Klinker		Z	1/6	1,60	
			Z	1/6 bis 1/8	1,50	
			Z	1/8 bis 1/10	1,35	
			Z	1/10 bis 1/12	1,20	
1919 Preußen	Mauerziegel 1. Klasse u.	15,0	K	> 0,25	1,0	zu Pfeilern von geringerer Dicke als 0,25 h unzulässig
	Kalksandsteine	15,0	KZ	> 0,25	1,4	
*2	Hartbrandsteine und Kalksandhartsteine	25,0	KZ	0,30	1,8	
			KZ	0,25	1,4	
			KZ	0,20	1,2	
			KZ	0,15	1,0	
			KZ	0,10	0,8	
			KZ	< 0,10	0,8	nur in besonderen Fällen zulässig
	Klinker	35,0	Z	0,30	3,5	
			Z	0,25	2,5	
			Z	0,20	2,0	
			Z	0,15	1,5	
			Z	0,10	1,0	
			Z	< 0,10	1,0	nur in besonderen Fällen zulässig

Jahr	Mauerwerk aus	mind. Druckfestigkeit MN/m²	Mörtel bzw. MG	h/d	zul. Druckspannung	Bemerkungen
1937 DIN 1053 *3	Zementschwemmstein aus Bimskies und Hüttenschwemmstein	2,0	KZ KZ KZ	4 5 6	0,4 0,2 0,1	Schlankheit h/d > 6 unzulässig
	porige Vollsteine im Reichsformat Schlackensteine und Ziegel	3,0 bis 5,0	KZ KZ KZ	4 5 6	0,5 0,3 0,1	Schlankheit h/d > 6 unzulässig
	Sonderzem.-schwemmstein aus Bimskies Sonderhütten und Sonderschlackensteine	3,0 bis 5,0	KZ KZ KZ	4 5 6	0,6 0,4 0,2	Schlankheit h/d > 6 unzulässig
	Mauerziegel 2. Klasse Hüttensteine 2. Klasse	10,0	K K K K	4 5 6 8	0,7 0,5 0,3 0,1	Schlankheit h/d > 8 unzulässig
	Mauerziegel 1. Klasse Kalksandsteine und Hüttensteine 1. Klasse	15,0	K K K K K	4 5 6 8 10	1,0 0,7 0,5 0,3 0,2	Schlankheit h/d > 10 unzulässig
	Mauerziegel 1. Klasse Kalksandsteine und Hüttensteine 1. Klasse	15,0	KZ KZ KZ KZ KZ KZ	4 5 6 8 10 12	1,4 1,0 0,8 0,6 0,5 0,4	
	Mauerziegel 1. Klasse Kalksandsteine und Hüttensteine 1. Klasse	15,0	Z Z Z Z Z Z	4 5 6 8 10 12	1,6 1,1 0,9 0,7 0,6 0,5	
	Hartbrandziegel und Hüttenhartsteine	25,0	KZ KZ KZ KZ KZ KZ	4 5 6 8 10 12	1,8 1,3 1,1 0,9 0,8 0,7	

Jahr	Mauerwerk aus	mind. Druck-festigkeit MN/m²	Mörtel bzw. MG	h/d	zul. Druck-span-nung	Bemerkungen
	Hartbrand-ziegel und Hüttenhart-steine	25,0	Z Z Z Z Z Z	4 5 6 8 10 12	2,0 1,4 1,2 1,0 0,9 0,8	
	Klinker	35,0	Z Z Z Z Z Z	4 5 6 8 10 12	3,5 2,0 1,7 1,3 1,1 1,0	
1952 DIN1053 *4	Leichtbeton-hohlblock-steine und Leichtbeton-vollsteine Wandbau-steine aus Gas- und Schaumbeton	2,5	II II	≤ 10 12	0,5 0,3	Schlankheit h/d > 12 unzulässig MG. I unzulässig
	wie vor	2,5	III III III	≤ 10 12 14	0,6 0,4 0,3	Schlankheit h/d > 14 unzulässig
	Porenziegel Langloch-ziegel Hüttensteine Leichtbeton-hohlblock-steine Leichtbeton-vollsteine Wandbau-steine aus Gas- und Schaumbeton	5,0 bis 6,0	II II II	≤ 10 12 14	0,7 0,5 0,3	Schlankheit h/d > 14 unzulässig MG. I unzulässig
	wie vor	5,0 bis 6,0	III III III III	≤ 10 12 14 16	1,0 0,7 0,5 0,3	Schlankheit h/d > 16 unzulässig
	Vollziegel Porenziegel Langloch- u. Hochlochzie-gel A und B Hüttenstein	10,0 10,0 10,0 10,0	I I I	≤ 10 12 14	0,6 0,4 0,3	Schlankheit h/d > 14 unzulässig

Jahr	Mauerwerk aus	mind. Druckfestigkeit MN/m²	Mörtel bzw. MG	h/d	zul. Druckspannung	Bemerkungen
	Leichtbeton-vollstein	7,5	I I I	≤ 10 12 14	0,6 0,4 0,3	Schlankheit h/d > 14 unzulässig
	Vollziegel Porenziegel Langloch- u. Hochlochziegel A und B Hüttenstein	10,0 10,0 10,0 10,0	II II II II	≤ 10 12 14 16	0,9 0,6 0,4 0,3	Schlankheit h/d > 16 unzulässig
	Leichtbeton-vollstein	7,5	II II II II	≤ 10 12 14 16	0,9 0,6 0,4 0,3	Schlankheit h/d > 16 unzulässig
	Vollziegel Porenziegel Langloch- u. Hochlochziegel A und B Hüttenstein	10,0 10,0 10,0 10,0	III III III III III	≤ 10 12 14 16 18	1,2 0,8 0,6 0,4 0,3	Schlankheit h/d > 18 unzulässig
	Leichtbeton-vollstein	7,5	III III III III III	≤ 10 12 14 16 18	1,2 0,6 0,6 0,4 0,3	Schlankheit h/d > 18 unzulässig
	Vollziegel Vormauerziegel und Hochlochziegel A und B Vormauerhochlochziegel Kalksandvollstein Hüttenstein Leichtbetonvollsteine	15,0	I I I I	≤ 10 12 14 16	0,8 0,6 0,4 0,3	Schlankheit h/d > 16 unzulässig
	wie vor	15,0	II II II II II	≤ 10 12 14 16 18	1,2 0,8 0,6 0,4 0,3	Schlankheit h/d > 18 unzulässig
	wie vor	15,0	III III III III III	≤ 10 12 14 16 18	1,6 1,1 0,8 0,6 0,4	Schlankheit h/d > 18 unzulässig

Jahr	Mauerwerk aus	mind. Druck-festigkeit MN/m²	Mörtel bzw. MG	h/d	zul. Druck-span-nung	Bemerkungen
	Vormauer-ziegel Hüttenhart-stein	25,0	I I I I	≤ 10 12 14 16	1,0 0,7 0,5 0,3	Schlankheit h/d > 16 unzulässig
	Vormauer-ziegel Hüttenhart-stein	25,0	II II II II II	≤ 10 12 14 16 18	1,6 1,1 0,8 0,6 0,4	Schlankheit h/d > 18 unzulässig
	wie vor	25,0	III III III III III III	≤ 10 12 14 16 18 20	2,2 1,5 1,0 0,7 0,5 0,3	
	Hochbau-klinker Hochloch-klinker	35,0	II II II II II II	≤ 10 12 14 16 18 20	2,2 1,5 1,0 0,7 0,5 0,3	MG. I unzulässig
	wie vor	35,0	III III III III III III	≤ 10 12 14 16 18 20	3,0 2,0 1,4 1,0 0,7 0,5	

K = Kalkmörtel
KZ = Kalkzementmörtel
Z = Zementmörtel

*1 Zulässige Druckbeanspruchung von Pfeilern bei achsrechter Lastwirkung

*2 Zwischenwerte geradlinig einschalten

*3 Bei außermittiger Belastung größte Kantenpressung

*4 Bei außermittiger Belastung größte Kantenpressung. Zwischenwerte dürfen geradlinig eingeschaltet werden, die zulässigen Druckspannungen sind dann nach unten abzurunden. Schlankheitsbereich 16 bis 20 nur bei mittiger Belastung zulässig. Die Werte für Schlankheiten = 12 gelten für Wände mit Dicken < 24 cm, die durch Querwände ausgesteift sind.

1.6.3 Spannungserhöhungen

1917 Hamburg

a) Kantendruck auf durchgehendem Mauerwerk darf sich über den für achsrechte Lastwirkung zulässigen Wert hinaus bis auf das 1 1/2-Fache steigern, wenn gleichzeitig im Schwerpunkt der gedrückten Fläche die bei achsrechter Lastwirkung zulässige Spannung nicht überschritten wird.

1937 DIN 1053

a) Randspannungen unter Stützen, Unterlagsplatten oder Pfeilern dürfen das 1 1/2-Fache der zulässigen Druckspannungen betragen, wenn:

   die außermittige Schlusskraft in der Mittelebene des durchgehenden Mauerwerks liegt,

   die zulässige Druckspannung im Schwerpunkt der gedrückten Fläche nicht überschritten wird.

   Werden die Kantenpressungen unter Anschluss der Zugfestigkeit ermittelt, so darf bei rechteckigem Querschnitt der Abstand der Mittelkraft von der Druckkante nicht kleiner sein als der 6. Teil der Mauerdicke in der entsprechenden Richtung (bei anderen Querschnitten sinngemäß).

b) Für den Belastungsfall „2“ dürfen die zulässigen Spannungen um 10 % erhöht werden.

   Belastungsfall 1 (Hauptkräfte)
   Belastungsfall 2 (Haupt- und Zusatzkräfte)

   Zum Belastungsfall 2 gehören neben der gleichzeitig ungünstigsten Wirkung der Hauptkräfte noch die Windbelastung, Wärmeschwankungen, Brems- und waagerechte Seitenkräfte von Kranen.

1952 DIN 1053

a) wie 1937 (DIN 1053) Abschnitt a

b) Unter Balkenauflagern dürfen die Spannungen das 1 1/2-Fache der zulässigen Druckspannungen betragen, wenn die Breite des so beanspruchten Streifens höchstens gleich der 1/2 Wanddicke ist.

1.7 Zulässige Zugspannungen in MN/m² (Biegezugspannungen) für Mauerwerk aus künstlichen Steinen

Jahr	Steinart bzw. Steinfestigkeits-gruppe	Mörtel MG	zul. Biege-zugspannung max.	Bemerkungen
1937 DIN 1053	Hartbrandstein Hartbrandstein Klinkermauerwerk	KZ Z Z	0,1 0,2 0,2	Darf im Allgemeinen nicht in Rechnung gestellt werden. *1
1952 DIN 1053	Wände mit Steinfestigkeit ≥ 15,0 MN/m² *2	II III		Die Zugfestigkeit des Mauerwerks soll im Allgemeinen nicht in Rechnung gestellt werden.
1962 DIN 1053	wie **1952** DIN 1053			

KZ = Kalkzementmörtel Z = Zementmörtel

*1 Ausnahmsweise dürfen – bei Zustimmung der Baupolizei in jedem einzelnen Fall – Biegezugspannungen berücksichtigt werden.

*2 Bei Wänden dürfen Biegezugspannungen in Rechnung gestellt werden, wenn sie im Verband gemauert und die Spannrichtung der Wand parallel zu den Lagerfugen läuft. Biegespannungen senkrecht zu den Lagerfugen dürfen nur in Ausnahmefällen mit Zustimmung der Bauaufsichtsbehörde berücksichtigt werden.

1.8 Zulässige Schub- und Scherspannungen in MN/m² für Mauerwerk aus künstlichen Steinen

Jahr	zul. Schub- und Scherspannungen	Mörtel MG	Bemerkungen
1937 DIN 1053	höchstens 1/10 der zul. Druckspannungswerte bzw. max. 0,20	Z	
1952 DIN 1053	höchstens 1/10 der zul. Druckspannungswerte bzw. max. 0,10 max. 0,20	 II III	Es ist Mörtel nach Gruppe II oder III zu verwenden, der kleinere Wert ist maßgebend.
1962 DIN 1053	wie **1952** DIN 1053		

Z = Zementmörtel

1.9 Mörtel

1.9.1 Allgemeines

Mörtel ist ein Gemenge aus Bindemittel, Sand und Wasser. Die wichtigsten Bindemittel sind Gips, Kalk und Zement.

Bis zur Mitte des 18. Jahrhunderts war neben dem Gips das einzige künstliche Bindemittel der Kalk, wie er durch das Brennen von reinem, harten Kalkstein entsteht.

Im Zuge der wissenschaftlichen und technischen Entwicklung in der 2. Hälfte des 18. Jahrhunderts wurden die ersten hydraulischen Bindemittel hergestellt. Romanzemente bzw. hydraulische Kalke nannte man diese Vorläufer des Portlandzementes. Das erste deutsche Zementwerk wurde 1855 in Betrieb genommen.

Bei den Baumörteln sind im Wesentlichen auseinanderzuhalten:

Mauermörtel
Estrichmörtel
Putzmörtel

Je nach Art des verwendeten Bindemittels unterscheidet man:

Luftmörtel – Lehm-, Gips- und Luftkalkmörtel
Wassermörtel – hydraulische, wasserbindende Kalk- und Zementmörtel

Zusätzlich gibt es Luftkalkmörtel mit wasserbindenden Zuschlägen wie Trass und Puzzolane, die dem Mörtel die Eigenschaft geben, unter Wasser zu erhärten.

1.9.2 Mörtelarten

Lehmmörtel	aus genässtem, magerem, mit Häcksel u. a. vermischtem Lehm bestehend. Erhärtet durch einfaches Austrocknen. Die Anwendung beschränkt sich auf Innenwände und besonders gut geschützte Außenmauern sowie die Herstellung von Lehmestrich in der Landwirtschaft.
Gipsmörtel	aus Gips mit Sandzusatz und Kalk für die Herstellung von Rabitz- und Wandputz (Kalkgipsmörtel) Weitere Anwendung als: Hängedecken als eisenbewehrte Gipsaschenbetondecken (Gipsestrich)
Kalkmörtel	(Kalksandmörtel) der gewöhnliche Mörtel des Hochbaues. Hergestellt aus gelöschtem Kalk, Sand und Wasser.
Kalkzement-mörtel	(verlängerter Zementmörtel) entsteht durch das Zumischen von Zement zu Kalkmörtel. Anwendung: Überall da, wo in Hinsicht auf die Art der Steine, Festigkeit des Mörtels und Einwirkung der Feuchtigkeit Luftkalkmörtel nicht genügten und Zementmörtel nicht erforderlich waren (Kalksandstein- und Schwemmsteinmauern, mäßig belastete Pfeiler und Bögen sowie Schlagwetterseiten und Außenputz).
Zementmörtel	aus Zement mit Sandzusatz Anwendung: für stark belastete Bauteile (Pfeiler und Bögen) bzw. Bauteile, die der Feuchtigkeit ausgesetzt sind (Fundamente)
Zementgrob-mörtel	Neben Zement und Sand können Schlacke, Kies und Steinschlag zugemischt werden.
Fußboden-mörtel	a) Terrazzomörtel eine Mischung aus Zementmörtel und verschieden farbigen Steinstücken aus Marmor, Serpentin, Kalkstein usw. (schleif- und polierbar) b) Magnesiazementmörtel aus Magnesiakalkzement und Magnesiazement mit Zusätzen von Holz- und Korkmehl, Koksgrus, Kieselgur und Schlackensand c) Steinholz mörtelähnlich, hauptsächlich aus Magnesiumoxyd und Chlormagnesium bestehend, mit ähnlichen Zusätzen wie beim Magnesiazement d) Estrichmörtel (Zementestrichmörtel) besteht aus Zement und Sand, deren Mischungsverhältnis (1:2 bis 1:3,5) der Widerstandsfähigkeit gegen Abnützung entspricht

Feuer-beständiger Mörtel	a) Kraterzementmörtel besteht aus altvulkanischem Steinmehl mit Wasser angerührt (erhärtet an der Luft und nimmt im Feuer große Härte an). b) Schamottemörtel besteht aus gemahlenen, feuerbeständigen Schamottewaren. Anwendung: Für alle Mauerteile, die vom Feuer berührt wurden, sowie als Platten für den Schutz von Balken an Schornsteinen.

1937 DIN 1053 Es sind als geeignete Mauermörtel anzunehmen:

Kalkmörtel
Kalkzementmörtel
Zementmörtel

1952 DIN 1053 Es wurden 3 Mörtelgruppen festgelegt.

Gruppe I	Mörtel aus Kalkteig, Kalkhydrat und hydraulischem Kalk Es werden keine besonderen Festigkeitsanforderungen gestellt.
Gruppe II	Kalkzementmörtel und Mörtel aus hydraulischem Kalk Er soll eine mittlere Druckfestigkeit von 2,5 MN/m^2 besitzen.
Gruppe III	Zementmörtel (unter Umständen mit mäßigen Zugaben von Kalkhydrat) Er soll eine mittlere Druckfestigkeit von 10,0 MN/m^2 besitzen.

Neben den Mörteln nach DIN 1053 sind als Mauermörtel noch zugelassen:

Anhydritmörtel
Mörtel aus Braunkohlenaschen
Mörtel aus Putz- und Mauerbindern (PM-Bindern)

1.9.3 Zulässige Mörtelgruppen bzw. Mörtelarten für Mauerwerk

(belastet aus künstlichen Steinen)

Jahr	Mörtel bzw. Mörtel-gruppe	Wanddicke in cm Wandart Deckenart	Anzahl der Voll-geschosse	Steinart	Bemerkungen
1918 Berlin	Z	ebene Stein-decken			mit und ohne Eiseneinlagen
1919 Preußen	Z	Pfeiler Wände		Klinker	KZ nicht zulässig
1925 Hamburg	Z	Mauerwerks-wände für Eingespann-träger			
1937 DIN 1053	Z KZ + Z	Wände u. Pfeiler Wände u. Pfeiler		Klinker Hartbrand-ziegel und Hüttenhart-steine	
1937 Hamburg	Z	Grundbau Keller Erdgeschoss Wände mit Abfangungen oder einge-spannten Treppen-stufen			bei mehr als 4 Voll-geschossen
	KZ	Erdgeschoss 1/2 Stein dicke Innenwände Schorn-steine 2 mal 1/2 St dicke Wände mit Luft-schicht			wenn 1 oder bis zu 4 Obergeschosse vorhanden
	K				für alle übrigen Bauteile

Jahr	Mörtel bzw. Mörtelgruppe	Wanddicke cm o. Stein Wandart Decken	Anzahl der Vollgeschosse	Steinart	Bemerkungen
1952 DIN 1053	II + III	Mauerwerk		Klinker	
	II + III	< 24	≥ 1		Mörtelgruppen für jeweils alle Geschosse
	I + II + III	≥ 24 < 36,5	≤ 2		
	II + III	≥ 24 < 36,5	> 2		
	*1 I + II + III	> 36,5	≥ 1		
	II + III	Kellerwände			
	II + III	Gewölbe			in Wohngebäuden
	III	Gewölbe			unter Hofkellerdecken Durchfahrten Fabrikgebäude
	III	bewehrtes Mauerwerk			
1962 DIN 1053	wie **1952** DIN 1053				

K = Kalkmörtel
KZ = Kalkzementmörtel
Z = Zementmörtel

*1 MG. I ist zulässig für Innenwände bei Außenwanddicken ≥ 36,5 cm.

1.9.4 Mörtelmischungen in Raumteilen

Jahr	Mörtelart bzw. Mörtelgruppe	Zement	Kalk-hydrat bzw. -pulver	Kalk-teig	Sand	Bemerkungen
1910	K		1		3	
Berlin	KZ	1	2		6 bis 8	
	Z	1			3	
1919	K		1		3	
Preußen	KZ	1	2		8	
	Z	1			3	
1925	K		1		3	
Preußen	KZ	1	2		8	
	Z				3	
1936	K		1		3 bis 4	
AMB	KZ	1	1 bis 2		6 bis 8	
	Z	1			2 bis 3	für Grund-mauern
	Z	1			3 bis 4	für aufgehendes Mauerwerk
1937						
DIN 1053	K		1		3,5	
	K			1	4	
	KZ	1		1,5	8	
	KZ	1	2		8	
	Z	1			4	
	Z	1			3	mit geringem Kalkzusatz
1952	I			1	3,5	Luftkalkm.
DIN 1053	I		1		3	"
	I		1		3	Hydr. Kalkm.
	II	1		1,5	8	KZ
	II	1	2		8	KZ
	III	1			4	Z
1962 DIN 1053	wie **1952** DIN 1053					

K ········ Kalkmörtel
KZ ········ Kalkzementmörtel
Z ········ Zementmörtel
AMB ·· ·Anweisung für Mörtel und Beton (Zentralblatt der Bauverwaltung)

1.10 Steineisendecken (Geschoss- und Dachdecken)

Jahr	E-Eisen E-Stein n	Spann- weite max L m	Beton- druck- schicht Dicke in cm	Decken- bzw. Steinhöhe min d in cm	Betondeckg. Mörteldeckg. cm		zul. Haft- spannung N/mm²	
					Band- eisen	Rund- eisen	Band- eisen	Rund- eisen
1907 u. **1909** Preußen	25		< 5,0		0,5	1,0		
1918 Berlin *1	15	6,50	3,0 bis 5,0	10,0 6,0 bei Dachdecke	0,5	1,0	0,45	0,45
1925 D.A.f.E. *2	15	6,50	3,0 bis 5,0	10,0	0,5	1,0	0,30	0,45
1925 Preußen Sachsen Bayern *3		6,50 bzw. 27-fache Nutzhöhe	< 5,0 ≥ 3,0	10,0 6,0 bei Dachdecke	0,5	1,0	0,30	0,45
1928 Hamburg *4		6,50 bzw. 27-fache Nutzhöhe	< 5,0 ≥ 3,0	10,0 6,0 bei Dachdecke	0,5	1,0	0,30	0,45
1932 D.A.f.E. *5	15		3,0 bis 5,0	10,0 6,0 bei Dachdecke		1,0 im Freien 1,5		0,50
1943 E.d.RAM *6	15		< 5,0 ≥ 2,0	10,0 6,0 bei Dachdecke		1,0 im Freien 1,5		0,40 bei d >16 cm 0,50

D.A.f.E. = Deutscher Ausschuss für Eisenbeton
E.d.RAM = Erlass des Reichsarbeitsministers

Jahr	zul. Schubspannung N/mm²	zul. Eisenspannung N/mm²			zul. Steinspannung N/mm²		
		Hochbauten ruhende Lasten	Fabriken Erschütterungen Treppen	Durchfahrten Hofkellerdecken	Hochbauten ruhende Lasten	Fabriken Erschütterungen Treppen	Durchfahrten Hofkellerdecken
1907 u. **1909** Preußen	0,25	100	100				
1918 Berlin *1	0,25	120	100	90	3,5	3,0	2,5
1925 D.A.f.E. *2	0,25	120	100	90	3,6 < 1/7 d. Steindruckfestigkeit (ohne Betondruckschicht)	3,0 < 1/8 d.	2,7 < 1/9 d.
1925 Preußen Sachsen Bayern *3	0,25	120	100	90	3,6 < 1/7 d. Steindruckfestigkeit (ohne Betondruckschicht)	3,0 < 1/8 d.	2,7 < 1/9 d.
1928 Hamburg *4	0,25	120	100	90	3,6 < 1/7 d. Steindruckfestigkeit (ohne Betondruckschicht)	3,0 < 1/8 d.	2,7 < 1/9 d.
1932 D.A.f.E. *5	0,30 bei Vollbeton 0,40	120 bei d < 10 100			4,0 1/6 der Steindruckfestigkeit bei d < 10 15 % geringer		
1943 E.d.RAM *6	0,30 bei Vollbeton 0,40	BST I 120 bei d > 16 140 BST II BST III bei d > 16 180			4,5		

*1 In jeder Fuge max. 1 Eisen
Betondruckschicht dmax = 5 cm
Spannweite = max. lichte Weite

Bei Fabriken mit großen Erschütterungen und Stößen ist mit der 1,5-fachen veränderlichen Last zu rechnen (dann σ zul Stein = 3,5 N/mm² und σ zul Eisen = 120 N/mm²).

Bei Durchfahrten und Hofkellerdecken mit großen Erschütterungen und Stößen ist mit der 2-fachen veränderlichen Last zu rechnen
(dann σ zul Stein = 3,5 N/mm² und σ zul Eisen = 120 N/mm²).

Alle Decken müssen eine 1 bis 2 cm dicke Schutzschicht erhalten.

*2 In jeder Fuge nicht mehr als 1 Eisen
Kleinster Rundeisendurchmesser 6 mm
Größte zul. Steinhöhe 20 cm
Nutzhöhe mindestens 1/27 der Stützweite (bzw. Momentennullpunktentfernung)

*3 In jeder Fuge max. 1 Eisen
Größte zul. Steinhöhe 20 cm

*4 In jeder Fuge max. 1 Eisen
Größte zul. Steinhöhe 20 cm
Alle Decken müssen eine 1 bis 2 cm dicke Schutzschicht erhalten.

*5 Mindestnutzhöhe h = 1/30 der Stützweite (bzw. Momentennullpunktentfernung)
Alle Decken müssen eine mindestens 1 cm dicke Schutzschicht erhalten.

*6 2 Eiseneinlagen pro Fuge zulässig
Kleinster Rundeisendurchmesser 6 mm
Mindestnutzhöhe h = 1/30 der Stützweite (bzw. Momentennullpunktentfernung)
Alle Decken müssen eine mindestens 1 cm dicke Schutzschicht erhalten.

2 Konstruktionshinweise

2.1 Bezeichnung der Wände

Die Mauerwerkswände erhielten gemäß ihrer Lage im Bauwerk und entsprechend ihrer Funktion verschiedene Bezeichnungen.

Geschossmauern (Etagenmauern)	alle Wände der Geschosse oberhalb Terrain
Grundmauern (Fundament-mauern)	alle Wände unterhalb Terrain bis zum Parterrefußboden Parterre = 1. Geschoss (Erdgeschoss)
Plinthe (Sockel)	der sichtbare Teil der Grundmauern Die Differenz zwischen Parterrefußboden und Terrain bezeichnete man auch als Souterrainhöhe.
Umfassungswände	alle Außenwände, die das Gebäude umschließen Zu ihnen gehören die Frontwände und Giebelwände.
Frontwände	Außenwände zur Straßen- und Rückfront (parallel zur Firstlinie) Sie werden durch die Balkenlage der Decken (Spannrichtung allgemein senkrecht zur Frontwand) belastet. Ihre Aussteifung erfolgt durch die Scheide-, Treppenhaus- und Giebelwände.
Giebelwände (Seitenmauern)	Sie erhalten in den meisten Fällen keine Belastung aus der Balkenlage. (Deckenspannrichtung parallel zum Giebel) Die Giebelwände wurden unterteilt in: a) freistehende Giebelmauern (ohne anschließende Gebäude) b) nicht freistehende Giebelmauern. Hier unterscheidet man gemeinschaftliche Giebelmauern (wenn 2 aneinanderstehende Gebäude durch nur 1 Giebelwand getrennt sind). Sie wurden auch als Kommunmauern bezeichnet. Ebenso nicht gemeinschaftliche Giebelmauern (wenn 2 aneinanderstehende Gebäude durch 2 Giebelwände getrennt sind). Giebelwände wurden im Dachgeschoss häufig auch als Fachwerkwände ausgeführt.
Mittelwände	Sie verlaufen parallel zu den Frontwänden im Gebäudeinneren (Innenwände) und werden durch Balkenlagen belastet (Balkenstöße).
Scheidewände	Innenwände, die senkrecht zu den Front- und Mittelwänden stehen und diese aussteifen.

Stuhlwände	Als Fachwerk ausgebildete Wände mit Dachlasten (1/2 Stein dick verblendet). Häufig ausgeführt bei Pultdächern oder in Berlin auch als Dachgiebel.
Leichtwände	Leichte Trennwände (Zwischen- oder Teilungswände) Sie sind Wände von geringem Gewicht, die entweder direkt auf der Decke stehen oder als freitragende Wände ihre Eigenlast auf angrenzende Wände abtragen.
Freistehende Mauern	Wände, die keine Querwände zur Aussteifung erhalten.

2.2 Die Gesimse

2.2.1 Allgemeines

Ursprünglich dienten die Gesimse dem Schutz der Fassade vor Witterungseinflüssen. Das an der Wand herunterlaufende Regenwasser konnte an ihnen abtropfen. Sie sollten die Fassade aber auch in einzelne Teile zerlegen und so dem Gebäude seinen Charakter geben. Die Ausführung der Gesimse erfolgte sowohl aus Sandstein (Werkstein), Backstein, Backstein mit Putzüberzug sowie speziellen Formsteinen (gebrannten hohlen Tonkörpern, so genannten Terrakotten). Für weit ausladende Gesimse stellte man eine tragende Konstruktion aus Eisenprofilen her, die mit Drahtgewebe überzogen und dann geputzt wurde. Die Profilierung der Putzgesimse erfolgte durch Schablonen. Eine weitere Möglichkeit der Ausladung war die Auskragung der Deckenträger oder die Anordnung von eisernen Kragprofilen, die durch senkrechte, in die Wand eingemauerte Ankerstäbe gegen Kippen gesichert wurden. Mit dem Aufkommen des Eisenbetonbaues wurden dann auch Gesimse mit sehr großen Kraglängen möglich.

Die Gesimse teilt man entsprechend ihrer Lage ein in:

a) Sockelgesims – auch als Fußgesims oder Podium bezeichnet

Es bildet den Sockel des Gebäudes oberhalb Terrain.

b) Gurtgesims – auch als Band- oder Zwischengesims bezeichnet

Es liegt meist in Deckenhöhe und markiert die Geschosse.

c) Hauptgesims – auch als Dach- oder Kranzgesims bezeichnet

Es bildet den Abschluss der Wand und die Abgrenzung zum Dach.

2.2.2 Das Sockelgesims

Zum Schutze des Sockels eines Gebäudes gegen Spritzwasser bzw. Anprall verblendete man diesen sehr häufig mit besonders widerstandsfähigen Natursteinen.

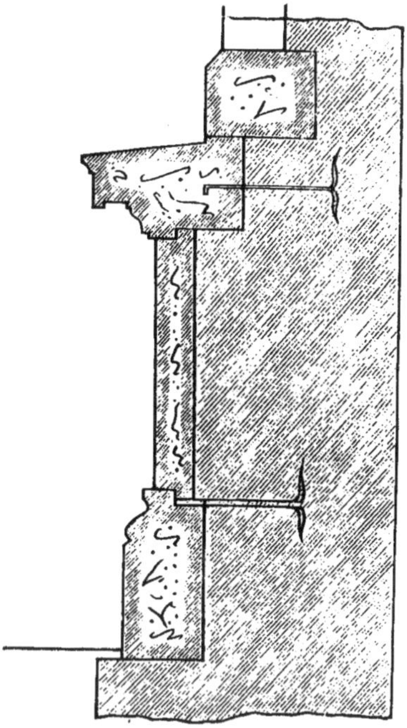

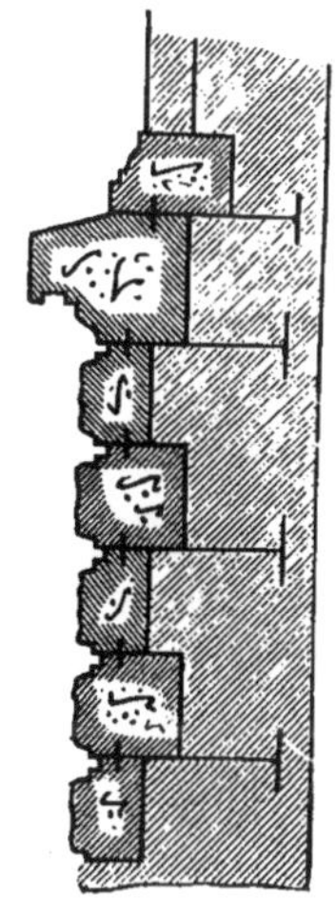

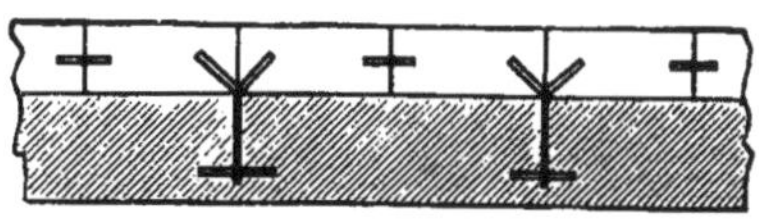

Zur Ausführung kamen meist Granit oder Sandstein. In steinreichen Gegenden stellte man den Sockelfuß ganz aus Quadern her. Gewöhnlich begnügte man sich jedoch mit Natursteinplatten als Sockelbekleidung. Diese wurden in der Regel als oberer Abschluss mit einem Formstein (Binderstein) durch Nut und Feder gehalten.

Die Verankerung mit dem Hintermauerwerk erfolgte durch Eisenbänder oder Steinanker (Bindersteine).

1881

Höhe des Sockelgesimses

h = 0,90 bis 1,20 m

bzw. h = 1/12 bis 1/15 der Gebäudehöhe

Ausladung a = 9 bis 15 cm

2.2.3 Das Gurtgesims

Es gliedert die Fassade in horizontaler Richtung und markiert außen die Geschosshöhe bzw. die Balkenlage. Die Ausbildung erfolgt entweder durch vortretende Verblendformsteine oder Natursteine (Granit, Sandstein). Die Verankerung erfolgte durch Einbinden in das Wandmauerwerk und Anordnung von zusätzlichen eisernen Klammern.

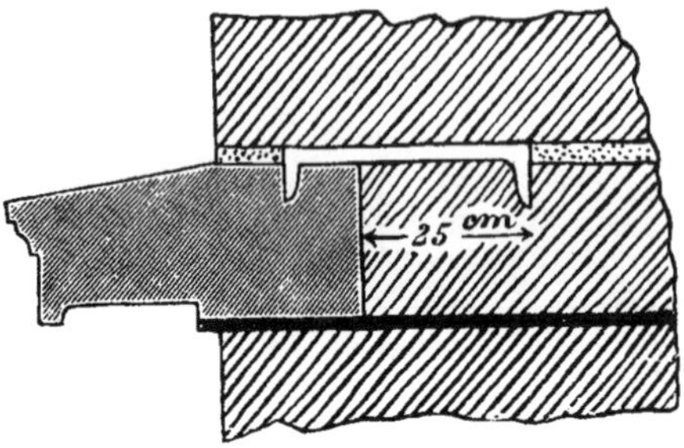

1872

Gesimshöhe	h	= 13,0 bis 25,0 cm
Auskragung	Lk	= 18,0 bis 27,0 cm
Einbindelänge	Le	= ca. 30,0 cm in das Wandmauerwerk

2.2.4 Das Hauptgesims

Das Hauptgesims unterteilt sich in:

das Unterglied
die Platte
die Bekrönung

Es bildet den Abschluss der Wand und soll durch seine Ausladung die Wandfläche schützen.

Die Ausbildung konnte durch Holz, Werkstein, Backstein oder Putz auf einer Tragkonstruktion erfolgen.

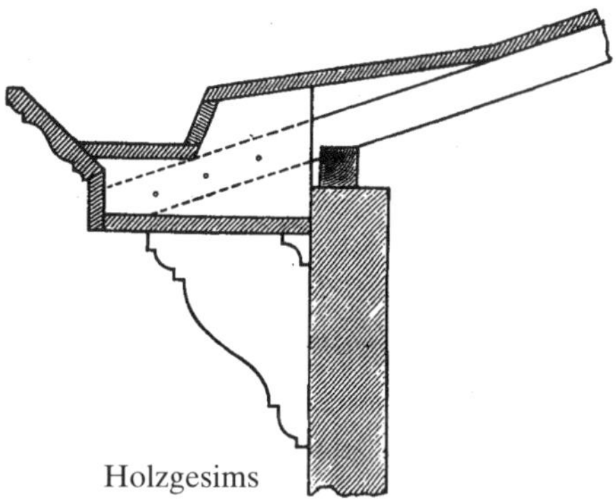

Holzgesims

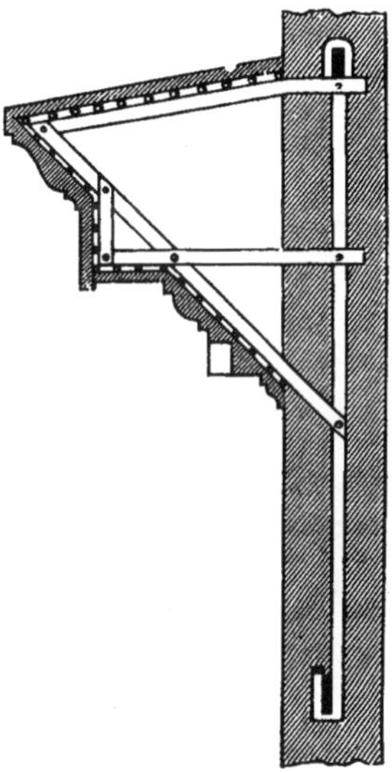

Putzgesims mit eiserner Tragkonstruktion

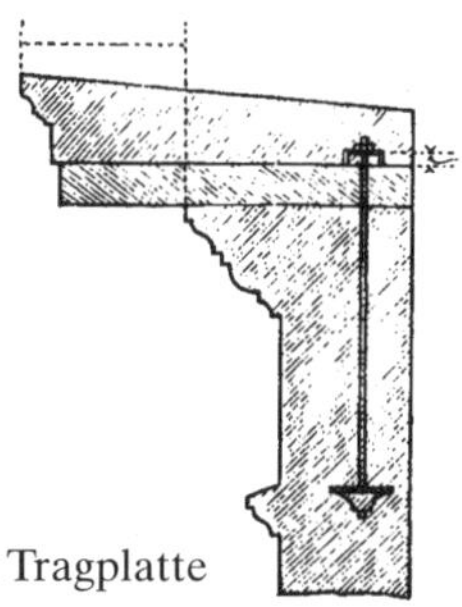

Gesims mit Tragplatte

Die Verankerung gering ausladender Gesimse erfolgte durch Ankersteine (Binder).
Zur Kippsicherung diente die Auflast der Balkenlage.
Eine weitere Möglichkeit der Herstellung war die Ausführung durch auskragende Formsteine bzw. Tragplatten und deren Kippsicherung durch in das Wandmauerwerk eingebundene Zuganker.
Die Verankerung weit vorspringender Backsteingesimse erfolgte durch eingemauerte Eisenträger.

1872

maximale Auskragung	Lk	≤ der Wandstärke (Außenwand) des oberen Geschosses
Abstand der Verankerung	a	= ca. 1,00 m (Backsteingesims)

1881

a) aus Werkstein (für Wohngebäude)

Gesimshöhe	h	= 0,75 bis 0,90 m
	bzw. h	= 1/16 der Gebäudehöhe
bei einer Auskragung	Lk	= 0,45 bis 0,60 m

b) Backsteingesimse

Auskragung	Lk	= 0,12 bis 0,15 m

1924 Berlin

a) gemauerte Gesimse

Auskragung	Lk	= max. 0,12 m

b) Putzgesimse größerer Ausladung

Abstand der Tragprofile	a	= ca. 0,30 m

1925 Hamburg

Hauptgesimse sind für die 1,5-fache Kippsicherheit zu bemessen.

Für die Berechnung des Kippmomentes ist unter Berücksichtigung der Begehbarkeit die Last eines Menschen mit 65 kg auf 60 cm Breite in Ansatz zu bringen.

Für die Gegenlast ist die Dachlast nicht in Rechnung zu stellen.

1931 Berlin

Bei Gesimsen aus natürlichen oder künstlichen Steinen ist darauf zu achten, dass der Schwerpunkt hinter der Drehkante, und zwar so weit zurückliegt, dass ein Umkippen auch bei zufälliger Belastung des überkragenden Teiles ausgeschlossen sei.

2.3 Mauerwerk aus natürlichen Steinen

2.3.1 Allgemeines

Mauerwerk aus natürlichen Steinen unterteilt sich in:

a) Mauerwerk aus unbearbeiteten Steinen (Feld- oder Bruchsteinmauerwerk)

Es fand vorzugsweise Anwendung für freistehende Mauern, Kellermauern (0,60 bis 1,00 m über Terrain) und Wände von untergeordneten Gebäuden. In Abständen von 1,00 bis 1,50 m ordnete man zur Abgleichung waagerechte Ziegelschichten in voller Wanddicke an. Die Gebäudeecken sowie Fenster- und Türöffnungen wurden häufig ebenfalls in Ziegelmauerwerk hergestellt. Fundamente und dicke Kellerwände führte man auch als Konkretmauerwerk aus. Hierbei handelt es sich um Stampfbeton, der mit Bruchsteinen durchsetzt war.

b) Mauerwerk aus bearbeiteten Steinen

Steine mit werkmäßig bearbeiteten Flächen werden als Werkstein (Naturwerkstein), Schnittstein oder Haustein bezeichnet. Selten wurde die Mauer ganz aus Quadern hergestellt. Meist erfolgt nur die Verblendung aus Naturwerkstein und die Hintermauerung führte man als Ziegelmauerwerk aus. Die Verankerung der Quadersteine untereinander und mit dem Hintermauerwerk erfolgte durch bronzene, kupferne oder eiserne Klammern. Zur Sicherung der Steine gegen Verschieben ordnete man Dübel aus Eisen, Stein oder Bronze mit rundem, quadratischem oder schwalbenschwanzförmigem Querschnitt an. Häufig beschränkte man die Verwendung von Quadersteinen auf Fenster- und Türöffnungen, Gesimse und Eckeinfassungen.

2.3.2 Abmessungen natürlicher Steine

Jahr	Verhältnis H/B/L Höhe	 Breite	 Länge	Bemerkungen
1872	1 1	2 2	3 4	Werkstein Höhe allgemein 25 bis 30 cm
1928				Werkstein Höhe allgemein 15 bis 30 cm
1943	1 1		4 5	Werkstein Mindestlänge L = H
1948	1 1 1 1	1 1,5 2 2	3 3 3 6	Bruchstein Weichgestein Weichgestein Hartgestein Hartgestein

2.3.3 Mauerwerksarten

Zeile	Mauerwerksart	Ausführung
1	Trockenmauerwerk	Bruchsteine sind ohne Verwendung von Mörtel unter geringer Bearbeitung im Verband verlegt. Anwendung für Stützmauern (Schwergewichtsmauern).
2	Zyklopenmauerwerk Bruchsteinmauerwerk	Wenig bearbeitete Bruchsteine sind im Verband satt in Mörtel verlegt. Das Mauerwerk ist in seiner ganzen Dicke in Absätzen von max. 1,50 m rechtwinklig zur Kraftrichtung abgeglichen. Abstand der Abgleichungen **1872** a = 1,00 bis 1,50 m **1931** Berlin a = 1,00 bis 1,50 m **1937** DIN 1053 max a = 2,00 m **1943** DIN 1043 max a = 2,00 m **1952** DIN 1043 max a = 1,50 m
3	Hammerrechtes Schichtenmauerwerk	Die Steine der Sichtfläche erhalten auf mindestens 12 cm Tiefe bearbeitete Lager- und Stoßfugen, die etwa rechtwinklig zueinander stehen. Die Schichthöhe darf innerhalb einer Schicht in den verschiedenen Schichten wechseln. Das Mauerwerk ist in seiner ganzen Dicke wie Zeile 2 rechtwinklig zur Kraftrichtung abzugleichen. Fugendicke 1,0 bis 1,5 cm
4	Unregelmäßiges Schichtenmauerwerk	Die Steine der Sichtfläche erhalten auf mindestens 15 cm Tiefe bearbeitete Lager- und Stoßfugen, die zueinander und zur Steinfläche senkrecht stehen. Fugenstärke der Sichtfläche max. 3 cm Die Schichthöhe darf innerhalb einer Schicht und in den verschiedenen Schichten in mäßigen Grenzen wechseln. Das Mauerwerk ist in seiner ganzen Dicke wie Zeile 2 rechtwinklig zur Kraftrichtung abzugleichen.
5	Regelmäßiges Schichtenmauerwerk	wie Zeile 4 Innerhalb der Schicht darf die Höhe der Steine nicht wechseln. Jede Schicht ist senkrecht zur Kraftrichtung auszugleichen. Bei Gewölben, Kuppeln usw. müssen die Lagerfugen durch die ganze Gewölbedicke hindurchgehen. Die Schichtsteine sind auf ganzer Tiefe in der Lagerfuge zu bearbeiten, während bei den Stoßfugen eine Bearbeitung auf 15 cm Tiefe genügt. Anwendung im Hoch- und Brückenbau (Stützmauern).

Zeile	Mauerwerksart	Ausführung
6	Quadermauerwerk	Die Steine sind genau nach den angegebenen Maßen (Bruchzettel) zu bearbeiten. Lager- und Stoßfugen müssen in der ganzen Tiefe bearbeitet sein. Fugendicke max. 3,0 cm Bei engen Fugen der Sichtflächen sind an den Fugenflächen bearbeitete Steine so zu verlegen, dass die Fugen mit Mörtel voll ausgegossen werden können. Versetzen der Quader ohne Mörtel verlangt eben geschliffene Lagerflächen.

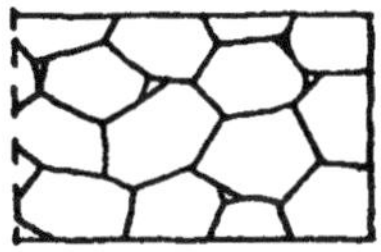

Zyklopenmauerwerk

Bruchsteinmauerwerk

hammerrechtes Schichtenmauerwerk

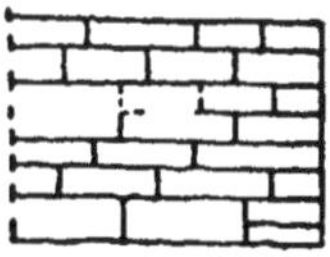

unregelmäßiges Schichtenmauerwerk

regelmäßiges Schichtenmauerwerk

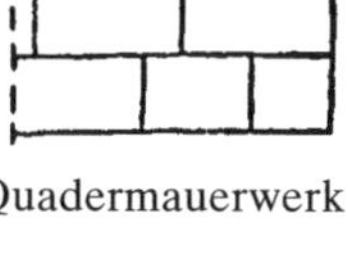

Quadermauerwerk

2.3.4 Mischmauerwerk (Verblendmauerwerk)

Das Sichtmauerwerk besteht aus natürlichen Steinen.
Das Hintermauerwerk besteht entweder auch aus natürlichen Steinen oder aber, in den meisten Fällen, aus künstlichen Steinen.
Mittragendes Verblendmauerwerk muss mit dem Hintermauerwerk verzahnt werden.
Für die Ermittlung der zulässigen Beanspruchung ist das Material mit der niedrigeren zulässigen Beanspruchung maßgebend.

Mittragende Verblendschale nach DIN 1053

Jahr	Anzahl der Bindersteine	Einbindelänge der Bindersteine in das Hintermauerwerk in cm	Länge der Bindersteine (Tiefe) cm	Dicke von Platten cm	Bemerkungen
1937	*3	$z \geq h$ *2			z = Einbindelänge h = Steinhöhe
1943	50 % *1	$z \geq h$ *2			z = Einbindelänge h = Steinhöhe
1952	30 % *1	10	≥ 24	≥ 11,5 bzw. ≥ 1/3 h	h = Plattenhöhe

*1 Bei Hintermauerung aus künstlichen Steinen muss jede 3. Natursteinschicht nur aus Bindern bestehen.

*2 

*3 Dicke der Verblendschale $d \geq 12$ cm
Mittragende Verblendschale bei $e/d \leq 3$
e = lichter Abstand der Bindersteine
d = Dicke der Verblendschale

2.3.5 Verankerung der Werksteinverblendung

Jahr	Verbindung der Steine untereinander	Verankerung mit dem Hintermauerwerk	Bemerkungen
1872	eiserne Dübel und Klammern	schwalbenschwanzförmige Bindersteine	Dübel schwalbenschwanzförmig
1890	Dübel aus: Eisen, Stein oder Bronze 8,0 cm lang 2,5 bis 5,0 cm dick Klammern aus: Eisen (verzinkt) Kupfer oder Bronze	Bindersteine und Klammern (Anker)	Dübel rund, quadratisch oder schwalbenschwanzförmig Klammern in Höhlung mit Blei vergossen. Klammerenden 2,5 bis 4,0 cm lang abgebogen
1908	Dübel aus: Eisen oder Holz (Eiche) Klammern aus: Eisen	Bindersteine und Klammern (Anker)	Dübel in Schwalbenschwanz- oder prismatischer Form
1924	Dübel aus: Eisen (verzinkt) Bronze oder Kupfer 8,0 cm lang 2,0 bis 3,0 cm dick Klammern aus: Eisen (verzinkt) Bronze oder Kupfer	Bindersteine und Gabelanker	Dübel quadratisch oder schwalbenschwanzförmig Klammern in Höhlung mit Blei oder Zementmörtel vergossen
1936	eiserne Dollen, Anker und Klammern	Bindersteine	
1939	eiserne Dübel und Klammern	Bindersteine	Klammern in Höhlung mit Blei vergossen

schwalbenschwanzförmige Bindersteine

Dübel Klammer Gabelanker

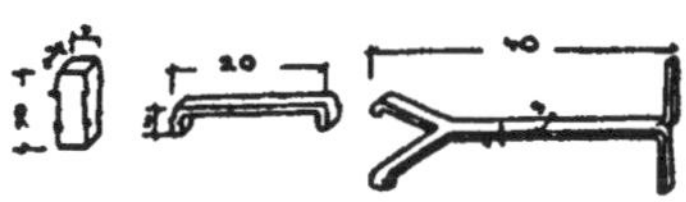

Anordnung der Anker

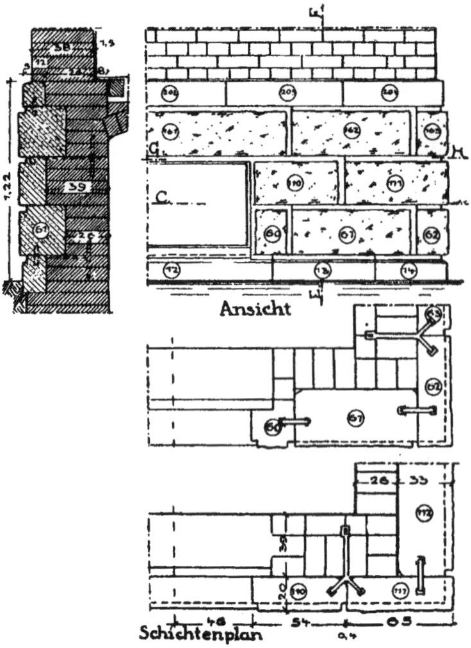

2.3.6 Wanddicken für Wohngebäude aus natürlichen Steinen

Jahr	Wandart	Wanddicke in cm	Bemerkungen
1872	Umfassungswand	mind. 45	Bruchsteinmauerwerk Lagerhaft
1872	Umfassungswand Umfassungswand	mind. 80 bis 86 mind. 26	Bruchsteinmauerwerk unregelmäßig Werkstein sehr sorgfältig gearbeitet
1890 Berlin	Umfassungswand	mind. 60	Bruchsteinmauerwerk
1919 Preußen	Umfassungswand	mind. 45 bis 60	Bruchsteinmauerwerk
1924 Berlin	Umfassungswand	mind. 45 bis 60 bzw. d = 1/6 H	Bruchsteinmauerwerk H = Wandhöhe
1936 Preußen	Umfassungswand	mind. 45	Bruchsteinmauerwerk

2.4 Mauerwerk aus künstlichen Steinen

2.4.1 Allgemeines

Abhängig von Tradition, Landschaft und Klima haben sich verschiedene Ausführungsarten von Mauerwerkskonstruktionen herausgebildet.

Die in Deutschland am weitesten verbreitete Mauerwerkskonstruktion ist das einschalige Mauerwerk.

In Norddeutschland, als regenreiches Gebiet mit starkem Windanfall, hat sich das zweischalige Mauerwerk mit Luftschicht als die dem Klima gemäße Bauform entwickelt.

Als Kompromiss zwischen beiden Formen hat sich das zweischalige Mauerwerk ohne Luftschicht herausgebildet.

2.4.2 Steinverbände

Kreuzverband

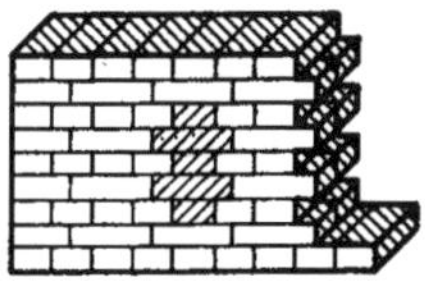

Blockverband

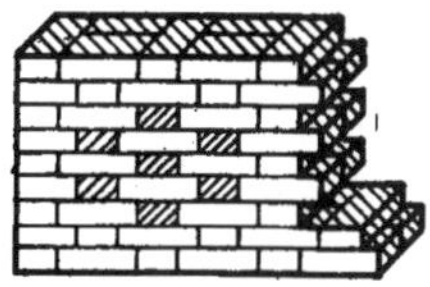

Gotischer Verband
Polnischer Verband

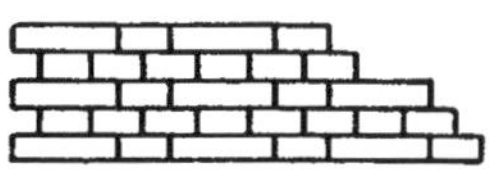

Holländischer Verband

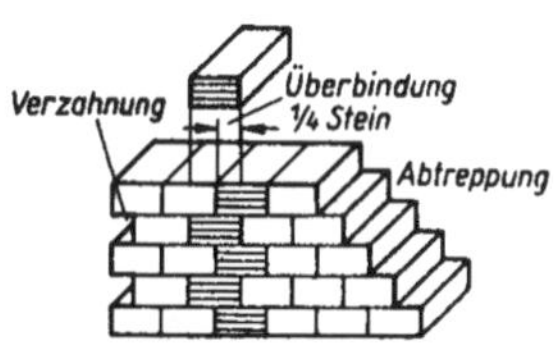

Binderverband oder
Streckerverband

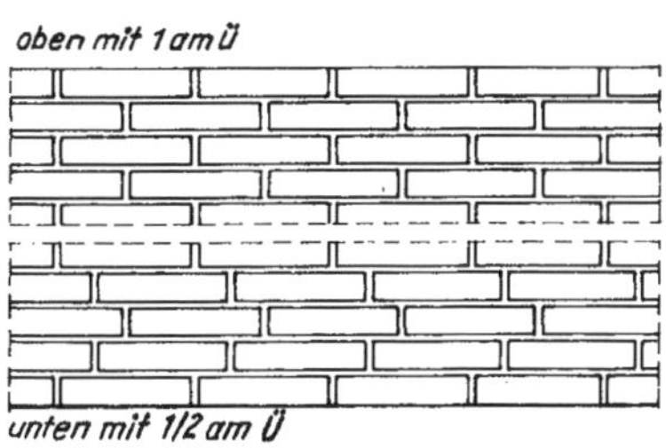

Läuferverband oder
Schornsteinverband

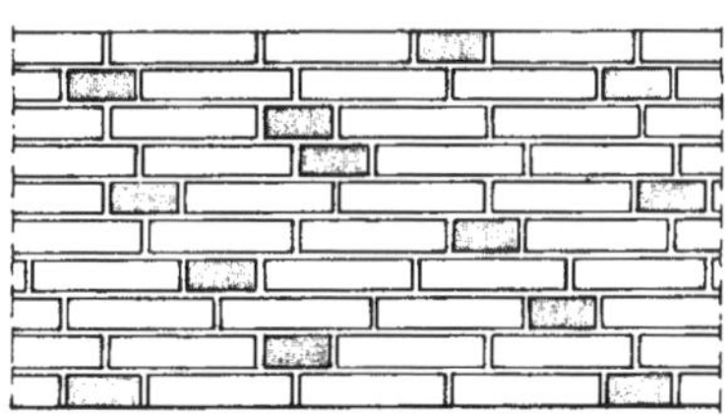

Wilder Verband
bewusst unregelmäßig

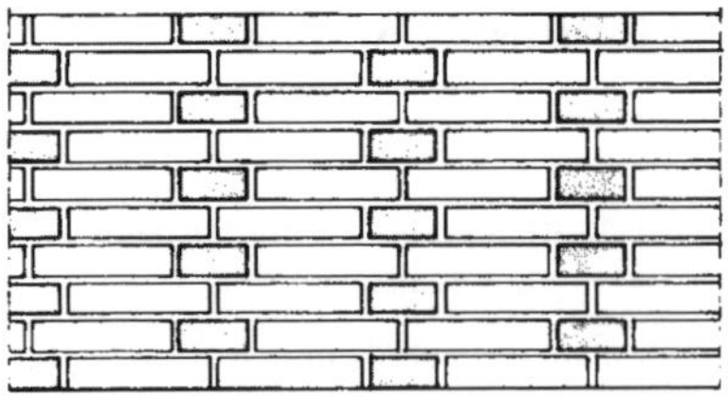

Märkischer Verband
(Wendischer Verband)

2.4.3 Verblendmauerwerk

Um das Verblendmauerwerk zum tragenden Wandquerschnitt mit heranziehen zu können, wurde es in den meisten Fällen aus Kostengründen gleichzeitig mit dem Hintermauerwerk im regelrechten Verband ausgeführt.

Verblendvorsatzschalen (zweischaliges Mauerwerk) erforderten größere Wanddicken und beschränkten sich daher hauptsächlich auf nachträgliche Verblendungen.

Die Verankerung der Vorsatzschale mit dem Hintermauerwerk stellte man dann durch Anordnung von flächenweise eingestemmten Binderschichten her.

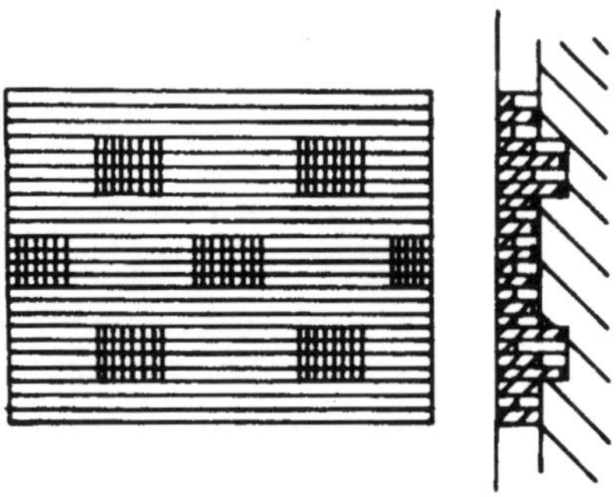

Als man zwischen 1890 und 1900 viele Bauten mit teuren Klinkern verblendete, ging man dazu über, das Hintermauerwerk mit geringwertigeren Steinen auszuführen.

Für die zulässige Beanspruchung des einschaligen Verblendmauerwerks ist der niedrigere der zu den verwendeten Steinen gehörenden Werte maßgebend.

2.4.3.1 Verankerung der Verblendschale bei zweischaligem Mauerwerk ohne Luftschicht

Jahr	Drahtanker Durchmesser in mm	Anzahl der Drahtanker pro m² Wandfläche	Anzahl der Binder-schichten	Bemerkungen
1928			mind. jede 6. Schicht	Klinkerverblendung
1952 DIN 1053	3	5	mind. jede 4. Schicht	nichtrostende Drahtanker *1
1962 DIN 1053	3	5	mind. jede 4. Schicht	nichtrostende Drahtanker *1

*1 lotrechter Abstand der Drahtanker max. 30 cm
waagerechter Abstand der Drahtanker max. 75 cm

2.4.4 Wände mit Luftschichten (Hohlmauerwerk)

2.4.4.1 Allgemeines

Die Ausführung des Außenmauerwerks mit Hohlräumen sollte die Wärmedämmung verbessern und das Durchschlagen eingedrungener Feuchtigkeit nach innen verhindern.
Dienten Luftschichten als Feuchtigkeitsschutz, wurden sie belüftet; dienten sie als Wärmeschutz, blieben sie unbelüftet (stehende Luftschicht).
Besonders nach dem I. Weltkrieg kam das Hohlmauerwerk im Kleinhausbau aus Gründen der Materialeinsparung verstärkt zur Anwendung.
Die Verbindung der beiden Mauerwerksschalen erfolgte meist durch in Teer getauchte Bindersteine oder durch dicke, an den Enden mit Haken versehene Eisendrahtstäbe bzw. Flacheisen.
Die Be- und Entlüftung erfolgte meist zusammen mit der Lüftung der Balkenlagen.
Unter den Balkenauflagern wurden mehrere Schichten ohne Luftschicht durchgemauert.
Eine weitere Verbesserung der Wärmedämmung brachte die Ausfüllung der Hohlräume mit Schlacken, Torf oder Bimskies usw.

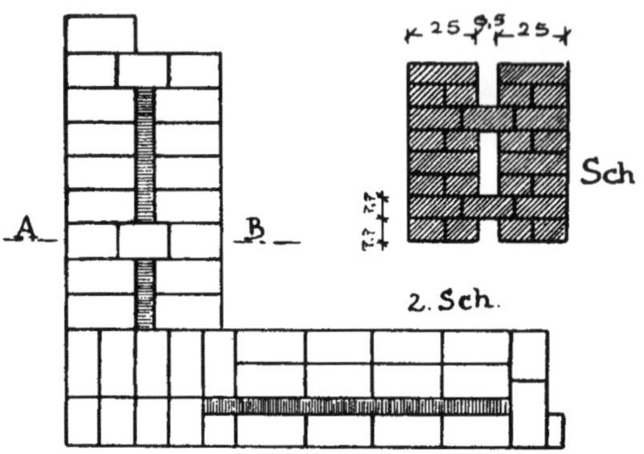

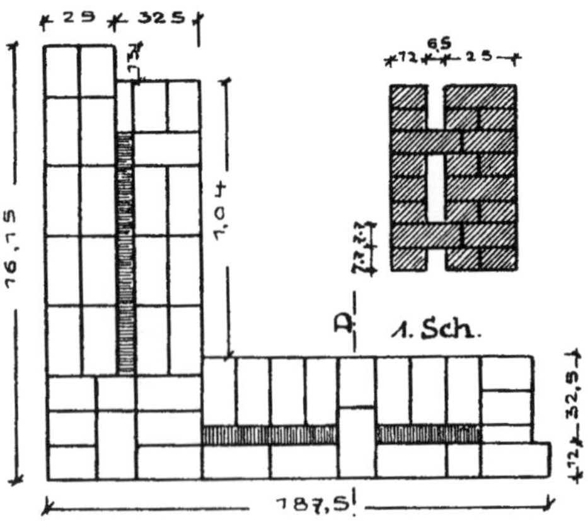

Schon vor 1900 erkannte man die Vorteile von Hohlziegeln. Infolge der geringen Seitendicken konnten diese Steine gut ausbrennen und waren auch als Verblendstein sehr gut geeignet.

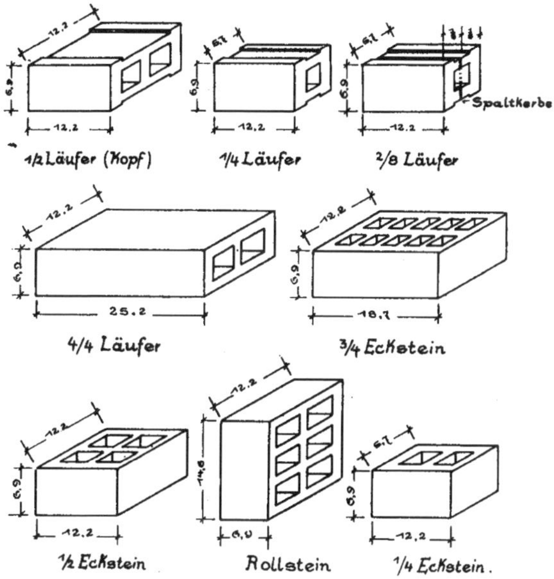

Eine sehr gute Wärmedämmung erzielte man mit der Kombination von Luftschichtmauerwerk und Lochsteinen.

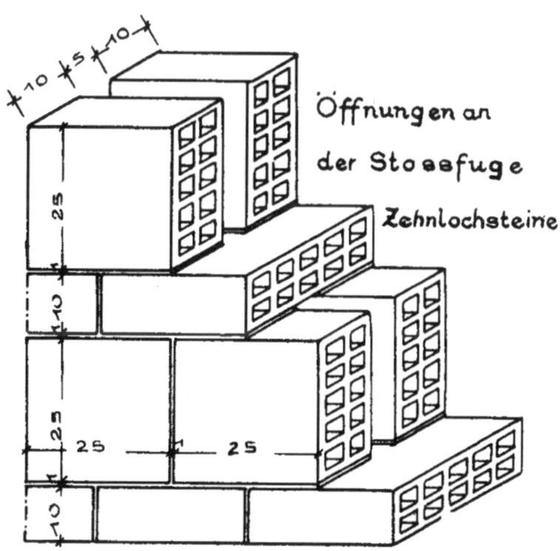

Es wurden auch spezielle Sparbauweisen entwickelt.

2.4.4.2 Wandkonstruktionen

a) Das Kästelmauerwerk

Es ist eine ältere Hohlbauweise mit verhältnismäßig großem Ziegelverbrauch. Um ein Übertragen der Feuchtigkeit nach innen zu vermeiden, wurden die Köpfe der zahlreichen Binder in Teer getaucht. Die Mauerung erfolgte durch flach- oder auch hochkant gestellte Steine.

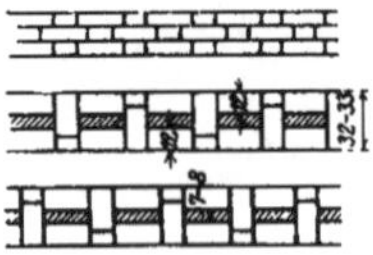

b) Die Katonawand

Sie wurde gebildet aus zwei Reihen hochkantgestellter Ziegel mit ca. 20 cm lichtem Abstand (d = 33 cm) und hochkant gestellten Bindersteinen. Auf den Bindern werden zusätzlich Bandeisen verlegt. Die Zwischenräume füllte man mit schwefelfreier Schlacke aus.

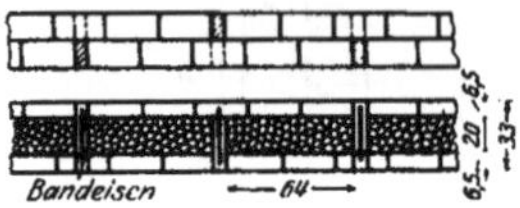

c) Die Bauweise Fauth

Diese Wand bestand aus einem dreireihigen Hochkantmauerwerk. Die Binder wurden über der inneren und äußeren Luftschicht gegeneinander versetzt (lichter Abstand e = 61 cm), sodass man durchgehende Binderschichten vermied.

Für höhere Gebäude (bis 4 Geschosse) waren stärkere Mauern erforderlich. Man ordnete dann eine 4. Ziegelreihe an.

d) Die Ambi-Bauweise

Die Verarbeitung erfolgte durch auf der Baustelle hergestellte L-förmige Kunststeine (Höhe 30 cm, Dicke 5 cm). Die Steine wurden von Hand in Eisenformen gestampft. Für das Innenmauerwerk verwendete man einen Zement-Sand-Koksschlackenbeton (1:1:7) und für das Außenmauerwerk einen Zement-Kiessandbeton (1:8).

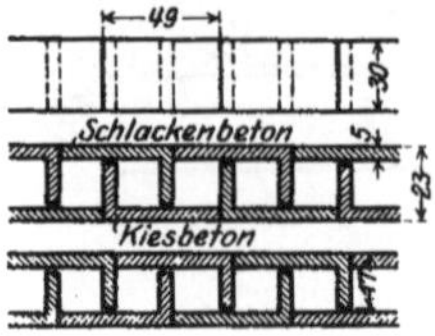

e) Die L-Stein-Bauweise

Sie wurde aus Betonsteinen in L-Form hergestellt. Die Wanddicken betrugen 17,7 cm für Innenwände und 30 cm für Außenwände. Die Innenschale der Außenwände stellte man aus Schlackenbeton her (7 kg/cm² zul. Druckfestigkeit).
Die Abmessungen der Steine betrugen:
5 cm Dicke, 15 cm Höhe, 25 cm Länge und 17,7 cm Breite

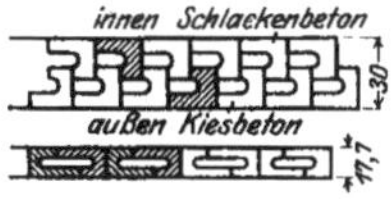

f) Hugueninsche Steinsperrwand

Die Hohlräume wurden häufig mit Magerbeton oder Lehm ausgefüllt. Um das Übergreifen der Feuchtigkeit auf die innere Mauerwerkswange zu vermeiden, ordnete man ein zusätzliches Rohrgeflecht an.

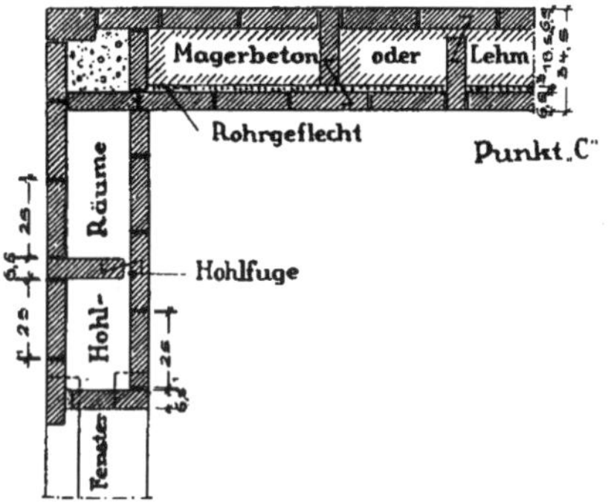

g) Spezielle Sparbauweisen
Nach dem I. Weltkrieg wurden auch viele Spezialziegel in verschiedenen Formen und Formaten hergestellt und für die Ausführung von Hohlmauerwerk verwendet.
(siehe auch besondere Steinformate)
Weit verbreitet war z. B. der Sparblockstein „Aristos".

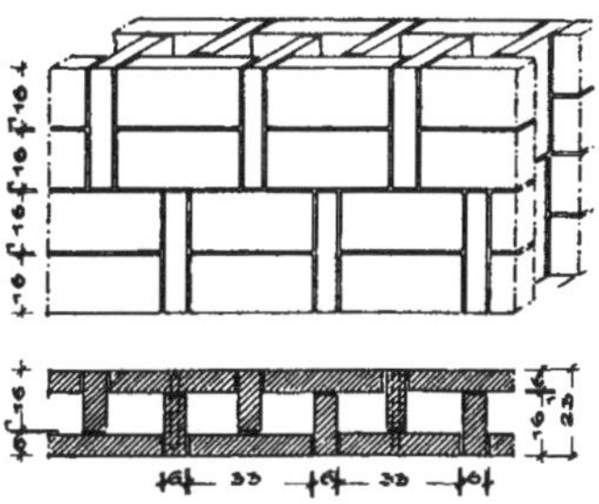

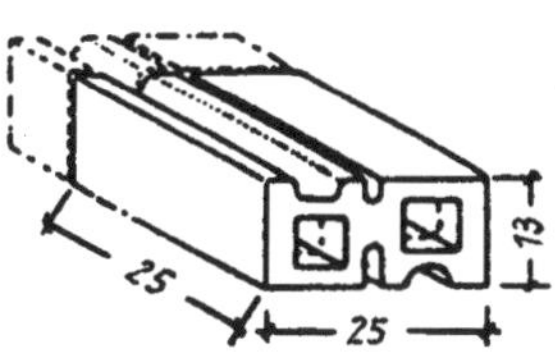

2.4.4.3 Wanddicken und Verankerung von Luftschichtmauerwerk

Wände mit durchgehender Luftschicht

Jahr	Dicke Innenschale cm	Dicke Luftschicht cm	Dicke Außenschale cm	Verankerung	Grund- und Kellermauerwerk	Bemerkungen
1917 Hamburg	1/2 Stein	1/2 Stein	1/2 Stein	14 bis 15 Bindersteine pro m^2 Wandfläche	1 1/2 Stein Vollmauerwerk	d = 33 cm Gesamtdicke 4 Schichten Vollmauerwerk unter der Balkenlage. Für 2-geschossige Gebäude mit Dachgeschoss
1925 Berlin		4,0 bis 6,0		in Teer getauchte Bindersteine oder Eisendrähte	Vollmauerwerk	
1931		1/4 Stein		in Teer getauchte Bindersteine	Vollmauerwerk	
1937 Hamburg	11,5	6,0	11,5	mind. 12 Bindersteine pro m^2 Wandfläche bzw. 12 Drahtanker ∅ 3 mm	bis zu 5 Schichten über Erdreich als Vollmauerwerk	Bei Erd- und 2 Obergeschossen für Außenwände von Wohnungen bis 100 m^2 bebaute Fläche *2
1952 DIN 1053	≥ 11,5	max. 7,0	11,5	mind. 5 nichtrostende Anker pro m^2 Wandfläche ∅ 3 mm	bis 30 cm über Terrain voll ausgeführt	zul. für 1-geschossige Gebäude mit ausgebautem Dachgeschoss *1
1962 DIN 1053						wie **1952** DIN 1053

*1 Zulässig auch für Gebäude mit 2 Vollgeschossen und ausgebautem Dachgeschoss, wenn nur die Querwände belastet (Schottenbauart) oder Massivdecken auf der Außenwand aufliegen. Sonst innere Schale mindestens 17,5 cm.
Die Luftschicht muss mindestens 20 cm unter Oberkante Erdgeschossdecke beginnen und ohne Unterbrechung bis zum Dach hochgeführt werden.

*2 Unter der Balkenlage sind 4 Schichten durchzumauern. Alle Hohlräume am oberen Rand mit mindestens 2 Schichten abdecken.

2.4.5 Wanddicken von Wohn- und Fabrikgebäuden

An die Stelle handwerklicher Erfahrungswerte, die in früheren Jahrhunderten die Standsicherheit des in Ziegel ausgeführten Massivbaues verbürgten, traten mit der Industrialisierung des Bauwesens im 19. Jahrhundert detaillierte behördliche Regelungen.

Die Vorschriften über die Wanddicken von mehrgeschossigen Wohnhäusern und Industriebauten wichen in den Bauordnungen der verschiedenen Städte und Länder stark voneinander ab.

Mit Einführung der DIN 4106 im Jahre 1937, Richtlinien für Mauerdicken der Wohnungsbauten und statisch ähnliche Bauten (Mauern aus Vollsteinen), erschien eine erste einheitliche Norm für die Ausführung von Mauerwerksbauten.

2.4.5.1 Mindestdicke der Frontmauern (Umfassungswände) mit Öffnungen und Deckenlast (Ziegelmauerwerk)

St = Stein

Jahr	Geschosse DG	4. OG	3. OG	2. OG	1. OG	EG	KG	Bemerkung
1872			1 ½ St	2 St 1 ½ St	2 ½ St 2 St 1 ½ St	3 St 2 ½ St 2 St	3 ½ St 3 St 2 ½ St	Wohngeb. *1
1886 Bayern		45 cm	45 cm	59,5 cm	59,5 cm	74 cm		Wohngeb.
1890 Berlin			1 ½ St	2 St	2 ½ St	3 St	3 ½ St	Wohngeb. *2
1890 Berlin		1 ½ St	1 ½ St	2 St	2 St	2 ½ St	2 ½ St	Wohngeb. *3
1897 Berlin		38 cm	38 cm	51 cm	51 cm	64 cm	77 cm	Wohngeb.
1913 Köln	25 cm		38 cm	38 cm	51 cm	51 cm	64 cm	Wohngeb.
1917 Hamburg	1 ½ St 1 ½ St 1 ½ St 1 ½ St	1 ½ St	1 ½ St 1 ½ St	2 St 1 ½ St 1 ½ St	2 St 2 St 1 ½ St 1 ½ St	2 ½ St 2 St 1 ½ St 1 ½ St	2 ½ St 2 ½ St 2 St 1 ½ St	Wohngeb. *4
1919 Berlin	25 cm	38 cm	38 cm	51 cm	51 cm	64 cm	77 cm	Wohngeb.
1919 Preußen	1 St 1 St	1 ½ St	1 ½ St	2 St 1 ½ St	2 St 1 ½ St	2 ½ St 1 ½ St	3 St 2 St	Wohngeb.
1921 Hamburg	1 ½ St 1 ½ St 1 ½ St	1 ½ St	1 ½ St 1 ½ St	1 ½ St 1 ½ St 1 ½ St	1 ½ St 1 ½ St 1 ½ St	1 ½ St 1 ½ St 1 ½ St	2 St 2 St 1 ½ St	Wohngeb. *5
1924 Berlin	25 cm	38 cm	38 cm	51 cm	51 cm	64 cm	77 cm	Wohngeb.
1931 Berlin	25 cm	38 cm	38 cm	51 cm	51 cm	64 cm	77 cm	Wohngeb.
1931 Frankf.	25 cm 25 cm	38 cm	38 cm 38 cm	38 cm 38 cm	51 cm 38 cm	51 cm 51 cm	64 cm 51 cm	Wohngeb.
1936 Württemberg	25 cm	38 cm	38 cm	51 cm	51 cm	64 cm	64 cm	Wohngeb.
1937 DIN 4106	1 St 1 St 1 St	1 ½ St	1 ½ St 1 ½ St	1 ½ St 1 ½ St 1 ½ St	2 St 1 ½ St 1 ½ St	2 St 2 St 1 ½ St	2 ½ St 2 St 2 St	Wohngeb. *6
1943 DIN 4106	1 St 1 St 1 St	1 ½ St	1 ½ St 1 ½ St	1 ½ St 1 ½ St 1 ½ St	2 St 1 ½ St 1 ½ St	2 St 2 St 1 ½ St	2 ½ St 2 St 2 St	Wohngeb. *7
1952 DIN 4106	24 cm	36,5 cm	36,5 cm	36,5 cm	49 cm	61,5 cm	61,5 cm	Wohngeb. *8
1897 Berlin		38 cm	51 cm	51 cm	64 cm	77 cm	90 cm	Fabrikgeb.
1919 Preußen	1 St	1 ½ St	2 St	2 St	2 ½ St	3 St	3 ½ St	Fabrikgeb.
1924 Berlin	25 cm	38 cm	51 cm	51 cm	64 cm	77 cm	90 cm	Fabrikgeb.
1931 Berlin	25 cm	38 cm	51 cm	51 cm	64 cm	77 cm	90 cm	Fabrikgeb.

*1 an große Treppenhäuser stoßende Umfassungswände ½ Stein dicker auf ganzer Höhe

*2 Geschosshöhe max. 4,20 m

*3 Geschosshöhe max. 4,20 m
Abstand der Aussteifungswände (Scheidewände) max. 7,50 m

*4 Steinmaß 22 cm lang
Bei nicht ausreichend ausgesteiften Wänden tritt die Mauerverstärkung um mindestens 1 Geschoss höher ein als in der Tafel angegeben

*5 Nutzlast max. 2,00 kN/m²
Geschosshöhe 3,00 m
Spannweite der Balken max. 4,50 m
Die Umfassungswände dürfen keine Balkone, Erker, Abfangungen usw. enthalten

*6 Dachgeschoss nicht ausgebaut

*7 Verkehrslast p = 2,75 kN/m²
Geschosshöhe 3,60 m
Gebäudetiefe bis 12,50 m mit 1 tragenden Mittelwand
Mauerziegel 1. Klasse bzw. Kalksandsteine

*8 Deckenlast g + p = 6,00 kN/m²
Haustiefe ≥ 10,50 m mit durchgehender Mittelwand
Bei Verwendung von MG. II 1. OG = 12,5 cm und
EG + KG = 25 cm dünner
Für Kellerwände ist MG. II zu verwenden. Mauerziegel (Vollsteine) 150 oder 250

2.4.5.2 Mindestdicke der Giebelmauern (freistehend) ohne Öffnungen und ohne Deckenlast (Ziegelmauerwerk)

St = Stein

Jahr	Geschosse DG	4. OG	3. OG	2. OG	1. OG	EG	KG	Bemerkung
1872			1 ½ St	1 ½ St 1 ½ St	2 St 1 ½ St 1 ½ St	2 St 2 St 1 ½ St	2 ½ St 2 ½ St 2 St	Wohngeb. *1
1890 Berlin	2 St		1 ½ St	1 ½ St bis 2 St	2 St	2 ½ St	3 St	Wohngeb. *2
1897 Berlin		25 cm	25 cm	25 cm	38 cm	38 cm	51 cm	Wohngeb.
1917 Hamburg	1 St 1 St 1 St 1 St	1 ½ St	1 ½ St 1 ½ St	1 ½ St 1 ½ St 1 ½ St	2 St 1 ½ St 1 ½ St 1 ½ St	2 St 2 St 1 ½ St 1 ½ St	2 St 2 St 2 St 1 ½ St	Wohngeb. freistehend
1919 Berlin	25 cm	25 cm	25 cm	25 cm	38 cm	38 cm	51 cm	Wohngeb.
1919 Preußen	1 St 1 St	1 St	1 St	1 St 1 St	1 ½ St 1 ½ St	1 ½ St 1 ½ St	2 St 1 ½ St	Wohngeb.
1921 Hamburg	1 St 1 St 1 St	1 ½ St	1 ½ St 1 ½ St	1 ½ St 1 ½ St 1 ½ St	1 ½ St 1 ½ St 1 ½ St	1 ½ St 1 ½ St 1 ½ St	2 St 1 ½ St 1 ½ St	Wohngeb. *3
1924 Berlin	25 cm	25 cm	25 cm	25 cm	38 cm	38 cm	51 cm	Wohngeb.

*1 Giebelwände mit Walm wie Frontmauern

*2 Giebelwände mit Walm wie Frontmauern
Im Dachgeschoss mit Verstärkungspfeilern

*3 Nutzlast max. 2,00 kN/m²
Geschosshöhe max. 3,00 m
Spannweite der Balken max. 4,50 m

St = Stein

Jahr	Geschosse DG	4. OG	3. OG	2. OG	1. OG	EG	KG	Bemerkung
1897 Berlin		38 cm	38 cm	51 cm	51 cm	64 cm	77 cm	Fabrikgeb. belastet
1919 Preußen	1 St	1 St	1 St	1 ½ St	1 ½ St	2 St	2 St	Fabrikgeb.
1924 Berlin	25 cm	25 cm	25 cm	38 cm	38 cm	51 cm	51 cm	Fabrikgeb.
1931 Berlin	25 cm	25 cm	25 cm	38 cm	38 cm	51 cm	51 cm	Fabrikgeb.

2.4.5.3 Mindestdicke der Giebelmauern ohne Öffnungen und unbelastet (Ziegelmauerwerk)

Gemeinschaftliche und angebaute Giebelwände

St = Stein

Jahr	Geschosse							Bemerkung
	DG	4. OG	3. OG	2. OG	1. OG	EG	KG	
1872			1 St	1 St	1 St	1 St	1 St	Wohngeb.
1890 Berlin	1 St	1 St	1 St	2 St	2 St	2 St	2 St	Wohngeb.
1917 Hamburg	1 St 1 St 1 St 1 St	1 St	1 ½ St 1 St	1 ½ St 1 ½ St 1 St	1 ½ St 1 ½ St 1 St 1 St	1 ½ St 1 ½ St 1 St 1 St	2 St 1 ½ St 1 ½ St 1 St	Wohngeb. *1 angebaut
1919 Preußen	½ St			½ St	1 St	1 St	1 ½ St	Wohngeb.
1921 Hamburg	1 St 1 St 1 St 1 St	1 St	1 St 1 St	1 St 1 St 1 St	1 ½ St 1 St 1 St 1 St	1 ½ St 1 ½ St 1 St 1 St	1 ½ St 1 ½ St 1 ½ St 1 St	Wohngeb. *2

*1 Gemeinschaftliche Nachbarwände sind nicht erlaubt.

*2 Nutzlast max. 2,00 kN/m²
Geschosshöhe max. 3,00 m
Spannweite der Balken max. 4,50 m

2.4.5.4 Mindestdicke der Mittelwände (bzw. Scheidewände) durch Decken belastet (Balkenlage) (Ziegelmauerwerk)

St = Stein

Jahr	Geschosse DG	4. OG	3. OG	2. OG	1. OG	EG	KG	Bemerkung
1872 *1			1 ½ St	1 ½ St 1 ½ St	2 St 1 ½ St 1 ½ St	2 ½ St 2 St 1 ½ St	3 St 2 ½ St 2 St	Wohngeb.
1872 *2			1 ½ St 1 St	1 ½ St 1 St	1 ½ St 1 St	1 ½ St 1 St	1 ½ St 1 St	2 Mittelw 1. Wand 2. Wand
1890 Berlin		1 ½ St	1 ½ St	1 ½ St	1 ½ St	2 St	2 St	Wohngeb.
1897 Berlin		38 cm	38 cm	38 cm	38 cm	51 cm	51 cm	Wohngeb.
1917 Hamburg	½ St ½ St ½ St	½ St	½ St ½ St	½ St ½ St ½ St	½ St ½ St ½ St	1 St ½ St ½ St	1 St 1 St ½ St	Wohngeb. *3
1917 Hamburg	1 St 1 St 1 St	1 St	1 St 1 St	1 St 1 St 1 St	1 St 1 St 1 St	1 ½ St 1 St 1 St	1 ½ St 1 ½ St 1 St	Wohngeb. *4
1919 Berlin		38 cm	38 cm	38 cm	38 cm	51 cm	51 cm	Wohngeb.
1919 Preußen		1 ½ St	1 ½ St ½ St	1 ½ St ½ St	1 ½ St 1 St	2 St 1 St	2 St 1 ½ St	Wohngeb.
1921 Hamburg	½ St ½ St ½ St	1 St	1 St 1 St	1 St 1 St 1 St	1 St 1 St 1 St	1 St 1 St 1 St	1 ½ St 1 St 1 St	Wohngeb. *5
1921 Hamburg	½ St ½ St ½ St	½ St	½ St ½ St	½ St ½ St ½ St	½ St ½ St ½ St	1 St ½ St ½ St	1 St 1 St ½ St	Wohngeb. *6
1924 Berlin		38 cm	38 cm	38 cm	38 cm	51 cm	51 cm bis 64 cm	Wohngeb.
1924 Berlin	25 cm	25 cm	25 cm	38 cm	38 cm	51 cm	51 cm	Wohngeb. unbelastet
1937 DIN 4106	1 St 1 St 1 St	1 St	1 St 1 St	1 ½ St 1 St 1 St	1 ½ St 1 ½ St 1 St	2 St 1 ½ St 1 ½ St	2 St 2 St 1 ½ St	Wohngeb.
1952 DIN 4106	24 cm	24 cm	24 cm	36,5 cm	36,5 cm	49 cm	49 cm	Wohngeb. *7
1919 Preußen		1 ½ St	1 ½ St	1 ½ St	2 St	2 St	2 ½ St	Fabrikgeb.
1924 Berlin		38 cm	38 cm	38 cm	51 cm	51 cm	64 cm	Fabrikgeb.
1931 Berlin		38 cm	38 cm	38 cm	51 cm	51 cm	64 cm	Fabrikgeb.

*1 Bei 2 Mittelwänden d = 1 ½ Stein in allen Geschossen

*2 1. Wand in Gebäudemitte
2. Wand max. 4,50 m von Umfassungswand entfernt

*3 Dachgeschoss nicht ausgebaut
Zwischenauflager von Trägerdecken (Trägerabstand max. 1,00 m) mit Stützweiten max. 3,50 m und Holzbalkendecken mit Stützweiten max. 4,50 m

*4 Dachgeschoss nicht ausgebaut
Auflager für Balkenenden oder Balkenstöße für Holzbalkendecken mit Stützweiten größer 4,50 m bzw. massive Decken

*5 Nutzlast max. 2,00 kN/m²
Geschosshöhe 3,00 m
Spannweite der Balken max. 4,50 m
Auflager für Balkenenden oder Stöße bzw. massive Decken

*6 wie vor
aber als Zwischenauflager von Trägerdecken (Trägerabstand max. 1,00 m) und Holzbalkendecken mit Stützweiten max. 3,50 m

*7 Deckenlast g + p = 6,00 kN/m²
Haustiefe ≤ 10,50 m mit durchgehender Mittelwand
Mauerziegel (Vollstein) 150 oder 250
Decken rechtwinklig zur Umfassungswand gespannt und auf Mittelwand gestoßen
KG bis 1. OG = 12,5 cm dünner bei MG. II

2.4.5.5 Mindestdicke der Scheidewände (unbelastet bzw. belastet) (Ziegelmauerwerk)

St = Stein

Jahr	Geschosse							Bemerkung
	DG	4. OG	3. OG	2. OG	1. OG	EG	KG	
1872			1 St	1 St 1 St	1 ½ St 1 St 1 St	1 ½ St 1 ½ St 1 St	2 St 2 St 1 ½ St	Wohngeb. belastet
1872	1 St		1 St	1 St	1 St	1 St	1 St	Wohngeb. unbelastet
1890 Berlin			½ St	½ St	½ St	½ St	½ St	Wohngeb. *1 unbelastet
1921 Hamburg	½ St ½ St	½ St	½ St ½ St	½ St ½ St	½ St ½ St	1 ½ St ½ St	1 St ½ St	Wohngeb.
1924 Berlin	½ St	½ St	½ St	½ St	1 St	1 St	1 St	Wohngeb. *2
1952 DIN 4106	24 cm	24 cm	24 cm	24 cm	24 cm	24 cm	24 cm	Wohngeb. *3

*1 Bei Fluren und größeren Räumen 1 ½ Stein dick
*2 Bei Fluren und großen Räumen ½ Stein dicker
*3 Haustiefe ≤ 10,50 m mit durchgehender Mittelwand
Mauerziegel (Vollstein) 150 oder 250

2.4.5.6 Mindestdicke der Treppenraumwände (belastet) (Ziegelmauerwerk)

St = Stein

Jahr	DG	4. OG	3. OG	2. OG	1. OG	EG	KG	Bemerkung
	Geschosse							
1890 Berlin	Mittel aus oberer und unterer Dicke der gewöhnlichen Wände						.	Wohngeb. *1
1897 Berlin		25 cm	25 cm	25 cm	25 cm	38 cm	38 cm	Wohngeb.
1917 Hamburg	1 St 1 St 1 St	1 St	1 St 1 St	1 St 1 St 1 St	1 St 1 St 1 St	1 ½ St 1 St 1 St	1 ½ St 1 ½ St 1 St	Wohngeb.
1919 Berlin	25 cm	25 cm	25 cm	25 cm	25 cm	38 cm	38 cm	Wohngeb.
1919 Preußen	1 St	1 St	1 St ½ St	1 St ½ St	1 St 1 St	1 ½ St 1 St	1 ½ St 1 ½ St	Wohngeb.
1919 Preußen			½ St	½ St	1 St	1 St	1 St	Wohngeb. unbelastet
1921 Hamburg	1 St ½ St ½ St	1 St	1 St 1 St	1 St 1 St 1 St	1 St 1 St 1 St	1 St 1 St 1 St	1 ½ St 1 St 1 St	Wohngeb. *2
1924 Berlin	25 cm	25 cm	25 cm	25 cm	25 cm	38 cm	38 cm	Wohngeb.
1924 Berlin	1 St	1 St	1 St	1 St	1 St	1 St	1 St	Wohngeb. *3
1924 Berlin		1 ½ St	1 ½ St	1 ½ St	1 ½ St	1 ½ St	1 ½ St	Wohngeb. *4
1937 DIN4106	½ St ½ St ½ St	1 St	1 St 1 St	1 St 1 St 1 St	1 St 1 St 1 St	1 ½ St 1 St 1 St	2 St 1 ½ St 1 St	Wohngeb. *5
1952 DIN 4106	24 cm	24 cm	24 cm	24 cm	24 cm	24 cm	24 cm	Wohngeb. *6

*1 In gleicher Dicke bis unter Dach
*2 Über massiven eingespannten Treppenläufen durch mindestens 2 Geschosse 1 Stein
*3 Gute Ausführung und Verankerung (Treppenhäuser und Lichtschächte)
*4 Bei freitragenden massiven Treppen
*5 Dachgeschoss nicht ausgebaut
*6 Deckenlast g + p = 6,00 kN/m²

St = Stein

Jahr	DG	4. OG	3. OG	Geschosse 2. OG	1. OG	EG	KG	Bemerkung
1897 Berlin		25 cm	25 cm	25 cm	38 cm	38 cm	51 cm	Fabrikgeb.
1919 Preußen	1 St	1 St	1 St	1 St	1 ½ St	1 ½ St	2 St	Fabrikgeb.
1924 Berlin	25 cm	25 cm	25 cm	25 cm	38 cm	38 cm	51 cm	Fabrikgeb.
1931 Berlin	25 cm	25 cm	25 cm	25 cm	38 cm	38 cm	51 cm	Fabrikgeb.

2.4.5.7 Mindestdicke der Brandwände (Ziegelmauerwerk)

St = Stein

Jahr	DG	4. OG	3. OG	Geschosse 2. OG	1. OG	EG	KG	Bemerkung
1872	Brandmauern allgemein 1 ½ Stein dick							Wohngeb.
1890	Brandmauern allgemein mindestens 1 Stein dick							Wohngeb.
1919 Preußen	½ St			1 St	1 St	1 ½ St	1 ½ St	Wohngeb. unbelastet *1
1919 Preußen	1 St			1 St	1 St	1 ½ St	1 ½ St	Wohngeb. belastet *2
1919 Preußen	½ St			½ St	1 St	1 St	1 ½ St	Wohngeb. unbelastet *3
1924	Brandmauern allgemein mindestens 1 Stein dick							Wohngeb.
1928 Berlin	Brandmauern allgemein 25 cm dick							Wohngeb. *4
1928 Sachsen	oberhalb des Kellers auch als tragendes Rahmenwerk mit Ausfachung zulässig							Wohngeb. *5
1931 Berlin	Brandwände mindestens 25 cm dick							*6
1936 Württb.	25 cm 25 cm	38 cm 38 cm	38 cm 38 cm	51 cm 38 cm	51 cm 51 cm	64 cm 51 cm	64 cm 51 cm	*7 *8
1937 DIN 4106	1 St 1 St 1 St	1 St	1 St 1 St	1 St 1 St 1 St	1 ½ St 1 St 1 St	1 ½ St 1 ½ St 1 St	1 ½ St 1 ½ St 1 ½ St	Wohngeb. unbelastet
1952 DIN 1053	Brandwände mindestens 24 cm dick							*9
1952 DIN 1053	24 cm	24 cm	24 cm	24 cm	24 cm	24 cm	24 cm	Wohngeb. unbelastet

*1 Für Mittelhäuser – nicht gemeinschaftliche, unbelastete Brandmauern
*2 Für Mittelhäuser – gemeinschaftliche, belastete Brandmauern
*3 Für Mittelhäuser – gemeinschaftliche, unbelastete Brandmauern

*4 Mindestens 30 cm über Dachfirst reichend
Es dürfen keine Balkenköpfe einbinden.

*5 Mindestens in jedem 2. Geschoss werden breite Gurtbögen verlangt.
Die Schäfte sind 64 cm dick auszuführen.
Ausfachung mindestens 25 cm dick
Es dürfen keine Balkenköpfe einbinden.

*6 Brandwände sind zwischen 2 anstoßenden Gebäuden oder bei ausgedehnten Fabrikbauten Vorschrift.
Mindestdicke 25 cm
Sie dürfen keine Holzeinbindungen erhalten und sind bis unter Dach zu führen.

*7 Ohne Aussteifung durch Querwände

*8 Mit Aussteifung durch Querwände (massiv) im KG bis 2. OG. Querwände mindestens 2,00 m lang und 25 cm dick. Geschosshöhe max. 4,00 m (im Dachgeschoss max. 6,00 m)

*9 Als Baustoffe für gemauerte Brandwände sind nur zulässig:

Mauerziegel (Vollziegel), Klinker	DIN 105
Kalksandsteine	DIN 106
Hüttenhartsteine, Hüttensteine	DIN 398
Wandbausteine aus Gas- oder Schaumbeton	DIN 4165
Leichtbeton-Hohlblocksteine	DIN 18151
Leichtbeton-Vollsteine	DIN 18152

Mindestdicke 24 cm
Stahlträger und Stahlstützen dürfen in Brandwänden eingeführt werden, wenn sie feuerbeständig ummantelt sind.

2.5 Gestampftes Mauerwerk (Stampfbau)

Wände in Stampfbauweise aus Erd- und Lehmpisee oder Kalksandpisee waren als landschaftsgebundene Bauweise um 1800 weit verbreitet. Später beschränkte sich ihre Ausführung auf untergeordnete ländliche Bauten. Der Lehm wurde feucht in Kästen oder Schalung, welche später wieder entfernt wurde, in ca. 10 cm hohen Lagen verbandartig eingestampft. Für bessere Mauern verwendete man Kalksandpisee, auch mit Zementzusatz. Es war erforderlich, dass Erdpiseemauerwerk durch weit vorspringende Dächer vor Feuchtigkeit zu schützen. Um die Dauerhaftigkeit dieser Wände zu verbessern, wurde die innere und äußere Wandung in Backsteinen gemauert und schichtweise durch eingestampften Lehm bzw. Kalksand aufgefüllt. Eine Weiterentwicklung dieser Bauweise stellte die Verwendung von Stampfbeton (Grobmörtel) dar. Zur Herstellung der Betonmauern wurden entsprechende Formkästen aus Holz oder Eisen entwickelt. Die Schalkörper wurden durch Bolzen für die verschiedenen Wandstärken auf Abstand gehalten. Um die Bolzen wieder entfernen zu können, bediente man sich einbetonierter Glasröhrchen.

um 1920

Wandgattung	Wandstärke (cm)	
	Lehmstampfbau	Lehmpatzen
Außenwand	50	45
Innenwand Decken tragend	40	30
Giebelmauern	40	30
sonstige Wände	15	15

2.6 Leichte Trennwände

2.6.1 Allgemeines

Um bei der Raumaufteilung frei von tragenden Wänden zu sein und bei eventuellen Nutzungsänderungen kostengünstig, ohne bauliche Maßnahmen an der tragenden Konstruktion, neue Einteilungen der Räume vornehmen zu können, wurden ab Mitte des 19. Jahrhunderts leichte Trennwände ausgeführt. Man bezeichnete diese Wände auch als Scheidemauern, Scheidewände, leichte Zwischen-, Teilungs- oder Trennwände und Leichtwände. Die Leichtwände unterteilen sich entsprechend ihrer Lastabtragung in 2 Gruppen:

a) Leichte Trennwände von geringem Gewicht, die auf die Decke gestellt werden und durch einen Leichtwandzuschlag zur Verkehrslast bei der Deckenbemessung berücksichtigt werden.

b) Freitragende leichte Trennwände, die ihre Eigenlast als wandartiger Träger auf angrenzende Wände übertragen.

2.6.2 Wandarten

Wandart	Baustoffe und Ausführung
Steinwände	Sie wurden aus möglichst leichten Ziegeln oder Leichtsteinen (z. B. Langlochziegeln, porigen Vollziegeln, Leichtbetonsteinen) im Verband gemauert.
Stahlsteinwände	Sie wurden meist aus Hochkantsteinen gemauert. Als Bewehrung wurde entweder Band- oder Rundeisen waagerecht oder waagerecht und lotrecht eingelegt.
Drahtputzwände	Ihre Herstellung erfolgte aus fugenlosem Putz auf einem Putzträger aus Drahtgewebe, das mit Rundstahl ausgesteift ist. Als Putzträger wurden Rabitzgewebe, Streckmetall, Ziegeldrahtgewebe usw. verwendet.

Wandart	Baustoffe und Ausführung
	Gipswände wurden mit Gipskalkmörtel oder Gipsmörtel geputzt. Zementwände wurden mit Kalkzementmörtel geputzt.
Anwurfwände	Sie bestanden aus fugenlosem Putz, der auf einer einseitigen Schalung aufgetragen wurde. Als Mörtel wurden Gips und Schlacke, Ziegelsplitt, Bims o. ä. Stoffe verwendet. Das Einbringen der Stahleinlagen erfolgte nach dem Anwerfen der halben Wanddicke.
Stahlbetonwände	Hierbei handelte es sich um Betonwände mit waagerechter und lotrechter Bewehrung. Sie wurden entweder als Anwurfwände oder auch als Wände mit beidseitiger Schalung hergestellt. Bewehrung wie bei Drahtputzwänden.
Plattenwände	Sie wurden aus Platten (Gipsplatten oder zementgebundene Platten) im Verband trocken versetzt oder gemauert. Trennwände aus Tonhohlplatten (Hourdis) wurden zwischen Zwischenstützen aus bewehrten Tonkörpern (Stützenziegeln) ausgeführt.
Gerippewände	Sie bestanden aus einem Gerüst, das auf einer oder auf beiden Seiten mit Platten (Holzfaserplatten, Gipskartonplatten) bekleidet wurde. Diese Wände führte man auch als abgesprengte Fachwerkwände (freitragende Fachwerkwände) aus.
Glassteinwände	Ihre Herstellung erfolgte durch im Verband versetzte Glasbausteine (teilweise auch ohne Verband, Stoßfuge auf Stoßfuge). Zur Aussteifung verlegte man in den Lagerfugen (jede 3. oder 4. Fuge) Bandstähle oder Streckmetallstreifen.

2.6.3 Freitragende Wände

St = Stein

Wandart	Dicke	Material	Bewehrung	Bemerkung
Prüss-Wand *1	1/4 St 6,5 cm	aufrechtstehende Backsteine in Zementmörtel	Bandeisennetzeinlage Querschnitt: 15 * 1,5 mm Maschenweite: 53 * 53 cm	Ausfachung auch mit vollporigen Ziegelsteinen bzw. rheinischen Schwemmsteinen
	1/2 St	Backsteine in Zementmörtel	Bandeisennetzeinlage Querschnitt: 26 * 1,25 mm Maschenweite: Abstand lotrecht 59 cm waagerecht 54 cm	Backsteine werden verknüpft und mittels Haken oder Krampen befestigt.
Lehmann-Wand *1	6,5 cm (7,1 cm)	aufrechtstehende Ziegelsteine in Zementmörtel	Rundeisen Maschenweite: 50 bis 53 cm	Können bis zu 10,0 m frei gespannt werden.
Förster-Wand *1		Försterhohlsteine im Verband	Bandeisennetzeinlage	Vertikalbewehrung durch spezielle Lochsteine
Kessler-Wand *1	6,5 cm (7,1 cm)	aufrechtstehende Backsteine in Zementmörtel	waagerecht gespannte Bandeiseneinlage, in derselben Ebene senkrechte Stücke mit Schloss befestigt	
Eckert-Wand *2		hochkant gemauerte Backsteinwand		bis 5,00 m freitragend
Monier-Wand	gering. Dicke 5 cm einschl. Putz	Beton	kreuzweise Rundeisenstäbe Durchmesser: 6 bis 12 mm Maschenweite 8 bis 12 cm	als feuersichere, selbsttragende massive Zwischenwand
Sparwand-Ruhl bis	6,5 cm 25,0 cm		Bandeisenbewehrung	
Doppelwand Höfchen + Peschke	25 cm	Hohlmauerwerk aus porigen Steinen	Rundeisen Durchmesser 8 mm	
Donath-Wand	10 cm	Hohlsteine in verlängertem Zementmörtel	Rundeisen Durchmesser ≥ 5 mm	Wandlängen bis 10,0 m d. Einlegen eines Rundstahlhängewerks

*1 **1936**

Für balkentragende Wände in Wohngebäuden 12 bis 14 cm dick (in den 2 obersten Geschossen 12 cm, in den darunterliegenden 2 Geschossen 14 cm dick).

*2 Auch als Doppelwand ohne Bewehrung mit Luftraum in der Sparbauweise als Zwischenwand im Wohnungsbau ausgeführt.

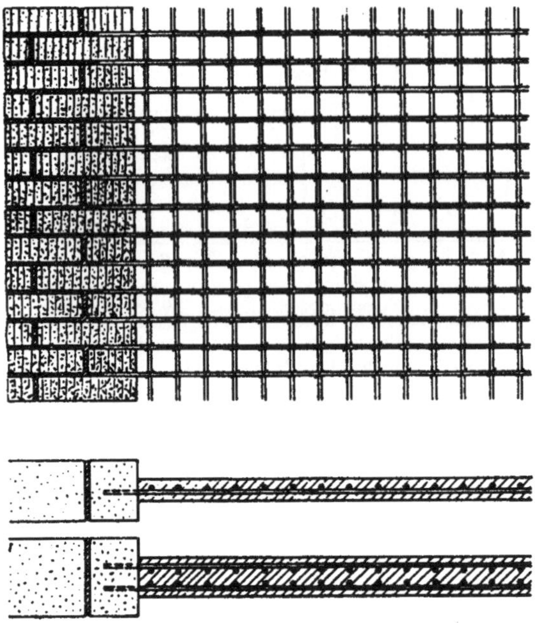

Monierwand mit einfacher und doppelter Bewehrung

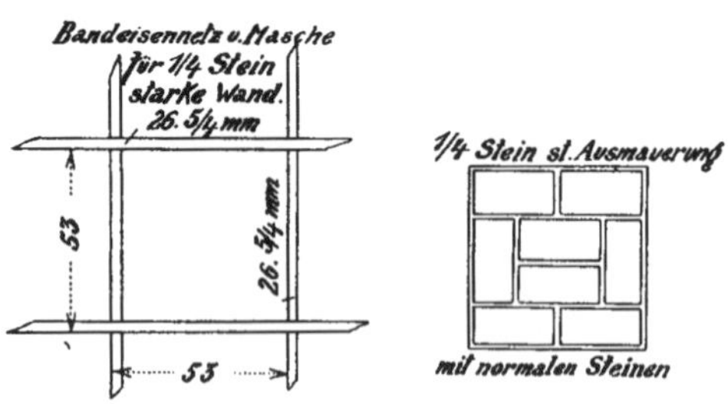

Bandeisen und Ausmauerung für Prüsswände

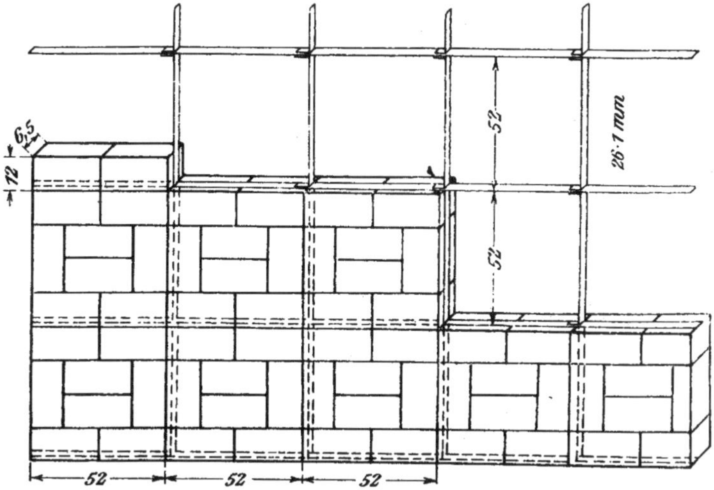

Kesslerwand mit einfacher Bewehrung

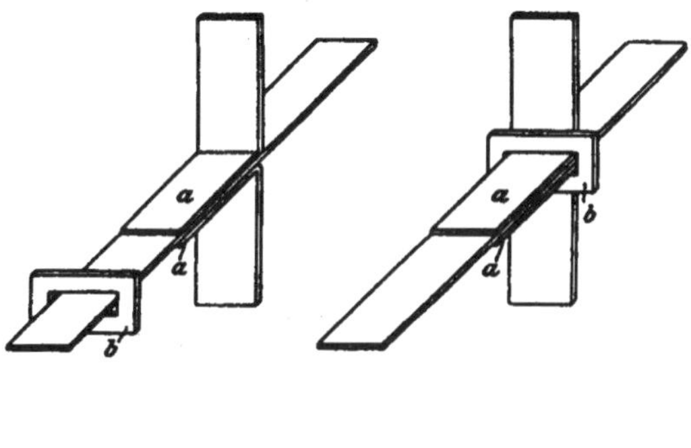

Kreuzstelle der Kesslerschen Eiseneinlagen

2.6.4 Zulässige Höhen und Längen leichter Trennwände

1950 DIN 4103

Wandart	Material	Dicke in cm	Gewicht ohne Putz in kg/m²	Mindestdicke ohne Putz in cm	Zulässige Höhe in m	Zulässige Länge in m
Steinwände gemauert	Vollziegel Lochziegel Schwemmsteine (Bims)	7,1 11,5 9,5	128 173 80	11,5-12,0 10,4-11,8 9,5 6,5-7,1	5,00 4,50 4,50 2,50	6,00 6,00 6,00 4,50
Stahlsteinwände (Prüß-, Keßler-, Lehmann- und Försterwände) waagerecht, lotrecht und waagerecht bewehrte Steinwände	Vollziegel Lochziegel	7,1 7,1	128 107	waagerecht bew. 6,5-7,1	8,50	6,00
				lot- und waagerecht bew. 6,5-7,1	4,50	6,00
Glassteinwände gemauert aus durchscheinenden Glasbausteinen	Glasbausteine	je nach Fabrikat		Glasfeldfläche bis 12 m² 9,3-9,6	4,00 3,00 2,67	3,00 4,00 4,50
				Glasfeldfläche bis 10 m² 7,0-8,0	4,00 3,00 2,50	2,50 3,33 4,00
Drahtputzwände (Rabitzwände)	Fugenloser Gips- oder Zementputz auf ausgesteiftem Drahtgewebe	5,0	75	5,0	4,00	6,00
Anwurfwände (Prugel- oder Luginowände)	Fugenlos. Putz (Schlacke und Gips) gegen einseitige Schalung geworfen	7,0 5,0	70 50	7,0 5,0	4,00 3,50	6,00 6,00
Stahlbetonwände lot- und waagerecht bewehrt (Monierwände)	Zementmörtel auf Drahtgeflecht (∅ 5-15, e = 25) zwischen Schalung gestampft oder gegen einseitige Schalung geworfen	10,0	240	8,0	6,00	6,00
Plattenwände (aus Platten zusammengesetzt)	Gipsdielen Gipsschlackenplatten Bimsdielen Zementschlackenplatten Celonitplatten Siporexplatten Turritplatten	5,0 5,0 5,0 5,0 5,0 5,0 5,0	40 50 40 60 40 80 40	10,0 7,5 5,0	4,50 3,50 3,00	6,00 6,00 6,00
Wände a. Tonhohlplatten	Hourdisplatten mit bewehrten Zwischenstützen	7,0 10,0		7,0	4,50	6,00
Gerippewände	Holzgerüst einseitig oder zweiseitig mit Platten verkleidet	10,5 bis 15,0	30 bis 60	Stieldicke 10 cm Stieldicke 8 cm	4,00 3,50	6,00 6,00

2.7 Aussteifung belasteter Wände

2.7.1 Allgemeines

Mit Einführung von DIN 1053 im Jahr 1937 wird erstmals auf eine ausreichende Aussteifung der Wände eingegangen.
Aber erst 1952 werden genaue Angaben über Wanddicken und Abstände aussteifender Querwände gemacht.
Da erst die Materialknappheit der Nachkriegsjahre zur Reduzierung der Mauerdicken führte, war die Aussteifung bei den vorher gebräuchlichen Wanddicken in Verbindung mit den verankerten Holzbalkendecken allgemein ausreichend.

2.7.2 Wanddicken und Abstände aussteifender Querwände

Jahr	Wandart- bzw. Wanddicke cm	Ge-schoss-höhe m	Aussteifende Querw. Mitten-abstand m	Wand-dicke cm	Bemerkung
1890 Berlin	Frontwände	4,20	max. 7,50		gute Aussteifung für Reduzierung der Wanddicke der Frontwände
1922 Preußen	Außenwände		max. 7,00		Hohlmauern aus Betonsteinen
1924 Berlin	Frontwände	4,20	max. 10,00		
1937 Hamburg *1				mind. 1/2 Stein	Technische Baupolizeibestimmungen
1937 DIN 1053 *1				mind. 1/2 Stein	Es wird genügende Aussteifung gefordert, aber nicht weiter präzisiert.
1952 DIN 1053 *2	≥ 11,5 < 17,5	≤ 3,25	≤ 4,50	≥ 11, 5	1. bis 4. Vollgeschoss von oben
	≥ 11,5 < 17,5	≤ 3,25	≤ 4,50	≥ 17,5	5. bis 6. Vollgeschoss von oben
	≥ 17,5 < 24,0	≤ 3,25	≤ 6,00	≥ 11, 5	1. bis 4. Vollgeschoss von oben
	≥ 17,5 < 24,0	≤ 3,25	≤ 6,00	≥ 17,5	5. bis 6. Vollgeschoss von oben
	≥ 24,0 < 30,0	≤ 3,50	≤ 8,00	≥ 11, 5	1. bis 4. Vollgeschoss von oben
	≥ 24,0 < 30,0	≤ 3,50	≤ 8,00	≥ 17,5	5. bis 6.Vollgeschoss von oben
	≥ 30,0	≤ 5,00	≤ 8,00	≥ 11, 5	1. bis 4.Vollgeschoss von oben
	≥ 30,0	≤ 5,00	≤ 8,00	≥ 17,5	5. bis 6. Vollgeschoss von oben
1962 DIN 1053	wie **1952** DIN 1053				

*1 Bemessung als ausgesteifte Wand, wenn durch gemauerte Querwände, Pfeilervorlagen oder andere Maßnahmen genügend ausgesteift (in Zweifelsfällen mit Aufsichtsbehörde vereinbaren).

*2 Sind aussteifende Querwände durch Öffnungen unterbrochen, so muss der Abstand von der aussteifenden Wand ≥ 1/5 der Geschosshöhe sein (mindestens jedoch 50 cm).

2.8 Pfeiler und nicht ausgesteifte Wände

Jahr	Schlankheitsgrad	Mörtel bzw. MG	Steinart	Druckfestigkeit d. Steine MN/m²	Bemerkung
1917 Hamburg	d/h ≤ 1/8	K			Pfeiler
	d/h ≤ 1/10	KZ+Z			Pfeiler
	d/h ≤ 1/12	Z	Klinker u. Hartbrandst.		Pfeiler
1919 Preußen	d/h < 0,10	KZ	Klinker	35,0	Pfeiler
	d/h < 0,10	KZ	Hartbrandst.	25,0	*1 nur in besonderen Fällen zulässig
	d/h < 0,10	Z	Kalksandhartst.	25,0	
	d < 0,25 h	K+KZ	Mauerz. 1.Klasse	15,0	unzulässig
	d < 0,25 h	K+KZ	Kalksandsteine	15,0	unzulässig
1937 DIN 1053 *2	h/d > 4				Pfeiler
	h/d > 6	KZ		2,0 bis 5,0	unzulässig
	h/d > 8	K		10,0	unzulässig
	h/d > 10	K		15,0	unzulässig
	h/d > 12	KZ+Z		15,0 bis 35,0	unzulässig
1952 DIN 1053 *5	h/d = 12				zul. für belastete Wände mit d < 24 cm ausgesteift
	h/d > 10				zul. für Pfeiler und nicht ausgesteifte Wände *3
	h/d > 12	II		2,5	unzulässig *4
	h/d > 14	III		2,5	unzulässig
	h/d > 14	II		5,0 bis 6,0	unzulässig *4
	h/d > 16	III		5,0 bis 6,0	unzulässig
	h/d > 14	I		7,5 bis 10,0	unzulässig
	h/d > 16	II		7,5 bis 10,0	unzulässig
	h/d > 18	III		7,5 bis 10,0	unzulässig
	h/d > 16	I		15,0	unzulässig
	h/d > 18	II+III		15,0	unzulässig

Jahr	Schlankheits-grad	Mörtel bzw. MG	Steinart	Druckfestig-keit d. Steine MN/m²	Bemerkung
	h/d > 16 h/d > 18 h/d > 20 h/d > 20	I II III II+III		25,0 25,0 25,0 35,0	unzulässig unzulässig unzulässig unzulässig *4
1962 DIN 1053	wie **1952** DIN 1053				

Fußnoten

K = Kalkmörtel

KZ = Kalkzementmörtel

Z = Zementmörtel

h = Pfeiler- oder Wandhöhe zwischen den in gleicher Richtung wirksamen waagerechten Versteifungen

d = Die dieser Pfeiler- oder Wandhöhe zugeordnete Pfeiler- oder Wanddicke bzw. Breite

Ist h/d (d/h) nach verschiedenen Richtungen unterschiedlich, so ist der ungünstigere Wert maßgebend.

*1 Steinsorten mit Mindestdruckfestigkeiten von ≤ 15,0 MN/m² dürfen nicht zu Pfeilern verwendet werden.

*2 a) Aussteifende Querwände müssen mind. 1/2 Stein dick sein und im Verband in die auszusteifende Wand einbinden.

b) Fenster- und Türpfeiler in Wohngebäuden:

$$\frac{h}{d} = \frac{\text{lichte Fensterhöhe (Türhöhe)}}{\text{Pfeilerdicke}}$$

wenn Brüstungs- und Sturzmauerwerk in voller Wanddicke durchgeführt wird und die Fensterwand selbst an anderen Fensterpfeilern durch Querwände ausgesteift ist.

*3 Schlankheitsbereich 16 bis 20 nur bei mittiger Belastung zulässig

*4 MG I ist unzulässig.

*5 a) Bei Mauerwerkskörpern, die an einem Ende nicht gegen seitliches Ausweichen gesichert sind, ist bei der Ermittlung der Schlankheit die doppelte Höhe h in Rechnung zu stellen.

b) Tür- und Fensterpfeiler:

h = lichte Tür- bzw. Fensterhöhe, wenn Brüstungs- und Sturzmauerwerk in voller Wanddicke durchgeführt wird und die Tür- oder Fensterwand selbst ausgesteift ist.

c) Mindestbreite der Tür- und Fensterpfeiler:
bei Verwendung von Steinen mit Druckfestigkeit ≤ 5,0 MN/m² mindestens 75 cm. Beschränkung auf 50 cm zulässig, wenn Pfeiler aus großformatigen Steinen ohne Stoßfugen hergestellt werden.

2.9 Ringanker

2.9.1 Allgemeines

In DIN 1053 von 1937 werden erstmals Angaben über die Anordnung von Ringankern gemacht.
Sie sind kraftschlüssig in den Außen- und durchgehenden Querwänden zu verlegen.
Die Lage der Ringanker befindet sich allgemein in Höhe der Decken. Zulässig ist aber auch die Anordnung unterhalb der Decke bzw. in Höhe der Fensterstürze. Bei Massivdecken ist eine Vereinigung mit Stahlbetonstürzen möglich.

2.9.2 Anordnung der Ringanker

Jahr	Durchmesser der Stäbe mm	Anzahl der Stäbe	Höhe Ringanker cm	Bemerkung
1937 DIN 1053	12			Techn. Baubestimmung Hamburg *1
1952 DIN 1053	12	2	ca. 15	*2
1962 DIN 1053	12	2	ca. 15	*2

*1 In allen Geschossen (auch Kellergeschoss und unter Dachbalkenlage) und in den Fundamenten unter allen Wänden.
In Gebäuden auf Ramm- und Bohrpfählen genügen Ringanker in Höhe jeder 2. Deckenlage. Unter dem Dach ist immer ein Ringanker zu verlegen.
Die Ringanker sind vor Treppenhausfenstern durchzuführen. In eingeschossigen Gebäuden bis zu 75 m² Grundfläche genügen Ringanker in den Fundamenten und unter der Dachbalkenlage.

*2 Ringanker sind anzubringen
a) bei Bauten, in denen mehr als 2 Vollgeschosse mit Außenwanddicken von 24 cm ausgeführt werden;
b) bei Bauten aus Leichtbetonsteinen, die mehr als 2 Vollgeschosse haben oder länger als 18 m sind;
c) bei Wänden mit vielen oder besonders großen Öffnungen, besonders, wenn die Summe der Öffnungsbreiten 60 % der Wandlänge oder bei Fensterbreiten von mehr als 2/3 der Geschosshöhe, 40 % der Wandlänge übersteigt;
d) wenn die Baugrundverhältnisse es erfordern.

2.10 Auflagermauerwerk

1952 DIN 1053

Für Auflagermauerwerk von Deckenträgern, Unterzügen, Fensterstürzen u. ä. sind die Baustoffe entsprechend den auftretenden Spannungen zu wählen.

Für die Ermittlung der Höhe des Auflagermauerwerks kann die Lastverteilung unter 60° angenommen werden.

1962 DIN 1053

wie **1952** DIN 1053

2.11 Mauerwerksausfachungen

2.11.1 Allgemeines

Der Ziegel ist nicht nur ein altbewährter Baustoff für tragende Wände des Massivbaues, er hat auch als Füllmaterial im Gerippebau eine Jahrhunderte alte Tradition.

Die Ziegelausfachung alter Holzfachwerkbauten ist dafür ein eindrucksvoller Beleg.

Nachdem Holzfachwerkbauten nur selten ausgeführt wurden, kam das Ausfachungsmauerwerk für die Skelettbauweise von Eisenbeton- und Eisengerippebauten für Industrie-, Fabrik-, Werkstattgebäude, aber auch Wohn-, Speicher- und Lagerhäuser sowie Geschäfts- und Warenhäuser wieder verstärkt zur Ausführung.

Als Ausfachungsmaterial kamen im Wesentlichen in Betracht:

Vollziegel
Hohltonsteine (Ariston-, Frewensteine usw.)
Heraklith- und Tektondielen
Schwemm- und Schlackensteine
Bimsbeton (Ausbetonieren mit Bimsbeton)
Bimsbetonplatten, Bimsbetonhohlplatten

Daneben wurden spezielle Bauweisen aus Bims- oder sonstigem Leichtbeton entwickelt.

2.11.2 Wanddicken und Ausfachungsflächen

St = Stein

Jahr	Wanddicke cm	Geschoss	Gebäudeart	Bemerkung
1917 Hamburg *1	1 ½ St	allgemein	Wohngebäude	größere Wanddicken im Allgemeinen nicht erforderlich
	1 ½ St 1 ½ St 1 St	allgemein Kellergeschoss darüberliegen-de Geschosse	Kontor-, Ge-schäfts- und Warenhäuser	wenn die Wand durch eine Nachbarwand gedeckt ist
	1 ½ St 1 ½ St 1 St	allgemein Kellergeschoss darüberliegen-de Geschosse	Industrie-, Fabrik- und Werkstatt-gebäude	wenn die Wand durch eine Nachbar-wand gedeckt ist
	1 ½ St 1 St	Kellergeschoss darüberliegende Geschosse	Speicher, Lagerhäuser, Stallgebäude	
1928 *2	½ St *4		Werkstätten	Eisenfachwände max. Abstand der Stiele 3,00 m Höhe der Felder bis 6,00 m
1929 *3	½ St *4	allgemein	Industriebau	Stahlfachwerkwände max. Fläche eines Ge-faches 16,0 m²
1932 Berlin	½ St *4		Industriebau	Stahlfachwerkwände max. Fläche eines Gefaches 16,0 m²
1952 DIN 1053	< 24	allgemein		Ausfachungen von Fachwerkwänden
1962 DIN 1053	< 24	allgemein		Ausfachungen von Fachwerkwänden und Skelett- und Schotten-bauarten Höhe der Ausfachung ≤ 3,50 m und nicht größer als die Geschosshöhe

Fußnoten

*1 Luftschichten kommen auf die Wanddicken nicht in Anrechnung.
Die gleichen Wanddicken gelten bei Anordnung von Stampfbeton.

*2 Bei hohen Feldern in Kalkzementmörtelmauern

Für Vermeidung größerer Temperaturschwankungen:
Anordnung einer zweiten 1/4 Stein dicken Wand mit 6 cm Luftschicht außen

*3 Die Errichtung von Stahlfachwerkwänden im Wohnungsbau ist zu unterlassen.

*4 Wenn kein besonderer Wärmeschutz erforderlich ist

2.12 Mauerbögen (Fenster- und Türstürze)

2.12.1 Allgemeines

Mit Ausnahme der gradlinigen, scheitrechten Überdeckungen erhalten die im Wölbverfahren nach oben abgeschlossenen Maueröffnungen verschiedenartige gekrümmte Mauerbögen.

Man unterscheidet nach Ausbildung des Widerlagers:

a) Die Bogenlinie schneidet sich mit der senkrechten Widerlagslinie.

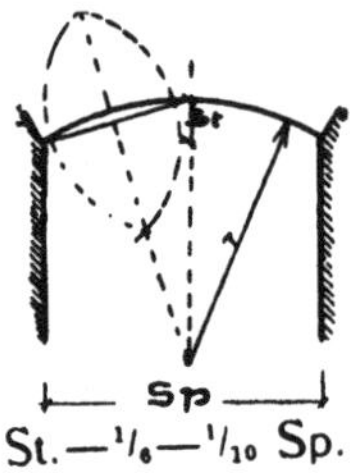

Segment- oder Stichbogen

b) Die Bogenlinie geht in die senkrechte Berührungslinie über.

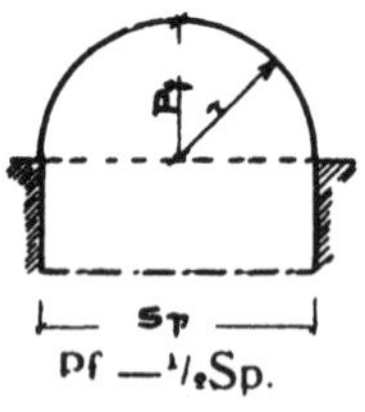

Rundbogen

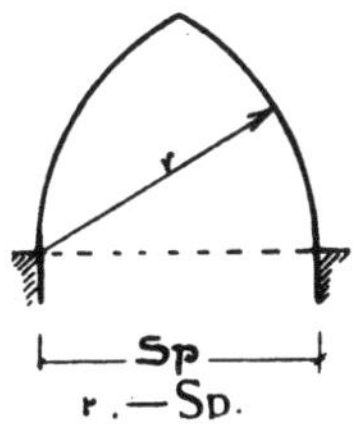

Spitzbogen gleichschenklig

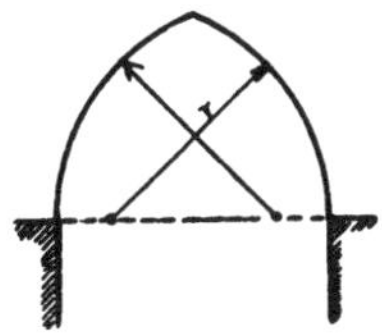

Spitzbogen gedrückt

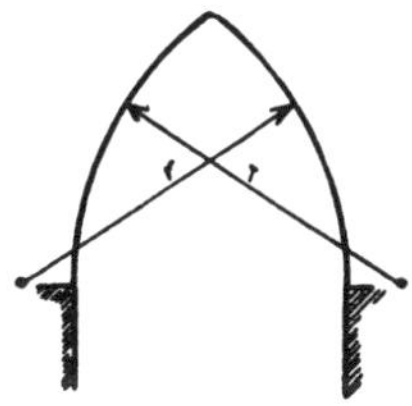

Spitzbogen überhöht

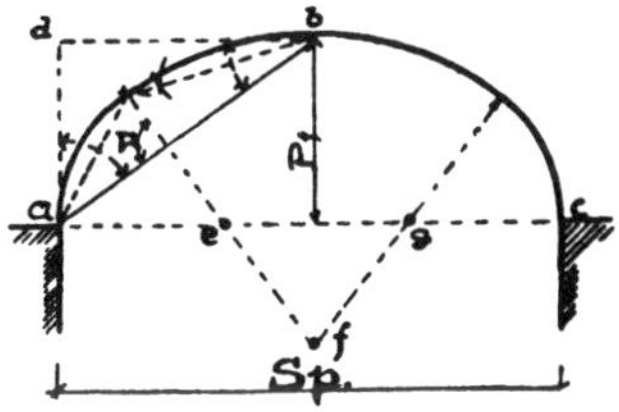

Korbbogen aus 3 Mittelpunkten

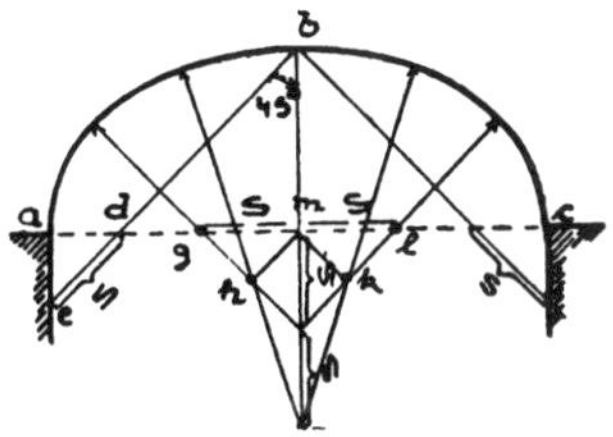

Korbbogen aus 5 Mittelpunkten

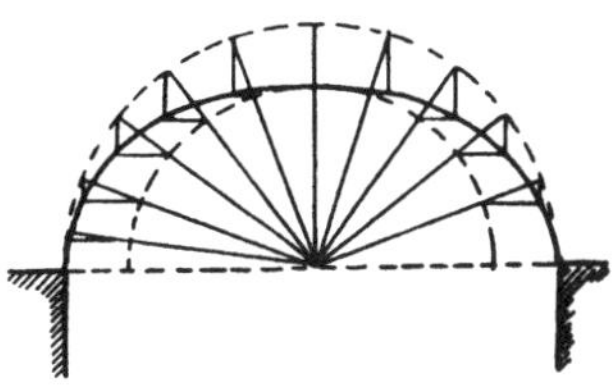

Elliptischer Bogen

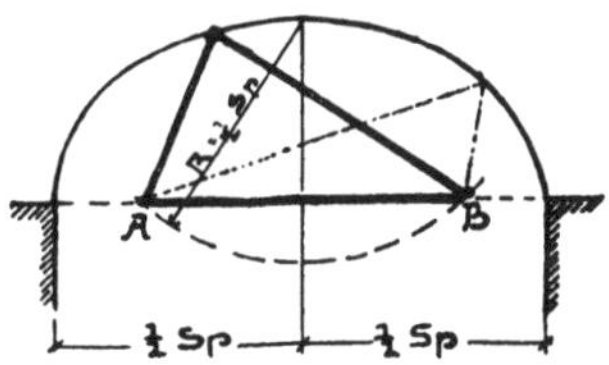

Fadenellipse

2.12.2 Bezeichnung der Bogen- und Gewölbeteile

a Leibung
b Rücken
c Widerlager
d Schildwand
e Hintermauerung
f Scheitelpunkt
g Mittelpunkt
h Kämpferpunkt
ff1 Scheitellinie
gg1 Achse
hh1 Kämpferlinie
hh2 Spannweite
gf Pfeilhöhe, Stich
ff2 Stärke
h2i Widerlagslinie
hh3 Lagerfuge
k Stoßfuge
m Anfänger
B Schluss-Stein
E Sohle

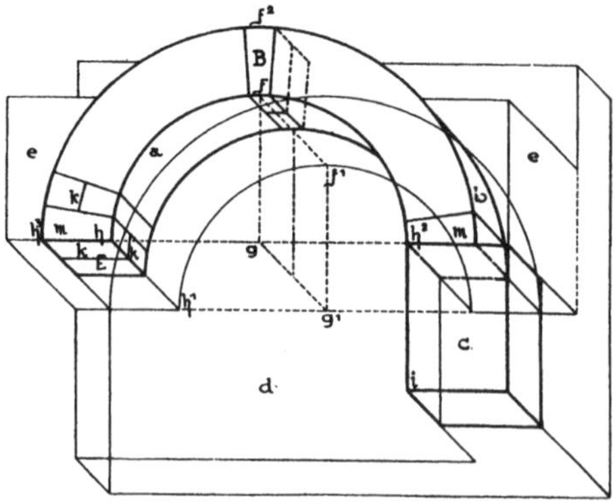

2.12.3 Ausführung der Mauerbögen

Die Ausführung der Mauerbögen erfolgte auf so genannten Lehrbögen, die bei größeren und schweren Bögen von Lehrgerüsten getragen wurden. Stark belastete und weit gespannte Bögen mauerte man aus Hartbrandsteinen in Zementmörtel. Zum Ausgleich der verschiedenen Längen von Leibungs- und Rückenlinie der Mauerbögen wurden keilförmige Fugen, keilförmige Steine oder doppelte und mehrfache, so genannte Wölb- oder Rollschalen angewendet.

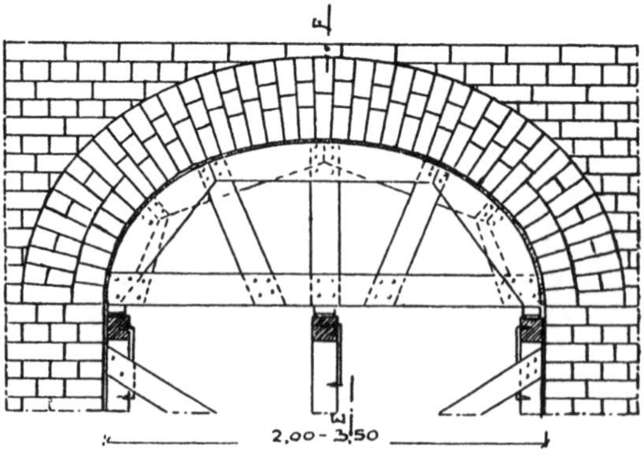

Korbbogen. 1½ Stein stark

Bei schwächeren und weiter gespannten Bögen wurde mit Normalziegeln und keilförmigen Fugen gearbeitet. In den anderen Fällen kamen im Verblendbau keilförmige Ziegelsteine und Rollschalen bzw. zugehauene Natursteine (Werksteine) zur Ausführung.

Als Regel für die Fugendicke galt:

Fugendicke an der Leibung	0,7 cm
Fugendicke an der Rückenlinie	2,0 cm

Besondere Sorgfalt galt der Ausbildung der Widerlager. Sie wurden entweder im Mauerwerk ausgespart oder vorgekragt bzw. in Werkstein ausgeführt. Dabei wurde bei der Verwendung von Ziegelsteinen das Widerlager so ausgebildet, dass die Lagerfuge nicht durch den Kämpfer geht, sondern 2 bis 5 cm tiefer ansetzt.

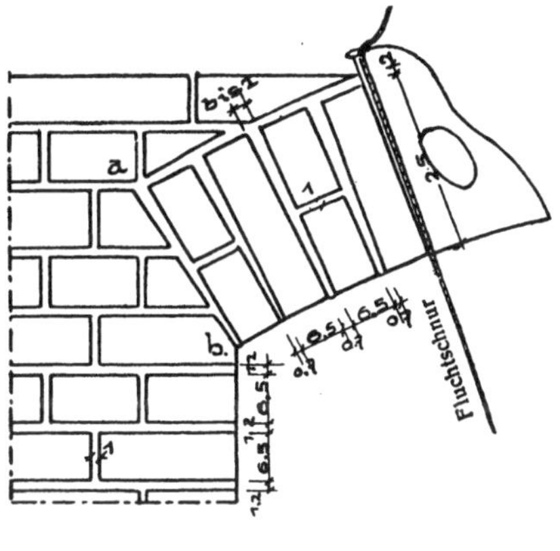

Konnte das Widerlager den Seitenschub nicht allein aufnehmen, so ordnete man Anker aus Flacheisen an.

a) Scheitrechte Bogen

Scheitrechte Bogen besitzen nur eine geringe Tragfähigkeit. Sie wurden bis max. 1,50 m frei gespannt bei einer Wanddicke von 1 ½ Stein. Die Höhe des Stiches beträgt allgemein 1/50 der Spannweite bzw. 2 bis 3 cm. Bei Belastung der Stürze durch Balkenlagen oder aufgehendes Mauerwerk wurde über dem scheitrechten Bogen ein zweiter Bogen gespannt, der die Lasten abtragen konnte.

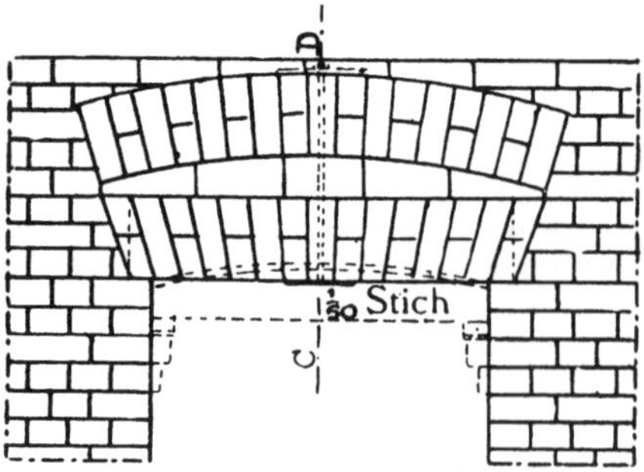

Bei größeren Öffnungen wurden 2 Entlastungsbogen übereinander, von unterschiedlicher Pfeilhöhe, angelegt.

1872 Höhe der scheitrechten Bogen

Sie ergibt sich, wenn bei einem Mittelpunktwinkel von 60° ein Halbkreis zu Grunde gelegt wird.

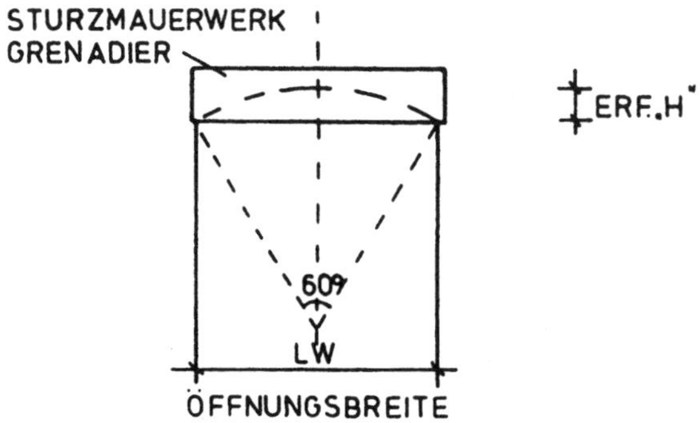

b) Segment- oder Stichbogen

Für belastete Stürze ordnete man häufig einen Segment- oder Stichbogen an.

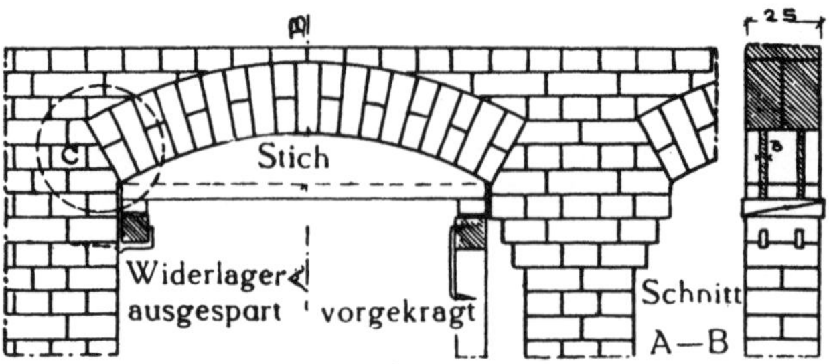

Die Höhe des Stiches beträgt allgemein 1/6 bis 1/10 der Spannweite. Segmentbögen erzeugen an ihren Auflagern hohen Seitenschub. Die Abmessungen der Bögen und ihrer Widerlager siehe Tragfähigkeitstafeln.

c) Rund-, Spitz-, Korbbogen und elliptische Bogen

Wollte man den großen Seitenschub am Widerlager vermeiden, dann passte man den Bogen der Parabelform der Drucklinie an. Auch bei hoher Belastung übt dieser Bogen nur einen geringen Horizontalschub aus. Die Form der Bogen wurde aber auch vielfach dadurch bestimmt, dass man sie in die Gestaltung der Tür- und Fensteröffnungen einbezog.

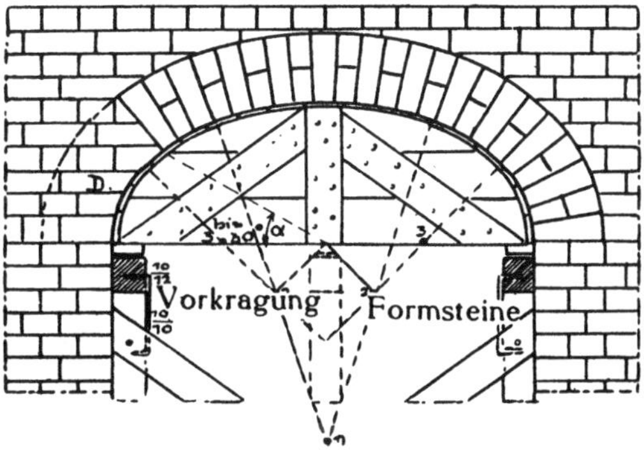

Korbbogen

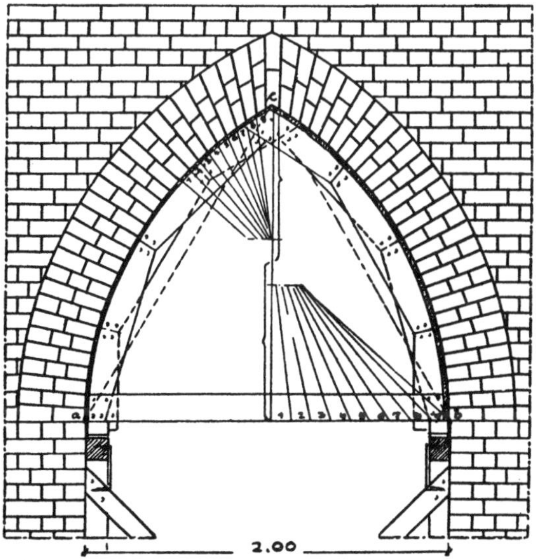

Spitzbogen

2.12.4 Mauerbögen (Belastete Fenster- und Türstürze)

Erfahrungssätze für gewöhnlich vorkommende Fälle im Hochbau (3- bis 4-geschossige Gebäude)

Bogen und Widerlager aus Ziegeln hergestellt

Jahr	Spannweite m	Bogendicken im Scheitel halbkreisförmiger Bogen Rundbogen	überhöhter und Spitzbogen	gedrückter Bogen *1
1872	ca. 1,88	1 St	½ St	1 ½ St
	ca. 2,00 bis 3,00	1 ½ St	1 St	1 ½ bis 2 St
	ca. 3,50 bis 5,75	2 St	1 ½ St	2 bis 2 ½ St
	ca. 6,00 bis 8,50	2 ½ St	1 ½ bis 2 St	2 ½ bis 3 St
1939	bis 2,00	1 bis 1 ½ St	1 St	1 ½ St
	2,00 bis 3,50	1 ½ bis 2 St	1 bis 1 ½ St	1 ½ St im Scheitel 2 St im Widerlager
	3,50 bis 5,50	2 bis 2 ½ St	1 ½ bis 2 St	2 St im Scheitel 2 ½ St im Widerlager
	5,50 bis 8,50	2 ½ St	2 bis 2 ½ St	2 ½ St im Scheitel 3 St im Widerlager

St = Stein

*1 bis 1/8 der Spannweite als Pfeilhöhe

Jahr	Widerlagerbreiten	
	Bogenform	Widerlagerbreiten bezogen auf die Spannweite L
1872	überhöhte und Spitzbogen	1/5,5 bis 1/6 L
	halbkreisförmige Bogen	1/5 bis 1/5,5 L
	flache Bogen	
	mit Pfeilhöhe mind. 1/4 der lichten Weite	1/4 bis 1/4,5 L
	mit Pfeilhöhe gleich 1/8 der lichten Weite	1/3,5 bis 1/4 L
	scheitrechte Bogen	1/3 bis 1/4 L
1939	überhöhte und Spitzbogen	1/5 bis 1/6 L
	Rundbogen	1/5 bis 1/5,5 L
	flache Bogen	
	mit Pfeilhöhe 1/4 bis 1/8 der Spannweite	1/4 bis 1/3 L
	scheitrechte Bogen	1/3 bis 1/4 L

Widerlagervergrößerungen:

1872 Wenn die Höhe der Widerlagsmauern mehr als 3,00 m beträgt, so müssen die Widerlagsbreiten um 1/6 der Höhe vergrößert werden.

1939 Sind die Widerlager höher als 2,50 m, so sind die Widerlagsbreiten um 1/6 der Höhe zu vergrößern.

2.13 Waagerechte Sturzkonstruktionen

Um möglichst große Fensteröffnungen (z. B. Schaufenster) zu konstruieren, waren die Ausführungen als Mauerbögen nicht mehr ausreichend. Es wurden Sturzträger aus Gusseisen oder Stahl in verschiedenen Querschnitten angeordnet. Die ersten im Hochbau ausgeführten Träger waren T-Profile mit elliptischem Rücken aus Gusseisen. Sehr große Verbreitung fanden dann die schmiedeeisernen Träger in Form von:

a) gewalzten Eisenbahnschienen bzw. T-förmige Träger, einfache Blechträger

b) hohle Träger, doppelte Blechträger und Kastenträger

An den Auflagern ordnete man breite Auflagerplatten von max. 3 mm Dicke an.

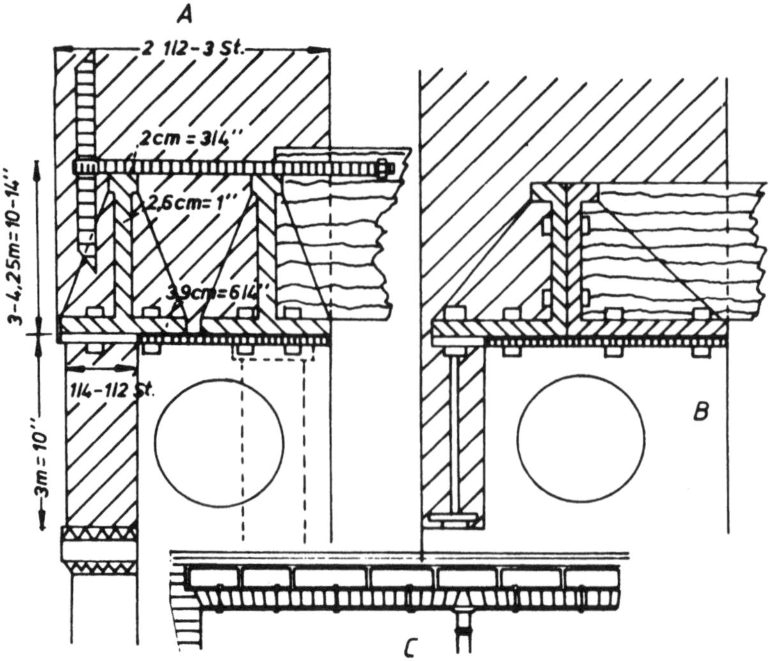

Um die Träger nicht unnütz zu belasten, pflegte man, wo es möglich war, das darüber befindliche Mauerwerk durch Entlastungsbögen (wirksamste Form als Halbkreis) abzufangen.

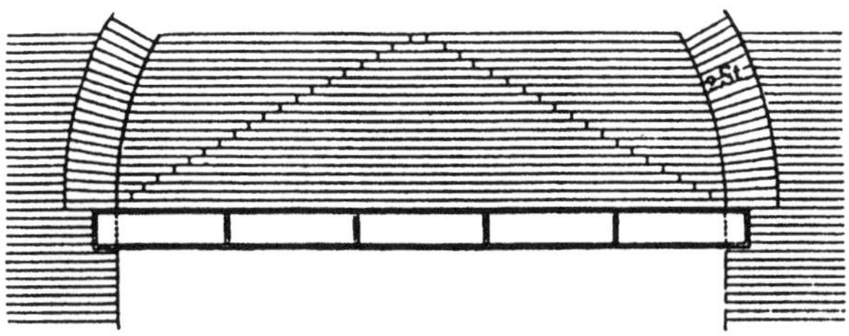

Mit der zunehmenden Verwendung von Beton und Eisenbeton im Hochbau kamen neben Ortbetonstürzen, aus wirtschaftlichen Gründen, immer häufiger fabrikmäßig hergestellte Stahlbetonsturzbalken zur Ausführung.

Die zulässige Belastung von fabrikmäßig hergestellten Stahlbetonstürzen siehe Tragfähigkeitstafeln.

2.14 Gemauerte Gewölbe

2.14.1 Allgemeines

Bei den Gewölben handelt es sich um im Wölbverfahren hergestellte Überdeckungen von Räumen.

Im Hochbau dienten sie vorzugsweise zur Herstellung von feuersicheren Decken oder zur Überdeckung von feuchten Räumen (Kellergewölbe). In den 30er-Jahren kam der Gewölbebau, zum Zweck der Eisenersparnis, vielfach im Keller- und Luftschutzraumbau noch einmal verstärkt zur Ausführung.

2.14.2 Die Gewölbeformen

Nach den Kräftewirkungen im Gewölbe unterscheidet man:

a) geschlossene Gewölbe

Bei diesen Gewölben überträgt sich der Gewölbeschub auf alle Umfassungswände des Raumes.

Diese bilden die Widerlagsmauern.

b) halboffene Gewölbe

Bei diesen Gewölben erhalten gewöhnlich zwei gegenüberliegende Wände die Gewölbelast.

Die beiden anderen Seiten sind offen oder durch nicht belastete Abschlusswände oder Schildwände verschlossen. Erfolgt der Abschluss durch einen Gurtbogen, so nennt man diesen Schildbogen.

c) offene Gewölbe

Bei diesen Gewölben wird die Gewölbelast auf Eckpfeiler übertragen. Die Seiten sind entweder offen bzw. durch Schildbögen abgeschlossen oder durch Schildmauern verschlossen.

2.14.3 Die Gewölbearten

Nach Gestaltung und Querschnittsform unterscheidet man:

a) Tonnengewölbe

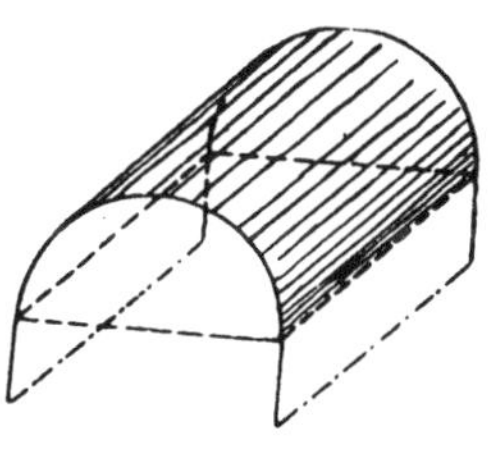

Nach der Linienführung teilt man ein in

halbkreisförmige	Tonnengewölbe
überhöhte	"
gedrückte	"
steigende	"
spindelförmige	"

Die Tonnengewölbe wurden im Hochbau wegen ihrer großen Konstruktionshöhe meist nur über Kellerräumen und Durchfahrten ausgeführt (spätere Anwendung auch in Luftschutzräumen).

Die Ziegel wurden im Kuff- bzw. Schwalbenschwanzverband gemauert.

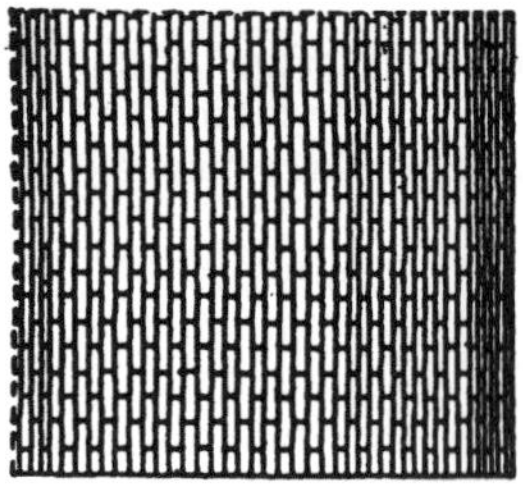

Kuff

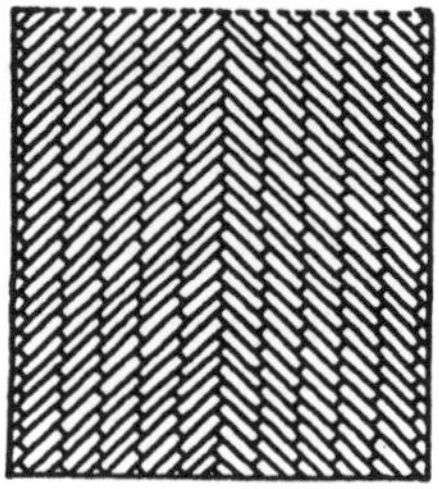

Schwalbenschwanz

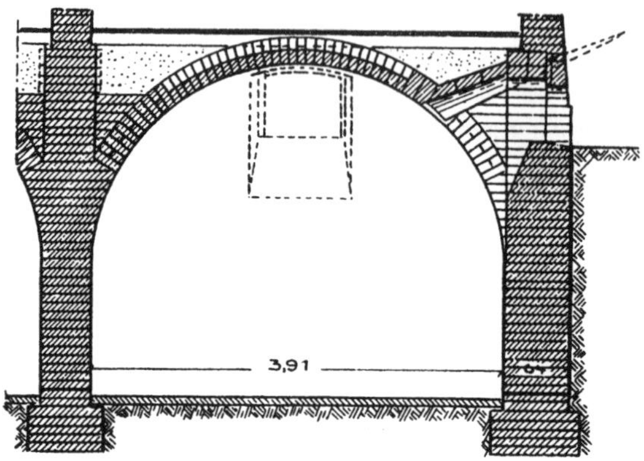

Tonnengewölbe

Gewölbedicken und Widerlagerbreiten nach Erfahrungswerten im Hochbau

Jahr	Stützweite m	Gewölbedicke Scheitel	Gewölbedicke Widerlager	Bemerkungen
1872	bis 5,00	½ St		unbelastet mit Verstärkungsrippen 1/1 Stein Abstand ca. 1,25 m
	bis 5,00	½ St		*1
	über 5,00	1 St		*2
	bis 1,75	½ St		unterstütz. von massiv. Treppen
	> 1,75	1 St		unterstütz. von massiv. Treppen *3
1908	4,00	½ St		
	> 4,00	1 St		
	5,50 bis 8,00	1 St	2 St	
	5,50 bis 8,00	1 St	1 St	mit Verstärkungs-rippen b = 1 St d = 1½ St Abstand ca. 2,00 m
	4,00	1 ½ St		für starke Belastung z. B. Lagerkeller
	5,00	1 ½ St		mit Verstärkungs-rippen
	6,00	2 St		
	7,00	2 St		mit Verstärkungs-rippen
1924				Verkehrslast $P = 2{,}50\ kN/m^2$
	max. 4,00	½ St		*4
	4,00 bis 6,00	½ St		*5
1939	3,00	½ St	½ St	
	4,00 bis 5,00	½ St	1 St	
	5,00 bis 6,00	1 St	1 St	
	6,00 bis 8,00	1 St	1 St	mit Verstärkungs-rippen 1½ St Abstand ca. 1,5 bis 2,5 m

St = Stein

*1 nur durch Fußboden belastet mit Verstärkungsrippen 1/1 Stein

*2 nur durch Fußboden belastet mit Verstärkungsrippen b = 1½ St und d = 1½ St Abstand ca. 1,25 m bis 2/3 der Pfeilhöhe hintermauert

*3 1/8 bis 1/12 der Spannweite als Pfeilhöhe

*4 mit Verstärkungsrippen b = 1 1/2 St und d = 1 St Abstand ca. 1,50 bis 2,50 m

*5 mit Verstärkungsrippen b = 1 1/2 St und d = 1 1/2 St Abstand ca. 1,50 bis 2,50 m

Jahr	Gewölbeform	Widerlagerbreiten bezogen auf die Spannweite L	Bemerkungen
1872	halbkreisf. überhöht o. spitzbogig gedrückter o. Stichbogen scheitrechter Bogen	1/4 bis 1/5 L 1/5 bis 1/6 L 1/4 bis 1/3 L > 2/3 der lichten Weite	*1 *1 *1 *1
		1/3 der lichten Weite, mindestens 1 1/2 Stein	*2
1908	halbkreisf. gedrückt bis L/4 gedrückt > L/4 überhöht	 1/5 L 1/4 L 2/7 L 1/6 bis 1/7 L	 *3 *3 *3 *3
1924	halbkreisf. überhöhter o. Spitzbogen gedrückter Bogen	1/4 bis 1/5 L 1/5 bis 1/6 L 1/3 bis 1/4 L	
1939	halbkreisf. überhöhter o. Spitzbogen gedrückter Bogen	1/5 L 1/6 bis 1/7 L 1/4 bis 2/7 L	

Bei starker vertikaler Belastung der Widerlager oder bei Gegenschub kann eine Verringerung der Widerlagerbreiten erfolgen.

*1 Liegen die Widerlagslinien ca. 2,0 bis 3,0 m über dem Boden, so werden die Widerlagerbreiten um 1/6 bis 1/8 der Höhe vergrößert.

*2 Unterstützung von massiven Treppen mit 1/12 bis 1/8 der Spannweite als Pfeilhöhe.

*3 Wenn die Widerlager mehr als 3,0 m über dem Boden liegen, so sind die Widerlagerbreiten um 1/6 bis 1/8 der Höhe zu vergrößern.

b) Klostergewölbe

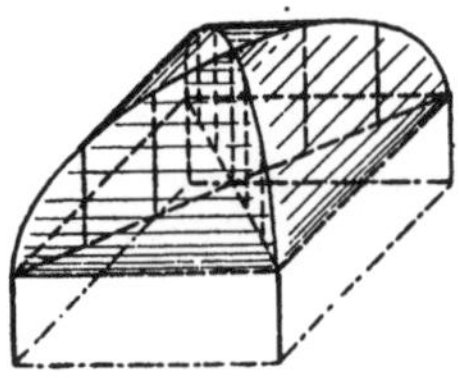

Das Klostergewölbe entsteht aus zwei oder mehr sich schneidenden Tonnengewölben. Es gehört zu den geschlossenen Gewölben und die Ausführung erfolgt nach dem Vorbild des Tonnengewölbes. Dieses gilt sowohl in Bezug auf die Bogenform als auch auf die Herstellung des Widerlagers und der Wölbung.

Der Gewölbeverband wurde in Kuffschichten gemauert. Bei größeren Spannweiten wurden in den Kehlen Verstärkungsrippen angeordnet.

Bei quadratischem Grundriss wurden die Gewölbeabmessungen (1924) wie folgt angegeben.

Gewölbedicken	– wie Tonnengewölbe
Widerlagerbreiten	– 2/3 der Breiten von gleichgroßen Tonnengewölben

Ein Klostergewölbe, das Räume von acht oder mehr Ecken überspannt, nennt man Kuppel.

c) Kreuzgewölbe

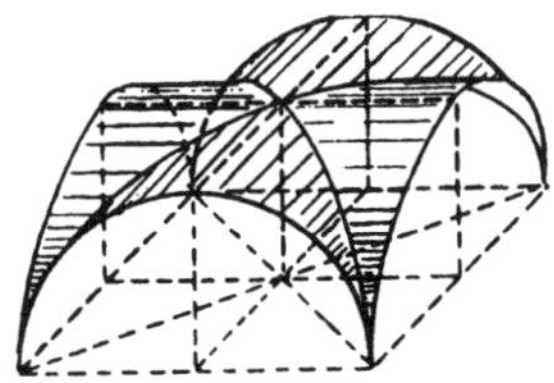

Das Kreuzgewölbe gehört zu den offenen Gewölben, dessen Last auf die Ecken des Raumes übertragen wird.
Nach der Querschnittsform der Kappen bzw. ihrer Schildbögen unterscheidet man

halbkreisförmige Gewölbe
spitzbogige Gewölbe

Eine zusätzliche Unterteilung erfolgt nach Form und Lage der Scheitellinien:

gerade, waagerechte Scheitellinie	A
gerade, steigende Scheitellinie	B
bogenförmige Scheitellinie	C
Scheitellinie mit Stich und Busen	D

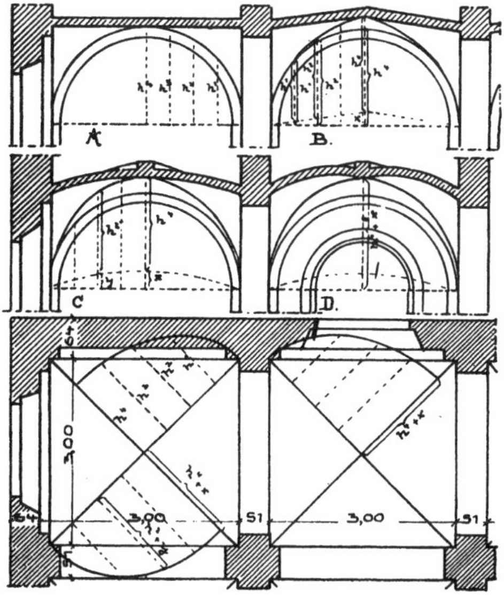

Scheitellinienarten

Die Gratbogen werden oft als Verstärkung ausgebildet (in Mauerziegeln oder Werkstein). Die Mauerung erfolgte im Schwalbenschwanzverband.
Nach dem Vergießen des Gewölberückens mit dünnflüssigem Zementmörtel wurde eine Hintermauerung bis zu 2/3 der Gewölbehöhe aufgebracht.

Kreuzgewölbe

Gewölbedicken und Widerlagerbreiten nach Erfahrungswerten im Hochbau

Jahr	Stützweite L in m	Kappendicke in Stein o. cm		Gratdicke in Stein o. cm		Bemerkungen
		Scheitel	Kämpfer	Scheitel	Kämpfer	
1872	bis 6,25 bis 9,00 bis 18,00	½ St ½ St 1 St	 1 St 1 ½ St	1 St 1 St 1 ½ St	 ½ St 2 St	
	1,75 lichte W. > 1,75 lichte W.	½ St 1 ½ St		1 St 1 ½ St		*1 *1
	bis 1,75 > 1,75	½ St ½ St		1 St 1 ½ St		Treppengewölbe Treppengewölbe
1908	6,00 9,50	½ St ½ St	1 St 1 St	1 St 1 St	1 St 1 ½ St	*2 *2
	18,00	½ St	1 ½ St	1 St	2 St	*3
1924	bis 6,00 6,00 bis 9,00 9,00 bis 18,00	12 12 25	12 25 38	25/25 25/38 38/38	25/25 38/38 51/38	übliche Dicken
1939	bis 3,00 bis 6,00 bis 9,00	½ St ½ St ½ St	½ St ½ St ½ St	½ St ½ St 1 St	½ St 1 St 1 ½ St	

*1 Unterstützung von massiven Treppenanlagen

*2 Halbkreisförmig und gedrückt
Gurtbogen (Grat) 1 ½ Stein breit

*3 Spitzbogig und überhöht
Gurtbogen (Grat) 1 ½ Stein breit

Jahr	Gewölbeform	Widerlagerbreiten bezogen auf die Spannweite der Diagonalen im Grundriss	Bemerkungen
1872	halbkreisförmig spitzbogig	1/4 bis 1/6 L 1/5 bis 1/7 L	*1 *1
		1/4 bis 1/5 L	Unterstützung von massiven Treppen-auflagern *2
		1/4 bis 1/5 L	Treppengewölbe *3
1908	halbkreisförmig und gedrückt spitzbogig und überhöht	1/4 bis 1/6 L 1/5 bis 1/7 L	*4 *4
1924	halbkreisförmig oder flachbogig spitzbogig	1/6 bis 1/4 L 1/5 bis 1/7 L	
1939	halbkreisförmig spitzbogig	1/4 bis 1/5 L 1/5 bis 1/7 L	

*1 Sind die Widerlagsmauern bzw. Pfeiler höher als 3,00 m, so muss die Breite um 1/8 bis 1/10 der Höhe vergrößert werden.

*2 Liegen die Widerlager hoch, so sind sie um 1/8 bis 1/10 der Höhe zu vergrößern.

*3 Bei hohen Widerlagern (h > 2,50 m) ist die Breite um 1/8 bis 1/10 zu vergrößern.

*4 Wenn die Widerlager höher als 3,00 m über dem Boden liegen, dann sind die Widerlagerbreiten um 1/6 bis 1/8 der Höhe zu vergrößern.

d) Böhmische Kappen

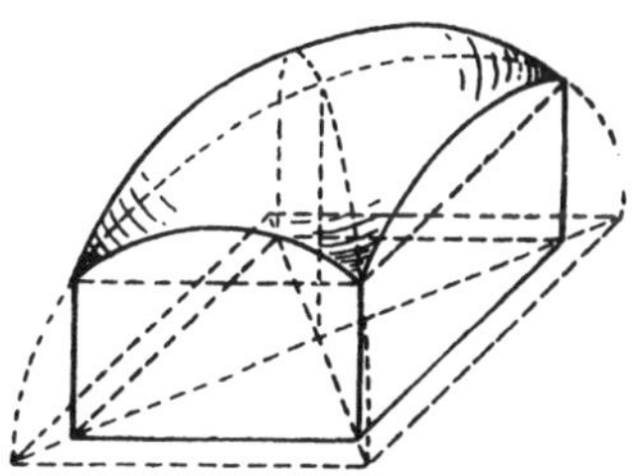

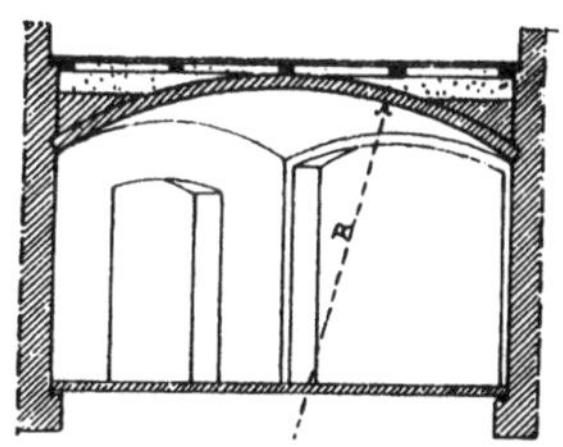

Die Grundform des Gewölbes (Leibungsfläche) ist die Kugelform. Böhmische Kappen wurden über quadratischen, rechteckigen und vieleckigen Räumen angeordnet. Infolge ihrer geringen Stichhöhe und leichten Ausführbarkeit fand sie im Hochbau häufig Verwendung. Anschließende Räume konnten durch Gurtbogen voneinander getrennt werden. In diesem Falle mussten die Grundkreise so gewählt werden, dass die Schildbögen an den gemeinschaftlichen Gurtbogen gleich groß wurden. Der Gewölbeverband wurde schwalbenschwanzförmig gemauert und der Kugelfläche angepasst. Abschließend erfolgte die Hintermauerung. Zur Aufnahme des Seitenschubs wurden Wände und Gurtbögen vielfach verankert.

Böhmische Kappen

Gewölbedicken und Widerlagerbreiten nach Erfahrungswerten im Hochbau

Jahr	Stützweite L in m	Pfeilhöhe bezogen auf die Diagonale	Gewölbe-dicke im Scheitel	Wider-lager-breite	Bemerkungen
1872	bis 1,75 > 1,75	mind. 1/12 gewöhnlich 1/9	1/2 St 1 St	1/3 der lichten Weite	
1908	 5,00 7,00		 ½ St ½ St 1 St	1/4 bis 1/5 der Spann-weite	mind. 2 1/2 Stein bei 2 m Spann-weite Scheitel Widerlager
1924	max. 5,00	1/8 bis 1/10	½ St	1/3 bis 1/4 der Spann-weite	bei 2 m Spann-weite mindestens 2 ½ St
1939	bis 3,50 bis 5,00	1/6 bis 1/10 1/6 bis 1/8	½ St ½ St Scheitel 1 St Wider-lager	1/4 bis 1/5 der Spann-weite "	bei einseitigem Schub mind. 2 St "

St = Stein

e) Preußische Kappen

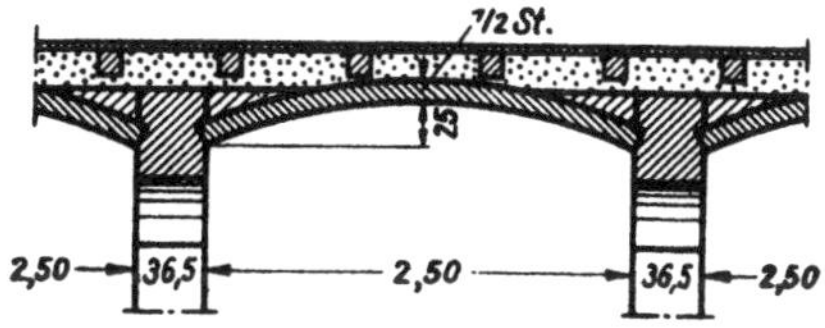

Preußische Kappe
zwischen Gurtbögen

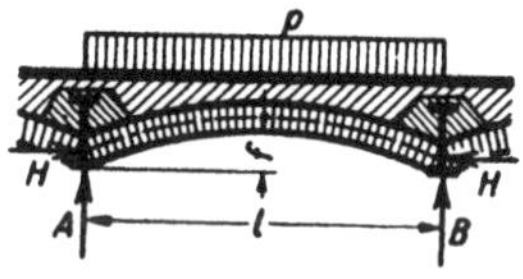

Preußische Kappe
zwischen Trägern

Wegen ihrer geringen Stichhöhe und wirtschaftlichen Herstellung fanden die preußischen Kappengewölbe häufige Verwendung (bevorzugt als massive Kellerdecke).

Die maximale Spannweite betrug ca. 3,00 m. Größere Räume wurden durch I-Träger oder Gurtbögen in kleinere Gewölbefelder zerlegt. Zur Aufnahme des Gewölbeschubs wurden die Kappenwiderlager in gleicher Höhe angeordnet und eine durchgehende oder auf die Endfelder beschränkte Verankerung (Rundeisenanker) eingemauert (Ankerabstand 2,00 bis 3,00 m).

1898 Berlin

Decken, die aus Reihen von Kappen gebildet werden, erhalten in 2 oder 3 Endfeldern durchlaufende Anker. Ankerabstand 1,50 bis 2,00 m.

1928 Beträgt die freie Länge des Trägers mehr als das 2 ½-fache des Trägerabstands, so sind Rundeisenanker (im unteren Drittelspunkt des Steges) anzuordnen, ebenso zum Schutz gegen seitliches Ausknicken bei ungleicher Belastung benachbarter Gewölbe.

Zum Bau der Kappen waren Vollziegel, Hohlziegel, Schwemmsteine, Hüttenschwemmsteine und andere poröse Steine zugelassen. Der Gewölbeverband glich im Allgemeinen dem Mauerverband und unterschied sich nach der Richtung der Lagerfugen in:

Kuffverband	Lagerfugenrichtung parallel zum Widerlager. (Einrüstung mit voller Schalung erforderlich)
Ringschichtenverband	Lagerfugenrichtung senkrecht zum Widerlager. (Einwölbung erfolgt mithilfe eines Rutschbogens)
Schwalbenschwanzverband	beste Tragfähigkeit (freihändige Mauerung ohne Schalung)

Abschließend wurde der Gewölberücken mit dünnflüssigem Zementmörtel vergossen und die Hintermauerung aufgebracht (Hintermauerungshöhe gewöhnlich bis 1/3 der Rückenhöhe).

Preußische Kappen

Gewölbedicken und Widerlagerbreiten nach Erfahrungswerten im Hochbau

Jahr	Stützweite L in m	Pfeilhöhe bezogen auf die Spannweite	Gewölbedicke im Scheitel	Gewölbedicke am Widerlager	Widerlagerbreite	Bemerkungen
1872	bis 3,75	1/8 bis 1/10	1/2 St		1/4 bis	
	max. 5,00	1/8 bis 1/10	1 St		1/3 Lw	
	1,88	1/8 bis 1/10	1 bis 1 1/2 St			
	2,00 bis 3,00	1/8 bis 1/10	1 1/2 bis 2 St		1/3	*1
					bis	
	3,50 bis 5,75	1/8 bis 1/10	2 bis 2 1/2 St		1/5 L	
	6,00 bis 8,50	1/8 bis 1/10	2 1/2 bis 3 St			
1908	2,50	1/5 bis 1/10	1/2 St	1/2 St		
	3,00	1/5 bis 1/10	1/2 St	1/2 St		*2
	4,00	1/5 bis 1/10	1/2 St	1 St		*2
	5,00	1/5 bis 1/10	1 St	1 St		
			1/4 St			unbelastet
					1/4 bis 1/5 L	mind. 2 1/2 St
1924	0,80 bis 3,50				1/3 bis 1/5 L	
	bis 2,50		1/2 St			
	> 2,50		1/2 St			*3
	ab 4,00		1/2 St	1 St		*4
	5,00		1 St	1 St		*4
1939	bis2,50 *5	1/6 bis 1/8	1/2 St		1/4 bis	
	> 2,50 *6	1/6 bis 1/8	1/2 St	1 St	1/5 L	

St = Stein
Lw = lichte Weite

*1 Bei Gurtbögen mit einer Pfeilhöhe von ¼ der Spannweite
Breite 1 ½ bis 2 Stein – Abstand ca. 2,75 m

*2 Verstärkungsrippen mit 1,50 bis 2,00 m Abstand

*3 Verstärkungsrippen mit 1,50 bis 2,50 m Abstand (1 St dick)

*4 Durch Gurte verstärkt (auf Gewölberücken)

*5 Bis max. Spannweite 3,00 m zwischen mind. 38 cm dicken Wänden
Bis max. Spannweite 2,50 m zwischen Gurtbögen mit 1/8 bis 1/12 L als Pfeilhöhe
Zwischen Trägern 1,00 bis 1,50 m Spannweite

*6 Bei größeren Spannweiten durch Gurte verstärkt (auf Gewölberücken) 1 Stein dick

2.15 Ebene Steindecken

2.15.1 Allgemeines

Die Entwicklung ebener Steineisendecken führte um 1900 durch die Einführung zahlreicher Deckenbauweisen zu sehr großer Verbreitung.

Die Decken unterteilten sich in

a) eisenlose Steindecken

Decken dieser Bauart (z. B. Kleinesche Decke, Försterdecke) wurden für geringe Spannweiten und Belastungen im Kleinhausbau ausgeführt. Es wurden Backsteine, Hohlsteine oder Schwemmsteine mit 3 bis 5 cm Stich zwischen Widerlager im Verband gemauert (Aufnahme des horizontalen Schubes der Endfelder durch Anker).

b) Steineisendecken

Bei diesen Decken handelt es sich um Verbundtragwerke aus Voll- oder Hohlsteinen mit Eiseneinlagen aus Rund- oder Bandeisen. Es kamen einachsige, aber auch kreuzweise gespannte Decken zur Ausführung. Die Aufnahme der Druckbeanspruchung in der Druckzone erfolgte durch die Ziegel in Verbindung mit dem Mörtel. In einigen Fällen wurde eine zusätzliche Betondruckschicht (5,0 cm) als Überbeton aufgebracht (z. B. Försterdecke). Die Aufnahme der Zugbeanspruchung in der Zugzone erfolgte durch die Eiseneinlagen. Die Deckensteine mussten in Zementmörtel, möglichst im Verband, gemauert werden. Die Bewehrung wurde in die durchgehenden Fugen mit 0,5 bis 1,0 cm Mörtelüberdeckung verlegt.

2.15.2 Bauweisen von Steineisendecken

1913 Decken mit und ohne Aufbeton

Bauart	Deckensteinart	Steinabmessung b/d/L bzw. d in cm	Bewehrung in mm	Mörtel	Bemerkungen
Viktoria-decke	Backsteine, porös gebrannte Voll- und Hohlsteine, Schwemmsteine	6,5/12/25 bis 10/15/25	gebogene Rundeisen	verlängerter Zement-mörtel	
Kleinesche Decke	Backsteine, porig gebrannte Voll- und Hohlsteine, Schwemm-steine	6,5/12/25 bis 10/15/25	Bandeisen 20/1 bis 30/2	verlängerter oder reiner Ze-mentmörtel	
Förster-decke	Hohlsteine (Formsteine)	10 bis 15	Rundeisen oder Bandeisen	verlänger-ter oder reiner Ze-mentmörtel	mit und ohne Be-tondruck-schicht d = 5 cm *1
Ankerdübel-decke	Hohlsteine (Formsteine)		Rundeisen *2	verlänger-ter oder reiner Ze-mentmörtel	mit und ohne Be-tondruck-schicht (d ≥ 5 cm)
Gewölbe-trägerdecke (Schürmann-decke)	wie Viktoria-decke	6,5/12/25 bis 10/15/25	Bandeisen 60/1,25 mit seit-lichen Ausbauch-ungen	verlänger-ter oder reiner Ze-mentmörtel	
Sekura-decke	Hohlform-steine mit besonderen Anfänger- und Schluss-steinen	10,5/22/25 bis 22/17/25	Bandeisen	verlänger-ter oder reiner Ze-mentmörtel	mit und ohne Be-tondruck-schicht (d ≥ 5 cm)
Wörner-sche Hohl-steindecke	Hohlsteine od. Hohl-steinplatten		Rundeisen bzw. Rundeisen mit Band-eisen-spiralen 10/1,5	Hohlräume mit Ze-mentbeton ausge-stampft	mit und ohne Be-trondruck-schicht (d ≥ 5 cm)

Bauart	Deckenstein-art	Steinabmessung b/d/L bzw. d in cm	Bewehrung in mm	Mörtel	Bemerkungen
Zöllnersche Zellendecke	Hohlsteine	12/15/25 bzw. 18/21/25	Rundeisen	Ausfüllung der Fugen mit Zementbeton	mit Beton druckschicht

1936 Decken mit und ohne Aufbeton

Kleinesche Decke	Hohlsteine in Quaderform aus porig gebranntem Ton	15/10/25 bis 10/20/25	Rundeisen oder Bandeisen	Zementmörtel 1 : 4 Zementmörtel	auch als eisenlose Decke *3
Försterdecke	Hohlsteine aus porig gebranntem Ton	14/10/25 bis 14/15/25	Rundeisen	Zementmörtel 1 : 4	auch als eisenlose Decke *1
Wenkodecke	Hohlsteine aus porig gebranntem Ton	25/10/25 bis 14/20/25	Rundeisen	Zementmörtel 1 : 4	
Kometdecke	Hohlsteine aus porig gebranntem Ton	25/10/25 bis 16,5/20/25	Rundeisen	Zementmörtel 1 : 4	
Eltondecke	Hohlsteine aus porig gebranntem Ton	22/11/25 bis 15/16/25	Rundeisen m. Drahtbügeln Ø 2 mm	Ausfüllung der Fugen mit Beton	
Sperledecke (Form A)	Hohlsteine aus porig gebranntem Ton	25/11/25 bis 25/30/25	Rundeisen	Ausfüllung der Fugen mit Beton	
Neposdecke	Hohlsteine aus porig gebranntem Ton	25/12/25 bis 25/24/25	Rundeisen mit Spiralen	Ausfüllung der Fugen mit Beton	
Ackermann-decke	Hohlkörper	30/10/25 bis 20/22/25	Rundeisen	Ausfüllung der Fugen mit Beton	Füllkörper Rippendecke

*1 Oberseite und Steg der Steine können durch leichten Hammerschlag herausgeschlagen werden.
Die Eisen werden in den so geschaffenen durchgehenden Kanal verlegt und mit Mörtel oder Beton verfüllt.

*2 Für große Stützweiten werden zusätzlich Bandeisen in den Zwischenfugen verlegt.

*3 Steine können liegend oder stehend vermauert werden.

Viktoriadecke

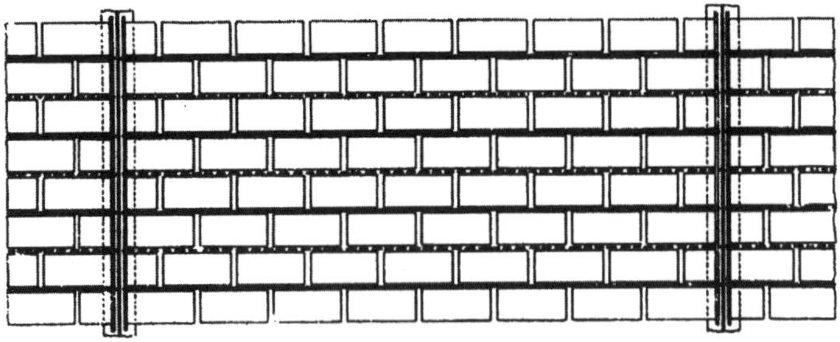

Grundriss

Querschnitt

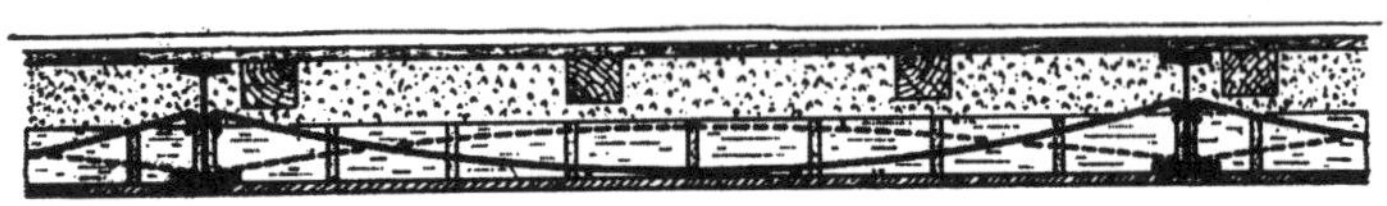

Längsschnitt

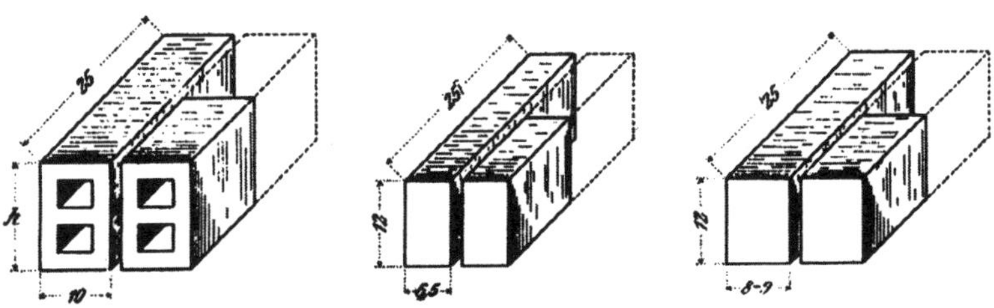

Steinformate

1904 Viktoria-Decke

Dicke der Platte ohne Putz	Abstand der Rundeisen	Spannweite in Meter						
		bei q = kN/m²						
		4,00	4,80	5,50	6,30	7,50	8,20	10,00
10 cm	13 cm	2,00	1,80	1,70	1,50	-	-	-
12 cm	11 cm	2,40	2,20	2,10	1,85	1,75	1,65	1,20

Stärke der Rundeisen = 6 mm

Kleinesche Decke

1921 **Tragfähigkeit der Kleineschen Decke**

Baustoff	Stärke der Deckenplatte cm	Eigenlast der Platte kg/m²	zul. Spannweite L (m) zu geh. Bandeiseneinlage A_s in mm bei einer Gesamtlast $(g + p)$ kg/m² 500 L	As	600 L	As	750 L	As	1000 L	As
Hohlsteine	10	100	1,70	$^{1,5}/_{20}$	1,78	$^{2}/_{20}$	1,59	$^{2}/_{20}$	1,67	$^{3}/_{20}$
	12	120	1,90	$^{1,5}/_{20}$	1,99	$^{2}/_{20}$	1,78	$^{2}/_{20}$	1,87	$^{3}/_{20}$
Hohlsteine mit 3 cm Aufbeton	10 + 3	170	–	–	2,09	$^{2}/_{20}$	2,26	$^{3}/_{20}$	1,96	$^{3}/_{20}$
	12 + 3	190	–	–	2,66	$^{2}/_{20}$	2,88	$^{3}/_{20}$	2,49	$^{3}/_{20}$

Abstand der Bandeisen 16 cm

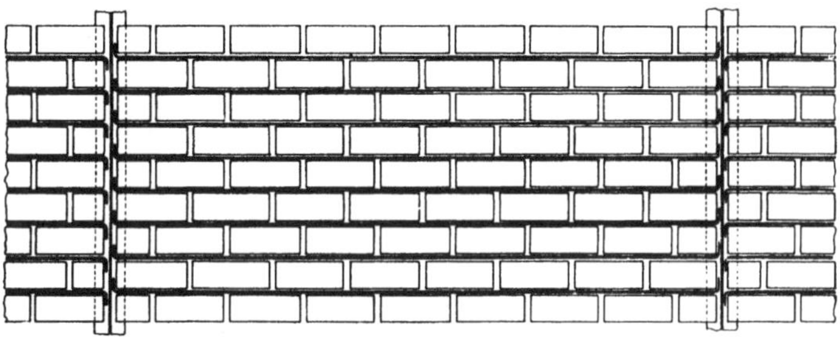

Grundriss

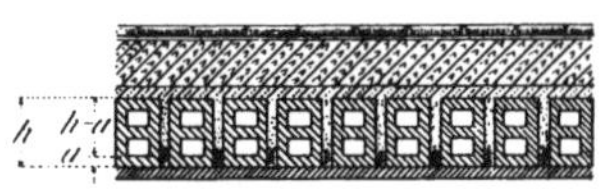

Querschnitt

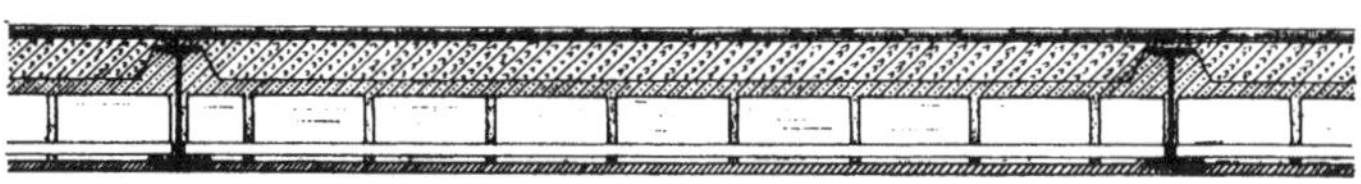

Längsschnitt

Försterdecke

Längsschnitt

Querschnitt

verschiedene Eiseneinlagen

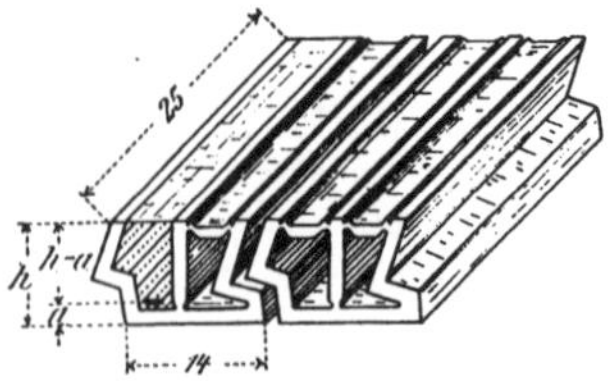

Formstein

Ankerdübeldecke

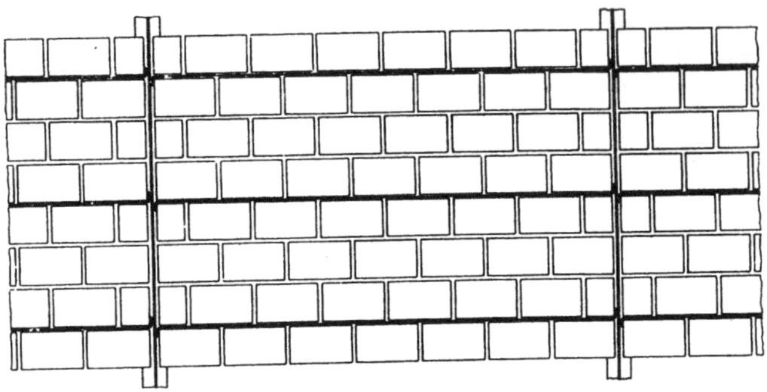

Grundriss

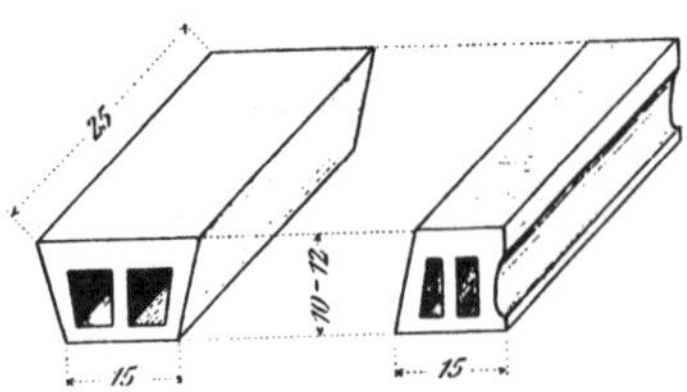

Formsteine

Querschnitt

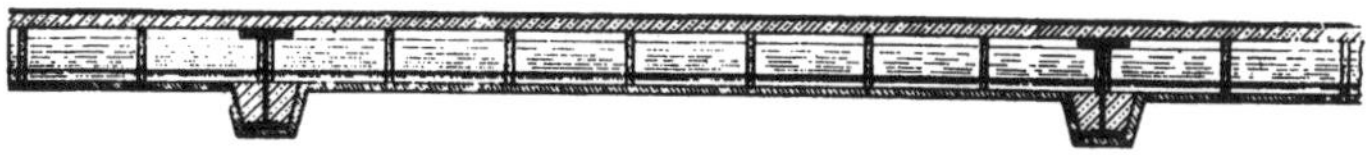

Längsschnitt

Gewölbeträgerdecke

Längsschnitt

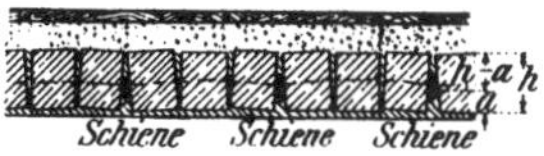

Querschnitt

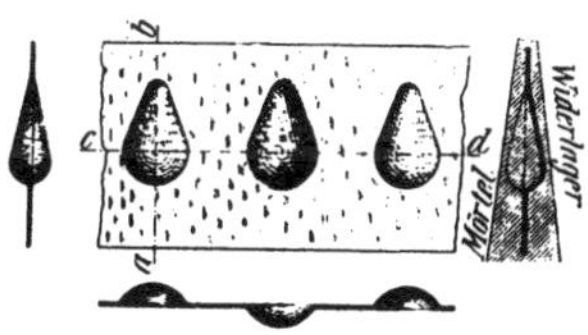

Bewehrungseisen

Um 1910 Zulässige Spannweiten für die Gewölbeträgerdecke von Schürmann

Verlegung der Schienen in jeder	Verwendung von flachseitig vermauerten Schwemmsteinen Format 25 x 12 x 10 cm in Wohngebäuden	Verwendung von hochkantig vermauerten Steinen Format 25 x 12 x 10 cm				Verwendung von Voll- oder Lochsteinen Format 25 x 12 x 6,5 cm hochkantig vermauert	
		Wohngebäude		Fabriken			
		Loch-steine	Schwemm-steine	Loch-steine	Schwemm steine	Wohn-gebäude	Fabriken
3. Fuge	1,00 m	1,80 m	1,50 m	1,60 m	1,20 m	2,20 m	1,85 m
4. Fuge	–	1,40 m	1,20 m	1,20 m	–	1,85 m	1,60 m
5. Fuge	–	–	–	–	–	1,50 m	1,30 m

Sekuradecke

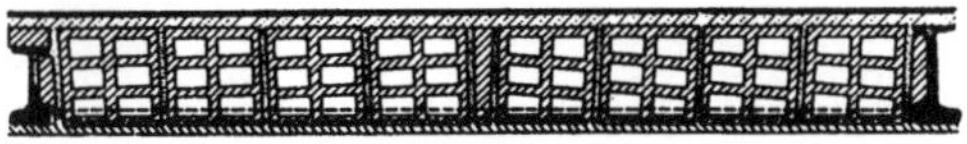

Längsschnitt

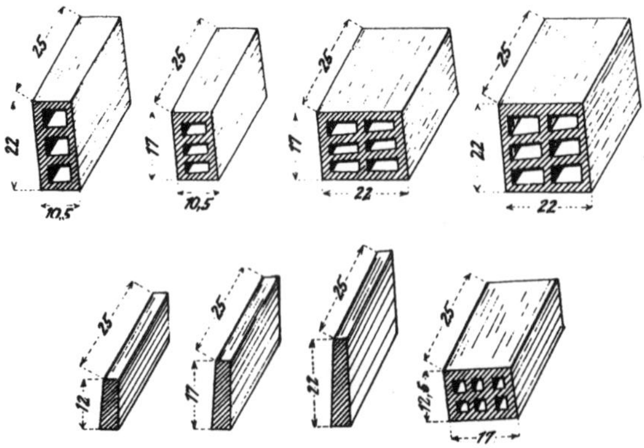

Formsteine

Wörnersche Hohlsteindecke

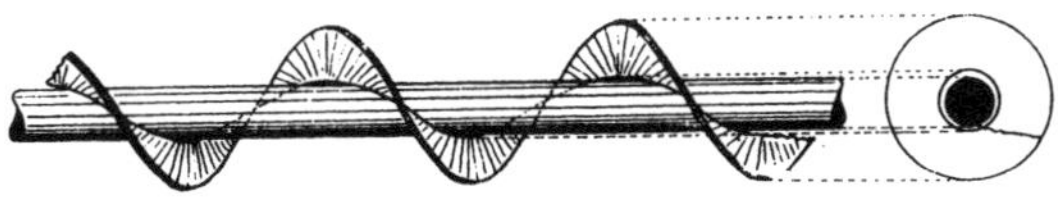

Bewehrungsstab mit Bandeisen

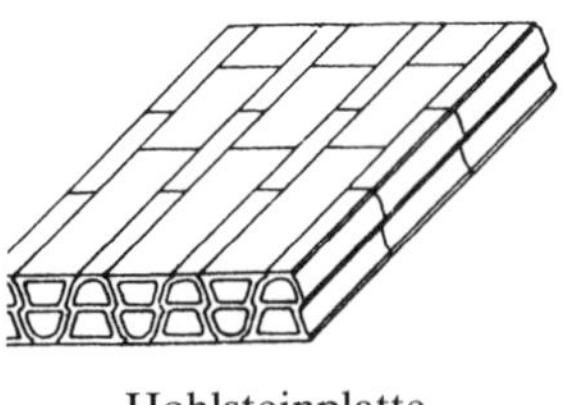

Hohlsteinplatte

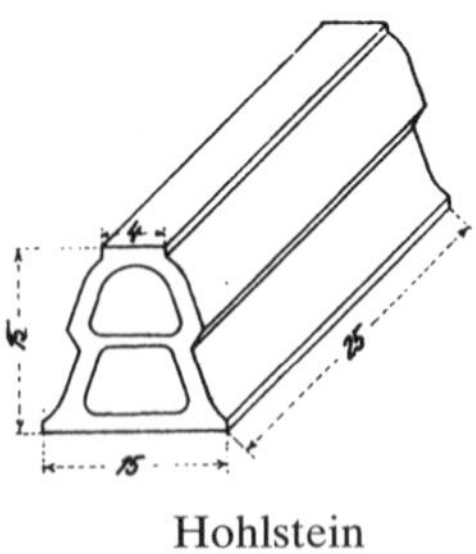

Hohlstein

Wenkodecke

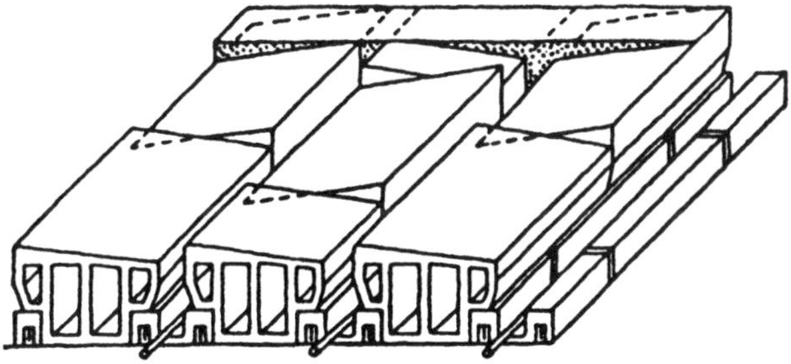

Sperledecke

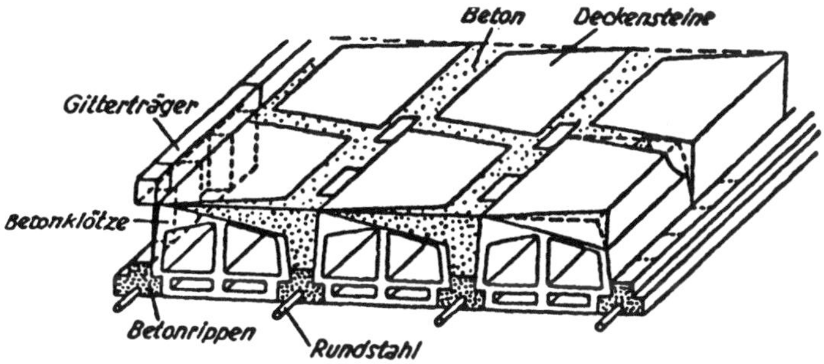

3 Bemessung

3.1 Ermittlung der Wanddicken

3.1.1 Allgemeines

Die Ermittlung der Wanddicken des Mauerwerks erfolgte meist ohne statischen Nachweis nach Erfahrungswerten oder Faustformeln.
Erst mit Einführung der Bauordnungen im vorigen Jahrhundert wurden Mindestwanddicken festgelegt, bei deren Einhaltung aber weiterhin kein statischer Nachweis zu erbringen war.
Die Baupolizei konnte jedoch in besonderen Fällen (z. B. Umbauten an bestehenden Gebäuden, Aufstockungen usw.) einen Tragfähigkeitsnachweis verlangen.
Dieses Bauen nach Konstruktionsregeln gestattete noch, gemäß DIN 4106 Ausgabe Mai 1953, den Bau von 6-geschossigen Wohnhäusern, bei Einhaltung der Mindestwanddicken.
Die großen Zerstörungen des Krieges und die danach herrschende Materialknappheit zwangen dann zur Ausführung wirtschaftlicherer Wanddicken und damit verbunden zu deren genauerem statischem Nachweis.

3.1.2 Ermittlung der Wanddicken nach Faustformeln

1842 Faustformeln für tragende Umfassungswände

d = Wanddicke
h = Wandhöhe (Geschosshöhe)

a) Bruchsteinmauerwerk

d = h/6

b) Ziegelmauerwerk

d = h/8

1872 Formeln nach Redtenbacher

Die Mauerdicken der Wohn- und Fabrikgebäude für Wände aus Ziegelsteinen mittlerer Qualität in Kalkmörtel und gutem Verband gemauert.

t = Tiefe des Gebäudes (in senkrechter Richtung auf den Dachfirst gemessen)

h = Geschosshöhen der einzelnen Geschosse h1, h2, h3 usw. von oben (h1) nach unten (h3)

d = Wanddicke der einzelnen Geschosse d1, d2, d3 usw. zu h1, h2 usw. gehörig

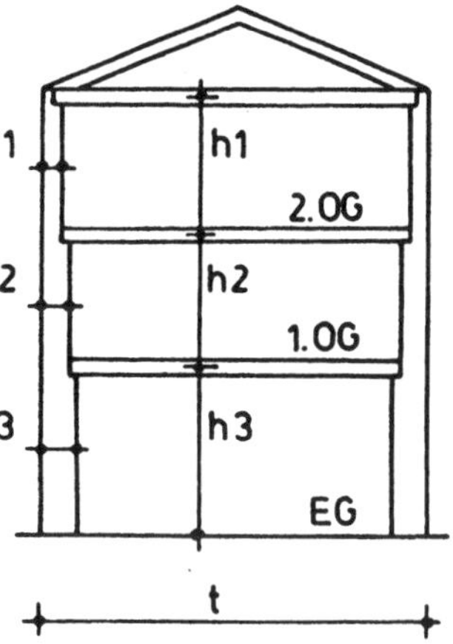

$$d1 = \frac{t}{40} + \frac{h1}{25}$$

$$d2 = \frac{t}{40} + \frac{h1 + h2}{25}$$

$$d3 = \frac{t}{40} + \frac{h1 + h2 + h3}{25}$$

Rechenbeispiel:

Gebäudetiefe		t	=	10,00 m
Geschosshöhe	EG	h3	=	3,00 m
Geschosshöhe	1. OG	h2	=	2,75 m
Geschosshöhe	2. OG	h3	=	2,75 m

Gesucht – Wanddicke im EG

$$\text{erf } d = \frac{1000}{40} + \frac{275 + 275 + 300}{25} = 59 \text{ cm}$$

1872 Rondelet

Allgemeine Regeln zur Bestimmung der Wanddicken

Für Ziegelmauerwerk mittlerer Qualität in Kalkmörtel und gutem Verband gemauert.

d = Wanddicke
L = freie Wandlänge (Abstand der Aussteifungen)
h = Geschosshöhe
t = lichte Gebäudetiefe
D = äußerer Turmdurchmesser bei Turmwänden

a) Freistehende Wände

d = h/ 8 dicke Wände
d = h/10 mitteldicke Wände
d = h/12 dünne Wände

b) Unbelastete Umfassungswände (z. B. Giebelwände ohne Deckenlast)

n = 8 für dicke Wände
n = 10 für mitteldicke Wände
n = 12 für dünne Wände

n = ca. h/d für L ≤ 2h wird n = 12

$$d = \frac{L \cdot h}{n \cdot \sqrt{L^2 + h^2}}$$

Für Turmwände

$$d = \frac{D \cdot h}{n \cdot \sqrt{D^2 + 16h^2}}$$

Rechenbeispiel: mitteldicke Wand

L = 6,00 m
h = 3,00 m

$$\text{erf } d = \frac{600 \cdot 300}{10 \cdot \sqrt{600^2 + 300^2}} = 27 \text{ cm}$$

c) Belastete Umfassungswände von 1-geschossigen Gebäuden

Wände, die durch Deckenbalken belastet und mit diesen verankert sind

$$d = \frac{t \cdot h}{12 \cdot \sqrt{t^2 + h^2}}$$

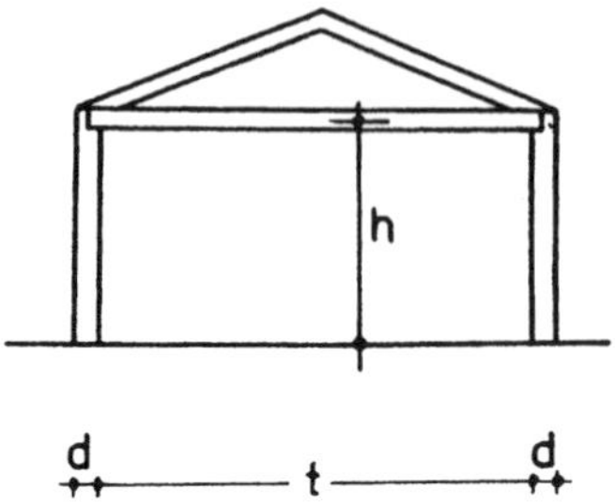

Rechenbeispiel: h = 4,00 m
t = 10,00 m

$$\text{erf } d = \frac{1000 \cdot 400}{12 \cdot \sqrt{1000^2 + 400^2}} = 31 \text{ cm}$$

d) Umfassungswände von mehrgeschossigen Gebäuden

Gebäude ohne Mittelwand

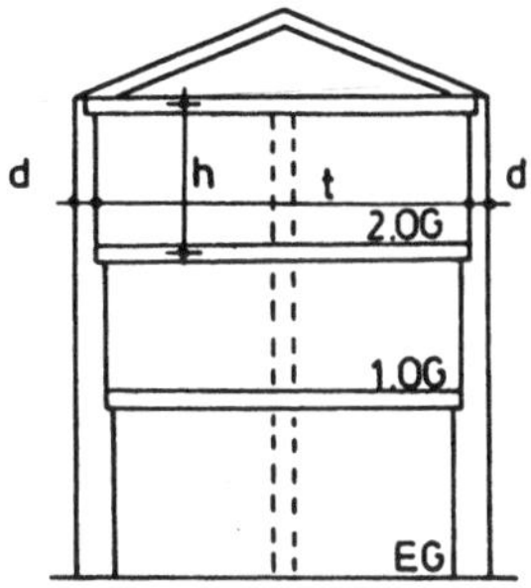

$$d = \frac{2t + h}{48}$$

Gebäude mit einer Mittelwand

$$d = \frac{t + h}{48}$$

Die Wanddicken der unteren Geschosse wurden allgemein, bei Gebäuden mit und ohne Mittelwand, pro Geschoss ½ Stein dicker gemacht.

Rechenbeispiel: Gebäude mit Mittelwand
h = 4,00 m
t = 10,00 m

$$\text{erf } d = \frac{1000 + 400}{48} = 29 \text{ cm}$$

e) Belastete Mittelwand

durch Decken belastet

t = Gebäudetiefe (von Außenwand bis Außenwand)

Mindestdicke der Mittelwände im EG allgemein ½ Stein geringer als die Frontwände

$$d = \frac{h + t}{36}$$

Rechenbeispiel: t = 10,00 m
h = 4,00 m

$$\text{erf } d = \frac{400 + 1000}{36} = 39 \text{ cm}$$

1890 Frontwände von großer Höhe (h > ca. 4,20 m)

d = Wanddicke in Stein
h = Wandhöhe in Meter

$$d = \frac{2}{3} + \frac{h}{20} \text{ bis } \frac{3}{2} + \frac{h}{16} = \text{in Stein}$$

Rechenbeispiel: Wandhöhe h = 5,00 m

$$\text{erf } d = \frac{3}{2} + \frac{5{,}00}{16} = 1{,}81 \text{ Stein dick}$$

Erforderlich ist eine 2 Stein dicke Wand.

1890 Grund- oder Fundamentmauern

Die Wandhöhe h teilt man allgemein in ≤ 1,50 m hohe Absätze.
Die Absätze setze man allgemein ½ Stein ab.
Der oberste Absatz wird ½ Stein dicker als die Plinthe.

d = Dicke der Geschosswand
d1 = Mauerdicke des unteren Absatzes
h = Wandhöhe

$$\text{erf } d1 = d + \frac{h}{6} \text{ bis } d + \frac{h}{4}$$

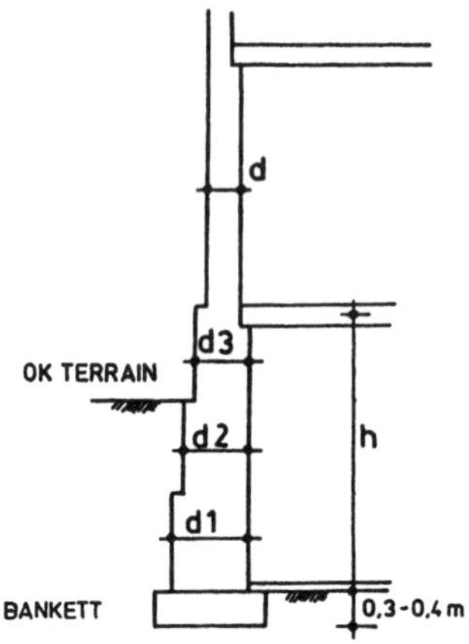

3.1.3 Umrechnungstafel für Wanddicken in Abhängigkeit des Materials

Die Werte gelten für Mauerwerk in mittelguter Ausführung.

Jahr	Material	Faktor
1872	Werksteinmauerwerk	0,625 bis 0,75
	Ziegelmauerwerk	1,00
	Bruchsteinmauerwerk aus lagerhaften Steinen	1,25
	Bruchsteinmauerwerk aus unregelmäßigen Steinen	1,85
1890	Werksteinmauerwerk	0,625 bis 0,75
	Ziegelmauerwerk	1,00
	Bruchsteinmauerwerk aus lagerhaften Steinen	1,25
1908	Quadermauerwerk	0,625 bis 0,75
	Backsteinmauerwerk	1,00
	Schichtmauerwerk	1,00
	Zementbeton	1,00
	Bruchsteinmauerwerk aus lagerhaften Steinen	1,25
	Kalksandstampfmasse	1,25
	Bruchsteinmauerwerk aus unregelmäßigen Steinen	1,75
	Lehmsteinmauerwerk	1,75
	Lehmstampfmasse	2,00

3.1.4 Mauerwerksbemessung

N = Belastung
A = Querschnittsfläche
b/h bzw. d/h = Schlankheit
h = Wand- bzw. Pfeilerhöhe
d = Wanddicke oder geringste Pfeilerbreite
σD vorh = vorhandene Druckspannung
σD zul = zulässige Druckspannung

a) Ausgesteifte Wände und Pfeiler (mittig belastet)

$$\sigma D \text{ vorh} = \frac{N}{A} \leq \sigma D \text{ zul}$$

b) Nicht ausgesteifte Wände und Pfeiler (mittig belastet)

Schlankheit h/d bzw. d/h

σD zul = abgeminderte zul. Druckspannung

$\sigma D \text{ vorh} = \frac{N}{A} \leq \sigma \text{ zul (abgemindert)}$

Rechenbeispiele: Pfeiler b/d = 24/24 cm
h = 2,50 m
N = 55 kN (mittig)

Klinker (35 MN/m² Druckfestigkeit)
Zementmörtel bzw. MG III

1917
Hamburg

$d/h = 24/250 = 0{,}10 = 1/10$
$\text{zul } \sigma D = 1{,}20 \text{ MN/m}^2$

$$\text{vorh } \sigma D = \frac{0{,}055}{0{,}24 \cdot 0{,}24} = 0{,}95 \text{ MN/m}^2 < 1{,}2$$

1919
Preußen

$d/h = 24/250 = 0{,}10$
$\text{zul } \sigma D = 1{,}00 \text{ MN/m}^2$

$$\text{vorh } \sigma D = \frac{0{,}055}{0{,}24 \cdot 0{,}24} = 0{,}95 \text{ MN/m}^2 < 1{,}0$$

1937
DIN 1053

$h/d = 250/24 = 10{,}4 \sim 10$
$\text{zul } \sigma D = 1{,}10 \text{ MN/m}^2$

$$\text{vorh } \sigma D = \frac{0{,}055}{0{,}24 \cdot 0{,}24} = 0{,}95 \text{ MN/m}^2 < 1{,}1$$

1952
DIN 1053

$h/d = 250/24 = 10{,}4 \sim 10$
$\text{zul } \sigma D = 3{,}00 \text{ MN/m}^2$

$$\text{vorh } \sigma D = \frac{0{,}055}{0{,}24 \cdot 0{,}24} = 0{,}95 \text{ MN/m}^2 < 3{,}0$$

3.2 Gewölbe

3.2.1 Allgemeines

Gewölbe und Bogen sind im statischen Sinne Tragwerke mit gekrümmter Stabachse und 2 festen bzw. eingespannten Auflagern.
Im Hochbau wurden sie allgemein ohne Gelenke mit Flächenlagern ausgeführt.
Die Berechnung erfolgte nach Faustformeln oder zeichnerischen Näherungsverfahren.
Für übliche Belastungen und Stützweiten erfolgte die Ausführung nach Erfahrungswerten.

3.2.2 Ermittlung der Gewölbedicken nach Faustformeln

1890 Rondelet

Empirische Formeln für Gewölbedicken und Widerlagerbreiten
d = Gewölbedicke am Schlussstein (Scheitel)
d1 = Gewölbedicke am Widerlager
L = Spannweite
b = Widerlagerbreite
f = Pfeilhöhe

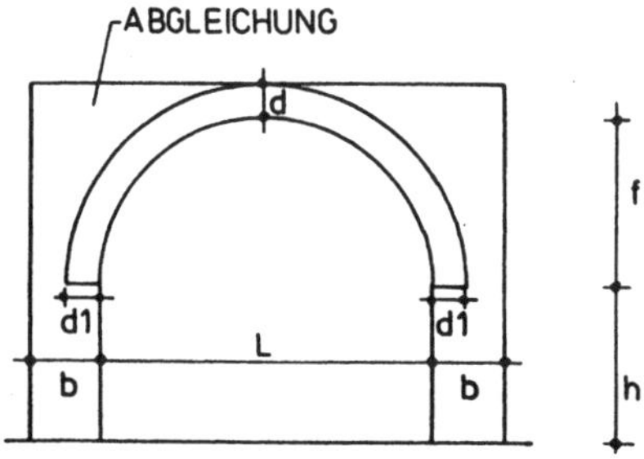

a) Gewölbedicke am Schlussstein bei Ziegelmauerwerk

d = L/48	kreisrundes Gewölbe, am Scheitel horizontal abgeglichen
d = L/36	kreisrundes Gewölbe, bis zur halben Höhe hintermauert und im Rücken parallel der Leibung abgeglichen
d = L/48	kreisrundes Gewölbe, bis zur halben Höhe hintermauert und von hier bis zum Scheitel verjüngt abgeglichen, d1 = L/32

b) Gewölbedicke am Schlussstein bei Quadermauerwerk

Für kreisförmige oder elliptische Gewölbe.

Das Gewölbe muss am Widerlager doppelt so dick sein wie am Scheitel.

d = 0,04 L + 32 cm dicke Brückengewölbe

d = 0,02 L + 16 cm mitteldicke Gewölbe

d = 0,01 L + 8 cm unbelastete Gewölbe

c) Widerlagerbreiten

Wenn das Widerlager nicht über den äußeren Scheitel geführt wird.

b = L/5 Kreisbögen

b = L/4 Korb- und Stichbögen
Pfeilhöhe bis L/4 gedrückt

b = 2L/7 Korb- und Stichbögen
Pfeilhöhe < L/4

Gewölbe, die im Scheitel abgeglichen sind

$$b = \frac{L}{8}\left(\frac{3\,L - f}{L + f}\right) + \frac{h}{6} + 30\ \text{cm}$$

Für den Halbkreis mit f = 0,5 L

$$b = \frac{5\,L}{24} + \frac{h}{6} + 30\ \text{cm}$$

Rechenbeispiel: Gewölbe – kreisrund und im Scheitel abgeglichen

L = 4,00 m
h = 2,00 m
f = 2,00 m

erf d = 400/48 = 8,3 cm

$$\text{erf}\ b = \frac{5 \cdot 400}{24} + \frac{200}{16} + 30 = 125{,}5\ \text{cm}$$

1908 Gewölbedicken und Widerlagerbreiten

Für gewöhnliche Hochbaubelastungen bei Ausführung in Backsteinmauerwerk

d = Gewölbedicke am Schlussstein (Scheitel)
L = Spannweite
b = Widerlagerbreite
f = Pfeilhöhe
Q = Belastung einer Gewölbehälfte (einschl. Verkehrslast) für 1,00 m Deckenbreite in kN

zul σD = zul. Druckspannung des Mauerwerks in MN/m^2

a) Tonnengewölbe	(Wohnhausdecke)
d = L/48	bei Hintermauerung bis zum Scheitel
d = L/36	bei Hintermauerung bis zur halben Höhe
b = L/5	bei halbkreisförmigem Bogen
b = L/4	bei gedrücktem Bogen bis f = L/4
b = 2L/7	bei gedrücktem Bogen bis f < L/4
b = L/6 bis L/7	bei überhöhtem Bogen

Wenn h > 3,00 m, dann ist b um h/6 bis h/8 zu vergrößern.

b) Tonnengewölbe mit starker Belastung (z. B. Lagerhallen usw.)

$$d = 0{,}20 + \frac{1}{210} \cdot \frac{Q \cdot L}{\text{zul}\,\sigma D \cdot f}$$

Rechenbeispiel:

L = 4,00 m g = 5,45 kN/m²
f = 2,00 m p = 5,00 kN/m²
Klinkermauerwerk in Zementmörtel
zul σD = 1,4 MN/m²

$Q = (5{,}45 + 5{,}00) \cdot 2{,}00 = 20{,}90\ \text{kN}$

$$\text{erf}\ d = 0{,}20 + \frac{1}{210} \cdot \frac{20{,}90 \cdot 4{,}00}{1{,}40 \cdot 2{,}00} = 0{,}34\ \text{m}$$

c) Bemessung der Gewölbe nach Formeln von Schwarz

n = 0,08 m für schwach belastete Gewölbe
n = 0,15 m für mittelstark belastete Gewölbe
n = 0,25 m für stark belastete Gewölbe

Bei einer Pfeilhöhe f < L/3

$$d = n + \frac{1}{2100} \cdot \frac{Q \cdot L}{\text{zul}\,\sigma D \cdot f}$$

Bei einer Pfeilhöhe f > L/3

$$d = n + \frac{1}{700} \cdot \frac{Q \cdot L}{\text{zul}\,\sigma D \cdot f}$$

Rechenbeispiel:

L = 4,00 m g = 5,45 kN/m²
f = 2,00 m p = 5,00 kN/m²
Klinkermauerwerk in Zementmörtel
zul σD = 1,4 MN/m²

L/3 = 4,00/3 = 1,33 m f > L/3

$Q = (5{,}45 + 5{,}00) \cdot 2{,}00 = 20{,}90\ \text{kN}$

$$\text{erf}\ d = 0{,}25 + \frac{1}{700} \cdot \frac{20{,}90 \cdot 4{,}00}{1{,}4 \cdot 2{,}00} = 0{,}29\ \text{m}$$

1917 Bemessung der Gewölbe nach Formeln von Heinzerling

Stark belastete Gewölbe (Brückengewölbe)

d = Gewölbedicke im Scheitel in m
r = Scheitelhalbmesser der inneren Leibung in m

$d = 0{,}40 + 0{,}025r$ für Haustein

$d = 0{,}43 + 0{,}028r$ für Ziegelmauerwerk

$d = 0{,}48 + 0{,}034r$ für Bruchsteinmauerwerk

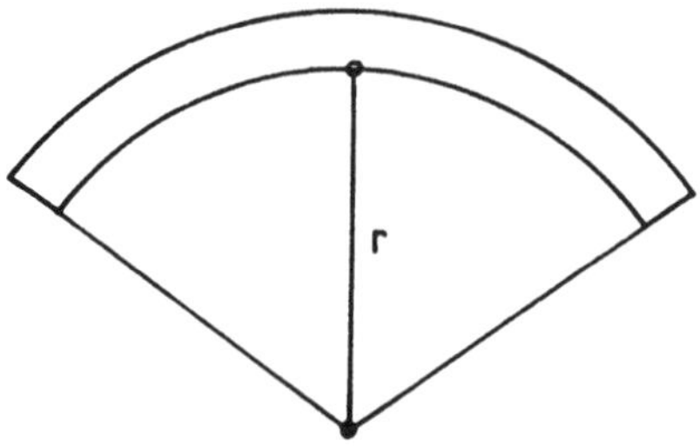

3.3 Kappendecken

3.3.1 Allgemeines

Kappendecken wurden entweder zwischen gemauerten Gurtbögen oder als Trägerdecken zwischen I-Trägern aus Voll- bzw. Hohlziegeln, Schwemmsteinen oder Schlackensteinen gemauert.
Die Kappen wurden entweder als preußische Kappen, mit einer Pfeilhöhe von 1/8 bis 1/12 der Spannweite, oder als scheitrechte bzw. flache preußische Kappen mit 1 bis 2 cm Stichhöhe ausgeführt.
Für letztere erfolgte die Bemessung unter Annahme einer Minimalstützlinie mit einer Pfeilhöhe $f = d/3$.
(d = Kappendicke)

Besondere Aufmerksamkeit erforderte die Aufnahme der Horizontalschübe.
Bei Decken gleicher Spannweite und Belastung heben sich diese in den Innenfeldern auf.
In den Endfeldern wurden, um eine Bemessung der Randträger auf Doppelbiegung zu vermeiden, Rundstahlanker eingezogen.

Im Allgemeinen erfolgte die Bemessung der Kappendicken im Hochbau nach Erfahrungswerten.

3.3.2 Bemessung der Kappen

a) Preußische Kappen (f = 1/8 bis 1/12 L)

$$qv = \frac{q \cdot L}{2}$$

$$qh = \frac{q \cdot L^2}{8 \cdot f}$$

q = Gesamtlast (g+p) kN/m²
L = Spannweite in m
f = Pfeilhöhe in m

qv = Auflagerlast – vertikal in kN/m
qh = Auflagerlast – horizontal in kN/m (Gewölbeschub)

Die max. Kantenpressung

$$\max \sigma = \frac{2 \cdot qh}{b \cdot d}$$

b = Kappenbreite (b = 1,00 m)
d = Kappendicke

Rechenbeispiel: L = 2,50 m
f = 0,25 m

g = 5,22 kN/m²
p = 5,00 kN/m²

q = 10,22 kN/m²

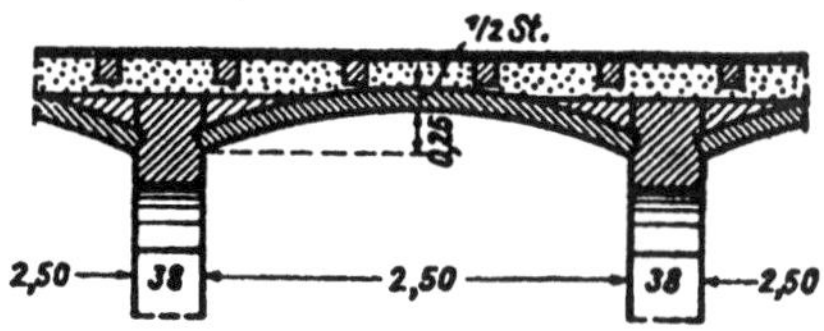

$$qv = \frac{10{,}22 \cdot 2{,}50}{2} = 12{,}78 \text{ kN/m}$$

$$qh = \frac{10{,}22 \cdot 2{,}50^2}{8 \cdot 0{,}25} = 31{,}94 \text{ kN/m}$$

$$\max \sigma = \frac{2 \cdot 0{,}03194}{1{,}00 \cdot 0{,}12} = 0{,}53 \text{ MN/m}^2 < \sigma \text{ zul}$$

b) Scheitrechte oder flache preußische Kappen

(mit 1 bis 2 cm Stichhöhe)

$$qv = \frac{q \cdot L}{2}$$

$$qh = \frac{q \cdot L^2}{8 \cdot f}$$

q = Gesamtlast (g+p) kN/m²
L = Spannweite in m
f = Pfeilhöhe in m

qv = Auflagerlast – vertikal in kN/m
qh = Auflagerlast – horizontal in kN/m (Gewölbeschub)

f = d/3

Die max. Kantenpressung

$$\max \sigma = \frac{2 \cdot qh}{b \cdot d}$$

b = Kappenbreite (b = 1,00 m)
d = Kappendicke

Rechenbeispiel: L = 1,40 m
d = 0,12 m

f = 0,12/3 = 0,04 m

q = 10,22 kN/m²

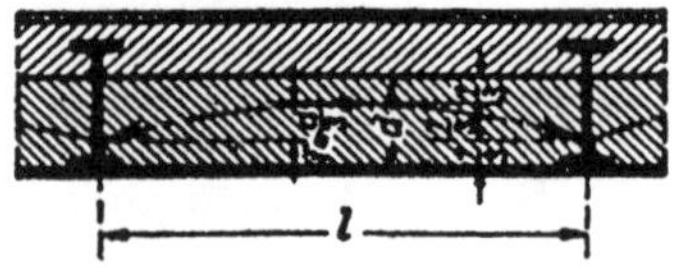

$$qv = \frac{10{,}22 \cdot 1{,}40}{2} = 7{,}15 \text{ kN/m}$$

$$qh = \frac{10{,}22 \cdot 1{,}40^2}{8 \cdot 0{,}04} = 62{,}60 \text{ kN/m}$$

$$\max \sigma = \frac{2 \cdot 0{,}06260}{1{,}00 \cdot 0{,}12} = 1{,}04 \text{ MN/m}^2 < \text{zul } \sigma$$

3.4 Steineisendecken

3.4.1 Allgemeines

Steineisendecken sind mit Eisen bewehrte Steindecken. Die Ausführung erfolgte mit oder ohne Betondruckschicht. Zur Verhütung der Abnutzung wurde eine Schutzschicht aufgetragen (1 bis 2 cm).
Die Decken wurden meist einachsig als Einfeld- bzw. durchlaufende Mehrfelddecken ausgeführt und kamen auch als Treppenlaufplatten zur Anwendung.
Es war auch möglich, Steineisendecken kreuzweise zu bewehren.

3.4.2 Ermittlung der Feld- und Stützmomente einachsig gespannter Platten

Durchlaufende Decken bei gleicher Stützweite bzw. min L = 0,8 max L und gleichmäßig verteilter Belastung.

q = Eigenlast + Verkehrslast in kN/m²

Jahr	Decken zw. Mauerw. 1 Feld	nachgew. Einspannung	Decken zw. I-Trägern	Treppen	Durchlaufende Decken Endfeld	Innenfeld
1907 **1909** Preußen	$ql^2/8$		$ql^2/10$ * 2			
1918 Berlin	$ql^2/8$		$ql^2/10$ *2	$ql^2/8$ *3		
1925 Preußen Sachsen Bayern	$ql^2/8$	$ql^2/10$ *1	$ql^2/10$ *2	$ql^2/8$ *3	$ql^2/11$	$ql^2/15$
1925 DA.f.E.	$ql^2/8$	$ql^2/10$ *1	$ql^2/10$ *2	$ql^2/8$ *3	$ql^2/11$	$ql^2/15$
1928 Hamburg	$ql^2/8$	$ql^2/10$ *1	$ql^2/10$ *2	$ql^2/8$ *3	$ql^2/11$	$ql^2/15$
1932 DA.f.E.	$ql^2/8$				$ql^2/11$	$ql^2/15$
1943 E.d.RAM	$ql^2/8$				$ql^2/11$	$ql^2/15$
1959 DA.f.St.	$ql^2/8$				$ql^2/11$	$ql^2/15$

E.d.RAM = Erlass des Reichsarbeitsministers
DA.f.E. = Deutscher Ausschuss für Eisenbeton
DA.f.St. = Deutscher Ausschuss für Stahlbeton

*1 Wenn die Decken gleichzeitig mit dem Mauerwerk hergestellt werden (abwechselnd 1 Eisen aufbiegen, das andere geradlinig durchführen – bei Flacheisen [Bandeisen] obere Eisen anordnen).

*2 Decken, die beiderseits auf Unterflanschen aufliegen und dicht an die Stege anschließen, sowie Decken, die auf gestelzten Auflagern über den Unterflanschen aufliegen und bei denen eine Verspannung zwischen Decke und Trägeroberflansch durch Beton hergestellt wird.
(Eisenführung wie bei *1)
Gestelzte Auflager müssen aus Beton mit einer Neigung nicht steiler als 1:3 an die Decke anschließen.

*3 $ql^2/10$ kann gerechnet werden, wenn besondere Vorkehrungen für eine sichere Einspannung getroffen werden (z. B. Umbiegen der oberen Eisen um den Trägerflansch). Stützweite L und Belastung q in der Grundrissprojektion.

Jahr	Durchlaufende Decken mit Auflager-verstärkung		Stützmomente			Bemerkungen
	Endfeld	Innenfeld	2 Felder	3 und mehr Felder: 1. Innen-stützung	3 und mehr Felder: üb. Innen-stützungen	
1925 Preußen Sachsen Bayern	$ql^2/12$ *4	$ql^2/18$ *4	$-ql^2/8$	$-ql^2/9$	$-ql^2/10$	*5
1925 DA.f.E.	$ql^2/12$ *4	$ql^2/18$ *4	$-ql^2/8$	$-ql^2/9$	$-ql^2/10$	*5
1928 Hamburg	$ql^2/12$ *4	$ql^2/18$ *4	$-ql^2/8$	$-ql^2/9$	$-ql^2/10$	*5
1932 DA.f.E.	$ql^2/12$	$ql^2/18$	$-ql^2/8$	$-ql^2/9$	$-ql^2/10$	*6
1943 E.d.RAM	$ql^2/12$	$ql^2/18$	$-ql^2/8$	$-ql^2/9$	$-ql^2/10$	*6

DA.f.E. = Deutscher Ausschuss für Eisenbeton
DA.f.St.= Deutscher Ausschuss für Stahlbeton

*4 Verstärkungen an Innenstützen

Breite mind. 1/10L
Höhe mind. 1/30L

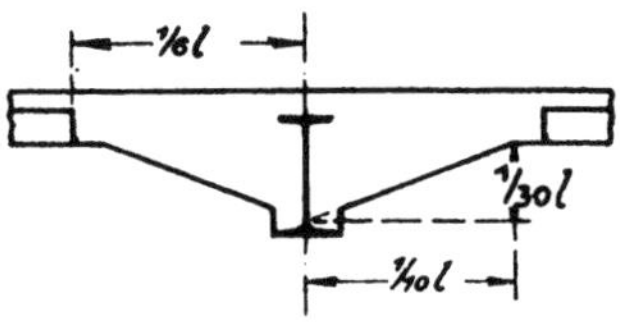

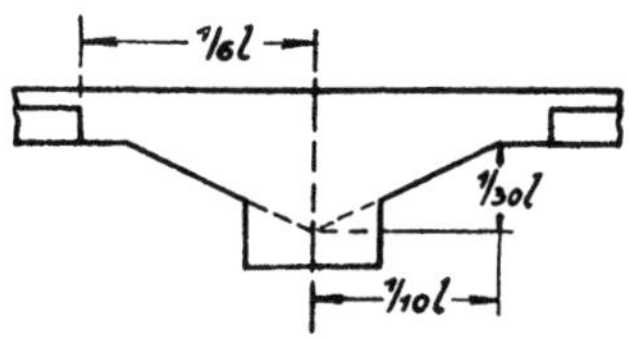

*5 Im Bereich negativer Momente ist in einer Breite von b = L/6 zu beiden Seiten Beton zu verwenden.

*6 Negative Feldmomente $(g - p/2)\ L^2/24$

Mindeststützmoment $-q\ Lw^2/12$

3.4.3 Bemessung der Steineisendecken

1918

Querschnittsbemessungstabelle für einfach bewehrte Eisenbeton- und Steineisendecken.
$n = 15\ \sigma_e = 1000$ kg/cm²

σ_b	x	$h-\frac{x}{3}$	h	F_e
10	0,130 h	0,957 h	1,266 $\sqrt{\frac{M}{b}}$	0,000826 b $\sqrt{\frac{M}{b}}$
11	0,142	0,953	1,161	0,000904
12	0,153	0,949	1,073	0,000982
13	0,163	0,946	0,999	0,00106
14	0,174	0,942	0,935	0,00114
15	0,184	0,939	0,880	0,00121
16	0,194	0,935	0,831	0,00128
17	0,203	0,932	0,788	0,00136
18	0,213	0,929	0,751	0,00143
19	0,222	0,926	0,716	0,00151
20	0,230	0,923	0,686	0,00159
21	0,240	0,920	0,657	0,00165
22	0,248	0,917	0,632	0,00173
23	0,257	0,914	0,610	0,00179
24	0,265	0,912	0,588	0,00187
25	0,273	0,909	0,568	0,00194
26	0,280	0,907	0,550	0,00200
27	0,288	0,904	0,532	0,00207
28	0,296	0,901	0,518	0,00214
29	0,303	0,899	0,504	0,00221
30	0,310	0,897	0,490	0,00228
31	0,317	0,894	0,477	0,00234
32	0,325	0,892	0,464	0,00242
33	0,331	0,890	0,453	0,00248
34	0,338	0,887	0,443	0,00254
35	0,344	0,885	0,433	0,00261
36	0,351	0,883	0,423	0,00267
37	0,357	0,881	0,414	0,00273
38	0,363	0,879	0,406	0,00280
39	0,369	0,877	0,398	0,00286
40	0,375	0,875	0,390	0,00293
41	0,381	0,873	0,383	0,00299
42	0,387	0,871	0,376	0,00306
43	0,392	0,869	0,370	0,00310
44	0,398	0,867	0,363	0,00317
45	0,403	0,866	0,357	0,00324
46	0,408	0,864	0,351	0,00330
47	0,413	0,862	0,346	0,00335
48	0,418	0,860	0,340	0,00341
49	0,424	0,859	0,335	0,00347
50	0,429	0,857	0,330	0,00354
51	0,433	0,856	0,325	0,00360
52	0,438	0,854	0,321	0,00365
53	0,443	0,852	0,316	0,00372
54	0,448	0,851	0,312	0,00377
55	0,452	0,849	0,308	0,00383
56	0,457	0,848	0,304	0,00388
57	0,461	0,846	0,300	0,00394
58	0,465	0,845	0,296	0,00400
59	0,470	0,843	0,293	0,00405
60	0,474	0,842	0,289	0,00411

Querschnittsbemessungstabelle für einfach bewehrte Eisenbeton- und Steineisendecken.
n = 15 σ_e = 1200 kg/cm²

σ_b	x	$h-\frac{x}{3}$	h	F_e
10	0,111 h	0,963 h	1,368 $\sqrt{\frac{M}{b}}$	0,000633 b $\sqrt{\frac{M}{b}}$
11	0,121	0,960	1,251	0,000695
12	0,131	0,956	1,154	0,000756
13	0,140	0,953	1,072	0,000815
14	0,149	0,950	1,005	0,000873
15	0,158	0,947	0,944	0,00093
16	0,167	0,944	0,891	0,00099
17	0,176	0,941	0,843	0,00105
18	0,184	0,939	0,802	0,00111
19	0,192	0,936	0,765	0,00116
20	0,200	0,933	0,732	0,00122
21	0,208	0,930	0,701	0,00128
22	0,216	0,927	0,673	0,00133
23	0,223	0,925	0,649	0,00139
24	0,231	0,923	0,625	0,00144
25	0,238	0,921	0,604	0,00150
26	0,245	0,918	0,585	0,00155
27	0,252	0,916	0,567	0,00160
28	0,259	0,914	0,549	0,00166
29	0,266	0,911	0,534	0,00171
30	0,273	0,909	0,519	0,00177
31	0,280	0,907	0,504	0,00182
32	0,286	0,905	0,491	0,00188
33	0,292	0,903	0,480	0,00192
34	0,298	0,901	0,468	0,00198
35	0,304	0,899	0,458	0,00203
36	0,310	0,897	0,447	0,00208
37	0,316	0,895	0,437	0,00213
38	0,322	0,893	0,428	0,00218
39	0,328	0,891	0,419	0,00223
40	0,333	0,889	0,411	0,00228
41	0,339	0,887	0,403	0,00233
42	0,345	0,885	0,395	0,00238
43	0,350	0,883	0,388	0,00243
44	0,355	0,882	0,381	0,00248
45	0,360	0,880	0,375	0,00253
46	0,365	0,878	0,368	0,00258
47	0,370	0,877	0,362	0,00263
48	0,375	0,875	0,356	0,00268
49	0,380	0,873	0,350	0,00273
50	0,385	0,872	0,345	0,00277
51	0,389	0,870	0,340	0,00282
52	0,394	0,869	0,335	0,00286
53	0,398	0,867	0,331	0,00291
54	0,403	0,866	0,326	0,00295
55	0,407	0,864	0,321	0,00300
56	0,412	0,863	0,317	0,00305
57	0,416	0,861	0,313	0,00309
58	0,420	0,860	0,309	0,00314
59	0,425	0,858	0,305	0,00318
60	0,429	0,857	0,302	0,00322

1925

σb kg/cm²	σb = 1200 kg/cm² r	t	y	σb = 1400 kg/cm² r	t	y
65	0,284	0,345	1,213	0,295	0,281	0,963
64	0,287	0,341	1,184	0,298	0,277	0,930
63	0,291	0,336	1,156	0,302	0,274	0,907
62	0,294	0,332	1,128	0,305	0,270	0,884
61	0,298	0,327	1,100	0,309	0,266	0,861
60	0,301	0,323	1,071	0,313	0,262	0,839
59	0,305	0,318	1,034	0,317	0,259	0,816
58	0,309	0,314	1,016	0,321	0,255	0,794
57	0,313	0,309	0,988	0,325	0,251	0,772
56	0,317	0,305	0,961	0,330	0,247	0,750
55	0,321	0,300	0,943	0,335	0,244	0,728
54	0,326	0,295	0,907	0,339	0,240	0,707
53	0,330	0,291	0,880	0,344	0,236	0,686
52	0,335	0,286	0,854	0,349	0,232	0,665
51	0,340	0,281	0,827	0,355	0,228	0,644
50	0,345	0,277	0,801	0,360	0,224	0,623
49	0,350	0,273	0,776	0,366	0,220	0,602
48	0,356	0,268	0,750	0,372	0,217	0,582
47	0,362	0,263	0,725	0,378	0,213	0,562
46	0,368	0,258	0,700	0,385	0,209	0,542
45	0,375	0,253	0,675	0,391	0,206	0,523
44	0,381	0,248	0,651	0,399	0,201	0,503
43	0,388	0,243	0,626	0,406	0,197	0,484
42	0,395	0,238	0,602	0,414	0,193	0,466
41	0,403	0,233	0,579	0,422	0,189	0,447
40	0,411	0,228	0,556	0,430	0,184	0,429
39	0,419	0,223	0,533	0,439	0,180	0,411
38	0,428	0,218	0,510	0,449	0,176	0,393
37	0,437	0,213	0,488	0,459	0,172	0,376
36	0,447	0,208	0,466	0,469	0,168	0,358
35	0,457	0,203	0,444	0,480	0,164	0,341
34	0,468	0,198	0,423	0,492	0,159	0,324
33	0,480	0,193	0,402	0,504	0,155	0,308
32	0,491	0,187	0,381	0,517	0,151	0,292
31	0,504	0,182	0,361	0,531	0,147	0,276
30	0,519	0,177	0,341	0,546	0,142	0,260
29	0,533	0,171	0,321	0,562	0,138	0,245
28	0,549	0,166	0,302	0,579	0,134	0,231
27	0,566	0,161	0,284	0,597	0,129	0,216
26	0,585	0,155	0,266	0,617	0,125	0,202
25	0,604	0,150	0,248	0,638	0,121	0,189
24	0,625	0,144	0,231	0,661	0,116	0,175
23	0,649	0,139	0,214	0,686	0,111	0,162
22	0,674	0,133	0,198	0,713	0,107	0,150
21	0,701	0,127	0,182	0,743	0,102	0,138

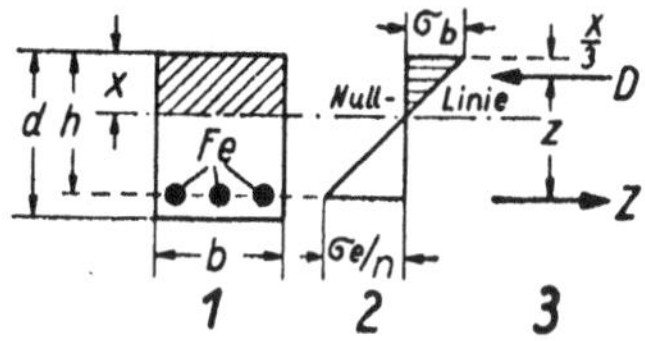

Nutzhöhe h = d – (Mörteldeckung + 0,5 Bewehrungsstabdicke)

d = Deckendicke (Steindicke)

$h = r \cdot \sqrt{M}$ (für 1,00 m Deckenbreite)

$$r = \frac{h}{\sqrt{M}}$$

erf As $= t \cdot \sqrt{M}$ in cm²

Kontrolle erf As = y · h

Hilfswerte r, t und y gemäß Tabellen

$$\sigma b = \frac{2 \cdot M}{b \cdot x \cdot z}$$ (Beton- bzw. Steindruckspannung)

$$x = \frac{As}{10} \cdot \left(\sqrt{\frac{30\,h}{As} + 2{,}25} - 1{,}5\right) \text{ in cm}$$

$$z = h - \frac{x}{3} \text{ in cm}$$

(σb kann direkt aus Tabelle abgelesen werden)

Rechenbeispiel: nach Vorschrift von 1925

Einfelddecke (Auflagerung auf Mauerwerk)
Stützweite L = 2,80 m

Belastung g = 250 kg/m²
p = 200 kg/m²

q = 450 kg/m²

Decke mit 3 cm Überbeton σe zul = 1200 kg/cm²
Deckendicke d = Steinhöhe + Überbeton
d = 10,0 + 3,0 = 13,0 cm

h = 13 – 2,5 = 10,5 cm

$$M = \frac{450 \,.\, 2{,}80^2}{8} = 441 \text{ kgm/m}$$

$$r = \frac{10{,}5}{\sqrt{441}} = 0{,}50$$

aus Tabelle: t = 0,182 y = 0,361 σb = 31 kg/cm² < 36

erf. As = 0,182 · $\sqrt{441}$ = 3,82 cm²

Kontrolle erf. As = 10,5 · 0,361 = 3,79 cm²

gew. 5 ∅ 10 mit As = 3,93 cm² (für 1,00 m Deckenbreite)

4 Tragfähigkeitstafeln

4.1 Fabrikmäßig hergestellte Sturzkonstruktionen

4.1.1 Stahlbetonstürze

a) Perfektsturz

Schon vor **1928** war vom Ministerium des Innern in Sachsen der Perfektsturz (eine Betonbohle mit Eiseneinlagen und 2 an ihren Auflagern aufbetonierten Betonbacken) zur Verwendung zugelassen.

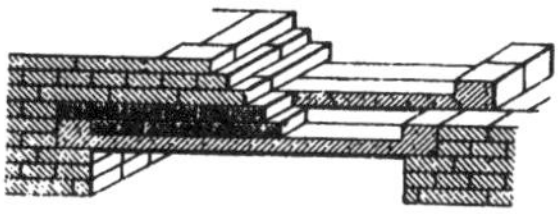

Die Ausmauerung durch Ziegel in verlängertem Zementmörtel zwischen den Backen bildete die Druckzone, und die Betonbohle mit den Eiseneinlagen bildete die Zugzone des Sturzes.

Sturzlänge	0,70 bis 2,00 m
Sturzbreite	12 cm
Backenlänge	gleich Auflagerlänge

Es durften mehrere Stürze nebeneinander angeordnet werden.

zul. Belastung	Eigenlast mit Brüstungsmauerwerk und einer Holzbalkendecke mit max. 5,00 kN/m² Verkehrslast bei 10,0 m Balkenstützweite.

b) Stahlbetonsturzbalken
Zulassung **1937**

Fabrikmäßig hergestellte Stahlbetonsturzbalken
Balkenbreite = 10,5 cm
Würfelfestigkeit des Kiesbetons
W_{b28} = 225 kg/cm²

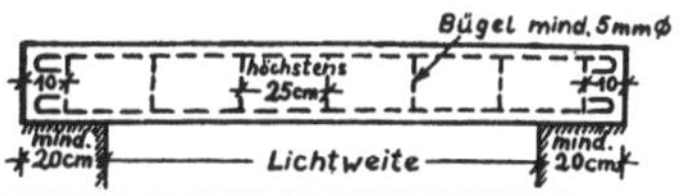

Balken-type	Balken-höhe cm	Eiseneinlagen unten mm	oben mm	Zul. Moment mkg	Gewicht kg/m	Zulässige Belastung in kg/m bei einer Lichtweite in m von 0,60	0,70	0,80	0,90	1,00	1,20	1,40	1,50	1,60	1,80	2,00	2,20	2,40	2,60	2,80	3,00
A 1	15	2ø6	2ø5	90	36	1000	800	650	540	450	340	260	230	210	170	140	120	100			
A 2	15	2ø7	2ø5	121	36	1350	1070	870	720	600	450	350	310	280	230	190	160	140	120	100	
A 3	15	2ø8	2ø5	159	36	1770	1400	1140	950	800	590	460	410	360	300	250	210	180	150	140	120
A 4	15	2ø10	2ø5	233	36	—	—	—	1380	1170	870	670	600	530	440	360	310	260	220	200	170
A 5	15	1ø12+1ø10	2ø5	280	36	—	—	—	—	—	1040	810	720	640	520	430	370	310	270	240	210
B 1	20	2ø6	2ø5	129	48	1440	1140	930	770	650	480	370	330	300	240	200	170	150	130	110	100
B 2	20	2ø7	2ø5	172	48	1920	1520	1230	1020	860	640	500	440	390	320	270	230	190	170	150	130
B 3	20	2ø8	2ø5	225	48	2500	1980	1610	1340	1130	840	650	580	520	420	350	300	250	220	190	170
B 4	20	2ø10	2ø5	334	48	—	—	—	1980	1670	1240	960	860	760	620	520	440	370	320	280	250
B 5	20	2ø12	2ø6	470	48	—	—	—	—	—	—	—	—	1070	880	730	620	520	450	400	350
B 6	20	1ø14+1ø12	2ø6	543	48	—	—	—	—	—	—	—	—	—	—	840	710	600	520	460	410
C 1	25	2ø6	2ø5	166	60	1850	1460	1190	990	830	620	480	430	380	310	260	220	190	160	140	120
C 2	25	2ø7	2ø5	222	60	2470	1960	1590	1320	1110	830	640	570	510	420	350	290	250	210	190	170
C 3	25	2ø8	2ø5	294	60	3270	2570	2100	1750	1470	1090	850	750	670	550	460	390	330	280	250	220
C 4	25	2ø10	2ø5	436	60	—	—	—	2590	2180	1620	1250	1110	1000	810	680	570	490	420	370	320
C 5	25	2ø12	2ø6	612	60	—	—	—	—	—	—	—	—	1400	1140	950	800	680	590	520	450
C 6	25	2ø14	2ø6	815	60	—	—	—	—	—	—	—	—	—	—	—	—	910	790	690	610
C 7	25	1ø16+1ø14	2ø6	926	60	—	—	—	—	—	—	—	—	—	—	—	—	—	—	780	690
D 1	30	2ø6	2ø5	204	72	2270	1900	1460	1210	1020	760	590	520	470	380	320	270	230	200	170	150
D 2	30	2ø7	2ø5	273	72	3040	2400	1950	1620	1370	1010	790	700	630	510	420	360	300	260	230	200
D 3	30	2ø8	2ø5	362	72	4030	3190	2590	2150	1810	1340	1040	930	830	680	560	480	400	350	300	270
D 4	30	2ø10	2ø5	540	72	—	—	—	3200	2700	2000	1550	1380	1230	1010	840	710	600	520	460	400
D 5	30	2ø12	2ø6	757	72	—	—	—	—	—	—	—	—	1720	1400	1170	990	840	730	640	560
D 6	30	2ø14	2ø6	1008	72	—	—	—	—	—	—	—	—	—	—	—	—	1120	970	850	750
D 7	30	2ø16	2ø6	1286	72	—	—	—	—	—	—	—	—	—	—	—	—	—	—	—	—

Bei der Wahl der Balken nach dem zul. Moment ist die Einhaltung der zul. Schubspannung zu prüfen. Anwendungsvorschriften siehe nachfolgende Seite

c) Betonhakensturz

Zulassung **1937**

Fabrikmäßig hergestellter Betonhakensturz

D. R. G. M. Nr. 1405 376, in Hamburg zugelassen seit 12. Oktober 1937.

Alleinhersteller: Franz Hagemann, Kunststeinfabrik.

Der Betonhakensturz zieht das belastende Mauerwerk zum Tragen heran und bildet gleichzeitig Lehrgerüst und Zuganker des Mauerbogens.

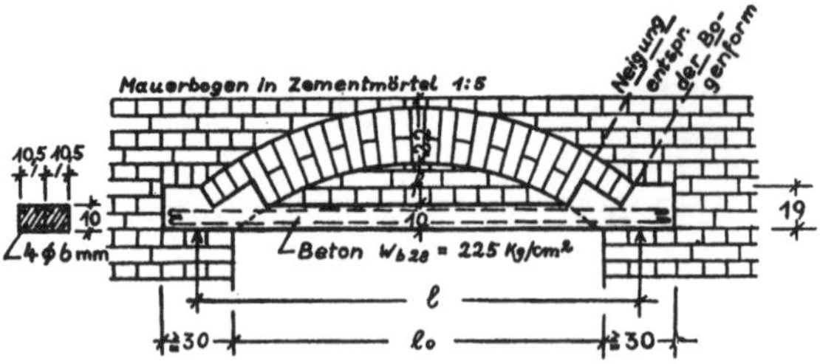

Stichhöhe f cm	Gesamthöhe cm	Moment mkg	Belastung bei einer Lichtweite lo in kg/m									Mit Mittelunterstützung bis zur Erhärtung des Bogens							
			0,80	0,90	1,00	1,10	1,20	1,30	1,40	1,50	1,60	1,70	1,80	1,90	2,00	2,10	2,20	2,30	2,45
10	42	400	2640	2210	1890	1630	—	—	—	—	—	—	—	—	—	—	—	—	—
15	47	470	3090	2600	2210	1910	1660	1460	1290	1150	1030	930	—	—	—	—	—	—	—
20	52	540	3550	2980	2540	2190	1910	1680	1480	1320	1190	1070	970	890	810	750	690	640	570
25	57	608	—	3360	2870	2470	2150	1890	1680	1490	1340	1210	1100	1000	920	840	780	720	640
30	62	676	—	—	3190	2750	2400	2100	1860	1660	1490	1350	1220	1110	1020	940	860	800	710
35	67	745	—	—	—	3030	2640	2320	2050	1830	1640	1480	1350	1230	1120	1040	940	880	780
Eigengewicht in kg			50	53	55	58	60	63	65	68	70	73	75	78	80	83	85	88	90

1937 Anwendungsvorschriften für Stahlbetonsturzbalken und Betonhakenstürze

Mindestbreite		10,5 cm
Mindesthöhe		15,0 cm
Auflagerlänge	mind.	20,0 cm
Stützweite	mind.	lichte Weite + 30 cm

Sturzbalken benachbarter Fenster oder Türen, die durch Pfeiler mit Breiten kleiner 45 cm getrennt sind, sind als durchlaufende Balken zu berechnen und auszuführen.

Bei mehr als 2 Pfeilern (b < 45 cm) können die Sturzbalken abwechselnd gestoßen werden. (Pfeiler mind. 1 Stein breit)

Die Tragfähigkeitstafeln gelten für gleichmäßige Belastung.

Lasten von Deckenbalken dürfen nur dann als gleichmäßig verteilt angenommen werden, wenn die Höhe des Mauerwerks zwischen Unterkante Deckenbalken und Oberkante Sturzbalken eine ausreichende Verteilung der Lasten gewährleistet.

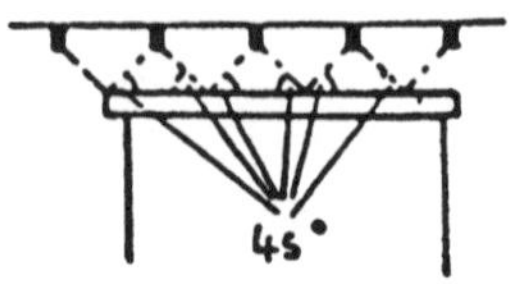

4.1.2 I-Profil-Sturzträger

1955

Zulässige Belastung in kg/m bei einer Lichtweite in m von: $\sigma = 1400$ kg/cm²

Profil I	Flanschbreite b cm	Widerstandsmoment cm³	zul. Moment mkg	Gewicht kg/m	0,60	0,70	0,80	0,90	1,00	1,20	1,40	1,60	1,80	2,00	2,20	2,40	2,60	2,80	3,00	3,20	3,40	3,60	3,80	4,00
8	4,2	19,5	273	5,95	3410	2680	2180	1810	1510	1110	852	677	546	459	371	328	284	240	213	188	169	150	137	123
10	5,0	34,2	479	8,32	5980	4710	3830	3180	2640	1950	1490	1190	958	805	651	575	498	422	374	331	297	264	240	216
12	5,8	54,7	766	11,2	9560	7540	6130	5020	4230	3120	2390	1900	1530	1280	1040	919	797	674	598	529	475	421	383	345
14	6,6	81,9	1147	14,4			9170	7610	6330	4680	3580	2840	2290	1920	1560	1370	1190	1010	895	791	711	631	574	516
16	7,4	117	1638	17,9					9040	6680	5110	4060	3270	2750	2220	1960	1700	1440	1280	1130	1010	901	819	737
18	8,2	161	2254	21,9						9190	7030	5590	4510	3780	3060	2700	2340	1980	1760	1550	1400	1240	1130	1010
20	9,0	214	2996	26,3							9350	7430	5990	5030	4070	3590	3110	2630	2330	2070	1860	1650	1500	1350
22	9,8	278	3892	31,1								9650	7780	6540	5290	4670	4050	3420	3030	2680	2410	2140	1940	1750
24	10,6	354	4956	36,2									9910	8320	6740	5950	5150	4360	3860	3420	3070	2720	2480	2230
26	11,3	442	6188	41,9											8410	7420	6430	5440	4820	4270	3830	3400	3090	2780
28	11,9	542	7588	48,0												9100	7890	6680	5920	5230	4700	4170	3790	3410
30	12,5	653	9142	54,2													9500	8040	7130	6310	5670	5030	4570	4110

Bei 2 und mehr Trägern nebeneinander	Lichtweite 2,00–2,80 m	Lichtweite 3,00–4,00 m
≦ I 16	2 Kuppelbolzen ⌀ 5/8"	3 Kuppelbolzen ⌀ 5/8"
> I 16	2 Kuppelbolzen ⌀ 3/4"	3 Kuppelbolzen ⌀ 3/4"

Bei großen Abfangeträgern Kuppelbolzen ⌀ 3/4" alle 1,50 m

4.1.3 Vorgespannte Ziegelstürze

1964 Der vorgespannte Ziegelsturz DIA

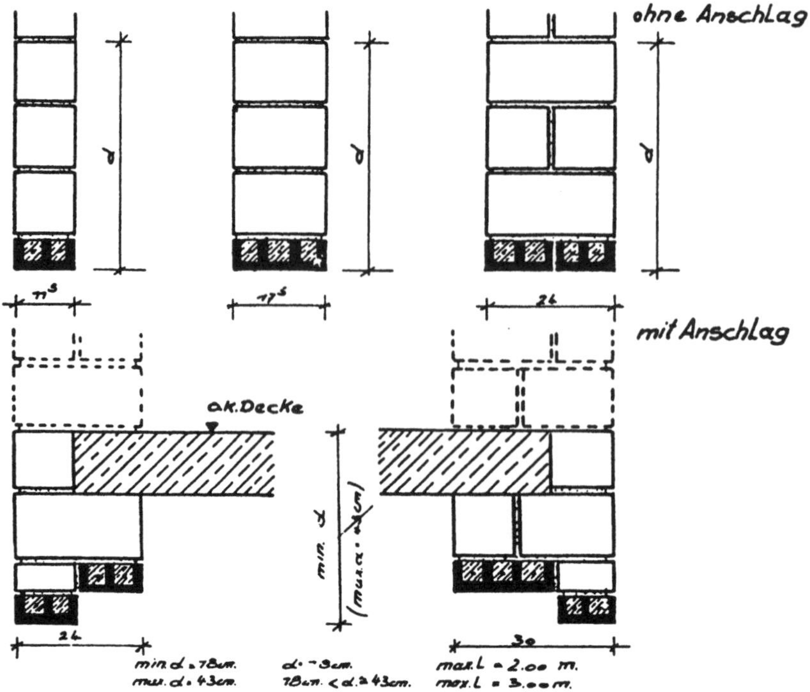

Anwendungsvorschriften:

Stützweite	max L = 3,00 m bei d > 18 bis 43 cm max L = 2,00 m bei d = 18 cm
Belastung	gleichmäßig verteilt bei vorwiegend ruhender Belastung
Sturzmauerwerk	Mörtelgruppe III Hochlochziegel Hlz A 250
Auflagertiefe	mindestens 17,5 cm

Zul. Belastung von DIA-Ziegelstürzen

Zulassung vom 17. April 1964

Tafel 1: Zulässige Belastungen für Ziegelstürze mit b = 11,5 cm

Übermauerung	zulässige Belastungen q_{zul} in kp/m bei Stützweiten l								
	1,00	1,25	1,50	1,75	2,00	2,25	2,50	2,75	3,00
1 Schicht d = 18 cm	600	460	360	300	250	–	–	–	–
2 Schichten d = 30,5 cm	2000	1280	900	700	570	480	410	340	280
3 Schichten d = 43 cm	3500	2760	1920	1350	1040	850	690	570	480

Tafel 2: Zulässige Belastungen für Ziegelstürze mit b = 17,5 cm

Übermauerung	zulässige Belastungen q_{zul} in kp/m bei Stützweiten l								
	1,00	1,25	1,50	1,75	2,00	2,25	2,50	2,75	3,00
1 Schicht d = 18 cm	900	690	540	450	375	–	–	–	–
2 Schichten d = 30,5 cm	3000	1920	1350	1050	855	720	615	510	420
3 Schichten d = 43 cm	5250	4140	2780	2025	1560	1275	1035	855	720

4.2 Eisenlose Steindecken

Ausführung gem. Tafel ohne weiteren statischen Nachweis

Jahr	Stützweite max L m	Steinhöhe min d cm	Stich-höhe cm	Mörtel bzw. MG	Gebäudeart
1918 Berlin *1	1,30	10	3 bis 5	Z	Wohngeb.
	1,40	12	3 bis 5	Z	Wohngeb.
	1,00	10	3 bis 5	Z	Fabrikgeb.
	1,10	12	3 bis 5	Z	Fabrikgeb.

Jahr	Stützweite max L m	Steinhöhe min d cm	Stich-höhe cm	Mörtel bzw. MG	Gebäudeart
1925 Preußen Sachsen Bayern *1	1,30 1,40	10 12	3 bis 5 3 bis 5	Z Z	Wohngeb. Wohngeb.
	1,00 1,10	10 12	3 bis 5 3 bis 5	Z Z	Fabrikgeb. Fabrikgeb.
1928 Hamburg *1	1,30 1,40	10 12	3 bis 5 3 bis 5	Z Z	Wohngeb. Wohngeb.
	1,00 1,10	10 12	3 bis 5 3 bis 5	Z Z	Fabrikgeb. Fabrikgeb.
1932 DA.f.E. *2	1,20 1,40 1,60	10 12 15	3 bis 5 3 bis 5 3 bis 5	Z Z Z	Wohngeb. Wohngeb. Wohngeb.
1943 DIN1046 *3	1,20 1,40 1,60 1,30 1,50	10 12 15 12 10		Z Z Z Z	Wohngeb. *4 Wohngeb. *4 Wohngeb. *4 Wohngeb. *5 Wohngeb. *6

Z = Zementmörtel
DA.f.E. = Deutscher Ausschuss für Eisenbeton

*1 Diese Decken sind, wenn sie aus Steinen Kleinescher oder ähnlicher Art unter Verwendung guter Materialien sachgemäß ausgeführt werden und zur Aufnahme des waagerechten Schubes Vorkehrungen getroffen sind, aufgrund bisheriger Erfahrungen und Probebelastungen mit folgenden Spannweiten zulässig.

*2 Für Wohngebäude, einfache Siedlungsbauten und einfache Stallgebäude bei einer Gesamtlast bis q = 4,50 kN/m² und einer erf. Steinhöhe von 10 bis 12 cm.
Bei 15 cm hohen Steinen und einer Gesamtlast von q = 5,50 kN/m² bis zu einer Spannweite von max L = 1,60 m als Kellerdecke zulässig. (Mindeststeindruckfestigkeit 30 MN/m²)
Endauflager der Endfelder müssen durch Querwände ausgesteift sein.

*3 Für Keller über Wohngebäuden, einfache Siedlungsbauten und einfachen Stallgebäuden mit einer Gesamtlast von q = 4,50 kN/m². Bei einer Deckendicke d = 15 cm oder Verwendung von Vollsteinen bzw. Beton beträgt die zul. Gesamtlast q = 5,50 kN/m².
Voraussetzung ist, dass die Auflager und Endfelder durch mind. 2,00 m lange, 1 Stein dicke und höchstens 6,00 m voneinander entfernte Querwände ausgesteift werden. Der Schalung ist ein kleiner Stich zu geben.

*4 Lochziegel

*5 Vollziegel

*6 Beton

4.3 Zulässige max. Spannweiten preußischer Kappen aus Vollziegeln

Jahr	Gesamtlast q in kN/m² (g + p)	Gewölbe-dicke	Spannweite zul max L m	Bemerkung
1890	8,00	1/2 St	3,00	Pfeilhöhe 1/10 L
	11,00	1/2 St	2,50	
	15,00	1/2 St	2,00	
	20,00	1/2 St	1,50	
1910	7,50	1/2 St	2,75	Pfeilhöhe 10 cm
	8,50	1/2 St	2,60	
	10,00	1/2 St	2,40	
	20,00	1/2 St	1,70	
	20,00	1 St	2,45	
	30,00	1 St	2,00	
1943	7,00	1/2 St	2,86	
	8,00	1/2 St	2,68	
	9,00	1/2 St	2,52	
	10,00	1/2 St	2,39	
	12,40	1/2 St	2,14	*1
	15,00	1/2 St	1,95	
	17,50	1/2 St	1,81	
	20,00	1/2 St	1,69	
	22,50	1/2 St	1,60	
	25,00	1/2 St	1,51	
	12,40	1 St	3,10	
	15,00	1 St	2,82	
	17,50	1 St	2,61	*1
	20,00	1 St	2,44	
	22,50	1 St	2,30	
	25,00	1 St	2,19	

St = Stein

*1 zul σ D = 1,2 MN/m²

4.4 Zulässige max. Spannweiten gewölbter und ebener Decken

1921 Eisenkonstruktion (bzw. Eisen im Hochbau)

Art der Wölbsteine	Steinstärke cm	Größte Spannweite in Metern bei einer Gesamtlast (Eigengewicht + Nutzlast) in kg/qm von										
		750	850	1000	1250	1500	1750	2000	2250	2500	2750	3000
Normal–Vollziegeln, k_d = 12 kg/qcm	12	2,76	2,60	2,40	2,10	1,93	1,76	1,70	–	–	–	
	25	–	–	–	–	2,84	2,62	2,45	2,32	2,19	2,09	2,00
Normal–Hohlziegeln, k_d = 8 kg/qcm		500	650	750	850	1000	1250	1500	1750	2000	2250	2500
	12	2,78	2,44	2,28	2,11	1,96	1,75	1,60	–	–	–	¬
	25	–	–	–	–	2,84	2,54	2,32	2,14	2,00	1,88	1,78
Schwemm–steine (Vollsteine), kd = 3 kg/qcm		500	600	700	800	900	1000					
	10	1,55	1,41	1,31	1,23	1,15	–					
	12	1,69	1,55	1,44	1,33	1,27	1,20					
	14	1,83	1,68	1,55	1,45	1,37	1,30					
	16	1,96	1,78	1,66	1,55	1,49	1,39					
	25	–	–	2,06	1,93	1,83	1,73					

Baustoff	Abmessungen der Steine	Plattenstärke	Eigengewicht der Platte	Steinbedarf für 1 qm Platte	Zulässige Spannweite in Metern bei einer Gesamtlast (Eigengewicht + Nutzlast) in kg/qcm von						
	cm	cm	kg	Stück	500	650	750	850	1000	1100	1250
Poröse Förstersteine	10·14·25	10	90	25	1,50	1,40	1,33	1,27	1,16	1,10	1,00
	13·14·25	13	120	25	1,80	1,68	1,60	1,52	1,40	1,32	1,20
Poröse Rheinwarensteine	12·15·25	12	120	27	2,00	1,78	1,60	1,50	1,40	1,35	1,25
Poröse Securasteine k_d = 7,3 kg/qcm	17·12,5·25	17	179	29	2,52	2,21	2,06	1,94	1,78	1,70	1,59
	22·12,5·25	22	220	29	3,26	2,88	2,66	2,50	2,30	2.19	2,06

Stahlbeton

1 Berechnungsgrundlagen

1.1 Allgemeines

Die heutige Betontechnik entwickelte sich im 19. Jahrhundert mit der Erfindung leistungsfähiger Zemente.

Wesentlichen Einfluss zur Einführung des Portlandzementes in Deutschland hatten H. Bleibtreu und W. Michaelis durch die Veröffentlichung der Ergebnisse ihrer ersten Versuche (Bleibtreu 1852) über die Herstellung und Eigenschaften des Zementes.

1855 wird die erste deutsche Zementfabrik errichtet.

Die weitere rasche Entwicklung führt

1877 zur Gründung des Vereins Deutscher Zement Fabrikanten und
1898 zur Gründung des Deutschen Beton Vereins.

Es entstanden neben dem Portlandzement weitere für den Eisenbetonbau zugelassene Hüttenzemente.

1901 Eisenportlandzement
1907 Hochofenzement
1944 Gipsschlackenzement (seit 1953 Sulfathüttenzement)

Normung der Zemente

DIN	Bezeichnung	Normung
1164	Portlandzement Eisenportlandzement Hochofenzement	**1878** **1909** **1917**
1167	Trasszement	**1941**
4210	Sulfathüttenzement	**1953**

1902 entwickelt Prof. Emil Mörsch im Auftrag der Firma Wayss und Freytag die 1. wirklichkeitsnahe Theorie zur Bemessung von Eisenbetonbauteilen.
1904 werden in Preußen die 1. Vorschriften für Eisenbeton im Hochbau erlassen.
1906 auf Veranlassung des Deutschen Beton Vereins wird, in Zusammenarbeit mit den staatlichen Behörden und wirtschaftlichen Vereinigungen, der Deutsche Ausschuss für Eisenbeton gegründet.
1925 erhalten die Bestimmungen des Deutschen Ausschusses für Eisenbeton für Preußen, Sachsen und Bayern Gesetzeskraft und werden
1932 von Reichs- und Staatsbehörden als Baupolizeivorschriften eingeführt (DIN 1045).
1940 wird der Begriff Eisenbeton, durch die immer stärker werdende Verwendung von Stahl, durch den Begriff Stahlbeton ersetzt.

1.1.1 Betonarten

Je nach Höhe der Wichte (Raumgewicht) unterteilt man den Beton in folgende Gruppen:

a) gewöhnlicher Beton oder Schwerbeton

Wichte	1900 bis 2800 kg/m³
Druckfestigkeit	1 bis 120 MN/m²

b) Leichtbeton

Wichte	300 bis 1600 kg/m³ bzw. 1900 kg/m³
Druckfestigkeit	1 bis 10 MN/m²

Nach Art der Zuschlagstoffe unterscheidet man:

Bimsbeton	
Holzbeton	
Kiesbeton	Kiessandbeton
Kesselschlackenbeton	
Schotterbeton	
Splittbeton	Ziegelsplittbeton

Die Zuschlagstoffe unterteilt man in natürliche und künstliche und beide wieder in schwere und leichte.

a) Natürliche schwere Zuschlagstoffe

Grus	
Kies	Kiessand
Sand	Brechsand
Schotter	
Splitt	

b) Künstliche schwere Zuschlagstoffe
Eisen- und Stahlschrott
Hochofenschlacken
Klinkerbruch
Syntholit

c) Natürliche leichte Zuschlagstoffe
Holzwolle
Kork
poröse Lavaschlacke
Naturbims
Sägemehl und Sägespäne
Tuffgestein

d) Künstliche leichte Zuschlagstoffe
Blähtone
Blähschiefer
poröse gebrannte Tone
granulierte Hochofenschlacke
poröse Hochofenschlacke
Hüttenbims
poröse Kesselschlacke

Müllschlacke
Sinterbims
Synthoporit
Tonhohlkugeln (Globulit)
Ziegelsplitt

Die Bestimmungen des Deutschen Ausschusses für Eisenbeton von 1925 und 1932 unterscheiden zusätzlich Betone mit der Verwendung von Handelszement oder hochwertigem Zement (bzw. Normenzement oder hochwertigem Normenzement).

Die Normenzemente (Handelszemente) und hochwertigen Normenzemente (hochwertige Zemente) unterscheiden sich nach den Normenvorschriften in den Festigkeitsanforderungen.

Normenzemente	
Portlandzement	PZ
Eisenportlandzement	EPZ
Hochofenzement	HOZ
Trasszement	TrZ
Sulfathüttenzement	SHZ

Güteklassen	
Z 225	Handelszement (Normenzement)
Z 325	hochwertiger Zement
Z 425	höherwertiger Zement

Die Zahl hinter dem Z gibt die Mindestfestigkeit nach 28 Tagen an.

Normenfestigkeit von Portland-, Eisenportland- und Hochofenzementen in MN/m²

Jahr	Beanspruchung	Normenfestigkeit nach Tagen					Zementart
		Wasserlagerung				gemischte Lagerung	
		1	3	7	28	28	
1910	Druck Zug			12,0 1,2	25,0		Handelszement
1927	Druck Zug			18,0 1,8	27,5	35,0 3,0	Handelszement
	Druck Zug		25,0 2,5			50,0 4,0	hochwertiger Zement
1932	Druck Zug			18,0 1,8	27,5 2,5	35,0 3,0	Normenzement
	Druck Zug		25,0 2,5		40,0 3,0	50,0 4,0	hochwertiger Normenzement
	Druck Zug	30,0 2,5	50,0 3,0			65,0 4,0	höherwertiger Normenzement
1954	Druck Biegung			11,0 2,5	22,5 5,0		Z 225
	Druck Biegung		15,0 3,0	22,5 4,0	32,5 6,0		Z 325
	Druck Biegung	10,0 2,5	30,0 5,0	36,0 6,0	42,5 7,0		Z 425

Bezeichnung des Betons nach Verarbeitungsverfahren

Bezeichnung	Verarbeitungsverfahren
Stampfbeton	Infolge mäßigen Wasserzusatzes oder sperriger Kornzusammensetzung muss der Beton zur Erzielung üblicher Dichtigkeit mit Handstampfern oder mechanischen Stampf- bzw. Verdichtungsgeräten verdichtet werden. Einbringen des Betons erfolgt schichtweise. Schichtdicken 15 cm bei erdfeuchtem Beton 20 cm bei weichem Beton Nachteil besonders bei Handstampfung: Stampffugen und Nester
weicher Beton	Verdichtung erfolgt durch Stochern mit Latten oder Eisenstäben. (Regelbeton in Stahlbetonbau) Es treten keine Stampffugen auf.
Gussbeton Flüssiger Beton	Wird mit so viel Wasser angemacht, dass er breiig fließt. Verdichtung durch mäßiges Stochern. Anwendung nur da, wo durch den höheren Wassergehalt verursachte Güteminderung bedeutungslos ist.
Schüttbeton	Wird durch steile Rinnen oder Rohre im freien Fall geschüttet (ohne anschließendes Stampfen). Betonsteifen von erdfeucht bis weich. Anwendung da, wo aus Wärmeschutzgründen ein lockerer Beton erwünscht ist (z. B. Wohnhauswände). Wurde vielfach auch für die Herstellung von Bauteilen unter Wasser angewandt.
Füllbeton	Kann in erdfeuchtem, weichem oder flüssigem Zustand verarbeitet werden. Anwendung für gering beanspruchte Bauteile.
Pumpbeton	Wird in weicher Steife mittels Druckpumpe durch Druckrohre vom Mischer direkt in die Schalung gepumpt.
Pressbeton	Ein Feinbeton, der mithilfe von Druckluft, im flüssigen Zustand, in Hohlräume oder dichte Schalung eingepresst wird. Anwendung besonders bei Wiederherstellung beschädigter Bauteile, da der Füllbeton in engste Hohlräume und Spalten eindringt und gute Festigkeit und Dichtigkeit erlangt.
Spritzbeton	Ein Gemisch aus Zement und Sand (Korngröße bis 10 mm) wird durch Pressluft (2 bis 3 atü) gegen die Schalung geschleudert (in mehreren Lagen). Anwendung bei Ausbesserung beschädigter Bauteile, Verstärkung von Stahlbetonkonstruktionen, Ummantelung von Stahlbauteilen, Herstellung von Schalenkonstruktionen.
Schleuderbeton	Durch mit einer Maschine in Umdrehung gebrachte einwandige Schalung wird der flüssig eingebrachte Beton infolge Fliehkraft (Zentrifugalkraft) unter Aussonderung des Überschusswassers stark verdichtet. Anwendung bei Herstellung von Schleuderbetonrohren und Schleuderbetonmasten bzw. Pfählen.

Betonmischungen in Raumteilen

Jahr	Zement	Kies-sand	Sand	Schotter Steine Kies	Druckfestkt. nach 28 Tagen MN/m^2	Bemerkungen
1924	1	3			35,0	mittlere Druck-festigkeit
	1	4			27,0	
	1	5			21,5	
	1	6			17,5	
	1	7			15,0	
	1	8			13,0	
	1	9			11,0	
	1	10			9,0	
	1	15			5,0	
	1	20			4,0	
1925	1	3			25 bis 35	gebräuchliche Mischungen Zuschlag Schotter *1
	1	4			22 bis 26	
	1	5			18 bis 22	
	1	6			14 bis 18	
	1	7			12 bis 15	
	1	8			9 bis 12	
	1	10			7 bis 9	
	1	12			5 bis 7	
	1		2	4	18 bis 24	
	1		3	6	10 bis 13	
	1		4	8	7 bis 10	
	1		2	3	20 bis 24	
	1		3	4,5	14 bis 18	
	1		4	6	9 bis 12	
1927	1		2		36,0	Zuschlag Rheinsand und Schotter
	1		2	1	37,9	
	1		2	2	39,9	
	1		2	4	40,5	
1928	1		2	4	20,0	Gewölbe, Pfeiler und Decken Zuschlag Schotter
	1		3	4	16,0	
	1		3	6	14,0	Fundamente, Widerlager Zuschlag Schotter
	1		4	8	12,0	
	1		5	10	9,5	Wände gering belastet Zuschlag Schotter
	1		3		18,0	Eisenbeton Zuschlag Schotter
	1		4		15,0	
	1		2	4	13 bis 24	Stampfbeton Zuschlag Kies
	1		3	6	10 bis 13	
	1		4	8	7 bis 8	
	1		2	3	20 bis 24	Stampfbeton Zuschlag Schotter
	1		3	4,5	14 bis 18	
	1		4	6	9 bis 12	

Jahr	Zement	Kies-sand	Sand	Schotter Steine Kies	Druckfestkt. nach 28 Tagen MN/m^2	Bemerkungen
1939						guter Zuschlag nach Sieblinie B
	1	13,5			6,0	Fundamente
	1	11,0			8,0	Kellerwände
	1	10,0			10,0	Kellerpfeiler
	1	5,5			12,0	Fensterstürze
	1	5,4			12,0	Decken, Stützen *2
	1	5,2			12,0	Rippendecken *2

*1 Gebräuchliche Mischungen Zuschlag Schotter

Stützen	1:3,5	bis	1:4,5
Decken	1:4	bis	1:5
Balken	1:4	bis	1:5
Stampfbeton-fundament	1:6	bis	1:8

*2 Bewehrt

1.1.2 Eisen und Stahlarten der Bewehrung

Bezüglich der Materialeigenschaften der Eiseneinlagen wurden um 1900 nur wenige Versuche ausgeführt.
Grundlagen waren die bekannten Eigenschaften der gewöhnlichen Handelsware.
Überwiegend in den Vereinigten Staaten fanden Forschungen über die Wirkung besonderer Formeisen für den Eisenbetonbau statt.

Die Bewehrung unterteilt sich in:

a) Schlaffe Bewehrung

Rund- und Flacheisen mit geringem Trägheitsmoment, das bei der Bemessung unberücksichtigt bleibt. Hierzu gehören auch die Transmissionseisen (Ankereisen) sowie Formeisen.

z. B. Kahneisen (Entwicklung aus den USA)

1913 Kahneisen

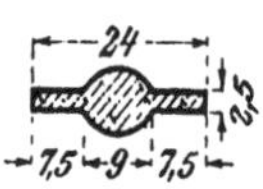

Profil A

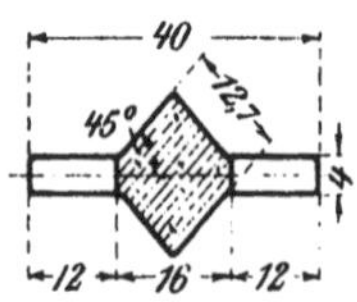

Profil I

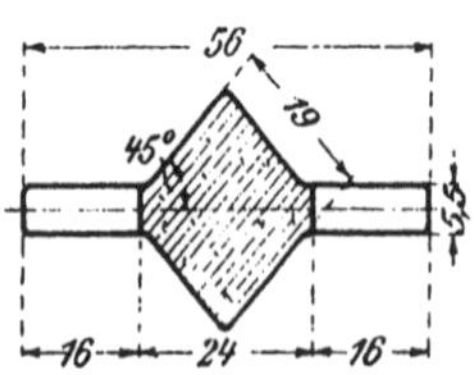

Profil II

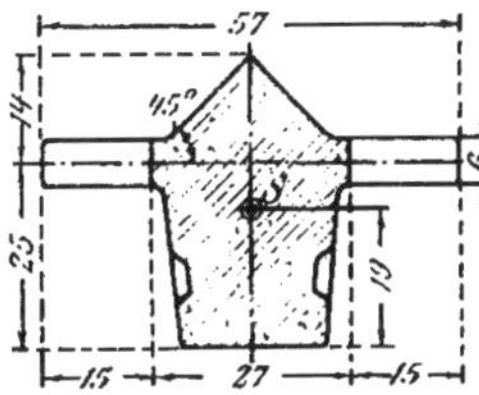

Profil III

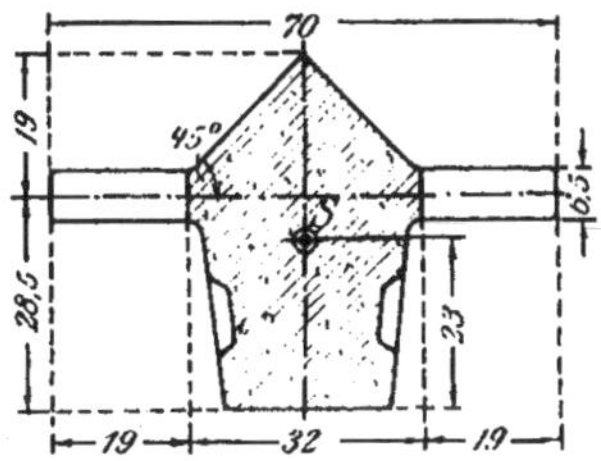

Profil IV

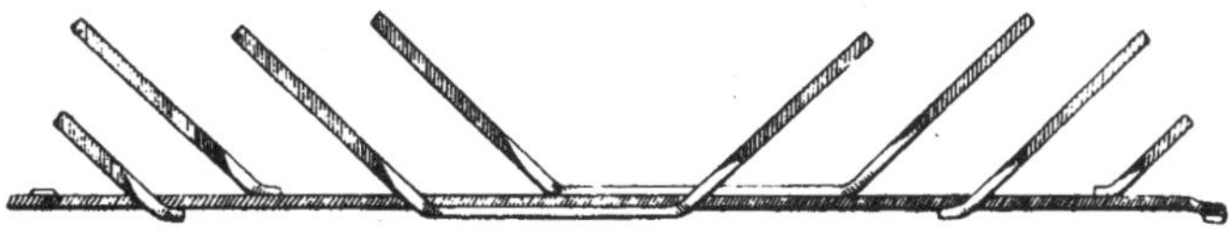

Kahneisen mit aufgebogenen Bügeln

b) Steife Bewehrung

Normal- oder Sonderprofile (z. B. Differdinger Träger, Bulbeisen usw.) mit nicht vernachlässigbarem Trägheitsmoment.

Steife Bewehrung – Schalung braucht, infolge eigener Tragfähigkeit der Profile, keine besondere Unterstützung.

1908 Plattenbalkenbewehrung mit

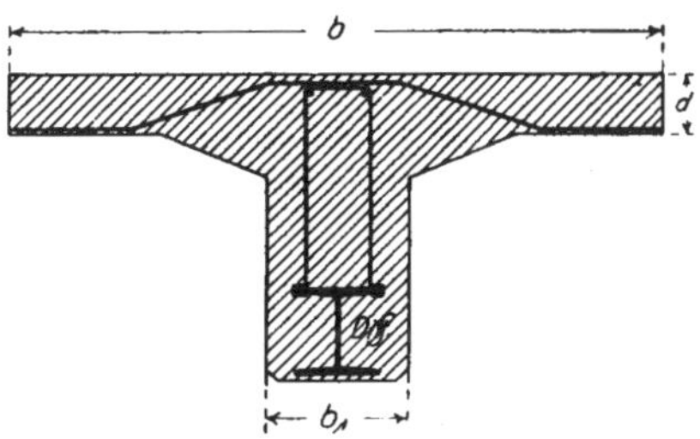

Differdinger Träger

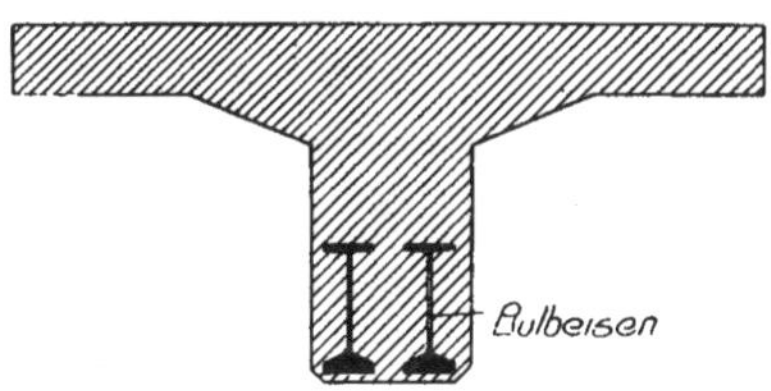

Bulbeisen

1913 Lolatsche Gitterträger

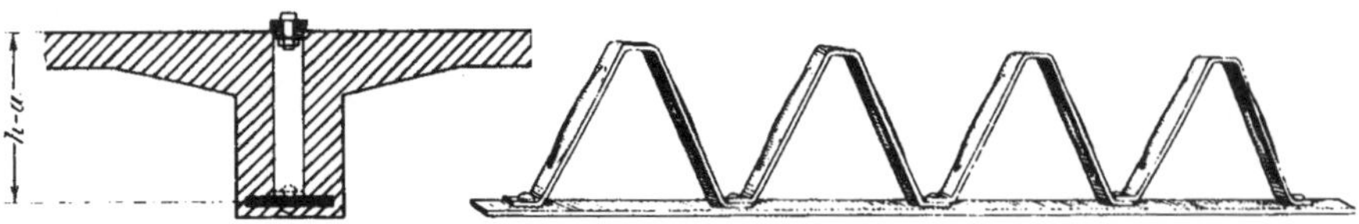

Gitterträger ohne Obergurt

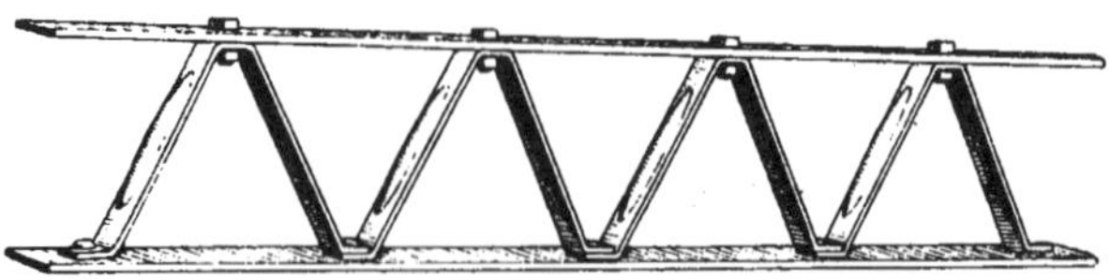

Gitterträger mit Obergurt

Jahr	Form der Bewehrungsstäbe	Bezeichnung	Bemerkungen
1907 bis **1913**	Rundeisen Bandeisen Winkeleisen	Eisen (Handelsware)	daneben auch Sonderformen (z.B. Kahneisen, Quadrat-Rippeneisen, Lolat-Gitterträger, Bulbeisen)
1914	Rundeisen Kanteisen (Flacheisen)	Eisen	Müssen den Mindestanforderungen für Bauwerkseisen genügen. Daneben Sonderformen wie 1907
1925	fast ausschl. Rundeisen	Handelseisen aus Flussstahl St.37	Wird in der Regel als Bewehrung verwendet, hat allgemein die für St.37 verlangten Eigenschaften. *1
	Durchmesser sind genormt ∅ 5 bis 40 mm	St.48	hochwertiger Kohlenstoffstahl, durch eingewalzte Marken gekennzeichnet
1932	Rundeisen genormt	Handelseisen	wie 1925
		hochwertiger Betonstahl St.52	Muss mit elektr. Widerstandsstumpfschweißung schweißbar sein. Durch aufgewalzte Marken gekennzeichnet.
	Betonstahlmatten		1. Zulassung in Preußen (Baustahlgewebe)

Jahr	Form der Bewehrungsstäbe	Bezeichnung	Bemerkungen
1937	Rundeisen genormt	Handelseisen, hochwertiger Betonstahl, Sonderstähle	Werden nach den Leitsätzen für die Bauüberwachung im Eisenbetonbau unterschieden.
1938		Drillwulststahl I-Stegstahl Nockenstahl	Preuß. Runderlass über die Verwendung von Sonderstählen im Eisenbetonbau. *2
1943	Betonrippenstahl Betonformstahl	I, IIa, IIIa, IVa, IIIb, IVb IIb	erstmals in DIN 1045 aufgeführt *3

*1 Die vorher gebräuchliche Bezeichnung Flusseisen wird durch Flussstahl ersetzt. Schweißeisen wird nur noch sehr selten verwandt.

*2 Das Schweißen von Drillwulst- und I-Stegstahl ist nicht zulässig.

*3 Betonstähle der Gruppe I, IIa, IIIa, IVa müssen mit elektrischer Abbrenn-Stumpf-Schweißung schweißbar sein. Sonderstahl IIb, IIIb, IVb darf nicht geschweißt oder in anderer Weise warm behandelt werden. Stähle der Gruppe II, III, IV müssen mit Unterscheidungszeichen versehen werden. Betonstahl II als Rundstahl ist durch aufgewalzte Marken zu kennzeichnen.

Handelseisen – Betonstahl I

hochwertiger Betonstahl – Betonstahl IIa

Betonstahl – naturharte Stähle (I, IIa, IIIa, IVa)

Sonderbetonstahl – kaltverformte Stähle (IIb, IIIb, IVb)

1943 Runderlass des Deutschen Ausschusses für Stahlbeton

Stahlgruppe	Benennung	Querschnitts-form	Kennzeichen	Bemerkung Zulassung
I		○	keine	bisherige Bezeichnung: Handelseisen
II a		○	Walzmarken 50-mm-Strich und Werkzeichen	
II a	Beton-Hartstahl	○	Punkte im Abstand von max. 1,00 m	∅ 8–18 mm 17.5.1943 *1 *2
II a	Nocken-stahl	○	Doppelnocken in ca. 33 cm Abstand	∅ über 26 mm 18.11.1943
III a	Nocken-stahl	○	wie II a	∅ von 22–26 mm 18.11.1943
IV a	Nocken-stahl	○	wie II a	∅ 8–20 mm 18.11.1943
III a	Drillwulst-stahl	s. Abschnitt 2.7	Wulste verdrillt	17.5.1943
III b	Torstahl 42	s. Abschnitt 2.7	zwei verdrillte Walzraupen	31.07.1943 *3
IV b	Baustahl-gewebe	Rundstahl		27.07.1943

Die Stähle der Gruppen IIb, III und IV bedürfen einer baupolizeilichen Zulassung.

*1 darf nicht geschweißt werden
*2 nicht für Bauteile mit häufig wiederholenden Belastungen
*3 darf nicht geschweißt noch erhitzt werden

1.2 Elastizitätsmodul von Stahlbeton

Jahr	Beton Eb in MN/m²	Stahl bzw. Eisen Eb in MN/m²	n	Ee/Eb	Bemerkungen
1907 Preußen			15		
1914	21000		15	A	
D.A.f. E.			10	B	
1916	21000		15	A	
D.A.f. E.			10	B	
1925	14000	210000	15	A	
D.A.f. E.	21000		10	B	
1932	14000		15	A	
DIN 1045	21000		10	B	
1943	14000		15	A	
DIN 1045	21000			B	
1952	14000	210000	15	A	
DIN 1045	21000			B	
1959	14000	210000	15	A	BST I, II, III, IV
DIN 1045	21000		10	B	

A Spannungsermittlung und Bemessung

B statisch unbestimmte Tragwerke
elastische Formänderungen
Druck und Zug

1.3 Betonfestigkeitsklassen

Die Güte des Betons wird durch die Höhe der Druckfestigkeit gekennzeichnet.
Die Bestimmung der Druckfestigkeit erfolgt durch Druckversuche an, in der Regel 28 Tage alten, Würfelproben.
Sie gibt die Würfelfestigkeit als Höchstbelastung bzw. Bruchspannung an. Die zul. Betondruckspannung ergibt sich aus der, durch den Sicherheitsbeiwert dividierten, Bruchspannung (Höchstbelastung).
Schon die Bestimmungen des Deutschen Ausschusses für Eisenbeton von 1908 enthalten einheitliche Regelungen über Formen, Anzahl, Behandlung und Aufbewahrung der Probekörper sowie Durchführung der Druckprobe.

Jahr	Betongüte	Mind. Würfelfestigkeit (Druckfestigkeit)		Bemerkungen
		MN/m²	Druckversuch	
1914 D.A.f.E.		≥ 15,0 ≥ 18,0	nach 28 Tagen nach 45 Tagen	allgemein
		≥ 18,0 ≥ 21,0	nach 28 Tagen nach 45 Tagen	für Stützen
1916 D.A.f.E.	wie **1914**			
1925 D.A.f.E.		we28 ≥ 20,0 wb28 ≥ 10,0	nach 28 Tagen nach 28 Tagen	Handelszement
		we28 ≥ 27,5 wb28 ≥ 13,0	nach 28 Tagen nach 28 Tagen	hochwertiger Zement
1932 DIN 1045		wb28 ≥ 12,0 wb28 ≥ 16,0	nach 28 Tagen nach 28 Tagen	Handelszement hochwertiger Zement
		≥ 70 % von wb28	nach 7 Tagen	
1943 DIN 1045 DIN 1047	B 50 B 80 B 120 B 160 B 225 B 300	wb28 ≥ 5,0 wb28 ≥ 8,0 wb28 ≥ 12,0 wb28 ≥ 16,0 wb28 ≥ 22,5 wb28 ≥ 30,0	nach 28 Tagen nach 28 Tagen nach 28 Tagen nach 28 Tagen nach 28 Tagen nach 28 Tagen	
1952 DIN 1045 DIN 1047	wie **1943**			

we28 = Würfelfestigkeit erdfeuchten Betons nach 28 Tagen
wb28 = Würfelfestigkeit des Betons nach 28 Tagen, in der gleichen Beschaffenheit, wie er im Bauwerk verarbeitet wurde

1.3.1 Anwendungsbereiche nach Betongüte

Jahr	Betongüte	Anwendungsbereich
1943 DIN 1045 DIN 1047	B 120	nur bei kleinen Ausführungen mit einfach statisch bestimmten Bauteilen
	B 160 B 225	für die große Masse der Stahlbetonbauteile im Hoch- und Tiefbau
	B 300	nur in besonderen Fällen
1952 DIN 1045 DIN 1047	B 50	Streifenfundamente
	B 80	Fundamente und Bauteile, die keiner Frostwirkung ausgesetzt sind
	B 120	Wände, einfache Stahlbetonbauteile
	B 160	Stahlbetonbauteile
	B 225	Stahlbetonbauteile höherer Beanspruchung
	B 300	Stahlbetonbauteile hoher Beanspruchung, Stahlbetonfertigteile, Spannbeton
	B 450 B 600	Spannbetonbauteile

1.4 Zulässige Druckspannungen für unbewehrte Betonbauteile (bzw. maximale Kantenpressung)

Jahr	Betongüte	zul. Druckspannung des Betons MN/m²	Bemerkungen
1908 D.A.f.E.		1/5 der Betondruckfestigkeit	für Stützen, Pfeiler usw. ohne Knicken
1916 D.A.f.E.		1/5 der Betondruckfestigkeit < 5,00	für ruhende Belastung
1925 D.A.f.E.	Mindestfestigkeit nach 3 Tagen wb3 250 kg/cm²	wb28/5 bzw. < 5,00	für ruhende Belastung
	28 Tagen wb28 450 kg/cm²	wb28/3	bei weichem und Gussbeton
1932 D.A.f.E.		wb28/4 bzw. < 5,00	Biegung mit Längskraft zul. Zugspannung 1/10 der vorh. Druckspannung Einfache Biegung zul. Zugspannung 1/20 der zul. Druckspannung
1943 DIN 1047	B 50 B 80 B 120 B 160 B 225 B 300	1,00 2,00 3,00 4,00 5,50 7,00	Biegung mit Längskraft zul. Zugspannung 1/10 der vorh. Druckspannung Einfache Biegung zul. Zugspannung 1/20 der zul. Druckspannung
1960 DIN 1047	wie **1943**		

1.4.1 Abminderungsbeiwerte für Stützen und Pfeiler

h = Stützen- bzw. Pfeilerhöhe
d = kleinste Querschnittsseite

h/d = Schlankheit

1916
D.A.f.E.

h/d	1	5	10
α	0,2	0,1	0,05

Zwischenwerte gradlinig einschalten.

Die Tafelwerte der zul. Druckspannung sind mit α zu multiplizieren.

1925
D.A.f.E.

h/d	1	5	10
α	1,0	0,5	0,25

h/d > 10 nur in besonderen Fällen zulässig

Zwischenwerte gradlinig einschalten.

Die Tafelwerte der zul. Druckspannung sind mit α zu multiplizieren.

Die zul. Zugspannung bei Biegung mit Längskraft = 1/20 der zul. Druckbeanspruchung.

1932
D.A.f.E.

h/d	1	5	10
α	1,0	1,5	3,0

h/d > 10 nur in besonderen Fällen zulässig

Zwischenwerte gradlinig einschalten.

Die Tafelwerte der zul. Druckspannung sind durch α zu dividieren.

1943
DIN1047

h/d	1	5	10
α	1,0	1,4	2,0

h/d > 10 nur in besonderen Fällen zulässig

Zwischenwerte gradlinig einschalten.

Die Tafelwerte der zul. Druckspannung sind durch α zu dividieren.

1.5 Zulässige Druckspannungen des Betons für Stahlbetonbauteile

Jahr	Betongüte	zul. Druck- spannung MN/m²	Bauteil	Bemerkungen
1904 Preußen		4,5	biegebeanspruchte Bauteile	
		4,0	Stützen	
1907 Preußen		1/6 der Druckfestigkeit d. Betons	biegebeanspruchte Bauteile	4,0 MN/m²
		1/10 der Druckfestigkeit d. Betons	Stützen	
		2/3 der durch Zugversuche ermittelten Zugfestigkeit des Betons 1/10 der Druckfestigkeit d. Betons	bei Inanspruchnahme d. Zugspannung des Betons	
1914 D.A.f.E	wb28 ≥ 150 kg/cm² wb45 ≥ 180 kg/cm²	3,5	Hochbauten allgemein	mittige Belastung (Druck)
	für Stützen wb28 ≥ 180 kg/cm² wb45 ≥ 210 kg/cm²	2,5 3,0 3,5	Stützen mehrgeschossig. Gebäude im Dachgeschoss, im darunter liegenden Geschoss, in den folgenden Geschossen	*1
	wb28 ≥ 150 kg/cm² wb45 ≥ 180 kg/cm²	4,0	Hochbauten mit vorwiegend ruhender Belastung	Biegung und ausmittiger Druck
	für Stützen wb28 ≥ 180 kg/cm² wb45 ≥ 210 kg/cm²	3,5	Platten d < 10 cm Bauteile mit unmittelbaren Erschütterungen und Stößen. Treppen, Tanzsäle, Fabriken	*1
		3,5	stark erschütterte Tragwerke und Durchfahrten	

Jahr	Betongüte	zul. Druck-spannung MN/m²	Bauteil	Bemerkungen
1916 D.A.f.E. wb45	wb28 ≥ 150 kg/cm² ≥ 180 kg/cm² für Stützen wb28 ≥ 180 kg/cm² wb45 ≥ 210 kg/cm²	 3,5 2,5 3,0 3,5	Hochbauten allgemein Stützen mehrge- schoss. Gebäude im Dachgeschoss im darunter lie- genden Geschoss in den folgenden Geschossen	mittige Belas- tung (Druck) *2
	wb28 ≥ 150 kg/cm² wb45 ≥ 180 kg/cm² für Stützen wb28 ≥ 180 kg/cm² wb45 ≥ 210 kg/cm²	 4,0 4,0 3,5 3,5	Hochbauten mit vorwiegend ruhen- der Belastung Rahmen und Bogen Platten d < 10 cm Bauteile mit un- mittelbaren Er- schütterungen und Stößen. Haupttreppen, Tanzsäle, Fabriken stark erschütterte Tragwerke und Durchfahrten	Biegung und aus- mittiger Druck *2
1925 D.A.f.E	Handelszem. we28 ≥ 200 kg/cm² u. außerdem wb28 ≥ 100 kg/cm² hochwertiger Zement we28 ≥ 275 kg/cm² u. außerdem wb28 ≥ 130 kg/cm²	 3,5 4,5	Stützen	mittige Belastung
	bei Nachweis der Würfel- festigkeit wb28 ≥ $\gamma \cdot \sigma$ zul u. außerdem we28 ≥ 250 kg/cm²	 wb28/3 jedoch max. 6,0	Stützen	mittige Belastung

Jahr	Betongüte	zul. Druck- spannung MN/m²	Bauteil	Bemerkungen
	Handelszement we28 ≥ 200 kg/cm² u. außerdem wb28 ≥ 100 kg/cm²	3,5	Platten d < 10 cm Bauteile, unmit- telbar starken Erschütterungen ausgesetzt	Bauteile mit reiner Biegung und Biegung mit Längskraft
	hochwertiger Zement we28 ≥ 275 kg/cm² u. außerdem wb28 ≥ 130 kg/cm²	4,0	*3	
	bei Nachweis der Würfel- festigkeit wb28 ≥ = γ · σ zul u. außerdem we28 ≥ 250 kg/cm²	wb28/3,5 jedoch max. 4,5		
	Handelszement we28 ≥ 200 kg/cm² u. außerdem wb28 ≥ 100 kg/cm²	4,0	Platten d < 10 cm Bauteile ohne wesentliche Erschütterungen Balken, Platten- balken, Stützen ausmittig belastet	Bauteile mit reiner Biegung und Biegung mit Längskraft
	hochwertiger Zement we28 ≥ 275 kg/cm² u. außerdem wb28 ≥ 130 kg/cm²	5,0		
	bei Nachweis der Würfel- festigkeit wb28 ≥ γ · σ zul u. außerdem we28 ≥ 250 kg/cm²	wb28/2,5 jedoch max. 6,0		

Jahr	Betongüte	zul. Druck-spannung MN/m^2	Bauteil	Bemerkungen
	Handelszement we28 ≥ 200 kg/cm^2 u. außerdem wb28 ≥ 100 kg/cm^2 hochwertiger Zement we28 ≥ 275 kg/cm^2 u. außerdem wb28 ≥ 130 kg/cm^2	5,0 6,0 6,0	volle Rechteck-querschnitte mind. 20 cm hoch. Balken u.Platten-balken zur Aufnahme von Stütz-momenten. Pilzdecken, Rahmen, Bogen und Stützen als rahmenartige Trag-werke *4	Bauteile mit reiner Biegung und Biegung mit Längskraft
	bei Nachweis der Würfel-festigkeit wb28 ≥ $\gamma \cdot \sigma$ zul u. außerdem we28 ≥ 250 kg/cm^2	wb28/2 jedoch max. 7,0		
1932 DIN 1045	Handelszement wb28 = 120 kg/cm^2 hochwertiger Zement we28 = 160 kg/cm^2	3,5 4,5	Stützen	mittige Belastung
	bei Nachweis der Würfel-festigkeit wb28 = 160 kg/cm^2 wb28 = 180 kg/cm^2 wb28 = 210 kg/cm^2	wb28/3 jedoch max. 6,0 max. 7,0	Stützen *5	mittige Belastung h/d ≤ 20 min d = 40 cm min d > 40 cm
	Handelszement wb28 = 120 kg/cm^2 hochwertiger Zement wb28 = 160 kg/cm^2	4,0 5,0	biegebeanspruchte Bauteile	*6 *7
	bei Nachweis der Würfel-festigkeit wb28 = 160 kg/cm^2 wb28 = 195 kg/cm^2	wb28/3 jedoch max. 6,5	biegebeanspruchte Bauteile	*6

Jahr	Betongüte	zul. Druckspannung MN/m²	Bauteil	Bemerkungen
	Handelszement wb28 = 120 kg/cm²	4,0	Biegung mit Längskraft Stützen ausmittig belastet	
	hochwertiger Zement wb28 = 160 kg/cm²	5,0		*6 *7
	bei Nachweis der Würfelfestigkeit wb28 = 160 kg/cm² wb28 = 195 kg/cm²	wb28/3 jedoch max. 6,5	Biegung mit Längskraft Stützen ausmittig belastet	*6
1943 DIN 1045	B 120 B 160 B 225 B 300	4,0 5,0 7,0 9,0	Platten u. Balken mit Rechteckquerschnitt auf Biegung d ≤ 8 cm	auch für kreuzweise bewehrte Platten
	B 120 B 160 B 225 B 300	4,0 6,0 8,0 10,0	Platten u. Balken mit Rechteckquerschnitt auf Biegung d > 8 cm	auch für kreuzweise bewehrte Platten
	B 120 B 160 B 225 B 300	4,0 5,0 7,0 9,0	Plattenbalken und Rippendecken auf Biegung	bei Berücksichtigung der Spannung in der Platte
	B 120 B 160 B 225 B 300	wie Platten und Balken	Plattenbalken und Rippendecken auf Biegung	bei Vernachlässigung der Spannung in der Platte
	B 160 B 225 B 300	7,0 9,0 11,0	Platten, Balken, Plattenbalken, Rahmen, Bogen und Stützen als Teile rahmenartiger Tragwerke Rechteckquerschnitte mit einachsiger Biegung	Biegung mit Längskraft *9
	B 160 B 225 B 300	8,0 10,0 12,0	Rechteckquerschnitte m. zweiachsiger Biegung	
	B 160 B 225 B 300	6,0 8,0 10,0	Plattenbalken bei Berücksichtigung der Druckspannung in der Platte	

Jahr	Betongüte	zul. Druckspannung MN/m²	Bauteil	Bemerkungen
	B 160 B 225 B 300	w. Rechteckquerschnitt mit 1 od. 2 achs. Bieg.	Plattenbalken bei Vernachlässigung der Druckspannung in der Platte	Biegung mit Längskraft *9
1952 DIN 1045	wie **1943**			
	B 120 B 160 B 225 B 300	3,6 4,8 6,5 8,0	Stützen	mittig belastet ohne Knicken
1959 DIN 1045	wie **1952**			B 120 nicht für kreuzweise bewehrte Platten und Pilzdecken

*1 Wird nach 45 Tagen eine Würfelfestigkeit des Betons von mehr als 245 kg/cm² nachgewiesen, so darf der Beton in:

a) Stützen mit 1/7 der nachgewiesenen Würfelfestigkeit

b) Rahmen mit 1/6 der nachgewiesenen Würfelfestigkeit

c) Bögen mit 1/6 der nachgewiesenen Würfelfestigkeit

jedoch nicht mit über 5,0 MN/m² beansprucht werden.

An der Unterseite der Schrägen oder Kehlen von Plattenbalken, wo diese an die Mittelstützen anschließen, kann die Druckspannung um 1/3 erhöht werden.

*2 Wird nach 45 Tagen eine Würfelfestigkeit des Betons von mehr als 245 kg/cm² nachgewiesen, so darf bei Hochbauten der Beton in:

a) Stützen anstatt 3,5 MN/m² mit 1/7 der nachgewiesenen Würfelfestigkeit

b) Rahmen anstatt 4,0 MN/m² mit 1/6 der nachgewiesenen Würfelfestigkeit

c) Bögen anstatt 4,0 MN/m² mit 1/6 der nachgewiesenen Würfelfestigkeit

jedoch nicht mit über 5,0 MN/m² beansprucht werden.

An der Unterseite der Schrägen oder Kehlen von Plattenbalken, wo diese an die Mittelstützen anschließen, kann die Druckspannung um 1/3, jedoch nicht über 5,0 MN/m² erhöht werden.

*3 Es ist ein Stoßzuschlag bis 50 % berücksichtigt.

*4 Wenn diese ausführlich nach der Rahmentheorie berechnet werden, und zwar bei gewöhnlichen Hochbauten unter Annahme ungünstigster Laststellung, bei anderen Bauten außerdem unter Berücksichtigung der Wärmewirkung, des Schwindens sowie der Reibungs- und Bremskräfte.

*5 Berechnung, Durchbildung und Ausführung müssen besonders hohen Anforderungen genügen.

Bei Stützen in Hochbauten, die die Lasten mehrerer Geschosse aufzunehmen haben und wobei die Verkehrslasten in den unteren Geschossen nicht abgemindert werden dürfen, können die zul. Spannungen erhöht werden.

1. bis 3.	Geschoss	von oben um	0,0 MN/m²
4.	Geschoss	von oben um	0,5 MN/m²
5.	Geschoss und folgende Geschosse	von oben um	1,0 MN/m²

*6 Die zulässige Spannungen können erhöht werden (nur 1-mal) für:

a) Stege von Plattenbalken und Rippendecken im Bereich der negativen Momente

b) Pilzdecken und kreuzweise bewehrte Decken

c) mind. 20 cm hohe, volle Rechteckquerschnitte (Rechteckbalken und volle Platten)

d) fertig verlegte Eisenbetonbauteile (unter Werksüberwachung fabrikmäßig hergestellt)

e) Rahmen, Bogen, Stützen als Teile rahmenartiger Tragwerke, wenn diese ausführlich nach der Rahmentheorie berechnet werden, und zwar bei gewöhnlichen Hochbauten unter Annahme ungünstigster Laststellung, bei anderen Bauten außerdem unter Berücksichtigung der Wärmewirkung, des Schwindens und etwaiger Reibungs- und Bremskräfte.

*7 Bei Platten $d < 8$ cm sind die zul. Betonspannungen 1,0 MN/m² geringer anzunehmen. (Dies gilt nicht für die Druckzone von Rippendecken.)

*8 Dürfen nur angewendet werden, wenn die Bauwerke ausführlich nach der Rahmentheorie berechnet werden, und zwar bei gewöhnlichen Hochbauten unter Annahme ungünstigster Laststellung, bei anderen Bauten außerdem unter Berücksichtigung der Wärmewirkung, des Schwindens und etwaiger Reibungs- und Bremskräfte.

*9 Bei Balken mit Rechteckquerschnitt und zweiachsiger Biegung dürfen die zul. Betonspannungen 1,0 MN/m² höher angenommen werden.

1.6 Festigkeitseigenschaften der Bewehrungsstähle (Eisen)

Jahr	Bezeichnung	Mindest-streckgrenze MN/m²	Zugfestig-keit MN/m²	Bemerkungen
1925 D.A.f.E.	Eisen St.37 (Handelseisen)		370 bis 440	
	Eisen St.48 (hochwertiger Kohlenstoff-stahl)		480 bis 580	
1932 D.A.f.E.	Eisen St.52 (hochwertiger Betonstahl)	360 350 340	500 bis 620 500 bis 640 500 bis 640	∅ ≤ 18 mm ∅ > 18 mm ≤ 30 mm ∅ > 30 mm
1932 DIN 1045	Eisen (Handelseisen)		370	
1938 Rund-erlass Preußen	Drillwulst-stahl	360 350	500 bis 620 500 bis 640	≤ 2,54 cm² > 2,54 ≤ 7,07 cm²
	I-Stegstahl	340	500 bis 640	> 7,07 cm²
	Nockenstahl	500		8 bis 20 mm
1943 DIN 1045	Betonstahl I	220	340 bis 500	
	Betonstahl IIa naturhart	360 340	500 bis 620 500 bis 640	∅ ≤ 18 mm ∅ > 18 mm
	Sonderbeton-stahl IIb hartgereckt	360 340	≥ 500 ≥ 500	∅ ≤ 18 mm ∅ > 18 mm
	Betonstahl IIIa naturhart	420 400	≥ 500 ≥ 500	∅ ≤ 18 mm ∅ > 18 mm
	Sonderbeton-stahl IIIb nur als Beton-formstahl	420 400	≥ 500 ≥ 500	∅ ≤ 18 mm ∅ > 18 mm
	Betonstahl IVa naturhart	500		
	Sonderbeton-stahl IVb kaltgereckt Baustahlgewebe	500		
1952 DIN 1045	wie **1943**			
1956	Torstahl Nockenstahl			Betonstahlgr. IIIb Betonstahlgr. IIIa

Jahr	Bezeichnung	Mindest-streckgrenze MN/m²	Zugfestig-keit MN/m²	Bemerkungen
1958	Quergerippter Ovalstahl St. 60/90			naturhart entspricht etwa Betonrippenstahl IVa
1959 DIN 1045	wie **1943**			
1959	HI-Bond-A-Stahl			Betonstahlgruppen I, IIa bis IVa
	Rippen-Torstahl			Betonstahlgr. IIIb
1960	Nori-Stahl			Betonstahlgruppen IIIa + IVa
1961	Noreck-Stahl			Betonstahlgruppen IIIb + IVb

1946 Beim Wiederaufbau wiederverwendete Bewehrung

Stahlsorte	Nenn-durch-messer mm	vor dem Brand i. M. MN/m²	Streckgrenze nach dem Brand MN/m²		Bemerkungen
			Grenzwert	im Mittel	
Betonstahl I	8	3110	2320–3120	2980	naturhart
	10	3120	2840–3370	3140	
Betonstahl III	8	4040	4020–4220	4160	
Nockenstahl	8	5240	4820–5380	5220	
Istegstahl	2 x 5,5	3470	3050–3960	3490	kalt verformt
Torstahl	8	4970	3180–4540	4100	
Baustahlgewebe	5,5	6220	2980–6990	5545	

1.7 Zulässige Stahlspannungen für Stahlbetonbauteile

Jahr	Betongüte	zul. Stahl-spannung MN/m²	Bauteil	Bemerkungen
1904 Preußen		100 120		Eisen auf Druck Eisen auf Zug
1907 Preußen		100	biegebeanspruchte Bauteile	Druck- und Zug-spannung des Eisens
1914 D.A.f.E.		120	Bauteile mit Biegung und Biegung mit Längskraft	
			Bauteile mit vorwiegend ruhender Belastung	
		100 *1	Platten d < 10 cm Bauteile mit unmittelbaren Erschütterungen, Treppen, Tanzsäle, Fabriken	
		90 *1	Bauteile mit starken Erschütterungen und Durchfahrten	
1916 D.A.f.E.		120	Bauteile mit Biegung und Biegung mit Längskraft	
			Bauteile mit vorwiegend ruhender Belastung Rahmen und Bogen	
		100 *1	Platten d < 10 cm Bauteile mit unmittelbaren Erschütterungen, Haupttreppen, Tanzsäle, Fabriken	
		90 *1	Bauteile mit sehr starken Erschütterungen und Durchfahrten	
1925 D.A.f.E.		120	Bauteile mit Biegung und Biegung mit Längskraft	Handelseisen
			Platten d ≥ 10 cm, Balken Plattenbalken, ausmittig belastete Stützen andere Tragwerke	
		100 *2	Platten d < 10 cm Bauteile mit starken Erschütterungen. Bauteile von Durchfahrten mit Überschüttungshöhen < 50 cm	Handelseisen

Jahr	Betongüte	zul. Stahlspannung MN/m²	Bauteil	Bemerkungen
	wb28 ≥ 275 kg/cm² ≥ 130 kg/cm²	150	Platten d ≥ 10 cm Balken, Plattenbalken, ausmittig belastete Stützen andere Tragwerke	hochwertiger Stahl St. 48
		125 *2	Platten < 10 cm Bauteile mit starken Erschütterungen. Bauteile von Durchfahrten mit Überschüttungshöhen < 50 cm	
1932 DIN 1045	wb28 ≥ 120 kg/cm²	120	Bauteile mit Biegung und Biegung mit Längskraft	Handelseisen
			Platten, Rechteckquerschnitte, Plattenbalken, sonst. Querschnitte	
	wb28 ≥ 160 kg/cm²	140	Platten d > 7 cm, Rechteckquerschnitt, Plattenbalken, sonstige Querschnitte	Handelseisen ∅ ≤ 26 mm
	wb28 ≥ 225 kg/cm²	180	Platten, Rechteckquerschnitte	hochwertiger Betonstahl St. 52
		150	Plattenbalken, sonstig. Querschnitt	
1932 DIN 1045	wb28 ≥ 160 kg/cm²	180	Platten, Rechteckquerschnitte	hochwertiger Betonstahl St. 52 *3
		150	Plattenbalken, sonstig. Querschnitt	
	wb28 ≥ 225 kg/cm²	200	Platten	hochwertiger Betonstahl St. 52 *3 ∅ ≤ 26 mm
		180	Rechteckquerschnitt	
		180	Plattenbalken und sonst. Querschnitt	
1943 DIN 1045 *4	B 120 B 160 B 225 B 300	120 140 140 140	Platten und Balken auf Biegung, Plattenbalken, Rippendecken	Betonstahl I
	B 160 B 225 B 300	200 200 200	Platten auf Biegung	Betonstahl II
	B 160 B 225 B 300	220 220 220	Platten auf Biegung d ≤ 8 cm	Betonstahl III

Jahr	Betongüte	zul. Stahlspannung MN/m²	Bauteil	Bemerkungen
	B 160 B 225 B 300	220 240 240	Platten auf Biegung d > 8 cm	Betonstahl III
	B 160 B 225 B 300	220 240 240	Platten auf Biegung	Betonstahl IV
	B 160 B 225 B 300	180 180 180	Balken auf Biegung	Betonstahl II
	B 225 B 300	200 200	Balken auf Biegung	Betonstahl III + IV
	B 160 B 225 B 300	180 180 180	Plattenbalken und Rippendecken auf Biegung	Betonstahl II
	B 225 B 300	200 200	Plattenbalken und Rippendecken auf Biegung	Betonstahl III + IV Biegung mit Längskraft bei Platten, Balken, Plattenbalken, Rahmen, Bogen und Stützen als Teilen rahmenartiger Bauteile *5
	B 160 B 225 B 300	140 140 140	Platten und andere Bauteile	Betonstahl I
	B 160 B 225 B 300	200 200 200	Platten	Betonstahl II
	B 160 B 225 B 300	220 220 220	Platten d ≤ 8 cm	Betonstahl III
	B 160 B 225 B 300	220 240 240	Platten d > 8 cm	Betonstahl III
	B 160 B 225 B 300	220 240 240	Platten	Betonstahl IV
	B 160 B 225 B 300	180 180 180	andere Bauteile	Betonstahl II
	B 225 B 300	200 200	andere Bauteile d > 8 cm	Betonstahl III + IV

Jahr	Betongüte	zul. Stahlspannung MN/m²	Bauteil	Bemerkungen
1952 DIN 1045 *4	wie **1943**			
1959 DIN 1045 *4	wie **1943**			

*1 Wird mit 1,5-facher Verkehrslast gerechnet, so darf mit der zul. Stahlspannung σe = 120 MN/m² gerechnet werden.

*2 Es ist ein Stoßzuschlag von 50 % berücksichtigt.

*3 Hochbauten mit vorwiegend ruhender Belastung ohne Witterungseinflüsse. Platte d > 7 cm

*4 Die angegebenen Stahlspannungen gelten bei der Betongüte:

B 160 für Bewehrungsstäbe mit ∅ ≤ 30 mm
B 225 für Bewehrungsstäbe mit ∅ ≤ 40 mm
B 300 für Bewehrungsstäbe mit ∅ ≤ 50 mm

Bei größeren Durchmessern sind die angegebenen Stahlspannungen um 20 MN/m² herabzusetzen.

*5 Die Spannungen dürfen nur angerechnet werden, wenn die Bauwerke ausführlich nach der Rahmentheorie berechnet werden, und zwar bei gewöhnlichen Hochbauten unter Annahme ungünstigster Laststellung, bei anderen Bauten außerdem unter Berücksichtigung der Wärmewirkung, des Schwindens und etwaiger Reibungs- und Bremskräfte.

1.7.1 Zulässige Stahlspannungen für Sonderstähle (Rundstahl)

Jahr	Betongüte	zul. Stahlspannung MN/m²	Stahlart	Bauteil	Bemerkungen
1908 Berlin		200	Drahtbewehrung ∅ 4,6 mm	Platten	für Viktoriadecke
1913		120	Kahneisen	Platten	Kahneisendecke
1938 Runderlass Preußen	wb28 ≥ 120 kg/cm²	120	Drillwulststahl, Nockenstahl I-Stegstahl	Platten Rechteckquerschnitt Plattenbalken	
	wb 28 ≥ 225 kg/cm²	150	Drillwulststahl, Nockenstahl I-Stegstahl	Plattenbalken	

Jahr	Betongüte	zul. Stahlspannung MN/m²	Stahlart	Bauteil	Bemerkung
	wb 28 ≥ 225 kg/cm²	180	Drillwulststahl, Nockenstahl I-Stegstahl	Platten Rechteckquerschnitt	
	wb 28 ≥ 160 kg/cm²	150	Drillwulststahl, Nockenstahl I-Stegstahl	Plattenbalken	bei vorwiegend ruhender Belastung u. bei Hochbauten ohne Witterungseinflüsse
		180	Drillwulststahl, I-Stegstahl	Platten d ≥ 7 cm Rechteckquerschnitt	
		220	Nockenstahl	Platten d ≥ 7 cm Rechteckquerschnitt	
1938 Runderlass Preußen	wb28 ≥ 225 kg/cm²	180	Drillwulststahl, Nockenstahl I-Stegstahl	Plattenbalken	bei vorwiegend ruhender Belastung u. bei Hochbauten ohne Witterungseinflüsse
		180	Drillwulststahl, I-Stegstahl	Rechteckquerschnitt	
		200	Drillwulststahl, I-Stegstahl	Platten d ≥ 7 cm	
		220	Nockenstahl	Rechteckquerschnitt	
		240	Nockenstahl	Platten d ≥ 7 cm Rechteckq.	
1954 Richtlinien		140 200 240 240 280	St. I St. IIa St. IIIa+b St. IVa+b St. IVa *1	Platten, Balken, Plattenbalken mit vorwiegend ruhender Belastung	Betonrippenstahl f. biegebeanspruchte Bauteile u. Biegung mit Längskraft

Jahr	Betongüte	zul. Stahl-spannung MN/m²	Stahlart	Bauteil	Bemerkungen
1959 Richt-linien	≥ B 160	240	St. IIIb wie HI-Bond-A-Stahl	Bauteile mit vorwiegend ruhender Belastung, Biegung und Biegung mit Längskraft Bauteile mit nicht vorwiegend ruhender Belastung	Rippen-Torstahl
1959 Richt-linien		 200 220 140	 St. III St. III St. I	Bauteile mit nicht vorwiegend ruhender Belastung Balken Platten Maschinen-fundamente	HI-Bond-A-Stahl
1960 Richt-linien		240 240 180	St. IIIa St. IVa St. IVa *1	Bauteile mit vorwiegend ruhender Belastung	Nori-Stahl
1961 Richt-linien		wie Nori-Stahl			Noreck-stahl

*1 Bedingungen für σe = 280 MN/m²

Beton ≥ B 225		
Querschnittshöhe	≤ 100 cm	
Stabdurchmesser	≤ 20 mm	wenn Zugbewehrung in mehreren Lagen. ∅ der oberen Lage mindestens 2/3 des ∅ der unteren Lage
Zugbewehrung	Balken, Plattenbalken, Rippendecke	10 bis 12 % der Querschnittshöhe muss von Zugbewehrung durchsetzt sein.
Stababstände	≤ 15 cm	in Platten
	≤ 10 cm	in den einzelnen Bewehrungslagen in Balken und den Rippen von Rippenbalken

1.7.2 Zulässige Stahlspannungen für Betonstahlmatten und Streckmetall in Platten

Jahr	Betongüte	zul. Stahlspannung in Platten MN/m²	Stäbe ∅ mm	Bemerkungen
1932	wb28 ≥ 160 kg/cm² ≥ 195 kg/cm²	 240 260		Staboberfläche glatt, Baustahlgewebe
1935	wb28 ≥ 120 kg/cm² ≥ 160 kg/cm²	 120 220		Staboberfläche glatt, Baustahlgewebe
1937	wie **1935**		4 bis 12	Baustahlgewebe
1943	B 160 ≥ B 225	220 240		Staboberfläche glatt, Baustahlgewebe, Betonstahl IVb
1951	B 160 ≥ B 225	240 260	4 bis 12	Staboberfläche glatt, Baustahlgewebe, Betonstahl IVb
1952		120		Streckmetall
1957	B 160 ≥ B 225	220 280	4 bis 12	Staboberfläche profiliert, Baustahlgewebe, Betonstahl IVb

Jahr	Betongüte	zul. Stahlspannung in Platten MN/m^2	Stäbe ∅ mm	Bemerkungen
1959		220	≥ 8	Baustahlgewebe im Luftschutz. Es dürfen nur glatte Stäbe verwendet werden.
1961	 B 160 ≥ B 225	Stäbe glatt 240 Stäbe profiliert 240 280	 4 bis 12	 Betonstahl IVb Staboberfläche profiliert oder glatt, Baustahlgewebe

1.8 Zulässige Schubspannungen in MN/m^2 (biegebeanspruchte Bauteile)

Jahr	Betongüte	Platten	andere Bauteile	Bemerkungen
1907 Preußen		0,45	0,45	
1908 D.A.f.E.			0,45	*1
1914 D.A.f.E.		0,40	0,40 1,40	ohne Nachweis der Schubspannung Balken und Plattenbalken Höchstwert ohne Berücksichtigung aufgebogener Eisen oder Bügel
1916 D.A.f.E.	wie **1914**			
1925 D.A.f.E.	wb28 ≥ 100 kg/cm^2 ≥ 130 kg/cm^2	 *2 *3	 0,40 0,55 1,40	 ohne Nachweis der Schubsicherung für Balken und Plattenbalken Höchstwert ohne Berücksichtigung aufgebogener Eisen oder Bügel

Jahr	Betongüte	Platten	andere Bauteile	Bemerkungen
1932 DIN 1045	 wb28 ≥ 160 kg/cm²	0,60 0,80	0,40 0,55	ohne Nachweis der Schubsicherung
	  ≥ 160 kg/cm²	1,40 1,60	1,40 1,60	Höchstwert ohne Berücksichtigung aufgebogener Eisen oder Bügel
1943 DIN 1045	B 120 B 160 B 225 B 300	0,60 0,80 0,90 1,00	0,40 0,60 0,70 0,80	ohne Nachweis der Schubsicherung
	B 120 B 160 B 225 B 300	1,40 1,60 1,80 2,00	1,40 1,60 1,80 2,00	Höchstwerte ohne Einrechnung der Schubbewehrung
1952 DIN 1045		wie **1943**		
1959 DIN 1045		wie **1943**		

*1 Wird eine größere Schubfestigkeit nachgewiesen, so darf die auftretende Spannung nicht über 1/5 dieser Festigkeit hinausgehen.

*2 Handelszement

*3 hochwertiger Zement

1.9 Zulässige Haftspannungen in MN/m² (biegebeanspruchte Bauteile)

Jahr	Betongüte	Haftspannung τ 1	Bemerkungen
1904 Preußen		0,45	
1907 Preußen		0,45	Die Haftspannung ist stets nachzuweisen.
1914 D.A.f.E.		0,45	für Bewehrungsstäbe mit Ø > 25 mm bzw. Stäbe ohne runden oder spitzwinkligen Haken an den Enden
1916 D.A.f.E.		0,45	für Bewehrungsstäbe mit Ø > 26 mm bzw. Stäbe ohne runden oder spitzwinkligen Haken an den Enden
1925 D.A.f.E.		0,45	für Bewehrungsstäbe mit Ø > 25 mm bzw. Stäbe ohne runden oder spitzwinkligen Haken an den Enden
1932 DIN 1045		0,50	für Bewehrungsstäbe mit Ø > 25 mm
1943 DIN 1045	B 120 B 160 B 225 B 300	0,40 0,50 0,60 0,80	für Bewehrungsstäbe mit Ø > 26 mm (5,31 cm²)
1952 DIN 1045	wie **1943**		
1959 DIN 1045	wie **1943**		

1.10 Zulässige Torsionsspannungen in MN/m² (Rechteckquerschnitte)

Jahr	Betongüte	ohne Nachweis der Torsionsspannung	Höchstwert ohne Einrechnung der Torsionsbewehrung	Bemerkungen
1914 D.A.f.E.		0,40		
1916 D.A.f.E.		0,40		
1925 D.A.f.E.		0,40		entspricht der Schubspannung
1932 DIN 1045				Torsionsbeanspruchungen werden wie Schubbeanspruchungen betrachtet.
1943 DIN 1045	B 120 B 160 B 225 B 300	0,40 0,50 0,60 0,70	1,40 1,60 1,80 2,00	
1952 DIN 1045	wie **1943**			
1959 DIN 1045	wie **1943**			

1.11 Zulässige Torsions- und Schubspannungen in MN/m² (biegebeanspruchte Rechteckquerschnitte)

Jahr	Betongüte	ohne Nachweis der Torsionsbewehrung	Höchstwert ohne Einrechnung der Schub- und Torsionsbewehrung	Bemerkungen
1943 DIN 1045	B 120 B 160 B 225 B 300	0,60 0,80 0,90 1,00	1,70 2,00 2,30 2,60	
1952 DIN 1045	wie **1943**			
1959 DIN 1045	wie **1943**			

2 Konstruktionshinweise

2.1 Bewehrungshinweise

Jahr	Hinweise
1907 Preußen	Tragstäbe erhalten zweckmäßig aufgebogene Enden.
1914 D.A.f.E.	a) Zugeisen sind an ihren Enden mit halbkreisförmigen oder spitzwinkligen Haken zu versehen, deren lichter Durchmesser mind. den 2,5-fachen Eisendurchmesser beträgt. b) Krümmungshalbmesser von abgebogenen Eisen mind. 10- bis 15-facher Eisendurchmesser c) In Plattenbalken sind stets Bügel anzuordnen.
1916 D.A.f.E.	wie **1914**
1925 D.A.f.E.	a) wie **1914** Abs. a b) wie **1914** Abs. b c) Zugeiseneinlagen sind möglichst nicht zu stoßen. d) In einem Querschnitt von Balken und Zuggliedern soll nur ein Stoß liegen. e) Stöße können durch Spannschlösser oder durch Schweißen ausgeführt werden.
1932 DIN 1045	a) wie **1914** Abs. a b) Der lichte Krümmungshalbmesser von abgebogenen Eisen muss mindestens das 5-fache des Eisendurchmessers sein. c) Bei Stützen empfiehlt es sich, die Längseisen mit kurzen rechtwinkligen Haken zu versehen. d) wie **1925** Abs. c e) In einem Querschnitt von Balken, Plattenbalken und Zuggliedern soll nur 1 Stoß liegen. f) Stöße können durch Spannschlösser oder durch Schweißen ausgeführt werden. Der Querschnitt an der Stoßstelle stumpf geschweißter Zugeisen darf nur mit 60 % in Rechnung gestellt werden.

Jahr	Hinweise
1943 DIN 1045	a) Zugeisen müssen an ihren Enden halbkreisförmige Haken erhalten, deren lichter Durchmesser bei Betonstahl I mindestens 2,5-facher Betonstahl II+III mindestens 5,0-facher Stabdurchmesser beträgt. b) Bei Stützen müssen die Längseinlagen mindestens rechtwinklige Haken erhalten. c) Bei Verwendung von Betonformstählen bis ∅ 26 mm dürfen in Balken und Plattenbalken die Endhaken der Zugeinlagen mit dem 2,5-fachen Stabdurchmesser gebogen werden, und bei Zugeinlagen von Platten dürfen die Endhaken fehlen (wenn durch baupolizeiliche Zulassung gestattet). d) Lichter Krümmungsdurchmesser an Abbiegungsstellen muss mindestens 10-facher Stabdurchmesser sein. Der Krümmungsdurchmesser muss mindestens 15-facher Stabdurchmesser sein bei Stäben mit ∅ > 40 mm oder seitlicher Betondeckung < 2 ∅ + 2 cm. e) Zugeinlagen sind möglichst nicht zu stoßen. In einem Querschnitt von Balken, Plattenbalken und Zuggliedern soll nur 1 Stoß liegen, höchstens darf von je 5 Bewehrungsstäben nur 1 Stab gestoßen werden. f) Stöße können hergestellt werden durch Schweißung, Spannschlösser und Überdeckung. An Stoßstellen stumpf geschweißter Zugeinlagen darf der Querschnitt nur mit 80 % in Rechnung gestellt werden. g) Trageisen in Zuggliedern (Hängestangen, Zugbändern) dürfen nicht durch Überdeckung gestoßen werden. Zugeinlagen > ∅ 26 mm dürfen in Rippendecken, Balken, Plattenbalken und rippenförmigen Rahmenriegeln nicht durch Überdeckung gestoßen werden. h) Bei hohen Balken und Plattenbalken (d bzw. do > 1,40 m) ist eine Stegbewehrung anzuordnen (mind. 8 % der Hauptzugbewehrung). Sie darf zu 50 % auf die Hauptbewehrung angerechnet werden, wenn kein genauer Spannungsnachweis geführt wird.
1952 DIN 1045	wie **1943**
1953	Bei Betonrippenstahl dürfen die Endhaken fehlen.
1959 DIN 1045	wie **1943**

2.2 Betondeckung der Eiseneinlagen

Jahr	Bauteil	Betondeckung Mindestwert in cm innen	Betondeckung Mindestwert in cm im Freien	Bemerkungen
1904 Preußen	Stützen bügelbewehrt	2,0		der Längseisen
	Stützen umschnürt	2,0 bis 3,0		der Längseisen
1907 Preußen	Platten	1,0		
	Balken	2,0		
1914 D.A.f.E.	Platten	1,0		Bügel von Rippen 1,5 cm
1916 D.A.f.E.	Platten	1,0		
	Stützen Balken	1,5	2,0	Überdeckung der Bügel
1925 D.A.f.E.	Platten	1,0	1,5	unten *1
	Stützen Balken Rippen	1,5	2,0	Überdeckung der Bügel *1
1932 DIN 1045	Platten Rippendecken	1,0	1,5	auch etwaiger Bügel *2
	alle anderen Bauteile	1,5	2,0	*2
1943 DIN 1045	Platten Rippendecken	1,0	1,5	auch etwaiger Bügel *2
	alle anderen Bauteile	1,5	2,0	*2
1952 DIN 1045	Platten Rippendecken	1,0	1,5	auch etwaiger Bügel *2
	alle anderen Bauteile	1,5	2,0	*2
1959 DIN 1045	Platten Rippendecken	1,0	1,5	auch etwaiger Bügel *2
	alle anderen Bauteile	1,5	2,0	*2

*1 Bei Bauteilen, die der Einwirkung von zementschädlichen Wässern, Säuren, Säuredämpfen, schädigenden Salzlösungen, Ölen, schwefligen Rauchgasen usw. oder hohen

Hitzegraden ausgesetzt sind, ist eine Vergrößerung der Betondeckung bis auf 4,0 cm (ohne Putz) in Betracht zu ziehen.

In Räumen mit gewerblichem Betrieb und starkem Verkehr muss die Oberseite der Decken gegen Abnutzung gesichert werden.

a) Decken 1,0 cm dicker als statisch notwendig unter Verwendung eines besonders widerstandsfähigen Betons an der Oberseite
b) Anordnung eines dauerhaften Belages oder Estrich

*2 Bei größeren Abmessungen und besonders schwierigen Verhältnissen empfiehlt es sich, die Betondeckung der Eiseneinlagen > 2,0 cm zu wählen.

Bauwerke und Bauteile, die der Einwirkung von zementschädlichen Wässern, Salzlösungen, Ölen, schwefeligen Rauchgasen usw. ausgesetzt sind, erfordern besondere Schutzmaßnahmen.

a) besonders dichter und wasserundurchlässiger Beton
b) besondere Verkleidungen
c) Zementputz
d) Schutzanstriche
e) Betondeckungen bis 4,0 cm

Schutz gegen mechanische Angriffe in Räumen mit gewerblichem Betrieb und starkem Verkehr

wie **1925**

2.3 Abstände der Tragbewehrung

Jahr	Bauteil	Achsabstand der Hauptbewehrung	Querbewehrung Verteilereisen pro Meter	Bemerkungen
1907 Preußen	Platten	10 bis 20cm	∅ quer gleich 0,5 ∅ längs	Abstand der Verteilereisen kann größer gewählt werden als Hauptbewehrung.
1914 D.A.f.E.	Platten Balken	≤ 15 cm ≥ 2 cm		Decken
1916 D.A.f.E.	Platten Balken	≤ 15 cm ≥ 2 cm		Decken
1925 D.A.f.E.	Platten Platten	15 cm 8 bis 10 cm	3 ∅ 7 mm mind.	im Bereich der größten Momente sehr dünne Platten

Jahr	Bauteil	Achsabstand der Hauptbewehrung	Querbewehrung Verteilereisen pro Meter	Bemerkungen
1932 DIN 1045	Platten	15 cm ≤ 1,5-fache Plattendicke	3 ∅ 7 mm mind.	im Bereich der größten Momente
	Balken	≥ 2 cm mind. ∅		max. in 2 Lagen
1943 DIN 1045	Platten	≤ 20 cm max. 1,5 d	20 % der Hauptbewehrung	im Bereich der größten Momente (Feldmomente) *1 d = Plattendicke
	Balken	≥ 2 cm mind. ∅		max. in 2 Lagen
1952 DIN 1045	Platten	max. 20 cm > 1,5 d max. 15 cm (Rippenstahl)	1/5 der Hauptbewehrung	im Bereich der größten Momente d = Plattendicke *1
	Balken	≥ 2 cm mind. ∅		max. in 2 Lagen
1959 DIN 1045	Platten	max. 20 cm > 1,5 d max. 15 cm (Rippenstahl)	1/5 der Hauptbewehrung	im Bereich der größten Momente d = Plattendicke *1
	Balken	≥ 2 cm mind. ∅		max. in 2 Lagen

*1 Bei Platten d > 60 cm größter Abstand der Stahleinlagen d/3
Verteilereisen mindestens: Baustahl I – 3 ∅ 7 mm
Baustahl II+III - 3 ∅ 6 mm Baustahl IV – 3 ∅ 5 mm

2.4 Verankerungslängen

2.4.1 Endverankerung

Jahr	Stahl	Lage	Verankerungslänge d = Stabdurchmesser	Bemerkungen
1907 D.A.f.E.	Rundeisen			aufgebogene Enden
1914 D.A.f.E.	Rundeisen			halbkreisförmige oder spitzwinklige Haken an den Enden
1932	Baustahl-gewebe		Verankerung durch aufgeschweißte Querstäbe	
1935	Baustahl-gewebe		Verankerung durch aufgeschweißte Quer-stäbe	
1943				Endhakenlänge 6 bis 8 ∅
1954 Richtlinien	Beton-Rippenstahl	A B	6 d 12 d	Endauflager ab Mitte Auflager *1
		A	6 d	ab rechnerischen Endpunkt des Stabes *1
		B	12 d	
1959 Richtlinien	wie **1954**			

Lage A: Stäbe, die beim Betonieren lotrecht stehen bzw. mindestens 45° gegen die Waagerechte geneigt sind oder waagerecht höchstens 25 cm über dem Schalboden liegen

Lage B: alle übrigen Stäbe

*1 Endverankerung ohne Haken (a4)
1/3 der im Feld vorhandenen Stäbe ist über das Auflager durchzuführen.

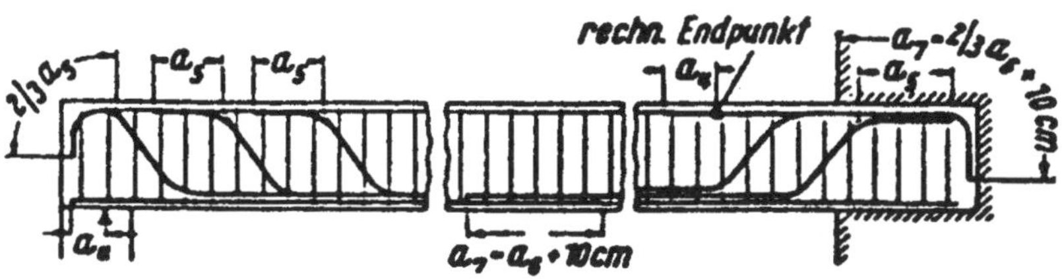

2.4.2 Überdeckungslängen

Jahr	Zugstöße Lü	Druckstöße Lü	Bemerkungen
1904 Preußen		≥ 20 bis 30 cm	Rundstäbe. Anschluss- bewehrung für Stützen mit zentrischem Druck
1925 D.A.f.E.	40 d		Rundstäbe Enden mit Rundhaken *1
1931		≥ 40 d ≥ 50 cm	Rundstäbe. Anschluss bewehrung für Stützen mit zentrischem Druck
1932			Baustahlgewebe keine Vorschriften über Stöße
1932 DIN 1045	40 d 50 d		Rundstäbe Enden mit Rundhaken. Handelseisen St. 52 *2
1935	≥ 3 Maschen ≥ 1 Masche		Baustahlgewebe Tragstoß Verteilerstoß
1938	≥ 40 · 2 d		I-Steg-Stahl d = Durchmesser der verdrillten Einzeleisen
1943 DIN 1045	≥ 30 cm (3 Maschen, mind. 4 Ver- teilerstäbe) ≥ 10 cm (1 Masche, mind. 2 Trag- stäbe)		Baustahlgewebe Tragstäbe Verteilerstäbe
	*3		Rundstahleinlagen
1954 Richtlinien	*4		Rundstäbe, Betonrippen- stahl (**1954** Richtlinien)
	3 Maschen ≥ 30 cm 1 Masche ≥ 10 cm		Baustahlgewebe Verteilerstäbe Tragstäbe
1959 Richtlinien	*5		Rundstähle
	wie **1954**		Baustahlgewebe

d = Durchmesser der Stahleinlagen

*1 Bei Zuggliedern und > 20 mm dicken Zugeisen in Balken nicht zulässig.

*2 Ausbildung der Stöße durch Überdecken nicht zulässig bei Trageisen in Zuggliedern (Hängestangen, Zugbänder) und > 25 mm dicken Zugeisen in Balken, Plattenbalken, Rippendecken und rippenförmigen Rahmenriegeln.

*3 Überdeckungslängen bei Stößen von Rundstahleinlagen

Überdeckungslänge ohne Berücksichtigung der Hakenlänge

δ = Stabdurchmesser

Stahlspannung $\sigma_e \cdot$ kg/cm²	Betongüteklasse			
	B 120	B 160	B 225	B 300
1000	42 · δ	33 · δ	28 · δ	21 · δ
1200	50 · δ	40 · δ	33 · δ	25 · δ
1400	58 · δ	47 · δ	39 · δ	29 · δ
1600	67 · δ	54 · δ	45 · δ	33 · δ
1800	75 · δ	60 · δ	50 · δ	38 · δ
2000	83 · δ	67 · δ	56 · δ	42 · δ
2200	92 · δ	73 · δ	61 · δ	46 · δ
2400	100 · δ	80 · δ	67 · δ	50 · δ
2600	108 · δ	87 · δ	72 · δ	64 · δ

$$lü = \frac{\delta \cdot \sigma e\ zul}{6 \cdot \tau 1} \quad (\tau 1 = \text{zul. Haftspannung})$$

*4 lü mit Endhaken (a6)

d = Stabdurchmesser

Stahl	zul σe MN/m²	Lage	Beton				
			B 160	B 225	B 300	B 450	B 600
St.I	140	A	30d	25d	15d	10d	10d
		B	60d	50d	30d	20d	16d
St.IIa	200	A	45d	30d	25d	15d	12d
		B	90d	60d	50d	30d	25d
St.IIIa und St.IVa	240	A	55d	35d	30d	20d	15d
		B	110d	70d	60d	40d	30d
St.IVa	280	A	–	45d	35d	25d	17d
		B	–	90d	70d	50d	35d

Lage A: Stäbe, die beim Betonieren lotrecht stehen bzw. mind. 45° gegen die Waagerechte geneigt sind oder waagerecht höchstens 25 cm über dem Schalboden liegen

Lage B: alle übrigen Stäbe

Bei Überdeckungsstößen ohne Endhaken muss die Überdeckungslänge der Tabelle um ≥ 10 cm vergrößert werden (mindestens lü = 20 cm)

*5 Überdeckungslänge lü in cm

ohne Endhaken für Rippen-Torstahl bzw. Betonrippenstahl

Stabdurchmesser mm	Lage	Beton			
		B160	B225	B300	B450
6	A	36	30	24	21
	B	66	54	42	36
8	A	48	40	32	28
	B	88	72	56	48
10	A	60	50	40	35
	B	110	90	70	60
12	A	72	60	48	42
	B	132	108	84	72
14	A	84	70	56	49
	B	154	126	98	84
16	A	96	80	64	56
	B	176	144	112	96
18	A	108	90	72	63
	B	198	162	126	108
20	A	120	100	80	70
	B	222	180	140	120
22	A	132	110	88	77
	B	242	198	154	132
24	A	144	120	96	84
	B	264	216	168	144
26	A	156	130	104	91
	B	286	234	182	156

Lage A: Stäbe, die beim Betonieren lotrecht stehen bzw. mind. 45° gegen die Waagerechte geneigt sind oder waagerecht höchstens 25 cm über dem Schalboden liegen

Lage B: alle übrigen Stäbe

2.4.3 Verankerungslängen der Schubaufbiegungen (a5)

Jahr	Verankerungslänge	Bemerkung
1954 Richtlinien	≥ 20 cm *1	Betonrippenstahl
1959 Richtlinien	*2	Betonrippenstahl (Rippen-Torstahl)

*1 Verankerungslängen ohne Endhaken in der Betondruckzone

*2 Verankerungslängen ohne Endhaken in cm in der Betondruckzone

d = Stabdurchmesser

Stahl	zul σe MN/m²	Lage	Beton B160	B225	B300	B450	B600
St. I	140	A	12d	10d	10d	10d	10d
		B	24d	16d	12d	10d	10d
St.IIa	200	A	16d	12d	10d	10d	10d
		B	32d	24d	16d	12d	10d
St. IIIa und St. IVa	240	A	18d	12d	10d	10d	10d
		B	36d	24d	20d	12d	10d
St. IVa	280	A	–	16d	12d	10d	10d
		B	–	32d	24d	16d	12d

Lage A: Stäbe, die beim Betonieren lotrecht stehen bzw. mind. 45° gegen die Waagerechte geneigt sind oder waagerecht höchstens 25 cm über dem Schalboden liegen

Lage B: alle übrigen Stäbe

Wird bei Aufbiegungen am Auflager das Verankerungsstück mindestens rechtwinklig abgebogen, so darf der Tafelwert auf 2/3 verringert werden.

Stabdurchmesser mm	Lage	Beton B160	B225	B300	B450
6	A	20	20	20	22
	B	22	20	20	20
8	A	20	20	20	20
	B	29	20	20	20
10	A	20	20	20	20
	B	36	24	20	20
12	A	22	20	20	20
	B	43,5	29	20	20
14	A	25	20	20	20
	B	50,5	34	28	20
16	A	29	20	20	20
	B	58	38,5	32	20
18	A	32,5	22	20	20
	B	65	43,5	36	22
20	A	36	24	20	20
	B	72	48	40	24
22	A	40	26,5	22	22
	B	79,5	53	44	26,5
24	A	43,5	29	24	24
	B	86,5	58	48	29
26	A	47	31,5	26	26
	B	94	62,5	52	31,5

Lage A: Stäbe, die beim Betonieren lotrecht stehen bzw. mind. 45° gegen die Waagerechte geneigt sind oder waagerecht höchstens 25 cm über dem Schalboden liegen

Lage B: alle übrigen Stäbe

Wird bei Aufbiegungen am Auflager das Verankerungsstück mindestens rechtwinklig abgebogen, so darf der Tafelwert auf 2/3 verringert werden.

2.5 Abreißbewehrung auf 1 Meter Balkenbreite

Jahr	Anteil der Hauptbew. der Platte in %	Mindestbewehrung oben Stahl I	II + III	IV	Bemerkungen
1914 D.A.f.E.		8 ∅ 7 mm			Deckenplatten
1916 D.A.f.E.		8 ∅ 7 mm			Deckenplatten
1925 D.A.f.E.		8 ∅ 7 mm			Deckenplatten
1932 D.A.f.E.		8 ∅ 7 mm			Deckenplatten
		8 ∅ 5 mm			Dachdecken oder untergehängte Decken *1 *2
1943 DIN 1045	60	8 ∅ 7 mm	8 ∅ 6 mm	8 ∅ 5 mm	Deckenplatten *1
		8 ∅ 5 mm	8 ∅ 5 mm	8 ∅ 5 mm	Dachdecken oder untergehängte Decken *1 *2
1952 DIN 1045	60	8 ∅ 7 mm	8 ∅ 6 mm	8 ∅ 5 mm	Deckenplatten *1
		8 ∅ 5 mm	8 ∅ 5 mm	8 ∅ 5 mm	Dachdecken oder untergehängte Decken *1 *2
1959 DIN 1045	60	8 ∅ 7 mm	8 ∅ 6 mm	8 ∅ 5 mm	Deckenplatten *1
		8 ∅ 5 mm	8 ∅ 5 mm	8 ∅ 5 mm	Dachdecken oder untergehängte Decken *1 *2

*1 Länge der Rundstähle ≥ L/4 vom Balkenrand (L = Plattenstützweite)

*2 Nur bei Ausbesserungs- und Reinigungsarbeiten begangen.

2.6 Bewehrung der Stützen

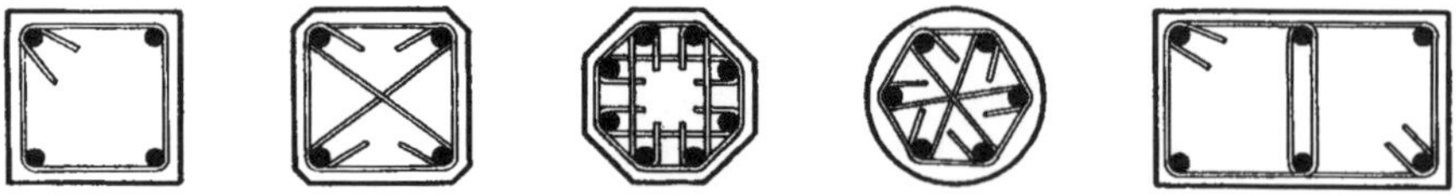

Verschiedene Formen der Verbügelung

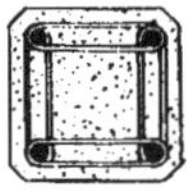

Stütze nach Wayss

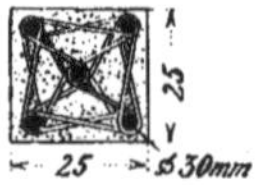

Querbügel nach Luipold

Querbügel nach Züblin

Jahr	Längsbewehrung des Betonquerschnitts max. in %	Längsbewehrung des Betonquerschnitts min. in %	Bügelabstand bzw. Spiralabstand (Ganghöhe) in cm	Bemerkungen
1904 Preußen	2,0	0,80	max. kleinere Stützenbreite	bügelbew. Stützen
	8,0	1,5	1/5 bis 1/10 des ∅ Kernquerschnitts	umschnürte Stützen des Kernquerschnitts
1907 Preußen			max. kleinere Stützenbreite bzw. 30-facher ∅ der Längsbewehrung	bügelbew. Stützen
1909			max. kleinere Stützenbreite minus 5 cm	bügelbew. Stützen
1914 D.A.f.E.	3,0	0,80	12-facher ∅ der Längsbewehrung bzw. max. kleinere Stützenbreite	bügelbew. Stützen
		1/3 As der Querbew.	< 1/5 des ∅ Kernquerschnitts	umschnürte Stützen
1916 D.A.f.E.	wie **1914**			
1925 D.A.f.E.	3,0	h/d ≥ 10 0,80 h/d = 5 0,50		bügelbew. Stützen h = Stützenhöhe d = kleinste Querschnittsbreite
	3,0	0,80	≤ 8,0 cm bzw. < 1/5 des ∅ Kernquerschn.	umschnürte Stützen des Kernquerschnitts *1

Jahr	Längsbewehrung des Betonquerschnitts max. in %	 min. in %	Bügelabstand bzw. Spiralabstand (Ganghöhe) in cm	Bemerkungen
1932 DIN 1045	6,0	h/d ≥ 10 0,80 h/d = 5 0,50	12-facher ∅ der Längsbewehrung bzw. max. kleinere Stützenbreite	bügelbew. Stützen h = Stützenhöhe d = kleinste Querschnittsbreite
	8,0	0,80	≤ 8,0 cm bzw. < 1/5 des ∅ Kernquerschn.	umschnürte Stützen des Kernquerschnitts
1943 DIN 1045	*2	*2	12-facher ∅ der Längsbewehrung bzw. max. kleinere Stützenbreite	bügelbew. Stützen mind. ∅ der Längs bewehrung 14 mm
1952 DIN 1045	B120, B160 3,0 B225, B300 6,0	h/d ≤ 5 0,50 h/d ≥ 10 0,80	12-facher ∅ der Längsbewehrung bzw. max. kleinste Stützenbreite	bügelbew. Stützen mind. ∅ der Längsbewehrung 14 mm
	≤ 6,0 des Kernquerschnitts	≥ 1,0 des Kernquerschnitts	max. 8 cm max. 1/5 des ∅ Kernquerschnitts	umschnürte Stützen des Kernquerschnitts *3
1959 DIN 1045	wie **1952**			

*1 Längsbewehrung As muss mimdestens 1/3 der Querbewehrung betragen.

*2 Für den Querschnitt der Längsbewehrung gelten folgende Grenzwerte in % des Betonquerschnitts.

$\frac{b_s}{d}$	B 120, B 160 Mindestwerte	 Höchstwert	B 225, B 300 Mindestwerte	 Höchstwert
≤ 5	0,50 %		0,50 %	
6	0,56 %		0,56 %	
7	0,62 %		0,62 %	
8	0,68 %	3 %	0,68 %	6 %
9	0,74 %		0,74 %	
≥ 10	0,80 %		0,80 %	

Ist bei Stützen mit Bügelbewehrung die Längsbewehrung aus Rundstahl größer als 3 % des Betonquerschnitts, so muss entweder die Längsbewehrung zweier aufeinander folgender Geschosse an der Stoßstelle stumpf verschweißt werden, oder es muss die Hälfte der Längseinlagen ungestoßen durch je 2 Geschosse hindurchgehen.

Bügeldurchmesser in Abhängigkeit der Stützendicke d

Säulenstärke d in cm	≤ 30	≤ 45	≤ 60	≤ 80
Bügeldurchmesser in mm	5	6	7	8

*3 As Umschnürung muss sein < 3 As der Längsbewehrung.

2.7 Querschnittswerte der Bewehrungsstäbe

2.7.1 Rundstahlbewehrung und Formeisen

Rundeisentafel

Dmr. ∅	Gewicht eines Eisens	Umfang eines Eisens	Eisenquerschnitt in cm² bei Stückzahl													
mm	kg/m	cm	1	2	3	4	5	6	7	8	9	10	11	12	13	14
5	0,154	1,571	0,20	0,39	0,59	0,79	0,98	1,18	1,37	1,57	1,77	1,96	2,16	2,36	2,55	2,75
6	0,222	1,885	0,28	0,57	0,85	1,13	1,41	1,70	1,98	2,26	2,54	2,83	3,11	3,39	3,68	3,96
7	0,302	2,199	0,38	0,77	1,15	1,54	1,92	2,31	2,69	3,08	3,46	3,85	4,23	4,62	5,00	5,39
8	0,395	2,513	0,50	1,01	1,51	2,01	2,51	3,02	3,52	4,02	4,52	5,03	5,53	6,03	6,53	7,04
10	0,617	3,142	0,79	1,57	2,36	3,14	3,93	4,71	5,50	6,28	7,07	7,85	8,64	9,42	10,21	11,00
12	0,888	3,77	1,13	2,26	3,39	4,52	5,65	6,79	7,92	9,05	10,18	11,31	12,44	13,57	14,70	15,83
14	1,208	4,40	1,54	3,08	4,62	6,16	7,70	9,24	10,78	12,32	13,85	15,39	16,93	18,47	20,01	21,55
16	1,578	5,03	2,01	4,02	6,03	8,04	10,05	12,06	14,07	16,08	18,10	20,11	22,12	24,13	26,14	28,15
18	1,998	5,65	2,54	5,09	7,63	10,18	12,72	15,27	17,81	20,36	22,90	25,45	27,99	30,54	33,08	35,63
20	2,466	6,28	3,14	6,28	9,42	12,57	15,71	18,85	21,99	25,13	28,27	31,42	34,56	37,70	40,84	43,98
22	2,984	6,91	3,80	7,60	11,40	15,21	19,01	22,81	26,61	30,41	34,21	38,01	41,81	45,62	49,42	53,22
24	3,551	7,54	4,52	9,05	13,57	18,10	22,62	27,14	31,67	36,19	40,72	45,24	49,76	54,29	58,81	63,33
26	4,168	8,17	5,31	10,62	15,93	21,24	26,55	31,86	37,17	42,47	47,78	53,09	58,40	63,71	69,02	74,33
28	4,834	8,80	6,16	12,32	18,47	24,63	30,79	36,95	43,10	49,26	55,42	61,58	67,73	73,89	80,05	86,21
30	5,549	9,42	7,07	14,14	21,21	28,27	35,34	42,41	49,48	56,55	63,62	70,69	77,75	84,82	91,89	98,96
32	6,313	10,05	8,04	16,08	24,13	32,17	40,21	48,25	56,30	64,34	72,38	80,42	88,47	96,51	104,55	112,59
34	7,127	10,68	9,08	18,16	27,24	36,32	45,40	54,48	63,55	72,63	81,71	90,79	99,87	108,95	118,03	127,11
36	7,990	11,31	10,18	20,36	30,54	40,72	50,89	61,07	71,25	81,43	91,61	101,79	111,97	122,15	132,32	142,50
38	8.903	11,94	11,34	22,68	34,02	45,36	56,71	68,05	79,39	90,73	102,07	113,41	124,75	136,09	147,43	158,78
40	9,865	12,57	12,57	25,13	37,70	50,27	62,83	75,40	87,96	100,53	113,10	125,66	138,23	150,80	163,36	175,93
45	12,485	14,14	15,90	31,81	47,71	63,62	79,52	95,43	111,33	127,23	143,14	159,04	174,95	190,85	206,76	222,66
50	15,413	15,71	19,64	39,27	58,91	78,54	98,18	117,81	137,45	157,08	176,72	196,35	215,99	235,62	255,26	274,89

Genormte Rundeisen (DIN 488)
Werkstoff: Flussstahl; Raumeinheitsgewicht: 7,85 kg/dm³
Für Beschaffenheit des Rundeisens amtliche Bestimmungen für Ausführung von Bauwerken aus Eisenbeton (§ 7) maßgebend (S. 170)

Bei Handelseisen (St37) zweckmäßig nicht kleinere Durchmesser als 6 mm verwenden!

1913 Kahneisen

Profil Nr.	Voller Querschnitt cm²	Kernquerschnitt cm²	Querschnitt eines Flügels cm²	Gewicht für 1 m kg	Bügellängen der abgetrennten Flügel cm
A	0,85	0,47	0,19	0,65	10 bis 20
I	2,55	1,59	0,48	2,0	15 30 45 60 75 90
II	5,10	3,34	0,88	4,0	" " "
III	9,50	7,70	0,90	7,4	" " "
IV	12,75	10,29	1,23	10,0	" " "

Profil A

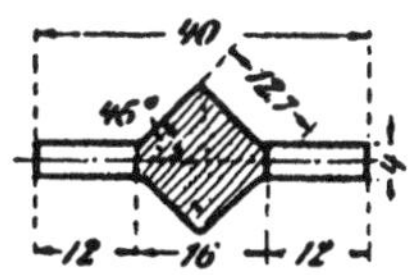

Profil I

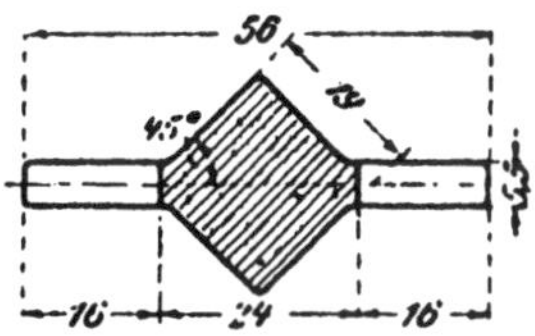

Profil II

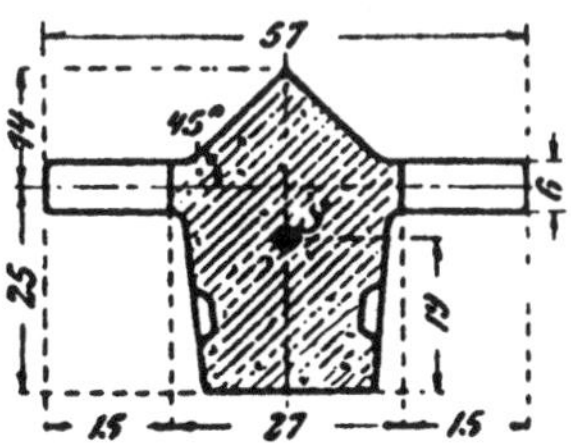

Profil III

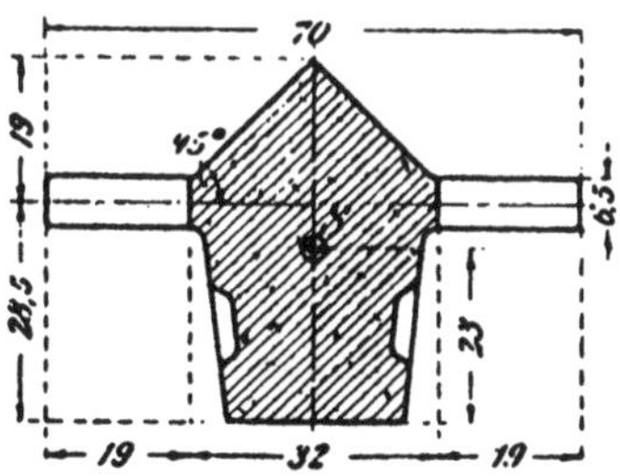

Profil IV

1913 Franke-Kegelwelle (für Franke-Decken)

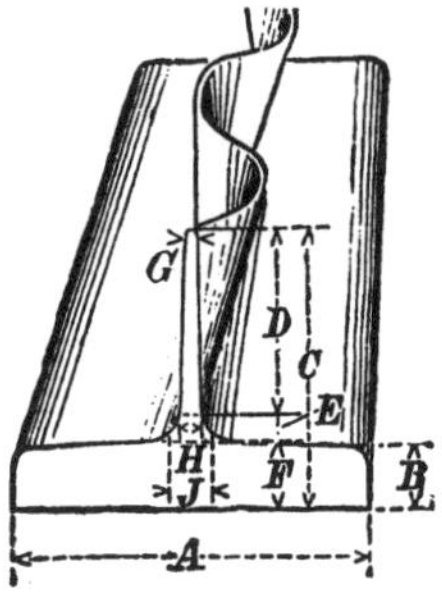

Profil-Nr.	Abmessungen A= 120, E = 10 mm							Quer-schnitt	Ge-wicht
	B	*C*	*D*	*F*	*G*	*H*	*J*	cm²	kg/m
1	9	71	50	11	3	5	10	14,75	11,49
2	11	73	50	13	3	5	10	17,15	13,36
3	14	76	50	16	4	6	12	21,40	16,67
4	18	80	50	20	4	6	12	26,20	20,31
5	14	86	60	16	5	7	14	22,65	17,64
6	18	90	60	20	5	7	14	27,45	21,38
7	21,5	93,5	60	23,5	5	7	14	31,65	24,66
8	21,5	103,5	70	23,5	6	8	16	33,10	25,80
9	26	108	70	28	6	8	16	38,50	30,00
10	29	111	70	31	6	8	16	42,10	32,80

Bulbeisen-Profile (vor 1913 gewalzt)

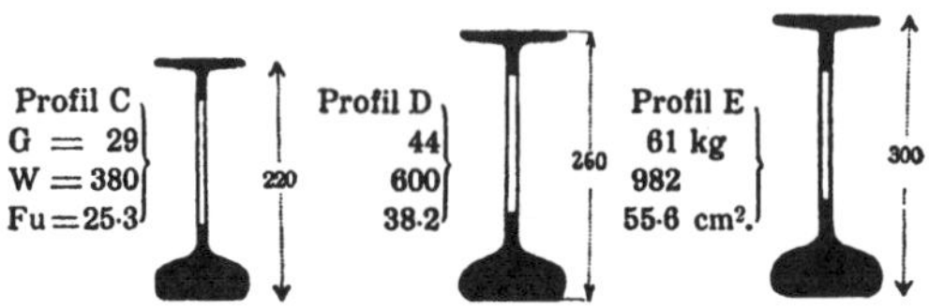

G = Gewicht pro lfdm., W = Widerstandsmoment, Fu = unterer Zugquerschnitt des Bulbeisens.

Gelochte Betoneisen für Pohlmann-Decken (ab ca. 1913 gewalzt)

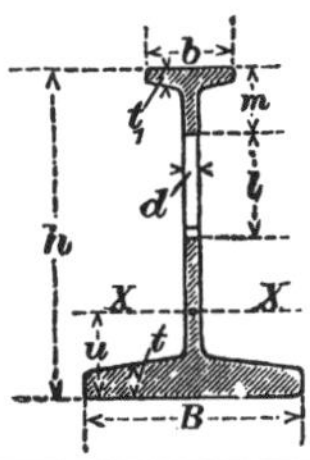

(Mitgeteilt von Steffens u. Nölle, A.-G., Berlin)
$l = 47$ mm.

Neigung des Flansches unten: 1 : 7, 1 : 8½, 1 : 10;
desgl. oben: 1 : 5 (bei allen Profilen).

Die Angaben der zweiten Zeile für *F* und *G* bei jedem Profil verstehen sich abzüglich der Durchlochungsfläche.

h	*B*	*b*	*d*	*t*	t_1	*m*	*u*	*F*	*G*	T_x	W_u	W_o
	in mm							cm²	kg/m	cm⁴	cm³	
150	100	40	6,5	15,5	8	30	39,1	26,57 23,51	20,85 19,62	633	163,3	57,5
165	120	45	7	17,5	8,8	40	42,0	34,25 30,96	26,89 25,75	997	237,4	81,1
170	140	50	8	19,5	9,5	45	42,2	42,85 39,09	33,64 32,34	1290	305,6	100,9

1937

⊗ mm	Querschnitt des Drillwulst-Stahles F_e in cm² bei einer Stückzahl von										Umfang in cm	Gewicht in kg/m
	1	2	3	4	5	6	7	8	9	10		
8	0,34	0,68	1,02	1,36	1,70	2,04	2,38	2,72	3,06	3,40	2,56	0,267
10	0,50	1,00	1,50	2,00	2,50	3,00	3,50	4,00	4,50	5,00	3,23	0,393
12	0,80	1,60	2,40	3,20	4,00	4,80	5,60	6,40	7,20	8,00	3,83	0,628
14	1,00	2,00	3,00	4,00	5,00	6,00	7,00	8,00	9,00	10,00	4,52	0,786
17	1,50	3,00	4,50	6,00	7,50	9,00	10,50	12,00	13,50	15,00	5,48	1,176
19	2,00	4,00	6,00	8,00	10,00	12,00	14,00	16,00	18,00	20,00	6,36	1,670
22	2,50	5,00	7,50	10,00	12,50	15,00	17,50	20,00	22,50	25,00	7,12	1,963
24	3,00	6,00	9,00	12,00	15,00	18,00	21,00	24,00	27,00	30,00	1,71	2,366
27	4,00	8,00	12,00	16,00	20,00	24,00	28,00	32,00	36,00	40,00	8,66	3,140
30	5,00	10,00	15,00	20,00	25,00	30,00	35,00	40,00	45,00	50,00	9,60	3,925
36	6,00	12,00	18,00	24,00	30,00	36,00	42,00	48,00	54,00	60,00	11,43	4,710

1938 Tabelle für I-Steg-Stahl

∅ mm	Querschnittsflächen des Isteg-Stahles ∅ Fi in cm² bei einer Stückzahl von									Gewicht in kg/m
	4	2	3	4	5	6	7	8	9	
5,5	0,47	0,95	1,42	1,90	2,37	2,85	3,32	3,80	4,27	0,373
6	0,57	1,13	1,70	2,26	2,83	3,39	3,96	4,52	5,09	0,443
7	0,77	1,54	2,31	3,08	3,85	4,62	5,39	6,16	6,93	0,604
8	1,01	2,01	3,02	4,02	5,03	6,03	7,04	8,04	9,04	0,788
9	1,27	2,54	3,82	5,09	6,36	7,63	8,90	10,18	11,51	0,998
10	1.57	3,14	4,71	6,28	7,85	9,42	10,99	12,56	14,14	1,232
11	1,90	3,80	5,70	7,60	9,50	11,40	13,30	15,20	17,10	1,491
12	2,26	4,52	6,78	9,04	11,30	13,57	15,83	18,09	20,36	1,774
13	2,65	5.31	7,96	10,62	13,27	15,92	18,58	21,23	23,89	2,062
14	3,08	6,16	9,23	12,31	15,39	18,47	21.55	24,63	27,71	2,415
15	3,53	7,07	10,60	14,14	17,67	21,20	24,74	28,27	31,81	2,772
16	4,02	8,04	12,06	16,08	20,11	24,14	28,15	32,17	36,19	3,154
17	4,54	9,08	13,62	18,16	22,70	27,24	31,78	36,32	40,86	3,560
18	5,09	10,18	15,27	20,36	25,45	30,54	35,62	40,71	45,80	3,995
19	5,67	11,34	17,01	22,68	28,35	34,02	39,69	45,36	51,03	4,451
20	6,28	12,57	18,85	25,13	31,42	37,70	43,98	50,26	56,55	4,932

Darf nicht als Druckbewehrung in Rechnung gestellt werden.

1952 Torstahl 42

Nenndurchmesser *d* mm	Gewicht einschl. Rippen (wie Rundstahl) *G* kg/m	Kerndurchmesser d_K mm	Querschnitt[1)] einschl. Rippen (wie Rundstahl) F_e cm²	Umfang *U* cm
6	0,222	5,93	0,283	2,10
7	0,302	6,91	0,385	2,45
8	0,395	7,90	0,503	2,80
10	0,617	9,88	0,785	3,50
12	0,888	11,8	1,13	4,19
14	1,21	13,8	1,54	4,90
16	1,58	15,8	2,01	5,59
18	2,00	17,8	2,54	6,29
20	2,47	19,7	3,14	6,99
22	2,98	21,7	3,80	7,69
24	3,55	23,7	4,52	8,39
26	4,17	25,7	5,31	9,09
28	4,83	27,6	6,16	9,78
30	5,55	29,6	7,07	10,5
32	6,31	31,6	8,04	11,2

1956 Nockenstahl

d	Gewicht eines Stabes	Umfang	Anzahl der Stäbe								
			1	2	3	4	5	6	7	8	9
mm	kg/m	cm	Querschnitt in cm²								
5	0,154	1,57	0,20	0,39	0,59	0,78	0,98	1,18	1,37	1,57	1,56
6	0,222	1,89	0,28	0,57	0,85	1,13	1,42	1,70	1,98	2,26	2,55
7	0,302	2,20	0,39	0,77	1,16	1,54	1,93	2,31	2,70	3,08	3,47
8	0,395	2,51	0,50	1,01	1,51	2,01	2,52	3,02	3,52	4,02	4,53
10	0,617	3,14	0,79	1,57	2,36	3,14	3,93	4,71	5,50	6,28	7,07

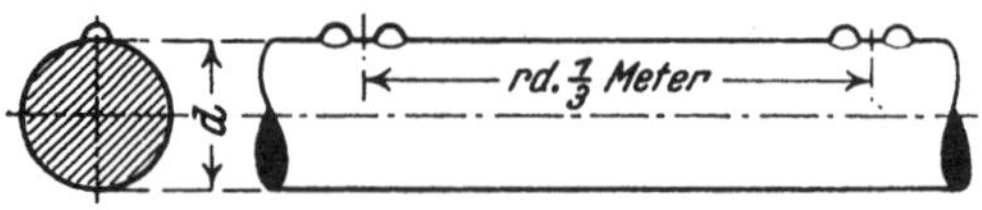

1959 Rippen-Torstahl

Querschnitt, Gewicht, Rippenabmessungen

Nenndurchmesser *d*	Querschnitt f_e	Gewicht *g*	Rippenhöhe *a*		Rippenabstand *c*		Rippen-	
			in der Mitte	in den Drittelspunkten	unverwunden	verwunden	Breite *b*	Länge *l*
mm	cm²	kg/m	mm	mm	mm	mm	mm	mm
6	0,28	0,222	0,42	0,36	6	3,7- 4,0	0,6	12
8	0,50	0,395	0,56	0,48	8	4,9- 5,3	0,8	18
10	0,79	0,617	0,70	0,60	10	6,2- 6,6	1,0	22
12	1,13	0,888	0,84	0,72	12	7,4- 7,9	1,2	26
14	1,54	1,21	0,98	0,84	14	8,6- 9,2	1,4	30
16	2,01	1,58	1,12	0,96	16	9,9-10,5	1,6	34
18	2,54	2,00	1,26	1,08	18	11,1-11,9	1,8	38
20	3,14	2,47	1,40	1,20	20	12,3-13,2	2,0	42
22	3,80	2,98	1,54	1,32	22	13,6-14,5	2,2	46
24	4,62	3,66	1,68	1,44	24	14,8-15,8	2,4	50
26	5,31	4,17	1,82	1,56	26	16,0-17,1	2,6	54

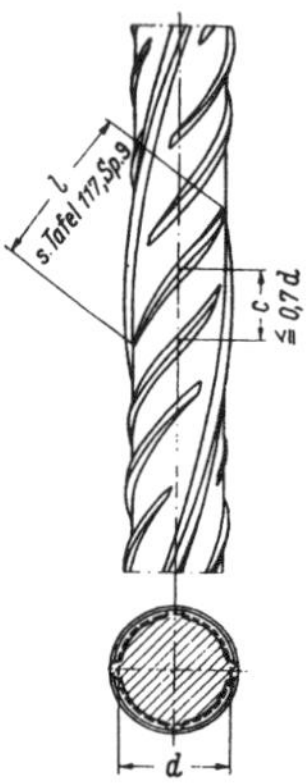

Stahlbetonrundstähle (DIN 488) und Drillwulst-Stahl

Rundstahl 		Querschnitt f_e in em² bei einer Anzahl der Stahleinlagen =												**Drillwulst-stahl** 		**Gewicht in kg/m** (Für beide Stahl-quer-schnitte)
		1	2	3	4	5	6	7	8	9	10	11	12			
						Für 1 m Deckentiefe zugehöriger Mittenabstand a in cm =										
Ø d_1 mm	U cm					20,0	16,7	14,3	12,5	11,1	10,0	9,10	8,35	Ø D_1 mm	U cm	
5	1,57	**0,196**	0,392	0,588	0,784	0,980	1,18	1,37	1,57	1,76	1,96	2,16	2,35	–	–	0,154
6	1,89	**0,283**	0,566	0,849	1,13	1,41	1,70	1,98	2,26	2,55	2,83	3,11	3,40	**7**	2,20	0,222
7	2,20	**0,385**	0,707	1,16	1,54	1,92	2,31	2,70	3,08	3,46	3,85	4,23	4,62	**8**	2,51	0,302
8	2,51	**0,503**	1,01	1,51	2,01	2,51	3,02	3,52	4,02	4,53	5,03	5,53	6,04	**10**	3,14	0,395
10	3,14	**0,785**	1,57	2,36	3,14	3,93	4,71	5,50	6,28	7,07	7,85	8,64	9,42	**12**	3,77	0,617
12	3,77	**1,13**	2,26	3,39	4,52	5,65	6,78	7,91	9,04	10,2	11,3	12,4	13,6	**15**	4,71	0,888
14	4,40	**1,54**	3,08	4,62	6,16	7,70	9,24	10,8	12,3	13,9	15,4	16,9	18,5	**17**	5,34	1,21
16	5,03	**2,01**	4,02	6,03	8,04	10,0	12,1	14,1	16,1	18,1	20,1	22,1	24,1	**19**	5,97	1,58
18	5,65	**2,54**	5,08	7,62	10,2	12,7	15,2	17,8	20,3	22,9	25,4	27,9	30,5	**22**	6,91	2,00
20	6,28	**3,14**	6,28	9,42	12,6	15,7	18,8	22,0	25,1	28,3	31,4	34,5	37,7	**24**	7,54	2,47
22	6,91	**3,80**	7,60	11,4	15,2	19,0	22,8	26,6	30,4	34,2	38,0	41,8	45,6	**27**	8,48	2,98
24	7,54	**4,52**	9,04	13,6	18,1	22,6	27,1	31,6	36,2	40,7	45,2	49,7	54,2	**29**	9,11	3,55
26	8,17	**5,31**	10,6	15,9	21,2	26,5	31,9	37,2	42,5	47,8	53,1	58,4	63,7	**32**	10,0	4,17
28	8,80	**6,16**	12,3	18,5	24,6	30,8	37,0	43,1	49,3	54,4	61,6	67,8	73,9	**34**	10,7	4,83
30	9,42	**7,07**	14,1	21,2	28,3	35,3	42,4	49,5	56,6	63,6	70,7	77,8	84,8	**36**	11,3	5,55
32	10,1	**8,04**	16,1	24,1	32,2	40,2	48,2	56,3	64,3	72,4	80,4	88,4	96,5	***38***	*11,9*	6,31
34	10,7	**9,08**	18,2	27,2	36,3	45,4	54,5	63,6	72,6	81,7	90,8	99,9	109	***42***	*13,2*	7,13
36	11,3	**10,2**	20,4	30,6	40,8	51,0	61,2	71,4	81,6	91,8	102	112	122	***44***	*13,8*	7,99
38	11,9	**11,3**	22,6	33,9	45,2	56,5	67,8	79,1	90,4	102	113	124	136	***46***	*14,4*	8,90
40	12,6	**12,6**	25,2	37,8	50,4	63,0	75,6	88,2	101	113	126	139	151	***48***	*15,1*	9,87
45	14,1	**15,9**	31,8	47,7	63,6	79,5	95,4	111	127	143	159	175	191	***54***	*17,0*	12,5
50	15,7	**19,6**	39,2	58,8	78,4	98,0	118	137	157	176	196	216	235	***60***	*18,8*	15,4

2.7.2 Betonstahlmatten

1936 Baustahlgewebe

Ø	1 Draht	Querschnitt cm²/m Breite bei Drahtabständen von mm							Zugehöriger Verteilungs-draht Ø
m/m	cm²	50	75	100	150	200	250	300	m/m
4,2	0,138	2,77	1,85	1,38	0,92	0,69	0,55	0,46	3,4
5,0	0,196	3,93	2,62	1,96	1,31	0,98	0,79	0,65	4,2
5,5	0,237	4,75	3,17	2,37	1,58	1,19	0,95	0,79	4,2
6,0	0,283	5,65	3,77	2,83	1,88	1,41	1,13	0,94	5,0
6,5	0,332	6,64	4,43	3,32	2,21	1,66	1,33	1,11	5,0
7,0	0,385	7,69	5,13	3,85	2,56	1,92	1,54	1,28	5,0
7,5	0,442	8,83	5,89	4,43	2,94	2,21	1,77	1,47	5,5
8,0	0,502	10,05	6,70	5,02	3,35	2 51	2,01	1,67	6,0
8,5	0,567	11,4	7,55	5,67	3,78	2,84	2,27	1,89	6,5
9,0	0,635	12,7	8,45	6,35	4,23	3,18	2,54	2,12	7,0
9,5	0,708	14,16	9,45	7,08	4,72	3,54	2,83	2,36	7,5
10,0	0,785	15,70	10,50	7,85	5,22	3,92	3,14	2,61	8,0
10,5	0,866	17,32	11,55	8,66	5,77	4,33	3,47	2,89	8,0
11,0	0,947	18.90	12,60	9,47	6,31	4,74	3,79	3,15	8,0
11,5	1,038	20,76	13,82	10,38	6,91	5,18	4,15	3,46	8,5
12,0	1,130	22,60	15,10	11,30	7,53	5,65	4,52	3,76	9,0

1952 Betonstahlmatten

Gangbare Abmessungen von »Betonstahlmatten«

Nr.	Drahtabstand		Draht-∅		Querschnitt in cm² je m		kg je m²
	längs mm	quer mm	längs mm	quer mm	längs	quer	
1	50	50	2,5	2,5	1,00	1,00	1,60
2	50	50	3,0	3,0	1,40	1,40	2,20
2a	75	75	3,0	3,0	0,90	0,90	1,50
2b	75	75	3,4	3,4	1,21	1,21	1,95
2c	75	75	4,2	4,2	1,85	1,85	2,90
3b	75	300	4,2	4,2	1,85	0,46	1,80
3c	75	300	4,6	4,2	2,22	0,46	2,15
*3	75	300	5,0	4,2	2,62	0,46	2,40
3a	75	300	5,0	5,0	2,62	0,65	2,60
*4	75	300	6,0	5,0	3,77	0,65	3,50
4a	75	300	7,0	5,0	5,13	0,65	4,55
5	100	100	3,4	3,4	0,91	0,91	1,45
6	100	100	4,2	4,2	1,38	1,38	2,20
6a	100	100	4,6	4,6	1,66	1,66	2,65
7	100	100	5,0	5,0	1,96	1,96	3,10
*8	100	300	4,2	4,2	1,38	0,46	1,50
8a	100	300	4,2	5,0	1,38	0,65	1,60
8b	100	300	4,6	4,2	1,66	0,46	1,70
*9	100	300	5,0	4,2	1,96	0,46	1,95
9a	100	300	5,0	5,0	1,96	0,65	2,10
10	100	300	5,5	4,2	2,37	0,46	2,20
11	100	300	6.0	5,0	2,83	0,65	2,80
12	100	300	7,0	5,0	3,85	0,65	3,60
12a	100	300	8,0	6,0	5,02	0,94	4,70
13a	150	150	3,0	3,0	0,50	0,50	0,80
13b	150	150	3,4	3,4	0,61	0,61	1,00
*13	150	150	4,2	4,2	0,92	0,92	1,50
13c	150	150	4,6	4,6	1,11	1,11	1,80
14	150	150	5,0	5,0	1,31	1,31	2,10
15	150	150	5,5	5,5	1,60	1,60	2,50
16	150	150	6,0	6,0	1,88	1,88	3,00
17	150	150	7,0	7,0	2,56	2,56	4,05
*24	150	300	4,2	4,2	0,92	0,46	1,10
24a	150	300	4,2	5,0	0,92	0,65	1,25
24b	150	300	4,6	4,2	1,11	0,46	1,25
18	150	300	5,0	4,2	1,31	0.46	1,40
18a	150	300	5,0	5,0	1,31	0,65	1,55
19	150	300	6,0	5,0	1,88	0,65	2,00
19a	150	300	7,0	5,0	2,56	0,65	2,55
20	150	300	8,0	6,0	3,35	0,94	3.40
21	200	200	4,2	4,2	0,69	0,69	1,15
22	200	200	5,0	5,0	0,98	0,98	1,60
23	200	200	6,0	6,0	1,41	1,41	2,30
25	200	200	7,0	7,0	1,92	1,92	3,05

Betonstahlmatten in gangbaren Abmessungen ständig in der Fertigung,
* in Mattengrößen 5,00 · 2,25 m meist auf Lager.

1956 Baustahlgewebe

Abmessungen der Lagermatten

Kennzeichnung		Drahtabstand		Draht-∅		Querschnitt in cm²/lfdm.		kg/m²
jetzt nach Querschnitt	frühere Listen-Nr.**	längs mm	quer mm	längs mm	quer mm	längs	quer	
N 47	13 a	150	150	3,0	3,0	0,47	0,47	0,76
N 62	04	50	50	2,0	2,0	0,62	0,62	0,97
N 91	5	100	100	3,4	3,4	0,91	0,91	1,44
N 94	2 a	75	75	3,0	3,0	0,94	0,94	1,49
N 98	1	50	50	2,5	2,5	0,98	0,98	1,54
N 124	01	25	25	2,0	2,0	1,24	1,24	1,92
N 141	2	50	50	3,0	3,0	1,41	1,41	2,22
N 196	02	25	25	2,5	2,5	1,96	1,96	3,12
N 284	03	25	25	3,0	3,0	2,84	2,84	4,48
Q 92*	13	150	150	4,2	4,2	0,92	0,92	1,50
Q 131*	14, 6	150	150	5,0/4,0 r	5,0	1,31	1,31	1,92
Q 139	6	100	100	4,2	4,2	1,39	1,39	2,20
Q 158	15	150	150	5,5/4,0 r	5,5	1,58	1,58	2,24
Q 185	2 c, 16, 7	150	150	4,2 d	6,0	1,85	1,88	2,62
Q 188	16	150	150	6,0	6,0	1,88	1,88	3,06
Q 196	7	100	100	5,0	5,0	1,96	1,96	3,12
Q 222	–	150	150	4,6 d	6,5	2,22	2,21	3,11
Q 257	17	150	150	7,0	7,0	2,57	2,57	4,16
Q 262	17	150	150	5,0 d	7,0	2,62	2,57	3,63
Q 377	–	150	150	6,0 d	8,5	3,77	3,78	5,30
R 92*	24	150	250	4,2/4,0 r	4,2	0,92	0,56	1,17
R 111	24 b	150	250	4,6/4,0 r	4,2	1,11	0,56	1,29
R 131*	18, 18 a, 8, 8a	150	250	5,0/4,0 r	4,2	1,31	0,56	1,41
R 168	8 b	150	250	4,0 d	4,2	1,68	0,56	1,63
R 185*	3 b, 9, 9 a, 19	150	250	4,2 d	4,2	1,85	0,56	1,75
R 222	3 c, 10	150	250	4,6 d	4,2	2,22	0,56	2,01
R 262*	3, 3 a, 11	150	250	5,0 d	4,2	2,62	0,56	2,30
R 317*	20	150	250	5,5 d	4,6	3,17	0,66	2,78
R 377*	4, 12	150	250	6,0 d	5,0	3,77	0,78	3,30
R 443	4 a	150	250	6,5 d	5,5	4,43	0,95	3,90

r = Randsparmatte
d = Doppelstabmatte

* für Lagerhaltung besonders geeignet
** Fettdruck = Querschnittsübereinstimmung

Mattengrößen 5,00/2,15 m

Betonstahlmatten aus Einzelstäben mit gleichem Querschnitt und gleichem Drahtabstand

frühere Listen-Nr.	Drahtabstand		Draht-∅		Querschnitt in cm^2/lfdm.		kg/m^2
	längs mm	quer mm	längs mm	quer mm	längs	quer	
13 b	150	150	3,4	3,4	0,61	0,61	0,97
2 b	75	75	3,4	3,4	1,21	1,21	1,92
21	200	200	4,2	4,2	0,69	0,69	1,12
22	200	200	5,0	5,0	0,98	0,98	1,59
13 c	150	150	4,6	4,6	1,11	1,11	1,76
23	200	200	6,0	6,0	1,41	1,41	2,29
6 a	100	100	4,6	4,6	1,66	1,66	2,63
2 c	75	75	4,2	4,2	1,85	1,85	2,91
8	100	250	4,2	4,2	1,39	0,56	1,55
8 b	100	250	4,6	4,2	1,66	0,56	1,77
3 b	75	250	4,2	4,2	1,85	0,56	1,89
19	150	250	6,0	4,2	1,88	0,56	1,91
9	100	250	5,0	4,2	1,96	0,56	2,01
3 c	75	250	4,6	4,2	2,22	0,56	2,19
10	100	250	5,5	4,2	2,38	0,56	2,34
19 a	150	300	7,0	5,0	2,57	0,65	2,54
3	75	250	5,0	4,2	2,62	0,56	2,49
11	100	250	6,0	4,2	2,83	0,56	2,70
20	150	300	8,0	5,0	3,35	0,65	3,15
4	75	250	6,0	5,0	3,77	0,78	3,58
12	100	250	7,0	5,0	3,85	0,78	3,70
4 a	75	250	6,5	5,5	4,43	0,95	4,22
12 a	100	300	8,0	6,2	5,03	1,01	4,73

1959 Baustahlgewebe

Abmessungen der Lagermatten

Randeinsparung	Ausführung	Matten-bezeichnung	Abstände der Längsstäbe	Abstände der Querstäbe	Durchmesser der Längsstäbe	Durchmesser der Querstäbe	Stahlquerschnitt der Längsstäbe	Stahlquerschnitt der Querstäbe	Gewicht je Matte	Gewicht je m²
			mm	mm	mm	mm	cm²/m	cm²/m	kg	kg/m²
ohne	glatt	**N 47**	150	150	3,0	3,0	0,47	0,47	8,2	0,76
ohne	glatt	**N 62**	50	50	2,0	2,0	0,62	0,62	10,4	0,97
ohne	glatt	**N 91**	100	100	3,4	3,4	0,91	0,91	15,5	1,44
ohne	glatt	**N 94**	75	75	3,0	3,0	0,94	0,94	16,0	1,49
ohne	glatt	**N 98**	50	50	2,5	2,5	0,98	0,98	16,6	1,54
ohne	glatt	**N 124**	25	25	2,0	2,0	1,24	1,24	20,6	1,92
ohne	glatt	**N 141**	50	50	3,0	3,0	1,41	1,41	23,9	2,22
ohne	glatt	**N 196**	25	25	2,5	2,5	1,96	1,96	33,5	3,12
ohne	glatt	**N 284**	25	25	3,0	3,0	2,84	2,81	48,2	4,48
ohne	gerippt	**Q 139**	100	100	4,2	4,2	1,39	1,39	23,7	2,20
ohne	gerippt	**Q 188**	150	150	6,0	6,0	1,88	1,88	32,9	3,06
ohne	gerippt	**Q 196**	100	100	5,0	5,0	1,96	1,96	33,5	3,12
ohne	gerippt	**Q 257**	150	150	7,0	7,0	2,57	2,57	44,7	4,16
ohne	gerippt	**R 188**	150	250	6,0	4,2	1,88	0,56	21,3	1,98
mit	gerippt	**Q 92**	150	150	4,2/4,0	4,2	0,92	0,92	15,8	1,46
mit	gerippt	**Q 131**	150	150	5,0/4,0	5,0	1,31	1,31	20,6	1,92
mit	gerippt	**Q 158**	150	150	5,5 4,0	5,5	1,58	1,58	24,2	2,25
mit	gerippt	**Q 185**	150	150	4,2**d**	6,0	1,85	1,88	28,2	2,62
mit	gerippt	**Q 222**	150	150	4,6**d**	6,5	2,22	2,21	33,4	3,11
mit	gerippt	**Q 262**	150	150	5,0**d**	7,0	2,62	2,57	39,0	3,63
mit	gerippt	**Q 377**	150	150	6,0**d**	8,5	3,77	3,78	57,0	5,30
mit	gerippt	**R 92**	150	250	4,2/4,0	4,2	0,92	0,56	12,6	1,17
mit	gerippt	**R 111**	150	250	4,6/4,0	4,2	1,11	0,56	13,9	1,29
mit	gerippt	**R 131**	150	250	5,0/4,0	4,2	1,31	0,56	15,2	1,41
mit	gerippt	**R 168**	150	250	4,0**d**	4,2	1,68	0,56	17,5	1,63
mit	gerippt	**R 185**	150	250	4,2**d**	4,2	1,85	0,56	18,8	1,75
mit	gerippt	**R 222**	150	250	4,6**d**	4,2	2,22	0,56	21,6	2,01
mit	gerippt	**R 262**	150	250	5,0**d**	4,2	2,62	0,56	24,7	2,30
mit	gerippt	**R 317**	150	250	5,5**d**	4,6	3,17	0,66	29,9	2,78
mit	gerippt	**R 377**	150	250	6,0**d**	5,0	3,77	0,78	35,5	3,30
mit	gerippt	**R 443**	150	250	6,5**d**	5,5	4,43	0,95	41,9	3,90

Mattengrößen 5,00/2,15 m

1961 Baustahlgewebe

Baustahlgewebe-Lagermatten

Randeinsparung	Ausführung	Mattenbezeichnung	Abstände der Längsstäbe	Abstände der Querstäbe	Durchmesser der Längsstäbe	Durchmesser der Querstäbe	Stahlquerschnitt der Längsstäbe	Stahlquerschnitt der Querstäbe	Gewicht je Matte	Gewicht je m²
			mm				cm²/m		kg	kg/m²
ohne	glatt	**N 47**	150	150	3,0	3,0	0,47	0,47	8,2	0,76
		N 94	75	75	3,0	3,0	0,94	0,94	16,0	1,49
		N 98	50	50	2,5	2,5	0,98	0,98	16,6	1,54
		N 141	50	50	3,0	3,0	1,41	1,41	23,9	2,22
	gerippt	**Q 188**	150	150	6,0	6,0	1,88	1,88	32,9	3,06
		Q 257	150	150	7,0	7,0	2,57	2,57	44,7	4,16
		R 188	150	250	6,0	4,2	1,88	0,56	21,3	1,98
mit		**Q 92**	150	150	4,2/4,0	4,2	0,92	0,92	15,7	1,46
		Q 131	150	150	5,0/4,0	5,0	1,31	1,31	20,6	1,92
		Q 158	150	150	5,5 4,0	5,5	1,58	1,58	24,2	2,25
		Q 185	150	150	4,2*d*	6,0	1,85	1,88	28,2	2,62
		Q 222	150	150	4,6*d*	6,5	2,22	2,21	33,4	3,11
		Q 262	150	150	5,0*d*	7,0	2,62	2,57	39,0	3,63
		Q 377	150	150	6,0*d*	8,5	3,77	3,78	57,0	5,30
		R 92	150	250	4,2/4,0	4,2	0,92	0,56	12,6	1,17
		R 111	150	250	4,6/4,0	4,2	1,11	0,56	13,9	1,29
		R 131	150	250	5,0/4,0	4,2	1,31	0,56	15,2	1,41
		R 168	150	250	4,0*d*	4,2	1,68	0,56	17,5	1,63
		R 185	150	250	4,2*d*	4,2	1,85	0,56	18,8	1,75
		R 222	150	250	4,6*d*	4,2	2,22	0,56	21,6	2,01
		R 262	150	250	5,0*d*	4,2	2,62	0,56	24,7	2,30
		R 317	150	250	5,5*d*	4,6	3,17	0,66	29,9	2,78
		R 377	150	250	6,0*d*	5,0	3,77	0,78	35,5	3,30
		R 443	150	250	6,5*d*	5,5	4,43	0,95	41,9	3,90
		R 513	150	250	7,0*d*	6,0	5,13	1,13	48,8	4,54
		R 589	150	250	7,5*d*	6,5	5,89	1,33	56,3	5,24

Baustahlgewebe Listenmatten

Durchmesser mm	Querschnitt eines Stabes cm^2	Querschnitt einer Stabrichtung in cm^2/m bei Abständen der Stäbe (mm)							Stäbe der 1. Spalte verschweißbar mit ∅ (mm) von-bis
		50	75	100	150	200	250	300	
4,0	0,126	2,52	1,68	1,26	0,84	0,63	0,50	0,42	4,0– 6,0
4,2	0,139	2,77	1,85	1,39	0,92	0,69	0,56	0,46	4,0– 6,5
4,6	0,166	3,32	2,22	1,66	1,11	0,83	0,66	0,55	4,0– 6,5
5,0	0,196	3,93	2,62	1,96	1,31	0,98	0,78	0,65	4,0– 8,5
5,5	0,238	4,75	3,17	2,38	1,58	1,19	0,95	0,79	4,0– 9,0
6,0	0,283	5,65	3,77	2,82	1,88	1,41	1,13	0,94	4,0-10,5
6,5	0,332	6,64	4,43	3,31	2,21	1,65	1,33	1,10	4,2-11,0
7,0	0,385	7,70	5,13	3,85	2,57	1,92	1,54	1,28	5,0-11,0
7,5	0,442	8,84	5,89	4,42	2,95	2,20	1,77	1,47	5,0-12,0
8,0	0,503	10,05	6,70	5,03	3,35	2,51	2,01	1,67	5,0-12,0
8,5	0,567	11,35	7,57	5,67	3,78	2,84	2,27	1,89	5,0-12,0
9,0	0,636	12,72	8,48	6,36	4,24	3,18	2,54	2,12	5,5-12,0
9,5	0,709	14,18	9,45	7,09	4,73	3,54	2,83	2,36	6,0-12,0
10,0	0,785	15,71	10,47	7,85	5,24	3,92	3,14	2,61	6,0-12,0
10,5	0,866	17,32	11,55	8,66	5,77	4,33	3,46	2,89	6,0-12,0
11,0	0,950	19,01	12,67	9,50	6,34	4,74	3,80	3,16	6,5-12,0
11,5	1,039	20,77	13,85	10,39	6,92	5,19	4,15	3,45	7,5-12,0
12,0	1,131	22,62	15,08	11,31	7,54	5,66	4,52	3,76	7,5-12,0

2.7.3 Streckmetall

1925 Streckmetall (Fa. Schüchtermann und Kremer)

Nr.	Maschenweite in Richtung der Tafellänge	Steg-		Gewicht (ohne Gewähr)	Querschnitt f. 1 Meterstreifen	Größte Länge	Größte Breite
		Breite	Stärke				
	mm	mm	mm	kg/m^2	cm^2	m	m
14	150	4,5	3	1,45	1,80	25	2,4
12	150	6	3	2,04	2,40	18	2,4
13	150	6	4,5	3,12	3,60	20	2,4
15	75	3	3	2,17	2,35	18	4,8
16	75	3	2	1,25	1,60	15	4,8
9	75	4,5	3	3,15	3,60	12	4,8
8	75	6	3	4,34	4,80	9	4,8
11	75	4,5	4,5	5,00	5,40	13	4,8
10	75	6	4,5	6,25	7,20	9,5	4,8
17	75	8	5	9,00	10,60	7	4,8

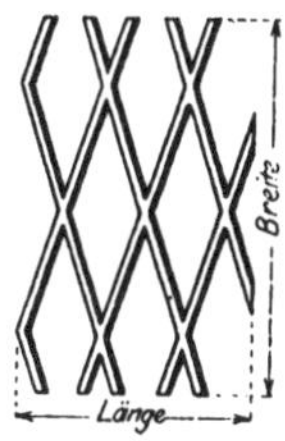

1952 Streckmetall

Nr.	Maschenabmessungen mm				Querschnitt f_e je m cm²	Gewicht G ≈ kg/m²	Größe lieferbar bis	
	Weite	Länge	Steg- breite	Steg- dicke			Länge m	Breite m
a) als Putzblech								
1	11	42	2½	½	–	1,6	2,4	2,4–2,5
1a	6	28	2½	½	–	1,9	1,5	
b) als Gitter, Belag usw.								
6	6	28	2½	1	5,1	4,0	2,0	2,4–2,5
10	10	42	2½	1	4,1	3,3	3,0	2,4–2,5
11			3	2	9,6	7,5	2,0	
20	20	62	2½	1	2,3	1,8	5,0	2,4–2,5
21			2½	1½	3,8	3,0	5,0	
22			2½	2	4,8	3,8	5,0	
23			3	3	9,2	7,2	5,0	
24			4½	3	13,7	10,8	2,5	
25			7	3	17,8	14,0	2,0	
40	40	115	3	1½	2,25	1,8	8,0	2,4–2,5
41			3	2	3,0	2,4	8,0	
42			3	3	4,6	3,6	8,0	
43			4½	3	6,9	5,4	6,0	
44			8	3	12,2	9,6	3,5	
45			6-7	4	13,8	10,8	4,5	
46			8-9	4	18,4	14,4	3,5	
c) als Betoneinlage								
13	150	400	6	4½	3,60	2,9	18,0	2,4–2,5
14			4½	3	1,80	1,5	23,0	
75	75	200	3	2	1,60	1,3	15,0	2,4–2,5
76			3	3	2,40	1,9	15,0	
77			4½	3	3,60	2,9	15,0	
78			6–7	4	7,40	5,8	9,5	
Normaltafeln sind für Streckmetall, soweit herstellbar, die Breiten 2 000, 2 400 u. 2 500 mm, bei mind. 1 000 mm Länge, für Putzbleche Nr. 1 das Lagermaß 2 500 × 2 000 mm, Nr. 1 a das Lagermaß 1 500/1 600 × 2 000 mm.								

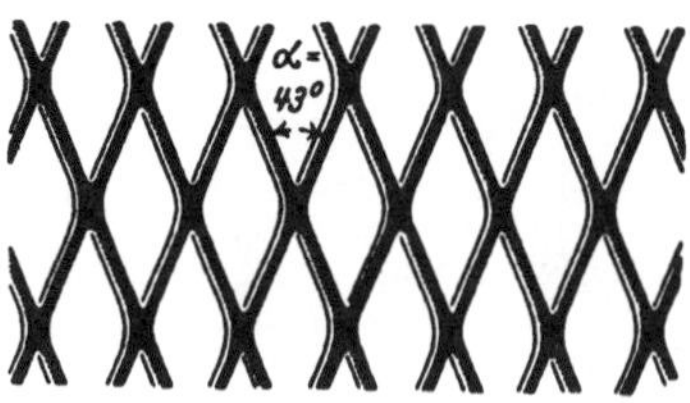

2.7.4 Sonderprofile (Transmissionseisen)

Als Sonderprofile, so genannte Transmissionseisen, bezeichnete man die verschiedenen Arten der einbetonierten Ankerschienen. Sie dürfen mit einem bestimmten Prozentsatz ihres Gesamtquerschnittes als Bewehrungseisen in Rechnung gestellt werden.

Jahr	Anrechenbarkeit in % ihres Querschnittes	Bemerkungen
1925 D.A.f.E.	max. 50 %	bei der Berechnung der Biegespannungen
1932 DIN 1045	max. 50 %	bei der Berechnung der Biegespannungen
1943 DIN 1045	max. 50 %	bei der Berechnung der Biegespannungen
1952 DIN 1045	max. 50 %	bei der Berechnung der Biegespannungen

1925

	Ankerschien., System Jordahl	Anker-schienen-, System Dr. Bauer	„L-Schienen", System Baurat Manz	
			L 6	L 8
Gesamtquerschnitt . . . cm^2	6,75	9,2	6,46	10,42
Querschnitt . . . . „	6,50	8,8	nach Abzug d. Löcher für die Verankerungsbügel	
Gewicht für 1 lfd. m . . kg	5,45	7,75	5,07	8,19
Trägheitsmoment J_z . . cm^4	14,6	36,6	25,14	75,08
Trägheitsmoment J_y . . „	—	—	9,96	18,35
Widerstandsmoment W_z cm^3	4,51	9,9	6,75	16,04
Widerstandsmoment W_y „	—	—	3,93	7,18

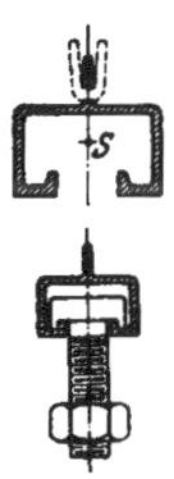

Jordahl-Eisen

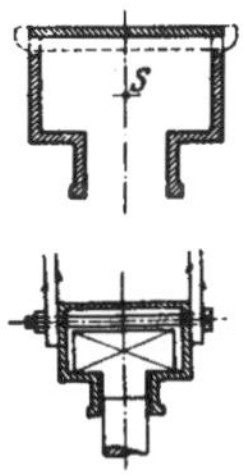

Bauer-Eisen

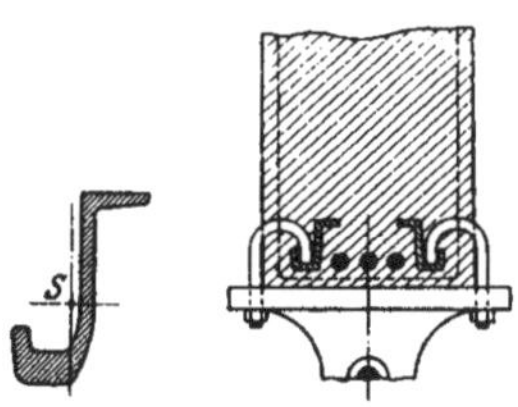

Manz (L)-Eisen

1939 Ankerschienen Fa. Halfen

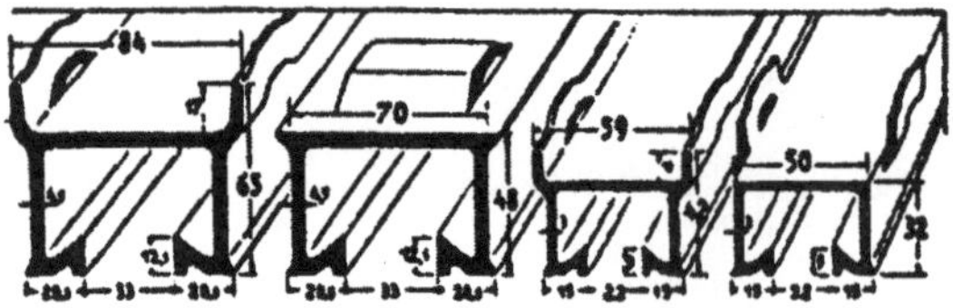

hergestellt aus hochwertigem SM. Flussstahl (warmgewalzt)

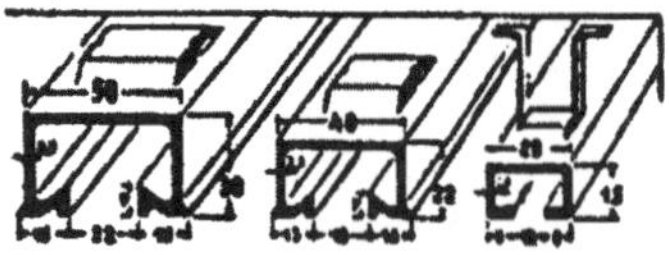

Profil	Ges.-Querschnitt cm²	Gewicht ohne Bügel kg/lfd. m	Gewicht mit Bügel kg/lfd. m	Trägh.-Moment min. cm⁴	Widerstands-Moment max. cm³	Verankerbügel m/m	Tragfähigkeit je lfd. m kg	Schrauben mit u. ohne Spannplatt. Ø
84/65	11,05	8,70	11,00	41,10	13,38	20/3	8 000	20—30
70/48	9,55	7,50	9,80	30,20	11,27	20/3	7 000	20—30
59/42	5,30	4,20	5,60	8,78	4,05	20/2	6 000	13—22
50/32	4,74	3,70	4,75	6,05	3,58	20/2	5 000	13—22
50/30	3,90	3,20	4,20	4,96	3,22	20/1,5	4 000	13—22
40/22	2,[illegible]0	2,20	2,90	2,04	1,70	20/1,5	2 500	13—16
28/15	1,46	1,15	1,45	0,43	0,495	18/1	800	6—10

2.8 Deckenkonstruktionen

Die nach 1900 immer häufigere Anwendung des Eisenbetonbaues im Hochbau führte zur Entwicklung einer Vielzahl verschiedener Eisenbetondeckensysteme.

Man unterteilte sie entsprechend ihrer Ausführung in:

gewölbte Decken
Vollplattendecken
Rippenplattendecken
Füllkörperrippendecken
Füllkörperstegdecken
Formbalkendecken

um 1900 ebene Stampfbetondecken (unbewehrt)

Betonmischung 1:3:6 bis 1: 4:8
zwischen Trägern

Für k	kg/cm²	20	25	30
Deckendicke d	cm	$0,335\,L\sqrt{q}$	$0,3\,L\sqrt{q}$	$0,274\,L\sqrt{q}$

q = Gesamtlast der Decke (kg/m²)
L = Spannweite der Decke (m) Trägerabstand
k = zul. Druckbeanspruchung des Betons

2.8.1 Gewölbte Decken

um **1910**

Bezeichnung	Ausführung
Stampfbeton-gewölbe	für kleine Spannweiten mit Scheiteldicken von 8 cm bis 15 cm unbewehrt Ausführung: zwischen Trägern, Aufnahme der Horizontalkräfte durch Anordnung von Zugstangen
Gewölbte Monierdecke	erste ausgeführte Eisenbetongewölbedecke Pfeilhöhe 1/10 bis 1/12 der Stützweite (max. 1/8 L) Für Stützweiten bis 5,00 m Anordnung einer unteren Bewehrung. Bei größerer Stützweite zusätzlich eine obere Bewehrung erforderlich Abgleichung der Gewölbe durch Auffüllung mit Schlacken- oder Bimsbeton
Gewölbte Melandecke	Die Bewehrung besteht aus gebogenen Walzeisen oder Gitterträgern. Die Zwischenräume werden mit Beton ausgestampft. Pfeilhöhe 1/10 bis 1/14 der Spannweite Gewölbedicke: d = 8 cm bis max. Spannweite von 5,00 m
Hennebique-bogendecke	Die Besonderheit besteht in der Querschnittsform der Decke. Nur die Unterseite ist gewölbt, während die Oberseite waagerecht durchläuft. Pfeilhöhe 1/35 der Stützweite Bewehrung: Rundeisen oben und unten, wobei ein Teil der unteren Eisen aufgebogen wird. Die obere und untere Bewehrung wird durch Bügel aus Rund- oder Flacheisen miteinander verbunden.

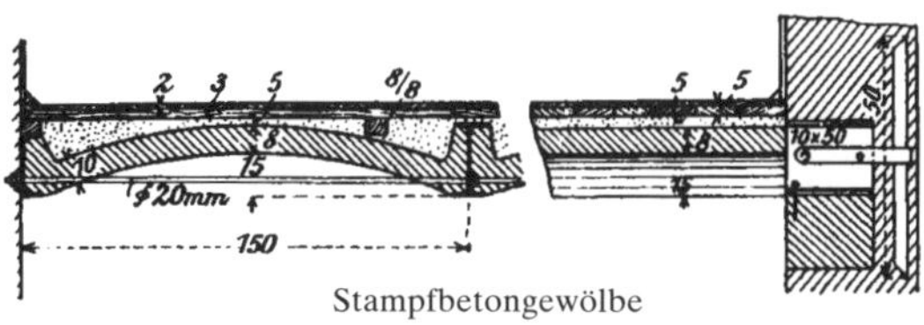

Stampfbetongewölbe

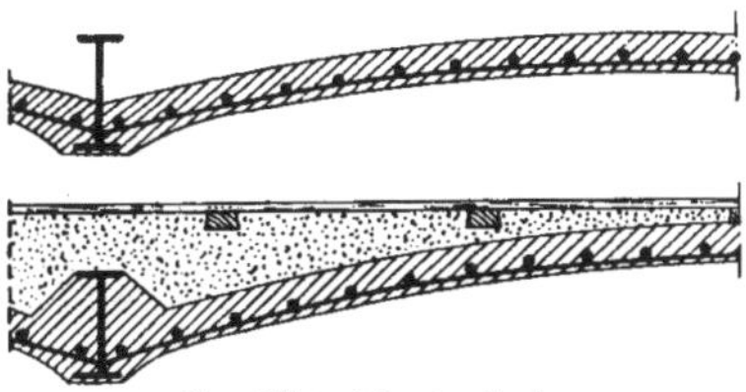
Gewölbte Monierdecke

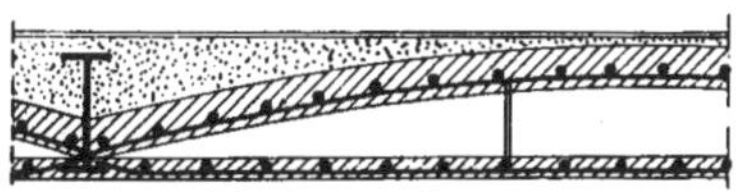
Moniergewölbe mit ebener Untersicht

Gewölbte Melandecke

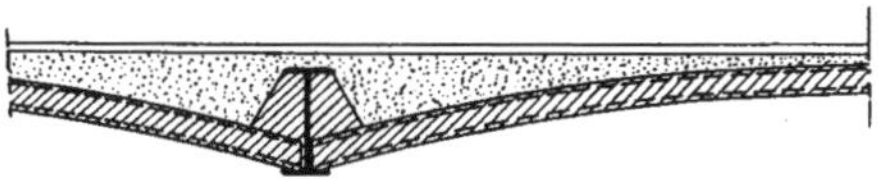

Längsschnitt

Querschnitt

Hennebiquebogendecke

Längsschnitt

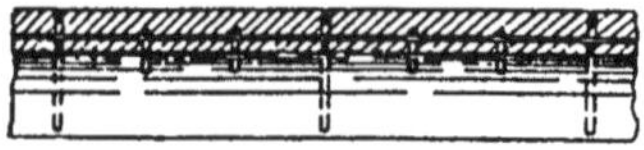

Querschnitt

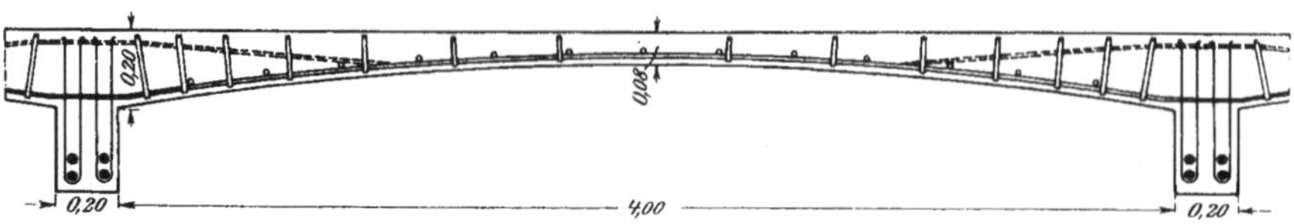

zwischen Eisenbetonbalken

1910 **Tragfähigkeit der Melandecke**

	Zulässige einseitige Belastung in kg/m² bei 5- bis 6-facher Sicherheit					
	1500	1200	1000	800	1200	800
Abstand der Hauptträger in m	2,5	3	3,5	4	4	5
Pfeilhöhe in cm	20	25	30	33	33	40
Gewölbedicke in cm	8	8	8	8	10	10
Bogenrippen I-Eisen Nr.	8	8	8	8	10	10
Abstand in m	1,2	1	1	1	1,1	1,1

1921 Tragfähigkeit gewölbter Betonkappen

Baustoff	Scheitel-stärke der Kappe cm	Größte Spannweite (m) bei einer Gesamtlast ($g + p$) in kg/m²						
		750	**850**	**1000**	**1250**	**1500**	**1750**	**2000**
Kiesbeton (Stampfbeton) σ d = 15 kg/cm²	10	2,83	2,66	2,54	2,2	2	1,85	1,73
	12	-	2,91	2,68	2,4	2,19	2,03	1,9
	15	-	-	3,35	3	2,75	2,54	2,07
		500	**600**	**700**	**800**	**900**	**1000**	
Bims- oder Schlacken-beton σ d = 5 kg/cm²	10	2	1,84	1,68	1,58	1,49	1,42	
	12	2,18	2	1,85	1,73	1,63	1,55	
	15	2,74	2,5	2,32	2,18	2,04	1,94	

2.8.2 Bewehrte Vollplattendecken

um **1910**

Bezeichnung	Ausführung
Monierdecke	älteste Ausführungsform der im größeren Umfang hergestellten Eisenbetondecken Ausführung: meist zwischen eisernen Trägern gespannt (auf Unterflansch oder gestelzt), aber auch auf Mauerwerkswände aufgelagert Decke einachsig gespannt Bewehrung: Rundstäbe Für über mehrere Felder durchlaufende Platten wurde die Bewehrung in den Momentennullpunkten aufgebogen und über den Stützungen durchgeführt. Bemessung für Feldmomente $q \cdot l^2/10$
Streckmetall-decke	um 1913 erstmals ausgeführt Ausführung: wie Monierdecke, jedoch werden anstelle des Rundeisennetzes Streckmetalltafeln als Bewehrung eingelegt.

Bezeichnung	Ausführung
Spanneisen-decke	Durch eine gewisse Vorspannung der Eiseneinlagen sollte die Decke eine höhere Tragfähigkeit und zugleich eine Durchlaufwirkung erhalten. Hierzu wurde die Rundeisenbewehrung um die Trägeroberflansche bzw. um im Mauerwerk verankerte Ankereisen herumgekröpft und durch Hammerschläge seitlich verschoben, bis eine gewisse Vorspannung erzielt war. Es wurde keine Stützbewehrung eingelegt. Da jedoch Zweifel an dieser Wirkungsweise bestanden, wurde empfohlen, die Decke als Einfeldplatte für ein max. Feldmoment von $q \,.\, l^2/10$ zu bemessen.
Eggertdecke	Die Lage der Bewehrung wurde den auftretenden Zugspannungen der Platte angepasst. Die Größe der inneren Kräfte konnte mittels eines Kräfteplanes bestimmt werden und nach den Regeln der Festigkeitslehre bemessen werden. Eggertdecken wurden auch als bewehrte Steindecken ausgeführt.
Koenensche Voutendecke	erste Ausführungsform einer durchlaufenden Deckenplatte Ausführung: Zwischen eisernen Trägern, hinter deren Oberflansch die Bewehrung eingehakt wird. Die Bewehrung wird in den Momentennullpunkten aufgebogen. Momentennullpunkt bei 0,2 L vom Auflager Voutenlänge 0,2 L, bei sehr großen Stützweiten 0,15 L je Auflagerseite Bemessung für: Feldmomente $m = q \cdot l^2/24$ Stützmomente $m = -q \cdot l^2/12$ wenn keine Einspannung am Endauflager (Mauerwerk): Feldmonent $m = q \cdot l^2/14,22$ 1. Innenstütze Stützmoment $m = -q \cdot l^2/8$
Wollesche Konsoldecke.	ähnlich der Koenenschen Voutendecke Feld- und Stützmomente werden aber nicht durch eine durchgehende Biegeform abgedeckt, sondern durch eine getrennte Feld- und Stützbewehrung. Bemessung für: Feldmoment $m = q \cdot l^2/24$ Stützmoment $m = -q \cdot l^2/12$
Viktoriadecke	eine ebenfalls über mehrere Felder durchlaufende Deckenkonstruktion Zwischenauflager: Eisenträger oder Mauerwerkswände Bewehrung: Stahldrähte mit ∅ 4,6 mm, die auf ganzer Deckenlänge über alle Felder ungestoßen durchlaufen.

Bezeichnung	Ausführung
Matraidecke	Die Besonderheit dieser Decke ist die zusätzliche Anordnung einer diagonalen Bewehrung. Die Decke durfte nur zwischen Eisenträgern ausgeführt werden. Sinn dieser Bewehrungsanordnung war es, die Deckenlast nicht in Feldmitte des Trägers, sondern im Auflagerbereich abzutragen und somit kleinere Trägerabmessungen und geringere Plattendicken d = 8 cm zu erzielen. Bewehrung: diagonale Drahtseile mit in Abständen von 7 bis 15 cm verlegten Rundeisenzulagen Bemessung nach speziellen Erfahrungsformeln von Matrai
Hennebique-decke	Erste in Frankreich zugelassene Eisenbetondecke, die auch in Deutschland allgemein eingeführt wurde. Anwendung: zwischen Eisenbetonbalken oder Mauerwerkswänden (nicht zwischen Eisenträgern) Bewehrung: Rundeisen von Auflager bis Auflager durchgehend, wobei ein Teil der Bewehrung in den Drittelspunkten der Stützweite aufgebogen wird. Zusätzlich werden Bügel aus Bandeisen eingelegt.

um **1930**

Domosan-Massivdecke	Aus Kies- oder Leichtbeton hergestellt und zwischen Walzträger (Abstand ca. 1,20 m) gespannt. Plattendicke d = 7 bis 8 cm. Wegen der kurzen Stützweite nur geringe Bewehrung erforderlich. Die Decke kann zwischen die Träger, als durchlaufende Platte auf den Oberflansch, oder mit Stelzung auf dem Unterflansch der Träger, betoniert werden.

Monierdecke

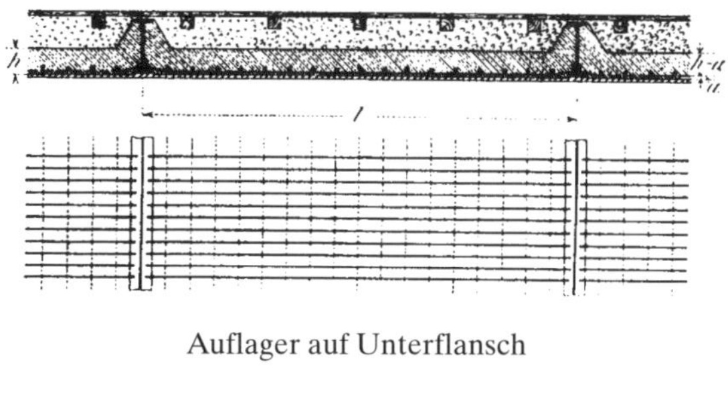

Auflager auf Unterflansch

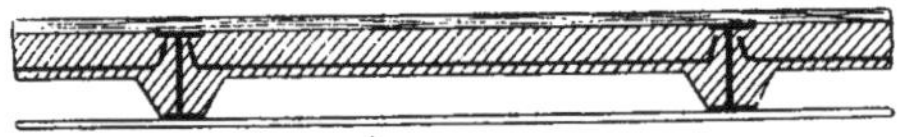

Gestelzte Monierdecke

Spanneisendecke

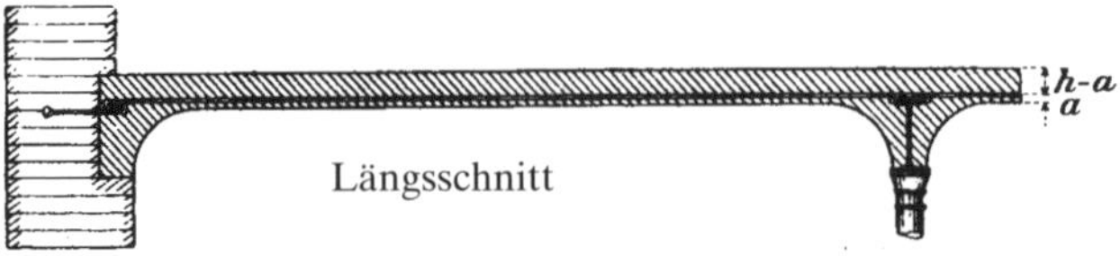

Längsschnitt

Grundriss

Eggertdecke

Eggertdachdecke

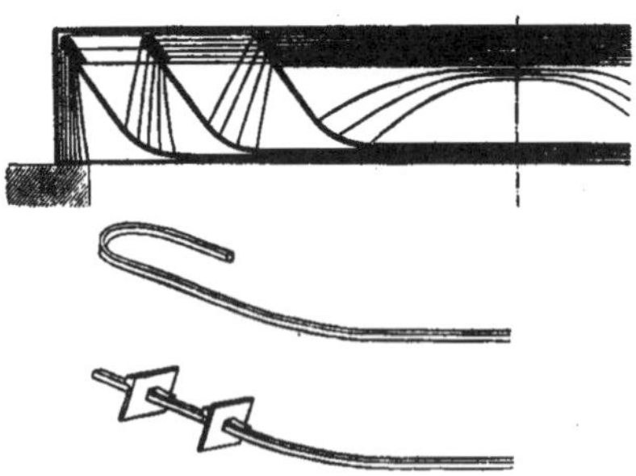

Eisenenlagen und
Bewehrungsführung

Eggertkragplatte

Koenensche Voutendecke

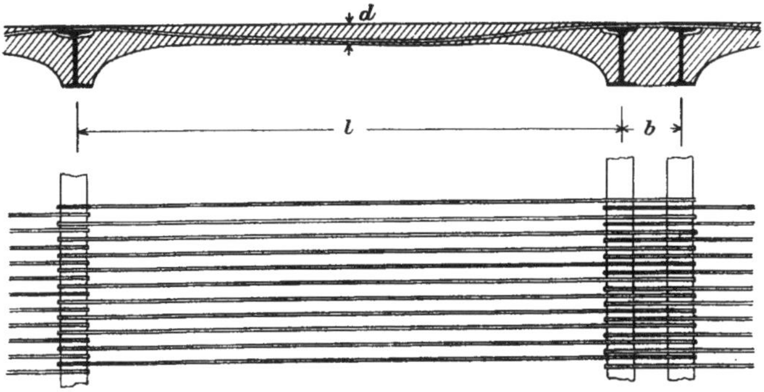

Längsschnitt

Grundriss

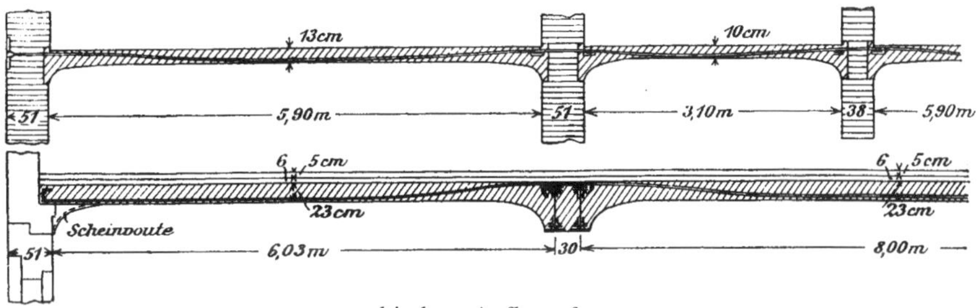

verschiedene Auflagerformen

Wollesche Konsoldecke

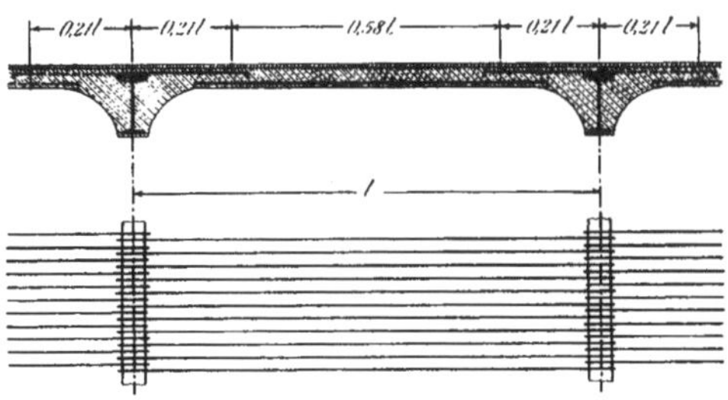

Längsschnitt

Grundriss

Viktoriadecke

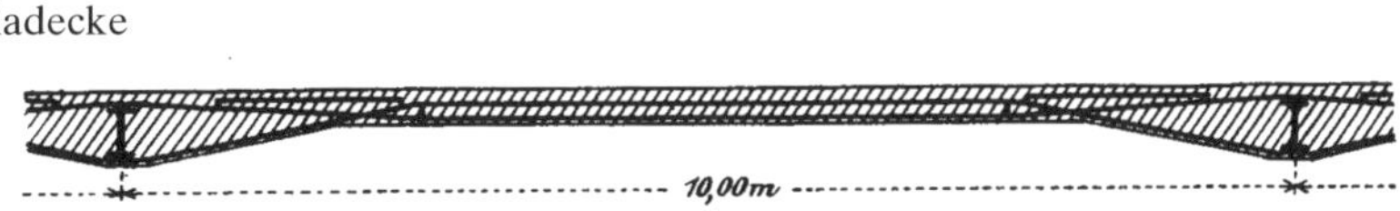

zwischen Walzeisenträgern

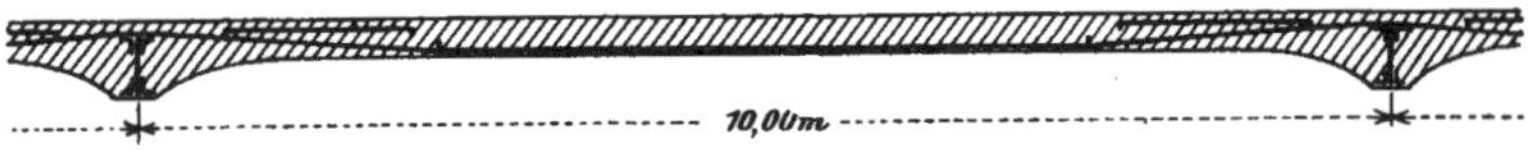

zwischen genieteten Trägern

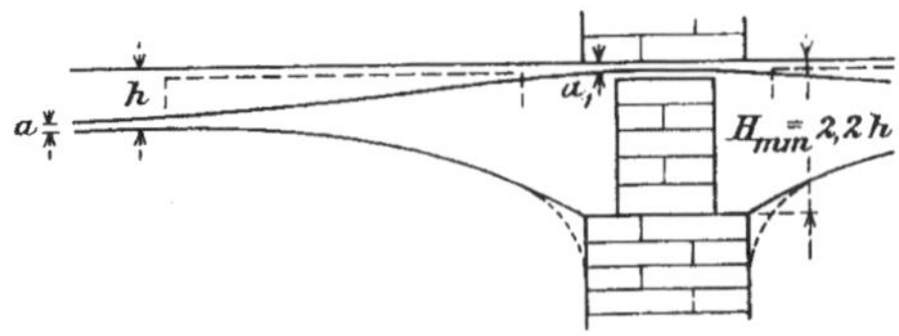

Mauerwerksauflager

Matraidecke

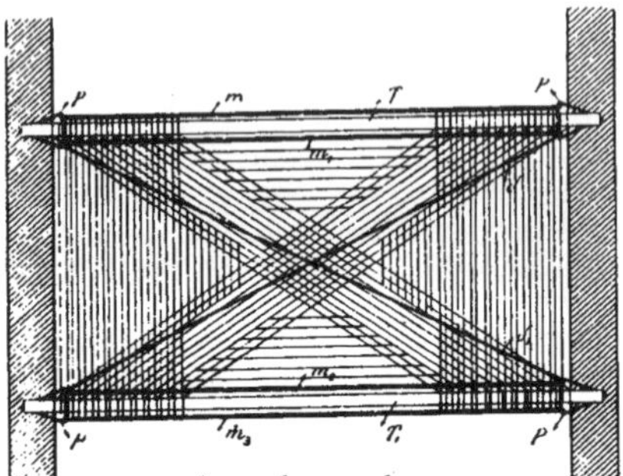

Anordnung der
Bewehrung

Hennebiquedecke

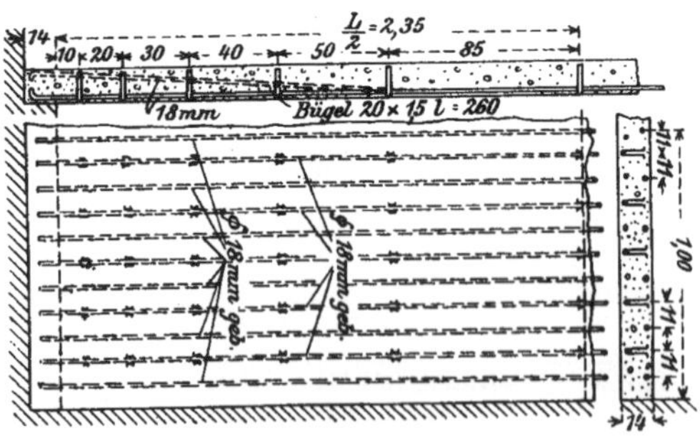

Hennebique-Bügel

Längsschnitt, Querschnitt
und Grundriss

Domosana-Massivdecke

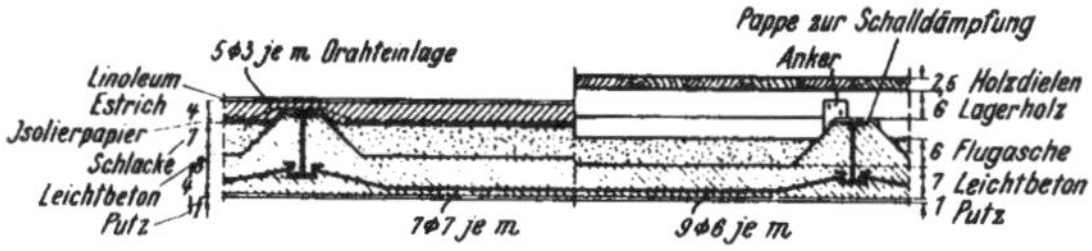

Querschnitt

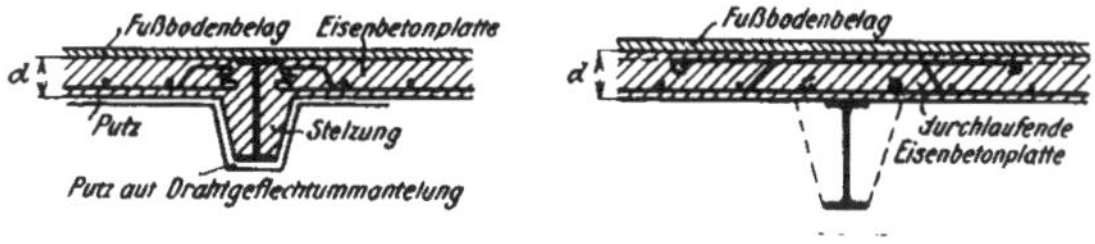

Auflagerung

2.8.3 Rippenplattendecken

um **1910**

Bezeichnung	Ausführung
Koenensche Plattendecke	Rippenabstand 25 cm Ausführung: zwischen eisernen Trägern oder Eisenbetonbalken Anwendung: für Decken mit großen Spannweiten Bewehrung: 1 Rundeisen je Rippe Bemessungsmoment mf = q · $l^2/10$
Eisenbeton-Rippendecke von Sohnius	ähnlich der Koenenschen Plattendecke Ausführung: zwischen eisernen Trägern, Eisenbetonbalken und Mauerwerkswänden do = je nach Spannweite 22 bis 27 cm Spannweiten für Wohnhausdecken (p = 2,50 kN/m^2) 3,50 bis 5,50 m Besonderheit – Aussparungen (durch Papierrohr) zur Abhängung der Unterdecke
Rippendecke von Ast-Mollins	dünne Deckenplatte mit Rippenabstand 50 cm Die Deckenplatte wird bewehrt. Verbindung der Zugbewehrung der Rippe mit der Deckenplatte durch eiserne Bügel
Rohrkasten-decke	Rippenabstand 70 cm Deckenplatte bleibt unbewehrt.
Schnellsche Gewölbe-rippendecke	Rippenabstand ca. 65 cm Die Besonderheit der Ausführung besteht darin, dass zuerst die Unterdecke aus Beton und Diagonaldrahtgeflecht hergestellt wird. Auf diese werden dann die korbbogenförmigen Betonformen von 2 cm Dicke aufgesetzt. Bewehrung: Rundeisen in den Rippen mit bis in die Platte reichenden Bügeln. Die Bügel binden bei einigen Ausführungen in die Unterdecke ein.

um **1930**

Bezeichnung	Ausführung
Marun-Zickzack-Decke	eine mit im Querschnitt dreieckigen Aussparungen hergestellte Decke Rippenabstand 33,3 cm

Koenensche Plattendecke

Querschnitt

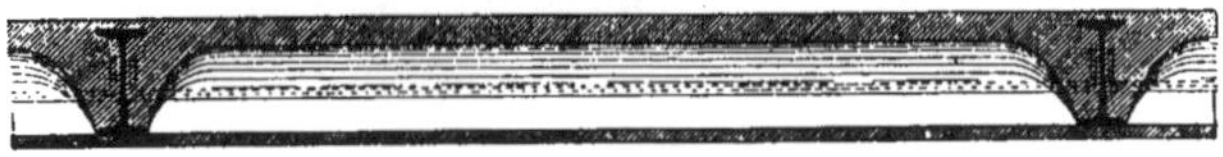

zwischen eisernen Trägern

zwischen Eisenbetonbalken

Sohniusdecke

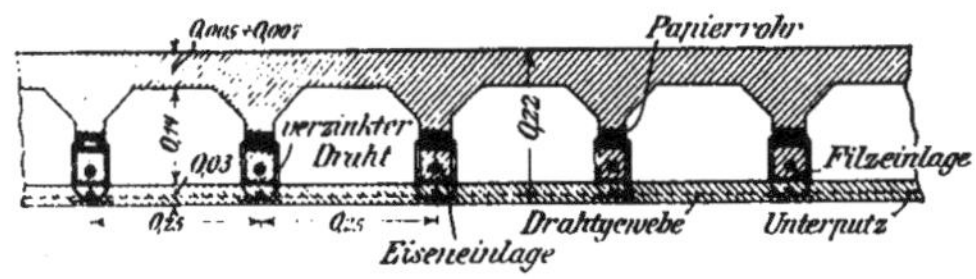

Querschnitt

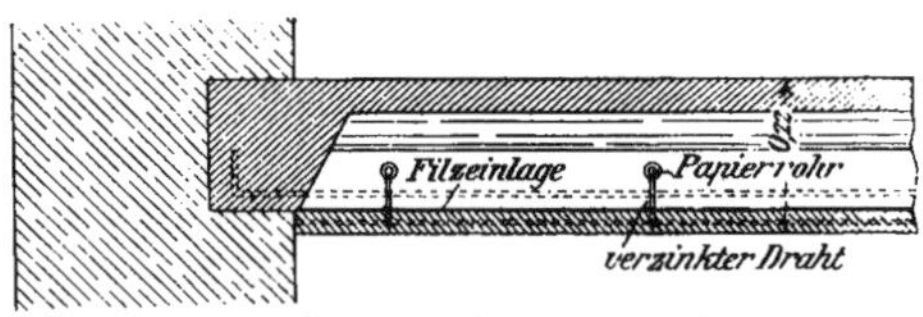

Auflager auf Mauerwerk

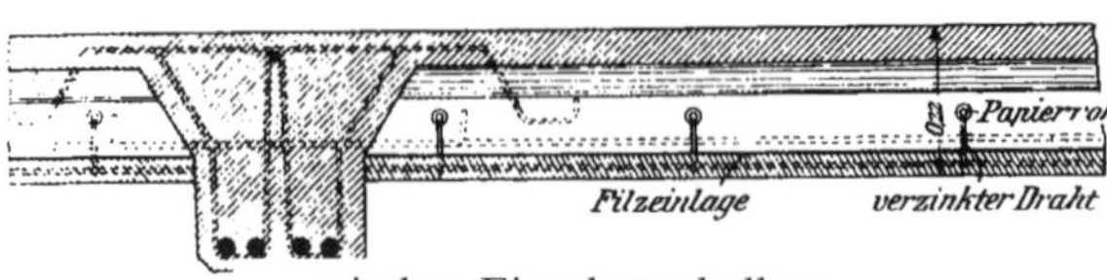

zwischen Eisenbetonbalken

Rippendecke von Ast-Mollins

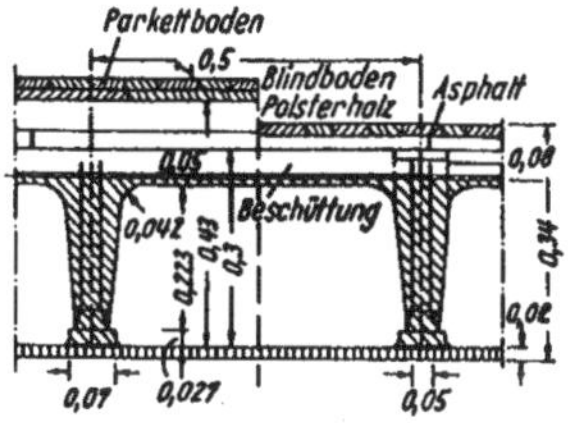

Querschnitt

Rohrkastendecke

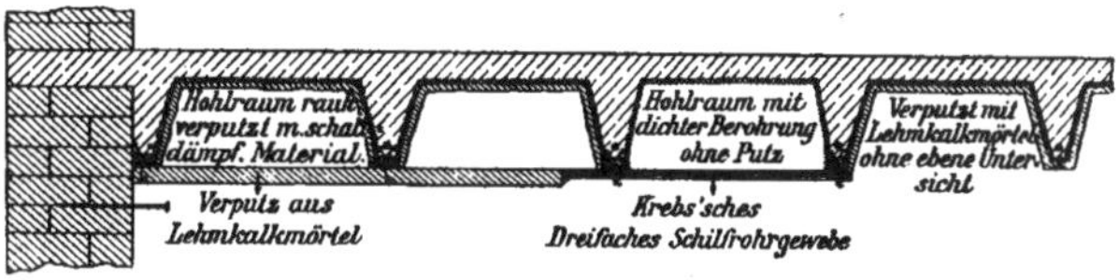

Querschnitt

Schnellsche Gewölberippendecke

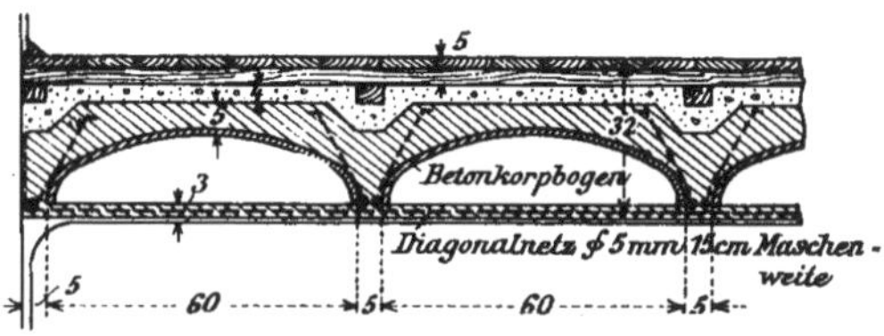

Querschnitt

Marun-Zickzack-Decke

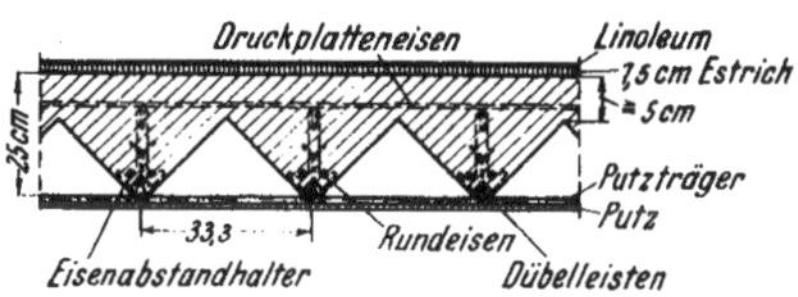

Querschnitt

2.8.4 Füllkörperrippendecken

um **1910**

Bezeichnung	Ausführung
Relladecke	Ausfüllung der Hohlräume zwischen den Rippen mit leichten Hohlkörpern aus Gips, Schlackenbeton oder Zementbeton Bewehrung Rundstäbe in den Rippen, die Platte bleibt unbewehrt.
Tonhohlstein-decke von Stöhr	Kann als einachsig oder kreuzweise gespannte Rippendecke ausgeführt werden. Ausfüllung der Hohlräume zwischen den Rippen mit Tonhohl-steinen
Eisenbetonhohl-decke Tibet	wie Relladecke Hohlkörper aus Schlackenbeton
Sicherheitsdecke	Hohlkörper aus einem Gips-Kokosfasergemisch mit in der Sohle eingelegtem Drahtgeflecht Hohlkörperhöhe 16, 21, 26 cm Hohlkörperlänge 1,60 m Rippenbreite 5 cm Bewehrung Rund- oder Flacheisen Bei Decken zwischen eisernen Trägern kann wegen der Einspannung mit $m = q \cdot l^2/10$ gerechnet werden. Die Bewehrung ist dann an den Momentennullpunkten aufzubiegen oder es ist eine obere Bewehrung anzuordnen. Deckeneigenlast Hohlkörper d = 16 cm g = 0,50 kN/m^2 d = 21 cm g = 0,56 kN/m^2 d = 26 cm g = 0,62 kN/m^2 Betonrippe b = 5 cm d = 16 cm g = 0,90 kN/m^2 d = 21 cm g = 1,17 kN/m^2 d = 26 cm g = 1,44 kN/m^2 Druckschicht g = 0,22 kN/m^2 je cm Dicke
Siegdecke	ähnlich der Sicherheitsdecke Hohlkörper aus Gips mit eingebettetem Drahtgewebe und Schilfrohr Rippenabstand 25 bis 33 cm Je Rippe sind mind. 2 Rundeisen anzuordnen, woran 1 ∅ in Auflagernähe aufgebogen und in das anschließende Deckenfeld geführt wird. Bügel werden in Auflagernähe und an den Kreuzungsstellen der Querrippen eingelegt. Querrippen erhalten die gleiche Bewehrung wie die Hauptrippen.
Hohlkörper-rippendecke von Züblin	Hohlkörper aus Schlackenbeton mit Drahtgewebeeinlage Hohlkörperhöhe 17 bis 40 cm Hohlkörper sind oben offen und werden mit einer 2,5 bis 3,0 cm dicken Eisenbetonplatte abgedeckt. Die Deckenplatte wird bewehrt. Rippen und Deckenplatte werden durch Scherbügel untereinander verbunden.

Bezeichnung	Ausführung
Wrissenberg-Decke	Rippendecke mit Hohlkörpern aus Blechrohren Durchmesser der Rohre 12, 16, 19 oder 24 cm Rohrlänge bis 75 cm Auflagerung auf Mauerwerkswänden, Eisenbetonbalken oder eisernen Trägern; unbewehrt Anordnung der Rohre paarweise mit zwischengehängten Bügeln, die die Rippen bilden und in denen die Zugbewehrung verlegt wird Rippenbreite 8 bis 14 cm Der Raum zwischen den Rohrpaaren wird mit Bims-, Schlacken- oder Koksbeton verfüllt. Abschließend wird eine durchgehende Betondruckschicht aufgebracht ($d \geq 5$ cm).
Schlackendecke von Züblin	Im Unterschied zu den meisten Füllkörperrippendecken besteht der Füllkörper nicht aus vorgefertigten Bauteilen, sondern durch eine Schlackenbetonfüllung. Druckplatte und Rippen bestehen aus Kiesbeton. Es werden Längs- und Querrippen angeordnet. Die Verbügelung der Rippen erfolgt durch zusammengedrehte Rundeisen (Scherbügel). Bei größeren Rippenabständen wird die Druckplatte bewehrt.
Hohlplatten-rippendecke von Geisler	Die Decke besteht aus Schlackenbetonhohlplatten mit dazwischenliegenden Eisenbetontragrippen. Besonderheit – keine durchgehende Betondruckplatte
Hohlstein-plattendecke von Grevé	Hohlkörper – Kreuzrippendecke (kreuzweise bewehrte Hohlkörperrippendecke) Hohlkörper – allseitig geschlossene Hohlsteine
Kassettendecke von Lolat	ähnlich der Hohlsteinplattendecke
⊥-Eisen-Beton-decke	Hohlkörperrippendecke, deren Zugbewehrung aus ⊥-Eisen besteht. An den Auflagern werden zusätzlich aufgebogene Rundeisen angeordnet.
Franke-Decke	Hohlkörperdecke mit Zugbewehrung aus ⊥-Eisen mit gewelltem Steg (Kegelwelle). Als Füllplatten dienen bogenförmige Zementbetonkörper. Rippenabstand 1,00 m
Bulbeisendecke (Pohlmann-Decke)	Die Besonderheit dieser Hohlkörper-Rippendecke liegt in der Querschnittsform der Bewehrungsstäbe. Die Bewehrung der Tragrippen erfolgt durch Bulbeisen mit durchlochten Stegen. Die Träger sind in der Lage, die Eigenlast der Decke während der Ausführung ohne Unterstützung zu tragen. Hohlkörper aus Schlackenbeton oder Schlackengips oder Hohlsteine aus gebranntem Ton.

um **1930**

Bezeichnung	Ausführung
Ackermann-Decke	eine der verbreitetsten Bauweisen von Füllkörper-Rippendecken Füllkörper aus gebranntem Ton Die für große Spannweiten erforderliche Steinhöhe wird durch besondere Auflegsteine gewonnen. größte Füllkörperhöhe durch Auflagestein d = 32 cm Bewehrung: Tragbewehrung ohne Verbügelung aufbetonierte Betondruckplatte allgemein d = 5 cm
Wenko-Decke	Füllkörper: porige Steine mit seitlichen Fußleisten zum Abdecken der Rippenuntersicht Rippenbreite b = 4 cm Rippenabstand 25 cm bei 10 cm hohen Steinen 14 cm bei 15 und 20 cm hohen Steinen aufbetonierte Betondruckplatte allgemein d = 5 cm mit zusätzlicher Verteilerbewehrung Die Weiterentwicklung der Decke führte zu Steinhöhen 13 und 16 cm Rippenbreite 5 und 6 cm Rippenabstand 25 cm
Westphal-Decke	porige Füllkörper aus gebranntem Ton Die Rippenbreite ist je nach Bedarf veränderlich. Die Steine werden an den Stirnseiten mit Abstand verlegt. Um ein Volllaufen mit Beton zu verhindern, werden Papprollen eingeschoben.
Remy-Decke	einachsig oder kreuzweise gespannte Rippendecke Füllkörper aus Bimsbeton Rippenbreite allgemein b = 10 cm Füllsteinbreite b = 50 cm Füllsteinhöhe h = 12 bis 26 cm
Pohlmann-Rahmenzellendecke	Hohlkörper aus Holzleistenrahmenzellen mit aufgenageltem Rohr- oder Holzstabgeflecht Zellenbreite allgemein b = 60 cm Zellenhöhe allgemein h = 16 bis 40 cm (bei 4 cm Staffelung)

Relladecke

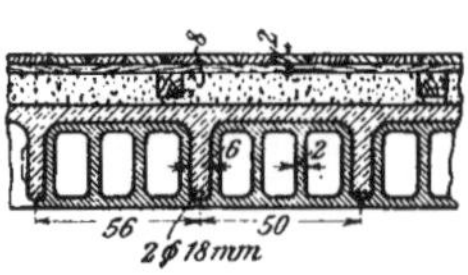

Querschnitt

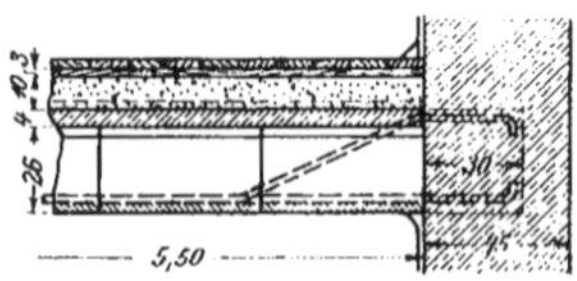

Längsschnitt

Tonhohlsteindecke

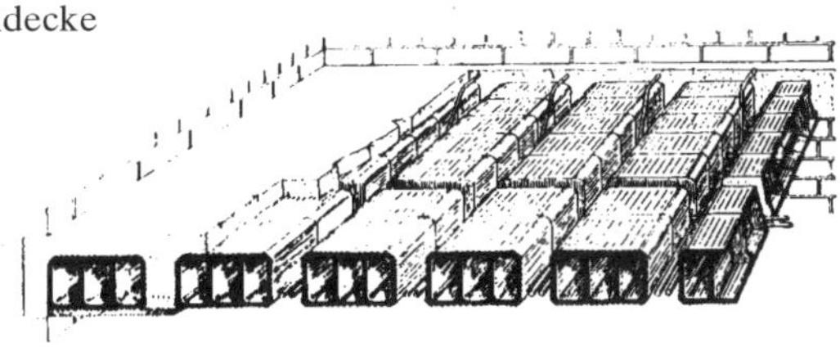

Querschnitt

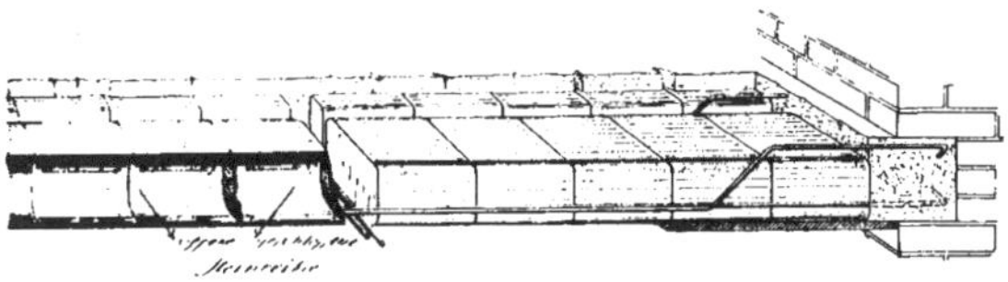

Längsschnitt

Eisenbetonhohldecke Tibet

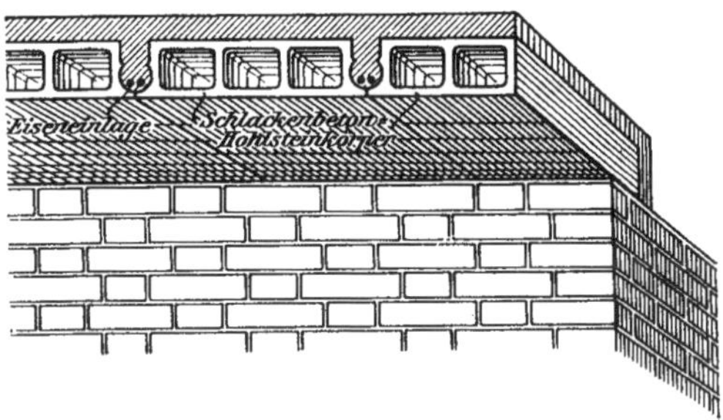

Sicherheitsdecke

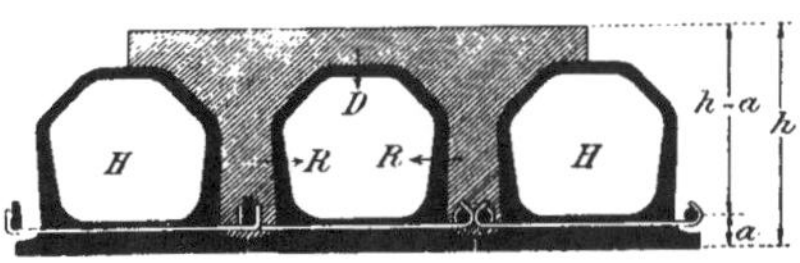

Querschnitt

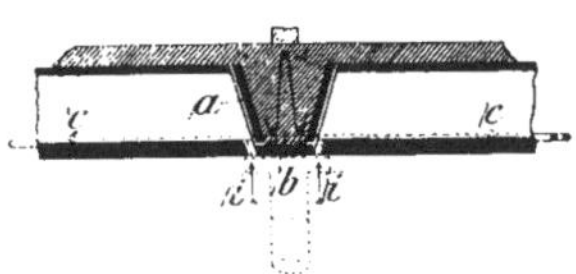

einfache Rippe

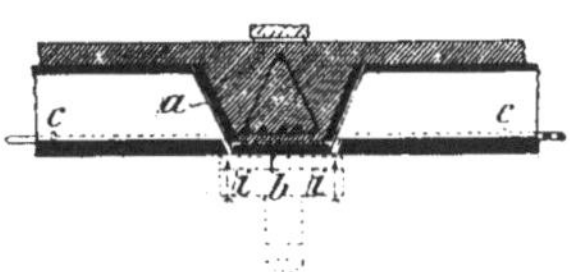

verstärkte Rippe

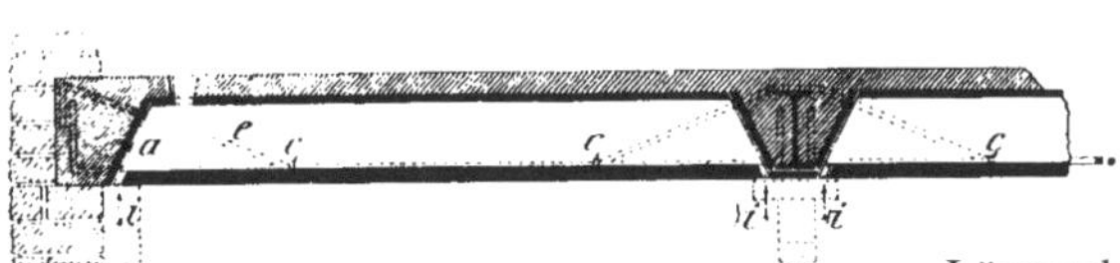

Längsschnitt

Siegdecke

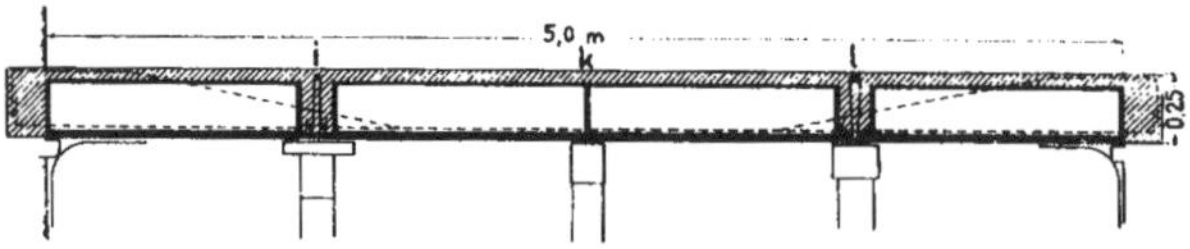

Längsschnitt

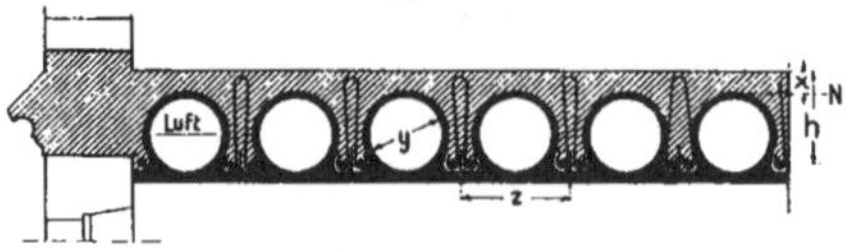

Querschnitt

Hohlkörperrippendecke von Züblin

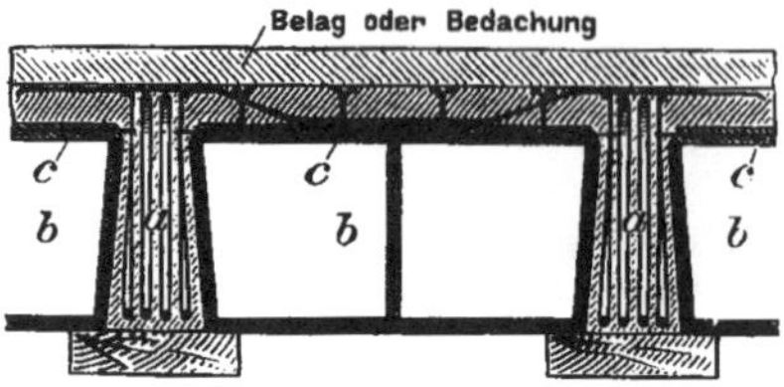

Querschnitt

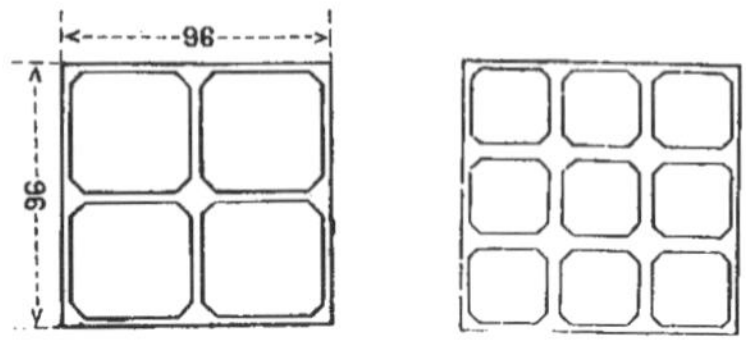

Grundriss der Hohlkörper

Wrissenberg-Decke

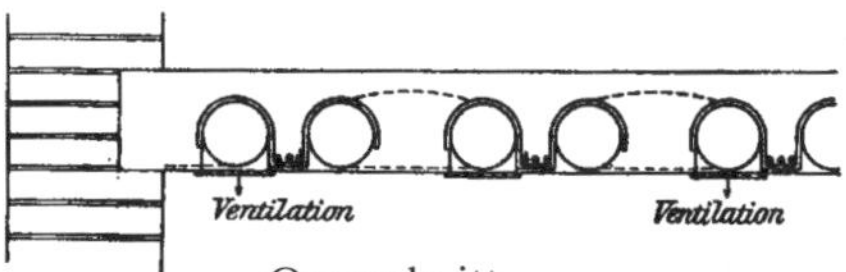

Querschnitt

zwischen eisernen Trägern

zwischen Eisenbetonbalken

Schlackendecke von Züblin

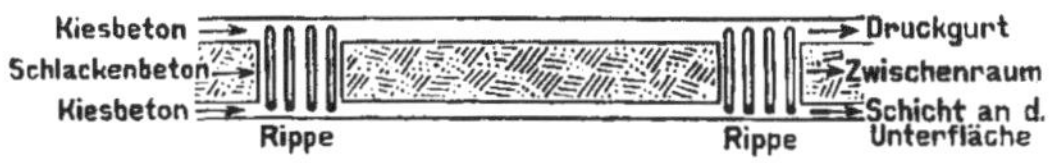

Querschnitt

Sperrbügel

Hohlplattenrippendecke von Geisler

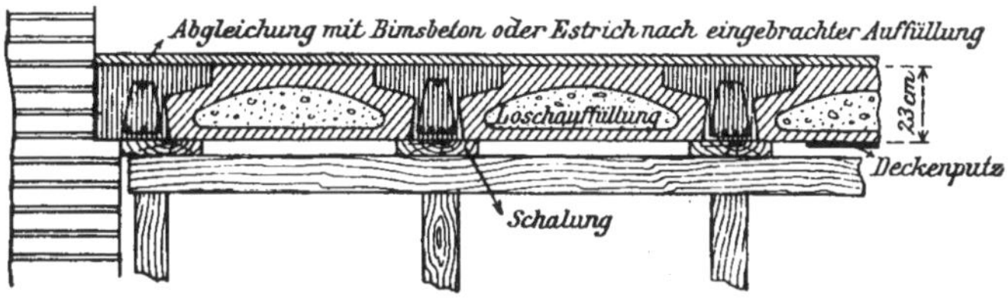

Querschnitt

Hohlsteinplattendecke von Grevé

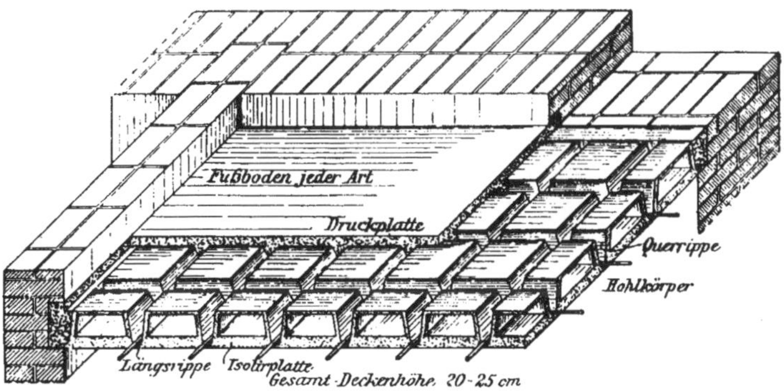

Kassettendecke von Lolat

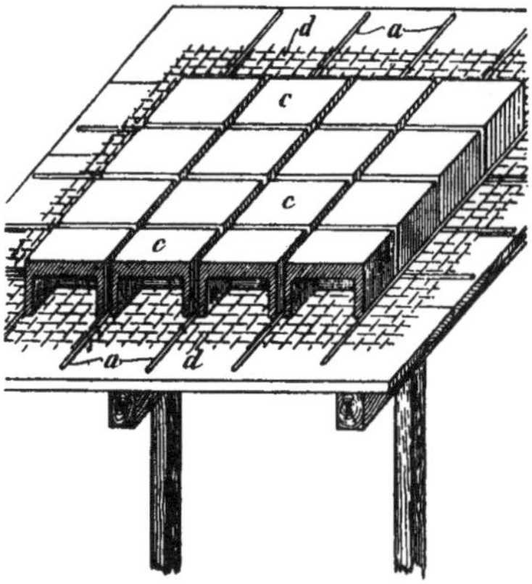

kreuzweise bewehrt

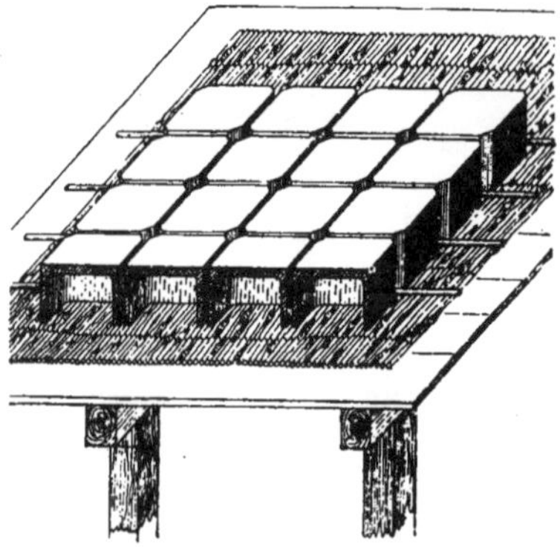

einachsig bewehrt

⊥-Eisen-Betondecke

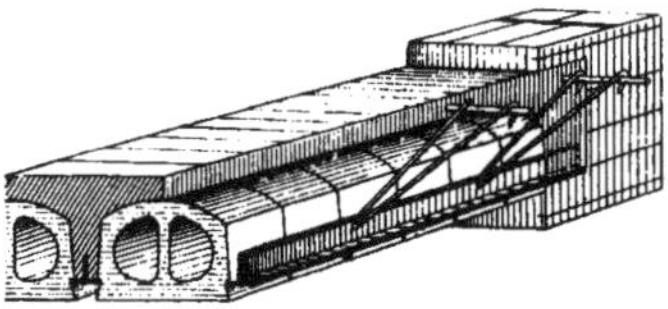

mit freiliegendem ⊥-Eisen

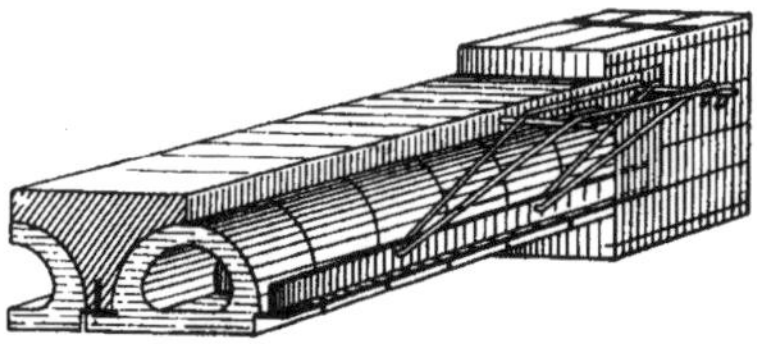

mit verdecktem ⊥-Eisen

Franke-Decke

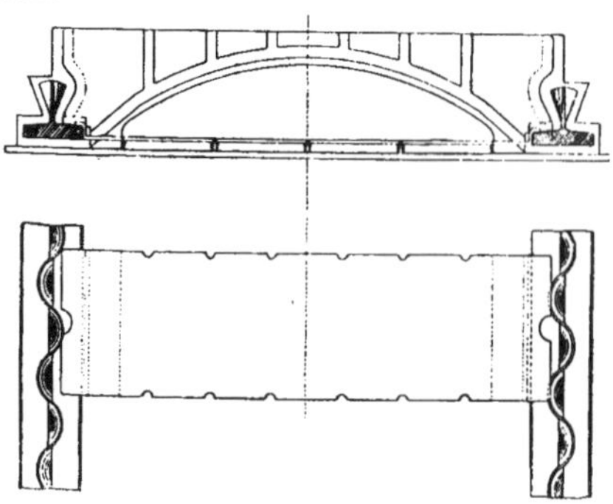

Schnitt

Grundriss

Hohlkörper zwischen den Kegelwellen

Bulbeisendecke (Pohlmann-Decke)

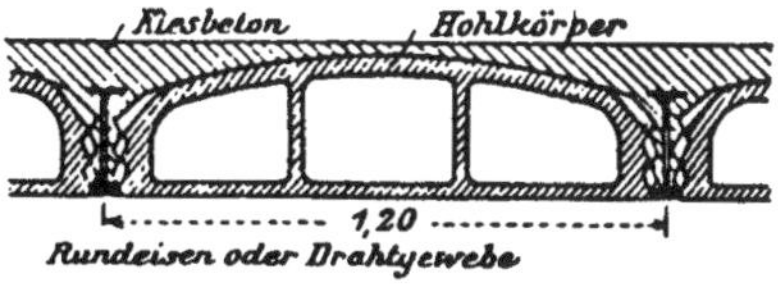

Querschnitt

Ackermann-Decke

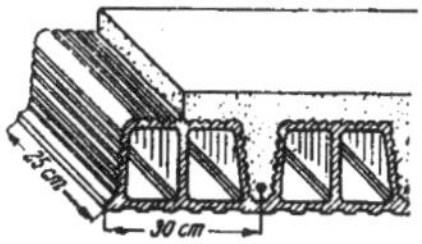

Querschnitt

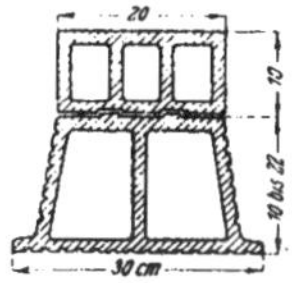

Füllkörper mit Auflegstein

Wenko-Decke

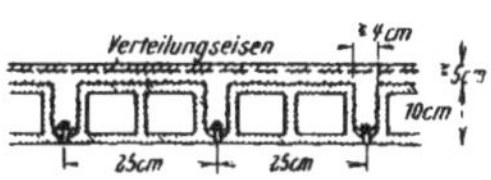

Querschnitt

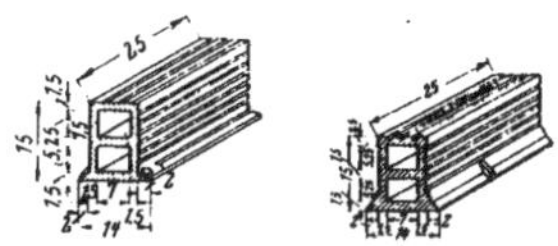

Füllkörpersteine

Westphal-Decke

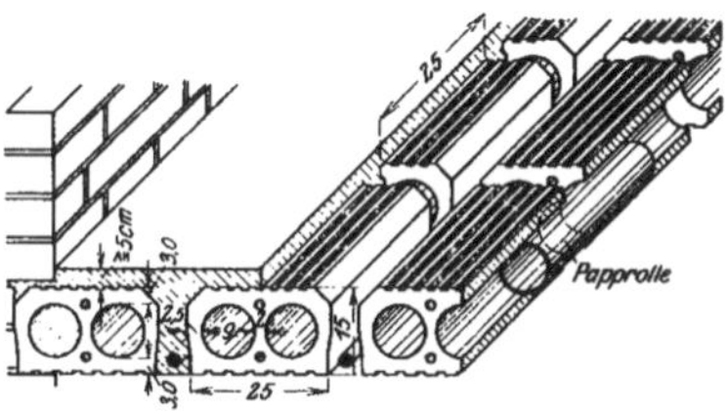

Remy-Decke

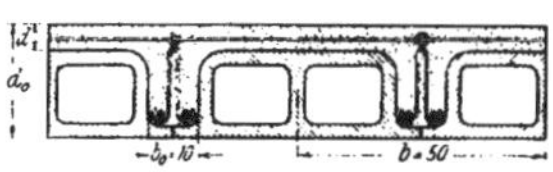

Querschnitt

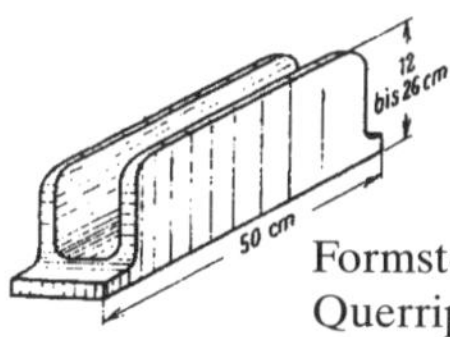

Formstein für Querrippe

Pohlmann-Rahmenzellendecke

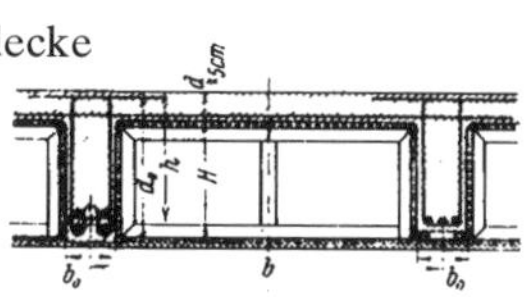

Querschnitt

2.8.5 Füllkörperstegdecken

um **1910**

Bezeichnung	Ausführung
Herbst-Decke (Zylindersteg-decke)	Die Decke wird aus fabrikmäßig hergestellten Stegen und Füll-körpern zusammengesetzt und mit einer am Bau aufzubringenden Betondruckschicht versehen. Bewehrung gewelltes Bandeisen im Steg Stegabstand 25 cm Steghöhe 16, 20, 24, 28 und 32 cm Stegbreite 3 bis 6 cm Füllkörperbreite 22 cm Hohlkörper aus Schlackenbeton
Kreuzstegdecke	ähnlich der Herbst-Decke, aber kreuzweise bewehrt Stege: Stampfbetonlochstege (Fertigteile) Füllkörper: Schlacken- oder Leichtbeton Querstege: keilförmige Stampfbetonstege (senkrecht zur Lochung) aus Ortbeton Abstand der Lochstege 0,80 bis 1,00 m (meist paarweise) Lochabstand 33 cm
Formstein-balkendecke Ausführung A	Stegdecke ohne Hohlkörper Die Decke besteht aus den Formsteinbalken (Steg), den Obergurt-platten und den Unterdeckenplatten. Alle Teile werden werksmäßig hergestellt. Stegabstand 50 cm
Formstein-balkendecke Ausführung B	Die Formsteinbalken werden paarweise verlegt. Der Zwischenraum wird bewehrt und ausbetoniert. Stegabstand der Doppelbalken 1,00 m Die Druckplatte wird durch eine bewehrte Fertigplatte gebildet.

Herbst-Decke (Zylinderstegdecke)

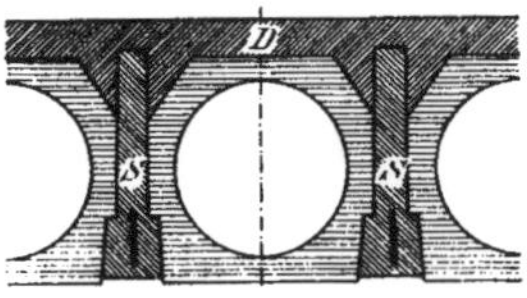

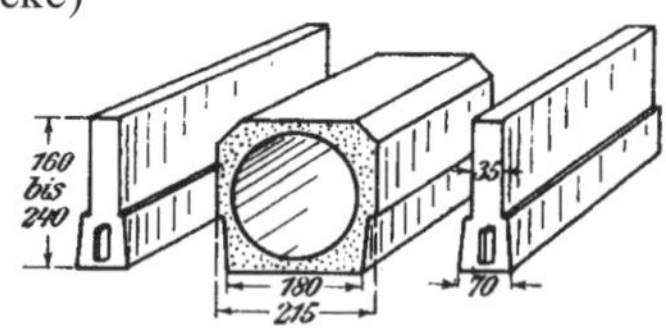

Querschnitt

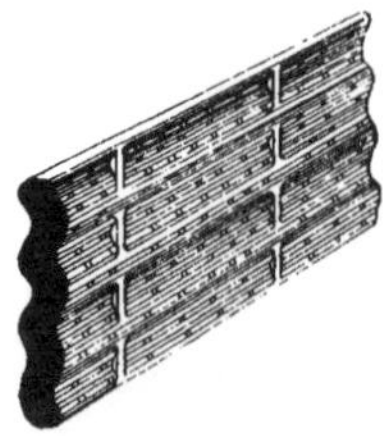

Bewehrungseisen

Kreuzstegdecke

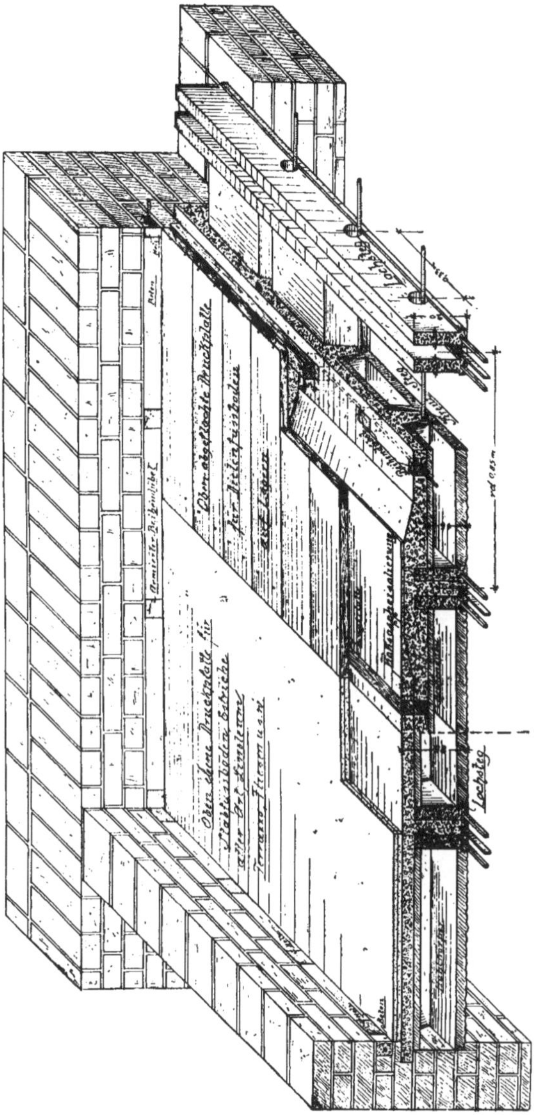

Formsteindecke

Ausführung A

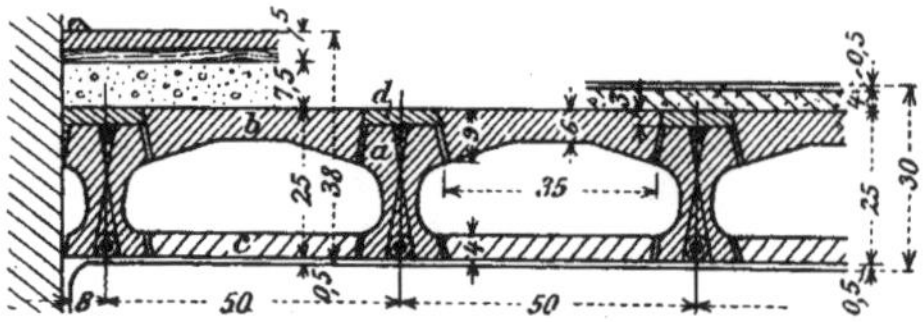

Querschnitt

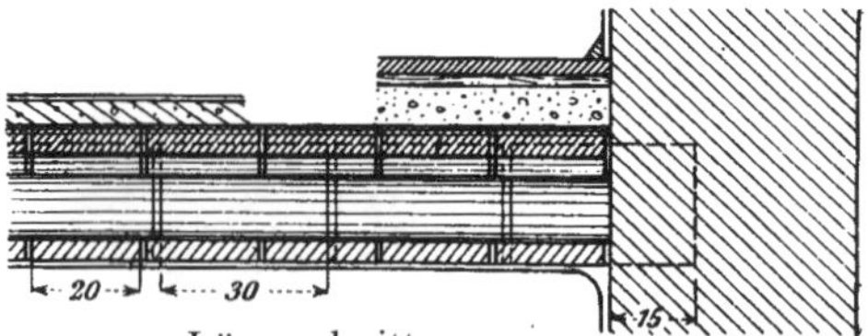

Längsschnitt

Ausführung B

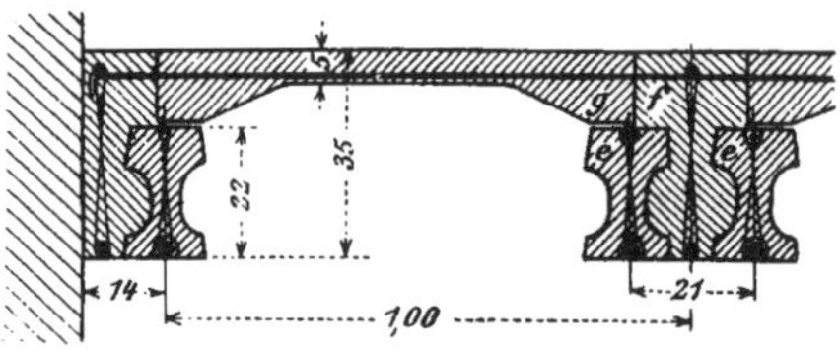

Querschnitt

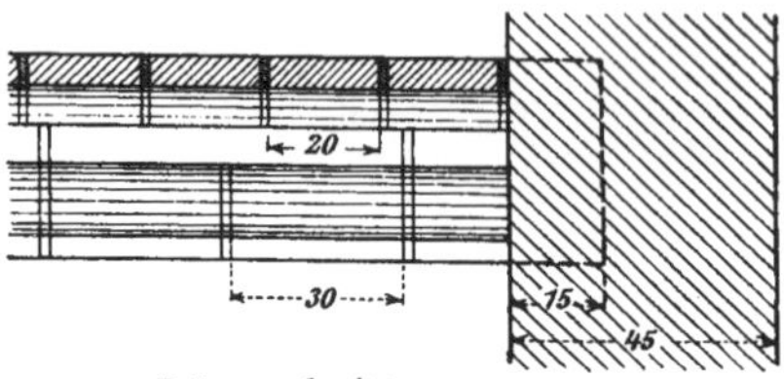

Längsschnitt

2.8.6 Formbalkendecken

um **1910**

Bezeichnung	Ausführung
Siegwartdecke	fabrikmäßig hergestellte Hohlbalken aus Zementbeton Balkenbreite 25 cm Balkenhöhe 12, 15, 18, 21, 22 und 23 cm Die Seitenwände des Balkens werden als Tragsteg mit Rundeisen bewehrt. Zur Schubsicherung wird ein Teil der Bewehrung in Auflagernähe aufgebogen. Nach Verlegen der Balken werden die Lagerfugen mit Zementmörtel vergossen. Deckeneigenlast: d = 12 cm g = 1,40 kN/m² d = 15 cm g = 1,55 kN/m² d = 18 cm g = 1,70 kN/m² d = 21 cm g = 1,90 kN/m² d = 22 cm g = 2,10 kN/m² d = 23 cm g = 2,30 kN/m²
Visintini-balkendecke	Bei dieser Deckenart werden die Vorteile des Fachwerkträgers auf die Eisenbetonbauweise übertragen. (fabrikmäßig hergestellt) Obergurt, Untergurt und Streben sind bewehrt. Wie bei der Siegwartdecke werden die Balken dicht nebeneinander verlegt, bis das Deckenfeld geschlossen ist. Nach dem Verlegen werden die am Obergurt ausgesparten schwalbenschwanzförmigen Längsnuten mit Zementmörtel vergossen.
Bogenbalken-decke	fabrikmäßig hergestellte Hohlbalken (1904 entwickelt) Untergurt und Drucktrajektoren sind bewehrt. Die Balken werden dicht nebeneinander verlegt, bis das Deckenfeld geschlossen ist.
U-Balkendecke	örtlich oder fabrikmäßig hergestellte U-Balken gebräuchlichster Balkenquerschnitt: Breite 25 cm Höhe 25 cm Druckplatte d = 4 cm untere Platte d = 3 cm Stegbreite b = 4,5 cm Eigenlast der Decke g = 2,46 kN/m² Bewehrung: Rundeisen mit umlaufender Verbügelung Auflagerung: auf Mauerwerk, eisernen Trägern oder auch Eisenbetonbalken
Dreiwand-balken-decke	ähnlich der U-Balkendecke Es werden zusätzlich Querstege angeordnet. Bei größeren Stützweiten wird eine zusätzliche Betondruckschicht aufbetoniert.

Bezeichnung	Ausführung
Stegbalkendecke	Die fabrikmäßig hergestellten T-förmigen Balken bestehen aus Druckgurt und Steg. Im Auflagerbereich werden die Balken als voller Rechteckquerschnitt ausgebildet. Bewehrung: Rundeisen mit Verbügelung Nach Verlegung der Balken wird eine mind. 2 cm dicke Betondruckschicht aufbetoniert. Teilweise ordnet man eine zusätzliche Bewehrung in den Aussparungen an der Oberkante der Druckgurte an.
Eisenbeton-balkendecke (Sperledecke)	Die Decke besteht aus der Verbindung von Hohlbalken mit Abdeckplatten. Balkenabstand 20 bis 50 cm Balkenbreite 25 cm Balkenhöhe 18 bis 34 cm Abdeckplatte d = 2,5 bis 3,0 cm (Eisenbetonplatten) Deckschicht d = ca. 4,0 cm aus Schlacken- oder Bimsbeton Deckeneigenlast g = 2,50 kN/m² (einschl. Deckschicht) bei 25 cm Balkenabstand und 25 cm Balkenbreite
Hohlbalken-decke	seit 1904 im Handel ähnlich der Sperledecke Balken aus 6-kantigen Hohlkörpern mit bewehrtem Unter- und Obergurt (Stege teilweise auch bewehrt) Der Querschnitt ist umlaufend verbügelt. Die Auflagerenden der Hohlkörper werden mit Beton verfüllt. Abdeckplatten aus gebrannten Hohlsteinplatten (Hourdisplatten)

um **1930**

Simples-Eisenbeton-Trägerdecke	Deckenbalken mit T-förmigem Querschnitt Balkenhöhe 15 cm Flanschbreite 15 cm Balkenlänge 1,50 bis 2,00 m Bewehrung 2 Rundeisen ∅ 6 mm Die Balken werden abwechselnd mit nach unten und oben gekehrten Flanschen zwischen eiserne Träger verlegt. Abschließend werden die Fugen mit Mörtel vergossen. Eigenlast der Balkenlage g = ca. 1,40 kN/m²
Rapidträger-decke	Deckensystem aus I-förmigen Eisenbetonbalken Balkenhöhe 14, 16 und 20 cm Balkenbreite 12 cm Balkenlänge bis 6,00 m Eigenlast der Balkenlage g = 1,80 kN/m² bei Profil 16 Die Balken werden eng nebeneinander zu einer geschlossenen Deckenfläche verlegt.

Bezeichnung	Ausführung
Betonbalken Leonhardt	Deckenbalken mit ⊥-förmigem Querschnitt Balkenhöhe 15, 20 und 25 cm Fußbreite 20 cm Balkenlänge bis 6,00 m Deckeneigengewicht d = 15 cm g = 1,30 kN/m² d = 20 cm g = 1,90 kN/m² d = 25 cm g = 2,30 kN/m² Die Zwischenräume der Stege werden mit Lehm oder Koksasche zur Auflagerung des Fußbodens aufgefüllt. Bei Decken mit hoher Belastung werden die Zwischenräume der Stege mit Kiesbeton und gegebenenfalls zusätzlicher Bewehrung verfüllt.

Siegwartdecke

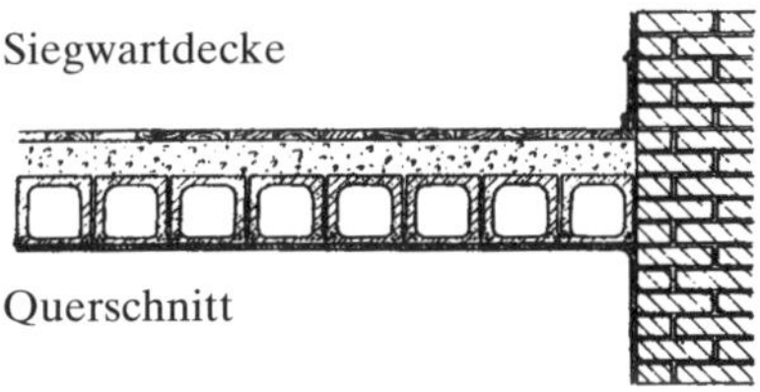

Querschnitt

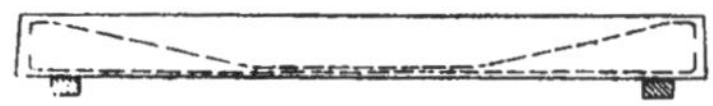

Seitenansicht mit Bewehrungsführung

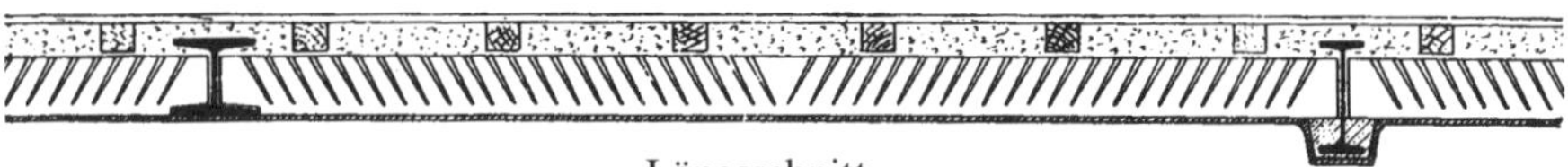

Längsschnitt

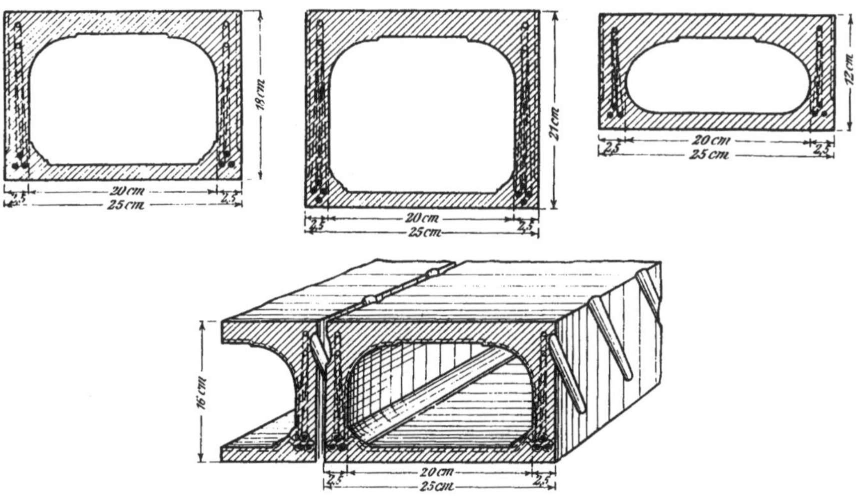

Hohlbalkenquerschnitte

Visintinibalkendecke

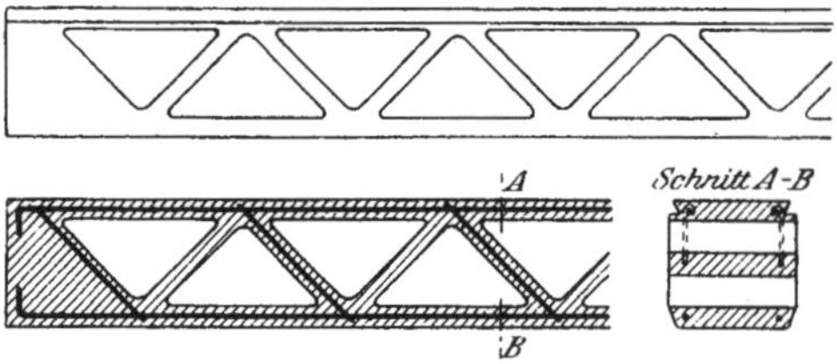

Längs- und Querschnitt

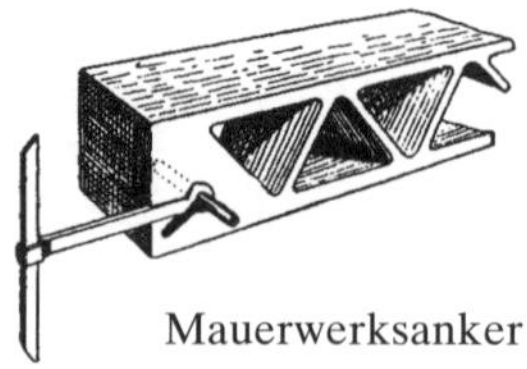

Mauerwerksanker

Bogenbalkendecke

Längs- und Querschnitt

U-Balkendecke

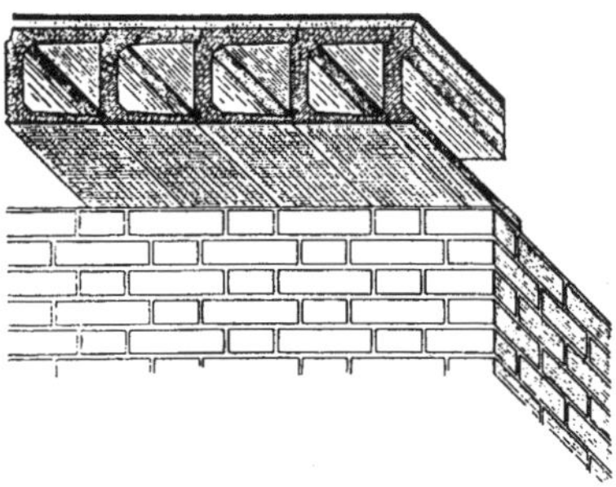

Querschnitt mit Bewehrungsführung

Dreiwandbalkendecke

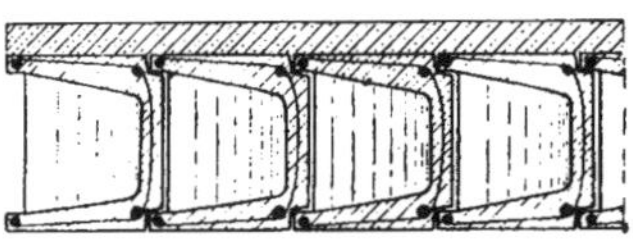

Querschnitt

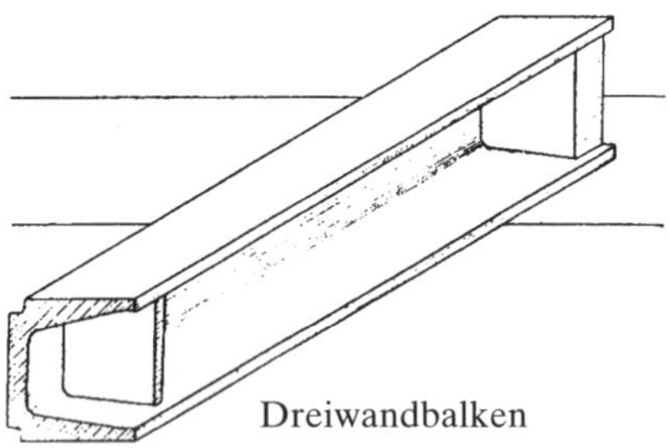

Dreiwandbalken

Stegbalkendecke

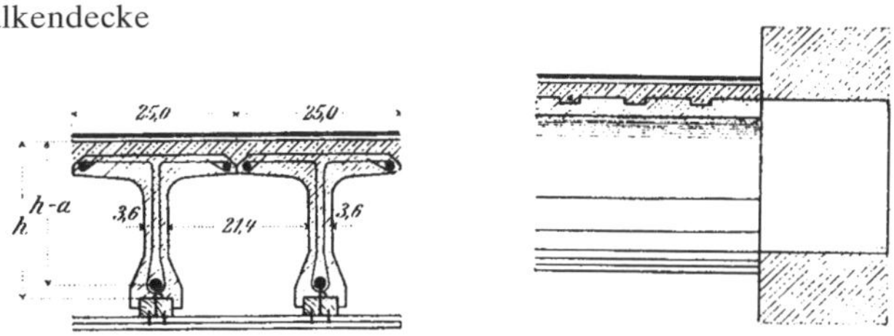

Quer- und Längsschnitt

Eisenbetonbalkendecke von Sperle

Längsschnitt mit Pfosten- und Gurtbewehrung

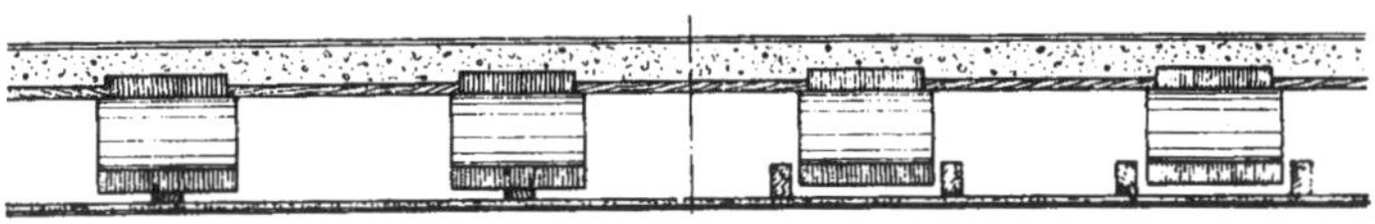

Querschnitt

Hohlbalkendecke

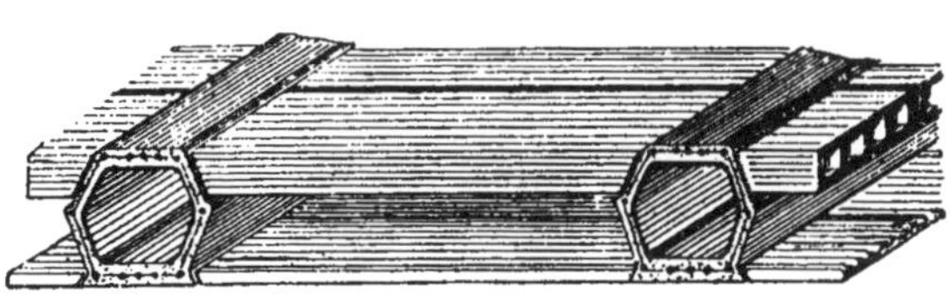

Simplex-Eisenbeton-Trägerdecke

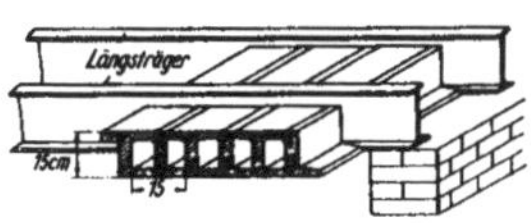

Rapidträgerdecke

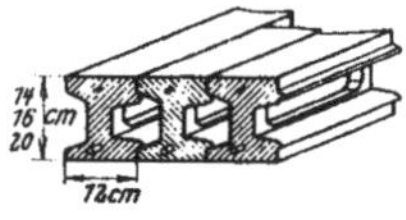

Betonbalken-Leonhardt

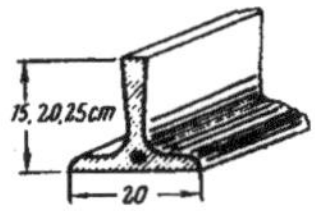

2.9 Wände

Kellerwände sowie aufgehende tragende Wände wurden, wenn wegen geringerer Beanspruchung keine Bewehrung erforderlich war, aus Stampfbeton zwischen Schalung hergestellt.

1931 Mischungsverhältnis des Stampfbetons für Wände in Raumteilen

Zement	Kies	Bemerkungen
1	6	Kies = 2 Teile Sand (1 bis 3 mm Korngröße) und 4 Teile Kies bzw. Splitt (bis 25 mm Korngröße)
1	14	Kies = 4 bis 5 Teile Sand (1 bis 3 mm Korngröße) und 9 bis 10 Teile Kies bzw. Splitt (bis 25 mm Korngröße)

Außenwände werden meist mit Naturstein, Backstein oder Kunststein verblendet.
Für Wohngebäude bevorzugte man, der besseren Wärmedämmung wegen, Leichtbetone.

1955 Berechnungsgewicht, Betongüte und zulässige Druckspannung für geschüttete Leichtbetonwände nach DIN 4232

Leichtbeton aus	Berechnungsgewicht kg/m³	Betongüte	Zulässige Spannungen kg/cm² Wände	Pfeiler mit einer Schlankheit h/d von 4	5	6	8	10	Unterm Balkenauflager
Ziegelsplitt	1400	B 20	4	4	2	1	—	—	7
Naturbims, Hüttenbims	1200	B 30	6	6	4	2	1		10
		B 50	10	10	7	6	5	4	15
Porige Hochofenschlacke, Porige Lavaschlacke, Kesselschlacke	1600	B 80	$d \leqq 15$ cm 12	12	9	8	6	5	16
			$d > 15$ cm 20	20	15	13	10	8	25

Wände mit größerer Belastung sowie Stützmauern usw. führte man als Eisenbetonwände aus.

Der Beton wurde in Schichten von 50 bis 75 cm eingebracht. Die Außenfläche erhielt vielfach eine steinmetzmäßige Bearbeitung.

Jahr	Wände	Wanddicke d cm	Geschoss-höhe hs m	Wand-breite min b m	Bemerkungen
1955 *1	Wände allgemein	≥ 15			unbewehrt Betongüte mind. B120 2*
	aussteifende Querwände	≥ 10		0,2 hs	
	Innenwände 3- u. 4-seit. gehalten	≥ 10	≥ 3,00		
	Wände 2-seitig gehalten			0,75	
	Wände 3-seitig gehalten	≥ 15		≤ 4,00 bzw. hs	
	*3	10		≤ 2,50 bzw. 0,8 hs	
	Wände 4-seitig gehalten	≥ 15		≤ 8,00 bzw. 2,0 hs	
	*3	10		≤ 5,00 bzw. 1,5 hs	
	Wände allgemein	≥ 15			bewehrt Betongüte mind. B160
	aussteifende Querwände	≥ 10		0,2 hs	
	Wände 3- u. 4-seit. gehalten	≥ 10			
	Wände 2-seitig gehalten			0,50	
	Wände 3-seitig gehalten	≥ 15		1,2 hs	
	*3	10		hs	
	Wände 4-seitig gehalten	≥ 15		2,5 hs	
	*3	10		2,0 hs	

*1 vorl. Richtlinien Ergänzung zu DIN 1045, DIN 1047

*2 In Außen- und Wohnungstrennwänden sind in Höhe jeder Geschossdecke 2 Ringanker anzuordnen.

Gebäudelänge höchstens m	Durchmesser der beiden Rundstäbe (Ringanker) mindestens mm
10	10
18	12
35	14

Überdeckungslänge lü ≥ 50 cm (mit Haken)

Tür- und Fensterstürze dürfen bis zu einer lichten Öffnungsbreite von 1,20 m unbewehrt bleiben, bei einer Mindeststurzhöhe von 35 cm (bei Deckenbelastung 40 cm).

*3 Mittenabstand der aussteifenden Wand vom freien Rand bzw. Mittenabstand der aussteifenden Querwände. Für Wanddicken zwischen 10 und 15 cm dürfen Zwischenwerte für den Abstand der aussteifenden Querwand gradlinig eingeschaltet werden.

2.10 Fundamente

Die Fundamente wurden entweder als Stampfbetonfundamente (Blockfundamente) in Form von Pyramidenstümpfen oder als Eisenbetonfundamente (Flachfundamente) hergestellt.

a) Stampfbetonfundamente

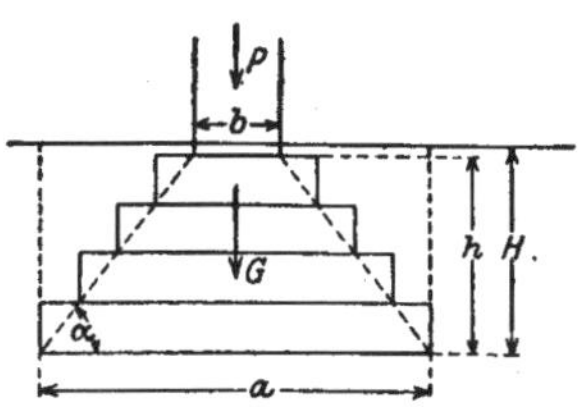

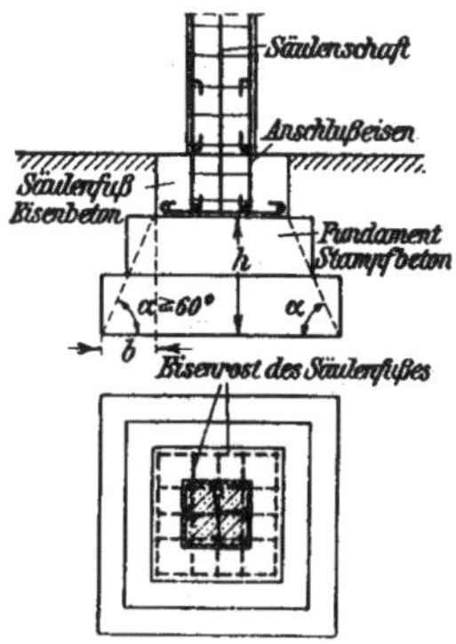

Höhe der Absätze 25 bis 40 cm

$$\text{erf } H = \frac{a-b}{2}\sqrt{3}$$

$$b = 0{,}60\ h$$

1959 Mindestwerte von tan α (bzw. α) in Abhängigkeit von Betongüte und Betonpressung

	$\sigma = 1$	2	3	4	5 kg/cm²
1	2	3	4	5	6
B 80	1,23 (51°)	1,74 (60°)	2,13 (65°)	2,46 (68°)	2,75 (70°)
B 120	1,00 (45°)	1,42 (55°)	1,74 (60°)	2,01 (64°)	2,25 (66°)
B 160	—	1,23 (51°)	1,51 (56°)	1,74 (60°)	1,94 (63°)
B 225	—	1,04 (46°)	1,27 (52°)	1,47 (56°)	1,64 (59°)

b) Bewehrte Fundamente

Der Vorteil bewehrter Fundamente gegenüber den Stampfbetonfundamenten besteht in der geringeren Fundamenthöhe (geringere Aushubtiefe).

Die gebräuchlichste Grundrissform von Einzelfundamenten war das Achteck, da sich kreisrunde Fundamentplatten nur schwierig herstellen ließen.

1924

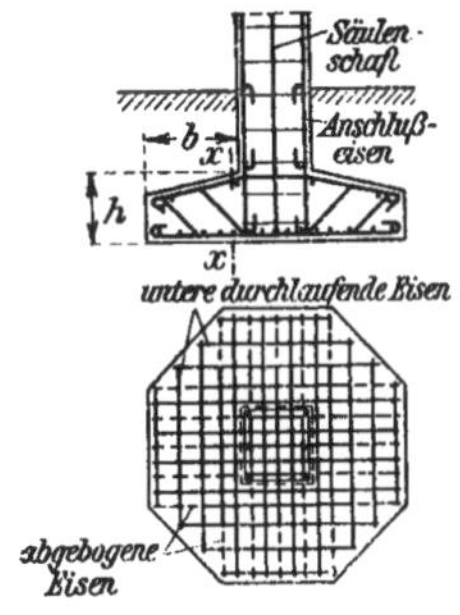

h = 1/2 b bis 1/3 b

1928 Eisenbetonfundamente mit Überzügen und Querrippen bzw. veränderlicher Dicke

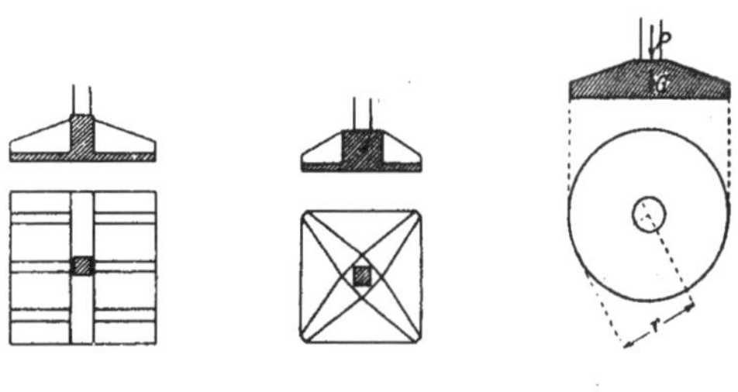

Berechnung der Rippen als Kragarme (Biegebemessung)

3 Bemessung

3.1 Allgemeines

Die erste Theorie des Eisenbetonbaues (veröffentlicht im Zentralblatt der Bauverwaltung 1886) basierte auf den Versuchen, von Wayss, an Platten und Gewölben.
Aus deren elastischen Verhalten sowie deren Durchbiegungsgrößen zog Koenen den Schluss, dass die für elastische Körper gültigen Navierschen Biegegesetze, welche ein Ebenbleiben der Querschnitte bei Biegung voraussetzen, auch bei Berechnung der Verbundquerschnitte zu Grunde gelegt werden können.
Bei seiner Theorie vernachlässigte Koenen bereits die Zugfestigkeit des Betons innerhalb der Zugzone.
Die Bewehrung liegt in der Zugzone und nimmt allein die Zugspannungen auf.
Er ging davon aus, dass die Druckzone bis zur Nulllinie in Querschnittsmitte reicht.
Es wurden aber auch andere Berechnungsverfahren entwickelt, die zum Teil eine Zugspannung des Betons berücksichtigten.

Spannungsbilder verschiedener Berechnungsverfahren

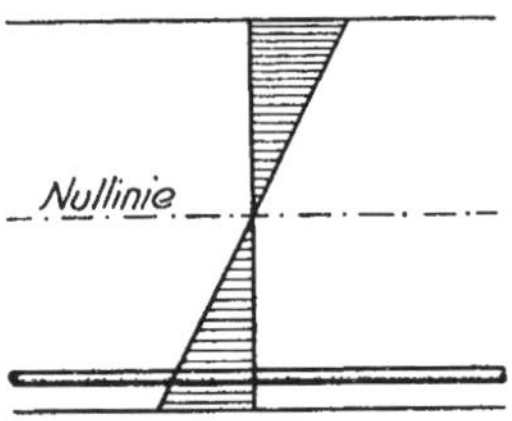

De Macas-Neumann

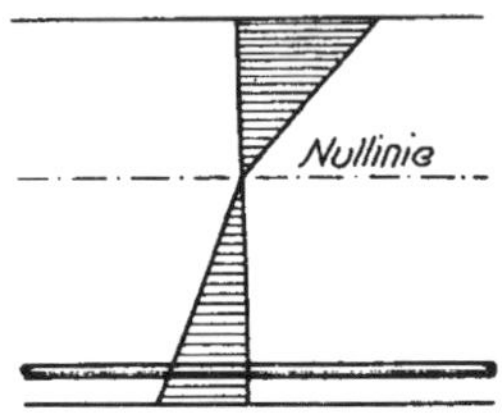

Melan

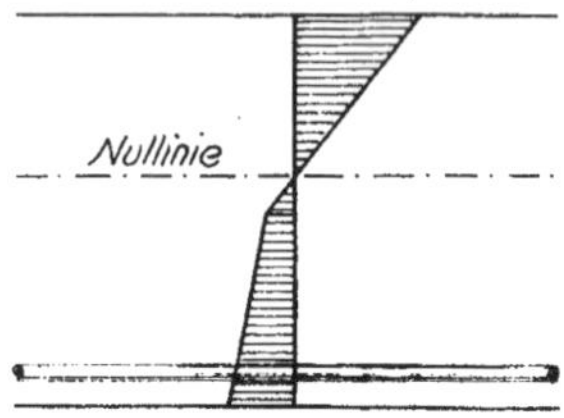

Ostenfeld

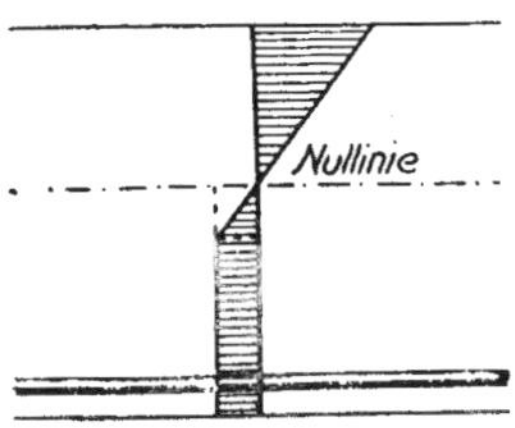

Considère

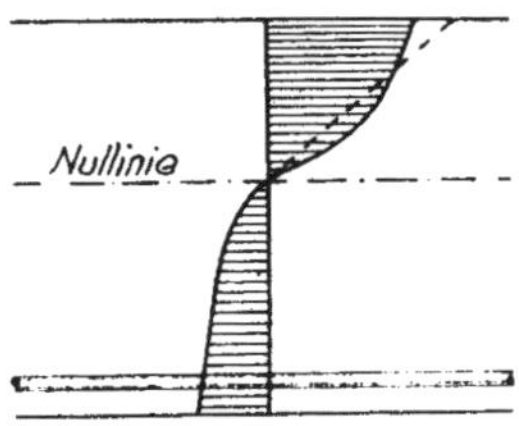

Sanders

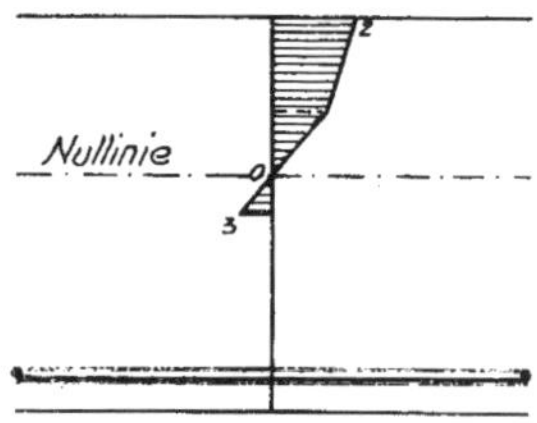

v. Thullie

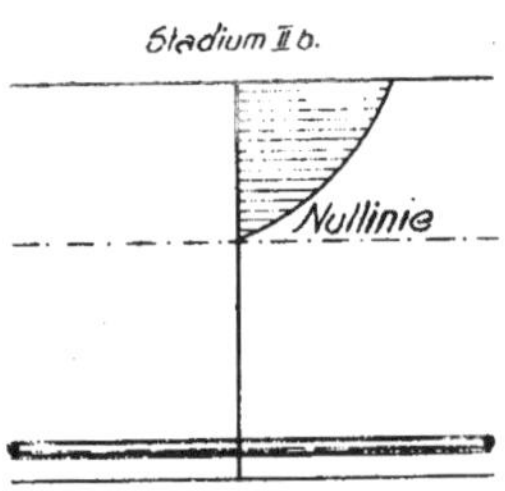

Ritter

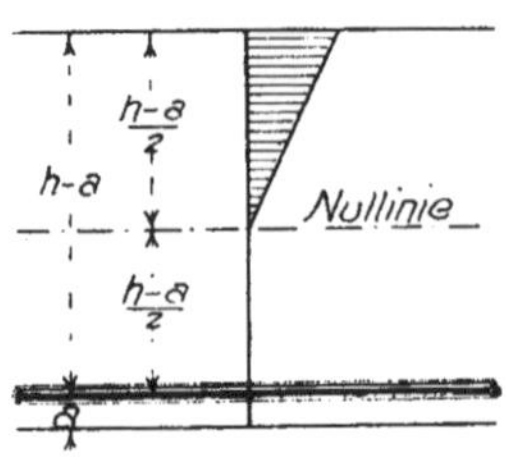

Koenen

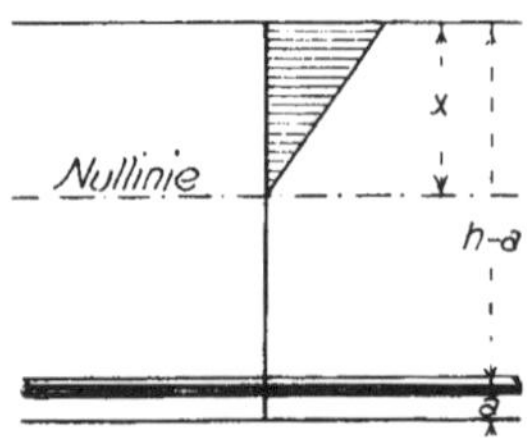

Deutsches Verfahren (1904)

Eisenbeton-Vorschrift

Tafel der zulässigen Spannungen verschiedener Eisenbetonvorschriften

	Preußen 1907	Deutsch. Betonverein 1904	Österreich 1908	Frankreich 1906	England 1907	Schweiz 1909	Ungarn 1909	Bemerkungen
Elastizitäts-verhältnis *n*	15	15	15	8–15	15	Zugeisen = 20 *1 Druckeisen = 10 *2 Druck = 10 *3	15	*1 Biegung *2 Biegung *3 Zentr. + Exzentr.
Druckspannung in kg/cm²	1/6 der Druckfestigkeit	40–50	Mischung 1 : 3 = 40 Mischung 1 : 4 = 36 Mischung 1 : 5 = 32	28/100 der Würfelfestigkeit	42 oder 1/4 der Druckfestigkeit	Druckrippenpl. 40 Druckbalken 70	45	Biegung
Zugspannung in kg/cm²	2/3 der Zugfestigkeit oder 1/10 der Druckfestigkeit	—	Mischung 1 : 3 = 24 Mischung 1 : 4 = 23 Mischung 1 : 5 = 21,5	—	—	Biegung : — exzentr. Druck 10	—	Biegung
Schubspannung τ_0 in kg/cm²	4,5 oder 1/5 der Schubfestigkeit	4,5	Mischung 1 : 3 = 4,5 Mischung 1 : 4 = 4,5 Mischung 1 : 5 = 3,5	1/10 der zul. Druckspannung	4,2	4,0	5,0	
Haftspannung τ_1 in kg/cm²	$\tau_1 = \tau_0$	7,5	Mischung 1 : 3 = 5,5 Mischung 1 : 4 = 5,5 Mischung 1 : 5 = 4,5	1/10 der zul. Druckspannung	7,0	—	6,0	
Stützendruck-spannung in kg/cm²	1/10 der Druckfestigkeit	35	Mischung 1 : 3 = 28 Mischung 1 : 4 = 25 Mischung 1 : 5 = 22	28/100 der Würfelfestigkeit	35 oder 1/5 der Druckfestigkeit	zentrisch 35 exzentrisch 35 exzentrisch 45 *4	36 Biegebeansp. *5 45 Biegebeansp. *6 45 zentr. Druck	*4 an Rand *5 nicht berücks. *6 berücksichtigt
Druck- und Zug-spannung des Flußeisens kg/cm²	1000 (1200)	1000 und mehr	950 (Flußstahl 1000)	1/2 der Elastizitätsgrenze (bei Stößen 4/10)	1050 der 1/2 der Elastizitätsgrenze	1200	1200	

In den ersten Bestimmungen des Deutschen Ausschusses für Eisenbeton (1904 – in Deutschland und Österreich allgemein angewandt) wird bereits die Höhe der Druckzone in Abhängigkeit vom Moment und vorhandener Bewehrung berücksichtigt.

Das Verhältnis des Elastizitätsmoduls von Eisen zu Beton wurde n = 15 gewählt.

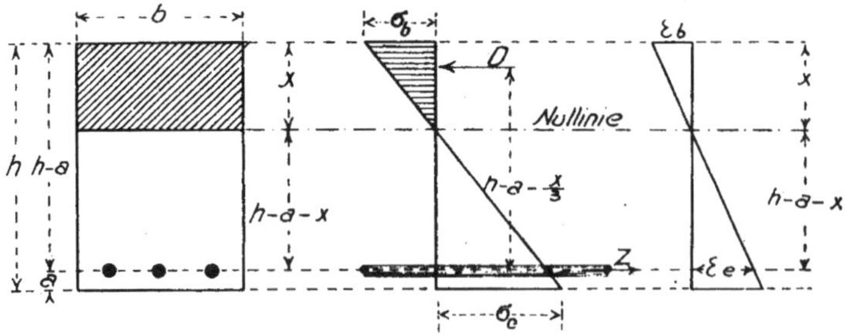

3.2 Belastungsannahmen

Jahr	Hinweise
1907 D.A.f.E.	Bei Verkehrslasten ≥ 10,0 kN/m² ist die Berechnung für ungünstigste Laststellung durchzuführen.
1914 D.A.f.E.	Die Berechnung durchgehender Tragwerke ist stets für die ungünstigste Stellung der Verkehrslast durchzuführen.
1916 D.A.f.E.	wie **1914**
1925 D.A.f.E.	a) Momente durchlaufender Balken und Platten sind im Allgemeinen für die ungünstigste Laststellung nach den Regeln für frei drehbar gelagerte durchlaufende Träger zu bestimmen. b) Stützkräfte durchlaufender Deckenplatten Bei Ermittlung der Lasten, die von durchlaufenden Platten auf die sie stützenden Balken oder Mauern übertragen werden, dürfen die Kontinuitätswirkungen vernachlässigt werden. Das Belastungsfeld eines Deckenbalkens kann mithin bei gleichmäßig verteilter Belastung beiderseits bis zur Mitte der anstoßenden Deckenfelder gerechnet werden. c) Stützkräfte durchlaufender Balken und Plattenbalken Bei der Ermittlung der Last, die von Balken auf Mauern, Hauptunterzüge oder Stützen übertragen wird, dürfen die Kontinuitätswirkungen vernachlässigt werden. Die Stützkräfte können also unter Annahme frei aufliegender, über allen Innenstützen gestoßener Balken ermittelt werden.

Jahr	Hinweise
1933 DIN 1045	a) wie **1925** Abs. a b) Die für die Ermittlung der Schub- und Haftspannungen maßgebenden Querkräfte durchlaufender Platten, Rippendecken, Balken und Plattenbalken dürfen bei Hochbauten für Vollbelastung aller Felder bestimmt werden (bei ungleichen Stützweiten, wenn min L ≥ 0,8 max L). c) Die Stützkräfte durchlaufender Platten, Rippendecken, Balken und Plattenbalken dürfen im Allgemeinen ohne Berücksichtigung etwaiger Kontinuität als über alle Innenstützen gestoßen und frei drehbar gelagert ermittelt werden. d) Für die Stützenbelastung muss die Durchlaufwirkung der Hauptbalken berücksichtigt werden, wenn die Stützweiten der an die Stützen anschließenden beiden Felder so verschieden sind, dass min L < 2/3 max L ist. Stützkräfte dann für Volllast aller Felder. e) Bei der Berechnung der Stützenfundamente und der Bodenpressungen von Hochbauten bleiben Stoßzuschläge unberücksichtigt.
1943 DIN 1045	wie **1932** Die Durchlaufwirkung ist bei der Ermittlung der Stützenkräfte der Innenstützen für Tragwerke, die über 2 Felder durchlaufen, zu berücksichtigen.
1952 DIN 1045	wie **1943**
1959 DIN 1045	wie **1943**

3.3 Stützweiten

Lw = lichte Weite (m)
L = Abstand der Auflagermitten (m)
d = Plattendicke in Feldmitte (m)

Jahr	Einfeldplatten	Einfeldbalken	Durchlaufende Platten und Balken	Bemerkungen
1907 Preußen	Lw + d	Lw + erf. Auflagerlänge	L	
1914 Preußen	Lw + d	L	L	1*
1916 D.A.f.E.	Lw + d	L	L	*1 *2

Jahr	Einfeldplatten	Einfeldbalken	Durchlaufende Platten und Balken	Bemerkungen
1925 D.A.f.E.	Lw + d		L	Platten einachsig gespannt *3
		L	L	Balken, Plattenbalken *1 *4
1932 DIN 1045	Lw + d		L	Platten einachsig gespannt
		L	L	Balken, Plattenbalken *1
1943 DIN 1045	Lw + d		L	Platten
		L	L	Balken, Plattenbalken *1 *2 *4
1952 DIN 1045	Lw + d		L	Platten
		L	L	Balken, Plattenbalken *1 *4
1959 DIN 1045	wie **1952**			

*1 Bei Einfeldbalken mit großen Auflagerlängen ist die Stützweite gleich der um 5 % vergrößerten lichten Weite zu wählen.

*2 Ist bei Hochbauten die Stützenbreite in Balkenrichtunq ≥ 1/5 Geschosshöhe, dann sind durchlaufend ausgebildete Balken nicht als durchlaufend, sondern als an der Stütze voll eingespannt zu berechnen (Voraussetzung: biegefester Anschluss an die Stütze oder entsprechende Auflast über der Stütze).
Stützweite = 1,05 Lw

*3 Ist die Auflagerlänge geringer als die Plattendicke in Feldmitte, so ist die Sicherheit des Auflagers besonders nachzuweisen.

*4 Ist die Auflagerlänge geringer als 5 % Lw, so ist die Sicherheit des Auflagers nachzuweisen.

3.4 Mindestbauteilabmessungen

Jahr	Platten d (cm)	Stützen d bzw. b/d (cm)	Platten bei Plattenbalken d (cm)	Bemerkungen
1907 Preußen		≥ hs/18		Stützen zentrisch belastet hs = Geschosshöhe
1914 D.A.f.E.	8,0		8,0	Deckenplatten
	< 8,0			Dachplatten *1
1916 D.A.f.E.	8,0		8,0	Deckenplatten
	< 8,0			Dachplatten *1

Jahr	Platten d (cm)	Stützen d bzw. b/d (cm)	Platten bei Plattenbalken d (cm)	Bemerkungen
1925 D.A.f.E.	8,0		8,0	Deckenplatten
	15,0			Pilzdecken *2
	< 8,0		8,0	Dachdecken *1
		25/25		Stützen *3
1932 DIN 1045	7,0		7,0	Deckenplatten
	5,0		7,0	Dachplatten *1
	12,0		12,0	Platten unter Durchfahrten und von befahrbaren Hofkellerdecken
	15,0			Pilzdecken *4
		20,0 bzw. 25 / 25		hs = Geschosshöhe bzw. Länge der Netzlinie *5
1943 DIN 1045	7,0		7,0	Deckenplatten
	5,0		7,0	Dachplatten
	12,0		12,0	Platten unter Durchfahrten und von befahrbaren Hofkellerdecken
	15,0			Pilzdecken *4
		20,0		*5
1952 DIN 1045	wie **1943**			
1959 DIN 1045	wie **1943**			
		15,0		Fertigteilstützen

*1 und fabrikmäßig hergestellte, fertig verlegte Eisenbetondecken
*2 bzw. für Decken d ≥ 1/32 der größeren der beiden Stützweiten
für Dächer d ≥ 1/40 der größeren der beiden Stützweiten
*3 Stützen, deren Höhe (Geschosshöhe) mehr als das 20-fache der kleineren Querschnittsdicke oder deren Querschnitt b/d < 25/25 cm beträgt, sind nur ausnahmsweise (z. B. bei Fensterstützen) zulässig.
*4 Bei Dachdecken sind mit Genehmigung der Baupolizei Ausnahmen zulässig.
*5 Stützen d < 20 cm sind nur ausnahmsweise (z. B. bei Fensterstützen) zulässig.

3.5 Mindestnutzhöhen

l = Stützweite (m)
li = Abstand benachbarter Momentennullpunkte (m)

Jahr	Bauteil	erf. Nutzhöhe	Auflagerung h	Bemerkungen
1914 D.A.f.E.	Platten einachsig gespannt	l/27	beidseitig frei aufliegend	Eisenbeton-platten und Stein-decken mit auf Druck bean-spruchten Steinen
		li/27	durchlaufend oder eingespannt	
	Balken Unterzüge Rippendecke	l/20	beidseitig frei aufliegend	
		li/20	durchlaufend oder eingespannt	
1916 D.A.f.E.	wie **1914**			
1925 D.A.f.E.	Platten einachsig gespannt	l/27	beidseitig frei aufliegend	
		li/27	durchlaufend oder eingespannt	*1
	Platten kreuzweise gespannt	l/30	allseitig frei aufliegend	der kürzeren Stützweite
		li/30	durchlaufend oder eingespannt	mind. 1/40
	Rippendecke			wie Platten
	Balken und Platten-balken	l/20		
1932 DIN 1045	Platten einachsig gespannt	l/35	beidseitig frei aufliegend	
		li/35	durchlaufend oder eingespannt	*1
	Platten einachsig gespannt	l/40	beidseitig frei aufliegend	nur bei Ausbes-serungs- und Reinigungsar-beiten begangen
		li/40	durchlaufend oder eingespannt	
	Platten kreuzweise gespannt 2*	l/50	allseitig frei aufliegend	der kürzeren Stützweite
		l/60	durchlaufend oder eingespannt	der kleineren Stützweite

Jahr	Bauteil	erf. Nutzhöhe	Auflagerung h	Bemerkungen
1943 DIN 1045	Platten einachsig gespannt	l/35	beidseitig frei aufliegend	
		li/35	durchlaufend oder eingespannt	*1
	Platten einachsig gespannt	l/40	beidseitig frei aufliegend	nur bei Ausbesserungs- und Reinigungs- arbeiten begangen
		li/40	durchlaufend oder eingespannt	
	Platten kreuzweise gespannt *2	l/50	allseitig frei aufliegend	der kürzeren Stützweite
		l/60	durchlaufend oder eingespannt	der kleineren Stützweite
1952 DIN 1045	wie **1943**			
1959 DIN 1045	wie **1943**			*3

*1 Wird Momentennullpunktentfernung nicht nachgewiesen, so kann sie zu 4/5 der Stützweite angenommen werden.

*2 ly/lx ≤ 1,50

*3 Beschränkung der Durchbiegung (Stützweiten bis 4,50 m) von Platten und Rippendecken (Balken und Plattenbalken)

li/h ≤ 35 h = statische Nutzhöhe
li = mit „k" vervielfältigte Stützweite bzw. Kragweite l
Beiwert k = li/l

Statisches System	k = *li/l*
Balken auf 2 Stützen frei aufliegend	1,0
Balken einseitig eingespannt	0,8
Balken beidseitig eingespannt	0,6
Kragarm starr eingespannt	2,0
Kragarm teilweise eingespannt (z. B. Kragarm eines Durchlaufträgers)	2,0 bis 4,0

Bei Bauteilen, die nur ausnahmsweise bei Ausbesserungs- und Reinigungsarbeiten begangen werden,

li/h ≤ 40

3.6 Plattendecken

3.6.1 Grundlagen zur Ermittlung der Schnittgrößen

Jahr	Hinweise
1907 Preußen	a) Die Momente durchlaufender Platten sind unter Voraussetzung freier Auflagerung auf den Mittel- und Endstützen zu ermitteln. b) Es darf max. die Annahme einer über 3 Felder durchlaufenden Platte angesetzt werden. c) Bei Verkehrslasten von mehr als 10,0 kN/m² ist die Berechnung für die ungünstigste Laststellung anzusetzen. d) Durchlaufende Platten dürfen, falls die Schnittkräfte nicht rechnerisch nach den Regeln durchlaufender Tragwerke ermittelt werden, für folgende Momente bemessen werden: Feldmomente – 4/5 der Feldmomente bei beiderseits freier Auflagerung Stützmomente – wie Feldmomente bei beiderseits freier Auflagerung
1914 D.A.f.E.	Die Berechnung durchgehender Tragwerke ist stets für die ungünstigste Stellung der Nutzlast durchzuführen.
1916 D.A.f.E.	wie **1914**
1925 D.A.f.E.	a) Die Momente durchlaufender Platten sind im Allgemeinen für die ungünstigste Laststellung nach den Regeln für frei drehbar gelagerte durchlaufende Träger zu bestimmen. Dies gilt auch für durchlaufende Platten zwischen Stahlträgern, wenn die Oberkante der Platte mindestens 4 cm über der Trägeroberkante liegt. b) Bei Hochbauten darf die Momentenfläche von Platten über den Stützen parabelförmig ausgerundet werden. 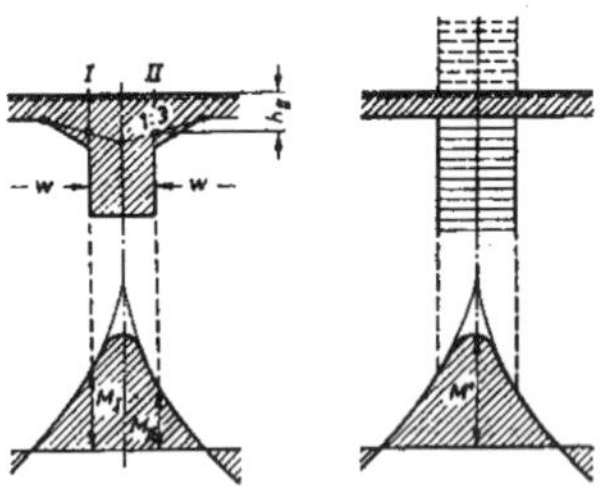 Platten in Hochbauten, die biegefest mit ihrer Unterstützung verbunden sind, müssen für das größte Moment am Rand der Unterstützung, bei gleichmäßig verteilter Belastung mindestens aber für das Moment q . w²/12 bemessen werden (w = lichte Weite).

Jahr	Hinweise
	c) In keinem Fall darf die Nutzhöhe h größer angenommen werden, als sie sich bei einer Neigung der Plattenverstärkungen von 1:3 ergeben würde. d) Bei durchlaufenden Platten zwischen Eisenbetonträgern brauchen wegen des Verdrehungswiderstandes der Träger die negativen Feldmomente aus veränderlicher Belastung nur mit der Hälfte ihres Wertes berücksichtigt zu werden.
1932 DIN 1045	wie **1925**
1943 DIN 1045	wie **1925**
1952 DIN 1045	wie **1925**
1959 DIN 1045	wie **1925**

3.6.2 Feldmomente einachsig gespannter Platten

gleiche Stützweite bzw. min $l \geq 0{,}8$ max l

gleichmäßig verteilte Belastung

Jahr	mit Auflagerverstärkung Endfeld max mf	mit Auflagerverstärkung Innenfeld max mf	ohne Auflagerverstärkung Endfeld max mf	ohne Auflagerverstärkung Innenfeld max mf	Bemerkungen
1907 Preußen			$q \cdot l^2/10$	$q \cdot l^2/10$	ohne Begrenzung der Stützweitenverhältnisse benachbarter Platten
1916 D.A.f.E.			$q \cdot l^2/11$	$q \cdot l^2/14$	*1
1925 D.A.f.E.	$q \cdot l^2/12$	$q \cdot l^2/18$	$q \cdot l^2/11$	$q \cdot l^2/15$	negat. Feldmom. *2 min mf $= \frac{l^2}{24} (g - \frac{p}{2})$
1932 DIN 1045	$q \cdot l^2/12$	$q \cdot l^2/18$	$q \cdot l^2/11$	$q \cdot l^2/15$	negat. Feldmom. *3 min mf $= \frac{l^2}{24} (g - \frac{p}{2})$
1943 DIN 1045	wie **1932**				
1952 DIN 1045	wie **1932**				
1959 DIN 1045	wie **1932**				

*1 a) Die Verstärkung von Deckenplatten durch Kehlen oder Schrägen darf nur so weit in Rechnung gestellt werden, als die Neigung nicht steiler als 1:3 ist.

b) Bei nur ständiger Belastung darf das Feldmoment in den Mittelfeldern nicht unter $q \cdot l^2/24$ angenommen werden.

*2 a) Mindestfeldmomente: Annahme beidseitig voller Einspannung

b) Auflagerverstärkungen: Breite mindestens 1/10
Höhe mindestens 1/30
l = Stützweite

*3 **1943** DIN 1045

a) Mindestfeldmomente: Annahme beidseitig voller Einspannung
b) Auflagerverstärkungen: Breite mindestens 1/10
Höhe mindestens 1/30
l = Stützweite

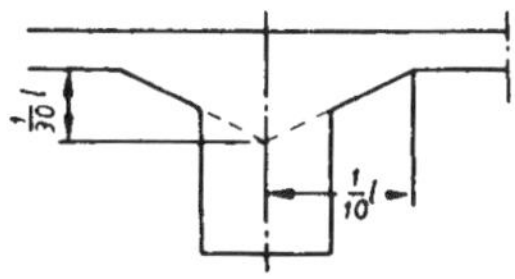

c) Bei ungleichen Stützweiten ist für die Stützmomente das arithmetische Mittel der Stützweiten der benachbarten Felder einzusetzen.
Für die Mindestfeldmomente ist bei allen Feldern die größte Stützweite einzusetzen.

3.6.3 Stützmomente einachsig gespannter Platten

gleiche Stützweite bzw. min l ≥ 0,8 max l
gleichmäßig verteilte Belastung

Jahr	Platte über 2 Felder min ms	Platte über 3 und mehr Felder: Innenstütze des Endfeldes min ms	Platte über 3 und mehr Felder: übrigen Innenstützen min ms	Bemerkungen
1907 Preußen		$-q \cdot l^2/8$	$-q \cdot l^2/8$	ohne Begrenzung der Stützweitenverhältnisse benachbarter Platten
1916 D.A.f.E.	$-q \cdot l^2/8$	$-q \cdot l^2/8$	$-q \cdot l^2/8$	*1
1925 D.A.f.E.	$-q \cdot l^2/8$	$-q \cdot l^2/9$	$-q \cdot l^2/10$	*2
1932 DIN 1045	$-q \cdot l^2/8$	$-q \cdot l^2/9$	$-q \cdot l^2/10$	*3
1943 DIN 1045	wie **1932**			
1952 DIN 1045	wie **1932**			
1959 DIN 1045	wie **1932**			

3.6.4 Schnittkräfte kreuzweise bewehrter Platten

gleichmäßig verteilte Belastung

Jahr	Lastverteilung qx	Lastverteilung qy	Schnittkräfte	Bemerkungen
1907 Preußen			$mx, my = q \frac{l^2}{12}$	Seitenverhältnis $\leq 1:1,5$ l = kürzere Stützweite *1
1914 D.A.f.E.	$q \frac{ly^4}{lx^4+ly^4}$	$q \frac{lx^4}{lx^4+ly^4}$	wie für einachsig gespannte Einfeldplatte in x- und y-Richtung	ringsum frei aufliegende Platte *2
	$q \frac{ly^4}{lx^4+ly^4}$	$q \frac{lx^4}{lx^4+ly^4}$	wie für einachsig gesp. Durchlaufplatte in x- und y-Richtung	durchlaufende Platten *2
1916 D.A.f.E.	wie **1914**			
1925 D.A.f.E.	$q \frac{ly^4}{lx^4+ly^4}$	$q \frac{lx^4}{lx^4+ly^4}$	$mx = qx \frac{lx^2}{8} \cdot va$ $my = qy \frac{ly^2}{8} \cdot va$ $va = 1-\frac{5}{6} \cdot \frac{lx^2 \cdot ly^2}{lx^4+ly^4}$	Seitenverhältnis $\leq 1:1,5$ ringsum frei aufliegende Platte *3
	$q \frac{ly^4}{lx^4+ly^4}$	$q \frac{lx^4}{lx^4+ly^4}$	$mx = qx \frac{lx^2}{24} \cdot vb$ $my = qy \frac{ly^2}{24} . vb$ $vb = 1- \frac{5}{18} \cdot \frac{lx^2 \cdot ly^2}{lx^4+ly^4}$ $mstx = -q \frac{lx^2}{12} \cdot \frac{ly^4}{lx^4+ly^4}$ $msty = -q \frac{ly^2}{12} \cdot \frac{lx^4}{lx^4+ly^4}$	Seitenverhältnis $\leq 1:1,5$ ringsum eingespannte Platte *3

Jahr	Lastverteilung qx	qy	Schnittkräfte	Bemerkungen
1932 D.A.f.E.	$q \frac{ly^4}{lx^4+ly^4}$	$q \frac{lx^4}{lx^4+ly^4}$	wie für einachsig gespannte Einfeld- oder Durchlaufplatten in x- und y-Richtung	Für folgende Lagerungsfälle a) beide Richtungen auf beiden Seiten frei aufgelagert b) beide Richtungen auf beiden Seiten ganz oder teilweise eingespannt c) beide Richtungen auf einer Seite frei aufgelagert, auf der anderen Seite eingespannt
			$vx = 1 - \frac{5}{6} \cdot \left(\frac{lx}{ly}\right)^2 \cdot \frac{mx}{Mx}$ $Mx = q \cdot lx^2/8$ $vy = 1 - \frac{5}{6} \cdot \left(\frac{ly}{lx}\right) \cdot \frac{my}{My}$ $My = q \cdot ly^2/8$	Abminderungsfaktor für Feldmomente *4
1943 DIN 1045	wie **1932**			
1952 DIN 1045	wie **1932**			*6
1959 DIN 1045	$q \frac{w \cdot E^4}{1+w \cdot E^4}$	$q \frac{1}{1+w \cdot E^4}$	beidseitig frei aufliegend $mx = qx \cdot lx^2/8$ $my = qy \cdot ly^2/8$ eine Seite frei aufliegend, eine Seite eingespannt $mx = qx \cdot lx^2/14{,}22$ $my = qy \cdot ly^2/14{,}22$ $mstx = -qx \cdot lx^2/8$ $msty = -qy \cdot ly^2/8$ beidseitig eingespannt $mx = qx \cdot lx^2/24$ $my = qy \cdot ly^2/24$ $mstx = -qx \cdot lx^2/12$ $msty = -qy \cdot ly^2/12$	Stützungen siehe Fußnote *5 w = 5 für beidseitig frei aufliegend w = 2 für eine Seite frei aufliegend die andere Seite eingespannt w = 1 für beidseitig eingespannt *5 *6

lx = Stützweite in x-Richtung (m)
ly = Stützweite in y-Richtung (m)

qx = Lastanteil in x-Richtung (kN/m)
qy = Lastanteil in y-Richtung (kN/m)

q = Gesamtlast (kN/m^2)

mx = Feldmoment in x Richtung
my = Feldmoment in y Richtung
mstx = Stützmoment in x Richtung
msty = Stützmoment in y Richtung

*1 Negative Momente sind durch Anordnung von Bewehrungseinlagen abzudecken.

*2 Wenn nach keinem genaueren Verfahren gerechnet wird.

*3 Der Faktor „v“ berücksichtigt die Wirkung der Drillmomente. Ist für die Aufnahme der Drillmomente durch Anordnung einer ausreichenden Bewehrung nicht Sorge getragen oder sind die Ecken der Platten nicht gegen Abheben gesichert, so ist v = 1,0 zu setzen.

1925 Luetkens: Auswertung der Marusschen Formeln

$e = \frac{l_y}{l_z}$	C_1	C_2	C_3	C_4	C_5	C_6
0, 50	0,00591	0,0946	0,00229	0,0367	0,00624	0,0839
0,55	0,00806	0,0881	0,00322	0,0352	0,00757	0,0827
0,60	0,0105	0,0813	0,00436	0,0336	0,0105	0,0809
0,65	0,0133	0,0744	0,00568	0,0318	0,0140	0,0785
0,70	0,0162	0,0676	0,00718	0,0299	0,0181	0,0755
0,75	0,0194	0,0604	0,00883	0,0279	0,0227	0,0718
0,80	0,0226	0,0551	0,0106	0,0258	0,0277	0,0677
0,85	0,0259	0,0496	0,0124	0,0238	0,0329	0,0631
0,90	0,0293	0,0447	0,0143	0,0217	0,0382	0,0582
0,95	0,0329	0,0403	0,0161	0,0198	0,0434	0,0533
1,00	0,0365	0,0365	0,0179	0,0179	0,0484	0,0484
0,95	0,0403	0,0329	0,0198	0,0161	0,0533	0,0434
0,90	0,0447	0,0293	0,0217	0,0143	0,0582	0,0382
0,85	0,0496	0,0259	0,0238	0,0124	0,0631	0,0329
0,80	0,0551	0,0226	0,0258	0,0106	0,0677	0,0277
0,75	0,0604	0,0194	0,0279	0,00883	0,0718	0,0227
0,70	0,0676	0,0162	0,0299	0,00718	0,0755	0,0181
0,65	0,0744	0,0133	0,0318	0,00568	0,0785	0,0140
0,60	0,0813	0,0105	0,0336	0,00436	0,0809	0,0105
0,55	0,0881	0,00806	0,0352	0,00322	0,0827	0,00757
0,50	0,0946	0,00591	0,0367	0,00229	0,0839	0,00624
$e' = \frac{l_z}{l_y}$						

a) frei aufliegende Platte
$mx = q \cdot lx^2 \cdot C_1$
$my = q \cdot ly^2 \cdot C_2$

b) ringsum eingespannte Platte
$mx = q \cdot lx^2 \cdot C_3$
$my = q \cdot ly^2 \cdot C_4$

$mstx = -q \cdot lx^2 \cdot C_5$
$msty = -q \cdot ly^2 \cdot C_6$

*4 Ist die Platte mit Randbalken oder benachbarten Deckenfeldern biegefest verbunden, so brauchen keine Drillmomente nachgewiesen und keine zusätzliche Drillbewehrung angeordnet zu werden.
Besteht keine biegefeste Verbindung, so kann auf eine Drillbewehrung nur dann verzichtet werden, wenn für

vx bzw. vy (1+vx)/2 bzw. (1+vy)/2

gesetzt wird.
Hierbei ergibt sich das Moment in Feldmitte einer quadratischen Einfeldplatte mit gleichmäßig verteilter Last zu:

$$m = q \cdot l^2/20$$

Die in der Tafel angegebenen Formeln gelten auch für nicht biegefest verbundene Platten bei Anordnung folgender Drillbewehrung in den Ecken:

as Drill = max as Feld in x- und y-Richtung
unten und oben

Länge der Drillbewehrung 1/5 ly und 1/5 lx

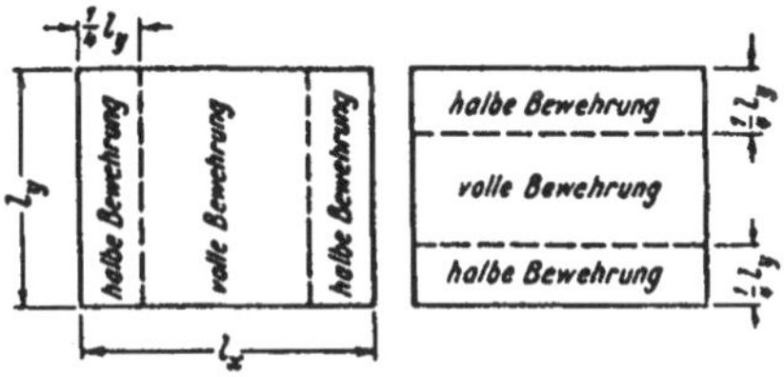

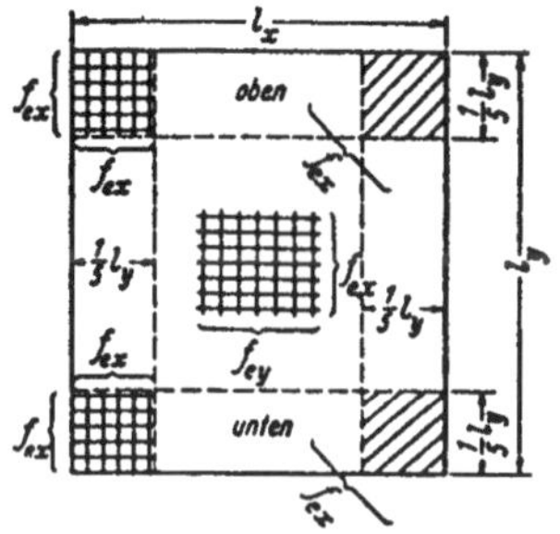

Allseitig freie Auflagerung (ohne Drillbewehrung)

$\varepsilon = \frac{l_x}{l_y}$; $q_x = \alpha_x \cdot q$; $q_y = \alpha_y \cdot q$; $M_x = m_x \cdot q \cdot l_x^2$; $M_y = m_y \cdot q \cdot l_y^2$

ε	α_x	α_y	m_x	m_y	μ
1,0	0,500	0,500	0,0495	0,0495	0,737
1,1	406	594	404	591	744
1,2	325	675	327	679	757
1,3	259	741	265	757	778
1,4	206	794	215	824	798
1,5	0,165	0,835	0,0174	0,0883	0,818
1,6	132	868	143	931	836
1,7	107	893	117	972	852
1,8	087	913	098	1005	867
1,9	071	929	079	1037	880
2,0	0,059	0,941	0,0066	0,1061	0,892

lx = größere Stützweite

max mx = mx·q·lx²
max my = my·q·ly²

Bei Anordnung einer Drillbewehrung kann mit μ für beide Richtungen abgemindert werden.

Bei kreuzweise bewehrten Rippendecken (v = 1) müssen die Momente max mx und max my mit dem Faktor 2 μ vergrößert werden.

*5

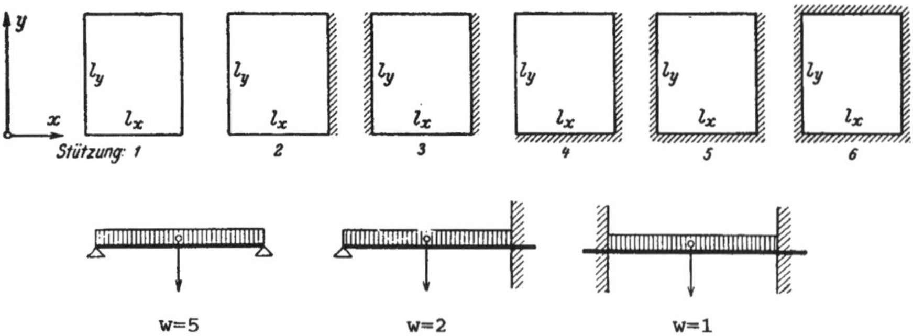

Abminderung der Feldmomente und Anordnung der Drillbewehrung wie 1932

*6 Abminderung der Momente für die Bemessung um 10 % für Decken unter Wohnräumen und den zugehörigen Nebenräumen wie Flure und Dachräume

3.6.5 Auflagerlängen von Platten

Jahr	Auflagerung auf Mauerwerk	Auflagerung auf Unterflanschen von I-Trägern mit und ohne Stelzung	Bemerkungen
1925 DIN 1045	≥ Plattendicke in Feldmitte		bei geringer Auflagertiefe besonderer Nachweis erforderlich
1932 DIN 1045	≥ Plattendicke in Feldmitte, mind. 7 cm		
1943 DIN 1045	≥ Plattendicke in Feldmitte, mind. 7 cm	≥ I160 *1	
1952 DIN 1045	wie **1943**		
1959 DIN 1045	wie **1943**		

*1 Ist die Verkehrslast $p \leq 2{,}75$ kN/m², die Stützweite der Platte $l \leq 1{,}80$ m und die Träger beiderseits belastet oder derart gestützt oder verankert, dass sie weder seitlich ausweichen noch verdrehen können, so darf die Auflagerbreite nicht kleiner sein als die beim Träger I140.

Für die Auflagerbreite von fertig verlegten Stahlbetonbauteilen gilt das Gleiche.

3.6.6 Bemessungsformeln

Siehe Balken und Plattenbalken
Bemessung von Rechteckquerschnitten

Bemessungsbeispiel: Deckenplatte $d = 14\ \text{cm}$
Stützweite $l = 3{,}50\ \text{m}$

Eigenlast $g = 5{,}00\ \text{kN/m}^2$
Verkehrslast $p = 1{,}50\ \text{kN/m}^2$

$q = 6{,}50\ \text{kN/m}^2$

$qa = qb = 6{,}50 \cdot 3{,}50/2 = 11{,}38\ \text{kN/m}$
$mf = 6{,}50 \cdot 3{,}50^2/8 = 9{,}95\ \text{kNm/m}$

1907
Preußen

$d/h = 14/12{,}5\ \text{cm}$
$\text{zul}\ \sigma b = 4{,}0\ \text{MN/m}^2$
$\text{zul}\ \sigma e = 100\ \text{MN/m}^2$
$bo = 1{,}00\ \text{m}$
$n = 15$

$$x = \sqrt{\frac{3 \cdot 0{,}00995}{1{,}0 \cdot \left(4{,}0 + \frac{3 \cdot 100}{2 \cdot 15}\right)}} = 0{,}046\ \text{m} = 4{,}6\ \text{cm}$$

$$\text{erf}\ h = 0{,}046 \cdot \left(\frac{100 + 15 \cdot 4{,}0}{15 \cdot 4{,}0}\right) = 0{,}12\ \text{m} < 0{,}125\ \text{m}$$

$$\text{erf}\ as = \frac{1{,}0 \cdot 0{,}046 \cdot 4{,}0}{2 \cdot 100} = 0{,}00092\ \text{m}^2/\text{m} = 9{,}2\ \text{cm}^2/\text{m}$$

gew. ∅ 10 / 8,5 cm mit $as = 9{,}24\ \text{cm}^2/\text{m}$ unten

1932
DIN 1045

$d/h = 14/12{,}5\ \text{cm}$ — $M = 99500\ \text{kgcm}$
$\text{zul}\ \sigma b = 5{,}0\ \text{MN/m}^2$ — (hochwertiger Zement)
$\text{zul}\ \sigma e = 120\ \text{MN/m}^2$ — (Handelseisen)
$bo = 1{,}00\ \text{m}$

gem. Bemessungstafel für $\sigma b = 50\ \text{kg/cm}^2$ und $\sigma e = 1200\ \text{kg/cm}^2$

$r = 0{,}345 \quad \gamma = 0{,}00801$

$$\text{erf}\ h = 0{,}345 \cdot \sqrt{\frac{99500}{100}} = 10{,}88\ \text{cm}$$

$\text{erf}\ As = 0{,}00801 \cdot 100 \cdot 10{,}88 = 8{,}71\ \text{cm}^2$

gew. 11 ∅ 10 mit $As = 8{,}70\ \text{cm}^2$ pro 1,00 m Deckenbreite

3.7 Rippendecken

3.7.1 Grundlagen für Bemessung und Konstruktion

Jahr	Hinweise
1914 D.A.f.E.	a) Rippendecken (einachsig gespannt) müssen zur Lastverteilung Querrippen erhalten bei Deckenspannweite 4,00 bis 6,00 m 1 Querrippe über 6,00 m 2 Querrippen mindestens b) Dicke und Bewehrung der Querrippen wie Tragrippen
1916 D.A.f.E.	wie **1914**
1925 D.A.f.E.	a) wie **1914** Abs. a b) wie **1914** Abs. b c) Mindestnutzhöhe wie bei Vollbetonplatten d) Bewehrung der Druckplatte quer zu den Rippen 3 ∅ 7 mm pro Meter e) In den Rippen sind Bügel anzuordnen, wenn der lichte Rippenabstand lw ≥ 40 cm. f) Bestehen die Füllkörper aus gebrannten Hohlsteinen oder gleich festen anderen Baustoffen, so sind Bügel und lastverteilende Querrippen nicht erforderlich. g) Werden in Eisenbetondecken Hohlsteine oder Füllkörper für eine ebene Unteransicht eingelegt, so dürfen sie zur Spannungsübertragung nicht mit herangezogen werden. h) Durchlaufende Hohlsteindecken müssen im Bereich der negativen Momente, die von den Rippen nicht mehr aufzunehmen sind, aus vollem Beton hergestellt werden.
1932 DIN 1045	a) wie **1914** Abs. a b) wie **1914** Abs. b c) wie **1925** Abs. c d) Bewehrung der Druckplatte quer zu den Rippen 3 ∅ 7 mm pro Meter oder größere Anzahl dünner Durchmesser mit gleichem Gesamtquerschnitt e) wie **1925** Abs. e f) Bestehen die Füllkörper aus gebrannten Hohlsteinen oder aus gleich festen anderen Baustoffen, so sind Querrippen nicht erforderlich. g) Hohlstein- oder andere Füllkörpereinlagen für eine ebene Untersicht sind statisch unwirksam.

Jahr	Hinweise
	h) Durchlaufende Rippendecken müssen im Bereich der negativen Momente, die von den Rippen nicht mehr aufgenommen werden können, entsprechend ausgestattet werden. Über den Stützen dürfen keine besonderen Druckeisen in den Rippen zugelegt werden. i) Die Auflagerlänge auf Mauerwerk muss mind. 15 cm betragen. Füllkörper dürfen nicht in Wände eingreifen. k) Berechnung der Momente für ein- und zweiachsig gespannte Decken wie Vollbetonplatten
1943 DIN 1045	a) Rippendecken (einachsig gespannt) müssen zur Lastverteilung Querrippen erhalten bei Verkehrslast Stützweite bis $p = 3{,}50$ kN/m² und $l \geq 5{,}00$ m 1 Querrippe $p \geq 3{,}50$ kN/m² und $l = 4{,}00$ m bis 7,00 m 1 Querrippe $p \geq 3{,}50$ kN/m² und $l > 7{,}00$ m 3 Querrippen b) Die Querrippen müssen den gleichen Betonquerschnitt und für Verkehrslasten $p > 3{,}50$ kN/m² die gleiche Bewehrung einschl. der Bügel erhalten wie die Tragrippen. Bei geringerer Verkehrslast genügt die halbe Bewehrung. c) Mindestnutzhöhen und Stützweiten wie Vollbetonplatten d) Bewehrung der Druckplatten quer zu den Rippen Betonstahl I – 3 ∅ 7 mm pro Meter Betonstahl II, III – 3 ∅ 6 mm pro Meter Betonstahl IV – 3 ∅ 5 mm pro Meter oder eine größere Anzahl dünnerer Stäbe mit gleichem Gesamtquerschnitt e) In den Rippen sind stets Bügel anzuordnen. f) Werden Füllkörper aus gebranntem Ton oder aus Leichtbeton oder gleichwertige Füllkörper verwendet, so sind bei Stützweiten bis zu 7,00 m Querrippen entbehrlich. g) wie **1932** Abs. g h) wie **1932** Abs. h i) wie **1932** Abs. i k) wie **1932** Abs. k

Jahr	Hinweise
1952 DIN 1045	wie **1925** Auf eine Verbügelung der Rippen kann verzichtet werden in Wohngebäuden, wenn: kein rechnerischer Nachweis der Schubsicherung erforderlich und Füllkörper angeordnet werden, die die Rippen auch an der Unterseite mit ausreichend dicken Nasen umschließen und die Stützweite der Decke nicht größer ist als 6,00 m.
1959 DIN 1045	wie **1952**

3.7.2 Querschnittsabmessungen

Jahr	Rippen-abstand cm	Dicke der Druckplatte cm	Rippen-breite cm	Bemerkungen
1914 D.A.f.E.	bis 60	≥ 5		Rippendecken mit oder ohne Ausfüllung der Zwischenräume
1916 D.A.f.E.	wie **1914**			
1925 D.A.f.E.	max. 70	mind. 1/10 des lichten Rippenabst. ≥ 5		
1932 DIN 1045	max. 70	mind. 1/10 des lichten Rippenabst. ≥ 5	≥ 5	
1943 DIN 1045	max. 70	mind. 1/10 des lichten Rippenabst. ≥ 5	≥ 5	
1952 DIN 1045	wie **1943**			
1959 DIN 1045	wie **1943**			

3.8 Balken und Plattenbalken

3.8.1 Grundlagen zur Ermittlung der Schnittgrößen

Jahr	Hinweise
1907 D.A.f.E.	Durchlaufende Tragwerke dürfen nicht mit mehr als über 3 Felder durchlaufend angenommen werden. Durchlaufende Balken dürfen, falls die Schnittkräfte nicht rechnerisch nach den Regeln durchlaufender Tragwerke ermittelt werden, für folgende Momente bemessen werden: Feldmomente – 4/5 der Feldmomente bei beiderseits freier Auflagerung Stützmomente – wie Feldmomente bei beiderseits freier Auflagerung
1914 D.A.f.E.	a) Auch bei freier Auflagerung in Mauerwerk ist die Bewehrung so anzuordnen, dass einer doch vorhandenen unbeabsichtigten Einspannung Rechnung getragen wird. b) Bei durchlaufenden Balken kann für die Bemessung des Stützmomentes die durch Verlängerung der Balkenschrägen bis Stützenmitte sich ergebende Balkenhöhe h als wirksam angenommen werden. Neigung der Schrägen max. 1:3
1916 D.A.f.E.	a) wie **1914** Abs. b
1925 D.A.f.E.	a) Negative Feldmomente durchlaufender Plattenbalken, die mit Unterzügen und Stützen fest verbunden sind, brauchen nur mit 2/3 ihres Wertes aus veränderlicher Belastung berücksichtigt zu werden. b) Im Sonderfall gleicher oder um max. 20 % ungleicher Stützweiten l dürfen bei Plattenbalken die negativen Feldmomente angenommen werden $\min M = \frac{1}{24} \cdot l^2 \cdot \left(g - \frac{2}{3} \cdot p\right)$ c) Mindestfeldmomente – beidseitig volle Einspannung d) Volleinspannung an Innenstützen, wenn Stützenbreite (in Richtung der Stützweite) b ≥ 1/5 der Stockwerkshöhe (Balken nicht mehr durchlaufend Stützweite – um 5 % vergrößerte lichte Weite).
1932 DIN 1045	wie **1925** zu b) Bei ungleichen Stützweiten ist in allen Feldern die größte Stützweite l einzusetzen.

Jahr	Hinweise
	e) Stützmomente wie bei Platten Die Nutzhöhe h darf nicht größer angenommen werden, als sie sich bei einer Neigung der Verstärkungen von 1:3 ergeben würde. 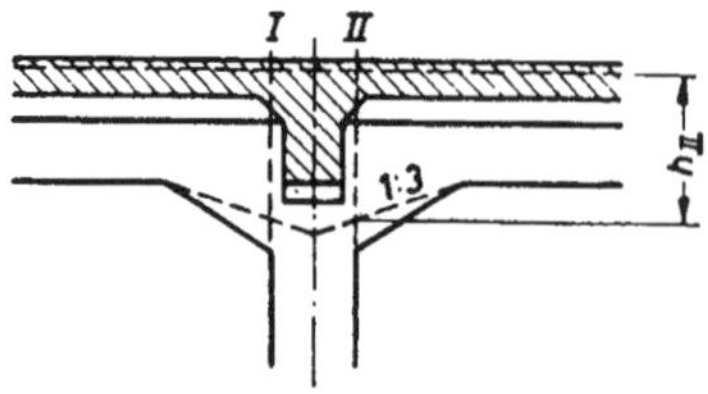
1943 DIN 1045	wie **1932**
1952 DIN 1045	wie **1932**
1959 DIN 1045	wie **1932**

3.8.2 Mitwirkende Plattenbreite von Plattenbalken

(bei der Bemessung und beim Spannungsnachweis)
l = Stützweite
l_0 = Abstand der Momentennullpunkte

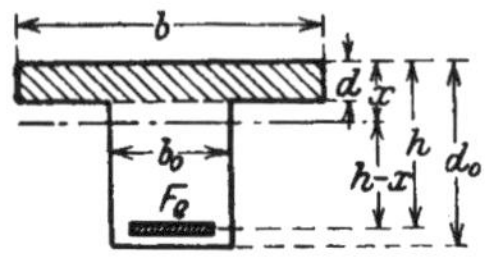

Jahr	Einseitiger Plattenbalken bm	Beidseitiger Plattenbalken bm	Bemerkungen
1907 Preußen	l/6	l/3	für 1- und Mehrfeld-systeme Mindestplattendicke d = 8 cm
1914 Preußen	von Balkenmitte a) 3 · bo b) 6 · d c) 1,5 · do	je Seite von Balkenmitte a) 4 · bo b) 8 · d c) 0,5 Platten-stützweite	Der kleinste Wert ist maßgebend. *1
1916 D.A.f.E.	wie **1914** Preußen		*1
1925 DIN 1045	4,5 · d+bs+b1	12 · d+bo+2 · bs	Mindestplattendicke d = 8 cm *2

Jahr	Einseitiger Plattenbalken bm	Beidseitiger Plattenbalken bm	Bemerkungen
1932 DIN 1045	4,5 · d+bs+b1	12 · d+bo+2 · bs	Mindestplattendicke d = 7 cm *3
1943 DIN 1045	4,5 · d+bs+b1	12 · d+bo+2 · bs	Mindestplattendicke d = 7 cm *3 *4
1952 DIN 1045	wie **1943**		
1959 DIN 1045	wie **1943**		

*1 Bei parallel zum Balken gespannten Platten ist eine Abreißbewehrung anzuordnen: mind. 8 ∅ 7 pro Meter Balkenlänge

*2 a) Beidseitiger Plattenbalken
bm ≤ Abstand der Feldmitten und als die halbe Balkenstützweite
b) Einseitiger Plattenbalken
bm ≤ halbe lichte Rippenentfernung + bo/2
und ≤ ein Viertel der Balkenstützweite

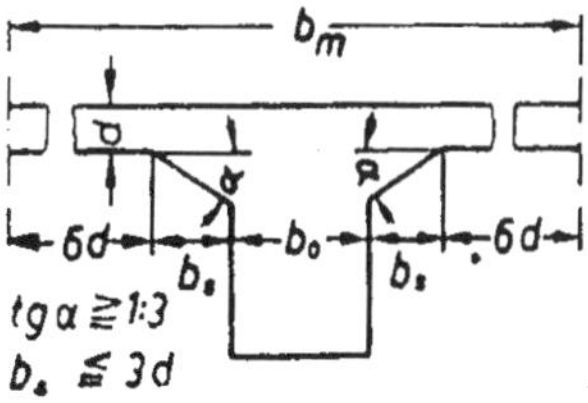

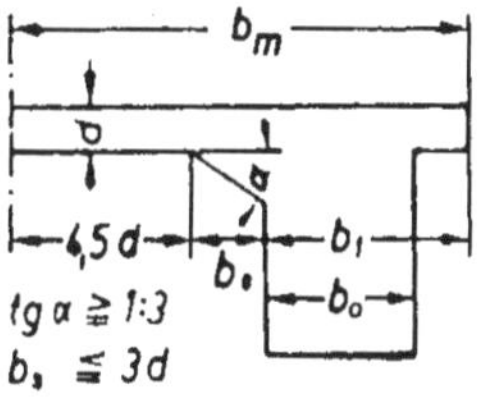

Sind keine Deckenverstärkungen vorhanden, so ist bs gleich null zu setzen.

Bei der Berechnung der unbekannten Größen statisch unbestimmter Tragwerke und der elastischen Formänderung aller Tragwerke:

Mittelwert bm = 6 d+bo+2 · bs

3) a) wie **1925**

b) Einseitiger Plattenbalken
bm ≤ halbe lichte Rippenentfernung + b1
und ≤ als ein Viertel der Balkenstützweite

Bei der Berechnung der unbekannten Größen statisch unbestimmter Tragwerke und der elastischen Formänderung aller Tragwerke:

a) Beidseitiger Plattenbalken
$bm = 6 \cdot d + 2 \cdot bs + bo$

b) Einseitiger Plattenbalken
$bm = 2{,}25 \cdot d + bs + b1$

aber nicht größer als 1/2 lichte Rippenentferung + b1

4) Bei Plattenbalken mit anschließenden kreuzweise bewehrten Platten ist die Überlagerung der Spannungszustände zu berücksichtigen, besonders, wenn breite Streifen als mitwirkend angenommen werden. Entsprechend ist zu verfahren, wenn die Hauptbewehrung anderer Platten gleichlaufend zur Rippe des Plattenbalkens liegt.

3.8.3 Bemessungsformeln

Bemessung biegebeanspruchter Bauteile mit einfacher Bewehrung

M = Biegemoment $Me = M - N \cdot e$
N = Normalkraft (als Druckkraft negativ einzusetzen)
h = Nutzhöhe
d = Plattendicke
bo = Breite der Platte bzw. Stegbreite der Plattenbalken

Jahr	Rechteckquerschnitt	Plattenbalken	Bemerkungen
1907 Preußen	$x = \sqrt{\dfrac{3 \cdot M}{bo \cdot \left(\sigma b + \dfrac{3 \cdot \sigma e}{2 \cdot n}\right)}}$ $\text{erf } h = x \cdot \left(\dfrac{\sigma e + n \cdot \sigma b}{h \cdot \sigma b}\right)$ $\text{erf } as = \dfrac{bo \cdot x \cdot \sigma b}{2 \cdot \sigma e}$	Wie für Rechteckquerschnitte, es ist für bo die mitwirkende Plattenbreite einzusetzen, wenn $x \leq d$. Für $x > d$ setzt man $d = x$.	n = 15 M (MNm) bo (m) x (m) h (m) σb, σe (MN/m²) as (m²)
1916 D.A.f.E. **1925** D.A.f.E.	$\text{erf } h = r \cdot \sqrt{\dfrac{M}{bo}}$ $\text{erf } As = t \cdot \sqrt{M \cdot bo}$ $r = h / \sqrt{\dfrac{M}{bo}}$	Wie für Rechteckquerschnitte, es ist für bo die mitwirkende Plattenbreite einzusetzen, wenn $x \leq d$.	$x = s \cdot h$ M (kgcm) bo (m) h (m) As (cm²)
1932 DIN 1045	$\text{erf } h = r \cdot \sqrt{\dfrac{M}{bo}}$ $r = h / \sqrt{\dfrac{M}{bo}}$ $\text{erf } As = t \cdot \sqrt{M \cdot bo}$ $\text{erf } As = \gamma \cdot bo \cdot h$	Wie für Rechteckquerschnitte, es ist für bo die mitwirkende Plattenbreite einzusetzen, wenn $x \leq d$.	M (kgcm bzw. kgm) bo (cm bzw. m) h (cm bzw. m) As (cm²) Werte r und γ aus Bemessungstafel

Jahr	Rechteckquerschnitt	Plattenbalken	Bemerkungen
1952 DIN 1045	$\text{erf } h = r \cdot \sqrt{\frac{M}{bo}}$ $\text{erf } As = t \cdot \sqrt{M \cdot bo}$ $\text{erf } As = \gamma \cdot bo \cdot h$	Wie für Rechteckquerschnitte, es ist für bo die mitwirkende Plattenbreite einzusetzen, wenn $x \leq d$.	M (kgcm) bo (m) h (cm) As (cm^2) σ (kg/cm^2)
1959 DIN 1045	$h = kh \cdot \sqrt{\frac{M}{bo}}$ $\text{erf } As = M \cdot ke/h$ $Me = M - N \cdot e$ $e = h - d/2$ $h = kh \cdot \sqrt{\frac{Me}{bo}}$ $\text{erf } As = \frac{Me}{h} \cdot ke + \frac{N}{\sigma e}$	Wie für Rechteckquerschnitte, es ist für bo die mitwirkende Plattenbreite einzusetzen, wenn $x \leq d$.	M (tm) bo (m) h (cm) As (cm^2) N (t) ke aus Bemessungstafel $x = kx \cdot h$ e (m) d (m) $kh > kh^*$

Bemessungsbeispiel:	Plattenbalken	bo/do =	30/40 cm
	Plattendicke	d =	15 cm
	stat. Nutzhöhe	h =	36 cm
mitwirkende	Plattenbreite	b =	1,00 m
	Stützweite	l =	4,00 m
	Belastung	g =	27,50 kN/m

M = 55,50 kNm = 0,0555 MNm = 5550 kgm = 5,55 tm = 555 000 kgcm

1907

$$\text{zul } \sigma b = 4{,}0 \ MN/m^2$$
$$\text{zul } \sigma e = 100 \ MN/m^2$$
$$n = 15$$

$$x = \sqrt{\frac{3 \,.\, 0{,}0555}{1{,}0 \cdot \left(4{,}0 + \frac{3 \cdot 100}{2 \cdot 15}\right)}} = 0{,}11 \text{ m} < 0{,}15 \text{ m}$$

$$\text{erf } h = 0{,}11 \cdot \left(\frac{100 + 15 \cdot 4{,}0}{15 \cdot 4{,}0}\right) = 0{,}29 \text{ m} < 0,36$$

$$\text{erf } As = \frac{1{,}0 \cdot 0{,}11 \cdot 4{,}0}{2 \cdot 100} = 0{,}00222 \text{ m}^2 = 22{,}0 \text{ cm}^2$$

gew. 6 ∅ 22 mit As = 22,81 cm^2

1925 zul σb = 5,0 MN/m² (Handelszement)
zul σe = 120 MN/m² (Handelseisen)
n = 15

$$r = 36 / \sqrt{\frac{555000}{100}} = 0{,}483$$

nach Bemessungstafel für 0,468

vorh σb = 34 kg/cm² < 50

t = 0,00198 s = 0,298

x = 0,298 · 36 = 10,7 cm < 15

erf As = 0,00198 · $\sqrt{555000 \cdot 100}$ = 14,75 cm²

gew. 4 ∅ 22 mit As = 15,21 cm²

1932 wie **1925**

aus Bemessungstafel für r = 0,480

vorh σb = 33 kg/cm² γ = 0,402

erf As = 0,402 · 1,00 · 36 = 14,47 cm²

gew. 4 ∅ 22 mit As = 15,21 cm²

1959 Beton B160 zul σb = 5,0 MN/m²
zul σe =140 MN/m²

$$kh = 36 / \sqrt{\frac{5{,}55}{1{,}00}} = 15{,}25$$

gem. Bemessungstafel für kh = 17,3

vorh σb = 30 kg/cm² < 50

ke = 0,78 kx = 0,24

x = 0,24 · 36 = 8,64 cm < 15

erf As = 0,78 · 5,55/0,36 = 12,03 cm²

gew. 4 ∅ 20 mit As = 12,57 cm²

Schub

Allgemeine Bemessungsformeln

$$\tau o = \frac{Q}{bo \cdot z} \qquad z = h - \frac{x}{3}$$

$$x = \frac{n \cdot As}{bo} \cdot \left(\sqrt{\frac{1 + 2\, bo \cdot h}{n \cdot As}} - 1 \right)$$

Q = Querkraft
bo = Breite der Platten und Balken bzw.
Stegbreite der Plattenbalken und Rippendecken
d = Plattendicke
h = statische Nutzhöhe
z = Hebelarm der inneren Kräfte
n = 15

Jahr	z näherungsweise	Bemerkungen
1924	8 h/9	Rechteckquerschnitte und Plattenbalken $x \leq d$ σe zul = 120 MN/m^2
	7 h/9	Rechteckquerschnitte und Plattenbalken $x \leq d$ σe zul = 100 MN/m^2
	h – 0,5 d	Plattenbalken $x > d$
1931	0,89 h	Rechteckquerschnitte und Plattenbalken
1936	0,88 h bis 0,89 h	Rechteckquerschnitte und Plattenbalken $x \leq d$ $x = 0{,}14 \cdot \sqrt{M / bo}$
	h – 0,5 d	Plattenbalken $x > d$
	h – 0,4 d	Plattenbalken $x > d$ mit doppelter Bewehrung
1960	0,875 h	Rechteckquerschnitte und Plattenbalken

erf. Schubbewehrung

Übersteigt die vorhandene Schubspannung die zulässige Schubspannung des Betons, so sind die gesamten Schubspannungen durch aufgebogene Eisen oder Bügel bzw. beide zusammen aufzunehmen.

Überschreitet die vorhandene Schubspannung den Höchstwert der zulässigen Schubspannung, so sind die Querschnittsabmessungen zu vergrößern.

1925 D.A.f.E. Ermittlung der Schubbewehrung für alle Belastungsfälle (nach Werl) bei gleichmäßiger Trägerhöhe

Za = Zugkraft (< 45°) auf die Länge a

Ta = Schubkraft auf die Länge a

Ass = Gesamtquerschnitt der Schrägeisen auf die Länge a

AsB = Gesamtquerschnitt der Bügel auf die Länge a

Ge = zulässige Stahlspannung

erf Ta = Δ M/2 bzw. erf Asa = $\Delta M/z \cdot \sigma e$

M = M2 – M1 Momentenzuwachs auf der Strecke a von M1 um M auf M2 (ΔM = max M)

z = Hebelarm der inneren Kräfte
a = Strecke des Momentenzuwachses vom Auflager bis Querkraftnullpunkt

Daraus ergibt sich angenähert für:

Balken auf 2 Stützen As Schub = As im Feld
durchlaufende Balken As Schub = As im Feld + As über der Stütze

Rechenbeispiel: wie Biegebemessung **1925**

Q = 27,75 · 4,00/2 = 55,50 kN

τo = 0,0555/0,30 · 0,89 · 0,36 = 0,58 MN/m² > 0,4 < 1,4

M = max M = 55,50 kNm (Momentenzuwachs von Auflager bis Querkraftnullpunkt)

x = 10,7 cm a = 2,00 m

z = 36 – 10,7/3 = 32,43 cm ≈ 32,5 cm

erf Ta = 555 000/32,5 = 17 077 kg

Wahl der Schubbewehrung gem. Schubbewehrungstafeln

gew. 2 ∅ 20 aufgebogen (45°) Ts = 10 700 kg

11 Bügel ∅ 6 (auf Strecke a) Tb = 7 500 kg

18 200 kg > 17 077 kg

3.9 Stützen

3.9.1 Grundlagen zur Ermittlung der Schnittgrößen

Jahr	Hinweise
1907 D.A.f.E.	a) Die Möglichkeit einseitiger Belastung ist zu berücksichtigen.
1914 D.A.f.E.	a) Stützen mit fester Verbindung zu Balken sind auf Verlangen der Baupolizei auf Biegung zu bemessen. b) Endstützen sind, wenn keine genaue Rahmenberechnung erfolgt, für ein Biegemoment zu bemessen, das 1/3 des Feldmomentes im Endfeld (bei freier Auflagerung des Balkens über der Endstütze) beträgt.
1916 D.A.f.E.	a) Stützen mit fester Verbindung zu Balken sind auf Verlangen der Baupolizei auf Biegung zu bemessen. b) Endstützen sind, wenn keine genaue Rahmenberechnung erfolgt, für ein Biegemoment zu bemessen, das 1/3 des Feldmomentes im Endfeld (bei freier Auflagerung des Balkens über der Endstütze) beträgt.
1925 D.A.f.E.	a) Stützen mit fester Verbindung zu Balken sind auf Verlangen der Baupolizei auf Biegung zu bemessen. b) Bei üblichen Hochbauten brauchen die Innenstützen, die mit Eisenbetonbalken biegefest verbunden sind, nur auf mittigen Druck bemessen zu werden. c) Endstützen sind, wenn keine genaue Rahmenberechnung erfolgt, für folgende Momente (am Kopf und Fuß) zu bemessen: $\text{M unten} = -q \cdot \frac{l^2}{12} \cdot \frac{cu}{co + 1 + cu}$ $\text{M oben} = -q \cdot \frac{l^2}{12} \cdot \frac{co}{co + 1 + cu}$ $co = \frac{l}{ho} \cdot \frac{Jo}{Jb}; \quad cu = \frac{l}{hu} \cdot \frac{Ju}{Jb}$ 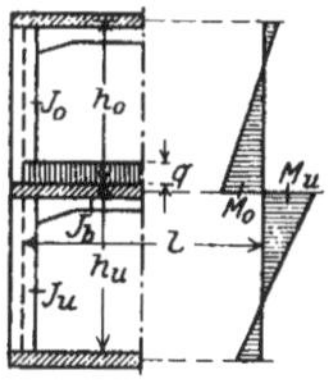 Verminderung der positiven Momente der Endfelder um den Wert $0{,}5 \cdot (Mo{-}Mu) = q \cdot \frac{l^2}{24} \cdot \frac{co + cu}{co + 1 + cu}$ d) Als Stützenhöhe ist in Hochbauten stets die volle Geschosshöhe in Rechnung zu stellen.

Jahr	Hinweise
1932 DIN 1045	a) Eisenbetonstützen in biegefester Verbindung mit Balken und Plattenbalken sind auf Verlangen der Baupolizeibehörde als Rahmenstützen zu untersuchen. b) Bei üblichen Hochbauten brauchen die Innenstützen, die mit Eisenbetonbalken biegefest verbunden sind, nur auf mittigen Druck bemessen zu werden. c) Endstützen sind, wenn keine genaue Rahmenberechnung erfolgt, für folgende Momente zu bemessen: $M3 = M2 \cdot \frac{co + cu}{co + 1 + cu}$ $M\ unten = M3 \cdot \frac{cu}{co + cu}$ $\quad$ $M\ oben = -M3 \frac{co}{co + cu}$ $co = \frac{1}{ho} \cdot \frac{Jo}{J}$ $\quad$ $cu = \frac{1}{hu} \cdot \frac{Ju}{J}$ Bei der Bemessung des Balkens darf das Moment M3 berücksichtigt werden.

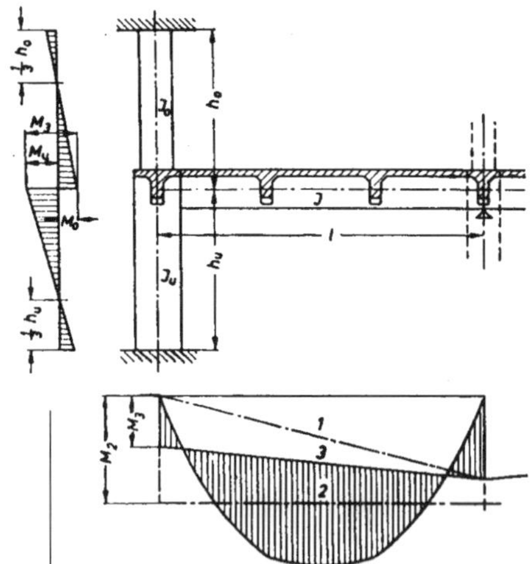

1 = Schlusslinie des durchlaufenden Trägers mit frei drehbarem Auflager

2 = Schlusslinie des beiderseits voll eingespannten Balkens

3 = maßgebende Schlusslinie

M2 = das Moment am Auflager des voll eingespannten Balkens

	d) Als Stützenhöhe hs ist bei Hochbauten stets die volle Geschosshöhe, sonst die Länge der Netzlinie in Rechnung zu stellen. e) Bei Stützen mit größerem Betonquerschnitt als statisch erforderlich, braucht das Bewehrungsverhältnis nur auf den statisch erforderlichen Betonquerschnitt bezogen zu werden.

Jahr	Hinweise
1943 DIN 1045	a) wie **1925** Abs. b b) Randstützen in biegefester Verbindung mit Balken und Plattenbalken sind als Rahmenstützen zu berechnen. c) wie **1932** Abs. c d) wie **1932** Abs. d e) wie **1932** Abs. e Dabei ist das dafür gültige Verhältnis hs/d zu berücksichtigen.
1952 DIN 1045	wie **1943**
1959 DIN 1045	wie **1943**

3.9.2 Knickberechnung mittig belasteter Stützen

sk = Knicklänge
d = kleinste Querschnittsbreite
D = Kerndurchmesser

Jahr	Knickberechnung erforderlich	Stützenart	Bemerkungen
1907 Preußen	sk/d > 18		Bemessung nach Eulerformeln
1914 D.A.f.E.	sk/d > 15		
1916 D.A.f.E.	sk/d > 15		Bemessung nach Eulerformeln mit 10-facher Sicherheit
1925 D.A.f.E.	sk/d > 15	bügelbewehrt mit quadratischem oder rechteckigem Querschnitt	Bemessung für die ω-fache Belastung
	sk/d > 13	umschnürter Querschnitt	
1932 DIN 1045	sk/d > 15	bügelbewehrt mit quadratischem oder rechteckigem Querschnitt	Bemessung für die ω-fache Belastung
	sk/D > 13	umschnürte Stütze	
1943 DIN 1045	sk/d > 15	bügelbewehrt mit quadratischem oder rechteckigem Querschnitt	Bemessung für die ω-fache Belastung
	sk/D > 10	umschnürte Stütze	
1952 DIN 1045	wie **1943**		
1959 DIN 1045	wie **1943**		

1925 Stützen mit Knickgefahr

$\frac{h}{s}$	Knickzahl $\omega = \frac{\sigma b_{zul}}{\sigma k_{zul}}$	$\frac{\Delta\omega}{\Delta\frac{h}{s}}$
1. für quadratische und rechteckige Stützen mit einfacher Bügelbewehrung		
15	1,0	0,05
20	1,25	0,10
25	1,75	
2. für umschnürte Stützen		
$\frac{h}{d}$ 13	1,0	0,1
20	1,7	0,2
25	2,7	

Stützen mit Knickgefahr sind für die ω-fache Stützenbelastung zu bemessen.

s = kleinste Stützenbreite

Zwischenwerte gradlinig einschalten

1932 Knickzahlen für quadratische und rechteckige Säulen mit einfacher Bügelbewehrung und für umschnürte Säulen

h_s/d bzw. h_s/D		$\omega = \sigma_{bzul}/\sigma_{kzul}$		$\Delta\omega/\Delta\,(h_s/d)$		
a)	b)	a)	b)	a)	b)	a) für quadratische und rechteckige Säulen mit einfacher Bügelbewehrung b) für umschnürte Säulen Zwischenwerte sind geradlinig einzuschalten.
15	13	1,0	1,0	0,05	0,1	
20	20	1,25	1,7	0,09	0,2	
25	25	1,70	2,7	0,15		
30		2,45		0,19		
35		3,40		0,20		
40		4,40				

1943
DIN 1045
(1952 + 1959)

Knickzahlen für quadratische, rechteckige und umschnürte Säulen

Für quadratische und rechteckige Säulen mit einfacher Bügelbewehrung

h_k/d	h_k/d +									
	0	1	2	3	4	5	6	7	8	9
10	–	–	–	–	–	1,00	1,02	1,03	1,05	1,06
20	1,08	1,13	1,18	1,22	1,27	1,32	1,40	1,48	1,56	1,64
30	1,72	1,83	1,94	2,06	2,17	2,28	2,42	2,57	2,71	2,86
40	3,00	–	–	–	–	–	–	–	–	–

Für umschnürte Säulen

h_k/D	h_k/D+									
	0	1	2	3	4	5	6	7	8	9
10	1,00	1,03	1,07	1,10	1,14	1,17	1,24	1,30	1,37	1,43
20	1,50	1,60	1,70	1,80	1,90	2,00	–	–	–	–

Für Säulen mit beliebigem Querschnitt und einfacher Bügelbewehrung

$\lambda =$	$\lambda +$									
hk/i	0	1	2	3	4	5	6	7	8	9
50	1,00	1,00	1,01	1,01	1,02	1,02	1,02	1,03	1,03	1,04
60	1,04	1,05	1,05	1,06	1,06	1,06	1,07	1,07	1,08	1,08
70	1,08	1,10	1,11	1,13	1,14	1,16	1,18	1,19	1,21	1,22
80	1,24	1,26	1,27	1,29	1,30	1,32	1,34	1,36	1,38	1,40
90	1,42	1,44	1,46	1,48	1,50	1,52	1,54	1,56	1,58	1,60
100	1,62	1,64	1,66	1,68	1,70	1,72	1,76	1,79	1,83	1,87
110	1,91	1,94	1,98	2,02	2,05	2,09	2,13	2,16	2,20	2,24
120	2,28	2,32	2,35	2,39	2,42	2,46	2,50	2,53	2,57	2,60
130	2,64	2,68	2,71	2,75	2,78	2,82	2,86	2,89	2,93	2,96
140	3,00	–	–	–	–	–	–	–	–	–

Knickzahl $\omega = \dfrac{\sigma_b \text{ zul}}{\sigma_k \text{ zul}}$

Schlankheitsgrad $\lambda = \dfrac{hk}{i}$, wobei $i = \sqrt{\dfrac{min\ I}{F}}$ ist, ohne Berücksichtigung der Stahleinlagen.

3.9.3 Bemessungsformeln

Bügelbewehrte Stützen

σb = zul. Betondruckspannung bei zentrischer Belastung
σk = zul. Druckspannung bei Knickung
σs = Spannung bei Längsbewehrung an der Quetschgrenze
kb = Prismenfestigkeit des Betons
Ab = Betonquerschnittsfläche der Stütze
As = Querschnittsfläche der Längsbewehrung
Wi = Widerstandsmoment des Querschnitts unter Berücksichtigung des 15-fachen Querschnitts der Längsbewehrung
$A1 = Ab + 15\ As$; $A2 = Ab + \sigma s \cdot As/kb$

Jahr	Mittige Belastung ohne Knicken zul P	Mittige Belastung mit Knicken	Ausmittige Belastung	Bemerkungen
1907 Preußen	$(Ab + 15As)\ \sigma b$	Bemessung nach Eulerformeln		Bewehrung auf Knicken mit 5-facher Sicherheit
1914 D.A.f.E.	$(Ab + 15As)\ \sigma b$	$k = \dfrac{\sigma b}{1 + 0{,}0001 \left(\frac{h}{i}\right)^2}$	$\sigma b = \dfrac{P}{A} \pm \dfrac{M}{W}$ *1	h = Stockwerkshöhe i = kleinst. Trägheitshalbmesser
1916 D.A.f.E.	$(Ab + 15As)\ \sigma b$	$\text{erf } J = 70 \cdot P \cdot h^2$ *2	$\sigma b = \dfrac{P}{A} \pm \dfrac{M}{W}$ *3	h = Stockwerkshöhe (m) P = Belastung (t) J = Trägheitsmoment (cm^4)
1925 D.A.f.E.	$(Ab + 15As)\ \sigma b$ bzw. $\sigma b \cdot A1$	$P = \sigma b \text{ zul} \cdot A1$	$\sigma b = \dfrac{P}{A1} \pm \dfrac{M}{Wi}$ *4	
1932 DIN 1045	$(Ab + 15As)\ \sigma b$ bzw. $\sigma b\ .\ A1$	Bemessung für die ω-fache Belastung	$\sigma b = \dfrac{P}{A1} \pm \dfrac{M}{Wi}$ *5	
	$\frac{1}{3}(kb \cdot Ab + \sigma s \cdot As)$ bzw. A2 kb/3	Bemessung für die ω-fache Belastung		wb28>=16,0MN/m^2 *6 Handelseisen σs = 240 MN/m^2 ST.52 σs = 360 MN/m^2
1943 DIN 1045	$\frac{1}{3}(kb \cdot Ab + \sigma s \cdot As)$	Bemessung für die ω-fache Belastung	$\sigma b = \dfrac{P}{A1} \pm \dfrac{M}{Wi}$ *7	siehe Bemessungstafeln

Jahr	Mittige Belastung ohne Knicken zul P	Mittige Belastung mit Knicken	Ausmittige Belastung	Bemerkungen
1952 DIN 1045	wie **1943**			
1959 DIN 1045	wie **1943**			

*1 Es darf der Beton am Rand bis zu 0,5 MN/m² auf Zug beansprucht werden.

*2 Die Benutzung anderer Knickformeln ist nicht ausgeschlossen, doch es bedarf daneben des Nachweises der Knicksicherheit nach der Eulerschen Formel.

*3 σb = größte Kantenpressung unter Berücksichtigung des Nachweises der Knicksicherheit
Wenn Stützenhöhe $h > 20\ b$ (b = kleinste Querschnittsbreite), Vergrößerung von M um $P \cdot h/200$

*4 Max. zulässige Zugspannung ≤ 1/5 der zulässigen Betondruckspannung (sonst muss die Zugzone des Betons außer Ansatz bleiben).
Bei Knickgefahr ist $P = \omega \cdot P$ zu setzen.

*5 Die Betonzugspannungen dürfen nicht größer sein als 1/4 der gleichzeitig im Querschnitt auftretenden Betondruckspannungen (sonst muss die Zugzone des Betons außer Ansatz bleiben). Die Sicherheit gegen Knicken ist wie für mittig belastete Stützen nachzuweisen.

*6 Berechnung, Durchbildung und Ausführung müssen besonders hohen Anforderungen genügen.
kb = 16,0 MN/m² (max kb ≤ 18,0 MN/m² und bei d > 40 cm max kb ≤ 21,0 MN/m²)

*7 wie *5

Bei Querschnitten mit Biegemomenten in beiden Achsrichtungen dürfen die in einer Ecke errechneten größten Betonzugspannungen nicht größer als 0,35 der gleichzeitig in der gegenüberliegenden Ecke auftretenden Betondruckspannungen sein.
Mindestbewehrung am geringer beanspruchten Rand, bei ausmittig beanspruchten Rechteckstützen, mindestens 0,4 % von Ab.

Umschnürte Stützen

σb = zulässige Betondruckspannung bei zentrischer Belastung
σs' = Spannung der Umschnürungsbewehrung an der Streckgrenze
kb = Prismenfestigkeit des Stützenquerschnitts
Ak = Kernquerschnittsfläche
As = Querschnittsfläche der Längsbewehrung
Aq = Querschnittsfläche der Umschnürungsbewehrung
D = Durchmesser des Kernquerschnitts
f = Stabquerschnitt der Querbewehrung (Umschnürung)
s = Abstand der Querbewehrung (Umschnürung)
Wi = Widerstandsmoment des Querschnitts unter Berücksichtigung des 15-fachen Querschnitts der Längsbewehrung

Jahr	Mittige Belastung ohne Knicken zul P	Mittige Belastung mit Knicken	Ausmittige Belastung	Bemerkungen
1907 Preußen				2- bis 2,4-fache Tragfähigkeit bügelbewehrter Stützen
1914 D.A.f.E.	(Ab+15As+30Aq) σb			As = Gesamtbetonquerschnitt *1
1916 D.A.f.E.	(Ab+15As+30As) σb			$Aq = \frac{\pi \cdot D \cdot f}{s}$ *2
1925 D.A.f.E.	wie **1916**	Bemessung mit ω-facher Belastung	$\sigma b = \frac{P}{A1} \pm \frac{M}{Wi}$ *3	
1932 DIN 1045	$\frac{(kb \cdot Ak + \sigma s \cdot As + 2{,}5\sigma s' \cdot Aq)}{3}$	Bemessung mit ω-facher Belastung	$\sigma b = \frac{P}{A1} \pm \frac{M}{Wi}$ *3; * 6	$Aq = \frac{\pi \cdot D \cdot f}{s}$ *5
1943 DIN 1045	$\frac{(kb \cdot Ak + \sigma s \cdot As + 2{,}5\sigma s' \cdot Aq)}{3}$	Bemessung mit ω-facher Belastung	$\sigma b = \frac{P}{A1} \pm \frac{M}{Wi}$ *7	$Aq = \frac{\pi \cdot D \cdot f}{s}$
1952 DIN 1045	wie **1943**			
1959 DIN 1045	wie **1943**			

*1 Ab + 15 As + 30 Aq ≤ 2 Ab
Aq = Umrechnung der Umschnürungsbewehrung pro Meter Stützenhöhe als Längsbewehrung
Viereckige Bewehrung nach der Schraubenlinie darf nur im quadratischen Querschnitt ausgeführt werden.

*2 Ak + 15 As + 45 Aq ≤ 2 Ab
Quadratischen und rechteckigen Umschnürungen wird eine Erhöhung der Tragfähigkeit nicht zuerkannt.

*3 Ai = Ak + 15 As + 45 Aq ≤ 2 Ab
Bei Knickgefahr mit ω-facher Belastung
Max. zulässige Zugspannung ≤ 1/5 der zulässigen Betondruckspannung (sonst muss die Zugzone des Betons außer Ansatz bleiben).

*4 $$Ai = Ak + \frac{\sigma s}{kb}\ As + \frac{2{,}5\ \sigma s'}{kb}\ Aq$$

*5 Handelseisen σs' = 330 MN/m²
ST.52 σs' = 450 MN/m²

Berechnung, Durchbildung und Ausführung müssen besonders hohen Anforderungen genügen.
kb = 16,0 MN/m² (max kb ≤ 18,0 MN/m² und bei Säulendicken
d > 40 cm
max kb ≤ 21,0 MN/m²)

*6 Die Betonzugspannungen dürfen nicht größer sein als 1/4 der gleichzeitig im Querschnitt auftretenden Betondruckspannungen (sonst muss die Zugzone des Betons außer Ansatz bleiben). Die Sicherheit gegen Knicken ist wie für mittig belastete Stützen nachzuweisen.

*7 Ai = Ak + 15 As + 37,5 Aq

wie *6

Bemessungsbeispiele:

1907 Preußen	Stütze b/d = 25/25 cm bügelbewehrt Stützenhöhe h = 4,20 m

Druckfestigkeit des Betons 24,0 MN/m^2

zul $\sigma b = 24{,}0/10 = 2{,}4$ MN/m^2

Bewehrung 4 ∅ 24 mit As 18,1 cm^2

zul $\sigma e = 100$ MN/m^2

Belastung (mittig) vorh P = 213 kN

$sk/d = 420/25 = 16{,}8 < 18$ ohne Knicken

$$\text{vorh } \sigma b = \frac{0{,}213}{0{,}25^2 + 15 \cdot 0{,}00181} = 2{,}38 \text{ MN/m}^2 < 2{,}40$$

vorh $\sigma e = 15 \cdot 2{,}38 = 35{,}7$ $MN/m^2 < 100$

1943 DIN 1045	Querschnitt und Belastung wie vor

Beton B160
Stahl I

$sk/d = 420/25 = 16{,}8 > 15$ Knicken erforderlich

$\omega = 1{,}03$

$Ab = 25 \cdot 25 = 625$ cm^2 — $As = 18{,}1$ cm^2

$kb/3 = 48$ kg/cm^2 — $\sigma s/3 = 800$ kg/cm^2

ω P zul = $48 \cdot 625 + 800 \cdot 18{,}1 = 44\,480$ kg

P zul = $44\,480/1{,}03 = 43\,184$ kg = 431,84 kN > 213 kN

3.10 Wände

3.10.1 Unbewehrte Wände

<table>
<tr><th>Jahr</th><th>Hinweise</th></tr>
<tr><td>1955
vorl.
Richtl.
Ergänz.
zu
DIN 1045
DIN 1047</td><td>
a) Nachweis der Knicksicherheit
Als Knicklänge sk ist anzunehmen
2-seitig gehaltene Wände - hs
3-seitig gehaltene Wände - 0,8 · hs
4-seitig gehaltene Wände - 0,6 · hs

Fenster- und Türpfeiler, wenn Brüstung und Sturz in voller Wanddicke durchgehen

$sk = hs' + r \cdot (hs - hs') \geq 0{,}8 \cdot hs$

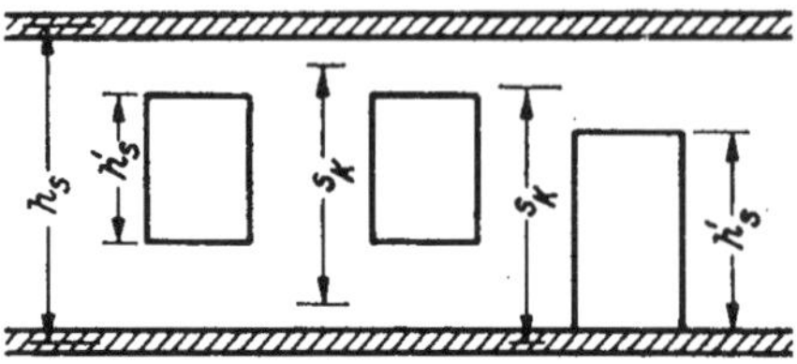

Beiwert r abhängig von der Wanddicke
<table>
<tr><td>Wanddicke in cm</td><td>20,0</td><td>17,5</td><td>15,0</td><td>12,5</td><td>10,0</td></tr>
<tr><td>Beiwert r</td><td>0,6</td><td>0,7</td><td>0,8</td><td>0,9</td><td>1,0</td></tr>
</table>
Die Wände sind für die ω-fache mittige Belastung zu berechnen.

<table>
<tr><th>$\frac{Sk}{d}$</th><th>ω</th><th>$\frac{\Delta \omega}{\Delta \frac{Sk}{d}}$</th></tr>
<tr><td>≤ 8</td><td>1,0</td><td>0,05</td></tr>
<tr><td>10</td><td>1,1</td><td>0,10</td></tr>
<tr><td>15</td><td>1,6</td><td>0,10</td></tr>
<tr><td>20</td><td>2,1</td><td>0,14</td></tr>
<tr><td>25</td><td>2,8</td><td></td></tr>
</table>

b) Zulässige Spannungen
Bei mittiger Belastung sind die zul. Druckspannungen, bei außermittiger Belastung die zul. Kantenpressungen, einzuhalten.
Wände, die dünner als 15 cm sind, dürfen nicht mit den für B300 zugelassenen oder höheren Spannungen bemessen werden.
Der Nachweis der ausmittigen Beanspruchung ist nur erforderlich, wenn eine Einspannung der Decke in die Wände berücksichtigt wird.
Der Knicksicherheitsnachweis ist dann ebenfalls wie für mittige Belastung zu führen.
</td></tr>
</table>

3.10.2 Bewehrte Wände

Jahr	Hinweise
1955 vorl. Richtl. Ergänz. zu DIN 1045 DIN 1047	a) Es gilt allgemein DIN 1045. b) Knicklängen wie unbewehrte Wände c) Knickzahlen wie DIN 1045 (Stützen) d) Zulässige Spannungen Wände mit d < 15 cm dürfen nicht mit den für B300 zulässigen oder höheren Spannungen bemessen werden. Bei Wänden in verlorener Schalung und wenn deren Dicke ohne Schalung geringer als 15 cm ist, sind die in DIN 1045 angegebenen Werte der Prismenfestigkeit Kb um 20 % herabzusetzen.

Bewehrung

Bewehrungs-richtung	Betonstahl	Durchmesser mm	Anzahl der Stäbe je Wandseite pro Meter Wand-Länge	Höhe	Bemerkungen
lotrecht	I + II	≥ 10	≥ 6		max. Durchmesser 1/10 der Wand-dicke *1
	III + IV	≥ 8	≥ 6		
	Bew.matten punkt-geschweißt	≥ 6	≥ 6		
waagerecht (Querbew.)	I	≥ 7		≥ 3	mind. 1/5 der lotrechten Bewehrung *2
	II + III	≥ 6		≥ 3	
	IV	≥ 5		≥ 3	

*1 Lotrechte Bewehrungsstäbe mit ∅ ≥ 12 mm sind durch Bügel (S-Haken) zu halten. Bei lotrechten Bewehrungsstäben mit ∅ > 12 mm darf die Verbügelung durch eine waagerechte Querbewehrung ersetzt werden.

*2 Bei 3- bis 4-seitig gehaltenen Wänden muss eine waagerechte Querbewehrung angeordnet werden.

3.11 Fundamente

Die Bemessung der bewehrten Streifen- und Einzelfundamente erfolgte allgemein unter Annahme einer gleichmäßig verteilten Bodenpressung für das Moment am Stützenrand.

$$M = \sigma \cdot \left(\frac{b-a}{2}\right)^2$$

b = Fundamentbreite
a = Stützenbreite
σ = Bodenpressung

Bemessung – für Biegung und Schub

1942 Bemessung quadratischer Einzelfundamente nach Grotkamp

a) Fundamente mit gleichbleibender Dicke

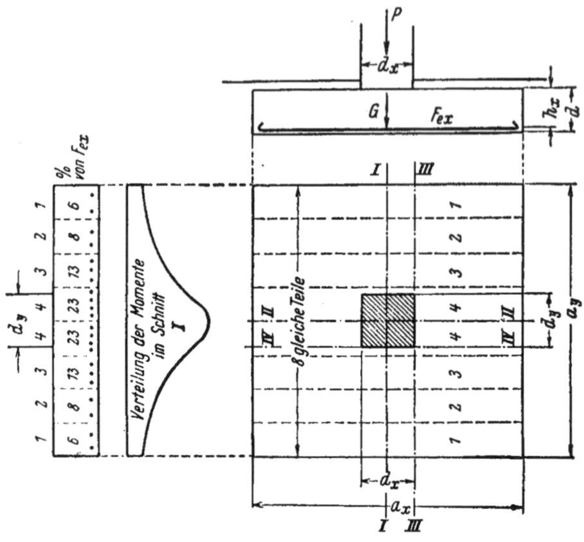

Auf 8 gleichbreite Streifen verteilt sich die Bewehrung im Verhältnis:

Streifen	1	2	3	4	5	6	7	8
Anteil in %	6	8	13	23	23	13	8	6

$\alpha = 1{,}94$ $\beta = 0{,}97$ $\gamma = 0{,}97$

b) Fundamente mit veränderlicher Dicke

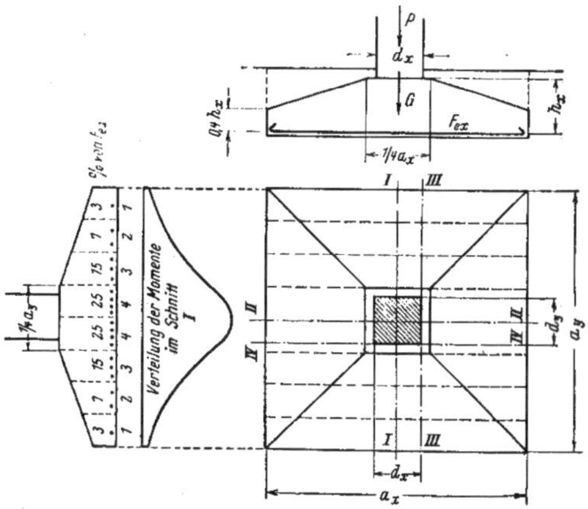

Auf 8 gleichbreite Streifen verteilt sich die Bewehrung im Verhältnis:

Streifen	1	2	3	4	5	6	7	8
Anteil in %	3	7	15	25	25	15	7	3

$\alpha = 2{,}25$ $\beta = 1{,}11$ $\gamma = 1{,}34$

c) Schnittkräfte und Bemessung für Platten mit quadratischer oder annähernd quadratischer Grundfläche

$$\max MI = \frac{p \,.\, (ax - dx)}{8000} \qquad \max MII = \frac{p \cdot (ay - dy)}{8000}$$

$$\max QIII = \frac{p \cdot (ax - dx)}{2 \cdot ax} \qquad \max QIV = \frac{p \cdot (ay - dy)}{2 \cdot ay}$$

Belastung (kg)
Längen (cm)
Bewehrung (cm^2)
Bodenpressung (kg/cm^2)

Die Bemessung erfolgte unter Berücksichtigung der Beiwerte α, β, γ für:

Nutzhöhe	h	$MI \cdot \alpha$
erf. Bewehrung	As	$MI \cdot \beta$
Nachweis der Schubspannung	τo	$QIII \cdot \gamma$

Die Bemessung muss nacheinander für Schnitt I und II durchgeführt werden.

4 Bemessungstafeln

4.1 Bemessungstafeln für biegebeanspruchte Bauteile

Rechteckquerschnitte und Plattenbalken mit einfacher Bewehrung

1916, 1925, 1932

Tabelle IVe zur Bestimmung der Nulllinie (x), zur Berechnung der nutzbaren Plattenhöhe (h) und der Eiseneinlage F_e aus gegebenem Moment und den zulässigen Spannungen für $n = 15$. Alle Werte sind in kg und cm Einheiten eingeführt.

$$x = k_1 \cdot h; \quad h = k_3 \cdot \sqrt{\frac{M}{b}}; \quad Fe = k_5' \cdot \sqrt{M \cdot b} = \frac{1}{k_4} \cdot h \cdot b = w \cdot h$$

Werte in in kg/cm²		Zugehörige Werte von			
σ_e	σ_b	$s = k_1$ für x	$r = k_3$ für h	$t = k'_5 =$ für F_e	$w = \frac{1}{k_4}$ für F_e (für b = 100 cm)
1200	60	0,429 · h	0,302 · $\sqrt{\frac{M}{b}}$	0,00323 · $\sqrt{M \cdot b}$ =	1,071 · h
1200	58	0,420 · "	0,309 · "	0,00314 · " =	1,016 · "
1200	56	0,412 · "	0,317 · "	0,00305 · " =	0,961 · "
1200	54	0,403 · "	0,326 · "	0,00295 · " =	0,907 · "
1200	52	0,394 · "	0,355 · "	0,00286 · " =	0,854 · "
1200	50	0,385 · "	0,345 · "	0,00277 · " =	0,801 · "
1200	48	0,375 · "	0,356 · "	0,00267 · " =	0,750 · "
1200	46	0,365 · "	0,368 · "	0,00258 · " =	0,700 · "
1200	44	0,355 · "	0,381 · "	0,00248 · " =	0,651 · "
1200	42	0,344 · "	0,395 · "	0,00238 · " =	0,602 · "
1200	40	0,333 · "	0,411 · "	0,00228 · " =	0,556 · "
1200	38	0,322 · "	0,428 · "	0,00218 · " =	0,510 · "
1200	36	0,310 · "	0,447 · "	0,00208 · " =	0,466 · "
1200	34	0,298 · "	0,468 · "	0,00198 · " =	0,423 · "
1200	32	0,286 · "	0,492 · "	0,00187 · " =	0,381 · "
1200	30	0,273 · "	0,519 · "	0,00177 · " =	0,341 · "
1200	28	0,259 · "	0,549 · "	0,00166 · " =	0,302 · "
1200	26	0,245 · "	0,584 · "	0,00155 · " =	0,266 · "
1200	24	0,231 · "	0,625 · "	0,00144 · " =	0,231 · "
1200	22	0,216 · "	0,674 · "	0,00133 · " =	0,198 · "
1200	20	0,200 · "	0,732 · "	0,00122 · " =	0,167 · "
1000	50	0,429 · "	0,330 · "	0,00354 · " =	1,071 · "
1000	48	0,419 · "	0,340 · "	0,00342 · " =	1,005 · "
1000	46	0,408 · "	0,351 · "	0,00330 · " =	0,939 · "
1000	44	0,398 · "	0,363 · "	0,00318 · " =	0,875 · "
1000	42	0,387 · "	0,376 · "	0,00305 · " =	0,812 · "
1000	40	0,375 · "	0,390 · "	0,00293 · " =	0,750 · "
1000	38	0,363 · "	0,406 · "	0,00280 · " =	0,690 · "
1000	36	0,351 · "	0,424 · "	0,00267 · " =	0,631 · "
1000	35	0,344 · "	0,343 · "	0,00261 · " =	0,602 · "
1000	34	0,338 · "	0,443 · "	0,00254 · " =	0,574 · "
1000	32	0,324 · "	0,465 · "	0,00241 · " =	0,519 · "

Werte in in kg/cm²		Zugehörige Werte von			
σ_e	σ_b	$s = k_1$ für x	$r = k_3$ für h	$t = k'_5 =$ für F_e	$w = \frac{1}{k_4}$ für F_e (für b = 100 cm)
1000	30	0,310 · H	0,489 · $\sqrt{\frac{M}{b}}$	0,00228 · $\sqrt{M \cdot b}$ =	0,466 · H
1000	28	0,296 · "	0,518 · "	0,00214 · " =	0,414 · "
1000	26	0,281 · "	0,550 · "	0,00201 · " =	0,365 · "
1000	24	0,265 · "	0,588 · "	0,00187 · " =	0,318 · "
1000	22	0,248 · "	0,632 · "	0,00172 · " =	0,273 · "
1000	20	0,231 · "	0,685 · "	0,00158 · " =	0,231 · "
900	35	0,368 · "	0,420 · "	0,00301 · " =	0,716 · "
900	34	0,362 · "	0,430 · "	0,00294 · " =	0,683 · "
900	32	0,348 · "	0,451 · "	0,00279 · " =	0,618 · "
900	30	0,333 · "	0,474 · "	0,00264 · " =	0,556 · "
900	28	0,318 · "	0,501 · "	0,00248 · " =	0,495 · "
900	26	0,302 · "	0,532 · "	0,00232 · " =	0,437 · "
900	24	0,286 · "	0,568 · "	0,00216 · " =	0,381 · "
900	22	0,268 · "	0,610 · "	0,00200 · " =	0,328 · "
900	20	0,250 · "	0,661 · "	0,00183 · " =	0,278 · "
750	30	0,375 · "	0,451 · "	0,00338 · " =	0,750 · "
750	28	0,359 · "	0,476 · "	0,00319 · " =	0,670 · "
750	26	0,342 · "	0,504 · "	0,00299 · " =	0,593 · "
750	24	0,324 · "	0,537 · "	0,00279 · " =	0,519 · "
750	22	0,306 · "	0,576 · "	0,00258 · " =	0,448 · "
750	20	0,286 · "	0,622 · "	0,00237 · " =	3,381 · "

1932

Bemessungstafel für M in mkg, b in m, h in cm, F_e in cm²

σ_b kg/cm²	σ_e = 1200 kg/cm²			σ_e = 1400 kg/cm²		
	r	t	γ	r	t	γ
65	0,284	0,345	1,213	0,295	0,281	0,963
64	0,287	0,341	1,184	0,298	0,277	0,930
63	0,291	0,336	1,156	0,302	0,274	0,907
62	0,294	0,332	1,128	0,305	0,270	0,884
61	0,298	0,327	1,100	0,309	0,266	0,861
60	0,301	0,323	1,071	0,313	0,262	0,839
59	0,305	0,318	1,034	0,317	0,259	0,816
58	0,309	0,314	1,016	0,321	0,255	0,794
57	0,313	0,309	0,988	0,325	0,251	0,773
56	0,317	0,305	0,961	0,330	0,247	0,750
55	0,321	0,300	0,943	0,335	0,244	0,728
54	0,326	0,295	0,907	0,339	0,240	0,707
53	0,330	0,291	0,880	0,344	0,236	0,688
52	0,335	0,286	0,854	0,349	0,232	0,665
51	0,340	0,281	0,827	0,355	0,228	0,644
50	0,345	0,277	0,801	0,360	0,224	0,623
49	0,350	0,273	0,776	0,366	0,220	0,602
48	0,356	0,268	0,750	0,372	0,217	0,582
47	0,362	0,263	0,725	0,387	0,213	0,562
46	0,368	0,258	0,700	0,385	0,209	0,542

σ_b kg/cm²	σ_e = 1200 kg/cm²			σ_e = 1400 kg/cm²		
	r	t	γ	r	t	γ
45	0,375	0,253	0,675	0,391	0,205	0,523
44	0,381	0,248	0,651	0,399	0,201	0,503
43	0,388	0,243	0,626	0,406	0,197	0,484
42	0,395	0,238	0,602	0,414	0,193	0,466
41	0,403	0,233	0,579	0,422	0,189	0,447
40	0,411	0,228	0,556	0,430	0,184	0,429
39	0,419	0,223	0,533	0,439	0,180	0,411
38	0,428	0,218	0,510	0,449	0,176	0,393
37	0,437	0,213	0,488	0,459	0,172	0,375
36	0,447	0,208	0,466	0,469	0,168	0,358
35	0,457	0,203	0,444	0,480	0,164	0,341
34	0,468	0,198	0,423	0,492	0,159	0,324
33	0,480	0,193	0,402	0,504	0,155	0,308
32	0,491	0,187	0,381	0,517	0,151	0,292
31	0,504	0,182	0,361	0,531	0,147	0,276
30	0,519	0,177	0,341	0,546	0,142	0,260
29	0,533	0,171	0,321	0,562	0,138	0,245
28	0,549	0,166	0,302	0,579	0,134	0,231
27	0,566	0,161	0,284	0,597	0,129	0,216
26	0,585	0,155	0,266	0,617	0,125	0,202
25	0,604	0,150	0,248	0,638	0,121	0,189
24	0,625	0,144	0,231	0,661	0,116	0,175
23	0,649	0,139	0,214	0,686	0,111	0,162
22	0,674	0,133	0,198	0,713	0,107	0,150
21	0,701	0,127	0,182	0,743	0,102	0,138

1939, 1952 Betonstahl I (Handelsstahl)

$\sigma_{e\ zul}$ = 1200 kg/cm²

σ_b kg/cm²	$h = r\sqrt{\frac{M}{b}}$	$x = sh$	$f_e = t\sqrt{Mb}$	σ_b kg/cm²	$h = r\sqrt{\frac{M}{b}}$	$x = sh$	$f_e = t\sqrt{Mb}$
	r	s	t		r	s	t
10	1,367	0,111	0,000633	25	0,604	0,238	0,00150
11	1,252	0,121	0,000694	26	0,584	0,245	0,00155
12	1,156	0,130	0,000754	27	0,566	0,252	0,00161
13	1,074	0,140	0,000814	28	0,549	0,259	0,00166
14	1,005	0,149	0,000873	29	0,533	0,266	0,00171
15	0,944	0,158	0,000932	30	0,519	0,273	0,00177
16	0,891	0,167	0,000990	31	0,505	0,279	0,00182
17	0,844	0,175	0,00105	32	0,492	0,286	0,00187
18	0,803	0,184	0,00111	33	0,479	0,292	0,00193
19	0,765	0,192	0,00116	34	0,468	0,298	0,00198
20	0,732	0,200	0,00122	35	0,457	0,304	0,00203
21	0,702	0,208	0,00128	36	0,447	0,310	0,00208
22	0,674	0,216	0,00133	37	0,437	0,316	0,00213
23	0,649	0,223	0,00139	38	0,428	0,322	0,00218
24	0,625	0,231	0,00144	39	0,419	0,328	0,00223
25	0,604	0,238	0,00150	40	0,411	0,333	0,00228

σ_b kg/cm²	$h = r\sqrt{\frac{M}{b}}$	$x = sh$	$f_e = t\sqrt{Mb}$	σ_b kg/cm²	$h = r\sqrt{\frac{M}{b}}$	$x = sh$	$f_e = t\sqrt{Mb}$
	r	s	t		r	s	t
40	0,411	0,333	0,0228	55	0,321	0,407	0,0300
41	0,403	0,339	0,0233	56	0,317	0,412	0,0305
42	0,395	0,344	0,0238	57	0,313	0,416	0,0309
43	0,388	0,350	0,0243	58	0,309	0,420	0,0314
44	0,381	0,355	0,0248	59	0,305	0,424	0,0318
45	0,375	0,360	0,0253	60	0,301	0,429	0,0323
46	0,368	0,365	0,0258	61	0,298	0,433	0,0327
47	0,362	0,370	0,0262	62	0,294	0,437	0,0332
48	0,356	0,375	0,0267	63	0,291	0,441	0,0336
49	0,351	0,380	0,0272	64	0,287	0,444	0,0341
50	0,345	0,385	0,0277	65	0,284	0,448	0,0345
51	0,340	0,389	0,0281	66	0,281	0,452	0,0349
52	0,335	0,394	0,0286	67	0,278	0,456	0,0354
53	0,330	0,398	0,0291	68	0,275	0,459	0,0358
54	0,326	0,403	0,0295	69	0,272	0,463	0,0362
55	0,321	0,407	0,0300	70	0,269	0,467	0,0366

$\sigma_{e\ zul} = 1400$ kg/cm²

σ_b kg/cm²	$h = r\sqrt{\frac{M}{b}}$	$x = sh$	$f_e = t\sqrt{Mb}$	σ_b kg/cm²	$h = r\sqrt{\frac{M}{b}}$	$x = sh$	$f_e = t\sqrt{Mb}$
	r	s	t		r	s	t
30	0,546	0,243	0,00142	55	0,335	0,371	0,00244
31	0,531	0,249	0,00147	56	0,330	0,375	0,00247
32	0,517	0,255	0,00151	57	0,325	0,379	0,00251
33	0,504	0,261	0,00155	58	0,321	0,383	0,00255
34	0,492	0,267	0,00159	59	0,317	0,387	0,00259
35	0,480	0,273	0,00164	60	0,313	0,391	0,00262
36	0,469	0,278	0,00168	61	0,309	0,395	0,00266
37	0,459	0,284	0,00172	62	0,305	0,399	0,00270
38	0,449	0,289	0,00176	63	0,302	0,403	0,00274
39	0,439	0,295	0,00180	64	0,298	0,408	0,00277
40	0,430	0,300	0,00184	65	0,295	0,411	0,00281
41	0,422	0,305	0,00189	66	0,291	0,414	0,00284
42	0,414	0,310	0,00193	67	0,288	0,418	0,00288
43	0,406	0,315	0,00197	68	0,285	0,421	0,00292
44	0,399	0,320	0,00201	69	0,282	0,425	0,00295
45	0,391	0,325	0,00205	70	0,279	0,429	0,00299
46	0,385	0,330	0,00209	71	0,276	0,432	0,00302
47	0,378	0,335	0,00213	72	0,273	0,435	0,00306
48	0,372	0,340	0,00217	73	0,270	0,439	0,00309
49	0,366	0,344	0,00220	74	0,268	0,442	0,00313
50	0,360	0,349	0,00224	75	0,265	0,446	0,00316
51	0,355	0,353	0,00228	76	0,263	0,449	0,00320
52	0,349	0,358	0,00232	77	0,260	0,452	0,00323
53	0,344	0,362	0,00236	78	0,258	0,455	0,00327
54	0,339	0,367	0,00240	79	0,255	0,459	0,00331
55	0,335	0,371	0,00244	80	0,253	0,462	0,00334

σ_b kg/cm²	$h = r\sqrt{\frac{M}{b}}$	$x = sh$	$f_e = t\sqrt{Mb}$	σ_b kg/cm²	$h = r\sqrt{\frac{M}{b}}$	$x = sh$	$f_e = t\sqrt{Mb}$
	r	s	t		r	s	t
80	0,253	0,462	0,00334	85	0,242	0,477	0,00351
81	0,251	0,465	0,00337	86	0,240	0,480	0,00354
82	0,249	0,468	0,00341	87	0,238	0,482	0,00357
83	0,247	0,471	0,00344	88	0,236	0,485	0,00361
84	0,244	0,474	0,00347	89	0,234	0,488	0,00364
85	0,242	0,477	0,00351	90	0,233	0,491	0,00367

Betonstahl II

$\sigma_{e\ zul} = 1600$ kg/cm²

σ_b kg/cm²	$h = r\sqrt{\frac{M}{b}}$	$x = sh$	$f_e = t\sqrt{Mb}$	σ_b kg/cm²	$h = r\sqrt{\frac{M}{b}}$	$x = sh$	$f_e = t\sqrt{Mb}$
	r	s	t		r	s	t
30	0,573	0,220	0,00118	60	0,324	0,360	0,00219
31	0,557	0,225	0,00121	61	0,320	0,364	0,00222
32	0,542	0,231	0,00125	62	0,316	0,368	0,00225
33	0,528	0,236	0,00129	63	0,312	0,371	0,00228
34	0,515	0,242	0,00132	64	0,309	0,375	0,00232
35	0,502	0,247	0,00136	65	0,305	0,379	0,00235
36	0,490	0,252	0,00139	66	0,301	0,382	0,00238
37	0,479	0,258	0,00143	67	0,298	0,386	0,00241
38	0,469	0,263	0,00146	68	0,295	0,389	0,00244
39	0,459	0,268	0,00150	69	0,291	0,393	0,00247
40	0,449	0,273	0,00153	70	0,288	0,396	0,00250
41	0,440	0,278	0,00157	71	0,285	0,400	0,00253
42	0,431	0,283	0,00160	72	0,282	0,403	0,00256
43	0,423	0,287	0,00163	73	0,279	0,406	0,00259
44	0,415	0,292	0,00167	74	0,276	0,410	0,00262
45	0,408	0,297	0,00170	75	0,274	0,413	0,00265
46	0,401	0,301	0,00174	76	0,271	0,416	0,00268
47	0,394	0,306	0,00177	77	0,268	0,419	0,00271
48	0,387	0,310	0,00180	78	0,266	0,422	0,00274
49	0,381	0,315	0,00184	79	0,263	0,426	0,00277
50	0,375	0,319	0,00187	80	0,261	0,429	0,00280
51	0,369	0,323	0,00190	81	0,259	0,432	0,00282
52	0,363	0,328	0,00193	82	0,256	0,435	0,00285
53	0,358	0,332	0,00197	83	0,254	0,438	0,00288
54	0,352	0,336	0,00200	84	0,252	0,441	0,00291
55	0,347	0,340	0,00203	85	0,250	0,443	0,00294
56	0,342	0,344	0,00206	86	0,247	0,446	0,00297
57	0,338	0,348	0,00209	87	0,245	0,449	0,00300
58	0,333	0,352	0,00213	88	0,243	0,452	0,00302
59	0,329	0,356	0,00216	89	0,241	0,455	0,00305
60	0,324	0,360	0,00219	90	0,239	0,458	0,00308

$\sigma_{e\ zul} = 1800\ kg/cm^2$

σ_b kg/cm²	$h = r\sqrt{\frac{M}{b}}$	$x = sh$	$f_e = t\sqrt{Mb}$	σ_b kg/cm²	$h = r\sqrt{\frac{M}{b}}$	$x = sh$	$f_e = t\sqrt{Mb}$
	r	s	t		r	s	t
30	0,598	0,200	0,000996	70	0,297	0,368	0,00213
31	0,580	0,205	0,00103	71	0,294	0,372	0,00216
32	0,565	0,211	0,00106	72	0,291	0,375	0,00218
33	0,550	0,216	0,00109	73	0,288	0,378	0,00221
34	0,536	0,221	0,00112	74	0,285	0,381	0,00223
35	0,523	0,226	0,00115	75	0,282	0,385	0,00226
36	0,511	0,231	0,00118	76	0,279	0,388	0,00229
37	0,499	0,236	0,00121	77	0,276	0,391	0,00231
38	0,488	0,241	0,00124	78	0,274	0,394	0,00234
39	0,477	0,245	0,00127	79	0,271	0,397	0,00236
40	0,467	0,250	0,00130	80	0,269	0,400	0,00239
41	0,458	0,254	0,00133	81	0,266	0,403	0,00241
42	0,448	0,259	0,00136	82	0,264	0,406	0,00244
43	0,440	0,264	0,00139	83	0,261	0,409	0,00246
44	0,431	0,268	0,00141	84	0,259	0,412	0,00249
45	0,423	0,273	0,00144	85	0,257	0,415	0,00251
46	0,416	0,277	0,00147	86	0,254	0,417	0,00254
47	0,408	0,281	0,00150	87	0,252	0,420	0,00256
48	0,401	0,286	0,00153	88	0,250	0,423	0,00259
49	0,395	0,290	0,00156	89	0,248	0,426	0,00261
50	0,388	0,294	0,00159	90	0,246	0,429	0,00264
51	0,382	0,298	0,00161	91	0,244	0,431	0,00266
52	0,376	0,302	0,00164	92	0,242	0,434	0,00268
53	0,370	0,306	0,00167	93	0,240	0,437	0,00271
54	0,365	0,310	0,00170	94	0,238	0,439	0,00273
55	0,360	0,314	0,00173	95	0,236	0,442	0,00276
56	0,354	0,318	0,00175	96	0,235	0,444	0,00278
57	0,349	0,322	0,00178	97	0,233	0,447	0,00280
58	0,345	0,326	0,00181	98	0,231	0,450	0,00283
59	0,340	0,330	0,00184	99	0,229	0,452	0,00285
60	0,335	0,333	0,00186	100	0,228	0,455	0,00288
61	0,331	0,337	0,00189	101	0,226	0,457	0,00290
62	0,327	0,341	0,00192	102	0,224	0,459	0,00292
63	0,323	0,344	0,00194	103	0,223	0,462	0,00295
64	0,319	0,348	0,00197	104	0,221	0,464	0,00297
65	0,315	0,352	0,00200	105	0,220	0,467	0,00299
66	0,311	0,355	0,00202	106	0,218	0,469	0,00302
67	0,308	0,358	0,00205	107	0,217	0,471	0,00304
68	0,304	0,362	0,00208	108	0,215	0,474	0,00306
69	0,301	0,365	0,00210	109	0,214	0,476	0,00309
70	0,297	0,368	0,00213	110	0,213	0,478	0,00311

$\sigma_{e\ zul} = 2000$ kg/cm²

σ_b kg/cm²	$h = r\sqrt{\frac{M}{b}}$	$x = sh$	$f_e = t\sqrt{Mb}$	σ_b kg/cm²	$h = r\sqrt{\frac{M}{b}}$	$x = sh$	$f_e = t\sqrt{Mb}$
	r	s	t		r	s	t
30	0,622	0,184	0,000857	70	0,306	0,344	0,00184
31	0,605	0,189	0,000884	71	0,303	0,347	0,00187
32	0,588	0,194	0,000910	72	0,300	0,351	0,00189
33	0,571	0,199	0,000936	73	0,296	0,354	0,00191
34	0,557	0,204	0,000963	74	0,293	0,357	0,00194
35	0,543	0,208	0,000989	75	0,290	0,360	0,00196
36	0,530	0,213	0,00101	76	0,288	0,363	0,00198
37	0,518	0,217	0,00104	77	0,284	0,366	0,00200
38	0,506	0,222	0,00107	78	0,281	0,369	0,00203
39	0,495	0,226	0,00109	79	0,279	0,372	0,00205
40	0,484	0,231	0,00112	80	0,276	0,375	0,00207
41	0,474	0,235	0,00114	81	0,273	0,378	0,00209
42	0,465	0,240	0,00117	82	0,271	0,381	0,00211
43	0,456	0,244	0,00119	83	0,268	0,384	0,00214
44	0,447	0,248	0,00122	84	0,266	0,387	0,00216
45	0,439	0,252	0,00124	85	0,264	0,389	0,00218
46	0,431	0,257	0,00127	86	0,261	0,392	0,00220
47	0,422	0,261	0,00130	87	0,259	0,395	0,00222
48	0,415	0,265	0,00132	88	0,257	0,398	0,00225
49	0,408	0,269	0,00134	89	0,255	0,400	0,00227
50	0,401	0,273	0,00137	90	0,252	0,403	0,00229
51	0,395	0,277	0,00139	91	0,250	0,406	0,00231
52	0,389	0,280	0,00142	92	0,248	0,408	0,00233
53	0,383	0,284	0,00144	93	0,246	0,411	0,00235
54	0,377	0,288	0,00147	94	0,244	0,413	0,00237
55	0,371	0,292	0,00149	95	0,242	0,416	0,00239
56	0,366	0,296	0,00152	96	0,241	0,419	0,00242
57	0,361	0,299	0,00154	97	0,239	0,421	0,00244
58	0,356	0,303	0,00156	98	0,237	0,424	0,00246
59	0,351	0,307	0,00159	99	0,235	0,426	0,00248
60	0,346	0,310	0,00161	100	0,233	0,429	0,00250
61	0,342	0,314	0,00163	101	0,232	0,431	0,00252
62	0,337	0,317	0,00166	102	0,230	0,433	0,00254
63	0,333	0,321	0,00168	103	0,228	0,436	0,00256
64	0,329	0,325	0,00170	104	0,227	0,438	0,00258
65	0,325	0,328	0,00173	105	0,225	0,441	0,00260
66	0,321	0,331	0,00175	106	0,224	0,443	0,00262
67	0,317	0,334	0,00177	107	0,222	0,445	0,00264
68	0,313	0,338	0,00180	108	0,221	0,448	0,00266
69	0,310	0,341	0,00182	109	0,219	0,450	0,00269
70	0,306	0,344	0,00184	110	0,218	0,452	0,00271

Betonstahl III + IV
$\sigma_{e\,zul} = 2200$ kg/cm²

σ_b kg/cm²	$h = r\sqrt{\frac{M}{b}}$	$x = sh$	$f_e = t\sqrt{Mb}$	σ_b kg/cm²	$h = r\sqrt{\frac{M}{b}}$	$x = sh$	$f_e = t\sqrt{Mb}$
	r	s	t		r	s	t
40	0,501	0,214	0,000977	80	0,283	0,353	0,00182
41	0,491	0,218	0,000999	81	0,281	0,356	0,00184
42	0,481	0,223	0,00102	82	0,278	0,359	0,00186
43	0,471	0,227	0,00104	83	0,275	0,361	0,00188
44	0,462	0,231	0,00107	84	0,273	0,364	0,00190
45	0,453	0,235	0,00109	85	0,270	0,367	0,00192
46	0,445	0,239	0,00111	86	0,268	0,370	0,00194
47	0,437	0,243	0,00113	87	0,265	0,372	0,00195
48	0,429	0,247	0,00115	88	0,263	0,375	0,00197
49	0,422	0,250	0,00118	89	0,261	0,378	0,00199
50	0,415	0,254	0,00120	90	0,259	0,380	0,00201
51	0,408	0,258	0,00122	91	0,257	0,383	0,00203
52	0,401	0,262	0,00124	92	0,254	0,385	0,00205
53	0,395	0,265	0,00126	93	0,252	0,388	0,00207
54	0,389	0,269	0,00128	94	0,250	0,391	0,00209
55	0,383	0,273	0,00131	95	0,248	0,393	0,00211
56	0,377	0,276	0,00133	96	0,246	0,396	0,00213
57	0,372	0,280	0,00135	97	0,244	0,398	0,00214
58	0,367	0,283	0,00137	98	0,243	0,401	0,00216
59	0,361	0,287	0,00139	99	0,241	0,403	0,00218
60	0,356	0,290	0,00141	100	0,239	0,405	0,00220
61	0,352	0,294	0,00143	101	0,237	0,408	0,00222
62	0,347	0,297	0,00145	102	0,235	0,410	0,00224
63	0,343	0,300	0,00147	103	0,234	0,413	0,00226
64	0,338	0,304	0,00149	104	0,232	0,415	0,00228
65	0,334	0,307	0,00152	105	0,230	0,417	0,00229
66	0,330	0,310	0,00154	106	0,229	0,420	0,00231
67	0,326	0,314	0,00156	107	0,227	0,422	0,00233
68	0,322	0,317	0,00158	108	0,226	0,424	0,00235
69	0,318	0,320	0,00160	109	0,224	0,426	0,00237
70	0,316	0,323	0,00162	110	0,223	0,429	0,00238
71	0,311	0,326	0,00164	111	0,221	0,431	0,00240
72	0,308	0,329	0,00166	112	0,220	0,433	0,00242
73	0,304	0,332	0,00168	113	0,218	0,435	0,00244
74	0,301	0,335	0,00170	114	0,217	0,437	0,00246
75	0,298	0,338	0,00172	115	0,215	0,440	0,00247
76	0,295	0,341	0,00174	116	0,214	0,442	0,00249
77	0,292	0,344	0,00176	117	0,213	0,444	0,00251
78	0,289	0,347	0,00178	118	0,211	0,446	0,00253
79	0,286	0,350	0,00180	119	0,210	0,448	0,00254
80	0,283	0,353	0,00182	120	0,209	0,450	0,00256

$\sigma_{e\ zul} = 2400$ kg/cm²

σ_b kg/cm²	$h = r\sqrt{\frac{M}{b}}$	$x = sh$	$f_e = t\sqrt{Mb}$	σ_b kg/cm²	$h = r\sqrt{\frac{M}{b}}$	$x = sh$	$f_e = t\sqrt{Mb}$
	r	s	t		r	s	t
40	0,518	0,200	0,000863	80	0,290	0,333	0,00161
41	0,507	0,204	0,000883	81	0,287	0,336	0,00163
42	0,496	0,208	0,000902	82	0,285	0,339	0,00165
43	0,486	0,212	0,000922	83	0,282	0,342	0,00167
44	0,477	0,216	0,000942	84	0,280	0,344	0,00168
45	0,467	0,220	0,000962	85	0,277	0,347	0,00170
46	0,459	0,223	0,000982	86	0,274	0,350	0,00172
47	0,450	0,227	0,00100	87	0,272	0,352	0,00174
48	0,442	0,231	0,00102	88	0,270	0,355	0,00175
49	0,435	0,234	0,00104	89	0,267	0,357	0,00177
50	0,427	0,238	0,00106	90	0,265	0,360	0,00179
51	0,420	0,242	0,00108	91	0,263	0,363	0,00180
52	0,413	0,245	0,00110	92	0,260	0,365	0,00182
53	0,407	0,249	0,00112	93	0,258	0,368	0,00184
54	0,400	0,252	0,00114	94	0,256	0,370	0,00186
55	0,394	0,256	0,00116	95	0,254	0,373	0,00187
56	0,388	0,259	0,00117	96	0,252	0,375	0,00189
57	0,383	0,263	0,00119	97	0,250	0,377	0,00191
58	0,377	0,266	0,00121	98	0,248	0,380	0,00192
59	0,372	0,269	0,00123	99	0,246	0,382	0,00194
60	0,367	0,273	0,00125	100	0,244	0,385	0,00196
61	0,362	0,276	0,00127	101	0,242	0,387	0,00197
62	0,357	0,279	0,00129	102	0,241	0,389	0,00199
63	0,352	0,283	0,00131	103	0,239	0,392	0,00201
64	0,348	0,286	0,00132	104	0,237	0,394	0,00202
65	0,343	0,289	0,00134	105	0,235	0,396	0,00204
66	0,339	0,292	0,00136	106	0,234	0,399	0,00206
67	0,335	0,295	0,00138	107	0,232	0,401	0,00207
68	0,331	0,298	0,00140	108	0,230	0,403	0,00209
69	0,327	0,301	0,00142	109	0,229	0,405	0,00211
70	0,323	0,304	0,00143	110	0,227	0,407	0,00212
71	0,320	0,307	0,00145	111	0,226	0,410	0,00214
72	0,316	0,310	0,00147	112	0,224	0,412	0,00215
73	0,312	0,313	0,00149	113	0,223	0,414	0,00217
74	0,309	0,316	0,00151	114	0,221	0,416	0,00219
75	0,306	0,319	0,00152	115	0,220	0,418	0,00220
76	0,303	0,322	0,00154	116	0,218	0,420	0,00222
77	0,299	0,325	0,00156	117	0,217	0,422	0,00223
78	0,296	0,328	0,00158	118	0,216	0,425	0,00225
79	0,293	0,331	0,00160	119	0,214	0,427	0,00227
80	0,290	0,333	0,00161	120	0,213	0,429	0,00228

Betonstahl IV
$\sigma_{e\,zul} = 2600$ kg/cm²

σ_b kg/cm²	$h = r\sqrt{\frac{M}{b}}$	$f_e = t\sqrt{Mb}$	σ_b kg/cm²	$h = r\sqrt{\frac{M}{b}}$	$f_e = t\sqrt{Mb}$	σ_b kg/cm²	$h = r\sqrt{\frac{M}{b}}$	$f_e = t\sqrt{Mb}$
	r	t		r	t		r	t
6	3,174	0,000123	40	0,534	0,000769	70	0,332	0,00128
8	2,398	0,000163	41	0,523	0,000786	71	0,328	0,00130
10	1,930	0,000202	42	0,512	0,000804	72	0,324	0,00132
12	1,622	0,000242	43	0,502	0,000822	73	0,320	0,00134
14	1,401	0,000282	44	0,492	0,000839	74	0,317	0,00135
15	1,312	0,000301	45	0,482	0,000857	75	0,313	0,00137
16	1,234	0,000321	46	0,472	0,000875	76	0,310	0,00138
17	1,165	0,000340	47	0,463	0,000893	77	0,307	0,00140
18	1,104	0,000360	48	0,455	0,000911	78	0,304	0,00141
19	1,050	0,000379	49	0,447	0,000929	79	0,301	0,00143
20	1,001	0,000398	50	0,439	0,000947	80	0,298	0,00145
21	0,955	0,000417	51	0,432	0,000964	81	0,295	0,00146
22	0,916	0,000436	52	0,425	0,000980	82	0,292	0,00148
23	0,879	0,000455	53	0,418	0,000997	83	0,289	0,00149
24	0,845	0,000474	54	0,412	0,00101	84	0,286	0,00151
25	0,814	0,000494	55	0,406	0,00103	85	0,284	0,00153
26	0,785	0,000512	56	0,399	0,00105	86	0,281	0,00154
27	0,758	0,000531	57	0,393	0,00106	87	0,278	0,00156
28	0,734	0,000550	58	0,387	0,00108	88	0,276	0,00158
29	0,711	0,000568	59	0,382	0,00110	89	0,273	0,00159
30	0,689	0,000586	60	0,377	0,00112	90	0,271	0,00160
31	0,669	0,000605	61	0,372	0,00113	91	0,269	0,00162
32	0,650	0,000623	62	0,367	0,00115	92	0,266	0,00163
33	0,633	0,000642	63	0,362	0,00117	93	0,264	0,00165
34	0,616	0,000661	64	0,357	0,00118	94	0,262	0,00167
35	0,600	0,000678	65	0,352	0,00120	95	0,260	0,00168
36	0,586	0,000696	66	0,348	0,00122	96	0,258	0,00170
37	0,572	0,000715	67	0,344	0,00123	97	0,256	0,00171
38	0,558	0,000733	68	0,340	0,00125	98	0,254	0,00173
39	0,546	0,000751	69	0,336	0,00126	99	0,252	0,00174
40	0,534	0,000769	70	0,332	0,00128	100	0,250	0,00176

Mindestbetongüte: B 225

σ_b = zulässige Betonspannung in kg/cm²
σ_e = zulässige Spannung der Stahlbewehrung in kg/cm²,
h = nutzbare Plattenhöhe in cm
x = Abstand der Nulllinie von Deckenoberkante in cm,
M = Größt-Feldmoment in kgcm,
f_e = Querschnitt der Stahlbewehrung in cm² für die Deckenbreite b in cm,
n = Verhältnis der Elastizitätsmaße von Stahl zu Beton = 15,

so gilt für die Bemessung:

$$x = \frac{n}{\sigma_e / \sigma_b + n} \cdot h = sh, \quad h = \sqrt{\frac{2}{s(1 - s/3)\,\sigma_b}} \cdot \sqrt{\frac{M}{b}} = r\sqrt{\frac{M}{b}}, \quad f_e = \frac{1}{r(1 - s/3)\,\sigma_e} \cdot \sqrt{M\,b} = t\sqrt{M\,b}.$$

1959

Bemessung nach DIN 4224 bei einfacher Bewehrung bei Stahlspannungen von 1,4 bis 2,8 t/cm²

σ_e in t/cm²	$k_h =$	Betonspannung (σ_b in kg/cm²)									
	k_h	30	40	50	60	70	80	90	100	110	120
1,4	k_h	17,30	13,60	11,40	9,90	8,80	8,00	7,40	6,80	6,40	6,00
	k_e	0,78	0,79	0,81	0,82	0,83	0,84	0,85	0,86	0,87	0,88
	k_z	0,92	0,90	0,88	0,87	0,86	0,85	0,84	0,83	0,82	0,81
	k_x	0,24	0,30	0,35	0,39	0,43	0,46	0,49	0,52	0,54	0,56
1,6	k_h	18,10	14,20	11,90	10,30	9,10	8,30	7,60	7,00	6,60	6,20
	k_e	0,67	0,69	0,70	0,71	0,72	0,73	0,74	0,75	0,75	0,76
	k_z	0,93	0,91	0,89	0,88	0,87	0,86	0,85	0,84	0,83	0,82
	k_x	0,22	0,27	0,32	0,36	0,40	0,43	0,46	0,48	0,51	0,53
1,8	k_h	18,90	14,80	12,30	10,60	9,40	8,50	7,80	7,20	6,70	6,30
	k_e	0,59	0,61	0,62	0,62	0,63	0,64	0,65	0,66	0,66	0,67
	k_z	0,93	0,92	0,90	0,89	0,88	0,87	0,86	0,85	0,84	0,83
	k_x	0,20	0,25	0,29	0,33	0,37	0,40	0,43	0,46	0,48	0,50
2,0	k_h	19,70	15,30	12,70	11,00	9,70	8,70	8,00	7,40	6,90	6,50
	k_e	0,53	0,54	0,55	0,56	0,56	0,57	0,58	0,58	0,59	0,59
	k_z	0,94	0,92	0,91	0,90	0,89	0,87	0,87	0,86	0,85	0,84
	k_x	0,18	0,23	0,27	0,31	0,34	0,38	0,40	0,43	0,45	0,47
2,2	k_h	20,40	15,90	13,10	11,30	10,00	9,00	8,20	7,60	7,00	6,60
	k_e	0,48	0,49	0,50	0,50	0,51	0,51	0,52	0,53	0,53	0,54
	k_z	0,94	0,93	0,91	0,90	0,89	0,88	0,87	0,87	0,86	0,85
	k_x	0,17	0,21	0,25	0,29	0,32	0,35	0,38	0,41	0,43	0,45
2,4	k_h	21,20	16,40	13,50	11,60	10,20	9,20	8,40	7,70	7,20	6,70
	k_e	0,44	0,45	0,45	0,46	0,46	0,47	0,47	0,48	0,48	0,49
	k_z	0,95	0,93	0,92	0,91	0,90	0,89	0,88	0,87	0,86	0,86
	k_x	0,16	0,20	0,24	0,27	0,30	0,33	0,36	0,39	0,41	0,43
2,6	k_h	21,70	16,90	13,90	11,90	10,50	9,40	8,60	7,90	7,30	6,90
	k_e	0,40	0,41	0,42	0,42	0,43	0,43	0,43	0,44	0,44	0,45
	k_z	0,95	0,94	0,93	0,91	0,90	0,89	0,89	0,88	0,87	0,86
	k_x	0,15	0,19	0,22	0,26	0,29	0,32	0,34	0,37	0,39	0,41
2,8	k_h	22,50	17,30	14,30	12,20	10,70	9,60	8,80	8,10	7,50	7,90
	k_e	0,37	0,38	0,38	0,39	0,39	0,40	0,40	0,40	0,41	0,41
	k_z	0,95	0,94	0,93	0,92	0,91	0,90	0,89	0,88	0,88	0,87
	k_x	0,14	0,18	0,21	0,24	0,27	0,30	0,33	0,35	0,37	0,39

Plattenbalken $x > d$ ($b \leq 5 \cdot b_o$)
Bemessung wie Rechteckquerschnitt mit ideeller Breite $b_i = \lambda \cdot b$

b/b_o	1,5	2,0	2,5	3,0	3,5	4,0	5,0
d/x	λ						
1,0	1,00	1,00	1,00	1,00	1,00	1,00	1,00
0,9	1,00	1,00	0,99	0,99	0,99	0,99	0,99
0,8	0,99	0,98	0,98	0,97	0,97	0,97	0,97
0,7	0,97	0,96	0,95	0,94	0,94	0,93	0,93
0,6	0,95	0,92	0,90	0,89	0,89	0,88	0,87
0,5	0,92	0,88	0,85	0,83	0,82	0,81	0,80
0,4	0,88	0,82	0,78	0,76	0,74	0,73	0,71
0,3	0,84	0,76	0,70	0,67	0,65	0,63	0,61
0,2	0,79	0,68	0,62	0,57	0,54	0,52	0,49

4.2 Schubbewehrungstafeln

Aufnahme der Schubkräfte durch Schrägstäbe und Bügel

$\sigma_e = 1200$ kg/cm²

Anteil der Schrägstäbe: $T_s = F_s \sqrt{2}\, \sigma_e$

∅ mm	Schubkraftanteil (in t) von Schrägstäben unter 45° hochgebogen									
	1 St.	2 St.	3 St.	4 St.	5 St.	6 St.	7 St.	8 St.	9 St.	10 St.
8	0,85	1,71	2,56	3,41	4,27	5,12	5,97	6,82	7,68	8,53
10	1,33	2,67	4,00	5,33	6,66	8,00	9,33	10,7	12,0	13,3
12	1,92	3,84	5,76	7,68	9,60	11,5	13,4	15,4	17,3	19,2
14	2,61	5,22	7,84	10,4	13,1	15,7	18,3	20,9	23,5	26,1
16	3,41	6,82	10,2	13,6	17,1	20,5	23,9	27,3	30,7	34,1
18	4,32	8,64	13,0	17,3	21,6	25,9	30,2	34,6	38,9	43,2
20	5,33	10,7	16,0	21,3	26,7	32,0	37,3	42,7	48,0	53,3
22	6,45	12,9	19,3	25,8	32,2	38,7	45,1	51,6	58,0	64,5
24	7,68	15,4	23,0	30,7	38,4	46,1	53,7	61,4	69,1	76,8
26	9,01	18,0	27,0	36,0	45,0	54,1	63,1	72,1	81,1	90,1
28	10,5	20,9	31,3	41,8	52,2	62,7	73,1	83,6	94,0	104
30	12,0	24,0	36,0	48,0	60,0	72,0	84,0	96,0	108	120
32	13,6	27,3	40,9	54,6	68,2	81,9	95,5	109	123	136
34	15,4	30,8	46,1	61,6	77,0	92,5	108	123	139	154
36	17,3	34,6	51,8	69,1	86,4	104	121	138	156	173
38	19,2	38,5	57,7	77,0	96,2	115	136	154	173	192
40	21,3	42,7	64,0	85,3	107	128	149	171	192	213

Anteil der Bügel: $T_B = F_B\, \sigma_e$

∅ mm	Schubkraftanteil (in t) der zweischnittigen Bügel										
	1 St.	2 St.	4 St.	6 St.	8 St.	10 St.	12 St.	14 St.	16 St.	18 St.	20 St.
5	0,47	0,94	1,89	2,83	3,78	4,72	6,66	6,61	7,56	8,60	9,44
6	0,68	1,36	2,71	4,07	5,42	6,78	8,14	9,49	10,9	12,2	13,6
7	0,92	1,85	3,70	5,54	7,39	9,24	11,1	12,9	14,8	16,6	18,5
8	1,20	2,40	4,80	7,20	9,60	12,0	14,4	16,8	19,2	21,6	24,0
10	1,80	3,78	7,56	11,3	15,1	18,9	22,7	26,3	30,2	34,0	37,8
12	2,71	5,42	10,8	16,3	21,7	27,1	32,6	37,9	43,4	48,8	54,2
14	3,69	7,38	14,8	22,1	29,6	36,9	44,3	51,7	59,0	66,4	73,8
16	4,83	9,66	19,3	29,0	38,6	48,3	58,0	67,6	77,3	86,9	96,6

$\sigma_e = 1400\ kg/cm^2$

Anteil der Schrägstäbe: $T_s = F_s \sqrt{2}\ \sigma_e$

∅ mm	Schubkraftanteil (in t) von Schrägstäben unter 45° hochgebogen									
	1 St.	2 St.	3 St.	4 St.	5 St.	6 St.	7 St.	8 St.	9 St.	10 St.
8	0,99	1,99	2,99	3,98	4,98	5,97	8,97	7,98	8,96	9,95
10	1,56	3,11	4,67	6,22	7,78	9,33	10,9	12,4	14,0	15,8
12	2,24	4,48	6,72	8,96	11,1	13,4	15,7	17,9	20,2	22,4
14	3,05	6,10	9,14	12,2	15,2	18,3	21,3	24,4	27,4	30,5
16	3,98	7,96	11,9	15,9	19,9	23,9	27,9	31,8	35,8	39,8
18	6,04	10,1	15,1	20,2	25,2	30,2	35,3	40,3	45,3	50,4
20	6,22	12,4	18,7	24,9	31,1	37,3	43,5	49,8	56,0	62,2
22	7,53	15,1	22,6	30,1	37,0	45,2	52,7	60,2	67,7	75,3
24	8,96	17,9	26,9	35,8	44,8	53,7	62,7	71,7	80,8	89,8
26	10,5	21,0	31,5	42,0	32,6	63,1	73,6	84,1	94,6	105
28	12,3	24,3	36,3	48,7	60,9	73,1	85,3	97,6	109	121
30	13,9	27,9	41,9	55,9	69,9	83,9	97,9	111	125	139
32	15,9	31,8	47,7	63,6	79,6	95,5	111	127	143	159
34	17,9	35,9	53,9	71,8	89,8	107	125	143	161	179
36	20,1	40,3	60,4	80,6	100	120	141	161	181	201
38	22,4	44,8	67,3	89,7	112	134	157	179	201	224
40	24,8	49,7	74,6	99,4	124	149	174	199	223	248

Anteil der Bügel: $T_B = F_B\ \sigma_e$

∅ mm	Schubkraftanteil (in t) der zweischnittigen Bügel										
	1 St.	2 St.	4 St.	6 St.	8 St.	10 St.	12 St.	14 St.	16 St.	18 St.	20 St.
5	0,55	1,10	2,20	3,30	4,40	5,50	6,60	7,70	8,80	9,90	11,0
6	0,79	1,58	3,16	4,75	6,33	7,91	9,49	11,1	12,7	14,2	15,8
7	1,08	2,16	4,32	6,48	8,04	10,8	13,0	15,1	17,3	19,4	21,6
8	1,40	2,80	5,60	8,40	11,2	14,0	16,8	19,8	22,4	25,2	28,0
10	2,20	4,40	8,80	13,2	17,6	22,0	26,4	30,8	35,2	39,6	44,0
12	3,16	6,32	12,6	19,0	25,3	31,6	37,9	44,2	50,6	56,9	63,2
14	4,31	8,62	17,2	25,9	34,5	43,1	51,7	60,3	69,0	77,6	86,2
16	5,63	11,3	22,5	33,8	45,0	56,3	67,6	78,8	90,1	101	113

$\sigma_e = 1600\ kg/cm^2$

Anteil der Schrägstäbe: $T_s = F_s \sqrt{2}\, \sigma_e$

Ø mm	Schubkraftanteil (in t) von Schrägstäben unter 45° hochgebogen									
	1 St.	2 St.	3 St.	4 St.	5 St.	6 St.	7 St.	8 St.	9 St.	10 St.
8	1,13	2,26	3,39	4,52	5,65	6,78	7,91	9,04	10,1	11,3
10	1,79	3,58	5,37	7,16	8,95	10,7	12,5	14,3	16,1	17,9
12	2,56	5,12	7,68	10,2	12,8	15,3	17,9	20,4	23,0	25,6
14	3,48	6,96	10,4	13,9	17,4	20,8	24,3	27,8	31,3	34,8
16	4,55	9,10	13,6	18,2	22,7	27,3	31,8	36,4	40,9	45,5
18	5,75	11,5	17,2	23,0	28,7	34,5	40,2	46,0	51,7	57,5
20	7,10	14,2	21,3	28,4	35,5	42,6	49,7	56,8	63,9	71,0
22	8,60	17,2	25,8	34,4	43,0	51,6	60,2	68,8	77,4	86,0
24	10,2	20,4	30,6	40,9	51,1	61,3	71,6	81,8	92,0	102
26	12,0	24,0	36,0	48,0	60,0	72,0	84,0	96,0	108	120
28	13,9	27,8	41,8	55,7	69,7	83,6	97,5	111	125	139
30	16,0	32,0	48,0	64,0	80,0	96,0	112	128	144	160
32	18,1	36,3	54,5	72,7	90,5	109	127	145	163	181
34	20,5	41,0	61,6	82,1	102	123	143	164	184	205
36	23,0	46,0	69,0	92,1	115	138	161	184	207	230
38	25,6	51,3	76,9	102	128	153	179	205	230	256
40	28,4	56,8	85,3	113	142	170	199	227	255	284

Anteil der Bügel: $T_B = F_B\, \sigma_e$

Ø mm	Schubkraftanteil (in t) der zweischnittigen Bügel										
	1 St.	2 St.	4 St.	6 St.	8 St.	10 St.	12 St.	14 St.	16 St.	18 St.	20 St.
5	0,63	1,26	2,52	3,77	5,03	6,29	7,55	8,81	10,1	11,3	12,6
6	0,90	1,81	3,62	5,42	7,23	9,04	10,8	12,7	14,5	16,3	18,1
7	1,23	2,46	4,92	7,38	9,84	12,3	14,8	17,2	19,7	22,1	24,6
8	1,60	3,20	6,40	9,60	12,8	16,0	19,2	22,4	25,6	28,8	32,0
10	2,52	5,04	10,1	15,1	20,2	25,2	30,2	35,3	40,3	45,4	50,4
12	3,62	7,24	14,5	21,7	29,0	36,2	43,4	50,7	57,9	65,2	72,4
14	4,93	9,86	19,7	29,6	39,4	49,3	59,2	69,0	78,9	88,7	98,6
16	6,43	12,9	25,7	38,6	51,4	64,3	77,2	90,0	103	116	129

$\sigma_e = 1800\ kg/cm^2$

Anteil der Schrägstäbe: $T_s = F_s \sqrt{2}\ \sigma_e$

∅ mm	Schubkraftanteil (in t) von Schrägstäben unter 45° hochgebogen									
	1 St.	2 St.	3 St.	4 St.	5 St.	6 St.	7 St.	8 St.	9 St.	10 St.
8	1,28	2,56	3,84	5,12	6,40	7,68	8,98	10,2	11,5	12,8
10	2,00	4,00	6,00	8,00	10,0	12,0	14,0	16,0	18,0	20,0
12	2,88	5,76	8,64	11,5	14,4	17,3	20,2	20,3	25,9	28,8
14	3,92	7,84	11,8	15,7	19,6	23,5	27,4	31,3	35,3	39,2
16	5,12	10,2	15,4	20,6	25,6	30,7	35,8	41,0	46,1	51,2
18	6,48	13,0	19,4	25,9	32,4	38,9	45,3	51,8	58,3	64,8
20	8,00	16,0	24,0	32,0	40,0	48,0	56,0	64,0	72,0	80,0
22	9,68	19,4	29,0	38,7	48,4	58,1	67,7	77,4	87,1	96,8
24	11,5	23,0	34,5	46,1	57,6	69,1	80,6	92,1	104	115
26	13,5	27,0	40,5	54,1	67,6	81,1	94,6	108	122	135
28	15,7	31,3	47,0	62,7	78,4	94,0	110	125	141	157
30	18,0	36,0	54,0	72,0	90,0	108	126	144	162	180
32	20,5	40,9	61,4	81,9	102	123	143	164	184	205
34	23,1	46,2	69,3	92,4	116	139	162	185	208	231
36	25,9	51,8	77,7	104	130	155	181	207	233	259
38	28,9	57,7	86,6	115	144	173	202	231	260	289
40	32,0	64,0	96,0	128	160	192	224	256	288	320

Anteil der Bügel: $T_B = F_B\ \sigma_e$

∅ mm	Schubkraftanteil (in t) der zweischnittigen Bügel									
	1 St.	2 St.	4 St.	6 St.	8 St.	10 St.	12 St.	14 St.	16 St.	18 St.	20 St.
5	0,71	1,41	2,83	4,24	5,66	7,07	8,48	9,90	11,3	12,7	14,1
6	1,02	2,04	4,08	6,12	8,16	10,2	12,2	14,3	16,3	18,4	20,4
7	1,39	2,78	5,56	8,34	11,1	13,9	16,7	19,5	22,2	25,0	27,8
8	1,80	3,60	7,20	10,8	14,4	18,0	21,6	25,2	28,8	32,4	36,0
10	2,83	5,66	11,3	17,0	22,6	28,3	34,0	39,6	45,3	50,9	56,6
12	4,07	8,14	16,3	24,4	32,6	40,7	48,8	57,0	65,1	73,3	81,4
14	5,54	11,1	22,2	33,2	44,3	55,4	66,5	77,6	88,6	99,7	111
16	7,24	14,5	29,0	43,4	57,9	72,4	86,9	101	116	130	145

$\sigma_e = 2000$ kg/cm²

Anteil der Schrägstäbe: $T_s = F_s \sqrt{2}\, \sigma_e$

∅ mm	Schubkraftanteil (in t) von Schrägstäben unter 45° hochgebogen									
	1 St.	2 St.	3 St.	4 St.	5 St.	6 St.	7 St.	8 St.	9 St.	10 St.
8	1,41	2,82	4,27	5,68	7,09	8,51	9,95	11,3	12,7	14,2
10	2,23	4,44	6,67	8,88	11,1	13,3	15,5	17,7	19,9	22,2
12	3,19	6,39	9,58	12,7	15,9	19,1	22,3	25,5	28,7	31,9
14	4,35	8,71	13,0	17,4	21,7	26,1	30,4	34,8	39,1	43,3
16	5,68	11,3	17,0	22,7	28,4	34,1	39,7	46,4	61,1	66,8
18	7,18	14,3	21,5	28,7	35,9	43,1	50,3	57,6	64,7	71,9
20	8,88	17,7	26,6	35,5	44,4	63,2	62,1	71,0	79,9	88,8
22	10,7	21,4	32,2	43,0	53,7	64,6	75,2	85,9	96,7	107
24	12,7	25,6	38,3	51,1	63,9	76,7	89,5	102	115	127
26	15,0	30,0	45,0	60,0	75,0	90,1	105	120	135	150
28	17,4	34,8	52,2	69,6	87,0	104	121	139	156	174
30	19,9	39,9	59,9	79,9	99,9	119	139	159	179	199
32	22,7	45,4	68,2	90,9	113	136	159	181	204	227
34	25,6	51,5	77,0	102	128	164	179	205	231	256
36	28,7	57,6	86,3	115	143	172	201	230	259	287
38	32,0	64,1	96,1	128	160	192	224	256	288	320
40	35,5	71,0	106	142	177	218	248	284	319	355

Anteil der Bügel: $T_B = F_B\, \sigma_e$

∅ mm	Schubkraftanteil (in t) der zweischnittigen Bügel									
	1 St.	2 St.	4 St.	6 St.	8 St.	10 St.	12 St.	14 St.	16 St.	18 St.	20 St.
5	0,79	1,57	3,14	4,72	6,29	7,86	9,43	11,0	12,6	14,1	15,7
6	1,13	2,26	4,62	6,78	9,04	11,3	13,6	15,8	18,1	20,3	22,6
7	1,54	3,08	6,16	9,24	12,3	15,4	18,5	21,6	24,6	27,7	30,8
8	2,00	4,00	8,00	12,0	16,0	20,0	24,0	28,0	32,0	36,0	40,0
10	3,14	6,28	12,6	18,8	25,1	31,4	37,7	44,0	50,2	56,5	62,8
12	4,52	9,04	18,1	27,1	36,2	45,2	54,2	63,3	72,3	81,4	90,4
14	6,16	12,3	24,6	37,0	49,3	61,6	73,9	86,2	98,6	111	123
16	7,64	15,3	30,6	45,8	61,1	76,4	91,7	107	122	138	153

$\sigma_e = 2200\ \mathrm{kg/cm^2}$

Anteil der Schrägstäbe: $T_s = F_s \sqrt{2}\ \sigma_e$

∅ mm	Schubkraftanteil (in t) von Schrägstäben unter 45° hochgebogen									
	1 St.	2 St.	3 St.	4 St.	5 St.	6 St.	7 St.	8 St.	9 St.	10 St.
8	1,55	3,11	4,69	6,25	7,80	9,36	10,9	12,5	14,0	15,6
10	2,45	4,88	7,34	9,76	12,2	14,6	17,1	19,5	21,9	24,4
12	3,51	7,03	10,5	14,0	17,5	21,0	24,6	28,1	31,6	35,1
14	4,79	9,58	14,3	19,1	23,9	28,7	33,5	38,3	43,1	47,8
16	6,25	12,5	18,7	25,0	31,2	37,5	43,7	50,0	56,2	62,5
18	7,90	15,8	23,7	31,6	39,5	47,4	55,4	63,3	71,2	79,1
20	9,76	19,5	29,3	39,1	48,8	58,6	68,4	78,2	87,9	97,7
22	11,8	23,6	35,4	47,3	59,1	70,9	82,7	94,5	106	118
24	14,0	28,1	42,2	56,3	70,3	84,4	98,5	112	126	140
26	16,5	33,0	49,9	66,0	82,5	99,1	115	132	148	165
28	19,1	38,2	57,4	76,6	95,7	114	134	153	172	191
30	21,9	43,9	65,9	87,9	109	131	153	175	197	219
32	25,0	50,0	75,0	100	125	150	175	200	225	250
34	28,2	56,4	84,7	112	141	169	197	225	254	282
36	31,6	63,3	95,0	126	158	189	221	253	284	316
38	35,2	70,5	105	141	176	211	246	282	317	352
40	39,1	78,1	117	156	195	234	273	312	351	390

$\sigma_e = 2400\ \mathrm{kg/cm^2}$

Anteil der Schrägstäbe: $T_s = F_s \sqrt{2}\ \sigma_e$

∅ mm	Schubkraftanteil (in t) von Schrägstäben unter 45° hochgebogen									
	1 St.	2 St.	3 St.	4 St.	5 St.	6 St.	7 St.	8 St.	9 St.	10 St.
8	1,69	3,39	5,12	6,82	8,51	10,2	11,9	13,6	15,3	17,0
10	2,68	5,32	8,00	10,6	13,3	15,9	18,6	21,3	23,9	26,6
12	3,83	7,67	11,5	15,3	19,1	23,0	26,8	30,7	34,5	38,3
14	5,22	10,4	15,6	20,9	26,1	31,3	36,5	41,8	47,0	52,2
16	6,82	13,6	20,4	27,2	34,1	40,9	47,7	54,5	61,3	68,2
18	8,62	17,2	25,8	34,5	43,1	51,7	60,4	69,0	77,7	86,3
20	10,6	21,3	31,9	42,6	53,3	63,9	74,6	85,3	95,9	106
22	12,8	25,7	38,6	51,6	64,5	77,4	90,3	103	116	128
24	15,3	30,7	46,0	61,4	76,7	91,1	107	122	138	153
26	18,0	36,0	54,0	72,0	90,1	108	126	144	162	180
28	20,9	41,7	62,6	83,5	104	125	146	167	188	208
30	23,9	47,9	71,9	95,9	119	143	167	191	215	239
32	27,2	54,5	81,8	109	136	163	191	218	245	272
34	30,8	61,6	92,4	123	154	184	215	246	277	308
36	34,5	69,0	103	138	172	207	241	276	310	345
38	38,4	76,9	115	153	192	230	269	307	346	384
40	42,6	85,2	127	170	213	255	298	341	383	426

4.3 Stützen

1943, 1952, 1959

Stahlbetonstützen (Stahlbetondruckglieder) (vgl. DIN 1045 § 27 und DIN 4225 Abschn. 14)							
Prismenfestigkeit des Betons, Quetsch- und Streckgrenze des Stahles in kg/cm²							
Betongüte	Prismen-Festigkeit K_b	Quetschgrenze σ_s der Längseinlagen bei Betonstahl der Gruppen			Streckgrenze σ_s' der Umschnürung bei Betonstahl der Gruppen		
		I	II	III u. IV	I	II	III u. IV
B 120	108	2400	–	–	–	–	–
B 160	144	2400	3600	–	–	–	–
B 225	195	2400	3600	4200	2400	3600	4200
B 300	240	2400	3600	4200	2400	3600	4200
Zulässige Beton- und Stahlspannungen in kg/cm²							
Betongüte	$\sigma_{b\,zul}$	$\sigma_{e\,zul}$ bei Stahl der Gruppe			$\sigma_{s\,zul}$ bei Stahl der Gruppe		
		I	II	III u. IV	I	II	III u. IV
B 120	36	800	–	–	–	–	–
B 160	48	800	1200	–	–	–	–
B 225	65	800	1200	1400	800	1200	1400
B 300	80	800	1200	1400	800	1200	1400

$\sigma_{b\,zul} = k_b/3$
$\sigma_{e\,zul} = \sigma_s/3$
$\sigma_{s\,zul} = \sigma_s'/3$

5 Tragfähigkeitstafeln

5.1 Tragfähigkeitstafeln mittig belasteter Stützen

1925 Eisenbetonstützen mittig belastet

Tafel 1 – Belastungsanteil des Betons
P_b in *t*, bei σ_b = 0,035 t/cm²

	Nicht umschnürt 		Umschnürt 			Nicht umschnürt 		Umschnürt 	
d_b cm	P_b =	P_b =	D_k cm	P_b =	d_b cm	P_b =	P_b =	D_k cm	P_b =
1	2	3	4	5	1	2	3	4	5
25	21,87	18,12	20	11,00	64	143,4	118,8	58	92,47
26	23,66	19,60	21	12,12	65	147,9	122,5	59	95,69
28	27,44	22,73	23	14,54	66	152,5	126,3	60	98,95
30	31,50	26,10	25	17,18	68	161,8	134,1	62	105,7
32	35,84	29,69	27	20,06	70	171,5	142,1	64	112,6
34	40,46	33,52	29	23,10	72	181,4	150,3	66	119,7
35	42,87	35,52	30	24,75	74	191,7	158,8	68	127,1
36	45,36	37,59	31	26,08	75	196,9	163,1	69	130,5
38	50,54	41,86	33	29,93	76	202,2	167,5	70	134,7
40	56,00	46,37	35	33,67	78	212,9	176,4	72	142,2
42	61,74	51,13	37	37,63	80	224,0	185,6	74	150,5
44	67,76	56,14	39	41,83	82	235,3	194,9	76	158,8
45	70,87	58,73	40	44,00	84	247,0	204,6	78	167,2
46	74,06	61,35	41	46,20	85	252,9	209,5	79	171,6
48	80,64	66,81	43	50,82	86	258,9	214,4	80	175,9
50	87,50	72,48	45	55,65	88	271,0	224,5	82	184,8
52	94,64	78,40	47	60,73	90	283,5	234,8	84	194,0
54	102,1	84,56	49	66,01	92	296,2	245,4	86	203,3
55	105,9	87,71	50	68,74	94	309,3	256,2	88	212,9
56	109,8	90,93	51	71,51	95	315,9	261,7	89	217,7
58	117,7	97,54	53	77,21	96	322,6	267 2	90	222,7
60	126,0	104,4	55	83,16	98	336,1	278,5	92	232,7
62	134,5	111,4	56	86,21	100	350,0	289,9	94	242,9

Tafel 2 – Belastungsanteil der Längsbewehrung
P_b in t, d = ∅ der Bewehrungsstäbe

d	f_e	λ_{max} *) = 12 *d*	Belastungsanteil der Längseisen bei				Umschnür.-Eisen	
			4 Stück	8 Stück	12 Stück	16 Stück	*d*	f_{e_s}
1	2	3	4	5	6	7	8	9
1,4	1,539	16,8	3,23	6,47	–	–	0,5	0,196
1,5	1,767	18,0	3,71	7,42	–	–	0,6	0,283
1,6	2,011	19,2	4,22	8,44	–	–	0,7	0,385
1,7	2,270	20,4	4,76	9,53	14,30	–	0,8	0,503
1,8	2,545	21,6	5,34	10,69	16,03	–	0,9	0,636
1,9	2,835	22,8	5,95	11,91	17,86	–	1,0	0,785
2,0	3,142	24,0	6,60	13,19	19,79	26,39	1,1	0,950
2,2	3,801	26,4	7,98	15,96	23,95	31,93	1,2	1,131
2,4	4,524	28,8	9,50	19,00	28,50	38,00	1,3	1,327
2,5	4,908	30,0	10,31	20,62	30,92	41,23	1,4	1,539
2,6	5,309	31,2	11,15	22,30	33,45	44,60	1,5	1,767
2,8	6,158	33,6	12,93	25,86	38,79	51,72	1,6	2,011
3,0	7,069	36,0	14,84	29,69	44,53	59,38	1,7	2,270
3,2	8,042	38,4	16,89	33,78	50,67	67,56	1,8	2,545
3,4	9,079	40,8	19,07	38,13	57,20	76,26	1,9	2,835
3,5	9,621	42,0	20,20	40,41	60,61	80,82	2,0	3,142
3,6	10,18	43,2	21,37	42,75	64,13	85,50		
3,8	11,34	45,6	23,82	47,63	71,45	95,26	λ_{max} *) = Abstand der Bügel	
4,0	12,57	48,0	26,39	52,78	79,17	105,6		
4,2	13,85	50,4	29,09	58,19	87,28	116,4		
4,4	15,21	52,8	31,93	63,86	95,79	127,7		
4,5	15,90	54,0	33,40	66,80	100,2	133,6		
4,6	16,62	55,2	34,90	69,80	104,7	139,6		
4,8	18,10	57,6	38,00	76,00	110,0	152,0		
5,0	19,63	60,0	41,23	82,47	123,7	164,9		

Bemessungsbeispiel: Stützenquerschnitt b/d = 30/30 cm
Stützenhöhe h = 3,00 m

Bewehrung 4 ∅ 20
bügelbewehrt (nicht umschnürt)

Mittige Belastung vorh $P = 35$ t

$sk/d = 300/30 = 10 < 15$ ohne Knicken

aus Tafel 1 zul $P_b = 31{,}50$ t
aus Tafel 2 zul $P_e = 6{,}60$ t

zul $P = 31{,}50 + 6{,}60 = 38{,}1 \text{ t} > 35{,}0$ t

1952 Stahlbetonstützen mittig belastet

Tafel 1 – Tragkraft des Betonquerschnitts

Quadratische Stützen mit Bügelbewehrung

Seitenlänge a	Querschnittfläche F_b	Ohne Knickzahlen zu berechnen bis zu	Tragkraft $P_{zul} = \frac{K_b \cdot F_b}{3}$ nach DIN 1045, § 27, Tafel III, in t bei verschiedenen Güteklassen des Betons			
cm	cm²	h_k =	B120	B160	B225	B300
20	400	3,00 m	14,40	19,20	26,00	32,00
22	484	3,30 m	17,42	23,23	31,46	38,72
24	576	3,60 m	20,74	27,65	37,44	46,08
25	625	3,75 m	22,50	30,00	40,63	50,00
26	676	3,90 m	24,34	32,45	43,94	54,08
28	784	4,20 m	28,22	37,63	50,96	62,67
30	900	4,50 m	32,40	43,20	58,50	72,00
32	1024	4,80 m	36,86	49,15	66,56	81,92
34	1156	5,10 m	41,62	55,49	75,14	92,48
35	1225	5,25 m	44,10	58,80	79,63	98,00
36	1296	5,40 m	46,66	62,21	84,24	103,68
38	1444	5,70 m	51,98	69,31	93,86	115,52
40	1600	6,00 m	57,60	76,80	104,00	128,00
42	1764	6,30 m	63,50	84,67	114,66	141,12
44	1936	6,60 m	69,70	92,93	125,84	154,88
45	2025	6,75 m	72,90	97,20	131,63	162,00
46	2116	6,90 m	76,18	101,57	137,54	169,28
48	2304	7,20 m	82,94	110,59	149,76	184,32
50	2500	7,50 m	90,00	120,00	162,50	200,00
52	2704	7,80 m	97,34	129,79	175,76	216,32
54	2916	8,10 m	104,98	139,97	189,54	233,28
55	3025	8,25 m	108,90	145,20	196,63	242,00
56	3136	8,40 m	112,90	150,53	203,84	250,88
58	3364	8,70 m	121,10	161,47	218,66	269,12
60	3600	9,00 m	129,60	172,80	234,00	288,00
62	3844	9,30 m	138,38	184,51	249,86	307,52
64	4096	9,60 m	147,46	196,61	266,24	327,68
65	4225	9,75 m	152,10	202,80	274,63	338,00
66	4356	9,90 m	156,82	209,09	283,14	348,48
68	4624	10,20 m	166,46	221,95	300,56	369,92
70	4900	10,50 m	176,40	235,20	318,50	392,00
72	5184	10,80 m	186,62	248,83	336,96	414,72
74	5476	11,10 m	197,14	262,85	355,94	438,08
75	5625	11,25 m	202,50	270,00	365,63	450,00
76	5776	11,40 m	207,94	277,25	375,44	462,08
78	6084	11,70 m	219,02	292,03	395,46	486,72
80	6400	12,00 m	230,40	307,20	416,00	512,00
82	6724	12,30 m	242,06	322,75	437,06	537,92
84	7056	12,60 m	254,02	338,69	458,64	564,48
85	7225	12,75 m	260,10	346,80	469,63	578,00
86	7396	12,90 m	266,26	355,01	480,74	591,68
88	7744	13,20 m	278,78	371,71	503,36	619,52
90	8100	13,50 m	291,60	388,80	526,50	648,00

Bei Stützen mit Knickgefahr ω-Werte berücksichtigen.

Tafel 1a – Tragkraft des Betonquerschnitts
Runde oder vieleckige Stützen mit Bügelbewehrung

Durchmesser D	Querschnittfläche F_k	Ohne Knickzahlen zu berechnen bis zu	Tragkraft $P_{zul} = \frac{K_b \cdot F_b}{3}$ nach DIN 1045, § 27, Tafel III, in t bei verschiedenen Güteklassen des Betons			
cm	cm²	$h_k =$	B120	B160	B225	B300
25	491	2,50 m	17,68	23,57	31,92	39,28
26	531	2,60 m	19,12	25,49	34,52	42,48
28	616	2,80 m	22,18	29,57	40,04	49,28
30	707	3,00 m	25,45	33,94	45,96	56,56
32	804	3,20 m	28,94	38,59	52,26	64,32
34	908	3,40 m	32,69	43,58	59,02	72,64
35	962	3,50 m	34,63	46,18	62,53	76,96
36	1018	3,60 m	36,65	48,86	66,17	81,44
38	1134	3,80 m	40,82	54,43	73,71	90,72
40	1257	4,00 m	45,25	60,34	81,71	100,56
42	1385	4,20 m	49,86	66,48	90,03	110,80
44	1521	4,40 m	54,76	73,01	98,87	121,68
45	1590	4,50 m	57,24	76,32	103,35	127,20
46	1662	4,60 m	59,83	79,78	108,03	132,96
48	1810	4,80 m	65,16	86,88	117,65	144,80
50	1964	5,00 m	70,70	94,27	127,66	157,12
52	2124	5,20 m	76,46	101,95	138,06	169,92
54	2290	5,40 m	82,44	109,92	148,85	183,20
55	2376	5,50 m	85,54	114,05	154,44	190,08
56	2463	5,60 m	88,67	118,22	160,10	197,04
58	2642	5,80 m	95,11	126,82	171,73	211,36
60	2827	6,00 m	101,77	135,70	183,76	226,16
62	3019	6,20 m	108,68	144,91	196,24	241,52
64	3217	6,40 m	115,81	154,42	209,11	257,36
65	3318	6,50 m	119,45	159,26	215,67	265,44
66	3421	6,60 m	123,16	164,21	222,37	273,68
68	3632	6,80 m	130,75	174,34	236,08	290,56
70	3848	7,00 m	138,53	184,70	250,12	307,84
72	4072	7,20 m	146,59	195,46	264,68	325,76
74	4301	7,40 m	154,84	206,45	279,57	344,08
75	4418	7,50 m	159,05	212,06	287,17	353,44
76	4536	7,60 m	163,30	217,73	294,84	362,88
78	4778	7,80 m	172,01	229,34	310,57	382,24
80	5027	8,00 m	180,97	241,30	326,76	402,16
82	5281	8,20 m	190,12	253,49	343,27	422,48
84	5542	8,40 m	199,51	266,02	360,23	443,36
85	5675	8,50 m	204,30	272,40	368,88	454,00
86	5809	8,60 m	209,12	278,83	377,59	464,72
88	6082	8,80 m	218,95	291,94	395,33	486,56
90	6362	9,00 m	229,03	305,38	413,53	508,96

Bei Stützen mit Knickgefahr ω-Werte berücksichtigen.

Bei Ausführung mit Umschnürung nur Werte für B 225 und B 300 gültig.

Tafel 2 – Tragfähigkeit der Längsbewehrung
(bügelbewehrte und umschnürte Stützen)

Bewehrung: Stückzahl und Durchmesser	Querschnitt Fläche F_e	Tragkraft $P_{zul} = \frac{\sigma s \cdot F_e}{3}$ nach DIN 1045, § 27, Tafel III, in t bei Betonstahl der Gruppen		
	cm²	I	II	III u. IV
4 ∅ 14	6,16	4,928	7,329	8,624
4 ∅ 16	8,04	6,432	9,648	11,256
6 ∅ 14	9,24	7,39	11,08	12,93
4 ∅ 18	10,18	8,14	12,22	14,25
6 ∅ 16	12,06	9,65	14,47	16,88
4 ∅ 20	12,57	10,06	15,08	17,60
4 ∅ 22	15,21	12,17	18,25	21,29
6 ∅ 18	15,26	12,21	18,31	21,36
8 ∅ 16	16,08	12,86	19,30	22,51
4 ∅ 24	18,10	14,48	21,72	25,34
6 ∅ 20	18,84	15,07	22,61	26,38
8 ∅ 18	20,36	16,29	24,43	28,50
4 ∅ 26	21,24	16,99	25,49	29,74
6 ∅ 22	22,81	18,25	27,37	31,93
4 ∅ 28	24,63	19,70	29,56	34,48
8 ∅ 20	25,14	20,11	30,17	35,20
6 ∅ 24	27,14	21,71	32,57	38,00
4 ∅ 30	28,27	22,62	33,92	39,58
8 ∅ 22	30,41	24,33	36,49	42,57
10 ∅ 20	31,42	25,14	37,70	43,99
6 ∅ 26	31,86	25,49	38,23	44,60
4 ∅ 32	32,17	25,74	38,60	45,04
8 ∅ 24	36,19	28,95	43,43	50,67
6 ∅ 28	36,94	29,55	44,33	51,72
10 ∅ 20	37,68	30,14	45,22	52,75
10 ∅ 22	38,01	30,41	45,61	53,21
4 ∅ 36	40,72	32,58	48,86	57,01
6 ∅ 30	42,41	33,93	50,89	59,37
8 ∅ 26	42,47	33,98	50,96	59,46
4 ∅ 38	45,2	36,16	54,24	63,28
10 ∅ 24	45,24	36,19	54,29	63,34
12 ∅ 22	45,62	36,50	54,74	63,87
6 ∅ 32	48,26	38,61	57,91	67,56
8 ∅ 28	49,26	39,41	59,11	68,96
4 ∅ 40	50,26	40,21	60,31	70,36
10 ∅ 26	53,09	42,47	63,71	74,33
12 ∅ 24	54,28	43,42	65,14	75,99
8 ∅ 30	56,55	45,24	67,86	79,17
6 ∅ 36	61,07	48,86	73,28	85,50
10 ∅ 28	61,58	49,26	73,90	86,21
12 ∅ 26	63,72	50,98	76,46	89,21
8 ∅ 32	64,34	51,47	77,21	90,08

Bewehrung: Stückzahl und Durchmesser	Querschnitt Fläche F_e	Tragkraft $P_{zul} = \frac{\sigma s \cdot F_e}{3}$ nach DIN 1045, § 27, Tafel III, in t bei Betonstahl der Gruppen		
	cm²	I	II	III u. IV
6 ∅ 38	67,8	54,24	81,36	94,92
16 ∅ 30	70,68	56,54	84,82	98,95
16 ∅ 24	72,38	57,90	86,86	101,33
12 ∅ 28	73,88	59,10	88,66	103,43
6 ∅ 40	75,40	60,32	90,48	105,56
4 ∅ 50	78,52	62,82	94,22	109,93
10 ∅ 32	80,42	64,34	96,50	112,59
8 ∅ 36	81,43	65,14	97,72	114,00
12 ∅ 30	84,42	67,54	101,30	118,19
16 ∅ 26	84,94	67,95	101,93	118,92
8 ∅ 38	90,4	72,32	108,48	126,56
12 ∅ 32	96,52	77,22	115,82	135,13
16 ∅ 28	98,52	78,82	118,22	137,93
8 ∅ 40	100,5	80,40	120,60	140,70
10 ∅ 36	101,8	81,44	122,16	142,52
10 ∅ 38	113,0	90,40	135,60	158,20
16 ∅ 30	113,1	90,48	135,72	158,34
6 ∅ 50	117,8	94,24	141,36	164,92
12 ∅ 36	122,1	97,68	146,52	170,94
10 ∅ 40	125,7	100,56	150,84	175,98
16 ∅ 32	128,7	102,96	154,44	180,18
12 ∅ 38	135,6	107,48	162,72	189,84
12 ∅ 40	150,8	120,64	180,96	211,12
8 ∅ 50	157,1	125,68	188,52	219,94
20 ∅ 32	160,8	128,64	192,96	225,12
16 ∅ 36	162,9	130,32	195,48	228,06
16 ∅ 38	180,8	144,64	216,96	253,12
24 ∅ 32	193,0	154,40	231,60	270,20
10 ∅ 50	196,4	157,12	235,68	274,96
16 ∅ 40	201,0	160,80	241,20	281,40
20 ∅ 36	203,6	162,88	244,32	285,04
20 ∅ 38	226,0	180,80	271,20	316,40
12 ∅ 50	235,6	188,48	282,72	329,84
24 ∅ 36	244,3	195,44	293,16	342,02
20 ∅ 40	251,4	201,12	301,68	351,96

Bei Stützen mit Knickgefahr ω-Werte berücksichtigen.

Tafel 3 – Tragkraft der Umschnürung
unter Annahme eines Stützendurchmessers von D = 1 cm

Ganghöhe s in cm	Betonstahl der Gruppen	Tragfähigkeit P_s der Umschnürung in t für D = 1 cm Durchmesser der Umschnürungsstäbe in mm							
		∅ 5	∅ 6	∅ 7	∅ 8	∅ 10	∅ 12	∅ 14	∅ 16
	I	0,308	0,445	0,605	0,790	1,234	1,778	2,418	3,158
4,0	II	0,462	0,667	0,908	1,184	1,851	2,668	3,628	4,738
	III IV	0,539	0,779	1,058	1,383	2,160	3,113	4,230	5,527
	I	0,274	0,396	0,537	0,703	1,098	1,581	2,149	2,807
4,5	II	0,411	0,594	0,805	1,054	1,648	2,370	3,223	4,210
	III IV	0,480	0,693	0,940	1,230	1,922	2,768	3,760	4,913
	I	0,246	0,356	0,484	0,633	0,989	1,422	1,933	2,526
5,0	II	0,369	0,534	0,726	0,949	1,483	2,133	2,900	3,788
	III IV	0,431	0,623	0,847	1,108	1,730	2,490	3,383	4,420
	I	0,224	0,324	0,440	0,575	0,899	1,293	1,785	2,296
5,5	II	0,336	0,486	0,660	0,863	1,348	1,940	2,638	3,443
	III IV	0,392	0,567	0,770	1,006	1,573	2,263	3,078	4,018
	I	0,206	0,297	0,403	0,527	0,824	1,185	1,612	2,106
6,0	II	0,309	0,445	0,604	0,790	1,236	1,777	2,418	3,160
	III IV	0,360	0,520	0,705	0,922	1,442	2,073	2,820	3,687
	I	0,190	0,274	0,372	0,486	0,762	1,094	1,487	1,943
6,5	II	0,285	0,411	0,558	0,729	1,142	1,642	2,230	2,914
	III IV	0,332	0,480	0,651	0,851	1,334	1,916	2,603	3,400
	I	0,176	0,254	0,345	0,451	0,707	1,016	1,381	1,804
7,0	II	0,264	0,381	0,518	0,676	1,060	1,523	2,072	2,707
	III IV	0,308	0,444	0,604	0,790	1,237	1,778	2,418	3,158
	I	0,164	0,238	0,322	0,421	0,660	0,948	1,289	1,684
7,5	II	0,246	0,357	0,483	0,632	0,990	1,422	1,934	2,528
	III IV	0,287	0,416	0,564	0,737	1,155	1,659	2,258	2,948
	I	0,154	0,223	0,302	0,395	0,618	0,889	1,208	1,578
8,0	II	0,231	0,334	0,453	0,592	0,927	1,333	1,812	2,368
	III IV	0,270	0,390	0,529	0,691	1,082	1,556	2,114	2,763

Tatsächliche Tragfähigkeit in t
t = Tafelwert Stützendurchmesser in cm

Knickbeiwerte sind gesondert zu berücksichtigen.

Bemessungsbeispiel: Stützenquerschnitt b/d = 30/30 cm
Stützenhöhe h = 3,00 m

Beton B120
Betonstahl I
Bewehrung 4 ∅ 20
bügelbewehrt (nicht umschnürt)

mittige Belastung vorh P = 35 t

sk/d = 300/30 = 10 < 15 ohne Knicken

aus Tafel 1 zul P = 32,40 t
aus Tafel 2 zul P = 10,06 t

zul P = 32,40 + 10,06 = 42,46 > 35,0 t

Grundbau

1 Berechnungsgrundlagen

1.1 Klassifizierung des Baugrundes

Jahr	Klassifizierung des Baugrundes	Bodenart	Bemerkungen
1872	bester Baugrund	Felsboden	ohne Verwitterung, wenn zusammenhängende Felsbank von ca. 3,00 m Mächtigkeit
	guter Baugrund	Sand	aus grobem, kiesigem oder steinigem Sand festgelagert
		Lehmboden Tonboden	trocken, festgelagert, wenn kein Erweichen durch Wasser möglich ist
	schlechter Baugrund	Treibsand Flugsand Ton, Lehm Garten- oder Ackererde Torf, Moor, Sumpf Auffüllungen	 nass Dammerde aus Bauschutt, Erde usw.
1891	guter Baugrund	Kies	grob und fest gelagert von mindestens 2,00 bis 3,00 m Mächtigkeit
		Geröll	von mindestens 2,00 bis 3,00 m Mächtigkeit
		fester Mergel zerklüfteter Fels	Schicht von 2,00 bis 3,00 m Mächtigkeit
		fester Lehm und Ton	wenn kein Erweichen durch Wasser möglich, Schichten von mind. 2,00 bis 3,00 m Mächtigkeit
		alle Mischungen von Sand und Ton	Schichten von 2,00 bis 3,00 m Mächtigkeit
	ziemlich guter Baugrund	fester Lehm	wenn kein Erweichen durch Wasser möglich
		grober Sand	fest gelagert und ohne tonige und humose Teile

Jahr	Klassifizierung des Baugrundes	Bodenart	Bemerkungen
	schlechter Baugrund	feiner Sand nasser Lehm, Ton Dammerde aufgefüllter Boden	
	sehr schlechter Baugrund	Torf, Moorboden Humus Flugsand Treibsand	
1936 *1	bester Baugrund	Felsboden	von mind. 3,00 m Mächtigkeit, wenn er nicht verwittert u. durch Schräglage dem Einwirken von Quellen ausgesetzt ist
		Kies Sand Ton Mischungen aus Kies, Sand, Ton	dicht gelagert und trocken von 3,00 bis 4,00 m Mächtigkeit
	mittelmäßiger Baugrund	Ton Lehm Mergel Geröll Mischungen aus Ton, Lehm, Mergel, Geröll	wasserhaltig
	schlechter Baugrund	Flugsand Treibsand Garten- oder Ackererde Torf, Moor Schutt aufgefüllter Boden	alle wesentlich zusammenpressbaren Bodenarten

*1 Einteilung in bodenmechanischer Hinsicht

Klasse 1	felsiger Boden	(druck-, schub- und zugfest) homogener Felsboden, Sandstein und Konglomerate
Klasse 2	bindiger Boden	(Boden mit Kohäsion und gewissem kapillaren Wassergehalt) Lehm, Ton
Klasse 3	körniger Boden	(Boden ohne Schub- und Zugfestigkeit) Sand, Kies

1.2 Bodenwerte

Jahr	Bodenart	Rechen-, Raumgewicht kN/m³ erdf.	nass	trocken	Winkel der inneren Reibung Grad	Kohäsion kN/m²	Bemerkungen
1905 Leipzig	wie **1919** Preußen						
1919 Preußen	Erde, Sand		21,00	16,00			
	Lehm						
	Kies		20,00	17,00			
	Dammerde			14,00	35 bis 40		
	Dammerde	16,00			45		
	Dammerde		18,00		27		
	Sand		15,80 bis 16,50		30 bis 35		
	Sand	18,00			40		
	Sand		20,00		25		
	Lehmboden			15,00	40 bis 45		
	Lehmboden		19,00		20 bis 25		
	Tonerde			16,00	40 bis 50		
	Tonerde		20,00		20 bis 25		
	Kies			18,00 bis 18,50	35 bis 40		
	Kies		18,60		25		
	Geröll						
	eckig	18,00			45		
	rundlich	18,00			30		
1940 DIN 1055	Mutterboden	17,00			25		Gartenerde
	Sand, Kies	18,00			30		
	Sand, Kies		20,00		27		
	Geröll	19,00			30		überw. abgerundete Kanten
	Steinschotter	18,00			40		überwieg. scharfk.
	Lehm, Ton *1	21,00			17 bis 25		

*1 a) Die Werte für Lehm und Ton sind auch für Mischungen aus bindigen und nichtbindigen Böden zu verwenden, wenn die Mischung mehr als 20 % Bestandteile mit einer Korngröße $\leq 2\ \mu$ enthält.

b) Winkel der inneren Reibung für Lehm und Ton
25° für $h \leq 4{,}00$ m
20° für $h > 4{,}00$ m $\leq 6{,}00$ m
17° für $h > 6{,}00$ m

Die Lagerhöhe h rechnet von der Oberfläche (Gelände) ab, bei Auflasten von der Oberfläche der auf das Berechnungsgewicht der Bodenart umgerechneten Auflast.

Jahr	Bodenart	Rechen-, Raumgewicht kN/m³ erdf.	Wasser gesätt.	unter Wasser	Winkel der inneren Reibung Grad	Kohäsion kN/m²	Bemerkungen
1953	Sand						
DIN 1054	locker	17,00	19,00	9,00	30		D ≤ 0,3
*2	mitteld.	18,00	20,00	10,00	32,5		0,3 < D < 0,5
	dicht	19,00	21,00	11,00	35		D > 0,5
		über Wasser		unter Wasser			
1953	Ton						
DIN 1054	halbfest	21,00		11,00	15	25,00	
*2	steif	20,00		10,00	15	10,00	
	weich	18,00		8,00	15	0	
	sand. Ton steif, fest	22,00		12,00	22,5	5,00	Lehm, Mergel
	weich	21,00		11,00	22,5	0	Lehm, Merg. Löss, Lösssand
	Schluff						
	steif, fest	20,00		10,00	22,5	2,00	
	weich	19,00		9,00	22,5	0	
1963	wie vor **1953** DIN 1054						
DIN 1055 *2	org. Ton org. Schluff	17,00		7,00	10	0	Schlick, Klei, Faulschlamm nicht faserig
	Torf	11,00		1,00	15	0	
		erdf.	Wasser gesätt.	unter Wasser			
	Kies	17,00	20,00	10,00	35		
	Kies, Sand	19,00	21,00	11,00	35		ungleich-förmig
	Geröll, Steine, Stein-schotter	17,00		10,00	35		sandfrei

*2 a) Sind Böden gemischt, so sind die Werte des ungünstigeren Bodens anzunehmen.
b) Zur Ermittlung des Erdwiderstandes sind die Winkel der inneren Reibung um 20 % zu vermindern.

1.3 Zulässige Bodenpressungen in MN/m^2 für Streifen- und Einzelfundamente

Jahr	Bodenart	zul. Bodenpressung MN/m^2	Bemerkungen
1853 Berlin		0,25	
1880 Berlin		0,25	
1887 Berlin		0,25	guter Baugrund
1890 Berlin		0,25 0,45 bis 0,50	guter Baugrund bester Baugrund
1891	Felsen Geröll Ton- u. Lehmboden grober Kies fester Sand Kies kleinkör.	0,50 bis 0,60 0,35 bis 0,45 0,35 bis 0,45 0,35 bis 0,45 0,30 bis 0,40	 kompakt fest gelagert
1908 Bremen	festes Gestein Kies, Sand, Lehmboden Lehm, Ton	0,50 bis 1,50 0,60 bis 0,80 0,20 bis 0,30	 fest gelagert trocken
1917 Hamburg		0,30	guter Baugrund *1
1919 Preußen	Fels, Urgest. Tuffstein weicher Sandstein, Kalk, Kreide scharfer Kies scharfer Sand feiner Sand Mergel sandiger Lehm fester blauer Ton Lehm Mutterboden	2,00 bis 5,00 0,70 bis 2,50 0,50 bis 0,70 0,40 bis 0,50 0,20 bis 0,30 0,30 bis 0,40 0,20 bis 0,30 0,20 bis 0,30 0,05 bis 0,10 0,05 bis 0,10	 weiches Gestein trocken trocken trocken feucht, je nach Wassergehalt
1928 Preußen	fester Fels Sandstein, Tuffstein, Trachyt Kies, fest gelagert Sand, fest gelagert	2,00 bis 3,00 0,70 bis 1,50 0,60 bis 0,80 0,40 bis 0,60	Mindestmächtigkeit 3,00 m weiche Gesteine Mindestmächtigkeit 3,00 m Mindestmächtigkeit 3,00 m Mindestmächtigkeit 3,00 m

Jahr	Bodenart	zul. Bodenpressung MN/m²	Bemerkungen
	feiner Sand, fest gelagert	0,40 bis 0,50	Mindestmächtigkeit 3,00 m
	Lehm, Ton sandig	0,30 bis 0,40	trocken, in Mächtigkeit von 3,00 m bis 4,00 m
	Ton	0,30	trocken, in Mächtigkeit von 3,00 m bis 4,00 m
	Mutterboden	0,05 bis 0,10	
1934 DIN 1054 *2	nicht gewachsener Boden	0,02 bis 0,15	je nach Beschaffenheit
	Feinsand	0,15	gewachsener Boden
	Mittelsand	0,30	gewachsener Boden
	Ton, Lehm	0,30	gewachsener Boden, fest gelagert, trocken
	Kies	0,30	gewachsener Boden, mit Schichten von geringem Sandgehalt
	Grobsandkies, fester, trockener Mergel	0,45	gewachsener Boden
1940 DIN 1054	Feinsand und Mittelsand	0,20	bis 1 mm Korngröße
	Grobsand	0,30	1 mm bis 3 mm Korngröße
	Kiessand	0,40	mind. 1/3 Raumteile Kies und Kies bis 70 mm Korngröße
	bindige Böden		Lehm, Ton, Mergel
	breiig	0	
	weich	0,04	
	steif	0,08	
	halbfest	0,15	
	hart	0,30	

*1 Größere Bodenpressung nur auf Grund von Belastungsversuchen zulässig.
*2 Für übliche Hochbauten und einem gleichmäßigen Boden von mind. 2,00 m Mächtigkeit (frostfrei in ca. 80 cm Tiefe).

1953 Zulässige Spannungen (zulässige Bodenpressungen in einfachen Fällen entsprechend DIN 1054)

Zulässige Bodenpressungen	kg/cm²
a Angeschütteter, nicht künstlich verdichteter Boden, je nach Alter der Schüttung und unter der Voraussetzung, daß die gewachsene Gründungsschicht größere Festigkeit hat . . .	0 bis 1
b Gewachsener, offensichtlich unberührter Boden:	
b 1 Schlamm, Torf, Moorerde: im allgemeinen	0
b 2 Nichtbindige, ausreichend fest gelagerte Böden:	

Gründungstiefe unter Gelände	Fein- bis Mittelsand bei der kleinsten Gründungsbreite von				Grobsand bis Kies bei der kleinsten Gründungsbreite von			
	0,4 m	1 m	5 m	10 m	0,4 m	1 m	5 m	10 m
bis 0,5 m	1,5	2,0	2,5	3,0	2,0	3,0	4	5
1 m	2,0	3,0	4	5	2,5	3,5	5	6
2 m	2,5	3,5	5	6	3,0	4,5	6	8

Zwischenwerte dürfen gradlinig eingeschaltet werden.
Bei Streifengrundkörpern der üblichen Hochbauten dürfen auch dann, wenn ihre Unterkante weniger als 1 m unter Kellerfußboden liegt, die für 1 m Gründungstiefe angegebenen Werte angenommen werden, sofern das Ausweichen der Grundkörper nach innen durch die üblichen Kellerquerwände oder einen massiven Kellerfußboden verhindert ist.

	kg/cm²
b 3 Bindige Böden:	
b 31 breiig	0
b 32 weich	0,4
b 33 steif	1,0
b 34 halbfest	2,0
b 35 hart	4,0
b 4 Fels mit geringer Klüftung in gesundem, unverwittertem Zustand und in günstiger Lagerung (bei stärkerer Zerklüftung oder ungünstiger Lagerung sind die nachstehenden Werte um die Hälfte zu ermäßigen).	
b 41 in geschlossener Schichtenfolge	15
b 42 in massiger oder säuliger Ausbildung	30

Wenn bei Flächengründungen die Bodenschichten gleichmäßig tragfähig und annähernd waagerecht sind, wenn ferner keine ungünstigen Erfahrungen an benachbarten Bauwerken vorliegen und die Spannungsfläche in der Bodenfuge gradlinig begrenzt angenommen wird, dürfen die in der Tafel angegebenen Bodenpressungen zugelassen werden.

1.3.1 Erhöhung der zulässigen Bodenpressung

1918 Erhöhung der zulässigen Bodenpressung bei großer Einbindetiefe

σt = zul. Bodenpressung in der Tiefe t
σo = zul. Bodenpressung in frostfreier Tiefe (t = 80 cm)
γE = Wichte des Bodens (Raumgewicht)
t = Einbindetiefe
f = 1,00 (für den praktischen Gebrauch auf der sicheren Seite) Widerstand gegen seitliches Ausweichen
F = Fundamentgrundfläche
U = Umfang des Fundamentes
R = Reibungskraft auf der senkrechten Wand

$$R = \mu \cdot \gamma E \frac{t^2}{2} \tan^2 (45° - \frac{\varphi}{2})$$

μ = Reibungswert
φ = Böschungswinkel

$$\text{zul } \sigma t = \sigma o + f \cdot (\gamma E \cdot t) + R \cdot U/F$$

	μ	γE t/m³	φ	$\mu \cdot \gamma E \cdot \tan^2 \cdot (45° - \frac{\varphi}{2})$
dünner Schlamm obere Lage	0,05	1,50	5°	0,06
fester Schlamm auf glattem Mauerwerk	0,10	1,80	15°	0,10
rauhem Mauerwerk	0,20	1,80	15°	0,21
nasser Ton auf	0,20	2,00	25°	0,16
glattem Mauerwerk				
rauhem Mauerwerk	0,30	2,00	25°	0,24
Sand und Kies auf	0,30	1,80	30°	0,18
glattem Mauerwerk				
rauhem Mauerwerk	0,60	1,80	30°	0,36

Durch Versuche ermittelte R-Werte

1918 für t > 10,00 m
1928 für t > 5,00 m bis 10,00 m

			R in t/m²
Ton und Lehmboden	gegen	Eisenblech	1,50
		Holz	2,00
		Mauerwerk	2,50
Sand und Kies	gegen	Eisenblech	2,00
		Holz	3,00
		Mauerwerk	3,50
Schlickboden	gegen	Mauerwerk	1,00

Rechenbeispiel

Einzelfundament (Brunnengründung)

Fundamentdurchmesser $d = 2,50$ m
Einbindetiefe $t = 5,00$ m in festen Schlamm
Bodenpressung $\sigma o = 30,00$ t/m²

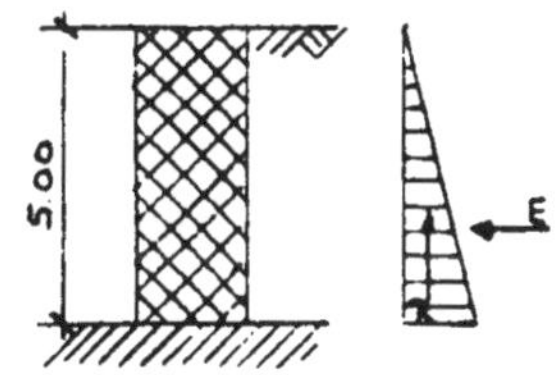

$U = 3,14 \cdot 2,50 = 7,85$ m
$F = 0,785 \cdot 2,50^2 = 4,91$ m²
$U/F = 7,85 / 4,91 = 1,60$

$R = 0,10 \cdot 5,0^2/2 = 1,25$ t/lfd. m Umfang

$R \cdot U/F = 1,25 \cdot 1,60 = 2,00$ t/m² Grundfläche

$f \cdot (\gamma E \cdot t) = 1,00 \cdot 1,80 \cdot 5,00 = 9,00$ t/m²

$\text{zul}\ \sigma t = 30,00 + 9,00 + 2,00 = 41,00$ t/m² $= 4,10$ kg/cm²

1934 DIN 1054	Erhöhung der zul. Bodenpressung für Streifen- und Einzelfundamente a) Wenn bei der Berechnung der Kantenpressung alle Belastungseinflüsse berücksichtigt worden sind, dürfen die Tabellenwerte bei gewachsenem Boden um 1/3 erhöht werden. b) Liegt die Gründungssohle tiefer als 2,00 m unter Gelände (Pfeiler-, Brunnen- oder Kastengründungen), dann darf die zulässige Belastung um die Pressung erhöht werden, die durch die dauernd über der Bausohle lagernden Bodenmassen ausgeübt wird.
1940 DIN 1054	Erhöhung der zul. Bodenpressung für Streifen- und Einzelfundamente a) Beträgt die Dicke einer gleichmäßigen Sandschicht unmittelbar unter der Gründungssohle mindestens das 2-fache der Breite des Gründungskörpers, so gelten bis 2,00 m Breite der Gründungsfläche die Tafelwerte, bei mindestens 10,00 m Breite können sie jedoch erhöht werden auf bis Fein- und Mittelsand 0,50 MN/m² Grobsand 0,80 MN/m² Kiessand 1,00 MN/m² Für Breiten zwischen 2,00 und 10,00 m dürfen Zwischenwerte geradlinig eingeschaltet werden. b) wie **1934** Abs. b
1953 DIN 1054	Erhöhung der zul. Bodenpressung für Streifen- und Einzelfundamente a) Werden bei der Berechnung der Kantenpressung auf gewachsenen nichtbindigen Böden alle Belastungseinflüsse berücksichtigt, so dürfen die Tafelwerte um 30 % erhöht werden. Die Druckbeanspruchung im Schwerpunkt der gedrückten Fläche darf die Tafelwerte nicht überschreiten. b) Liegt die Gründungssohle tiefer als 3,00 m unter Gelände, so darf die in unter Abschnitt „b2" in der Tafel für 2,00 m Gründungstiefe angegebene zulässige Bodenbeanspruchung um die Pressung erhöht werden, die der Baugrund durch die dauernd oberhalb der Bauwerkssohle liegenden Bodenmassen erfährt. (Maßgebend die niedrigste Höhe des den Gründungskörper umgebenden Bodens.)

1.3.2 Herabsetzung der zulässigen Bodenpressung

1953 DIN 1054	a)	Herabsetzung der Tafelwerte um 0,05 MN/m² bei nichtbindigem Boden, wenn der Abstand zwischen Grundwasserspiegel und Bauwerksunterkante geringer ist als die Breite des Gründungskörpers.

1.4 Frostfreie Gründungstiefen für Außenwandfundamente

Jahr	Tiefe der Gründungssohle t in Meter unter Gelände bzw. Kellersohle	Bemerkungen
1872	1,00 bis 1,50	unter Gelände
	0,70 bis 1,00	unter Gelände bei untergeordneten Gebäuden
1891 Preußen	0,50 bis 1,00	in unterkellerten Gebäuden ab Ok. Kellersohle
1924 Preußen	0,90 bis 1,00	unter Gebäuden
	0,50	in unterkellerten Gebäuden ab Ok. Kellersohle
1925 Hamburg	≥ 1, 00	unter Gelände
1928 Berlin	0,90	unter Gelände (Mindesttiefe)
	1,00 bis 1,50	unter Gelände
1936	0,80 bis 1,00	unter Gelände
1940	≥ 0,80	unter Gelände
	1,00 bis 1,50	unter Gelände bei Ingenieurbauten
1943	≥ 1,20	unter Gelände
1953 Hamburg	≥ 1,00	unter Gelände

2 Konstruktionshinweise

2.1 Wahl der Gründungsart

Jahr	in geringer Tiefe	Tragfähiger Baugrund in größerer, erreichbarer Tiefe	in großer Tiefe
		Trockener Baugrund	
1891	unmittelbare Ausführung des Fundamentmauerwerks auf dem tragfähigen Baugrund	Abtragen der nicht tragfähigen Bodenschicht Ausführung der Fundamente als: a) gemauerte Sockelfundamente b) gemauerte Pfeiler mit und ohne Erdbogen c) Betonplatte	a) Verbreiterung des Fundamentmauerwerks z. B. Steinplatten b) Gründung auf Sand- oder Betonschüttung c) Gründung auf trockener Steinpackung d) eingespannte Fundamente zwischen umgekehrten Gewölben
1924	wie vor	Abtragen der nicht tragfähigen Bodenschicht Ausführung der Fundamente als: a) gemauerte Sockelfundamente b) Pfeiler aus Beton oder Mauerwerk mit verbindenden Gewölben oder Eisenbetonbalken c) Senkbrunnen d) Eisenbetonpfähle	Gründung auf a) Eisenbetonplatte b) Betongrundpfähle z. B. System Kompressol, Strauss, Simplex c) Eisenbetonrammpfähle
1936	Gründung unmittelbar auf dem tragfähigen Baugrund als: a) Schütt- oder Stampfbetonfundamente b) gemauerte Fundamente	Abtragen der nicht tragfähigen Bodenschicht Ausführung der Fundamente als: a) Beton- oder Eisenbetonplatte b) Pfeiler aus Beton oder Mauerwerk mit Erdbogen c) Senkbrunnen	Pfahlgründung

Jahr	Tragfähiger Baugrund in geringer Tiefe	in größerer, erreichbarer Tiefe	in großer Tiefe
	Gründungsebene liegt im Grundwasserbereich		
1891	Grundwasserabsenkung, offene Wasserhaltung Ausführung der Fundamente als: a) gemauerte Sockelfundamente b) gemauerte Pfeiler mit Erdbogen	Abtragen der oberen Bodenschicht bis unter Wasserspiegel Gründung der Fundamente auf: a) Pfahlrost b) eiserne Schraubenpfähle	Abtragen der oberen Bodenschicht bis unter Wasserspiegel Gründung der Fundamente auf: a) Schwellrost b) Sandschüttung c) Betonschüttung d) Pfahlrost e) Pfähle zur Verdichtung des Baugrundes (Kompressol) f) umgekehrte Gewölbe g) Steinpackungen
1924	Grundwasserabsenkung, offene Wasserhaltung Ausführung der Fundamente als: a) gemauerte Sockelfundamente	a) Grundwasserabsenkung Ausführung der Fundamente als gemauerte Sockelfundamente b) Senkbrunnen c) Eisenbetonpfähle d) Holzpfähle mit Eisenbetonbalken e) Holzpfähle mit aufgesetzten Eisenbetonpfeilern f) Druckluftgründung	a) Sandschüttung mit Eisenbetonplatte b) schwimmende Gründung mit Eisenbetonkästen c) Betongrundpfähle z. B. Kompressol, Strauss, Simplex
1936	Grundwasserabsenkung, offene Wasserhaltung Gründung auf dem tragfähigen Baugrund als: a) Schütt- oder Stampfbetonfundamente b) gemauerte Fundamente	Grundwasserabsenkung, offene Wasserhaltung Ausführung der Fundamente als: a) hölzerne oder eiserne Senkkästen b) gemauerte Senkbrunnen c) Zementringsenkbrunnen d) Pfahlgründungen	Abtragen der oberen Bodenschicht bis unter Wasserspiegel Gründung der Fundamente auf: a) liegendem Schwellrost b) Pfahlrost c) Betonschüttung mit Pfählen

2.2 Gründungsarten

Man unterscheidet je nach Lage der Gründungssohle

a) Flachgründungen

Das Fundament kann unmittelbar auf dem tragfähigen Baugrund in der vorgesehenen Bauwerkssohle gegründet werden, oder der tragfähige Baugrund liegt nur unwesentlich unterhalb der Bauwerkssohle.

Als Gründungsarten kommen je nach Tragfähigkeit des Baugrundes zur Ausführung:

a) Sockelgründung (Streifenfundamente)
b) Sand-, Kies-, Stein- und Betonschüttungen
c) Gründung auf liegendem Rost (Schwell- oder Bohlenrostgründung)
d) Grundgewölbe
e) Plattengründung

b) Tiefgründungen

Das Fundament muss durch besondere Maßnahmen unterhalb der Bauwerkssohle auf einem wesentlich tiefer liegenden, tragfähigen Baugrund geführt werden.

Als Gründungsarten kommen je nach Tiefenlage des tragfähigen Baugrundes zur Ausführung:

a) Grundpfeiler
b) Senkbrunnen
c) Pfahlgründungen

2.3 Flachgründungen

2.3.1 Streifenfundamente

Streifenfundamente (Bankette) wurden vor 1940 bei der überwiegenden Zahl der Hochbauten als Sockelgründung ausgeführt.

Als Baustoff verwendete man:

Ziegel, Bruchsteine, Beton, Stahlbeton

Die Herstellung der gemauerten Fundamente erfolgte in der Regel in Zementmörtel.

Vor **1900** betrachtete man Backsteine im Allgemeinen für das Fundamentmauerwerk als nicht geeignet. Die unteren Schichten, das Bankett, wurden aus möglichst großen, lagerhaften, harten Natursteinen (z. B. rauhen Quadern oder gut zugehauenen Bruchsteinen) von 15 bis 50 cm Dicke hergestellt.

In einigen Teilen Deutschlands (z. B. Baden) war es üblich, als unterste Fundamentlage eine so genannte Bodenplatte (Sandsteinplatten von 20 bis 30 cm Dicke, 80 bis 90 cm Breite und 100 bis 150 cm Länge) zu verlegen. Darauf mauerte man dann das Bankett aus lagerhaften Bruchsteinen.

Nach **1900** überwiegen die aus Ziegeln gemauerten Fundamente. Es durften nur Ziegel bester Qualität oder Klinker verwendet werden. Ließ der Baugrund ungleichmäßige Setzungen befürchten, ordnete man schmiedeeiserne Zuganker an.

Nach **1945** wurden die Streifen- und Einzelfundamente meist aus Stampf- oder Stahlbeton hergestellt.

Gemauerte Sockelfundamente

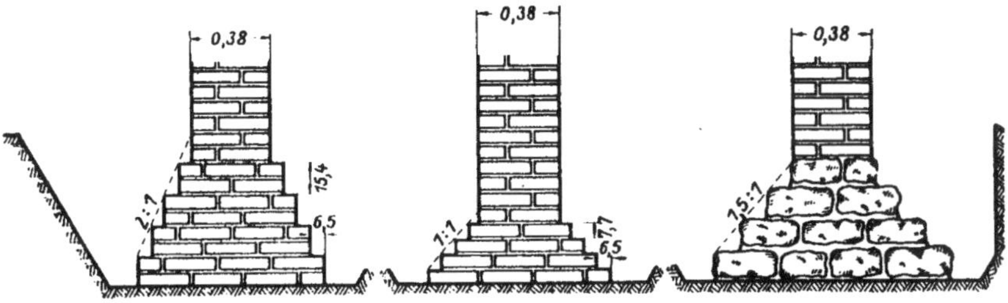

Mauerwerk in Kalkmörtel | Mauerwerk in Zementmörtel | Bruchsteinmauerwerk in Zementmörtel

Betonierte Sockelfundamente

a | b

Beton | Stahlbeton

2.3.1.1 Mauerabsätze der Grundmauern und Sockel

Als Grundmauern bezeichnete man das Mauerwerk unterhalb Terrain, von Bankett bis zum Erdgeschoss.

1872	a) Bankette (aus Back- oder Bruchsteinen) Bankethöhe 30 bis 60 cm mit 15 cm Überstand je Seite b) Grundmauern Anzahl der Absätze Wandhöhe 1,00 bis 1,25 m 1 Absatz 1,25 bis 2,50 m 2 Absätze 2,50 bis 3,00 m 3 Absätze Verbreiterung je Absatz 1/4 bis 1/2 Stein
1924	a) Bankette Bankethöhe 50 bis 60 cm b) Grundmauern Absatzhöhen Ziegelmauerwerk 5 bis 6 Schichten Bruchstein, Beton 25 bis 30 cm
1940	Sockelfundamente a) Absatzhöhen bei Ziegelmauerwerk in Kalkmörtel Verbreiterung beidseitig alle 2 Schichten einseitig alle 4 Schichten unterster Absatz 1 bis 2 Schichten höher b) Absatzhöhen bei Hartbrandsteinen und Klinkern in Zementmörtel Verbreiterung beidseitig jede Schicht einseitig jede 2. Schicht unterster Absatz 1 bis 2 Schichten höher c) Verbreiterung je Absatz Verbreiterung beidseitig 1/4 Stein je Seite einseitig 1/2 Stein nach innen

Verbreiterung der Streifenfundamente, Sockelgründungen

Jahr	Material des Fundamentes	Mörtel	Verhältnis Fundamentdicke zu Fundamentüberstand bzw. Winkel in Grad	Bemerkungen
1886	Mauerwerk Beton		2: 1 ≥ 1,33:1	bis max. 1:1
1891 Preußen	Mauerwerk	Zement	2:1	bis max. 1:1
1910 Berlin	Beton		≥ 2:1	
1924 Preußen	Ziegelmauerw. Beton		≥ 60° ≥ 45°	
1927 Berlin	Mauerwerk Beton		≥ 1:1 ≥ 1:1	
1931	Beton		≥ 1:1	
1934	Mauerwerk Bruchsteinmw. Hartbrandstein-mauerwerk	Kalk Zement Zement	≥ 2:1 ≥ 1,5:1 ≥ 1: 1	
1936	Beton Stahlbeton		≥ 60° 1:2 bis 1:3	
1940 *1	Mauerwerk Bruchsteinmw. Mauerwerk aus festem, großem u. lagerhaftem Bruchstein, Hartbrandstein und Klinkern Beton	Kalk Zement Zement	2:1 1,5:1 1:1 1 : 1	
1943	Mauerwerk Beton		60° 60°	
1953 Hamburg	Stampfbeton B50 bis B300		*2	

*1 a) Grundmauern aus Ziegelsteinen

Die Verbreiterung erfolgt immer um einen 1/2 Stein, sodass die Absätze beiderseits um je 1/4 Stein, an Giebelmauern nur nach innen um 1/2 Stein vortreten.

b) unbewehrter Beton

Erforderliche Fundamenthöhe bei einer Bodenpressung von 1,67 bis 5,0 kg/cm²

d ≥ 1,0- bis 1,73-fach des Überstandes

*2 Die Werte unterhalb der schwarzen Linie werden empfohlen.

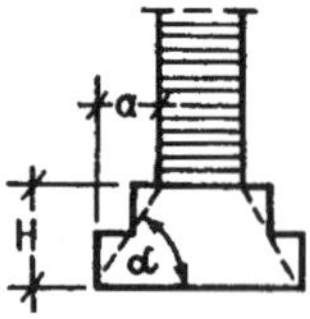

Die Höhe (H) der Fundamente ist abhängig von der Bodenpressung (σ Boden) und dem Fundamentüberstand (a).
$H = a \cdot tg\alpha$

Mindestwerte von tgα und a

σ Boden	B 50	B 80	B 120	B 160	B 225	B 300
0,5	1,10 (48°)	–	–	–	–	–
1,0	1,55 (57°)	1,33 (51°)	1,00 (45°)	–	–	–
1,5	1,90 (62°)	1,51 (56°)	1,23 (51°)	1,07 (47°)	–	–
2,0	2,20 (66°)	1,74 (60°)	1,42 (55°)	1,23 (51°)	1,04 (46°)	
2,5	2,46 (68°)	1,95 (63°)	1,58 (58°)	1,38 (54°)	1,16 (49°)	1,00 (45°)
3,0	2,70 (70°)	2,13 (65°)	1,74 (60°)	1,51 (56°)	1,27 (52°)	1,10 (48°)

Die Tafelwerte sind mit einer Biegezugspannung von Wb 28 = 40 kg/cm² errechnet.

2.3.1.2 Einseitig überstehende Streifenfundamente (Giebelfundamente)

1912 Berlin	Eisenbetonfundamente Bei Anordnung von Eisenbetonfundamenten an Nachbargrenzen ist darauf zu achten, dass die Auflast möglichst gleichmäßige Bodenpressungen erzeugt. Bei Verbreiterung des Fundamentes unter einem Winkel von 60° kann eine solche gleichmäßige Bodenpressung für einseitig überstehende Fundamente angenommen werden.
1925 Hamburg	Stampfbetonfundamente (B 50 bis B 120) Einseitig überstehende Streifenfundamente, z. B. an Grundstücksgrenzen, sind zulässig, wenn der Nachweis erbracht wird, dass die zul.

<table>
<tr><td></td><td>Bodenpressung nicht überschritten wird und dass im aufgehenden Mauerwerk keine unzulässigen Spannungen auftreten.
Dieser Nachweis ist stets erforderlich, wenn die Fundamentbreite das 1,75-fache der Wanddicke des aufgehenden Mauerwerks übertrifft.
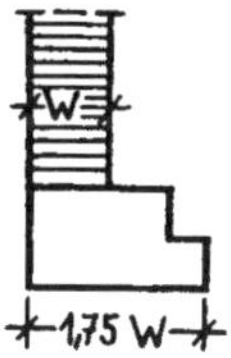
</td></tr>
<tr><td>1953
Hamburg</td><td>wie 1925</td></tr>
</table>

2.3.2 Sandschüttungen

Die Sandschüttungen dienten bei gering tragfähigem Baugrund als Verbreiterung der Fundamente und zur Verteilung der Bauwerkslast auf eine größere Fläche. Weiterhin wurden sie angeordnet, wenn der tragfähige Baugrund in größerer Tiefe lag als die geplante Gebäudesohle.
Der Sand wurde lagenweise eingebracht und verdichtet. Neben Sand- und Kiesschüttungen wurden auch Steinschüttungen ausgeführt.

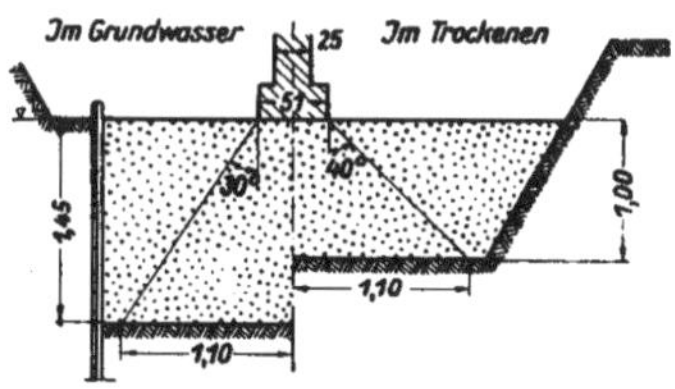

Jahr	Winkel* der Druckverteilung	Bemerkungen
1872	45°	
1886	45°	
1927	45°	
1939	45° 35°	im Trockenen im Grundwasser
1940	40° 30°	im Trockenen im Grundwasser

* Winkel zur Lotrechten

2.3.3 Betonschüttungen

Der Anwendungsbereich war der gleiche wie bei Sandschüttungen.

Zur Ausführung kamen Betonmischungen aus:

Ziegelstücken
Sand
gelöschtem Kalk
Zement

Betonschüttungen waren auf ganzer Bauwerksgrundfläche anzuordnen.

1872 Dicke der Betonschüttung

mind. Dicke d ≥ 1,00 m
Dicke d = 2,00 m für Gebäude mittlerer Größe und Belastung

Diese Gründungsart wurde wegen der hohen Kosten jedoch selten ausgeführt.

Das Hauptanwendungsgebiet waren Betonschüttungen unter Wasser, wenn ein Trockenlegen der Baugrube nicht möglich war und die Gründung in stehendem Wasser (bis ca. 3,00 m) erfolgen musste.

2.3.4 Gründungen auf liegendem Rost

Liegende Rostkonstruktionen wurden ausgeführt

a) bei Baugrund mit geringer Tragfähigkeit und erforderlichen großen Fundamentbreiten

b) zur Vermeidung unterschiedlicher Setzungen bei ungleichem Baugrund oder zur Verteilung ungleicher Lasten.

Die Roste fertigte man aus sich kreuzenden horizontalen Hölzern, die mindestens 30 cm unter dem niedrigsten Wasserstand liegen mussten. Man bezeichnet sie auch als gestreckte, fliegende oder schwimmende Roste.
Auf diese hölzerne Rostkonstruktion wurden dann die Grundmauern direkt aufgemauert. Man unterschied je nach verwendeten Hölzern Bohlen- oder Schwellroste.

2.3.4.1 Bohlenroste

Sie kamen zur Ausführung bei kleineren Gebäuden mit geringer Belastung.

a) Einfaches Balkenrost

Es ist nur für untergeordnete Gebäude geeignet. Man legte eine einzige Lage Bohlen (Bohlendicke d = 7 cm bis 10 cm) verbunden durch Dübel flach nebeneinander.

b) Doppeltes Bohlenrost

Es besteht aus 2 sich rechtwinklig oder unter 45° kreuzenden Lagen Bohlen (Bohlendicke d = 7 cm bis 10 cm).

1891 Zulässige Bodenpressung 1,0 bis max. 1,5 kg/cm²

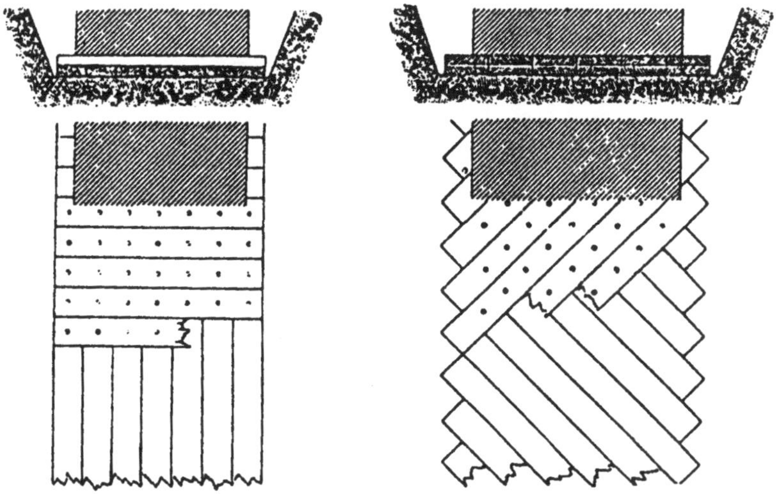

Doppelte Bohlenroste

2.3.4.2 Schwellenroste

Sie kamen zur Ausführung bei größeren Gebäuden mit höheren Belastungen.

1872	Herstellung des Schwellenrostes aus 15 bis 20 cm dicken Längs- und Querschwellen Abstand der Längsschwellen a = 62 bis 125 cm Abstand der Querschwellen (Zangen) a = 62 bis 190 cm Abschließend wird dieses Rost mit 5 bis 8 cm dicken Bohlen belegt.
1891	Eine Vergrößerung der Tragfähigkeit wurde erreicht durch nebeneinander verlegte und verdübelte Halbhölzer (d = 12 bis 15 cm) mit Bohlenbelag (d = 7 bis 10 cm) oder eine doppelte Lage von Halbhölzern.

Zulässige Bodenpressung max. 2,0 kg/cm²

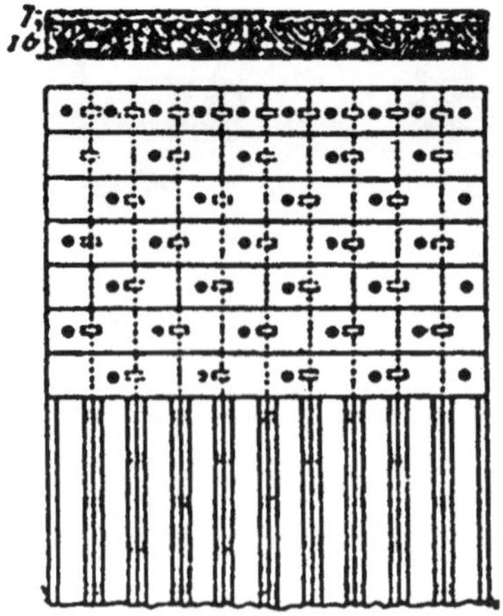

Rost aus Halbhölzern

1928	Man stellte liegende Schwellroste aus sich kreuzenden und mit Beton ummantelten Lagen von I-Eisenträgern oder alten Eisenbahnschienen her. Der Vorteil gegenüber der Holzkonstruktion bestand darin, dass man das Rost nicht bis unterhalb des Niedrigwasserstandes führen musste und die Träger zur Aufnahme etwaig auftretender Zugkräfte ansetzen konnte.
1936	Längsschwellen 16/24 cm mit versetzten Stößen Querschwellen 18/20 cm im Abstand ca. 1,25 m Bohlenbelag d = 4 bis 7 cm

2.3.5 Grundgewölbe

Die Grundgewölbe (umgekehrte Erdbögen, umgekehrte Fundamentgewölbe) kamen meist zur Ausführung bei hochbelasteten Hochbauten (z. B. Speichern, Lagerhäusern und Wohngebäuden) auf gering tragfähigem Baugrund, wenn einfache Fundamentverbreiterungen nicht mehr ausreichten. Die Wand- und Pfeilerlasten werden dann auf die ganze Gewölbefläche verteilt.

Die zweckmäßigsten Bogenformen waren der Halbkreis oder Segmentbogen. Die Gewölbemauerung erfolgte in üblicher Weise (siehe Mauerwerksbau) aus Backsteinen in Zementmörtel.

Die Gewölbe konnten als Streifengewölbe zwischen 2 Banketten oder als Grundplatte auf ganzer Bauwerksgrundfläche angeordnet werden. Die Aufnahme des Gewölbeschubes erfolgte durch die aufgehenden Bauteile. Bei Randgewölben ordnete man unter Umständen zusätzliche Zuganker an. Zum Schutz gegen Feuchtigkeit legte man unter dem Gewölbemauerwerk eine Sperrschicht aus Lehm oder Asphalt an.

Nach **1900** kamen auch Grundgewölbe aus bewehrtem oder unbewehrtem Beton zur Ausführung.

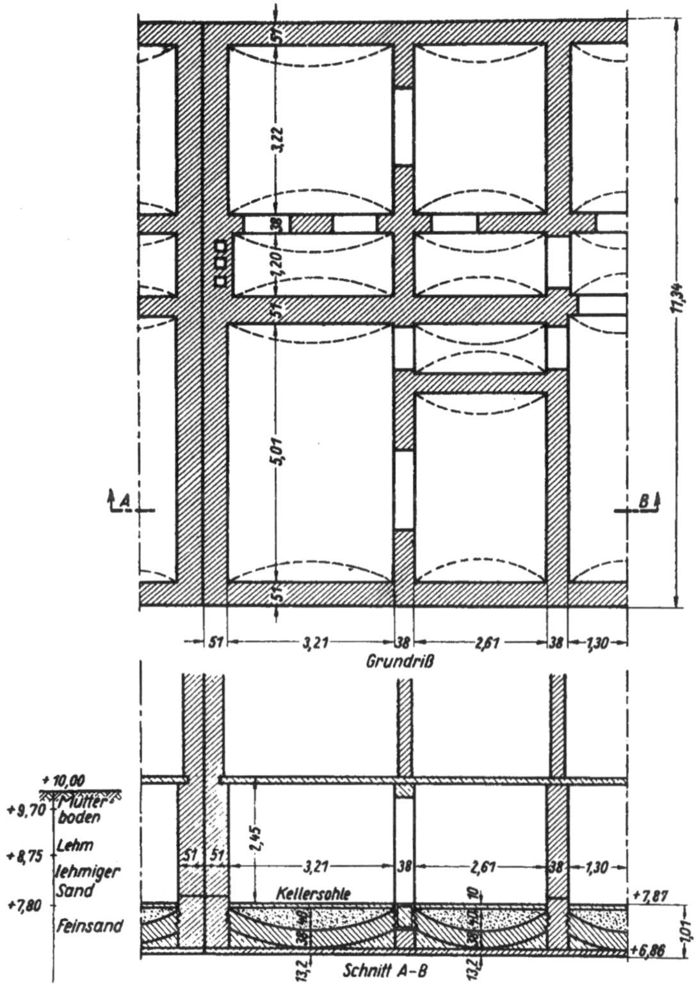

Gründung eines Reihenhauses auf Grundgewölben

2.3.6 Plattengründungen

Mit Einführung des Eisenbetonbaues hat die Eisenbetongrundplatte die früher gebräuchlichen umgekehrten Gewölbe fast völlig verdrängt. Die Berechnung erfolgte allgemein unter Annahme einer gleichmäßig verteilten Bodenpressung. Ab **1927** gibt es Veröffentlichungen über Versuche zur Ermittlung der genaueren Bodendruckverteilung. Da die Berechnung auf der Grundlage einer gleichmäßigen Verteilung der Bodenpressung allgemein größere Biegemomente und Schubkräfte und damit größere Abmessungen der Grundplatte ergaben, betrachtete man diese Berechnungsannahme weiterhin als zulässig. Bei Platten mit großen Spannweiten der Plattenfelder ordnete man oberhalb der Platte zusätzlich Rippen (unter Außen- und durchgehenden Innenwänden) in Form von Eisenbetonüberzügen an. Die Bewehrung wurde unten und oben durchlaufend aus Rundeisen oder Baustahlgewebe angeordnet. Als Sauberkeitsschicht verwendete man eine Ziegelflachschicht oder 5 cm Magerbeton.

1924 Bei der Bemessung der Grundplatten werden 2 Fälle unterschieden.

A) Der Überbau der Platte ist in lotrechter Ebene vollkommen biegesteif (z. B. Silobauten mit hohen Eisenbetonwänden oder Eisenbetonfachwerkbauten).

Die Pfeiler und Wände wirken als Widerlager gegen die von unten gleichmäßig angenommene Bodenpressung.

Die Ermittlung der Schnittkräfte erfolgt wie für durchlaufende Massivdecken.

Bei gleichmäßiger Belastung und Feldteilung können die Biegemomente wie folgt angenommen werden.

Feld	Moment	Bemerkungen
quadratisch, allseits eingespanntes Deckenfeld	$mfx = q \cdot l^2/32$ $mfy = q \cdot l^2/32$	Feldmomente in Feldmitte, kreuzweise Bewehrung
an 2 gegenüberliegenden Rändern eingespanntes Balken- oder Deckenfeld	$mf = q \cdot l^2/24$	Feldmoment in Feldmitte, einachsige Bewehrung
an einem Rand eingespanntes Balken- oder Deckenfeld	$mf = q \cdot l^2/14$	Feldmoment in Feldmitte, einachsige Bewehrung
an allen Rändern frei aufliegendes Balken- oder Deckenfeld	$mf = q \cdot l^2/8$	Feldmoment in Feldmitte, einachsige Bewehrung
Stützmomente eines dlfd. Balken- oder Deckenfeldes	$mst = -q \cdot l^2/8$	Stützmoment

q = Bodenpressung (gleichmäßig verteilt) kN/m^2
l = Stützweite in Meter

Bei ungleichmäßiger Belastung oder ungleichen Stützweiten der Deckenfelder erfolgte die Ermittlung der Schnittkräfte für ein durchlaufendes Mehrfeldsystem einzelner Plattenstreifen.

B) Der Überbau kann in lotrechter Ebene keine Biegekräfte aufnehmen (z. B. üblicher Mauerwerksbau).

Für die Annahme einer gleichmäßig verteilten Bodenpressung ermittelt man die Lage der Resultierenden aller Auflasten. Die Grundplatte wird in ihrer Lage so angeordnet, dass der Plattenschwerpunkt möglichst genau unter der Achse der Resultierenden liegt.

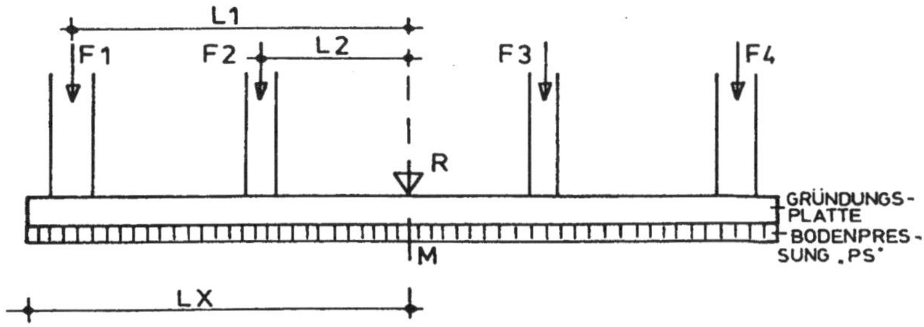

$$mx = \frac{ps \cdot lx^2}{2} - (F1 \cdot l1 + F2 \cdot l2)$$

F1 bis F4 = Wandlast in kN/m
ps = Bodenpressung in kN/m^2

1955 Näherungsverfahren für Platten auf elastischer Bettung

Richtzahlen der Bettungsziffer B

Bodenart		Bettungsziffer B kg/cm^2
weicher Ton, Klei		0,20 bis 1,00
Torf		0 bis 1,00
Ton, fest		2,00 bis 6,00
Lehm und Geschiebemergel,	plastisch	4,00 bis 8,00
	fest	6,00 bis 12,00
Sand locker		0,50 bis 3,00
mitteldicht		3,00 bis 8,00
dicht		8,00 bis 15,00

Die Tafelwerte sind nur als grober Hinweis zu betrachten, da die Bettungsziffer von der Fundamenthöhe, der Belastung und dem Schichtenaufbau des Untergrundes stark beeinflusst wird.

Das Berechnungsverfahren beruht auf der Annahme, dass gewissen Bodenarten in engen Grenzen ein elastisches Verhalten zuzuschreiben ist.

Man setzt eine lineare Abhängigkeit zwischen Pressung und Setzung.

$P = B \cdot Y$

P = spezifische Pressung
Y = Einsinkung
B = Bettungsziffer

Bedingungen zur Anwendung des Näherungsverfahrens

$\lambda < 0{,}5$ Berechnung als starrer Gründungskörper
$\lambda > 0{,}5$ Berechnung als elastisch gebettete Platte
$\lambda = 0{,}5$ bis $1{,}0$ Anwendung des Näherungsverfahrens bei kleinen Lasten

$\lambda = l/s$

l = Plattenlänge bzw. der Bereich der Lasten, die entscheidenden Einfluss auf den Verlauf der Momente haben.

$$s = \sqrt[4]{\frac{4 \cdot E \cdot I}{E\,o}}$$

E · I = Biegesteifigkeit
E o = b · B
b = Plattenbreite

Berechnungsgang

1.) Ermittlung der Resultierenden R aller Lasten und ihre Lage

$R = P1 + P2 + P3$

$c = (P1 \cdot c1 + P2 \cdot c2 + P3 \cdot c3)/R$

2.) Ermittlung der Bodenpressung wie bei einer starren Platte

$$\sigma e, r = \frac{R}{b \cdot l} \left(1 \pm \frac{6 \cdot e}{l}\right)$$

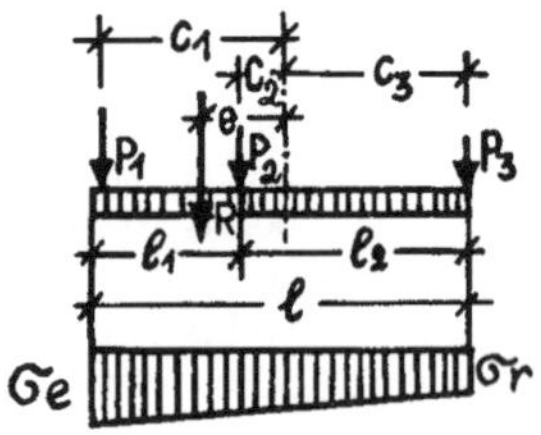

3.) Für die Momentenermittlung der Platte setzt man die so ermittelte Bodenpressung als Last an und berechnet die Momente aus den Gleichgewichtsbedingungen.

Die Anwendung dieses Näherungsverfahrens ist an die Kenntnis seiner Grenzen gebunden.

2.4 Tiefgründungen

2.4.1 Grundpfeiler

Um Bauwerkslasten auf tiefer liegende tragfähige Bodenschichten hinunterzuführen, war eine häufig ausgeführte Konstruktion die Gründung auf Grundpfeilern.

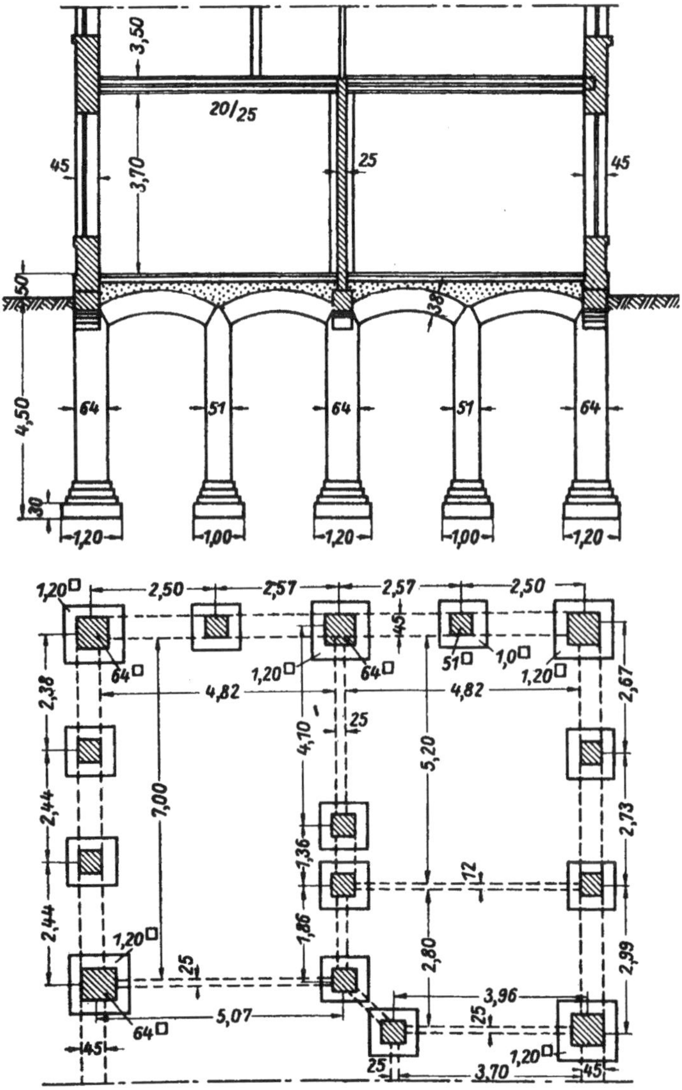

Gründung eines Gebäudes auf Grundpfeilern mit Sockelfundamenten

Gegenüber einer durchgehenden Grundmauer brachte die Auflösung der Wand in einzelne Pfeiler eine erhebliche Einsparung an Mauerwerk. Die einzelnen Pfeiler wurden durch Grundbogen miteinander verbunden, die das aufgehende Mauerwerk trugen.
Es wurden Pfeiler bis zu 6,00 m Höhe ausgeführt.
Die Pfeilerabstände betrugen ca. 2,00 bis 4,00 m je nach Belastung und Konstruktion.

Neben der Verwendung von Mauerwerk kam auch die Ausführung von Pfeilern in Beton bzw. Stahlbeton zur Anwendung.
Die Verbindung der Pfeiler untereinander erfolgte dann durch Stahlbetonbalken.
In allen Fällen musste unter den Pfeilern entsprechend der Auflast und der zulässigen Bodenpressung ein Einzel- oder Streifenfundament in erforderlicher Breite angeordnet werden.

2.4.2 Brunnengründungen

Die Brunnengründung war neben den Grundpfeilern eine weitere Gründungsart, Fundamente auf den tiefliegenden Baugrund zu führen. Die Herstellung erfolgte durch Hohlzylinder aus Mauerwerk, Beton, Stahlbeton und in selteneren Fällen auch aus Stahl oder Holz. Diese wurden durch Ausheben des Bodens im Inneren bis auf tragfähigen Baugrund versenkt und dann verfüllt.
Die am häufigsten ausgeführte Grundrissform des Brunnenkranzes war der Kreis, da hier der Umfang im Verhältnis zur umschlossenen Fläche und damit auch der Reibungswiderstand am geringsten ist. Um ein leichtes Absenken des Brunnenkranzes zu gewährleisten, wurden die Wände meist auf ganzer Höhe oder nur im unteren Teil nach oben hin verjüngt.

1931 Wandneigung 1:5 bis 1:20

1944 Wandneigung 1:7,5 bis 1:15

Die Größe der Grundfläche wurde nach der zu übertragenden Last und der zulässigen Beanspruchung des Baugrundes ermittelt. Eine Bemessung der Wanddicken des Brunnenkranzes für übliche Hochbauten erübrigte sich in den meisten Fällen, da man für das Absenken eine möglichst große Eigenlast benötigte (ohne zusätzliche Auflasten) und die Wanddicken aus diesem Grunde entsprechend dick dimensionierte.

1944 Faustformel zur Ermittlung der Wanddicke gemauerter Senkbrunnen

$$\text{erf } d = 0{,}10 + 0{,}1 \cdot D$$

d = Wanddicke in Meter
D = Brunnendurchmesser in Meter

Mit Einführung der Stahlbeton-Bohr- und Rammpfähle wurde die Brunnengründung fast vollständig verdrängt.

Baustoffe für Brunnengründungen

Jahr	Material des Brunnenkranzes	Material der Brunnenausfüllung	Bemerkungen
1872	Holz, Mauerwerk	Beton, Mauerwerk	Holzkästen nur für gering belastete Fundamente
1924	Mauerwerk, Beton, Eisenbeton, Eisen-rohre	Beton, Mauerwerk, Sand, Kies, Steinbrocken	
1928	Mauerwerk, Beton, Eisenbeton, Stahl	Beton, Zementsand	
1931	Mauerwerk, Beton, Eisenbeton, Holz	Beton, Mauerwerk, Sand, Kies	hölzerne Brunnen bis 5,00 m Tiefe
1936	Mauerwerk, Beton, Eisenbeton, Holz, Stahl	Beton	
1944	Mauerwerk, Beton, Stahl, Stahlbeton	Beton	

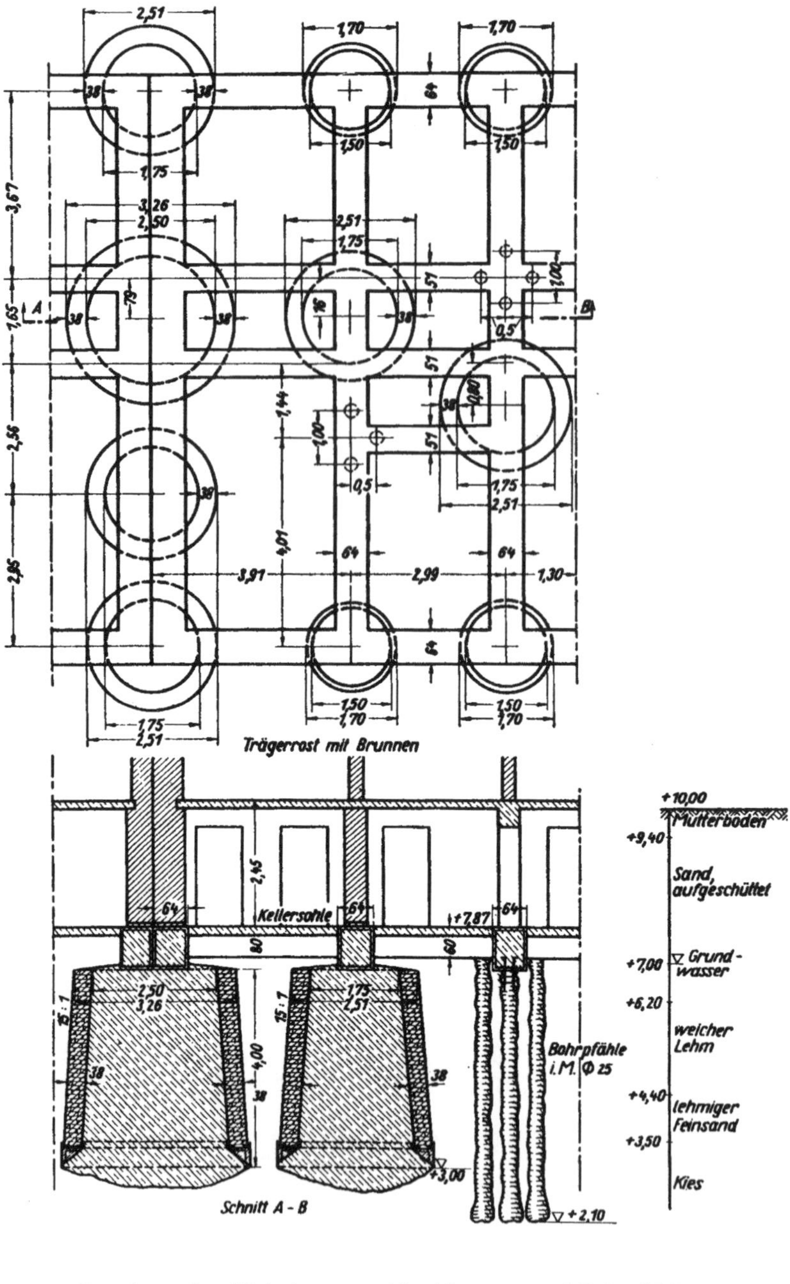

Gründung eines Wohnhauses auf Senkbrunnen und Bohrpfählen

2.4.2.1 Senkbrunnen aus Mauerwerk und Beton

Für gemauerte Brunnen verwendete man meist Hartbrandsteine oder Klinker in schnellbindenden Zementmörtel.
Die Außenflächen wurden glatt verputzt.
Die Wanddicken betrugen allgemein 25 bis 38 cm.
Die Brunnenwände setzte man, um ein leichtes Absenken zu sichern, auf einen Brunnenkranz aus Holz oder Stahl.

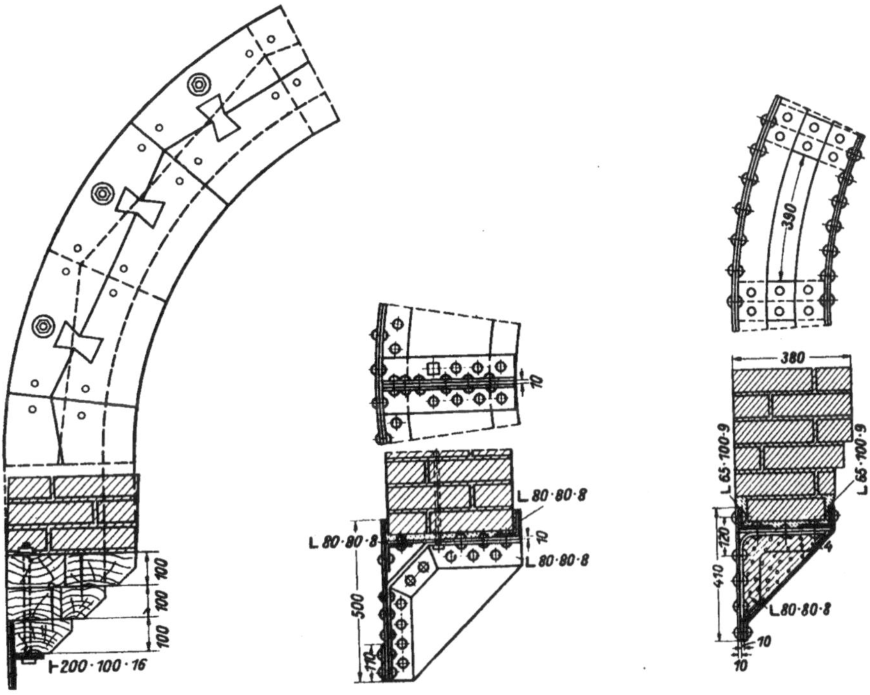

a) b) c)

a) hölzerner Brunnenkranz
b) stählerner Brunnenkranz mit Blechstreben
c) stählerner Brunnenkranz mit Betonausfüllung

2.4.2.2 Senkbrunnen aus Beton- und Stahlbetonringen

Diese Ausführung kam meist für Brunnen mit kleinerem Durchmesser zur Anwendung.

Ringe aus Fertigteilen bis max. 1,50 m Durchmesser

Der Nachteil dieser Konstruktion bestand darin, dass infolge der geringen Eigenlast zusätzliche Auflasten zum Absenken benötigt wurden.

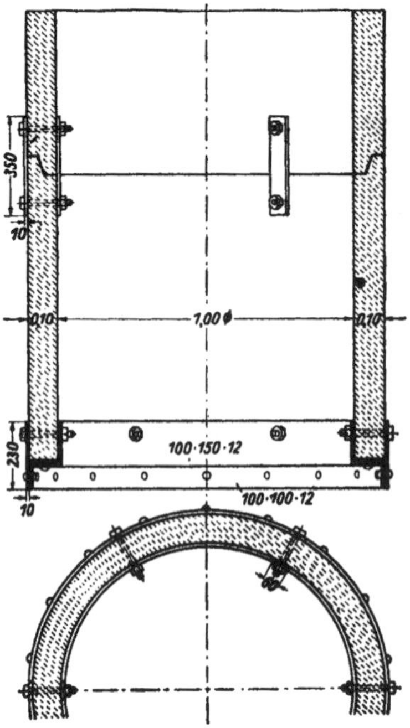

Betonbrunnenringe mit Bewehrung der Schneide und Sicherung des Stoßes

2.4.2.3 Senkbrunnen aus Stahl

Für Brunnen mit kleinem Durchmesser verwendete man Stahlrohre. Größere Brunnen wurden in Schüssen von ca. 1,00 bis 1,50 m Höhe aus Blechen mit versteifenden Winkeln aufeinandergesetzt und vernietet.

2.4.2.4 Hölzerne Senkkästen

Die Senkkästen stellte man mit meist quadratischem oder rechteckigem Grundriss aus 4 Eckpfosten mit einer Bohlenverkleidung her.

Eckpfosten $\geq$ 10/10 cm
Bohlen d = 4 bis 5 cm

Der unterste Bohlenkranz wurde durch Abschrägen und Belagen mit Eisenblech als Schneide ausgebildet. Die Ausfüllung erfolgte überwiegend durch Beton.

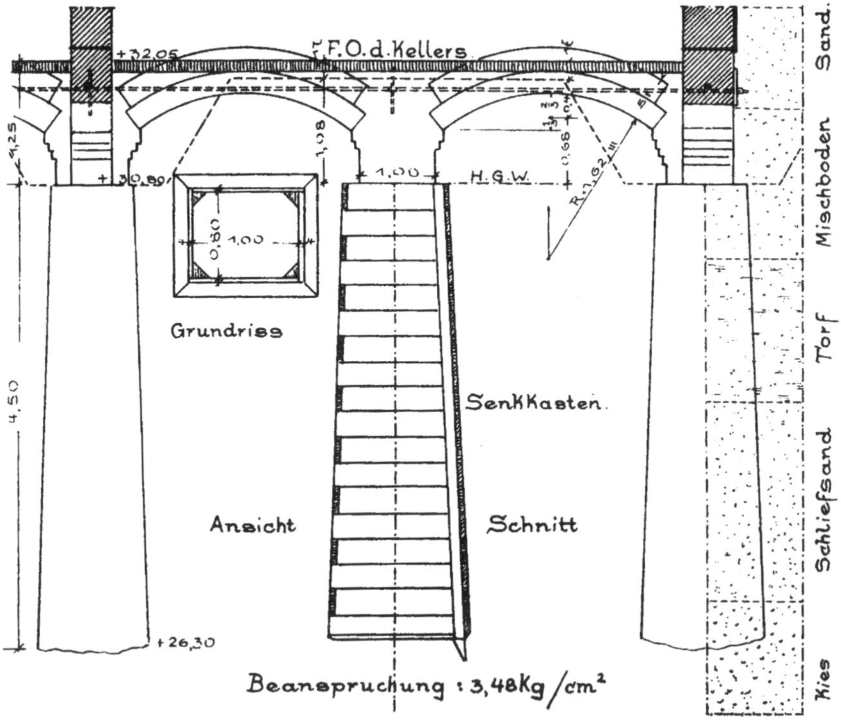

2.4.3 Pfahlgründungen

2.4.3.1 Allgemeines

Pfahlgründungen sind eine seit alters bewährte Art der Tiefgründung. Neben den allgemein gebräuchlichen Holzpfählen kamen auch Pfähle aus Eisen (Stahl), Beton und Eisenbeton (Stahlbeton) zur Ausführung.

Man unterschied:

a) Grundpfähle – Sie binden in ganzer Länge in den Baugrund ein.

b) frei stehende Pfähle – Sie binden nur mit ihrem unteren Ende in den Baugrund ein, das obere Ende steht frei.

Die Gründung auf Grundpfählen war die im Hochbau allgemein ausgeführte Konstruktion.

Vor **1900** wurden meist nur senkrechte Pfähle angeordnet, da waagerechte Lasten unberücksichtigt blieben.

2.4.3.2 Pfahlroste

Werden die Lasten der aufgehenden Mauerwerkswände durch eine Zwischenkonstruktion, die Rostplatte, gleichmäßig auf die Pfähle übertragen, so bezeichnet man die Gründung als Pfahlrost. Die Rostdecke diente auch zur Verbindung der Pfähle untereinander. Man unterschied:

a) tiefliegendes Pfahlrost	–	Die Pfähle ragen nur sehr gering oder gar nicht aus dem Boden heraus.
b) hochliegendes Pfahlrost (Stelzenfundament)	–	Die Pfähle ragen mit einem bedeutenden Teil aus dem Boden heraus.

Die im Hochbau allgemein ausgeführte Konstruktion war das tiefliegende Pfahlrost.

Die Rostdecke wurde bei Holzpfählen meist als Schwellrost aus zwei sich kreuzenden Schwellenlagen gebildet.

Nachdem die Rostfache wieder mit Erde ausgestampft waren, wurde ein starker Bohlenbelag aufgebracht, auf dem das Fundamentmauerwerk aufsetzte.

Um das Holz vor Zerstörung und Fäulnis zu schützen, ordnete man die Oberkante des Rostes mind. 50 cm unterhalb des niedrigsten Wasserstandes an.

Wollte man das Mauerwerk besser vor Feuchtigkeit schützen, ersetzte man das Schwellrost durch eine Platte aus Schüttbeton (Einbindetiefe der Pfähle $t \geq 30$ cm), die aus dem Wasser herausragte.

Bei Beton- oder Eisenbetonpfählen bildet man die Rostdecke als bewehrte Betonplatte aus.

2.4.3.3 Pfahlabstände

Jahr	Pfahlart	Pfahlabstand (Achsabstand) m	Bemerkungen
1872	Pfahlrost	0,80 bis 1,60	Abstand der Pfahlreihen 1,00 bis 1,60 m Abstand der Pfähle in der Reihe 0,80 bis 1,60 m
1891	Rammpfähle	0,80 bis 1,50	Pfahlrost Abstand der Pfahlreihen 0,70 bis 1,25 m Abstand der Pfähle in der Reihe 1,00 bis 1,50 m
1924 Preußen	Rammpfähle	mind. 2 . d	d = Pfahldurchmesser
1927 Berlin	Rammpfähle	0,60 bis 1,20	Pfahlrost Längsrichtung 0,90 bis 1,20 m Querrichtung 0,60 bis 1,00 m
1928 Hamburg *1	Rammpfähle	0,60 mind. 2 · d	d = Kopfdurchmesser
1940	Rammpfähle Pfahlrost	0,60 bis 1,25 mind. 2 · d	im Mittel ca. 1,00 m d = Pfahldurchmesser *2
1949	Pfahlrost	≥ 1,20	Abstand der Pfähle innerhalb der Pfahlgruppe

*1 Größter Pfahlabstand unter gering belasteten Wänden e = 1,50 m

*2 Einbindetiefe in den tragfähigen Baugrund

Druckpfähle ≥ 1,00 m

Zugpfähle ≥ 3,00 m

2.4.3.4 Holzpfähle

Holzarten für Holzpfähle

Jahr	Holzart
1872	Eiche, Buche, Fichte, Erle
1924	Eiche, Tanne, Fichte, Kiefer
1936	Kiefer, Tanne, Fichte *1

*1 Harthölzer nur in besonderen Fällen

max. Pfahllängen	20 bis 25 m
max. Pfahldurchmesser im Mittel	40 bis 50 cm

Holzpfähle sind für Dauerbauten nur anwendbar, wenn sie in ganzer Länge dauernd im Wasser (Pfahlkopf unterhalb des niedrigsten Wasserstandes) stehen.

Die Pfahlspitze wird am Zopfende des Stammes angeordnet und für das Durchrammen von Geröll, Mauerwerk oder anderen Hindernissen mit einem eisernen Pfahlschuh versehen.

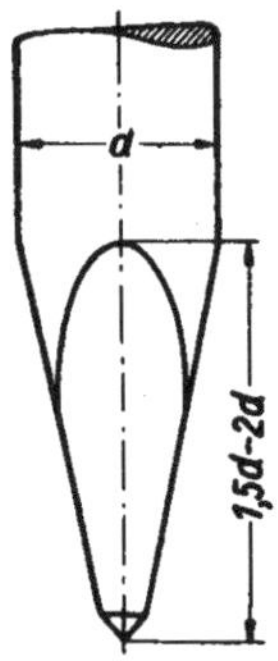

Pfahlspitze

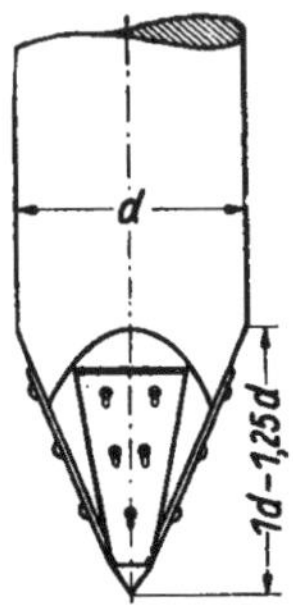

Pfahlschuh

2.4.3.5 Ermittlung des Durchmessers von Holzpfählen

Faustformeln

1891

d = Pfahldurchmesser in cm
L = Pfahllänge in m

a) Pfahlrost

$d = 12 + 3 \cdot L$

$d = L / 24$

b) Grundpfahl

$d = 15 + 2{,}75 \cdot L$

1924

d = Pfahldurchmesser in m
L = Pfahllänge in m

i. M. $d = 0{,}15 + 0{,}02 \cdot L$

Durchmesser von Holzpfählen

Jahr	Pfahlart	Pfahllänge m	Pfahldurch-messer ∅ cm	Vergrößerung des Pfahldurchmessers je Meter Mehrlänge in cm
1872	Pfahlrost	4,5 bis 5,5	26	*1 2,5 bis 1,25
1891 Preußen	Pfahlrost	5,00 > 5,00	25	1,0 bis 1,5
1927 Berlin	Pfahlrost	4,00 > 4,00	24	1,5
1928	Pfahlrost	3,00 > 3,00	25	1,5
1940	Grundpfahl	4,00 > 4,00 > 10,00	22	 1,5 1,0
	Pfähle frei-stehend	6,00 > 6,00 > 10,00	28	 1,5 1,0

*1 in weichen Baugrund 2,5 cm/m
in festen Baugrund 1,25 cm/m

2.4.3.6 Stahlpfähle

Stahlpfähle haben gegenüber den Holzpfählen neben dem Vorteil größerer Festigkeit und Tragfähigkeit den Vorzug, dass sie außerhalb des Wassers nicht faulen.

Sie konnten auch dort eingesetzt werden, wo die Pfähle über den Höchstwasserstand hinausreichen mussten (Pfahllängen bis 34,00 m). Um den Pfählen größeres Gewicht und bessere Standfestigkeit zu geben, verfüllte man sie mit Beton.

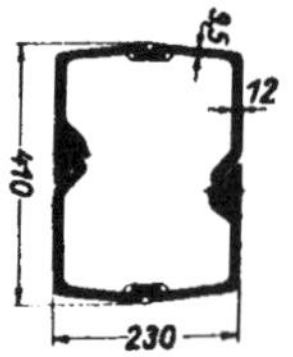

Stahlrammpfahl III Hoesch AG

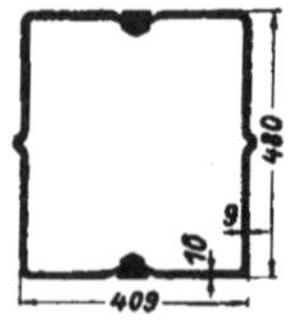

Stahlrammpfahl KP III
Krupp AG

Als Sonderpfähle wurden auch Schraubpfähle hergestellt.

Schon vor **1900** entwickelte man gusseiserne hohle Pfähle mit Fußgewinde. Die aus mehreren Einzelstücken zusammengesetzten Röhren wurden in den Boden eingeschraubt und mit Beton verfüllt.

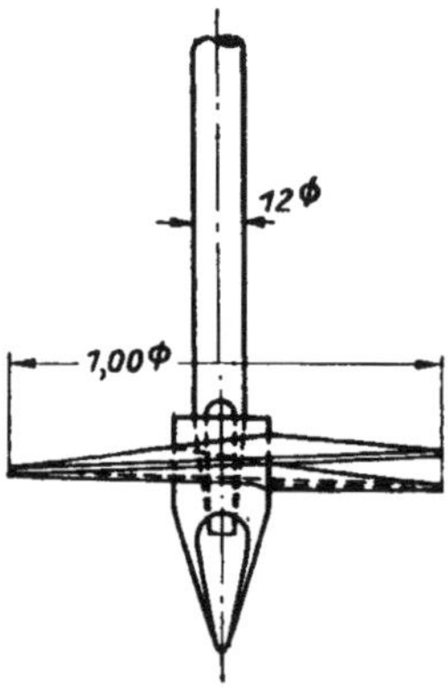

Tellerschraubpfahl

2.4.3.7 Stahlbeton-Fertigpfähle (Rammpfähle)

Die Fertigrammpfähle wurden als Voll- oder auch Hohlpfahl hergestellt.

Jahr	Querschnitte b/d cm	Pfahllänge L m	Bewehrung
1924	30/30 32/32 34/34	16,00 bis 17,00	L < 10,00 m Längsbewehrung 1,2 bis 1,8 % der Querschnittsfläche Bügel oder Umschnürung 0,4 bis 0,8 % *1
1936	32/32 34/34 36/36 40/40	≤ 20,00	*3
1937 Hamburg	34/34		für entsprechende Beanspruchung auf ganzer Länge bewehren *4
1943	quadratisch d = 30 bis 40	bis 20,00	Bügelabstand a ≤ 12 ∅ der Längsbewehrung Längsbewehrung 4 ∅ 20 mm
1945		20,00	*5
1949	quadratisch d = 30 bis 34	bis 20,00	Bügelabstand 8 bis 30 cm Längsbewehrung 4 bis 8 ∅ 16 bis 35 mm
1955 DIN 1054	30/30 34/34 35/35 40/40		für entsprechende Beanspruchung auf ganzer Länge bewehren *1

*1 Bügelabstand am Kopf und Fuß a = 3 bis 4 cm
Bügelabstand im Mittelbereich a = d/3 bis d/4

*2 Pfähle müssen mind. 2,00 bis 3,00 m in tragfähigen Baugrund einbinden. Die Bewehrung ist bei der Ermittlung des tragenden Querschnitts unberücksichtigt zu lassen

*3 Hohlpfähle kreisförmig mit Durchmesser 30 bis 40 cm im Mittel
Wanddicken 6 bis 9 cm
Pfahllängen bis 18,00 m

Bewehrung der Vollpfähle

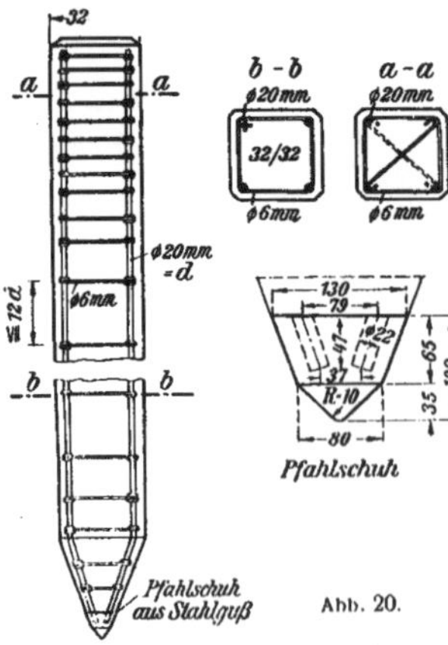

Abb. 20.

Pfahllänge	Längsbewehrung
5 m	4 10 mm Dmr.
10 „	4 20 „ „
15 „	4 28 „ „
20 „	4 32 „ „

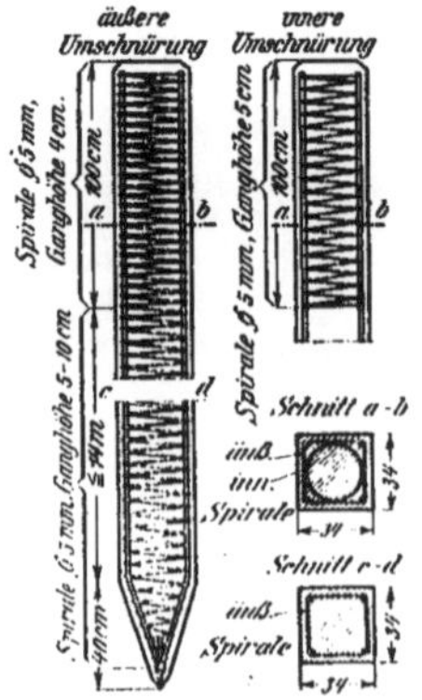

Pfahllänge	Längsbewehrung
bis 7 m	4 14 mm Dmr.
7 - 9 „	4 16 „ „
10 „	4 18 „ „
11 „	4 20 „ „
12 „	4 22 „ „
13 - 14 „	4 24 „ „
15 „	4 26 „ „

*4 Die Bewehrung ist bei der Ermittlung des tragenden Querschnitts unberücksichtigt zu lassen.

*5

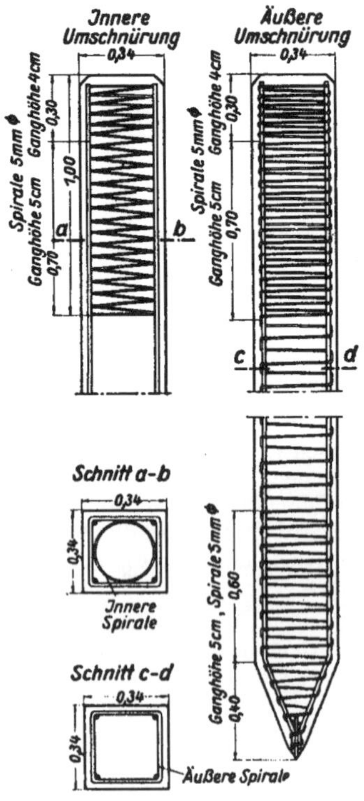

2.4.3.8 Ortbeton-Bohr- und Rammpfähle um 1940

Bezeichnung Firma	Herstellungsverfahren	Belastung kN
Lorenz-Beton- Bohrpfahl ABA-Pfahl	eingebohrtes Mantelrohr ∅ 32 und ∅ 42 cm Pfahl mit Pfahlfuß ∅ 80 bis ∅ 125 cm Das mit Beton gefüllte Rohr verbleibt im Boden.	400 bis 900
Strausspfahl Fa. Dyckerhoff & Widmann	Das niedergebrachte Bohrrohr wird mit Beton verfüllt. Der Beton wird bei gleichzeitigem Ziehen des Rohres eingestampft.	bis 300
Pressbetonpfahl Wolfsholz	Bewehrter Betonpfahl in niedergebrachtes Bohrrohr ∅ 32 bzw. ∅ 40 cm Beton wird unter Druck in das Bohrrohr gepresst, bei gleichzeitigem Ziehen des Rohres. Herstellung des Pfahles durch Einschleu- dern des Betons unter hohem Druck.	350 bis 600
Blechhülsen- Presspfahl System Wolfsholz	Herstellung wie vor. Das Mantelrohr verbleibt jedoch zum Schutz des Betons gegen betonschädliches Grundwasser im Boden.	
Pressbeton- Bohrpfahl System Brechtel	Bohrrohr ∅ 32 und ∅ 48 cm bewehrter Betonpfahl mit Fuß Ein am Rohrfuß eingebrachtes Abdichtungs- stück wird in das Erdreich durch Druck- luft eingepresst. Das Mantelrohr wird während des Einpres- sens wieder gezogen.	∅ 32 300 bis 350 ∅ 48 700 bis 1000
Pressbetonpfahl Fa. Grün + Bilfinger	Bohrrohr ∅ 34 und 50 cm mit aufgeschraub- ter Betonierschleuse Betonieren unter Überdruck, um Grundwasser aus dem Rohr zu drücken Einpressen des Betons in den Boden bei gleichzeitigem Ziehen des Rohres durch Einpressen von Wasser auf den Pfahlkopf	∅ 34 300 ∅ 50 500
Pressbeton- Bohrpfahl System Michaelis-Mast	Das eingebohrte Mantelrohr ∅ 30 und 40 cm mit Fußplatte wird mit Beton gefüllt. Der Frischbeton wird durch Druckluft bei gleichzeitigem Ziehen des Rohres in den Boden gepresst.	300 bis 400
Rüttelfußpfahl Fa. J. Keller	Einbringen des Mantelrohres durch Rüttler Unterhalb des Rohres wird der Boden ein- gerüttelt, sodass die Betonpfähle nach Ziehen des Rohres auf verdichtetem Boden stehen.	

Bezeichnung Firma	Herstellungsverfahren	Belastung kN
Betonrammpfahl System Mast	eingerammte Blechhülse mit Holzspitze ∅ 32 oder 40 cm Hülse verbleibt im Boden und wird mit Beton gefüllt. Ausführung als bewehrter und unbewehrter Pfahl	310 bis 480
Franki-Pfahl	Mantelrohr ∅ 45 bis 50 cm wird durch Einrammen eines Betonpfropfens infolge Mantelreibung in den Boden gezogen. Durch Feststellen des Rohres Ausstampfen eines Fußes. Das Rohr wird unter Abstampfen weiter mit Beton gefüllt und gezogen. Ausführung als bewehrter und unbewehrter Pfahl	900 bis 1000
Simplex-Betonpfahl	Stahlrohr ∅ 30 bis 60 cm wird mit einer ablösbaren Spitze in den Boden gerammt. Einbringen des Betons und der Bewehrung unter Ziehen des Rohres. Die Spitze verbleibt im Boden.	
Expreßpfahl Wiener Pfahl- u. Betongesellschaft	wie vor Jedoch Einführung eines 2., inneren Schutzrohres. Dieses schützt die Bewehrung (im Zwischenraum der beiden Rohre) während des Einstampfens des Betons gegen Beschädigungen.	800 bis 1000
Dulac-Pfahl Kompressolpfahl	Es werden mit einem 1,5 bis 2,5 t schweren Rammbären, den man aus einer Höhe von bis zu 10,00 m frei fallen lässt, bis zu 15,00 m tiefe Hohlräume in den Boden gerammt. Die Hohlräume werden mit Beton gefüllt, der ebenfalls eingestampft wird. Ab 1900 oft angewendet.	
Pressbetonpfahl Fischer	wie Pressbetonpfahl Fa. Grün + Bilfinger, aber ohne Zugabe von Presswasser	

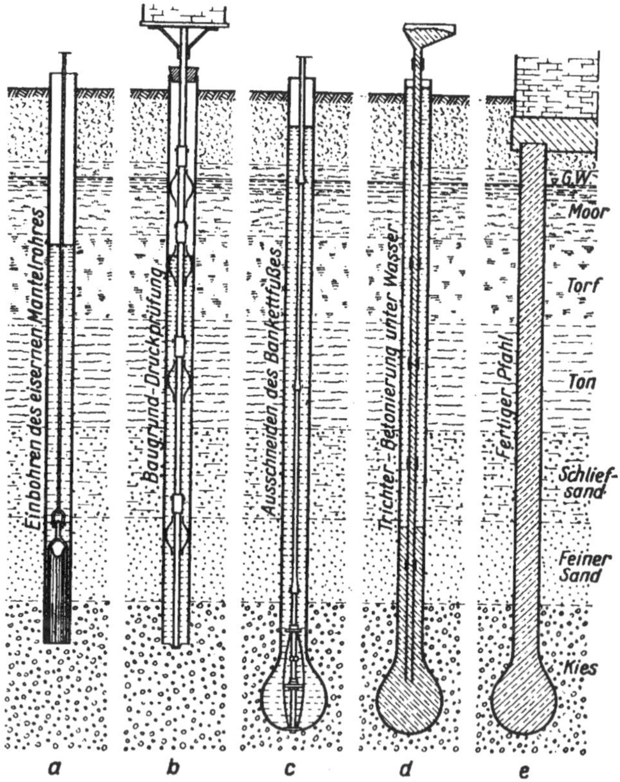

Betonbohrpfahl System Lorenz

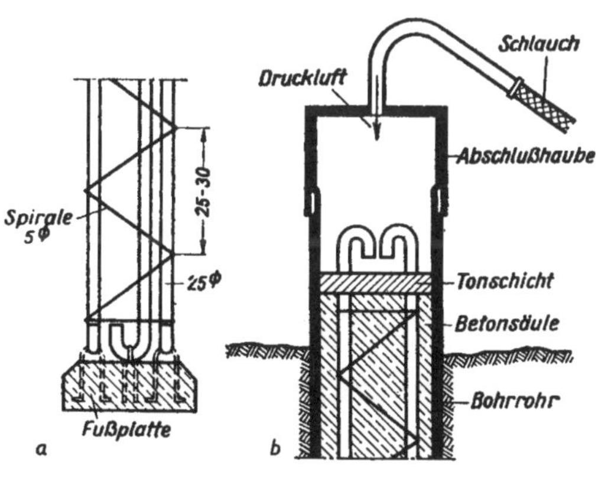

Pressbetonbohrpfahl System Michaelis-Mast

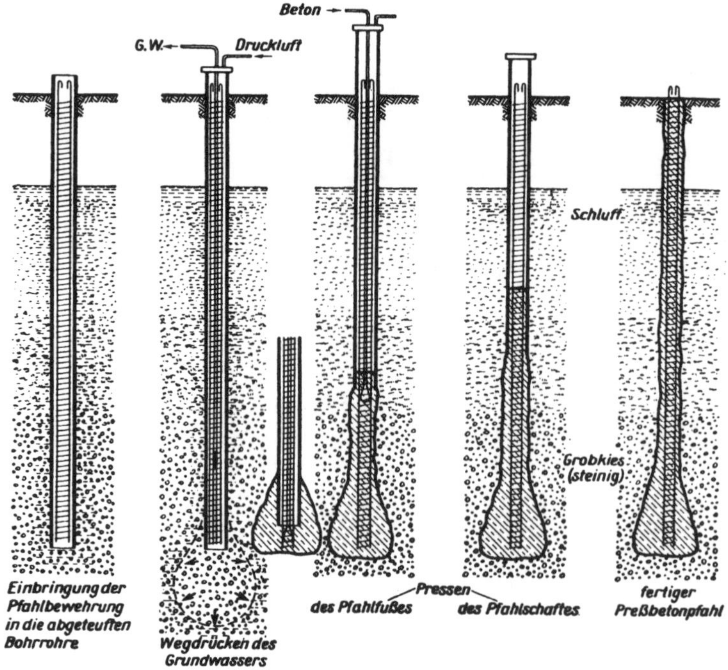

Pressbetonpfahl System Wolfsholz

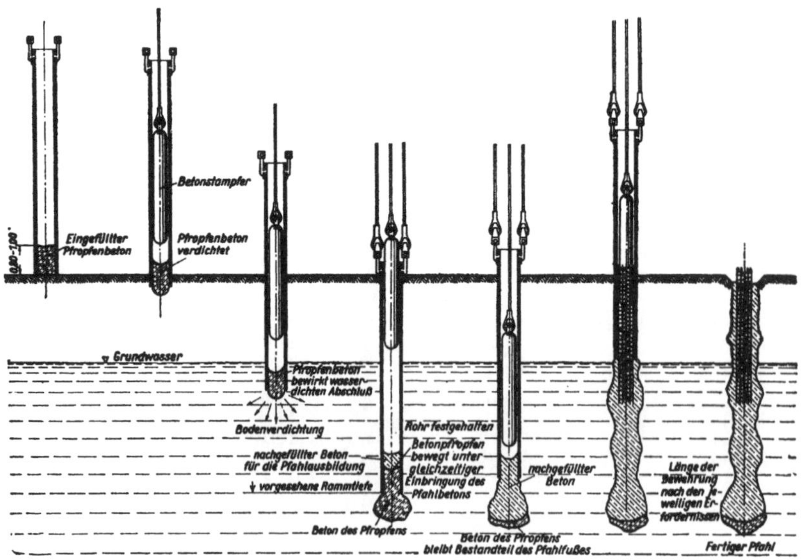

System Franki-Pfahl

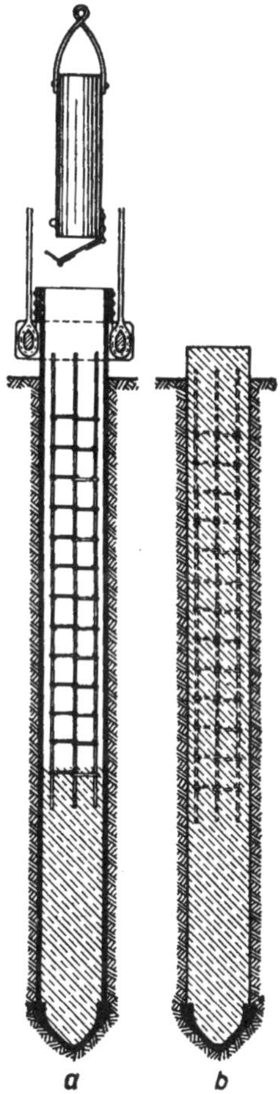

System Simplexpfahl

a) eingerammtes Treibrohr mit Spitze
b) fertiger Pfahl

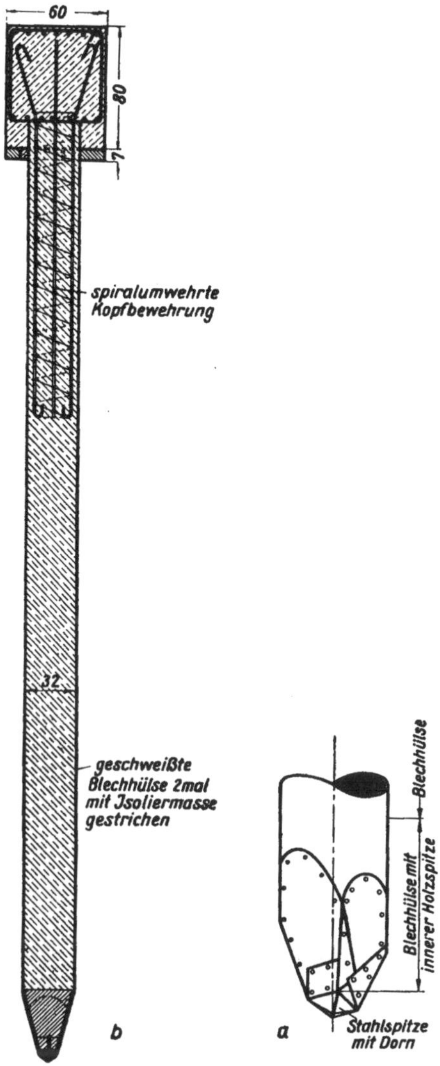

Betonrammpfahl System Mast

a) Spitze der Blechhülse
b) fertiger Pfahl

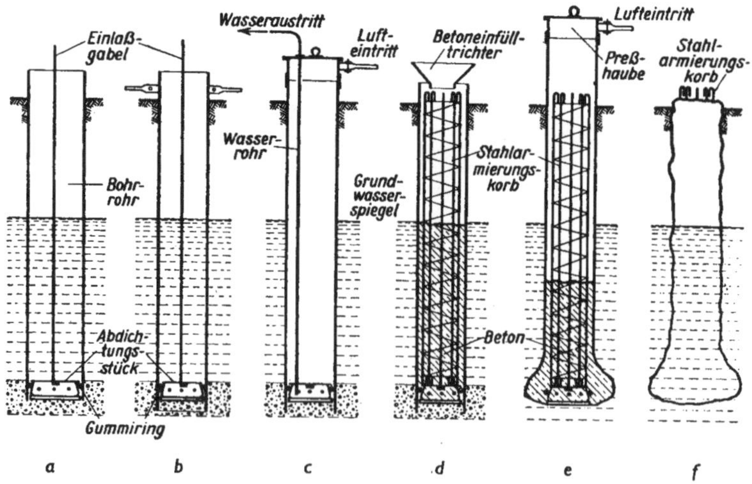

Pressbetonpfahl System Brechtel

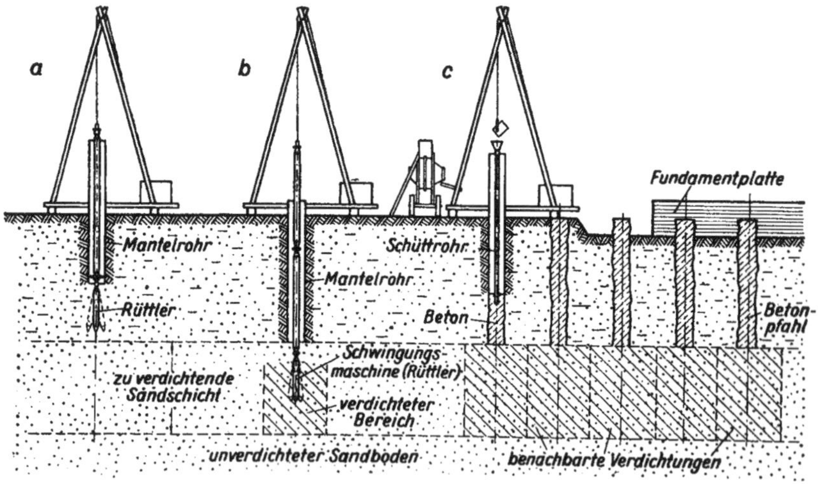

Rüttelfußpfahl System Keller

a) Versenken des Mantelrohres im Rütteldruckverfahren
b) Verdichten unter Pfahlfuß nach Rütteldruckverfahren
c) Herstellen des Pfahles

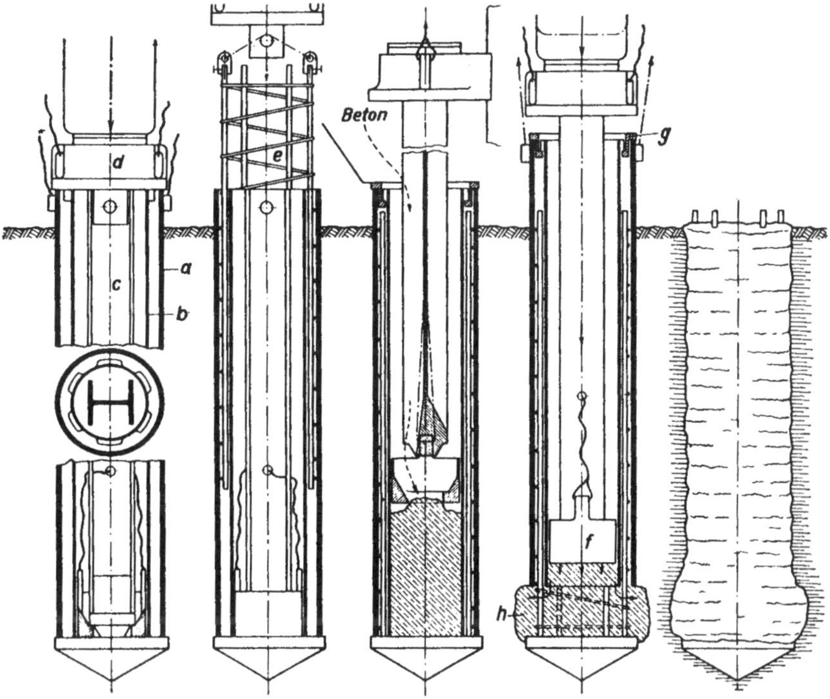

Bewehrter Expresspfahl

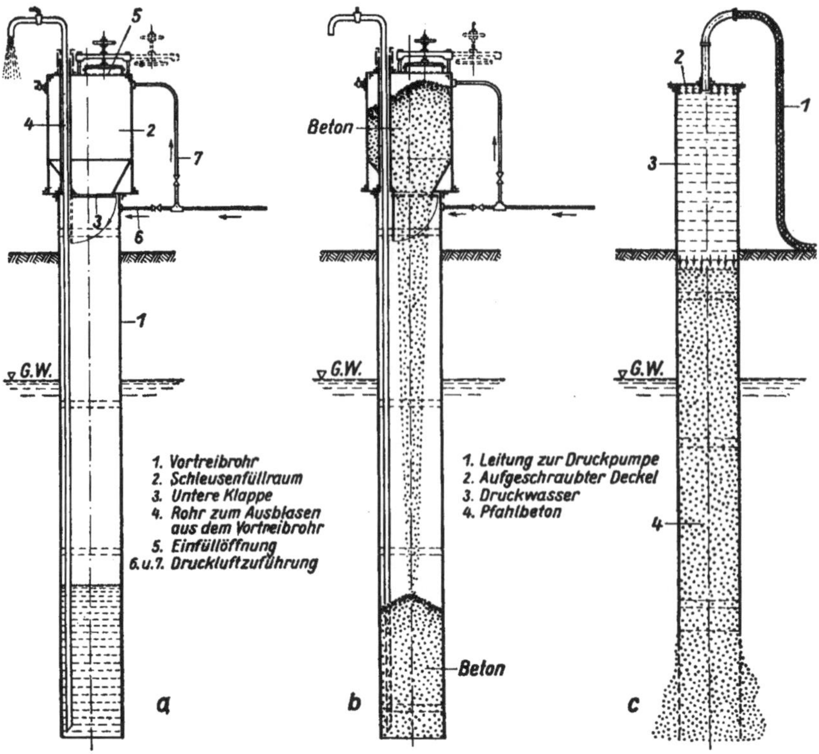

Pressbetonpfahl System Grün + Bilfinger

a) Bohrrohr mit Betonierschleuse
b) Einbringen des Pfahlbetons
c) Einpressen des Betons und Ziehen des Bohrrohres

2.4.3.9 Ermittlung der Tragfähigkeit von Rammpfählen

a) Faustformel

1940 Ermittlung der Tragfähigkeit von Holzpfählen

Grundpfähle

zul N = zulässige Tragfähigkeit in Tonnen

d = mittlerer Pfahldurchmesser in cm

zul N = d

b) Ermittlung der Tragfähigkeit von Rammpfählen

Vor **1900** erfolgte die Ermittlung der Tragfähigkeit von Rammpfählen allein über die Querschnittsfläche der Pfähle (Spitzendruck).

1891 Formel nach Heinzerling

Pfahlfuß bindet in tragfähige Bodenschichten ein.

zul N = $\sigma \cdot A$

N = Pfahlbelastung
A = Querschnittsfläche in cm^2
σ = zulässige Pressung in kg/cm^2

Bodenart	zul σ in kg/cm^2
Moorboden	0,80 bis 1,20
besserer Boden	3,00 bis 5,00
Lehm-, Ton- und Sandboden*	bis 7,00

* fester, durch Pfähle verdichteter Boden

Rechenbeispiel: Holzpfahl ∅ 25 cm
Sandboden zul σ = 7,00 kg/cm^2

$$A = 3{,}14 \cdot 25^2/4 = 490{,}60\ cm^2$$

$$\text{zul } N = 7{,}00 \cdot 490{,}60 = 3434\ kg$$

1924 Pfahltragfähigkeit aus Mantelreibung und Spitzendruck
Reibungswiderstand auf 1,00 m^2 Mantelfläche in Tonnen

Pfahl	Moor-schlamm	weicher Lehm	Schwimm-sand	fester Ton und Sand
Holz	0 bis 0,2	bis 1,0	bis 2,0	bis 3,0
Eisenbeton	0 bis 0,2	bis 1,2	bis 2,5	bis 4,0

Eindringwiderstand der Spitze in kg/cm^2

Kies	Ton
5,0 bis 10,0	4,0 bis 7,0

Rechenbeispiel: Eisenbetonpfahl 32/32 cm
Pfahllänge l = 10,00 m
Einbindetiefe 2,00 m in Moor
2,00 m in weichen Lehm
2,00 m in Schwimmsand
3,00 m in festen Ton

Mantelfläche $4 \cdot 0{,}32 = 1{,}28\ m^2/m$

Mantelreibung $(2{,}0 \cdot 1{,}20 + 2{,}0 \cdot 2{,}5 + 3{,}0 \cdot 4{,}0)\ 1{,}28 = 24{,}0\ t$
Spitzendruck $32 \cdot 32 \cdot 0{,}007 = 7{,}0\ t$

Tragfähigkeit $24{,}0 + 7{,}0 = 31{,}0\ t$

1928 Der Pfahl erreicht keine tragfähigen Bodenschichten.
Lastübertragung durch Mantelreibung.

zul N = $R \cdot d \cdot \pi \cdot l$

N = Pfahlbelastung
l = Pfahllänge in Meter
d = Pfahldurchmesser in Meter
R = Reibungswert in t/m^2

Pfahl	R t/m^2	Bemerkungen
Holzpfahl	1,0	in weichem Boden
Betonpfahl	1,2	in weichem Boden

Die zulässige Belastung ist durch Probebelastungen stets nachzuprüfen.

Rechenbeispiel: Holzpfahl ∅ 32 m
Länge 5,00 m

zul N = $1{,}0 \cdot 3{,}14 \cdot 0{,}32 \cdot 5{,}00 = 5{,}0$ t

Der Pfahl erreicht eine tragfähige Bodenschicht.

Pfahl	∅ in cm	zul N	Einbindetiefe in tragfähigen Boden
Holzpfahl	30	20,0 t	≥ 1,00 m
Eisenpfahl	30	20,0 t	≥ 1,00 m
eingestampfter Betonpfahl	30	40,0 t	≥ 1,00 m

Die zulässige Belastung erhöht sich proportional zum Pfahldurchmesser.

Die zulässige Belastung ist durch Probebelastungen stets nachzuprüfen.

3 Tragfähigkeitstafeln für Pfähle

3.1 Zulässige Belastung von Rammpfählen

Jahr	Einbindelänge im tragfähigen Baugrund in m	zulässige Belastung kN	Pfahlart Baustoff	Querschnitt cm	Bemerkungen
1872		250	Holz	∅ 20 bis ∅ 23	max. Belastung bei Einbindung der Pfahlspitze in festen Sand
		500	Holz	∅ 30	*1
1928	mind. 1,00	200	Holz	∅ 30	Erfahrungswert
*2	mind. 1,00	200	Stahlbeton	∅ 30	*3
1934 Berlin		200 bis 300	Holz	∅ 30	Erfahrungswert *3
1934		350	Holz	∅ 35	Erfahrungswert
Hamburg		400	Holz	∅ 40	*3
1940	1,50 bis 2,00	300	Holz	∅ 30	mittlerer Durchmesser
DIN 1054	1,50 bis 2,00	350	Holz	∅ 35	mittlerer Durchmesser
*4	1,50 bis 2,00	400	Holz	∅ 40	mittlerer Durchmesser
	1,50 bis 2,00	350	Stahlbeton	30/30	
	1,50 bis 2,00	430	Stahlbeton	35/35	
	1,50 bis 2,00	500	Stahlbeton	40/40	
1953	2,00 bis 3,00	330	Holz	∅ 30	mittlerer Durchmesser
DIN 1054	2,00 bis 3,00	380	Holz	∅ 35	mittlerer Durchmesser
*5	2,00 bis 3,00	450	Holz	∅ 40	mittlerer Durchmesser
	2,00 bis 3,00	400	Stahlbeton	30/30	
	2,00 bis 3,00	480	Stahlbeton	35/35	
	2,00 bis 3,00	550	Stahlbeton	40/40	
	2,00 bis 3,00	460	Stahlbeton	34/34	für Hamburg üblich

*1 Bei Einbinden der Pfahlspitze in geringer tragfähigen Boden
∅ 20 bis ∅ 23 80 kN max. Belastung
∅ 30 100 kN max. Belastung

*2 Die zulässige Belastung erhöht sich proportional zum Pfahlquerschnitt.

*3 Durch Probebelastungen zu prüfen

*4 Bei einwandfrei festgestellten Bodenverhältnissen und einer Mindestrammpfahllänge von 5,00 m
Es dürfen keine nennenswerten Erschütterungen aus Belastungen auftreten.

*5 a) Runde Holzpfähle – Zopfdurchmesser mindestens 25 cm
b) Bei einwandfrei festgestellten Bodenverhältnissen und einer Mindestrammpfahllänge von 5,00 m
Es dürfen keine nennenswerten Erschütterungen aus Belastungen auftreten.
c) Wesentliche waagerechte Lasten (über 2,00 kN je Pfahl) sind durch Schrägpfähle aufzunehmen.

3.2 Zulässige Belastung von Bohrpfählen (DIN 1054)

Jahr	Einbindelänge im tragfähigen Baugrund in m	zulässige Belastung kN	Pfahlart Baustoff	Quer-schnitt cm	Bemerkungen
1940 DIN 1054 *1	≥ 2,00	147,20	Stahlbeton	∅ 25	lichter Rohrdurchmesser mit 30 kg/cm² zul. Druckspannung
	≥ 2,00	190,80	Stahlbeton	∅ 30	lichter Rohrdurchmesser mit 27 kg/cm² zul. Druckspannung
	≥ 2,00	240,40	Stahlbeton	∅ 35	lichter Rohrdurchmesser mit 25 kg/cm² zul. Druckspannung
1953 DIN 1054 *2	≥ 2,00	147,20	Stahlbeton	∅ 25	lichter Rohrdurchmesser mit 30 kg/cm² zul. Druckspannung
	≥ 2,00	190,80	Stahlbeton	∅ 30	lichter Rohrdurchmesser mit 27 kg/cm² zul. Druckspannung
	≥ 2,00	240,40	Stahlbeton	∅ 35	lichter Rohrdurchmesser mit 25 kg/cm² zul. Druckspannung

*1 a) Die Bohrpfähle sind auf ganzer Länge mit einer Eiseneinlage von mind. 1% des Pfahlquerschnitts und mit Ringbügeln von mindestens ∅ 6 mm in einem Abstand von max. 12 d der Längseisen oder mit einer Umschnürung mind. gleicher Dicke und gleicher Ganghöhe zu versehen.

b) Die Eisenbewehrung ist bei der Ermittlung des tragenden Querschnitts unberücksichtigt zu lassen.

*2 a) wie vor

b) wie vor

Wärmedämmung der Wohnhäuser

1 Wärmeschutz

1.1 Allgemeines

Bis zur Einführung der DIN 4108 im Jahre 1952 betrachtete man eine 38 cm dicke geputzte Ziegelaußenwand von Wohngebäuden allgemein als ausreichend für den Wärmeschutz.

Für die Decken nahm man den Wert der 38 cm dicken geputzten Wand ebenfalls als ausreichend an.

Dieser Wert beruhte auf der Erfahrung, dass bei einer 38 cm dicken Wand keine Schäden aus Tauwasser (Kondenswasser) auftraten.

Auf einen rechnerischen Nachweis des Wärmeschutzes für Wohngebäude wurde allgemein verzichtet.

Erst bei Unterschreitung der üblichen Wanddicken oder bei Ausführung besonderer Wandkonstruktionen wurde von der Baupolizei der rechnerische Nachweis des Wärmeschutzes gefordert.

1943

Baustoff	Rohdichte im Mittel kg/m³	übliche Wanddicke cm	Mindestwanddicke cm
Ziegelvollstein		38	38
Hohlstein	1000	25 bis 30	22
Schwemmstein	900	25	20
Leichtbeton	800	25	18
Kiesbeton	2200		60
Sandstein	2300		76

Mit Einführung der DIN 4108 – Wärmeschutz im Hochbau – im Juli 1952 werden erstmals einheitliche Rechenwerte der Wärmeleitzahlen, der Wärmedurchlasswiderstände von Luftschichten, der Wärmeübergangszahlen und der Mindestwerte des Wärmeschutzes bei Aufenthaltsräumen für das gesamte Bundesgebiet festgelegt.

Außerdem werden 3 Wärmedämmgebiete unterschieden.

1.2 Wärmeleitzahlen von Bau- und Dämmstoffen

1.2.1 Natürliche Steine und Erden

Jahr	Baustoff	Rohdichte kg/m³	Wärmeleitzahl Kcal/m h grd	Wärmeleitzahl W/mk	Bemerkung
1925	Erdboden	2000	2.00	2.33	
1936	Granit, Basalt Dolomitkalk Marmor usw. Sandstein Kalkstein	>2600	2.50 1.50	2.91 1.74	dichte Gesteine porige Gesteine
1938	Basalt Sandstein Natürl. Boden	2900 2200	1.44 1.60 0.50 bis 1.10	1.67 1.86 0.58 bis 1.28	
1952 DIN 4108	Granit, Basalt Marmor usw. Sandstein Muschelkalk Nagelfluhe usw Sand, Kiessand bindiger Boden Massivlehm und Lehmformlinge Strohlehm Leichtlehm Lehmwickel mit Stroh		3.00 2.00 1.20 1.80 0.80 0.60 0.40 0.40	3.49 2.33 1.40 2.09 0.93 0.70 0.47 0.47	dichte Natur- steine porige Natur- steine naturfeucht naturfeucht auf Holzstaaken
1960 DIN 4108	wie 1952 DIN 4108				
1968 nach Eichler	Natursteinplatten Tuffkalkstein Muschelkalkstein u. Kalkstein porös Basalt, Granit Marmor, Kalkstein (dicht) Sandstein, Quarzit Reiner Ton	 1300 1400 1700 2000 2400 2800 2200	 0.50 0.60 0.80 1.00 1.80 3.00 1.80	 0.58 0.70 0.93 1.16 2.09 3.49 2.09	 Feuchte bis zu 25 Vol-%

1.2.2 Schüttungen lufttrocken (Deckenfüllungen)

Jahr	Baustoff	Rohdichte kg/m³	Wärmeleitzahl Kcal/(m h grd)	Wärmeleitzahl W/mk	Bemerkung
1924	Hochofenschlacke	800	0.15	0.17	
	Kesselschlacke	1000	0.25	0.29	
	Naturbims	800	0.15	0.17	
1952 DIN 4108	Sand		0.50	0.58	
	Kies, Splitt		0.70	0.81	
	Bimskies		0.16	0.19	
	Steinkohlenschlacke		0.16	0.19	
	Hochofenschaum-schlacke		0.12	0.14	
	Ziegelsplitt		0.35	0.41	
1960 DIN 4108	wie 1952 DIN 4108				
1968 nach Eichler	Bims- u. Tuffstein	400	0.15	0.17	
		600	0.20	0.23	
	Koks, Trockenasche	700	0.17	0.20	
	Kesselschlacke	1000	0.28	0.33	
		1300	0.40	0.47	
	Sonderhüttenbims	300	0.13	0.15	
	Hüttenbims	500	0.15	0.17	
		750	0.19	0.22	
	Schlacke geschäumt	800	0.20	0.23	
		1000	0.24	0.28	
	Sand gesiebt	1400	0.60	0.70	

1.2.3 Putz und Mörtel

Jahr	Baustoff	Rohdichte kg/m³	Wärmeleitzahl Kcal/(m h grd)	Wärmeleitzahl W/mk	Bemerkung
1924	Mörtelputz	1800	0.70	0.81	
1936	Kalkputz		0.75	0.87	
	Rabitzwand u. Decke aus Gips		0.25	0.29	
	Rabitzwand u. Decke a. Beton		0.50	0.58	

Jahr	Baustoff	Rohdichte kg/m³	Wärmeleitzahl Kcal/m h grd	Wärmeleitzahl W/mk	Bemerkung
1952 DIN 4108	Kalkmörtel, Kalkzementmörtel, Mörtel aus hydraul. Kalk		0.75	0.87	
	Zementmörtel		1.20	1.40	
	Kalkgipsmörtel Gipsmörtel, reiner Gips, Anhydritmörtel		0.60	0.70	
1960 DIN 4108	wie 1952 DIN 4108				
1968 nach Eichler	Gipsputz auf Rohr	1000	0.40	0.47	
	Kalkgips- und Gipssandmörtel	1400	0.60	0.70	
	Zementmörtel	1800	0.80	0.93	
		2000	1.00	1.16	
	Kalkzement-	1700	0.75	0.87	
	mörtel	1800	0.82	0.95	
	Kalkmörtel mit Sand	1600	0.70	0.81	
	Rabitzdecke aus	1000	0.40	0.47	
	Gips auf Rohr	1600	0.70	0.81	
	Kalkzementmör-	1000	0.40	0.47	
	tel auf Draht	1600	0.70	0.81	
	Schlackengips-	1200	0.45	0.52	
	mörtel leicht	1400	0.55	0.64	
	Rabitzdecke auf Drahtgewebe	1200	0.50	0.58	
	Gipsmörtel	1300	0.50	0.58	abgemagert
		1400	0.60	0.70	schwer
	Gipsmörtel auf Holz-, Span- o. Rohrgeflecht	1200	0.40	0.47	
	Anhydritmörtel	600	0.25	0.29	
	mit	800	0.35	0.41	
	Poren, Holz-	1000	0.40	0.47	
	oder Sandzu-	1200	0.50	0.58	
	schlagen	1400	0.60	0.70	
		1600	0.70	0.81	
	wie vor ohne	1800	0.80	0.93	
	Zuschläge	2000	0.90	1.05	

1.2.4 Beton

Jahr	Baustoff	Rohdichte kg/m³	Wärmeleitzahl Kcal/m h grd	W/mk	Bemerkung
1924	Kiesbeton	2200	1.20	1.40	
	Schlackenbeton	1600	0.60	0.70	
	Bimsbeton	1200	0.50	0.58	
1936	Eisenbeton		1.30	1.51	
	Kiesbeton	2200	1.10	1.28	
	Schlackenbeton	1250	0.60	0.70	
	Bimsbeton oder Leichtbeton	800	0.40	0.47	gestampft
1938	Beton	1000	0.31	0.36	lufttrocken
		2000	0.77	0.90	"
	Beton	500	0.16	0.19	"
	Schlackenbeton		0.50	0.58	Wände
1939	Leichtbeton	500	0.17	0.20	
		800	0.25	0.29	
		1050	0.34	0.40	
		1250	0.40	0.47	
		1500	0.50	0.58	
	Thermosbeton		0.13 bis 0.20	0.15 bis 0.20	mit Kieselgurzuschlag
1952 DIN 4108	Kies- oder Splittbeton				mit geschlossenem Gefüge
	Betongüte B120		1.30	1.51	
	B160		1.75	2.04	
	Ziegelsplittbeton	1600	0.65	0.76	mit geschlossenem Gefüge für
		1800	0.80	0.93	
	Ziegelsplittbeton	2000	0.90	1.05	Stahlbeton
	Haufwerksporige Betone	1500	0.55	0.64	aus nichtporigen Zuschlagstoffen,
		1700	0.70	0.81	
		1900	0.95	1.10	z.B. Kies
	Ziegelsplitt- u. Steinkohlenschlackenbeton	1200	0.40	0.47	haufwerksporig
		1400	0.50	0.58	
	Bims- und Blähbeton, Beton aus geschäumter od. granulier. Hochofenschlacke	800	0.25	0.29	
		1000	0.30	0.35	
		1200	0.40	0.47	
	Dampfgehärteter Gas- u. Schaumbeton, Leichtkalkbeton	400	0.12	0.14	
		500	0.16	0.19	
		600	0.20	0.23	
		800	0.25	0.29	
		1000	0.30	0.35	

Jahr	Baustoff	Rohdichte kg/m³	Wärmeleitzahl Kcal/m h grd	W/mk	Bemerkung
1952 DIN 4108 (Forts.)	Holzbeton	800 1000	0.35 0.45	0.41 0.52	
1960 DIN 4108	wie 1952 DIN 4108				
1968 nach Eichler	Porenbeton mit Flugasche	600 800 1000 1200 1400	0.19 0.23 0.28 0.34 0.42	0.22 0.27 0.33 0.40 0.49	
	Asbestbeton	800 1000 1200	0.22 0.30 0.44	0.26 0.35 0.51	
	Holzspanbeton	400 500 600 800 1000	0.125 0.14 0.16 0.22 0.29	0.145 0.16 0.19 0.26 0.34	

1.2.5 Beton- und Gipsplatten

Jahr	Baustoff	Rohdichte kg/m³	Wärmeleitzahl Kcal/m h grd	W/mk	Bemerkung
1924	Gipsplatten	1000	0.35	0.41	
	Bimsbeton-Platten	1000	0.30	0.35	
1936	Gipsdielen, (Gipsdielenwand und Rabitzwand)		0.25	0.29	als innere Wandverkleidung
	Bimsdielen		0.25	0.29	bei Innenwänden
1952 DIN 4108	Asbestzementplatten	1800	0.30	0.35	
	Gipsbauplatten und Gipsdielen	1000 1200	0.40 0.50	0.47 0.58	
	Gipsplatten mit beids. Pappumhüllung		0.18	0.21	Dicke bis 15 mm
	Porengipsplatte	600	0.25	0.29	

Jahr	Baustoff	Rohdichte kg/m³	Wärmeleitzahl Kcal/m h grd	Wärmeleitzahl W/mk	Bemerkung
1960 DIN 4108	wie 1952 DIN 4108				
	Porengips	600	0.25	0.29	
		700	0.28	0.33	
	Naturbims-Wandplatten	800	0.25	0.29	Bimsdielen
	Hüttenbims- und Blähtonwandbauplatten	1000	0.30	0.35	
	Schlackenwandbauplatten	1200	0.40	0.47	
	Sinterbims-, Ziegelsplitt-, Tuff- und Lavawandbauplatten	1400	0.50	0.58	
	Wandbauplatten aus gemischten Zuschlagsstoffen	1400	0.50	0.58	
	Gipsdielen	1000	0.40	0.47	
		1200	0.50	0.58	
	Gips mit gemischten Zuschlagstoffen	1200	0.50	0.58	
1968 nach Eichler	Gipsrohrplatten	1000	0.40	0.47	
	Holzbetonplatte	500	0.14	0.16	
	Gipsplatten auf Rohr	800	0.30	0.35	

1.2.6 Mauerwerk aus natürlichen Steinen

Jahr	Baustoff	Rohdichte kg/m³	Wärmeleitzahl Kcal/m h grd	Wärmeleitzahl W/mk	Bemerkung
1968 nach Eichler	Mauerwerk aus regelmässigen Natursteinen	bis 1200	0.45	0.52	Mauerwerk mit Fugen
		bis 2000	1.00	1.16	
		bis 2800	2.75	3.20	
	Mauerwerk aus unregelmässigen Natursteinen	bis 1200	0.50	0.58	Mauerwerk mit Fugen
		bis 2000	1.20	1.40	
		bis 2800	2.30	2.67	

1.2.7 Mauerwerk aus Ziegeln (einschließlich Mörtelfugen)

Jahr	Baustoff	Rohdichte kg/m³	Wärmeleitzahl Kcal/m h grd	Wärmeleitzahl W/mk	Bemerkung
1924	Ziegelmauerwerk	1600	0.70	0.81	
1936	Ziegelmauerwerk		0.75	0.87	
1938	Ziegelmauerwerk	1700	0.40	0.47	vollkommen trocken
	Ziegelmauerwerk		0.60	0.70	Innenwand
			0.75	0.87	Aussenwand
	Ziegelmauerwerk aus hochporösen Steinen		0.30	0.35	
1952 DIN 4108	Hochbauklinker		0.90	1.05	
	Vollziegel, Vormauerziegel, Hochlochklinker		0.68	0.79	
	Vormauerhochlochziegel	1400	0.52	0.60	
	Porenziegel	1200	0.45	0.52	
	Langlochziegel	1400	0.52	0.60	
	Hochlochziegel				
1960 DIN 4108	Hochbauklinker	≥1900	0.90	1.05	
	Hochlochklinker		0.68	0.79	
	Vollziegel, Vormauerziegel	1000	0.40	0.47	
		1200	0.45	0.52	
		1400	0.52	0.60	
		1800	0.68	0.79	
	Lochziegel, Vormauerlochzegel	1000	0.40	0.47	
		1200	0.45	0.52	
		1400	0.52	0.60	
1968 nach Eichler	Klinkermauerziegel	1900	0.90	1.05	
	u. Hartklinkermauerziegel	2000	1.00	1.16	
	Terrakottamauerwerk	2000	0.90	1.05	

1.2.8 Kalksandsteinmauerwerk (einschließlich Mörtelfugen)

Jahr	Baustoff	Rohdichte kg/m³	Wärmeleitzahl Kcal/m h grd	Wärmeleitzahl W/mk	Bemerkung
1924	Kalksandstein-Mauerwerk	1800	0.75	0.87	
1936	Kalksandstein-mauerwerk		0.90	1.05	
1960 DIN 4108	Kalksandvollsteine	1600 1800 2000	0.68 0.85 0.95	0.79 0.99 1.10	Rohdichte bezogen auf Steine
	Kalksandlochsteine	1200 1400 1600	0.48 0.60 0.68	0.56 0.70 0.79	Rohdichte bezogen auf Steine
	Kalksandhohlblock-steine	1000 1200	0.43 0.48	0.50 0.56	Rohdichte bezogen auf Steine
1964	Kalksandleicht-steine	<1000	0.40	0.465	Rohdichte bezogen auf Steine

1.2.9 Mauerwerk aus Beton- und zementgebundenen Steinen (einschließlich Mörtelfugen)

Jahr	Baustoff	Rohdichte kg/m³	Wärmeleitzahl Kcal/m h grd	Wärmeleitzahl W/mk	Bemerkung
1924	Mauerwerk aus Schwemmsteinen	900	0.30	0.35	
1937	Sonderschlacken-steine		0.28	0.33	Wärmeleitzahl der Steine
	Schlackensteine		0.25	0.29	"
	Sonderhütten-schwemmsteine		0.25	0.29	"
	Hüttenschwemm-steine		0.20	0.23	"
	Sonder-Zement-Schwemmsteine		0.15	0.17	"
1952 DIN 4108	Hüttensteine DIN 398 HS100 u.HS150		0.60	0.70	Rohdichte der Steine
	Hüttenhartsteine		0.75	0.87	Rohdichte der Steine

Jahr	Baustoff	Rohdichte kg/m³	Wärmeleitzahl $\frac{Kcal}{m\,h\,grd}$	Wärmeleitzahl W/mk	Bemerkung
1952 DIN 4108 (Forts.)	Leichtbetonvollsteine	800 1000 1200 1400 1600	0.35 0.40 0.45 0.55 0.68	0.41 0.47 0.52 0.64 0.79	Rohdichte der Steine
	Leichtbetonhohlblocksteine Zweikammerstein	 1000 1200 1400	 0.38 0.42 0.48	 0.44 0.49 0.56	Raumgewicht bezogen auf den Beton ohne Hohläume
	Dreikammerstein	1400 1600	0.42 0.48	0.49 0.56	
	Gas-, Schaumbeton- u. Leichtkalkbetonsteine dampfgehärtet	 600 800 1000	 0.30 0.35 0.40	 0.35 0.41 0.47	
	luftgehärtet	800 1000 1200	0.38 0.48 0.60	0.44 0.56 0.70	
	Steine aus Holzbeton	800 1000	0.38 0.48	0.44 0.56	
1960 DIN 4108	wie 1952 DIN 4108				
1968 nach Eichler	Schwemmsteine und Bimssteine	1200 1400	0.40 0.50	0.47 0.58	
1964	Durisol-Schalungssteine (-Masse)	550	0.10	0.12	

1.2.10 Holz (lufttrocken)

Jahr	Baustoff	Rohdichte kg/m³	Wärmeleitzahl $\frac{Kcal}{m\,h\,grd}$	Wärmeleitzahl W/mk	Bemerkung
1924	Holz	800	0.20	0.23	
1936	Holz Holz		0.18 0.12	0.21 0.14	an Außenflächen vor Feuchtigkeit geschützt

Jahr	Baustoff	Rohdichte kg/m³	Wärmeleitzahl Kcal/m h grd	W/mk	Bemerkung
1938	Eiche		0.14 bis 0.32	0.16 bis 0.37	15% Feuchtigkeit
	Fichte, Tanne		0.09 bis 0.20	0.10 bis 0.23	15% Feuchtigkeit
1952 DIN 4108	wie 1960 DIN 4108				
1960 DIN 4108	Eiche		0.18	0.21	
	Buche		0.15	0.17	
	Fichte, Kiefer		0.12	0.14	
	Tanne				
	Sperrholz		0.12	0.14	
1968 nach Eichler	Dielung aus Kiefernholz	550	0.12	0.14	
	Holzfaserplatten	200	0.08	0.09	
		300	0.10	0.12	
		400	0.14	0.16	
	Holzfaserhartplatten	400	0.14	0.16	
		600	0.20	0.23	
		800	0.25	0.29	
	Pressplatten aus Holzabfällen	200	0.06	0.07	
		400	0.08	0.09	
		600	0.10	0.12	
		800	0.12	0.14	
		1000	0.14	0.16	

1.2.11 Estrich und Bodenbeläge

Jahr	Baustoff	Rohdichte kg/m³	Wärmeleitzahl Kcal/m h grd	W/mk	Bemerkung
1924	Linoleum	1200	0.20	0.23	
1938	Linoleum	1200	0.15	0.17	
1952 DIN 4108	Linoleum	1200	0.16	0.19	
	Zementestrich		1.20	1.40	
	Anhydritestrich		0.60	0.70	
	Steinholz DIN 272				
	Steinholzunterböden u. Unterschicht von 2-lagigen Böden		0.40	0.47	
	Industrieböden und Geschicht		0.60	0.70	

Jahr	Baustoff	Rohdichte kg/m³	Wärmeleitzahl Kcal/m h grd	Wärmeleitzahl W/mk	Bemerkung
1960 DIN 4108	wie 1952 DIN 4108				
1968 nach Eichler	Asphaltestrich	2000	0.60	0.70	
	Sandasphalt	1800	0.50	0.58	porig
	Asphaltpresspappen	2000	0.65	0.76	
	Asphaltbeton	2100	0.90	1.05	
	Gipsestrich	1200	0.50	0.58	
		1400	0.60	0.70	
		1600	0.70	0.81	
		1800	0.80	0.93	
		2000	0.90	1.05	
	Korkparkett	400	0.06	0.07	
	Betonestrich Magerbeton	1900	0.90	1.05	
	Unterbeton ab B160	2000	1.00	1.16	
	Nutzschicht B225	2200	1.20	1.40	
	Hartbetonunter-schicht	2300	1.20	1.40	
	Terrazzo-Nutz-schicht	2000	1.00	1.16	
	Hartbetonestrich	700	0.23	0.27	
	Zementbetonestrich	800	0.25	0.29	
		1000	0.30	0.35	
		1200	0.40	0.47	
	Steinholznutz-schicht	1600	0.60	0.70	
	Steinholzunter-schicht	1400	0.40	0.47	
	Steinholz-Stampffußboden	1800	0.70	0.81	einschichtig
	Steinzeugplatten in Zementmörtel	2000	0.90	1.05	Bodenfliesen
	Parkett aus Hart-holz	800	0.20	0.23	
	Parkett aus Weich-holz	600	0.15	0.17	

1.2.12 Wärmedämmstoffe

Jahr	Baustoff	Rohdichte kg/m³	Wärmeleitzahl Kcal/(m h grd)	Wärmeleitzahl W/mk	Bemerkung
1924	Sägemehl	215	0.055	0.064	
	Blätterholzkohle	215	0.056	0.065	
	Torfmull	160	0.055	0.064	beste
	Korkmehl	160	0.045	0.052	
	Kieselgurmasse	600	0.090	0.105	
	Gebrannte Kieselgursteine	320	0.070	0.081	
	Torfpechplatten	300	0.055	0.064	
	Torfoleumplatte	180	0.038	0.044	
	Korkplatten	220	0.060	0.070	
	Expansitkork	200	0.040	0.047	
	Glasgespinst	219	0.030	0.035	
1928	Korksteinplatten		0.038	0.044	imprägniert
			0.040 bis 0.050	0.047 bis 0.058	nicht imprägniert
1936	Heraklithplatten		0.080 bis 0.120	0.090 bis 0.140	
	Gebrannte Kieselgursteine		0.080 bis 0.120	0.090 bis 0.140	
	Schlackenschüttung in Hohlräumen		0.160	0.190	auch Decken
	Tektonleichtdielen	280 bis 360	0.070	0.080	
1938	Kieselgur	50	0.035	0.041	
		300	0.053	0.062	
		600	0.085	0.099	
	Glaswolle	50	0.032	0.037	
		300	0.037	0.043	
	Asbestwolle	50	0.050	0.058	
		300	0.080	0.093	
		600	0.172	0.200	
	Korkschrot		0.030	0.035	expandiert
			0.040	0.047	gewöhnlich
	Torfmull		0.060	0.070	lufttrocken
	Torfplatten	200	0.040	0.047	
	Korkplatten	100	0.036	0.042	
		300	0.054	0.063	
	Holzwolleleichtbauplatten	bis 460	0.080	0.090	lufttrocken

Jahr	Baustoff	Rohdichte kg/m³	Wärmeleitzahl Kcal/m h grd	Wärmeleitzahl W/mk	Bemerkung
1952 DIN 4108	Stein-, Glas u. Schlackenwolle		0.035	0.041	lose oder in Platten
			0.075	0.087	unter schwimmenden Estrich d=ursprgl. Dicke
	Bau-Schlackenwolle		0.060	0.070	lose
	Pflanzl. Fasern Seegras, Kokosfasern		0.035	0.041	lose oder in Matten
			0.075	0.087	unter schwimmenden Estrich d=ursprgl. Dicke
	Holzwolleleichtbauplatten				
	d = 15mm		0.120	0.140	
	d = 25 bis 35mm		0.080	0.090	
	d ≥ 50mm		0.070	0.080	
	Holzfaserplatten	200	0.040	0.047	
		300	0.050	0.058	
	Torfplatten	200	0.040	0.047	
	Korkplatten	120	0.035	0.041	
		160	0.038	0.044	
		200	0.040	0.047	
	Korkparkett	450	0.055	0.064	
	Platten aus Wellpappe Bitumengetränkt	55	0.040	0.047	
	Kunsthartschaum Platten oder Flocken		0.035	0.041	
1960 DIN 4108	wie 1952 DIN 4108				
	Mineralische Faserdämmstoffe (auch zusammengedrückt)	30 bis 200	0.035	0.041	Glas-, Stein- und Schlackenfasern
	Pflanzliche FaserddMMS töffe (auch zusammengedrückt)	30 bis 200	0.040	0.047	Seegras, Kokos, Holz- und Torffasern
	Bau-Schlacken-Wolle		0.060	0.070	lose
1964 DIN 4108	Durisol-Leichtbauplatten	550	0.100	0.120	je nach Dicke

Jahr	Baustoff	Rohdichte kg/m³	Wärmeleitzahl Kcal/(m h grd)	W/mk	Bemerkung
1968 nach Eichler	Baufilz	150	0.050	0.058	
	Bitumenfilz	200	0.060	0.070	
	Filzplatten	300	0.070	0.080	
	Gummischrot unter Estrich	400	0.100	0.120	
	Schilfrohr zwischen Pappe unter Estrich	200	0.050	0.058	
	Korkschrot unter Estrich	100	0.040	0.047	
	Korkplatten u.	200	0.040	0.047	
	Korksteine	300	0.060	0.070	
	Presskorkplatten	400	0.080	0.090	bituminiert
	Mineralwatte	200	0.050	0.058	
	Mineralfaserfilz	250	0.060	0.070	
	Mineralwatteplatten	300	0.060	0.070	
		500	0.100	0.120	
	Harnstoffharzplatten, teergemischt, druckfest	150	0.080	0.090	
	Schaumglas	150	0.040	0.047	
		300	0.100	0.120	
		500	0.140	0.160	
	Thermoplastschaumschicht	130	0.040	0.047	
	Schilfrohrplatten	200	0.070	0.080	
		250	0.080	0.090	
		300	0.100	0.120	
	Strohfaserplatten	400	0.120	0.140	gepresst
	Kieselgur, Magnesia, Gichtstaub usw.	200	0.050	0.058	Wärmeschutzmasse
		400	0.080	0.090	
		600	0.120	0.140	
		800	0.160	0.190	
	Kieselgur Hartmantelmasse	1000	0.200	0.230	
	Schamottesteine	1500	0.800	0.930	

1.2.13 Sonstige Baustoffe,Schichten und Beläge

Jahr	Baustoff	Rohdichte kg/m³	Wärmeleitzahl $\frac{Kcal}{m\,h\,grd}$	Wärmeleitzahl W/mk	Bemerkung
1924	Asphalt Glas	2000 2600	0.65 0.70	0.76 0.81	
1936	Dachpappe		0.12	0.14	Ruberoid
1938	Glas Bakelit Gummi		0.40 bis 0.90 0.20 0.10 bis 0.20	0.47 bis 1.05 0.23 0.12 bis 0.23	
1952 DIN 4108	wie 1960 DIN 4108				
1960 DIN 4108	Fliesen Flachglas (Fensterglas) Asphalt Bitumen Dachpappe	2000 2100 1050 1100	0.90 0.70 0.60 0.15 0.16	1.05 0.81 0.70 0.17 0.19	 Mittelwert
1968 nach Eichler	Asbestfaserplatten Gummibelag Rohpappe Teerpappe Wellpappe Glasbausteine	1100 1350 400 600 150 	0.25 0.40 0.10 0.16 0.06 0.12	0.29 0.47 0.12 0.19 0.07 0.14	 mit Luftraum mit Luft

1.2.14 Luftschichten

Jahr	Luftschicht	Dicke mm	Wärmeleitzahl $\frac{Kcal}{m\,h\,grd}$	Wärmeleitzahl W/mk	Wärmedurchlass-widerstand $\frac{m^2\,h\,grd}{Kcal}$	Wärmedurchlass-widerstand $\frac{m^2\,K}{W}$
1925	Ruhende Luft- schicht		0.0203	0.0236		
	Luftschicht	20 30 40 50 60	0.12 0.18 0.24 0.29 0.34	0.14 0.21 0.28 0.34 0.395		

Jahr	Luftschicht	Dicke mm	Wärmeleitzahl		Wärmedurchlasswiderstand	
			Kcal / m h grd	W/mk	m^2 h grd / Kcal	m^2 K / W
1928	wie 1925					
	Luftschicht	80 100 120	0.40 0.50 0.65	0.465 0.58 0.755		
1936	Ruhende Luft-Schicht		0.022	0.0260		
1952 DIN 4108	Luftschicht senkrecht	10 20 50 100 150			0.16 0.19 0.21 0.20 0.19	0.14 0.16 0.18 0.17 0.16
	Luftschicht waagerecht Wärmestrom von unten nach oben	10 20 ≥50			0.16 0.17 0.19	0.14 0.15 0.16
	Luftschicht waagerecht Wärmestrom von oben nach unten	10 20 ≥50			0.17 0.21 0.24	0.15 0.18 0.21
1960 DIN 4108	wie 1952 DIN 4108					

1.3 Wärmeübergangszahlen

Jahr	Luftschicht	Wärmeübergangszahl				Bemerkung
		λ		1/λ		
		Kcal / m^2 h grd	W/mk	m^2 h grd / Kcal	m^2 K / W	
1925	Innenseite	6 bis 8	6.98 bis 9.30	0.17 bis 0.13	0.14 bis 0.11	Innen*1
	Außenseite	20 bis 25	23.26 bis 29.08	0.05 bis 0.04	0.04 bis 0.03	Außen*1

Jahr	Luftschicht	Wärmeübergangszahl λ Kcal/(m² h grd)	λ W/mk	1/λ m² h grd/Kcal	1/λ m² K/W	Bemerkung
1936	Wandfläche*2	7	8.141	0.14	0.12	Innen
	Fußböden und Decken bei Wärmeübergang von					
	unten nach oben	7	8.141	0.14	0.12	Innen
	oben nach unten	5	5.815	0.20	0.17	Innen
	im Freien*3	20	23.26	0.05	0.04	Außen
1952 DIN 4108	Wandfläche und Innenfenster*2	7	8.141	0.14	0.12	Innen
	Außenfenster*2	10	11.63	0.10	0.09	Innen
	Fußböden und Decken bei Wärmeübergang von					
	unten nach oben	7	8.141	0.14	0.12	Innen
	oben nach unten	5	5.815	0.20	0.17	Innen
	an den Außenseiten*4	20	23.26	0.05	0.04	Außen
1960 DIN 4108	Wandfläche, Innenfenster, Außenfenster*3	7	8.141	0.14	0.12	Innen
	Fußböden und Decken bei Wärmeübergang von					
	unten nach oben	7	8.141	0.14	0.12	Innen
	oben nach unten	5	5.815	0.20	0.17	Innen
	an den Außenseiten*4	20	23.26	0.05	0.04	Außen

*1 Die Wärmeübergangszahlen wurden beim rechnerischen Nachweis meist vernachlässigt.

*2 An der Innenseite geschlossener Räume bei natürlicher Luftbewegung.

*3 Entsprechend einer mittleren Luftgeschwindigkeit von ca. 5m/sek.

*4 Entsprechend einer mittleren Windgeschwindigkeit von ca. 2m/sek.

1.4 Mindestwerte des Wärmeschutzes bei Aufenthaltsräumen

1925 Hamburg

Im Wohnungsbau betrachtet man eine 1 1/2 Stein dicke Ziegelsteinwand mit Luftschicht als ausreichend (d = 38 cm mit 6 cm Luftschicht).

Wärmedurchgangszahl ca. K = 1.35 Kcal/m^2 h grd

Der Wärmeübergangswiderstand bleibt bei der Ermittlung der Wärmedurchgangszahl K unberücksichtigt.

1931 Frankfurt

Die höchstzulässige Wärmedurchgangszahl im Wohnungsbau entspricht dem Wärmedurchgang einer 1 1/2 Stein dicken Ziegelwand (d = 38 cm).

Wärmedurchgangszahl ca. K = 1.50 Kcal/m^2 h grd

1932 Berlin

Als Normalforderung gilt für eine Außenwand von Wohnräumen der Wärmeschutz einer verputzten Backsteinwand von 38 cm Dicke.

1939 Eine 1 1/2 Stein dicke Ziegelaußenwand beidseitig geputzt bildet für Wohnräume die Mindestanforderung (bei Anordnung einer 4 cm dicken Luftschicht kann die Wanddicke um 11 cm verringert werden).

Die Wärmedurchgangszahl K = 1.81 Kcal/m^2 h grd darf nicht überschritten werden.

1943 Preußen Baupolizeibestimmungen

Bei Außenmauern von Wohnräumen soll die Wärmedurchgangszahl nicht größer sein als

$$K = 1.81 \text{ Kcal/m}^2 \text{ h grd}$$

(Entspricht einer 38 cm dicken Ziegelvollsteinwand, beidseitig 1.5 cm dick geputzt)

1947 Technische Baubestimmungen Hamburg

Die Umgrenzung einer Wohnung muss den Wärmeschutz gewähren,den eine 1 1/2 Stein dicke volle Ziegelwand mit einseitigem Putz gewährt.

Sind die massiven Wandteile weniger als 1 Stein dick, so ist der Wärmeschutz um 25% zu erhöhen. Mehrere Wohnungen können gemeinsame wärmeschützende Umgrenzungen erhalten.

1952 DIN 4108

Tafel 3/4 DIN 4108 Mindestwerte des Wärmeschutzes bei Aufenthaltsräumen

<table>
<tr><th rowspan="2">Zeile</th><th rowspan="2">Bauteil</th><th colspan="3">Wärmedurchlasswiderstand
1/Λ (m2h°/kcal)
in den Wärmedämmgebieten</th><th rowspan="2">Bemerkungen</th></tr>
<tr><th>I</th><th>II</th><th>III</th></tr>
<tr><td>1</td><td>Außenwände</td><td>0,45</td><td>0,55</td><td>0,65</td><td>An jeder Stelle</td></tr>
<tr><td>2</td><td>Wohnungstrennwände und Treppenhaus</td><td>0,30</td><td>0,30</td><td>0,40</td><td>An jeder Stelle</td></tr>
<tr><td>3</td><td rowspan="2">Wohnungstrenndecken und Decken unter nicht ausgebauten Dachgeschossen</td><td colspan="3">0,55</td><td>Im Mittel</td></tr>
<tr><td>3a</td><td colspan="3">0,40</td><td>An ungünstigster Stelle</td></tr>
<tr><td>4</td><td rowspan="2">Kellerdecken</td><td colspan="3">0,75</td><td>Im Mittel</td></tr>
<tr><td>4a</td><td colspan="3">0,50</td><td>An ungünstigster Stelle</td></tr>
<tr><td>5</td><td rowspan="2">Decken über offenen Durchfahrten und dgl.</td><td>1,50</td><td>1,75</td><td>2,00</td><td>Im Mittel</td></tr>
<tr><td>5a</td><td>1,10</td><td>1,30</td><td>1,50</td><td>An ungünstigster Stelle</td></tr>
<tr><td>6</td><td rowspan="2">Steil- und Flachdächer Decken unter Terrassen</td><td>0,65</td><td>0,65</td><td>0,65</td><td>Im Mittel</td></tr>
<tr><td>6a</td><td>0,45</td><td>0,55</td><td>0,65</td><td>An ungünstigster Stelle</td></tr>
<tr><td colspan="6">Mindestwerte des Wärmeschutzes für leichte Außenwände und Dächer mit Gewichten unter 300 Kg/m²</td></tr>
<tr><th rowspan="2">Zeile</th><th rowspan="2">Gewicht der Bauteile in Kg/m²[*1]</th><th colspan="3">Wärmedurchlasswiderstand
1/Λ (m²h°/kcal)
in den Wärmedämmgebieten</th><th rowspan="2">Bemerkungen</th></tr>
<tr><th>I</th><th>II</th><th>III</th></tr>
<tr><td>1</td><td>20</td><td>1,30</td><td>1,85</td><td>2,60</td><td></td></tr>
<tr><td>2</td><td>50</td><td>1,00</td><td>1,40</td><td>2,00</td><td></td></tr>
<tr><td>3</td><td>100</td><td>0,70</td><td>0,95</td><td>1,30</td><td></td></tr>
<tr><td>4</td><td>150</td><td>0,55[*2]</td><td>0,65</td><td>0,90</td><td></td></tr>
<tr><td>5</td><td>200</td><td>0,50[*2]</td><td>0,60[*2]</td><td>0,70</td><td></td></tr>
<tr><td>6</td><td>300</td><td>0,45[*2]</td><td>0,55[*2]</td><td>0,65</td><td></td></tr>
<tr><td colspan="6">[*1] Zwischenwerte sind geradlinig einzuschalten
[*2] Für Dächer darf der Wert 1/Λ =0,65 in Tafel 3/Zeile 6 nicht unterschritten werden</td></tr>
</table>

1960 DIN 4108

Mindestwerte des Wärmeschutzes wie Tafel 3 und 4 DIN 4108 von 1952

1.4.1 Karte der Wärmedämmgebiete

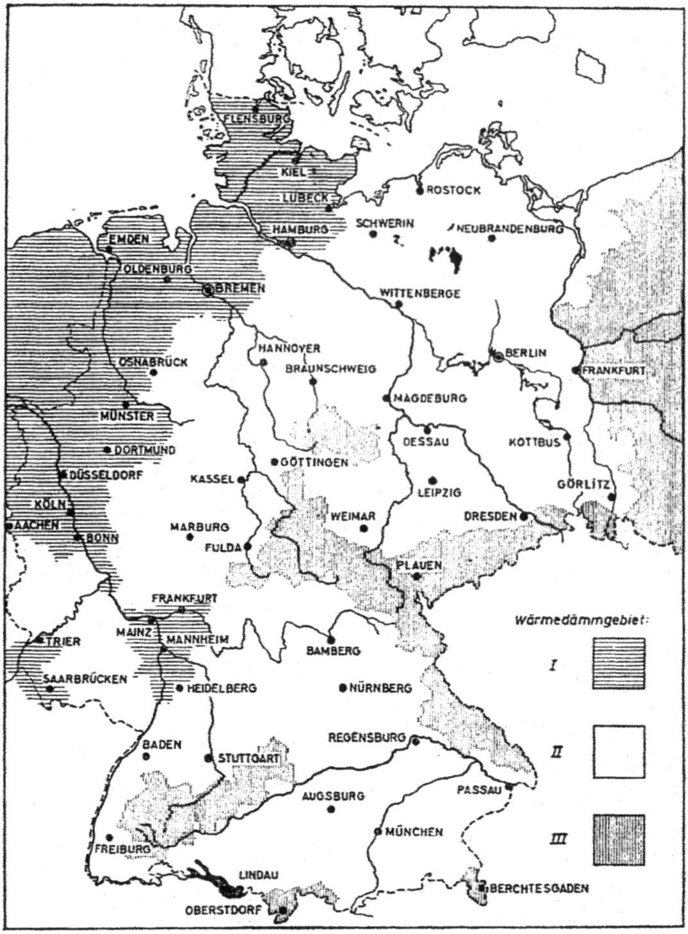

*) Ausweisung von Sondergebieten für die Wärmedämmung (aus dem Einführungsschreiben des ETB-Ausschusses vom 31.Mai 1952 an die für die Bauaufsicht (Baupolizei) zuständigen Herren Minister (Senatoren). der Länder zur Ausgabe Juli 1952 :
Als Grenzen der Wärmedämmgebiete wurden in Abschn. 5 des Normenblattes DIN 4108 aus praktischen Gründen die Grenzen der unteren Verwaltungsbezirke (Kreise usw.) gewählt. Die Karte der Wärmedämmgebiete in DIN 4108 kann daher nicht alle örtlichen klimatischen Sondergebiete berücksichtigen.

1.5 Berechnung des Wärmedurchlasswiderstandes 1/Λ und der Wärmedurchgangszahl K

1.5.1 Allgemeines

Die Berechnung des Wärmeleitwiderstandes, des Wärmedurchlasswiderstandes und der Wärmedurchgangszahl erfolgte auch vor 1952 nach den in DIN 4108 angegebenen Formeln.

Die Nachweise beschränkten sich auf die einzelnen Außenbauteile der Wohngebäude.

Ein Gesamtnachweis war nicht erforderlich.

1.5.2 Berechnungsformeln

Wärmeleitwiderstand $\frac{d}{\lambda}$

Wärmedurchlasswiderstand $\Sigma \frac{d}{\lambda} = \frac{1}{\Lambda}$

Wärmedurchgangswiderstand $\frac{1}{\alpha_i} + \frac{1}{\Lambda} + \frac{1}{\alpha_a} = \frac{1}{K}$

Wärmedurchgangszahl K = Kehrwert des Wärmedurchgangswiderstandes

d = Dicke der betreffenden Schicht in m
λ = Wärmeleitzahl
α_i = Wärmeübergangszahl (innen)
α_a = Wärmeübergangszahl (außen)

1939 Ermittlung der Wanddicke

Einschichtige Wände oder mehrschichtige Wände mit Baustoffen gleicher Wärmeleitzahl.

erf. Wanddicke $d = \lambda / 1.81$ (Kcal/m² h grd)

d = in Meter
λ = in Kcal/m² h grd

Beispiel: Ziegelwand beidseitig geputzt

Ziegelwand $\lambda = 0.75$ Kcal/m² h grd
Kalkputz $\lambda = 0.75$ Kcal/m² h grd

erf. d = 0,75 / 1,81 = 0,41m

erforderlich ist eine 38 cm dicke Ziegelwand mit beidseitigem 1,5 cm Putz.

1952
DIN 4108

Ermittlung des Wärmedurchlasswiderstandes 1/Λ

$$\frac{d1}{\lambda 1} + \frac{d2}{\lambda 2} + \frac{d3}{\lambda 3} \text{ usw.} = \frac{1}{\Lambda} > \frac{1}{\Lambda} \text{ gem. Tafel 3 DIN 4108}$$

Beispiel: Wohnungsaussenwand im Wärmedämmgebiet II

11,5cm Verblend	$\lambda = 0{,}68$ Kcal/m² h grd
24,0cm Hintermauerwerk mit KSL	$\lambda = 0{,}60$ Kcal/m² h grd
1,5cm Putz	$\lambda = 0{,}75$ Kcal/m² h grd

11,5cm Verblend	0,115 /	0,68	= 0,169
24,0cm KSL	0,240 /	0,60	= 0,400
1,5cm Putz	0,015 /	0,75	= 0,020
		1/Λ	= 0,589 > 0,55

Der Wärmedämmwert der Wand ist ausreichend.

Literaturverzeichnis

1. *Ahnert, R./Krause, K.H.*: Typische Baukonstruktionen von 1860 bis 1960, Band 1, 1986; Band 2, 1989, Bauverlag GmbH, Wiesbaden/Berlin
2. *Bastine/Elwitz/Heim*: Handbuch für Eisenbetonbau, 1913, Verlag Wilhelm Ernst und Sohn, Berlin
3. Bauhelfer-Schriften, 1947 Carl Kersten, Verlag Konrad Gubalke, Berlin
4. Baukonstruktionslehre, 1953, Martin Mittag, C. Berterlsmann Verlag, Gütersloh
5. Baustahlgewebe auf der Baustelle, 1958, Baustahlgewebe GmbH, Düsseldorf
6. Baustoffkenntnis, 8. Auflage, Scholz, 1972, Werner Verlag
7. Bautechnik, Grundlehrgang, 2. Teil, Druck Breitkopf und Härtel, Leipzig
8. Bautechnik – Meyers Taschenlexikon 1978, VEB Bibliographisches Institut, Leipzig
9. Bautechnische Bestimmungen für Bauwerke und Bauliche Anlagen Teil 1 und Band 3, VEB Verlag für Bauwesen, Berlin
10. Bauzahlentafeln 1955 Martin Mittag, C. Bertelsmann Verlag, Gütersloh
11. Berechnungsgrundlagen im Hochbau, 1953, Günther Stegmann, VEB Verlag Technik, Berlin
12. Bestimmungen für die Ausführung von Bauwerken aus Eisenbeton, 1914, Deutscher Ausschuß für Eisenbeton
13. Bestimmungen für Druckversuche bei der Ausführung von Bauten aus Stampfbeton, 1908, Deutscher Ausschuß für Eisenbeton, Verlag Wilhelm Ernst und Sohn, Berlin
14. Bestimmungen für die Ausführung von Bauwerken aus Eisenbeton, 1916
15. Beton und Eisen, 1908
16. Betonkalender, Zweiter Teil, 1931, Verlag Wilhelm Ernst und Sohn, Berlin
17. Betonkalender, 1955, Verlag Wilhelm Ernst und Sohn, Berlin
18. Betonstahlmatten – Technische Werte für die Verwendung von Betonstahlmatten im Hochbau, 1956, Drahtwerke Kaufmann und Lindgens KG
19. Betonstahlmatten – Technische Werte für die Verwendung von Betonstahlmatten im Hochbau und Betonstraßenbau, 1953, Drahtwerke Kaufmann und Lindgens KG
20. Betonstahlmatten – Technische Werte für die Verwendung von Betonstahlmatten im Hochbau und Straßenbau, 1960, Drahtwerke Kaufmann und Lindgens KG
21. *Beyer, Kurt*: Die Statik im Stahlbetonbau, 1948, Springer Verlag, Berlin
22. Construktionen mit eisernen Trägern und Stützen, 1897, Heinrich Froelich, Polytechnische Buchhandlung A. Seydel, Berlin

23. Das kleine Lexikon der Bautechnik 1956, Graf-Huber-Krauth, Union Deutscher Verlagsgesellschaft, Stuttgart

24. Der Hochbau, 1956, Hugo Ebinghaus, Fachbuch Verlag Dr. Pfannenberg & Co. Gießen

25. Deutsches Normprofilbuch für Walzeisen, 1881

26. Deutsches Normprofilbuch für Walzeisen, Band 1, 1908

27. *Durm/Ende/Schmitt*: Handbuch der Architektur – Allgemeine Hochbaukunde; Die Statik der Hochbau-Construktionen, 1. Teil, 1. Band, Heft 2, 1899, Verlagsbuchhandlung Arnold Bergsträsser, Stuttgart

28. *Durm/Ende/Schmitt*: Handbuch der Architektur – Die Hochbaukonstruktionen, 3. Teil, 2. Band, Heft 3a – Balkendecken, 1901, Verlagsbuchhandlung Arnold Bergsträsser, Stuttgart

29. *Eichler, F.*: Bauphysikalische Entwurfslehre, Band 1-3, 3. Aufl. 1970, Verlagsgesellschaft Rudolf Müller, Köln

30. Entwicklung der Zulassungsbestimmungen für Baustahlgewebe, 1976, Baustahlgewebe

31. Erläuterungen zu den Stahlbetonbestimmungen (DDR-Ausgabe) Berlin 1952, Prof. Dr.-Ing. Gehler, Verlag von Wilhelm Ernst und Sohn

32. Esser's kleine Handbuch-Reihe, Klaus Esser KG

33. *Finter, A.*: Statische Tabellensammlung, 1953 und 1962, Werner Verlag GmbH, Düsseldorf

34. *Förster, M.*: Taschenbuch für Bauingenieure, Band 1 und 2, 1928, Verlag Julius Springer, Berlin

35. *Förster/Thullie/Wienecke/Völker/Spitzer/Melan*: Entwicklungsgeschichte und Theorie des Eisenbetons, 1908, Verlag Wilhelm Ernst und Sohn, Berlin

36. *Friedrich, W.*: Tabellenbuch für Bau- und Holzgewerbe, Ausgabe B, 1936 und 1938, Creutz'sche Verlagsbuchhandlung, Magdeburg

37. *Funk, P.*: VDI-Bericht Nr. 438 – Die Mauerwerksbemessung in den Normen der letzten 50 Jahre, 1982

38. *Gesteschi, Th.*: Hölzerne Dachkonstruktionen, 1919, Verlag Wilhelm Ernst und Sohn, Berlin

39. *Geusen, L.*: Die Eisenkonstruktionen, 1918, Verlag Julius Springer, Berlin

40. *Göbel/Henkel*: Eisenkonstruktionen, Teil 1, 1921, B.G. Teubner, Leipzig/Berlin

41. *Grimm, G.*: Betonhelfer, 1963, Schmetterling-Druck, Heidelberg

42. *Grossmann*: Formeln und Tabellen für das Baugewerbe, 1947, Gebr. Jänecke, Abt. Buchverlag, Hannover

43. *v. Halasz, Robert*: Holzbau-Taschenbuch, 1974, Verlag Wilhelm Ernst und Sohn, Berlin

44. Handbuch für den Stahlbau, 1971, August Thyssen Hütte AG

45. *Harres, B.*: Die Schule der Baukunst, 1. Teil: Die Schule des Zimmermanns, 1869, Verlag Otto Spamer, Leipzig

46. *Hart, F./Bogenberger, E.*: Der Mauerziegel, 1964, Bundesverband der Deutschen Ziegelindustrie

47. *Hasenjäger, Siegfried*: Werners kleiner Baukalender, 1965, Werner Verlag GmbH, Düsseldorf

48. *Heese, E.*: Der Praktische Maurer-Polier, 2. Aufl. 1939, Union Deutsche Verlagsgesellschaft Berlin, Roht u. Co.

49. *Hempel, G.*: Freigespannte Holzbinder, 6. Aufl. 1959, Bruderverlag, Karlsruhe

50. Hochbaukunde Band 1 und 2, 1920, Ing. Hermann Daub, Leipzig und Wien, Verlag Franz Deuticke

51. Hochbau-Taschenbuch, 3. Auflage, 1958, Franckh'sche Verlagsbuchhandlung Stuttgart

52. Hochbau und Tiefbau – Aufbaulehrgang, 1. Teil, 1943, Verlag Ferdinand Hirt, Breslau/Leipzig

53. Hölzerne Hausdächer, 1947, Deutsche Gesellschaft für Holzforschung, Verlagsgesellschaft mbH Max Lipfert, Berlin

54. Holz-Nagelbau, 1937, Arbeitsgemeinschaft Holz, Reichsnährstand Verlags-Ges. mbH

55. *Hütte*: Des Ingenieurs Taschenbuch, 1890, Verlag Ernst und Korn, Berlin

56. *Hütte*: Des Ingenieurs Taschenbuch I – 1923, Verlag Wilhelm Ernst und Sohn

57. *Hütte*: Des Ingenieurs Taschenbuch, Band 3, 1924; Band 3, 1936; Band 1, 1942, Verlag Wilhelm Ernst und Sohn, Berlin

58. Ilseder Hütte – Handbuch für Träger, 1922

59. Informationsdienst Holz – Erneuerung von Fachwerken, 2. verbesserte Aufl., Arbeitsgemeinschaft Holz

60. IPE, IPEo, IPEv und andere Stahlbauprofile, 1969, Thyssen AG

61. *Kohl*: Fachkunde für Zimmerer – Werkstoffe, Grundfertigkeiten, Ernst Klett, Stuttgart

62. *Kohl*: Fachrechnen für Zimmerer, Ernst Klett, Stuttgart

63. *Kohl/Bastian*: Fachkunde für Maurer, Teil 1, 1960, B.G. Teubner Verlagsgesellschaft, Stuttgart

64. *Kohl/Hattendorf*: Fachkunde für Zimmerer – Abbund, Brettarbeiten und Schalungen, Ernst Klett, Stuttgart

65. KS-Maurerfibel, 1981. J. Wessig, Kalksandstein Information GmbH + Co. KG, Beton Verlag GmbH, Düsseldorf

66. *Landsberg*: Allgemeine Hochbaukunde – Handbuch der Architektur, 1. Teil, 1. Band, Heft 2, 1899, Verlagsbuchhandlung Arnold Bergsträsser, Stuttgart

67. *Landsberg*: Handbuch der Architektur, 1. Teil, Band 1, Heft 2 – Die Statik der Hochbaukonstruktionen, 1909, Alfred Körner Verlag, Leipzig

68. *Lange, W.*: Baukonstruktionslehre, 1908, Verlag J.J. Weber, Leipzig

69. *Löser, Benno*: Bemessungsverfahren – Zahlentafeln und Zahlenbeispiele nach Bestimmungen des Deutschen Ausschusses für Stahlbeton, 1962, Verlag Wilhelm Ernst und Sohn, Berlin

70. *Marx/Heinzerling/Barkhausen/Schmitt*: Die Hochbau-Construktionen – Handbuch der Architektur, 3. Teil, 1. Band, 1891, Verlag Arnold Bergsträsser, Stuttgart

71. MSH-Profile – Mannesmann-Stahlbau-Hohlprofile, 1965, Mannesmann AG

72. *Piltz/Härig/Schulz*: Technologie der Baustoffe, 2. Aufl. 1972, Straßenbau, Chemie und Technik Verlagsgesellschaft mbH, Heidelberg

73. *Theuerkorn, Max*: Bau-Konstruktionslehre – Holzbau, Band 1, 1953; Band 2 und 3, 1954; Band 3, 1954, Fachbuchverlag GmbH, Leipzig

74. *Reddemann*: Die Fürsorge gegen Feuersgefahr bei Bauausführungen, 1908, Verlag Julius Springer, Berlin

75. Richtlinien für Schutzraumbauten. 1995, Verlag Gasschutz und Luftschutz – Dr. Ebeling, Koblenz

76. *Schleicher, F.*: Taschenbuch für Bauingenieure, 1949, Springer Verlag

77. *Schmitt/Landsberg*: Die Hochbaukonstruktionen – Handbuch der Architektur, 3. Teil, 2. Band, Heft 4, 1901, Verlagsbuchhandlung Arnold Bergsträsser, Stuttgart

78. *Schreyer, C.*: Praktische Baustatik, Teil 1 und Teil 2, 1944 B.G. Teubner, Berlin/Leipzig

79. *Schreyer, C.*: Praktische Baustatik, Teil 1, 1951, B.G. Teubner Verlagsgesellschaft, Leipzig

80. *Schreyer, C.*: Praktische Baustatik, Teil 3, 1953; Teil 2, 1955, B.G. Teubner Verlagsgesellschaft, Stuttgart

81. *Schulze*: Grundbau, 1945, B.G. Teubner, Leipzig/Berlin

82. Schutzbaufibel, 1972, Bundesverband für den Selbstschutz

83. Stahlbau-Handbuch, 1949/50, Industrie- und Handelsverlag Walter Dorn GmbH Bremen-Horn

84. Stahl im Hochbau, 1938

85. Stahl im Hochbau (ergänzter Nachdruck 1959), 1953, Verlag Stahleisen mbH, Düsseldorf

86. Stahl überall (Stahlbauprofile), 1936

87. Stahlbau-Profile, 1963, Verein Deutscher Eisenhüttenleute, Verlag Stahleisen mbH Düsseldorf

88. Stahlbau-Taschenkalender, 1969, Deutscher Stahlbau Verband, Stahlbau-Verlag GmbH, Köln

89. Stahlbau-Taschenkalender, 1969, Stahlbau-Verlag GmbH, Köln

90. *Stöchmann, Helmut*: Kalksandstein – Baukalender, 1965, Stromfeld-Verlag, Hamburg-Sinstorf

91. Technische Baubestimmungen für das Gebiet der Hansestadt Hamburg, 1937

92. Technische Baubestimmungen für das Gebiet des Landes Hamburg, 1937, in der Fassung 1957

93. Technisches Jahrbuch, Ausgaben 1925, 1928, 1952-1953, 1955-1956, Hamburger Techniker-Verein

94. *Tönsmann, Albert*: Die Statik des gesamten Hoch-, Tief- und Eisenbetonbaues. Teil VI: Größere Berechnungsbeispiele aus dem Eisenbetonbau, um 1915, Techn. Verlag Naumburg a.d. Saale

95. Wände im Hochbau, 1940, Bauwelt-Verlag Berlin

96. *Wanderleh*: Handbuch der Bau-Construktionslehre, Band 1 und 2, 1872, Verlag G. Knapp, Halle

97. *Wedler*: Berechnungsgrundlagen für Bauten, 1965, Verlag Wilhelm Ernst und Sohn, Berlin

98. Zement-Kalender, 1939, Fachgruppe Zementindustrie, Zementverlag GmbH

99. Zement-Taschenbuch, 1954, Bau-Verlag

100. Zement-Taschenbuch, 1956, 1964/65, Verein Deutscher Zementwerke, Bauverlag GmbH, Wiesbaden

101. Ziegel-Bautaschenbuch, 1961, Krausskopf-Verlag, Wiesbaden

102. 40 Jahre Baustahlgewebe, 1920-1960, Baustahlgewebe

Stichwortverzeichnis